4판

WHITE 점성유체

Viscous Fluid Flow 4th Edition

1 2 3 4 5 6 7 8 9 10 GMP 20 23

Original: Viscous Fluid Flow 4th Edition © 2022
By Frank M. White, Joseph Majdalani
ISBN 978-0-07-352931-8

This authorized Korean translation edition is jointly published by McGraw-Hill Education Korea, Ltd. and GYOMOON Publisher. This edition is authorized for sale in the Republic of Korea.

This book is exclusively distributed by GYOMOON Publisher.

When ordering this title, please use ISBN 978-89-363-2442-1

Printed in Korea

VISCOUS FLUID FLOW
Fourth Edition

4판

WHITE 점성유체

Frank M. White · Joseph Majdalani 지음

홍지우 감수 | 김정재 · 김혜정 · 서경덕 · 유동인 · 홍지우 옮김

McGraw Hill

교문사

▶ **역자 소개**

감수

홍지우 숭실대학교 기계공학부

역자

김정재 한밭대학교 기계공학과
김혜정 고려대학교 기계공학부
서경덕 원광대학교 기계공학과
유동인 부경대학교 기계공학부
홍지우 숭실대학교 기계공학부

4판
WHITE
점성유체

4판 발행 2023년 5월 30일

지은이 Frank M. White, Joseph Majdalani
감 수 홍지우
옮긴이 김정재·김혜정·서경덕·유동인·홍지우
펴낸이 류원식
펴낸곳 **교문사**

편집팀장 성혜진 | **디자인** 신나리 | **본문편집** 파워기획

주소 (10881) 경기도 파주시 문발로 116
전화 031-955-6111 | **팩스** 031-955-0955
홈페이지 www.gyomoon.com | **E-mail** genie@gyomoon.com
등록번호 1960.10.28. 제406-2006-000035호

ISBN 978-89-363-2442-1(93550)
값 45,000원

* 저자와의 협의하에 인지를 생략합니다.
* 잘못된 책은 바꿔 드립니다.

저자 소개

Frank M. White는 로드아일랜드 대학교(University of Rhode Island)의 기계 및 해양공학 명예교수이다. 그는 조지아주 오거스타(Augusta, Georgia) 출신으로 조지아 공대(Georgia Tech.)에 진학하여 1954년에 기계공학 학사 학위(B.M.E.)를 받았다. 그리고 매사추세츠 공과대학(Massachusetts Institute of Technology)에 진학하여 1956년에 이학 석사(S.M.) 학위를 받고, 1959년에 조지아 공대로 돌아와 기계공학 박사 학위(Ph.D.)를 받았다. 1957년 조지아 공대에서 항공우주공학을 가르치기 시작했고, 1964년 로드아일랜드 대학교로 옮겼으며, 1998년 1월에 은퇴했다.

로드아일랜드 대학교에서 그는 해양학과 연안류 문제에 관심을 갖게 되었고, 1966년에 미국 최초의 해양공학과를 설립하는 데 도움을 주었다. 그의 주요 연구 관심사는 점성 유동과 대류 열전달이었다. 교사와 작가로 알려진 그는 로드아일랜드 대학교에서 7개의 교수상과 더불어 ASEE 웨스팅하우스 교수상을 받았다. 그의 연구 성과는 80여 편의 기술 논문과 보고서를 포함한다. 1973년 ASME(미국기계학회)가 주는 루이스 F. 무디 연구상(Lewis F. Moody Research Award), 1991년 ASME 유체공학상(Fluids Engineering Award)을 수상했다. 그는 ASME의 회원이자 12년 동안 ASME 《Journal of Fluids Engineering》의 편집장을 역임했으며, 1990년에 조지아 공대로부터 우수한 졸업생상(Distinguished Alumnus)을 받았고, 1994년에 우수한 조지아 공대 동문 아카데미(Academy of Distinguished Georgia Tech Alumni)에 선출되었다.

본 책 외에도 세 권의 학부 책인 《유체역학(Fluid Mechanics)》, 《열전달(Heat Transfer)》, 《열 및 물질 전달(Heat and Mass Transfer)》을 썼다. 그는 1992년부터 2006년까지 맥그로힐(McGraw-Hill) 과학기술 백과사전의 컨설팅 편집자를 지냈으며, 2009년까지 ASME 출판위원회에서 일했다. 사별한 아내 Jeanne에게 계속 영감을 받아 로드아일랜드의 내러갠싯(Narragansett)에서 개 Jack과 고양이 Kerry와 함께 살고 있다. [사진 크레딧: Ellen Emerson White]

Joseph("Joe") Majdalani는 오번 대학교(Auburn University)의 석좌교수(Hugh and Loeda Francis Chair of Excellence)이자 항공우주공학 교수이다. 레바논 베이루트(Beirut, Lebanon)에서 태어난 그는 베이루트 아메리칸 대학교(American University of Beirut)에서 기계공학을 전공했고 1989년에 공학 학사(B.E.) 학위를 받았다. 그 후 유타 대학교(University of Utah)에 입학하여 1991년과 1995년에 추가로 석사(M.S.)와 박사(Ph.D.) 학위를 마쳤다. 1997년에 마르케트 대학교(Marquette University)에서 기계공학을 가르치기 시작했고, 2003년에 테네시 대학교(University of Tennessee)로 옮겨 기계, 항공우주 및 생명의학공학과에서 고속 흐름의 교수(Jack D. Whitfield

Professor) 및 고급 추진 분야의 석좌교수(Arnold Chair of Excellence)로 근무하였다. 2013년에 오번 대학교에 합류하여 오번 대학교 항공우주공학과 교수로 재직하였다.

그는 주로 벽-수직 또는 벽-접선 주입에 의해 구동되는 진동 및 회전 흐름에 대한 연구로 알려져 있다. 이러한 움직임은 다공성 인클로저(enclosure) 및 모의 로켓 모터와 같은 다양한 물리적 환경에서 발생한다. 그는 현재 고체, 액체, 하이브리드, 핵 로켓 시스템, 특히 소용돌이(swirl) 또는 사이클론 운동에 의해 구동되는 비정상(unsteady) 유동 현상에 대한 연구에 전념하고 있다. 그의 관심 분야는 로켓 내부 유동장, 와도(vorticity) 역학, 계산 수학, 단일 섭동 이론을 아우른다. 1997년 이후 그의 연구 활동은 약 300편의 출판물로 구체화되었다. 연구 조사를 통해 총 18개의 무차원 매개변수를 확인했다. 이러한 매개변수는 경계 계층 특성화, 파동 전파 및 소용돌이 영역에서 실험 절차를 안내하고 여러 연구 조사를 형성하는 데 핵심적인 역할을 했다.

그의 경력 동안 여러 전문적인 인정을 받았다. 2018년 ASEE(미국공학교육학회)/AIAA(미국항공우주학회) J. Leland Atwood 교육자상, 2013년 Abe M. Zarem 교육자상, 2018년 고체 로켓 최우수 논문상(3회 수상), 2016년 AIAA 지속 서비스상, 2015년 항공우주공학 우수 교수상, 2014년 올해의 Konrad Dannenberg 교육자상, 2007년 Ralph R. Teetor 교육상, 2007년 종합 'Hap' Arnold 상, 2002년 NSF CAREER 상, 1998-2000년 마르케트의 우수 교수상(2회 수상), 1997-1998년 마르케트의 공학 대학 연구상을 수상했다.

그는 현재 ASME 회원, AIAA 준회원, AIAA 고체 로켓 기술 위원회(2017~2019), AIAA 하이브리드 로켓 기술 위원회(2015~2017), 그레이터 헌츠빌 섹션(Greater Huntsville Section)(2016~2020)의 명예 및 수상 책임자를 지내고 있다. 그는 앨라배마주 오번(Auburn, Alabama)에서 아내 Inna와 자녀 George, Laura, Maya와 함께 살고 있다.

아래는 이 책을 저술할 당시 Joe의 연구 학생들의 단체 사진이다.

저자 머리말

이 책은 유체역학의 다양하고 진화하는 분야에 대한 지식을 확장하는 데 관심이 있는 많은 대학생, 대학원생, 연구원, 학자들에게 편리한 교재로 알려져 있다.

제4판은 공학적 응용의 다방면에 걸친 혼합체로서 점성 운동에 대한 대학교 4학년 또는 대학원 1학년 교과서의 역할을 수행하는 전통을 유지한다. 학생들은 유체역학, 벡터 미적분학, 편미분 방정식, 그리고 기본적인 수치 분석의 기초를 이해할 것으로 기대된다. 이 책은 한 학기 과정으로 선택적으로 제시될 수 있으며, 더 광범위한 적용 범위와 함께 두 학기(또는 심지어 세 학기)로 제시될 수도 있다.

점성 흐름 예측의 진화는 보다 고도로 분해되고, 정교하고 안정적인 고차 시뮬레이션으로 향한다. 그러나 이 책은 소프트웨어가 아닌 점성 흐름 개념을 제시하는 데 초점을 맞추고 있다. 이처럼 우리는 다양한 흐름 문제를 체계적으로 탐구하면서 얻는 물리적 통찰력과 수학적 깊이에 중점을 둔다.

어떠한 책도 완벽하지 않다는 전제는 이 책도 예외는 아니다. 가장 소중한 독자인 여러분의 의견을 joe.majdalani@gmail.com으로 보내주면 이 책의 보완 자료 및 다음 개정판에 반영하겠다. 이 개정판에서는 1974년 이후 몇십 년 동안 이 책을 사용해 온 학생과 교수님들로부터 받은 많은 피드백을 반영하였으며, 명확성을 더욱 향상했고, 일부 긴 내용을 신중하게 요약했다. 용어 통일을 위해 노력했으며, 실용적인 정보가 포함된 7개의 부록을 추가했다.

Frank M. White

Joseph C. Majdalani

간략한 차례

차례

Chapter 3 뉴턴 점성 유동 방정식의 해 115

Chapter 4 층류 경계층 218

Chapter 5 층류의 안정성 341

부록 611

List of Symbols

English Symbols

a	speed of sound; acceleration (Chap. 2); body radius (Chap. 4)
A	area; amplitude, Eq. (5-48); damping parameter, Eq. (6-90)
b	jet or wake width, Fig. 6-35
B	stagnation-point velocity gradient (Sec. 3-8.1); turbulent wall-law intercept constant, Eq. (6-38*a*)
ΔB	wall-law shift due to roughness, Eq. (6-49)
c, c_i, c_r	wave phase speeds (Chap. 5)
c_p, c_v	specific heats, Eq. (1-60)
C	Chapman–Rubesin parameter, Eq. (7-35)
C_i	species concentrations (Chap. 1)
D	diameter; drag force (Chap. 4); diffusion coefficient (Chap. 1)
D_h	duct hydraulic diameter, $4A/P$
D_{ij}	turbulent transport or diffusion, Eq. (6-111)
e, E	internal energy
e_t	sum of internal, kinetic and potential energies, Eq. (2-113)
$\mathbf{f}, \mathbf{F}$	force
f, F, g	similarity variables; dimensionless velocity, u/U
$\mathbf{g}$	gravitational acceleration vector
$G(Pr)$	heat-transfer parameter, Eqs. (3-227) and (4-100)
h	enthalpy; duct width; heat-transfer coefficient
h_i	scaling factors, Eqs. (2-58) and (4-233)
h_0	stagnation enthalpy, $h + V^2/2$
H	shape factor, δ^*/θ; stagnation enthalpy, Eq. (7-3)
H_1	alternate shape factor, $(\delta - \delta^*)/\theta$
J	jet momentum, Eqs. (4-125), (4-227), and (6-144)
k	thermal conductivity; roughness height (Chaps. 5 and 6)
K	bulk modulus, Eq. (1-74); duct pressure-drop parameter, Eq. (4-197); turbulence kinetic energy, Eq. (6-16); stagnation-point velocity gradient, Fig. 7-6
ℓ	mean-free path (Chap. 1); mixing length, Eq. (6-88)
L	characteristic length
L_{slip}	slip length, $u_w/(\partial u/\partial n)_w$
m	mass; wedge-velocity exponent, Eq. (4-91)
$\dot{m}$	mass flow rate
M	molecular weight, Eq. (1-65); moment, Eq. (3-245)
n	normal to the wall; power-law exponent, Eq. (1-33)
p	pressure
$\hat{p}$	effective pressure (with gravity), $p + \rho g z$
P	pressure gradient parameter, $(-d\hat{p}/dx)h^2/(2\mu U)$ (Chap. 3); $(\delta/\tau_w)(dp_e/dx)$ (Chap. 6); duct perimeter
q	heat-transfer rate per unit area; turbulence level, Eq. (5-51)
Q	heat; volume flow rate, Eq. (3-35)
r	radial coordinate; recovery factor, Eq. (7-31)
r, θ, z	cylindrical polar coordinates, Eq. (2-63)

r, φ, θ	spherical polar coordinates preferred by mathematicians, Eq. (2-65); permeability parameter (φ in Chap. 6)
r_0	cylinder surface radius, Fig. 4-39
R	gas constant; body radius
s	entropy; velocity slope or Blasius slope $\bar{s}$ at the wall, $\sigma a/\sqrt{2} = dF(0)/d\xi \approx 1.6304$ (Chap. 4)
S	Sutherland constant, Eq. (1-34); laminar shear parameter, Eq. (4-155); van Driest parameter, Eq. (7-145)
t	time
T	temperature; percent turbulence, Eq. (5-51)
T^*	wall heat-flux temperature, $q_w/(\rho c_p v^*)$; compressible-flow reference temperature, Eq. (7-57)
$\mathfrak{T}$	surface tension coefficient
u, v, w	Cartesian velocity components
u_r, u_θ, u_z	cylindrical polar velocity components
u', v', w'	turbulent velocity fluctuations
Δu	wake velocity defect, Fig. 6-35*c* and Eq. (6-155)
U, W	freestream velocity components
v^*	wall-friction velocity, $(\tau_w/\rho_w)^{1/2}$
v_β	wake velocity, Eq. (6-137)
V	velocity; also U_e/U_0, Eq. (6-133)
ϑ	volume (Chap. 2)
w	rate of work done on an element, Eq. (2-36)
x, y, z	Cartesian coordinates
Z	gas compressibility factor, $p/(\rho RT)$

Greek Symbols

α	thermal diffusivity, $k/(\rho c_p)$; wedge angle (Fig. 3-39); wave number, Eq. (5-12); angle of attack
α, β	finite-difference mesh-size parameters, Eq. (4-167); also compressible wall-law parameters, Eqs. (7-141)
α^*, β, ζ	compressible finite-difference mesh-size parameters, Eq. (7-85)
β	thermal expansion coefficient, Eq. (1-76); Falkner–Skan parameter, Eq. (4-93); Clauser parameter, Eq. (6-42), $(\delta^*/\tau_w)dp_e/dx = P\eta^*$
γ	specific-heat ratio, c_p/c_v; finite-difference parameter Eq. (4-184); intermittency, Fig. 6-5; compressibility parameter, Eq. (7-141)
δ, δ_u	velocity or viscous boundary-layer thickness
δ^*	displacement thickness, Eq. (4-4)
δ_c	conduction thickness, Eq. (4-177)
δ_h	enthalpy thickness, Eq. (4-29)
δ_T	temperature or thermal boundary-layer thickness
δ_3	dissipation thickness, Eq. (4-149)
δ_{ij}	Kronecker delta
Δ	defect thickness, Eq. (6-43)
ϵ	small perturbation parameter; turbulent dissipation [Eq. (6-26)]
ϵ_{ij}	strain-rate tensor; Reynolds stress dissipation, Eq. (6-111)
κ	Kármán constant, approximately 0.41
λ	second coefficient of viscosity (Chap. 2); Thwaites' parameter $(\theta^2/\nu)dU/dx$, Eq. (4-132); $(2/C_f)^{1/2}$ (Chap. 6)
Λ	Kármán–Pohlhausen parameter, $-\delta^2(dp/dx)/(\mu U) = (\delta^2/\nu)dU/dx$; Darcy friction factor, Eq. (3-38); pipe-friction factor, Eq. (6-54)
λ_n	Graetz function eigenvalues, Table 3-1
η	similarity variable; Blasius similarity variable (Chap. 4), $y\sqrt{U/(2\nu x)}$; free-surface elevation (Chap. 5)
η^*	dimensionless displacement thickness (Chap. 4), δ^*/δ
μ	dynamic viscosity
ν	kinematic viscosity, μ/ρ
π	a circle's perimeter divided by its diameter, 3.14159265 . . .

Π	Coles' wake parameter, Eq. (6-47)
ϕ	velocity potential (Chap. 2); latitude (Chap. 3); wave angle, Eq. (5-12); dimensionless disturbance, Eq. (5-29)
φ	polar or zenith angle in spherical coordinates, Chap. 2
Φ	dissipation function, Eq. (2-46)
ψ	stream function
θ	azimuthal coordinate angle; momentum thickness, Eq. (4-6)
θ^*	dimensionless momentum thickness (Chap. 4), θ/δ
Θ	reduced temperature (dimensionless temperature ratio), Eq. (3-222) or (4-78)
ρ	density
σ	stress; turbulent jet growth parameter, Eq. (6-149); eigenmode (Chap. 5); Blasius constant, $f''(0) \approx 0.4696$ for $\eta = y\sqrt{U/(2\nu x)}$ (Chap. 4)
τ	boundary-layer shear stress
τ_{ij}	stress tensor
χ	hypersonic interaction parameter, Eq. (7-104)
ξ	similarity variable, y/δ
ω	vorticity; angular velocity; frequency
Ω	angular velocity
ζ	heat-transfer coefficient, Eq. (3-14); ratio δ_T/δ, Eq. (4-31)

Dimensionless Groups†

Re_a	Acoustic Reynolds number, $aL/\nu = Re/Ma$
Br	Brinkman number, $\mu U^2/(k\Delta T) = PrEc$
β	Clauser's equilibrium parameter, $(\delta^*/\tau_w)dp_e/dx$
Ca	cavitation number, $(p_\infty - p_{\text{sat}})/(\rho U^2)$
C_D	drag coefficient, $2F_D/(\rho U^2 A)$
C_f	Fanning's skin-friction coefficient, $2\tau_w/(\rho U^2)$
C_h	Stanton number, $q_w/(\rho U c_p \Delta T) = Nu/(RePr)$
C_L	lift coefficient, $2F_L/(\rho U^2 A)$
C_p	pressure coefficient, $2(p - p_\infty)/(\rho U^2)$
Ec	Eckert number, $U^2/(c_p\Delta T) = Br/Pr$
Ek	Ekman number, $\nu/(\Omega L^2)$
Eu	Euler number, $2\Delta p/(\rho U^2)$
Fr	Froude number, $U^2/(gL)$
Fo	Fourier number, $\alpha\tau/L^2$
f or Λ	Darcy's friction factor, $2\Delta p/(\rho U^2 L/D)$
Gr	Grashof number, $g\beta L^3\Delta T/\nu^2$
Gr^*	modified Grashof number, $GrNu = g\beta q_w L^4/(k\nu^2)$
Re_k or ω^*	Kinetic Reynolds number, $Re_\omega = \omega L^2/\nu = StRe = MjSt^3$
Kn	Knudsen number, ℓ/L
L^*	Graetz number (Sec. 3-3.8), $L/(d_0 Re_D Pr)$
Le	Lewis number, $D/\alpha = Sc/Pr$
Λ	Kármán–Pohlhausen parameter, $-\delta^2(dp/dx)/(\mu U) = (\delta^2/\nu)dU/dx$
Ma	Mach number, U/a
Mj	Majdalani number, $U^3/(\omega^2\nu L) = Re_k/St^3$
Nu	Nusselt number, $q_w L/(k\Delta T) = C_h RePr$
Pe	Péclet number, $RePr$
Po	Poiseuille number, $2\tau L/(\mu U)$
Pr	Prandtl number, $\mu c_p/k$

†A more detailed list is provided in Appendix H2.

Pr_t	Turbulent Prandtl number, $\mu_t c_p/k_t$
Ra	Rayleigh number, $GrPr = g\beta L^3\Delta T/(\nu\alpha)$
Re	Reynolds number, UL/ν
Ro	Rossby number, $U/(\Omega L)$
Ri	Richardson number, $g\beta L\Delta T/U^2 = Gr/Re^2$
Sc	Schmidt number, ν/D
λ_S	Stokes parameter, $L\sqrt{\omega/(2\nu)} = \sqrt{Re_k/2}$ or fL/U
St	Strouhal number, $\omega L/U$ or fL/U
Ta	Taylor number, $4\Omega^2R^4/\nu^2$ or Eq. (5-42)
Re_w	Wave Reynolds number, $U^2/(\omega\nu) = StMj$
We	Weber number, $\rho U^2L/\mathfrak{J}$
Wo	Womersley number, $L\sqrt{\omega/\nu} = \sqrt{Re_k} = \sqrt{2}\lambda_S$

Subscripts

aw	adiabatic wall
∞	far field
e	freestream, boundary-layer edge
eq	equivalent or van Driest's effective velocity (Chap. 7)
0	initial or reference value
c, crit	critical, at the point of instability
comp	compressible
incomp	incompressible
lam	laminar
liq	liquid
m	mean
max	maximum
n	normal
r	recovery or adiabatic wall
rms	root mean square
sep	separation point
sol	solid
t	turbulent, tangential
T	thermal property
turb	turbulent
tr	transition
θ	azimuthal, swirl, or tangential component
φ	polar, zenith, or tangential component
V	viscous property
vap	vapor property
w	wall property
x	at position x

Superscripts

$-$	time-averaged properties
$'$	primes denote differentiation; turbulent fluctuations
$*$	asterisks usually denote dimensionless variables (Chaps. 2, 3, and 4)
$+$	law-of-the-wall variables
$\wedge$	circumflexes (carets) denote small-disturbance variables (Chap. 5)
$\sim$	tildes denote total or instantaneous variables (Chap. 5)

CHAPTER 1

예비개념

. . . 인류의 지식은 빠르게 발전할 것이고 우리가 현재로서는 상상할 수 없는 발견이 이루어질 것이다. 100년 후에 사람들이 무엇을 알게 될지 알 수 없기 때문에 너무 일찍 태어난 것이 후회가 된다.

Benjamin Franklin(1706-1790)

1-1 역사적 개요

점성 유체의 유동 현상에 대한 연구는 수십 년간의 연구와 다양한 기법, 모델, 해석 방법 등을 포함하고 있기 때문에 가장 흥미롭고도 어려운 공학 분야 중 하나로 간주될 수 있다. 여기에는 차원해석, 유사성, 운동학, 유선 해석, 수두 손실 및 에너지 해석, 적분 또는 검사 체적 해석, 미분 또는 극소 해석, 점별 해석, von Kármán의 운동량 적분 해석, 경계층 해석, 유체역학적 안정성 해석, 난류, 수치해석 등의 기법들을 포함하고 있지만 반드시 이에 국한되지는 않는다.

배우고자 하는 분야의 역사를 반드시 알 필요는 없지만, 그 학문적 발전에 공헌한 연구자의 기여와 노력을 살펴보는 것이 도움이 될 수 있다. 본 절을 통해 유체역학에 대한 주요 기여 중 일부를 간략하게 설명하고자 한다. 사실, 유체역학 역사에 관한 몇 권의 훌륭한 책들이 존재하는데, Rouse와 Ince(1957), G. A. Tokaty(1994), J. D. Anderson(1997), M. Eckert(2006), 그리고 J. S. Calero(2008)가 있으니, 관심이 있는 독자들은 참고하길 바란다.

G. Garbrecht(1987)에 따르면 유체역학은 선사 시대까지 거슬러 올라가는 오래된 역사를 가지고 있다. 고고학적 기록에 따르면 초기 공동체는 유선형 창, 지느러미 모양의 화살, 보트 및 수로를 개발할 수 있는 충분한 지능을 가지고 있었다. 나중에, 로마의 엔지니어들은 원거리에서 로마와 그 주변 지역으로 물을 수송하기 위해 중력을 통해 구동되는 석조 아치형 수로를 설계하고 건설하였다. 이러한 최초의 수로가 기원전 312년에 건설되었으며 나중에 로마 제국 전역에 수백 개가 더 건설되었다.

정지상태의 점성 유체에 대한 처음 해석은 현재 자신의 이름을 가진 부력의 두 가지 원리를 제안한 그리스 수학자 Archimedes(기원전 287-212년)로부터 기인한다. 다른 그리스 발명가들은 펌프, 밸브 및 사이펀을 개발했으며, 유럽 이외의 아라비아 세계에서는 밀도 및 부피, 제어 밸브 및 왕복 펌프 등의 신뢰할 수 있는 측정 기술의 개발을 통해 과학적 성장의 시대를 맞이하였다. 같은 시기에 서구의 유체역학 연구는 1,500년 이상 지속된 무활동의 '암흑기'로 빠져들었다.

덧붙여서, 1500년에 다재다능한 이탈리아 천재 Leonardo da Vinci는 비압축성 1차원 유동의 질량보존 법칙을 추론하였다. 이 화가, 조각가, 음악가, 철학자, 해부학자, 식물학자, 지질학자, 건축가, 엔지니어, 과학자는 풍속계, 비행 기계, 낙하산, 잠수함, 스쿠버 장비 및 기타 군사 장비도 설계하였다. 그의 노트를 통해 파도, 수압 점프, 제트, 에디(작은 와류), 와류 및 후류에 대한 놀라울 정도로 정확한 스케치를 확인할 수 있다.

르네상스 시기의 산발적인 발전에도 불구하고, 17세기는 유체역학 연구의 여명기로 볼 수 있다. 이는 Evangelista Torricelli(1608-1647)가 오리피스로부터의 배출 속도를 측정하는 연구 결과를 발표하고 Edme Mariotte(1620-1684)가 항력 저울을 갖춘 풍동을 만들면서 시작되었다. 그 후 Isaac Newton경(1643-1727)이 《Principia》를 출판하며 1687년에 유동에 대한 저항이 "유체의 일부가 서로 분리되는 속도에 비례한다."는 법칙을 제안했을 때부터 유체역학 연구가 가속되었다. 이러한 법칙을 따르는 대부분의 일반적인 액체와 기체를 현재 **Newtonian**이라고 부른다.

모순되게도 Newton은 미적분학을 소개하고 관심을 장려함으로써 점성유동 연구를 간접적으로 방해하였다. 이를 통해 Leonhard Euler(1707-1783), Jean le Rond d'Alembert(1717-1783), Joseph-Louis Lagrange(1736-1813), Pierre-Simon Laplace(1749-1827), 그리고 Franz Josef von Gerstner(1756-1832)의 연구진 등의 18세기의 몇몇 가장 위대한 수학자들이 **완벽하거나 이상적**이라고 명명하는 비점성 유체 운동에 대해 훌륭하지만 매우 이상적인 해법을 도출할 수 있었다. 예를 들어 Euler는 압력과 속도 간의 상관관계에 대한 Bernoulli의 가설을 증명하였다. 그럼에도 불구하고 실제 엔지니어들은 이러한 해법이 상당히 제한적으로 적용할 수 있다는 것을 인지하였다. 예를 들어, d'Alembert는 물체를 지나는 마찰이 없는 유체 운동에 대하여 항력이 없다는 것을 증명하였으나, 이는 실제 점성 유동의 거동과는 모순된다. 이러한 이론과 실제 현상 간의 불일치로 인하여 일부 엔지니어들은 이론에 거의 또는 전혀 의존하지 않고 실험을 통해 결과를 획득하고 해석하는 데 집중하게 되었다.

이후 1827년 Navier, 1828년 Cauchy, 1829년 Poisson, 1843년 St. Venant, 1845년 Stokes가 운동 방정식에 점성 항을 추가함으로써 **실제 유체**에 가깝게 해석할 수 있게 하였다. 해당 Navier-Stokes 방정식은 비선형성을 가지며 간단한 기하학적 구조와 중저속의 유속 영역인 경우를 제외하고는 정확한 수학적 해를 구하기 어려웠다. 1904년 Ludwig Prandtl(1875-1953)이 점도가 낮은 유체에 얇은 **경계층**이 존재함을 증명하면서 이에 대한 혁신적인 돌파구가 생겼다. 이 개념은 점성 유동과 이를 수학적으로 해석하는 방법에 대한 이해를 크게 향상시켰다. Prandtl의 이론은 그의 학생들 중 다음과 같은 세 명의 획기적인 기여로 빠르게 계승 및 발전하였다. 1908년 경계층 방정식에 대한 Heinrich Blasius의 공간 환원 유사성 해법, 1921년 Theodore von Kármán의 유용한 운동량 적분 공식, 그리고 동시에 경계층 속도에 대한 Pohlhausen의 다항식 근사법. 그러나 역설적으로 Pohlhausen의 근사법은 다항식 차수가 증가함에 따라 경계층 특성에 대한 예측 정확도가 점점 저하되었다. 이러한 역설은 이 글이 쓰인 시점까지 남아 있다.

차원해석을 이용하여 다양한 실험에서의 상관관계를 도출하는 기법의 개발은 20세기 초에 발생한 두 번째로 중요한 혁신이었다. Osborne Reynolds(1842-1919), Lord Rayleigh(1842-1919),

Prandtl이 차원해석 분야의 선구자라고 할 수 있다. 이제 모든 새로운 결과는 차원해석을 통해 간결하고 보편적이며, 차원이 없는 형태로 표현할 수 있다.

20세기 후반에는 디지털 컴퓨팅의 발명 함께 슐리렌(Schlieren), 섀도그래프(shadowgraph), 레이저 유도 형광, 터프트(tuft), 얀(yarn), 연기, 염료, 기포, 오일 등을 사용하는 정성적 유동 가시화 기술과 압력, 온도 및 전단 감응 페인트뿐만 아니라 열선 및 열막 풍향계, 레이저-도플러 속도 측정, 홀로그램, 입자 이미지 및 입자 추적 속도 측정과 같은 정량적 측정 기술이 개발되었다. 현재도 초음파, X선, 컴퓨터 단층촬영, 자기공명속도계의 발전은 계속되고 있다. 최신 난류 모델 및 슈퍼컴퓨터와 결합을 통해 연구자들은 이제 거의 모든 프로토타입의 점성 유체 운동을 시뮬레이션할 수 있게 되었다.

1-2 점성 유동 현상의 일부 예시

이론적 및 실험적 점성 유동에 대한 세부 학습을 시작하기 앞서 주제의 중요성과 한계를 설명하기 위한 다음과 같은 세 가지 예에 대해 논의해보자. (1) 에어포일 유동, (2) 횡류에서의 원통, (3) 파이프 입구에서의 유동. 이러한 예들은 이 책이 실제 문제보다는 해석에 더 중점을 두는 경향이 있음을 보여준다. 유동이 무작위로 변화하고 반경험적 시간 평균 또는 통계적 기반으로만 모델링되는 높은 Reynolds 수의 **난류 유동** 영역에서 점성 유동 이론은 한계를 가진다.

기하 구조, 유체 부력 및 압축성은 모든 점성 유동에서 중요하지만 주요 제어 매개변수는 무차원 Reynolds 수이다.

$$Re_L = \frac{\rho UL}{\mu} \tag{1.1}$$

여기서 U는 속도 크기, L은 특징적인 기하학적 크기, ρ 및 μ는 각각 유체 밀도 및 점도를 나타낸다. 유체 물성만으로도 Reynolds 수와 결과적인 유동 패턴에 많은 차이가 발생할 수 있다. 예를 들어, 20°C에서 $U = 1$ m/s이고 $L = 1$ m이면 SAE-10 오일, 공기, 물에 대해 각각 $Re_L = 9 \times 10^3$, 7×10^4, 1×10^6의 값을 가진다. 크기와 속도의 변화를 통해 Reynolds 수는 작은 영역(떨어지는 먼지 입자)에서 5×10^9(순항하는 초대형 유조선)까지 다양한 값을 가질 수 있다. 주어진 기하학적 형상에서, Re_L이 증가함에 따라, 유동 패턴은 부드러운 또는 **층류** 영역에서 천이 영역을 통해 변동 또는 **난류** 영역으로 변화한다.

예 1 **얇은 에어포일을 통과하는 유동.** 그림 1.1(a)에서 도시화한 것 처럼 작은 입사각 $\alpha < 5°$을 가지고 얇은 에어포일을 지나는 유동을 고려해 보자. 이러한 경우 실제 응용에 있어서는 큰 Reynolds 수 Re_L를 가진다. 예를 들어, $L = 1$ m, $U = 100$ m/s, $\nu = \mu/\rho \approx 1.5 \times 10^{-5}$ m²/s(공기 20°C 및 1 atm)이면, $Re_L = 6.7 \times 10^6$이다. 이러한 상황에서 유동은 에어포일 표면 근처에 얇은 경계층과 하류의 얇은 후류를 생성한다. 포일에서 측정된 표면 압력 분포는 비점성유동 이론으로 예측할 수 있으며[예: White(2016), Sec. 8.7], 벽 전단 응력은 4~6장에서 배울 경계층 이론을 통해 계산할 수 있다. 그림 1.1(a)와 같이, 점성 유체는 이러한 날카로운 모서리를 돌아가지 못하고 대신

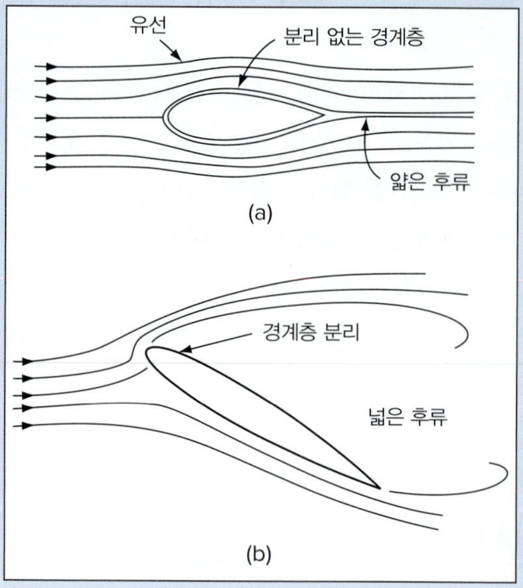

그림 1.1
얇은 에어포일을 통과하는 유동. (a) 낮은 입사각, 부드러운 유동, 분리 없음. (b) 높은 입사각, 상단 표면이 분리되거나 '실속' 발생, 양력 감소.

매끄럽게 접선 방향으로 떠나야 하기 때문에, 유동 패턴은 날카로운 후연(trailing edge)에 의해 결정된다.

비점성 이론에 따르면 만약 F가 대칭(2차원) 에어포일의 단위 깊이당 양력이면 무차원 양력 계수 C_L은 다음과 같이 주어진다.

$$C_L = \frac{F}{\frac{1}{2}\rho U^2 L} \approx 2\pi \sin(\alpha) \tag{1.2}$$

여기서 L은 에어포일의 현의 길이이다.

더 큰 입사각(10~15°)에서는 그림 1.1(b)와 같이 상부 또는 흡입(저압) 표면에서 경계층 분리 또는 실속이 발생하게 된다. 두꺼운 에어포일의 경우 일반적으로 후연에서 분리가 발생한다. 얇은 에어포일의 경우 선단(leading edge) 근처에서 부분적인 분리 또는 기포를 형성할 수 있다. 실속된 유동에서 상부 표면 압력 분포는 비점성 이론에서 크게 벗어나 양력 손실과 항력 증가를 초래한다.

에어포일 유동이 분리되면, 양력 계수는 최댓값에 도달한 후, 짧은 선단 기포가 갑자기 길어질 때, 때로는 점진적으로, 때로는 급격하게 감소한다. 그림 1.2에서는 대칭 에어포일에 대한 일반적

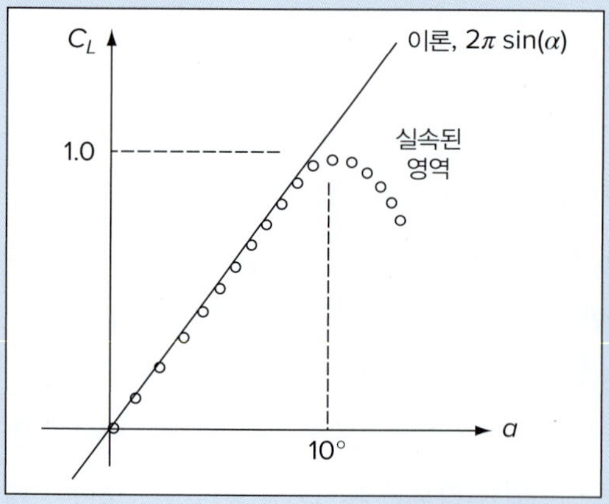

그림 1.2
대칭 에어포일에서의 양력 계수에 대한 이론과 실험의 전형적인 비교

인 이론 및 실험을 통한 양력 곡선을 비교하고 있다. 받음각이 실속 이하이면 비점성 이론으로 양력을 예측하고 경계층 이론으로 마찰을 예측할 수 있다. 실속의 시작 또한 예측할 수 있다. 그러나 정체된 영역에서는 경계층 이론이 더 이상 유효하지 않으며 실험이나 디지털 컴퓨터를 이용한 수치해석적 계산에 의존해야 한다.

그림 1.1과 1.2는 무한한 폭을 가진 2차원 에어포일을 보여주고 있다. 물론 실질적인 날개는 끝이 있고, 선단이 다가오는 유동에 휩쓸리거나 직각이 아닐 수 있다. 실질적인 날개에서의 유동은 3차원이며, 날개 끝에서의 양력 감소로 인하여 양력 계수가 감소하게 된다[White(2016), p. 558].

예 2 **원형 원통을 지나는 유동.** 유체공학에서 매우 일반적인 기하학적 형태는 반경 R의 원형 원통을 지나 U_∞ 속도로 흐르는 유동이다. 평면의 비점성 유동의 경우, 이론적 해는 극좌표로 주어지며 선 이중선(line doublet)과 균일한 유동을 중첩한 형태로 나타난다[White(2016), p. 539].

$$v_r = U_\infty\left(1 - \frac{R^2}{r^2}\right)\cos\theta \quad \text{및} \quad v_\theta = -U_\infty\left(1 + \frac{R^2}{r^2}\right)\sin\theta \tag{1.3}$$

이 유동의 유선은 그림 1.3과 같이 도시될 수 있다. 원통 표면 $r = R$에서 $v_r = 0$이고 $v_\theta = -2U_\infty \sin\theta$이다. v_θ는 여전히 유한한 값을 갖기 때문에 유체와 고체 사이의 분자간 힘에 의해 부여되는 점착 조건을 위반한다.

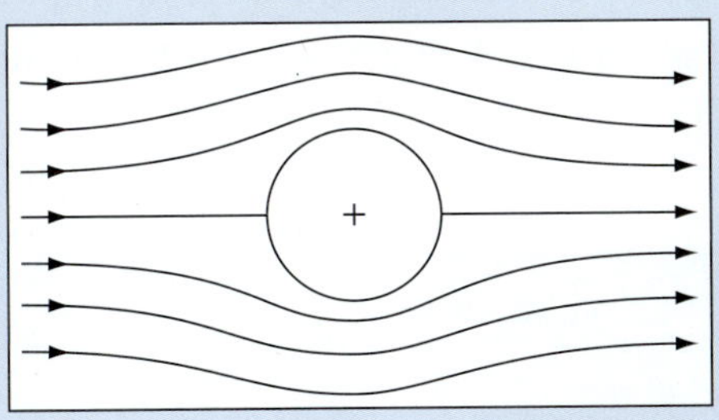

그림 1.3
원형 원통을 지나는 이상 유체 유동

원통 표면의 압력 분포는 Bernoulli의 방정식 $p + \frac{1}{2}\rho V^2 =$ 상수를 통해 구할 수 있다. 여기서 ρ는 유체 밀도이다. 압력 분포에 대한 결과는 다음과 같이 주어진다.

$$p_s = p_\infty + \tfrac{1}{2}\rho U_\infty^2(1 - 4\sin^2\theta) \quad \text{또는} \quad C_p = \frac{p_s - p_\infty}{\frac{1}{2}\rho U_\infty^2} = 1 - 4\sin^2\theta$$

이 분포는 그림 1.4에 대시-점선으로 표시되어 있다. 식 (1.3)은 자유 표면 또는 '사수(deadwater)' 영역이 없는 비점성 유동의 특성을 설명한다. Reynolds 수와 같은 매개변수나 유체 물성과는 무관하다. 또한 그림 1.4에서 $C_p(\theta)$의 대칭은 유동방향에서의 압력의 면적분한 형태의 원통 항력이 0임을 의미한다. 이것은 잠긴 물체를 지나는 비점성 유동에 대한 비현실적인 d'Alembert 역설의 예이다.

실험 결과는 이러한 비점성 대칭성과 상당히 다르며 Reynolds 수에 크게 의존한다. 그림 1.4는 두 Reynolds 수에 대해 Flachsbart(1932)가 측정한 C_p를 보여준다. 원통 후면 또는 내리바람 쪽의 압력은 모든 곳에서 자유 유동 압력보다 낮다. 따라서 d'Alembert 역설과 달리 실제 유체

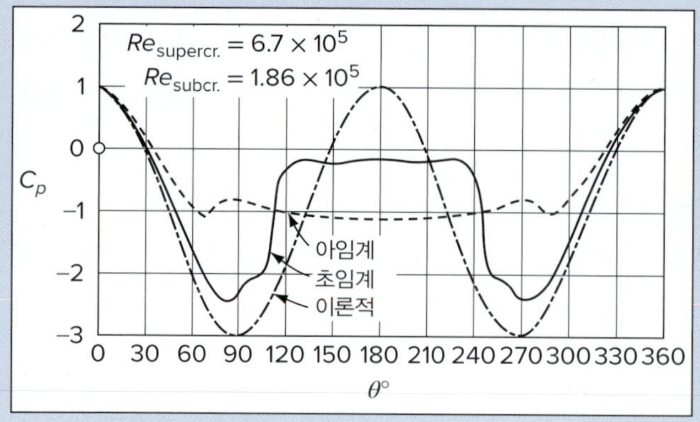

그림 1.4
이상 유체 이론과 원통의 압력 분포 실험 비교[Flachsbart(1932) 이후]

는 물체에 큰 압의 항력을 유발한다. 게다가, 실제 유선은 원통 뒤에서 대칭적이지 않다. 그림 1.5는 $Re_D = 170$에서 원통을 지나는 물의 유동 패턴을 수치적으로 시뮬레이션한 것이다. 이 유동은 뒤쪽 표면에서 끊어지거나 '분리'되어 넓고 맥동하는 후류를 형성한다. 유동에 평행한 **유맥선**과 유동에 수직인 **시간선**으로 튜브 입구에서 수소 기포를 방출하여 동일한 패턴을 시각화하였다[Nakayama(1988)]. 후류는 후방 표면의 상부와 하부에서 교대로 방출되는 한 쌍의 와류로 구성된다. 이 거리는 Kármán(1911)이 이 교대가 와류 쌍에 대한 안정적인 구성이라고 설명하는 논문을 따라 Kármán 와류 거리(vortex street)라고 불린다. 와류 거리는 $Re_D > 35$에서 시작하여 거의 모든 비유선형 물체의 유동에서 발생하고 그림 1.6에 표시된 것처럼 광범위한 Reynolds 수에 걸쳐 지속된다. Reynolds 수가 증가함에 따라 후류는 더욱 복잡해지고 난류가 되지만 $Re_D = 10^7$에서도 여전히 교대 방출을 확인할 수 있다.

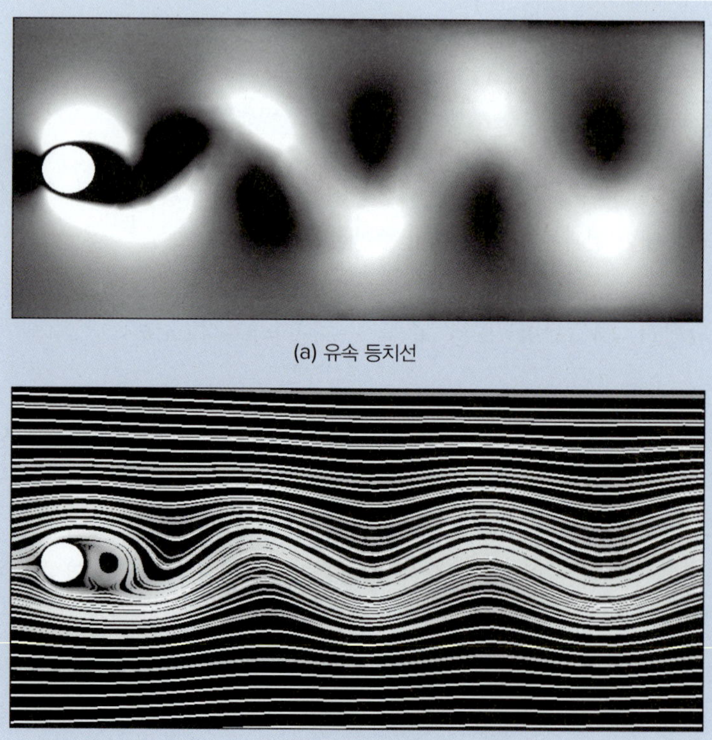

(a) 유속 등치선

(b) 유선

그림 1.5
교대 Kármán 와류 거리의 발달을 설명하는 $Re_D = 170$에서 원통을 지나는 유동에 대한 유속 등치선과 유선[Finite Volume Solver를 사용하여 T. Ramesh-Kumar와 J. Majdalani가 해석]

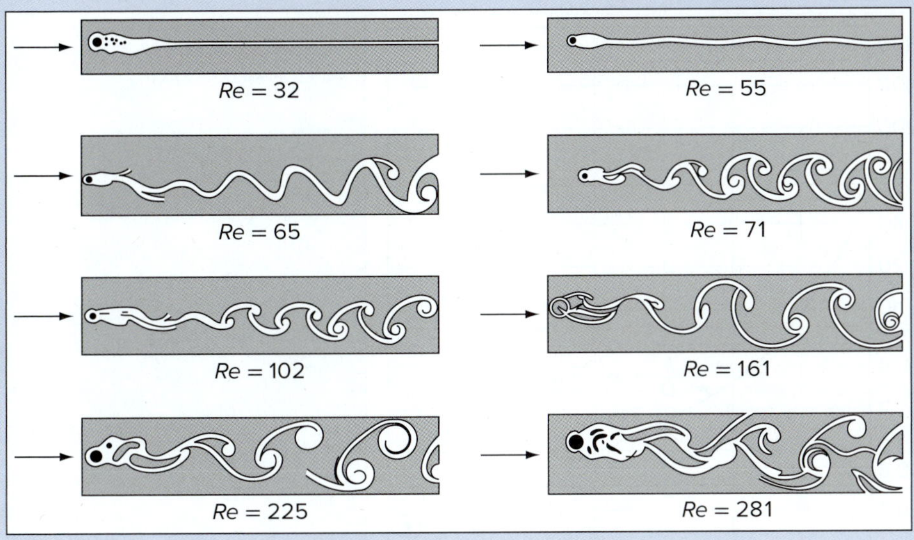

그림 1.6
원통을 지나는 유동에 대한 Reynolds 수의 영향[Homann(1936) 이후]

그림 1.7에서 볼 수 있듯이 무차원 원통 방출 주파수 또는 Strouhal 수는 100에서 10^5까지의 Reynolds 수에 대해 $St = fD/U \approx 0.2$ 부근에 해당한다. 따라서 방출 주파수는 자유 유동이 원통 직경의 약 5배를 이동하는 시간 동안 발생한다. 와류 방출은 고정되고 일정한 경계 조건에서 발생하지만 유동 불안정성으로 인해 비정상 거동으로 발전하는 많은 점성 유동의 특성이다. 이러한 이유로 그림 1.4의 압력 분포는 시간 평균값이다.

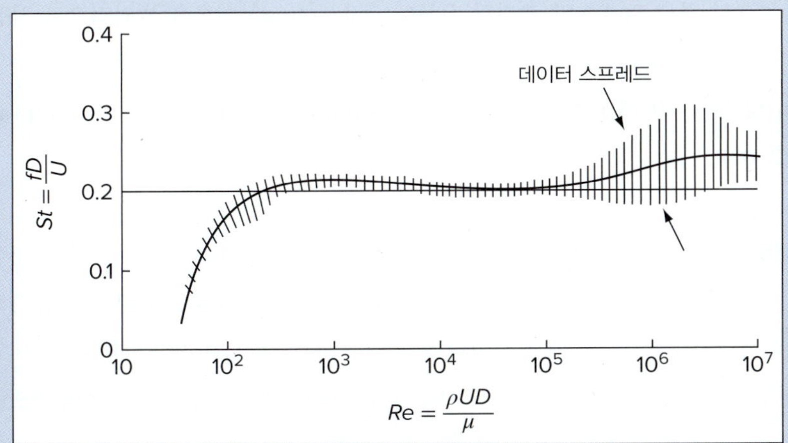

그림 1.7
원형 원통 뒤의 와류 방출 주파수에 대해 측정된 Strouhal 수

$C_D = F/(\rho U^2 RL)$로 정의되는 원통의 항력 계수를 광범위한 Reynolds 수에 대해 그림 1.8에 도시하였다. 매끄러운 벽에 대한 실선 곡선은 $Re_D \approx 2 \times 10^5$에서 전면 경계층이 난류가 될 때 발생하는 **항력 위기**(drag crisis)라고 불리는 급격한 하강을 보인다. 표면이 거칠면 항력 위기가 더 일찍 발생하는데, 이는 의도적으로 골프공의 움푹 패임에 의해 스포츠에서 이용된다. 그림 1.8에서 볼 수 있듯이 자유 유동 난류도 초기 항력 위기가 발생한다.

요약하자면, 원형 원통과 같은 비유선형 물체를 지나는 실제 유체 유동은 비점성 유동 예측과 현저하게 다를 수 있다. 매우 작은 점성력(전체 항력의 몇 퍼센트)은 실제로 물체 후면에서 분

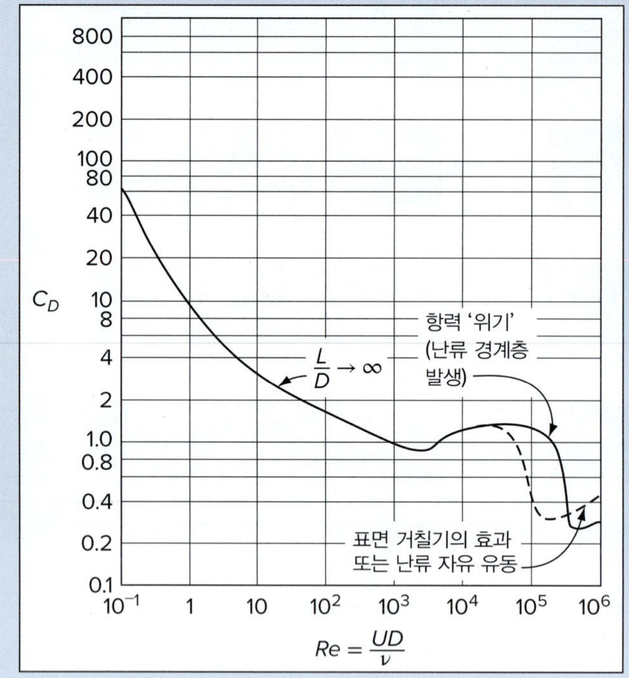

그림 1.8
원형 원통의 항력 계수

리 및 후류 형성을 유도하여 유동을 제어한다. 경계층 이론은 분리의 시작을 예측할 수 있지만, 표면-압력 분포는 비점성 이론(그림 1.4)과는 너무 현저하게 달라져 4장의 Prandtl의 매칭 체계는 정량적이지 못하다. $Re \ll 1$의 경우 Stokes의 크리핑 유동(creeping-flow) 이론을 효과적으로 사용할 수 있다(3-9절). 더 높은 Reynolds 수의 경우, 층류와 난류 유동의 수치해석적 모델링이 가능하다[Sidebottom, Oui 및 Jones(2015)]. 또한 일부 섭동 해(perturbation solution)도 가능하다[Van Dyke(1964), Nayfeh(2000)].

예 3 **원형 파이프 내부의 유동.** 그림 1.9에 도시된 저장고에서 튜브로 유입되는 정상 상태 점성 유동을 고려해 보자. 벽 마찰로 인해 점성층(층류)이 입구에서 형성되고 하류에서 두께가 증가하며, 튜브 내부에서 더 난류가 될 수 있다. 예 1 및 2의 **외부** 유동과는 달리, 이러한 **내부** 유동은 고체 벽에 의해 구속되며, 필연적으로 점성층이 어느 정도 거리 x_L에서 합쳐져야 튜브가 경계층으로

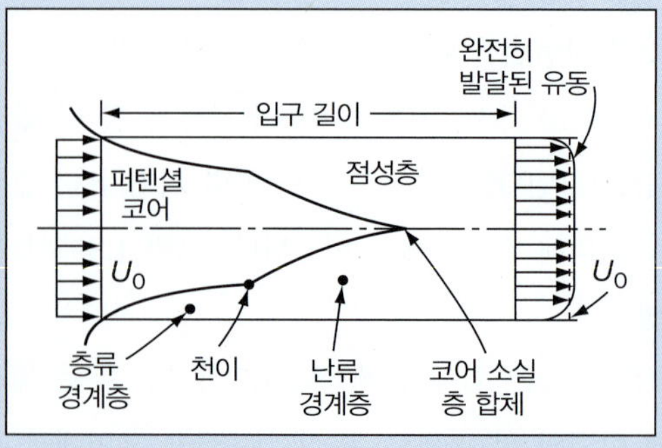

그림 1.9
튜브 입구 영역의 유동

완전히 채워진다. 점성층의 합체로부터 조금 더 하류로 내려가면, 유동 분포는 축 위치에 따라 변화하는 것을 멈추고 완전히 발달된 것으로 간주한다.

그림 1.9의 발달된 흐름은 난류로 끝나는데, 이는 일반적으로 Reynolds 수 $U_0 D/\nu > 2000$에서 발생한다. 더 낮은 *Re*에서는, 발달 영역과 발달된 영역 모두 층류으로 유지된다. 그림 1.10은 원형 튜브로 들어가는 균일한 유동의 전개를 보여준다. 벽 근처의 유체는 감속하는 반면 중앙의 유체는 가속한다는 점을 유의하라. 수치해석적으로 시뮬레이션된 유동 분포를 보면 유입구의 슬러그 유동에서 거의 포물선 모양의 하류로 바뀌는 것을 확인할 수 있다.

그림 1.10
Re = 1600에서 튜브 입구의 층류 발달 [요소 체적 솔버를 사용하여 T. Ramesh-Kumar와 J. Majdalani가 해석]

파이프 유동은 엔지니어링에서 일반적인 유동이다. 개발 및 개발된 층류 및 난류 조건 모두에 대한 일정한 면적의 덕트 유동 이론은 잘 공식화되어 있고, 두 조건에 대해 만족한다. 덕트 직경이 점점 가늘어지면 해석상의 어려움이 발생하게 된다. 테이퍼형 유동은 완전히 발달하지 못하고, 유동방향의 면적이 증가하면(아음속 디퓨저) 박리, 역류, 불안정 등이 유동 패턴을 복잡하게 만든다. '실속된' 디퓨저에서의 유동에 대한 스케치는 그림 1.11에 Kline 등(1959) 다음에 보여주고 있다. 디퓨저는 경계층 이론[Johnston(1998)] 또는 전산유체역학[Muggli(1997)]을 사용하여 수치해석 방법으로 해석할 수 있다. 덕트 면적이 유동 방향으로 감소하면(아음속 노즐) 유동 박리나 불안정성이 없으며 노즐은 기본 경계층 이론으로 쉽게 해석할 수 있다.

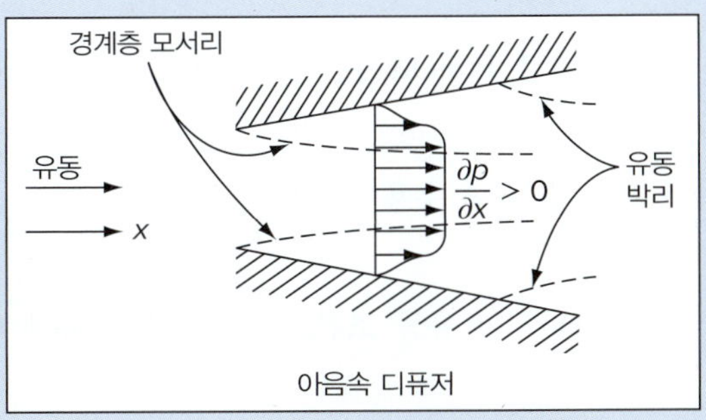

그림 1.11
디퓨저에서 유동 박리

1-3 유체의 성질

입문 물리학에서는 물질을 용기에 넣었을 때의 서로 다른 성질에 따라 고체, 액체, 기체의 세 가지 상태로 나눈 것이 일반적이다. 예를 들어, 이것은 열역학에서 유용한 분류인데, 세 가지 사이의 상태 관계가 크게 다르기 때문이다. 그러나 유체역학에서는 유체와 비유체(고체)라는 두 종류의 물질만 존재한다. 고체는 가해지는 전단력에 저항할 수 있고 정지상태를 유지할 수 있지만 유체는 그렇지 않다. 하지만 이 구별은 완전히 명확하지 않다. 상온에서 역청(타르 또는 아스팔트)으로 가득 찬 통을 생각해 보자. 역청은 바위처럼 단단해 보이고 그 위에 벽돌을 쉽게 올려놓을 수 있다. 그러나 벽돌이 며칠 동안 거기에 있으면 통 바닥에서 꺼내기가 어려울 것이다. 역청은 일반적으로 유체로 분류된다. 이번에는 금속 알루미늄을 고려해 보자. 상온에서 알루미늄은 외관상 견고하며 강도 한계 이하에서 적용된 전단 응력에 저항한다. 하지만 알루미늄의 용융점인 1200°F보다 훨씬 낮은 400°F에서 알루미늄은 가해진 응력하에서 부드럽고 지속적으로 흐르며 측정 가능한 점도를 갖는다. 납은 상온에서도 부드러운 점성의 크리프를 나타내기 때문에 고온은 금속의 유체 거동에 대한 기준이 아니다. 수은 또한 유체이며, 일반적인 물질보다 밀도 대비 점도(동점성계수)가 가장 낮다는 점에 유의하라.

따라서 이 책에서는 전단이 적용된 상태에서 지속적으로 흐르는 쉽게 인식할 수 있는 유체와 주로 관련이 있다. 전단이 진행될 때 부분적으로 흐르고 부분적으로 변형되는 경계 물질의 경우에는 약간의 주의가 필요하다. 모든 기체는 물, 기름, 휘발유, 알코올과 같은 일반적인 액체와 마찬가지로 실제 유체이다. 실제 유체가 아닐 수도 있는 액체 물질로는 유화액, 콜로이드, 고분자 용액, 슬러리 등이 있다. 재료의 유동과 변형에 대한 일반적인 연구는 점성 유동이 특별한 경우인 유변학의 주제에 해당한다[예를 들어 Owens와 Phillips(2002), Irgens(2013), 그리고 Spagnolie(2014)의 책 참조].

실제 유체로 국한해서, 그의 성질을 설명하고자 한다. 실제 유체의 성질은 다음과 같이 최소 네 가지 성질로 구성된다.

1. 운동학적 성질(선속도, 각속도, 와도, 가속도 및 변형률). 엄밀히 말하면 이것은 유체의 특성이라기보다는 유동장 자체의 특성이다.
2. 수송 성질(점도, 열전도도 및 질량 확산).
3. 열역학적 성질(압력, 밀도, 온도, 엔탈피, 엔트로피, 비열, Prandtl 수, 체적탄성계수 및 열팽창 계수).
4. 기타 성질(표면 장력, 증기압, 작은 와류 확산 계수 및 표면 수용 계수).

위 네 가지 성질 중 일부 항목은 실제 유체 성질이 아니지만 유동 조건, 표면 조건 및 유체 내 오염 물질에 따라 달라진다.

3번째 성질을 적용하기 위해서는 대비책이 필요하다. 엄밀히 말하면, 고전적인 열역학이 이 주제에 적용되지 않는다는 것은 약간의 우려의 문제가 있다. 왜냐하면 움직이는 점성이 있는 유체는 기술적으로 평형 상태에 있지 않기 때문이다. 다행히 국소적 열역학적 평형으로부터의 편차는 유동 체류 시간이 짧고 분자 입자의 수가 적은 경우(예: 희박 기체의 극초음속 흐름)를 제외하고 일반적으로 중요하지 않다. 그 이유는 통계적인 의미에서 상압에서의 기체는 상당히 밀도가 높기 때문이다. 한 면이 1 μm인 해수면 공기 입방체에는 약 10^8개의 분자가 포함되어 있다. 이러한 기체는 상태의 변화(심지어 충격의 변화)에 따라 빠르게 국소적인 평형을 이루게 되는데, 이는 짧은 거리에서 일어나는 엄청난 수의 분자 충돌 때문이다. 액체는 훨씬 더 밀도가 높기 때문에 이 책[†]에서는 열역학적 평형을 좋은 근삿값으로 받아들인다.

1–3.1 운동학적 성질

유체역학에서 첫 번째 관심사는 일반적으로 유체 속도이다. 반면에 고체역학에서는 고체 내의 입자가 비교적으로 단단한 방식으로 서로 결합되기 때문에 대신에 입자 변위를 따를 수 있다.

로켓 궤적의 강체 역학 문제를 고려해 보자. 로켓에 있는 3개의 비공선 입자의 경로를 풀면 하나가 완성되는데, 이는 3개의 입자 경로에서 다른 모든 입자 경로를 유추할 수 있기 때문이다. 개별 입자의 궤적을 따르는 방식을 운동에 대한 Lagrangian 기술이라고 하며, 고체역학에서 매우 유용한 것으로 입증되었다. 그러나 개별 입자 수를 추적하지 않는 한 유체역학에서는 실용적이지 않다.

이제 그 로켓의 노즐에서 흘러나오는 유체의 유동을 생각해 보자. 물론, 수백만 개의 개별 경로를 따라갈 수는 없다. 유체는 개별 경로가 매우 어렵고 종종 개별적으로 설명할 수 없는 무수한 입자로 구성되어 있다. 지상에 있는 관측자는 복잡하고 불안정한 유동을 인식하는 반면, 로켓에 고정된 관찰자는 매우 규칙적인 패턴의 거의 일정한 유동을 볼 수 있기 때문에 관점도 중요하다. 따라서 유체역학에서는 일반적으로 (1) 유동을 정상흐름으로 보일 수 있는 가장 편리한 좌표의 원점을 선택하고, (2) 무수한 입자 경로를 따라가는 대신 공간의 특정 위치에서 관심 있는 성질에 초점을 맞추어 위치와 시간의 함수로서 속도장만을 연구하는 것이 유용하다. 모든 고정점에서의 흐름을 시간의 함수로 설명하는 이 방식을 Eulerian 운동 공식이라고 한다. 이와 같이 필드(장) 또는 Eulerian 설명 방식은 공간의 주어진 지점에서 흐름의 속성을 시간의 함수로 기술하고자 한다. 결과적으로, 모든 필드 속성은 공간과 시간의 함수가 된다. 예를 들어 Eulerian 속도 벡터장은 다음 직교 좌표계 형태로 정의할 수 있다.

$$\mathbf{V}(x, y, z, t) = u(x, y, z, t)\,\mathbf{i} + v(x, y, z, t)\,\mathbf{j} + w(x, y, z, t)\,\mathbf{k} \tag{1.4}$$

(x, y, z, t)의 함수인 스칼라 변수 u, v 및 w에 대한 완전한 파악은 종종 유체역학의 문제에 대한 해결책이다. 고체역학에서와 같이 공간적 변위가 아니라 속도 성분을 나타내기 위해 표기법 (u, v, w)을 사용했음에 유의하라. 실제 변위는 유체 문제에서 거의 사용되지 않으므로 거의 논의되지 않는다.

Eulerian 또는 속도장 시스템은 확실히 유체역학에서 적절한 선택이지만, 수학적 복잡성이 추가된다. 질량, 운동량, 에너지 보존이라는 세 가지 역학의 기본 법칙은 고정된 동일성을 갖는 입자(계)에 대해 공식화된다. 즉, 본질적으로 Lagrangian 관점이다. 이 세 가지 법칙 모두 고정 입자에 대한 어떤 성질의 변화율과 관련이 있다. Q가 유체의 어떤 성질을 나타내도록 하자. 만약 (dx, dy, dz, dt)가 4개의 독립 변수의 임의의 변화를 나타낸다면, Q의 총 미분 변화는 다음과 같다.

$$dQ = \frac{\partial Q}{\partial x}dx + \frac{\partial Q}{\partial y}dy + \frac{\partial Q}{\partial z}dz + \frac{\partial Q}{\partial t}dt \tag{1.5}$$

† 그러나 화학 반응이나 핵 반응과 관련된 유동은 평형에 대한 더 넓은 이해를 필요로 한다. 이러한 유동은 일반적으로 반응 속도에 대한 지식을 포함하며 여기서 다루지 않는다.

의도적으로 고정된 동일성을 갖는 극소 입자를 따르고 있기 때문에, 공간적 증분은 다음과 같아야 한다.

$$dx = udt \quad dy = vdt \quad dz = wdt \tag{1.6}$$

식 (1.5)에 대입하여, 특정 요소 입자에 대한 Q의 시간 미분에 대한 적절한 표현을 찾는다.

$$\frac{dQ}{dt} = \frac{\partial Q}{\partial t} + u\frac{\partial Q}{\partial x} + v\frac{\partial Q}{\partial y} + w\frac{\partial Q}{\partial z} \tag{1.7}$$

양 dQ/dt은 고정된 유체 입자를 따르고 있다는 느낌을 불러일으키려는 모든 이름들인 **본질 미분, 입자 미분, 총 미분 또는 물질 미분**으로 다양하게 불린다. 이러한 느낌을 강화하기 위해 이 미분을 전통적으로 특수 기호 DQ/Dt로 표현한다. 이는 순전히 기억하기 위한 방법일 뿐 독자를 겁주기 위한 것이 아니다. 식 (1.7)에서 마지막 세 항은 속도가 0이거나 Q가 공간 변화가 없으면 사라지기 때문에 **공간 수송 또는 대류 미분**을 나타낸다 $\partial Q/\partial t$ 항은 **국소 미분**이라고 한다. 또한 다음과 같은 벡터 형태를 기억하길 바란다.

$$\frac{DQ}{Dt} = \frac{\partial Q}{\partial t} + (\mathbf{V}\cdot\nabla)Q \tag{1.8}$$

여기서 ∇는 직교 좌표에서 다음과 같이 주어지는 구배 연산자를 나타낸다.

$$\nabla \equiv \mathbf{i}\frac{\partial}{\partial x} + \mathbf{j}\frac{\partial}{\partial y} + \mathbf{k}\frac{\partial}{\partial z}$$

1-3.2 고정된 동일성을 가진 입자의 가속도

Q가 $\mathbf{V}$ 자체인 경우 첫 번째 운동학적 성질인 입자 가속 벡터를 얻을 수 있다.

$$\frac{D\mathbf{V}}{Dt} = \frac{\partial \mathbf{V}}{\partial t} + (\mathbf{V}\cdot\nabla)\,\mathbf{V} = \frac{Du}{Dt}\mathbf{i} + \frac{Dv}{Dt}\mathbf{j} + \frac{Dw}{Dt}\mathbf{k}; \qquad \mathbf{V}(\mathbf{r}, t) = \mathbf{V}(x, y, z, t) \tag{1.9}$$

가속도는 u, v, w 및 12개의 스칼라 미분, 즉 국소 미분 $\partial u/\partial t$, $\partial v/\partial t$, $\partial w/\partial t$과 $\partial u_i/\partial x_j$ 형태의 9개 공간 미분과 연관된다. 여기서 i와 j는 3개의 좌표 방향에 대해 반복하도록 조합할 수 있다. 앞으로는 단위 벡터를 나타내는 데 i, j 및 k를 사용하지 않고 대신 직교 좌표계를 사용할 것이다.

D/Dt의 대류 항은 변수 항의 비선형적 곱이기 때문에 불행하게도 수학적 어려움이 있다. 이러한 이유로, 대류 가속도가 유한한 점성유동은 특성상 비선형적이며 중첩 원리를 사용하여 해결할 수 없는 성가신 해석 문제를 발생시킨다. 또한 높은 Reynolds 수, 즉 난류 유동의 주요 특징인 연속 주파수 스펙트럼에서 결합된 진동 운동을 생성할 뿐만 아니라 정상 상태의 층류 유동에서도 고유하지 않은 해를 생성한다. 이러한 비선형 항은 점성 응력이 아닌 가속도를 의미한다. 점성유동 해석의 주요 장애물이 비점성 항에서 비롯된다는 것이 모순적이다. 점성 응력 자체는 점도와 밀도가 일정하다고 가정할 때 선형으로 유지된다.

마찰이 없는 유동에서도 비선형 대류 가속도는 여전히 존재하고 아래와 같은 유용한 벡터 항등식에서 볼 수 있듯이 예측 가능한 거동을 보인다.

$$(\mathbf{V}\cdot\nabla)\,\mathbf{V} \equiv \tfrac{1}{2}\nabla(\mathbf{V}^2) - \mathbf{V}\times(\nabla\times\mathbf{V}) \tag{1.10}$$

독자의 편의를 위해 유체역학과 관련된 몇 가지 다른 벡터 항등식을 부록 A에 제공한다. 앞으로 배우겠지만, $\nabla \times \mathbf{V}$ 항은 점도가 0일 때 종종 사라지고(비록 회전 비점성 유동도 존재하지만) 대류 가속도는 익숙한 Bernoulli 방정식의 운동에너지 항과 동일하게 남는다. 그러면 비점성 유동도 비선형이지만 비선형성은 선형인 속도장의 결정이 아닌 정적 압력의 계산에 국한된다.

만약 점성 유동이 수학적으로 모델링하기 어렵다는 것에 동의한다면, 점성유동 실험을 모델링하는 것이 매우 중요하다는 것을 알 수 있다. 이 시점에서 다음과 같은 질문을 할 수 있다. 모델 B_1 주변의 또는 통과하는 속도 분포 $\mathbf{V}_1$에 단순한 곱을 통해 유사한 형상을 갖지만 더 큰 크기를 갖는 모델 B_2 주변의 또는 통과하는 속도 분포 $\mathbf{V}_2$를 구할 수 있을까? 이를 위해 필요한 조건을 유사성이라고 하며, 이를 구하기 위한 조건은 2장에서 다룬다.

1-3.3 기타 운동학적 특성

고체역학에서와 마찬가지로 유체역학에서도 입자의 일반적인 운동, 변형 및 변형률에 관심이 있다. 고체 요소와 마찬가지로 유체 요소는 (1) 병진, (2) 회전, (3) 신장 변형 또는 팽창, (4) 전단 변형의 네 가지 유형의 운동 또는 변형을 겪을 수 있다. 이러한 네 가지 운동학적 유형은 기하학적으로 쉽게 구분할 수 있으며, 이는 이러한 유형들을 정의한 이유와 같다. 예를 들어 고체의 탄성 이론에 익숙한 독자는 유체 운동학적 특성에 대한 다음과 같은 분석이 고체 역학에서와 거의 동일하다는 것을 알게 될 것이다. xy평면에서의 운동에 대해 그림 1.12에 보인 것처럼 초기 시간 t에서 사각형 유체 요소와 시간 $t + dt$에서의 유체 요소를 고려해 보자. 이 유체 요소에 작용한 네 가지 유형의 운동을 정성적으로 확인할 수 있다. 기준 모서리 B가 새로운 위치 B'으로 이동하였다. 대각선 BD가 반시계 방향으로 회전하여 새로운 대각선 $B'D'$으로 위치하였다. 유체 요소가 확장되어 살짝 커졌다. 전단 변형률 때문에 사각형에서 마름모꼴 형태로 변형이 있었다.

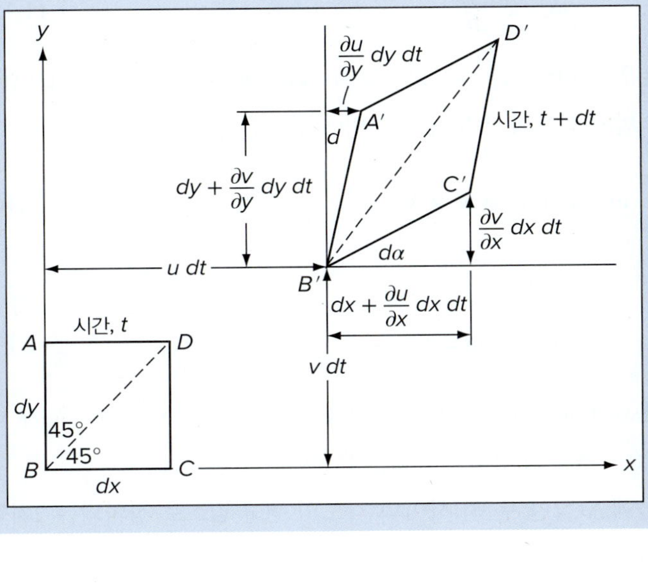

그림 1.12
유동 유체 요소의 변형

이제 정량적인 기준에서 논의해 보자. 각각의 경우에 최종 결과는 **율**(rate), 즉 시간에 대한 미분 형태라는 점에 유의하라.

병진은 점 B의 변위 $u\,dt$ 및 $v\,dt$로 정의된다. 병진 속도는 (u, v)이다. 3차원 운동에서 병진 속도는 (u, v, w)이다.

z축에 대한 요소의 각회전은 두 변 BC와 BA의 **평균** 반시계 방향 회전으로 정의된다. 그림 1.12에서처럼, BC는 $d\alpha$만큼 회전했고, 한편 BA는 시계 방향으로 회전했다. 즉 반시계 방향 회전은 $(-d\beta)$이다. 따라서 평균 회전은 아래와 같다.

$$d\Omega_z = \frac{1}{2}(d\alpha - d\beta) \tag{1.11}$$

여기서 하첨자 z는 z축에 평행한 축을 중심으로 한 회전을 나타낸다. $d\alpha$를 $d\beta$보다 의도적으로 더 크게 그렸기 때문에 그림 1.12에서 반시계 방향 회전을 실제로 인지할 수 있다. 그림 1.12를 참조하여, $d\alpha$와 $d\beta$ 모두 미적분 극한을 통해 속도 도함수와 직접적인 관련이 있다는 것을 알 수 있다.

$$d\alpha = \lim_{dt\to 0}\left(\tan^{-1}\frac{\frac{\partial v}{\partial x}dxdt}{dx + \frac{\partial u}{\partial x}dxdt}\right) = \frac{\partial v}{\partial x}dt \quad \text{및} \quad d\beta = \lim_{dt\to 0}\left(\tan^{-1}\frac{\frac{\partial u}{\partial x}dydt}{dy + \frac{\partial v}{\partial y}dydt}\right) = \frac{\partial u}{\partial y}dt \tag{1.12}$$

식 (1.12)를 식 (1.11)에 대입하면, z축 주위의 회전 속도(각속도)가 다음과 같이 주어진다는 것을 확인할 수 있다.

$$\frac{d\Omega_z}{dt} = \frac{1}{2}\left(\frac{\partial v}{\partial x} - \frac{\partial u}{\partial y}\right) \tag{1.13}$$

유사한 방식으로, x축과 y축에 대한 회전 속도는 다음과 같이 결정할 수 있다.

$$\frac{d\Omega_x}{dt} = \frac{1}{2}\left(\frac{\partial w}{\partial y} - \frac{\partial v}{\partial z}\right) \quad \text{및} \quad \frac{d\Omega_y}{dt} = \frac{1}{2}\left(\frac{\partial u}{\partial z} - \frac{\partial w}{\partial x}\right) \tag{1.14}$$

분명히, 이것들은 각속도 벡터 $d\mathbf{\Omega}/dt$의 각 방향에 따른 세 가지 성분이다. 3개의 계수 1/2은 성가신 요소이므로, 각속도의 두 배에 해당하는 양으로 작업하는 것이 일반적이다.

$$\boldsymbol{\omega} = 2\frac{d\mathbf{\Omega}}{dt} \tag{1.15}$$

유체 역학에서 중요한 관심사인 새로운 물리량 $\boldsymbol{\omega}$는 유체의 **와도**(vorticity)라고 한다. 식 (1.13)~(1.15)를 통해, 기본 벡터 미적분학에 의해 와도와 속도가 관련되어 있음을 알 수 있다.

$$\boldsymbol{\omega} = \text{curl}\,\mathbf{V} = \nabla \times \mathbf{V} \tag{1.16}$$

따라서 와도의 발산은 동일하게 사라진다.

$$\text{div}\,\boldsymbol{\omega} = \nabla \cdot \boldsymbol{\omega} = 0 \tag{1.17}$$

와도 벡터를 수학적으로는 **솔레노이드**(solenoidal)라고 말한다. 더욱이, 와도는 식 (1.10)을 통해 대류 가속도와 밀접하게 연결된다. $\boldsymbol{\omega} = 0$인 경우의 유동을 **비회전** 유동이라고 한다.

이제 변형되지 않은 상태에서 처음에 수직인 두 선 사이의 각도의 평균 감소로 정의되는 2차원 전단 변형을 고려해 보자. 변형률은 공간의 주어진 지점에서 유체 요소가 변형되거나 변형되는 속도를 나타낸다. 그림 1.12의 AB와 BC를 초기 선으로 하면 전단 변형 증가는 $\frac{1}{2}(d\alpha - d\beta)$로 추정할 수 있다. (x, y) 평면에서 **전단 변형률**은 다음과 같다.

$$\epsilon_{xy} = \frac{1}{2}\left(\frac{d\alpha}{dt} + \frac{d\beta}{dt}\right) = \frac{1}{2}\left(\frac{\partial \upsilon}{\partial x} + \frac{\partial u}{\partial y}\right) \tag{1.18}$$

마찬가지로, 전단 변형률의 다른 두 성분은 다음과 같다.

$$\epsilon_{yz} = \frac{1}{2}\left(\frac{\partial w}{\partial y} + \frac{\partial \upsilon}{\partial z}\right), \quad \epsilon_{zx} = \frac{1}{2}\left(\frac{\partial u}{\partial z} + \frac{\partial w}{\partial x}\right) \tag{1.19}$$

고체 역학과 유사하게 전단 변형률은 대칭성을 갖는다. 즉, $\epsilon_{ij} = \epsilon_{ji}$이다.

네 번째이자 마지막 입자 운동은 팽창 또는 신장 변형이다. 다시 그림 1.12를 참조하면, x방향의 신장 변형은 요소의 수평 변의 길이의 부분적 증분으로 정의되며, 이는 나머지 두 성분에 대해서도 유사하게 표현된다.

$$\epsilon_{xx}\, dt = \frac{[dx + (\partial u/\partial x)\, dx\, dt] - dx}{dx} = \frac{\partial u}{\partial x}\, dt \tag{1.20}$$

세 가지 **신장 변형률**은 다음과 같다.

$$\epsilon_{xx} = \frac{\partial u}{\partial x}, \quad \epsilon_{yy} = \frac{\partial \upsilon}{\partial y}, \quad \epsilon_{zz} = \frac{\partial w}{\partial z} \tag{1.21}$$

전체적으로 보면, 변형률은 신장과 전단 모두 대칭적인 2차 텐서를 구성하며, 이는 다음과 같은 행렬로 나타낼 수 있다.

$$\{\epsilon_{ij}\} = \begin{pmatrix} \epsilon_{xx} & \epsilon_{xy} & \epsilon_{xz} \\ \epsilon_{yx} & \epsilon_{yy} & \epsilon_{yz} \\ \epsilon_{zx} & \epsilon_{zy} & \epsilon_{zz} \end{pmatrix} \tag{1.22}$$

구성요소 크기는 축 x, y, z의 변화에 따라 다르지만, 응력 텐서[식 (2.14)] 및 탄성의 변형 텐서와 마찬가지로 변형률 텐서는 대칭 텐서의 변환 법칙을 따른다[예를 들어, Aris(1990), Spiegel 등(2009), 그리고 Haskell(2015)을 참조]. 특히, 축의 방향이나 선택에 독립적인 세 가지 불변량이 있다.

$$\begin{cases} I_1 = \epsilon_{xx} + \epsilon_{yy} + \epsilon_{zz} \\ I_2 = \epsilon_{xx}\epsilon_{yy} + \epsilon_{yy}\epsilon_{zz} + \epsilon_{zz}\epsilon_{xx} - \epsilon_{xy}^2 - \epsilon_{yz}^2 - \epsilon_{zx}^2 \\ I_3 = \begin{vmatrix} \epsilon_{xx} & \epsilon_{xy} & \epsilon_{xz} \\ \epsilon_{yx} & \epsilon_{yy} & \epsilon_{yz} \\ \epsilon_{zx} & \epsilon_{zy} & \epsilon_{zz} \end{vmatrix} \end{cases} \tag{1.23}$$

대칭 텐서의 또 다른 특성은 대각선 외의 항(이 경우 전단 변형률)이 사라지는 축의 집합이 하나만 존재한다는 것이다. 이들은 변형률 텐서가 다음과 같이 되는 **주축**으로 알려져 있다.

$$\begin{pmatrix} \epsilon_1 & 0 & 0 \\ 0 & \epsilon_2 & 0 \\ 0 & 0 & \epsilon_3 \end{pmatrix} \tag{1.24}$$

양 (ϵ_1, ϵ_2, ϵ_3)을 주 변형률이라고 한다. 이 특별한 경우, 3개의 텐서 불변량은 다음과 같다.

$$\begin{aligned} I_1 &= \epsilon_1 + \epsilon_2 + \epsilon_3 \\ I_2 &= \epsilon_1 \epsilon_2 + \epsilon_2 \epsilon_3 + \epsilon_3 \epsilon_1 \\ I_3 &= \epsilon_1 \epsilon_2 \epsilon_3 \end{aligned} \tag{1.25}$$

불변량을 알고 있는 경우, 식 (1.25)는 주 변형률를 구하는 데 필요하고 충분하지만 실제로 이를 구할 수 있는 훨씬 간단한 방법이 있다[Timoshenko와 Goodier(1970)].

끝으로, i와 j가 임의의 두 좌표 방향이며 간단한 표기법인 $u_{i,j} = \partial u_i / \partial u_j$를 채택한다면, 이 형태의 모든 속도 도함수는 다음과 같이 대칭 부분과 비대칭 부분으로 나눌 수 있다.

$$u_{i,j} = \frac{1}{2}(u_{i,j} + u_{j,i}) + \frac{1}{2}(u_{i,j} - u_{j,i}) \tag{1.26}$$

식 (1.26)을 식 (1.13), (1.14), (1.18), (1.19) 및 (1.21)과 비교함으로써, 식 (1.26)을

$$\frac{\partial u_i}{\partial x_j} = \epsilon_{ij} + \frac{d\Omega_{ij}}{\partial t} \tag{1.27}$$

와 같은 형태로 쓸 수 있음을 알 수 있다. 즉, 각 속도 도함수는 변형률과 각속도로 분해될 수 있다. 각속도는 요소를 왜곡시키지 않기 때문에 변형률만이 점성 응력을 유발하는데, 이는 2장에서 학습하게 될 것이다.

요약하면 유체 유동의 모든 운동학적 특성(가속도, 병진, 각속도, 팽창률 및 전단 변형률)이 유체 속도 벡터 $\mathbf{V} = (u, v, w)$와 직접적으로 관련되어 있음을 보였다. 이러한 관계는 (u, v, w)가 변위 벡터의 구성요소로 간주되는 경우 극소 고체 역학의 등가식과 동일하다. 유체와 고체 연속체 역학 사이의 이러한 유사성은 때때로 학생들이 일반적으로 더 친숙한 선형(Hookean) 탄성 방정식으로부터 점성 선형 유체에 대한 운동 방정식을 직접 도출하기 위해 사용된다. 독자의 편의를 위해 직교 좌표와 원통형 좌표에 대한 운동학적 표현을 부록 B에 요약해 놓았다.

1-3.4 유체의 수송 특성

소위 수송 특성이라고 불리는 세 가지 계수는 각각 운동량, 열, 질량의 이동, 즉 수송과 관련이 있기 때문에 이름이 붙여진 점성 계수, 열전도도, 확산 계수이다. 이 세 가지 계수 각각은 특정 성질의 플럭스 또는 수송을 해당 구배와 관계시킨다. 점성 계수는 운동량 플럭스를 속도 구배와 연관시키고, 열전도도는 열 플럭스를 온도 구배와 연관시키며, 확산 계수는 질량 수송을 농도 구배와 연관시킨다. 또한 운동량, 열 및 질량 플럭스 문제의 수학적 특성은 유사 방정식을 사용하여 유사하게 표현할 수 있는 경우가 많다.

1-3.5 점성 계수

비전문가는 경험을 통해 점성이 무엇을 의미하는지 알고 그것을 자유롭게 흐르는 유체의 능력과 연관시킨다. 중유는 캔에서 흘러나오는 데 오랜 시간이 걸리는 반면, 경유는 빨리 흘러나온다. 1919년 보스턴에서 당밀 탱크가 폭발했을 때[Shank(1954)], 그것은 역사상 가장 느린 홍수 중 하나였다. 점도는 또한 용암이 화산 입구에서 분출되는 거동에도 영향을 미친다. 마그마의 점도가 높을수록 폭발력이 크고 용암이 두꺼우며 화산이 가파를 수 있다. 점도가 흐름 시간에 비례한다는 개념은 석유 산업에서 널리 통행되는 관행이 되었다. 자동차 운전자가 점도가 SAE 30인 오일을 구매할 경우, 이는 지정된 온도에서 이 오일 60 mL가 컵 바닥에 있는 1.76 cm 구멍에서 흘러나오는 데 30초가 걸린다는 것을 의미한다. 이러한 실험은 오일과 같은 매우 점성이 있는 액체에 대해서는 편리하고 재현 가능하지만, 흐르는 데 걸리는 시간은 음속이 산비탈에서 메아리가 돌아오는 데 걸리는 시간인 것처럼 점도의 척도가 아니다. 컵 바닥에서 나오는 점성 액체의 유동이 현재 해석해가 존재하지 않는 어려운 문제라는 것은 흥미로운 사실이다.

점성에 대한 보다 근본적인 접근은 가해준 응력과 변형률을 연결하는 유체의 특성을 살펴보는 것이다. 해당 관계는 2-4절에서 고려한다. 실제로 유체와 고체의 주요 차이는 전단 응력이 아무리 작더라도 유체는 전단 응력이 가해지면 지속적으로 변형된다는 것이다. 유체에서 응력은 변형률(strain rate 또는 rate of deformation)에 비례하는 반면, 고체에서 응력은 변형 각도에 비례하며, 비례 상수는 단순히 전단 계수 또는 강성 계수로, 종종 G로 표시된다. 여기서 그림 1.13과 같이 두 판 사이에서 절단된 유체의 단순하고 널리 사용되는 예를 고려한다. 이 기하학적 구조 때문에 전단 응력 τ_{xy}가 유체 전체에 걸쳐 일정하다. 유속 $u = u(y)$는 x방향 성분이며 y에 따라서만 변한다. 따라서 이 유동에는 단일 유한 변형률만 있다.

$$\epsilon_{xy} = \frac{1}{2}\left(\frac{\partial u}{\partial y} + \frac{\partial v}{\partial x}\right) = \frac{1}{2}\frac{\partial u}{\partial y} = \frac{1}{2}\frac{du}{dy} \tag{1.28}$$

이 실험을 수행하면 모든 일반 유체에 대해 적용된 전단 응력이 변형률의 고유한 함수임을 알 수 있다.

$$\tau_{xy} = f(\epsilon_{xy}) \tag{1.29}$$

상부 판의 주어진 유속 V에 대해, τ_{xy}는 상수이므로, 이러한 유체에서 ϵ_{xy}, 즉 du/dy는 상수이므로, 결과적으로 유속 분포는 그림 1.13과 같이 판 전체에 걸쳐 선형적인 형태를 갖는다. 이는 식 (1.29)에서 함수 관계의 정확한 형태에 관계없이 사실이다. 점착 조건이 유지되면 유속 분포는 아

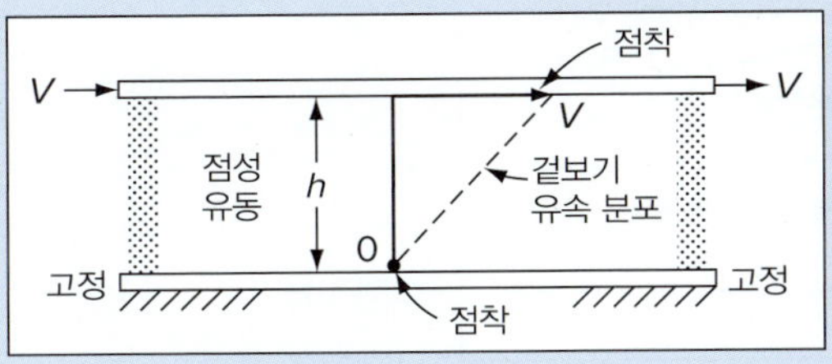

그림 1.13
두 판 사이에 절단된 유체

래쪽 벽의 0에서 위쪽 벽의 V까지 변한다(연습문제 1-16은 미끄러짐 경계 조건의 경우를 고려함). 다양한 값의 τ_{xy}를 반복적으로 실험한 결과 식 (1.29)의 함수 관계를 확립할 수 있었다. 물, 오일, 기체와 같은 단순 유체의 경우, 이 관계는 선형 또는 뉴턴(Newtonian) 관계를 갖는다.

$$\tau_{xy} \sim \epsilon_{xy} \quad \text{또는} \quad \tau_{xy} = \mu \frac{V}{h} = 2\mu\, \epsilon_{xy} = \mu \frac{du}{dy} \tag{1.30}$$

뉴턴 유체의 점성 계수라고 불리는 양 μ는 핸드북에서 유체의 점도를 나열할 때 흔히 인용하는 것이다(부록 C 참조). 실제로 벌크 유체 팽창과 관련된 두 번째 계수인 λ도 있지만, 실제로는 거의 접할 기회가 없다(2-4절 참조). 식 (1.30)은 μ의 차원이 응력-시간임을 보여준다. 미터법 단위로 $N \cdot s/m^2$ [또는 $kg/(m \cdot s)$], 영국식 단위로 $lbf \cdot s/ft^2$ [또는 $slugs/(ft \cdot s)$]. 환산 계수는 $1\ N \cdot s/m = 0.020886\ lbf \cdot s/ft^2$이다. 점성 계수 μ는 온도와 압력에 따라 달라지는 열역학적 특성을 가지고 있다. 일반 유체에 대한 데이터는 부록 C에 나와 있다. 기체의 경우 충돌 속도가 증가하면 운동 저항이 증가하기 때문에 μ는 T와 함께 증가한다. 그러나 액체의 경우, 더 높은 온도에서 분자들 사이의 추가된 간격이 액체층을 더 쉽게 미끄러지게 하기 때문에 μ는 T와 함께 감소한다. 단위가 m^2/s (또는 ft^2/s)인 동점성계수 $\nu = \mu/\rho$는 일반적으로 기체의 밀도가 낮기 때문에 더 큰 값을 보이는 경향이 있다. 반대로 수은의 경우 밀도가 높기 때문에 가장 낮은 동점성계수 값을 갖는다.

식 (1.29)의 함수 관계가 비선형인 유체를 비뉴턴(non-Newtonian) 유체라고 한다. 비뉴턴 유체 거동의 몇 가지 예가 그림 1.14에 도시되어 있다. 전단에 저항할 수 없는 실제 유체에 대한 곡선은 τ 대 ϵ 그래프의 원점을 통과해야 한다. 항복 유체라고 하는 다른 물질은 변형률이 0일 때 유한한 응력을 나타내며, 실제로는 부분적으로 유체이고 부분적으로 고체이다.

그림 1.14에서 유사가소성 유체(pseudoplastic fluid)라고 표시된 곡선은 응력이 증가함에 따라 기울기(국소 점도)가 감소하기 때문에 전단 박화 유체(shear thinning fluid)라고 한다. 박화 효과가 매우 강하면 점선으로 표시된 것처럼 유체를 플라스틱이라고 할 수 있다. 반대의 경우인 전단 농화 유체(shear-thickening fluid)는 일반적으로 팽창 유체(diltant fluid)라고 부른다.

또한 유한한 항복 응력과 유한한 변형률에서의 선형 곡선을 갖는 물질 또한 그림 1.14에서 보여준다. 이 이상화된 물질은 부분적으로 고체이고 부분적으로 유체인 빙엄 플라스틱(Bingham plastic)으로 알려져 있으며, 유동 조건에서 항복하는 물질의 분석 연구에 자주 사용된다. 항복 물질은 선형일 필요는 없지만 팽창 또는 유사가소성 거동을 보일 수 있다. 보다 구체적으로, 유체가 최소

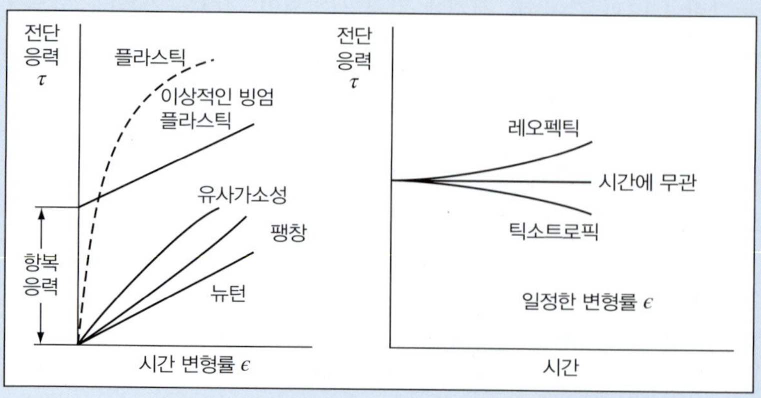

그림 1.14
다양한 재료의 점성 거동

전단 응력을 초과할 때까지 고체로 거동한 다음 응력과 변형률 사이에 엄격한 선형적인 관계를 나타내는 경우, 이상적인 빙엄 플라스틱(예: 점토 현탁액, 퍼티, 치약, 드릴링 머드, 시멘트 슬러리)이라고 불린다.

일부 비뉴턴 유체는 그들의 거동이 시간에 의존할 수 있다는 점에서 더 복잡하다. 변형률이 일정하게 유지되면 전단 응력이 변할 수 있으며, 그 반대의 경우도 마찬가지이다. 전단 응력이 시간에 따라 감소하는 유체를 **틱소트로픽**(thixotropic) **유체**라고 하고, 반대를 **레오펙틱**(rheopectic) **유체**라고 한다. 이러한 유체에 대한 곡선은 그림 1.14에도 도시되어 있다. 점탄성 유체는 응력을 방출한 후 부분적으로 원래 모양으로 돌아간다.

비뉴턴 유체의 거동에 대한 간단하지만 종종 효과적인 해석 접근법은 Ostwald와 de Waele의 멱법칙 근삿값이다.

$$\tau_{xy} \approx 2K\epsilon_{xy}^{n} \tag{1.31a}$$

여기서 K와 n은 일반적으로 혼합물의 경우 압력, 온도 및 조성에 따라 달라지는 재료 매개변수이다. 지수 n은 그림 1.14의 왼쪽에 있는 세 가지 경우를 나타낸다.

$$\begin{cases} n < 1 \text{ 유사가소성 유체} \\ n = 1 \text{ 뉴턴 유체}(K = \mu) \\ n > 1 \text{ 팽창 유체} \end{cases} \tag{1.31b}$$

식 (1.31a)는 원점 근처에서 비현실적이며, 여기서 유사가소성 유체는 무한한 기울기를 가지며 팽창 유체는 0의 기울기를 갖는다고 잘못 예측할 수 있다. 따라서 비뉴턴 유체에 대해 다른 많은 공식이 제안되었다. 그 예는 Hutton 등(1989) 또는 Bird 등(2007)을 참고하라. 비록 이 책이 주로 뉴턴 유체에 대한 학습에 초점을 맞추고 있지만, 독자들은 이러한 비뉴턴 유동에도 익숙해지길 권장한다.

1-3.6 온도와 압력의 함수로서의 점도

뉴턴 유체의 점성 계수는 분자 상호작용과 직접적인 관련이 있기 때문에 거시적인 의미에서 온도와 압력에 따라 변하는 열역학적 특성으로 간주될 수 있다. 기체와 액체의 수송 특성에 대한 이론은 여전히 개발 중이며, Hirschfelder 등(1954)에 의해 포괄적인 검토가 이루어졌다. 유체의 특성에 대한 광범위한 데이터는 Reid 등(1987)에 의해 제공되었다.

많은 종류의 유체를 적절하게 특성화하는 단일 함수 관계 $\mu(T, p)$는 없지만, 임계점 (T_c, p_c)와 관련하여 데이터를 무차원화함으로써 상당한 정확도(±20%)를 얻을 수 있다. 이러한 절차는 소위 대응 상태의 원칙[Keenan(1941)]이라고 하며, 주어진 물성(여기서 μ/μ_c)을 환원된 온도 및 압력인 T/T_c 및 p/p_c의 함수로 표현할 수 있다. 이 원리는 열역학에 기초하지 않고 단순히 차원해석과 실험적 관찰에서 비롯된 것이다. 임계점 부근에서 변화가 매우 빠르게 일어나기 때문에, T_c와 p_c는 대략적으로만 알 수 있으며, μ_c를 정확하게 측정하는 것은 본질적으로 불가능하다. 부록 C에는 가장 적합한 값으로 간주해야 하는 일반적인 유체에 대한 임계 상수(T_c, p_c, μ_c, k_c) 표가 포함되어 있다.

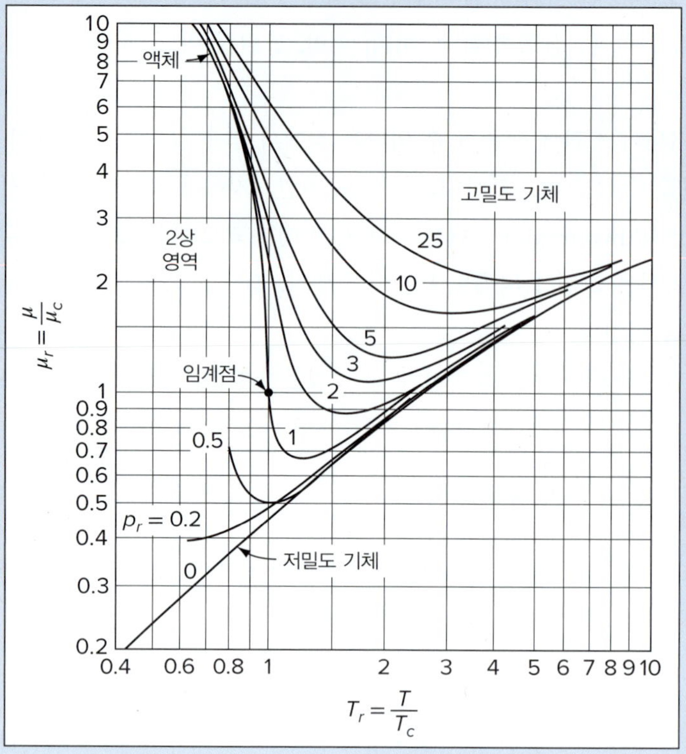

그림 1.15
다양한 환원 압력 $p_r = p/p_c$에 대한 환원 점도 대 환원 온도[Uyehara와 Watson (1944년) 이후]

그림 1.15는 환원 온도 T/T_c 및 환원 압력 p/p_c 대비 환원 점도 μ/μ_c의 상관관계를 보여준다. 앞서 기술한 바와 같이 주어진 유체에 대한 정확도는 약 ±20%이다. 이 그림에서 다음과 같은 일반적인 설명을 얻을 수 있다.

1. 액체의 점도는 온도에 따라 급격히 감소한다.
2. 저압(희석) 기체의 점도는 온도에 따라 증가한다.
3. 점도는 압력에 따라 항상 증가한다.
4. 임계점 근처에서는 정확도가 극도로 떨어진다.

대부분의 유체에서 p_c가 10 atm보다 크기 때문에(부록 C) 전형적인 기체 유동 문제는 그림 1.15의 낮은 감소 압력 및 저밀도 한계 곡선에 해당한다. 따라서 예를 들면, 공기역학에서는 기체 점도의 압력 의존성을 무시하고 온도 변화만을 고려하는 것이 일반적이다.

1-3.7 저밀도 한계

희석 기체의 운동 이론은 현재 매우 정교하며, Hirschfelder 등(1954), Present(1958), Brush(1972)와 같은 몇몇 훌륭한 문헌의 주제가 되었다. Maxwell로 거슬러 올라가는 일부 이론에 따르면, 점도의 거시적 개념은 유체의 분자들 사이에서 발생하는 운동량 교환의 통계적 평균과 관련이 있다. 희석 기체의 경우 점도는 밀도 ρ, 평균 자유 경로 ℓ 및 기체의 음속 a에 비례하는 것으로 밝혀졌다. 비극성 기체에 대해 허용되는 근삿값은 Maxwell의 원래 표현을 약간 수정한 것이다.

$$\mu = 0.67\rho\ell a \tag{1.32}$$

곱 $\rho\ell$값은 희석 기체에 대해 거의 일정하지만 Chapman과 Cowling(1970)의 보다 정교한 계산에 따르면 온도에 따라 약간 달라지는 것으로 나타났다.

통상적인 계산의 경우 희석 기체의 점도에 대한 일반적인 근삿값은 다음과 같이 멱법칙으로 표현할 수 있다.

$$\frac{\mu}{\mu_0} \approx \left(\frac{T}{T_0}\right)^n \tag{1.33}$$

여기서 n은 0.7 정도이고 T_0 및 μ_0은 기준값이다. 이 공식은 또한 Maxwell에 의해 제안되었으며 나중에 Rayleigh에 의해 순전히 차원 기반으로 추론되었다. 표 1.1은 주어진 온도 범위에서 달성된 정확도뿐만 아니라 다양한 기체에 대한 n의 경험값을 보여준다.

Sutherland(1893)는 이상화된 분자간 힘 퍼텐셜을 사용하여 두 번째로 널리 사용되는 운동 이론 근삿값을 개발했다. 최종 공식은 다음과 같다.

$$\frac{\mu}{\mu_0} \approx \left(\frac{T}{T_0}\right)^{3/2} \frac{T_0 + S}{T + S}, \quad \mu_{\text{air}}\,[\text{Pa}\cdot\text{s}] = \frac{0.006584}{T[\text{K}] + 110.6}\left(\frac{T[\text{K}]}{273.1}\right)^{1.5} \tag{1.34}$$

여기서 S는 Sutherland 상수라고 불리는 유효 온도이며, 이는 기체의 특징이다. 정확도는 동일한 온도 범위에서 식 (1.33)보다 약간 더 높다. 일반 기체에 대한 S값도 표 1.1에 나와 있다. 덜 일반적인 기체에 대해서는 부록 C에 표로 표시되어 있다.

이러한 희석 기체 공식은 단일 성분 물질에 대해서만 엄격하게 유효하다. 공기의 두 가지 주요 성분인 산소와 질소는 거의 동일한 이원자 분자이기 때문에 공기는 이를 적용할 수 있다. 성분이 현저하게 다른 기체의 혼합물의 경우, 혼합 점도는 성분의 농도에 따라 크게 달라진다. Bird 등(2007)은 기체 혼합물의 수송 특성에 대한 연구를 진행하여 보고하였다.

표 1.1 기체에 대한 멱법칙 및 Sutherland 법칙 점도 매개변수[식 (1.33) 및 (1.34)]†

기체	T_0[K]	μ_0[N·s/m²]	n	오차 %, 온도 범위 [K]	S[K]	2% 오차에 대한 온도 범위
공기	273	1.716×10^{-5}	0.666	±4 210~1900	111	170~1900
아르곤	273	2.125×10^{-5}	0.72	±3 200~1500	144	120~1500
CO_2	273	1.370×10^{-5}	0.79	±5 209~1700	222	190~1700
CO	273	1.657×10^{-5}	0.71	±2 230~1500	136	130~1500
N_2	273	1.663×10^{-5}	0.67	±3 220~1500	107	100~1500
O_2	273	1.919×10^{-5}	0.69	±2 230~2000	139	190~2000
H_2	273	8.411×10^{-6}	0.68	±2 80~1100	97	220~1100
증기	350	1.120×10^{-5}	1.15	±3 280~1500	1064	360~1500

출처: Hirschfelder 등(1954)의 데이터

† 목록화된 최대 온도 이상의 데이터는 없다. 표시된 최소 온도 미만의 공식은 정확하지 않다.

1-3.8 열전도도 계수

열역학에서 열 유동이 온도 변화, 즉 온도 구배의 결과라는 것은 잘 알려진 사실이다. 이것은 공식적으로 열 플럭스와 구동 온도 구배 사이의 비례성, 즉 Fourier 법칙으로 표현할 수 있다.

$$\mathbf{q} = \frac{\dot{\mathbf{Q}}}{A} = -k\nabla T \tag{1.35}$$

여기서 **q**는 단위 면적당 열전달의 벡터 속도를 나타내고 양 k는 두 번째 전달 계수인 열전도도를 나타낸다. 1차원 공간에서 **q**는 다음과 같이 간략한 형태로 표현할 수 있다.

$$q = -k\frac{\partial T}{\partial x} \approx -k\frac{T(x+\Delta x) - T(x)}{\Delta x} = k\frac{T(x) - T(x+\Delta x)}{\Delta x} \tag{1.36}$$

이는 $T(x) - T(x + \Delta x) > 0$일 때 열이 양의 부호를 가지므로, 열이 온도가 감소하는 방향으로 흐르는 것을 의미한다. 고체 물질은 그들의 열전도도가 공간적으로 변할 때 종종 이방성 또는 방향 민감성을 보이는 경우가 많다.

$$\mathbf{q}_{\text{sol}} = -\left(k_x\frac{\partial T}{\partial x}, k_y\frac{\partial T}{\partial y}, k_z\frac{\partial T}{\partial z}\right) \tag{1.37}$$

다행히도, 유체는 등방성, 즉 방향 특성이 없기 때문에, k는 점성과 마찬가지로 온도와 압력에 따라 변하는 열역학적 특성으로 볼 수 있다. 게다가, 점성과 매우 유사하게, 일반 유체는 그림 1.16

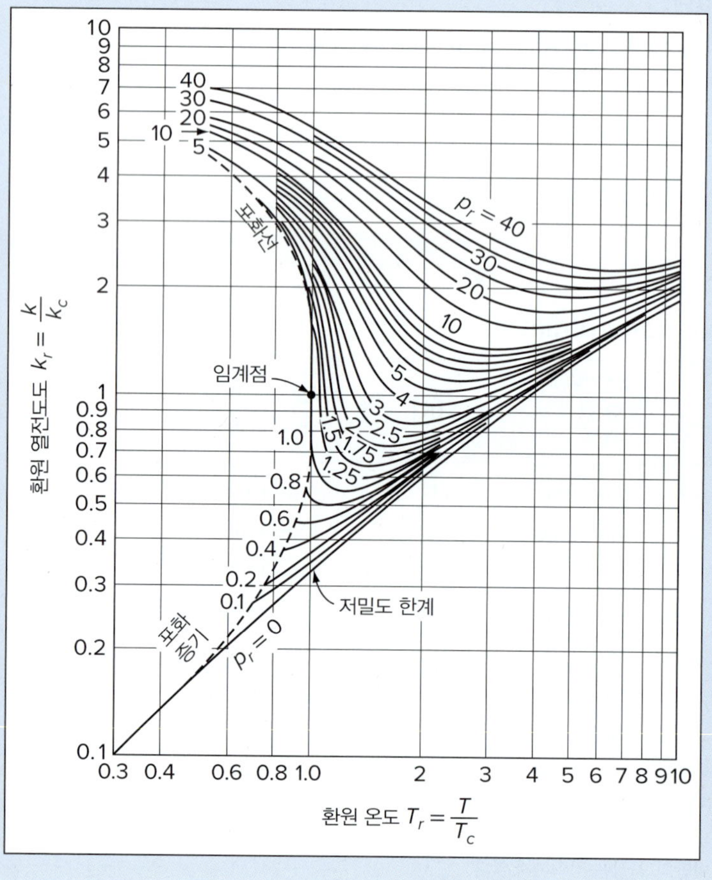

그림 1.16
환원 열전도도 대 환원 온도[Owens와 Thodos(1957) 이후]

에서 보는 것처럼 그들의 임계 특성과 상관관계가 있다. 참고로, 실제 수치는 상당히 다르지만, 그림 1.15에 대한 일반적인 설명은 그림 1.16에도 적용된다. k에 대한 저밀도 한계는 이 책에 제시된 문제에 적용 가능하며, 희석 기체의 운동 이론이 다시 한번 적용된다.

식 (1.35)를 살펴보면 열전도도 k가 도당 길이당 시간당 에너지의 차원을 가져야 한다는 것을 알 수 있는데, 일반적인 공학 단위는 W/(m · K) 또는 Btu/(h · ft · °R)이다. 미터식 단위에서 영국식 단위에 대한 환산 계수는 다음과 같다.

$$1\ \mathrm{W/(m \cdot K)} = 0.5778\ \mathrm{Btu/(h \cdot ft \cdot {}^\circ R)} \tag{1.38}$$

또한 k는 점도와 비열 간의 곱의 차원을 가지며, 이들의 비는 Prandtl 수라 불리는 기본 매개변수를 의미한다.

$$Pr = \frac{\mu c_p}{k} \tag{1.39}$$

이 매개변수는 길이와 속도 척도가 아닌 유체 특성만을 포함한다. 앞에서 살펴보았듯이, Prandtl 수는 열전달 계산에서 중요하지만 마찰 계산에는 중요하지 않다.

희석 기체의 전도도에 대한 운동 이론은 점도 해석과 매우 유사하며 다음과 같이 표현할 수 있다.

$$Pr \approx \frac{\mu c_p}{k} = \frac{(\mu/\rho)}{k/(\rho c_p)} = \frac{\nu}{\alpha} = \frac{4\gamma}{15\gamma - 15} \qquad \gamma = \frac{c_p}{c_v} \tag{1.40}$$

여기서 $\nu = \mu/\rho$ 및 $\alpha = k/(\rho c_p)$는 각각 동점도 및 열확산도를 나타낸다. 이 식은 Prandtl 수와 기체의 비열비인 γ를 연관시킨다. 실제로, 이는 그림 1.17에 표시된 Prandtl 수에 대한 좋은 근삿값

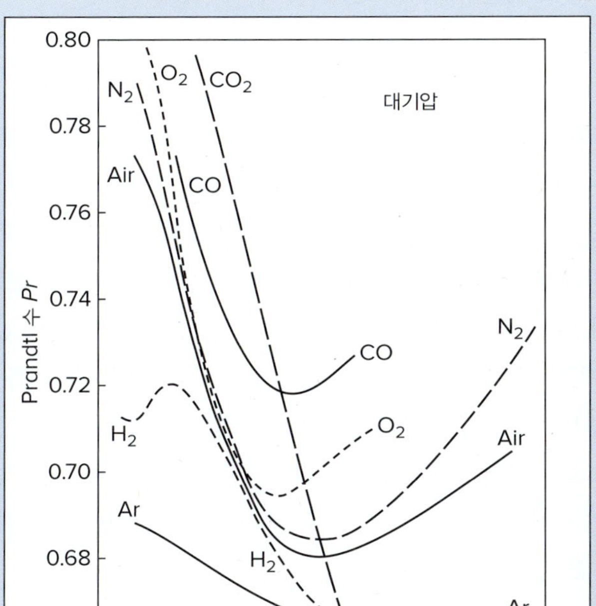

그림 1.17
일곱 가지 기체에 대한 Prandtl 수 대 온도 [Hilsenrath 등(1955)]

표 1.2 기체에 대한 멱법칙 및 Sutherland 법칙 열전도도 매개변수[식 (1.41a) 및 (1.41b)]

기체	T_0 [K]	k_0[W/(m·K)]	n	오차 %, 온도 범위 [K]	S[K]	2% 오차에 대한 온도 범위
공기	273	0.0241	0.81	±3 210~2000	194	160~2000
아르곤	273	0.0163	0.73	±4 210~1800	170	150~1800
CO_2	273	0.0146	1.30	±2 180~700	1800	180~700
CO	273	0.0232	0.82	±2 210~800	180	200~800
N_2	273	0.0242	0.74	±3 210~1200	150	200~1200
O_2	273	0.0244	0.84	±2 220~1200	240	200~1200
H_2	273	0.168	0.72	±2 200~1000	120	200~1000
증기	300	0.0181	1.35	±2 300~900	2200	300~700

출처: White(1988)의 데이터

으로 볼 수 있다.

희석 기체를 사용한 통상적인 계산의 경우, 점성 데이터와 상관관계가 있는 멱법칙과 Sutherland 법칙을 열전도도에 사용할 수도 있다.

멱법칙:
$$\frac{k}{k_0} \approx \left(\frac{T}{T_0}\right)^n \tag{1.41a}$$

Sutherland 법칙:
$$\frac{k}{k_0} \approx \left(\frac{T}{T_0}\right)^{3/2} \frac{T_0 + S}{T + S} \tag{1.41b}$$

정확도는 기체에 따라 2~4%이다. 표 1.2는 일반적인 기체에 대한 n, S, k_0, T_0의 값과 White (2016)의 데이터와 비교했을 때의 정확도를 보여준다.

1-3.9 질량 확산 계수

세 번째이자 마지막 수송 계수는 분자 교환으로 인한 질량의 이동과 관련있다. 질량 또는 성분 확산(mass or species diffusion)이라고 불리는 이 과정은 임의의 분자 운동 때문에 유체에서 지속적으로 발생한다. 방의 주어진 부분에 있는 공기는 지속적으로 일부 입자를 잃고 다른 입자를 얻으므로, 주어진 부피의 특정 성분은 항상 변한다. 확산은 두 성분 이상의 가변적인 혼합물이 포함될 때 거시적으로 분명해진다. 황화수소 기체가 다른 쪽에서 방출되는 동안 우리가 방의 한쪽에 서 있으면 황화수소가 우리 쪽으로 확산되어 반대편으로 확산되는 공기 일부를 대체하면서 곧 냄새를 감지할 수 있다. 질량의 전달은 동일하고 반대이다. 즉, 확산은 성분의 동등한 교환이며, 이 경우 최종 상태는 방 전체에 걸쳐 공기와 황화수소의 균일한 혼합일 것이다. 확산 속도는 평균 분자 속도 $\bar{c}$와 같지 않고 훨씬 느리다. 많은 분자 충돌이 평균 자유 경로인 짧은 거리에서 발생한다. 따라서 황화수소는 한 번에 하나의 자유 경로로 점진적으로 '전진'한다.

혼합물의 비율에 구배가 있을 때, 즉 농도 구배가 있을 때, 질량 확산이 발생한다. 자주 사용되는 농도에는 두 가지 다른 정의가 있다. (1) 부피 농도 $\rho_i = m_i/\vartheta$ = 단위 부피당 성분 i의 질량 및 (2) 질량 농도 $C_i = \rho_i/\rho$ = 혼합물의 단위 질량당 성분 i의 질량. 두 번째 정의 또는 질량 농도는

1보다 작거나 같은 무차원 분수라는 것 외에는 다른 이유가 없다면 이 책에서 더 유용하게 사용될 것이다. 점도 및 열전도도와 유사하게, 단위 면적당 질량 확산이 국소 농도 구배에 비례한다고 가정할 수 있으며, 벡터 형태로 다음과 같이 표현할 수 있다.

$$\frac{\dot{\mathbf{m}}_i}{A} = -D\nabla(\rho_i) \tag{1.42}$$

여기서 $\dot{\mathbf{m}}_i$는 농도가 감소하는 방향(마이너스 부호를 설명함)으로 성분 i의 질량 플럭스를 나타낸다. 물리량 D는 질량 확산 계수(coefficient of mass diffusivity)라고 불리며 (길이)^2/시간의 차원를 가지며 일반적으로 초당 제곱피트 또는 초당 제곱센티미터의 단위를 사용한다. 식 (1.42)는 Fick의 확산 법칙이라고 한다.

질량 농도($C_i = \rho_i/\rho$)의 관점에서, 식 (1.42)는 다음과 같이 수정할 수 있다.

$$\frac{\dot{\mathbf{m}}_i}{A} = -D\nabla(\rho C_i) = -(\rho C_i)\, D\,\frac{\nabla C_i}{C_i} = -\rho_i D\nabla(\ln C_i) \tag{1.43}$$

여기서 'ln'은 자연 로그를 나타낸다. 단위 면적당 질량 플럭스는 밀도와 속도의 곱과 같기 때문에 정의에 따라 다음과 같이 쓸 수 있다.

$$\frac{\dot{\mathbf{m}}_i}{A} = \rho_i \mathbf{V}_i \tag{1.44}$$

여기서 $\mathbf{V}_i$는 성분 i의 확산 속도를 나타낸다. 이 단순화된 형태로, Fick의 법칙을 다음과 같이 표현할 수 있다.

$$\mathbf{V}_i = -D\nabla(\ln C_i) \tag{1.45}$$

이는 1차원 공간에서 확산 속도는 단위 거리당 성분의 상대적 농도 차이에 비례한다는 것을 보여준다. 즉,

$$V_i = -D\,\frac{d\ln(C_i)}{dx} = -\frac{D}{C_i}\frac{dC_i}{dx}$$

확산 계수 D는 동점도 ν 또는 열확산도 $\alpha = k/(\rho c_p)$와 같은 차원을 갖는다. 결과적으로, 그들의 비율은 Prandtl 수와 마찬가지로 유체 확산 문제에서 다음과 같은 중요한 무차원 매개변수를 산출한다.

$$\text{Schmidt 수:}\quad Sc = \frac{\mu}{\rho D} = \frac{\nu}{D} \quad \text{및} \quad \text{Lewi 수:}\quad Le = \frac{\rho c_p D}{k} = \frac{\nu}{\alpha} \tag{1.46}$$

Schmidt 수는 점성 확산과 질량 확산을 연관시키고, Lewi 수는 질량 확산과 열 확산의 상대적 크기를 비교한다.

1-3.10 액체의 수송 특성

액체 수송 특성의 이론적 해석은 기체 수송 특성의 이론적 해석만큼 발전되지 않았다. 기체와 달리 액체 분자는 밀도가 높기 때문에 강한 분자간 힘에 의해 지배된다. 기체에서 매우 중요한 충돌에 의한 운동량 전달은 액체에서 부차적이다. 액체 운동 이론은 Bird 등(2007)과 Reid 등(1987)의

책에 요약되어 있다. 그러나 이 이론은 주어진 액체의 특성을 다른 열역학적 데이터를 기반으로 예측할 수 없다는 점에서 아직 정량적이지 않다.

데이터가 없는 경우에는 그림 1.15와 1.16에서 주어진 환산 온도 및 압력 그래프를 사용하는 것이 좋다. 그림 1.15와 1.16의 정확도는 약 20%이다. 그러나 데이터 측정값을 보정할 수 있는 경우 경험식에 정확하게 맞출 수 있다.

$$\text{액체:} \qquad \ln\left(\frac{\mu}{\mu_0}\right) \approx a + b\left(\frac{T_0}{T}\right) + c\left(\frac{T_0}{T}\right)^2 \quad \text{또는} \quad \mu \approx \mu_0 e^{a+b\left(\frac{T_0}{T}\right)+c\left(\frac{T_0}{T}\right)^2} \tag{1.47}$$

여기서 (μ_0, T_0)은 기준값이고 (a, b, c)는 무차원 곡선 맞춤 상수이다. 비극성 액체의 경우 $c \approx 0$, 즉 선형 그래프를 갖는다.

예를 들어, 부록 C에 대기압에서 물의 점도를 표로 정리하였다. 이러한 데이터 세트를 식 (1.47)에서 제시한 방식으로 도시한 결과를 그림 1.18에서 보여준다. 그래프는 거의 선형이며, 곡선에 적합한 값은 다음과 같다.

$$a = -2.10, \quad b = -4.45, \quad c = 6.65 \tag{1.48}$$

이는 $T_0 = 273$ K 및 $\mu_0 = 0.00179$ kg/(m · s)에 해당한다. 부록 표 C.1의 데이터와 비교했을 때 곡선 적합의 정확도는 ±1%이다.

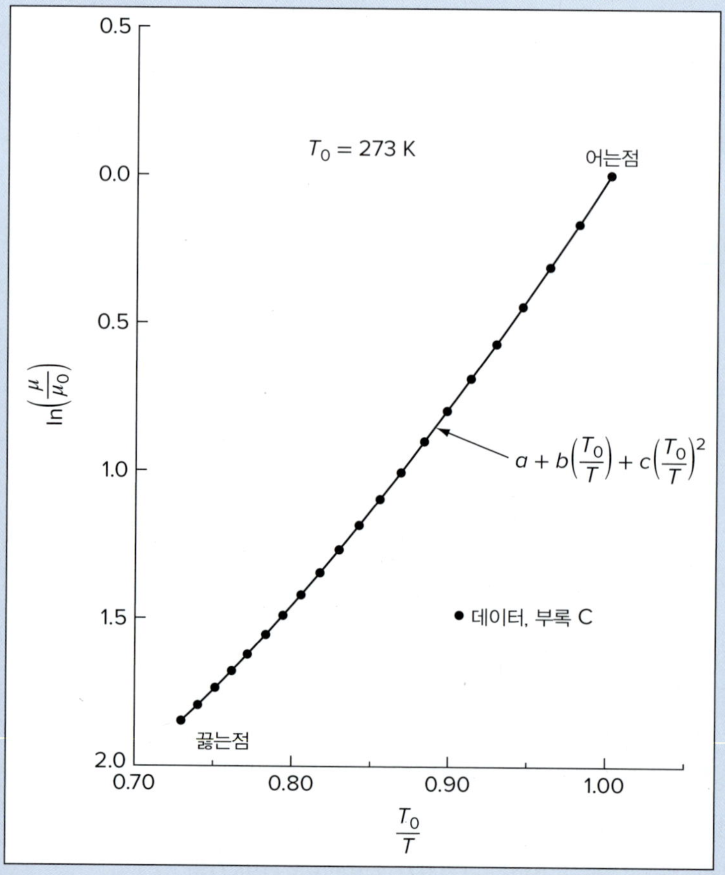

그림 1.18
식 (1.47)에 의해 제안된 방식으로 물의 점도의 경험적 그래프

식 (1.47)은 예를 들어 부록 그림 C.5의 물 데이터에서 볼 수 있듯이 액체의 열전도도에 적합하지 않을 수 있다. Reid 등(1987)은 다음과 같은 간단한 선형 맞춤을 사용할 것을 권장하였다.

$$k_{\text{liq}} \text{ 또는 } D_{\text{liq}} \approx a + bT \tag{1.49}$$

이는 적어도 제한된 온도 범위에서 정확할 것이다.

1-3.11 열역학적 성질

앞서 언급했듯이, 점성 유동은 본질적으로 기술적으로 평형 상태에 있지 않지만, 정상 밀도에서는 평형 상태와의 편차가 무시할 수 있을 정도로 작다. 이에 대한 두 가지 예외는 화학적으로 반응하는 유동과 강한 충격파에서와 같이 매우 갑작스러운 상태 변화이다. 그러나 일반적으로 운동 중인 점성 유체는 일반 평형 열역학과 관련된 특성을 가진 순수한 물질이라고 가정하는 것이 매우 합리적이다. 이 주제에서 가장 중요한 성질은 압력, 밀도, 온도, 엔트로피, 엔탈피 및 내부 에너지이다. 이 여섯 변수 중 2개는 실험적(또는 이론적) 상태 방정식을 통해 다른 모든 변수가 따르는 독립 변수로 간주할 수 있다. 2장에서는 p와 T를 주요 변수로 간주하는 것이 편리하겠지만, 엄밀히 말하면 이것이 완벽한 선택은 아니다.

열역학 제1법칙은 다음과 같이 쓸 수 있다.

$$dE = dQ + dW \quad \text{여기서} \quad \begin{aligned} dE &= \text{시스템 내부 에너지의 변화} \\ dQ &= \text{시스템에 추가된 열} \\ dW &= \text{시스템으로 행해진 일} \end{aligned} \tag{1.50}$$

극소 변화를 가진 정지상태의 물질에 대해, 다음과 같이 쓸 수 있다.

$$dQ = TdS, \qquad dW = -pd\vartheta \tag{1.51}$$

여기서 ϑ는 부피를 나타내고 $d(\vartheta/m) = d(\rho^{-1}) = -\rho^{-2}d\rho$를 나타낸다. 이 항들을 식 (1.50) 및 $e = E/m$, $s = S/m$ 및 $\rho = m/\vartheta$를 사용하여 단위 질량 기준으로 결과를 정리하면 다음과 같은 식을 구할 수 있다.

$$de = Tds + \frac{p}{\rho^2}\,d\rho \tag{1.52}$$

이는 미분 과정을 위해 결합된 제1법칙과 제2법칙의 한 형태이다. 식 (1.52)는 다음과 같은 단일 상태 관계

$$e = e(s, \rho) \tag{1.53}$$

만으로도 유체를 열역학적으로 정의하는 데 충분하다는 것을 의미한다. 두 변수의 미적분 측면에서, 다음 식

$$de = \frac{\partial e}{\partial s}\,ds + \frac{\partial e}{\partial \rho}\,d\rho \tag{1.54}$$

와 식 (1.52)를 비교하여, 아래와 식을 통해 온도와 압력을 추출할 수 있다.

$$T = \left.\frac{\partial e}{\partial s}\right|_\rho \qquad p = \rho^2 \left.\frac{\partial e}{\partial \rho}\right|_s \tag{1.55}$$

이후 엔탈피는 다음 정의로부터 추론할 수 있다.

$$h = e + \frac{p}{\rho} \tag{1.56}$$

따라서 모든 열역학적 성질은 일정한 밀도 ρ에 대한 선에 대한 e대 s의 단일 차트로부터 결정할 수 있다. 따라서 식 (1.53)은 정준 상태 방정식(canonical equation of state)이라고 한다.

식 (1.56)을 사용하여 식 (1.52)에서의 de를 제거하면 다음과 같이 더 잘 알려져 있는 정준 상태 방정식을 얻을 수 있다.

$$dh = Tds + \frac{1}{\rho}dp \tag{1.57}$$

다시, 미적분 과정을 통해 다음과 같은 표준 관계

$$h = h(s, p) \tag{1.58}$$

로부터 아래와 같은 다른 모든 성질들을 구할 수 있다.

$$T = \left.\frac{\partial h}{\partial s}\right|_\rho, \quad \frac{1}{\rho} = \left.\frac{\partial h}{\partial p}\right|_s \quad \text{및} \quad e = h - \frac{p}{\rho}, \tag{1.59}$$

이 경우 일정한 압력 p의 선에 대한 h 대 s의 차트를 통하여 해당 물질에 대한 성질을 정의할 수 있다. 이러한 그래프는 매우 잘 알려져 있으며, 처음 제안한 독일 공학 교수인 Richard Mollier(1863-1935)의 이름을 따서 Mollier 차트라고 한다.

그림 1.19는 공기에 대한 Little(1963)의 Mollier 차트를 보여준다. Hilsenrathet 등(1955)은 여덟 가지 일반적인 기체에 대한 성질을 나열하였다. 그림 1.19는 앞에서 설명한 바와 같이 열역학적으로 충분한 일정 압력 선만 보여준다. 그러나 출판을 위해 이러한 Mollier 차트를 준비할 때는 다른 선(일정한 밀도, 온도 및 음속)을 포함하는 것이 일반적이다. Harvey 등(2014)은 물과 증기에 대한 정보를 제공하였다.

1-3.12 부차적인 열역학적 성질

또 다른 열역학적 성질이 특히 완전 기체 법칙과 같은 이상화된 상태 방정식과 함께 유동 분석에 자주 사용된다. 이 중 두 가지는 아래와 같은 일정한 압력과 일정한 부피에서의 비열이다.

$$c_p = \left.\frac{\partial h}{\partial T}\right|_p \quad \text{및} \quad c_v = \left.\frac{\partial e}{\partial T}\right|_v \tag{1.60}$$

물론 이는 열이 아니라 에너지 변화의 표현이다. 아래와 같이 표현되는 비열비는 고속(압축성)의 유동 문제에서 중요한 무차원 매개변수의 역할을 한다.

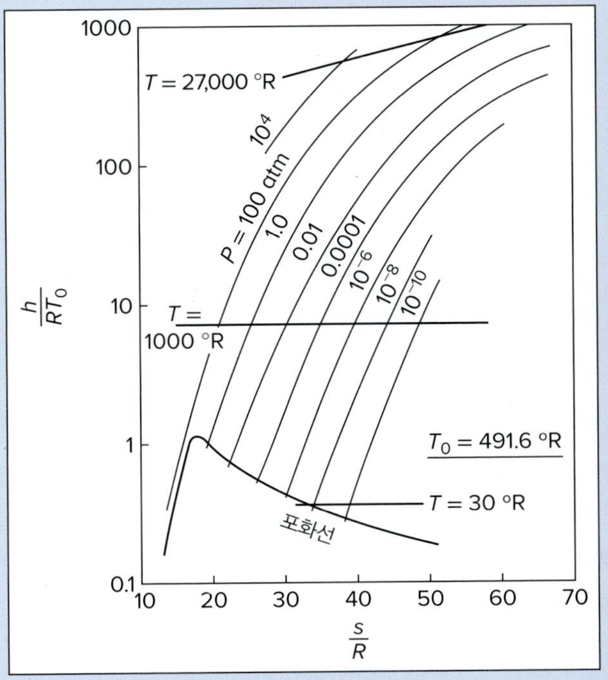

그림 1.19
평형 공기에 대한 Mollier 차트[Little(1963) 이후]

$$\gamma = \frac{c_p}{c_v} \tag{1.61}$$

이 비율은 모든 유체에 대해 1.0과 1.7 사이에 있다. 거의 비압축성인 액체의 경우 $c_p \approx c_v$ 및 $\gamma \approx 1.0$이다. 그림 1.20은 절대 온도의 함수로서 다양한 기체에 대한 대기압에서의 γ값을 보여준다.

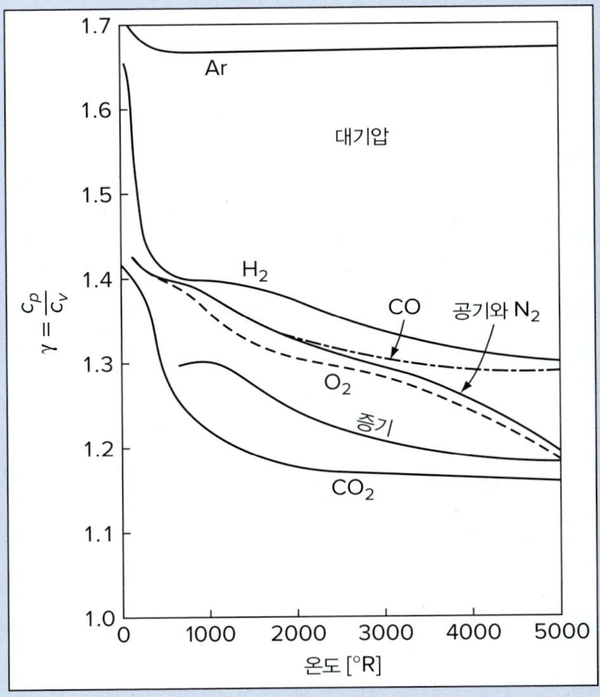

그림 1.20
여덟 가지 일반 기체의 비열비[Hilsenrath 등 (1955)의 데이터]

이 그림은 γ의 압력에 대한 의존성은 매우 약하며, 광범위한 온도 변화에 대한 근삿값(γ = 상수)이 꽤 정확함을 보여준다.

사소하지만 중요한 또 다른 열역학적 성질은 미소 압력 펄스의 전파 속도로 정의되는 **음속** a이다[White(2016), Sec. 9.2].

$$a^2 = \left.\frac{\partial p}{\partial \rho}\right|_s \tag{1.62}$$

식 (1.62)의 편미분은 다루기 다소 불편하므로, 아래와 같은 대체 관계식을 사용할 수 있다.

$$a^2 = \gamma\left(\frac{\partial p}{\partial \rho}\right)_T \tag{1.63}$$

우리는 식 (1.62)와 (1.63)이 열역학 측면에서 동일하다는 것을 증명할 수 있을 것이다. 점성 유동은 일반적으로 등엔트로피가 아니기 때문에 음속은 점성 해석에 있어 자연스러운 요소가 아니라 Mach 수와 마찬가지로 완전 기체 관계를 가정하여 도입한다.

1-3.13 완전 기체

모든 일반 기체는 적어도 일부 유한 영역에서 다음과 같은 소위 이상 또는 완전 기체 법칙을 상당히 정확하게 따른다.

$$p = \rho RT \tag{1.64}$$

여기서 R은 기체 상수라고 한다. 식 (1.64)는 희석 기체의 운동 이론[예, Kauzmann(2012)]에서 확고한 이론적 근거를 가지고 있으며, 경험적으로 간주해서는 안 된다. 기체 상수 R는 다음과 같이 기체의 분자량 M으로 나타낼 수 있다.

$$R_{\text{gas}} = \frac{R_0}{M_{\text{gas}}} \tag{1.65}$$

여기서 R_0는 Boltzmann 상수와 유사한 보편 상수이다. R_0의 값은 아래와 같다.

$$R_0 = 8{,}314\ \text{J/(kmol}\cdot\text{K)} \tag{1.66}$$

이는 법칙에 잘 맞는 기체가 없기 때문에 많은 유효 숫자를 갖는다. 식 (1.64)와 (1.65)는 등가 분자량이 아래와 같이 질량 분율 $C_i = \rho_i/\rho$의 항으로 적절하게 정의된 경우, 기체 혼합물에도 적용 가능하다.

$$M_{\text{mix}} = \frac{1}{\sum(C_i/M_i)} \tag{1.67}$$

몰분율 x_i(혼합물 1몰당 성분 i의 몰 수)의 관점에서 아래와 같은 관계를 구할 수 있다.

$$M_{\text{mix}} = \sum x_i M_i \tag{1.68}$$

전형적인 예로, 상온의 공기는 약 78%의 질소, 21%의 산소, 1%의 아르곤 몰분율을 가지고 있다.

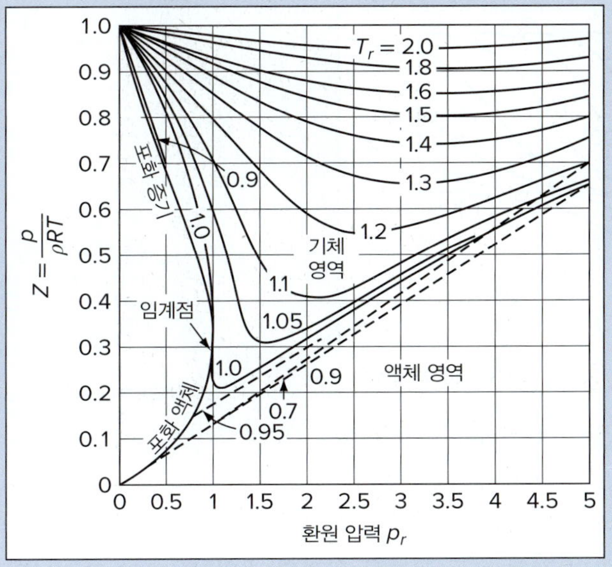

그림 1.21
기체의 압축 계수[Weber(1939) 이후]

그런 다음, 식 (1.68)로부터 아래와 같이 공기의 분자량을 구할 수 있다.

$$M_{\text{air}} = 0.78(28.016) + 0.21(32.000) + 0.01(39.944) = 28.97$$

여기서

$$R_{\text{air}} = \frac{8314}{28.97} = 287 \text{ J}/(\text{kg}\cdot\text{K}) = 1716 \text{ ft}\cdot\text{lbf}/(\text{slug}\cdot{}^\circ\text{R})$$

이 값은 상온 건조 공기에 대해 허용되는 값이다.

식 (1.64)에 따르면 기체에 대한 소위 압축 계수 Z는 1이어야 한다.

$$Z = \frac{p}{\rho RT} \tag{1.69}$$

실제로 Z는 온도와 압력에 따라 0에서 4.0 이상까지 다양하다. 정확도를 높이기 위해 Z는 임계값으로 정규화되고 환원 온도 및 압력이라고 하는 환원 변수 $p_r = p/p_c$ 및 $T_r = T/T_c$의 함수만 사용한다. 이는 모든 기체를 대표하는 그림 1.21 및 1.22에 도시되어 있다. 이러한 수치를 살

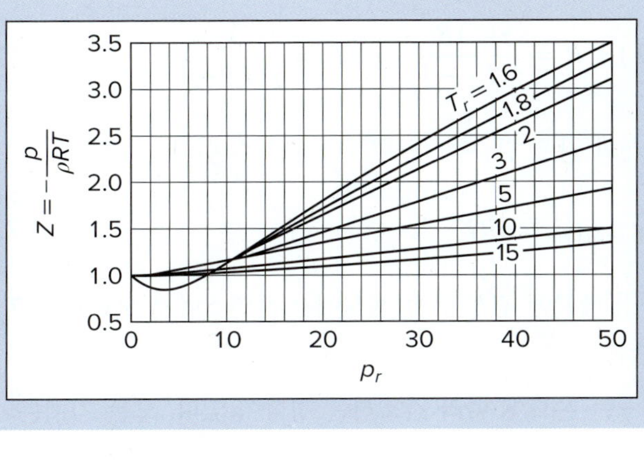

그림 1.22
더 높은 p_r 및 T_r에서의 압축성[Weber(1939) 이후]

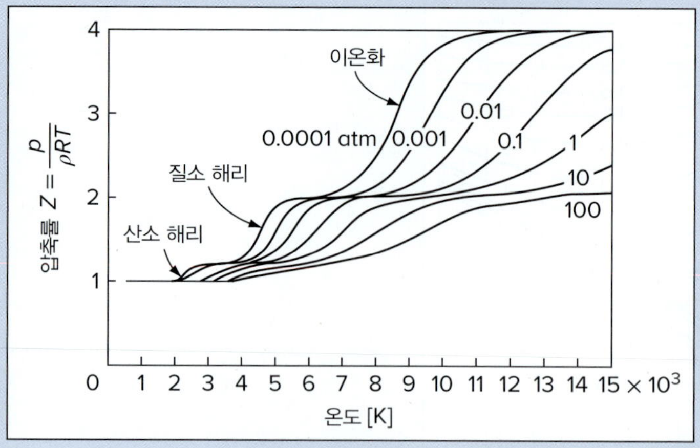

그림 1.23
공기의 계산된 압축률[Hansen(1958) 이후]

펴보면, 완전 기체 법칙($Z = 1$)이 대부분의 점성 유동 문제와 관련된 범위인 $1.8 \leq T_r \leq 15$ 및 $0 \leq p_r \leq 10$ 범위에서 ±10%로 정확하다는 것을 알 수 있다. 온도가 높을수록 더 작은 입자로 해리되어 Z값이 현저하게 높아질 수 있는 다원자 분자에 대해서는 좀 더 주의 깊게 살펴보아야 한다. 예를 들어 공기 중에서 해리는 두 번 발생한다. 2000 K에서는 $O_2 \rightarrow 2O$이고 4000 K에서는 $N_2 \rightarrow 2N$이다. 그림 1.23은 Hansen(1958)이 계산한 공기의 압축률을 보여준다. O_2와 N_2가 해리된 위치를 보여주는 첫 번째와 두 번째 정체기에 주목하라. 이 효과는 저압에서 특히 강하다.

1-3.14 완전 기체의 기타 성질

완전 기체 법칙[식 (1.64)]의 직접적인 결과로서 많은 유용하고 간단한 관계를 얻을 수 있다. 비열은 아래와 같이 오직 온도만의 함수로 제한된다.

$$c_p = c_p(T) \qquad \text{및} \qquad c_v = c_v(T) \tag{1.70}$$

따라서 식 (1.60)으로부터 다음과 같은 관계를 구할 수 있다.

$$de = c_v\, dT \qquad \text{및} \qquad dh = c_p\, dT \tag{1.71}$$

또한 아래와 같이 비열비, 정압비열, 정적비열 모두 온도만의 함수이다.

$$\gamma = \gamma(T), \quad c_p(T) = c_v(T) + R = \frac{\gamma(T)R}{\gamma(T) - 1}, \quad c_v(T) = \frac{R}{\gamma(T) - 1} \tag{1.72}$$

마지막으로, 식 (1.63)으로부터 음속은 아래와 같은 단순한 형태로 나타낼 수 있다.

$$a^2_{\text{perfect gas}} = \gamma RT \tag{1.73}$$

완전 기체 관계는 합리적인 정확도와 단순성 때문에 점성 유동 해석에서 자연스럽게 선호된다. 7장에서 '완전 기체 법칙'을 많이 사용할 것이다.

그림 1.20에서 보는 바와 같이, 비열비 γ는 온도에 따라 감소하는 경향이 있다. 모든 기체는 상

당히 완전하기 때문에 온도에 따라 c_p와 c_v가 증가해야 한다는 식 (1.72)를 따른다. 또한 R는 식 (1.65)로부터 알 수 있기 때문에, 그림 1.20을 이용하여 c_p 및 c_v를 정확하게 계산할 수 있다.

끝으로, 앞서 설명한 그림 1.17은 다양한 일반 기체에 대한 온도 대비 Prandtl 수 $Pr = \mu c_p/k$를 보여준다.

1-3.15 체적탄성계수

음파 전파와 관련된 유동 문제에서 압력 증가에 따른 밀도 변화를 나타내는 열역학적 성질을 도입하는 것이 유용하며, 이러한 성질이 **체적탄성계수**(bulk modulus) K이다.

$$K = \rho\left(\frac{\partial p}{\partial \rho}\right)_T \tag{1.74}$$

식 (1.63)으로부터, 음속을 K를 이용하여 다음과 같이 표현할 수 있다

$$a^2 = \gamma K/\rho \tag{1.75}$$

여기서 γ는 액체 및 고체에 대해 1.0으로 간주할 수 있다.[‡] 액체의 경우, K는 상당히 일정하며, 압력과 온도에 따라 살짝 변한다. 물의 경우 적절한 평균값은 $K = 2.2 \times 10^9$ Pa이다. $\gamma = 1.0$이고 물의 평균 밀도가 998 kg/m^{3}이라고 가정하면, 물 속의 음속을 약 1480 m/s로 계산할 수 있다. 완전기체의 경우, 식 (1.73)과 (1.75)는 모두 음속의 제곱인 $\gamma K/\rho = \gamma RT$ 또는 $K = \rho RT = p$와 같으므로 간단히 등식화하여 $K = p$임을 쉽게 확인할 수 있다.

1-3.16 열팽창 계수

자연 대류는 온도 차이에 의해 생성된 부력으로 인해 유동 패턴이 발생하는 유동 문제의 하위 집합이다. 이러한 부력은 아래와 같이 정의되는 열팽창 계수 β에 비례한다.

$$\beta = -\frac{1}{\rho}\left(\frac{\partial \rho}{\partial T}\right)_p \tag{1.76}$$

완전 기체[식 (1.64)]의 경우, $\beta = 1/T$임을 알 수 있다. 이는 아래와 같이 일정한 압력에서 T에 대한 도함수를 취함으로써 알 수 있다.

$$\left.\frac{\partial \rho}{\partial T}\right|_p = \frac{\partial}{\partial T}\left.\left(\frac{p}{RT}\right)\right|_p = \frac{p}{R}\frac{\partial}{\partial T}\left(\frac{1}{T}\right) = -\frac{p}{RT^2}$$

이 식을 식 (1.76)에 대입하고 상태 관계 $\rho = p/(RT)$를 다시 적용하면, 아래와 같은 관계를 구할 수 있다.

$$\beta = -\frac{1}{\rho}\left(-\frac{p}{RT^2}\right) = \frac{1}{T}$$

---

‡ 고체에는 두 가지 음속이 있다. $(K/\rho)^{1/2}$는 팽창 또는 횡파 속도이고, $(G/\rho)^{1/2}$는 회전 또는 전단파 속도이다. 유체는 음속이 하나뿐이다.

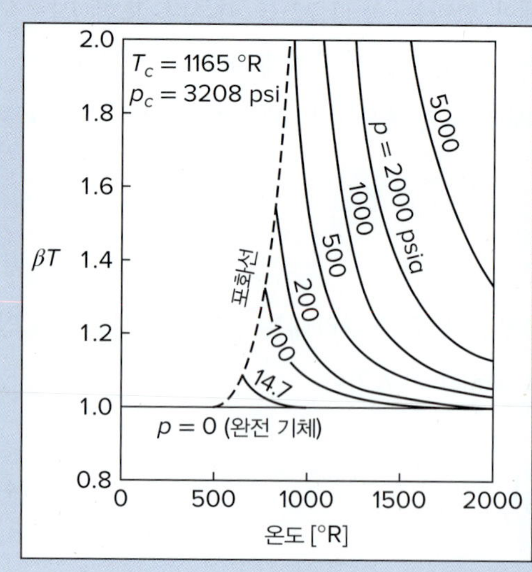

그림 1.24
증기의 열팽창 계수

액체의 경우 β는 일반적으로 $1/T$보다 작으며 심지어 음수(어는점 근처에서 물이 역전되는 현상) 일 수도 있다. 불완전 기체의 경우 β는 특히 고압에서 포화선 근처에서 $1/T$보다 상당히 클 수 있다. 이것은 증기에 대한 그림 1.24에 설명되어 있다. 증기는 낮은 압력과 높은 온도에서 완전 기체 결과 $\beta = 1/T$로 잘 근사된다는 것을 알 수 있다.

또한 β의 물리량은 아래와 같은 열역학적 관계에 기반한 압력에 대한 엔탈피의 의존성을 추정하는 데 유용하다.

$$dh = c_p\,dT + (1 - \beta T)\,\frac{dp}{\rho} \tag{1.77}$$

여기서 물론 T는 절대 온도임에 틀림없다. 완전 기체의 경우, 두 번째 항은 사라지고 $h = h(T)$만 남는다. 그림 1.24는 증기와 같은 불완전 기체가 종종 이 근삿값인 $dh \approx c_p\,dT$에 맞다는 것을 보여준다.

포화 압력에서의 물에 대한 체적팽창계수 K와 열팽창 계수 β의 측정값을 표 1.3에 정리하였다.

표 1.3 포화 상태의 물에 대한 체적탄성계수 K 및 팽창 계수 β

T[K]	p_{sat}[kPa]	βT	K[MPa]
273	0.61	−0.019	2,062
293	2.34	0.057	2,230
313	7.38	0.119	2,304
333	19.92	0.176	2,301
353	47.35	0.230	2,235
373	101.3	0.281	2,120
423	461	0.447	1,692
473	1,580	0.637	1,190
523	3,970	0.985	716
573	8,560	1.80	342
623	16,500	4.8	82
647†	22,090†	∞	0

† 임계점

1-4 점성 유동 문제에 대한 경계 조건

2장에서 논의할 운동 방정식은 수학적으로 성립할 수 있고 물리적으로 현실적인 경계 조건이 필요하다. 이 경우 일반적으로 사용되는 경계 근사의 기본적인 물리적 메커니즘을 연구하는 것이 흥미로울 것이다. 유체 유동의 경우 다섯 가지 경계 조건이 고려된다.

1. 고체 표면(다공성일 수 있음)
2. 자유 액체 표면
3. 액체-증기 계면
4. 액체-액체 계면
5. 입구 또는 출구부

자유 액체 표면의 경우는 증기의 상호작용을 무시할 수 있는 액체-증기 계면의 특수한 경우라는 점에서 2와 3 조건은 서로 관련이 있다. 이 조건들에 대해 차례대로 살펴보자.

1-4.1 고체 표면에서의 조건

벽 경계 조건은 유체가 액체인지 기체인지에 따라 달라진다. 매크로유동의 경우 시스템 치수가 분자 간격에 비해 크기 때문에 벽과 접촉하는 액체 및 기체 입자 모두 본질적으로 고체와 평형을 이루어야 한다. 고체 표면에서 유체는 다음과 같이 벽의 속도(점착 조건)와 벽의 온도(온도 점프 없음 조건) 조건을 가정한다.

$$\mathbf{V}_{\text{fluid}} = \mathbf{V}_{\text{sol}}, \quad T_{\text{fluid}} = T_{\text{sol}} \tag{1.78}$$

식 (1.78)은 뉴턴 액체에 대해 이 책 전반에 걸쳐 사용된다.

1-4.2 기체의 미끄러짐 속도에 대한 운동 이론

유체가 기체인 경우 평균 자유 경로 ℓ이 유동의 길이 척도 L과 유사하기 때문에 식 (1.78)을 적용할 수 없다. 이 두 길이의 비를 Knudsen 수(Kn)라고 한다.

$$Kn = \frac{\ell}{L} \tag{1.79}$$

따라서 $Kn \ll 1$이면 미끄러짐을 무시할 수 있으며, $Kn = O(10^{-1})$이면 미끄러짐이 있다. $Kn = O(1)$ 이상인 경우 유동은 분자 흐름이며 미끄러짐의 개념을 적용할 수 없다. Knudsen 수가 지배적인 두 가지 경우는 다음과 같다. (1) ℓ이 매우 큰 경우, 즉 매우 희박한 기체[Sharipov (2016)], (2) 마이크로유동 및 나노유동의 경우와 같이 L이 매우 작은 경우[Karniadakis 및 Beskok (2001)].

그림 1.25와 같이 기체 분자가 단단한 벽에 부딪히고 반사되는 것을 고려해 보자. 만약 벽이 완벽하게 매끄럽다면, 기체 분자는 거울에서 나오는 광선의 반사와 유사한 동일한 각도 θ로 충돌하고 반사될 것이다. 이러한 거동을 정반사(specular reflection)라고 하는데, 여기서 분자는 접선

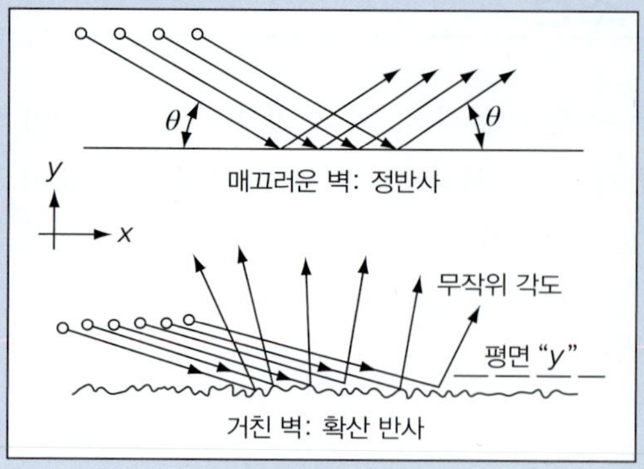

그림 1.25
입자의 반사 및 확산 반사

운동량을 보존하고 벽 전단력을 가하지 않는다. 이러한 경우 벽에 완벽한 미끄러짐 유동이 있다.

그러나 분자 수준에서는 아무리 고도로 연마된 벽도 거칠게 보인다. 아마도 벽에 부딪힌 분자는 벽을 거칠게 보고 진입각과 상관없이 무작위 각도로 반사할 가능성이 더 높다. 이를 확산 반사(diffuse reflection)라고 하며, 그림 1.25의 하반부에 나타나 있다. 벽 근처의 평면 y에서 평형을 이루려면 접선 운동량의 손실이 벽에 전단을 전달하기 위해 유한 미끄러짐 속도 u_w와 균형을 이루어야 한다. 1827년 Navier가 가정한 바와 같이, 미끄러짐 속도는 벽 전단에 비례한다.

$$u_w \approx \alpha \tau_w$$

여기서 α는 상수이다. 나중에 Maxwell은 1879년 운동 이론을 통해 다음과 같은 관계를 입증하였다.

$$\alpha \approx \ell/\mu \quad 또는 \quad u_w \approx \ell \left(\frac{\partial u}{\partial y}\right)_w \tag{1.80}$$

여기서 ℓ은 기체의 평균 자유 경로이다. Kauzmann(2012)을 참조하라. 벽에서 멀어지는 유체를 뉴턴 연속체로 근사화할 수 있다. 분자의 일부 f가 확산 반사된다고 가정하면, 미끄러짐 속도는 다음과 같다.

$$u_w \approx \left(\frac{2-f}{f}\right) \ell \left(\frac{\partial u}{\partial y}\right)_w \tag{1.81}$$

그러나 Sharipov와 Seleznev(1998)의 검토에 따르면 단일 성분 기체에 대해 식 (1.80)이 단순하지만, 상당히 정확하기 때문에 이러한 수정은 불필요한 것으로 보인다. 즉, $f \approx 1$이다.

경계층 유동에서 미끄러짐이 중요할까? 많은 연구자들은 경계층에 대해 다음과 같은 결론을 내렸다.

$$\begin{aligned} &\text{난류 기체 유동:} \quad && \text{미끄러짐 없음} \\ &\text{층류 기체 유동:} \quad && \text{낮은 } Re_L \text{ 및 높은 } Ma \text{에서 미끄러짐이 가능} \end{aligned} \tag{1.82}$$

여기서 $Ma = U/a$는 자유 유동의 Mach 수를 나타낸다. 마이크로유동, 나노유동 및 희박 기체에 대한 추가 연구는 Sharipov(2016), Kandlicar와 Garimella(2016)의 논문을 참고하라. 이 책의 대부분의 기체 유동 해석에서는 표준 점착 조건[식 (1.78)]을 사용한다.

1-4.3 벽-온도 점프에 대한 운동 이론

식 (1.78)의 온도 조건은 평균 자유 경로가 유동 치수에 비해 큰 경우 기체 운동에 대해서도 적용할 수 없다. 이 효과를 **온도 점프**(temperature jump)라고 하며 유속 미끄러짐 조건과 유사하다. Smoluchowski(1898)는 기체의 온도 점프 $T_{\text{gas}} - T_w$에 대한 운동 이론식을 다음과 같은 형태로 제시하였다.

$$T_{\text{gas}} - T_w \approx \left(\frac{2}{\alpha} - 1\right) \frac{2\gamma}{\gamma + 1} \frac{\ell k}{\mu c_p} \left(\frac{dT}{dy}\right)_w \tag{1.83}$$

여기서 α는 충돌하는 분자의 분율로 정의되는 소위 열 수용계수(thermal-accommodation coefficient)이며, 벽의 온도와 동일하다. 분명히 α는 식 (1.81)의 확산-반사 계수 f와 유사하다. 실험에 따르면 α도 1에 상당히 가깝다. 따라서 이전과 동일한 설명이 여기에 적용된다. 난류 유동의 온도 점프는 완전히 무시할 수 있으며, 층류 유동의 온도 점프도 낮은 Reynolds 수와 높은 Mach 수를 제외하고는 매우 작다. 따라서 점성 기체 유동 문제에 대한 일상적인 해석에서 점착 조건 및 온도 점프 없음 조건을 적용하는 것이 일반적이다.

$$\mathbf{V}_{\text{gas}} \approx \mathbf{V}_w, \qquad T_{\text{gas}} \approx T_w \tag{1.84}$$

물론 대부분의 경우 좌표계는 벽이 고정되어 있으므로 속도 조건은 단순히 $\mathbf{V}_{\text{fluid}} = 0$이다.

1-4.4 자유 액체 표면에서의 조건

액체 유체가 단단한 벽이 아니라 기체나 증기의 대기에 노출된 개방된 표면이나 또는 자유 표면에서 끝나는 유동 문제가 많이 있다. 다음과 같은 두 가지 경우를 구별하고자 한다. (1) 액체 경계에 알려진 압력만 작용하는 이상적이거나 고전적인 자유 표면과 (2) 대기가 압력뿐만 아니라 표면에서 전단력, 열 플럭스 및 질량 플럭스를 가하는 더 복잡한 경우. 후자의 더 복잡한 표면을 액체-증기 계면이라고 부르는 것이 더 적절하며, 해양수면이 대표적인 예이다.

그림 1.26은 고전적인 자유 표면을 보여준다. xy 평면이 자유 표면에 어느 정도 평행하다고 가정하면, 표면의 실제 편향된 모양을 $z = \eta(x, y)$로 나타낼 수 있다.

이 표면에 필요한 두 가지 조건은 (1) 표면의 유체 입자가 부착된 상태로 유지되어야 하고(운동학적 조건), (2) 표면 장력 효과를 제외하고 액체와 대기압이 균형을 이루어야 한다. 운동학적 조건은 입자의 상승 속도가 자유 표면의 운동과 동일해야 한다는 수학적 조건으로 지정된다. 즉,

$$w(x, y, \eta) = \frac{D\eta}{Dt} = \frac{\partial \eta}{\partial t} + u\frac{\partial \eta}{\partial x} + v\frac{\partial \eta}{\partial y} \tag{1.85}$$

압력 평형은 다음과 같이 표현된다.

$$p(x, y, \eta) = p_a - \mathfrak{T}\left(\frac{1}{R_x} + \frac{1}{R_y}\right) \tag{1.86}$$

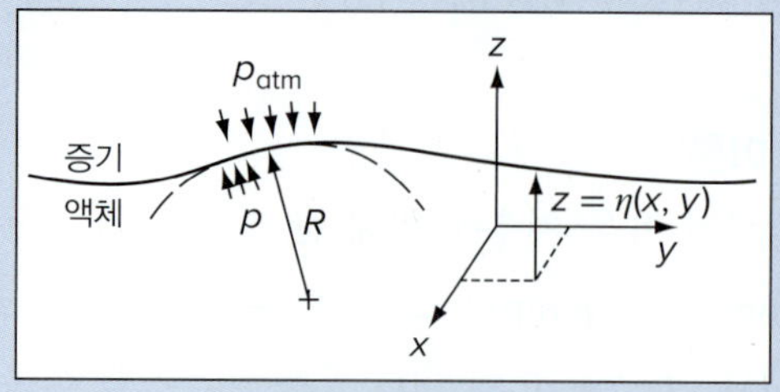

그림 1.26
이상적인 자유 표면의 조건

여기서 R_x와 R_y는 표면의 곡률 반경을 나타내고 $\mathfrak{J}$는 계면의 표면 장력 계수를 나타낸다. $\eta = \eta(x)$만 있는 2차원 표면 변형의 경우 식 (1.86)은 다음과 같다.

$$p(x, \eta) = p_a - \frac{\mathfrak{J}\, d^2\eta/dx^2}{\left[1 + (d\eta/dx)^2\right]^{3/2}} \tag{1.87}$$

이 관계를 통해 계면이 미소 형태일 때(위쪽으로 오목, 양의 곡률) $p > p_a$인 반면 찡그린 형태의 계면인 경우(아래쪽으로 오목) $p > p_a$가 된다는 것을 알 수 있다. 식 (1.85)와 (1.86)은 복잡한 비선형 조건을 나타내지만, 수치적으로 계산할 수 있다.

0~100°C 범위 내, 깨끗한 공기-물 계면의 표면 장력은 ±1%의 정확도로 아래 관계식과 같이 거의 선형적으로 변화한다.

$$\mathfrak{J}\,[\mathrm{N/m}] \approx 0.076 - 0.00017\,T\,[°\mathrm{C}] \tag{1.88}$$

공기-물 표면 장력의 측정값은 임계점까지의 온도에 대해 표 1.4에 정리되어 있다. 이는 매우 깨끗한 계면에서만 이상적이다. 현장 조건에서 $\mathfrak{J}$는 표면 오염 물질이나 막(예, 기름띠)의 존재로 인해 크게 달라질 수 있다.

개수로 또는 강의 유동과 같은 큰 스케일의 유동 문제에서 자유 표면은 약간만 변형되고 표면 장력 효과는 무시할 수 있다. 이 경우 식 (1.85) 및 (1.86)은 다음과 같이 단순화된다.

$$w \approx \frac{\partial \eta}{\partial t}, \qquad p \approx p_a \tag{1.89}$$

표 1.4 공기-물 계면에 대한 표면 장력 계수

T [°C]	$\mathscr{T}$ [N/m]	T [°C]	$\mathscr{T}$ [N/m]
0	0.0757	200	0.0377
20	0.0727	220	0.0331
40	0.0696	240	0.0284
60	0.0662	260	0.0237
80	0.0627	280	0.0190
100	0.0589	300	0.0144
120	0.0550	320	0.0099
140	0.0509	340	0.0056
160	0.0466	360	0.0019
180	0.0422	374†	0.0†

†임계점

분명히 이것들은 매우 유용한 선형화된 조건들이다.

참고: 이 책에서 주로 다루는 것은 균일한 표면 장력에 의한 계면의 변형에 관한 것이다. 예를 들어, 온도 구배로 인해 계면을 따라 표면 장력이 변한다면, **마랑고니 대류**(Marangoni convection)라고 불리는 유동이 뜨거운 표면에서 차가운 표면으로 유도될 것이다. 이 메커니즘은 이 책에서 다루는 내용의 범위를 벗어난다. 마랑고니 유동 해석의 예는 Sasmal과 Hochstein(1994)의 논문 또는 Ostach(1982) 및 Davis(1987)의 총설 논문을 참고하라.

1-4.5 변형 가능한 유체-고체 계면에서의 조건

이 책의 대부분의 유체 문제에서, 고체 경계는 단지 유체에 대해 점착 조건 및 온도 점프 없음 조건이 부여되는 단단한 계면으로 간주된다. 고체의 역학과 열역학은 무시된다. 그러나 고체가 변형 가능하고 동적인 상호작용을 통해 유체에 결합되는 연구 분야가 점점 증가하고 있다. 이 경우 계면을 가로지르는 속도, 응력, 온도, 열전달을 일치시켜야 하며, 유체와 고체의 운동 방정식을 동시에 풀어야 한다. 유체가 뉴턴이고 고체가 Hooke의 법칙을 만족할 때 재료-거동 관계를 사용할 수 있다. 이에 대한 자세한 내용은 Blevins(2001) 및 Au-Yang(2001)의 책을 참조하라.

요약

이 장에서는 독자들이 이미 잘 알고 있어야 하는 유체 운동의 기본적인 개념을 개괄적으로 설명하였다. 유체 운동의 간략한 역사와 몇 가지 점성 유체 유동 문제를 예로 들어 설명한 다음, 유체를 구별하는 여러 가지 물리량[(1) 운동학적 성질, (2) 수송 특성 및 (3) 열역학적 성질]에 대해 광범위하게 논의하였다. 끝으로 점성 유체 유동과 관련된 다양한 경계 조건에 대해 간략하게 살펴보는 것으로 마무리하였다.

연습문제

1-1. 직경 1.4 cm의 구체가 20°C, 1 atm에서 18 m/s의 자유 유동에 놓여 있다. 유체가 (a) 공기, (b) 물, (c) 수소인 경우 주어진 직경에서 Reynolds 수를 계산하시오.

1-2. 직경 8 mm의 전화선이 횡류 바람에 노출되어 소용돌이가 발생하기 시작한다. 그림 1.7에서 중간 C(256 Hz)에서 선이 '노래'하게 되는 풍속(m/s)은 어느 정도일까?

1-3. 연습문제 1-2에서 12 m/s의 횡류 바람을 받는 경우, 그림 1.8을 참고하여 항력(N/m)을 구하시오.

1-4. 입구에서 멀리 떨어진 파이프의 오일 유동(그림 1.9 및 1.10)의 경우 축방향 속도 분포는 r만의 함수이며 $u = (C/\mu)(R^2 - r^2)$이다. 여기서 C는 상수이고 R은 파이프 반경이다. 파이프의 직경이 1 cm이고 $u_{max} = 30$ m/s라고 가정한다. $\mu = 0.3$ kg/(m·s)인 경우 벽 전단 응력(Pa)을 계산하시오.

1-5. 20°C의 글리세린이 2개의 큰 평행판 사이에 갇혀 있다. 한 판은 고정되고 다른 판은 17 mm/s로

평행하게 움직인다. 평행판 사이의 거리는 3 mm이다. 점착 조건이라고 가정한다면 글리세린의 전단 응력(Pa)은 얼마인가?

1-6. 평면에서의 불안정한 점성 유동은 극좌표계에서 다음과 같이 표현된다.

$$v_r = 0, \quad v_\theta = \frac{C}{r}\left[1 - \exp\left(-\frac{r^2}{4\nu t}\right)\right]$$

여기서 C는 상수이고 ν는 동점성계수이다. 와도 $\omega_z(r, t)$를 계산하고 다양한 시간에 대한 대표적인 속도 및 와도의 분포 배열을 그리시오.

1-7. 2차원 비정상 상태의 유동에서 속도 성분은 다음과 같다.

$$u = \frac{x}{1+t}, \qquad v = \frac{y}{1+2t}$$

시간 $t = 0$에서 점(x_0, y_0)를 통과하는 이 유동의 유선 방정식을 구하시오.

1-8. 식 (1.3)을 사용하여 원통을 통과하는 비점성 유동에 대해, 순방향 정체점 $(r, \theta) = (R, \pi)$에 접근하는 유선을 따라 흐르는 유동을 고려하자. (a) 이 유선을 따라 변형률 ε_{rr}과 $\varepsilon_{r\theta}$의 분포와 (b) 입자가 $(2R, \pi)$ 지점에서 정체점까지 이동하는 데 필요한 시간을 계산하시오.

1-9. 일반적으로 이용되는 물의 상태 방정식은 온도와 거의 무관하다.

$$\frac{p}{p_0} \approx (A+1)\left(\frac{\rho}{\rho_0}\right)^n - A$$

여기서 $A \approx 3000$, $n \approx 7$, $p_0 = 1$ atm, 그리고 $\rho_0 = 998\ \text{kg/m}^3$이다. 이 공식으로부터 (a) 물의 밀도를 두 배로 늘리는 데 필요한 압력(atm), (b) 1 atm에서의 물의 체적탄성계수 및 (c) 1 atm 물에서의 음속을 구하시오.

1-10. 그림 P1.10에서 보이는 것처럼, 30°로 경사져 있는 3 × 3-ft 판에 점도가 $\mu = 0.0005$ slug/(ft·s)인 유막이 0.005 in. 두께로 있다. 판이 유막을 변형시키지 않는다고 가정할 때, (a) 종단 미끄러짐 속도(ft/s)와 (b) 판이 정지상태에서 종단 속도의 99%까지 가속하는 데 필요한 시간을 계산하시오.

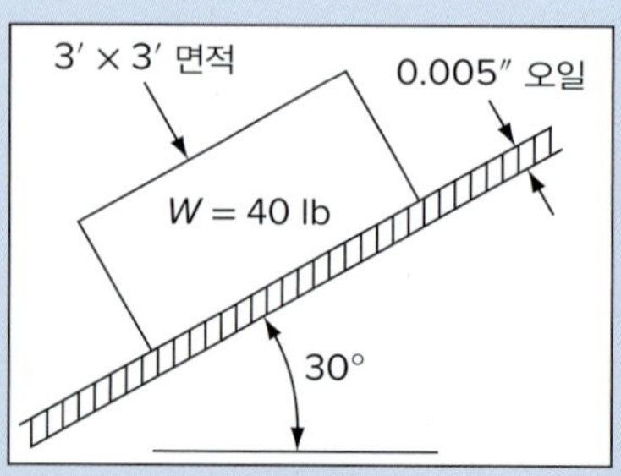

그림 P1.10

1-11. 36 MPa 및 49°C에서 질소의 점도를 추정하고 45 μPa·s의 측정값과 비교하시오.

1-12. 420°C, 1 atm에서 헬륨의 열전도도를 추정하고 0.28 W/(m·K)의 측정값과 비교하시오.

1-13. 표 C.5와 그림 1.15에 따르면, 온도가 800°R일 때 CO_2의 점도가 약 30 × 10^{-5} Pa·s인 압력은 얼마인가?

1-14. 암모니아 가스의 점도 측정값은 다음과 같다.

T, K	300	400	500	600	700	800
μ, Pa·s	1.03×10^{-5}	1.39×10^{-5}	1.76×10^{-5}	2.14×10^{-5}	2.51×10^{-5}	2.88×10^{-5}

이 측정 데이터를, 최소제곱법(the least-square-error-sense)을 이용하여 멱법칙[식 (1.13)] 및 Sutherland 법칙[식 (1.34)]에 맞추시오.

1-15. 저압에서 헬륨의 점도에 대한 실험 데이터는 다음과 같다.

T, °C	0	100	200	300	400	500
μ, Pa·s	1.87×10^{-5}	2.32×10^{-5}	2.73×10^{-5}	3.12×10^{-5}	3.48×10^{-5}	3.48×10^{-5}

이 값을 적절한 공식에 맞추시오.

1-16. 뉴턴 유체에 대한 두 판 사이의 속도 분포 해석(그림 1.13)을 반복하되 양쪽 벽에서 미끄러짐 속도 $\delta u \approx \ell(du/dy)$를 허용한다. 양쪽 벽의 전단 응력을 계산하시오. [양쪽 벽에서 $\tau_w = \mu V/(h + 2\ell)$.]

1-17. 그림 P1.17에서 나타낸 요소에 대한 힘의 평형을 고려하여 표면 장력으로 인해 곡면을 가로지르는 압력 차를 표현하는 식 (1.86)을 유도하시오.

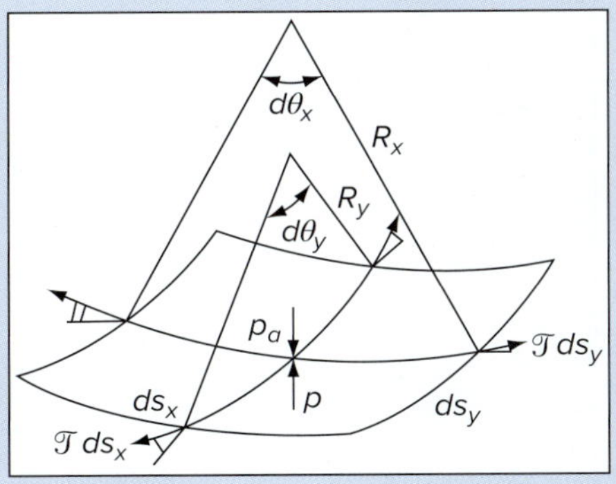

그림 P1.17

1-18. 반경이 각각 R_1과 R_2인 공기로 구성된 구형 기포가 반경 R_3의 단일 기포로 합쳐진다. 주변 기압이 p_0이고 병합 과정이 등온 상태일 때, R_3와 $(p_0, R_1, R_2, \mathfrak{T})$의 관계식을 유도하시오.

1-19. 연습문제 1-1에서 공기유동에 대해 온도, 구의 크기, 그리고 속도가 동일하게 유지되는 경우, Reynolds 수 Re_D가 10,000이 되는 기압은 얼마인가?

1-20. 질량 m, 반경 R, 그리고 길이가 L인 고체 원통의 반경이 $R + \Delta R$인 수직 튜브를 통해 동심원으로 낙하한다(여기서 $\Delta R \ll R$). 튜브는 점도가 μ이고 평균 자유 경로가 ℓ인 기체로 가득 차 있다. 원통의 앞면과 뒷면의 유체력은 무시하고 선형 속도 분포를 가정하여 환형 영역의 전단 응력만 고려한다. 이때 (a) 점착 조건의 경우와 (b) 미끄러짐이 있는 경우의 원통의 종단 낙하 속도 V에 대한 해석식을 구하시오[식 (1.80)].

1-21. 원통이 직경 4 cm, 길이 10 cm인 알루미늄인 경우, 점착 조건의 경우의 종단 낙하 속도에 대해 연습문제 1-20을 푸시오. 튜브는 직경이 4.02 cm이고 20°C의 아르곤 기체로 가득 차 있다.

1-22. 그림 P1.22에서 디스크는 점성이 μ인 오일로 채워진 디스크 모양의 용기 내부에서 지속적으로 회전한다. 디스크 가장자리의 응력은 무시하고 점착 조건이며 속도 분포가 선형적이라고 가정

했을 때, 디스크를 구동하는 데 필요한 토크 M에 대한 공식을 구하시오.

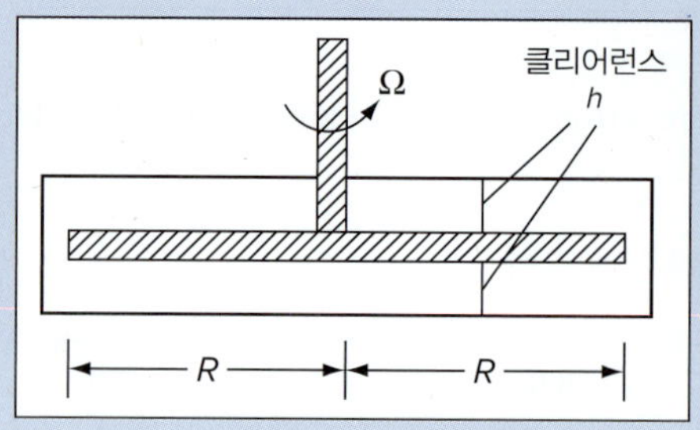

그림 P1.22

1-23. 식 (1.76)에 기초하여 완전 기체의 열팽창 계수는 $\beta = 1/T$로 주어진다. 이 근삿값을 이용하여 20°C 및 1 atm에서의 암모니아 기체(NH_3)의 β를 추정한 뒤 데이터 참조에서 허용된 값과 비교하시오.

1-24. 그림 P1.24의 **회전 원통형 점도계**는 그림과 같이 좁은 간극 Δr에서 유체가 전단된다. 간극에서 속도 분포가 선형적이라 가정하고 구동 토크 M이 측정된다면, 점도 μ에 대해 (a) 바닥 마찰을 무시한 경우와 (b) 바닥 마찰을 포함한 경우의 식을 구하시오.

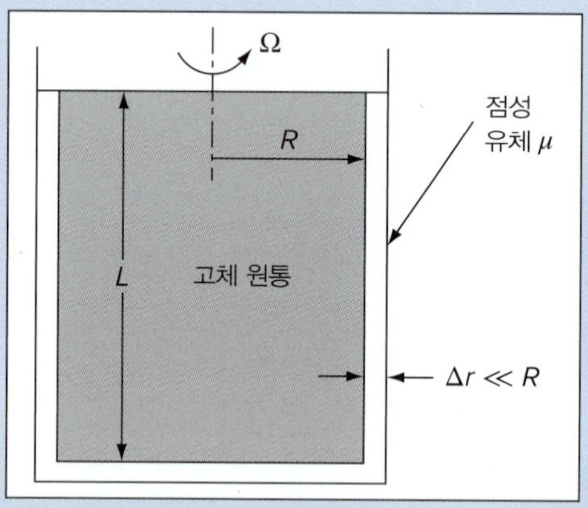

그림 P1.24

1-25. 20°C, 1 atm에서 1m^{3}의 유체를 고려하자. 등온 과정일 때, (a) 공기와 (b) 물에 대해 압력이 10 atm이 될 때까지 유체를 압축하는 데 필요한 최종 밀도와 에너지(joules)를 계산하고, 결과의 차이에 대해 토론하시오.

1-26. 그림 P1.26에서와 같이 2개의 비혼화성 유체의 동일한 층이 움직이는 판과 고정된 판 사이에서 전단되고 있다. 속도 분포가 선형적이라고 가정하고 계면 속도 U를 V, μ_1과 μ_2의 함수로 표현하시오.

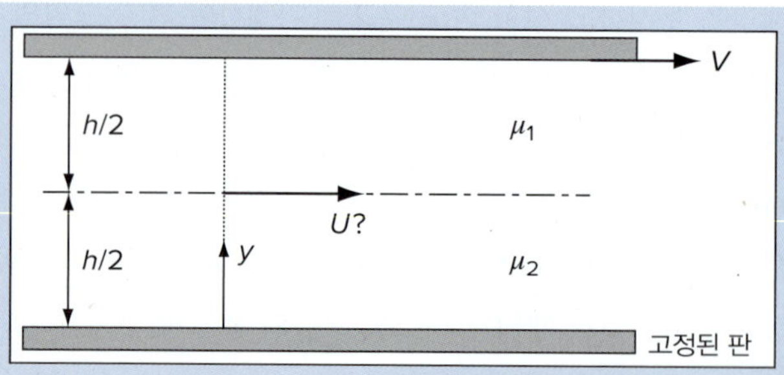

그림 P1.26

1-27. 원통을 지나는 유동의 비점성 유동 해석식 (1.3)을 이용하여 (a) 원통 표면에서 유체의 가속도가 최대인 위치와 값을 구하시오. 이 결과가 기체와 액체에 대해 유효한가? (b) 직경 1 cm의 원통을 지나는 10 m/s인 공기 유동의 a_{max}에 공식을 적용하고 그 결과를 중력 가속도에 대한 비율로 표현하시오. 이 결과가 유체가 가속도를 견디는 능력에 대해 무엇을 시사하는지 토론하시오.

1-28. 열팽창 계수는 다음과 같이 정의된다.

$$\beta = -\frac{1}{\rho}\frac{\partial \rho}{\partial T}\bigg|_p$$

$p = \rho RT$인 이상 기체에 대한 β를 결정하시오. 과정에 대해서 자세히 기술하시오.

1-29. 점도에 대한 Maxwell의 저밀도 근사, 즉 $\mu \approx \frac{2}{3}\rho \ell a$와 속도 구배의 함수로서 벽 전단 응력을 표현하는 Newton의 식 $\tau_w = \mu(\partial u/\partial y)_w$를 사용하여 Maxwell의 미끄러짐 속도인 $u_w = \ell(\partial u/\partial y)_w$를 다음과 같은 함수로 표현하시오.

(a) 전단 응력, 밀도 및 음속 a의 함수로 표현하시오.

(b) Mach 수, 평균 유속 U 및 표면 마찰 계수 $Cf = 2\tau_w/(\rho U^2)$의 함수로 표현하시오.

1-30. 내부 직경이 50.02 cm인 하우징 내부로 미끄러지는 직경 50 cm의 샤프트가 있는 유압 리프트를 고려해 보자. 축이 0.25 m/s로 이동하는 경우, 단위 길이당 축의 운동 저항을 계산하시오. 작동 유체로는 물을 이용한다.

1-31. 각각 20°C와 40°C로 유지되는 2개의 평행한 표면 사이에 형성된 1 mm의 얇은 공극이 있다고 가정하자. 정지상태의 매체(예, 정지 공기)의 경우, 단위 면적당 간극을 가로지르는 열전달률을 계산하시오.

1-32. 점도가 있는 경우, 길이 L과 직경 D를 가지는 수평 튜브에서 완전히 발달된 층류 운동과 관련된 압력 강하를 분석적으로 평가할 수 있으며, 한 예는 다음과 같다.

$$\Delta p = p_1 - p_2 = \frac{128\mu LQ}{\pi D^4}$$

여기서 μ는 동적 점도이고 $Q = \frac{1}{4}\pi D^2 V$는 체적 유량을 나타낸다. 해당 수두 손실은 다음과 같이 쓸 수 있다.

$$h_L \equiv \frac{p_1 - p_2}{\rho g} = f_{\text{lam}}\frac{L}{D}\frac{V^2}{2g}$$

f_{lam}의 값은 얼마인가?

1-33. 시간에 따라 달라지는 2차원 운동에는 다음과 같은 세 가지 속도 성분이 있다.

$$u = \frac{x}{1 + at} \qquad v = \frac{y}{1 + bt} \qquad w = 0$$

여기서 a와 b는 상수이다. 이 문제의 목적은 이 유동의 유선과 유체 입자의 경로를 비교하고 대조하는 것이다.

(a) 시간 t에서 점 (1, 1)을 통과하는 유선을 지배하는 방정식을 구하시오.

(b) $t = 0$일 때 $\mathbf{r}_0 = (x_0, y_0) = (1, 1)$에서 시작하는 입자의 경로를 계산하시오. $t = 1$일 때, $\mathbf{r}_1$으로 표시되는 입자의 위치를 결정하시오.

(c) 문항 (a)의 결과를 이용하여 유선과 유적선이 일치하는 조건을 결정하시오.

1-34. 토네이도는 $v_r = v_z = 0$인 원통형 좌표계에서 두 부분으로 구성된 순환 유동으로 시뮬레이션될 수 있다.

$$r \le R\text{일 때 } v_\theta = \omega r \quad \text{및} \quad r \ge R\text{일 때 } v_\theta = \omega R^2/r$$

(a) 속도의 발산을 계산하시오. 이 유동은 압축성인가, 비압축성인가?

(b) 와도를 결정하시오. 이 유동은 회전인가, 비회전인가?

(c) 유동의 각 부분에서 변형률을 결정하시오. 세 수직 변형률의 합은 얼마인가?

1-35. 최대 소용돌이 지점에서 ω의 각속도로 회전하는 8 m 직경의 토네이도의 움직임을 모델링할 때 Maicke-Majdalani 형상[Maicke와 Majdalani(2009)]을 이용해 다음과 같이 부분적으로 근사할 수 있다. $v_r = v_z = 0$이고 접선 속도는 다음과 같다.

$$v_\theta(r) = \begin{cases} 16\omega r[1 - \ln(r^2)]; & 0 < r \le 1 \quad \text{(내부, 강제 와류 부분)} \\ \dfrac{16\omega}{r}; & r > 1 \quad \text{(외부, 자유 와류 부분)} \end{cases}$$

(a) 유동이 1차원인지, 2차원인지, 3차원인지, 정상인지, 비정상인지 기술하고 $r \to \infty$일 때 $v_\theta(r)$를 구하시오.

(b) 속도의 발산을 계산하시오. 유동이 압축성인가, 비압축성인가?

(c) 와도를 결정하시오. 유동이 회전하는가, 비회전하는가?

(d) 내부 및 외부 유동에서 변형률과 전단 응력을 결정하시오.

(e) $r \to 0$일 때, $v_\theta(r)$의 극한은 얼마인가? 힌트: 극한을 구할 때, $(\ln u)' = u'/u$와 내부 유동에서 접선 속도를 다음과 같이 쓸 수 있음을 생각하자.

$$v_\theta = 16\omega \frac{[1 - \ln(r^2)]}{r^{-1}}$$

1-36. 평면 슬래브 로켓 챔버에서 벌크 기체 운동을 설명하는 데 사용되어 온 Taylor 형상[Maicke와 Majdalani(2008)]은 챔버의 중간 단면 평면에 대해 대칭을 이루는 다공성 채널의 자기 유사 형상(self-similar profile)에 해당한다. 정규화된 직교 좌표계를 이용하면 유동함수를 $\psi = x\sin(\frac{1}{2}\pi y)$; $0 \le y \le 1$, $0 \le x \le l$로 쓸 수 있다. 여기서 l은 챔버의 종횡비(즉, 챔버 절반 높이로 정규화된 다공성 표면의 길이)를 나타낸다. 이 문제에서, 벽 주입 속도로 정규화된 속도 벡터는 $\mathbf{V}(x, y) = u\mathbf{i} + v\mathbf{j}$로 표현될 수 있다.

(a) 다음을 이용하여 축 및 수직 속도 분포를 구하시오.

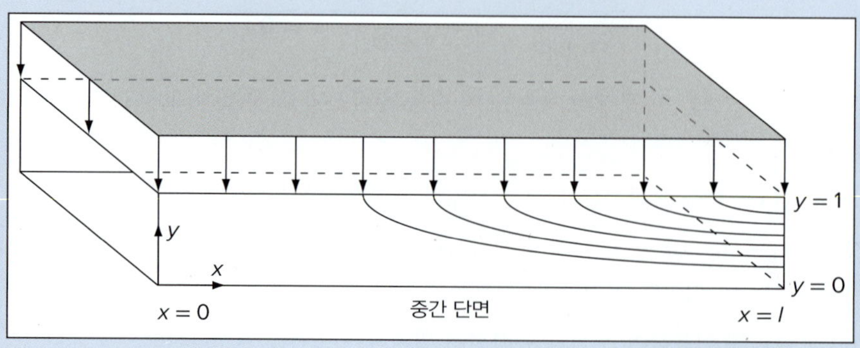

그림 P1.36

$$u = \frac{\partial\psi}{\partial y} \qquad \text{및} \qquad v = -\frac{\partial\psi}{\partial x}$$

(b) 속도 발산을 평가하고 운동이 압축성인지, 비압축성인지 결정하시오.

(c) 와도를 계산하고 운동이 회전인지, 비회전인지 결정하시오.

1-37. 위에서 설명한 Taylor 유동 문제에서 다음을 결정하시오.

(a) 변형률

(b) $t = 0$에서 $y_j = 1$ 및 $x_j = X_j$인 다공성 챔버의 측벽으로 들어가는 입자 j에 대한 Lagrangian 시간 종속 좌표 $x_j(t)$ 및 $y_j(t)$

$$\frac{dx_j}{dt} = u \qquad \text{및} \qquad \frac{dy_j}{dt} = v$$

(c) $X_j = 1, 2, 3, 4, 5$에서 챔버로 들어가는 입자 j의 유적선. 결과를 (x, y)평면에 표시하시오.

1-38. 고체 로켓 모터[Culick(1966)]의 벌크 기체 운동을 설명하는 Taylor-Culick 형상은 다공성 튜브의 축대칭 자기유사 형상에 해당한다. 정규화된 원통형 좌표계를 이용하여 유동함수는 $\psi = z\sin(\frac{1}{2}\pi r^2)$; $0 \le r \le 1$, $0 \le z \le l$로 쓸 수 있다. 여기서 l은 모터의 종횡비(즉, 챔버 반경으로 정규화된 다공성 표면의 길이)를 나타낸다. 이 문제에서 벽 주입 속도로 정규화된 속도 벡터는 $\mathbf{V}(r,z) = v_r\boldsymbol{e}_r + v_z\boldsymbol{e}_z$로 표현될 수 있다.

(a) Stokes의 정의를 이용하여 축방향 및 반경방향 속도 분포를 결정하시오.

$$v_z = \frac{1}{r}\frac{\partial\psi}{\partial r} \qquad \text{및} \qquad v_r = -\frac{1}{r}\frac{\partial\psi}{\partial z}$$

(b) 속도 발산을 평가하고 운동이 압축성인지, 비압축성인지 결정하시오.

(c) 와도를 계산하고 운동이 회전인지, 비회전인지 결정하시오.

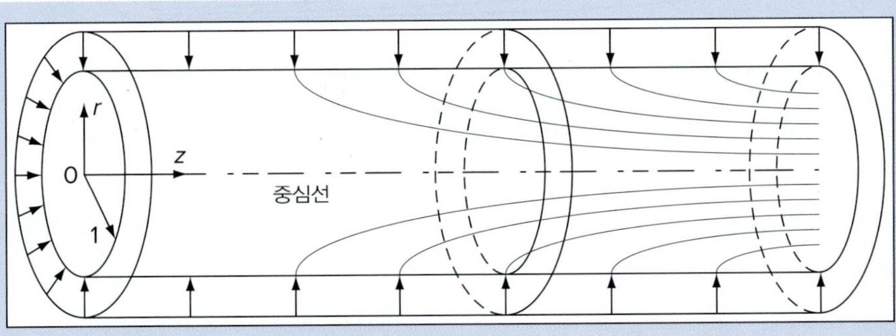

그림 P1.38

1-39. 위에서 설명한 Taylor-Culick 유동 문제에서 다음을 결정하시오.

(a) 변형률

(b) $t = 0$에서 $r_j = 1$ 및 $z_j = Z_j$인 원통형 로켓 챔버의 측벽으로 들어가는 입자 j에 대한 Lagrangian 시간 종속 좌표 $r_j(t)$ 및 $z_j(t)$

$$\frac{dr_j}{dt} = v_r \qquad \text{및} \qquad \frac{dz_j}{dt} = v_z$$

(c) $Z_j = 1, 2, 3, 4, 5$에서 챔버로 들어가는 입자 j의 유적선. 결과를 (r, z) 평면에 표시하시오.

1-40. 사이클론 챔버의 나선형 운동을 설명하는 Vyas-Majdalani 형상[Vyas와 Majdalani(2006)]은 세 가지 성분의 속도 분포 $\mathbf{V}(r, z) = \upsilon_r \boldsymbol{e}_r + \upsilon_\theta \boldsymbol{e}_\theta + \upsilon_z \boldsymbol{e}_z$로 구성된다. 이때

$$\upsilon_r = -\kappa U \frac{a}{r} \sin\left(\pi \frac{r^2}{a^2}\right), \qquad \upsilon_\theta = \frac{a}{r} U, \qquad \upsilon_z = 2\pi\kappa U \frac{z}{a} \cos\left(\pi \frac{r^2}{a^2}\right); \qquad \begin{cases} 0 \le r \le a \\ 0 \le z \le L \end{cases}$$

여기서 a는 사이클론 챔버의 반경을 나타내고, U는 $r = a$에서의 평균 접선 속도를 나타내며, κ는 축 및 접선 속도의 상대적 중요성을 측정하는 무차원 오프셋 소용돌이 매개변수를 나타낸다.

(a) 이 유동은 1차원인가, 2차원인가, 아니면 3차원인가?

(b) 이 유동은 정상인가, 비정상인가?

(c) 속도의 발산을 계산하시오. 이 유동은 압축성인가, 비압축성인가?

(d) 와도를 계산하시오. 이 유동은 회전인가, 비회전인가?

(e) 변형률을 계산하시오. 세 수직 변형률의 합은 얼마인가?

(f) $z = L$에서 반경 $r = b = a/\sqrt{2}$의 원형 구멍(circular opening)을 가정할 때, $r = 0$에서 $r = a/\sqrt{2}$까지 축방향 속도를 적분하여 체적 유량을 계산하시오.

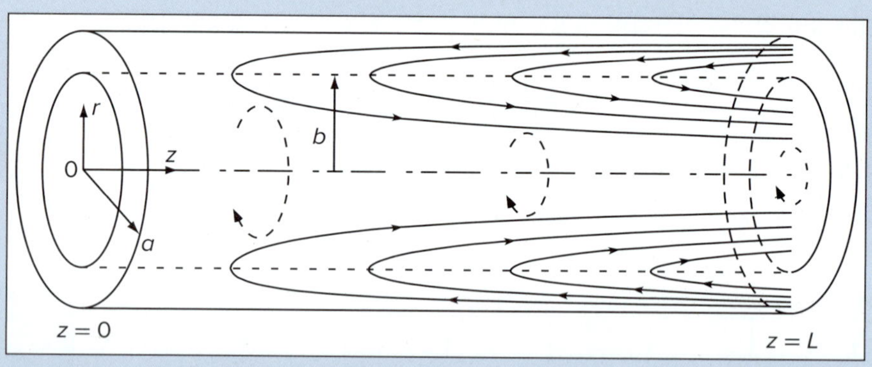

그림 P1.40

1-41. 무한한 토네이도의 운동을 설명하는 데 이용할 수 있는 Maicke-Majdalani 형상[Maicke와 Majdalani(2009)]은 다음과 같이 간단한 부분 근차값으로 표현할 수 있다. $\upsilon_r = \upsilon_z = 0$이고

$$\upsilon_\theta(r) = \begin{cases} \dfrac{\omega r}{X^2}\left[1 - \ln\left(\dfrac{r^2}{X^2R^2}\right)\right]; & r \le XR \\ \dfrac{R^2\omega}{r}; & r > XR \end{cases}$$

여기서 R은 바람의 각속도 ω가 측정될 수 있는 반경을 나타내고 X는 자유 와류 운동이 중단되는 반경 R의 비율을 나타낸다.

(a) 이 유동은 1차원인가, 2차원인가, 아니면 3차원인가?

(b) 이 유동은 정상인가, 비정상인가?

(c) 속도의 발산을 계산하시오. 이 유동은 압축성인가, 비압축성인가?

(d) 와도를 계산하시오. 이 유동은 회전인가, 비회전인가?

(e) 유동의 각 부분에서 변형률과 전단 응력을 계산하시오.

(f) $r \to 0$일 때, $v_\theta(r)$의 극한값은 얼마인가?

1-42. ϕ를 스칼라로, **V**를 벡터로 가정하여 다음 식을 계산하시오.

(a) $\nabla \times \nabla\phi$

(b) $(\nabla\phi) \times (\nabla\phi)$

(c) $(\nabla\phi)\cdot(\nabla\phi)$

(d) $\nabla\cdot(\nabla\phi)$

(e) $\nabla\cdot(\nabla \times \mathbf{V})$

1-43. **U**, **V**, 그리고 **W**를 직교 벡터라 가정하고 다음 항등식을 증명하시오.

(a) $(\mathbf{V}\cdot\nabla)\mathbf{V} = \frac{1}{2}\nabla(\mathbf{V}\cdot\mathbf{V}) - \mathbf{V} \times (\nabla \times \mathbf{V})$ (Lamb 벡터 항등식)

(b) $\nabla \times (\nabla \times \mathbf{V}) = \nabla(\nabla\cdot\mathbf{V}) - \nabla^2\mathbf{V}$

(c) $\nabla\cdot(\mathbf{U} \times \mathbf{V}) = \mathbf{V}\cdot(\nabla \times \mathbf{U}) - \mathbf{U}\cdot(\nabla \times \mathbf{V})$

(d) $(\mathbf{U} \times \mathbf{V})\cdot\mathbf{W} = \mathbf{U}\cdot(\mathbf{V} \times \mathbf{W})$ (혼합벡터 스칼라 곱)

(e) $\mathbf{U} \times (\mathbf{V} \times \mathbf{W}) = (\mathbf{U}\cdot\mathbf{W})\mathbf{V} - (\mathbf{U}\cdot\mathbf{V})\mathbf{W}$ (벡터 삼중곱)

(f) $(\mathbf{U} \times \mathbf{V})\cdot(\mathbf{U} \times \mathbf{V}) = (\mathbf{U}\cdot\mathbf{U})(\mathbf{V}\cdot\mathbf{V}) - (\mathbf{U}\cdot\mathbf{V})(\mathbf{U}\cdot\mathbf{V})$ (Lagrange 항등식)

(g) $(\mathbf{U} - \mathbf{V}) \times (\mathbf{U} + \mathbf{V}) = 2\mathbf{U} \times \mathbf{V}$

(h) $\nabla\cdot(\phi\mathbf{V}) = \phi\nabla\cdot\mathbf{V} + \mathbf{V}\cdot\nabla\phi$

(i) $\nabla \times (\phi\mathbf{V}) = \phi\nabla \times \mathbf{V} + (\nabla\phi) \times \mathbf{V}$

(j) $\nabla\cdot(\mathbf{U}\mathbf{V}) = (\nabla\cdot\mathbf{U})\mathbf{V} + \mathbf{U}\cdot(\nabla\mathbf{V})$

CHAPTER

2

압축성 점성 유동의 기본 방정식

우리가 과학에 대해 더 많이 배울수록 과학의 놀라운 신비가 서로 연결된 몇 가지 간단한 법칙으로 설명되며, 같은 마음으로 모든 움직이는 것을 더 많이 볼 수 있다는 것을 알게 된다.

Olympia Brown(1835-1900)

2-1 소개

점성 유동 방정식은 100년 이상 연구되어 왔지만, 완전한 형태의 점성 유동 방정식은 현대의 디지털 컴퓨터에서도 풀기 어렵다. 높은 Reynolds 수(난류 조건)에서, 방정식은 사실상 경계 조건이 시간에 무작위로 의존하기 때문에 현재 수학적 기법으로는 풀 수 없다. 그럼에도 불구하고 이러한 기본 방정식을 도출하고 논의하는 것은 통찰력을 제공하고 특정 솔루션을 산출하며, 여러 모델링 법칙에 따라 축소될 수 있기 때문에 매우 유익하다고 볼 수 있다. 더욱이, 이러한 정확한 방정식은 Prandtl의 경계층 근사를 사용하여 단순화될 수 있다. 결과적으로 더 간단한 시스템으로 매우 실용적이며 유익한 엔지니어링 솔루션을 도출할 수 있다.

2-2 기본 방정식 분류

여기에서 고려된 기본 방정식은 물리적 시스템에 대한 세 가지 보존 법칙을 나타낸다.

1. 질량 보존(연속성)
2. 운동량 보존(Newton의 제2법칙)
3. 에너지 보존(열역학 제1법칙)

이 세 가지 기본 방정식에서 동시에 얻어야 하는 세 가지 미지수는 속도 $\mathbf{V}$, 열역학적 압력 p 및 절대 온도 T이다. 여기서 p와 T는 2개의 필수적인 열역학적 독립 변수로 간주한다. 그러나 보존 방정식의 최종 형태에는 밀도 ρ, 엔탈피 h(또는 내부 에너지 e), 두 가지 수송 특성 μ 및 k의 네 가지 다른 열역학적 변수도 포함된다. 국부적 열역학적 평형에 대한 가정을 사용하여 후자의 네 가지 속성은 p와 T의 값에 의해 고유하게 결정된다. 따라서 네 가지 상태 관계를 지정하면 시스템이 결정된다.

$$\rho = \rho(p, T) \qquad h = h(p, T) \qquad \mu = \mu(p, T) \qquad k = k(p, T) \tag{2.1}$$

이는 운동 이론에 기반하여 표, 차트 또는 반이론적 공식의 형태로 제공될 수 있다. 많은 분석에서 단순히 ρ, μ, k가 상수이고 h가 T부터 $h = c_p T$까지 비례한다고 가정한다.

특정 문제를 완전히 정의하려면 유동 영역 경계의 모든 지점에서 $\mathbf{V}$, p 및 T에 조건을 부과해야 한다.

앞의 고려사항은 가정된 균일하고 균질한 조성의 유체, 즉 확산 및 화학 반응이 고려되지 않은 유체에 적용된다. 다성분 반응 유체는 최소한 두 가지 이상의 관계를 고려해야 한다.

4. 종의 보존
5. 화학 반응법

고려해야 할 추가 관계는 확산 계수 $D = D(p, T)$, 화학 평형 상수, 반응 속도 및 생성된 열로 구성된다. 본 책에서는 경계층 유동에 반응하는 것은 고려하지 않는다[Kee 등(2003)].

마지막으로, 전자기 효과의 영향을 받는 유동을 고려하면 훨씬 더 많은 관계가 필요하다. 이는 자기유체역학 분야의 주제이며, 이러한 효과는 이 책에서는 고려하지 않는다.

대신 결과가 공기 또는 액체 용액과 같은 균일한 비반응 혼합물에도 적용된다는 점을 염두에 두고, 단일 성분 유체의 세 가지 기본 방정식을 유도하고자 한다.†

2-3 질량 보존: 연속 방정식

식 (1.5)에서 언급했듯이, 세 가지 보존 법칙 모두 본질적으로 Lagrangian이다. 즉, 고정된 입자 시스템에 적용된다. 따라서 유체 유동에 적합한 Eulerian 시스템에서 세 가지 법칙은 입자 도함수를 따른다.

$$\frac{D}{Dt} \equiv \frac{\partial}{\partial t} + (\mathbf{V} \cdot \nabla) \tag{1.8}$$

또한 Lagrangian 항으로 질량 보존 법칙은 매우 간단히 나타낼 수 있다.

$$m = \rho \vartheta = \text{상수} \tag{2.2}$$

여기서 ϑ는 입자의 부피이며, Eulerian 항으로 이는 다음과 같이 나타낼 수 있다.

† 매우 높은 온도에서 흐르는 공기는 다른 많은 혼합물과 마찬가지로 자발적인 확산과 화학 반응을 겪는다. 산소와 같은 단일 성분 유체도 고온에서 산소 원자로 해리된다.

$$\frac{Dm}{Dt} = \frac{D}{Dt}(\rho\vartheta) = \rho\frac{D\vartheta}{Dt} + \vartheta\frac{D\rho}{Dt} = 0 \tag{2.3}$$

$D\vartheta/D_t$는 유속과 연관시킬 수 있으며, 총 팽창률 또는 수직 변형률에 대한 속도는 입자 부피의 상대적 시간 변화율과 같다.

$$\epsilon_{xx} + \epsilon_{yy} + \epsilon_{zz} = \frac{1}{\vartheta}\frac{D\vartheta}{Dt} \tag{2.4}$$

또한 식 (1.21)의 운동학적 관계에서 변형률을 대체할 수 있다.

$$\epsilon_{xx} + \epsilon_{yy} + \epsilon_{zz} = \frac{\partial u}{\partial x} + \frac{\partial v}{\partial y} + \frac{\partial w}{\partial z} = \text{div } \mathbf{V} \equiv \nabla \cdot \mathbf{V} \tag{2.5}$$

식 (2.3)부터 (2.5)까지 식을 결합하여 ϑ를 제거하면 가장 일반적인 형태의 연속 방정식을 얻을 수 있다.

$$\frac{D\rho}{Dt} + \rho\nabla\cdot\mathbf{V} = 0 \quad \text{또는} \quad \frac{\partial\rho}{\partial t} + \nabla\cdot(\rho\mathbf{V}) = 0 \tag{2.6}$$

유체가 비압축성인 경우, 식 (2.6)은 솔레노이드 속도에 대한 더 간단한 조건, 즉

$$\nabla\cdot\mathbf{V} = 0 \tag{2.7}$$

이다. 이는 입자가 일정한 부피를 유지하도록 요구하는 것과 동일하다.‡ 모든 일정 밀도 유체는 비압축성이지만 역은 참이 아님에 유의해야 한다. 밀도가 다양한 비압축성 유체를 가질 수 있으며, 예를 들어 소금물의 경우 밀도가 깊이에 따라 다르지만 일정한 부피를 유지한다.

2-3.1 유용한 전략: 유동함수

연속 방정식 (2.6)은 0이 아닌 두 항으로만 축소되며 동일하게 충족될 수 있으므로 소위 유동함수 (stream function) ψ로 대체된다. 이 아이디어는 1755년 프랑스 수학자 Joseph-Louis Lagrange로부터 시작된다. 데카르트 비압축성 유동함수는 2-11절에서 자세히 다룬다. 정상 상태 2차원 xy 평면에서의 압축성 유동의 연속 방정식은 다음과 같이 정리된다.

$$\frac{\partial}{\partial x}(\rho u) + \frac{\partial}{\partial y}(\rho v) = 0 \tag{2.8}$$

이제 유동함수 ψ를 다음과 같이 정의할 수 있다.

$$\rho u = \frac{\partial\psi}{\partial y} \quad \text{및} \quad \rho v = -\frac{\partial\psi}{\partial x} \tag{2.9}$$

식 (2.8)은 ψ가 2차 도함수에 연속적이라고 가정했을 때, 동일하게 만족한다. 따라서 종속 변수의 수를 1로 줄일 수 있다. 하지만 나머지 속도 도함수가 한 차수만큼 증가한다는 것이 단점이 된다.

‡ 반드시 일정한 모양은 아니다. 즉, 요소는 반대 부호의 수직 변형과 모든 부호의 전단 변형을 겪을 수 있다.

또한 유동함수는 물리적 의미를 가진다.

$$d\psi = \frac{\partial \psi}{\partial x} dx + \frac{\partial \psi}{\partial y} dy = -\rho v\, dx + \rho u\, dy = \rho \mathbf{V} \cdot d\mathbf{A} = d\dot{m} \tag{2.10}$$

이는 유동함수의 변화가 질량 유량의 변화를 나타낸다는 것을 의미한다. 또한 $d\psi = 0$인 상수 ψ의 선은 질량 유동이 없는 선을 나타낸다($d\dot{m} = 0$). 이들은 유동의 유선으로 나타난다. 또한 두 유선의 ψ값 간의 차이는 해당 유선 간의 질량 유동과 수치적으로 동일하다.

2-4 운동량 보존: Navier-Stokes 방정식

일반적으로 Newton의 제2법칙으로 알려진 운동량 보존 방정식은 작용하는 힘과 질량이 m인 입자의 가속도 사이의 비례 관계를 나타낸다.

$$\mathbf{F} = m\mathbf{a} \tag{2.11}$$

여기서 $\mathbf{a} = \mathbf{F}/m$은 가속도가 단위 질량당 힘을 나타낸다는 것을 의미한다. 시스템이 유체 입자인 경우 식을 나누어 입자의 부피로 분석하여 입자 질량 대신 유체 밀도 측면에서 분석을 수행한다 [식 (2.11)]. 또한 항을 반대로 하고 가속도를 왼쪽에 배치하여 다음과 같은 식으로 나타내는 것이 기본적인 표현 방식이다.

$$\rho \frac{D\mathbf{V}}{Dt} = \mathbf{f} = \mathbf{f}_{\text{body}} + \mathbf{f}_{\text{surface}} \tag{2.12}$$

여기서 $\mathbf{f}$는 유체 입자에 대한 단위 부피당 적용된 힘이다. 우리가 선택한 Eulerian 시스템에서 가속도는 식 (1.9)에서 다소 복잡한 입자 도함수로 나타난다. $\mathbf{f}$는 표면력과 체적력의 두 가지 유형으로 나뉜다.

소위 체적력은 거리에 대해 유체 요소의 전체 질량에 적용되는 힘이다. 이러한 힘은 일반적으로 중력 또는 전자기력과 같은 외부 장으로 인한 것이다. 여기서는 자기유체 효과를 고려하지 않고, 단위 부피당 중력만 고려한다.

$$\mathbf{f}_{\text{body}} = \rho \mathbf{g} \tag{2.13}$$

여기서 $\mathbf{g}$는 중력 가속도이다.

표면력은 요소의 측면에 외부 응력에 의해 가해지는 힘이다. 양적 응력 σ_{ij}는 1-3절의 변형률 ϵ_{ij}와 마찬가지로 텐서이다. 모든 응력이 양수인 그림 2.1은 데카르트 요소의 응력 성분에 대한 부호 규칙을 보여준다. 점성 및 표면 압력 효과를 모두 포함하는 응력 텐서는 다음과 같이 쓸 수 있다.

$$\boldsymbol{\sigma} = \{\sigma_{ij}\} = \begin{pmatrix} \sigma_{xx} & \sigma_{xy} & \sigma_{xz} \\ \sigma_{yx} & \sigma_{yy} & \sigma_{yz} \\ \sigma_{zx} & \sigma_{zy} & \sigma_{zz} \end{pmatrix} = \begin{pmatrix} \tau_{xx} - p & \tau_{xy} & \tau_{xz} \\ \tau_{yx} & \tau_{yy} - p & \tau_{yz} \\ \tau_{zx} & \tau_{zy} & \tau_{zz} - p \end{pmatrix} = \{\tau_{ij}\} - p\{\delta_{ij}\} \tag{2.14}$$

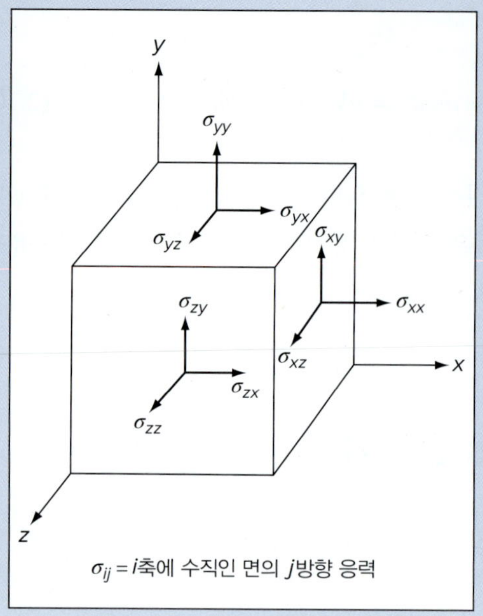

그림 2.1
응력 표기법

여기서 점성 응력 텐서는 9개의 구성요소로 나타낼 수 있다.

$$\boldsymbol{\tau} = \{\tau_{ij}\} = \begin{pmatrix} \tau_{xx} & \tau_{xy} & \tau_{xz} \\ \tau_{yx} & \tau_{yy} & \tau_{yz} \\ \tau_{zx} & \tau_{zy} & \tau_{zz} \end{pmatrix}$$

δ_{ij}는 Kronecker 델타 함수를 나타낸다(부록 D에 설명된 대로 $i = j$인 경우 $\delta_{ij} = 1$이고 $i \neq j$인 경우 $\delta_{ij} = 0$). 점성 응력과 달리 압력은 유체 요소의 표면에만 가해질 수 있다. 변형률 ϵ_{ij}, σ_{ij} 및 τ_{ij}는 $\sigma_{ij} = \sigma_{ji}$ 및 $\tau_{ij} = \tau_{ji}(i \neq j)$가 되도록 대칭 텐서를 형성한다. 이 대칭은 요소의 세 축에 대한 모멘트의 평형을 유지하는 데 필요하다.§

식 (2.14)의 배열에서 응력의 위치는 임의적이지 않다. 행은 각 좌표 방향에서 적용된 힘에 해당한다. 그림 2.1에서 응력으로 인한 각 방향의 전체 힘은 다음과 같다.

$$\begin{aligned} dF_x &= \sigma_{xx}\, dy\, dz + \sigma_{yx}\, dx\, dz + \sigma_{zx}\, dx\, dy \\ dF_y &= \sigma_{xy}\, dy\, dz + \sigma_{yy}\, dx\, dz + \sigma_{zy}\, dx\, dy \\ dF_z &= \sigma_{xz}\, dy\, dz + \sigma_{yz}\, dx\, dz + \sigma_{zz}\, dx\, dy \end{aligned} \tag{2.15}$$

평형 상태에 있는 요소의 경우 이러한 힘은 요소의 뒷면에 가해지는 동일하고 반대되는 힘으로 균형을 이룬다. 그러나 요소가 가속되면 전면 및 후면 응력이 달라진다.

$$\sigma_{xx,\,\text{front}} = \sigma_{xx,\,\text{back}} + \frac{\partial \sigma_{xx}}{\partial x}\, dx \tag{2.16}$$

따라서 x방향의 요소에 가해지는 순 힘은 3개의 도함수 항으로 인한 것이다.

§ 여기서는 집중 결합 응력이 없다고 가정한다.

$$dF_{x,\,\text{net}} = \left(\frac{\partial\sigma_{xx}}{\partial x}\,dx\right)dy\,dz + \left(\frac{\partial\sigma_{yx}}{\partial y}\,dy\right)dx\,dz + \left(\frac{\partial\sigma_{zx}}{\partial z}\,dz\right)dx\,dy$$

또는 단위 부피 기준으로 $dx\,dy\,dz$로 양변을 나누면 $\sigma_{ij} = \sigma_{ji}$이므로 다음을 얻는다.

$$f_x = \frac{\partial\sigma_{xx}}{\partial x} + \frac{\partial\sigma_{xy}}{\partial y} + \frac{\partial\sigma_{xz}}{\partial z} \tag{2.17}$$

우리가 주목하는 것은 벡터(σ_{xx}, σ_{xy}, σ_{xz})의 발산을 취하는 것이다. 마찬가지로 f_y와 f_z는 σ_{ij}의 두 번째 행과 세 번째 행의 발산이다.

$$\nabla \equiv \mathbf{i}\frac{\partial}{\partial x} + \mathbf{j}\frac{\partial}{\partial y} + \mathbf{k}\frac{\partial}{\partial z}$$

식 (2.17)은 단순히 $f_x = \nabla\cdot(\sigma_{xx}\,\mathbf{i} + \sigma_{xy}\,\mathbf{j} + \sigma_{xz}\,\mathbf{k})$임을 알 수 있다. 유사한 선을 따라 전체 벡터 표면력은 다음과 같이 표현될 수 있다.

$$\begin{cases} \mathbf{f}_{\text{sur}} = \nabla\cdot\boldsymbol{\sigma} & \text{(벡터 형태)} \\ (\mathbf{f}_{\text{sur}})_i = \nabla_j\,\sigma_{ij} = \dfrac{\partial\sigma_{ij}}{\partial x_j} & \text{(표식 형태)} \end{cases} \tag{2.18}$$

여기서 σ_{ij}의 발산은 텐서 의미로 해석되어 결과가 벡터가 된다.

Newton의 법칙은 식 (2.12)로, 다음과 같은 식이 된다.

$$\begin{cases} \rho\dfrac{D\mathbf{V}}{Dt} = \rho\mathbf{g} + \nabla\cdot\boldsymbol{\sigma} = \rho\mathbf{g} + \nabla\cdot\boldsymbol{\tau} - \nabla p & \text{(벡터 형태)} \\ \rho\dfrac{Du_i}{Dt} = \rho g_i + \nabla_j\,\sigma_{ij} = \rho g_i + \nabla_j(\tau_{ij} - \delta_{ij}p) = \rho g_i + \nabla_j\tau_{ij} - \nabla_i p & \text{(표식 형태)} \end{cases} \tag{2.19}$$

따라서 속도 $\mathbf{V}$의 관점에서 σ_{ij}를 표현하는 것만 남았으며, 이는 뉴턴 유체의 경우 점성 변형률 법칙의 가정을 통해 τ_{ij}를 ϵ_{ij}에 연결함으로써 정리된다.**

2-4.1 정지상태에서 유체: 유체정역학

유체의 정의(1-3절)에서 유체가 정지해 있으면 점성 응력이 사라진다. 속도 및 전단 응력은 0이고 수직 응력은 정수압으로 제한된다. 방정식 (2.19)는 $\mathbf{V} = 0$인 경우 정수 관계로 정리할 수 있다.

$$\begin{cases} \sigma_{xx} = \sigma_{yy} = \sigma_{zz} = -p \;\; \text{또는} \;\; \sigma_{ij} = -p, \;\; i = j \\ \sigma_{xy} = \sigma_{xz} = \sigma_{yz} = 0 \;\; \text{또는} \;\; \sigma_{ij} = 0, \;\; i \neq j \end{cases} \;\; \text{따라서} \;\; \begin{cases} \nabla p = \rho\mathbf{g} & \text{(벡터 형태)} \\ \nabla_i p = \rho g_i & \text{(표식 형태)} \end{cases} \tag{2.20}$$

z좌표를 위쪽으로 취하고 ρ와 g가 일정하다고 가정하면, 압력은 $\delta p = -\rho g\delta z$이므로 z에 따라 선형으로 변한다. 따라서 압력은 유체 밀도에 비례하여 아래쪽으로 증가하며[White(2016)에서 유체정역학 파트에서 다룬 것처럼], 여기서 $\mathbf{V} = 0$일 때 동적 운동량 방정식이 식 (2.20)으로 나타난다.

** $\nabla_j(\delta_{ij}\,p) = \nabla_i p = \partial p/\partial x_i$를 깨닫고 식 (2.19)의 등가의 지시형은 다음과 같다.

$$\rho\frac{Du_i}{Dt} = \rho g_i + \frac{\partial\sigma_{ij}}{\partial x_j} = \rho g_i + \frac{\partial\tau_{ij}}{\partial x_j} - \frac{\partial p}{\partial x_i}$$

2-4.2 뉴턴 유체의 변형 법칙

Hookean 탄성과 유추하여 변형률에 따른 점성 응력의 변화에 대한 가장 간단한 가정은 선형 법칙이다. 이러한 고려사항은 Stokes(1845)에 의해 처음 만들어졌으며, 우리가 아는 한 결과 변형 법칙은 모든 기체와 가장 일반적인 유체에 의해 충족된다. Stokes의 세 가지 가정은 다음과 같다.

1. 유체는 연속적이며 응력 텐서 σ_{ij}는 변형률 ϵ_{ij}의 선형 함수이다.

2. 유체는 등방성이다. 즉, 그 특성은 방향과 무관하므로 변형 법칙은 유체가 표현되는 좌표축과 무관하다.

3. 변형률이 0일 때 변형 법칙은 정수압 조건 $\sigma_{ij} = -p\delta_{ij}$으로 줄어든다.

등방성 조건 2에서는 주응력 축이 주변형률 축과 동일해야 한다. 이것은 주축을 변형 법칙 유도를 시작하기에 편리하게 만든다. x_1, y_1, z_1을 주축으로 하고, 여기서 전단 응력과 전단 변형률이 사라진다[식 (1.24)]. 이러한 축을 사용하면 변형 법칙에 최대 3개의 선형 계수 C_1, C_2 및 C_3가 포함될 수 있다. 예를 들어,

$$\sigma_{11} = -p + C_1\epsilon_{11} + C_2\epsilon_{22} + C_3\epsilon_{33} \tag{2.21}$$

위의 정수 조건 3을 만족시키기 위해 $-p$라는 항을 추가하였다. 그러나 등방성 조건 2는 ϵ_{22}와 ϵ_{33}의 직교류 효과가 동일해야 하므로, 즉 $C_2 = C_3$이므로 이방성 뉴턴 유체에는 실제로 2개의 독립적인 선형 계수만 있다. 식 (2.21)을 더 간단한 형태로 다시 쓰면 다음과 같다.

$$\sigma_{11} = -p + K\epsilon_{11} + C_2(\epsilon_{11} + \epsilon_{22} + \epsilon_{33}) \tag{2.22}$$

여기서 $K = C_1 - C_2$이며, 식 (2.5)로부터 $\epsilon_{11} + \epsilon_{22} + \epsilon_{33} = \nabla \cdot \mathbf{V}$이다.

이제 식 (2.22)를 전단 응력이 0이 아닌 임의의 축 x, y, z로 변환하여 일반 변형 법칙에 대한 표현식을 찾는다. 주축 x_1, y_1, z_1에 대해 x축이 방향 코사인 l_1, m_1, n_1을 갖도록 하고, y축이 l_2, m_2, n_2를 갖도록 하고, z축에는 l_3, m_3, n_3이 있다. 방향 코사인 집합에 대해 $l_1^2 + m_1^2 + n_1^2 = 1$임을 적용한다. 새로운 시스템의 수직 응력 또는 변형률과 주요 응력 또는 변형률 간의 변환 규칙은 다음과 같이 주어진다.

$$\begin{aligned} \sigma_{xx} &= \sigma_{11}l_1^2 + \sigma_{22}m_1^2 + \sigma_{33}n_1^2 \\ \epsilon_{xx} &= \epsilon_{11}l_1^2 + \epsilon_{22}m_1^2 + \epsilon_{33}n_1^2 \end{aligned} \tag{2.23}$$

유사하게, 전단 응력(변형률)은 다음 변환 법칙에 의해 주응력(변형률)과 관련될 수 있다.

$$\begin{aligned} \sigma_{xy} = \tau_{xy} &= \sigma_{11}l_1l_2 + \sigma_{22}m_1m_2 + \sigma_{33}n_1n_2 \\ \epsilon_{xy} &= \epsilon_{11}l_1l_2 + \epsilon_{22}m_1m_2 + \epsilon_{33}n_1n_2 \end{aligned} \tag{2.24}$$

이제 주축 변형 법칙인 식 (2.22)를 사용하여 식 (2.23)에서 σ_{11}, ϵ_{11}, σ_{22} 등을 소거할 수 있으며, $l^2 + m^2 + n^2 = 1$이다. 결과는

$$\sigma_{xx} = -p + K\epsilon_{xx} + C_2\nabla \cdot \mathbf{V} \tag{2.25}$$

σ_{yy} 및 σ_{zz}에 대해 정확히 유사한 표현을 사용하였다. 마찬가지로 식 (2.24)에서 σ_{11}, ϵ_{11} 등을 제거하여 다음과 같이 나타낼 수 있다.

$$\sigma_{xy} = \tau_{xy} = K\epsilon_{xy} \tag{2.26}$$

σ_{xz} 및 σ_{yz}에 대한 표현 및 방향 코사인은 모두 소거되었다. 방정식 (2.25) 및 (2.26)은 사실상 일반적인 변형 법칙이다. 평판 사이의 전단 유동에 대해 식 (2.26)과 식 (1.30)을 비교함으로써 선형 계수 K가 일반 점도 계수의 두 배인 $K = 2\mu$와 같다는 것을 알 수 있다. 계수 C_2는 새롭고 μ와 무관하며 두 번째 점도 계수라고 부를 수 있다. 선형 탄성에서 C_2는 Lamé 상수라고 하며 여기에도 채택된 기호 λ가 지정된다. λ는 부피 팽창과만 연관되기 때문에 부피 점도 계수 λ라고 부르는 것이 일반적이다.

따라서 방정식 (2.25) 및 (2.26)은 점성 뉴턴 유체에 대한 단일 일반 변형 법칙으로 결합되어 다음과 같이 다시 쓸 수 있다.

$$\begin{cases} \boldsymbol{\sigma} = -p\boldsymbol{\delta} + \boldsymbol{\tau} = -p\boldsymbol{\delta} + \mu[\nabla\mathbf{V} + (\nabla\mathbf{V})^{\mathrm{T}}] + \lambda\boldsymbol{\delta}\nabla\cdot\mathbf{V} & \text{(벡터 형태)} \\ \sigma_{ij} = -p\delta_{ij} + \tau_{ij} = -p\delta_{ij} + \mu(\nabla_j u_i + \nabla_i u_j) + \lambda\,\delta_{ij}\nabla_k u_k & \\ \quad = -p\delta_{ij} + \mu\left(\dfrac{\partial u_i}{\partial x_j} + \dfrac{\partial u_j}{\partial x_i}\right) + \lambda\,\delta_{ij}\dfrac{\partial u_k}{\partial x_k} & \text{(표식 형태)} \end{cases} \tag{2.27}$$

여기서 식 (1.27)의 속도 구배로 ϵ_{ij}를 나타냈다. 이 변형 법칙은 Stokes(1845)에 의해 처음 제안되었으며 응력과 변형률의 좌표 변환에 대한 기하학적 규칙을 가정한다. 관심 있는 독자는 Lai 등(1995), Malvern(1997) 또는 Talpaert(2003)의 연속체 역학에 대한 책을 참조하길 바란다. 부록 B에서 제공되는 τ_{ij}의 스칼라 형식은 비압축성 유동에서 데카르트 좌표와 원통 좌표에 모두 사용된다.

2-4.3 열역학적 압력 대 기계적 압력

Stokes(1845)는 식 (2.27)의 결과에 대해 나타내었다. 변형 관계 [식 (1.25)]와 유사하게 세 가지 수직 응력 $\sigma_{xx} + \sigma_{yy} + \sigma_{zz}$의 합은 변하지 않는 텐서를 생성한다. 이 맥락으로 기계적 압력 $\bar{p}$는 이 합계의 $-1/3$, 즉 요소에 대한 평균 압축 응력으로 정의된다. 그런 다음 식 (2.27)을 합산하여 다음 식을 얻을 수 있다.

$$\bar{p} = -\tfrac{1}{3}\left(\sigma_{xx} + \sigma_{yy} + \sigma_{zz}\right) = p - \left(\lambda + \tfrac{1}{2}\,\mu\right)\nabla\cdot\mathbf{V} \tag{2.28}$$

여기서 p는 열역학적 압력을 나타낸다. 따라서 변형 점성 유체의 평균 압력은 압력이라고 하는 열역학적 특성과 같지 않다. $\nabla\mathbf{V}$는 일반적으로 일반적인 유체 문제에서 매우 작지만 식 (2.28)의 정확한 의미이기 때문에 이러한 구분은 거의 중요하지 않다. 이 문제는 한 세기 이상 동안 논쟁의 여지가 있는 주제였으며, Stokes는 좋은 가정을 사용하여 문제를 간단히 해결하였다.

Stokes의 가설 (1845): $\lambda + \tfrac{2}{3}\,\mu = 0$

두 번째 점도 계수를 $\lambda = -\tfrac{2}{3}\mu$로 취하면 기계적 압력과 열역학적 압력 간의 불일치가 소거된다.

그러나 Karim과 Rosenhead(1952)가 검토한 바와 같이 음파 감쇠 측정에서 얻을 수 있는 실험적 증거는 대부분의 액체에 대한 λ가 실제로는 $-2\mu/3$이 아니라 양수이며 종종 μ보다 훨씬 더 크다. 그러나 실험 자체는 약간의 논란거리였다[Truesdell(1954)].

두 번째 유형의 유동 조건은 λ의 값에 관계없이 $\bar{p}$를 p와 동일하게 만든다. 특히

비압축성 유동: $$\nabla \cdot \mathbf{V} = 0 \quad \text{또는} \quad \frac{\partial u_i}{\partial x_i} = 0$$

따라서 벌크 점도는 진정한 비압축성 유체에는 영향을 미치지 않지만 실제로는 거의 비압축성 유체에서 발생하는 특정 현상(예: 액체의 흡음)에 영향을 미친다. 한편, $\nabla \cdot \mathbf{V} \neq 0$(예: 압축성 유동)인 경우 점성 수직 응력이 무시할 수 있는 경우 문제를 피할 수 있다. 이것은 압축성 유체의 **경계층 유동**의 경우이며, 첫 번째 점도 계수 μ만이 중요한 것으로 판명되었다. 그러나 정상적인 충격파 문제는 계수 λ를 무시할 수 없는 경우를 나타낸다. 두 번째 경우는 앞에서 언급한 음파 흡수 및 감쇠 문제이다.

따라서 두 번째 점도 계수는 여전히 논란의 여지가 있는 것으로 보인다. 사실, λ는 분명히 주파수 의존적이기 때문에 열역학적 특성이 아닐 수 있다. 다행히 논쟁의 여지가 있는 항인 $\lambda \nabla \cdot \mathbf{V}$는 일반적으로 너무 작기 때문에 λ의 효과를 완전히 무시할 수 있다. Landau와 Lifshitz(1959, Sec. 78) 및 Panton(1996)에서는 두 번째 점성 계수에 대한 흥미로운 논의를 다루었다.

2-4.4 Navier-Stokes 방정식

일반 선형(뉴턴) 점성 유체에 대한 운동량 방정식은 응력 관계 식 (2.27)을 Newton의 법칙[식 (2.19)]에 대입하여 얻는다. 이 결과는 Navier와 Stokes의 이름을 딴 운동 방정식으로 잘 알려져 있다. 사실, 이 방정식은 네 명의 과학자인 Navier(1827), Poisson(1831), Saint Venant(1843), Stokes(1845)의 연구 결과이다. 스칼라 형태로 식을 나타내면,

$$\begin{aligned}
\rho\frac{Du}{Dt} &= \rho g_x - \frac{\partial p}{\partial x} + \frac{\partial}{\partial x}\left(2\mu\frac{\partial u}{\partial x} + \lambda\nabla\cdot\mathbf{V}\right) + \frac{\partial}{\partial y}\left[\mu\left(\frac{\partial u}{\partial y} + \frac{\partial v}{\partial x}\right)\right] + \frac{\partial}{\partial z}\left[\mu\left(\frac{\partial w}{\partial x} + \frac{\partial u}{\partial z}\right)\right] \\
\rho\frac{Dv}{Dt} &= \rho g_y - \frac{\partial p}{\partial y} + \frac{\partial}{\partial x}\left[\mu\left(\frac{\partial v}{\partial x} + \frac{\partial u}{\partial y}\right)\right] + \frac{\partial}{\partial y}\left(2\mu\frac{\partial v}{\partial y} + \lambda\nabla\cdot\mathbf{V}\right) + \frac{\partial}{\partial z}\left[\mu\left(\frac{\partial v}{\partial z} + \frac{\partial w}{\partial y}\right)\right] \quad (2.29a) \\
\rho\frac{Dw}{Dt} &= \rho g_z - \frac{\partial p}{\partial z} + \frac{\partial}{\partial x}\left[\mu\left(\frac{\partial w}{\partial x} + \frac{\partial u}{\partial z}\right)\right] + \frac{\partial}{\partial y}\left[\mu\left(\frac{\partial v}{\partial z} + \frac{\partial w}{\partial y}\right)\right] + \frac{\partial}{\partial z}\left(2\mu\frac{\partial w}{\partial z} + \lambda\nabla\cdot\mathbf{V}\right)
\end{aligned}$$

이것은 점성 유체 유동의 주제에 기본이 되는 Navier-Stokes 방정식이다. 표식 표기(부록 D)가 있거나 없는 단일 벡터 방정식으로 다시 쓰면 식의 단순화가 가능하다.

$$\begin{cases}
\rho\dfrac{D\mathbf{V}}{Dt} = \rho\mathbf{g} - \nabla p + \nabla\cdot\left\{\mu[\nabla\mathbf{V} + (\nabla\mathbf{V})^{\mathrm{T}}] + \lambda\boldsymbol{\delta}\nabla\cdot\mathbf{V}\right\} \\
\rho\dfrac{Du_i}{Dt} = \rho g_i - \nabla_i p + \nabla_j[\mu(\nabla_j u_i + \nabla_i u_j) + \lambda\delta_{ij}\nabla_k u_k]
\end{cases} \quad (2.29b)$$

또한 표식 형태는 다음과 같이 더 압축될 수 있다.

$$\rho \frac{Du_i}{Dt} = \rho g_i - \frac{\partial p}{\partial x_i} + \frac{\partial}{\partial x_j}\left[\mu\left(\frac{\partial u_i}{\partial x_j} + \frac{\partial u_j}{\partial x_i}\right) + \lambda \delta_{ij}\frac{\partial u_k}{\partial x_k}\right]$$

2-4.5 비압축성 유동: 열 분리

유체의 밀도가 일정하다고 가정하면 div **V**는 연속성으로 인해 사라진다[식 (2.7)]. 성가신 벌크 계수 λ는 Newton의 법칙에서 사라진다. 방정식 (2.29a) 및 (2.29b)는 첫 번째 점도 μ가 여전히 온도와 압력에 따라(따라서 위치에 따라) 변하도록 허용된다면 크게 단순화되지 않는다. 그러나 μ가 공간적으로 균일하다고 가정하면 많은 항이 사라지고 일정한 점도를 갖는 비압축성 유체에 대한 훨씬 더 간단한 Navier-Stokes 방정식이 남게 된다.

$$\rho \frac{D\mathbf{V}}{Dt} = \rho \mathbf{g} - \nabla p + \mu \nabla^2 \mathbf{V} \tag{2.30}$$

이 책에서 대부분의 문제는 식 (2.7) 및 (2.30)을 사용하여 해결할 수 있는 비압축성 유동에 해당한다. 이러한 방정식이 온도와 무관하게 되려면 ρ와 μ가 일정하면 충분하다. 그런 다음 속도와 압력에 대한 연속 방정식 및 운동량 방정식을 풀고 나중에 2-5절에서 설명할 열적으로 분리된 에너지 방정식에서 온도를 풀 수 있다. 이 근삿값은 '유체 역학' 분야와 '열전달' 분야 각각의 책으로 다뤄진다. 본 책은 유체역학적 개념에 대해 초점을 맞추고 있으며, 열전달에 대해서는 상대적으로 제한된 범위를 다룬다.

2-4.6 정상 상태 비점성 유동: Euler 및 Bernoulli 방정식

점성 항을 무시할 수 있다고 추가로 가정하면 식 (2.30)은 다음과 같다.

$$\rho \frac{D\mathbf{V}}{Dt} \approx \rho \mathbf{g} - \nabla p \tag{2.30a}$$

이는 비점성 유동에 대한 Euler 방정식(1755년 Leonhard Euler에 의해 유도됨)이라고 한다. **V**와 p에서 1차이므로 2차 Navier-Stokes 식 (2.30)보다 간단한 형태이다. 점도가 없는 경우 고정된 벽에서 점착 조건이 완화되어야 하며, 접선 속도를 가질 수 있다. Euler 방정식: 분석(Currie, 1993), 수치(Tannehill 등, 1997), 수학 정리(Kreiss와 Lorenz, 1989)에 대한 많은 연구가 보고되었다. 여러 학부 교재(예: White, 2016)에서 볼 수 있듯이, 정상, 비압축성, 마찰 없는 운동에 대한 Euler 방정식은 임의의 두 점 1과 2 사이의 유선을 따라 통합되어 다음 식을 얻을 수 있다.

$$\left(p + \tfrac{1}{2}\rho V^2 + \rho g z\right)_1 \approx \left(p + \tfrac{1}{2}\rho V^2 + \rho g z\right)_2 = \text{상수} \tag{2.30b}$$

여기서 z는 수직 위 방향이다. 이것은 일정한 마찰이 없는 유동에 대한 Bernoulli 방정식이다. 근삿값이지만 모든 유체는 점성이므로 항공 및 유체 역학에 많은 응용 분야가 있으며 경계층 이론에서 외부 경계 일치 조건으로 사용된다(4장). Bernoulli 방정식의 비정상 형태는 2-10절에서 설명할 것이다.

Bernoulli 방정식은 유선형 분석의 기초가 되며 길이 단위로 다시 쓸 수 있어 비가역적 손실

문제를 분석할 때 사용하기 더 편리한 방정식이다. 후자는 보통 에너지 수두 손실 항(h_L)으로 일괄 처리되며, 이는 하류 위치에서 유체에 남아 있는 총에너지 양을 감소시킨다. 따라서 점 1에서 2로 이동하면 다음과 같이 쓸 수 있다.

$$\left(\frac{p}{\rho g} + \frac{1}{2g}V^2 + z\right)_1 \approx \left(\frac{p}{\rho g} + \frac{1}{2g}V^2 + z\right)_2 + h_L \tag{2.30c}$$

여기서 수두 손실은 White(2016)에 설명된 내용을 참고하여 결정할 수 있으며, 수두 손실 계산에 대한 부록 E에 요약되어 있다.

2-4.7 정상 상태 비점성 축대칭 유동: Bragg-Hawthorne 방정식

운동이 축대칭인 정상, 비점성 및 비압축성 유동의 처리에서 Euler 방정식은 유동함수에서 압축된 스칼라 2차 편미분 방정식으로 정리할 수 있다. Bragg-Hawthorne 방정식(Bragg와 Hawthorne, 1950)으로 알려진 이 관계는 회전축을 따라 Euler의 정상 상태 방정식을 투영한 것을 나타낸다.

식 (2.30a)는 $(\mathbf{V}\cdot\nabla)\mathbf{V} = \nabla\left(\frac{1}{2}\,\mathbf{V}\cdot\mathbf{V}\right) - \mathbf{V}\times(\nabla\times\mathbf{V}) = -\nabla p/\rho - g\nabla z$로 정리할 수 있다. 여기서 식을 간단하게 하기 위해 음의 z방향($\mathbf{g} = -g\mathbf{k} \equiv -g\nabla z$)으로 중력을 대입하고 부록 A에서의 Lamb의 벡터 항등성 관계를 이용한다. 다음으로 압력 항은 $\nabla H - \mathbf{V}\times\boldsymbol{\omega} = 0$이 되도록 좌변으로 이동한다. 여기서 $H \equiv p/\rho + \frac{1}{2}V^2 + gz = H(\psi)$는 총 수두(유선을 따라 일정하게 유지됨)를 나타낸다. 결과적으로 원통형 좌표를 사용하고 관습적인 회전축 z를 따라 투영하면 $\nabla H\cdot d\mathbf{z} = (\mathbf{V}\times\boldsymbol{\omega})\cdot d\mathbf{z}$가 된다. 여기서 $d\mathbf{z} \equiv \mathbf{k}\,dz$이며, 축 대칭으로 인해 다음 식으로 정리할 수 있다.

$$\begin{cases}\nabla H\cdot d\mathbf{z} = \dfrac{\partial H}{\partial z}dz = \dfrac{dH}{d\psi}\dfrac{\partial\psi}{\partial z}dz \\ (\mathbf{V}\times\boldsymbol{\omega})\cdot d\mathbf{z} = (\upsilon_r\omega_\theta - \upsilon_\theta\omega_r)\,dz\end{cases} \quad \text{따라서} \quad \frac{dH}{d\psi}\frac{\partial\psi}{\partial z} = \upsilon_r\left(\frac{\partial\upsilon_r}{\partial z} - \frac{\partial\upsilon_z}{\partial r}\right) + \upsilon_\theta\frac{\partial\upsilon_\theta}{\partial z} \tag{2.30d}$$

이 단계에서, 반경 및 축 속도를 대체하기 위해 비압축성 Stokes 유동함수를 이용한다($r\upsilon_r \equiv -\partial\psi/\partial z$, $r\upsilon_z \equiv \partial\psi/\partial r$). 접선 속도 υ_θ는 축대칭인 경우, 접선 운동 방정식이 다음과 같이 각운동량으로 표현될 수 있다.

$$\upsilon_r\frac{\partial(r\upsilon_\theta)}{\partial r} + \upsilon_z\frac{\partial(r\upsilon_\theta)}{\partial z} = 0 \qquad \text{또는} \qquad \frac{D(r\upsilon_\theta)}{Dt} = 0$$

각운동량의 소실 물질 도함수에 따라 $r\upsilon_\theta = B(\psi)$를 쓸 수 있으며, 이는 유선을 따라 보존된다. 실제로 유동 순환을 나타내는 $2\pi B$와 총 수두 H는 유선을 따라 변경할 수 없다. 식 (2.30d)로의 역대입은 다음 식으로 쉽게 정리 및 단순화될 수 있다.

$$\frac{dH}{d\psi}\frac{\partial\psi}{\partial z} = -\frac{1}{r}\frac{\partial\psi}{\partial z}\left[-\frac{1}{r}\frac{\partial^2\psi}{\partial z^2} - \frac{\partial}{\partial r}\left(\frac{1}{r}\frac{\partial\psi}{\partial r}\right)\right] + \frac{B}{r}\frac{\partial}{\partial z}\left(\frac{B}{r}\right)$$

이 식은 쉽게 재정렬되고, 다음과 같이 단순화된다.

$$\frac{\partial^2 \psi}{\partial r^2} - \frac{1}{r}\frac{\partial \psi}{\partial r} + \frac{\partial^2 \psi}{\partial z^2} = r^2 \frac{dH(\psi)}{d\psi} - B\frac{dB(\psi)}{d\psi} \tag{2.30e}$$

Hicks 방정식(Hicks, 1898) 또는 Long-Squire 방정식(Long, 1953; Squire, 1956)이라고도 하는 $\psi(r, z)$의 이 2차 편미분 방정식은 축대칭의 처리에 매우 중요한 것으로 밝혀졌다. 와류 지배 유동, 특히 사이클론 분리기 및 벽 경계 와류 로켓 엔진에서 발생하는 유동(Bloor 및 Ingham, 1987; Vyas 및 Majdalani, 2006; Majdalani, 2012; Maicke, Cecil 및 Majdalani, 2017)에 대해 직교 좌표에는 등가 형식이 편리하게 존재하지 않지만, 부록 F(예: Majdalani 및 Rienstra, 2007; Barber 및 Majdalani, 2017)와 같이 몇 가지 중요한 응용 프로그램을 적용할 수 있다.

2-5 에너지 방정식(열역학 제1법칙)

열역학 제1법칙에서 시스템 에너지의 변화는 시스템에 추가된 일과 열의 합으로 정의된다.

$$dE_t = dQ + dW, \text{ 여기서 } Q = \text{추가된 열}, W = \text{시스템에 한 일} \tag{2.31}$$

E_t는 시스템의 총에너지를 나타낸다. 따라서 흐르는 유체 입자와 같은 움직이는 시스템에서 E_t는 내부 에너지뿐만 아니라 운동 및 퍼텐셜 에너지도 포함한다. 유체 입자의 경우 단위 부피당 에너지는 다음과 같다.

$$E_t = \rho\left(e + \tfrac{1}{2}V^2 - \mathbf{g}\cdot\mathbf{r}\right) \tag{2.32}$$

여기서 e = 단위 질량당 내부 에너지

$\mathbf{r}$ = 입자 변위 또는 위치 벡터

$\mathbf{g}$ = 중력 가속도

질량과 운동량 보존에서와 마찬가지로 유체의 에너지 방정식은 입자 시간 변화율로 편리하게 쓸 수 있다. 따라서 식 (2.31)과 같이 정리할 수 있다.

$$\frac{DE_t}{Dt} = \frac{DQ}{Dt} + \frac{DW}{Dt} \quad \text{여기서} \quad \frac{D(\phi)}{Dt} \equiv \left[\frac{\partial}{\partial t} + (\mathbf{V}\cdot\nabla)\right]\phi = \frac{\partial \phi}{\partial t} + (\mathbf{V}\cdot\nabla)\phi \tag{2.33}$$

식 (2.32)를 통해 다음과 같이 정리된다.

$$\frac{DE_t}{Dt} = \rho\left(\frac{De}{Dt} + \frac{1}{2}\frac{DV^2}{Dt} - \mathbf{g}\cdot\frac{D\mathbf{r}}{Dt}\right) = \rho\left(\frac{De}{Dt} + V\frac{DV}{Dt} - \mathbf{g}\cdot\mathbf{V}\right) \tag{2.34}$$

유체 특성의 관점에서 Q와 W를 표현하는 것이 남는다.

이때, 요소로의 열전달 Q는 Fourier의 법칙에 의해 주어진다고 가정한다. 식 (1.35)에서 단위 면적당 열 유동 벡터는 다음과 같다.

$$\mathbf{q} = -k\nabla T \tag{1.35}$$

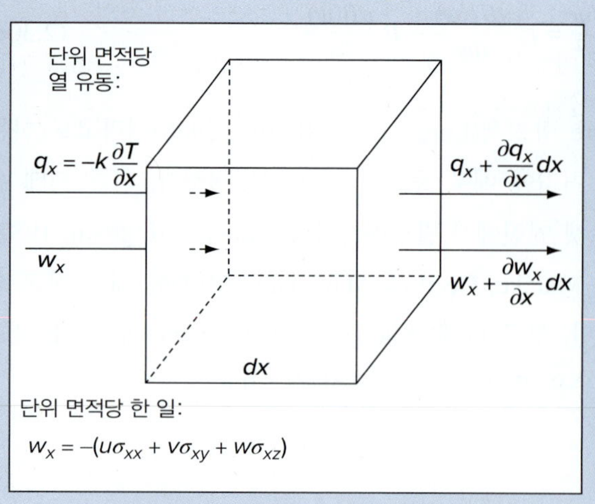

그림 2.2
요소의 왼쪽과 오른쪽에서 열과 일 교환

그림 2.2를 참조하면, 요소의 왼쪽 면으로의 열 유동은 $q_x\,dy\,dz$인 반면 오른쪽 면에서 나가는 열 유동은

$$\left(q_x + \frac{\partial q_x}{\partial x}dx\right)dy\,dz$$

q_y와 관련된 윗면과 아랫면과 q_z와 관련된 앞면과 뒷면도 비슷한 상황이다. 각 경우에 순 열 유동은 요소의 외부이다. 따라서 요소에 전달된 순 열은 다음과 같다.

$$-\left(\frac{\partial q_x}{\partial x} + \frac{\partial q_y}{\partial y} + \frac{\partial q_z}{\partial z}\right)dx\,dy\,dz$$

이를 요소 부피 $dx\,dy\,dz$로 나누면 내부 열 생성을 무시하는 열전달 항에 대한 표현식을 도출할 수 있다.

$$\frac{DQ}{Dt} = -\nabla\cdot\mathbf{q} = \nabla\cdot(k\nabla T) \tag{2.35}$$

다시 그림 2.2를 참조하면 왼쪽 면의 단위 면적당 요소에 한 일의 비율은 $w_x = -(u\sigma_{xx} + v\sigma_{xy} + w\sigma_{xz})$, 오른쪽 면 응력에 의해 수행된 일의 비율은 다음과 같다.

$$\text{단위 면적당}\quad -w_x - \frac{\partial w_x}{\partial x}dx$$

다른 면도 동일하며, 열전달과 동일한 방식으로 요소에 대해 수행된 순 일률은 다음과 같이 표현할 수 있다.

$$\begin{aligned}\frac{DW}{Dt} = -\nabla\cdot\mathbf{w} &= \frac{\partial}{\partial x}(u\sigma_{xx} + v\sigma_{xy} + w\sigma_{xz}) + \frac{\partial}{\partial y}(u\sigma_{yx} + v\sigma_{yy} + w\sigma_{yz})\\ &+ \frac{\partial}{\partial z}(u\sigma_{zx} + v\sigma_{zy} + w\sigma_{zz})\end{aligned} \tag{2.36}$$

표식 표기법(부록 E)을 사용하면 다음과 같이 매우 간단하게 나타낼 수 있다.

$$\frac{DW}{Dt} = \nabla\cdot(\mathbf{V}\cdot\boldsymbol{\sigma}) = \nabla_j(u_i\sigma_{ij}) \tag{2.37}$$

이어지는 표현은 다음과 같이 편리한 방식으로 더 분해될 수 있다.

$$\begin{cases}\nabla\cdot(\mathbf{V}\cdot\boldsymbol{\sigma}) = \mathbf{V}\cdot(\nabla\cdot\boldsymbol{\sigma}) + \boldsymbol{\sigma}:\nabla\mathbf{V}\\ \nabla_j(u_i\sigma_{ij}) = u_i(\nabla_j\sigma_{ij}) + \sigma_{ij}\nabla_j u_i\end{cases} \quad \text{따라서} \quad \frac{\partial(u_i\sigma_{ij})}{\partial x_j} = u_i\frac{\partial\sigma_{ij}}{\partial x_j} + \sigma_{ij}\frac{\partial u_i}{\partial x_j} \tag{2.38}$$

여기서 ':' 기호는 이중 수축 또는 이중 내적이라고 하며 $\mathbf{A}:\mathbf{B} = \{a_{ij}b_{ji}\}$ 속성을 갖는다. 응력 텐서의 발산은 다음을 통해 운동량 방정식과 직접 연관된다.

$$\nabla\cdot\boldsymbol{\sigma} = \rho\left(\frac{D\mathbf{V}}{Dt} - \mathbf{g}\right) \tag{2.19}$$

따라서 일부 벡터 계산 후에†† 다음을 얻는다.

$$\mathbf{V}\cdot(\nabla\cdot\boldsymbol{\sigma}) = \rho\left(\mathbf{V}\cdot\frac{D\mathbf{V}}{Dt} - \mathbf{V}\cdot\mathbf{g}\right) = \rho\left\{\mathbf{V}\cdot\frac{\partial\mathbf{V}}{\partial t} + \mathbf{V}\cdot[(\mathbf{V}\cdot\nabla)\mathbf{V}] - \mathbf{g}\cdot\mathbf{V}\right\} = \rho\left(V\frac{DV}{Dt} - \mathbf{g}\cdot\mathbf{V}\right) \tag{2.39}$$

이는 정확히 식 (2.34)의 운동 및 위치 에너지 항이다. 따라서 식 (2.34), (2.35) 및 (2.38)에서 식 (2.33)의 E_t, Q, 및 W를 대체하면 운동 및 위치 에너지가 사라진다.

$$\rho\frac{De}{Dt} = \nabla\cdot(k\nabla T) + \boldsymbol{\sigma}:\nabla\mathbf{V} \quad \text{또는} \quad \rho\frac{De}{Dt} = \frac{\partial}{\partial x_j}\left(k\frac{\partial T}{\partial x_j}\right) + \sigma_{ij}\frac{\partial u_i}{\partial x_j} \tag{2.40}$$

이는 유체 운동에 대한 열역학 제1법칙으로 널리 사용되는 형태의 식이다. 식 (2.27)을 사용하여 응력 텐서를 압력 및 점성 항으로 나누면, 연속 방정식 식 (2.6)에서 다음과 같은 식을 얻을 수 있다.

$$\boldsymbol{\sigma}:\nabla\mathbf{V} = \boldsymbol{\tau}:\nabla\mathbf{V} - p\nabla\cdot\mathbf{V} \quad \text{또는} \quad \sigma_{ij}\frac{\partial u_i}{\partial x_j} = \tau_{ij}\frac{\partial u_i}{\partial x_j} - p\frac{\partial u_k}{\partial x_k} \tag{2.41}$$

$$p\nabla\cdot\mathbf{V} = -\frac{p}{\rho}\frac{D\rho}{Dt} = \rho\frac{D}{Dt}\left(\frac{p}{\rho}\right) - \frac{Dp}{Dt} \tag{2.42}$$

식 (2.40)~(2.42)를 결합하면 다음과 같다.

$$\begin{cases}\rho\dfrac{D}{Dt}\left(e + \dfrac{p}{\rho}\right) = \dfrac{Dp}{Dt} + \nabla\cdot(k\nabla T) + \boldsymbol{\tau}:\nabla\mathbf{V}\\ \rho\dfrac{D}{Dt}\left(e + \dfrac{p}{\rho}\right) = \dfrac{Dp}{Dt} + \dfrac{\partial}{\partial x_j}\left(k\dfrac{\partial T}{\partial x_j}\right) + \tau_{ij}\dfrac{\partial u_i}{\partial x_j}\end{cases} \quad \text{또는} \quad \begin{cases}\rho\dfrac{Dh}{Dt} = \dfrac{Dp}{Dt} + \nabla\cdot(k\nabla T) + \boldsymbol{\tau}:\nabla\mathbf{V}\\ \rho\dfrac{Dh}{Dt} = \dfrac{Dp}{Dt} + \dfrac{\partial}{\partial x_j}\left(k\dfrac{\partial T}{\partial x_j}\right) + \tau_{ij}\dfrac{\partial u_i}{\partial x_j}\end{cases} \tag{2.43}$$

최종 식은 내부 및 압력 에너지를 유체 엔탈피로 통합하여 다음과 같이 나타낸다.

$$h = e + p/\rho \tag{2.44}$$

†† $\rho\left\{\mathbf{V}\cdot\frac{\partial\mathbf{V}}{\partial t} + \mathbf{V}\cdot[(\mathbf{V}\cdot\nabla)\mathbf{V}] - \mathbf{g}\cdot\mathbf{V}\right\} = \rho\left\{\mathbf{V}\cdot\frac{\partial\mathbf{V}}{\partial t} + \mathbf{V}\cdot\left[\frac{1}{2}\nabla(\mathbf{V}\cdot\mathbf{V}) + (\nabla\times\mathbf{V})\times\mathbf{V}\right] - \mathbf{g}\cdot\mathbf{V}\right\}$
$= \rho\left[\frac{1}{2}\left(\mathbf{V}\cdot\frac{\partial\mathbf{V}}{\partial t} + \frac{\partial\mathbf{V}}{\partial t}\cdot\mathbf{V}\right) + \frac{1}{2}\mathbf{V}\cdot\nabla(\mathbf{V}\cdot\mathbf{V}) - \mathbf{g}\cdot\mathbf{V}\right] = \rho\left[\frac{1}{2}\frac{\partial(\mathbf{V}\cdot\mathbf{V})}{\partial t} + \frac{1}{2}\mathbf{V}\cdot\nabla V^2 - \mathbf{g}\cdot\mathbf{V}\right] = \rho\left(\frac{1}{2}\frac{DV^2}{Dt} - \mathbf{g}\cdot\mathbf{V}\right)$

경계층 유동에서 일반적으로 엔탈피는 내부 에너지보다 더 유용한 함수로 사용된다. 또한 압력 항 Dp/Dt는 식 (2.43)에서 무시할 수 있으나, 식 (2.40)의 항 $p\nabla\cdot\mathbf{V}$는 동일한 유동에 대해 무시할 수 없다.

점성 응력을 포함하는 식 (2.43)의 마지막 항은 일반적으로 소산 함수 Φ라고 한다.

$$\Phi = \tau_{ij}\frac{\partial u_i}{\partial x_j} \tag{2.45}$$

점성은 시스템에 에너지를 추가할 수 없기 때문에 Φ라는 용어는 열역학 제2법칙에 따라 항상 양의 부호이다. 뉴턴 유체의 경우 식 (2.27)의 τ를 사용하여 다음을 얻는다.

$$\begin{aligned}\Phi = \mu\Bigg[&2\left(\frac{\partial u}{\partial x}\right)^2 + 2\left(\frac{\partial v}{\partial y}\right)^2 + 2\left(\frac{\partial w}{\partial z}\right)^2 + \left(\frac{\partial v}{\partial x} + \frac{\partial u}{\partial y}\right)^2 + \left(\frac{\partial w}{\partial y} + \frac{\partial v}{\partial z}\right)^2 + \left(\frac{\partial u}{\partial z} + \frac{\partial w}{\partial x}\right)^2\Bigg]\\ &+ \lambda\left(\frac{\partial u}{\partial x} + \frac{\partial v}{\partial y} + \frac{\partial w}{\partial z}\right)^2\end{aligned} \tag{2.46}$$

모든 항이 2차이므로 항상 양수이다. 반면에 λ는 음수일 수 있다(예: $\lambda = -\frac{2}{3}\mu$인 Stokes 가설). 식 (2.46)을 사용할 때, Φ가 음수가 아닐 수 있는 조건은 다음과 같다.

$$\mu \geq 0, \quad 3\lambda + 2\mu \geq 0 \tag{2.47}$$

본 표기법을 사용하여 에너지 관계 식 (2.43)은 다음과 같은 최종 형태를 취한다.

$$\rho\frac{Dh}{Dt} = \frac{Dp}{Dt} + \nabla\cdot(k\nabla T) + \Phi \tag{2.48}$$

여기서 Φ는 식 (2.46)에 의해 주어진다.

2-5.1 비압축성 유동 근사

열역학적 항등식 (1.77)에서 식 (2.48)을 다음과 같이 다시 쓸 수 있다.

$$\rho c_p\frac{DT}{Dt} = \beta T\frac{Dp}{Dt} + \nabla\cdot(k\nabla T) + \Phi \tag{2.49}$$

이제 유속(U)이 더 작아지면 유체 운동 에너지 U^2는 결국 엔탈피 변화 $c_p\Delta T$보다 훨씬 작아진다. Dp/Dt와 Φ는 모두 U^2의 차수이므로 저속 또는 비압축성 유동의 한계는 다음과 같다.

$$\rho c_p\frac{DT}{Dt} \approx \nabla\cdot(k\nabla T) \tag{2.50}$$

균일한 열전도율을 가정하면 더 친숙한 비압축성 열대류 방정식을 얻는다.

$$\rho c_p\frac{DT}{Dt} \approx k\nabla^2 T \tag{2.51}$$

정확한 비열은 c_v가 아니라 c_p이며, Mach 수 0에 가까운 비압축성 유동에서도 마찬가지이다. 이

점에 대해 Panton(1996, Sec. 10.9)에서 논의되었다.

2-5.2 기본 방정식 요약

질량, 운동량 및 에너지 보존의 세 가지 기본 법칙은 유체 운동에 적용할 수 있도록 다음과 같이 정리하였다.

$$\frac{\partial \rho}{\partial t} + \nabla\cdot(\rho \mathbf{V}) = 0 \tag{2.6}$$

$$\rho\frac{D\mathbf{V}}{Dt} = \rho\mathbf{g} - \nabla p + \nabla\cdot\boldsymbol{\tau} \tag{2.19}$$

$$\rho\frac{Dh}{Dt} = \frac{Dp}{Dt} + \nabla\cdot(k\nabla T) + \boldsymbol{\tau}:\nabla\mathbf{V} \tag{2.48}$$

여기서 $\boldsymbol{\tau}:\nabla\mathbf{V} = \nabla\cdot(\mathbf{V}\cdot\boldsymbol{\tau}) - \mathbf{V}\cdot(\nabla\cdot\boldsymbol{\tau})$, 또한 선형(뉴턴) 유체의 경우 점성 응력은 다음과 같다.

$$\begin{cases}\boldsymbol{\tau} = \mu[\nabla\mathbf{V} + (\nabla\mathbf{V})^{\mathrm{T}}] + \lambda\boldsymbol{\delta}\nabla\cdot\mathbf{V} \\ \tau_{ij} = \mu(\nabla_j u_i + \nabla_i u_j) + \lambda\delta_{ij}\nabla_k u_k = \mu\left(\dfrac{\partial u_i}{\partial x_j} + \dfrac{\partial u_j}{\partial x_i}\right) + \lambda\delta_{ij}\dfrac{\partial u_k}{\partial x_k}\end{cases} \tag{2.27}$$

이 장의 첫 부분에서 언급했듯이 식 (2.6), (2.19) 및 (2.48)에는 7개의 변수가 포함되며, 그 중 3개는 기본 변수인 p, $\mathbf{V}$, T이다. 나머지 4개의 변수는 다음 형식의 보조 관계 및 데이터에서 알려진 것으로 가정한다.

$$\rho = \rho(p, T) \qquad \mu = \mu(p, T) \qquad h = h(p, T) \qquad k = k(p, T) \tag{2.1}$$

마지막으로, 이러한 관계가 상당히 일반적이며 다음과 같은 몇 가지 제한적인 가정만을 포함한다는 점에 주목한다. (1) 유체가 (수학적) 연속체를 형성하고, (2) 입자가 본질적으로 열역학적 평형 상태에 있고, (3) 유일한 유효 체적력은 중력으로 인한 것이며, (4) 열전도는 Fourier의 법칙을 따르고, (5) 내부 열원이 없다.

2-6 점성 열전도 유동의 경계 조건

1-4절에서 세 가지 기본 경계 조건 (1) 유체-고체 계면, (2) 유체-유체 계면, (3) 입구 또는 출구에 대해 설명하였다. 이러한 다양한 유형의 조건은 그림 2.3에 설명되어 있다. 일반적으로 대부분의 점성 유동 해석에 대해 다음 조건이 부과되어야 한다는 것이다.

1. 유체-고체 계면에서 미끄러짐이 없어야 한다.

$$\mathbf{V}_{\text{fluid}} = \mathbf{V}_{\text{sol}} \tag{2.52}$$

온도 점프가 없거나(벽 온도가 알려진 경우)

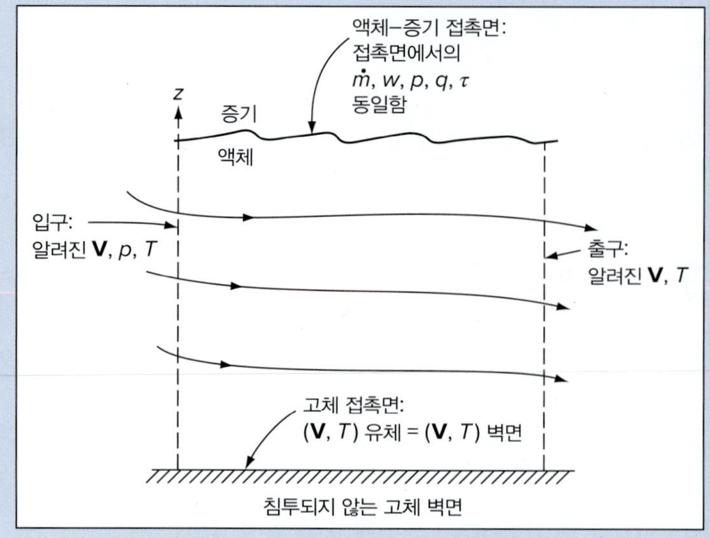

그림 2.3
유체 유동의 다양한 경계 조건

$$T_{\text{fluid}} = T_{\text{sol}} \tag{2.53}$$

또는 표면에 대한 법선 방향 n의 등식 열 플럭스(고체 열 플럭스를 알고 있는 경우) 유체

$$\left(k\,\frac{\partial T}{\partial n}\right)_{\text{fluid}} = q \;\; (\text{고체에서 유체로}) \tag{2.54}$$

2. 표준 대기와 같은 액체와 기체 물질 사이의 경계면에서 경계면에 수직인 방향으로 운동학적 등가가 있어야 한다.

$$V_{n,\,\text{liq}} \approx \dot{\eta} \tag{2.55}$$

여기서 η는 표면 좌표이며 수직 운동량 플럭스가 동일해야 한다.

$$p_{\text{liq}} \approx p_{\text{gas}} \tag{2.56}$$

또한 경계면에서 접선 전단 응력과 수직 열 플럭스가 동일해야 하며, 이는 다음으로 변환된다.

$$\left.\frac{\partial V_t}{\partial n}\right|_{\text{liq}} = \frac{\mu_{\text{gas}}}{\mu_{\text{liq}}}\left.\frac{\partial V_t}{\partial n}\right|_{\text{gas}} \approx 0 \quad \text{및} \quad \left.\frac{\partial T}{\partial n}\right|_{\text{liq}} = \frac{k_{\text{gas}}}{k_{\text{liq}}}\left.\frac{\partial T}{\partial n}\right|_{\text{gas}} \approx 0 \tag{2.57}$$

여기서 V_t는 전단 방향에 평행한 접선 속도 성분이다. 이러한 단순화는 기체 물질이 액체의 수송 계수에 비해 무시할 수 있을 정도로 작은 수송 계수를 가질 때 발생한다. 예를 들어, 폭풍우가 치는 바다에 대한 분석과 같은 문제에 대해서는 경계면에서의 수분 증발률 $\dot{m}$을 알아야 한다.

3. 유동의 모든 입구 영역에서 경계의 모든 점에서 세 가지 값 $\mathbf{V}$, p, T가 필요하다. 출구 영역에서 일반적으로 $\mathbf{V}$와 T를 알아야 하지만 압력 p는 알 필요 없다. 후류의 형성 및 기타 선험적으로 알려지지 않은 유출 거동으로 인해 출구 조건은 파악하기 어렵다. 한 가지 근삿값은 유동방향의 유동 구배가 관심 있는 유동장의 하류에서 멀리 위치하도록 하는 것이다.

참고: 예를 들어 2-11절에서 논의할 와류/유동함수 접근법과 같이 압력을 제거할 수 있다면 압력 경계 조건을 부과할 필요가 없다. Cottet과 Koumoutsakos(1999)의 논문에서 설명된 컴퓨터 기반 와류 방법은 압력을 전혀 계산하지 않는다.

2-7 직교 좌표계

이전 논의의 대부분은 데카르트 좌표로 설명되었으며 다른 중요한 직교 좌표에 대한 설명은 상대적으로 적었다. 물론 기본 운동 방정식 식 (2.6), (2.19), (2.48)은 텐서 형식으로 작성된 모든 좌표계에 유효하다. 비데카르트 좌표의 문제는 구배 벡터 ∇에 대한 올바른 공식과 발산 및 컬에 대한 관련 표현식을 유도하는 것이다. 간단한 절차는 표준 수학적 참조, 예를 들어 Pipes(1958)에서 논의된 바와 같이 새로운 곡선 좌표를 데카르트 좌표에 적용하기 위해 미터법 신축 계수 h_i를 사용하는 것이다. 일반 곡선 좌표 (x_1, x_2, x_3)가 데카르트 좌표 (x, y, z)와 관련되어 호 길이 ds의 요소는 다음과 같이 주어진다.

$$(ds)^2 = (dx)^2 + (dy)^2 + (dz)^2 = (h_1 dx_1)^2 + (h_2 dx_2)^2 + (h_3 dx_3)^2 \tag{2.58}$$

이는 h_i 계수를 정의한다. 일반적으로 신축 계수 h_i는 새 좌표 x_i의 함수이다. 새 좌표에서 스칼라 ϕ의 구배 성분은 다음과 같다.

$$\frac{1}{h_1}\frac{\partial \phi}{\partial x_1} \qquad \frac{1}{h_2}\frac{\partial \phi}{\partial x_2} \qquad \frac{1}{h_3}\frac{\partial \phi}{\partial x_3} \tag{2.59}$$

임의의 벡터 $\mathbf{A} = (A_1, A_2, A_3)$의 발산은 다음과 같이 재구성될 수 있다.

$$\nabla \cdot \mathbf{A} = \frac{1}{h_1 h_2 h_3}\left[\frac{\partial}{\partial x_1}(h_2 h_3 A_1) + \frac{\partial}{\partial x_2}(h_3 h_1 A_2) + \frac{\partial}{\partial x_3}(h_1 h_2 A_3)\right] \tag{2.60}$$

벡터 $\mathbf{B} = \nabla \times \mathbf{A}$의 공간 성분은 다음과 같이 구할 수 있다.

$$B_1 = \frac{1}{h_2 h_3}\left[\frac{\partial}{\partial x_2}(h_3 A_3) - \frac{\partial}{\partial x_3}(h_2 A_2)\right] \tag{2.61}$$

B_2 및 B_3에 대해 정확히 유사한 표현식을 사용한다. 방정식 (2.59)~(2.61)은 새 좌표계 x_i에서 운동 방정식을 유도하는 데 충분하다. 여기서는 원통형과 구형의 두 가지 고전적인(그리고 아마도 가장 중요한) 시스템으로 설명한다.

2-7.1 직교 좌표

이전 결과를 검토하기 위해 $x_i = (x, y, z)$라고 하면 $h_i = (1, 1, 1)$이다. $\mathbf{V} = (u, v, w)$인 경우 벡터 연산은 다음과 같다.

$$\nabla\phi = \left(\frac{\partial\phi}{\partial x}, \frac{\partial\phi}{\partial y}, \frac{\partial\phi}{\partial z}\right)$$

$$\nabla^2\phi = \frac{\partial^2\phi}{\partial x^2} + \frac{\partial^2\phi}{\partial y^2} + \frac{\partial^2\phi}{\partial z^2}$$

$$\nabla\cdot\mathbf{V} = \frac{\partial u}{\partial x} + \frac{\partial v}{\partial y} + \frac{\partial w}{\partial z} \tag{2.62}$$

$$\mathbf{V}\cdot\nabla = u\frac{\partial}{\partial x} + v\frac{\partial}{\partial y} + w\frac{\partial}{\partial z}$$

$$\nabla\times\mathbf{V} = \left(\frac{\partial w}{\partial y} - \frac{\partial v}{\partial z}, \frac{\partial u}{\partial z} - \frac{\partial w}{\partial x}, \frac{\partial v}{\partial x} - \frac{\partial u}{\partial y}\right)$$

$$\boldsymbol{\tau}:\nabla\mathbf{V} = \tau_{xx}\frac{\partial u}{\partial x} + \tau_{xy}\frac{\partial u}{\partial y} + \tau_{xz}\frac{\partial u}{\partial z} + \tau_{yx}\frac{\partial v}{\partial x} + \tau_{yy}\frac{\partial v}{\partial y} + \tau_{yz}\frac{\partial v}{\partial z} + \tau_{zx}\frac{\partial w}{\partial x} + \tau_{zy}\frac{\partial w}{\partial y} + \tau_{zz}\frac{\partial w}{\partial z}$$

2-7.2 원통형 극좌표

이러한 방사형, 방위각 및 축(또는 수직) 좌표 (r, θ, z)는 다음과 같이 직교 좌표 (x, y, z)와 관련된다.

$$x = r\cos\theta \qquad y = r\sin\theta \qquad z = z \tag{2.63}$$

여기서 $h_1 = 1$, $h_2 = r$ 및 $h_3 = 1$임을 발견했다. 원통 극속도 성분을 (v_r, v_θ, v_z)라고 한다. 새로운 벡터 관계는 다음과 같다.

$$\nabla\phi = \left(\frac{\partial\phi}{\partial r}, \frac{1}{r}\frac{\partial\phi}{\partial\theta}, \frac{\partial\phi}{\partial z}\right)$$

$$\nabla^2\phi = \frac{1}{r}\frac{\partial}{\partial r}\left(r\frac{\partial\phi}{\partial r}\right) + \frac{1}{r^2}\frac{\partial^2\phi}{\partial\theta^2} + \frac{\partial^2\phi}{\partial z^2}$$

$$\nabla\cdot\mathbf{V} = \frac{1}{r}\frac{\partial}{\partial r}(rv_r) + \frac{1}{r}\frac{\partial v_\theta}{\partial\theta} + \frac{\partial v_z}{\partial z}$$

$$\mathbf{V}\cdot\nabla = v_r\frac{\partial}{\partial r} + \frac{v_\theta}{r}\frac{\partial}{\partial\theta} + v_z\frac{\partial}{\partial z} \tag{2.64}$$

$$\nabla\times\mathbf{V} = \left(\frac{1}{r}\frac{\partial v_z}{\partial\theta} - \frac{\partial v_\theta}{\partial z}, \frac{\partial v_r}{\partial z} - \frac{\partial v_z}{\partial r}, \frac{1}{r}\left[\frac{\partial(rv_\theta)}{\partial r} - \frac{\partial v_r}{\partial\theta}\right]\right)$$

$$\boldsymbol{\tau}:\nabla\mathbf{V} = \tau_{rr}\frac{\partial v_r}{\partial r} + \tau_{r\theta}\left(\frac{1}{r}\frac{\partial v_r}{\partial\theta} - \frac{v_\theta}{r}\right) + \tau_{rz}\frac{\partial v_r}{\partial z} + \tau_{\theta r}\frac{\partial v_\theta}{\partial r} + \tau_{\theta\theta}\left(\frac{1}{r}\frac{\partial v_\theta}{\partial\theta} + \frac{v_r}{r}\right)$$
$$+ \tau_{\theta z}\frac{\partial v_\theta}{\partial z} + \tau_{zr}\frac{\partial v_z}{\partial r} + \tau_{z\theta}\frac{1}{r}\frac{\partial v_z}{\partial\theta} + \tau_{zz}\frac{\partial v_z}{\partial z}$$

2-7.3 구형 극좌표

그림 2.4에서 명확히 알 수 있듯이 방사형, 극좌표 및 방위각 변수를 각각 나타내는 구형 극좌표 (r, φ, θ)는 다음 관계식으로 정의된다.

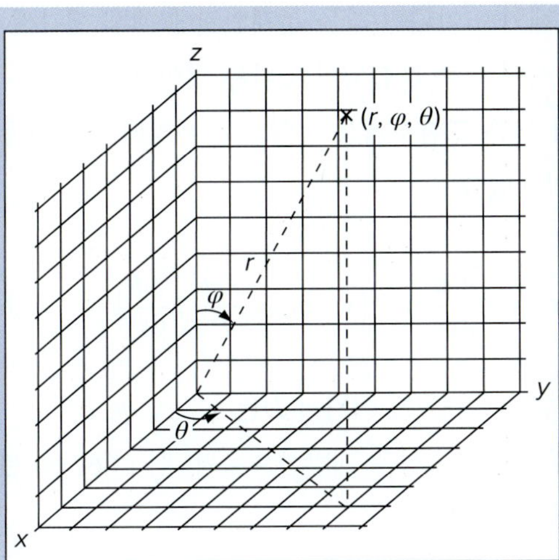

그림 2.4
원통형 좌표와 동일한 방위각을 갖는 구형 좌표계

$$x = r\sin\varphi\cos\theta \qquad y = r\sin\varphi\sin\theta \qquad z = r\cos\varphi \tag{2.65}$$

여기서 $h_1 = 1$, $h_2 = r$, $h_3 = r\sin\varphi$임을 알 수 있다. 속도 성분을 $\mathbf{V} = (\upsilon_r, \upsilon_\varphi, \upsilon_\theta)$라고 한다. 원하는 새 벡터 관계는 다음과 같다.

$$\begin{aligned}
\nabla\phi &= \left(\frac{\partial\phi}{\partial r}, \frac{1}{r}\frac{\partial\phi}{\partial\varphi}, \frac{1}{r\sin\varphi}\frac{\partial\phi}{\partial\theta}\right)\\
\nabla^2\phi &= \frac{1}{r^2}\frac{\partial}{\partial r}\left(r^2\frac{\partial\phi}{\partial r}\right) + \frac{1}{r^2\sin\varphi}\frac{\partial}{\partial\varphi}\left(\sin\varphi\frac{\partial\phi}{\partial\varphi}\right) + \frac{1}{r^2\sin^2\varphi}\frac{\partial^2\phi}{\partial\theta^2}\\
\nabla\cdot\mathbf{V} &= \frac{1}{r^2}\frac{\partial}{\partial r}(r^2\upsilon_r) + \frac{1}{r\sin\varphi}\frac{\partial}{\partial\varphi}(\upsilon_\varphi\sin\varphi) + \frac{1}{r\sin\varphi}\frac{\partial\upsilon_\theta}{\partial\theta}\\
\mathbf{V}\cdot\nabla &= \upsilon_r\frac{\partial}{\partial r} + \frac{\upsilon_\varphi}{r}\frac{\partial}{\partial\varphi} + \frac{\upsilon_\theta}{r\sin\varphi}\frac{\partial}{\partial\theta}\\
\nabla\times\mathbf{V} &= \left(\frac{1}{r\sin\varphi}\left[\frac{\partial(\upsilon_\theta\sin\varphi)}{\partial\varphi} - \frac{\partial\upsilon_\varphi}{\partial\theta}\right], \frac{1}{r\sin\varphi}\frac{\partial\upsilon_r}{\partial\theta} - \frac{1}{r}\frac{\partial(r\upsilon_\theta)}{\partial r}, \frac{1}{r}\left[\frac{\partial(r\upsilon_\varphi)}{\partial r} - \frac{\partial\upsilon_r}{\partial\varphi}\right]\right)\\
\boldsymbol{\tau}:\nabla\mathbf{V} &= \tau_{rr}\frac{\partial\upsilon_r}{\partial r} + \tau_{r\varphi}\left(\frac{1}{r}\frac{\partial\upsilon_r}{\partial\varphi} - \frac{\upsilon_\varphi}{r}\right) + \tau_{r\theta}\left(\frac{1}{r\sin\varphi}\frac{\partial\upsilon_r}{\partial\theta} - \frac{\upsilon_\theta}{r}\right) + \tau_{\varphi r}\frac{\partial\upsilon_\varphi}{\partial r} + \tau_{\varphi\varphi}\left(\frac{1}{r}\frac{\partial\upsilon_\varphi}{\partial\varphi} + \frac{\upsilon_r}{r}\right)\\
&\quad + \tau_{\varphi\theta}\left(\frac{1}{r\sin\varphi}\frac{\partial\upsilon_\varphi}{\partial\theta} - \frac{\upsilon_\theta}{r}\cot\varphi\right) + \tau_{\theta r}\frac{\partial\upsilon_\theta}{\partial r} + \tau_{\theta\varphi}\frac{1}{r}\frac{\partial\upsilon_\theta}{\partial\varphi} + \tau_{\theta\theta}\left(\frac{1}{r\sin\varphi}\frac{\partial\upsilon_\theta}{\partial\theta} + \frac{\upsilon_r}{r} + \frac{\upsilon_\varphi}{r}\cot\varphi\right)
\end{aligned} \tag{2.66}$$

비데카르트 좌표의 항은 형식이 다소 복잡하지만 비교적 간단하다. 원통형 및 구형 좌표의 완전한 운동 방정식[즉, 식 (2.6), (2.19) 및 (2.48)의 특수한 경우 형식]은 부록 G에 나와 있다.

2-8 운동 방정식의 수학적 특성

기본 관계식, 식 (2.6), (2.19) 및 (2.48)의 특성은 매우 복잡하다. 분석을 방해하는 요소는 두 가지다. (1) 방정식은 3개의 변수 $\mathbf{V}$, p, T에 결합되어 있고, (2) 각 방정식은 하나 이상의 비선형성을 포함한다. 이러한 방정식은 경계값 문제, 초깃값 문제인지 아니면 파동 문제인지에 대해 생각해 보았을 때, 이에 대한 답은 경계값, 초깃값 및 파동 특성이 모두 혼합되어 있다는 것이다.

편미분 방정식의 특성에 관한 일반 이론은 가장 높은 도함수에서 선형으로 유지되는 흥미롭지만 다소 전문화된 준선형 2차 방정식의 연구에서 발전했다.

$$A(x_1, x_2)\frac{\partial^2\phi}{\partial x_1^2} + B(x_1, x_2)\frac{\partial^2\phi}{\partial x_1\partial x_2} + C(x_1, x_2)\frac{\partial^2\phi}{\partial x_2^2} = D\left(x_1, x_2, \phi, \frac{\partial\phi}{\partial x_1}, \frac{\partial\phi}{\partial x_2}\right) \tag{2.67}$$

여기서 계수 A, B 및 C는 (x_1, x_2)의 상수 또는 함수일 수 있고, 여기서 D는 x_1, x_2, ϕ, $\partial\phi/\partial x_1$ 및 $\partial\phi/\partial x_2$의 비선형 함수일 수 있다. 2차 도함수의 해석적 연속성을 개발함으로써, 식 (2.67)의 판별식 $B^2 - 4AC$의 부호에 따라 급격하게 변한다. 특히,

$$B^2 - 4AC \begin{cases} < 0 & \text{방정식은 타원} & \text{(실수해가 존재하지 않음)} \\ = 0 & \text{방정식은 포물선} & \text{(하나의 실수해)} \\ > 0 & \text{방정식은 쌍곡선} & \text{(2개의 실수해)} \end{cases} \tag{2.68}$$

타원, 포물선 및 쌍곡선이라는 이름은 해석 기하학의 원뿔 단면과 관련 있다. 원뿔형 섹션과 마찬가지로 이러한 이름은 식 (2.67)에 대해 매우 다른 표현을 나타낸다.

1. 방정식이 타원이면 영역을 둘러싸는 완전한 영역에 경계 조건을 지정하여 해결할 수 있다. 경계값 문제이다.
2. 방정식이 포물선이면 경계 조건은 한 방향으로 닫혀 있어야 하지만 다른 방향의 한쪽 끝은 열려 있어야 한다. 초깃값과 경계값이 혼합된 문제가 된다.
3. 방정식이 쌍곡선이면 경계의 한 부분에서만 조건을 지정하고 다른 경계는 열린 상태로 유지하여 주어진 영역에서 풀 수 있다. 초깃값 문제로 판명된다.

수학 물리학의 많은 편미분 방정식은 2개의 변수로만 표현되기는 하지만 식 (2.67)을 참조하여 분류할 수 있다. 예를 들어, 가장 인기 있는 형식은 직교 좌표로 확장되어 다음과 같이 쓸 수 있다.

$$\begin{matrix}\text{타원} \\ \nabla^2\phi = f\end{matrix} \quad \begin{cases} \text{2차원 Laplace 방정식:} & \dfrac{\partial^2\phi}{\partial x^2} + \dfrac{\partial^2\phi}{\partial y^2} = 0 \\ \text{3차원 Laplace 방정식:} & \dfrac{\partial^2\phi}{\partial x^2} + \dfrac{\partial^2\phi}{\partial y^2} + \dfrac{\partial^2\phi}{\partial z^2} = 0 \\ \text{2차원 Poisson 방정식:} & \dfrac{\partial^2\phi}{\partial x^2} + \dfrac{\partial^2\phi}{\partial y^2} = f(x, y) \\ \text{3차원 Poisson 방정식:} & \dfrac{\partial^2\phi}{\partial x^2} + \dfrac{\partial^2\phi}{\partial y^2} + \dfrac{\partial^2\phi}{\partial z^2} = f(x, y, z) \end{cases} \tag{2.69a}$$

$$\text{포물선}\quad \nabla^2\phi = \frac{1}{c^2}\frac{\partial\phi}{\partial t}\quad \begin{cases} \text{1차원 열전도 방정식:} & \dfrac{\partial\phi}{\partial t} - c^2\dfrac{\partial^2\phi}{\partial x^2} = 0 \\ \text{2차원 열전도 방정식:} & \dfrac{\partial\phi}{\partial t} - c^2\left(\dfrac{\partial^2\phi}{\partial x^2} + \dfrac{\partial^2\phi}{\partial y^2}\right) = 0 \\ \text{3차원 열전도 방정식:} & \dfrac{\partial\phi}{\partial t} - c^2\left(\dfrac{\partial^2\phi}{\partial x^2} + \dfrac{\partial^2\phi}{\partial y^2} + \dfrac{\partial^2\phi}{\partial z^2}\right) = 0 \end{cases} \tag{2.69b}$$

$$\text{쌍곡선}\quad \nabla^2\phi = \frac{1}{c^2}\frac{\partial^2\phi}{\partial t^2}\quad \begin{cases} \text{1차원 파동 방정식:} & \dfrac{\partial^2\phi}{\partial t^2} - c^2\dfrac{\partial^2\phi}{\partial x^2} = 0 \\ \text{2차원 파동 방정식:} & \dfrac{\partial^2\phi}{\partial t^2} - c^2\left(\dfrac{\partial^2\phi}{\partial x^2} + \dfrac{\partial^2\phi}{\partial y^2}\right) = 0 \\ \text{3차원 파동 방정식:} & \dfrac{\partial^2\phi}{\partial t^2} - c^2\left(\dfrac{\partial^2\phi}{\partial x^2} + \dfrac{\partial^2\phi}{\partial y^2} + \dfrac{\partial^2\phi}{\partial z^2}\right) = 0 \end{cases} \tag{2.69c}$$

식 (2.67)의 변수 형식을 식 (2.69)에 적용할 때 $x_1 = x$ 및 $x_2 = y$ 또는 $x_1 = t$ 및 $x_2 = x$를 사용한다(공간 변수와 시간 변수가 모두 존재하는 경우). 나머지 공간 변수는 무시하고 해당하는 변수 문제를 분류하여 정리한다. 일반적으로 2차원 또는 3차원 공간에서 작성된 다차원 방정식은 축소된 1차원 또는 2차원 공간 형태와 동일한 특성을 나타낸다. 일부 방정식은 판별식의 값에 따라 혼합된 특성을 나타낼 수도 있다. Euler-Tricomi 방정식 $\partial^2\phi/\partial x^2 + x\partial^2\phi/\partial y^2 = 0$은 가변 계수를 갖는 선형 편미분 방정식을 나타내며, $x > 0$에 대해 타원, $x = 0$에 대해 포물선, $x < 0$에 대해 쌍곡선이다.

물리적인 관점에서 포물선 및 타원 방정식에서 초기 또는 경계 분포값의 섭동이 도메인의 모든 곳에서 동시에 느껴진다는 점은 언급할 가치가 있다. 반대로 쌍곡선 방정식의 해는 물결 모양의 특성을 나타낸다. 쌍곡선 방정식은 초깃값이 교란되면 모든 공간 위치에서 교란을 즉시 확인할 수 없기 때문에 가장 풀기 어려운 경향이 있다. 쌍곡선 문제에서 교란은 소위 방정식의 특성을 따라 유한 전파 속도로 이동한다. 이러한 편미분 방정식 분류에 대한 추가 예 및 논의는 Kreyszig (2011)의 책 21장을 참조할 수 있다.

가장 중요한 점은 점성 유동 방정식 (2.6), (2.19) 및 (2.48)은 정상 또는 비정상, 점성 또는 비점성, 압축성 또는 비압축성 여부에 따라 타원, 포물선 및 쌍곡선 거동이 혼합되어 표시된다는 것이다. 포물선 거동은 시간 의존성 및 강한 방향성과 관련될 수 있지만 타원 및 쌍곡선 특성은 점성 확산 및 공간 대류 항의 상대적 우세에 의존하는 것으로 판단한다. 예를 들어, 점성 및 비정상 상태에서 포물선인 Navier-Stokes 방정식은 정상 유동 조건에서 타원형이 된다. 반대로, 비정상 (압축성) 초음속 조건에 대해 쌍곡선인 것으로 판명된 Euler의 비점성 방정식은 정상 아음속 조건 (압축성 및 비압축성 모두)에 대해 타원형이 되고, 비정상 비압축성 유동 조건에 대해서는 포물선이 된다. 에너지 방정식의 경우 시간 의존성에 따라 포물선 또는 타원 문자를 표시할 때 Navier-Stokes 방정식을 따른다. 마지막으로 얇은 전단층과 경계층 유동의 처리에서 유동방향의 속도 구배는 횡단 방향의 속도 구배보다 훨씬 작아진다. 해당 방정식에서 속도의 2차 공간 도함수가 하나만 남아 있으므로 정상 및 비정상 유동 조건 모두에서 포물선이 된다. Kreiss와 Lorenz(1989)의 논문에서 Navier-Stokes 방정식에 대한 다양한 수학적 속성과 정리를 발표하였다.

이제 확산의 특수한 경우를 고려해 보도록 하자.

2-8.1 저속 확산: Prandtl 수

먼저 ρ, μ, k가 일정한 저속의 비압축성 뉴턴 유체를 고려하며, 유동방향의 변화를 작다고 가정한다. 즉, 국부적 변화에 비해 대류 도함수를 무시하였을 때, 운동량과 에너지 방정식은 다음과 같이 정리할 수 있다.

운동량:
$$\rho\frac{\partial \mathbf{V}}{\partial t} \approx \rho\mathbf{g} - \nabla p + \mu\nabla^2\mathbf{V} \tag{2.70}$$

에너지:
$$\rho c_p\frac{\partial T}{\partial t} \approx k\nabla^2 T \tag{2.71}$$

식 (2.71)을 Fourier의 열전도 방정식 (2.69b)의 다차원 형태로 인식한다. 온도는 공간 (x, y, z)에서 타원 경계값 거동과 시간에서 포물선 '행진' 거동을 갖는다. 시작하려면 초기 조건 $T(x, y, z, 0)$만 있으면 되며, T의 경계값을 항상 알고 있다면 시간을 두고 무한정 앞으로 진행할 수 있다.

식 (2.70)의 거동은 분명하지 않다. 하지만 비압축성 운동에 대해 $\nabla\cdot\mathbf{V} = 0$임을 주목하면서 전체 방정식의 발산을 취함으로써 $\mathbf{V}$를 제거할 수 있다. 결과는 다음과 같다.

$$\nabla^2 p = 0 \tag{2.72}$$

이는 식 (2.69a)를 기반으로 하는 타원이다. $\boldsymbol{\omega} = \nabla\times\mathbf{V}$가 유체 와도를 나타낸다는 것을 상기하면, 압력은 식 (2.70)의 컬을 취함으로써 완전히 소거할 수 있다.

$$\frac{\partial \boldsymbol{\omega}}{\partial t} = \frac{\mu}{\rho}\nabla^2\boldsymbol{\omega} \tag{2.73}$$

식 (2.71)과 같은 이 관계는 순전히 유체 특성인 확산 계수를 갖는 와도에서의 열전도 방정식이기도 하다.

$$\nu = \frac{\mu}{\rho} = \text{점성 확산도}, \qquad \alpha = \frac{k}{\rho c_p} = \text{열확산율} \tag{2.74}$$

동점도 ν와 **열확산율** α에는 질량 단위가 없다. 두 계수의 단위는 m^2/s이며, 식 (1.42)의 **질량 확산도** D와 동일하다. 1장에서 본 것처럼, 그들의 비율은 상대적인 확산 속도의 척도를 제공하는 기본적인 무차원 유체 속성 그룹을 구성한다.

$$\begin{aligned} &\text{Prandtl 수:} \quad && Pr = \frac{\nu}{\alpha} = \frac{\text{점성 확산 속도}}{\text{열확산율}} \\ &\text{Schmidt 수:} \quad && Sc = \frac{\nu}{D} = \frac{\text{점성 확산 속도}}{\text{질량 확산 속도}} \\ &\text{Lewis 수:} \quad && Le = \frac{D}{\alpha} = \frac{\text{질량 확산 속도}}{\text{열확산율}} \end{aligned} \tag{2.75}$$

$Pr = Sc\,Le$이다. 여기서 질량 확산이 강조되지 않기 때문에 점성 및 열 효과에 대한 관심을 제한한다. 표 2.1은 20°C에서 다양한 유체에 대한 Prandtl 수 값을 나열한다. Prandtl 수는 액체 금속의

표 2.1 20°C에서 점성 유체의 Prandtl 수

유체	Prandtl 수, *Pr*	유체	Prandtl 수, *Pr*
수은	0.024	벤젠	7.4
헬륨	0.70	사염화탄소	7.9
공기	0.72	에틸알코올	16
액체 암모니아	2.0	SAE 30 오일	3500
프레온-12	3.7	피마자유	10,000
메틸알코올	6.8	글리세린	12,000
물	7.0		

경우 작고, 기체의 경우 1보다 약간 작고, 가벼운 액체의 경우 1보다 약간 높으며, 상대적으로 큰 점도 때문에 오일의 경우 매우 크다. 요컨대, 점성 및 열 효과를 퍼뜨리는 능력에서 유체 간에 상당한 차이가 있다.

예를 들어, 그림 2.5는 뜨거운 벽을 지나는 저속 점성 유동을 보여준다. 이는 낮은 Reynolds 수 또는 층류 효과를 보여준다. 높은 Reynolds 수 또는 난류 유동은 그림 2.5와 질적으로 일치하지만 형상 분포 차이는 명확하지 않다.

점성 및 열 효과의 상대적 확산에 대한 정량적 공식은 두 확산 방정식에서 추론할 수 있다.

$$\frac{\partial T}{\partial t} = \alpha \nabla^2 T \tag{2.76}$$

$$\frac{\partial \boldsymbol{\omega}}{\partial t} = \nu \nabla^2 \boldsymbol{\omega} \tag{2.77}$$

이것은 새로운 공간 변수를 정의함으로써 달성될 수 있다. 열전도 방정식에 대해 $x_i / \sqrt{\alpha}$ 및 와도 수송 방정식에 대해 $x_i / \sqrt{\nu}$ 변환된 방정식은 동일한 단위 확산 상수를 가지므로 확산 속도가 된다. 주어진 단위 시간 동안 열 확산 거리($L_T / \sqrt{\alpha}$)는 점성 확산 길이($L_V / \sqrt{\nu}$)와 동일하다.

$$\frac{L_T}{\sqrt{\alpha}} = \frac{L_V}{\sqrt{\nu}} \quad \text{또는} \quad \frac{L_V}{L_T} = \sqrt{Pr} \tag{2.78}$$

방정식 (2.78)은 고속에서도 모든 층류 경계층 유동에 대해 좋은 근삿값이 된다는 것이 입증되었다.

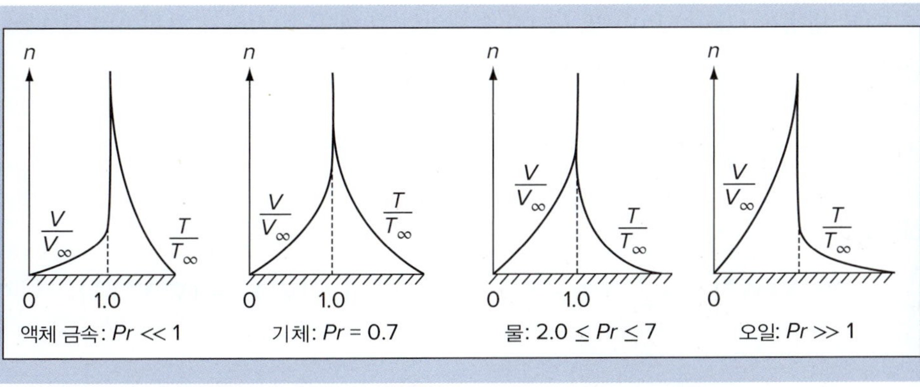

그림 2.5
점성 및 열 확산에 대한 Prandtl 수 효과
(편의를 위해 뜨거운 벽을 표시하였다.)

2-9 점성 유동의 무차원 매개변수

기본 운동 방정식은 해를 구하는 것이 어렵기 때문에 효율적인 형태로 재구성하여, 해의 유용성, 이식성 및 매개변수 독립성을 높이는 것이 필수적이다. 이를 위해 지배 방정식과 그 경계 조건을 무차원화하는 방법을 사용한다.

단순화를 위해 모든 기체에 대해 거의 참인 상수 c_p 및 c_v를 가정하고 압축성 효과가 중요하지 않는 한 거의 필요하지 않은 두 번째 점도 계수 λ는 무시할 수 있다. 그러면 네 가지 변수 p, ρ, $\mathbf{V}$ 및 T는 공간, 시간 및 기본 방정식과 경계 조건에서 발생하는 8개의 매개변수에 따라 달라진다.

$$\mathbf{V}, p, \rho \;\text{ 또는 }\; T = f(x_i, t, \mu, k, g, c_p, T_w, q_w, \ell, \mathfrak{I}) \tag{2.79}$$

μ에서 $\mathfrak{I}$까지의 8개 매개변수는 실험 데이터 또는 열역학적 상태 관계에서 주어진 것으로 가정한다. $\mathfrak{I}$는 1장에서 정의한 표면장력 계수를 나타낸다. 상수 $\mathbf{g} = -g\mathbf{k}$가 주어지면 유동에 적절한 몇 가지 속성이 사용될 수 있다. 이를 다음과 같이 나타낼 수 있다.

1. 기준 속도 U(일반적으로 외부 유동의 경우 자유 유동 또는 경계 구동 속도로, 내부 유동의 경우 평균 또는 흡입, 주입 또는 경계 구동 속도로 취함).
2. 기준 길이 눈금 L(일반적으로 외부 유동의 경우 본체 길이 및 내부 유동의 경우 덕트 수력 직경으로 간주됨). (2.80)
3. 자유 유동, 평균 또는 참조 속성 p_0, ρ_0, T_0, μ_0, k_0.

일정한 점성 유동은 고유한 시간 척도가 없으므로 L/U의 입자 체류 시간을 기준 시간 척도로 선택할 수 있다. 그러나 보다 일반성을 추구할 때 ω^{-1}의 기준 시간 척도는 특성 주파수 ω를 갖는 비정상 유동과 연관된다. 대응하는 무차원 변수는 별표로 표시하고 다음과 같이 쓸 수 있다.

$$\begin{aligned} &x_i^* = \frac{x_i}{L} \qquad t^* = \omega t \qquad \mathbf{V}^* = \frac{\mathbf{V}}{U} \qquad p^* = \frac{p - p_0}{\rho U^2} \qquad \Phi^* = \frac{L^2}{\mu_0 U^2}\Phi \\ &\rho^* = \frac{\rho}{\rho_0} \qquad T^* = \frac{T - T_0}{T_w - T_0} \qquad \mu^* = \frac{\mu}{\mu_0} \qquad k^* = \frac{k}{k_0} \qquad \nabla^* = L\nabla \end{aligned} \tag{2.81}$$

2-9.1 기본 방정식의 무차원화

위의 변수를 기본 방정식 (2.6), (2.19) 및 (2.48)에 대입한 후 항을 수집하고 차원 상수를 나누어 나머지 항을 무차원으로 만들 수 있다. 따라서 무차원 운동 방정식에 도달한다.

연속성: $St\dfrac{\partial \rho^*}{\partial t^*} + \nabla^* \cdot (\rho^* \mathbf{V}^*) = 0$

Navier-Stokes:

$$\rho^*\left[St\frac{\partial \mathbf{V}^*}{\partial t^*} + (\mathbf{V}^* \cdot \nabla^*)\mathbf{V}^*\right] = -\frac{1}{Fr}\rho^*\mathbf{k} - \nabla^* p^* + \frac{1}{Re}\nabla^* \cdot \left\{\mu^*\left[\nabla^*\mathbf{V}^* + (\nabla^*\mathbf{V}^*)^T\right]\right\} \tag{2.82}$$

에너지:

$$\rho^*\left[St\frac{\partial T^*}{\partial t^*} + (\mathbf{V}^*\cdot\nabla^*)T^*\right] = Ec\left[St\frac{\partial p^*}{\partial t^*} + (\mathbf{V}^*\cdot\nabla^*)p^*\right] + \frac{1}{RePr}\nabla^*\cdot(k^*\nabla^*T^*) + \frac{Ec}{Re}\Phi^*$$

Navier-Stokes 방정식에는 3개의 무차원 그룹이 포함되어 있음을 알 수 있다.

Reynolds 수: $Re = \frac{\rho_0 UL}{\mu_0}$　　Froude 수: $Fr = \frac{U^2}{gL}$　　Strouhal 수: $St = \frac{\omega L}{U}$　　(2.83)

Reynolds 수는 유체 역학에서 가장 중요한 무차원 수이다. 거의 모든 점성 유동 현상은 Reynolds 수에 의존한다. Froude 수는 유동에 자유 표면이 있는 경우에만 중요하다. 더욱이, 비정상 정도는 무차원 주파수 또는 Strouhal 수 $St = \omega L/U$로 간결하게 포착되며, 이는 비정상 관성력과 정상 관성력의 비율을 나타낸다. St는 식 (2.82)에서 비정상 항의 계수로 나타나기 때문이다. 모든 시간 종속 항은 Strouhal 수가 무시할 수 있는 정상 또는 준정상 유동에서 모두 소거된다. 반대로 선형 음향 분야에서는 운동량 방정식의 비정상 관성 및 압력 구배 항을 제외한 모든 항이 무시된다.

무차원 에너지 방정식으로 이동하면 2개의 추가 매개변수를 복구한다.

Prantl 수: $Pr = \frac{\mu_0 c_p}{k_0}$　　Eckert 수: $Ec = \frac{U^2}{c_p T_0}$　　(2.84)

완전 기체의 경우 더 친숙한 Mach 수 $Ma = U/a_0$가 변환을 통해 Eckert 수를 대체할 수 있다.

$$Ec = \frac{U^2}{c_pT_0} = \frac{U^2}{[\gamma R/(\gamma-1)]T_0} = (\gamma-1)\frac{U^2}{\gamma RT_0} = (\gamma-1)\frac{U^2}{a_0^2} = (\gamma-1)Ma^2 \tag{2.85}$$

대류 열전달 문제에서는 Prantl 수가 항상 중요하다. 고속 유동에서 Re, Pr, γ 및 Ma는 모두 중요하지만(7장), 저속에서($Ma < 0.3$) Eckert/Mach 수 항은 종종 무시할 수 있고 에너지 방정식은 $\rho^*[St\partial T^*/\partial t^* + (\mathbf{V}^*\cdot\nabla^*)T^*] = \nabla^*\cdot(k^*\nabla^*T^*)/(RePr)$, 이는 식 (2.51)의 무차원 형태이다. 전도 항에서 곱 $RePr$을 Peclet 수 Pe라고 한다.

기본 접근법에서 중요한 점은 변수 ρ, μ 및 k가 연구된 특정 유체에 대한 열역학 함수로 지정되어야 한다는 것이다[ρ^*, μ^*, $k^* = f(p^*, T^*)$]. 따라서 서로 다른 유체를 비교하는 경우 온도 변화가 크면 Re, Pr 및 Ec가 충분하지 않을 수 있다. 1장에서 보았듯이 기체와 액체는 온도 보정이 필요할 정도로 온도에 따라 ρ, μ, k값이 매우 다르다. 매개변수 세트가 문제에 영향을 미치는 것으로 알려진 경우, 부록 H1에 요약된 대로 Buckingham 파이 정리를 사용하여 해당하는 무차원 그룹을 이용할 수 있다.

2-9.2 자유 대류를 통한 운동량

자유 또는 '자연' 대류에서는 자유 유동 U가 없다. 유동은 약간의 밀도 변화에 작용하는 중력에 의해 구동된다. 압력은 거의 일정하고 밀도는 열팽창 계수를 사용하여 $\rho \approx \rho_0\,[1 - \beta(T - T_0)]$로 모델링할 수 있다.

$$\beta = -\frac{1}{\rho}\left(\frac{\partial\rho}{\partial T}\right)_p \tag{2.86}$$

매개변수 U는 속도 $\mu/(\rho_0 L)$로 대체된다. Navier-Stokes 방정식을 다시 무차원화하고 자유 대류의 새로운 매개변수 특성을 찾기 위해 연습문제를 통해 복습할 수 있다.

Grashof 수: $$Gr \doteq \frac{g\beta\rho_0^2 L^3 (T_w - T_0)}{\mu_0^2} \tag{2.87}$$

4-13절에서 볼 수 있듯이 Gr과 Pr은 자유 대류에서 열전달 결과를 연결한다.

2-9.3 경계 조건의 무차원화

기본 방정식을 분석하는 것만으로는 충분하지 않다. 경계 조건에는 중요한 무차원 매개변수도 포함된다. $V = U$ 및 $T = T_0$인 자유 유동에서 조건은 단순히 $V^* = 1$ 및 $T^* = 0$이 된다. 이어서 식 (2.81)의 동일한 변수를 2-6절의 경계 조건에 대입하면 고정 벽에서 다음을 얻는다.

$$\mathbf{V}_w^* = 0 \qquad T_w^* = 1 \quad \text{또는} \quad \left(k^* \frac{\partial T^*}{\partial n^*}\right)_w = \frac{q_w L}{k_0(T_w - T_0)} = Nu \tag{2.88}$$

따라서 온도 조건은 단위 온도 비율 또는 Nusselt 수 Nu라고 하는 무차원 벽 열전달 매개변수를 지정한다. 그러면 벽에서 계산된 결과는 반대가 된다. 즉, Nusselt 수 또는 (단위가 아닌) 온도 비율이다.

벽에 미끄러짐이나 온도 점프가 있는 경우 식 (1.80) 및 (1.83)은 다음과 같다.

$$u_w^* = Kn\left(\frac{\partial u^*}{\partial n^*}\right)_w \quad \text{및} \quad T_w^* = 1 + \frac{2\gamma}{Pr(\gamma+1)} Kn\left(\frac{\partial T^*}{\partial n^*}\right)_w \tag{2.89}$$

점착 조건은 Knudsen 수 $Kn = \ell/L$ 및 비열비 $\gamma = c_p/c_v$를 도입한다.

마지막으로 표면장력이 중요한 계면에서 계면 압력에 대한 식 (1.86)은 다음과 같다.

$$p^*_{\text{interface}} = Ca + \frac{1}{Fr}\eta^* - \frac{1}{We}\left(\frac{1}{R_x^*} + \frac{1}{R_y^*}\right) \tag{2.90}$$

이 방정식은 2개의 추가 무차원 수를 포함한다.

캐비테이션 수: $Ca = \dfrac{p_a - p_0}{\rho U^2}$ Weber 수: $We = \dfrac{\rho_0 U^2 L}{\mathfrak{T}}$ (2.91)

앞의 식 (2.83)에서 볼 수 있듯이 Froude 수는 모든 자유 표면 유동의 기본이며 결코 무시할 수 없다. Weber 수는 $O(10)$ 이하의 작은 경우에만 중요하며, 이는 일반적으로 길이 척도 L이 작기 때문이다. 압력 p_0가 액체의 증기압 p_v로 해석되는 경우 캐비테이션 수는 적절하며, $Ca \ll 1$이면 국부 압력이 p_v 미만으로 떨어지면 액체가 기화(공동화)될 수 있다. 자세한 내용은 Brennen(1995)의 책을 참조하길 바란다.

요약하자면 특정 유동에 대해 다음 매개변수가 중요하다.

1. 모든 점성 유동, 특히 표면 경계가 있는 유동(운동을 안내하기 위해): Reynolds 수
2. 가변 온도 문제: Prandtl 및 Eckert(또는 Mach) 수

3. 자유 대류가 있는 유동: Grashof 및 Prandtl 수
4. 벽 열전달: 온도 비율 또는 Nusselt 수
5. 슬립 유동: Knudsen 수 및 비열비
6. 자유 표면 조건: Froude 수(항상), Weber 수(가끔) 및 캐비테이션 수(가끔)

유동이 난류가 되는 더 높은 Reynolds 수에서는 두 가지 매개변수를 더 고려하여야 한다(평균 유동 + 중첩된 무작위 비정상). 이 두 매개변수는 5~7장에서 다룬다. 이는 기준 속도 U(자유 유동 난류라고 함)의 표면 거칠기(기하학적 유사성에서 벗어남) 및 난류의 양(임의 변동 백분율)에 대한 내용이다. 이 두 가지 효과는 그림 1.8에서 원통의 항력에 대한 논의에서 언급되었다. 초심자에게 이러한 매개변수는 예기치 않은 효과를 나타내며, 유체 역학이 어려운 주제라는 것을 상기시켜 주는 내용이다.

유체 역학의 주제가 계속 진화함에 따라 새로운 무차원 매개변수가 지속적으로 발견되어 상사 파트에 추가되고 있다. 무차원 매개변수에 대한 목록이 부록 H2에서 제공된다. 예를 들어, y_p를 오른쪽 원통형 다공성 튜브에서 회전파의 침투 깊이로 간주했을 때, y_p는 회전성이 우세한 반경(다공성 벽에서 측정)의 비율을 정의한다. 균일하게 분포된 측벽 주입이 있는 다공성 튜브로 모델링될 수 있는 로켓 챔버의 침투 깊이에 대한 점근적 연구에 따라, 유사성 매개변수 Mj, 생성된 침투 수는 1993년 Majdalani에 의해 W. K. Van Moorhem에게 처음 발표되었다.

$$Mj = \frac{U^3}{\nu\omega^2 L} = \frac{U^3\tau^2}{\nu L} = \frac{Re}{St^2}$$

여기서 $Re = UL/\nu$ 및 $St = \omega L/U$는 벽 주입(직교류) Reynolds 수 및 반경 L의 챔버에서 무차원 진동 주파수와 관련된 Strouhal 수를 나타낸다. Majdalani의 침투 수는 비정상 관성 및 점성의 상대적 중요성을 측정한다. 힘을 가하고 세게 불어서 다공성 표면 위의 진동 Stokes 층의 두께를 제어하는 것으로 나타났다(Majdalani와 Van Moorhem, 1995; Majdalani, 1999; Majdalani와 Roh, 2000). 그림 2.6과 같이 Mj를 0.1로 고정하면 주파수(또는 Strouhal 수)가 스펙트럼의 한쪽 끝에서 다른 쪽 끝까지 침투 깊이에 영향을 주지 않고 변경될 수 있다. 이러한 매개변수는 지배적인 운동 방정식에 나타나지 않으므로 Reynolds 수와 Strouhal 수의 비선형 조합에 의존하기 때문에 추측하기 어렵다. 그럼에도 불구하고, 그것의 사용은 침투 깊이를 특성화하고 다른 공간 위치, Re 및 St에서 취한 많은 곡선을 다공성 챔버 내의 특정 축 위치에서 취한 단일 곡선으로 축소할 수 있게 한다(그림 2.7).

벽 경계 사이클론 운동의 맥락에서 발생하는 또 다른 중요한 매개변수는 와류 Reynolds 수이다.

와류 Reynolds 수: $$Re_V = \frac{Q_i}{\nu L} = \frac{Re}{\sigma}\frac{R}{L}$$

여기서 R과 L은 사이클론 챔버의 반경과 길이를 나타내고, $Re = UR/\nu$ 및 $\sigma = R^2/A_i$는 각각 Reynolds 및 수정된 소용돌이 수를 나타낸다. 이 매개변수는 Reynolds 수, 수정된 소용돌이 수 및 챔버 종횡비의 효과를 결합하여 벽으로 둘러싸인 사이클론 챔버에서 유한 몸체 길이의 변화

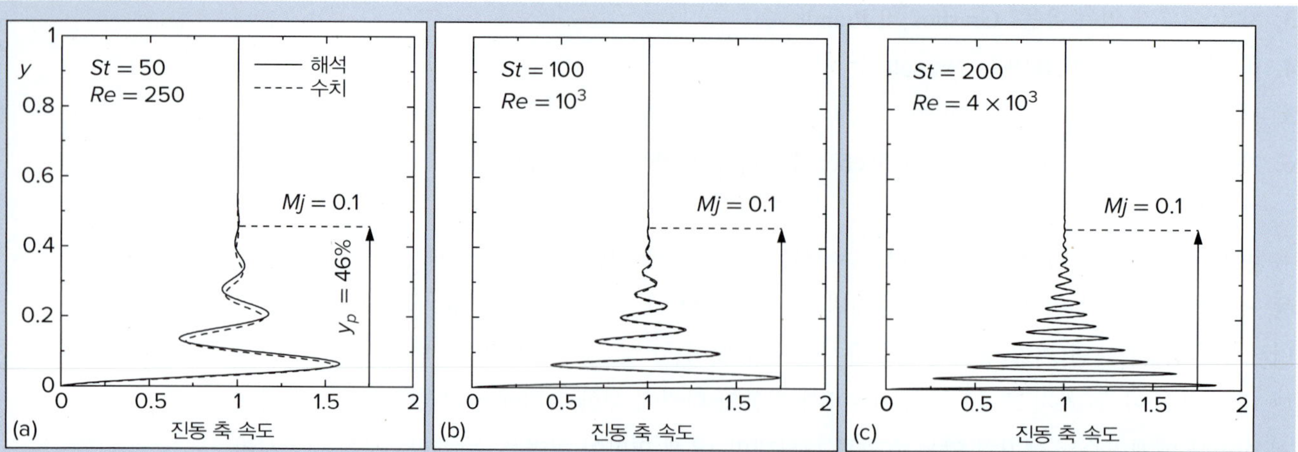

그림 2.6
측벽 질량 주입에 의해 구동되는 시뮬레이션된 다공성 튜브의 축파동에 대한 해석 및 수치 솔루션(Majdalani, 1995; Majdalani 및 Roh, 2002). 진동은 첫 번째 기본 모드와 측벽 주입 속도를 기반으로 한 Strouhal(St) 및 Reynolds 수(Re)의 세 가지 특정값에 대해 표시된다. 침투 수 Mj를 고정함으로써, Strouhal 수의 증가에도 불구하고 침투 깊이는 일정하게 유지된다.

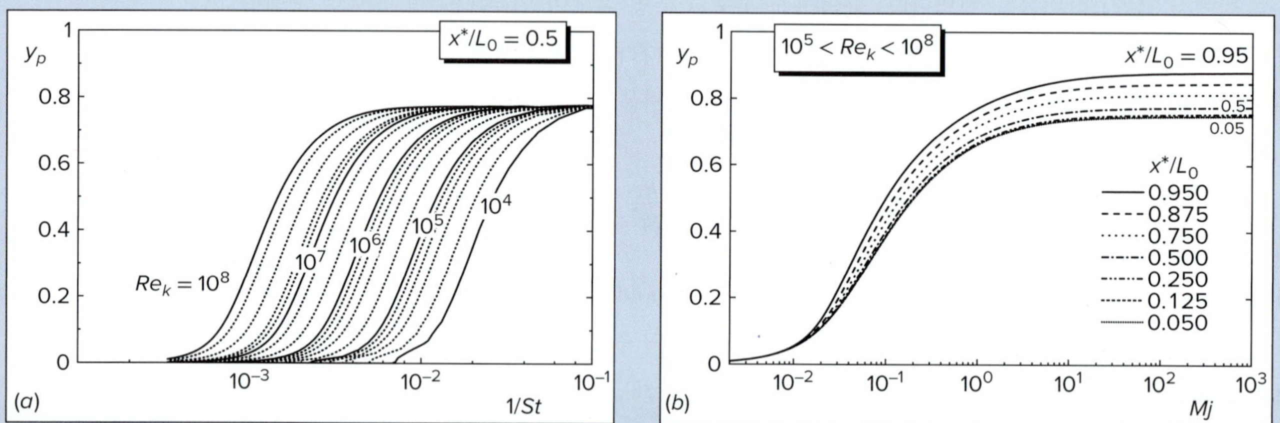

그림 2.7
측벽 질량 주입에 의해 구동되는 다공성 튜브에서 진동 회전 속도의 침투 깊이(Majdalani, 1995). (a) 하나의 축 측점에서 계산된 다중 곡선 형태와 다른 Strouhal 및 운동 Reynolds 수, St 및 $Re_k = ReSt$, (b) Mj에 대해 그래프로 나타낼 때 여러 축 측점에서 단일 선으로 수렴하는 곡선 형태. (a)의 전체 곡선군은 $x^*/L_0 = 0.5$에 해당하는 (b)의 단일 곡선으로 축소된다.

를 고려하여 해당 나선형 구조에 상당한 영향을 미칠 수 있다(Majdalani, 2014). 더욱이, 와류 Reynolds 수는 최대 접선(소용돌이) 속도의 값과 사이클론 유동에서 회전축 주위에서 발생하는 강제 와류 코어의 두께를 제어하는 것으로 표시된다.

2-10 비압축성 점성 유동에서 와도 고려사항

1장에서 논의한 바와 같이, 와도 벡터 $\boldsymbol{\omega} = \text{curl } \mathbf{V}$는 회전 효과의 척도이며, 유체 요소의 국부 각속도의 두 배와 같다. 와도는 유동 분석에서 주요 변수가 아니지만 속도 자체가 훨씬 더 유용하고 중요하지만 Navier-Stokes 방정식에 대한 와도 벡터의 영향을 조사하는 것은 여전히 유익하다. 대수학의 미로에서 교훈을 잃지 않기 위해 상수 ρ와 μ를 가정하여 식 (2.30)이 적용된다. Navier-Stokes 방정식을 다음과 같이 줄이는 정도로 $\mathbf{g} = -g\mathbf{k}$를 취한다.

$$\rho \frac{D\mathbf{V}}{Dt} = -\nabla p - \rho g \mathbf{k} + \mu \nabla^2 \mathbf{V} \tag{2.92}$$

부록 A에 따라 와도는 두 벡터 항등을 사용하여 가속도와 점성 항 모두에 도입될 수 있다.

$$(\mathbf{V} \cdot \nabla)\mathbf{V} = \tfrac{1}{2}\nabla V^2 - \mathbf{V} \times \boldsymbol{\omega} \tag{1.10}$$

$$\nabla^2 \mathbf{V} = \nabla(\nabla \cdot \mathbf{V}) - \nabla \times \boldsymbol{\omega} \tag{2.93}$$

그런 다음 ρ가 일정할 때 $\nabla z \equiv \mathbf{k}$, $\nabla(\nabla \cdot \mathbf{V}) = 0$임을 적용하면 식 (2.92)가 된다.

$$\rho \frac{\partial \mathbf{V}}{\partial t} + \nabla \left(p + \tfrac{1}{2}\rho V^2 + \rho g z\right) = \rho \mathbf{V} \times \boldsymbol{\omega} - \mu \nabla \times \boldsymbol{\omega} \tag{2.94}$$

식 (2.94)가 가장 정리된 형태이며, 이때 좌변은 비점성 유동에 대한 고전적인 Euler 항의 합이다. 와도가 0이면 점도 값에 관계없이 우변이 사라진다. 따라서 $\boldsymbol{\omega} = 0$인 경우(비회전 유동의 고전적인 가정), 속도 벡터는 정의에 따라 전위 함수 $\mathbf{V} = \nabla\phi$이어야 한다. 여기서 ϕ는 속도 전위이고, 식 (2.94)는 비정상 비압축성 유동에 대한 유명한 Bernoulli 방정식이 된다.

$$\rho \partial\phi / \partial t + p + \tfrac{1}{2}\rho V^2 + \rho g z = \text{상수} \tag{2.95}$$

유동이 비회전인 경우 Bernoulli 방정식은 점성 유체에 대해서도 유효하다. 다시 말해, 식 (2.94)는 고전 유체 역학의 모든 퍼텐셜 유동 솔루션이 실제로 전체 Navier-Stokes 방정식의 정확한 솔루션임을 보여준다. 물론 퍼텐셜 유동에서는 수직 및 접선 속도 성분 모두가 사라지는 단단한 벽에서 점착 조건을 충족하지 않으며 또한 충족할 수 없다는 어려움이 있다. 이는 비회전성 가정이 식 (2.92)에서 2차 속도 도함수를 제거하고 1차 도함수만 남기므로 단단한 벽에서 하나의 속도 조건만 충족될 수 있기 때문이다. 따라서 퍼텐셜 유동에서 단단한 벽에서 사라지는 수직 속도만 필요하고 미끄러지도록 허용되는 접선 속도에 제한을 두지 않는다. 이 시점에서 유동 솔루션은 점성 분석에 도움이 되지 않는 것처럼 보이지만, 사실 높은 Reynolds 수에서 고체를 지나는 점성 유동은 주로 얇은 물체를 통해 속도가 급격히 떨어지는 물체에 가까운 곳(점착 조건을 만족시키는 점성 경계층)을 제외한 모든 곳에서 퍼텐셜 유동이다. 많은 경우 경계층이 너무 얇아서 외부 전위 유동을 실제로 방해하지 않는다. 예를 들어 Milne-Thomson(1968) 또는 Robertson(1965)의 책에 설명된 고전적 유체 역학 방법으로 결정할 수 있다. 이는 그림 1.1(a)의 경우이다. 따라서 독자는 점성 유동 연구에 대한 자연스러운 다음 단계로 전위 유동 분석을 공부하는 것이 좋다.

와도의 변화율에 대한 식을 유도함으로써 비회전 유동이 발생하는 시점을 확인할 수 있다. 한 형태는 식 (2.94)의 컬을 취함으로써 얻어지며, 그 결과는 다음과 같다.

$$\frac{D\boldsymbol{\omega}}{Dt} = (\boldsymbol{\omega} \cdot \nabla)\mathbf{V} + \nu \nabla^2 \boldsymbol{\omega} \tag{2.96}$$

이는 균일하고 일정한 점도를 갖는 비압축성 유체에 대한 와도 수송 방정식이다. 동점도를 포함하는 둘째 항을 빼면 유명한 Helmholtz 방정식이 된다. 오른쪽의 첫째 항은 대류 도함수에서 발생하며 와류 신축 항이라고 한다. 이 항은 식 (2.77)의 특별한 경우에 0이었다. 둘째 항은 분명히 점성 확산 항이다. 무시하면(이상적인 유체의 경우) 식 (2.96)은 와류 강도가 일정하게 유지된다는 Helmholtz의 정리와 $t = 0$에서 모든 곳에서 사라지면 항상 $\boldsymbol{\omega} = 0$이라는 Lagrange의 정리로 이어진다. 점성 항을 무시한 세 번째 결과는 유체와 함께 움직이는 닫힌 경로에 대한 순환이 일정하다는 Kelvin의 정리이다. 세 가지 정리 모두 비점성 근사에서 유효하고 유용하지만, 식 (2.96)의 둘째 항이 단단한 벽 근처에서 사라지지 않는 점착 조건에 의해 제한되기 때문에 점도가 유한한 경우 세 가지 모두 적용하기 어렵다. 따라서 모든 점성 유동에서 와도가 존재하며 단단한 벽 근처의 상대 운동에 의해 생성된다. 그러나 와도는 비점성 유동에도 존재할 수 있다. Reynolds 수가 크면 와도는 하류로 휩쓸려 벽에 가깝게 유지된다. 경계층이 형성되고 외부의 와도는 0으로 간주될 수 있다. 유동이 덕트 유동에서와 같이 두 벽 사이에 있으면 그림 1.10과 같이 두 경계층이 만나 덕트를 와도로 채우므로 전위 유동 모델이 내부 덕트 유동에 거의 적용되지 않는다.

2-11 2차원적 고려사항: 유동함수

식 (2.9)에서 유동에 2개의 독립적인 공간 변수만 나타날 때 유동함수가 연속 방정식의 정확한 해임을 주목했다. 최대 이점을 위해 상수 μ 및 ρ의 간단한 경우와 xy 평면의 2차원 유동, 즉 2개의 속도 성분 $u(x, y, t)$ 및 $\upsilon(x, y, t)$만 있는 유동을 살펴보고자 한다. 여기에서 운동 방정식은 연속성과 Navier-Stokes 방정식의 두 가지 구성 요소이다.

$$\frac{\partial u}{\partial x} + \frac{\partial \upsilon}{\partial y} = 0 \tag{2.97}$$

$$\frac{\partial u}{\partial t} + u\frac{\partial u}{\partial x} + \upsilon\frac{\partial u}{\partial y} = g_x - \frac{1}{\rho}\frac{\partial p}{\partial x} + \nu\left(\frac{\partial^2 u}{\partial x^2} + \frac{\partial^2 u}{\partial y^2}\right) \tag{2.98}$$

$$\frac{\partial \upsilon}{\partial t} + u\frac{\partial \upsilon}{\partial x} + \upsilon\frac{\partial \upsilon}{\partial y} = g_y - \frac{1}{\rho}\frac{\partial p}{\partial y} + \nu\left(\frac{\partial^2 \upsilon}{\partial x^2} + \frac{\partial^2 \upsilon}{\partial y^2}\right) \tag{2.99}$$

이는 3개의 종속 변수 u, υ 및 p에 대해 해결되어야 한다. 운동량 방정식은 상수 μ와 ρ를 가정하여 에너지 방정식에서 분리되었으므로 $T(x, y, t)$는 필요한 경우 나중에 식 (2.50)에서 풀 수 있다. 식 (2.9)와 유추하여 식 (2.97)은 다음 유형의 유동함수 $\psi(x, y, t)$에 의해 즉시 충족될 수 있다.

$$u = \frac{\partial \psi}{\partial y} \qquad \upsilon = -\frac{\partial \psi}{\partial x} \tag{2.100}$$

여기서 ψ는 밀도가 정의에 나타나지 않기 때문에 질량 유동보다 체적 유동의 의미를 취한다. 한편, 압력과 중력은 교차 미분, 즉 2차원 벡터 운동량 방정식의 컬을 취함으로써 식 (2.98) 및 (2.99)에서 제거될 수 있다. 결과는

$$\frac{\partial \omega_z}{\partial t} + u\frac{\partial \omega_z}{\partial x} + \upsilon\frac{\partial \omega_z}{\partial y} = \nu\left(\frac{\partial^2 \omega_z}{\partial x^2} + \frac{\partial^2 \omega_z}{\partial y^2}\right) \qquad \text{여기서} \qquad \omega_z = \left(\frac{\partial \upsilon}{\partial x} - \frac{\partial u}{\partial y}\right) \tag{2.101}$$

$\mathbf{V} = \mathbf{V}(x, y, t)$만이므로 와도는 단일 비소실 성분 ω_z로 감소한다. 동시에 구배 연산자는 z에 대해 독립적이 된다. 보다 일반적인 와도 수송 관계인 식 (2.96)과 비교하여 와류 신축 항 $(\boldsymbol{\omega}\cdot\nabla)\mathbf{V}$가 동일하게 사라지는 것을 알 수 있다. xy 평면에서 이 특별한 유동의 경우 와도 벡터 $\boldsymbol{\omega}$는 $\mathbf{V}$의 구배에 수직이다. 식 (2.100)과 ω_z의 정의를 결합하면 흥미로운 관계가 있다.

$$\omega_z = -\nabla^2\psi \tag{2.102}$$

식 (2.101)은 유동함수가 유일한 변수인 4차 편미분 방정식으로 다시 쓸 수 있다.

$$\frac{\partial}{\partial t}(\nabla^2\psi) + \frac{\partial \psi}{\partial y}\frac{\partial}{\partial x}(\nabla^2\psi) - \frac{\partial \psi}{\partial x}\frac{\partial}{\partial y}(\nabla^2\psi) = \nu\nabla^4\psi \tag{2.103}$$

이 단계에서 경계 조건은 식 (2.100)에서 ψ의 1차 도함수로 표현될 수 있다. 예를 들어, 고체를 지나는 x 방향의 균일한 유선의 유동에서 보조 조건은 다음과 같이 쓸 수 있다.

$$\frac{\partial \psi}{\partial x} = 0 \qquad \frac{\partial \psi}{\partial y} = U_\infty \ (\text{무한대에서}) \qquad \frac{\partial \psi}{\partial x} = \frac{\partial \psi}{\partial y} = 0 \ (\text{표면 점착 조건}) \tag{2.104}$$

이 유동함수 와도 접근방식은 식 (2.97)~(2.99)에서 (u, υ, p)를 해결하는 직접 또는 '원시' 변수 접근방식에 대한 대안이다. 방정식 (2.103) 및 (2.104)는 Thom(1933)의 첫 번째 (손으로 계산된) CFD 솔루션에서 예시된 것처럼 수치 분석에 편리하다.

2-11.1 크리핑 유동: $Re \ll 1$

점도가 매우 크면 Reynolds 수 UL/ν가 매우 작아 $Re \ll 1$이 되어 식 (2.103)의 우변이 우세하며, 정리하면 선형 4차 방정식이 남는다.

$$Re \ll 1: \qquad \nabla^4\psi = 0 \tag{2.105}$$

이것은 '크리핑 유동'에 대한 2차원 바이하모닉 방정식이다. 크리핑 유동에 적용할 수 있는 탄성 [Timoshenko와 Goodier(1970)]에서 많은 솔루션이 알려져 있다. 다양한 낮은 Reynolds 수 유동은 Langlois(1964) 및 Happel과 Brenner(1983)의 논문에서 취급되었다. 3-9절에서 이 주제에 대해 간단히 다룰 것이다.

2-11.2 높은 Reynolds 수, 준점성 유동: $Re \gg 1$

스펙트럼의 반대쪽에서 Reynolds 수가 충분히 크면 식 (2.103)의 우변이 너무 작아서 소거하거나 이와 일치하는 점근적 확장을 기반으로 사용할 수 있다. 이러한 계열 확장에서 원거리장은 일반적으로 외부 비점성 솔루션으로 표시되며, 필요한 경우 내부 영역의 신축 변형을 사용하여 점성 보정이 추가된다. 더욱이, 움직임이 정상적이거나 준정상적이라면 저차 방정식을 풀어서 원거리장을 포착할 수 있다.

$$Re \gg 1: \qquad \frac{\partial\psi}{\partial\psi}\frac{\partial}{\partial x}(\nabla^2\psi) - \frac{\partial\psi}{\partial x}\frac{\partial}{\partial y}(\nabla^2\psi) = 0 \quad \text{또는} \quad \frac{\partial\psi}{\partial y}\frac{\partial\omega_z}{\partial x} = \frac{\partial\psi}{\partial x}\frac{\partial\omega_z}{\partial y} \tag{2.106}$$

대칭성으로 인해 선형 관계 $\omega_z = C^2\psi$를 포함하여 와도가 $\omega_z = f(\psi)$로 표현될 수 있는 한 결과 와도 수송 방정식이 모든 회전 유동에 의해 완전히 충족됨을 쉽게 나타낼 수 있다. 후자는 균일한 측벽 주입이 있는 다공성 채널에 대한 Taylor 형상과 같은 몇 가지 흥미로운 솔루션을 유도하는 데 사용할 수 있다[예: Taylor(1956), Griffond 및 Casalis(2000, 2001), Féraille 및 Casalis(2003)]. 이러한 많은 형상은 점성이 없는 특성에도 불구하고 일부 벽에서 점착 요구사항을 충족하도록 만들 수 있으므로 '준점성'이라고 한다. Majdalani와 Saad(2012)는 연구를 통해 본 내용에 대해 다루었다.

2-11.3 비대칭 유동: Stokes 연산자

편리한 2차원 평면 형태 외에도 와도 수송 방정식은 축대칭 유동에 대해 똑같이 단순화될 수 있다. 2.4-7절에서 보았듯이 반경 및 축 속도는 다음을 사용하여 비압축성 Stokes 유동함수와 관련될 수 있다.

$$\upsilon_r = -\frac{1}{r}\frac{\partial\psi}{\partial z} \quad \text{및} \quad \upsilon_z = \frac{1}{r}\frac{\partial\psi}{\partial r} \tag{2.107}$$

움직임이 rz 평면에 국한되기 때문에 와도는 θ 방향의 단일 성분으로 정리할 수 있다. 즉,

$$\boldsymbol{\omega} = \omega_\theta \mathbf{e}_\theta = \left(\frac{\partial\upsilon_r}{\partial z} - \frac{\partial\upsilon_z}{\partial r}\right)\mathbf{e}_\theta = -\frac{1}{r}\left(\frac{\partial^2\psi}{\partial r^2} - \frac{1}{r}\frac{\partial\psi}{\partial r} + \frac{\partial^2\psi}{\partial z^2}\right)\mathbf{e}_\theta \tag{2.108}$$

식 (2.102)에서 보았듯이 유동함수의 Laplacian을 복구하는 대신 이제 Stokes 연산자 D^2를 발견하였다. 이는 원통형 좌표에서 Laplacian의 작은 변형이다. 구체적으로 다음과 같이 정리한다.

$$\omega_\theta = -\frac{1}{r}D^2\psi \quad \text{여기서} \quad D^2 \equiv \frac{\partial^2}{\partial r^2} - \frac{1}{r}\frac{\partial}{\partial r} + \frac{\partial^2}{\partial z^2} \tag{2.109}$$

와도 수송 방정식의 경우, 하나의 와도 성분만을 갖는 모든 축대칭 유동에 대해 $(\boldsymbol{\omega}\cdot\nabla) = 0$이므로 식 (2.96)은 다음과 같이 다시 쓸 수 있다.

$$\frac{\partial\omega_\theta}{\partial t} - \frac{\partial\psi}{\partial z}\frac{\partial}{\partial r}\left(\frac{\omega_\theta}{r}\right) + \frac{\partial\psi}{\partial r}\frac{\partial}{\partial z}\left(\frac{\omega_\theta}{r}\right) = \nu\left(\nabla^2 - \frac{1}{r^2}\right)\omega_\theta = -\nu\left(\nabla^2 - \frac{1}{r^2}\right)\left(\frac{D^2\psi}{r}\right);$$
$$\nabla^2 = \frac{\partial^2}{\partial r^2} + \frac{1}{r}\frac{\partial}{\partial r} + \frac{\partial^2}{\partial z^2} \tag{2.110}$$

Laplacian 및 Stokes 연산자는 곡률 항의 부호만 다르다. 그럼에도 불구하고 식 (2.101)과 비교하여 얻은 표현은 특히 확장되는 상황에서 간결하지 않다. 이러한 맥락에서 식 (2.103)의 축대칭 대응물은 다음과 같이 쓸 수 있다.

$$\frac{\partial}{\partial t}\left(\frac{D^2\psi}{r}\right)+\frac{\partial\psi}{\partial r}\frac{\partial}{\partial z}\left(\frac{D^2\psi}{r^2}\right)-\frac{\partial\psi}{\partial z}\frac{\partial}{\partial r}\left(\frac{D^2\psi}{r^2}\right)$$
$$=\nu\left[\frac{1}{r}\left(\frac{\partial^4\psi}{\partial r^4}+\frac{\partial^4\psi}{\partial z^4}+2\frac{\partial^4\psi}{\partial r^2\partial z^2}\right)-\frac{2}{r^2}\left(\frac{\partial^3\psi}{\partial r^3}+\frac{\partial^3\psi}{\partial r\partial z^2}\right)+\frac{3}{r^3}\frac{\partial^2\psi}{\partial r^2}-\frac{3}{r^4}\frac{\partial\psi}{\partial r}\right] \tag{2.111}$$

오른쪽이 $Re \ll 1$에 대한 바이하모닉 크리핑 유동 관계보다 약간 더 길지만 큰 Reynolds 수의 경우는 상당한 단순화로 이어진다. 따라서 $Re \gg 1$을 사용하여 정상 유동에 주의를 제한하여 다음과 같이 쓸 수 있다.

$$Re \gg 1: \quad \frac{\partial\psi}{\partial r}\frac{\partial}{\partial z}\left(\frac{D^2\psi}{r^2}\right)-\frac{\partial\psi}{\partial z}\frac{\partial}{\partial r}\left(\frac{D^2\psi}{r^2}\right)=0 \quad \text{또는} \quad \frac{\partial\psi}{\partial z}\frac{\partial}{\partial z}\left(\frac{\omega_\theta}{r}\right)=\frac{\partial\psi}{\partial z}\frac{\partial}{\partial r}\left(\frac{\omega_\theta}{r}\right) \tag{2.112}$$

여기서도 $\omega_\theta == rf(\psi)$인 모든 회전 운동은 와도 수송 방정식을 동일하게 만족하도록 표시될 수 있다. 사실, $\omega_\theta = C^2 r\psi$를 사용하여 몇 가지 솔루션이 발전되었으며 200만큼 낮은 Reynolds 수에 대해 실행 가능한 것으로 나타났다. 각각 $C = \pi$ 및 2π인 Taylor-Culick 및 Vyas-Majdalani 형상에 해당한다. 이들은 원통형 로켓 모터와 사이클론 구동 로켓 엔진 모두에서 벌크 유동 이상화로 광범위하게 사용되었다. 선회 로켓 모터의 경우는 3-6.4절, 즉 회전하는 다공성 튜브의 처리에서 별도로 고려할 수 있다.

2-12 비관성 좌표계

지금까지 대부분의 유동 문제는 고정 또는 관성 좌표계에서 처리된다. 그러나 회전하는 터빈 블레이드 위의 유동이나 회전하는 지구의 지구물리학적 경계층과 같이 가속 시스템과 함께 이동하는 비관성 좌표를 사용하는 경우가 있다. 그런 다음 관성 좌표에 대한 입자의 절대 가속도가 **a**인 경우에만 유효한 Newton의 법칙 식 (2.11)을 수정해야 한다.

(X, Y, Z)가 관성 프레임에 속하고 우리가 선택한 좌표 (x, y, z)가 해당 프레임에 대해 평행이동 및 회전한다고 가정한다. **R** 및 **Ω**을 (X, Y, Z)에 대한 (x, y, z) 시스템의 변위 및 각속도 벡터라고 하자. 그런 다음 간단한 벡터 미적분[Greenwood(1987, pp. 49–51)의 식 (2.106) 참조]을 통해 입자의 절대 가속도 **a**를 이동 시스템에 대한 변위 **r** 및 속도 **V**와 관련시킬 수 있다.

$$\mathbf{a}=\frac{d^2\mathbf{R}}{dt^2}+\frac{d\mathbf{\Omega}}{dt}\times\mathbf{r}+\mathbf{\Omega}\times(\mathbf{\Omega}\times\mathbf{r})+\frac{d\mathbf{V}}{dt}+2\mathbf{\Omega}\times\mathbf{V} \tag{2.113}$$

따라서 **V**가 비관성 속도 벡터인 경우 식 (2.113)의 강력한 우변 전체는 식 (2.12) 또는 (2.19)의 미분 $D\mathbf{V}/Dt$를 대체해야 한다. 그러나 두 시스템을 연관시키는 함수 $\mathbf{R}(t)$ 및 $\mathbf{\Omega}(t)$를 알고 있어야 하므로 어떤 의미에서는 문제에 알려진 비균질성을 추가하는 것뿐이다.

지구물리학적 유동: Rossby 수

비관성 시스템의 고전적인 예는 지구 회전을 무시할 수 없는 대규모(지구물리학적) 운동을 계산하기 위해 지구 고정 좌표를 사용하는 것이다. 이 경우 식 (2.113)의 처음 세 항은 다음과 같은 세 가지 이유로 무시할 수 있다. (1) 첫째 항은 고정된 별에 대한 지구의 가속도이며 확실히 거의 0이다. (2) 둘째 항은 $d\mathbf{\Omega}/dt$가 지구에 대해 거의 0이기 때문에 사라진다. (3) 셋째 항은 본질적으로 위도에 따른 중력 벡터 $\mathbf{g}$의 변화를 설명하는 지구의 구심 가속도에 불과하다. 따라서 지구물리학적 유동의 경우,

$$\mathbf{a} \approx \frac{d\mathbf{V}}{dt} + 2\mathbf{\Omega} \times \mathbf{V} \tag{2.114}$$

둘째 항은 1835년에 이 현상을 최초로 연구한 프랑스 수학자 G. Coriolis의 이름을 따서 명명된 Coriolis 가속도이다. 이전과 같이 U와 L을 사용하여 이 표현을 무차원화하면 다음을 얻는다.

$$\mathbf{a}^* \approx \frac{d\mathbf{V}^*}{dt^*} + \frac{1}{Ro}(2\mathbf{\Omega}^* \times \mathbf{V}^*) \tag{2.115}$$

여기서 $Ro = U/(\Omega L)$은 무차원 Rossby 수(부록 H2)이다. Ro가 크면 Coriolis 항을 무시할 수 있으며, 이는 운동 규모 L이 지구의 반경에 비해 작으면 사실이 된다. 3장에서 지구물리학적 점성 유동(Ekman flow)에 대해 다룰 것이다.

2-13 검사 체적 관계

지금까지 본 표현들은 모두 미분 관계였다. 말하자면, 작은 유체의 유동이다. 적분 관계를 사용하여 유동의 유한 영역을 통과하는 질량, 운동량 및 에너지의 총 플럭스를 계산해야 한다. 이것은 유체 역학에서 현재 널리 사용되는 소위 적분, 검사 체적 접근방식이다[White(2016), Chap. 3 참조]. 여기서는 고정된 검사 체적으로 제한한다. Hansen(1967)의 책은 이동 및 변형 가능한 검사 체적을 취급한다.

그림 2.4의 닫힌 실선 곡선은 유체 유동이 통과하는 유한 영역(검사 체적)을 나타낸다. 임의의 순간 t에서 영역은 시스템을 정의하는 유체 입자의 집합체, 즉 알려진 동일성의 양으로 채워진다. 여기서의 목표는 그 순간 t에서의 질량에 의존하는 시스템의 광범위한 총 속성 B(질량, 운동 에너지, 엔탈피 등)의 변화율 dB/dt를 계산하는 것이다. 다음과 같은 제한된 프로세스를 고려하여 수행한다. 시간 $t + \Delta t$에서 시스템은 그림 2.8의 점선으로 표시되고 유선 화살표로 제안된 것처럼 약간 오른쪽으로 이동한다.

약간의 움직임은 그림에 표시된 것처럼 I, II 및 III의 세 영역을 나타낸다. 우리가 찾는 한계는 다음과 같다.

$$\left.\frac{dB_{sys}}{dt}\right|_t = \lim_{\Delta t \to 0} \frac{(B_{III} + \Delta B_{III})_{t+\Delta t} - (\Delta B_I + B_{II})_t}{\Delta t} = \lim_{\Delta t \to 0} \left[\frac{(B_{II})_{t+\Delta t} - (B_{II})_t}{\Delta t} + \frac{\Delta B_{III}}{\Delta t} - \frac{\Delta B_I}{\Delta t}\right] \tag{2.116}$$

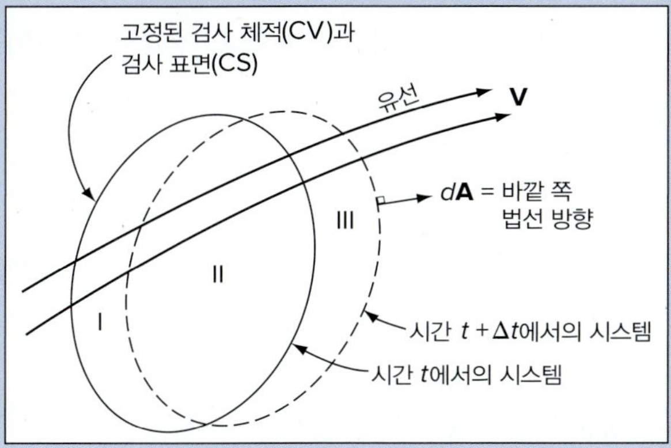

그림 2.8
검사 체적에 대한 그림

White(2016), 3.2절과 같은 학부 교재에서 볼 수 있듯이 괄호 안의 영역 II항은 검사 체적 내에서 B의 변화율이 된다. 영역 III항은 B의 유출이고, 영역 I항은 B가 검사 체적으로 유입되는 것이다. 영역 벡터 $d\mathbf{A} = \mathbf{n}dA$를 검사 표면에 대한 바깥쪽 법선 단위 벡터의 방향을 갖는 것으로 정의함으로써(그림 2.8 참조), Reynolds 수송 정리로 알려진 단일 관계로 유출 및 유입을 설명할 수 있다. 구체적으로

$$\frac{dB_{\mathrm{sys}}}{dt} = \frac{d}{dt}\int_{CV}\beta\rho d\vartheta + \int_{CS}\beta\rho\mathbf{V}\cdot d\mathbf{A}; \quad B_{CV} = \int_{CV}\beta\rho d\vartheta; \quad \rho = dm/d\vartheta \tag{2.117}$$

여기서 $\beta = dB/dm$은 검사 체적 내에 포함된 B양과 관련된 질량 독립적인 집중 속성을 나타낸다. 따라서 검사 체적을 가로지르는 고정 시스템과 관련된 광범위한 특성의 시간 변화율은 검사 체적 내에서 해당 특성의 축적 속도와 검사 표면에서 해당 특성의 순 플럭스를 더한 것과 같아야 한다. 다음에서 이 공식을 질량, 운동량 및 에너지의 세 가지 광범위한 속성에 적용한다.

2-13.1 질량 보존

관련 속성은 $\beta = dm/dm = 1$인 질량 $B = m$이다. 식 (2.117)은 다음과 같다.

$$\frac{dm_{\mathrm{sys}}}{dt} = \frac{d}{dt}\int_{CV}\rho d\vartheta + \int_{CS}\rho\mathbf{V}\cdot d\mathbf{A} = 0 \tag{2.118}$$

이 관계는 모든 고정된 검사 체적에 적용되며 4장 경계층 이론에 매우 유용하다. 연습으로 Gauss의 정리를 사용하여 식 (2.118)이 식 (2.6)에 의해 주어진 미분 연속 방정식과 동일함을 보여줄 수 있다.

2-13.2 선형 운동량의 보존

선형 운동량 $B = m\mathbf{V}$에 해당하는 집중 속성은 속도 자체, $\beta = d(m\mathbf{V})/dm = \mathbf{V}$이다. 식 (2.117)은 검사 체적을 통과하는 시스템에 작용하는 총 힘 $\sum\mathbf{F}$와 같다.

$$\frac{d}{dt}(m\mathbf{V})_{\mathrm{sys}} = \frac{d}{dt}\int_{CV}\rho\mathbf{V}d\vartheta + \int_{CS}\mathbf{V}(\rho\mathbf{V}\cdot d\mathbf{A}) = \sum\mathbf{F} \tag{2.119}$$

이 관계는 관성 검사 체적에 대해서만 적용되며 힘 $\sum \mathbf{F}$는 검사 체적에 작용하는 표면력과 내부 질량에 대한 거리에서 작용하는 체적력을 모두 포함한다는 점을 강조해야 한다. 방정식 (2.119)는 Kármán(1921)에 의해 점성 경계층에 처음 적용되었다.

2-13.3 에너지 보존

확장 속성을 총 질량 의존 에너지 $B = E$로 간주하면 해당 집중량은 비에너지 $\beta = e_t = dE/dm$이 된다. 열역학 제1법칙 $dE = dQ + dW$를 상기하면 식 (2.117)은 다음과 같다.

$$\frac{dE}{dt} = \frac{dQ}{dt} + \frac{dW}{dt} = \frac{d}{dt}\int_{CV} \rho e_t d\vartheta + \int_{CS} e_t(\rho \mathbf{V} \cdot d\mathbf{A}) \tag{2.120}$$

여기서 $e_t = e + \frac{1}{2}V^2 - \mathbf{g}\cdot\mathbf{r} = e + \frac{1}{2}V^2 + g\mathbf{k}\cdot(x\mathbf{i} + y\mathbf{j} + z\mathbf{k}) = e + \frac{1}{2}V^2 + gz$

일 항 dW에는 수직 및 전단 응력의 경계에 대한 일과 시스템에 추가된 샤프트 일이 포함된다.

$$W = W_{\text{normal stress}} + W_{\text{shear stress}} + W_{\text{shaft}} \tag{2.121}$$

식 (2.120)은 열전달을 결정하기 위해 경계층에 적용될 수 있다.

2-13.4 정상 유동 에너지 방정식

식 (2.120)의 중요한 특별한 경우는 그림 2.9와 같이 검사 체적이 고정된 단단한 벽과 단순한 1차원 입구 및 출구로 구성된 경우 정상 유동에서 발생한다. 점착 조건 때문에 고정된 벽에서 경계력의 일은 0이다. 또한 입구 및 출구 유동이 거의 균일하고 평행하면 점성 수직 응력을 국부적으로 무시할 수 있으므로, 유일한 중요한 경계 일은 입구 및 출구의 압력 때문이다. 항 d/dt는 정상 유동에 대해 사라지고 식 (2.120)은 다음으로 감소한다.

$$\frac{dQ}{dt} + \frac{dW_{\text{shaft}}}{dt} - \int_{CS} p\mathbf{V}\cdot d\mathbf{A} = \int_{CS} e_t(\rho\mathbf{V}\cdot d\mathbf{A}) \tag{2.122}$$

그러나 $\mathbf{V}\cdot d\mathbf{A}$에 대한 유일한 기여는 입구와 출구에서 각각 $-V_1A_1$ 및 $+V_2A_2$이다. 따라서 적분을 수행하여 두 항을 산출할 수 있다.

$$\frac{dQ}{dt} + \frac{dW_s}{dt} = \left(\frac{p}{\rho} + e + \frac{1}{2}V^2 + gz\right)_2 \rho_2 A_2 V_2 - \left(\frac{p}{\rho} + e + \frac{1}{2}V^2 + gz\right)_1 \rho_1 A_1 V_1 \tag{2.123}$$

여기서 아래 첨자 s는 샤프트 일을 나타낸다. 정상 유동의 경우 $\rho_1 A_1 V_1 = \rho_2 A_2 V_2$는 검사 체적을 통과하는 질량 유량 dm/dt와 같다. 또한 양 $p/\rho + e$는 유체 엔탈피 h이다. 이제 친숙한 형식을

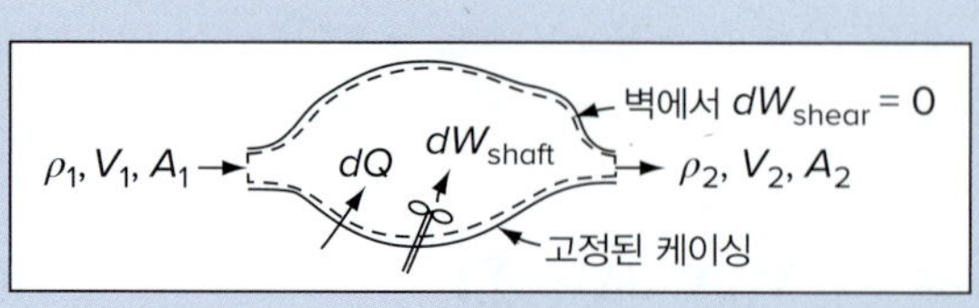

그림 2.9
1차원 정상 유동 에너지 방정식에 대한 그림

얻기 위해 dm/dt로 나눌 수 있다.

$$\frac{dQ}{dt} + \frac{dW_s}{dm} = \left(h + \frac{1}{2}V^2 + gz\right)_2 - \left(h + \frac{1}{2}V^2 + gz\right)_1 \tag{2.124}$$

이것은 총 엔탈피 $h + \frac{1}{2}V^2 + gz$의 변화가 단위 질량당 열 및 샤프트 일 추가의 합과 같다는 이른바 정상 유동 에너지 방정식으로 인식된다. 그림 2.9 조건과 일치하도록 검사 체적을 신중하게 정의하지 않는 한 이 공식은 경계층 이론에 적용되지 않는다.

요약

이 장의 역할은 점성 유체 유동의 기본 방정식인 질량, 운동량, 에너지 보존과 보조 상태 관계를 도출하고 논의하는 것이다. 다양한 경계 조건과 좌표계가 논의되었으며, 이에 따라 무차원 매개변수가 파생되고 특정 유동 현상들과 연관성에 대해 논의하였다. 유동함수 및 와도 접근방식이 논의되었으며, 기본적인 관계 또한 유한 검사 체적에 대한 적분 형식으로 파생되었다. 특정한 경우의 점성 유동에 대해 가능한 최선을 다해 방정식을 푸는 것이 본 책 나머지 부분의 목적이다.

연습문제

2-1. 그림 P2.1과 같은 원통형 요소 검사 체적을 고려하여 질량 보존을 사용해 원통형 좌표에서 연속 방정식을 유도하시오[부록 G, 식 (G.3)].

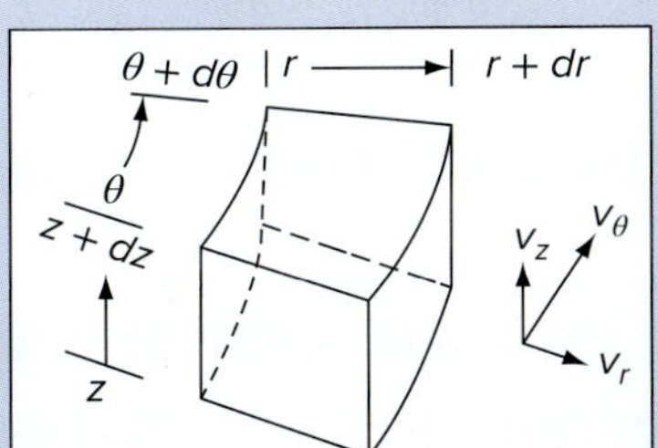

그림 P2.1

2-2. 극좌표 $\partial/\partial z = 0$인 정상 압축성 유동의 경우 원통형 좌표(r, θ, z)의 연속 방정식을 단순화하고 이 경우에 대한 유동함수를 유도하시오.

2-3. 축대칭 좌표 $\partial/\partial\theta = 0$의 압축성 정상 유동의 경우에 원통형 좌표의 연속 방정식을 단순화하고 이 경우에 대한 유동함수를 유도하시오.

답: $\frac{\partial\psi}{\partial r} = \rho r v_z$, $\frac{\partial\psi}{\partial z} = -\rho r v_r$

2-4. 점도가 무시할 수 있는 비압축성 정상 유동에 대해 Navier-Stokes 방정식[식 (2.30)]이 유동의 유선을 따라 $p/\rho + \frac{1}{2}V^2 + gh =$상수로 정리됨을 보이시오. 이때 h는 수평 유선 위의 유체 입

자의 높이를 나타낸다. 이는 Bernoulli 관계의 약한 형태의 식이다.

2-5. 무시할 수 있는 점도와 열전도도를 갖는 비압축성 정상 유동에 대해 에너지 방정식 (2.40)은 유동의 유선을 따라 $e + p/\rho + \frac{1}{2}V^2 + gh =$ 상수로 정리됨을 보이시오. 이는 Bernoulli 관계의 더 강한 형태의 식이다.

2-6. $0 \le z \le L$, $0 \le r \le R$ 영역에서 제안된 비압축성 축대칭 유동장 $\upsilon_z = C(R^2 - r^2)$을 고려한다. 여기서 C는 상수이다. (a) 이것이 Navier-Stokes 방정식의 정확한 해인지 판별하시오. (b) 이 식은 무엇을 나타내는가? (c) 이 유동에 대해 축대칭 유동함수 $\psi(r, z) = 0$이 존재하면, 그 형태를 도출하시오.

2-7. C가 상수인 2차원 유동함수 $\psi = Cxy$에 대하여 이것이 (a) 실제적인 비압축성 무마찰 유동과 (b) 현실적인 비압축성 점성 유동을 나타내는지 판별하시오. 또한 유동의 유선을 그림으로 나타내시오.

2-8. 등온 비압축성 유동 $\psi = C(x^2y - \frac{1}{3}y^3)$에 대해 제안된 평면 유동함수를 조사하시오. 단, 여기서 C는 상수이다. 이 유동이 상수 μ에 대한 정확한 해인지 결정하고, 그렇다면 압력 분포 $p(x, y)$를 찾고 대표적인 유선을 그림으로 나타내시오.

2-9. Lamb-Oseen(1932)의 비압축성 평면 비정상 유동을 고려하면,

$$\upsilon_r = 0 \qquad \upsilon_\theta = \frac{C}{r}\left[1 - \exp\left(-\frac{r^2}{4\nu t}\right)\right]$$

여기서 C와 ν는 상수이고 중력은 무시된다. 이것이 연속성과 Navier-Stokes 방정식의 정확한 해인지 판별하시오. 해가 맞다면, 시간에 대한 속도 분포를 그래프로 나타내시오. 또한 유동에 와도가 있다면 와도 분포를 그래프로 나타내시오.

2-10. 소산 Φ에 대한 식 (2.46)을 사용하여, 식 (2.47)에서 주어진 μ와 λ에 대한 부등식을 증명하시오.

2-11. 비회전 평면 압축성 기체 유동에 대한 미분 방정식[Shapiro(1954), Chap. 9]은 다음과 같다.

$$\frac{\partial^2\phi}{\partial t^2} + \frac{\partial}{\partial t}(u^2 + \upsilon^2) + (u^2 - a^2)\frac{\partial^2\phi}{\partial x^2} + (\upsilon^2 - a^2)\frac{\partial^2\phi}{\partial y^2} + 2u\upsilon\frac{\partial^2\phi}{\partial x\partial y} = 0$$

여기서 ϕ는 속도 퍼텐셜이고 a(변수)는 기체의 음속이다. 2-9.1절에 따라 이 방정식을 무차원화하고, 나타나는 매개변수를 정의하시오.

2-12. 높은 Reynolds 수의 유동에서, 식 (2.83)에서처럼 압력 변화는 $(\rho_0U_0^2)$에 따라 변한다. 점성이 큰 유동 조건에서(낮은 Reynolds 수), 압력은 $\mu U_0/L$로 조정된다. 이러한 변화를 식 (2.83)에 반영하여 수정하고, Navier-Stokes 방정식을 무차원화하시오. 또한 Reynolds 수가 매우 작은 경우 어떤 일이 발생하는지 보이고, 발생하는 매개변수를 정의하시오.

2-13. 일정한 특성을 갖는 비압축성 유동에 대한 뜨거운 수직 판 근처의 자유 대류에 대한 운동 방정식은 다음과 같다.

$$\frac{\partial u}{\partial x} + \frac{\partial \upsilon}{\partial y} = 0 \qquad u\frac{\partial u}{\partial x} + \upsilon\frac{\partial u}{\partial y} = g\beta(T - T_1) + \nu\left(\frac{\partial^2 u}{\partial x^2} + \frac{\partial^2 u}{\partial y^2}\right) \qquad \rho c_p\left(u\frac{\partial T}{\partial x} + \upsilon\frac{\partial T}{\partial y}\right) = k\left(\frac{\partial^2 T}{\partial x^2} + \frac{\partial^2 T}{\partial y^2}\right)$$

무차원 변수는 다음과 같다.

$$u^* = \frac{uL}{\nu} \qquad \upsilon^* = \frac{\upsilon L}{\nu} \qquad x^* = \frac{x}{L} \qquad y^* = \frac{y}{L} \qquad T^* = \frac{T - T_1}{T_0 - T_1}$$

여기서 L은 판의 길이이다. 이러한 변수를 사용하여 자유 대류 방정식을 무차원화하고 발생하는 매개변수를 정의하시오.

2-14. 파이프 입구의 층류 유동의 경우 그림 P2.14와 같이 입구 유동은 균일하며, $u = U_0$이고 하류 유동은 포물선형 형상 분포이며, $u(r) = C(r_0^2 - r^2)$로 나타난다. 2-13절의 적분 관계를 사용하여, 0과 x 사이의 파이프 벽에 가해지는 점성 항력은 $\pi r_0^2\left(p_0 - p_x - \frac{1}{3}\rho U_0^2\right)$으로 표현됨을 보이시오.

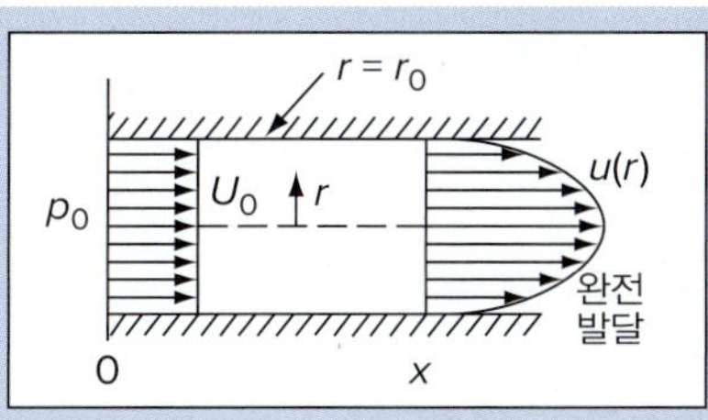

그림 P2.14

2-15. '경계층' 거동, 즉 큰 Reynolds 수에 대한 점착 조건의 효과를 설명하기 위해 Prandtl은 1932년 강의에서 다음 모델(선형)을 제안하였다.

$$\epsilon\frac{d^2u}{dy^2} + \frac{du}{dy} + u = 0 \qquad \epsilon \ll 1$$

여기서 ϵ은 작은 유체 점도의 효과를 나타낸다. 경계 조건은 (1) $u(0) = 2$, (2) u는 y가 커짐에 따라 경계 상태를 유지한다. 이러한 조건에 대해 이 방정식을 풀고 $\epsilon = 0$, 0.01 및 0.1에 대해 $0 < y < 2$ 범위에서 형상 분포 $u(y)$를 그래프로 나타내고, 결과에 대해 의견을 서술하시오. $\epsilon = 0$에 대한 그래프가 원래 미분 방정식에서 $\epsilon = 0$을 설정하여 풀이한 것과 같은지 비교하시오.

2-16. 평면, 비압축성 조건에서, 데카르트 유동함수를 $0 \leq y \leq \infty$ 영역에서 다음과 같이 고려해 보자.

$$\psi = ax + by + \frac{b}{c}e^{-cy}$$

이때 (a, b, c)는 양의 상수이다. (a) 중력과 압력 구배가 무시된 경우, 이것이 연속성과 Navier-Stokes 방정식에 대한 정확한 해인지 판별하시오. (b) (a, b, c)를 구하시오. (c) $y = 0$이 벽을 나타내는 경우, 점착 조건이 유지되는가? (d) 유동장에 와류가 있는지 판별하고, 그 형태는 무엇인지 서술하시오.

2-17. Navier-Stokes 방정식 (2.29b)의 중력 항에서 밀도에 대해 식 (2.86)을 사용하여, 가속도 항에서 $\rho \approx \rho_0$이라고 하고 $\mu =$ 상수라고 하자. 자유 대류의 경우 U를 $\mu/(\rho_0 L)$로 대체하고 Navier-Stokes 방정식을 무차원화하고 Grashof 수가 나타남을 보이시오.

2-18. White(2016), 6-12절에서 나타난 것과 같은 잘 설계된 수축 혹은 노즐을 통한 유동을 예를 들어보자. 20°C의 물이 50 N/s 무게의 유동으로 수평 노즐을 통해 흐른다고 가정한다. 입구와 출구의 직경이 각각 8 cm와 3 cm이고 출구 압력이 1 atm일 때, Bernoulli 방정식으로부터 입구 압력을 추정하시오.

2-19. 검사 체적 질량 관계를 나타내는 식 (2.118)[Kreyszig(2011), Sec. 9.8]의 Gauss 정리를 사용하여, 연속 편미분 방정식인 식 (2.6)으로 정리됨을 보이시오.

2-20. 식 (2.30)에서 일정한 μ를 갖는 비압축성 유동을 논의할 때, 식 (2.29a)에서 '많은 항이 소거'되어 정리된다. 식 (2.29a)에서 많은 점성 항이 실제로 3차원에서 단일 벡터 항 $\mu\nabla^2\mathbf{V}$으로 정리됨

을 보이시오.

2-21. 이 장에서 기본적인 운동 방정식을 유도할 때 각운동량의 편미분 방정식은 건너뛰었다. 이는 Lai 등(1995) 또는 Malvern(1997)에서 확인할 수 있으며, 이를 기반으로 각운동량 방정식의 중요성에 대해 설명하시오.

2-22. Navier-Stokes 방정식을 상수 특성을 적용하여

$$\frac{\partial \mathbf{V}}{\partial t} + (\mathbf{V}\cdot\nabla)\mathbf{V} = -\frac{\nabla p}{\rho} + \nu\nabla^2\mathbf{V} + \mathbf{g}$$

(a) 다음 설정을 통해 정규화하시오.

$$x^* = \frac{x}{L} \qquad y^* = \frac{y}{L} \qquad z^* = \frac{z}{L} \quad \nabla^* = L\nabla$$

$$t^* = \omega t \qquad \mathbf{V}^* = \frac{\mathbf{V}}{U} \qquad p^* = \frac{p}{P} \qquad \mathbf{g} = -g\mathbf{k}$$

(b) 다음 무차원 형식으로 나타나는 무차원 매개변수를 정의하시오.

$$St\frac{\partial \mathbf{V}^*}{\partial t^*} + (\mathbf{V}^*\cdot\nabla^*)\,\mathbf{V}^* = -Eu\nabla^* p^* + \frac{1}{Re}\,\nabla^{*2}\,\mathbf{V}^* - \frac{1}{Fr}\mathbf{k}$$

2-23. 특성 길이가 L인 평판 위의 경계층 구조를 더 잘 분석하기 위해 다음을 사용하여 기존 변수의 크기를 재조정한다.

$$x^* = \frac{x}{L},\ y^* = \frac{y}{\varepsilon L},\ u^* = \frac{u}{U},\ v^* = \frac{v}{\varepsilon U},\ p^* = \frac{p}{\rho U^2}$$

여기서 $\varepsilon \approx \delta/L \ll 1$ 및 δ는 경계층 두께를 나타낸다. 경계층 영역에 대해 작성된 축방향 운동량 방정식에서 $\partial^2 u/\partial x^2 \ll \partial^2 u/\partial y^2$를 보이시오. 일정한 유체 속성을 가진 정상 상태 운동의 경우 다음과 같이 주어진 축 운동량 방정식으로 문제를 시작할 수 있다.

$$\rho u\frac{\partial u}{\partial x} + \rho v\frac{\partial u}{\partial y} = -\frac{\partial p}{\partial x} + \mu\left(\frac{\partial^2 u}{\partial x^2} + \frac{\partial^2 u}{\partial y^2}\right)$$

2-24. 기본 유체 역학에서 힘의 차원 확장 표현이 주어지면

중력: $F_g = mg \approx \rho L^3 g$

점성력: $F_\mu = \tau A = (\mu\, dV/dy)A \approx \mu UL$

정상 상태 관성력: $F_i = mV\,dV/dx \approx \rho U^2 L^2$

비정상 상태 관성력: $F_u = m\,dV/dt \approx \rho L^3 U\omega$

압력 힘: $F_p = \Delta p A \approx \Delta p L^2$

압축성 힘: $F_c = \rho(dp/d\rho)A \approx \rho c^2 L^2$

표면 장력: $F_{\mathfrak{T}} = \mathfrak{T}D \approx \mathfrak{T}L$

속도 구배가 $dV/dy \approx U/L$을 사용하여 근사화되는 경우 다음 특성 비율들에 대해 증명하시오.

관성 및 점도: $\frac{F_i}{F_\mu} = \frac{\rho UL}{\mu}$: Osborne Reynolds (영국)

관성 및 압축성: $\frac{F_i}{F_c} = \frac{U^2}{c^2} = Ma^2$: Ernst Mach (독일)

관성 및 중력: $\frac{F_i}{F_g} = \frac{U^2}{gL} = Fr$: William Froude (영국)

관성 및 표면 장력: $\dfrac{F_i}{F_\sigma} = \dfrac{\rho U^2 L}{\mathfrak{T}} = We$: Moritz Gustav Weber (독일)

압력 및 관성: $\dfrac{F_p}{F_i} \approx \dfrac{\Delta p}{\frac{1}{2}\rho U^2} = Eu$: Leonhard Euler (스위스)

비정상 및 관성: $\dfrac{F_u}{F_i} = \dfrac{\omega L}{U} = St$: Vincenc Strouhal (체코 물리학자)

비정상 및 점도: $\dfrac{F_u}{F_\mu} = \dfrac{L^2\omega}{\nu} = Sk^2$: Sir George Gabriel Stokes (아일랜드)

점도 및 표면 장력: $\dfrac{F_\mu}{F_\sigma} = \dfrac{\mu U}{\mathfrak{T}} = Ca$: 모세관 수

2-25. 1851년에 Stokes는 직경이 D인 매끄러운 구 위의 층류 흐름과 관련하여 항력에 대한 표현 $F_D = 3\pi\mu VD$를 도입했다. 항력 계수 $C_D = F_D/(\frac{1}{2}\rho V^2 A)$를 Reynolds 수의 함수로 표현하시오. A는 구의 단면적이다.

답: $C_D = 24/Re$

2-26. 2-9.1절의 기본 운동 방정식을 정규화할 때 비정상 주기, 즉 주파수의 역수 $\tau = 1/\omega$에 비례하며, $t^* = \omega t$로 설정하는 특성 시간 상수를 가정했다. 다른 $t^* = tU/L$을 취함으로써, 여기서 $\tau = L/U$는 유체 입자가 특징적인 평균 유속에서 거리 L을 이동하는 시간임을 보이시오. (a) 연속 및 운동량 방정식은 다음과 같이 나타난다.

연속 방정식: $$\frac{\partial \rho^*}{\partial t^*} + \nabla^* \cdot (\rho^* \mathbf{V}^*) = 0$$

Navier-Stokes: $$\rho^* \frac{D\mathbf{V}^*}{Dt^*} = -\frac{1}{Fr}\rho^* \mathbf{k} - \nabla^* p^* + \frac{1}{Re}\nabla^* \cdot \left\{\mu^*\left[\nabla^*\mathbf{V}^* + (\nabla^*\mathbf{V}^*)^T\right]\right\}$$

(b) 에너지 방정식은 다음과 같이 정리된다.

에너지 방정식: $$\rho^* \frac{DT^*}{Dt^*} = Ec\frac{Dp^*}{Dt^*} + \frac{1}{RePr}\nabla^* \cdot (k^* \nabla^* T^*) + \frac{Ec}{Re}\Phi^*$$

2-27. 2-9.1절의 기본 운동 방정식을 무시할 수 있는 소산 함수 Φ와 일정한 점도 및 열전도도 $\mu = \mu_0$ 및 $k = k_0$을 갖는 비압축성 유체를 가정하여 재정규화하시오. 정규화는 다음 식과 같다.

$$x_i^* = \frac{x_i}{L} \qquad t^* = \omega t \quad \mathbf{V}^* = \frac{\mathbf{V}}{U} \quad p^* = \frac{p}{p_0} \quad \Phi = 0 \quad \nabla \cdot \mathbf{V} = 0$$

$$\rho^* = \frac{\rho}{\rho_0} \qquad T^* = \frac{T - T_0}{T_w - T_0} \quad \gamma = \frac{c_p}{c_v} \quad \nabla^* = L\nabla$$

(a) 연속 및 운동량 방정식이 다음과 같이 단순화될 수 있음을 보이시오.

연속 방정식: $$St\frac{\partial \rho^*}{\partial t^*} + \nabla^* \cdot (\rho^* \mathbf{V}^*) = 0$$

Navier-Stokes 방정식: $$\rho^*\left(St\frac{\partial \mathbf{V}^*}{\partial t^*} + \mathbf{V}^* \cdot \nabla^* \mathbf{V}^*\right) = -\frac{1}{Fr}\rho^* \mathbf{k} - Eu\nabla^* p^* + \frac{1}{Re}\nabla^{*2}\mathbf{V}^*$$

(b) 에너지 방정식이 다음 식과 같이 정리됨을 보이시오.

에너지 방정식: $$\rho^*\left[St\frac{\partial T^*}{\partial t^*} + (\mathbf{V}^* \cdot \nabla^*)T^*\right] = \frac{\gamma - 1}{\gamma}\left[St\frac{\partial p^*}{\partial t^*} + (\mathbf{V}^* \cdot \nabla^*)p^*\right] + \frac{1}{RePr}\nabla^{*2}T^*$$

(c) 어떤 상황에서 Euler 수가 중요한가?

(d) 밀도 $\rho = \rho_0$이 일정하다고 가정하면 이 방정식들은 어떻게 되는가?

2-28. 심해에서 자유 표면파의 평균 속도 V는 밀도 ρ, 중력 g, 깊이 D, 공간 파장 λ의 함수로 표현할 수 있다. 이러한 제어 매개변수의 함수로 자유 표면파 속도의 무차원 표현을 구하시오.

2-29. 1.5 m/s로 상공을 비행하는 날씨 기구의 항력을 예측하는 데 사용할 수 있는 데이터를 얻기 위해 직경 D의 모형 구를 V의 속도로 흐르는 회류 수조에 넣어 실험을 통해 예측한다. 50 mm의 모형 직경에 대해 작은 구에 대한 항력 측정은 3.78 N으로 산출된다. 구형 실험실 규모 모형과 공기 기구 사이에 유사성 조건이 설정되었다고 가정했을 때, 기구의 직경이 3 m이면 회류 수조의 속도는 얼마가 되어야 하는가? 실제 크기 기구의 항력을 추정하시오.

2-30. 표면 장력은 유체 밀도 ρ, 표면 장력 $\mathfrak{T}$ 및 공간 파장 λ에 따라 달라지는 평균 속도 V로 액체가 없는 표면에서 모세관 파동을 발생시키는 원인이다. 모세관 파동의 속도와 이 세 가지 독립된 값을 연결하는 무차원 관계를 구하시오.

2-31. 공기 중에서 발사되는 로켓의 양력 F는 길이 L, 속도 V, 직경 D, 받음각 α, 밀도 ρ, 동적 점도 μ 및 음속 c에 따라 달라진다. Buckingham 파이 정리를 사용하여 양력과 양력에 영향을 미치는 값 사이의 기능적 관계를 도출하는 데 필요한 무차원 수 또는 파이 매개변수를 구하시오.

2-32. 고체 추진제 로켓 챔버는 측벽으로 주입되는 다공성 튜브로 모델링된다(Majdalani, 1999). 측벽 주입(압력 진동으로 인한)이 있는 다공성 튜브 내부에서 발생하는 진동 Stokes 경계층은 여러 매개변수의 변화에 영향을 받는다. 여기에는 주입 속도 U, 진동 주파수 ω, 동점도 ν, 챔버 R의 반경, 챔버 길이 L, 챔버 X 내의 축 위치가 포함된다. 이러한 매개변수에 대한 Stokes 경계층 두께 Δ의 의존성은 $\Delta = f(U, \omega, \nu, R, L, X)$로 표현될 수 있다. 스케일링 법칙을 사용하여 비정상 회전파의 침투 깊이 $y_p = \Delta/R$가 다음 무차원 매개변수와 관련될 수 있음을 보이시오.

$$y_p = \frac{\Delta}{R} = F\left(Mj, St, \frac{R}{L}, \frac{X}{L}\right) \quad \text{여기서} \quad Mj = \frac{U^3}{\omega^2 \nu R} \quad \text{그리고} \quad St = \frac{\omega L}{U}$$

무차원 매개변수의 제곱, 제곱근 또는 역수와 X/R 및 R/L과 같은 두 무차원 매개변수의 곱도 무차원 그룹을 생성할 수 있다.

2-33. 유체 공급 라인에서 밸브가 빠르게 닫힐 때 수격 작용 또는 유압 충격이 발생할 수 있다. 원형 튜브가 주어지면 수격 작용의 강도라고도 할 수 있는 압력 충격 $\Delta p = p_1 - p_2$는 유체 밀도 ρ, 음속 c, 튜브의 직경 D, 동적 점도 μ, 평균 유속 V에 따라 달라진다. Buckingham 파이 정리를 사용하여 이러한 다섯 가지 독립적인 매개변수에 대한 압력 임펄스 감도를 완전히 특성화하는 데 필요한 테스트 사례의 수를 최소화할 무차원 그룹을 판별하시오. 무차원 압력 임펄스는 전통적으로 음속을 참조하며 음속을 기반으로 한 Reynolds 수는 음향 Reynolds 수로 알려져 있다.

2-34. 잠수함에 작용하는 항력은 물의 밀도 ρ, 속도 V, 점도 μ 및 변위 체적 ϑ의 함수로 나타낼 수 있다. 실험실 크기의 수로에서 잠수함의 축소 모형을 만들려면 항력을 측정하는 데 필요한 무차원 매개변수를 지정하는 것으로 시작한다. 속도가 증가할 때 항력 계수의 평준화를 가정하고, 10노트로 작동하는 수로에서 13 N의 값을 얻은 경우 27노트로 이동하는 실물 크기의 프로토 타입에서 항력을 추측하시오.

2-35. 원형 튜브에서 급격한 수축부에서의 압력 강하에 대한 실험적 측정 $\Delta p = p_1 - p_2$가 밀도 ρ,

동적 점도 μ, 평균 유속 V, 대직경 및 소경 D_1 및 D_2의 함수이다. 이 다섯 가지 독립적인 매개변수에 대한 압력 의존성을 완전히 특성화하는 데 필요한 테스트 사례의 수를 최소화할 무차원 그룹을 나타내시오.

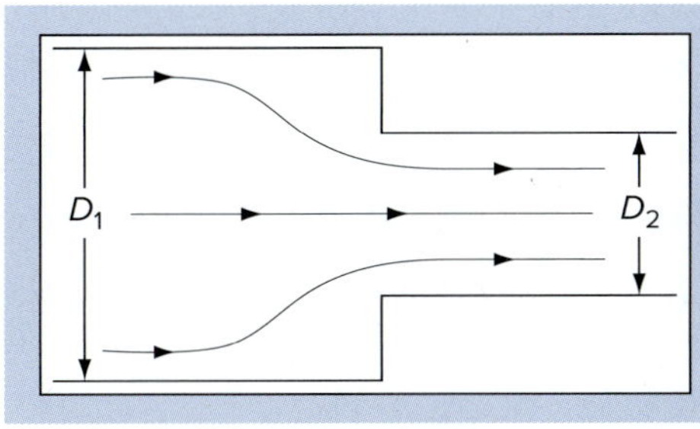

그림 P2.35

2-36. 15°C의 물이 15 kg/s의 질량 유량 $\dot{m}$으로 내부 직경 0.1m인 아연 도금 철관(ε = 0.00015 m)을 통해 흐른다. 아래와 같은 조건에서 서술하시오.

전체 관 길이 L = 150 m인 수평면에서 흐른다.

관에는 1개의 체크 밸브(L_e/D = 55)와 4개의 90° 엘보(각 L_e/D = 30)가 있다.

물의 특성은 ρ = 1000 kg/m^3, μ = 0.00114 N · s/m^2, g = 9.81 m/s^{2}이다.

(a) Reynolds 수를 구하시오. 난류 유동인지 밝히시오.

(b) Darcy 마찰 계수 f를 구하시오.

(c) 주요 수두 손실 h_M을 구하시오.

(d) 경미한 수두 손실 h_m을 구하시오.

(e) 총 수두 손실의 몇 퍼센트가 경미한 수두 손실로 인한 것인지 구하시오.

(f) 이 관을 가로지르는 압력 강하를 구하시오.

2-37. 지점 1에서 길이 100 m, 직경 0.1541 m(6인치), 거칠기 4.6 × 10^{-5} m(DN 150 Schedule 40 Steel), 점도 1.08 × 10^{-5} m^2/s, 비중 8630 N/m^3, 입구 압력 120 kPa의 수도관을 고려한다. 경미한 손실이 있는 경우 다음을 구하시오.

(a) 관의 압력 강하가 60 kPa을 초과하지 않도록 보장하는 지점 2에서의 최대 허용 체적 유량(m^3/s) 및 평균 속도를 구하시오.

(b) 총 수두 손실(미터)을 구하시오.

(c) 경미한 손실에 해당하는 총 수두 손실의 백분율을 구하시오.

관이 수평면으로 흐르고 열려 있는 버터플라이 밸브(L_e/D = 45)와 2개의 표준 90° 엘보(각 L_e/D = 30)를 포함한다.

2-38. 200 m 길이의 주철 파이프의 거칠기는 ε = 0.00025 m이고 직경은 0.05 m이다. 밀도가 1000 kg/m^{3}이고 동점도가 10^{-6} m^2/s인 물이 운반된다. 수도 본관의 게이지 압력은 1500 kPa이다. 공급 라인은 총 길이 200 m의 8개의 엘보(각 L_e/D = 30), 2개의 표준 티(각 L_e/D = 60) 및 1개의 정사각형 입구(K = 0.5)가 설치된다. 토출점에서 요구되는 게이지 압력은 500 kPa이다. 토출 유량 Q를 구하시오.

2-39. 15°C의 물이 20 kg/s의 질량 유량 $\dot{m}$에서 거칠기가 ε = 0.00015 m인 아연 도금 철관을 통해 흐른다.

전체 관 길이가 $L = 200$ m인 수평면에서 흐른다.

관에는 1개의 체크 밸브(각 $L_e/D = 55$)와 4개의 90° 엘보(각 $L_e/D = 30$)가 있다.

물의 성질은 $\rho = 1000\ \mathrm{kg/m^3}$, $\mu = 0.00114\ \mathrm{N\cdot s/m^2}$, $g = 9.81\ \mathrm{m/s^2}$이다.

관 전체의 총 압력 강하가 169 kPa일 때, 관의 직경은 얼마인가?

2-40. 밀도가 $\rho = 1000\ \mathrm{kg/m^3}$인 물은 아래와 같이 엘보를 통해 180° 회전한다. 물이 엘보에 들어갈 때 게이지 압력은 200 kPa이며, 출구 부분의 압력은 대기압이다. 모든 곳에서 균일한 특성을 가정하면, $A_1 = 0.002\ \mathrm{m^2}$, $A_2 = 0.0006\ \mathrm{m^2}$, $U_1 = 2$ m/s이다. 엘보가 분리되는 것을 방지하는 데 필요한 수평 힘을 구하시오. 볼트가 장력이 걸린 상황인지 혹은 압축 상태인지 판별하시오.

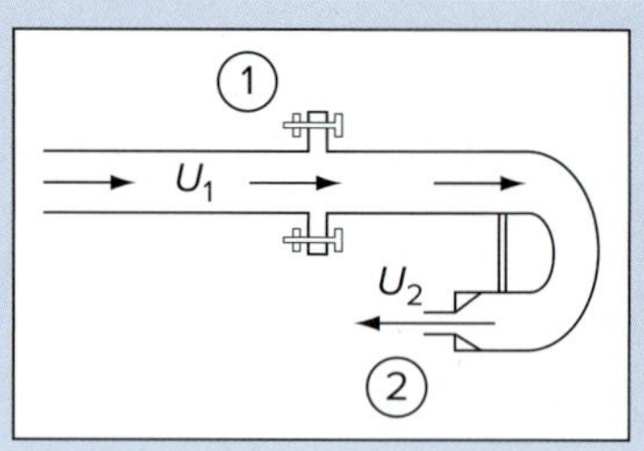

그림 P2.40

2-41. 줄어드는 굽힘부를 포함하는 1개의 입구와 2개의 출구가 있는 2차원 평면 채널을 생각해 보자. 입구에서의 속도 분포는 0에서 U_1까지 선형적으로 변한다. 두 출구에서의 속도는 균일하고 운동은 비압축성 및 정상 상태로 간주될 수 있다. (a) 적분, 검사 체적 접근법을 사용하여 섹션 1에서 최대 속도 및 (b) 채널을 지지하는 데 필요한 반력을 구하시오.

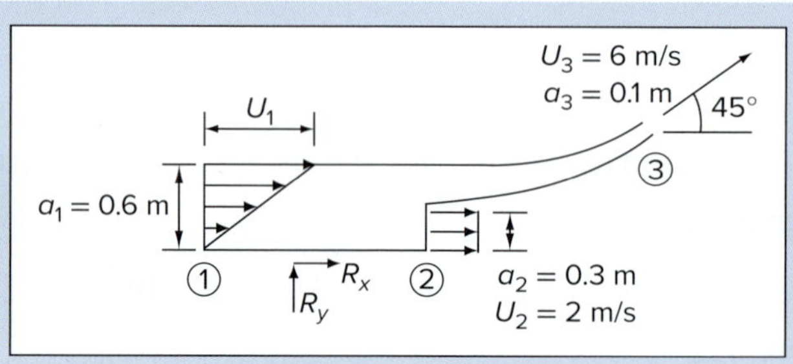

그림 P2.41

2-42. 길이가 L이고 반경이 $R = 3$ cm인 축대칭 튜브 내부에서 유체의 일정한 비압축성 운동을 고려한다.

(a) 출구에서의 속도 분포가 다음 식을 사용하여 근사화될 수 있다면, 입구에서의 균일 속도 U를 결정하시오.

$$u(r) = U_{\max}\cos\left(\frac{\pi r^2}{2R^2}\right)$$

(b) $U_{\max} = 10$ m/s와 밀도가 $\rho = 1000\ \mathrm{kg/m^3}$인 물에 대한 결과를 구하시오.

(c) 튜브의 입구 부분과 출구 부분 사이의 유체 운동량 플럭스의 차이를 결정하시오.

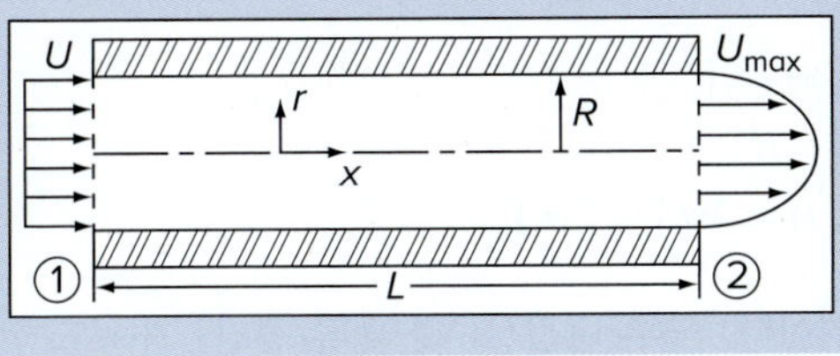

그림 P2.42

2-43. 감속기로 알려진 유압 시스템의 두 파이프 사이의 수축에 대해 고려한다. 감속기 전체에서 압력 및 속도 측정이 가능하고 감속기의 빈 체적과 질량(ϑ_r, m_r)이 주어졌을 때, 감속기를 유지하기 위해 주변 시스템에서 공급해야 하는 반력을 구하시오. 중력은 아래 방향으로 작용한다고 가정한다.

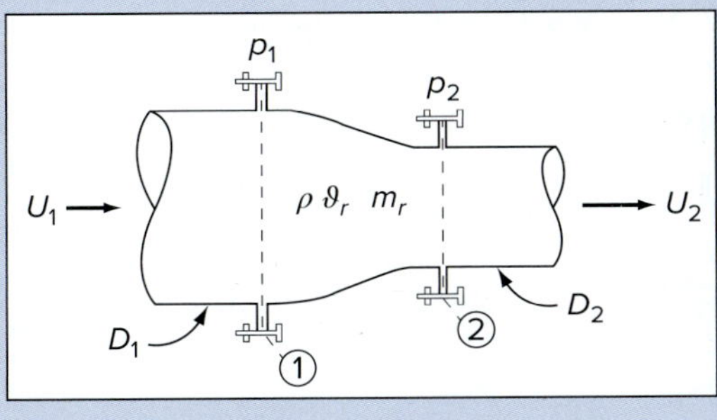

그림 P2.43

2-44. 2차원 속도장에 대해 다음과 같이 주어진다.

$$u = -\frac{Ay}{x^2 + y^2}, \qquad v = \frac{Ax}{x^2 + y^2}$$

여기서 A는 상수이며, 이러한 속도장이 연속성을 만족하는지 서술하시오.

2-45. 특정 비압축성 3차원 유동장의 경우 x 및 y방향의 속도 성분이 다음과 같이 주어진다.

$$\begin{cases} u = x^2 + y^2 + z^2 \\ v = xy + yz + z \end{cases}$$

(a) 체적 팽창률이 0이 되도록 z방향에서의 속도 성분 w를 결정하시오.

(b) 와도 벡터의 성분을 결정하시오. 비회전 유동장인지 판별하시오.

2-46. 2차원 유동장의 경우 속도는 $\mathbf{V} = (x^2 - y^2)\mathbf{i} - 2xy\mathbf{j}$로 정의된다. 이 운동이 압축성인지 아닌지 판별하시오.

2-47. 비압축성 2차원 유동장의 경우, y방향의 속도 성분은 다음과 같이 주어진다.

$$v = 3xy + x^2y$$

체적 팽창률이 0이 되도록 x방향의 속도 성분 u를 결정하시오.

2-48. 유동장에서 속도의 세 가지 구성 요소는 다음과 같이 주어진다.

$$\begin{cases} u = x^2 + y^2 + z^2 \\ v = xy + yz + z^2 \\ w = -3xz - \frac{1}{2}z^2 + 4 \end{cases}$$

발산(체적 팽창률)을 구하고 결과를 해석하시오. 또한 와도 벡터에 대한 식을 구하고, 비회전 유동장인지 판별하시오.

2-49. 특정 유동장의 속도 벡터는 다음과 같이 정의된다.

$$\mathbf{V}(x, y, t) = 2xt\,\mathbf{i} - 2yt\,\mathbf{j}$$

여기서 (x, y)는 피트 단위이고 t는 초 단위이다. 국부(비정상) 및 대류(공간) 가속도 항에 대한 식을 판별하시오. 시간 $t = 0$ s에서 $x = y = 2$ ft 지점에서 속도와 가속도의 크기와 방향을 도출하시오.

2-50. 정상 유동의 경우, 비점성 운동량 방정식의 컬이 $\nabla\times(\mathbf{V}\times\boldsymbol{\omega}) = 0$으로 정리됨을 보이시오. 여기서 $\boldsymbol{\omega} = \nabla\times\mathbf{V}$이다. Euler 방정식의 정상 상태 식으로 시작하라.

$$(\mathbf{V}\cdot\nabla)\mathbf{V} = \frac{1}{2}\nabla(\mathbf{V}\cdot\mathbf{V}) - \mathbf{V}\times(\nabla\times\mathbf{V}) = -\nabla p/\rho + \mathbf{g}$$

2-51. xy평면의 평면 유동의 경우, 와도가 z방향으로 단 하나의 소멸하지 않는 성분 $\boldsymbol{\omega} = \omega_z\mathbf{k}$를 가짐을 보이시오. 비압축 유동함수의 관점에서 와도가 다음과 같이 표현됨을 보이시오.

$$\omega_z = -\left(\frac{\partial^2\psi}{\partial x^2} + \frac{\partial^2\psi}{\partial y^2}\right) \quad \text{여기서} \quad u = \frac{\partial\psi}{\partial y} \quad v = -\frac{\partial\psi}{\partial x}$$

2-52. 정상 상태, 비점성, xy평면 유동 조건에서,

(a)
$$\left(\frac{\partial\omega_z}{\partial x}\frac{\partial\psi}{\partial y} - \frac{\partial\omega_z}{\partial y}\frac{\partial\psi}{\partial x}\right) = 0 \quad \text{여기서} \quad u = \frac{\partial\psi}{\partial y} \quad v = -\frac{\partial\psi}{\partial x}$$

일 때, $\nabla\times(\mathbf{V}\times\boldsymbol{\omega}) = 0$으로 정리됨을 보이시오.

(b) 선형 관계 $\omega_z = C^2\psi$를 포함하여 $\omega_z = f(\psi)$ 형식의 모든 해가 이 조건을 충족함을 보이시오. 여기서 C는 상수이다.

2-53. xy평면 유동에서, $\omega_z = C^2\psi$ 형식의 해는 정상, 비점성 와도 수송 방정식을 충족하는 것으로 나타낼 수 있다. 이 관계를 와도 식에 삽입하면 다음 식을 얻는다.

$$\frac{\partial^2\psi}{\partial x^2} + \frac{\partial^2\psi}{\partial y^2} + C^2\psi = 0 \quad \text{여기서} \quad u = \frac{\partial\psi}{\partial y} \quad v = -\frac{\partial\psi}{\partial x}$$

(a) 식 (2.68)에서 주어진 분류 시험을 적용하여 방정식의 특성을 결정하시오.

(b) 이 방정식을 풀기 위해 몇 개의 경계 조건이 필요한지 구하시오.

2-54. 2차원 로켓 챔버에서 벌크 기체 운동을 설명하는 데 사용된 Taylor 형상은 $y = 0$에서 챔버의 중간면에 대해 대칭을 갖는 다공성 채널의 평면 형상에 해당한다. 단위 벽 주입 및 단위 챔버 절반 높이를 가정하면 도메인은 그림 P2.54와 같이 $0 \le x \le l$ 및 $0 \le y \le 1$에 걸쳐 정의될 수 있다. 유동함수 와도 접근법을 사용하여 와도 수송 방정식을 확보하기 위해 $\omega_z = C^2\psi$를 취한 다음, 모든 곳에서 유동함수를 위해 속도를 소거할 수 있다. 유동함수에 대한 결과 와도 방정식은 다음과 같다.

$$\frac{\partial^2\psi}{\partial x^2} + \frac{\partial^2\psi}{\partial y^2} + C^2\psi = 0 \quad \text{여기서} \quad u = \frac{\partial\psi}{\partial y} \quad v = -\frac{\partial\psi}{\partial x}$$

(a) $\psi(x, y) = X(x)Y(y)$인 변수 분리 방법을 사용하여 해의 일반 형태를 찾으시오.

(b) 다음을 알고 있는 유동함수의 관점에서 문제의 네 가지 기본 경계 조건을 표현하시오.

$$\begin{cases} u(x, 1) = \ \ 0 & \text{유체가 정상적으로 들어갈 때 벽에서 축방향 속도 성분이 없다.} \\ v(x, 1) = -1 & \text{정상 속도는 벽에서 단위 주입값과 일치한다.} \\ v(x, 0) = \ \ 0 & \text{중앙면에 대한 대칭은 유동 교차를 방지한다.} \\ u(0, y) = \ \ 0 & \text{챔버 헤드월에서의 축방향 유입은 없다.} \end{cases}$$

(c) 이러한 경계 조건을 만족하는 해를 구하시오.

(d) 이 솔루션과 관련된 속도를 구하고, 문항 (b)에 명시된 네 가지 경계 조건을 충족하는지 증명하시오.

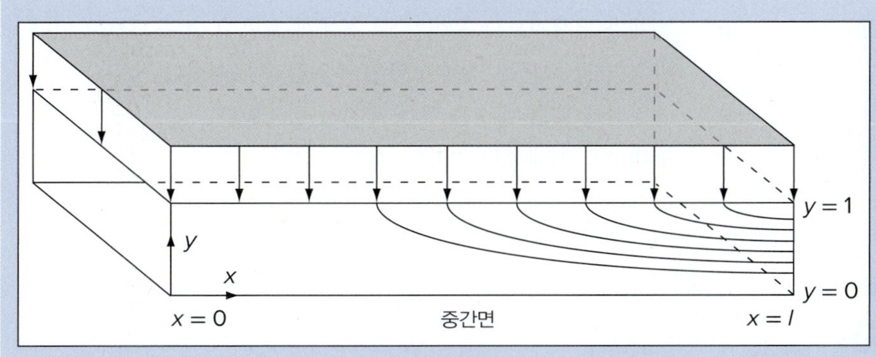

그림 P2.54

2-55. rz평면의 축대칭 유동에 대해, 와도가 θ방향으로 하나의 소멸하지 않는 성분 $\boldsymbol{\omega} = \omega_\theta \mathbf{e}_\theta$를 가짐을 보이시오. 비압축 유동함수의 관점에서 와도가 다음과 같이 표현됨을 보이시오.

$$\omega_\theta = -\frac{1}{r}\frac{\partial^2\psi}{\partial z^2} + \frac{1}{r^2}\frac{\partial\psi}{\partial r} - \frac{1}{r}\frac{\partial^2\psi}{\partial r^2} \quad \text{여기서} \quad v_r = -\frac{1}{r}\frac{\partial\psi}{\partial z} \quad v_z = \frac{1}{r}\frac{\partial\psi}{\partial r}$$

2-56. rz평면에서 정상 상태, 비점성, 축대칭 유동에 대해, (a) 와도 수송 방정식 $\nabla\times(\mathbf{V}\times\boldsymbol{\omega}) = 0$이 다음 식으로 정리되는 것을 보이시오.

$$\frac{\partial(\omega_\theta/r)}{\partial r}\frac{\partial\psi}{\partial z} - \frac{\partial(\omega_\theta/r)}{\partial z}\frac{\partial\psi}{\partial r} = 0 \quad \text{여기서} \quad v_r = -\frac{1}{r}\frac{\partial\psi}{\partial z} \quad v_z = \frac{1}{r}\frac{\partial\psi}{\partial r}$$

(b) 선형 관계 $\omega_\theta = C^2 r\psi$를 포함하여 $\omega_\theta = rg(\psi)$ 형식의 해가 이 조건을 충족함을 보이시오. 여기서 C는 상수이다.

2-57. rz평면에서 축대칭 흐름의 경우, $\omega_\theta = C^2 r\psi$ 형식의 솔루션은 정상, 비점성 와도 수송 방정식을 충족하는 것으로 표현될 수 있다. 이 관계를 와도 식에 삽입하면 다음 식을 얻는다.

$$\frac{\partial^2\psi}{\partial r^2} - \frac{1}{r}\frac{\partial\psi}{\partial r} + \frac{\partial^2\psi}{\partial z^2} + C^2 r^2\psi = 0 \quad \text{여기서} \quad v_r = -\frac{1}{r}\frac{\partial\psi}{\partial z} \quad v_z = \frac{1}{r}\frac{\partial\psi}{\partial r}$$

(a) 식 (2.68)에서 주어진 분류 시험을 적용하여 방정식의 특성을 결정하시오.

(b) 이 방정식을 풀기 위해 몇 개의 경계 조건이 필요한지 구하시오.

(c) 여기에서 고려되는 동일한 편미분 방정식을 도출하기 위해 Bragg-Hawthorne 식 (2.30e)에서 $B(\psi)$와 $H(\psi)$를 어떻게 정의해야 하는지 서술하시오.

2-58. 축대칭 로켓 챔버(Culick, 1966)에서 벌크 기체 운동을 설명하기 위하여 광범위하게 사용된 Taylor-Culick 형상은 다공성 튜브의 자기 유사 축대칭 형상에 해당한다. 단위 벽면 주입과 단위 챔버 반경을 가정하면 도메인은 그림 P2.58과 같이 $0 \le r \le 1$ 및 $0 \le z \le l$에 걸쳐 정의될 수

있다. 유동함수 와도 접근법을 사용하여 와도 수송 방정식을 확보하기 위해 $\omega_\theta = rC^2\psi$를 취한 다음 모든 곳에서 Stokes 유동함수를 위해 속도를 소거할 수 있다. Stokes 유동함수에 대한 결과 와도 방정식은 다음과 같다.

$$\frac{\partial^2\psi}{\partial r^2} - \frac{1}{r}\frac{\partial\psi}{\partial r} + \frac{\partial^2\psi}{\partial z^2} + C^2r^2\psi = 0 \quad \text{여기서} \quad \upsilon_r = -\frac{1}{r}\frac{\partial\psi}{\partial z} \quad \upsilon_z = \frac{1}{r}\frac{\partial\psi}{\partial r}$$

(a) $\psi(r, z) = R(r)Z(z)$인 변수 분리 방법을 사용하여 일반 해의 형태를 구하시오.

(b) 다음을 알고 있는 유동함수의 관점에서 문제의 네 가지 기본 경계 조건을 표현하시오.

$$\begin{cases} \upsilon_z(1, z) = 0 & \text{유체가 정상적으로 들어갈 때 벽에서 축방향 속도 성분이 없다.} \\ \upsilon_r(1, z) = -1 & \text{반경 방향 속도는 벽에서 단위 주입값과 일치한다.} \\ \upsilon_r(0, z) = 0 & \text{중앙선에 대한 대칭은 유동 교차를 방지한다.} \\ \upsilon_z(r, 0) = 0 & \text{챔버 헤드월에서의 축방향 유입은 없다.} \end{cases}$$

(c) 이러한 경계 조건을 만족하는 해를 구하시오.

(d) 이 솔루션과 관련된 속도를 구하고, 문항 (b)에 명시된 네 가지 경계 조건을 충족하는지 증명하시오.

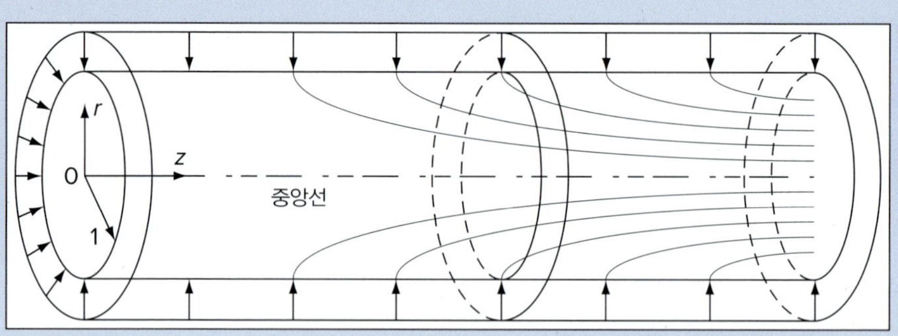

그림 P2.58

2-59. Vyas와 Majdalani(2006)는 원통형 챔버(그림 P2.59)에서 발생하는 벽 경계 저기압류에서 속도장에 대한 정확한 해를 도출하기 위해 유동이 중심선과 관련하여 정상 상태, 비압축성, 비점성 및 축대칭이라고 가정하였다. 소용돌이가 있기 때문에 세 가지 성분의 속도 분포가 사용된다. 즉, $\mathbf{V}(r, z) = \upsilon_r\boldsymbol{e}_r + \upsilon_\theta\boldsymbol{e}_\theta + \upsilon_z\boldsymbol{e}_z$이다. 이 문제에서 a와 $b(= a/\sqrt{2})$는 사이클론 챔버의 외부 및 출구 반경을 나타낸다. U는 $r = a$에서의 원주 접선 속도를 나타내고, $A_i = Q_i/U$는 Q_i의 체적 유량에 대한 주입 면적을 나타내며, $\kappa = A_i/(2\pi aL)$은 축방향 대 접선 속도 비율의 상대적 중요성을 측정하는 무차원 소용돌이 매개변수를 나타낸다. 이 문제에 대한 경계 조건은 다음과 같이 나타낼 수 있다.

$$\begin{cases} \upsilon_\theta(r = a) = U & \text{접선 속도는 주입값과 일치한다.} \\ \upsilon_z(z = 0) = 0 & \text{챔버 헤드월에서 축방향 유동에 대한 침투는 없다.} \\ \upsilon_r(r = 0) = 0 & \text{중심선에서 교차하는 흐름은 없다.} \\ \upsilon_r(r = a) = 0 & \text{챔버 측벽에서 방사형 유동에 대한 침투는 없다.} \\ Q_i \quad = 2\pi\int_0^b \upsilon_z(r, L)rdr & z = L\text{에서 체적 유량 보존 } Q_i = UA_i \end{cases}$$

(a) 실험 데이터와 수치 시뮬레이션에 따라 $\upsilon_\theta = \upsilon_\theta(r)$가 축방향 불변 함수라고 가정할 수 있다. 이 가정하에서 원통형 좌표의 방위각 운동량 방정식은 다음과 같다.

$$\upsilon_r \frac{\partial \upsilon_\theta}{\partial r} + \frac{\upsilon_\theta}{r}\frac{\partial \upsilon_\theta}{\partial \theta} + \upsilon_z \frac{\partial \upsilon_\theta}{\partial z} + \frac{\upsilon_\theta \upsilon_r}{r} = -\frac{1}{\rho r}\frac{\partial p}{\partial \theta}$$

축 및 방사상에서 분리된다. 운동이 축대칭임을 상기하면(θ에 변화가 없음) 위에 주어진 방위각 운동량 방정식에 대한 해가 다음과 같이 정리됨을 보이시오.

$$\upsilon_r\left(\frac{\partial \upsilon_\theta}{\partial r} + \frac{\upsilon_\theta}{r}\right) = 0 \qquad \text{또는} \qquad \frac{1}{r}\frac{\partial (r\upsilon_\theta)}{\partial r} = 0$$

(b) 문항 (a)에 대한 해가 각운동량 보존의 진술 $r\upsilon_\theta = B =$ 상수를 구성하는 것을 이용하여, 첫 번째 경계 조건인 $\upsilon_\theta(a) = U$를 사용하여 B와 $\upsilon_\theta(r)$을 푸시오.

(c) 나머지 네 가지 경계 조건을 사용하여 Stokes 유동함수의 함수로 표현하시오.

$$\upsilon_r = -\frac{1}{r}\frac{\partial \psi}{\partial z} \qquad \text{및} \qquad \upsilon_z = \frac{1}{r}\frac{\partial \psi}{\partial r}$$

(d) 와도 수송 방정식 $\nabla \times (\mathbf{V} \times \boldsymbol{\omega}) = 0$

$$\frac{\partial(\omega_\theta/r)}{\partial r}\frac{\partial \psi}{\partial z} - \frac{\partial(\omega_\theta/r)}{\partial z}\frac{\partial \psi}{\partial r} = 0$$

편미분을 사용하여 선형 관계 $\omega_\theta = C^2 r\psi$를 포함하여 $\omega_\theta = rg(\psi)$ 형식의 해가 이 조건을 충족함을 증명하시오. 여기서 C는 상수이다.

(e) Stokes 유동함수를 접선 와도에 대입하여 다음 식을 보이시오.

$$\omega_\theta = \frac{\partial \upsilon_r}{\partial z} - \frac{\partial \upsilon_z}{\partial r} = \frac{1}{r^2}\frac{\partial \psi}{\partial r} - \frac{1}{r}\frac{\partial^2 \psi}{\partial r^2} - \frac{1}{r}\frac{\partial^2 \psi}{\partial z^2}$$

(f) 와도 수송 방정식을 만족하는 $\omega_\theta = C^2 r\psi$를 와도 방정식에 대입하여 다음 식을 증명하시오.

$$\frac{\partial^2 \psi}{\partial r^2} - \frac{1}{r}\frac{\partial \psi}{\partial r} + \frac{\partial^2 \psi}{\partial z^2} + C^2 r^2 \psi = 0$$

(g) $\psi(r, z) = R(r)\,Z(z)$에 대해 변수 분리 방법을 사용하여, 도출된 편미분 방정식에 대한 일반해를 구하시오.

(h) 문항 (c)에서 공식화된 네 가지 경계 조건을 만족하는 특수해를 찾으시오.

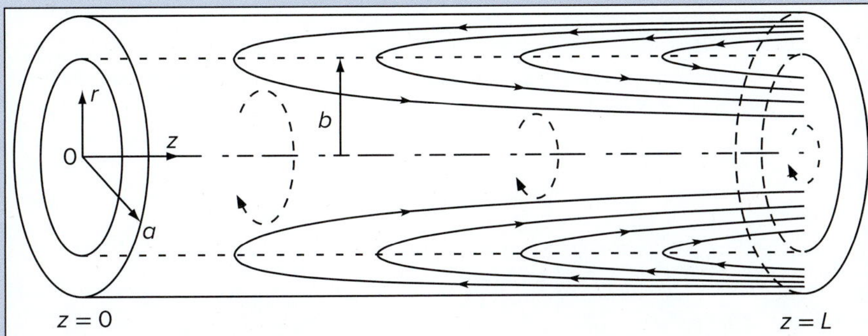

그림 P2.59

(i) 이 분포와 관련된 속도는 다음과 같음을 보이시오.

$$\upsilon_r = -\kappa U\left(\frac{a}{r}\right)\sin\left(\pi\frac{r^2}{a^2}\right); \quad \upsilon_\theta = \left(\frac{a}{r}\right)U; \quad \upsilon_z = 2\pi\kappa U\left(\frac{z}{a}\right)\cos\left(\pi\frac{r^2}{a^2}\right); \quad \begin{cases} 0 \le r \le a \\ 0 \le z \le L \end{cases}$$

(j) 속도가 문제의 경계 조건을 충족하는지 확인하시오.

(k) 동일한 지배 방정식이 Bragg-Hawthorne 식 (2.30e)로부터 도출될 수 있음을 보이시오. 여기서 $B =$ 상수이고, $H(\psi) = H_0 - \frac{1}{2}C^2\psi^2$은 쉽게 대체될 수 있으며, 후자의 형태는 유선에 따른 압력 해석으로부터 쉽게 도출할 수 있다.

CHAPTER 3

뉴턴 점성 유동 방정식의 해

과학은 단순히 항상 성공한 모든 방법의 집대성을 의미한다. 나머지는 모두 문학이다.

Paul Valéry(1898-1956)

3-1 해석적 해 소개 및 분류

2장에서 다룬 연속, 운동량 및 에너지 방정식은 복잡한 비선형 편미분 방정식으로 구성되어 있다. 일반적인 해석 방법은 존재하지 않으며, 일반적인 존재나 고유성 정리도 존재하지 않는다. 예를 들어, 그림 1.1(a)의 얇은 에어포일 문제에 대한 정확한 해법은 알려져 있지 않으며, 그림 1.1(b)의 정지된 에어포일에 대한 해법도 없다. 그러나 4장과 6장에 설명된 경계층 해석은 간단한 근사 기법을 통해 다양한 유체 문제를 해결하는 데 도움을 줄 것이다. 한편, 미세한 난류 변동이 발생하지 않는 **층류** 유동에 대한 전산유체역학(CFD) 시뮬레이션은 다양한 유동과 기하학 형태에 대해 상당히 정확하다. 예를 들어 Orszag 등(1991), Chung(2002), Lomax 등(2001) 또는 Tannehill 등(1997)을 참고하라. 난류 유동(6장)의 경우 낮은 Reynolds 수에서 **직접 수치해석**(DNS, direct numerical simulation)을 제외하고는 경험적 상관관계를 사용하거나 제한된 유동 패턴의 경우에만 신뢰할 수 있는 근사적인 CFD 모델을 사용해야 한다.

정확한 해법을 구하기 위한 연구들이 그렇다고 없지는 않다. 지난 170년 동안 일부 특정한 기하학적 형태에 대한 완전 방정식을 만족하는 상당한 수† 의 정확한 해법들이 구해졌다. 이 장에서는 이러한 특정 해법 중 점성 유동 현상에 대해 매우 유용한 해법 몇 가지를 간략하게 설명하고자 한다.

예상할 수 있듯이, 알려진 특정 해법의 대부분은 일정한 수송 특성을 가진 비압축성 Newtonian 유동에 대한 것이며, 이에 대한 기본 방정식[(2.6), (2.19) 및 (2.48)]은 다음과 같다.

연속:

$$\nabla \cdot \mathbf{V} = 0 \tag{3.1}$$

† 분류 방식에 따라 100가지가 넘는 다양한 사례가 있다. 대부분은 Berker(1963)에 의해 제시되었다. Wang(1991), Rogers(1992), Profilo 등(1998), Drazin와 Riley(2006), Dyck와 Straatman(2019) 및 그 참고 문헌을 참고하라.

운동량:
$$\rho \frac{D\mathbf{V}}{Dt} = -\nabla\hat{p} + \mu\nabla^2\mathbf{V} \tag{3.2}$$

에너지:
$$\rho c_p \frac{DT}{Dt} = k\nabla^2 T + \Phi \tag{3.3}$$

여기서 Φ는 식 (2.46)의 기계적 소산 함수를 나타내며, $\hat{p}$는 총 정수압으로, 아래와 같이 중력 항을 포함한 식으로 표현할 수 있다.

$$\nabla\hat{p} = \nabla p - \rho\mathbf{g} \qquad \text{또는} \qquad \hat{p} = p + \rho g z \tag{3.2a}$$

여기서 z는 수직 좌표이고, 식 (3.1)과 (3.2)에서 미지의 세 가지 변수는 $\mathbf{V}$, $\hat{p}$, 및 T이다. 앞에서 언급한 다음과 같은 중요한 사실에 유의하라. μ가 일정하다고 가정하기 때문에, 식 (3.1) 및 (3.2)는 온도와 연관되지 않으므로, T와 독립적으로 $\mathbf{V}$ 및 $\hat{p}$에 대해 풀 수 있으며, 그 다음 T는 식 (3.3)으로부터 구할 수 있다. 또한 압력에 의존하는 유속이 Φ와 $DT/Dt = \partial T/\partial t + \mathbf{V}\cdot\nabla T$ 항을 통해 식 (3.3)에 포함되어 있기 때문에 T 자체가 $\hat{p}$ 및 $\mathbf{V}$에 의존한다는 점에 또한 유의하라. 온도가 비압축성 유체 유동과 독립적이기 때문에 실용적으로나 교육적으로 매우 중요함에도 불구하고 많은 책에서 에너지 방정식을 간과하는 경우가 많다.

기본적으로 식 (3.2)의 정확한 해법에는 다음과 같은 두 가지 유형이 있다.

1. 대류 가속 항 $\mathbf{V}\cdot\nabla$이 사라지는 선형 해법
2. $\mathbf{V}\cdot\nabla$가 사라지지 않는 비선형 해법

문제의 유형 또는 유동 구성 형상에 따라 해법을 분류할 수도 있다.

1. Couette (벽 구동) 정상 유동
2. Poiseuille (압력 구동) 정상(내부) 덕트 유동
3. 비정상 덕트 유동
4. 경계가 움직이는 비정상 유동
5. 흡입과 주입을 갖는 덕트 유동
6. 풍력에 의해 구동되는 (Ekman) 유동
7. 상사성 해법(회전 디스크, 정체 유동 등)

이 장의 다음 절에서는 이러한 주제들을 다룰 것이다.

Navier-Stokes 방정식의 일반 해는 아직 구할 수는 없지만 특정한 엄밀해는 여전히 구해지고 있다. 다음은 이에 대한 몇 가지 최근 사례이다. 움직이는 벽을 갖는 다공성 채널, Dauenhauer와 Majdalani(2003); 직사각형 덕트의 진동 유동, Tsangaris와 Vlachakis(2003); 임의의 압력 구배가 있는 채널의 맥동 유동, Majdalani(2008); 원통형 튜브의 혼돈 유동, Blyth 등(2003); 일반화된 Beltrami 유동, Wang(1990); 비정상 스트레칭 표면, Smith(1994); 자유 전단층, Varley와 Seymour(1994); 2개의 상호작용하는 와류, Agullo와 Verga(1997). 층류 점성 유동에 대한 추가

적인 연구에 대해서는 Constantinescu(1995), Ockendon과 Ockendon(1995), Papanastasiou 등(1999)의 논문을 참고하라.

3-2 움직이는 표면으로 인한 Couette 유동

이러한 유동은 고정된 동심 원통과 움직이는 동심 원통 사이의 유동에 대한 실험을 수행한 M. Couette(1890)의 이름을 따서 명명되었다. 다음과 같은 몇 가지 예를 살펴보자.

3-2.1 고정판과 이동판 사이의 정상 유동

그림 3.1은 2개의 무한 평판이 $2h$ 간격으로 위치하며, 상판은 하판를 기준으로 속도 U로 이동한다. 압력 $\hat{p}$는 일정하다고 가정한다. 상판은 온도 T_1으로, 하판은 온도 T_0로 일정하다. 이러한 경계 조건은 x축 또는 z('무한판')축과 무관하므로 $u = u(y)$ 및 $T = T(y)$가 된다. 식 (3.1)부터 (3.3)은 다음과 같이 된다.

연속: $$\frac{\partial u}{\partial x} = 0$$

운동량: $$\mu \frac{d^2u}{dy^2} = 0 \tag{3.4}$$

에너지: $$k\frac{d^2T}{dy^2} + \mu\left(\frac{du}{dy}\right)^2 = 0 \tag{3.5}$$

여기서 연속 방정식을 통해 오직 $u = u(y)$라는 가정을 검증할 수 있다. 식 (3.4)를 두 번 적분하여 다음과 같은 관계식을 구할 수 있다.

$$u = C_1\,y + C_2$$

점착 조건 $u(-h) = 0$ 및 $u(+h) = U$의 경계 조건을 이용하여 $C_1 = U/(2h)$ 및 $C_2 = U/2$를 구할 수 있으며, 따라서 속도 분포는 다음과 같다.

$$u = \frac{U}{2}\left(1 + \frac{y}{h}\right) \tag{3.6}$$

그림 3.2(a)에서 보여지는 것처럼, 이 식은 각 판에서 점착 조건을 연결하는 직선으로 나타난다. 이러한 선도를 속도 분포라고 부르며 일반적으로 움직임을 나타내기 위해 그림과 같이 화살표가

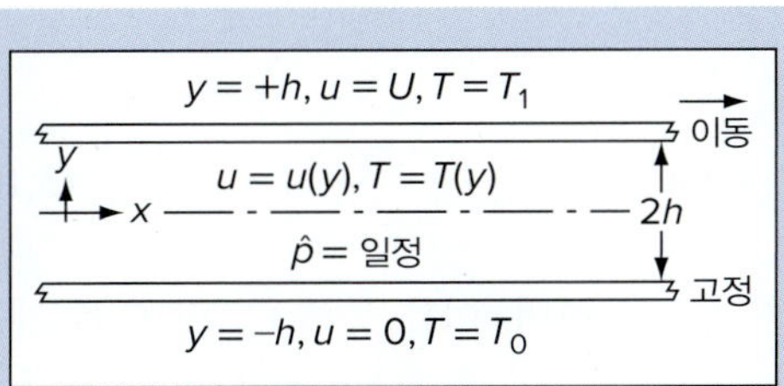

그림 3.1
평행 평판 사이의 Couette 유동

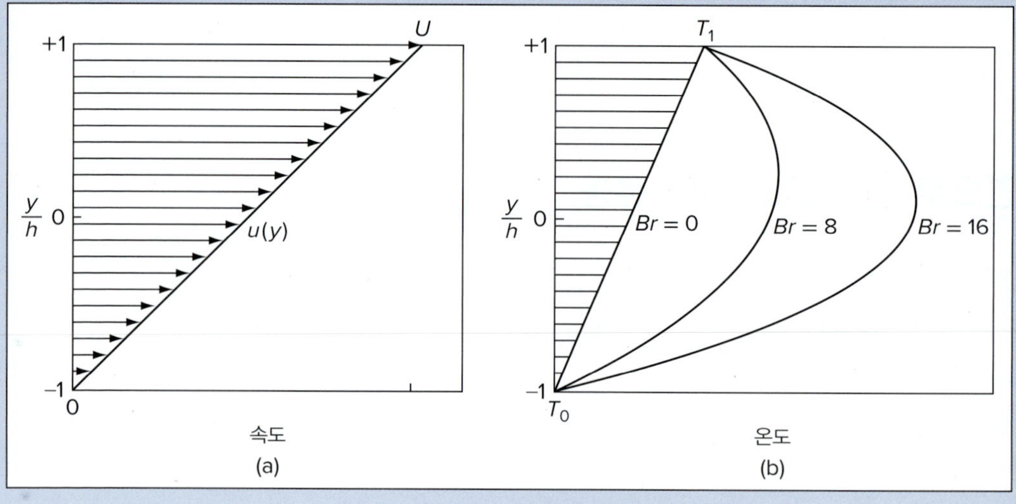

그림 3.2
고정판과 이동판 사이의 Couette 유동. (a) 속도 분포, (b) 다양한 Brinkman 수에 대한 온도 분포 (여기서 $Br = \mu U^2/[k(T_1 - T_0)]$).

있는 선분으로 도시한다. 점도 μ가 일정하고 부력을 무시했기 때문에 이러한 속도 분포는 온도 분포와 무관하다.

유동의 모든 지점에서 전단 응력은 점도에 대한 Newton의 법칙을 따른다.

$$\tau = \mu\left(\frac{\partial u}{\partial y} + \frac{\partial v}{\partial x}\right) = \mu\frac{du}{dy} = \frac{\mu U}{2h} = \text{일정} \tag{3.7}$$

따라서 이 단순한 유동에서 전단 응력은 변형률과 마찬가지로 유체 전체에 걸쳐 일정하며, 심지어 비뉴턴 유체라도 선형 속도 분포를 유지한다.

무차원 전단 응력은 일반적으로 공학적 유동에서는 다음과 같은 마찰 계수(friction coefficient)로 정의된다.

$$C_f = \frac{\tau}{\frac{1}{2}\rho U^2} = \frac{\mu}{\rho U h} = \frac{1}{Re_h} \tag{3.8}$$

따라서 전단 응력이 무차원화되면 Reynolds 수 $Re_h = \rho Uh/\mu$가 자연스럽게 등장한다. 아마도 부자연스럽게가 더 적절할 수도 있다. Churchill(1988)은 밀도가 중요하지 않기 때문에 Reynolds 수가 이러한 비가속 유동에 적합하지 않다고 지적하였다. 그는 이 문제에 대해 1의 값이 되는 Poiseuille 수를 대신 사용해야 한다고 제안하였다.

$$Po = C_f Re_h = \frac{2h\tau}{\mu U} = 1 \tag{3.9}$$

확실히 단위 Poiseuille 수가 다양한 값을 갖는 마찰 계수보다 더 편리하다.

식 (3.6)으로부터 구한 $du/dy = U/(2h)$를 식 (3.5)에 대입하고 두 번 적분하면 다음과 같이 온도 분포를 얻을 수 있다.

$$T = -\frac{\mu U^2}{4kh^2}\frac{y^2}{2} + C_3 y + C_4 \tag{3.10}$$

온도 점프가 없음 조건은 $T(-h) = T_0$ 및 $T(+h) = T_1$을 필요로 하며, 이를 통해 C_3 및 C_4를 계산할 수 있다. 따라서 최종 해는 다음과 같다.

$$T = \left(\frac{T_1 + T_0}{2} + \frac{T_1 - T_0}{2}\frac{y}{h}\right) + \frac{\mu U^2}{8k}\left(1 - \frac{y^2}{h^2}\right) \tag{3.11}$$

괄호 안의 첫째 항은 유체의 순수한 전도로 인해 발생하는 직선 분포를 나타낸다. 둘째(포물선) 항은 유체의 점성 소산으로 인한 온도 상승과 관련된 항이다. 식 (3.11)의 온도 $T(y)$는 그림 3.2(b)에 도시되어 있다. T를 $(T_1 - T_0)$를 통해 무차원화하면 무차원 소산 매개변수, 즉 Brinkman 수가 나온다.

$$Br = \frac{\mu U^2}{k(T_1 - T_0)} = \frac{\mu c_p}{k}\frac{U^2}{c_p(T_1 - T_0)} = PrEc \tag{3.12}$$

그림 3.2(b)에서 1 이상의 Brinkman 수는 소산으로 인한 온도 상승이 상당하다는 것을 의미한다. 정성적으로 Brinkman 수는 유체 전도 효과에 대한 소실 효과의 비를 의미한다.

저속 유동의 경우 점성이 가장 높은 유체(오일)만이 중요한 Brinkman 수를 가진다. 예를 들면, $U = 10$ m/s, $(T_1 - T_0) = 10$°C라고 가정하고 네 가지 유체에 대해 다음 수치를 비교하여 정리하였다.

유체	μ[kg/(m·s)]	k[W/(m·°C)]	Brinkman 수
공기	1.8×10^{-5}	0.26	0.0007
물	1.0×10^{-3}	0.60	0.017
수은	1.54×10^{-3}	8.7	0.0018
SAE 30 오일	0.29	0.145	20.0

따라서 중유를 제외하고는, 일반적으로 저속 유동의 온도 분석에서 소산 효과를 무시한다.

이 긴 첫 번째 경우에 대한 논의를 끝내기 위해 벽에서의 열전달률을 다음과 같이 계산할 수 있다.

$$q_w = \left|k\frac{\partial T}{\partial y}\right|_{\pm h} = \frac{k}{2h}(T_1 - T_0) \pm \frac{\mu U^2}{4h} \tag{3.13}$$

여기서 (±)는 각각 하부 및 상부 표면을 나타낸다. 오른쪽의 첫째 항은 유체를 통한 순수 전도를 나타낸다.

많은 대류 해석에서 q_w가 ΔT에 비례하므로 그 비를 **열전달 계수**라고 하는 것이 일반적이다.

$$\zeta = \frac{q_w}{T_1 - T_0} \tag{3.14}$$

그런 다음 ζ를 Stanton 또는 Nusselt 수로 다음과 같이 무차원화한다.

$$Nu_L = \zeta L/k = C_h Re_L Pr \tag{3.15}$$

여기서 L은 유동 형상의 특성 길이이다. L을 판 이격거리$(2h)$로 선택하고 식 (3.13)을 통해 계산하면 다음과 같은 관계식을 구할 수 있다.

$$Nu_{2h} = 2h\zeta/k = 1 \pm \tfrac{1}{2}Br \tag{3.16}$$

여기서 (+)는 아랫면을 의미한다. $Br > 2$이면 윗면과 아랫면 모두 온도를 유지하기 위해 냉각되어야 한다. 순수 전도의 경우 $Nu \approx 1$이므로 Nu의 수치는 동일한 ΔT값에 대한 대류 및 전도 열전달의 비를 의미한다.

3-2.2 축방향으로 움직이는 동심 원통

이제 그림 3.3에서와 같이 환형 간극을 채우는 점성 유체가 있는 2개의 긴 동심 원통을 고려해 보자. 그림과 같이 내부($r = r_0$) 원통이 $u = U_0$에서 축방향으로 이동하거나 외부($r = r_1$) 원통이 $u = U_1$에서 이동한다. 이 예에서는 압력과 온도가 일정하게 유지된다. 점착 조건을 통해 유체를 정상 운동 $u(r)$으로 설정할 수 있으며 u_θ와 u_r는 모두 0이 된다. 원통형 좌표계의 운동 방정식은 부록 G에 나와 있다. $u = u(r)$이면 연속성이 동일하게 충족되고 축방향 운동량 방정식은 다음과 같이 된다.

$$\nabla^2 u = \frac{\partial^2 u}{\partial r^2} + \frac{1}{r}\frac{\partial u}{\partial r} = \frac{1}{r}\frac{\partial}{\partial r}\left(r\frac{\partial u}{\partial r}\right) = 0 \tag{3.17}$$

이를 두 번 적분하고 재정리하면 아래와 같은 식을 구할 수 있다.

$$u = C_1 \ln(r) + C_2$$

내부 원통이 움직이면 점착 조건은 $u(r_0) = U_0$ 및 $u(r_1) = 0$이 되며, 이로부터 $C_1 = U_0/\ln(r_0/r_1)$ 및 $C_2 = -C_1 \ln(r_1)$를 구할 수 있다. 따라서 유속 및 전단 응력 분포는 다음과 같다.

$$u = U_0 \frac{\ln(r_1/r)}{\ln(r_1/r_0)} \quad \text{및} \quad \tau = -\frac{\mu U_0}{r\ln(r_1/r_0)} \tag{3.18}$$

한편 외부 원통이 움직이면 경계 조건이 $u(r_0) = 0$ 및 $u(r_1) = U_1$으로 바뀌어서, 유속 및 전단 응력 분포는 다음과 같이 된다.

$$u = U_1 \frac{\ln(r/r_0)}{\ln(r_1/r_0)} \quad \text{및} \quad \tau = \frac{\mu U_1}{r\ln(r_1/r_0)} \tag{3.19}$$

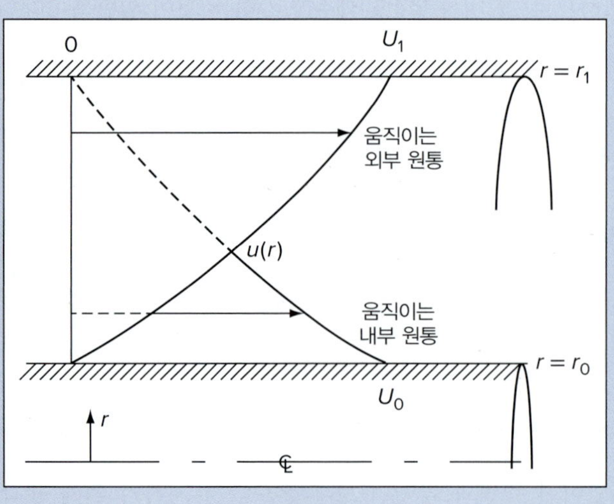

그림 3.3
동심 이동 원통 사이의 축 환형 Couette 유동. 속도 분포는 식 (3.18) 및 (3.19)를 이용하여 도시할 수 있다.

이 두 속도 분포는 그림 3.3에 스케치되어 있으며, 여기서 유체를 통한 순수 전도에 대한 온도 분포 $T(r)$를 반영하는 것으로 보인다. 두 경우의 곡률 차이에 주목하라. 내부 원통이 움직이면 $u(r)$는 오목한 반면, 외부 원통이 움직이면 볼록하다. 두 원통이 동시에 움직이면 온도 분포가 어떻게 되는지 연습문제로 주어질 것이다.

3-2.3 회전하는 동심 원통 사이의 유동

이제 하나 또는 두 원통의 정상 각속도에 의해 2개의 동심 원통 사이에서 유지되는 정상 유동을 고려해 보자. 이러한 구성에서 내부 원통은 반경 r_0, 각속도 ω_0 및 온도 T_0를 가지며 외부 원통은 각각 r_1, ω_1 및 T_1을 갖는다. 이 기하학적 형상에서는 0이 아닌 유일한 속도 성분요소는 u_θ이고 변수 u_θ, T 및 p는 반경 r만의 함수이다. 극좌표에서의 운동 방정식[식 (2.64)]은 다음과 같다.

$$
\begin{aligned}
&\text{연속:} && \frac{\partial u}{\partial \theta} = 0 \\
&r\ \text{운동량:} && \frac{dp}{dr} = \rho \frac{u_\theta^2}{r} \\
&\theta\ \text{운동량:} && \frac{d^2 u_\theta}{dr^2} + \frac{d}{dr}\left(\frac{u_\theta}{r}\right) = 0 \\
&\text{에너지:} && \frac{k}{r}\frac{d}{dr}\left(r\frac{dT}{dr}\right) + \mu\left(\frac{du_\theta}{dr} - \frac{u_\theta}{r}\right)^2 = 0
\end{aligned}
\tag{3.20}
$$

각각의 원통 표면에서 다음과 같은 경계 조건을 갖는다.

$$
\begin{aligned}
&r = r_0\text{에서:} \quad && u_\theta = r_0\omega_0 \quad && T = T_0 \quad && p = p_0 \\
&r = r_1\text{에서:} \quad && u_\theta = r_1\omega_1 \quad && T = T_1 &&
\end{aligned}
\tag{3.21}
$$

따라서 θ 운동량 방정식의 해는 다음과 같은 형식을 취한다.

$$u_\theta = C_1 r + \frac{C_2}{r}$$

이 두 항은 고체 회전을 겪는 '강제적인' 와류와 비회전적인 '퍼텐셜' 와류의 중첩을 나타낸다. 식 (3.21)의 경계 조건으로부터 C_1과 C_2를 구할 수 있으며, 해를 다음과 같이 내부 및 외부 구동 운동의 합으로 나타낼 수 있다.

$$u_\theta = r_0\omega_0 \frac{r_1/r - r/r_1}{r_1/r_0 - r_0/r_1} + r_1\omega_1 \frac{r/r_0 - r_0/r}{r_1/r_0 - r_0/r_1} \tag{3.22}$$

이 속도 분포를 식 (3.20)의 에너지 방정식에 대입하면 다음과 같이 온도 분포를 구할 수 있다.

$$\frac{T - T_0}{T_1 - T_0} = PrEc\frac{r_1^4}{(r_1^2 - r_0^2)^2}\left[\left(1 - \frac{r_0^2}{r^2}\right) - \left(1 - \frac{r_0^2}{r_1^2}\right)\frac{\ln(r/r_0)}{\ln(r_1/r_0)}\right] + \frac{\ln(r/r_0)}{\ln(r_1/r_0)} \tag{3.23}$$

여기서 $PrEc = \mu r_0^2\omega_0^2/[k(T_1 - T_0)]$는 소산으로 인한 온도 상승을 나타내는 Brinkman 수이다. $PrEc = 0$이면 T는 단순한 열전도 해가 된다. 압력 분포 $p(r)$는 직관적으로 구할 수 있기에 연습문제로 남겨둔다.

여기서 흥미로운 몇 가지 특별한 경우가 있다. 한편으로 내부 원통이 사라지는 한계($r_0 = \omega_0 = 0$)에서 식 (3.22)로부터 다음과 같은 관계식을 구할 수 있다.

$$u_\theta = \omega_1 r = \text{상수} \tag{3.24}$$

이는 유체로 채워진 튜브의 정상 외부 회전이 고체 회전의 경우로 이어진다는 것을 의미한다.

반면, 고정된 외부 원통이 매우 커지는 한계($r_1 \to \infty$, $\omega_1 = 0$)에서 다음과 같은 관계식을 얻을 수 있다.

$$u_\theta = r_0^2 \omega_0 r^{-1} \tag{3.25}$$

이 관계식은 점착 조건으로 인해 회전 원통에 의해 구동되는 퍼텐셜 와류를 나타낸다. 카누 노를 저어본 사람이라면 누구나 알다시피, 와류는 만약 구동하는 운동량에 의해 유지되지 않는다면 감쇠할 것이다. 감쇠하는 와류 분포의 두 가지 예가 이 장 끝부분의 연습문제 3-14와 3-22로 제공된다.

그림 3.4(a)는 내부 원통만 회전할 때의 다양한 상대비(r_1/r_0)에 대한 속도 분포를 도시하고 있다. 그림 3.4(b)는 그림 3.4(a)의 $r_1/r_0 = 5$ 구성에 대한 온도 분포를 나타낸다.

또 다른 흥미로운 특수한 경우는 원통 사이의 간격이 매우 작은 $r_1 - r_0 \ll r_0$이다. 다시, 외부 원통을 정지상태로 유지함으로써, 식 (3.22)는 이 한계 내에서 다음과 같이 된다.

좁은 간격:
$$\frac{u_\theta}{r_0\omega_0} \approx 1 - \frac{r - r_0}{r_1 - r_0} \tag{3.26}$$

이는 그림 3.1에서와 같이 기본적으로 평행한 판 사이의 선형 Couette 유동이다. 참고로 그림 3.4(a)에서는 이미 $r_1/r_0 = 2$에 대해 선형성에 대한 접근방식이 암시되고 있다. 속도 구배가 높기 때문에 소형 간극 장치에서 다양한 전단 응력이 생성될 수 있다.

점도계는 원통이 서로에게 가하는 운동량 또는 토크에 관심이 있다. 이 운동량은 r과는 무관하며(원통의 단위 깊이당) 다음과 같은 값을 갖는다.

$$M = 4\pi\mu \frac{r_1^2 r_0^2}{r_1^2 - r_0^2}(\omega_1 - \omega_0) \tag{3.27}$$

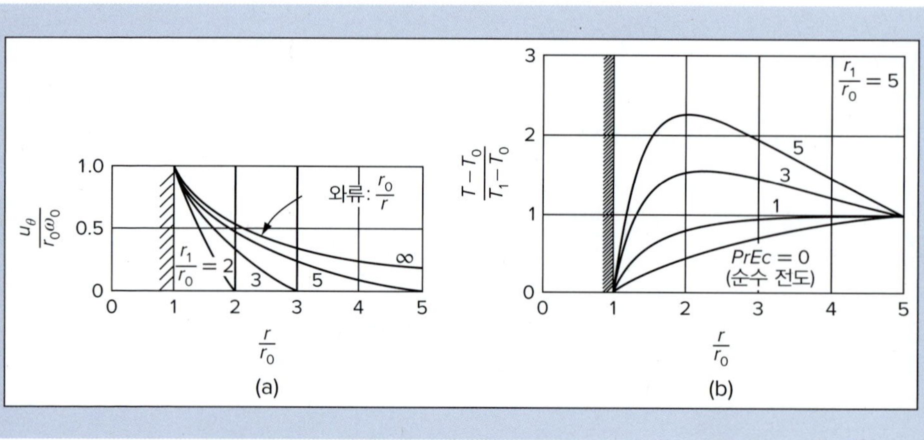

그림 3.4
정지한 외부 원통과 회전하는 내부 원통 사이의 속도 및 온도 분포, 식 (3.22) 및 (3.23). (a) 속도 분포, (b) $r_1/r_0 = 5$에 대한 온도 분포.

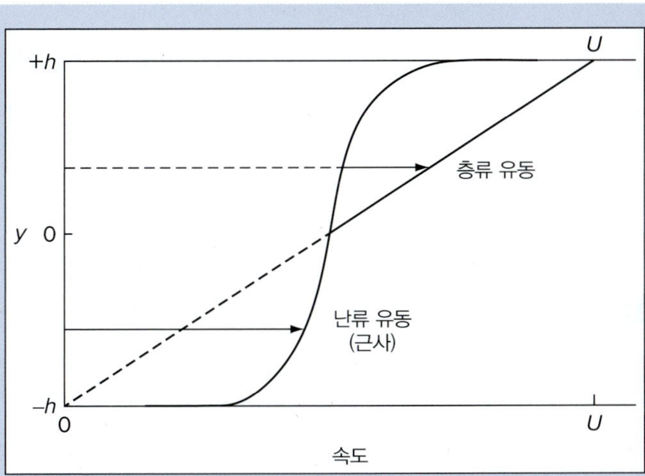

그림 3.5
평행 판 사이의 Couette 유동의 불안정성. 식 (3.6)의 직선 층류 형상은 $Re_h = Uh/\nu \approx 1500$까지만 유효하다. [Reichardt(1956)]

기하학적 구조를 알고 두 원통에서 M을 측정하면 Couette(1890)가 처음 제안한 것처럼 유체의 점도를 계산할 수 있다. 이것은 점도계에서 여전히 널리 사용되는 방법이다.

3-2.4 Couette 유동의 안정성

이 절의 모든 해는 Navier-Stokes 방정식의 정확한 정상 유동에 대한 해이다. 이는 층류라고 불리며 매끄러운 유선형의 특성을 가지고 있다. 모든 층류 유동은 일반적으로 Reynolds 수와 같은 일부 임계 매개변수의 유한한 값에서 불안정해지는 것으로 알려져 있다. 그러고 나서 다른 유형의 유동이 이어지며, 때로는 여전히 층류 또는 더 자주 난류라고 불리는 완전히 새로운 변동 유동 영역이 뒤따른다.

이러한 맥락에서 판 사이의 층류 직선 유동 형상[그림 3.2(a)]은 $Re_h = Uh/\nu \approx 1500$까지만 유효한 것으로 나타났다. 이 값을 초과하면 패턴이 그림 3.5에 표시된 시간 평균 S자 모양의 무작위 변동 형상으로 바뀐다. Reichardt(1956)의 데이터로부터 스케치한 이 형상은 Reynolds 수에 따라 약간 달라지며 벽 전단(및 열전달률)을 두 자릿수만큼 증가시킨다. 5장과 6장에서 이러한 효과에 대해 자세히 논의할 것이다.

그림 3.3을 통해 축방향 환형 유동도 불안정해진다는 것을 확인할 수 있다. Polderman 등(1986)은 실험을 통해 내부 원통이 움직이는 상태에서 간극 Reynolds 수 $Re_c = U_0(r1 - r_0)/\nu \geq 7000$에서 완전 난류 유동이 발생함을 예측하였다. 이러한 층류에서 난류로의 '천이'는 보고되지 않았지만, $Re_c \approx 2000$ 주변에서 발생할 것이다.

초기 연구[Rayleigh(1916)]는 그림 3.4(a)의 회전하는 내부 원통 운동이 모든 회전 속도에 대해 불안정하다는 것을 시사하지만, Taylor(1923)의 고전적인 논문은 층류 형상이 임계 회전 속도까지 유효함을 보여준다. 작은 간극의 경우 $(r_1 - r_0) \ll r_0$, 불안정성에 대한 임계값은 다음과 같은 Taylor 수에 의해 정해진다.

$$Ta = r_0(r_1 - r_0)^3 \frac{\omega_0^2}{\nu^2} \approx 1700$$

이 값을 초과하면 패턴이 환상형(toroidal) 와류의 역회전 쌍으로 구성된 현저하게 다른 3차원 층류로 바뀌게 된다[그림 5.22(a) 참조].

모든 층류 유동에는 불안정성이 존재하므로 이 장에서 설명하는 모든 정확한 해는 원칙적으로 Reynolds 또는 Taylor 수와 같은 제어 매개변수의 유한한 범위에서만 유효하다는 점을 상기시키면서 이 절을 마무리하고자 한다.

3-3 덕트를 통한 Poiseuille 유동

Couette 유동이 움직이는 벽에 의해 구동되는 반면, Poiseuille 유동은 주로 덕트에 적용되는 압력 구배에 의해 생성된다. 이 유동은 튜브 내에서의 느린 유동을 실험한 프랑스 물리학자 Jean Léonard Marie Poiseuille(1840년)의 이름을 따서 지어졌다.

Poiseuille 운동은 그림 3.6과 같이 임의적이지만 일정한 모양의 직선 덕트에서 발생한다. 입구 효과, 즉 그림 1.10에 묘사된 것처럼 얇은 초기 전단층과 중심 가속이 있을 것이다. 전단층이 성장하고 만나며 꽤 짧은 입구 길이 L_e 내에서 중심 가속이 사라진다. Shah와 London(1978)은 덕트 모양과 관계없이 입구 길이가 다음에 따라 층류 운동과 관련될 수 있음을 보여주었다.

$$\frac{L_e}{D_h} \approx C_1 + C_2 Re_{Dh} \tag{3.28}$$

여기서 $C_1 \approx 0.5$, $C_2 \approx 0.05$, D_h는 덕트에 적합한 '직경' 스케일이다. 약 $Re \approx 2000$에서 난류로의 천이가 발생하므로 L_e는 최대 직경의 100배 스케일로 제한된다.

$x > L_e$의 경우 속도는 순전히 축방향이 되며 더 이상 유선방향 좌표 x에 따라 달라지지 않는다. 이 경우 $v = w = 0$이고 $u = u(y, z)$이다. 그림 3.6에 보인 이러한 유동을 완전히 발달된 유동이라고 부른다. 완전히 발달된 유동의 경우 비압축성 유체에 대한 연속 및 운동량 방정식인 식 (3.1) 및 (3.2)는 다음과 같이 된다.

연속: $$\frac{\partial u}{\partial x} = 0 \quad \text{또는} \quad u \neq u(x)$$

운동량 방정식: $$\frac{\partial \hat{p}}{\partial x} = \mu\left(\frac{\partial^2 u}{\partial y^2} + \frac{\partial^2 u}{\partial z^2}\right) \quad \text{및} \quad \frac{\partial \hat{p}}{\partial y} = \frac{\partial \hat{p}}{\partial z} = 0 \quad \text{또는} \quad \hat{p} \neq \hat{p}(y, z) \tag{3.29}$$

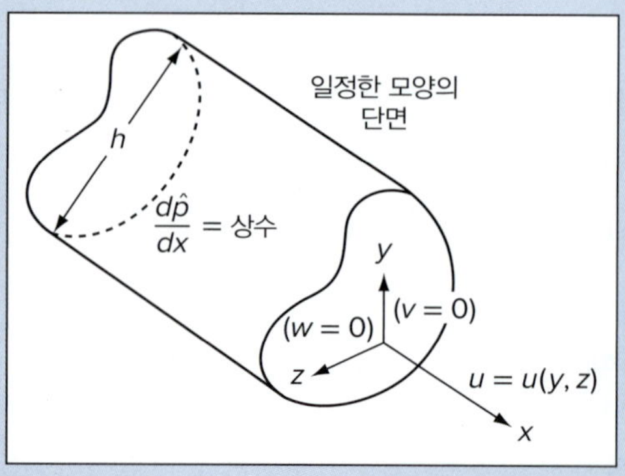

그림 3.6
완전히 발달된 덕트 유동

이러한 관계는 이 완전히 발달된 유동에서 총 압력 $\hat{p}$는 x의 함수임을 나타낸다. 또한 u는 x에 따라 변하지 않기 때문에 x 운동량 방정식에서 구배 $\partial\hat{p}/\partial x = d\hat{p}/dx =$ 상수가 된다. 따라서 완전히 발달된 덕트 유동의 기본 방정식은 다음과 같다.

$$\frac{\partial^2 u}{\partial y^2} + \frac{\partial^2 u}{\partial z^2} = \frac{1}{\mu}\frac{d\hat{p}}{dx} = \text{상수} \tag{3.30}$$

이는 덕트 표면을 따라 모든 곳에서 점착 조건 $u_w = 0$이 적용된다. 이것은 고전적인 Poisson 방정식이며 단순히 연결된 단면에 대한 탄성의 비틀림 응력 문제[Timoshenko와 Goodier(1970)]와 동일하다.‡ 따라서 다양한 덕트 형태에 대해 알려진 해가 많이 있으며, 특히 Berker(1963)에 의해 잘 요약되었다. Shah와 London(1978)은 다양한 형상의 층류 마찰과 열전달 특성을 모두 표로 만들고 도표화했다. 새로운 형상의 경우, 복소해석 또는 수치해석 기법을 사용하여 식 (3.30)을 풀 수 있다.

가속도 항은 Couette 유동 문제에서와 마찬가지로 밀도와 함께 사라진다는 것을 주목하라. 이러한 운동은 2-11.1절에서 기술한 것처럼 Reynolds 수가 작을 필요가 없더라도 밀도에 무관하다는 점에서 크리핑 유동(creeping flow) 유형이다. 입구나 출구에서 멀리 떨어져 있기 때문에, 특성 속도 U와 축 길이 척도 L이 없다. 그림 3.6에 보인 바와 같이, 식 (3.30)의 적절한 스케일링은 μ, $d\hat{p}/dx$ 및 일부 특성 덕트 폭 h를 포함한다. 해당하는 무차원 변수는 다음과 같이 쓸 수 있다.

$$y^* = \frac{y}{h}, \quad z^* = \frac{z}{h}, \quad \text{및} \quad u^* = \frac{\mu u}{h^2(-d\hat{p}/dx)} \tag{3.31}$$

여기서 u^*를 양의 무차원량으로 만들기 위해 음의 압력 구배가 필요하다. 이러한 무차원 변수들을 이용하면, 식 (3.30)은 다음과 같이 된다.

$$\nabla^{*2}(u^*) = -1 \tag{3.32}$$

이는 덕트 단면의 경계에 있는 모든 지점에서 $u^* = 0$이 된다.

3-3.1 원형 파이프: Hagen-Poiseuille 유동

원형 파이프 문제는 Hagen(1839)과 Poiseuille(1840)가 처음 연구한 가장 유명한 점성 유동 형상으로 이어진다. 유동이 완전히 발달했기 때문에 단일 공간 변수는 $r^* = r/r_0$이고, 여기서 r_0은 파이프 반경을 나타낸다. Laplacian 연산자는 다음과 같고,

$$\nabla^2 = \frac{1}{r}\frac{d}{dr}\left(r\frac{d}{dr}\right)$$

식 (3.32)는 간단하게 다음과 같은 식이 된다.

---

‡ 덕트 문제는 단면의 내부 구멍 표면에서 u가 사라질 필요가 없는 비틀림 문제보다 다중 연결 단면에 대해 더 제한적이다.

$$u^* = -\frac{1}{4}r^{*2} + C_1 \ln r^* + C_2 \tag{3.33}$$

속도는 중심선에서 유한한(즉, 물리적으로 경계가 있는) 상태를 유지해야 하므로 로그 항을 제거하기 위해 $C_1 = 0$으로 설정한다. 또한 점착 조건을 충족하기 위해서는 $C_2 = +\frac{1}{4}$이 된다. 결국 파이프 유동의 해는 다음과 같이 된다.

$$u = u_{\max}\left(1 - \frac{r^2}{r_0^2}\right), \qquad u_{\max} = \left(-\frac{d\hat{p}}{dx}\right)\frac{r_0^2}{4\mu} \tag{3.34}$$

따라서 완전히 발달한 층류 파이프 유동의 속도 분포는 중심선에 대한 회전의 포물선(즉, Poiseuille 포물선) 형태를 갖는다. 속도 형상을 가지고 총 체적 유량 Q를 계산하는 것이 도움이 되며, 이는 다음과 같이 정의된다.

$$Q = \int_{\text{section}} u\, dA$$

여기서 영역 $dA = 2\pi r dr$의 원형 요소는 이러한 원형 스트립을 따라 일정하게 유지되기 때문에 이 단면에 적합하다. 이러한 이유로 Poiseuille의 포물선을 직접 적분하면 다음과 같은 결과를 얻을 수 있다.

$$Q_{\text{pipe}} = -\frac{\pi r_0^4}{8\mu}\frac{d\hat{p}}{dx} \tag{3.35}$$

평균 속도 또는 평균 유속은 $\bar{u} = Q/A$ 또는 다음과 같은 관계식을 이용하여 바로 구할 수 있다.

$$\bar{u} = -\frac{r_0^2}{8\mu}\frac{d\hat{p}}{dx} = \frac{1}{2}u_{\max} \tag{3.36}$$

따라서 최대 중심선 속도는 평균 속도의 두 배이다. 끝으로, 일정한 벽 전단 응력은 다음과 같이 결정할 수 있다.

$$\tau_w = \mu\left(-\frac{du}{dr}\right)_w = \frac{1}{2}r_0\left(-\frac{d\hat{p}}{dx}\right) = \frac{4\mu\bar{u}}{r_0} \tag{3.37}$$

τ_w는 평균 유속에 비례(층류)하지만 난류의 경우를 예상하여 식 (3.8)의 표면 마찰 계수와 유사하게 파이프 동압 $\frac{1}{2}\rho\bar{u}^2$으로 벽 전단을 무차원화하는 것이 일반적이다. 실제로 두 가지 다른 마찰 계수 정의가 문헌에서 일반적으로 사용된다.

$$\begin{aligned} \Lambda &= \frac{8\tau_w}{\rho\bar{u}^2} = \text{Darcy 마찰 계수} \\ C_f &= \frac{2\tau_w}{\rho\bar{u}^2} = \frac{1}{4}\Lambda = \text{Fanning 마찰 계수 또는 표면 마찰 계수} \end{aligned} \tag{3.38}$$

식 (3.37)을 식 (3.38)에 대입함으로써 다음과 같은 고전적 관계식들을 도출할 수 있다.

$$\Lambda = \frac{64}{Re_D} \quad \text{및} \quad C_f = \frac{16}{Re_D} \quad \text{(층류 파이프 유동)} \tag{3.39}$$

Couette 유동 식 (3.9)와 마찬가지로, Poiseuille 수는 층류 튜브 유동에서 다음과 같은 순수한 상수로 바뀐다.

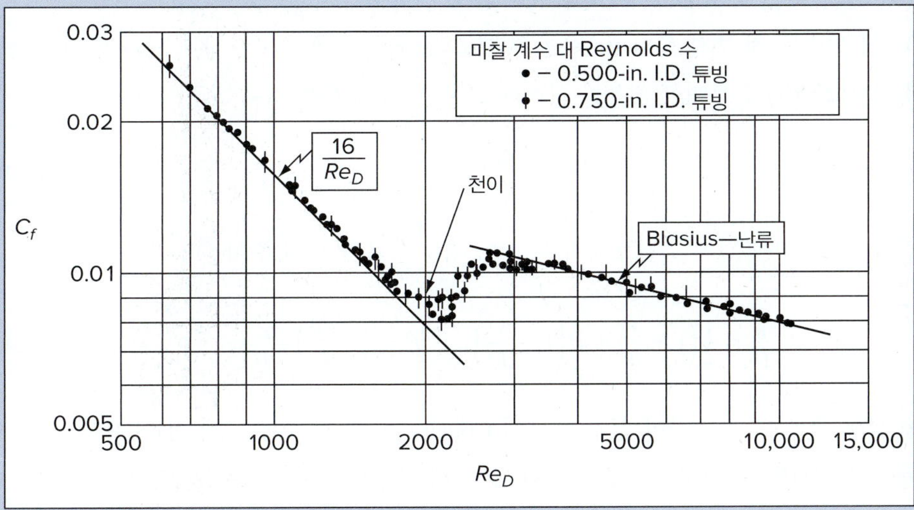

그림 3.7
소구경 튜브 내부에 흐르는 공기의 마찰 계수에 대한 이론과 실험의 비교[Senecal and Rothfus(1953) 이후]

$$Po = C_f Re_D = \frac{2\tau_w D}{\mu \bar{u}} = 16$$

이 고전적인 층류 해는 그림 3.7과 같이 실험 측정값과 잘 일치함이 입증되었다. 이 유동은 약 $Re_D \approx 2000$에서 난류로 전환되며, 이 값은 유동 교란을 줄임으로써 어느 정도 높일 수 있다. $Re_D \approx 3000$ 이상에서는 유동이 완전히 난류 상태가 된다. 'Blasius' 곡선은 Prandtl의 유명한 제자 Heinrich Blasius(1913년)가 만든 난류 데이터 $C_f \approx 0.0791/Re_D^{1/4}$에 적합한 곡선으로, 차원해석의 지수값을 최초로 입증한 곡선 중 하나이다.

3-3.1.1 마이크로유동: 미끄러짐이 있는 기체의 튜브 유동

고전적인 Poiseuille 유동[식 (3.34)]에서는 벽에서 점착 조건을 가정한다. Knudsen 수 $Kn = \ell/D$가 크면 ℓ이 크거나 D가 작기 때문에 벽에서 미끄러짐이 발생할 수 있으며, 주어진 압력 구배에 대해 유속과 속도가 증가하게 된다. 식 (3.33)에서 C_1은 여전히 0이지만 C_2는 식 (1.80)의 미끄러짐 조건을 충족해야 한다[$r = r_0$에서 $u_w = \ell(\partial u/\partial r)$]. C_2의 새로운 값을 구하면, 속도와 유속은 다음과 같다.

$$u = -\frac{1}{4\mu}\frac{d\hat{p}}{dx}(r_0^2 - r^2 + 2\ell r_0) \qquad \text{및} \qquad Q = \frac{\pi r_0^4}{8\mu}\left(-\frac{d\hat{p}}{dx}\right)\left(1 + 8\,\frac{\ell}{D}\right) \tag{3.40}$$

따라서 유속은 점착 조건 경우보다 $8\ell/D = 8Kn$만큼 증가한다. 예를 들어 미끄러짐 유량 효과가 2% 미만이어야 한다면 Kn은 0.0025 미만이어야 한다. 이것이 $Kn = O(0.1)$이 충분히 작지 않으면 미끄러짐이 발생할 수 있다고 1-4.2절에서 언급한 이유이다. 식 (3.40)의 완전한 유도는 이 장 끝부분의 연습문제로 주어질 것이다.

식 (3.40)은 기체에 적용할 수 있다. 액체 미끄러짐 유동의 경우, 첫 번째 근사로 평균 자유 경로 ℓ을 미끄러짐 길이 $L_{slip} = u_w/(\partial u/\partial n)_w$로 바꿀 수 있다. 마이크로채널 유동에 대한 자세한 내용은 Karniadakis와 Bestok(2001)의 논문을 참고하라.

3-3.2 판 사이의 복합 Couette-Poiseuille 유동

이제 그림 3.1에 설명된 첫 번째 Couette 유동 예제로 돌아가서, 움직이는 상부 벽과 함께 유동에 일정한 압력 구배($d\hat{p}/dx$)를 부여한 경우를 고려해 보자. 다음과 같은 미분 방정식

$$\mu \frac{d^2u}{dy^2} = \frac{d\hat{p}}{dx} = \text{상수} \tag{3.41}$$

에 점착 조건 $u(-h) = 0$을 경계 조건으로 부여하면, 해는 다음과 같이 주어진다.

$$\frac{u}{U} = \frac{1}{2}\left(1 + \frac{y}{h}\right) + P\left(1 - \frac{y^2}{h^2}\right), \qquad P = \left(-\frac{d\hat{p}}{dx}\right)\frac{h^2}{2\mu U} \tag{3.42}$$

이 결과는 비선형 대류 가속도 항이 없기 때문에 Couette 벽 구동 운동(첫째 항)과 Poiseuille 압력 구동 운동(둘째 항)의 선형 중첩으로 해석할 수 있다. 그림 3.8에는 무차원 압력 구배 P의 다양한 값에 대한 결합식이 표시되어 있다. 특히 흥미로운 점은 $P = -\frac{1}{4}$에서의 점선에서는 하부 벽에서의 전단 응력 $\mu(\partial u/\partial y)$가 사라진다는 것이다. $P < -\frac{1}{4}$의 경우 하부 벽에 역류(backflow 또는 reverse flow)가 발생하며, 이는 무한 전단층에서 '유동 박리'를 나타낸다(4장). 전단층의 '두께'($2h$) 측면에서 다음과 같은 형식으로 박리 기준 $P = -\frac{1}{4}$을 표현할 수 있다.

$$\frac{d\hat{p}}{dx}\frac{(2h)^2}{\mu U} = 2 \tag{3.43}$$

이는 상수 '2'가 너무 작다는 점을 제외하면 4장에서 논의할 층류-경계층 분리 추정값과 형태가 같다.

$U = 0$(고정 벽)인 경우, 식 (3.42)는 평행판 사이의 순수한 Poiseuille 유동이 된다.

$$u = u_{\max}\left(1 - \frac{y^2}{h^2}\right), \qquad u_{\max} = \left(-\frac{d\hat{p}}{dx}\right)\frac{h^2}{2\mu} \tag{3.44}$$

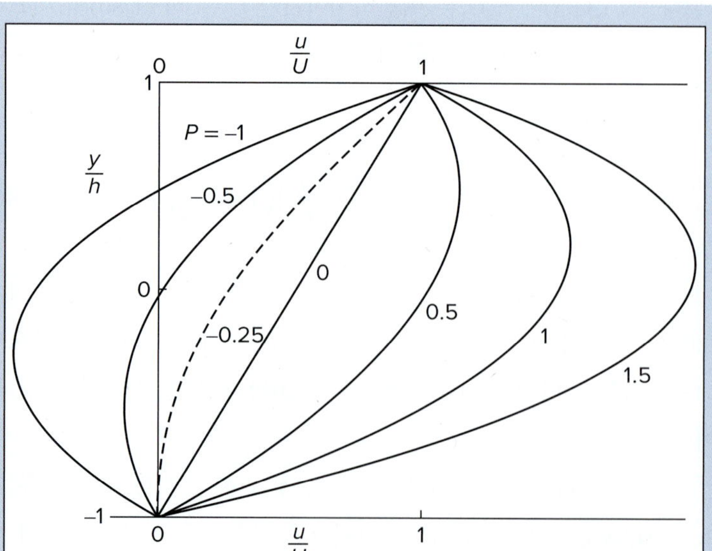

그림 3.8
식 (3.42)에서 평행 평판 사이의 결합된 Couette-Poiseuille 유동. 역류 또는 '유동 박리'는 P가 1/4 미만인 경우 발생한다.

이 표현은 층류 파이프 유동[식 (3.34)]을 연상시킨다. 일반적으로 단위 깊이당 유량은 다음과 같이 쉽게 구할 수 있다.

$$Q = \int_{-h}^{+h} u dy = \frac{4}{3} h u_{\max} \qquad \text{또는} \qquad \bar{u} = \frac{Q}{2h} = \frac{2}{3} u_{\max} \tag{3.45}$$

따라서 평균 속도는 식 (3.36)의 파이프 유동 결과에 비해 최대 중심선 속도의 2/3로 증가한다. 벽 전단 응력은 $\tau_w = 3\mu\bar{u}/h$ 또는 무차원 형식으로 다음과 같다.

$$\Lambda = \frac{8\tau_w}{\rho\bar{u}^2} = \frac{24\mu}{\rho h\bar{u}} = \frac{24}{Re_h}, \qquad C_f = \frac{2\tau_w}{\rho\bar{u}^2} = \frac{6\mu}{\rho\bar{u}h} \qquad \text{또는} \qquad Po = C_f Re_h = 6 \tag{3.46}$$

따라서 판 사이의 Poiseuille 유동 특성이 층류 파이프 유동과 유사하다는 것을 알 수 있다.

3-3.3 비원형 덕트

완전히 발달된 덕트 유동에 대한 식 (3.32)는 고전적인 Dirichlet 문제와 동일하기 때문에 Berker (1963)가 검토한 바와 같이 비원형 모양에 대해 수많은 정확한 해가 알려져 있다는 것은 놀라운 일은 아니다. 이러한 모양 중 일부는 그림 3.9에서 보여주고 있다. 각각의 수학적 해는 매력적이지만, 예를 들어 리마송(limaçon) 모양의 덕트가 현재 상용화되지 않았다는 현실적인 사실 때문에 수학적 해를 구하기 위한 동기가 다소 줄어든다. 그럼에도 불구하고 이러한 수학적 해 중 몇 가지를 나열한 이유는 이들이 중요한 근사 원리, 즉 수력 반경으로 이어지기 때문이다.

타원형 단면: $y^2/a^2 + z^2/b^2 \le 1$:

$$u(y, z) = \frac{1}{2\mu}\left(-\frac{d\hat{p}}{dx}\right)\frac{a^2b^2}{a^2+b^2}\left(1 - \frac{y^2}{a^2} - \frac{z^2}{b^2}\right), \qquad Q = \frac{\pi}{4\mu}\left(-\frac{d\hat{p}}{dx}\right)\frac{a^3b^3}{a^2+b^2} \tag{3.47}$$

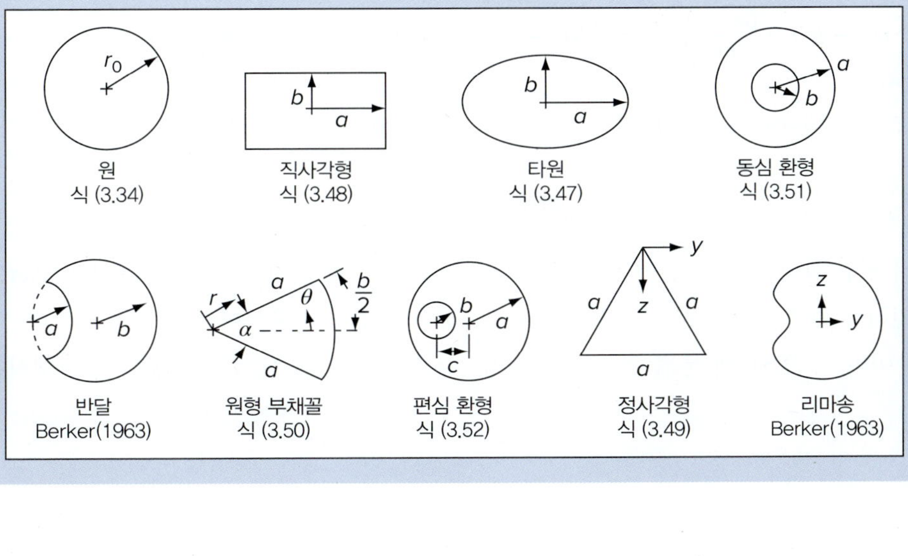

그림 3.9
완전히 발달된 유동 해가 알려진 일부 단면. 추가 형상에 대해서는 Berker(1963) 또는 Shah와 London(1978)을 참조하라.

직사각형 단면: $-a \le y \le a,\ -b \le z \le b$:

$$u(y,z) = \frac{16a^2}{\mu\pi^3}\left(-\frac{d\hat{p}}{dx}\right)\sum_{i=1,3,5,\ldots}^{\infty}(-1)^{(i-1)/2}\left[1-\frac{\cosh(\frac{1}{2}i\pi z/a)}{\cosh(\frac{1}{2}i\pi b/a)}\right]\frac{\cos(\frac{1}{2}i\pi y/a)}{i^3}$$

$$Q = \frac{4ba^3}{3\mu}\left(-\frac{d\hat{p}}{dx}\right)\left[1-\frac{192a}{\pi^5 b}\sum_{i=1,3,5\ldots}^{\infty}\frac{\tanh(\frac{1}{2}i\pi b/a)}{i^5}\right] \tag{3.48}$$

변 a의 정삼각형: 그림 3.9의 좌표:

$$u(y,z) = \frac{1}{2\sqrt{3}a\mu}\left(-\frac{d\hat{p}}{dx}\right)\left(z-\frac{1}{2}a\sqrt{3}\right)(3y^2-z^2), \qquad Q = \frac{a^4\sqrt{3}}{320\mu}\left(-\frac{d\hat{p}}{dx}\right) \tag{3.49}$$

원형 부채꼴: $-\frac{1}{2}\alpha \le \theta \le +\frac{1}{2}\alpha,\ 0 \le r \le a$:

$$u(r,\theta) = \frac{d\hat{p}/dx}{4\mu}\left[r^2\left(1-\frac{\cos 2\theta}{\cos\alpha}\right)-\frac{16a^2\alpha^2}{\pi^3}\sum_{i=1,3,5,\ldots}^{\infty}(-1)^{(i+1)/2}\left(\frac{r}{a}\right)^i\frac{\cos(i\pi\theta/\alpha)}{i(i+2\alpha/\pi)(i-2\alpha/\pi)}\right]$$

$$Q = \frac{a^4}{4\mu}\left(-\frac{d\hat{p}}{dx}\right)\left[\frac{\tan\alpha-\alpha}{4}-\frac{32\alpha^4}{\pi^5}\sum_{i=1,3,5,\ldots}^{\infty}\frac{1}{i^2(i+2\alpha/\pi)^2(i-2\alpha/\pi)}\right] \tag{3.50}$$

동심 원형 환형: $b \le r \le a$:

$$u(r) = -\frac{d\hat{p}/dx}{4\mu}\left[a^2-r^2+(a^2-b^2)\frac{\ln(a/r)}{\ln(b/a)}\right], \qquad Q = \frac{\pi}{8\mu}\left(-\frac{d\hat{p}}{dx}\right)\left[a^4-b^4-\frac{(a^2-b^2)^2}{\ln(a/b)}\right] \tag{3.51}$$

이 분류는 이용 가능한 다양한 수학적 해의 표본에 불과하다. 동심 환형에 대한 공식은 μ를 계산하는 데 사용되는 측정된 Q와 함께 점도 측정에서 중요하다. 압력 강하를 더 크게 하기 위해 간격 $(a-b)$를 작게 유지하며, 이 경우 Q에 대한 식 (3.51)은 거의 동일한 두 숫자 사이의 차이이다. 그러나 괄호로 묶은 항을 급수로 확장하면 결과는 다음과 같다.

$$(a^4-b^4)-\frac{(a^2-b^2)^2}{\ln(a/b)} = \frac{4}{3}b(a-b)^3+\frac{2}{3}(a-b)^4+\cdots+O(a-b)^5$$

따라서 작은 간극에 대한 Q는 $(a-b)$의 세제곱 관계, 즉 다음과 같은 관계식으로 근사할 수 있다.

$$\mu Q \approx -\frac{1}{6}\pi b(a-b)^3\, d\hat{p}/dx$$

그림 3.9의 편심 환형은, 예를 들어 니들 밸브가 잘못 정렬될 때 실제로 적용될 수 있다. Piercy 등(1933)이 기하학 구조를 동심원으로 변환하는 복소해석 기법을 사용하여 해를 구하였으며, 이에 대한 해는 이미 식 (3.51)에 통해 주어졌다. 여기서는 그들이 구한 체적 유량에 대한 관계식만을 가져왔다.

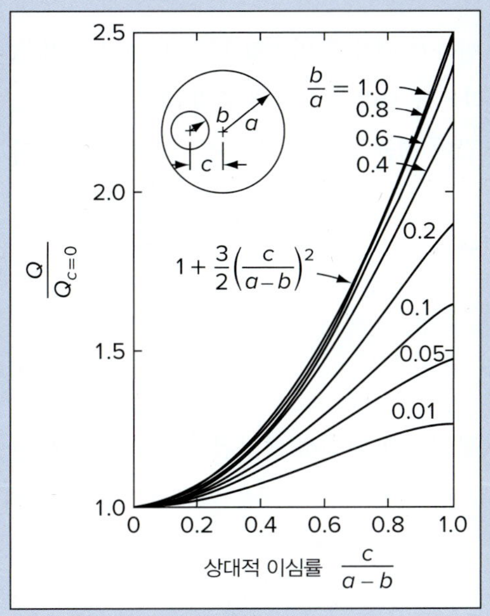

그림 3.10
편심에 따른 편심 환부를 통과하는 체적 유량, 식 (3.52)

$$Q = \frac{\pi}{8\mu}\left(-\frac{d\hat{p}}{dx}\right)\left[a^4 - b^4 - \frac{4c^2M^2}{\beta - \alpha} - 8c^2M^2 \sum_{n=1}^{\infty} \frac{ne^{-n(\beta+\alpha)}}{\sinh(n\beta - n\alpha)}\right] \tag{3.52}$$

여기서 $M = (F^2 - a^2)^{1/2}, \quad F = \frac{a^2 - b^2 + c^2}{2c}, \quad \alpha = \frac{1}{2}\ln\frac{F+M}{F-M}, \quad \beta = \frac{1}{2}\ln\frac{F-c+M}{F-c-M}$

그림 3.10에서 이 식을 통해 계산된 체적유량과 식 (3.51)로 구한 동심원 결과 $Q_{c=0}$를 비교하였다. 이심률은 유속을 실질적으로 증가시키는 것으로 보이며, 최대 이심률의 좁은 환형에 대해 $Q/Q_{c=0}$의 최대 비율은 2.5이다. $b/a = 1$에 대한 곡선은 윤활 이론(lubrication theory)을 통해 다음과 같이 구할 수 있다.

좁은 환형: $$\frac{Q}{Q_{c=0}} = 1 + \frac{3}{2}\left(\frac{c}{a-b}\right)^2 \tag{3.53}$$

Q가 증가하는 이유는 유체가 더 넓은 쪽으로 팽창하는 경향이 있기 때문이다. 이것은 그림 3.11의 한 경우에 대해 설명되어 있는데, 여기서 넓은 면은 폐쇄된 고속 유선 집합들이 발달한다. 이 효과는 배관 엔지니어들에게 잘 알려져 있으며, 그들은 거의 닫힌 밸브가 한쪽에 결합할 때 발생하는 급격한 누출에 대해 오랫동안 주목해 왔다.

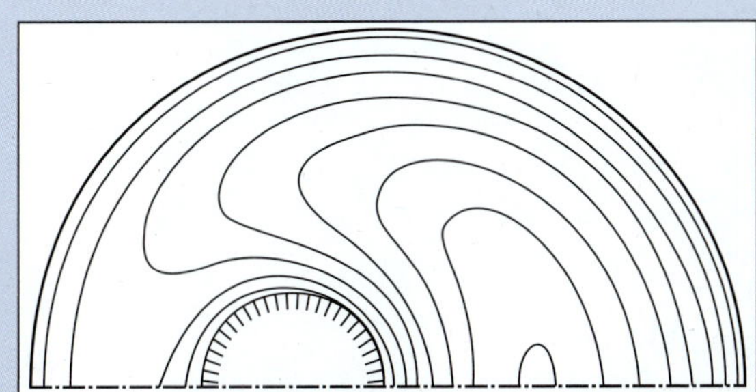

그림 3.11
편심 환형에 대한 등속선, $b/a = c/a = \frac{1}{4}$
[Piercy 등(1933) 이후]

3-3.4 수력학적 직경의 개념

식 (3.39)에서 제안된 Λ의 정의는 τ_w가 주변을 따라 변하기 때문에 비원형 덕트에 대해 맞지 않다. 예를 들어, 정삼각형 덕트의 식 (3.49)에서 τ_w는 모서리에서 사라지고 변의 중간점에서 정점에 도달한다. 이에 대한 해결책은 적어도 부분적으로 다음과 같이 평균 벽 전단 응력을 정의하는 것이다.

$$\bar{\tau}_w = \frac{1}{P}\int_0^P \tau_w \, ds$$

여기서 ds = 호 길이 요소

P = 단면 둘레

그림 3.12와 같이 덕트를 통과하는 유체의 슬래그를 분리하고 완전히 발달된 유동으로 인해 순 운동량 플럭스가 없다는 점에 유의하면 유체에 대한 순 압력과 벽 전단력을 다음과 같이 동일시할 수 있다.

$$dx\int_0^P \tau_w \, ds = -A\,d\hat{p}$$

또는 평균 전단의 정의로부터, 다음과 같은 관계식을 구할 수 있고,

$$\bar{\tau}_w = \frac{A}{P}\left(-\frac{d\hat{p}}{dx}\right) \tag{3.54}$$

이는 원형 덕트의 경우 식 (3.37)과 동일하다. 물리량 A/P는 덕트가 원형인 경우 $\pi r_0^2/(2\pi r_0) = r_0/2$와 같은 길이다. 비원형 덕트의 경우 $A/P = D_h/4$로 설정할 수 있다. 여기서 D_h는 단면의 수력학적 직경을 나타낸다.

$$D_h = \frac{4A}{P} = \frac{4 \times \text{유동 면적}}{\text{접수 둘레}} \tag{3.55}$$

다중 표면이 있는 단면의 경우 P는 모든 젖은 벽을 포함해야 한다. 예를 들어, 그림 3.9의 동심 환형에 대해 수력학적 직경은 다음과 같거나

$$D_h(\text{환형}) = \frac{4\pi(a^2 - b^2)}{2\pi a + 2\pi b} = 2(a - b) \tag{3.56}$$

간극의 두 배이다. 층류의 완전 발달 유동에 대한 차원적 추론을 통해 비원형 덕트의 마찰 계수가 다음과 같이 수력학적 직경을 기반으로 하는 Reynolds 수와 반비례한다는 것을 도출할 수 있다.

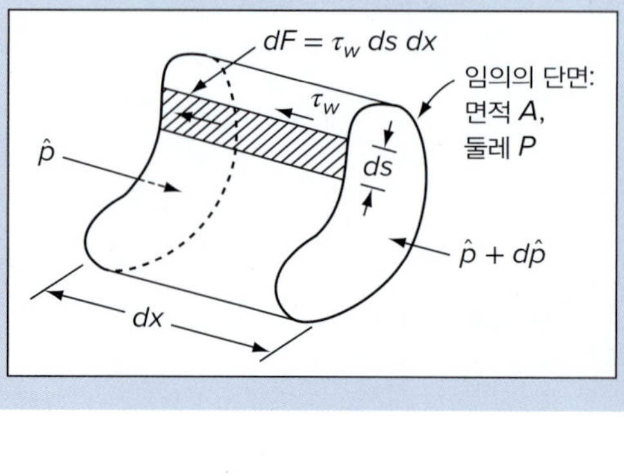

그림 3.12
완전히 발달된 임의의 덕트 유동에서 힘의 평형

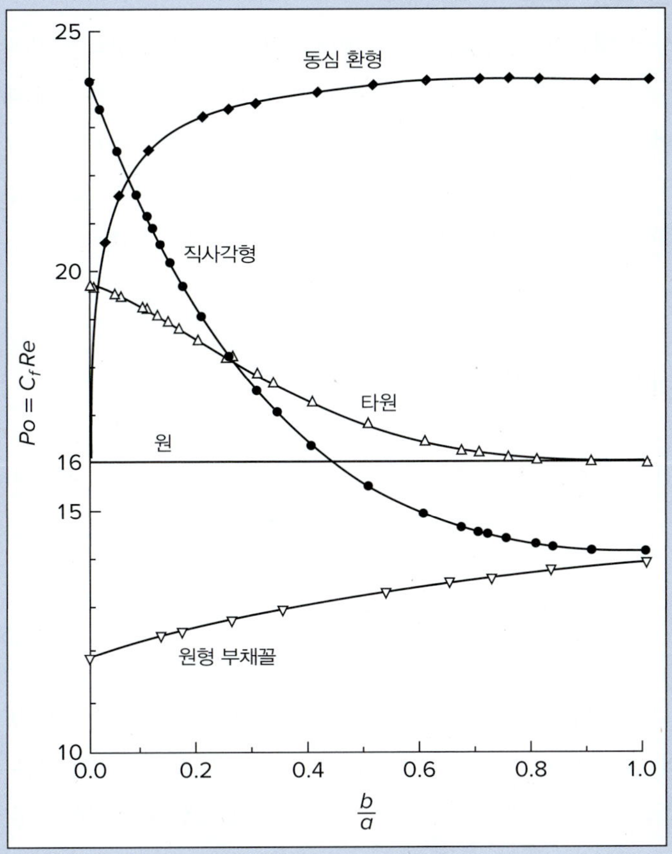

그림 3.13
Reynolds 수를 수력학적 직경에 따라 조정할 때 다양한 덕트 단면에 대한 Poiseuille 수 비교[Shah와 London(1978)에서 가져온 수치 데이터]

$$C_f = \frac{\Lambda}{4} = \frac{\text{일정}}{Re_{D_h}}, \qquad Re_{D_h} = \frac{\rho \bar{u} D_h}{\mu} \tag{3.57}$$

즉, Poiseuille 수 $Po = C_f Re$는 비원형 덕트에 대해 일정하게 유지된다. 그러나 주요 문제는 원형 파이프의 경우처럼 상수가 항상 16과 같지는 않다는 것이다.

식 (3.47)에서 (3.51)까지의 많은 정확한 해를 사용하여 $Po = C_f Re_{D_h}$의 값을 계산하고 그림 3.13에서처럼 단면 가늘기 비 b/a에 대비하여 도시할 수 있다. 공칭 원 값인 16보다 더 높은 값도 있고 더 낮은 값도 있으며 오차가 50%에 달할 수 있음을 알 수 있다. 층류 유동의 경우 그림 3.13의 정확한 Po값 또는 여기에 제시된 정확한 식 또는 Shah와 London(1978)에 의해 구해진 공식을 사용해야 한다.

식 (3.49)와 관련된 정삼각형의 수력학적 직경은 $D_h = a/\sqrt{3}$이고 $C_f Re = 13.33$이며, 이는 16보다 17% 낮다.

특히 문제가 되는 것은 수력학적 직경 개념이 코어 편심에 민감하지 않다는 사실이다. 그림 3.10의 편심 환형은 c의 값에 관계없이 동일한 값 $D_h = 2(a - b)$를 갖지만 그 유량은 c에 따라 100% 이상 변할 수 있기 때문에 해석적 해법이 반드시 필요하다. 실제로 그림 3.13은 층류 해가 알려진 비원형 덕트의 난류 유동에 대한 마찰 계수를 결정하는 데 놀랍게도 매우 유용하게 사용된다(6장).

3-3.5 완전 발달된 덕트 유동의 온도 분포

점도가 일정하다는 가정을 통해 자연 대류가 무시되는 경우 에너지 및 운동량 방정식을 분리하고, 이를 통해 다양한 덕트에 대한 속도 분포를 구할 수 있다. $u(y, z)$를 알면 식 (3.3)은 T에 대해 풀 수 있으며, 이는 경계 조건이 x에 따라 변하는 경우 (x, y, z)의 함수일 수 있다. 식 (3.3)은 T에 대해서 선형이므로, 원하는 경우 일부 개별 효과를 풀고 나서 나중에 함께 추가할 수 있다. 먼저 상수 T_w를 가정하여 점성 소산의 효과를 살펴보자. $T = T(r)$만의 함수인 파이프 문제의 경우, 식 (3.3)은 다음과 같이 된다.

$$\frac{k}{r}\frac{d}{dr}\left(r\frac{dT}{dr}\right) = -\mu\left(\frac{du}{dr}\right)^2 = -\frac{16\mu\bar{u}^2 r^2}{r_0^4} \tag{3.58}$$

여기서 식 (3.34)에서의 $u(r)$을 도입했다. 이중 적분 후 $r = 0$에서 특이점(singularity)을 피하기 위해 로그 항을 버린다. 끝으로, $r = r_0$에서 $T = T_w$ 경계 조건을 부여하면 다음과 같은 온도 분포를 구할 수 있다.

$$T = T_w + \frac{\mu\bar{u}^2}{k}\left(1 - \frac{r^4}{r_0^4}\right) \tag{3.59}$$

이는 평행판 사이의 유동에 대한 식 (3.11)과 유사하다. 한편 실제로 최대 온도 상승 $\mu\bar{u}^2/k$는 $\bar{u} = 100$ ft/s라고 가정할 때 공기의 경우 약 1°F, 물의 경우 3°F이다. 이렇게 그다지 크지 않은 온도 증가는 점도가 큰 오일이나 속도가 높은 기체 역학의 경우를 제외하고 소산을 무시하는 것을 정당화한다(7장). $r = r_0$에서 $q_w = kdT/dr$인 벽 열 플럭스는 $q_w = 4k(T_w - T_0)/r_0$로 주어지며, 이는 벽은 일정한 T_w를 유지하는 과정에서 냉각되어야 한다는 것을 보여준다. 벽의 Nusselt 수는 파이프 직경 L이 주어졌을 때 식 (3.15)를 사용하여 다음과 같은 식을 통해 결정할 수도 있다.

$$\text{점성 소산에 대해} \quad Nu = \frac{(2r_0)\,q_w}{k(T_w - T_0)} = 8 \tag{3.60}$$

이렇게 상대적으로 큰 Nu에도 불구하고 무시할 수 있는 온도 차이 $T_w - T_0$ 때문에 열 플럭스는 작게 유지된다.

3-3.6 점근적 균일 열 플럭스 근사

벽 온도의 급격한 변화로 인한 열 입구 문제를 검토하기 전에, 그러한 입구의 훨씬 하류의 조건을 고려해 보자. 온도는 x에 따라 변하지만 온도차 $T_w - T$는 거의 일정한 q_w로 x와 거의 무관하게 유지된다. 이는 다음과 같은 식으로 나타낼 수 있다.

$$\frac{\partial}{\partial x}(T_w - T) = 0, \qquad \frac{q_w}{k} = \frac{\partial T}{\partial r} = \text{상수} \tag{3.61}$$

종합하면 이러한 조건은 축에 대한 구배가 r과 무관해야 한다.

$$\frac{\partial T}{\partial x} = \frac{\partial T_w}{\partial x} = \text{상수 } r\text{과 무관} \tag{3.62}$$

소산을 무시(또는 분리)하면 식 (3.3)은 다음과 같이 주어진다.

$$\rho c_p u \frac{\partial T}{\partial r} = (\text{상수})u = \frac{k}{r}\frac{\partial}{\partial r}\left(r\frac{\partial T}{\partial r}\right) \tag{3.63}$$

두 번 적분한 후 다시 $r = 0$에서 유한하지 않는 로그 항을 버린다. $r = r_0$에서 $T = T_w$의 조건으로부터 다음과 같은 식을 얻을 수 있다.

$$T_w - T = \frac{c_p \bar{u} r_0^2}{8k}\frac{\partial T_w}{\partial x}\left(3 - \frac{4r^2}{r_0^2} + \frac{r^4}{r_0^4}\right) \tag{3.64}$$

이로부터 Nusselt 수를 계산할 수 있지만, 실용적인 측면에서 Nu는 $T_w - T_0$가 아니라 평균 차이 $T_w - T_m$을 기반으로 구해야 한다. 여기서 T_m은 유체의 혼합-컵(혼합 평균) 온도이며 파이프 내 유체의 질량 분포에 대해 T를 평균하여 계산된다. 이 매개변수는 다음과 같이 정의된다.

$$T_m = \frac{\int T dm}{\int dm} = \frac{\int_0^{r_0} T\rho u dA}{\int_0^{r_0} \rho u dA} \tag{3.65}$$

이 형상의 경우 $dA = 2\pi r dr$이다. 비압축성 유동의 경우 밀도가 상쇄되고 Poiseuille 유동의 경우 식 (3.34)의 u와 식 (3.64)의 T를 사용하여 다음과 같은 관계식을 구할 수 있다.

$$T_w - T_m = \frac{11}{18}\left(\frac{3\rho c_p \bar{u} r_0^2}{8k}\frac{\partial T_w}{\partial x}\right) = \frac{11}{18}(T_w - T_0) \tag{3.66}$$

엔지니어가 무차원 벽 열전달 또는 Nusselt 수를 기반으로 하는 것은 바로 이 온도 차이이다.

$$Nu_m = \frac{2r_0 q_w}{k(T_w - T_m)} = \frac{48}{11} = 4.36 \qquad \text{점근적 균일 열 플럭스} \tag{3.67}$$

다음 절에서 다루게 될 점근 상수 벽 온도에 대한 유사하지만 대수적으로 더 복잡한 해를 통해

$$Nu_m = 3.66 \tag{3.68}$$

값이 도출된다. 이러한 점근적 값은 벽 조건보다 덕트 단면에 더 민감하다. 다른 덕트 모양(직사각형, 삼각형 등)에 대한 계산은 Shah와 London(1978)에 의해 수행되었다.

3-3.7 열 입구: Graetz 문제

벽 온도의 갑작스러운 변화로 인해 파이프에서 발생하는 온도 형상 $T(x, r)$ 문제를 고려해 보자(그림 3.14). 소산과 축방향 열전도를 무시함으로써 식 (3.3)은 다음과 주어진다.

$$u\frac{\partial T}{\partial x} \approx \frac{\alpha}{r}\frac{\partial}{\partial r}\left(r\frac{\partial T}{\partial r}\right) \tag{3.69}$$

여기서 $\alpha = k/(\rho c_p)$는 유체의 열확산도이다. 이 식에서 속도 분포 $u(x, r)$는 알고 있는 것으로 가정하며 다음 세 가지 유형 중 하나일 수 있다.

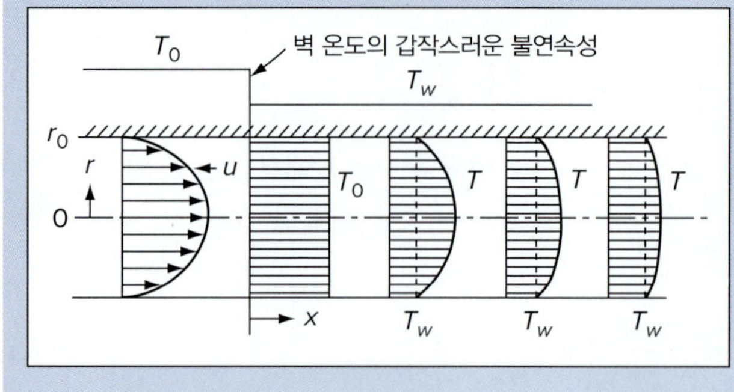

그림 3.14
열 입구 문제

1. $u = \bar{u}$ = 상수 또는 슬러그 유동: 낮은 Prandtl 수 유체(예: 액체 금속)에 적합하며, 여기서 T는 u보다 훨씬 빠르게 발달된다.
2. $u = 2\bar{u}(1 - r^2/r_0^2)$ 또는 Poiseuille 유동: 높은 Prandtl 수 유체(오일)에 적합하거나 열 입구가 덕트 입구의 훨씬 하류에 있는 경우이다.
3. 발달 중인 u 형상(4-9절): 속도 및 온도 입구 값이 동일한 위치에 있을 때 모든 Prandtl 수에 적합하다.

그림 3.14에서 벽 온도의 급격한 변화로 인한 열 입구 문제를 설명하고 있다. 이 해는 슬러그 유동에 대해 Graetz(1883)에 의해 무한 급수 형태로 구해졌으며, Poiseuille 유동에 대해 1885년에 또 다른 급수 형태로 제시되었다. 이에 대한 보다 자세한 설명과 기타 기하학적 형태에 대한 해에 대해서는 Shah와 London(1978) 또는 Kays와 Crawford(1993)의 책에 나와 있으니 참고하라.

그림 3.14를 참조하면 식 (3.69)에 대한 $T(x, r)$에 대한 적절한 경계 조건은 다음과 같다.

$$T(0, r) = T_0 \qquad \text{및} \qquad T(r_0, x) = T_w \tag{3.70}$$

이제 Poiseuille 운동에 대한 Graetz의 해를 개략적으로 살펴보겠다. 적절한 무차원 변수들은 다음과 같다.

$$T^* = \frac{T_w - T}{T_w - T_0}, \qquad r^* = \frac{r}{r_0}, \qquad x^* = \frac{x}{d_0 RePr} \tag{3.71}$$

여기서 $Re = \bar{u}d_0/\nu$는 직경에 대한 Reynolds 수를, Pr은 Prandtl 수를 나타내며, $RePr = \rho c_p \bar{u} d_0/k$는 프랑스 물리학자 Jean Claude Eugène Péclet의 이름을 딴 Peclet 수를 나타낸다. 식 (3.71)의 변수를 통해 식 (3.69) 및 (3.70)을 다음과 같이 변환할 수 있다.

$$\frac{\partial T^*}{\partial x^*} = \frac{2}{r^*(1 - r^{*2})} \frac{\partial}{\partial r^*}\left(r^* \frac{\partial T^*}{\partial r^*}\right), \qquad T^*(r^*, 0) = 1 \qquad \text{및} \qquad T^*(1, x^*) = 0 \tag{3.72}$$

식 (3.72)는 변수 (T^*, r^*, x^*)를 현명하게 선택했기 때문에 매개변수가 없다. 변수가 분리 가능하므로 곱 형태로 풀이가 가능하다. 다음과 같이 변수 분리 후

$$T^*(r^*, x^*) = f(r^*)\,g(x^*) \tag{3.73}$$

식 (3.72)에 대입하고 정리하면 다음과 같은 식을 얻을 수 있다.

$$\frac{g'}{2g} = \frac{r^*f'' + f'}{r^*(1 - r^{*2})f} = -\lambda^2 = \text{상수} \tag{3.74}$$

$g(x^*)$는 지수 형식 $g = C\ \exp(-2\lambda^2 x^*)$으로 표현할 수 있지만, $f(r^*)$에 대한 식은 다소 덜 익숙하다. 곱 형태의 풀이 $T = f(r^*)g(x^*)$가 모든 r^*에 대해 $T^*(r^*, 0) = 1$ 조건을 충족하도록 하기 위해 선형성을 이용하고 가능한 모든 해를 중첩하면 결국 다음과 같은 적절한 수식으로 나타낼 수 있다.

$$T^*(r^*, x^*) = \sum_{n=0}^{\infty} C_n f_n(r^*) \exp(-2\lambda_n^2 x^*) \tag{3.75}$$

여기서 함수 f_n은 식 (3.74)의 특성을 만족해야 한다. 즉,

$$r^* f_n'' + f_n' + \lambda_n^2 r^*(1 - r^{*2}) f_n = 0 \tag{3.76}$$

더 나아가기 위해, 단순화를 위해 $f_n(0) = 1$을 취하고 식 (3.72)에서 벽 온도 조건 $T^*(1, x^*) = 0$을 만족시키기 위해 $f_n(1) = 0$ 조건을 강제한다. 그런 다음 식 (3.72)의 다른 (초기) 조건이 충족되면 완전한 해를 구할 수 있다.

$$T^*(r^*, 0) = 1 = \sum_{n=0}^{\infty} C_n f_n(r^*) \tag{3.77}$$

Graetz는 고유함수 f_n이 가중 함수 $r^*(1 - r^{*2})$에 대해 0에서 1까지의 구간에서 직교함을 증명하였다. 따라서 식 (3.77)에 $r^*(1 - r^{*2})f_m$을 곱하고 0에서 1까지 적분하면 상수는 다음과 같이 구할 수 있다.

$$C_n = \frac{\int_0^1 r^*(1 - r^{*2}) f_n\, dr^*}{\int_0^1 r^*(1 - r^{*2}) f_n^2\, dr^*} \tag{3.78}$$

식 (3.76)은 두 가지 조건 $f_n(0) = 1$ 및 $f_n(1) = 0$과 함께 λ_n의 특정 이산값, 즉 Graetz 함수 f_n의 고윳값에 대해서만 만족할 수 있는 고윳값 문제를 구성한다는 점에 주목해야 한다. 표 3.1은 처음 10

표 3.1 Graetz 문제의 중요한 상수

n	λ_n	C_n	$-C_n f_n'(1)$
0	2.7043644	+1.46622	1.49758
1	6.679032	−0.802476	1.08848
2	1.67338	+0.587094	0.92576
3	14.67108	−0.474897	0.83036
4	18.66987	−0.404402	0.76474
5	22.67	−0.35535	0.71571
6	26.67	+0.31886	0.67798
7	30.67	−0.29049	0.64711
8	34.67	+0.26769	0.62119
9	38.67	−0.24890	0.59900

개의 고윳값과 관련 상수를 제공하고 있다. 이 값은 T_w^*의 임의 분포를 포함하여 거의 모든 주어진 벽 조건에 대한 Nusselt 수를 계산하기에 충분하다.

Sellars 등(1956)은 많은 n의 경우에 대해서 다음과 같은 근삿값을 제공하였다.

$$\lambda_n \approx 4n + \frac{8}{3},\ C_n \approx (-1)^n \frac{2\Gamma\left(\frac{2}{3}\right)6^{2/3}}{\pi\lambda_n^{2/3}} = \frac{(-1)^n(2.8461)}{\lambda_n^{2/3}} \text{ 및 } -C_n f_n'(1) \approx \frac{4\left(\frac{4}{3}\right)^{1/6}\Gamma\left(\frac{2}{3}\right)}{\pi\lambda_n^{1/3}\Gamma\left(\frac{4}{3}\right)} = \frac{2.0256}{\lambda_n^{1/3}} \tag{3.79}$$

이 수식은 0.15% 미만의 오차로 표 3.1의 마지막 5개 행을 계산하는 데 사용되었다.

벽에서 Nusselt 수를 계산하려면 혼합-컵(혼합 평균) 온도가 필요하며, 이 온도는 식 (3.65)와 (3.77)을 조합하여 다음과 같이 구할 수 있다.

$$T_m^* = 4\int_0^1 T^*(1 - r^{*2})r^*\,dr^* \tag{3.80}$$

식 (3.75)에서 T^*를 대입하면, 다음과 같이 Nusselt 수를 구할 수 있다.

$$Nu_x = \frac{2r_0 q_w}{k(T_w - T_m)} = \frac{\sum C_n f_n'(1)\exp(-2\lambda_n^2 x^*)}{2\sum C_n \lambda_n^{-2} f_n'(1)\exp(-2\lambda_n^2 x^*)} \tag{3.81}$$

이는 매우 작은 x^*를 제외하고 잘 수렴한다. 큰 $x^*(> 0.05)$의 경우 급수의 첫째 항이 우세하여 다음과 같은 점근적 결과를 제공한다.

$$Nu_x(x^* > 0.05) \approx \tfrac{1}{2}\lambda_0^2 = 3.66 \tag{3.82}$$

이는 식 (3.68)에서 이미 언급한 열적으로 완전히 발달된 결과이다. 작은 x^*의 경우 결과는 다음과 같은 근삿값과 일치한다.

$$Nu_x \approx 1.076x^{*-1/3} - 1.064 \tag{3.83}$$

이는 $x^* < 0.0004$에 대해 1% 미만의 오차를 보인다.

3-3.8 평균 Nusselt 수

벽으로(또는 벽으로부터) 전달되는 총 열은 튜브의 총 길이 L에 걸쳐 유체에 의해 손실된 열(또는 획득된 열)과 같기 때문에 유용한 물리량이다. 이와 같은 맥락에서 단위 면적당 평균 벽 열 플럭스는 다음과 같이 정의된다.

$$\bar{q}_w = \frac{1}{A_w}\int q_w\,dA_w = \frac{1}{L}\int_0^L q_w\,dx \tag{3.84}$$

이 평균 열 플럭스는 $x = 0$과 $x = L$ 사이에서 유체의 엔탈피 변화와 정확하게 균형을 이루어야 한다.

$$\bar{q}_w A_w = \rho\bar{u}c_p(\pi r_0^2)[T_m(L) - T_0] \tag{3.85}$$

따라서 출구의 $T_m(L)$은 튜브의 질량 유량으로부터 계산할 수 있다. 무차원 형태 $\bar{q}_w$는 평균 Nusselt 수라고 하며 다음과 같이 주어진다.

$$Nu_m = \frac{2r_0\bar{q}_w}{k\Delta T} \tag{3.86}$$

T_w가 변한다면 적절한 온도 차이 ΔT의 선택은 다소 임의적이다. 연습으로 다음과 같이 로그 평균 온도 차이를 선택한 경우,

$$\Delta T_{\ln} = \frac{[T_w(0) - T_m(0)] - [T_w(L) - T_m(L)]}{\ln\{[T_w(0) - T_m(0)]/[T_w(L) - T_m(L)]\}} \tag{3.87}$$

Nu_m이 단순히 0과 L 사이의 튜브에서 Nu_x의 평균값임을 확인할 수 있다.

$$Nu_m(\text{로그 평균}) = \frac{2r_0\bar{q}_w}{k\Delta T_{\ln}} = \frac{1}{L}\int_0^L Nu_x\,dx \tag{3.88}$$

현재 Graetz 문제(큰 Prandtl 수를 갖는 문제)의 경우 식 (3.85)의 미분 형태을 이용하여 Nu_m을 계산할 수 있다. 즉

$$q_w 2\pi r_0 dx = \rho\bar{u}\pi r_0^2 c_p dT_m \qquad \text{또는} \qquad 4Nu_x dx^* = -dT_m^*/T_m^* \tag{3.89}$$

이를 $x^* = 0$, $T_m^* = 1$에서 $x^* = L^*$, $T_m^* = T_m^*(L)$까지 적분하면 다음과 같은 매우 간단한 결과를 얻을 수 있다.

$$Nu_m = -\frac{1}{4L^*}\ln T_m^*(L) \tag{3.90}$$

이는 일정한 벽 온도에 대한 일반적인 결과이다. 식 (3.80)을 적분함으로써, 다음과 같은 관계식을 구할 수 있다.

Poiseuille 유동: $$T_m^*(x^*) = \sum_{n=0}^{\infty} 4C_n f_n'(1)\lambda_n^{-2}\exp(-2\lambda_n^2 x^*) \tag{3.91}$$

그림 3.15는 동일한 지점 $x = 0$에서 시작한다고 가정하는 속도 및 온도 효과를 가진 평균 Nusselt 수에 대한 Goldberg(1958)의 계산 결과를 보여준다. 위쪽 곡선은 슬러그 유동(유형 1)에 해당하며 $Pr \ll 1$(액체 금속)에 유효하다. 가장 낮은 곡선은 $Pr \gg 1$(오일)에 대한 Poiseuille 유동(유형 2)에 대한 것이며 식 (3.90) 및 (3.91)을 통해 계산된다. 중간 곡선은 속도와 온도가 동시에 발달하는 유형 3에 해당한다. 가로 좌표는 직경 $2r_0$을 기준으로 하는 Graetz 수 $L^* = x^*(L)$이다. 슬러그 유동 곡선($Pr = 0$)은 포물선형 유속이 절대로 발달되지 않고 Nu_m의 제한값이 큰 L^*에서 5.78값을 갖는다는 점에서 다른 곡선과 차별성을 갖는다[Graetz(1883)].

그림 3.15의 유한 Pr에 대한 모든 곡선은 큰 L^*에서 $Nu_m = 3.66$에 접근한다. $L^* \approx 0.05$일 때 이 한계에 상당히 근접한다. 따라서 파이프 유동의 열 입구 길이를 다음과 같이 정의할 수 있다.

$$L_{e,\text{thermal}} \approx 0.05\,d_0 Re_D Pr \tag{3.92}$$

이 결과식은 Prandtl 수 곱수를 추가한 식 (3.28)의 속도-입구-길이 상관관계와 유사하다.

Graetz 문제, 특히 오일($Pr \gg 1$)에 대한 문제는 실용적으로 많이 사용된다. 계산을 위해 Hausen(1943)이 제안한 아래 공식을 사용하여 그림 3.15의 아래쪽 곡선을 재현할 수 있다.

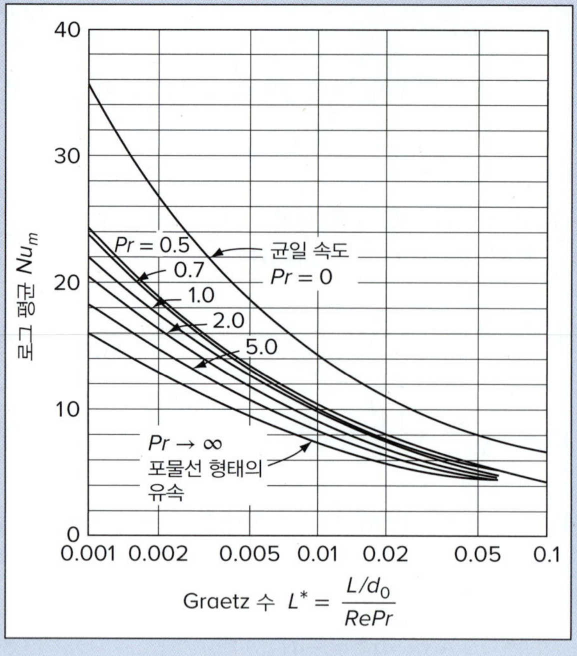

그림 3.15
발달하는 속도 형상을 갖는 층류 파이프 유동에서 로그-평균 Nusselt 수의 유한 미분 계산[Goldberg (1958) 이후]

$$Nu_m(Pr \gg 1) \approx 3.66 + \frac{0.075/L^*}{1 + 0.05/L^{*2/3}} \tag{3.93}$$

여기서 $L^* = (L/d_0)/(Re_d Pr)$이다. 이 근삿값의 오차는 $\pm 5\%$이다.

끝으로, 본 해석에서는 액체와 기체 모두 온도에 따라 μ와 k가 크게 변화하는 반면, 유체 수송 특성은 일정하다고 가정한다는 점에 유의해야 한다. 이 효과에 대한 1차 보정은 '필름' 온도 $(T_w + T_m)/2$에서 유체 특성을 평가하는 것이다. 벽과 유체 온도가 20°C 이상 차이가 나는 경우 가변 특성에 대한 이전 공식들을 추가적으로 수정해야 한다. 이러한 보정 계수에 대한 자세한 설명은 Kays와 Crawford(1993)의 책 15장에서 확인할 수 있다.

3-4 비정상 덕트 유동

비정상 덕트 유동의 몇 가지 흥미로운 문제들은 완전히 발달된 유동이라는 가정을 유지하여 풀 수 있으며, 동일한 원리를 다른 형상에 적용할 수 있는 원형 파이프 유동에 대한 두 가지 예에 대해 설명하고자 한다. 파이프 축방향 속도 $u = u(r, t)$만 있다고 가정하고 $v = w = 0$이면 연속 방정식은 동일하게 만족되고 운동량 방정식은 다음과 같이 주어진다.

$$\rho \frac{\partial u}{\partial t} = -\frac{d\hat{p}}{dx} + \mu\left(\frac{\partial^2 u}{\partial r^2} + \frac{1}{r}\frac{\partial u}{\partial r}\right) \tag{3.94}$$

이는 소스 항이 있는 선형 열전도 방정식과 유사하다. 압력 구배는 시간에 따라 변할 수 있으므로 균일하게 분포된 열원을 나타낸다. 아래에 기술된 두 가지 예를 살펴보자.

3-4.1 원형 파이프에서의 시작 유동

$t = 0$에서 정지해 있는 긴 원형 파이프 내 유체에 일정한 압력 구배 $d\hat{p}/dx$를 갑자기 가한다고 생각해 보자. 축방향으로의 유동이 유도되며, 점차 다음과 같은 정상 Poiseuille 속도 분포에 접근하게 된다.

$$u = u_{max}(1 - r^{*2})$$

여기서 $r^* = r/r_0$이다. Szymanski(1932)는 이 중요한 문제에 대한 해답을 찾았다. 다음과 같은 두 가지 경계 조건이 여기에 적용될 수 있다.

$$u(r, 0) = 0 \quad (\text{초기 조건}) \qquad \text{및} \qquad u(r_0, t) = 0 \quad (\text{점착 조건}) \tag{3.95}$$

선형성을 이용하여, 식 (3.94)의 변수는 정상 Poiseuille 유동을 빼고 Poiseuille 포물선으로부터 u의 편차로 작업하여 분리할 수 있다. 이는 비동차성 $d\hat{p}/dx$를 제거하고 식 (3.94)의 해를 $u = J_0(\lambda r^*)e^{-\lambda^2 t^*}$ 형식으로 변환한다. 여기서 J_0는 제1종 Bessel 함수를 나타낸다. 점착 조건에서는 분리 상수의 각 값에 대해 $J_0(\lambda_n)$이 사라져야 하므로 λ_n이 Bessel 함수의 0이 되며, 이는 표 3.2에 나열되어 있다. J_0는 포물선이 아니므로, 음의 포물선을 구하기 위해 $J_0(\lambda_n r^*)$ 함수를 더하여 정지상태의 유체의 초기 조건을 만족시켜야 한다. 계수는 직교성을 사용하여 쉽게 구할 수 있으며, 이 파이프 시작 유동 문제에 대한 최종 해는 다음과 같게 된다.

$$\frac{u}{u_{max}} = (1 - r^{*2}) - \sum_{n=1}^{\infty} \frac{8J_0(\lambda_n r^*)}{\lambda_n^3 J_1(\lambda_n)} \exp\left(-\lambda_n^2 \frac{\nu t}{r_0^2}\right) \tag{3.96}$$

여기서 식 (3.36)으로부터 $u_{max} = (-\frac{1}{4} d\hat{p}/dx) r_0^2/\mu$이다. 무차원 시간 $t^* = \nu t/r_0^2$의 다양한 값에 대한 수치 결과가 그림 3.16에 도시되어 있다. 두 가지 점이 특히 중요하다. (1) 처음에는 벽 근처에서 경계층 효과가 발생하는데, 여기서 유체의 중심 코어는 균일하게 가속하는 (퍼텐셜 유동) 반면 벽 영역은 마찰에 의해 느려진다. 그리고 (2) 이 유동은 $t^* \approx 0.75$에서도 Poiseuille 포물선에 매우 가깝게 접근하므로 층류 튜브 유동이 급격한 변화에 얼마나 빠르게 반응하는지 추정할 수 있다. 실제로 t^*를 기준으로 직경이 작고 점도가 큰 유동은 매우 빠르게 발달한다. 예를 들어, 직경 1 cm의 관에서 공기에 대한 $t^* = 0.75(\nu = 1.5 \times 10^{-5}\ \text{m}^2/\text{s})$는 $t = 1.25$ s로 변환된다. 동일한 조건에서

표 3.2 Bessel 함수 J_0의 처음 10개 근[†]

n	λ_n	$J_1(\lambda_n)$
1	2.4048	0.5191
2	5.5201	−0.3403
3	8.6537	0.2715
4	11.7915	−0.2325
5	14.9309	0.2065
6	18.0711	−0.1877
7	21.2116	0.1733
8	24.3525	−0.1617
9	27.4935	0.1522
10	30.6346	−0.1442

[†] $n > 10: \lambda_n \approx \frac{(4n-1)\pi}{4} \quad J_1(\lambda_n) \approx (-1)^{n+1}\left(\frac{2}{\pi\lambda_n}\right)^{1/2}$

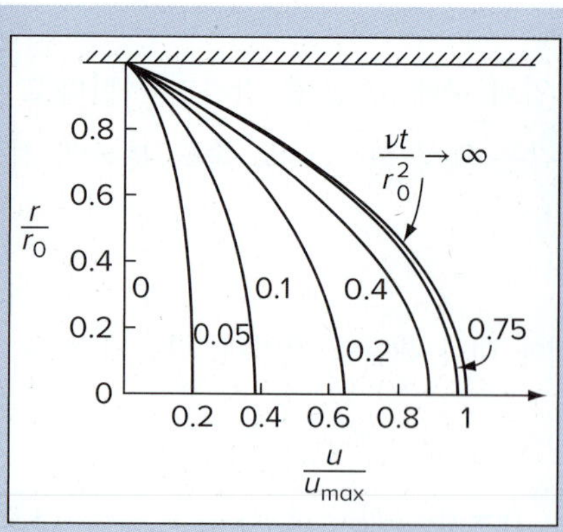

그림 3.16
파이프의 시작 유동에 대한 순간 속도 분포, 식 (3.96) [Szymanski(1932) 이후]

SAE 30 오일의 경우 Poiseuille 유동이 0.06초 내에 발달된다. 따라서 다양한 압력 구배 하에서의 층류 소구경 파이프 유동에서는 준정상 Poiseuille 유동 근삿값을 사용하는 것이 일반적이다.

3-4.2 진동하는 압력 구배로 인한 파이프 유동

두 번째 예로써 압력 구배가 특별하게 시간에 따라 정현파로 변할 때 식 (3.94)의 해를 다음과 같이 재고해 보자.

$$-\frac{1}{\rho}\frac{d\hat{p}}{dx} = Ke^{i\omega t} \qquad \text{여기서} \qquad e^{i\omega t} = \cos\omega t + i\sin\omega t \qquad \text{및} \qquad i = \sqrt{-1} \tag{3.97}$$

그런 다음 점착 조건을 적용하고 유동의 과도 단계 또는 시작 단계를 무시하고 장기적으로 지속적인 진동만을 고려한다. 이는 수리물리학의 고전적인 문제로, 허수의 인수를 갖는 Bessel 함수로 이어진다.

$$\text{진동하는 파이프 유동: } u(r, t) = \frac{K}{i\omega}\left[1 - \frac{J_0(ir\sqrt{i\omega/\nu})}{J_0(ir_0\sqrt{i\omega/\nu})}\right]e^{i\omega t} = \frac{K}{i\omega}\left[1 - \frac{I_0(r\sqrt{i\omega/\nu})}{I_0(r_0\sqrt{i\omega/\nu})}\right]e^{i\omega t} \tag{3.98}$$

여기서 항등식 $J_0(iz) = I_0(z)$가 사용되었다. 식 (3.98)은 Sexl(1930)에 의해 처음 유도되었고, 추가적인 수치해석적 연구는 Uchida(1956)에 의해 수행되었다. 정확하게 계산을 하지 않고, 다음과 같이 2개의 중첩된 급수 근삿값을 사용하여 이 해의 일반적인 특성을 파악할 수 있다.

$$J_0(z) \approx \begin{cases} 1 - \dfrac{z^2}{4} + \dfrac{z^4}{64} - \cdots, & z \ll 1 \\ \sqrt{\dfrac{2}{\pi z}}\cos\left(z - \dfrac{\pi}{4}\right), & z \gg 1 \end{cases} \tag{3.99}$$

식 (3.98)을 자세히 살펴보면 적절한 무차원 변수가 다음과 같다는 것을 알 수 있다.

$$r^* = \frac{r}{r_0}, \qquad \omega^* = \frac{\omega r_0^2}{\nu}, \qquad u^* = \frac{u}{u_{max}} \tag{3.100}$$

여기서 $u_{max} = Kr_0^2/(4\nu)$는 압력 구배 $-\rho K$를 갖는 정상 Poiseuille 유동의 중심선 속도이다. 물리량 ω^*(또는 Re_k)는 진동하는 유동에서 점성 효과의 척도인 동적 Reynolds 수를 나타낸다. 이는 또한 Stokes 수 $\lambda_S = \frac{1}{2}\sqrt{\omega^*}$ 및 Womersley 수 $\alpha = \sqrt{\omega^*}$와 관련이 있다. 정적 Reynolds 수와 유사

하게 진동 유동은 ω^*가 약 2000을 초과하면 난류가 될 수 있다.

식 (3.98)과 (3.99)를 결합하면 해의 실수 부분인 속도에 대해 다음과 같이 두 가지 점근적 근사식를 구할 수 있다.

작은 $\omega^* \ll 1$:

$$\frac{u(r^*, t)}{u_{\max}} = (1 - r^{*2}) \cos \omega t + \frac{\omega^*}{16}(r^{*4} + 4r^{*2} - 5) \sin \omega t + O(\omega^{*2}) \tag{3.101}$$

큰 $\omega^* \gg 1$ (그리고 $r^* \approx 1$):

$$\frac{u(r^*, t)}{u_{\max}} = \frac{4}{\omega^*}\left[\sin \omega t - \frac{e^{-B}}{\sqrt{r^*}} \sin(\omega t - B)\right] + O(\omega^{*-2}); \quad B \equiv (1 - r^*)\sqrt{\omega^*/2} \tag{3.102}$$

$d\hat{p}/dx$가 $\cos\,\omega t$에 비례한다는 것을 기억하면 매우 작은 ω^*의 경우 속도가 거의 천천히 변하는 압력 구배와 위상이 거의 일치하는 준정상 Poiseuille 유동임을 알 수 있다. 식 (3.101)의 두 번째 항은 중심선에서 속도를 감소시키는 지연 성분을 나타낸다. 식 (3.102)로부터 큰 ω^*에서 유동은 압력 구배를 대략 90° 지연시키고, 중심선 속도는 $u_{\max}$보다 작다. 그러나 평균 제곱 속도 $\overline{u^2}(r^*)$를 구하기 위해 한 주기에 걸쳐 식 (3.102)를 평균화하여 알 수 있는 듯이 벽 근처에는 축 속도가 높은 영역이 있다. 따라서 다음과 같은 식을 구할 수 있다.

$$\frac{\overline{u^2}}{K^2/(2\omega^2)} = 1 - \frac{2}{\sqrt{r^*}} e^{-B} \cos B + \frac{e^{-2B}}{r^*} \tag{3.103}$$

ω^*의 두 값에 대한 이 관계가 그림 3.17에 도시되어 있다. 벽 근처의 평균 속도에 오버슈트(overshoot)가 있으며, 이는 $\cos B + \sin B \approx e^{-B}$ 또는 $B \approx 2.2841$ 및 $r^* \approx 1 - 3.23021/\sqrt{\omega^*}$일 때 발생한다. 해당 속도 오버슈트 비는 식 (3.103)으로부터 다음과 같이 추론할 수 있다.

$$\frac{\overline{u^2}}{K^2/(2\omega^2)} = \frac{\overline{u^2}}{8u_{\max}^2/\omega^{*2}} = 1.143685 + \frac{0.248826}{\sqrt{\omega^*}} + O(\omega^{*-1}) \tag{3.104}$$

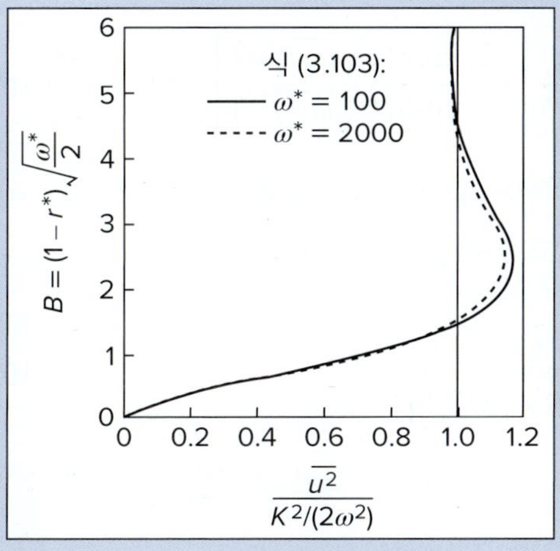

그림 3.17
진동 압력 구배로 인한 벽 근처 속도 오버슈트(Richardson의 환형 효과)

ω^*에 크게 의존하지 않기 때문에, 그림 3.17에서 확인할 수 있듯이 동적 Reynolds 수가 100에서 2000으로 증가해도 오버슈트는 약간 감소한다. 이 효과는 진동 덕트 유동의 특징이며, Richardson과 Tyler(1929)가 튜브 유동 실험을 통해 처음으로 확인했다. 현재 Richardson의 **환형 효과**(annular effect)라고 불리는 이 오버슈트는 Sexl(1930)의 식 (3.102)를 통해 이론적으로도 검증되었다. 이 문제에 대해 추가 논의가 필요하다면 Uchida(1956)와 Rott(1964)의 일반 총설 논문을 참조하라. Tsangaris와 Vlachakis(2003)는 직사각형 덕트 내 진동 유동에 대한 해를 구하였다. Uchida(1956) 및 Majdalani(2012)는 평균 압력 구배가 0이 아닌 튜브 및 채널의 맥동 운동에 대한 해를 구하였다. 이에 대해서는 다음 절에 간략하게 설명되어 있다.

3-4.3 맥동 압력 구배로 인한 덕트 유동

Sexl 모델은 압력 구배가 단방향 축 운동을 촉진하는 정상 상태 부분과 임의의 주기 운동의 효과를 부여할 수 있는 진동 부분을 포함하도록 함으로써 일반화할 수 있다. 동맥 유동 및 기타 생물학적 움직임을 모델링하는 데 있어 이러한 확장은 유용하게 이용될 수 있다. 이 맥동 구배를 설명하기 위해 다음 형식의 Fourier 급수 표현을 사용하여 식 (3.97)을 수정할 수 있다.

$$-\frac{1}{\rho}\frac{\partial \hat{p}}{\partial x} = K_0 + \sum_{n=1}^{\infty} K_n e^{i\omega n t} \quad \text{및} \quad u = u_0 + \sum_{n=1}^{\infty} u_n e^{i\omega n t} \tag{3.105}$$

여기서 아직 정해지지 않은 계수를 갖는 압력 구배 및 속도 형상이 정의된다. 기하학적 구성을 더욱 정교하게 지정하기 위하여 높이가 $2h$이고 너비가 $b \gg h$인 채널에서 비압축성 주기 유동을 고려하고자 한다. 그림 3.1에서처럼 2차원 평면 모델의 사용을 정당화하기 위해서 채널이 충분히 길고 넓다고 가정한다. 축방향을 나타내는 x를 사용하고, 항상 해왔던 것처럼, 중간 단면 평면에서 측정할 y좌표를 취하여, 상단 및 하단 채널 벽을 $y = \pm h$로 설정한다. 확장된 일련의 $u(y, t)$를 데카르트 좌표계에서의 식 (3.94)에 대입하면 다음과 같은 2개의 방정식을 도출할 수 있다.

$$\frac{d^2 u_0}{dy^2} + \frac{K_0}{\nu} = 0 \text{ 및 } \frac{d^2 u_n}{dy^2} - \frac{i\omega n}{\nu} u_n + \frac{K_n}{\nu} = 0, \text{ 여기서 } u_n(h, t) = \frac{\partial u_n}{\partial y}(0, t) = 0;\ n = 0, 1, 2, \ldots \tag{3.106}$$

이 방정식 세트에 대한 해는 Majdalani(2012)가 설명한 것처럼 간단하다.

$$\text{맥동 채널 유동:} \quad u(y, t) = \frac{K_0 h^2}{2\nu}\left(1 - \frac{y^2}{h^2}\right) + \sum_{n=1}^{\infty} \frac{K_n}{i\omega n}\left[1 - \frac{\cosh\left(y\sqrt{i\omega n/\nu}\right)}{\cosh\left(h\sqrt{i\omega n/\nu}\right)}\right] e^{i\omega n t} \tag{3.107}$$

당연히 이 운동은 정상 Poiseuille 유동과 진동 채널 유동 해의 선형 중첩으로 구성된다. $K_0 = 0$, $n = 1$, $K_1 = K$일 때 다음과 같이 진동 채널 유동 식으로 돌아갈 수 있음을 유념하라.

$$\text{진동 채널 유동:} \quad u(y, t) = \frac{K}{i\omega}\left[1 - \frac{\cosh\left(y\sqrt{i\omega/\nu}\right)}{\cosh\left(h\sqrt{i\omega/\nu}\right)}\right] e^{i\omega t} \tag{3.108}$$

코사인 쌍곡선 함수의 점근적 거동에 기초하여, 다음과 같은 2개의 중첩 근삿값을 살펴볼 수 있다.

$$\cosh(z) \approx \begin{cases} 1 + \frac{1}{2}z^2 + \frac{1}{24}z^4 + \ldots, & z \ll 1 \\ \frac{1}{2}e^z + \ldots, & z \gg 1 \end{cases} \tag{3.109}$$

이를 식 (3.108)에 대입하여 정리하면, 다음과 같은 두 관계식을 얻을 수 있다.

작은 $\omega^* \ll 1$:

$$\frac{u(y^*, t)}{u_{\max}} = \left[\left(1 - y^{*2}\right)\cos(\omega t) + \frac{\omega^*}{12}\left(y^{*4} - 6y^{*2} + 5\right)\sin(\omega t)\right] + O\left(\omega^{*2}\right) \tag{3.110}$$

큰 $\omega^* \gg 1$ 및 $1 - y^* \ll 1$:

$$\frac{u(y^*, t)}{u_{\max}} = \frac{2}{\omega^*}\left[\sin(\omega t) - e^{-B}\sin(\omega t - B)\right] + O\left(\omega^{*-1}e^{-\sqrt{\omega^*}}\right) \tag{3.111}$$

여기서 $u_{\max} = Kh^2/(2\nu)$, $B = (1 - y^*)\sqrt{\omega^*/2}$, $\omega^* = \omega h^2/\nu$ 및 $y^* = y/h$이다. 식 (3.110)과 (3.111)은 식 (3.101)과 (3.102)에 의해 주어진 축대칭 대응 부분을 반영한다. 예를 들어, 식 (3.110)이 $\omega^* \to 0$으로써 준정상 상태 조건에서 2차원 Poiseuille 형상을 재현한다는 것을 쉽게 파악할 수 있다. 또한 $\omega^* \gg 1$과 $1 - y^* \ll 1$의 경우, 다음 식을 이용하여 복소 진폭을 구할 수 있다.

$$\frac{K}{i\omega}\left[1 - \frac{\cosh\left(y\sqrt{i\omega/\nu}\right)}{\cosh\left(h\sqrt{i\omega/\nu}\right)}\right] = \frac{2iu_{\max}}{\omega^*}\left[e^{-B(1+i)} - 1\right] + O\left(\omega^{*-1}e^{-\sqrt{\omega^*}}\right) \tag{3.112}$$

이전과 마찬가지로 진폭은 $B \approx 2.2841$에서 최대에 도달하므로 $y^* \approx 1 - 3.2302/\sqrt{\omega^*}$에서 최대 속도 오버슈트의 위치를 계산할 수 있다. 해당 속도 오버슈트는 다음과 같이 결정될 수 있다.

$$\text{오버슈트:} \quad \frac{\overline{u^2}}{4u_{\max}^2/\omega^{*2}} = 1.143685 + O\left(\omega^{*-2}e^{-2\sqrt{\omega^*}}\right)$$

$$\text{또는} \quad \frac{u_{\text{rms}}}{2u_{\max}/\omega^*} = 1.069432 + O\left(\omega^{*-1}e^{-\sqrt{\omega^*}}\right) \tag{3.113}$$

반경이 r_0인 파이프의 경우 동일한 절차를 반복하여 다음과 같은 식을 도출할 수 있다.

맥동 파이프 유동:

$$u(r, t) = \frac{K_0 r_0^2}{4\nu}\left(1 - \frac{r^2}{r_0^2}\right) + \sum_{n=1}^{\infty}\frac{K_n}{i\omega n}\left[1 - \frac{I_0\left(r\sqrt{i\omega n/\nu}\right)}{I_0\left(r_0\sqrt{i\omega n/\nu}\right)}\right]e^{i\omega nt} \quad \text{[Uchida(1956)]} \tag{3.114}$$

여기에서도 평균 압력 구배가 사라지고 동일한 주파수로 진동이 구동되면 $K_0 = 0$, $n = 1$, $K_1 = K$를 이용하여 동일한 방식으로 방정식 (3.98)을 구할 수 있다.

3-4.4 진동 압력 구배를 갖는 다공성 덕트 유동

이제 벽에 균일하게 주입된 다공성 튜브의 진동 운동을 고려해 보자. 이 문제는 평면 및 축대칭 모든 경우에 대해 Majdalani(1995)에 의해 광범위하게 연구되었다. 여기서는 간결함을 위해 축대칭 식에 초점을 맞출 것이다. 그림 3.18에서와 같이 길이가 L_0이고 반경이 r_0인 튜브에 유체를 일

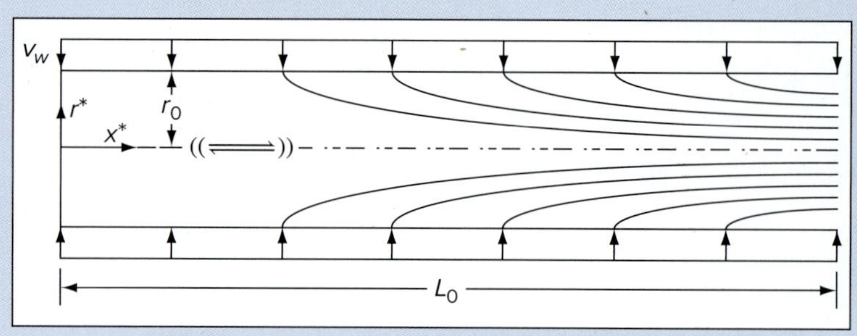

그림 3.18
평균 유동 유선과 중첩된 축방향 압력 진동에서 사용되는 치수 좌표계를 설명하고 있는 균일한 벽 주입이 있는 다공성 튜브

정한 속도 v_w로 반경 방향의 내측으로 주입한다. 튜브의 앞단 끝은 닫혀 있고 뒤단 끝은 막혀 있거나 막혀 있지 않다. 진동 압력파의 관점에서 이러한 조건을 폐쇄-폐쇄 또는 폐쇄-개방이라고 한다. 또한 $A_0 \cos(l\pi x^*/L_0) \cos(l\pi a_s t^*/L_0)$ 유형의 압력 진동, 즉 평균 압력에 비해 작은 진폭 A_0의 압력 진동이 주파수 ω에서 발생하도록 허용한다. 폐쇄-폐쇄 또는 폐쇄-개방 튜브에 대해서 각각 $\omega = l\pi a_s/L_0$ 또는 $(l - \frac{1}{2})\pi a_s/L_0$이다. 여기서 a_s는 기준 압력 p_s에서의 음속을 나타내고, l은 종축 진동 모드 수를 나타낸다. 점근법적 해석을 간결화하기 위해 벽 주입 Mach 수를 $Ma_w = v_w/a_s$로 정의하는 것이 일반적이다.

이러한 다양한 매개변수를 고려하여 축 및 반경 방향 좌표 x^* 및 r^*는 $r = r^*/r_0 \in [0, 1]$ 및 $x = x^*/r_0 \in [0, L]$을 사용하여 무차원으로 만들 수 있다. 여기서 $L = L_0/r_0$은 튜브의 종횡비를 나타낸다. 무차원 속도, 압력, 밀도 및 시간으로 $p = p^*/(\gamma p_s)$, $\mathbf{u} = \mathbf{u}^*/a_s$, $\rho = \rho^*/\rho_s$ 및 $t = a_s t^*/r_0$를 사용하는 것이 적합하다. 여기서 γ는 비열 비를 나타낸다. 이 절에서는 무차원 변수가 아닌 차원 변수에 레이블을 지정하는 데 별표(*)를 사용하며, 벽 주입(교차 유동) Reynolds 수 $Re = v_w r_0/\nu$는 주입에 대해 양수로 간주된다.

평균 유동은 $\psi = xf(r)$의 형식을 취하는 유동함수로 설명할 수 있으며, 여기서 $f(r)$은 해당 구성에 따라 달라진다. Berman(1953), Yuan과 Finkelstein(1956), Taylor(1956), Culick(1966)과 같은 몇몇 연구자들은 다공성 튜브의 경우에 대해 크거나 작은 주입 Reynolds 수의 한계일 때 정확한 해를 갖는 유용한 근삿값을 구하였다. 이들 중 일부는 3-6절에서 좀 더 심도 있게 재검토할 것이다. 이 절에서는 다음과 같은 두 가지의 평균 유동 형상만 고려하고자 한다.

$$f(r) \approx \begin{cases} \sin(\frac{1}{2}\pi r^2); & Re > 100 \quad \text{[Taylor-Culick(1956)]} \\ r^2(2 - r^2); & Re < 100 \quad \text{[Berma(1953)]} \end{cases} \tag{3.115}$$

여기서 다시 한번 주입에 대한 $Re = v_w r_0/\nu > 0$이다. 해당하는 축방향 및 반경 방향에 대한 속도와 와도는 간단한 미분을 통해 다음과 같이 구할 수 있다.

$$u_0 = \frac{1}{r}\frac{\partial \psi}{\partial r} = \frac{xf'(r)}{r}, \quad v_0 = -\frac{1}{r}\frac{\partial \psi}{\partial x} = -\frac{f(r)}{r} \quad \text{및} \quad \Omega_0 = \frac{\partial v_0}{\partial x} - \frac{\partial u_0}{\partial r} \tag{3.116}$$

따라서

$$\begin{cases} u_0 = 4x(1 - r^2); & v_0 = r^3 - 2r; & \Omega_0 = 8rx; & 10 < Re < 100 \\ u_0 = \pi x \cos\left(\frac{1}{2}\pi r^2\right); & v_0 = -\frac{1}{r}\sin\left(\frac{1}{2}\pi r^2\right)/r; & \Omega_0 = \pi^2 rx \sin\left(\frac{1}{2}\pi r^2\right); & Re > 100 \end{cases} \tag{3.117}$$

해당 압력은 다음과 같다.

$$\begin{aligned} p_0 &= 1/\gamma - \tfrac{1}{2}r^{-2}Ma_w^2\{f^2 + x^2[f'^2 + (r^{-1}f' - f'')(f-\varepsilon) - \varepsilon rf'''] + \varepsilon rf'\} \\ &= 1/\gamma + O(Ma_w^2 x^2) \end{aligned} \tag{3.118}$$

진동의 진폭이 작다고 가정하면 순간 변수는 다음과 같이 평균 및 진동 성분으로 나눌 수 있다.

$$p = \gamma^{-1} + \bar{\varepsilon}p_1; \quad \rho = 1 + \bar{\varepsilon}\rho_1; \quad \mathbf{u} = Ma_w\mathbf{u}_0 + \bar{\varepsilon}\mathbf{u}_1; \quad \mathbf{\Omega}_0 = Ma_w\mathbf{\Omega}_0 + \bar{\varepsilon}\mathbf{\Omega}_1 \tag{3.119}$$

여기서 $\bar{\varepsilon} = A_0/(\gamma p_s) < 1$은 압력파 매개변수이다. 압력의 진폭이 작으므로 Navier-Stokes 방정식을 선형화할 수 있어 진동 운동의 거동을 규정하는 소위 상호작용 방정식을 도출할 수 있다.

$$\frac{\partial\rho_1}{\partial t} + \nabla\cdot(\mathbf{u}_1) = -Ma_w\nabla\cdot(\rho_1\mathbf{u}_0) + O(\bar{\varepsilon}) \tag{3.120}$$

$$\frac{\partial\mathbf{u}_1}{\partial t} = -Ma_w[\nabla(\mathbf{u}_0\cdot\mathbf{u}_1) - \mathbf{u}_1\times\mathbf{\Omega}_0 - \mathbf{u}_0\times\mathbf{\Omega}_1] - \nabla p_1 + \varepsilon Ma_w\left[\tfrac{4}{3}\nabla(\nabla\cdot\mathbf{u}_1) - \nabla\times\mathbf{\Omega}_1\right] + O(\bar{\varepsilon}) \tag{3.121}$$

Helmholtz-Hodge 분해를 사용하여 진동 성분을 비회전 압축성 및 발산 없는 와류 변동으로 더 나눌 수 있다. 이를 위해 각 진동 성분들을 다음과 같이 나눌 수 있다.

$$\mathbf{u}_1 = \hat{\mathbf{u}} + \tilde{\mathbf{u}}, \quad \mathbf{\Omega}_1 = \tilde{\mathbf{\Omega}}, \quad p_1 = \hat{p}, \quad \rho_1 = \hat{\rho} \tag{3.122}$$

여기서 곡절 및 물결표는 각각 $\nabla\times\hat{\mathbf{u}} = 0$ 및 $\nabla\cdot\tilde{\mathbf{u}} = 0$으로 특성화되는 비회전 '압축성' 및 발산 없는 '와류' 진동을 나타낸다. 분해된 변수를 상호작용 방정식에 대입하면 비회전 및 와류 진동에 대한 개별 관계식이 도출된다. 먼저, 비회전 압력 진동에 대해 관계식은 다음과 같다.

$$\frac{\partial^2\hat{p}}{\partial t^2} - \nabla^2\hat{p} = -Ma_w\left[\nabla\cdot\left(\mathbf{u}_0\frac{\partial\hat{p}}{\partial t}\right) - \nabla^2(\hat{\mathbf{u}}\cdot\mathbf{u}_0) + \nabla\cdot(\hat{\mathbf{u}}\times\mathbf{\Omega}_0)\right] - \tfrac{4}{3}\varepsilon Ma_w\nabla^2(\nabla\cdot\hat{\mathbf{u}}) \tag{3.123}$$

자세히 살펴보면 좌변의 파동 방정식을 볼 수 있을 것이다. 이 방정식을 통해 $O(Ma_w)$에서 종방향 압력의 진동과 동반 속도를 알 수 있다.

$$\hat{p}(x,t) = \cos(\omega_l x)\exp(-i\omega_l t) \quad \text{및} \quad \hat{u}(x,t) = i\sin(\omega_l x)\exp(-i\omega_l t) \tag{3.124}$$

여기서 무차원 주파수는 튜브의 후단이 '음향적으로' 폐쇄된 또는 개방 상태인지에 따라 달라진다. 즉, $\omega_l = \omega r_0/a_s = l\pi/L$ (폐쇄-폐쇄) 또는 $(l - \tfrac{1}{2})\pi/L$ (폐쇄-개방), $l \in \mathrm{N}^*$이다. 둘째, $O(\bar{\varepsilon})$에서의 진동 와류 응답은 다음과 같다.

$$\frac{\partial\tilde{\mathbf{u}}}{\partial t} = -Ma_w[\nabla(\tilde{\mathbf{u}}\cdot\mathbf{u}_0) - \tilde{\mathbf{u}}\times\mathbf{\Omega}_0 - \mathbf{u}_0\times\tilde{\mathbf{\Omega}}] - \varepsilon Ma_w\nabla\times\tilde{\mathbf{\Omega}} \tag{3.125}$$

$\tilde{\mathbf{u}}(x,r,t) = \hat{\mathbf{u}}(x,r)\exp(-i\omega_l t)$를 $\hat{\mathbf{u}} \equiv \hat{u}\mathbf{e}_x + \hat{v}\mathbf{e}_r$로 표현하면, 다음과 같다.

$$\hat{v}/\hat{u} = O(Ma_w) \quad \text{및} \quad \hat{u}(x,r) = -i\sum_{n=0}^{\infty}(-1)^n\frac{(\omega_l x)^{2n+1}}{(2n+1)!}R_n(r) \tag{3.126}$$

여기서 분리된 함수 $R_n(r)$은 다음 식으로부터 결정된다.

$$\begin{cases} \varepsilon \dfrac{d^2 R_n}{dr^2} + \dfrac{(\varepsilon + f)}{r}\dfrac{dR_n}{dr} + \left[iSt - 2(n+1)\dfrac{f'}{r} \right] R_n = 0; \quad 0 \le r \le 1 \\ R_n(1) = 1; \quad R'_n(0) = 0 \end{cases} \tag{3.127}$$

여기서 $St = \omega a_s / \upsilon_w$는 Strouhal 수를 나타내고 $\varepsilon = 1/Re$는 작은 섭동 매개변수이다. $R_n(r)$이 결정되면 속도의 진동 성분은 다음을 사용하여 식 (3.122)로부터 재구성할 수 있다.

$$u_1(x, r, t) = i \left[\sin(\omega_l x) - \sum_{n=0}^{\infty} (-1)^n \frac{(\omega_l x)^{2n+1}}{(2n+1)!} R_n(r) \right] e^{-i\omega_l t} \tag{3.128}$$

감쇠하는 진동파와 관련하여 식 (3.127)을 풀기 위해 다중 척도, 일치 점근 확장, Wentzel-Kramers-Brillouin(WKB) 방법 등과 같은 여러 섭동 방법들이 개발되었다. $R_n(r)$의 WKB 확장은 $R_n(r) = \exp(\delta^{-1} S_0 + S_1 + \delta S_2 + \delta^2 S_3 + \delta^3 S_4 + ..)$를 사용하여 얻을 수 있다. 여기서 δ는 작은 매개변수이고 함수 $S_j(r)$는 $j \ge 0$에 대해 순차적으로 결정되어야 한다. ε과 δ의 상대적인 크기, 즉 $\delta = \varepsilon$, $\varepsilon^{1/2}$, $\varepsilon^{1/3}$ 등에 따라 두 가지 기본적인 구별 한계를 확인할 수 있다. 이에 대해 역사적으로 구해진 순서대로 기술하였다.

유형 I: $\delta = \varepsilon^{1/2}$ 및 $St = O(Re^{1/2})$에 대해 Majdalani(1995) 및 그의 후속연구에 따라 다음과 같이 구할 수 있다.

$$R_n^I(r) = (f/f_0)^{2n+2} \exp[\zeta_0 - i(\Phi_0 + \Phi_1)] + O(\varepsilon); f_0 \equiv f(1) = 1 \tag{3.129}$$

여기서

$$\begin{cases} \zeta_0 = \dfrac{1}{Mj}\displaystyle\int_1^r \frac{x^3}{f^3(x)} dx; \quad \Phi_0 = St \int_1^r \frac{x}{f(x)} dx \\ \Phi_1 = -\dfrac{St}{Re} \left\{ \left(2n + \tfrac{3}{2}\right) \left[\dfrac{1}{f_0^2} - \dfrac{r^2}{f^2(r)} \right] + \displaystyle\int_1^r \left[\frac{x(4n+5)}{f^2(x)} + \frac{2x^5}{f^5(x) Mj} \right] dx \right\} \end{cases} \tag{3.130}$$

유형 II: $\delta = \varepsilon$ 및 $St = O(Re)$에 대해 Jankowski와 Majdalani(2001)가 보여준 것처럼 다음과 같이 구할 수 있다.

$$R_n^{II} = \left(\frac{f_0^2 - 4i\varepsilon St}{f^2 - 4i\varepsilon r^2 St} \right)^{\frac{1}{4}} \left[\frac{f + \sqrt{f^2 - 4i\varepsilon r^2 St}}{r\left(f_0 + \sqrt{f_0^2 - 4i\varepsilon St}\right)} \right]^{2n+\frac{5}{2}}$$

$$\exp \int_1^r \left[\frac{\sqrt{f^2 - 4i\varepsilon x^2 St} - f}{2\varepsilon x} + \frac{(4n+5)f}{2x\sqrt{f^2 - 4i\varepsilon x^2 St}} \right] dx + O(\varepsilon) \tag{3.131}$$

유형 II는 폐쇄형으로 구하기가 다소 더 어렵지만, 문제에 대한 대안적인 접근법을 제공한다. 주입 사례의 경우 두 가지 유형을 모두 사용하여 우수한 근삿값을 구할 수 있다. 그러나 다공성 채널 및 튜브의 벽 흡입 사례의 경우 Jankowski와 Majdalani(2002, 2005, 2006, 2010)가 증명한 바와 같이 유형 II의 해만 적용할 수 있다.

$f(r) = \sin(\frac{1}{2}\pi r^2)$과 연관된 큰 Taylor-Culick 주입 사례의 경우, 식 (3.130)(Φ_1에서 $n = 0$)을

식 (3.128)에 대입하고 단순화함으로써 매우 정확한 해를 구할 수 있다. 진동 축 속도에 대한 폐쇄형 해는 다음과 같이 주어진다.

$$u_1(x, r, t) = i\left[\sin(\omega_l x) - f\sin(\omega_l x f)\exp(\zeta_0 - i\Phi_0 - i\Phi_1)\right] e^{-i\omega_l t} \tag{3.132}$$

실수 부분을 유지함으로써 다음과 같은 관계식을 얻을 수 있다.

$$u_1(x, r, t) = \sin(\omega_l x)\sin(\omega_l t) - f\sin(\omega_l x f)\exp\zeta_0\sin(\omega_l t + \Phi_0 + \Phi_1) \tag{3.133}$$

따라서 연속성을 사용하여 진동 반경 방향 속도를 구하여 다음과 같이 표현할 수 있다.

$$v_1(x, r, t) = -Ma_w r^{-1} f^3\cos(\omega_l x f)\exp\zeta_0\cos(\omega_l t + \Phi_0 + \Phi_1) \tag{3.134}$$

이것은 반경 방향 진동이 그리 크지 않다는 것을 보여준다. 이제 와류를 구하여 다음과 같이 분해할 수 있다.

$$\Omega_1 = rSt\sin(\omega_l x f)\exp\zeta_0\cos(\omega_l t + \Phi_0 + \Phi_1) \tag{3.135}$$

여기서

$$\begin{cases} \zeta_0 = -\dfrac{1}{\pi^2 Mj}\left[\csc\theta + \theta\cot\theta\csc\theta - 1 - I(\theta) + I\left(\tfrac{1}{2}\pi\right)\right]; \quad \Phi_0 = \dfrac{St}{\pi}\ln\left[\tan\left(\tfrac{1}{4}\pi r^2\right)\right] \\ \Phi_1 = \dfrac{St}{\pi Re}\left\{5\cot\theta + 3\left(\theta\csc^2\theta - \tfrac{1}{2}\pi\right) - \dfrac{8}{\pi^2 Mj}\left[T(\theta) - T\left(\tfrac{1}{2}\pi\right)\right]\right\} \end{cases} \tag{3.136}$$

$\theta \equiv \frac{1}{2}\pi r^2$이며, 두 가지 특수 함수는 다음과 같다.

$$\begin{aligned} I(x) &= \int x\csc x\,dx = x + \sum_{k=1}^{\infty}(-1)^k 2(1 - 2^{2k-1})B_{2k}x^{2k+1}/(2k+1)! \\ &= x + \tfrac{1}{18}x^3 + \tfrac{7}{1800}x^5 + \tfrac{31}{105840}x^7 + \cdots \end{aligned} \tag{3.137}$$

$$\begin{aligned} T(x) = \int x^2\csc^5 x\,dx = \tfrac{1}{48}\{40\ln\tan\left(\tfrac{1}{2}x\right) + 9x^2 - 2\csc x[18x + (2 + 9x^2)\cot x] - 4x\csc^3 x(2 + 3x\cot x)\} \\ + \tfrac{3}{4}\sum_{k=1}^{\infty}(-1)^k(1 - 2^{2k-1})B_{2k}x^{2k+2}/[(2k+2)(2k)!] \end{aligned} \tag{3.138}$$

여기서 수열 $B_{2k} = \{\frac{1}{6}, -\frac{1}{30}, \frac{1}{42}, \ldots\}$은 Bernoulli 수를 나타낸다. 회전 속도 파동의 지수적 감쇠는 Majdalani의 침투 수 $Mj = Re/St^2 = Re_k/St^3 = v_w^3/(r_0\omega^2\nu)$에 크게 의존하며, 이 침투 수는 그림 2.6 및 2.7에 나타난 바와 같이 비정상 상태의 회전 운동의 침투 깊이를 제어한다. 진동 유동[Schlichting(1979)]과 관련되어 발생하는 침투 깊이는 경계층 두께와 유사한 의미를 갖는다. 실제로 Majdalani(1995, 1999)는 일정한 침투 수를 유지하면 작동 매개변수 r_0, ω, ν 및 v_w에 관계없이 튜브의 주어진 위치에서 일정한 침투 깊이를 갖는다는 것을 증명하였다. 이는 식 (3.133)에 의해 주어진 진동 축 속도를 다공성 튜브의 중간 지점에서 첫 번째 종방향 진동 모드에 대한 문제의 수치해석적 결과와 비교하고 있는 그림 2.6을 통해 명확하게 확인할 수 있다. 흥미롭게도, $Mj = 0.1$을 유지하면 Strouhal 수 St는 회전 영역의 깊이에 영향을 주지 않고 넓은 범위의 주파수에 걸쳐 변할 수 있다. 더욱이 St가 증가함에 따라 해의 높은 진동 특성과 공간 파장의 현저한 감소에도 불구하고 Strouhal 수가 연속적으로 증가함에 따라 수치해석적 결과와 점근법적 결과가 점점 더 일치하게 된다. 또한 그림 2.6에서 진동 운동의 비회전 성분과 회전 성분이 균형을 이루는 벽($y = 1 - r = 0$)에서 점착 조건이 관찰된다는 것을 확인할 수 있다. 반대로, 이러한 진동은 유리한 위상각을 나타낼 때 가산되어 분사 표면 근처에서 서로의 진폭을 증가시키는데, 이는 이전 절에서 Richardson의 환형 효과로 정의한 것이다. 벽 주입이 있는 경우, 이 효과는 훨씬 더 눈에 띄어 다공성 벽 근처에서 진폭이 거의 두 배가 된다. 실제로, 동일한 상사성 매개변수가 다공성 채널 및 튜브에서 Stokes 층의 침투 깊이를 결정하는 것으로 입증되었다[Majdalani와 Van Moorhem(1995), Majdalani(1999), Majdalani와 Roh(2000)]. 더욱이 Mj는 반경 방향과 접선 방향이 있는 헤드월(head wall)에서, 즉 횡진동 진동에서[Haddad와 Majdalani(2013)], 축방향으로(반경 방향이 아닌) 주입을 가함으로써 문제가 약 90도 회전하는 경우에도 지배적이다.

튜브 길이에 따른 진동 속도의 공간적 변화를 더 잘 이해하기 위해, u_1의 계수를 계산하여 여러 이산 위치와 Strouhal 수에 대해 그림 3.19에 표시하였다. 계수는 실수부와 허수부의 Pythagorean 합 $\|u_1\| = \sqrt{\left[u_1^{(r)}\right]^2 + \left[u_1^{(i)}\right]^2}$에 의해 구해지며, 식 (3.132)를 이용하여 다음과 같은 관계식을 도출할 수 있다.

$$\begin{cases} u_1^{(r)}(x, r, t) = \sin(\omega_l x)\sin(\omega_l t) - f\sin(\omega_l x f)e^{\zeta_0}\sin(\Phi_0 + \Phi_1 + \omega_l t) \\ u_1^{(i)}(x, r, t) = \sin(\omega_l x)\sin(\omega_l t) - f\sin(\omega_l x f)e^{\zeta_0}\cos(\Phi_0 + \Phi_1 + \omega_l t) \end{cases} \tag{3.139}$$

처음 세 가지 진동 모드에 대한 해의 거동을 더 조사하기 위해, 그림 3.19에서의 $\|u_1\|$의 공간 패턴이 고전적인 오르간 파이프 모드 형상에 의해 명확하게 영향을 받는다는 것을 알 수 있다. 회전 진폭은 해당 속도 진동이 가장 강한 진동 압력 노드(또는 영점)의 벽 위에서 가장 크다. j번째 내부 압력 노드에 대해 $x/L = (2j - 1)/(2l)$, $1 \le j \le l$에서 압력 노드를 확인할 수 있다. 회전 진폭의 추가적인 하류 강화는 Taylor-Culick 평균 유동를 갖는 비정상 상태 와도의 축 대류에 의해 야기된다. 반대로, 와류 강도는 주입 벽에서 멀어지는 안쪽 방향으로의 파동 전파 중에 약화된다. 반경 방향의 와류 감쇠는 점성 확산과 대류 운동의 속도 감소의 복합 효과에 기인할 수 있다. 진동 모드에 관계없이 벽 근처에서 진동 덕트 유동의 특징인 Richardson 환형 효과가 관찰된다. 더 높

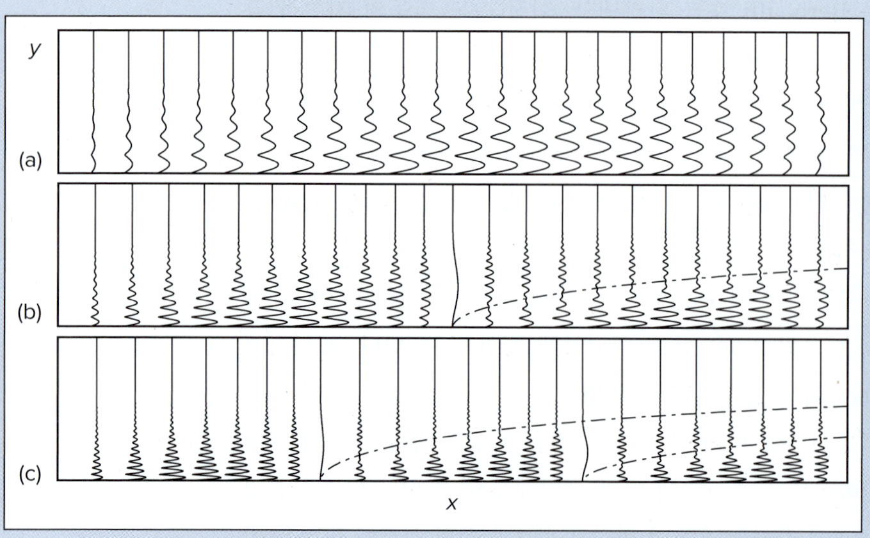

그림 3.19
여러 축 위치 및 처음 세 가지 진동 모드 (a)~(c)에 대한 비정상 상태 종파의 계수. 결과는 $St = 50l$ 및 $Mj = 16/l^2$에 대해 표시되며, 여기서 l은 종방향 압력 진동 모드 수이다. 고전적인 음향 모드 형태와 패턴 상관관계가 있다. 최대 회전 진폭은 진동 압력 노드 근처에서 발생하며 속도 노드 방향으로 감소한다. (b) 및 (c)에서 $l = 2, 3$에 대한 조기 제로 회전 진폭은 $x/L = j/l$, $j < l$에 위치한 j번째 내부 속도 노드에서 나오는 (비정상 상태) 와류의 유맥(연쇄선) 때문에 발생한다. 여기서 $y = 1 - r$은 다공성 벽 위의 정규화된 거리를 나타낸다.

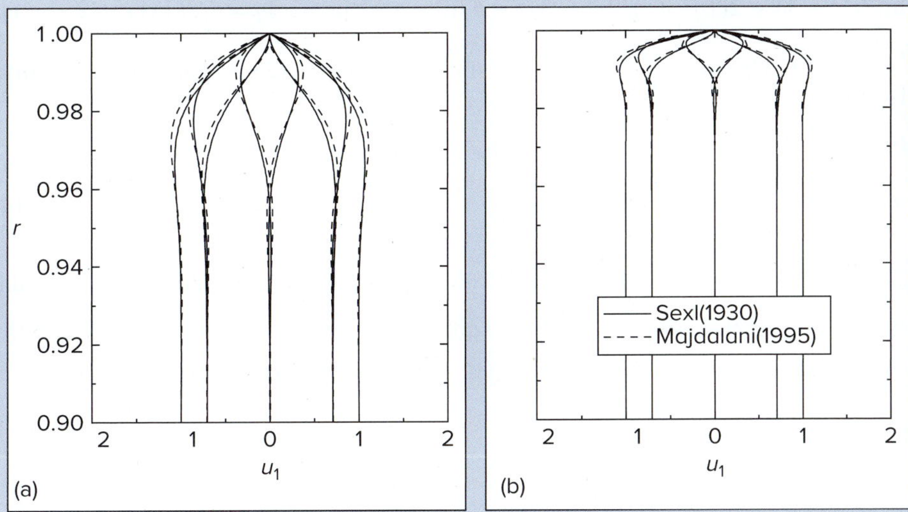

그림 3.20
8개의 연속적인 시간 간격으로 표시된 u_1의 속도 분포. 이 결과는 점근법적 예측(파선)과 Sexl의 정확한 공식(전체 선)으로부터 구했다. 매개변수는 대류 속도와 확산 속도가 같은 차수인 $Mj = 1/\lambda_S$에 해당한다. (a)에서는 $r_0\sqrt{\omega/\nu} = 100$, (b)에서는 $100\sqrt{10}$을 사용하였다.

은 진동 모드($l > 1$)에서 회전 진폭이 0인 조기 노드의 존재는 j번째 내부 속도 노드의 하류에서 j번 나타난다. 이러한 비회전 점은 진동 속도 노드($x/L = j/l$)에서 시작하여 해 영역(그림 3.19의 파선)에 걸쳐 확장되는 0의 비정상 와도 선에 의해 발생한다.

평균 유동은 벽에서의 유입 플럭스에 의해서만 유발되기 때문에 주입을 억제하면 현 모델이 크게 달라진다. 주입이 0이 되는 한계 프로세스에 가까워지면 벽은 불침투성이 되고 압력은 평균 성분을 잃는다. 여기서 제기할 수 있는 질문은 '어디서 멈춰야 할까?'이다. 현재 모델의 υ_w가 Stokes 확산 속도 $\sqrt{2\omega\nu}$와 비슷하다면, 결과는 식 (3.98), 즉 단단한 벽으로 둘러싸인 진동 유동에 대한 Sexl의 정확한 해를 모방한다는 것을 알 수 있다. 이 상황에서 $Mj = 1/\lambda_S$가 되도록 동적 상사성 매개변수를 선택할 수 있다. 여기서 $\lambda_S = r_0\sqrt{\omega/(2\nu)}$는 Stokes 수이다. 이로부터 $Re = 2^{1/6} r_0\sqrt{\omega/\nu}$과 $\upsilon_w = \sqrt{2\omega\nu}/\sqrt[3]{2}$의 관계식을 얻을 수 있다. 따라서 벽 주입 속도는 매우 작은 분자 확산 속도보다 약간 작을 것이다. 이 조건은 사실상 무의미한 주입을 반영하는 것으로 해석할 수 있다. 생성된 유동장는 불침투성 튜브 내부의 진동 유체에 대해 Sexl(1930)이 구한 정확한 해에 관한 식 (3.98)과 비교할 수 있다. 후자는 무한히 긴 튜브에 대해서 유도되었으며 x와 무관한 첫 번째 모드 진동을 나타낸다. 튜브의 유한한 길이로 인해 그림 3.20의 u_1을 $x/L = \frac{1}{2}$ 및 $l = 1$에서의 정확한 해와 비교하였다. 그래픽적으로, 점근적 예측과 정확한 예측이 꽤 일치함을 알 수 있다. 특히 주입이 거의 없는 경우에는 점도가 하는 역할에 반전이 있음을 알 수 있다. 이러한 거동은 증가된 점도와 함께 더 깊은 와류 존재를 예견하는 Prandtl의 고전 이론과 일치한다.

전반적으로 이 근사 모델은 주입이 확산 속도로 감소될 때 Sexl의 해를 따르는 것으로 보인다. $2^{1/6} \cong 1.12$이므로 벽 주입 Reynolds 수의 하한을 $Re = r_0\sqrt{\omega/\nu} = 10$으로 설정하여 $\varepsilon \le 0.1$이 되도록 할 수 있다. 이 하한은 부분적으로 이어지는 섭동 해석에서 원하는 정밀도에 의해 정해진다. 스펙트럼의 하단에서 물성들은 $r_0\sqrt{\omega/\nu} > 10$ 및 $\upsilon_w a/\nu > 10$ 조건을 충족해야 한다. 해당 모델은 $\upsilon_w > 10\nu/a$ 및 $\omega > 10\upsilon_w/a$인 한 적용 가능하다. 수많은 실제 유동을 포함하여 개방형 범위의 물리적 매개변수의 하한은 이러한 부등호에 의해 설정된다. $10 < Re < 100$인 경우 Berman의 다항식 형상 $f = r^2(2 - r^2)$을 식 (3.130)에 대입하고, 다음을 통해 적절한 근삿값을 얻을 수 있다.

$$\begin{cases} \zeta_0 = -\dfrac{1}{32Mj}\left[3\ln(2r^{-2}-1) + 2(1-r^{-2})(2r^4-3r^2-4)(2-r^2)^{-2}\right]; \qquad \Phi_0 = \dfrac{1}{4}St\ln\left[r^2/(2-r^2)\right] \\ \Phi_1 = \dfrac{St}{128r^4Re(2-r^2)^4}\Big[32Mj^{-1} + 2r^2\big(16(2-r^2)^2(1-r^2)[16(1+n) - (23+28n)r^2 + 2(3+4n)r^4] \\ \qquad + Mj^{-1}\{48 + r^2[6 - r^2(3-r^2)(84-65r^2+16r^4)]\}\big) \\ \qquad + r^4(2-r^2)^4(80+64n+15Mj^{-1})\ln(2r^{-2}-1)\Big] \end{cases} \tag{3.140}$$

끝으로, 진동 압력 운동이 있는 다공성 채널의 경우 Majdalani와 Roh(2000) 및 Majdalani(2009)가 자세히 설명한 것처럼, 유사한 2차원 근삿값을 찾을 수 있다. 결과적으로, 여기에 설명한 절차가 약한 압력 진동에 의해 평균 유동이 증가하는 다른 현상학적 문제에 적용될 수 있기를 바란다.

3-5 움직이는 경계를 갖는 비정상 유동

이동 경계가 있는 층류에 대해 다양한 해가 알려져 있으며, 그 중 일부는 경계층 거동을 설명한다. 다시 $u = u(y, t)$, $v = 0$, $w = 0$의 평행 유동 가정을 세우면 운동량 방정식 (3.2)는 다음과 같이 된다.

$$\frac{\partial u}{\partial t} = -\frac{1}{\rho}\frac{d\hat{p}}{dx} + \nu\frac{\partial^2 u}{\partial y^2} \tag{3.141}$$

압력 구배는 이 유동에 대한 시간의 함수일 뿐이므로 변수 변경에 의해 속도로 흡수될 수 있다. 그러나 대부분의 외부 유동 문제에서 압력 구배는 배제할 수 있으므로 다음과 같은 식을 얻을 수 있다.

$$\frac{\partial u}{\partial t} = \nu\frac{\partial^2 u}{\partial y^2} \tag{3.142}$$

식 (3.142)는 다양한 비정상 해가 알려져 있는 균질 열전도 방정식과 동일하다[예: Carslaw와 Jaeger(1959) 참조]. 그 중 하나는 임의로 움직이는 무한 평판 위의 유체 운동에 해당한다. 평판을 $y = 0$에 위치시키므로 $u = u(y, t)$이다. 경계 조건은 평판을 따라 점착 조건과 초기 유체 운동이 없는 조건으로 구성된다.

$$\begin{cases} u(0, t) = U(t), & t > 0 \\ u(y, 0) = 0, & y > 0 \end{cases} \tag{3.143}$$

$U(t)$가 아무리 복잡하더라도 Watson(1958)이 입증한 것처럼 지표 함수 또는 단계 함수 형태 해의 중첩을 통해 해를 구할 수 있다. 다음 두 가지 경우의 문제로 제한하고자 한다.

1. 일정한 U로 평판의 급격한 가속
2. $U_0 \cos \omega t$로 평판의 지속적 진동

사례 1은 갑자기 다른 온도로 리셋되는 바닥면을 갖는 전도성 고체와 유사하다. 이 해는 상보 오

차 함수 또는 확률 적분으로 잘 알려져 있다.

$$\text{급격히 이동하는 평판:}\quad \frac{u}{U} = 1 - \operatorname{erf}\left(\frac{y}{2\sqrt{\nu t}}\right) = \operatorname{erfc}\left(\frac{y}{2\sqrt{\nu t}}\right); \quad \operatorname{erf}(\beta) \equiv \frac{2}{\sqrt{\pi}}\int_0^{\beta} e^{-x^2}\,dx \tag{3.144}$$

이 예를 Stokes의 첫 번째 문제라고 한다. 위에서 독립 변수 y와 t는 단일 무차원 형상 보존 또는 상사성 변수 $\eta = y/(2\sqrt{\nu t})$로 결합되었다. 식 (3.142)는 $u/U = f(\eta)$에 대한 상미분 방정식으로 변환될 수 있다.

이 상사성 변수의 사용을 정당화하기 위해 먼저 판이 무한히 길고 유체가 무한하기 때문에 문제에 물리적 길이 척도가 없다는 점에 주목하자. 차원해석의 기초적인 사용은 주요 매개변수 $u/U = F(y, \nu, t)$를 연관시키고, 두 가지 기본 차원인 [L] 및 [t]의 존재를 식별하는 것으로 시작된다. 이를 통해 두 매개변수, 즉 $u/U = F(\Pi)$(여기서 $\Pi = y\nu^a t^b$)에 의해 함수 종속성 수를 줄일 수 있다. 그런 다음 Buckingham Pi 정리를 사용하여 $\Pi = y\nu^{-1/2}t^{-1/2}$를 추론하므로 $u/U = F(y/\sqrt{\nu t})$ 또는 일반성을 잃지 않고 $u/U = f(\eta)$를 구할 수 있다.

$u \neq u(x)$이므로 연속 방정식이 $\partial v/\partial y = 0$이 됨을 확인할 수 있으며, 이는 $y = 0$에서 $v = 0$이기 때문에 상수일 수밖에 없는 v가 사라져야 함을 의미한다. 또한 $\partial p/\partial y = 0$이 되는 y방향 성분의 운동량 방정식을 통해 $p \neq p(y)$임을 알 수 있다. 축방향 압력 구배가 없으면 Navier-Stokes 방정식은 식 (3.142)로 단순화된다. 후자는 $u = Uf$를 사용하여 추가적으로 다음과 같이 변환될 수 있다.

$$\frac{\partial f}{\partial t} = \nu\frac{\partial^2 f}{\partial y^2}$$

그런 다음 Stokes 상사성 변수 $\eta = y/(2\sqrt{\nu t})$를 사용하여 연쇄 법칙 미분 연산을 통해 다음과 같은 관계식들을 도출할 수 있다.

$$\frac{\partial \eta}{\partial y} = \frac{1}{2\sqrt{\nu t}}, \quad \frac{\partial \eta}{\partial t} = -\frac{1}{4}y\nu^{-1/2}t^{-3/2} = -\frac{\eta}{2t} \quad \text{및} \quad \frac{\partial^2 f}{\partial y^2} = \frac{\partial}{\partial \eta}\left(\frac{\partial f}{\partial \eta}\frac{\partial \eta}{\partial y}\right)\frac{\partial \eta}{\partial y} = \frac{1}{\nu t}\frac{\partial^2 f}{\partial \eta^2}$$

이 관계식을 이용해서 1차원 확산 방정식과 두 경계 조건을 다음과 같이 변환한다.

$$\frac{d^2 f}{d\eta^2} + 2\eta\frac{df}{d\eta} = 0, \quad f(0) = 1\ (y = 0\text{에서 } u = U) \quad \text{및} \quad f(\infty) = 0\ (y \to \infty\text{일 때 } u = 0)$$

이 2차 선형 ODE를 두 번 적분하여 $f(\eta) = C_1\int_0^{\eta} e^{-\eta^2}d\eta + C_2$를 얻을 수 있다. 경계 조건을 적용하면 $C_2 = 1$, $C_1 = -1/\int_0^{\infty} e^{-\eta^2}d\eta = -2/\sqrt{\pi}$이고, 따라서 $f(\eta) = 1 - \frac{2}{\sqrt{\pi}}\int_0^{\eta} e^{-\eta^2}d\eta$를 최종적으로 구할 수 있으며, 이는 식 (3.144)와 동일하다. 상보 오차 함수의 값은 표 3.3에 나와 있다. 유체가 균일한 속도 U_0로 움직이고 평판이 갑자기 멈추는 경우 앞선 경우와 반전된 해를 구할 수 있다. 이 경우,

$$\text{급격히 멈춘 평판:}\quad u = U\operatorname{erf}\left(\frac{y}{2\sqrt{\nu t}}\right) \tag{3.145}$$

이 두 상보적 해에 대해 그림 3.21에서 설명되고 있다. 식 (3.144)에서 갑자기 이동하는 평판이 그

표 3.3 상보 오차 함수의 수치적 값

β	erfc(β)	β	erfc(β)
0	1.0	1.1	0.11980
0.05	0.94363	1.2	0.08969
0.1	0.88754	1.3	0.06599
0.15	0.53200	1.4	0.04772
0.2	0.77730	1.5	0.03390
0.25	0.72367	1.6	0.02365
0.3	0.67137	1.7	0.01621
0.35	0.62062	1.8	0.01091
0.4	0.57161	1.9	0.00721
0.5	0.47950	2.0	0.00468
0.6	0.39615	2.5	0.000407
0.7	0.32220	3.0	0.0000221
0.8	0.25790	3.5	0.00000074
0.9	0.20309	4.0	0.00000001
1.0	0.15730	∞	0.0

림 3.21(a)에, 식 (3.145)에서 갑자기 멈춘 평판이 그림 3.21(b)에 나타나 있다. y의 단위는 임의적이며 곡선 (a)와 (b)는 대칭성을 갖는다. 그림 3.21의 (a) 또는 (b) 부분에서 평판의 효과는 동적 점도의 제곱근에 비례하는 속도로 유체로 확산된다. 유체에 대한 벽 효과가 1%로 떨어지는 지점으로 전단층 두께를 정의하는 것이 일반적이다. (a)에서 $u/U = 0.01$이고 (b)에서 $u/U = 0.99$이다. 두 조건 모두 erfc(β) = 0.01 또는 $\beta \approx 1.82$가 된다. 해당 전단층 두께는 다음과 같은 관계식에 따라 성장한다.

$$\delta \approx 3.64 \sqrt{\nu t} \tag{3.146}$$

20°C에서 $\nu = 1.5 \times 10^{-5}$ m^2/s인 공기를 고려하면 전단 두께는 1분 후 $\delta = 11$ cm에 도달한다.

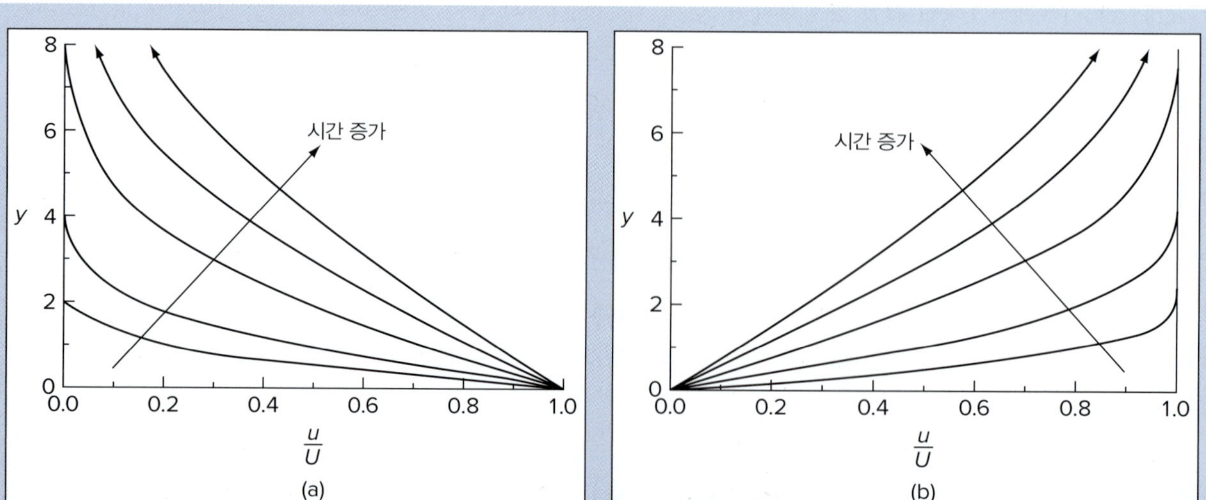

그림 3.21
Stokes의 첫 번째 문제. (a) 갑자기 이동하는 평판 위의 유동, (b) 갑자기 멈춘 평판 위의 유동.

3-5.1 무한 판 위의 유체 진동

진동하는 벽(또는 유동)이 있는 사례 2는 종종 Stokes(1851)의 저명한 논문에 이어 Stokes의 두 번째 문제로 불린다. 여기서 벽은 $u(0, t > 0) = U_0 \cos \omega t$에 따라 진동할 수 있는 반면 원거리장의 유체는 정지상태를 유지한다[$u(\infty, t) = 0$]. 식 (3.142)에 대한 지속적으로 진동하는 해는 $u(y, t) = f(y)e^{i\omega t}$ 형식을 갖는다. 여기서 $i = \sqrt{-1}$이다. 이를 식 (3.142)에 대입하면 다음과 같은 상미분 방정식을 도출할 수 있다.

$$\frac{d^2 f}{dy^2} - \frac{i\omega}{\nu} f = 0 \qquad \text{또는} \qquad f = C\exp\left(-y\sqrt{i\omega/\nu}\right) \tag{3.147}$$

$u(y, t)$를 실수부와 허수부로 더 분리할 수 있다. 벽이 진동하는 경우 경계 조건은 다음과 같이 주어진다.

$$u_1 = U_0 \exp(-\eta)\cos(\omega t - \eta)) \qquad \text{여기서} \qquad \eta = y/\sqrt{2\nu/\omega} \tag{3.148}$$

한편 $u(0, t) = 0$인 정지 벽이 존재하고 유체가 $u(\infty, 0) = U_0 \cos \omega t$에 따라 진동하는 경우 해는 다음과 같다.

$$u_2 = U_0 \cos \omega t - u_1 = U_0[\cos \omega t - \exp(-\eta)\cos(\omega t - \eta)] \tag{3.149}$$

진동하는 벽 또는 유체에 대한 순간 속도 형상은 그림 3.22(a) 및 (b)에 각각 설명되어 있다. 곡선은 주행 진동의 반주기 동안 왼쪽에서 오른쪽으로 $\pi/6$만큼 시간 차이가 난다. 그림 3.22(a)에서 확인할 수 있듯이, 움직이는 벽에 의해 유체에서 생성된 파동은 벽으로부터의 거리가 멀어짐에 따라 위상이 뒤처지고 감쇠한다. 진동층의 두께 δ는 $u/U_0 = 0.01$, 즉 $e^{-\eta} = 0.01$, $\eta \approx 4.6$이므로 $\delta \approx 4.6\sqrt{2\nu/\omega}$로 다시 정의할 수 있다. Stokes는 그의 원 논문에서 실제로 간단한 길이 척도인 $\delta_S = 2\sqrt{2\nu/\omega}$를 도입했으며, 여기에서 교란의 진폭은 구동 진폭의 13.53%로 감소한다. 이 이후로 진동 유동과 관련된 경계층을 Stokes 층이라고 한다. 그러나 Schlichting(1979)은 그의 책에서 침투 깊이를 $2\pi\sqrt{2\nu/\omega}$, 즉 위상적으로 진동할 두 점을 분리하는 파장으로 정의하였다. 표준 99% 교란 감쇠의 정의를 따라 다음과 같이 Schlichting의 관계식을 계속 사용할 것이다.

$$\delta \approx 6.5\sqrt{\nu/\omega} \tag{3.150}$$

여기서 $\sqrt{\nu}$에 대한 특징적인 층류 의존성을 가지는 것을 재확인할 수 있다. 20°C의 공기에서 평판 주파수가 1 Hz($\omega = 2\pi$ rad/s)인 경우 $\delta \approx 1$ cm가 된다. 진동 판의 벽 전단 응력은 다음과 같이 주어지고,

$$\tau_w = \mu\left(\frac{\partial u}{\partial y}\right)_w = U_0\sqrt{\rho\omega\mu}\sin\left(\omega t - \frac{\pi}{4}\right) \tag{3.151}$$

따라서 최대 전단력은 최대 속도보다 135° 지연된다.

고정 벽의 경우[그림 3.22(b)]는 다소 다르다. 벽 근처의 낮은 운동량을 갖는 유체는 실제로 위상이 일치하며, 주기의 양쪽 끝에서 'Richardson' 유형의 속도 오버슈트(그림 3.17)를 볼 수 있다. 이 오버슈트는 비회전 성분 $U_0 \cos \omega t$(원거리장에서의 왕복 운동으로 인해 발생)와 경계에서 생

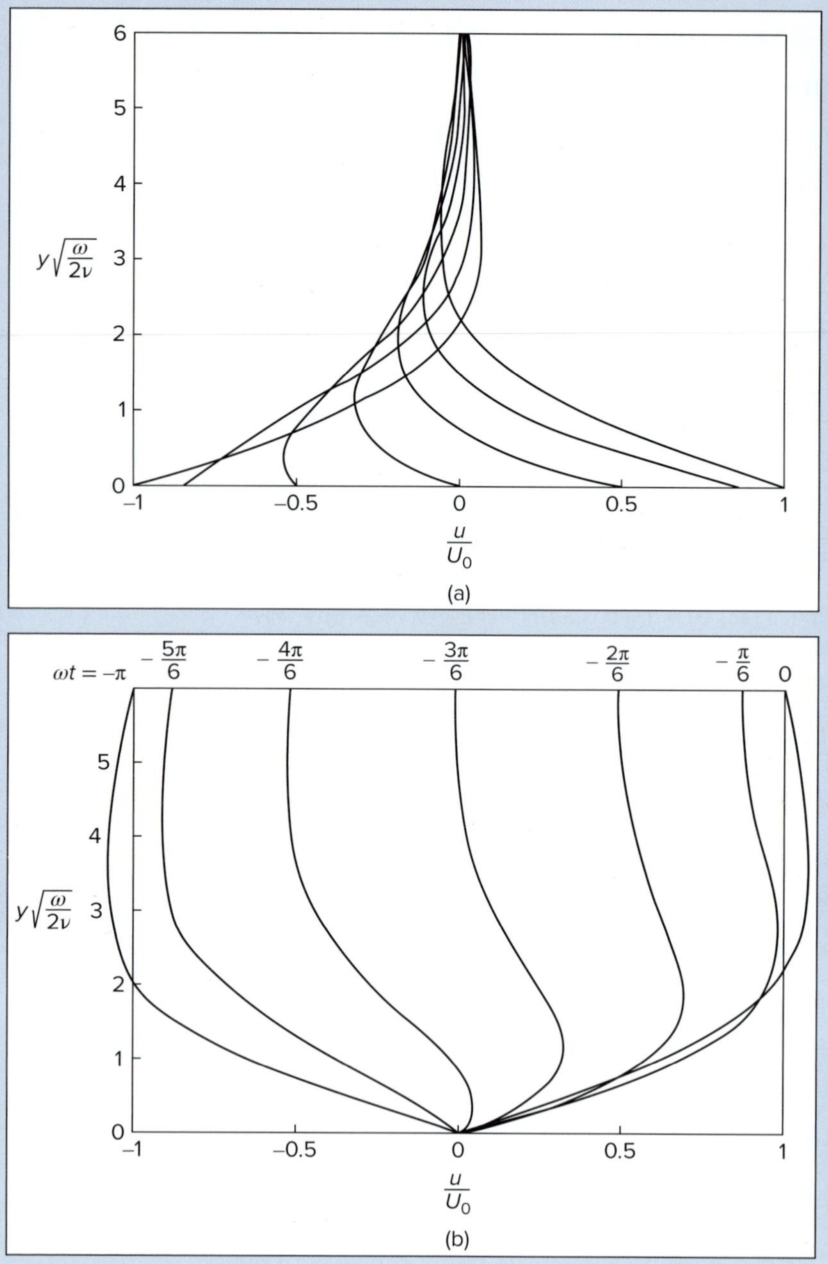

그림 3.22
Stokes의 두 번째 문제. (a) 진동판 위의 유동[식 (3.148)], (b) 고정판 위에서 진동하는 유체[식 (3.149)]. 속도 형상은 반주기 동안 30° 단위로 구분된 시간으로 나타내고 있다.

성된 회전파 u_1의 기여가 합산될 때 벽 근처에서 발생한다. 이러한 오버슈트는 방해받지 않는 원거리장 해 $U_0 \cos \omega t$를 복원하기 위해 회전 성분 u_1과 함께 벽으로부터 빠르게 감쇠한다. 흥미롭게도 오버슈트는 벽 주입이나 분출이 있는 경우 $2U_0$에 가까워지며 더 증가한다[예: Majdalani와 Roh(2000)].

3–5.2 2개의 무한 판 사이의 비정상 유동

식 (3.6)과 그림 3.2(a)에서 기술한 고정판과 이동판 사이의 선형 Couette 유동을 다시 살펴보자. 보다 구체적으로, 정지상태부터 이 유동의 시작을 모델링해 보자. 그림 3.2(a)의 좌표계가 다소 어

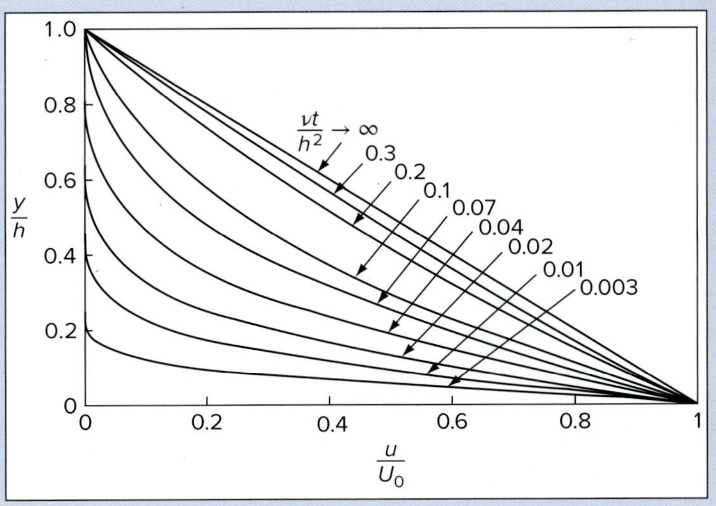

그림 3.23
갑자기 가속된 하부 벽으로 인한 평면 Couette 유동의 발생[식 (3.155)]

색하기 때문에 그림 3.23의 설정으로 바꾸고자 한다. 시간 $t = 0$에서 상부 판은 $y = h$에서 고정된 상태를 유지하지만 $y = 0$에서 하부 판은 균일한 속도 U_0로 이동하기 시작한다. 이 설정에서 최종 정상 유동은 $u = U_0(1 - y/h)$이다. 다음과 같이 u와 최종 정상 유동 사이의 차를 가지고 해석하는 것이 편리할 것이다.

$$u_1 = u - U_0\left(1 - \frac{y}{h}\right) \tag{3.152}$$

무차원 변수 $u_1^* = u_1/U_0$, $y^* = y/h$ 및 $t^* = \nu t/h^2$를 적용하면 다음과 같이 확산 방정식 (3.142)를 구할 수 있다.

$$\frac{\partial u_1^*}{\partial t^*} = \frac{\partial^2 u_1^*}{\partial y^{*2}}, \qquad \begin{cases} u_1^*(0, t^*) = u_1^*(1, t^*) = 0 \\ u_1^*(y^*, 0) = y^* - 1 \end{cases} \tag{3.153}$$

식 (3.153)은 곱 형태의 해 $u_1^* = f(y^*)g(t^*)$를 생성하며, 이를 통해 다음과 같은 식을 도출할 수 있다.

$$\frac{g'}{g} = \frac{f''}{f} = -\lambda^2 \quad \text{또는} \quad g = C\exp(-\lambda^2 t^*) \quad \text{및} \quad f = A\sin(\lambda y^*) + B\cos(\lambda y^*) \tag{3.154}$$

여기서 A, B, C는 상수이다. $u_1^*(0, t^*) = 0$을 만족하려면 $B = 0$이어야 한다. $u_1^*(1, t^*) = 0$을 만족하며 $A \neq 0$이면 $\lambda = n\pi$이어야 한다. 여기서 n은 정수이다. 단일 사인파가 초기 조건을 만족하지 않으므로 $u_1^*(y^*, 0) = \sum A_n \sin(n\pi y^*) = y^* - 1$을 만족하는 Fourier 급수를 도입한다. 표준 Fourier 직교성 조건[Kreyszig(1999)]을 통해 다음을 구할 수 있다.

$$A_n = \int_{-1}^{1} (y^* - 1)\sin(n\pi y^*)\,dy^* = -\frac{2}{n\pi} \tag{3.155}$$

따라서 Couette 유동 시작에 대한 최종 해를 다음과 같이 구할 수 있다.

$$\frac{u}{U_0} = \left(1 - \frac{y}{h}\right) - \frac{2}{\pi}\sum_{n=1}^{\infty}\frac{1}{n}\exp(-n^2\pi^2 t^*)\sin\left(\frac{n\pi y}{h}\right) \tag{3.156}$$

그림 3.23에 이 식에 대한 속도 형상을 도시화하였다. 선형 점근선은 $t^* \approx 0.3$에서 접근함을 알 수 있다. 20°C 공기에 대해 이는 $h = 1$ cm인 경우 $t = 2$ s에 해당한다.

정상 및 비정상 상태의 Couette 및 Poiseuille 유동에 대한 이 절을 마치기 전에, Navier-Stokes 방정식에 대한 다른 비교적 직관적인 단일 좌표 해가 존재한다는 점을 유념하길 바란다. 이는 Berker(1963)의 총설 논문에 잘 요약되어 있다. 다음 해들 중 일부는 연습문제에서 확인할 수 있을 것이다.

1. 움직이는 벽이 갑자기 멈추는 정상 Couette 유동
2. 고정판과 진동판 사이의 비정상 Couette 유동
3. 다공성 원통에서 반경 방향의 유출 유동, 연습문제. 3-24
4. 2개의 원형 판 사이의 반경 방향의 유출 유동, 연습문제 3-23 및 3-36
5. 튜브 또는 환형에서 결합된 Poiseuille 및 Couette 유동, 연습문제 3-11
6. 중력으로 구동되는 얇은 유체 막, 연습문제 3-15~3-18
7. 선 Oseen-Lamb 와류의 감쇠, 연습문제 3-14
8. Taylor 와류 형상, 연습문제 3-22

다음 세 절에서는 일반적으로 2차원 또는 3차원 유동을 포함하는 좀 더 복잡한 해에 대해 개략적으로 설명할 것이다.

3-6 점근적 흡입 유동

이 장에서 논의한 모든 해는 운동량 방정식에서 대류 가속도, 즉 비선형 항이 없었다. 이제 단순하지만 소실되지 않는 대류, 즉 균일한 벽 흡입 또는 주입이 있는 유동의 경우를 고려하고자 한다.

3-6.1 평면에서 균일한 흡입

속도 $U(y \to \infty)$에서 무한 판($y = 0$)을 지나는 정상 유동을 고려해 보자. 수직의 교차 유속을 허용하는 다공성 평판를 $u = 0$이지만 $\rho = \rho_w \neq 0$이 되도록 한다. $u = u(y)$ 및 $v = v_w =$ 상수인 경우 2차원 비압축성 유체에 대한 연속 방정식을 만족한다. 그러면 운동량 방정식은 다음과 같다.

$$\rho v_w \frac{du}{dy} = \mu \frac{d^2 u}{dy^2} \qquad \text{또는} \qquad \frac{d^2 u}{dy^2} - \frac{v_w}{\nu}\frac{du}{dy} = 0 \tag{3.157}$$

이는 $y = 0$에서 $u = 0$이 된다. 상수 v_w의 경우 대류 가속도는 선형이 되어, 다음과 같이 해를 쉽게 구할 수 있다.

$$u = U[1 - \exp(yv_w/\nu)] \tag{3.158}$$

물리적으로 v_w는 음수여야 한다(벽 흡입). 그렇지 않으면 u는 큰 y의 경우 제한되지 않을 수 있다. 일반적으로 경계층 두께는 $u = 0.99U$인 점으로 규정할 수 있으며, 이것은 다음 관계를 의미한다.

$$\delta = -4.6(\nu/v_w) \tag{3.159}$$

이 두께는 y 또는 U와 무관하게 일정한데, 이는 벽(흡입 또는 흡인)으로의 대류가 점성 확산으로 인해 전단층이 성장하는 경향을 상쇄하기 때문이다. 20°C 공기의 경우 $v_w = -1$ cm/s이면 $\delta \approx 7$ mm가 된다. 앞쪽 가장자리($x = 0$)가 있는 평판의 경우, 층류 전단층이 발달하여 Iglisch(1944)가 $x \approx 4\nu U/v_w^2$로 추정한 거리에서 이 상수값에 접근한다(4.4절 참조). $U = 10$ m/s 및 $v_w = -1$ cm/s인 20°C 공기에서 이 축 거리는 $x \approx 6$ m의 길이에 해당한다.

3-6.2 하단 주입과 상단 흡입이 있는 평판 사이의 유동

이제 그림 3.24에서와 같이 각각 $y = +h$ 및 $y = -h$에 위치한 2개의 다공성 판 사이의 유동을 고려해 보자. 일정한 압력 구배 $-d\hat{p}/dx$에 의해 주 유동이 발생한다. 균일한 수직 교차 유동을 생성하도록 다공성 벽을 다음과 같이 설정한다.

$$v = v_w = \text{상수} \tag{3.160}$$

$w = 0$인 연속 방정식은 이전과 마찬가지로 $u = u(y)$만 필요로 한다. 따라서 운동량 식 (3.2)는 다음과 같다.

$$\rho v_w = -\frac{d\hat{p}}{dx} + \mu\frac{d^2u}{dy^2} \tag{3.161}$$

v_w는 상수이므로 이 방정식은 선형이다. 주 유동에 대해서 다음과 같은 경계 조건을 통해 점착 조건을 유지하게 한다.

$$u(+h) = u(-h) = 0 \tag{3.162}$$

양의 v_w는 하단 평판에서의 주입과 상단 평판에서의 흡입에 해당한다(그림 3.24). 무차원 형태로 표현할 수 있는 해는 소위 **교차 유동 또는 벽 Reynolds 수** $Re = v_w h/\nu$를 매개변수로 포함하며, 이를 통해 다음과 같은 관계식을 구할 수 있다.

$$\frac{u}{u_{\max}} = \frac{2}{Re}\left(\frac{y}{h} - 1 + \frac{e^{Re} - e^{Re\,y/h}}{\sinh(Re)}\right) \tag{3.163}$$

여기서 $u_{\max} = h^2(-d\hat{p}/dx)/(2\mu)$는 비다공성 또는 Poiseuille 유동에 대한 중심선 속도이다[식 (3.44)]. 작은 교차 유동 Re의 경우 괄호 안의 마지막 항을 멱급수 형태로 전개할 수 있으며, 결국 Poiseuille 해 $1 - y^2/h^2$ 형태로 나타낼 수 있다. 큰 Re의 경우, 괄호 안의 동일한 마지막 항은 약 2.0이 된다($y = +h$ 부근 제외). 다음 결과 모델

$$\frac{u}{u_{\max}} \approx \frac{2(1 + y/h)}{Re}$$

은 $u = 0$인 상단 벽에서 갑자기 0으로 떨어지는 직선 변동을 보인다. 이러한 거동을 설명하는 식

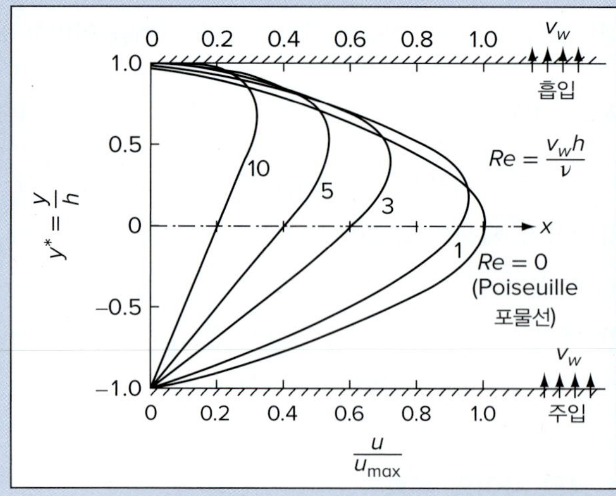

그림 3.24
동일한 반대편 다공성 벽을 갖는 평행판 사이의 유동에 대한 속도 형상, 식 (3.163)

(3.163)을 기반으로 한 일부 속도 형상이 그림 3.24에 나와 있다. 평균 속도는 Re가 연속적으로 증가함에 따라 감소한다. 즉, 벽을 통해 더 많은 교차 유동을 가함에 따라 마찰 계수가 증가한다.

회전하는 다공성 원통 사이에 알려진 교차 유동장를 부여하는 예를 통해 다른 형상에 대한 유사한 해석을 수행할 수 있다. 벽 흡입이 있는 단일 회전 원통 외부의 유동은 연습문제로 주어진다. 이 유동의 특성은 흡입 속도 v_w가 $2\nu/r_0$를 초과할 때 변경된다는 것이며, 여기서 r_0는 원통의 반경을 나타낸다.

3-6.3 비선형 효과: 다공성 덕트에서의 유동

이전 예시는 일정한 교차 유속을 가정했기 때문에 선형성을 갖는 방정식을 구할 수 있었다. 보다 현실적인 경계 조건(예: 양쪽 벽에 흡입 또는 주입)을 적용하면 순 질량 유동은 x에 따라 변하며 연속성 관계를 만족시키기 위해 최소한 $u = u(x, y)$ 및 $v = v(y)$이어야 한다. 이는 축 대류 가속도항 $u\,\partial u/\partial x$ 및 $v\,\partial u/\partial y$ 모두 종속 변수의 곱이므로 비선형성을 가짐을 의미한다. 해는 고유성 문제와 비유일성 문제로 인해 구하기 어려울 수 있기에, 한 가지 예를 고려하는 것이 도움이 될 것이다.

일정한 벽 속도 v_w를 갖는 균일한 다공성 덕트의 경우 덕트의 평균 속도 $\bar{u}$는 벽을 통과하는 질량 흐름 때문에 x에 따라 선형으로 변한다. 축대칭 원형 튜브와 평면 채널 유동(평행판 사이)이 가장 많이 연구된 형상이다. 실제로는 평균 속도가 지속적으로 변하기 때문에 입구 영역이 있어야 하며, '완전하게 발달된' 조건을 달성할 수 있는지에 대한 의문이 제기된다.

현재 설정에서는 그림 3.1의 형상을 사용하여 균일한 다공성 평행판 사이의 비압축성 채널 유동을 고려하고자 한다. 구체적인 증거 없이, 훨씬 하류에 있고 경계 조건은 다음과 같다고 가정한다.

$$\begin{aligned} y = +h\text{에서:} \quad & u = 0 \quad v = +v_w \\ y = -h\text{에서:} \quad & u = 0 \quad v = -v_w \end{aligned} \tag{3.164}$$

따라서 벽은 동일한 흡입($v_w > 0$) 또는 동일한 주입($v_w < 0$) 상태가 된다. $x = 0$에서 $\bar{u}(0)$은 진입

시 평균 축방향 속도를 나타낸다. 단위 폭을 가정하면, 총 질량 균형 측면에서 $\bar{u}(x)$는 $\bar{u}(0)$과 거리 x에 걸쳐 주입(또는 제거)된 질량$(-2v_w x)$의 양을 횡단면적$(2h)$으로 나눈 값, 즉 $-v_w x/h > 0$(주입의 경우)만큼 다르다는 것은 분명하다. 이와 같은 사실로부터 Berman(1953)은 다공성 채널의 유동함수에 대해 다음과 같은 관계를 공식화하였다.

$$\psi(x, y) = [h\bar{u}(0) - v_w x]f(y^*) \tag{3.165}$$

여기서 $y^* \equiv y/h$와 f는 아직 결정되지 않은 무차원 함수를 나타낸다. 속도 성분은 ψ의 정의에 의해 다음과 같이 주어진다.

$$\begin{aligned} u(x, y^*) &= \frac{\partial \psi}{\partial y} = \left[\bar{u}(0) - \frac{v_w x}{h}\right]f'(y^*) = \bar{u}(x)f'(y^*) \\ v(x, y^*) &= -\frac{\partial \psi}{\partial x} = v_w f(y^*) = v(y)\text{만의 함수} \end{aligned} \tag{3.166}$$

분명히, 함수 f와 그 미분값 f'은 축 위치와 무관하게 속도 형상을 재현하는데, 이러한 유동을 자가 상사성을 갖는다고 한다(더 많은 예는 3-8절 및 4-3절 참조). 이제 정상 유동에 대해 유동함수가 운동량 식 (3.2)를 만족해야 한다.

$$u\frac{\partial u}{\partial x} + v\frac{\partial u}{\partial y} = -\frac{1}{\rho}\frac{\partial p}{\partial x} + \nu\left(\frac{\partial^2 u}{\partial x^2} + \frac{\partial^2 u}{\partial y^2}\right), \quad u\frac{\partial v}{\partial x} + v\frac{\partial v}{\partial y} = -\frac{1}{\rho}\frac{\partial p}{\partial y} + \nu\left(\frac{\partial^2 v}{\partial x^2} + \frac{\partial^2 v}{\partial y^2}\right) \tag{3.167}$$

식 (3.166)에서 u와 v를 식 (3.167)에 대입하면 교차 미분을 통해 다음 관계식을 구할 수 있다.

$$\frac{\partial^2 p}{\partial x \partial y} = 0 \tag{3.168}$$

이는 비다공성 덕트 유동의 경우와 달리 압력 구배가 일정하지 않다는 것을 상기시켜 준다. 식 (3.167)과 (3.168)을 결합하면 $f(y^*)$에 대한 단일 4차 비선형 상미분 방정식을 다음과 같이 얻을 수 있다.

다공성 채널에 대한 Berman 방정식: $$f'''' + Re(f'f'' - ff''') = 0 \tag{3.169}$$

여기서 $Re = v_w h/\nu > 0$(흡입의 경우)은 벽 또는 교차 유동 Reynolds 수를 의미하고, 프라임은 y^*에 대한 미분을 나타낸다. 식 (3.164)로부터 네 가지 경계 조건을 다음과 같은 형태로 변환할 수 있다.

$$f'(-1) = 0, \qquad f'(+1) = 0, \qquad f(-1) = -1, \qquad f(+1) = +1 \tag{3.170}$$

이는 $f(y^*)$가 $y^* = 0$에 대해 비대칭이므로, 중심선에서 $v = 0$ 및 $\partial u/\partial y = 0$ 또는 $f(0) = f''(0) = 0$임을 보여준다. 식 (3.169)에 대해 알려진 해석적 폐쇄형 해는 없지만 한 번 적분함으로써 다음과 같은 관계식을 얻을 수 있다.

$$f''' + Re\left(f'^2 - ff''\right) = k(Re) = \text{상수} \tag{3.171}$$

해를 구하기 위한 추가 진행을 위해서는 다음과 같은 다른 기법들이 필요하다.

1. 점근적 해: Berman(1953), Sellars(1955), Yuan(1956), Terrill(1964, 1965), Lu 등(1992), Lu(1997), Cox와 King(1997, 2004), King과 Cox(2001), Saad와 Majdalani(2009) 외 기타
2. 수치해석적 해: Eckert 등(1957), Terrill(1965), Cox (1991) 외 기타
3. 멱급수 해: White(1959)

이것들은 일반적인 기법들이며, 나중에 정확한 해를 구하기 어려운 문제들을 해석할 때 이 세 가지 기법 모두를 사용할 기회를 갖게 될 것이다. 실제로 균일한 다공성 채널에서 층류 유동에 대한 다중 해로 이어지는 벽 Reynolds 수의 경우와 범위가 있다. Raithby(1971), Robinson(1976), Skalak와 Wang(1978), Shih(1987), Zaturska 등(1988), Hastings 등(1992), MacGillivray와 Lu(1994), Cox와 King(1997, 2004) 및 기타 다수 학자들은 흡입을 위한 세 가지 주요 유형의 해(I-III으로 표시)와 주입을 위한 해를 발견하게 되었다. 요컨대, 식 (3.169)에 대해 조건 (3.170)을 동일하게 또는 점근적으로 만족하는 여러 해가 다음과 같이 구해졌다.

$Re = 0$ (Poiseuille의 형상):
$$f = \tfrac{3}{2}y^* - \tfrac{1}{2}y^{*3} \tag{3.172a}$$

$|Re| < 20$ (Berman의 작은 Re 형상):
$$f = \tfrac{3}{2}y^* - \tfrac{1}{2}y^{*3} - \tfrac{1}{280}Re\left(2 - 3y^{*2} + y^{*6}\right)y^* + O(Re^2) \quad \text{[Berman(1953)]} \tag{3.172b}$$

$Re \to +\infty$ (Sellars의 흡입 형상):
$$f = y^* \quad \text{[Sellars(1955)]} \tag{3.173a}$$

$Re \gg 1$ (Terrill의 흡입 형상):
$$f = \frac{y^* - Re^{-1}e^{-Re(1-y^*)}}{1 - Re^{-1}} + O(Re^{-2}) \quad \text{[Terrill(1964)]} \tag{3.173b}$$

$Re \gg 1$ (Lu의 흡입 형상):
$$f = \begin{cases} (1 - 1/\Delta)\sin\left[\pi y^*/(1-\Delta)\right]/\pi; & 0 \le y^* \le 1 - \Delta \\ (y^* + \Delta - 1)/\Delta; \ 1 - \Delta < y^* \le 1; \ 2\pi^9\Delta\exp(Re\Delta + 1) = Re^7 \end{cases} \quad \text{[Lu(1997)]} \tag{3.173c}$$

$Re \to -\infty$ (Taylor의 주입 형상):
$$f = \sin\left(\tfrac{1}{2}\pi y^*\right) \quad \text{[Taylor(1956)]} \tag{3.174a}$$

$Re \ll -1$ (Yuan의 주입 형상):
$$f = \begin{cases} \sin\phi - \tfrac{1}{4}\pi Re^{-1}\left\{(\phi\cos\phi - \sin\phi)\ln\left|\tan(\phi/2)\right|\right. \\ \left. +\cos\phi\left[C\phi - S_0(\phi)\right]\right\} + O(Re^{-2}); \quad \phi \equiv \tfrac{1}{2}\pi y^* \end{cases} \quad \text{[Yuan(1956)]} \tag{3.174b}$$

여기서

$$S_0(x) \equiv \int_0^x z\csc z\,dz = x + 2\sum_{k=1}^{\infty}\pi^{-2k}\frac{(1 - 2^{1-2k})}{(2k+1)}\left(\sum_{j=1}^{\infty}j^{-2k}\right)x^{2k+1}; \; C = 2\left[S_0(\tfrac{1}{2}\pi) - 1\right]/\pi \approx 0.5296237$$

Terrill과 Yuan의 점근적 해에서 $Re \to \pm\infty$인 경우에 Sellars와 Taylor의 정확한 흡입 및 주입 형상은 각각 구할 수 있음을 유념하라. 유사하게 Berman의 작은 Reynolds 수 확장에서 $Re \to 0$일 때 Poiseuille 형상 $u = \bar{u}f'(y^*)$을 구할 수 있다. 이외 다른 Reynolds 수의 경우 Runge-Kutta 적분과 같은 수치해석 기법을 사용하여 식 (3.169)를 풀 수 있다. 두 가지 초기 조건은 알 수 없다. 즉, 하나가 $y^* = -1$에서 시작하는 경우, $f''(-1)$ 및 $f'''(-1)$을 모두 추측해야 하며 $f(1) = 0$ 및 $f'(1) = 0$이 확보될 때까지 해가 이중 적분되어야 한다. 전체 형상 세트는 White 등(1958)에 의해

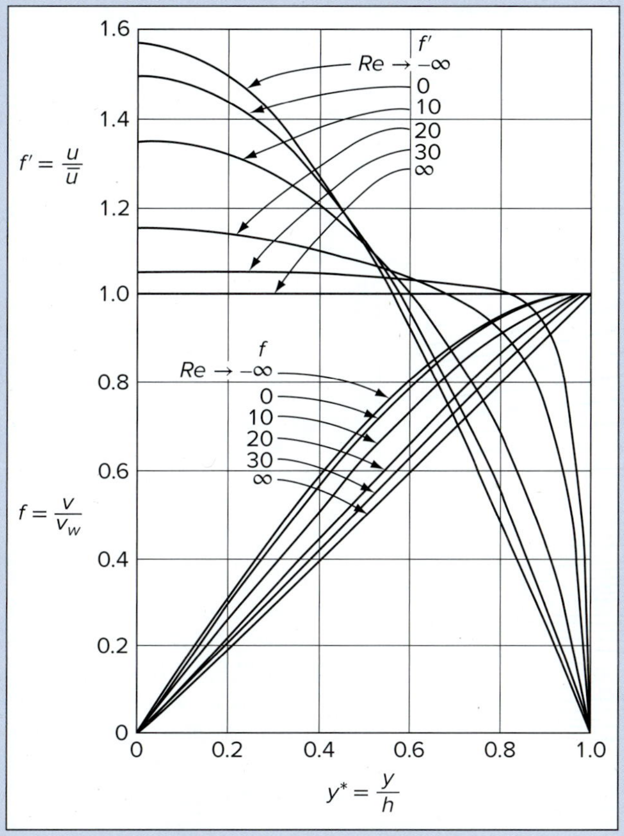

그림 3.25
벽 Reynolds 수 $Re = v_w h/\nu$의 함수로서 대칭성을 갖는 다공성 채널에 대한 유사한 속도 분포[White 등(1958) 이후]

제공되며 그림 3.25에 나와 있다.

흡입 사례에서 속도 분포는 벽 Reynolds 수에 따라 중간 부분 근처에서 더 평탄하고 벽 근처에서 더 가파름으로써 Poiseuille 패턴에서 벗어난다. 실제로 형상은 $Re \to +\infty$의 플러그 유동에서 $Re = 0$의 Poiseuille로 부드럽게 변한다. 주입의 경우, Poiseuille이 포물선부터 Taylor 정현파 분포까지 더 빠르긴 하지만 계속 변화하며, $Re < -100$에서 지배적이기 시작한다. 따라서 그림 3.24와 같이 주입은 해를 중간면 쪽으로 밀어내며 흡입은 형상을 벽 쪽에 더 가깝게 끌어당긴다.

비선형 문제에서 자연스럽게 동반하는 해의 다중성에 대해 Zaturska 등(1988)은 흡입의 경우 $0 < Re < 12.165$에 대해 하나의 대칭 해가 존재하고 $12.165 < Re < \infty$에 대해 유형 I-III로 지정되는 3개의 대칭 해가 존재한다는 것을 확인하였다. 주입에 관해서는 Skalak과 Wang(1978)은 최대 하나의 해가 존재할 수 있음을 보여주었고, Shih(1987)는 나중에 이 유일 해가 $Re < 0$의 전체 주입 범위에 걸쳐 실제로 존재한다는 것을 증명하였다. 흥미롭게도, 큰 흡입에 대한 해(I와 II로 표시된)의 처음 2개는 Sellars(1955)[식 (3.173a)]에 의해 주어진 동일한 선행 차수 항을 보이는 반면, 유형 III 정현파 형태는 훨씬 나중에 Lu(1997)[식 (3.173c)]에 의해 발견되고 Cox와 King(1997, 2004)에 의해 추가로 연구되었다.

이러한 해와 관련된 유선 패턴을 추가로 설명하기 위해 그림 3.26의 중간 평면에 대한 대칭을 활용하고 영역을 $0 \le x^* \le L_0/h$ 및 $0 \le y^* \le 1$로 제한한다. 여기서 L_0는 오른쪽이 개방된 다공성 채널의 길이를 나타낸다. 평균 유동 유선은 (a) Berman(1953)에 의해 유도된 작은 교차 유동

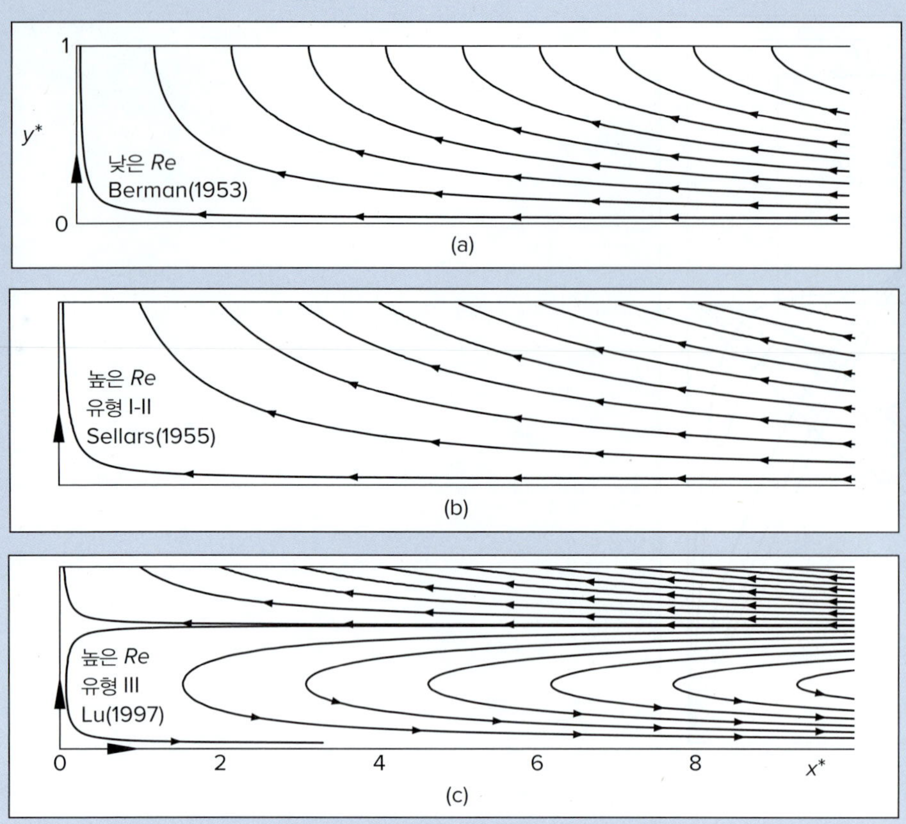

그림 3.26
(a) Berman의 작은 흡입 유동 근삿값, (b) Sellars의 유형 I-II 및 (c) 큰 교차 유동 Reynolds 수에 대한 Lu의 유형 III 해법에 해당하는 유선들. 여기서 $x^* = x/h$는 무차원 축 좌표를 나타내며 유동은 오른쪽 채널로 유입될 수 있다.

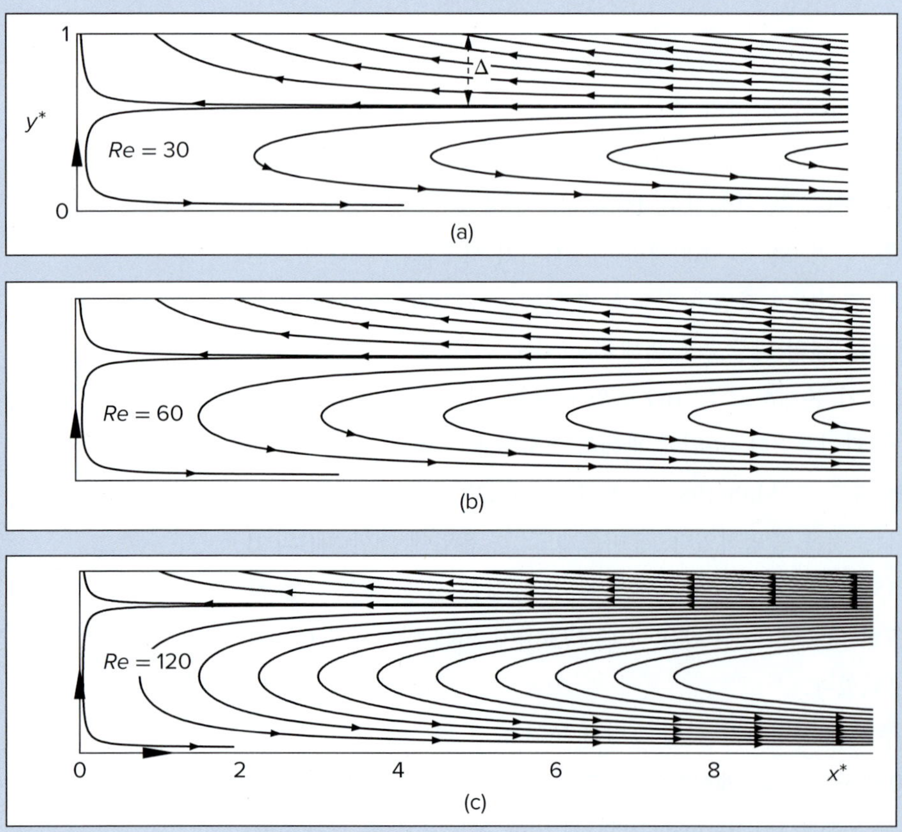

그림 3.27
벽 근처에서 급격한 유동 선회와 중심부 근처에서 전체 유동 반전($0 < y^* < 1 - \Delta$)을 나타내는 Lu의 유형 III 특성 함수에 해당하는 유선형 패턴. 각 그림들은 (a) $Re = 30$, (b) $Re = 60$, (c) $Re = 120$에 해당한다. $Re \to \infty$에서 $\Delta \to 0$에 유의하라.

Reynolds 수 확장과 (b) Sellars(1955) 및 (c) Lu(1997)에 의해 발견된 큰 흡입의 해을 기반으로 계산된다. 후자는 그림 3.27에서 (a) 30, (b) 60 및 (c) 120을 갖는 증가하는 교차 유동 Reynolds 수에서 자세히 조사되었다. $0 < y^* < 1 - \Delta$ 간격에서 유동은 주입에 의해 구동되는 문제에서와 같이 유체 층이 다공성 벽에서 밀려나도록 유동 방향이 전환된다. 보다 구체적으로, 법선 속도 부호의 반전은 주입 효과를 모사한다. 분명히, 다공성 벽에서 멀어지는 평균 유동 층의 대류는 서로 다른 흡입 수준에서 복잡한 유선 패턴을 초래한다. 유형 III 해에 대한 이 비균일 영역은 Re가 증가함에 따라 확장된다. 가장 큰 값인 $\Delta = 0.5108$이 얻어지는 $Re = 13.7$ 근처에서 가장 좁다.

훨씬 더 흥미로운 거동은 균일한 다공성 파이프에서 나타난다. 실제로 White(1962a)는 $Re = \upsilon_w r_0/\nu$의 다양한 값에 대한 일련의 해를 구하였다. 광범위한 연구 결과, 주입에 대한 두 가지 해(하나는 비물리적 해)가 모든 $Re < 0$에 대해 존재한다는 것이 밝혀졌다. 그리고 주입 구동에 대한 해의 부드러운 변화에도 불구하고, 해당 흡입 형상은 다음과 같은 특성을 보인다.

1. $0 < Re < 2.3$에 대해 역류가 있는 이중 해
2. $2.3 < Re < 9.1$ 범위에서는 해가 없음
3. $9.1 < Re < 20.6$ 범위에서의 두 가지 해
4. $Re > 20.6$에 대한 네 가지 해

이 절에서는 균일한 다공성 채널의 대칭 유동 형상에 초점을 맞추었지만 일반적으로 이동, 회전 및 팽창 또는 수축 벽이 있는 다공성 파이프 및 덕트에 대한 훨씬 더 광범위한 문헌이 존재한다는 점을 주목하라. 또한 헤드월 주입 유무에 관계없이 비압축성 및 압축성 유동 조건에 대해 대칭 및 비대칭 벽 침투성과 유동 형상을 모두 고려한 연구들도 존재한다.

예를 들어, 큰 주입의 경우 축대칭 유동은 Yuan과 Finkelstein(1956), Terrill과 Thomas(1969), Majdalani와 Saad(2007), Majdalani와 Akiki(2010)에 의해 도출된 식 (3.174)를 이용하여 구한 것들과 유사하다. 후자의 연구 결과를 기반으로 다음과 같은 식을 얻을 수 있다.

$$f = \sin\phi + Re^{-1}\{3 + (\sin\phi - \phi\cos\phi)S_1(\phi) + \cos\phi\, S_2(\phi) - C_1\sin\phi - C_2\phi\cos\phi - C_3\cos\phi\} \tag{3.175}$$

여기서 $\phi \equiv \frac{1}{2}\pi r^{*2}$; $C_1 = 3 + S_1\left(\frac{1}{2}\pi\right)$; $C_2 = -6\pi^{-1} - 1 - S_1\left(\frac{1}{2}\pi\right) + (2/\pi)S_2\left(\frac{1}{2}\pi\right)$; $C_3 = 3$

및
$$S_1(\phi) = \int_0^\phi \varphi\csc\varphi\, d\varphi = \phi + \sum_{k=1}^{\infty}\frac{2}{\pi^{2k}}\left(\sum_{n=1}^{\infty}\frac{1}{n^{2k}}\right)\frac{(1-2^{1-2k})}{(2k+1)}\phi^{2k+1};$$

$$S_2(\phi) = \int_0^\phi \varphi^2\csc\varphi\, d\varphi = \frac{1}{2}\phi^2 + \sum_{k=1}^{\infty}\left(\sum_{n=1}^{\infty}n^{-2k}\right)\frac{(1-2^{1-2k})}{(k+1)\pi^{2k}}\phi^{2k+2}$$

무한히 큰 주입의 경우, 이상적인 로켓 챔버에 대한 수많은 연구 조사의 기초로 사용된 Taylor-Culick 유동함수를 복기한다[Majdalani와 Saad(2007, 2012) 참조]. 구체적으로 다음과 같이 구할 수 있다.

$Re \to -\infty$ (Taylor-Culick 주입 형상): $f = \sin\left(\frac{1}{2}\pi r^{*2}\right)$ [Taylor(1956) 및 Culick(1966)] (3.176)

작은 흡입 및 주입의 경우, 축대칭 문제는 Berman(1958), Terrill과 Thomas(1969), Saad와 Majdalani(2017) 등 여러 연구자들에 의해 활발히 연구되었다. 후자는 Berman 식을 다음과 같이 수정하였다.

다공성 튜브에 대한 Berman 방정식: $$2\eta\frac{d^4f}{d\eta^4}+4\frac{d^3f}{d\eta^3}+Re\left(\frac{df}{d\eta}\frac{d^2f}{d\eta^2}-f\frac{d^3f}{d\eta^3}\right)=0;\quad \eta\equiv\tfrac{1}{2}r^{*2} \tag{3.177}$$

여기서 $$\frac{df(\frac{1}{2})}{d\eta}=0,\quad f(\tfrac{1}{2})=1,\quad f(0)=0\quad \text{and}\quad \lim_{\eta\to0}\sqrt{2\eta}\,\frac{d^2f}{d\eta^2}=0$$

따라서 교차 유동 Reynolds 수의 직접적인 점근적 확장은 다음과 같다.

$$|Re|<100:\qquad f\approx4\eta(1-\eta)+\tfrac{1}{9}\eta(2-9\eta+12\eta^2-4\eta^3)Re$$
$$\approx 2r^{*2}-r^{*4}+\tfrac{1}{36}r^{*2}(4-9r^{*2}+12r^{*4}-r^{*6})Re \tag{3.178}$$

이를 통해 다음과 같은 Berman의 작은 Reynolds 수에 대한 해를 확인할 수 있다.

$$|Re|<100\ (\text{Berman의 작은 } Re \text{ 형상}):\qquad f\approx r^{*2}(2-r^{*2})\qquad [\text{Berman(1953)}] \tag{3.179}$$

Terrill과 Thomas(1969)는 점근적 기법를 사용하여 다음과 같이 무한히 큰 흡입 근삿값을 도출하였다.

$$Re\to+\infty\ (\text{Terrill-Thomas 흡입 형상}):\qquad f=r^{*2}\qquad [\text{Terrill과 Thomas(1969)}] \tag{3.180}$$

앞서 기술한 공식들이 균일한 다공성 채널 및 튜브에 대한 근본적인 기본 해의 일부일 뿐이라는 것을 언급하며 이 절을 끝맺고자 한다. 이를 기반으로 다양한 헌신적 연구 결과가 보고되었고, 이 책이 집필되는 당시에도 계속해서 추가 조사가 필요한 미해결 문제들이 남아 있다.

3-6.4 선회 효과: 회전하는 다공성 덕트의 유동

이제 원통형 벽이 회전 각속도 ω_s로 회전하는 균일한 다공성 튜브의 유동을 살펴보자. 회전하는 로켓 모터[Cecil과 Majdalani(2019)]의 벌크 내부 유동장을 포착하기 위해 사용된 이 모델은 그림 3.28과 같이 벽에서 υ_s의 유한 접선 속도를 나타낸다. 헤드엔드 중심에 고정된 원통형 좌표계를 채택하는 것이 편리하며, z는 축류 방향을 가리키며 $(\upsilon_r, \upsilon_\theta, \upsilon_z)$는 3성분 속도 벡터를 나타낸다. 다공성 벽에서 일정한 반경 방향의 주입 속도의 경우 주입에 대해 $\upsilon_r(r=r_0)=-\upsilon_w<0$ 조건을 부여할

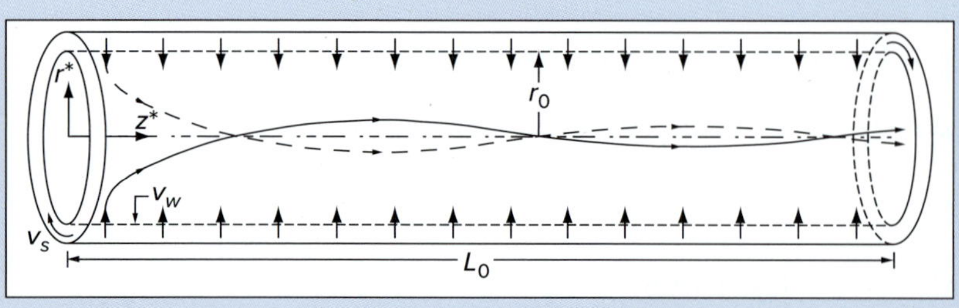

그림 3.28
벽 주입 속도 υ_w가 균일하고 접선 속도 υ_s가 일정한 다공성 튜브

수 있다. 여기서 r_0는 튜브의 반경을 나타낸다. 무차원화된 변수를 사용하여 더 쉽게 해석할 수 있기 때문에 이 절에서는 표기를 바꾸고 주입에 대한 양수 Reynolds 수와 함께 차원 변수에 다음과 같이 별표를 사용하여 태그를 지정한다.

$$r = \frac{r^*}{r_0}, \quad z = \frac{z^*}{r_0}, \quad v_r = \frac{v_r^*}{v_w}, \quad v_\theta = \frac{v_\theta^*}{v_w}, \quad v_z = \frac{v_z^*}{v_w}, \quad p = \frac{p^*}{\rho v_w^2}$$

주입에 대한 $Re = v_w r_0/\nu > 0$인 경우 정상 상태, 비압축성이며 무차원화된 Navier-Stokes 방정식은 다음과 같이 단순화된다.

$$\begin{aligned}
&\frac{1}{r}\frac{\partial(rv_r)}{\partial r} + \frac{\partial v_z}{\partial z} = 0\\
&v_r\frac{\partial v_r}{\partial r} + v_z\frac{\partial v_r}{\partial z} - \frac{v_\theta^2}{r} = -\frac{\partial p}{\partial r} + \frac{1}{Re}\left(\frac{\partial^2 v_r}{\partial r^2} + \frac{1}{r}\frac{\partial v_r}{\partial r} + \frac{\partial^2 v_r}{\partial z^2} - \frac{v_r}{r^2}\right)\\
&v_r\frac{\partial v_\theta}{\partial r} + v_z\frac{\partial v_\theta}{\partial z} + \frac{v_r v_\theta}{r} = \frac{1}{Re}\left(\frac{\partial^2 v_\theta}{\partial r^2} + \frac{1}{r}\frac{\partial v_\theta}{\partial r} + \frac{\partial^2 v_\theta}{\partial z^2} - \frac{v_\theta}{r^2}\right)\\
&v_r\frac{\partial v_z}{\partial r} + v_z\frac{\partial v_z}{\partial z} = -\frac{\partial p}{\partial z} + \frac{1}{Re}\left(\frac{\partial^2 v_z}{\partial r^2} + \frac{1}{r}\frac{\partial v_z}{\partial r} + \frac{\partial^2 v_z}{\partial z^2}\right)
\end{aligned} \tag{3.181}$$

여기서 축대칭 조건($\partial/\partial\theta = 0$)이 적용되었다. 이 시점에서 유동 방향에서 선형적으로 변화하는 유동함수를 다음과 같이 도입할 수 있다.

$$\psi(r, z) = zf(r) \qquad \text{여기서} \quad v_r = -f/r \qquad \text{및} \qquad v_z = zf'/r \tag{3.182}$$

이러한 관계를 축방향 및 반경 방향의 운동량 방정식에 대입한 후 교차 미분을 통해 압력 항을 제거할 수 있고 다음과 같은 식을 얻을 수 있다.

$$z\frac{\partial}{\partial r}\left\{\frac{1}{r^2}\left[ff'' - \frac{1}{r}ff' - f'^2 + \frac{1}{Re}\left(rf''' - f'' + \frac{1}{r}f'\right)\right]\right\} = \frac{2}{r}v_\theta\frac{\partial v_\theta}{\partial z} \tag{3.183}$$

또한 $v_\theta = g(r)$만 알면 우변이 사라지므로 중괄호 안의 항을 상수와 동일시해야 한다.

$$ff'' - \frac{1}{r}ff' - f'^2 + \frac{1}{Re}\left(rf''' - f'' + \frac{1}{r}f'\right) = r^2C \tag{3.184}$$

이 수식은 $\eta \equiv r^2/2$를 대입하고 η에 대해 한 번 미분함으로써 더 줄일 수 있다. 결국에 다음과 같은 4차 비선형 미분 방정식을 도출할 수 있다.

$$\left(f\frac{d^3f}{d\eta^3} - \frac{df}{d\eta}\frac{d^2f}{d\eta^2}\right) + \frac{2}{Re}\left(\eta\frac{d^4f}{d\eta^4} + 2\frac{d^3f}{d\eta^3}\right) = 0 \tag{3.185}$$

일반적으로 함수 $f(\eta)$는 식 (3.182)와 동일한 네 가지 경계 조건을 따른다. 이 경계 조건들은 다음과 같이 구성되어 있다.

1. 균일한 반경 방향의 주입: $u_r(1, z) = -1$ 또는 $f\left(\frac{1}{2}\right) = 1$

2. 다공성 벽에서 축방향 속도 없음: $u_z(1, z) = 0$ 또는 $\frac{df}{d\eta}\left(\frac{1}{2}\right) = 0$

3. 중심선에서 반경 방향의 교차유동 없음: $u_r(0, z) = 0$ 또는 $f(0) = 0$

4. 중심선에서 대칭 축 속도: $\partial u_z(0, z)/\partial r = 0$ 또는 $\sqrt{2\eta}\frac{d^2 f}{d\eta^2}(0) = 0$

약간의 대수학 계산 후에 벽 Reynolds 수의 역수에서 점근적 급수 전개를 사용하면 다음과 같이 된다.

$$
\begin{aligned}
f(r) = \sin\left(\tfrac{1}{2}\pi r^2\right) + \frac{1}{Re}\Big\{-3 + I_1(r)\left[\tfrac{1}{2}\pi r^2 \cos\left(\tfrac{1}{2}\pi r^2\right) - \sin\left(\tfrac{1}{2}\pi r^2\right)\right] - I_2(r)\cos\left(\tfrac{1}{2}\pi r^2\right) \\
+ 3\cos\left(\tfrac{1}{2}\pi r^2\right) + \tfrac{1}{2}\pi r^2 C_1 \cos\left(\tfrac{1}{2}\pi r^2\right) + C_2 \sin\left(\tfrac{1}{2}\pi r^2\right)\Big\} + O(Re^{-2})
\end{aligned}
\tag{3.186}
$$

여기서

$$
I_1(r) = \tfrac{1}{2}\pi^2 \int_0^r x^3 \csc\left(\tfrac{1}{2}\pi x^2\right) dx, \quad I_2(r) = \tfrac{1}{4}\pi^3 \int_0^r x^5 \csc\left(\tfrac{1}{2}\pi x^2\right) dx,
$$

$$
C_1 = -\tfrac{1}{\pi}[6 + 7\,\zeta(3)] + 2G - 1 \ \text{ 및 } \ C_2 = 4(3 + 2G)
$$

위에서 $G \approx 0.91596559$는 Catalan 상수이며, $\zeta(3) \approx 1.2020569$는 $\zeta(x) = \sum_{k=1}^{\infty} k^{-x}$로 주어지는 Riemann 제타 함수를 나타낸다. 이 단계에서 방사 방향 및 축방향 속도는 식 (3.182)로부터 직접 추론할 수 있다. 접선 속도는 접선 운동량 방정식에 $v_\theta = g(r)$를 대입하여 구할 수 있다.

$$
\tfrac{1}{r} f\left(g' + \tfrac{1}{r} g\right) + \frac{1}{Re}\left(g'' + \tfrac{1}{r} g' - \tfrac{1}{r^2} g\right) = 0 \tag{3.187}
$$

이 식은 접선 각운동량 $B(r) = rg(r)$의 형태로 표현함으로써 상당히 줄어들 수 있다. 따라서 식 (3.187)은 다음과 같이 축소된다.

$$
B'' - \left(\tfrac{1}{r} - \frac{1}{Re}\frac{f}{r}\right) B' = 0 \tag{3.188}
$$

이 식에 다음과 같은 두 가지 기본 경계 조건이 적용된다.

$B(0) = 0$(중심선에서의 강제 와류) 및 $B(1) = v_s/v_w$(다공성 벽에서의 접선 속도)

이 두 가지 제약조건을 적용하여 식 (3.188)을 풀면 다음과 같은 결과를 구할 수 있다.

$$
v_\theta = \frac{\xi}{r} \frac{\displaystyle\int_0^r X \exp\left[-Re \int_0^X f(x) x^{-1} dx\right] dX}{\displaystyle\int_0^1 X \exp\left[-Re \int_0^X f(x) x^{-1} dx\right] dX}; \quad \xi \equiv \frac{v_s}{v_w} \tag{3.189}
$$

여기서 ξ는 벽에서 접선 방향과 반경 방향의 주입 속도 간 비를 나타낸다. 대안으로, Cecil과 Majdalani(2019)는 $Re > 100$의 경우 비점성 해를 기반으로 $r \to 0$일 때 주요 점성 보정과 함께

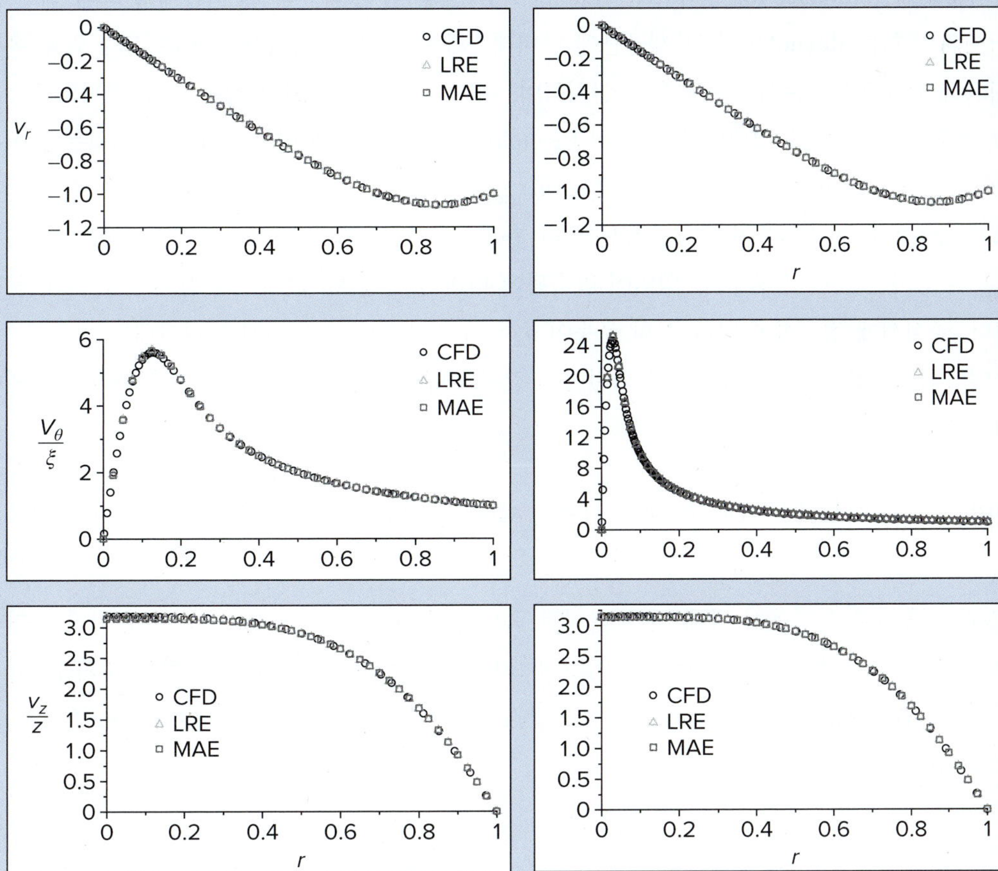

그림 3.29
세 가지 기법을 기반으로 한 회전하는 다공성 튜브의 무차원화된 속도. 큰 Reynolds 수 확장법(LRE), 정합점근전개법(MAE), 주입 Reynolds 수가 100(왼쪽) 및 2000(오른쪽)일 때 CFD 예측[Cecil과 Majdalani(2019) 이후]

정합점근전개법(matched-asymptotic expansions)을 사용하여 훨씬 간단한 식을 구성할 수 있음을 보여주었다. 동등한 근사식은 다음과 같다.

$$v_r = -\frac{1}{r}\sin\left(\tfrac{1}{2}\pi r^2\right), \quad v_\theta = \frac{1}{r}\xi\left[1 - \exp\left(-\tfrac{1}{4}\pi r^2 Re\right)\right], \quad v_z = \pi z\cos\left(\tfrac{1}{2}\pi r^2\right)$$

[Cecil과 Majdalani(2019)] (3.190)

그림 3.29는 'LRE'로 표시된 큰 Reynolds 수 확장, 'MAE'로 지정된 동등한 정합점근전개법과 'CFD'로 표시된 순수 전산해석을 통해 구한 해들을 비교하고 있다. $Re = 100$과 2000 모두에서 보고된 모든 변수에서 잘 일치한다는 것은 만족스러운 일이다. $Re = 100$에서도 점근적 해와 수치해석 해 간의 차이는 무시할 수 있다.

최대 접선 속도의 위치와 크기는 간결한 공식을 사용하여 예측할 수 있으며, 그 결과는 다음과 같다.

$$r_{\max} = \left[\frac{-2 - 4\mathrm{pln}\left(-1, -\frac{1}{2}e^{-1/2}\right)}{\pi Re}\right]^{1/2} \approx \frac{1.2648}{\sqrt{Re}};$$

$$(v_\theta)\max = \xi\,\frac{\sqrt{\pi Re}\left\{1 - \exp\left[\frac{1}{2} + \mathrm{pln}\left(-1, -\frac{1}{2}e^{-1/2}\right)\right]\right\}}{\sqrt{-2 - 4\mathrm{pln}\left(-1, -\frac{1}{2}e^{-1/2}\right)}} \approx 0.56557\xi\sqrt{Re} \qquad (3.191)$$

여기서 pln(x)는 product-log 함수(또는 Lambert W 함수)를 나타낸다. 흥미롭게도 최대 접선 속도 r_{max}의 위치는 Reynolds 수의 제곱근에 반비례한다는 것이다. 이러한 거동은 강제 와류 운동 [Majdalani(2012)]이 존재하는 경우와 일치하며, 여기서 강제 와류의 직경은 피크 반경의 두 배, 즉 $d_f = 2.5296Re^{-1/2}$로 정의된다. 따라서 Reynolds 수가 증가함에 따라 $(\upsilon_\theta)_{max}$의 위치는 중심선을 향해 안쪽으로 이동한다. 같은 맥락에서 $(\upsilon_\theta)_{max}$의 값은 $Re^{1/2}$에 비례하고 Reynolds 수가 연속적으로 증가함에 따라 더 커진다(중심선에 더 가까워진다). 이러한 내부 이동 및 이에 상응하는 $(\upsilon_\theta)_{max}$의 증가는 특히 강제 와류 영역이 압축됨에 따라 증가된 Re 값에서의 점도 감소 효과를 반영한다. 중심선에 접근함에 따라 선회 운동이 $\upsilon_\theta = \omega_f r$ 형태의 고체 회전을 나타내는 것을 알 수 있으며, 이는 일정한 각도 비율 ω_f로 회전하는 강제 와류와 일치한다. 이것은 다음 관계식에 의해 결정될 수 있다.

$$\lim_{r\to 0}\upsilon_\theta = \lim_{r\to 0}\frac{1}{r}\xi\left[1-\left(1-\tfrac{1}{4}\pi r^2 Re + \ldots\right)\right] = \left(\tfrac{1}{4}\pi\xi Re\right)r, \quad \text{따라서} \quad \omega_f = \tfrac{1}{4}\pi Re_s;\ Re_s \equiv \upsilon_s r_0/\nu \tag{3.192}$$

이 결과는 중심부 영역에서 강제 와류의 회전 속도가 회전하는 Reynolds 수 Re_s에 따라 증가함을 보여준다. 실제로 차원 좌표로 되돌아가면 초당 라디안으로 주어진 강제 와류 주파수 $\omega_f^* = \frac{1}{4}\pi(\upsilon_s r_0/\nu)(\upsilon_w/r_0) = \frac{1}{4}\pi\upsilon_s\upsilon_w/\nu$는 접선 및 반경 방향 벽 속도의 곱에 따라 달라지며, 점도가 감소함에 따라 더욱 증가한다.

3-7 바람에 의한 유동: Ekman 드리프트

연못 위로 부는 바람과 같이 액체 상태의 표면이 그 위를 흐르는 기체에 의해 움직이기 시작할 때 특정 부류의 문제는 발생한다. 당연히 전단 응력은 공기-물 경계면에서 일치해야 한다. 계면을 $z = 0$으로 설정하고 $z > 0$을 위쪽으로 설정하면 다음과 같은 조건으로 자유 표면 조건을 만족할 수 있다.

$$\tau_0 = \left(\mu\frac{\partial u}{\partial z}\right)_{\text{air}} = \left(\mu\frac{\partial u}{\partial z}\right)_{\text{water}} \tag{3.193}$$

여기서 바람과 물의 움직임은 양의 x방향을 가리키는 것으로 가정한다. $\mu_{\text{air}} \ll \mu_{\text{water}}$이기 때문에 위의 관계식으로부터 구배 $(\partial u/\partial z)_{\text{water}}$는 물이 상대적으로 작을 것이다. 이 물의 계면 구배를 $K = \tau_0/\mu_{\text{water}}$라고 하자.

3-7.1 바람에 의한 표면수의 움직임 개시

바람이 불어 갑자기 전단 응력 τ_0이 발생하는 정지 상태의 물을 생각해 보자. 비정상 상태의 평행 층류 흐름 $u(z, t)$를 가정하고 Coriolis 가속도를 무시하면 다음과 같은 선형 확산 방정식이 주어진다.

$$\frac{\partial u}{\partial t} = \nu\frac{\partial^2 u}{\partial z^2} \tag{3.194}$$

여기에는 두 가지 경계 조건이 적용된다.

$$\frac{\partial u}{\partial z}(z = 0, t) = K \quad (\text{계면 구배}) \qquad u(z \to -\infty, t) = 0 \ (\text{아주 깊은 곳에서 정지된 원거리장})$$

뿐만 아니라 초기 조건: $u(z < 0, 0) = 0$ (정지된 초기 조건)

이에 대한 결과는 Stokes의 첫 번째 문제를 연상시킨다. 이는 표면 조건이 현재 u 자체가 아닌 $(\partial u/\partial z)$를 포함한다는 점을 제외하고는 식 (3.144)에서와 같이 상보 오차 함수로 도출된다. 그러므로 다음과 같은 식을 얻을 수 있다.

$$\frac{\partial u}{\partial z} = K\left[1 + \text{erf}\left(\frac{z}{2\sqrt{\nu t}}\right)\right], \text{ 따라서 } \quad u(z, t) = Kz\left[1 + \text{erf}\left(\frac{z}{2\sqrt{\nu t}}\right)\right] + 2K\sqrt{\frac{\nu t}{\pi}}\exp\left[-\left(\frac{z}{2\sqrt{\nu t}}\right)^2\right] \tag{3.195}$$

이 층류 해를 통해 $z = 0$을 따라 물 계면 속도가 $u_0 = 2K\sqrt{\nu t/\pi}$로 증가할 것이라고 예측할 수 있다. Roll(1965)이 제안한 수치해석적 기법을 사용하여 수면 위의 바람 응력에 대해 다음과 같은 관계식을 구할 수 있다.

$$\tau_0 \approx 0.002\rho_{\text{air}}(V_{\text{wind}} - u_0)^2 \tag{3.196}$$

6 m/s(약 12노트)의 강한 풍속과 20°C의 공기-물 계면을 가정하면 식 (3.195) 및 (3.196)으로부터 1분 후 $u_0 \approx 0.6$ m, 1시간 후 $u_0 \approx 2.3$ m/s가 됨을 계산할 수 있다. 이 물의 유속은 실제보다 크게 계산되었다. 이러한 유형의 실제 유동에서 표면-물의 유동은 약 1시간 후에 거의 일정한 속도인 0.2 m/s, 즉 풍속의 약 3%까지 상승한다. 이 불일치의 주된 원인은 이러한 대규모(높은 Reynolds 수) 유동에서 공기와 물의 운동이 모두 난류이기 때문이다. 난류에서 유체의 입자 점도 μ는 훨씬 더 큰 난류-혼합 점도 또는 에디 점도 μ_t로 대체되어야 한다(6장 참조).

3-7.2 Coriolis 효과: Ekman 나선

실제 해양 유동에서 바람에 의해 구동되는 물은 Coriolis 가속도가 더 이상 무시할 수 없을 정도로 낮은 속도로 움직인다. 이 결과, 유동은 안정적이지만 가속된다. 불균형 운동량 플럭스는 Coriolis 가속도의 방향을 가리키고 있다. 해양학자 Fridtjof Nansen(1902)은 북극의 유빙이 풍향으로부터 오른쪽으로 20°에서 40° 정도 벗어난 것을 발견했으며, 이는 지구의 자전 때문이라고 결론지었다. Nansen의 학생인 Vagn Walfrid Ekman은 현대 동역학적 해양학의 토대를 마련한 핵심 해석적 해(1905)를 구했다. 평소와 같이 (x, y)를 수평면으로 하고 z는 위쪽 방향을 나타내도록 한다. 편의상 적용된 표면 바람 응력 τ_0이 y 방향을 가리키도록 한다. 그런 다음, 무시할 수 있는 압력 구배와 식 (2.114)에 의해 주어진 가속도를 갖는 정상 유동의 경우 수평 속도 u 및 v를 z의 함수로만 사용하여 현실적인 해를 표현할 수 있다. 운동량 식 (3.2)는 다음과 같이 단순화된다.

$$\nu\frac{d^2}{dz^2}(u + iv) - 2i\omega\sin\phi(u + iv) = 0 \tag{3.197}$$

여기서 $i = \sqrt{-1}$, ϕ는 위도 각도를, ω는 지구의 각회전 속도를 제공한다. 이 미분 방정식은 ϕ가 일정하다고 가정하는 경우, 즉 주어진 위도에서 국부적인 바람 드리프트를 갖는 경우 지수 형태의 해를 도출할 수 있다. 이 경우, 경계 조건은 표면에서의 y방향 전단과 깊은 깊이에서의 무시할 수 있는 속도로 주어진다.

$$z = 0: \quad \frac{du}{dz} = 0, \quad \frac{dv}{dz} = K = \frac{\tau_0}{\mu_{\text{water}}} \quad \text{및} \quad z \to -\infty: \quad u = v = 0 \tag{3.198}$$

식 (3.197)에 대한 해는 $u + iv = C_1 e^{\beta z}$ 형식으로 표현할 수 있다. 여기서 C_1과 β는 식 (3.198)에서 구할 수 있다. 이 결과는 다음과 같은 형태로 분해할 수 있다.

$$\frac{u}{V_0} = \exp\frac{\pi z}{D}\cos\left(\frac{\pi z}{D} + \frac{\pi}{4}\right) \quad \text{및} \quad \frac{v}{V_0} = \exp\frac{\pi z}{D}\sin\left(\frac{\pi z}{D} + \frac{\pi}{4}\right) \tag{3.199}$$

여기서 V_0는 표면-물 속도를 나타내고, D는 때로는 바람의 **침투 깊이**라고 하는 수직 감쇠 거리를 나타낸다. 이는 다음과 같이 주어진다.

$$V_0 = \frac{\tau_0/\rho}{\sqrt{2\omega\nu\sin\phi}} \quad \text{및} \quad D = \pi\sqrt{\frac{\nu}{\omega\sin\phi}} \quad \text{(바람의 침투 깊이)} \tag{3.200}$$

식 (3.199)는 특히 유체 운동에서 Coriolis 효과에 익숙하지 않은 엔지니어에게 몇 가지 흥미로운 의미를 갖는다. 먼저 $z = 0$에서 표면-물 속도는 $u = V_0 \cos(\pi/4)$ 및 $v = V_0 \sin(\pi/4)$이며, 이는 표면 속도 벡터가 바람의 오른쪽으로 45° 각도(북반구에서)임을 알려준다. 표면 아래($z < 0$)로 이동함에 따라 결과적인 유동 벡터는 오른쪽으로 균일하게 이동하고 크기가 기하급수적으로 감소하여 그림 3.30에서와 같이 동일한 깊이 간격에 대해 로그 나선을 형성한다. $z = -3D/4$에서 유동은 바람과 정반대이며 크기는 $V_0 e^{-3\pi/4} \approx 0.095\, V_0$이다.

순 질량 플럭스를 결정하기 위해 속도 분포를 적분하여 또 다른 흥미로운 특징을 파악할 수 있다. x 및 y방향에서 다음과 같은 관계식을 얻을 수 있다.

$$\dot{m}_x = \int_0^{-\infty} u\,dz = \frac{\tau_0}{2\omega\sin\phi} \quad \text{및} \quad \dot{m}_y = \int_0^{-\infty} v\,dz = 0 \tag{3.201}$$

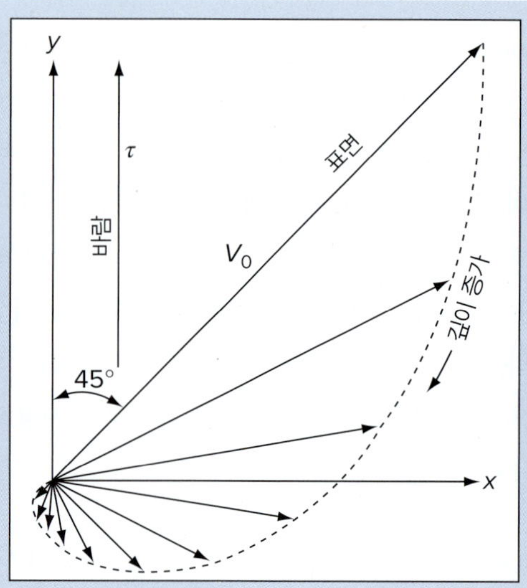

그림 3.30
동일한 간격의 수심에 대한 바람에 의한 유동 벡터. 점선은 식 (3.199)로부터 구한 로그 나선형을 나타낸다. [Ekman(1905) 이후]

따라서 물의 순 질량 운송이 바람 방향에 수직으로 유지되고 τ_0가 알려진 경우 ν에 의존하지 않는다는 것을 인지할 수 있다. 풍속에 수직인 x축이 시스템의 유일한 동적 불균형인 Coriolis 가속도의 방향과 일치한다는 점에 주목함으로써 이를 설명할 수 있다.

앞의 바람 개시의 예와 같이 몇 가지 수치를 보면 해류가 층류라는 생각을 떨쳐버릴 수 있다. 다시, 위도 41°N(로드아일랜드)에서 20°C 공기-물 경계면에서 $V_{\text{wing}} = 6$ m/s의 경우, 식 (3.200)을 통해 $V_0 = 2.7$ m/s와 $D = 45$ cm임을 예측할 수 있다. 이는 너무 빠른 유속이고 깊이는 매우 낮다. 실제 해류가 난류라는 것이 어려운 문제이다. 6장에서 논의할 '에디' 점성을 갖는 유동으로 문제를 확장하면 $V_0 \approx 2$ cm/s 및 $D \approx 100$ m의 현실적인 결과를 구할 수 있다. 따라서 실제 바람에 의한 Ekman 해류는 바다의 넓은 상층에서 느린 속도로 물을 운동한다. 해류, 바람 또는 기타 해류에 대한 보다 자세한 내용을 알고 싶으면 Defant(1961) 또는 Knauss(1978) 같은 물리적 해양학 교과서를 참조하라.

3-8 상사해

Navier-Stokes 방정식의 정확한 비압축성 유동 해에 대한 설명은 세 가지 유사한 유동을 논의함으로써 결론을 내릴 수 있다. 상사해(similarity solution)는 일반적으로 좌표 변환을 통해 독립 변수의 수를 적어도 하나 이상 줄이는 방법이다. 이 아이디어는 차원해석과 유사하다. Reynolds 수와 같은 매개변수 대신 변수 자체가 무차원군으로 축소된다.

지금까지, 실제로 두 가지 상사해를 보았다. Stokes의 갑자기 가속된 벽 문제인 식 (3.144)에서 독립 변수 y와 t는 단일 상사 변수 $\eta = y/(2\sqrt{\nu t})$로 결합된다. 그런 다음 해를 해석적인 방법을 통해 검토한다. 다공성 덕트 문제, 식 (3.165)에서 ψ는 곱의 형태를 갖는 해로 표현하며 상사 변수 $f(y^*)$를 남긴다. 여기서 $y^* = y/h$이다. 두 경우 모두 컴퓨터가 아니면 풀기 어려운 편미분 방정식이 상미분 방정식으로 환원된다.

상사해는 일반적으로 반무한한 또는 무한한 공간 및 시간 범위가 필요하다. 만약 Stokes의 갑자기 이동한 벽이 L 길이에 불과했거나 벽이 유한한 시간 t_0 후에 멈췄다면 상사성에 대한 시도가 의미가 없었을 것이다.

물리적 문제의 상사성에 대한 일반 이론은 물리적 측면을 강조한 Sedov(1959)와 Hansen(1964), 수학적 측면을 강조한 Ames(1965), Bluman과 Cole(1974), Dresner(1983), Sachdev(2000) 등의 여러 교과서에서 살펴본 바 있다. 상사성 해석의 이점은 상당하다. 여기에 제시된 세 가지 예는 전면적인 컴퓨터 계산으로만 풀 수 있는 편미분 방정식의 집합을 Runge-Kutta 적분법과 같은 간단한 수치 기법을 사용하여 풀 수 있는 상미분 방정식으로 변환한다. 이러한 수학적 이점은 일반성의 상실을 수반한다. 상사해는 예외 없이 특정 기하학적 현상 및 특정 경계 조건으로 제한된다. 예를 들어 다공성 채널 문제에서 υ_w가 x에 따라 달라지고, 입구 속도 형상 $u(0, y)$가 그림 3.25의 곡선과 동일한 형태를 가져야 하는 경우 식 (3.169)의 해는 유효하지 않다.

이제 층류 상사해의 다음과 같은 세 가지 고전적인 예, (1) 정체점 부근에서의 유동, (2) 무한 회전 디스크 근처에서의 유동, (3) 쐐기 형상을 갖는 영역에서의 유동에 대해 알아보자.

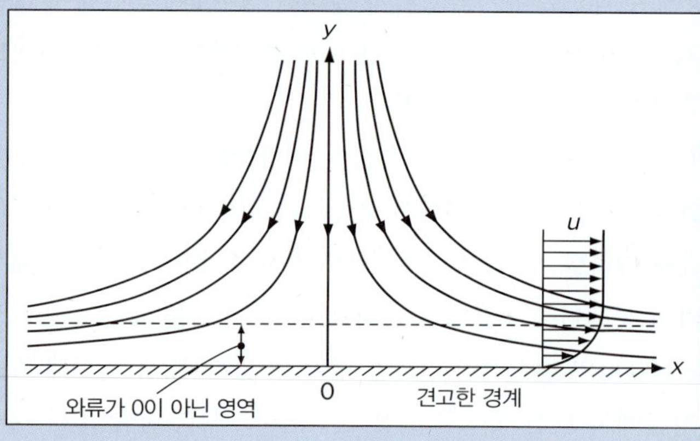

그림 3.31
평면 및 축대칭 구성 모두에서 정체 유동. 후자의 경우 x를 반경 방향 좌표 r로 대체하는 것이 일반적이다.

3-8.1 정체점 부근에서의 점성 유동

Prandtl의 첫 번째 학생 중 한 명인 Hiemenz(1911)는 Navier-Stokes 방정식을 통해 정체점 유동을 정확히 풀 수 있음을 발견했다.[§] 여기서 다음과 같은 문헌에서 제시된 몇 가지 해석을 결합할 것이다. Hiemenz(1911)에 의한 2차원 속도 분포와 Goldstein(1938)에 의한 온도 분포, Homann(1936)에 의한 축대칭 속도 분포와 Sibulkin(1952)에 의한 온도 분포. Himenz(1911) 및 Goldstein(1938)의 속도와 온도 분포는 모두 '2차원'인 반면, Homann(1936)과 Sibulkin(1952)의 속도와 온도 분포는 '축대칭'이다.

그림 3.31은 좌표계를 보여준다. 원점은 정체점(마찰이 없는 해에서 $u = v = 0$)이고, y는 평면에 대한 법선방향이다. 축대칭 유동의 경우 x는 반경 방향 좌표로 해석될 수 있다. 벽을 따라 $u(x, 0)$에 대한 점착 조건을 만족하려면 벽 근처에서 점성 영역이 발생해야 한다. 이 전단층은 일정한 두께를 가지며, 외부 비점성 유동을 벽에서 멀어지게 '변위'시키는 효과가 있음이 밝혀졌다. 먼저 2차원 유동을 자세히 살펴보고 축대칭 유동을 좀 더 피상적으로 다룰 것이다.

3-8.1.1 평면 정체 유동

평면 유동의 경우 비압축성 연속 방정식 (3.1)은 다음과 같이 된다.

$$\frac{\partial u}{\partial x} + \frac{\partial v}{\partial y} = 0$$

이는 평면 유동함수로 만족할 수 있다.

$$u = \frac{\partial \psi}{\partial y} \qquad \text{및} \qquad v = -\frac{\partial \psi}{\partial x} \tag{3.202}$$

유동함수는 점성 유동장과 퍼텐셜 유동장 모두에 적용 가능하다. $\psi(x, y)$가 정의되면 식 (3.2)에 의해 주어진 정상 상태 2차원 운동량 방정식을 만족해야 한다.

[§] 정체 유동은 더 간단한 경계층 방정식에 대한 정확한 해법이기도 하다. 실제로 4-3절에서 논의할 상사해 중 하나이다.

$$u\frac{\partial u}{\partial x}+v\frac{\partial u}{\partial y}=-\frac{1}{\rho}\frac{\partial p}{\partial x}+\nu\left(\frac{\partial^2 u}{\partial x^2}+\frac{\partial^2 u}{\partial y^2}\right) \quad \text{및} \quad u\frac{\partial v}{\partial x}+v\frac{\partial v}{\partial y}=-\frac{1}{\rho}\frac{\partial p}{\partial x}+\nu\left(\frac{\partial^2 v}{\partial x^2}+\frac{\partial^2 v}{\partial y^2}\right) \tag{3.203}$$

물체의 정체점 근처의 비점성 운동은 다음과 같은 간단한 유동함수로 설명된다.

$$\psi = Bxy, \qquad u = Bx \qquad \text{및} \qquad v = -By$$

여기서 B는 U_0/L에 비례하는 양의 상수를 나타내며, U_0는 물체에 접근하는 유선 속도를, L은 물체의 특성 길이를 나타낸다[White(2016)]. 이 유동은 벽에서 미끄러지므로 $y = 0$에서 $u \neq 0$이다. 따라서 점성 효과를 고려하여 수정해야 한다.

Hiemenz(1911)를 따라 점착 조건이 충족될 수 있도록 유동함수를 y에 따라 변화하도록 수정한다. 이는 다음을 고려하여 달성된다.

$$\psi_{\text{viscous}} = Bxf(y), \qquad u = \frac{\partial \psi}{\partial y} = Bx\frac{df}{dy} \qquad \text{및} \qquad v = -\frac{\partial \psi}{\partial x} = -Bf$$

벽에서의 점착 조건을 위해 $f(0) = f'(0) = 0$이 되어야 한다. 이 $\psi(x, y)$를 식 (3.203)의 y성분의 운동량 방정식에 대입하면 압력 구배 $\partial p/\partial y = g(y)$만의 함수임을 확인할 수 있다. 따라서 다음과 같은 관계를 구할 수 있다.

$$\frac{\partial^2 p}{\partial x \partial y} = 0$$

식 (3.203)의 x성분의 운동량 방정식에서 이 조건과 동일한 유동함수를 사용하여 다음과 같은 3차 미분 방정식을 얻을 수 있다.

$$f''' + \frac{B}{\nu}(ff'' - f'^2) = \text{상수} = -\frac{B}{\nu} \tag{3.204}$$

상수는 ψ의 형태가 $y \to \infty$일 때 f'''과 f''이 모두 사라지고 f'이 1에 가까워짐으로써 구할 수 있다.

Hiemenz가 이 유동함수로 상사성을 달성하는 데 성공했음을 식 (3.204)를 통해 바로 알 수 있다. 좌표 x는 사라지고, 단일 상사성 변수 y와 상미분 방정식만 남았다. 그러나 이 방정식은 차원 상수 B와 ν를 제거하기 위해 무차원화되어야 한다. 이 유동에 대한 물체 길이 척도 'L'은 없으며, 오히려 적절한 길이와 속도 척도는 각각 $\sqrt{\nu/B}$와 $\sqrt{\nu B}$이다. 적절한 무차원 변수는 다음과 같이 된다.

Hiemenz의 평면 변환: $\qquad \eta = y\sqrt{\frac{B}{\nu}}, \qquad \psi = xF(\eta)\sqrt{B\nu}$

그래서 $\qquad u = BxF'(\eta), \qquad v = -F(\eta)\sqrt{B\nu} \qquad (3.205)$

여기서 프라임은 η에 대한 미분을 나타낸다. 식 (3.204)로의 역대입이 다음과 같이 매개변수가 없는 미분 방정식을 유도한다는 것을 쉽게 입증할 수 있다.

$$F''' + FF'' + 1 - F'^2 = 0 \tag{3.206}$$

물리적 요구조건은 벽에서 $u = v = 0(\eta = 0)$이고 벽에서 먼 거리에서 $u = Bx$를 포함한다. 이 경계 조건은 다음과 같은 조건으로 변환된다.

$$F(0) = F'(0) = 0 \qquad \text{및} \qquad F'(\infty) = 1 \tag{3.207}$$

식 (3.206)의 두 가지 비선형성으로 인해 해석적 해를 구할 수 없다. 대신 Hiemenz(1911)는 수작업으로 수치해석적 계산을 수행하였다. 오늘날 Runge-Kutta 적분법을 사용하여 컴퓨터에서 식 (3.206)을 푸는 것은 매우 간단하다. Y(1) = F″, Y(2) = F′ 및 Y(3) = F라고 하면 식 (3.206)에 대한 기본(예: FORTRAN) 관계는 다음과 같다.

$$\mathrm{F(1) = Y(2)^*Y(2) - 1 - Y(1)^*Y(3) \qquad F(2) = Y(1) \qquad F(3) = Y(2)} \tag{3.208}$$

수치적으로 $X = 0$의 초깃값에 대해 식 (3.207)의 처음 두 조건을 기반으로 $Y(2) = \mathrm{Y}(3) = 0$을 설정할 수 있다. 문제는 $Y(1) = \mathrm{F}_0''$의 정확한 값을 찾는 것으로 환원되며, 이로 인해 η가 매우 커짐에 따라 Y(2)가 1에 접근하게 된다. 먼저 얼마나 큰 '무한'을 취해야 하는지에 대한 문제를 해결해야 한다. 한 가지 해결책은 F''이 10^{-5} 이하로 매우 작아질 때이다. 다음은 전형적인 점근적 해석이 될 것이다. 식 (3.206)에서 η가 커질수록 $F \to a + \eta$ 및 $(1 - F'^2) \to 0$이다. 따라서 큰 η에서 식 (3.206)은 다음과 같이 표현된다.

$$\frac{F'''}{F''} \approx -\eta \qquad \text{또는} \qquad F'' \approx e^{-\eta^2/2}$$

이 추정값을 통해 $\eta > 4.8$이 원거리 '무한'을 나타내는 경우 $F'' < 10^{-5}$라고 합리적으로 확신할 수 있다. 끝으로 4차 정확도 Runge-Kutta 방법의 수치적 정확도를 보장하기 위해 $(\Delta\eta)^4 \le 10^{-6}$이 되도록 $\Delta\eta = 0.03$의 간격 크기를 선택할 수 있다. 이러한 예비조건을 사용하여 식 (3.206)의 수치해석적 해를 $F_0'' \approx 0$에서 1.5까지의 범위의 다양한 추측을 통해 쉽게 구할 수 있다.

점성 정체 유동에 대한 완전한 해는 그림 3.32에 나와 있으며 표 3.4에 정리되어 있다. 다음에 설명할 축대칭 정체 유동에 대한 해도 제시되어 있다. 특성 유동함수 F, 속도 형상 F' 및 전단 응력 F''이 그림 3.32에 표시되어 있다. 초기 추측 F_0''의 정확한 값은 1.2326인 것으로 밝혀졌다.

3-8.1.2 경계층 거동의 전조

Navier-Stokes 방정식의 정확한 해를 구성하는 정체 유동은 얇은 전단 영역 또는 경계층 거동에 대한 많은 특성을 보인다. 점착 조건은 벽을 따라 외부의 비점성 유동과 원활하게 합쳐지는 저속 영역을 생성한다. 경계층 이론에서 외부 유동은 '자유 유동(freestream)' 속도 $U(x)$라고 한다.

정체 유동: $$U(x) = u(x, \infty) = Bx \tag{3.209}$$

이러한 유형의 가속 자유 유동은 유동 방향으로 압력이 감소하므로, 순압력 구배를 갖는 것을 특징으로 한다.

이러한 정체층의 두께 δ는 $\eta \approx 2.4 = \delta\sqrt{B/\nu}$일 때 표 3.4에서 제시된 $u/U = 0.99$가 되는 지점으로 정의된다. 따라서

$$\delta \approx 2.4\sqrt{\nu/B} \tag{3.210}$$

표 3.4 정체 유동의 수치해석적 해

	$F' = u/U$	
	평면	축대칭
η	$F''(0) = 1.23259$ $\eta^* = 0.6479$	$F''(0) = 1.31194$ $\eta^* = 0.5689$
0.1	0.11826	0.12619
0.2	0.22661	0.24239
0.3	0.32524	0.34863
0.4	0.41446	0.44499
0.5	0.49465	0.53160
0.6	0.56628	0.60871
0.7	0.62986	0.67663
0.8	0.68954	0.73577
0.9	0.73508	0.78666
1.0	0.77787	0.82987
1.1	0.81487	0.86608
1.2	0.84667	0.89598
1.3	0.87381	0.92032
1.4	0.89681	0.93983
1.5	0.91617	0.95522
1.6	0.93235	0.96718
1.7	0.94578	0.97631
1.8	0.95684	0.98316
1.9	0.96588	0.98822
2.0	0.97322	0.99190
2.2	0.98386	0.99635
2.4	0.99055	0.99847
2.6	0.99464	0.99940
2.8	0.99705	0.99979
3.0	0.99843	0.99993

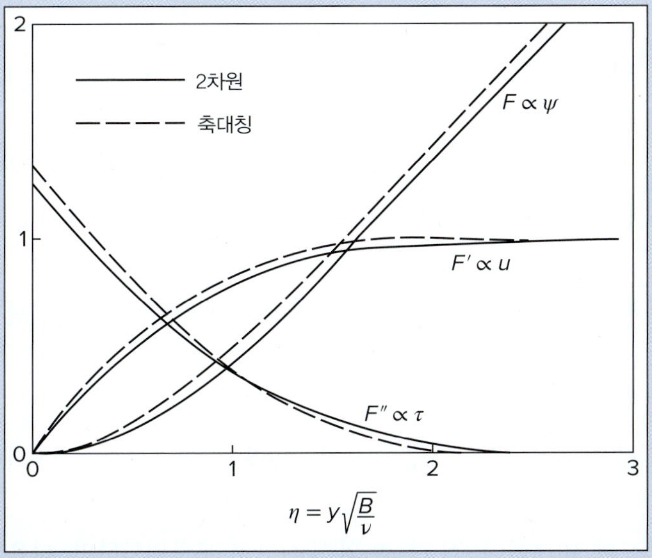

그림 3.32
평면[식 (3.206)] 및 축대칭[식 (3.219)] 조건에 대한 점성 정체 유동의 수치해석적 해

이 경우 경계층 두께는 일정한데, 그 이유는 자유 유동 가속으로 인한 경계층의 얇아짐이 점성 확산으로 인한 경계층의 두꺼움과 정확하게 균형을 이루기 때문이다. 4-3절에서 $U = Cx^m$이면 $m < 1$일 때 경계층이 x와 함께 성장하고 $m > 1$일 때 더 얇아지는 것을 확인할 수 있다.

일반적인 엔지니어링 응용 분야에서 정체 경계층은 상당히 얇다. 예를 들어, 20°C의 공기가 $U_0 = 10$ m/s의 속도로 직경 10 cm의 원통에 접근한다고 가정하면 $B = 4U_0/D = 400\ \text{s}^{-1}$이 된다(7.3절 참조). 식 (3.210)을 통해 $\delta \approx 0.46$ mm 또는 본체 직경의 0.5%에 불과하다고 예측할 수 있다.

또 다른 경계층 효과는 그림 3.31에서 암시된 바와 같이 전단층에 의한 외부 유동의 배제이다. 감속하는 점성층으로 인해 외부 비점성 유동이 벽에서 밀려나는 거리를 배제 두께(displacement thickness) δ^*로 정의한다. 유동함수 F와 관련하여, 다음과 같은 관계를 구할 수 있다.

$$\lim_{\eta \to \infty} F(\eta) = \eta - \eta^* \qquad \text{여기서} \qquad \eta^* = \delta^* \sqrt{\frac{B}{\nu}} = 0.6479 \tag{3.211}$$

표 3.4에 주어진 것처럼 정체 유동에서 $\delta^* \approx 0.27\delta$이다.

압력 분포 또한 경계층 거동을 보인다. 식 (3.205)로부터 알 수 있는 u와 v를 사용하여 운동량 방정식 (3.203)으로 돌아가 압력 $p(x, y)$에 대해 적분하여, 다음과 같은 결과를 구할 수 있다.

$$p(0, 0) - p(x, \eta) = \tfrac{1}{2}\rho (BxF')^2 + \tfrac{1}{2}B\mu F^2 + B\mu F' \quad \text{또는} \quad p(0, 0) - p(x, \eta) = \tfrac{1}{2}\rho(u^2 + v^2) + B\mu F' \tag{3.212}$$

Saad 및 Majdalani(2012)는 Navier-Stokes 방정식의 압력 적분 특성에 대해 설명하였다. 여기서 압력 분포는 추가적인 작은 항 $B\mu F'$을 제외하고는 마찰이 없는 Bernoulli 방정식과 유사하다는 것을 유념하라. 다음과 같이 각 방향의 압력 구배를 계산하는 것이 유용하다.

$$\frac{\partial p}{\partial x} = -\rho B^2 x = -\rho U \frac{dU}{dx} \quad \text{및} \quad \frac{\partial p}{\partial y} = -\rho B\sqrt{B\nu}(FF + F'') = O(\sqrt{\nu}) \tag{3.213}$$

흥미롭게도 벽에 평행한 압력 구배는 Bernoulli 방정식을 만족하는 반면, 벽에 수직인 압력 구배는 유체 점도가 작은 한 무시할 수 있을 정도로 작다. 4장에서 다루겠지만, 이것들은 경계층 이론의 기본적인 가정들 중 두 가지이다.

마지막으로, 벽 전단은 다른 종류의 경계층 관계를 제공한다. u와 v를 알고 있으면 다음 관계식을 쉽게 계산할 수 있다.

$$\tau_w = \mu\left(\frac{\partial u}{\partial y} + \frac{\partial v}{\partial x}\right)\bigg|_{y=0} = \mu Bx F_0'' \sqrt{\frac{B}{\nu}} = U F_0'' \sqrt{\mu\rho B} \tag{3.214}$$

이 유동에서 벽 전단은 자유 유동 속도에 비례한다. 식 (3.39)의 방식으로 무차원화하면, 다음과 같은 관계를 구할 수 있다.

$$C_f = \frac{2\tau_w}{\rho U^2} = \frac{2F_0''}{\sqrt{Re_x}}; \quad Re_x = \frac{Ux}{\nu} \tag{3.215}$$

따라서 층류 경계층에서 일반적인 국부 Reynolds 수와 표면 마찰 간의 역비례 관계를 재확인할 수 있다.

3-8.1.3 축대칭 정체 유동

평면 유동에서 정체'점'은 실제로는 선이다. 즉, z방향으로의 변화가 없다. 축대칭 유동에서 정체점은 실제 점이며 그림 3.31에서의 x는 반경 방향 좌표 r로 해석하고, y는 축 좌표로 해석한다. 원통형 유동함수는 축대칭 연속 방정식을 사용하여 다음과 같이 다르게 정의된다(부록 B3 참조).

$$u = -\frac{1}{x}\frac{\partial \psi}{\partial y} \quad \text{및} \quad v = \frac{1}{x}\frac{\partial \psi}{\partial x} \tag{3.216}$$

유사하게 x방향 성분(또는 반경 방향 성분)의 운동량 방정식은 다음과 같다.

$$u\frac{\partial u}{\partial x} + v\frac{\partial u}{\partial y} = -\frac{1}{\rho}\frac{\partial p}{\partial x} + \nu\left[\frac{1}{x}\frac{\partial}{\partial x}\left(x\frac{\partial u}{\partial x}\right) - \frac{u}{x^2} + \frac{\partial^2 u}{\partial y^2}\right] \tag{3.217}$$

축대칭 정체점으로 향하는 비점성 유동에 대한 유동함수는 다음과 같이 주어진다.

$$\psi = -Bx^2y, \qquad u = Bx \qquad \text{및} \qquad v = -2By \tag{3.218}$$

평면 유동의 경우와 비교하여 다음과 같은 사실을 확인할 수 있다. 원형 형상 때문에 유동 영역이 x와 함께 벽을 따라 증가함에 따라 유속 u의 증가는 유속 v의 두 배 감소만큼 균형을 이룬다. Hiemenz의 해석을 기반으로 Homann(1936)은 축대칭 유동에 적합한 무차원 변수를 다음과 같이 정의하였다.

Homann의 축대칭 변환:
$$\eta = y\sqrt{\frac{B}{\nu}}, \qquad \psi = -x^2F(\eta)\sqrt{B\nu} \tag{3.219}$$

따라서
$$u = BxF'(\eta) \qquad \text{및} \qquad v = -2F(\eta)\sqrt{B\nu}$$

식 (3.205)의 평면 관계식과 관련된 공통적인 특징과 차이점에 주목하라. y방향 성분의 운동량 방정식에 대입하여 $\partial^2 p/\partial x \partial y = 0$을 도출하고, 식 (3.217)로부터 축대칭 미분 방정식을 다음과 같이 구할 수 있다.

$$F''' + 2FF'' + 1 - F'^2 = 0 \tag{3.220}$$

이전과 같이 $F(0) = F'(0) = 0$ 및 $F'(\infty) = 1$이며, 이는 식 (3.207)의 조건과 동일하다. 평면의 경우와 같은 방법으로 수치해석적 해를 구할 수 있으며, 적절한 초기 조건은 $F''0 = 1.31194$임을 알 수 있다.

축대칭 해는 그림 3.32에도 나와 있으며 표 3.4에 목록화되어 있다. 이 해들은 특히 더 작은 배제와 경계층 두께, 그리고 약간 더 큰 벽 전단 응력을 보임으로써 평면 흐름과 약간 다르다.

3-8.1.4 정체점 온도 분포

이전 해석을 통해 속도를 구하면 에너지 방정식으로부터 온도를 추정할 수 있다. 벽 및 자유 유동 온도 T_w 및 T_∞가 일정한 경우 상사해가 존재하며, 이는 일반적인 정체 열전달 문제에서 현실적인 근삿값이다.

Goldstein(1938)은 이 문제에 대한 평면 해를 구하였다. 무시할 수 있는 기계적 소산을 가진 2차원 에너지 방정식 (3.3)은 다음과 같이 표현할 수 있다.

$$\rho c_p\left(u\frac{\partial T}{\partial x} + v\frac{\partial T}{\partial y}\right) = k\left(\frac{\partial^2 T}{\partial x^2} + \frac{\partial^2 T}{\partial y^2}\right) \tag{3.221}$$

Goldstein(1938)이 제안한 방법에 따라 벽에서 사라지고 $y \to \infty$일 때 1에 접근하는 무차원 온도 Θ를 다음과 같이 정의한다.

$$\Theta(\eta) = \frac{T - T_w}{T_\infty - T_w} \qquad \text{여기서} \qquad \eta = y\sqrt{\frac{B}{\nu}} \tag{3.222}$$

즉 T_w와 T_∞가 일정하면 유체 온도는 오직 $T = T(y)$만 된다. 식 (3.205)로부터 알려진 u 및 v를 사

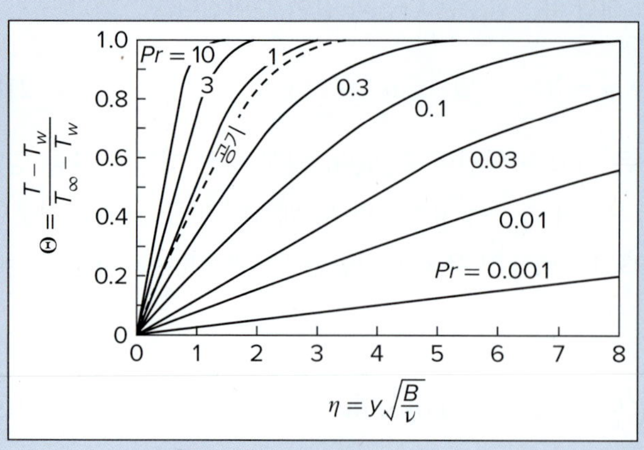

그림 3.33
식 (3.224)에 따른 2차원 유동의 정체점 온도 분포

용하여 에너지 방정식 (3.221)에 대입하면 다음과 같은 2차 선형 방정식이 도출된다.

$$\frac{d^2\Theta}{d\eta^2} + PrF(\eta)\frac{d\Theta}{d\eta} = 0 \tag{3.223}$$

여기서 $\Theta(0) = 0$, $\Theta(\infty) = 1$이다. 유동함수 $F(\eta)$는 그림 3.32를 통해 알 수 있으며 Prandtl 수 $Pr = \mu c_p/k$는 가정된 상수이다. 식 (3.223)은 선형이며 쉽게 입증할 수 있는 정확한 해를 가진다.

$$\Theta(\eta) = \frac{\int_0^{\eta} \exp\left(-Pr\int_0^{\eta} F(s)ds\right)d\eta}{\int_0^{\infty} \exp\left(-Pr\int_0^{\eta} F(s)ds\right)d\eta} \tag{3.224}$$

그림 3.33은 다양한 Prandtl 수에 대한 이 관계의 온도 형상을 보여준다. Θ의 큰 구배 영역은 열 경계층(thermal boundary layer)이라고 명명할 수 있으며, 속도 전단층 두께 δ_u와 유사하게 두께 δ_T는 $\Theta \approx 0.99$인 지점이다. 그림 3.33에서 계산된 값을 멱법칙에 맞춰 추정한 곡선은 다음과 같은 관계식 형태를 보인다.

$$\frac{\delta_u}{\delta_T} \approx Pr^{0.4} \tag{3.225}$$

점성 확산이 전도 효과를 초과하기 때문에 물리적으로 속도 경계층은 $Pr > 1$일 때 열 경계층보다 두꺼울 것이다. 물론 그 반대도 마찬가지이다. 이 시점에서 벽에서의 열전달은 Fourier의 법칙을 이용하여 계산할 수 있다.

$$q_w = -k\frac{\partial T}{\partial y}\bigg|_{y=0} = -k(T_\infty - T_w)G(Pr)\sqrt{\frac{B}{\nu}} \tag{3.226}$$

여기서 G^{-1}은 식 (3.224)의 분모이며 다음과 같다.

$$\frac{1}{G(Pr)} = \int_0^{\infty} \exp\left(-Pr\int_0^{\eta} F(s)ds\right)d\eta \tag{3.227}$$

본질적으로 다음과 같은 조건을 설정함으로써, 이전 코드 식 (3.208)에 다음과 같은 설정에 대한

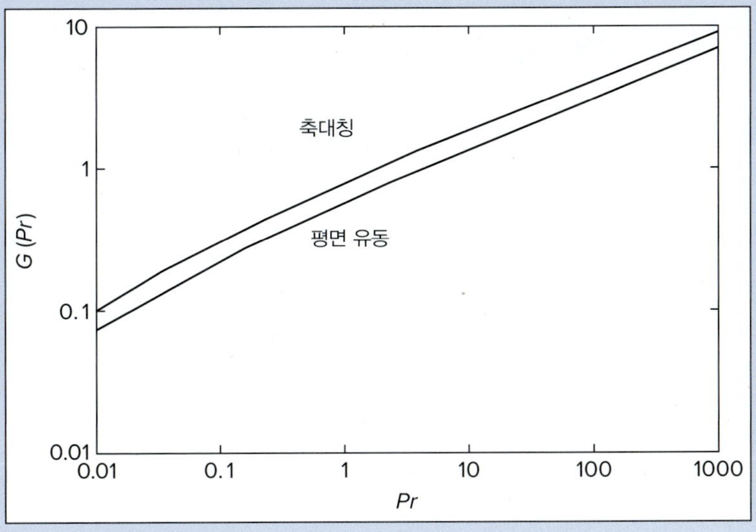

그림 3.34
평면 및 축대칭 정체 유동에 대한 열전달 매개변수 $G(Pr)$의 변화

두 줄을 추가함으로써 G를 계산할 수 있다.

$$F(4) = Y(3), \qquad F(5) = EXP(-PR*Y(4))$$

따라서 Runge-Kutta 솔버의 출력 Y(5)는 $G(Pr)$을 반환한다. 열전달에 대한 Prandtl 수의 해당 효과는 그림 3.34에 나와 있으며 평면 및 축대칭 유동 모두에 대한 G의 일부 수치는 다음과 같다.

Pr	*G* (평면)	*G* (축대칭)
0.01	0.076	0.106
0.1	0.220	0.301
1.0	0.570	0.762
10	1.339	1.752
100	2.986	3.870
1000	6.529	8.427

축대칭 값이 약 1/3 더 크다는 것을 주목하라. 그림 3.34의 로그-로그 곡선은 거의 직선이므로, 적어도 Prandtl 수가 1인 근처에서 멱법칙에 맞출 수 있다.

평면 유동: $G \approx 0.570Pr^{0.4}$

축대칭 유동: $G \approx 0.762Pr^{0.4}$ (3.228)

축대칭 유동 유추를 고려하면, 에너지 방정식 (3.221)의 대응하는 식은 다음과 같이 주어진다(부록 G).

$$\rho c_p\left(u\frac{\partial T}{\partial x} + v\frac{\partial T}{\partial y}\right) = k\left[\frac{1}{x}\frac{\partial}{\partial x}\left(x\frac{\partial T}{\partial x}\right) + \frac{\partial^2 T}{\partial y^2}\right] \tag{3.229}$$

Sibulkin(1952)은 식 (3.222)에서의 정확하게 동일한 상사변수 $\Theta(\eta)$를 사용하여 해를 구하였다. 이제 식 (3.219)에서 Homann의 축대칭 형식으로 주어진 u와 v를 사용하여 Θ에 대한 방정식을 구하면 다음과 같다.

$$\frac{d^2\Theta}{d\eta^2} + 2PrF\frac{d\Theta}{d\eta} = 0 \tag{3.230}$$

변경된 것은 둘째 항의 인자 '2'이다. 식 (3.224)를 통한 온도 분포에 대한 해와 식 (3.227)을 통한 열전달 매개변수 $G(Pr)$는 Prandtl 수가 '$2Pr$'로 대체된 경우 축대칭 유동에 대해 유효하다. 또한 $F(\eta)$는 그림 3.32의 축대칭 유동함수에서 구해야만 한다.

이제 그림 3.34에 축대칭 열전달 매개변수 $G(Pr)$가 추가되었다. 식 (3.226)이 모든 설명을 해주고 있지만, 즉 q_w는 x에 관계없이 일정하다는 사실에도 불구하고, q_w를 다음과 같이 국소 Nusselt 수로 무차원화하는 것이 통상적이다.

$$Nu_x = \frac{q_w x}{k(T_w - T_\infty)} = G(Pr)\,Re_x^{1/2} \tag{3.231}$$

여기서 $Re_x = Ux/\nu = Bx^2/\nu$이고 $G(Pr)$는 그림 3.34 또는 식 (3.228)의 멱법칙 근사로 구할 수 있다. 4장에서 논의하겠지만, 식 (3.231)은 층류-경계층 열전달 관계의 전형적인 형태이지만, 양쪽에 불필요한 'x'를 포함하고 있기 때문에 오히려 오해의 소지가 있다.

3-8.1.5 Reynolds 유추

Osborne Reynolds(1874)는 전단층에서 열전달을 추정하기 위해 현재 Reynolds 유추라고 명명하는 근사를 가정하였다. 그는 파이프 유동과 정체 유동과 같은 '유사한' 경계층에서 다음과 같이 벽 전단과 열전달률이 비례한다는 것을 발견하였다.

$$\frac{|q_w|}{\tau_w} = \frac{|k(\partial T/\partial y)_w|}{\mu(\partial u/\partial y)_w} \approx \frac{k}{\mu}\left|\frac{dT}{du}\right|_w \tag{3.232}$$

그림 3.32와 3.33의 정체 유동에서 u와 T의 거동이 유사하지 않으면 유추는 효과가 없을 것이다. T는 Pr에 따라 달라지고 u는 그렇지 않기 때문에 위의 비는 Prandtl 수에 따라 달라져야만 한다. 식 (3.232)를 무차원화하는 적절한 방법은 마찰 계수 C_f를 Stanton 수 $C_h \equiv Nu/(RePr)$와 비교하는 것이다. 그런 다음 일반적으로 Reynolds 유추는 다음과 같이 가정한다.

$$\frac{C_h}{C_f} = f\left(Pr, \frac{x}{L}, \text{형상}\right) \tag{3.233}$$

정체 유동과 열전달에 대한 식 (3.328)과 (3.231)을 Stanton 수로 다시 표현할 수 있다.

$$0.1 < Pr < 10: \quad C_h\sqrt{Re_x} \approx \begin{cases} 0.570Pr^{-0.6} & (\text{평면}) \\ 0.762Pr^{-0.6} & (\text{축대칭}) \end{cases} \tag{3.234}$$

이를 식 (3.215)의 마찰 계수로 나누면, 다음과 같다.

$$\frac{C_h}{C_f} \approx \begin{cases} 0.23Pr^{-0.6} & (\text{평면}) \\ 0.29Pr^{-0.6} & (\text{축대칭}) \end{cases} \tag{3.235}$$

따라서 C_f를 알면 C_h를 바로 구할 수 있다. 평판과 같은 단순한 형상에 대한 난류 전단 유동에 대해 유사한 관계가 유지된다. 식 (3.235)의 단점은 상수 (0.23, 0.29)가 압력 구배에 따라 크게 달라진다는 것이다(4-3절). 또한 (1) 변화하는 벽 온도 및 (2) 유사하지 않은 유동에 대해서 Reynolds 유추를 적용하기 어려워진다.

이제 Navier-Stokes에 대한 정확한 해를 도출하는 정체 유동 문제에 대한 심층 해석을 마무리하고자 한다. 다양한 경계층 현상에 대한 결과들을 살펴보았다. 얇은 점성층, 배제 두께, 얇은 열층, 외부층에서 Bernoulli의 관계에 따라 달라지는 압력, 벽 근처에서 매우 작은 법선방향의 속도, 매우 작은 법선방향의 압력 구배, Reynolds 유추, 멱법칙 Reynolds 및 Prandtl 수 효과. 유일하게 빠진 중요한 효과는 전단층 분리(그림 1.11)이며, 이는 자유 유동 속도가 x에 따라 증가하기 때문에 정체 유동에서 발생할 수 없다('순'압력 구배, 그림 4.5). 이 절의 세 번째 예인 Jeffery-Hamel 쐐기 유동에서는 유동 분리 문제에 초점을 맞출 것이다.

3-8.2 무한 회전 디스크 위의 유동

일반적으로 정지해 있는 Newtonian 점성 유체가 $z = 0$에서 무한 평면이 축 $r = 0$을 중심으로 일정한 각속도 ω로 회전할 때 발생하는 정상 유동을 고려해 보자. 그림 3.35와 같이 회전 표면의 점성 항력에 의해 디스크를 향하는 선회 유동이 발생한다. v_r, v_θ, v_z의 세 속도 성분은 모두 실제 3차원 운동과 관련이 있지만, 방사형 대칭 때문에 압력 p와 마찬가지로 θ와는 무관하다. 그런 다음 연속성 및 r, θ, z방향의 Navier-Stokes 방정식으로부터 이 네 변수를 r과 z의 함수로 풀어야 한다.

$$
\begin{aligned}
&\frac{1}{r}\frac{\partial}{\partial r}(r v_r) + \frac{\partial}{\partial z}(v_z) = 0 \\
&v_r\frac{\partial v_r}{\partial r} + v_z\frac{\partial v_r}{\partial z} - \frac{v_\theta^2}{r} = -\frac{1}{\rho}\frac{\partial p}{\partial r} + \nu\left(\frac{\partial^2 v_r}{\partial r^2} + \frac{1}{r}\frac{\partial v_r}{\partial r} + \frac{\partial^2 v_r}{\partial z^2} - \frac{v_r}{r^2}\right) \\
&v_r\frac{\partial v_\theta}{\partial r} + v_z\frac{\partial v_\theta}{\partial z} + \frac{1}{r}v_r v_\theta = \nu\left(\frac{\partial^2 v_\theta}{\partial r^2} + \frac{1}{r}\frac{\partial v_\theta}{\partial r} + \frac{\partial^2 v_\theta}{\partial z^2} - \frac{v_\theta}{r^2}\right) \\
&v_r\frac{\partial v_z}{\partial r} + v_z\frac{\partial v_z}{\partial z} = -\frac{1}{\rho}\frac{\partial p}{\partial z} + \nu\left(\frac{\partial^2 v_z}{\partial r^2} + \frac{1}{r}\frac{\partial v_z}{\partial r} + \frac{\partial^2 v_z}{\partial z^2}\right)
\end{aligned}
\tag{3.236}
$$

경계 조건은 아래와 같이 벽에서의 점착 조건과 벽에서 멀어지면 점성 효과가 없다는 조건(축방향 유입 제외)을 이용한다.

그림 3.35
회전 디스크 부근의 층류. (a) 유선형 및 (b) 속도 성분

$$z = 0\text{에서:} \qquad v_r = v_z = 0, \qquad v_\theta = r\omega, \qquad p = \text{상수} = 0$$
$$z \to \infty\text{일 때:} \qquad v_r = v_\theta = \frac{\partial v_z}{\partial z} = 0 \tag{3.237}$$

이 완전한 3차원 유동은 종종 'von Kármán의 점성 펌프'라고 불린다[Panton(1996)]. 회전 디스크에 의해 벽 근처 유체가 원주 방향으로 운동(v_θ)한다. 이 유동은 내부 구심 가속도와의 균형을 맞추기 위해 반경 방향으로 압력이 증가할 때 원형 유선으로 움직이는 경향을 보인다. 그러나 실제로는 $p = p(z)$이고 반경 방향의 불균형은 외부 방사형 유동($v_r > 0$)을 유발한다[그림 3.35(a)]. 이러한 바깥 방향으로의 질량 유동은 디스크를 향한 내부 축방향 흐름($v_z < 0$)에 의해 균형을 이룬다.

이 문제에 대한 해는 회전 디스크뿐만 아니라 모든 종류의 층류 및 난류 전단 유동을 고려한 Kármán(1921)의 주목할 만한 논문에 설명되어 있다. Kármán은 v_r/r, v_θ/r, v_z 및 p가 모두 z만의 함수라고 추론한 후 상사해를 구할 수 있었다. 그의 자서전(1964)을 참고할 것을 적극 추천하는 바이다. 따라서 이 문제는 단일 변수 z에서 4개의 결합된 상미분 방정식으로 단순화된다. 문제의 유일한 매개변수는 ω 및 ν이므로 적합한 무차원 변수는 $z^* = z\sqrt{\omega/\nu}$이어야 한다는 것을 쉽게 인지할 수 있다. Kármán(1921) 방법을 기반으로 다음과 같은 새로운 무차원 변수 F, G, H 및 P를 제안한다.

$$v_r = r\omega\, F(z^*), \qquad v_\theta = r\omega G(z^*), \qquad v_z = \sqrt{\omega\nu}\, H(z^*), \qquad p = \rho\omega\nu\, P(z^*) \tag{3.238}$$

이러한 변수를 식 (3.236)으로 대입하고 다음과 같은 비선형 상미분 방정식이 결합된 세트를 구할 수 있다.

$$H' = -2F, \quad F'' = -G^2 + F^2 + F'H, \quad G'' = 2FG + HG' \quad \text{및} \quad P' = 2FH - 2F' \tag{3.239}$$

여기서 프라임은 z^*에 대한 미분을 나타낸다. 식 (3.237)로부터 경계 조건은 다음과 같이 주어진다.

$$F(0) = H(0) = P(0) = 0, \qquad G(0) = 1 \quad \text{및} \quad F(\infty) = G(\infty) = 0 \tag{3.240}$$

P는 분리되어 있음을 유념하라. F, G, H에 대한 식 (3.239)의 처음 세 방정식을 풀 수 있고, 그 다음 네 번째 방정식에서 P에 대해 풀 수 있다.

Kármán은 이 문제를 사용하여 같은 1921년 논문에서 구한 그의 유명한 운동량 적분 관계(4-5절)를 설명했다. 이후에 Cochran(1934)은 정합점근전개법을 이용하여 계산의 정확도를 개선했으며 Rogers와 Lance(1960)는 매우 정확한 수치해석적 예측 결과를 발표하였다. 식 (3.239)의 시스템은 Runge-Kutta 솔버를 사용하여 풀 수 있다. 다음과 같은 6개의 변수를 정의하기만 하면 된다. $Y_1 = H$, $Y_2 = F'$, $Y_3 = F$, $Y_4 = G'$, $Y_5 = G$, $Y_6 = P$. 그 다음 식 (3.239)는 다음과 같은 6개의 명령문을 사용하여 디지털 컴퓨터에서 계산된다.

$$\begin{aligned} &\mathrm{F(1) = -2.*Y(3),\quad F(2) = -Y(5)*Y(5)+Y(3)*Y(3)+Y(2)*Y(1),\quad F(3)=Y(2)} \\ &\mathrm{F(4) = 2.*Y(3)*Y(5)+Y(1)*Y(4),\quad F(5) = Y(4),\quad F(6)=2.*Y(3)*Y(1)-2.*Y(2)} \end{aligned} \tag{3.241}$$

식 (3.240)으로부터 알려진 초기 조건은 $Y_1(0) = Y_3(0) = Y_6(0) = 0$ 및 $Y_5(0) = 1$이다. 미지의 조

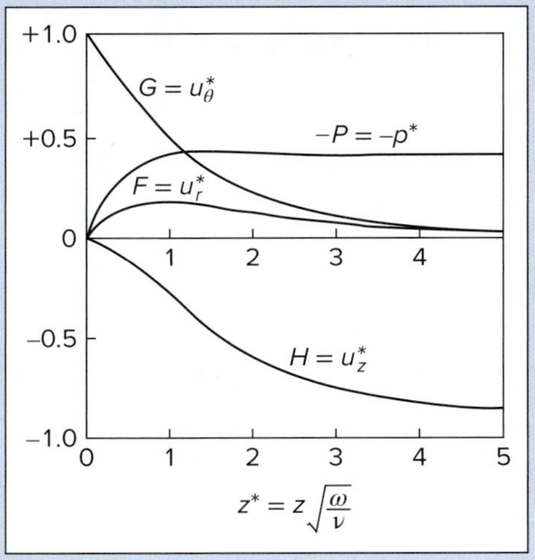

그림 3.36
무한 회전 디스크에 대한 식 (3.239)의 수치해석적 해

표 3.5 회전하는 디스크의 수치해석적 해

z^*	F	F'	G	G'	H	$-P$
0.0	0.0	0.51023	1.0000	−0.61592	0.0	0.0
0.1	0.0462	0.4163	0.9386	−0.6112	−0.0048	0.0924
0.2	0.0836	0.3338	0.8780	−0.5987	−0.0179	0.1674
0.3	0.1133	0.2620	0.8190	−0.5803	−0.0377	0.2274
0.4	0.1364	0.1999	0.7621	−0.5577	−0.0628	0.2747
0.5	0.1536	0.1467	0.7075	−0.5321	−0.0919	0.3115
0.6	0.1660	0.1015	0.6557	−0.5047	−0.1239	0.3396
0.7	0.1742	0.0635	0.6067	−0.4763	−0.1580	0.3608
0.8	0.1789	0.0317	0.5605	−0.4476	−0.1933	0.3764
0.9	0.1807	0.0056	0.5171	−0.4191	−0.2293	0.3877
1.0	0.1801	−0.0157	0.4766	−0.3911	−0.2655	0.3955
1.2	0.1737	−0.0461	0.4037	−0.3381	−0.3364	0.4040
1.4	0.1625	−0.0640	0.3411	−0.2898	−0.4038	0.4066
1.6	0.1487	−0.0728	0.2875	−0.2470	−0.4661	0.4061
1.8	0.1338	−0.0754	0.2419	−0.2095	−0.5226	0.4042
2.0	0.1188	−0.0739	0.2034	−0.1771	−0.5732	0.4019
2.2	0.1044	−0.0698	0.1708	−0.1494	−0.6178	0.3997
2.4	0.0910	−0.0643	0.1433	−0.1258	−0.6568	0.3977
2.6	0.0788	−0.0580	0.1202	−0.1057	−0.6907	0.3961
2.8	0.0678	−0.0517	0.1008	−0.0888	−0.7200	0.3948
3.0	0.0581	−0.0455	0.0845	−0.0746	−0.7452	0.3938
3.2	0.0496	−0.0397	0.0709	−0.0625	−0.7666	0.3930
3.4	0.0422	−0.0344	0.0594	−0.0525	−0.7850	0.3924
3.6	0.0358	−0.0296	0.0498	−0.0440	−0.8005	0.3920
3.8	0.0303	−0.0254	0.0417	−0.0369	−0.8137	0.3917
4.0	0.0256	−0.0217	0.0349	−0.0309	−0.8249	0.3914
4.5	0.0167	−0.0144	0.0225	−0.0199	−0.8457	0.3911
5.0	0.0108	−0.0095	0.0144	−0.0128	−0.8594	0.3910
5.5	0.0070	−0.0062	0.0093	−0.0082	−0.8682	0.3910
6.0	0.0045	−0.0040	0.0059	−0.0053	−0.8739	0.3909
7.0	0.0018	−0.0017	0.0024	−0.0022	−0.8799	0.3909
8.0	0.0007	−0.0007	0.0010	−0.0009	−0.8824	0.3908
9.0	0.0002	−0.0003	0.0004	−0.0004	−0.8834	0.3908
10.0	0.0001	−0.0001	0.0001	−0.0001	−0.8838	0.3907
∞	0.0	−0.0	0.0	−0.0	−0.8838	0.3906

건은 $F_0' = Y_2(0)$ 및 $G_0' = Y_4(0)$이며, 이는 Y_3 및 Y_5가 큰 η에서 사라지도록 선택해야 한다. $\Delta\eta \le 0.1$의 적절한 스텝 크기와 '무한대'는 약 $\eta \approx 10$에서 도달된다. 정확한 초기 조건은 $F_0' = 0.5102$ 및 $G_0' = -0.6159$임을 알 수 있으며, 그림 3.36과 표 3.5에서 완전한 수치해석적 해를 보여준다.

원주 속도 υ_θ가 벽에서의 값의 1% 또는 $G \approx 0.01$로 떨어지는 지점을 두께 δ로 정의할 수 있으며, 이는 약 $\eta \approx 5.4$에서 나타난다. 해당 층 두께는 다음의 관계식을 통해 쉽게 계산 가능하다.

$$\delta \approx 5.4\sqrt{\nu/\omega} \tag{3.242}$$

20°C 공기 중에서 1000 rpm(105 rad/s)으로 회전하는 디스크의 경우, 이 관계식을 이용하여 약 2 mm의 (층류) 전단층 두께를 예측할 수 있다. 게다가 점근적인 값 $H(\infty) = -0.8838$을 구할 수 있는데, 이는 디스크가 다음과 같은 속도를 가지고 유체를 자기 쪽으로 끌어당긴다는 것을 의미한다.

$$\upsilon_z(\infty) = -0.8838\sqrt{\omega\nu} \tag{3.243}$$

따라서 이를 통해 디스크의 펌핑 작용이 점도와 회전 속도에 따라 증가한다는 것을 알 수 있다. 앞선 예의 수치(공기 중에서 1000 rpm)의 경우 자유 유동 속도는 디스크 방향으로 3.5 cm/s이다. 디스크의 원주 벽 전단 응력은 다음 식을 통해 계산할 수 있다.

$$\tau_{z\theta} = \mu \left.\frac{\partial u_\theta}{\partial z}\right|_{z=0} = \rho r G_0' \sqrt{\nu\omega^3} \tag{3.244}$$

여기서 표 3.5로부터 $G_0' = -0.6159$이다. 이 결과를 반경 방향으로의 스트립 적분을 통해 반경이 r_0인 디스크를 회전하는 데 필요한 토크를 다음과 같이 구할 수 있다.

$$M = \int_0^{r_0} \tau_{z\theta} r(2\pi r dr) = \tfrac{1}{2}\pi\rho r_0^4 G_0' \sqrt{\nu\omega^3} \tag{3.245}$$

위 관계식을 통해 필요한 모멘트가 디스크 반경의 4제곱으로 증가한다는 사실을 알 수 있다. 공기 중에서 1000 rpm 회전 조건에 대한 예에서 디스크 반경이 10 cm인 경우, 이 토크는 0.0005 N·m에 불과하다. 양면이 젖은 디스크에 대해 무차원 토크 계수를 다음과 같이 정의할 수 있다.

$$C_M = -\frac{2M}{\frac{1}{2}\rho\omega^2 r_0^5} \approx \frac{3.87}{\sqrt{Re_k}} \qquad \text{여기서} \qquad Re_k = \omega^* = \frac{\omega r_0^2}{\nu} \tag{3.246}$$

여기서 다시 식 (3.100)에서 이미 소개했던, 운동역학적 Reynolds 수의 제곱근과 역수 관계인 특성 변화를 확인할 수 있다. 확인을 위해 그림 3.37에서 식 (3.246)을 Theodorsen과 Regier(1944)의 데이터와 비교하였다. 이를 통해 층류 영역에서는 충분히 일치하지만, $Re > 300{,}000$에 대해서는 유동이 난류 상태로 변화하여 점선을 따르기 시작함을 알 수 있다.

Kobayashi 등(1980)은 실험을 통해 층류 회전 디스크 유동에서 예상되는 불안정성은 명확하게 입증하였다. 그들은 직경 40 cm의 검은색 알루미늄 디스크를 공기 중에서 1300~1900 rpm으로 회전시킨 다음, 흰색 사염화티타늄 기체로 유동을 가시화했다. 그림 3.38은 이 유동에 대한 수

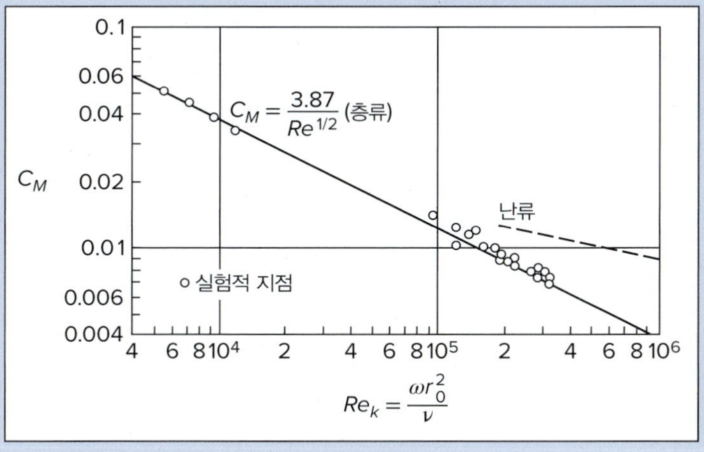

그림 3.37
회전 디스크의 이론적 및 실험적 토크 계수[Theodorsen과 Regier (1944)의 데이터]

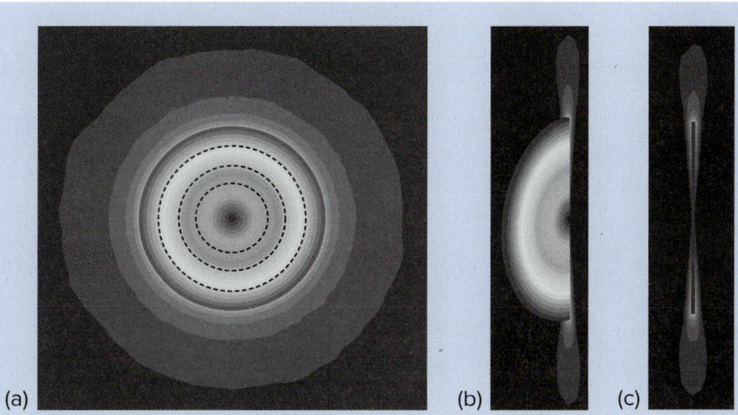

그림 3.38
공기 중에서 1800 rpm으로 회전하는 40 cm 디스크 주변의 유동 패턴. 층류 유동은 r = 8 cm에서 불안정해지고, 층류 나선형 와류는 r = 12 cm에서 형성되며, 난류로의 전환은 r = 16 cm에서 발생한다. SST k–ω 난류 모델을 기반으로 한 유한 체적 시뮬레이션 결과. 디스크의 (a) 위에서 본 시점, (b) 등각 시점, (c) 측면에서 본 시점. 이 계산은 Kobayashi 등(1980)이 수행한 실험을 재현하는 방식으로 G. Sharma와 J. Majdalani에 의해 수행되었다.

치해석적 결과를 보여준다. $Re_k = \omega r^2/\nu \approx 8.8 \times 10^4$에서 불안정성이 관찰되고, $Re \approx 3.2 \times 10^5$에서 난류가 발생하는 것을 확인할 수 있다.

하나 이상의 원형 디스크와 연관된 다양한 유동 문제에 대한 많은 논문들이 보고되었다. 특히 흥미로운 문제는 고정된 디스크 옆에서 회전하는 유동인데, Bödewadt(1940)가 처음으로 이 문제에 대한 연구를 수행하였고, 그 이후에는 Rogers와 Lance(1960)가 후속연구를 수행하였다. 이 결과는 본질적으로 그림 3.35와 반대의 결과를 보인다. 회전하는 외부 유동은 반경 방향의 압력 구배를 형성하는데, 이는 디스크 근처의 저속 유체에 작용할 때 안쪽 방향의 방사 유동('2차' 유동)을 유발한다. 이 안쪽 방향의 유동은 디스크에서 멀어지는 축류에 의해 균형을 이룬다. 찻잎으로 차를 우려내본 사람은 2차 안쪽 방향으로의 유동이 어떻게 발생하는지 알 수 있을 것이다.

3-8.3 쐐기형 영역의 Jeffery-Hamel 유동

정확한 상사해의 세 번째이자 마지막 예는 선 소스 또는 선 싱크로 인한 방사형 유동으로, Jeffery (1915)가 처음으로 이 문제에 다루었고 이후에 Hamel(1917)이 독립적으로 연구를 수행하였다. 이 운동을 해석하기 위한 많은 후속연구들이 보고되었으며, 특히 Rosenhead(1940) 및 Millsaps와 Pohlhausen(1953)의 연구들에 관심 가지길 바란다.

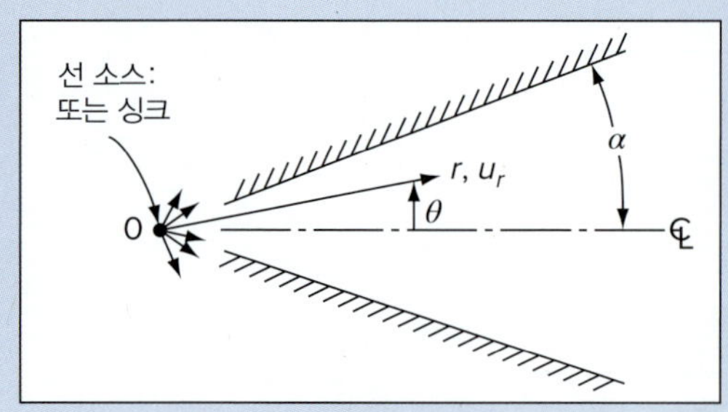

그림 3.39
Jeffery-Hamel 유동의 형상

그림 3.39에서와 같이 원점에서 소스(또는 싱크)에 의해 생성되고 $\theta = \pm\alpha$에서 단단한 벽으로 경계가 지정된 극좌표 (r, θ)에서의 유동을 고려해 보자. 유동이 오직 반경 방향만 있다고 가정하면 $u_\theta = 0$으로 설정할 수 있다. 그렇다면 극좌표의 연속 방정식(부록 G)을 다음과 같이 표현할 수 있다.

$$\frac{1}{r}\frac{\partial}{\partial r}(ru_r) = 0 \qquad \text{또는} \qquad ru_r = f(\theta) \tag{3.247}$$

u_r가 아마도 $\theta = 0$에서 국소 최댓값인 $u_{\max}$를 가질 것으로 예상할 수 있다. 만약 그렇다면, 이 문제는 다음과 같이 간단하게 무차원화될 수 있다.

$$\eta = \frac{\theta}{\alpha} \qquad \text{및} \qquad f(\eta) = \frac{u_r}{u_{\max}} \tag{3.248}$$

또한 $u_\theta = 0$에 대한 극좌표의 운동량 방정식은 다음과 같이 단순화된다.

$$u_r\frac{\partial u_r}{\partial r} = -\frac{1}{\rho}\frac{\partial p}{\partial r} + \nu\left(\frac{\partial^2 u_r}{\partial r^2} + \frac{1}{r}\frac{\partial u_r}{\partial r} - \frac{u_r}{r^2} + \frac{1}{r^2}\frac{\partial^2 u_r}{\partial \theta^2}\right) \qquad \text{및} \qquad -\frac{1}{\rho r}\frac{\partial p}{\partial \theta} + \frac{2\nu}{r^2}\frac{\partial u_r}{\partial \theta} = 0 \tag{3.249}$$

교차 미분과 η 및 $f(\eta)$의 대입를 통해 압력 항을 제거할 수 있다. 그 결과, 다음과 같이 f에 대한 3차 비선형 미분 방정식을 구할 수 있다.

$$f''' + 2\alpha Reff' + 4\alpha^2 f' = 0 \tag{3.250}$$

여기서 $Re = u_{\max} r\alpha/\nu$는 특성 Reynolds 수이다. 경계 조건은 양쪽 벽에서의 점착 조건과 중심선에서 최댓값을 갖는 가정된 대칭 유동 조건으로 구성된다. 이 경계 조건들은 다음과 같이 변환된다.

$$f(1) = f(-1) = 0 \qquad \text{및} \qquad f(0) = 1 \tag{3.251}$$

실제로 두 번째 조건을 대칭성 조건 $f'(0) = 0$으로 대체하고 해석을 쐐기 영역의 상위 절반으로 제한할 수 있다.

식 (3.250)은 비선형성을 갖기 때문에 정체 유동과 회전 디스크 문제에서 했던 것처럼 수치해석적으로 풀 수 있다. 그럼에도 불구하고 해석적 해를 구할 수 있다. 다음과 같이 한 번 적분을 통해 시작할 수 있다.

$$f'' + \alpha Ref^2 + 4\alpha^2 f = \text{상수}$$

이 식에 f'을 곱하고 $f(0) = 1$ 및 $f'(0) = 0$을 사용하여 다시 적분하면, 다음과 같은 식을 구할 수 있다.

$$f'^2 = (1-f)\left[\tfrac{2}{3}\alpha Re\left(f^2+f\right) + 4\alpha^2 f + C\right]$$

변수 분리 후 한 번 더 적분하여, 다음과 같은 식을 얻을 수 있다.

$$\int_f^1 \frac{df}{\left\{(1-f)\left[\frac{2}{3}\alpha Re\left(f^2+f\right) + 4\alpha^2 f + C\right]\right\}^{1/2}} = \eta \tag{3.252}$$

여기서 $f(0) = 1$이 경계 조건으로 사용되었다. $\eta \to 1$이 될수록 하한이 0에 가까워진다. $f(1) = 0$ 조건을 통해 상수 C를 구할 수 있고 다음과 같은 관계식을 도출할 수 있다.

$$\int_0^1 \frac{df}{\left\{(1-f)\left[\frac{2}{3}\alpha Re\left(f^2+f\right) + 4\alpha^2 f + C\right]\right\}^{1/2}} = 1 \tag{3.253}$$

따라서 식 (3.252) 및 (3.253)은 이 문제에 대한 정식 해을 나타낸다. 적분은 타원 적분이며, $(1-f) \to 0$과 같은 특이점을 피하기 위해 표를 통해서 또는 Runge-Kutta와 같은 수치해석적 솔버를 신중하게 적용하여 적분을 수행할 수 있다.

Rosenhead(1940)는 이 유동에 대해 매우 광범위한 해석을 수행하였고 다음과 같은 결과를 보고하였다.

1. 주어진 α와 Re에 대해, 여러 유입 및 유출 유동 영역에 해당하는 대칭 및 비대칭 해가 무수히 존재한다.
2. 주어진 α와 특정 수의 유입 및 유출 유동 영역에 대해, 이 특정한 해를 구하는 것이 불가능한 임계 Re가 있다.
3. $\pi/2 < \alpha < \pi$의 경우 순수 유출 유동에 대한 해를 구하는 것이 불가능하며, 순수 유입 유동에 대한 해를 구하는 것은 특정 측면에서 제한된다.
4. $\alpha < \pi/2$의 경우 순수한 유입 유동에 대한 해를 구한 것은 항상 가능하며 큰 Re에서 경계층 거동을 보이는 경향이 있는 반면, 순수한 유출 유동에 대한 해는 $Re < 10.31/\alpha$의 대략적인 범위를 가진 특정 작은 Re로 제한된다.

따라서 다시 한번 Navier-Stokes 방정식의 고유하지 않음에 직면하게 되지만 이 문제에 대해서는 규칙적이고 예측 가능하다.

3-8.3.1 작은 쐐기 각도 α에 대한 해

이 유동은 큰 Re와 작은 α의 경우에 가장 실용적으로 적용될 수 있다. Re와 α가 모두 작으면, 식 (3.250)에서 둘째 항과 셋째 항을 무시하고 α에 대해 적분할 수 있다.

$\alpha,\ \alpha Re \ll 1$:

$$f = \frac{u_r}{u_{\max}} = 1 - \eta^2 \tag{3.254}$$

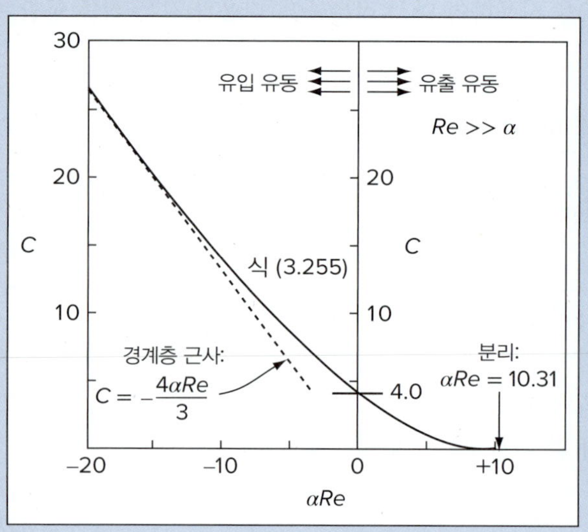

그림 3.40
큰 Reynolds 수에서 쐐기 유동에 대한 전단 응력 상수 C의 값

따라서 유입 유동 또는 유출 유동에 유효한 Poiseuille 형상, 식 (3.34)를 재확인할 수 있다.

대신에 α는 작지만 (αRe)는 그렇지 않다고 가정하자. 그러면 식 (3.254)가 다음 같이 된다.

$$\left(\tfrac{2}{3}\alpha Re\right)^{1/2} = \int_0^1 \left[(1-f)(f^2+f+K)\right]^{-1/2} df \qquad (3.255)$$

여기서 $K = 3C/(2\alpha Re)$이다. 따라서 K에 대한 값의 범위를 지정하고 αRe에 대해 적분한 다음, K로부터 C를 추론할 수 있다. 이러한 방식으로 계산된 값을 그림 3.40에서 보여준다. 음수 Re(유입 유동)의 경우, 이 값은 Pohlhausen(1921)이 처음 발견한 경계층 근삿값인 직선 $C = -4\alpha Re/3$에 접근한다. 양수 Re(유출 유동)의 경우, C는 $\alpha Re \approx 10.31$에서 0으로 떨어진다. $C = f'^2(1)$이므로 이것은 벽에서 역류가 발생하는 분리점인 벽 전단 응력이 0인 점이어야 한다. 이러한 방식으로 C를 계산한 후 Millsaps와 Pohlhausen(1953)은 식 (3.252)로부터 여러 속도 형상을 계산하였다. 그림 3.41은 동일한 방식으로 계산된 유입 유동($Re < 0$) 및 유출 유동($Re > 0$) 형상의 배열을 보여준다. 유입 유동 곡선은 Re가 증가함에 따라 더 평탄해지고 더 안정적이 되는데, 이는 4장에서 다시 논의할 것이다.

유출 유동 형상은 $\alpha Re = 10.31$일 때 S 모양이 되고 (분리점에서) 벽 전단 응력이 0이다. $\alpha Re > 10.31$인 경우 벽에 역류가 발생한다. 유선방향의 압력 구배의 부호가 변함으로써 유동 형상의 차이가 생긴다. 유입 유동의 경우 p는 유동 방향(순구배)으로 감소하며, 이로 인해 유동 분리가 일어나지 않는다. 유출 유동의 경우 p가 하류에서 증가하여(역구배) 형상에 변곡점이 발생하며, 분리가 일어나기 시작한다.

중심선을 따르는 압력 구배로부터 분리 기준을 찾을 수 있으며, 이는 식 (3.249)로부터 다음과 같이 주어진다.

$$\frac{\partial p}{\partial r}(r, 0) \approx \frac{\rho u_{\max}^2}{r}, \quad \alpha^2 \ll 1$$

만약 $(r\alpha)$를 전단층의 두께 δ로 해석한다면, 분리 시 압력 구배의 무차원 형태는 다음과 같을 것이다.

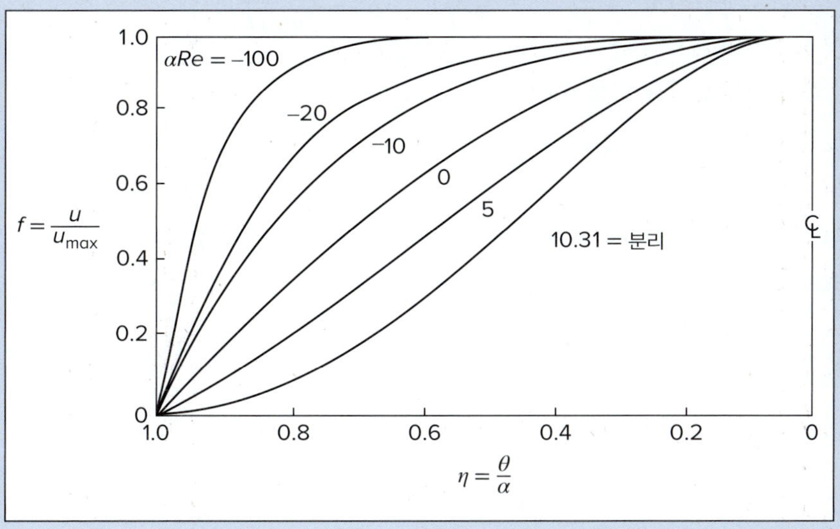

그림 3.41
식 (3.252)를 따른 큰 $Re \gg \alpha$에서 Jeffrey-Hamel 쐐기 유동의 속도 형상[Millsaps와 Pohlhausen(1953)의 결과를 수정함]

$$\frac{\delta^2}{\mu u_{\max}}\frac{\partial p}{\partial r}(r,0)_{\text{separation}} \approx (\alpha Re)_{\text{separation}} = 10.31 \tag{3.256}$$

이는 이전에 식 (3.43)으로 제공된 Couette-Poiseuille 유동의 추정보다 훨씬 더 현실적이다. 층류 경계층에서 이 물리량은 Kármán-Pohlhausen 매개변수 $-\Lambda = \delta^2(dp/dx)/(\mu U)$와 관련이 있으며, 이는 분리점에서 8과 12 사이의 값을 갖는다.

Millsaps와 Pohlhausen(1953)도 그림 3.41에서 주어진 속도 분포를 사용하여 고온 또는 저온 벽이 아닌 오직 소산만을 가정하여 온도 형상을 구하였다. 유입 유동의 경우 벽 근처에 매우 강한 소산 온도의 상승 영역이 존재한다. 이 예를 끝으로 Navier-Stokes 방정식에 대한 상사해에 대한 개요를 마친다. 다른 예는 연습문제에서 제공할 것이다.

3-9 낮은 Reynolds 수: 선형화된 크리핑 운동

지금까지 다룬 문제의 대부분은 불안정이 시작되고 난류가 발생할 때까지 임의의 Reynolds 수에 대해 유효한 정확한 해이거나 준정확한 해와 관련된 것이였다. 흥미롭긴 하지만 이러한 해는 일반적이지 않다. 특히, 임의의 Reynolds 수에서 잠긴 물체를 지나는 점성 유동의 매우 실용적인 문제에 대해 알려진 해는 없다. 직접적인 실험을 제외하고 물 속에 잠긴 물체 문제는 현재 다음과 같은 세 가지 접근방식으로만 풀 수 있다. (1) 디지털컴퓨터 시뮬레이션, (2) 4장에서와 같이 경계층 점성 및 비점성 패칭 방식, 그리고 (3) 이 절에서 논의할 크리핑 유동 근사법.

Stokes(1851)가 논문에서 발표한 크리핑 유동의 기본 가정은 운동량 방정식에서 밀도(관성) 항을 무시할 수 있다는 것이다. 유속이 U이고 물체 길이가 L을 갖는 이러한 유동에서는 압력은 '동적' 항 또는 관성 항 ρU^2으로 척도화할 수 없으며 오히려 '점성' 척도 $\mu U/L$에 의존해야 한다. Navier-Stokes 방정식 (3.2)를 다음과 같은 변수로 무차원화하면

$$x^* = \frac{x}{L}, \quad \mathbf{V}^* = \frac{\mathbf{V}}{U}, \quad t^* = \frac{tU}{L}, \quad p^* = \frac{p - p_\infty}{(\mu U/L)}$$

다음과 같은 무차원 운동량 방정식을 얻을 수 있다.

$$Re \frac{D\mathbf{V}^*}{Dt^*} = -\nabla^* p^* + \nabla^{*2}\mathbf{V}^* \tag{3.257}$$

여기서 $Re = \rho UL/\mu$이다. 따라서 Reynolds가 작으면 관성 항(왼변)을 무시할 수 있는데, 이것이 크리핑 유동 또는 Stokes 유동 가정이다.

$$Re \ll 1: \qquad \nabla p \approx \mu \nabla^2 \mathbf{V} \tag{3.258}$$

이는 다음과 같은 비압축성 연속성 관계와 결합할 수 있다.

$$\nabla \cdot \mathbf{V} = 0 \tag{3.259}$$

3-3절에서의 완전 발달된 덕트 유동처럼 대류 가속이 없는 경우에도 관성을 무시할 수 있다. 이러한 경우에 크리핑 유동 근사는 Reynolds 수에 대한 제한 없이 적용할 수 있다.

식 (3.258)에 회전(curl)과 구배 벡터를 취함으로써, 다음과 같은 두 가지 추가적인 유용한 관계를 얻을 수 있다.

$$\nabla^2 \omega = 0 \qquad \text{및} \qquad \nabla^2 p = 0 \tag{3.260}$$

따라서 와도와 압력 모두 크리핑 운동에서 Laplace 방정식을 만족한다.

또한 2차원 Stokes 유동에서 $\omega = -\nabla^2\psi$를 사용할 수 있다. 여기서 $\psi(x, y)$는 유동함수이다. 와도 방정식 (3.260)은 다음과 같이 다시 나타낼 수 있다.

$$\text{평면 유동:} \qquad \nabla^4 \psi = 0 \tag{3.261}$$

따라서 위와 같은 식이 평면 탄성 문제에서 많이 다룬 쌍조화 방정식 형태를 가짐을 확인할 수 있다. 잠긴 물체 문제에 대한 일반적으로 사용하는 경계 조건은 물체 표면에서의 점착 조건과 자유 유동에서의 균일한 속도와 압력 조건이다.

식 (3.258)부터 (3.261)은 선형 편미분 방정식이므로 닫힌 형태의 많은 해를 산출한다는 것을 주목할 필요가 있을 것이다. 경계 요소 기법[Beer(2001)와 Wrobel(2002)]을 포함한 수치해석적 방법도 효과적이다. 사실, 전반적인 책들에서 크리핑 유동을 다루고 있지만, 특히 Happel과 Brenner가 쓴 책(1983)이 가장 유명하다. 물론 단점은 $Re \ll 1$ 조건이 매우 제한적이며 일반적으로 저속, 소규모, 고점도 유동에만 적용된다는 것이다. 이러한 이유로 다음과 같이 최소 네 가지 경우에 크리핑 유동이 발생한다.

1. **완전 발달된 덕트 유동.** 이 책에서는 3-3절에서 몇 가지 예를 들었고 Berker(1963), Ladyzhenskaya (1969), Shah와 London(1978)에서 더 많은 예를 찾을 수 있다.
2. **물에 잠긴 물체에 대한 유동.** Stokes 유동은 소립자 역학의 기초이며, 다체 상호작용 효과를 포함하여 Happel과 Brenner(1983)의 책에서 다루고 있다.

3. 좁고 가변적인 통로에서의 유동. Reynolds(1886)에 의해 처음 공식화되었고 현재 윤활 이론(lubrication theory)으로 알려진 이러한 유동은 Langlois(1964)와 같은 일반적인 Stokes 유동 관련 서적에서 다루어지고 있으며 Konsari와 Booser(2001), Szeri(1998), Pirro 등(2001)과 같은 보다 전문화된 서적에서도 다루어지고 있다.
4. 다공성 매체를 통한 유동. 이 주제는 Darcy(1856)의 유명한 논문에서 시작되었으며 이제는 Bear (2000), Ingham과 Pop(2002), Ehlers와 Bluhm(2002) 같은 전문화된 서적의 주제가 되었다. 토목 기사들은 다공질 매체 이론을 지하수 이동에 오랫동안 적용해 왔다[예: Charbeneau (1999) 참조].

Encyclopedia Britannica Education Corp에서 제공하는 33분 분량의 컬러 비디오 "낮은 Reynolds 수에서의 유동"에서 크립핑 또는 작은 관성 유동의 기본 원리가 아름답게 설명되어 있다. 이 비디오는 50여 년 전에 국립과학재단의 후원으로 제작된 컬러 필름을 바탕으로 제작되었다. 해설자가 유체역학 발전에 중요한 공헌을 많이 한 Geoffrey Taylor경이기 때문에 역사적인 문서이다. 오늘날 유튜브에서 흥미로운 동영상들을 많이 찾아볼 수 있다.

3-9.1 잠긴 물체에 대한 크리핑 유동: Stokes의 역설

이 주제는 Stokes(1851)가 관심을 가진 잠긴 구형 물체를 지나는 유동에 대한 문제로부터 시작되었다. 3차원 물체에 대한 많은 해가 존재하지만 평면 유동은 역설로 가득 차 있다. Stokes 스스로가 지적한 바와 같이 식 (3.261)과 점착 조건 및 자유 유동 경계 조건을 모두 만족하는 정상 상태의 2차원 해를 구하는 것은 불가능하다. 3차원 유동은 이러한 문제를 가지고 있지 않지만, 관성 항을 물체의 원거리장에서 엄밀하게는 무시할 수 없다는 점에서 다소 비현실적이다[Osen(1910)].

차원해석을 통해 Stokes 역설을 설명할 수 있다. 관성(밀도)이 정말로 무시할 수 있는 경우 물체에 가해지는 힘은 자유 유동 속도 U, 유체 점도 μ 및 물체 길이 척도 L에만 의존해야 한다.

2차원 유동: $$F' = \text{단위 길이당 힘} = f(U, \mu, L) \tag{3.262a}$$

3차원 유동: $$F = \text{총 항력} = f(U, \mu, L) \tag{3.262b}$$

이러한 관계의 차원해석을 통해 다음과 같은 힘의 법칙을 도출할 수 있다.

2차원: $$\frac{F'}{\mu U} = \text{상수} \tag{3.263a}$$

3차원: $$\frac{F}{\mu U L} = \text{상수} \tag{3.263b}$$

두 번째 식은 매우 현실적이며 수많은 실험으로 검증되었지만, 첫 번째 식은 항력이 크든지 작든지 간에 물체의 크기 L과 무관하다는 것을 의미하기 때문에 물리적으로 오류가 있다. 따라서 평면 크리핑 운동에는 항상 밀도 효과가 있어야 한다.

2차원: $$F' = f(\rho, U, \mu, L) \quad \text{또는} \quad \frac{F'}{\mu U} = f\left(\frac{\rho U L}{\mu}\right) \tag{3.264}$$

따라서 Reynolds 수가 항상 중요하다는 것을 알 수 있다. 수학적으로 Stokes 역설은 관성 항이 설명되지 않는 한 평면 크리핑 해가 무한대에서 로그 특이점을 생성한다는 것을 의미한다. 물리적으로는 무한한 깊이의 물체가 점성 유동에서 엄청난 교란을 일으켜 자유 유동 속도가 아무리 느리더라도 관성 효과가 항상 중요하다는 것을 추론할 수 있다. 이러한 문제들은 Langlois(1964)에 의해 잘 설명되었다. Stokes 역설은 비뉴턴 유체에 대해 그렇게 강하게 작용하지 않는다는 것이 밝혀졌다. 원통을 통과하는 2차원 유동의 멱법칙 유체 $\tau_{xy} \approx 2K\epsilon_{xy}^n$ [식 (1.31a)]에 대한 간단한 해석을 통해, Tanner(1993)는 Stokes 역설이 $n = 1$(Newtonian 유체)과 $n > 1$(팽창성 유체 또는 전단 농축 유체)에 대해서만 유지된다는 것을 증명하였다. $n \geq 1$인 이 두 경우 모두 유효 점도가 아무리 크더라도 밀도(관성) 효과가 있다. 그러나 $n < 1$(유사소성 유체 또는 전단 박화 유체)의 경우 Tanner는 Stokes 역설이 사라지고 크리핑 유동에 대한 원통 항력이 밀도와 무관함을 보였다.

3-9.2 잠긴 구에 대한 Stokes 해

반경이 a인 고체 구 주위에 속도 U의 흐름이 움직이는 크리핑 운동을 고려하자(그림 3.42). 극(또는 천정) 각도 $\varphi = 0$을 U방향(2장에서 정의됨)으로 하는 구면 극좌표 (r, φ)를 사용하는 것이 편리하다. 반경 및 극 속도 성분 u_r 및 u_φ는 다음과 같이 Stokes 유동함수 ψ로 나타낼 수 있다.

$$u_r = \frac{1}{r^2 \sin\varphi}\frac{\partial\psi}{\partial\varphi} \qquad \text{및} \qquad u_\varphi = -\frac{1}{r\sin\varphi}\frac{\partial\psi}{\partial r} \tag{3.265}$$

이들은 연속성 관계를 동일하게 만족시킨다. 그러면 운동량 방정식은 다음과 같이 된다.

$$\left(\frac{\partial^2}{\partial r^2} + \frac{1}{r^2}\frac{\partial^2}{\partial\varphi} - \frac{\cot\varphi}{r^2}\frac{\partial}{\partial\varphi}\right)^2 \psi = 0 \tag{3.266}$$

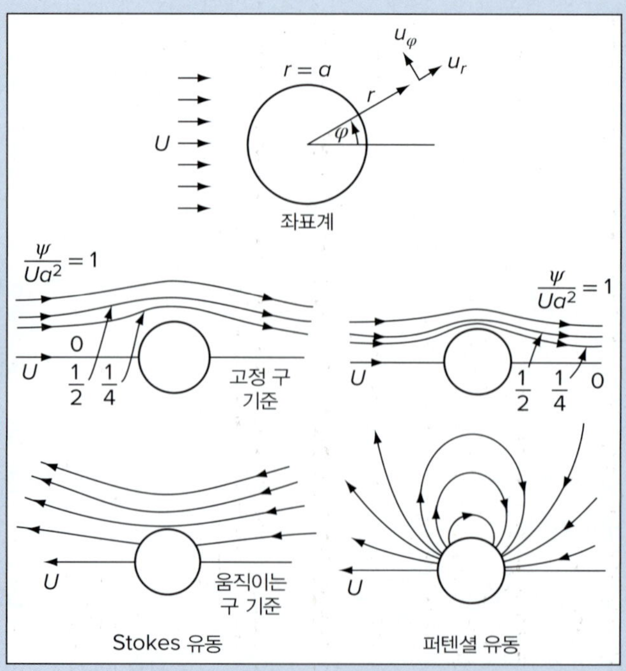

그림 3.42
구를 지나는 크리핑 유동(왼쪽)과 퍼텐셜 유동(오른쪽)의 비교

이것은 3차원 기하학 형태 때문에 식 (3.261)의 쌍조화 연산자보다 약간 더 복잡하다. 경계 조건은 다음과 같다.

$$r = a\text{에서:} \quad \frac{\partial \psi}{\partial r} = \frac{\partial \psi}{\partial \varphi} = 0 \qquad r \to \infty\text{일 때:} \quad \psi \to \tfrac{1}{2}Ur^2 \sin^2\varphi + \text{상수} \tag{3.267}$$

언뜻 보기에는 문제가 어려워 보이지만 실제로는 $\psi(r, \varphi) = f(r)g(\varphi)$ 유형의 곱 형태의 해로 쉽게 구할 수 있다. 이 광범위한 힌트를 사용하여 식 (3.266)에 대입하고 식 (3.267)을 만족하며 구를 지나는 크리핑 운동에 대해 Stokes(1851)가 얻은 해를 다음과 같이 재확인할 수 있다.

$$\psi = \frac{1}{4}Ua^2 \sin^2\varphi\left(\frac{a}{r} - \frac{3r}{a} + \frac{2r^2}{a^2}\right) \tag{3.268}$$

속도 성분은 식 (3.265)를 통해 바로 다음과 같이 구할 수 있다.

$$u_r = U\cos\varphi\left(\frac{a^3}{2r^3} - \frac{3a}{2r} + 1\right) \quad \text{및} \quad u_\theta = U\sin\varphi\left(\frac{a^3}{4r^3} + \frac{3a}{4r} - 1\right) \tag{3.269}$$

이 장의 이전 해석들과 비교할 때 이 유명한 해는 다음과 같은 몇 가지 특별한 특성이 있다.

1. 유선과 속도는 유체 점도와 완전히 무관하다. 생각해 보면 이것이 모든 크리핑 유동에 해당된다는 것을 추론할 수 있다.

2. 완전한 전후 대칭의 유선을 갖는다. 그림 1.5에서 보여준 후류가 없다. 높은 Reynolds 수 유동에서의 전형적인 강한 비대칭 흐름을 발생시키는 것은 여기서 무시된 대류 가속 항의 역할이다.

3. 국부 속도는 자유 유동 값에 비해 모든 곳에서 감속된다. 구의 견각(여기서 $u_\theta = 1.5U$)에서는 퍼텐셜 유동의 경우(그림 3.42)와 마찬가지로 속도가 더 빠른 영역은 없다.

4. 구면의 효과는 엄청난 거리까지 확장된다. $r = 10a$에서 속도는 여전히 자유 유동 값보다 약 10% 낮다.

u_r와 u_φ를 알면 운동량 관계식 (3.258)을 적분하여 다음과 같이 압력을 구할 수 있다.

$$p = p_\infty - \frac{3\mu a U}{2r^2}\cos\varphi \tag{3.270}$$

여기서 p_∞는 균일한 자유 유동 압력이다. 압력 편차는 μ에 비례하고 비대칭적이며, 구의 전면에서는 양수이고 후면에서는 음수라는 점에 유의해야 한다. 이로 인해 구에 압력 항력이 발생한다. 항력을 유발하는 표면 전단 응력도 있다. 유체의 전단 응력 분포는 다음과 같다.

$$\tau_{r\varphi} = \mu\left(\frac{1}{r}\frac{\partial u_r}{\partial \varphi} + \frac{\partial u_\varphi}{\partial r} - \frac{u_\varphi}{r}\right) = -\frac{\mu U \sin\varphi}{r}\left(\frac{3a^3}{2r^3}\right) \tag{3.271}$$

총 항력은 다음과 같이 표면 주위의 압력과 전단 응력을 적분하여 구한다.

$$F = \int_0^\pi \tau_{r\varphi}|_{r=a} \sin\varphi \, dA - \int_0^\pi p|_{r=a} \cos\varphi \, dA, \quad dA = 2\pi a^2 \sin\varphi \, d\varphi,$$

$$\text{및} \quad F = 4\pi\mu Ua + 2\pi\mu Ua = 6\pi\mu Ua \tag{3.272}$$

이것이 Stokes(1851)의 유명한 구 항력 공식으로, 점성력의 2/3와 압력의 1/3로 구성된다. 이 공식은 $Re \ll 1$에 대해서만 엄격하게 유효하지만 약 $Re = 1$까지 실험 측정과 일치한다.

적절한 항력 계수는 당연히 $F/(\mu Ua) = 6\pi =$ 상수여야 하지만 모든 사람들은 높은 Reynolds 수에서 거의 일정한 정의 $C_D = 2F/(\rho U^2 A)$의 관성 유형을 사용한다. 따라서 구 항력은 다음과 같이 주어진다.

$$C_D = \frac{F}{\frac{1}{2}\rho U^2(\pi a^2)} = \frac{24}{Re} \qquad \text{여기서} \qquad Re = \frac{\rho U(2a)}{\mu} \tag{3.273}$$

앞에서 언급한 바와 같이, 이것은 이전에 존재하지 않았던 Reynolds 수 효과를 만든다. $Re > 1$일 때 비대칭 후류가 형성되고 $Re > 20$일 때 유동이 후면에서 분리되어 압력 항력이 크게 증가하면 이 공식을 이용할 경우 실제 항력을 과소 예측하게 된다.

그림 3.42는 식 (3.268)의 Stokes 유동 유선과 다음과 같이 고전적인 해가 존재하는 구를 지나는 비점성(퍼텐셜) 유동 유선 사이의 비교를 보여준다.

$$\psi = \frac{1}{2} U r^2 \sin^2\varphi \left(1 - \frac{a^3}{r^3}\right) \tag{3.274}$$

고정된 구를 지나는 유선을 비교할 때, Stokes 유선이 물체에 의해 더 많이 변위된다는 것을 제외하고는 둘은 표면적으로 유사하다. 그러나 (그림 3.42에서와 같이) 고정된 유체를 통과하는 구의 유선을 비교하면 그 차이가 두드러지게 드러나는데, 이는 식 (3.268)에서 유동함수 $\frac{1}{2}Ur^2\sin^2\varphi$를 빼서 구할 수 있다. 퍼텐셜 유동에서 움직이는 구체는 순환하는 유선을 보여주므로, 단순히 유체를 밀어내고 있음을 나타낸다. 반대로, 크리핑 거동을 하는 구체는 재순환을 일으키지 않고 전체 주변 유체를 끌어당기는 것처럼 보인다.

3-9.3 기타 3차원 물체 형상들

원칙적으로 Stokes 유동 해석은 필요한 해석 능력만 있으면 어떤 3차원 물체 형상이라도 적용 가능하다. 몇 가지 흥미로운 형상들이 Happel과 Brenner(1983) 및 Clift 등(1978)의 책에서 논의되었다. 특히 흥미로운 점은 원형 디스크에 대한 항력이다.

자유 유동에 수직인 디스크: $$F = 16\mu Ua \tag{3.275a}$$

자유 유동에 평행한 디스크: $$F = \frac{32}{3}\mu Ua \tag{3.275b}$$

여기서 a는 디스크의 반경이다. 매우 다른 기하학 형상과 방향에도 불구하고 값이 구의 항력 대비 각각 −15 및 −43%만 차이가 난다는 것이 흥미롭다. Stokes 구 법칙은 모래나 먼지 입자와 같은 대략적인 구형 물체에 대해 여전히 잘 맞을 것으로 예상되기 때문에 $F = 6\pi\mu Ua$ 추정값은 작은

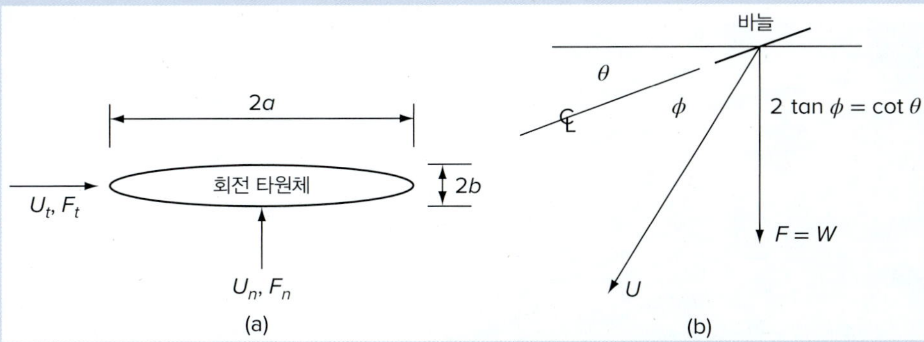

그림 3.43
크리핑 유동에서 물체에 가해지는 힘은 속도 벡터의 접선 및 수직 성분을 중첩하여 구할 수 있다. (a) 타원체, (b) 비스듬히 떨어지는 비수평 바늘.

입자의 크리핑 운동을 해석하는 데 자주 사용된다.

관심 있는 또 다른 형태는 그림 3.43(a)의 회전 타원체이다. 표시된 회전 타원체는 $a > b$이면 **장축 타원체(prolate)**, $a < b$이면 **편평한 타원체(oblate)**이다. 유동은 회전축에 접선방향(U_t)이거나 수직방향(U_n)일 수 있다. 두 경우 모두 항력은 다음과 같은 Stokes 형태를 갖는다.

$$F = C\mu Ub, \qquad C = \text{상수}$$

정확한 해는 다소 길며 Happel과 Brenner(1983)에서 확인할 수 있다. Cliftet 등(1978)은 다음과 같은 곡선 맞춤 공식을 제안하였다.

$$C_t \approx 6\pi\frac{4 + a/b}{5}, \qquad C_n \approx 6\pi\frac{3 + 2a/b}{5} \tag{3.276}$$

이는 $0 < a/b < 5$ 범위에서 $\pm 10\%$ 오차까지 유효하다. $a \gg b$일 때 회전 타원체는 막대 또는 바늘과 유사해지며 다음 점근식을 적용할 수 있다.

$$a \gg b: \qquad C_t \approx \frac{4\pi a/b}{\ln(2a/b) - 0.5}, \qquad C_n \approx 2C_t \tag{3.277}$$

바늘의 항력은 축을 따라 흐르는 것에 비해 축에 수직인 유동의 경우가 두 배 더 크게 작용한다.

3-9.3.1 수직력 및 접선력 계산

이전에 언급한 바와 같이 크리핑 운동의 선형성은 수직 유동과 접선 유동이 상호작용 없이 중첩될 수 있음을 의미한다. 그림 3.43(a)의 회전 타원체에 속도 U의 유동이 축에 대한 각도 α로 접근하면, 속도를 성분 $U_n = U \sin\alpha$ 및 $U_f = U \cos\alpha$로 나누고 힘 성분 $F_n = C_n\mu U_n b$ 및 $F_t = C_t\mu U_t b$를 계산할 수 있다. F_n과 F_t의 벡터 합을 통해 물체에 가해지는 총 힘을 추론할 수 있다.

비대칭적으로 낙하할 때, 그러한 물체들은 흥미로운 방식으로 거동한다. 그림 3.43(b)에서처럼 축이 수평에 대해 각도 θ로 배향되어 있는 바늘을 고려해 보자. 물체 무게의 균형을 맞추기 위해 총 유체 힘 F가 수직이 되도록 떨어져야 한다. $C_n = 2C_t$이므로 $F_n/F_t = 2 \sin\phi/\cos\phi = \tan(90° - \theta)$가 되도록 축에 대해 각도 ψ로 떨어진다.

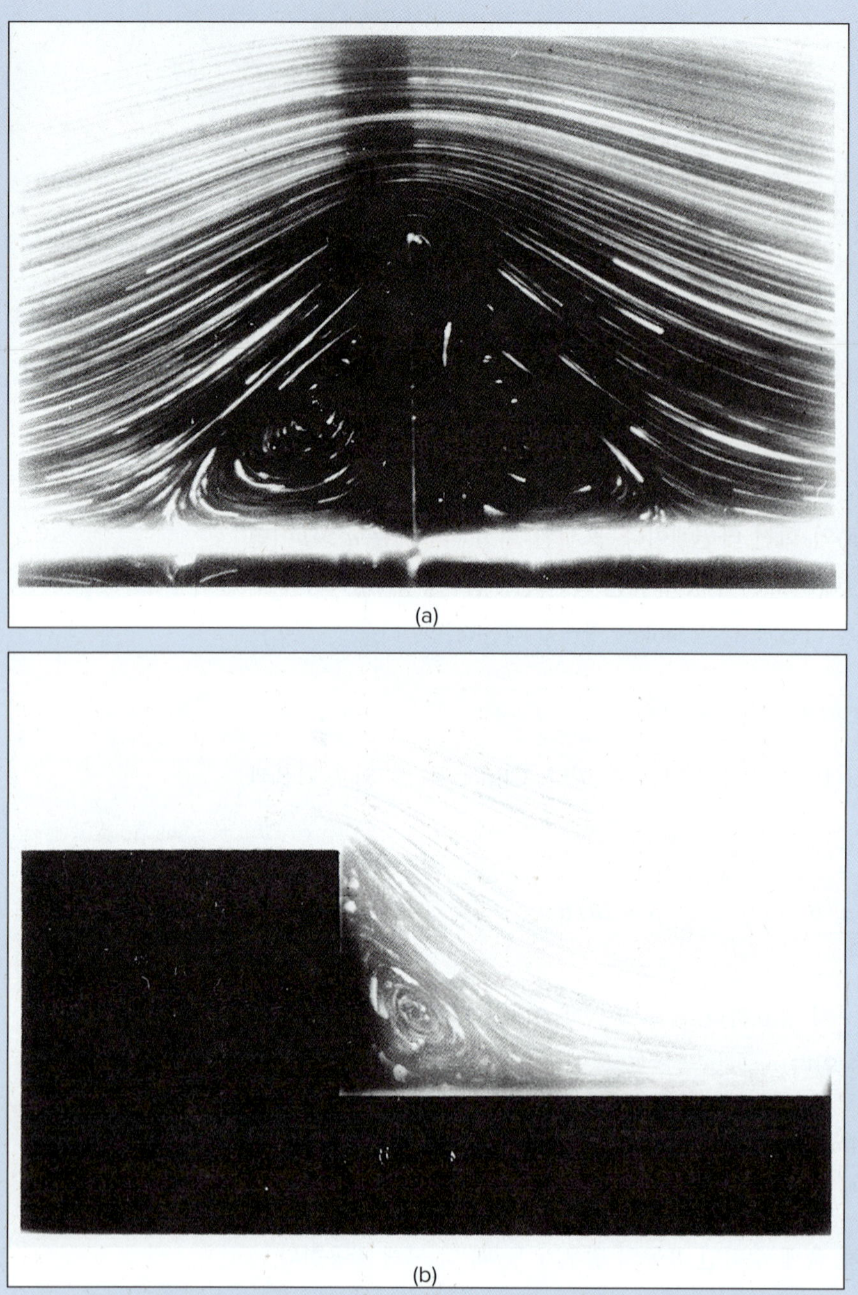

그림 3.44
모서리가 날카로운 장애물을 통과하는 크리핑 유동에서 박리가 발생한다. (a) Re = 0.014에서 수직 펜스를 통과하는 평면 유동, (b) Re = 0.01에서 단차를 통과하는 평면 유동(어느 방향이든) [Taneda, S. (1979), "박리되는 Stokes 유동의 시각화," J. Phys. Soc. Jpn., vol. 46, pp. 1935-1942]

떨어지는 막대 또는 바늘: $$2 \tan \phi = \cot \theta$$

이는 그림 3.43(b)에 예시되어 있다. 예를 들어 $\theta = 20°$인 경우 $\phi = 54°$이거나 바늘이 수평으로부터 방향(20° + 54°) 또는 74°를 따라 이동한다. 이러한 모든 힘은 거의 동일한 크기를 갖는 구체에 작용하는 항력에 대한 '대략적인 수치'이다. 즉, 형상 효과는 항력을 크게 변화시키지 않는다. 사실 Hill과 Power(1956)가 제안한 중요한 정리에 따르면 물체의 Stokes 항력은 어떤 외접 도형보다 작지만 어떤 내접 도형보다 커야 한다. 예를 들어, 모래 입자의 항력을 내접 구와 외접 구 사이에서 한정할 수 있다.

앞서 논의된 모든 잠긴 물체에서의 유동은 박리 없이 표면 근처에 부드러운 유선을 가지고 있다. 이는 크리핑 유동에서 둥근 형상을 갖는 물체의 특징이다. 그러나 모서리가 뾰족하거나 돌출된 부분이 있는 물체는 유동 박리가 나타난다. 그림 3.44는 Taneda(1979)가 실험적으로 구현한 두 가지 사례를 보여준다. 그림 3.44(a)에서, 유동에 돌출된 판 또는 펜스의 양쪽에 대칭적인 정체 와류가 형성되는 것을 보여주고 있다. 그림 3.44(b)에서는, 벽의 계단 모서리 영역에서 정체 와류가 형성됨을 보여주고 있다. 모든 크리핑 유동과 마찬가지로, 유동의 방향은 유동 패턴의 변화 없이 반대로 바뀔 수 있다. 그림 3.44의 두 부분 모두 동일한 조건에 대한 해석 해와 잘 일치한다는 사실을 주목하라.

3-9.3.2 크리핑 유동은 운동학적으로 가역적이다

크리핑 유동의 중요한 측면은 가역성이다. 기본 미분 방정식은 선형이므로, 만약 해 ψ를 구하게 된다면, 그 해의 음수도 해가 된다. 유선은 어느 방향으로든 갈 수 있다. Stokes 유동에 대한 그림 3.42의 화살표는 아무런 손실 없이 역전될 수 있다. 이는 점성에 의한 압력과 전단 응력의 부호를 변화시킬 것이고, 항력은 왼쪽으로 작용할 것이지만 여전히 $6\pi\mu Ua$이다. 구를 통과하는 유동처럼 물체의 형상이 대칭인 경우, 전후 유선이 대칭이 될 것이다. 가역성 특성은 비점성 퍼텐셜 유동에도 해당되며, 이는 Laplace의 선형 관계식인 식 (2.69)를 따른다. 여기서 ϕ는 속도 퍼텐셜을 나타낸다. 따라서 화살표는 그림 3.42의 구를 통과하는 퍼텐셜 유동과 마찬가지로 그림 1.3의 원통을 통과하는 비점성 유동에 대해서도 역전될 수 있다.

3-9.4 2차원 크리핑 유동: Oseen의 개선

Stokes 역설은 2차원 크리핑 유동이 관성을 포함하지 않고는 모든 경계 조건을 만족할 수 없다는 것이다. 3차원 유동도 원거리장에서는 엄격하게는 유효하지 않다. Oseen(1910)은 운동량 방정식에 임시로 선형화된 대류 가속도를 추가하여 역설을 해결했다.

$$\rho U \frac{\partial \mathbf{V}}{\partial x} \approx -\nabla p + \mu \nabla^2 \mathbf{V} \tag{3.278}$$

여기서 U는 x방향의 유동 속도이다. 식 (3.278)은 선형이며 Oseen(1927) 및 Lamb(1932)의 책에서 논의된 바와 같이 다양한 유동에 대해 풀 수 있다. 잠긴 물체의 경우 해는 비대칭이며 후류가 보이지만 유동 분리는 없다. 구를 지나는 유동의 경우 Oseen 근사는 식 (3.273)에 추가 항을 추가한다. 특히,

$$C_{D\ \text{sphere}} = \frac{24}{Re}\left(1 + \frac{3}{16}Re + \cdots\right) \tag{3.279}$$

다른 연구자들은 이 표현을 더욱 세분화하기 위해 점근적 분석을 사용했다. Proudman과 Pearson(1957)에 따르면, 괄호 안의 다음 항은 $[9Re^2 \ln(Re)/160]$이어야 하지만, $Re > 3$에 대해서는 크게 달라진다. 더 높은 Reynolds 수 영역으로 확장하기 위해 크리핑 유동을 사용하는 아이디어는 성공하지 못하였다.

Stokes 역설은 실제로는 근본적인 장벽은 아니다. 이는 최저 차수 이론이 유동 조건과 일치하지 않는 것이다. Oseen의 임시방편적인 아이디어는 가치가 있지만, '역설'은 지배 방정식의 체계적인

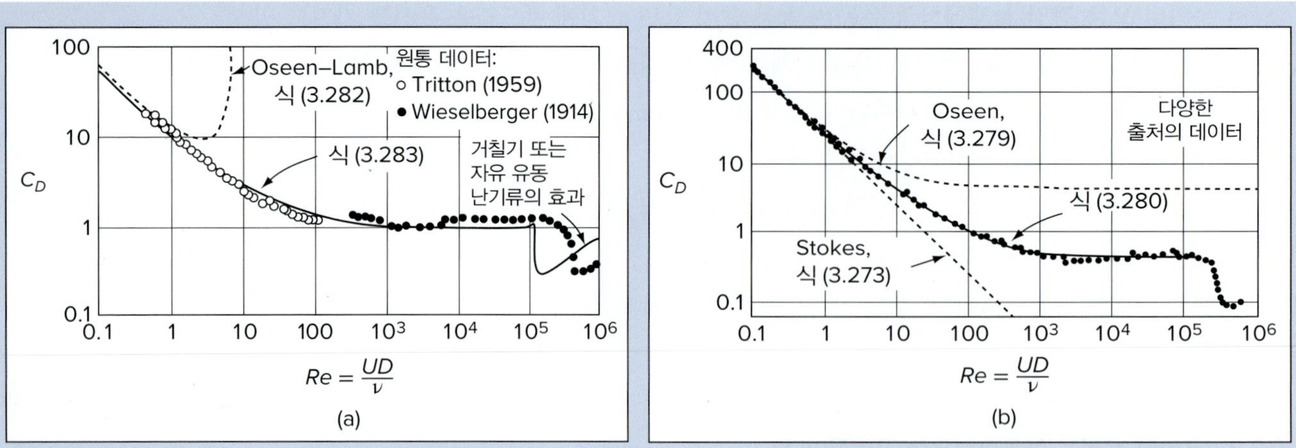

그림 3.45
원통과 구(벽이 매끄러운)의 항력 계수에 대한 실험, 이론 및 경험식의 비교. (a) 원통, (b) 구.

분석을 개발하는 새로운 점근적 방법으로 이제 해결할 수 있다. 이러한 점근적 방법은 이 책의 범위를 벗어나며 Cebeci와 Cousteix(1998) 및 Nayfeh(2000)와 같은 전문 문헌에서 확인할 수 있다.

그림 3.45(b)에서 Stokes 식 (3.273)과 Oseen 식 (3.279)를 통해 구한 이론값들과 구체의 항력에 대한 실험값을 비교하고 있다. $Re > 1$의 경우 두 이론 모두 정확하지 않으며, 측정값이 그 사이에 있는 것처럼 보인다. 구형의 기하학적 형상은 엔지니어링에서 중요하기 때문에 (층류 유동) 데이터에 대해 다음과 같은 곡선 맞춤 추정식을 구하였다.

$$C_{D\,\text{sphere}} \approx \frac{24}{Re} + \frac{6}{1 + \sqrt{Re}} + 0.4, \qquad 0 \le Re \le 2 \times 10^5 \tag{3.280}$$

이는 그림 3.45(b)에도 표시되어 있다. 이 곡선 맞춤 추정식의 정확도는 구의 경계층이 난류를 일으켜 후류가 현저하게 얇아지고 항력이 줄어드는 '항력 위기'인 $Re \approx 250{,}000$까지 ±10%이다. 항력 위기는 거친 표면이나 변동하는 자유 유동에서 약간 더 일찍 발생한다. 다양한 2차원 물체에 대해서도 Oseen 식 (3.278)을 적용할 수 있다. 특히 흥미로운 것은 Lewis와 Carrier(1949)가 구한 유동에 평행하게 놓인 길이 L의 평판에 대한 항력이다.

평판:
$$C_D = \frac{2F'}{\rho U^2 L} = \frac{4\pi}{Re_L[1 - \Gamma + \ln(16/Re_L)]} \tag{3.281}$$

여기서 F'은 단위 깊이당 항력이고 $\Gamma = 0.577216\ldots$은 Euler 상수이다. 항력은 Reynolds 수가 아무리 작더라도 밀도에 따라 달라진다.

교차유동에서 원통의 항력에 대한 Oseen 식의 해는 Tomotika와 Aoi(1951)에 의해 구해졌다.

원통:
$$C_D = \frac{2F'}{\rho U^2 D} = \frac{8\pi}{Re_D[0.5 - \Gamma + \ln(8/Re_D)]} \tag{3.282}$$

그림 3.45(a)는 이 식을 Tritton(1959)과 Wieselberger(1914)의 원통 항력 데이터와 비교하고 있

다. 이 식은 약 $Re \approx 1$까지 맞춘 다음 발산하였다. 이들은 이전에 다음과 같은 간단한 곡선 맞춤 추정식을 제안하였다.

$$C_{D\,\text{cylinder}} \approx 1 + \frac{10.0}{Re_D^{2/3}} \tag{3.283}$$

이 추정식은 $Re \approx 250{,}000$의 항력 위기까지 상당히 일치하였다. Sucker와 Brauer(1975)는 동일한 데이터에 대해 더 나은 곡선 맞춤 추정식을 제안하였다.

$$C_{D\,\text{cylinder}} \approx 1.18 + \frac{6.8}{Re_D^{0.89}} + \frac{1.96}{Re_D^{1/2}} - \frac{0.0004Re_D}{1 + 3.64 \times 10^{-7} Re_D^2} \tag{3.284}$$

이는 $10^{-4} < Re_D < 2 \times 10^5$에 대해 높은 정확도로 유효하다. Clift 등(1978) 및 Sirignano(1999)의 책은 입자 항력 및 운동을 다루고 있으니 참고하라.

3-9.5 유체 구체를 통과하는 크리핑 유동

Langlois(1964) 및 Happel과 Brenner(1983)의 책에는 다양한 크리핑 운동 해를 제공하고 있다. 특히 흥미로운 해는 구형 유체 액적을 지나는 유동이다. 외부 유동은 무한대에서 속도 U와 점도 μ_0를 가지며, 액적은 점도 μ_i와 고정된 계면을 갖는다. 액적 계면에서의 경계 조건은 (1) 반경 방향의 속도가 없으며 (2) 계면 양쪽의 표면 전단 및 접선 속도가 동일하다는 것이다. Rybczynski(1911)와 Hadamard(1911)는 각자 독립적으로 문제에 대한 해를 구했다. 따라서 액적에 대한 항력은 다음과 같이 주어진다.

$$F = 6\pi a \mu_0 U \frac{1 + 2\mu_0/3\mu_i}{1 + \mu_0/\mu_i} \tag{3.285}$$

$\mu_i \gg \mu_0$의 경우 이 모델은 $F = 6\pi a\mu_0 U$인 고체 구(Stokes 해)를 모사한다. $\mu_i \ll \mu_0$의 경우 이 모델은 $F = 6\pi a\mu_0 U$인 액체에서 기포의 거동을 모사한다. 다른 액체 내의 액적에 대한 항력은 이 사이 값을 가질 것이다. 표면 장력은 이 항력에 기여하지 않는다는 사실을 유념하라. 그림 3.46에 이 유동에 대한 일부 유선을 보여주고 있다. 이러한 유동 패턴은 Spells(1952)의 실험에서 검증되었다. 더 높은 Reynolds 수(> 1.0)의 경우, 이 유동은 비구형의 버섯 모양으로 점진적으로 변화하는 액적 주위에서 거의 회전하지 않는 외부 운동으로 변화한다.

3-9.6 경계 요소 CFD 크리핑 유동 해

이제까지 다룬 크리핑 유동에 대한 해석 해의 대부분은 단순한 모양과 벽 조건에 대한 것이다. 더 복잡한 형상의 경우 경계 요소 방법(BEM)[Beer(2001) 또는 Wrobel(2002) 참조]은 크리핑 유동 방정식이 선형이기 때문에 이상적이다. 또한 내부 노드가 필요하지 않기 때문에 계산이 간편하고 효과적이다. 요소의 강도가 경계 조건(점착 조건이나 스트리밍 유동 또는 다공성 벽 등)과 일치하도록 요소적 쌍조화 또는 Stokes 해를 추가한다. 다음은 BEM 크리핑 유동에 대한 몇 가지 연구 사례이다.

Trogdon과 Farmer(1991)는 오리피스를 통과하는 비정상 상태의 크리핑 유동을 계산하였

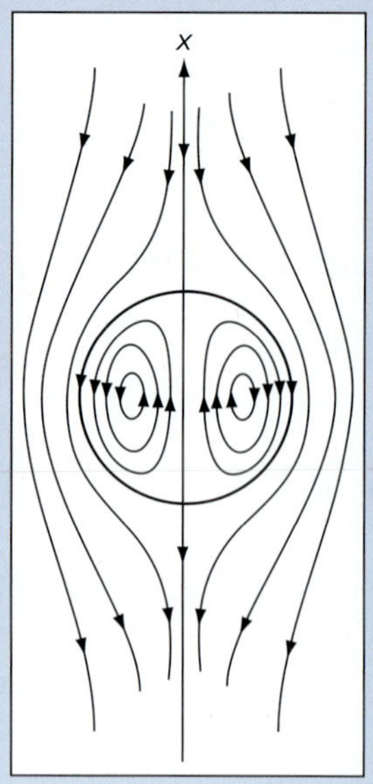

그림 3.46
액적을 통과하는 Stokes 유동에 대한 유선. 그림 3.48을 참조하라.

다. Keh와 Chen(2001)은 평면 벽 사이의 작은 액적의 크리핑 유동을 고려하였다. Vainshtein 등(2002)은 투과 회전 타원체 근처의 크리핑 유동을 연구하였다. Richardson과 Power(1996)는 임의의 형상를 갖는 두 다공성 물체를 지나는 유동에 대한 BEM 결과를 발표하였다. Roumeliotis와 Fulford(2000)는 액적 간의 상호작용을 계산하였다. Lin과 Han(1991)은 다음과 같은 조건에서 다양한 BEM 시뮬레이션을 수행하였다(직사각형 공동, 정사각형 둑, 펜스 너머로 흐르는 유동, 원통형 호를 지나는 유동). 이 모든 결과들은 알려진 실험 및 이론과 잘 일치한다. 따라서 BEM 방법을 통해 크리핑 유동을 안정적이고 정확하게 계산하고 분석할 수 있다고 결론 지을 수 있다.

3-9.7 크리핑 운동에서의 열전달

Stokes 유동에서의 온도와 열전달은 Oseen 항을 포함한 선형화된 에너지 방정식을 통해 계산할 수 있다.

$$\rho c_p U \frac{\partial T}{\partial x} \approx k\nabla^2 T \tag{3.286}$$

여기서 U는 (일정한) 자유 유동 속도이다. 이 관계는 Stokes-Oseen 속도 분포와는 전혀 무관하다. 일반적인 경계 조건으로 벽의 알려진 온도 T_w와 자유 유동에서의 T_∞가 포함된다. 식 (3.286)의 무차원화를 통해 단일 매개변수인 Peclet 수 $Pe = RePr = \rho c_p UL/k$가 도출된다. 또한 평균 Nusselt 수는 다음과 같이 정의된다.

$$Nu_m = \frac{\bar{q}_w L}{k(T_w - T_\infty)}$$

이는 Peclet 수와 형상에 따라서만 달라진다.

구($L = 2a$)를 통과하는 유동에 대한 해는 Tomotika 등(1953)에 의해 다음 같이 제시되었다.

$$Nu_{m,\,\text{sphere}} = 2.0 + 0.5PrRe + O(Pr^2Re^2) \tag{3.287}$$

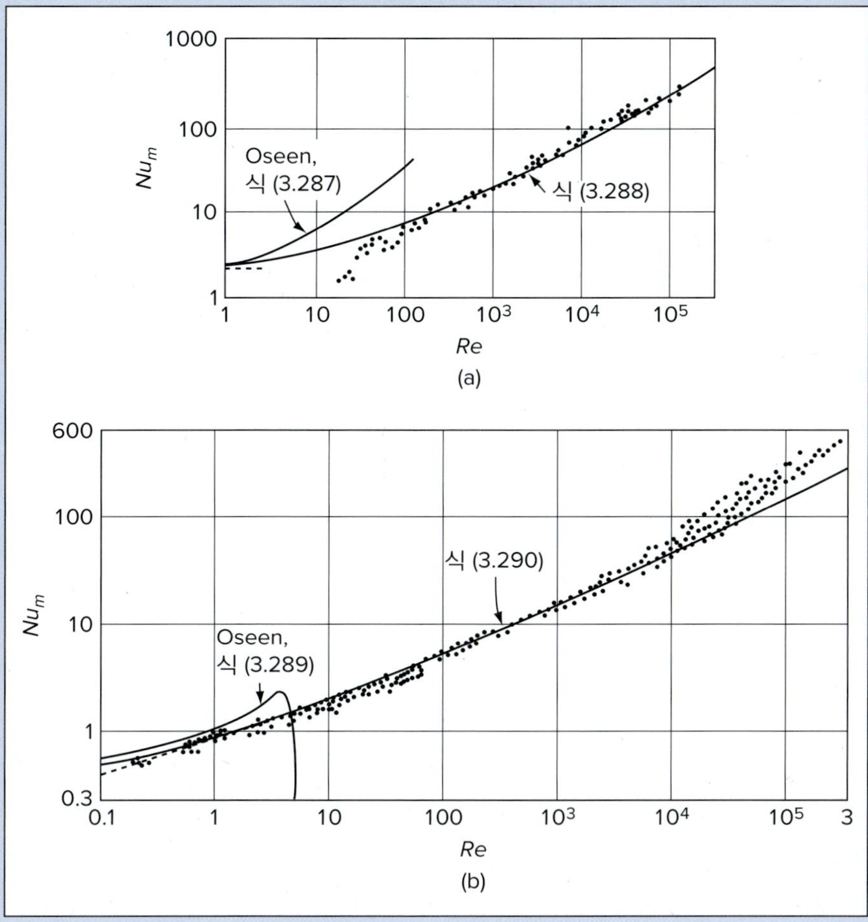

그림 3.47
공기에서 (a) 구와 (b) 원통으로의 열전달에 대한 이론과 실험 비교

첫째 항(2.0)은 Stokes 이론에서 비롯되었으며, 둘째 항은 Oseen 보정을 나타낸다. 이 공식은 구체 주위의 유체 유동을 보여주는 그림 3.47(a)의 데이터와 비교할 때 정성적인 것으로 분명히 보여진다. 그림에 표시된 곡선 맞춤 추정식은 다음과 같다.

$$Nu_{m,\ \text{sphere}} \approx 2.0 + 0.3Pr^{1/3}Re^{0.6} \tag{3.288}$$

이는 액체 및 기체 유동 데이터에 대해 모두 일치한다. 물성 변화가 중요한 경우에는 μ, k, c_p를 이른바 막 온도 $(T_w + T_\infty)/2$에서 결정하는 것이 좋다.

또한 Tomotika 등(1953)은 원형 원통을 지나는 유동에 대한 Oseen 해를 구하였다. 이 경우 평균 열전달($L = 2a$)은 다음과 같이 주어진다.

$$Nu_{m,\ \text{cylinder}} = B - \frac{Pe^2}{12}(16 + B^2) \qquad \text{여기서} \qquad B = \frac{2}{\ln(8/Pe) - \Gamma} \tag{3.289}$$

여기서 $\Gamma = 0.577\ldots$로 이전과 같다. 이 공식은 Hilpert(1933)가 원통을 통과하는 유동을 사용하여 수집한 기류 데이터와 비교되며 적용 범위가 매우 제한적인 것으로 보인다. Kramers(1946)는 곡선 맞춤으로 다음과 같은 더 나은 공식을 제안하였다.

$$Nu_{m,\,\text{cylinder}} \approx 0.42Pr^{0.2} + 0.57Pr^{1/3}Re_D^{\ 1/2} \tag{3.290}$$

이는 $0.1 < Re_D < 10^4$에 대해 유효하다. 이 공식은 1914년 L. V. King이 초기 연구에서 예측한 King의 법칙 $q_w = a + b\sqrt{U}$를 따른다. 이는 난류 연구를 위한 기본 장비인 열선 풍속계를 설계하는 데 사용될 수 있다[Goldstein(1996)]. 이 장비 구성에서 2개의 바늘 사이에 장착된 가는 전선은 '교차유동의 원통'을 나타낸다. 전류 I가 전선을 통해 흐르고 전선이 흐르는 유동 U에 수직으로 배치되면 I는 U의 척도가 된다. 전선이 일정한 온도(일정한 저항)로 유지되면, 식 (3.290)은 $I^2 = a + bU^{1/2}$ 형식의 관계를 예측한다. 여기서 a와 b는 상수이다. 그런 다음 식 (3.290)을 사용하여 a와 b를 계산할 수 있지만, 실제로는 알려진 속도를 갖는 유동에서 열선을 보정하는 것이 좋다. Kramer의 공식은 공기의 경우 일반적인 전선 직경이 0.001인치인 열선 풍속계가 Hinze(1975)가 제안한 다음과 같은 속도 범위에서 정확해야 한다는 것을 시사한다.

$$4 \le U < 4 \times 10^6 \text{ cm/s} \tag{3.291}$$

이는 대부분의 실험 목적에 적용할 만큼 충분히 넓은 영역을 포괄한다.

그림 3.47(b)에서 원통을 통과하는 유동의 측정값은 $Re > 10^4$에 대한 Kramer의 공식 (3.290)을 통해 구한 값보다 크다는 것에 유의하라. 이는 원통에 접근하는 다가오는 유동에서의 노이즈 또는 '자유 유동' 난류에 기인한다. 이 유동 변동이 물체 전면 근처의 오목한 유동방향의 'Görtler 와류'(그림 5.23 참조)를 유발하여 노이즈 열전달을 증가시키는 것으로 추측된다. 자유 유동 난류는 또한 항력 위기[그림 3.45(a)]의 시작을 촉진하여 원통 후면에서 (난류) 열전달을 증가시킨다. 이 주제는 Zukauskas와 Ziukzda(1985)의 논문에서 자세히 논의하고 있으니 참고하라.

Stokes 또는 크리핑 유동의 기본 아이디어가 $Re \ll 1$에서는 유효하지만 $Re > 1$일 때 잠긴 물체 유동에 대한 정확한 시뮬레이션으로 성공적으로 확장되거나 수정되지 않았다는 점에 주목하며 이 절을 마무리하고자 한다. 연습문제로 몇 가지 Stokes 유동 예제를 더 제공할 것이다.

3-9.8 윤활 이론

근접 접촉하는 두 물체의 윤활 또는 마찰 감소는 일반적으로 하나 또는 두 물체가 움직이는 두 물체 사이의 좁지만 가변적인 간극을 통해 이동하는 점성 유체에 의해 수반된다[Reynolds(1886)].

이 문제의 이상적인 형태는 그림 3.48에 보여주는 슬리퍼 패드 베어링이다. 하단 벽은 속도 U로 이동하고 틈새에 Couette 유동을 유도한다. 상부 블록이 고정되어 있다고 가정하면, 매우 좁은 간격인 $h(x) \ll L$은 입구의 h_0에서 출구의 h_L로 감소한다. 문제는 압력과 속도 분포를 구하는 것이다.

그림 3.48에서처럼 유동은 2차원, 즉 종이로 들어가는 방향으로의 구배 $\partial/\partial z = 0$이라고 생각해 보자. 또한 Stokes 유동, 즉 관성은 무시할 수 있다고 가정하자. 이를 위해서는 $\rho u \partial u/\partial x \ll \mu \partial^2 u/\partial y^2$ 또는 대략적으로

$$\rho U \frac{U}{L} \ll \mu\left(\frac{U}{h}\right)^2 \quad \text{또는 최종적으로} \quad \frac{\rho UL}{\mu}\frac{h^2}{L^2} \ll 1$$

따라서 간극이 매우 작으면 Reynolds 수 Re_L이 커질 수 있다. 실제적인 예로, $U = 10$ m/s, $L =$

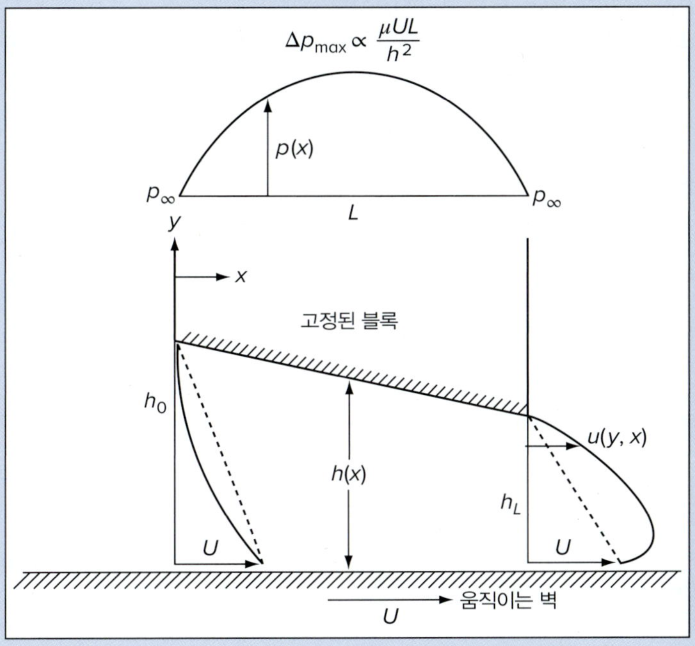

그림 3.48
다양한 간극에서 낮은 Reynolds 수의 Couette 유동. 연속성을 유지하기 위해 간극 압력이 최대로 상승하고 간극의 양쪽 끝으로 Poiseuille 유동이 중첩된다.

4 cm, $h = 0.1$ mm 및 $\nu \approx 7 \times 10^{-4}$ m^2/s인 SAE 50 윤활유를 사용한다. $Re_L = 570$을 계산하지만, $Re_L h^2/L^2 = 0.004$이다. 따라서 이 경우 관성을 무시하는 것이 허용된다.

이제 그림 3.48을 살펴보자. 입구와 출구에서 점선으로 표시된 단순한 선형 Couette 유동 형상은 연속성이 위반되기 때문에 이 형상에서는 불가능하다. 입구의 질량 유동은 출구 유동을 초과할 것이다. 이러한 곤경을 해소하기 위해 간극에서 높은 압력이 발생하고 간극의 양쪽 끝으로 포물선 Poiseuille 운동이 유발되는데, 이는 모든 단면 x에서 질량 유동을 일정하게 만들기에 충분하다. 따라서 간극의 모든 부분에서 국부적 속도 형상은 새로운 좌표에 대해 수정된 식 (3.42)를 기반으로 결합된 Couette-Poiseuille 유동 형태이다.

$$u = \frac{1}{2\mu}\frac{\partial p}{\partial x}y(y - h) + U\left(1 - \frac{y}{h}\right) \tag{3.292}$$

정확한 분포 $p(x)$는 간극의 2차원 유동에 대한 모든 곳의 연속성을 만족하는 분포이다.

$$\int_0^h \frac{\partial u}{\partial x}dy = -\int_0^h \frac{\partial v}{\partial y}dy = -v(h) + v(0) \tag{3.293}$$

여기서 양쪽 벽에서의 수직 속도 $v(h)$와 $v(0)$가 사라진다고 가정한다.

이 시점에서 식 (3.292)에 u를 대입하고 식 (3.293)을 적분하면 다음과 같이 압력에 대한 2차 미분 방정식을 구할 수 있다.

$$\frac{\partial}{\partial x}\left(h^3\frac{\partial p}{\partial x}\right) = 6\mu U\frac{\partial h}{\partial x} \tag{3.294}$$

여기서 U는 일정하고 간극 변화 $h(x)$를 알고 있다고 가정한다. 그런 다음 조건 $p(0) = p(L) = p_\infty$

를 확보하기 위해 $p(x)$를 구한다. 식 (3.294)는 윤활에 대한 Reynolds(1886) 방정식의 단순화된 형식이다. 식 (3.292)와 (3.293)으로부터 식 (3.294)를 전개하는 것은 Leibnitz의 법칙을 사용하는 훌륭한 연습이 될 것이다.

3-9.8.1 선형적으로 수축하는 간극에 대한 해

임의의 간극 변동 $h(x)$에 대해 식 (3.294)를 수치적으로 적분할 수 있다. 그림 3.48과 같은 선형 간극에 대해 폐쇄형 해가 가능하다.

$$h = h_0 + (h_L - h_0)\frac{x}{L}$$

이를 식 (3.294)에 대입하고 이중 적분을 수행한다. 대수학은 상당히 까다롭기에 여기서는 최종 결과만 제공한다.

$$\frac{p - p_\infty}{(\mu UL/h_0^2)} = \frac{6(x/L)(1 - x/L)(1 - h_L/h_0)}{(1 + h_L/h_0)[1 - (1 - h_L/h_0)\,x/L]^2} \tag{3.295}$$

그림 3.49는 다양한 간극 수축 비 h_L/h_0에 대한 이 관계식을 도시화하고 있다. 수축이 작을 때 압력 분포는 $x/L \approx 0.5$에서 $p_{\max}$이며 거의 대칭적이다. 수축 정도가 증가함에 따라 $p_{\max}$는 증가하고 출구면으로 이동한다. 최대 압력 상승은 $(\mu UL/h_0^2)$ 정도이며 놀라울 정도로 높을 수 있다. 이전 예에서 $U = 10$ m/s, $L = 4$ cm 및 $h_0 = 0.1$ mm인 SAE 50 오일의 경우에 대해 $(\mu UL/h_0^2) \approx 2.5 \times 10^7$ Pa 또는 250 atm 값을 가짐을 계산할 수 있다. 이것은 슬리퍼 블록에 높은 힘을 제공하여 블록이 벽에 닿지 않고 큰 하중을 지탱할 수 있게 한다.

이 절을 마치기 전에 Stokes 유동은 선형성을 가지므로 가역적이라는 점을 상기하자. 그림 3.48에서 벽을 반전시켜 왼쪽으로 이동하면, 즉 $U < 0$이면 식 (3.295)의 압력 변화는 음수가 된다. 이

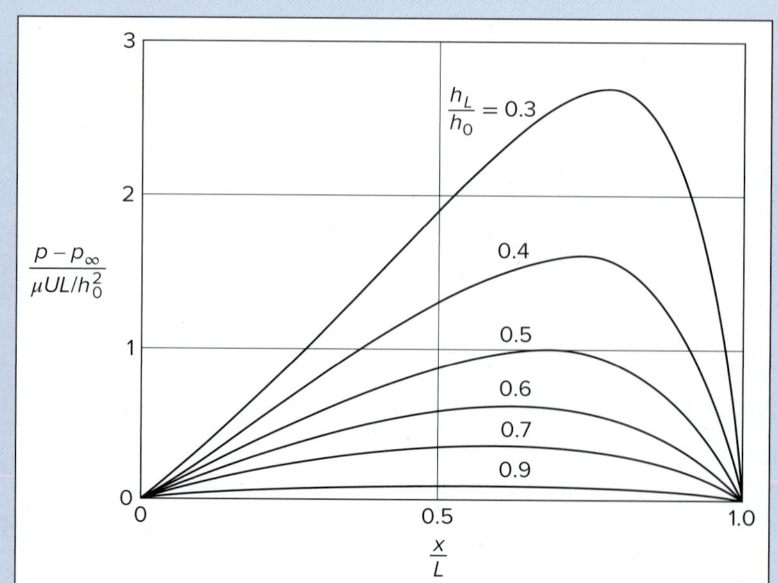

그림 3.49
식 (3.295)에 따른 2차원 선형 간극 슬리퍼-패드 베어링의 압력 분포

유체는 실제로 큰 음압을 발생시키지는 않지만 G. I. Taylor의 '낮은 Reynolds 수 수력학' 동영상에 잘 나와 있는 것처럼 공동 현상을 일으키고 간극에 증기 공극을 형성한다. 따라서 팽창하는 좁은 간극으로의 유동은 일반적으로 많은 부하를 견디지 못하거나 우수한 윤활을 제공하지 못할 수 있다. 간극이 수축한 다음 확장되어 종종 부분 공동을 유발하는 회전 저널 베어링에서는 이러한 효과를 피할 수 없다.

3-9.8.2 일반적인 Reynolds 방정식

일반적인 윤활 문제에서, 그림 3.48의 상부 벽과 하부 벽이 모두 접선 및 법선방향으로 이동하고, 종이를 뚫고 들어가는 방향으로의 깊이가 작아 z방향으로의 유동을 유도할 수 있다. 벽이 z방향으로 이동하지 않는다고 가정하면, 이 경우에 대한 완전한 유도는 Szeri(1998)의 책에서 제공하고 있다. 이제 압력은 다음 관계를 만족하면서 x와 z 모두에 따라 달라진다.

$$\frac{\partial}{\partial x}\left(h^3\frac{\partial p}{\partial x}\right)+\frac{\partial}{\partial z}\left(h^3\frac{\partial p}{\partial z}\right)=6\mu\frac{\partial}{\partial x}\{h[U(0)+U(h)]\}+12\mu[V(h)-V(0)] \tag{3.296}$$

여기서 일반적으로 $h = h(x, z)$이다. 이 관계식은 비압축성 유체 윤활에 대한 3차원 Reynolds 방정식을 나타낸다. 해를 구하려면 간극의 열린 네 측면 모두에서의 압력을 알아야 한다.

요약

이 장의 목적은 비압축성(또는 약한 압축성) Navier-Stokes 방정식에 대해 현재까지 알려진 다양한 유형의 정확하거나 거의 정확한 해에 대한 상당히 완전한 개요를 제공하는 것이었다. 적절한 경우 속도뿐만 아니라 온도 및 압력 분포도 해에 포함시켰으며, 무차원 변수를 강조하였다. 논의한 다양한 유형의 해는 다음과 같다.

1. 지속적으로 움직이는 표면을 갖는 Couette 유동
2. 덕트를 통한 Poiseuille 유동
3. 비정상 상태의 덕트 유동
4. 경계가 움직이는 비정상 상태 유동
5. 점근적 흡입 유동
6. 바람에 의해 움직이는 Ekman 유동
7. 상사해: 정체 유동, 회전하는 디스크, 쐐기 유동
8. 낮은 Reynolds 수(크리핑) 유동
9. 윤활 이론

이 목록은 격자 크기와 Reynolds 수 제한에 의해 여전히 제약을 받는 수치해석적 해를 제외하고는 이러한 유형 중 어느 것도 일반성을 가지고 있지 않다는 것을 깨닫기 전까지는 다소 광범위한

것으로 보인다. Reynolds 수가 임의로 증가함에 따라 층류가 불안정해지며, 이러한 문제를 정확히 해석할 수 있는 방법은 존재하지 않는다. 층류든 난류든 많은 유동에서 높은 Reynolds 수를 수반하는 조건은 Navier-Stokes 방정식의 특정 항을 무시할 수 있게 만든다. 남은 것은 층류(4장), 천이(5장), 난류(6장) 및 압축성(7장) 운동에 대한 경계층 이론과 같이 훨씬 더 활용도가 높은 해석 분야이다. 비경계층 유동의 경우, 층류 및 난류 유동 모두 CFD가 유동을 해석하는 데 점점 더 강력한 도구가 되고 있다.

연습문제**

3-1. 그림 3.1에서 비뉴턴 유체의 멱법칙인 $\tau_{xy} = K(du/dy)^n$, 여기서 $n \neq 1$을 따르는 평행판 사이의 Couette 흐름 문제를 고려한다. 일정한 압력과 온도를 가정하여 (a) $n < 1$ 및 (b) $n > 1$일 때 평판 사이의 속도 분포 $u(y)$를 풀고, Newtonian 해, 식 (3.6)과 비교하시오. 그 결과에 대해 설명하시오.

3-2. 그림 3.3에서 두 원통이 움직이는 축방향 Couette 유동을 고려하라. 속도 분포 $u(r)$를 구하여 (a) $U_1 = U_0$, (b) $U_1 = -U_0$, 그리고 (c) $U_1 = 2U_0$일 때를 그리시오. 그 결과에 대해 설명하시오.

3-3. 그림 3.3에서 내부 원통은 속도 U_0로 움직이고 외부 원통은 고정된 축방향 Couette 흐름을 고려하라. 내부 및 외부 원통 벽의 온도가 T_0와 T_1으로 고정되어 있을 때, 유체 내 온도 분포 $T(r)$를 계산하시오.

3-4. 반경이 R인 길고 얇은 봉은 무한히 넓은 정지 유체를 통해 속도 U로 축방향으로 당겨진다. 이때 유체의 속도 분포 $u(r)$에 대한 Navier-Stokes 방정식을 풀고 가능한 역설을 설명하시오.

3-5. 반경이 R인 원형 원통은 ρ와 μ가 일정한 무한한 유체가 일정한 각속도 ω로 회전한다. 순수하게 원형 유선이라 가정할 때, 유체의 속도 및 압력 분포를 구하고 비점성 '퍼텐셜' 와류의 유동장과 비교하시오.

3-6. 회전하는 동심인 원통 사이의 속도 분포가 식 (3.22)를 따른다고 가정하여 내부 원통에서 압력이 p_0일 때 압력 분포 $p(r)$를 구하시오.

3-7. 그림 P3.7과 같이 점성 유체가 길이 L만큼 채워진 반경이 r_0인 열린 U자 관은 정지상태에서 이동하여 진폭 $X(t)$로 진동한다. 1차원 적분 해석을 통해 $X(t)$에 대한 지배 방정식은 다음과 같다는 것을 보여준다.

$$\frac{d^2X}{dt^2} + \frac{C_f}{r_0}\left|\frac{dX}{dt}\right|\frac{dX}{dt} + \frac{2g}{L}X = 0$$

여기서 C_f는 벽 마찰 계수이다. 진동의 고유 진동수를 구하고, 마찰 계수를 Poiseuille 유형의 마찰 계수인 $C_f = 16\mu/(\rho|dX/dt|d_0)$로 가정할 때 진폭이 절반으로 감쇠하는 시간을 구하시오.

** 부록 I에서는 특정 문제, 특히 적분이 필요한 문제를 푸는 데 유용한 삼각함수 정리를 제공한다.

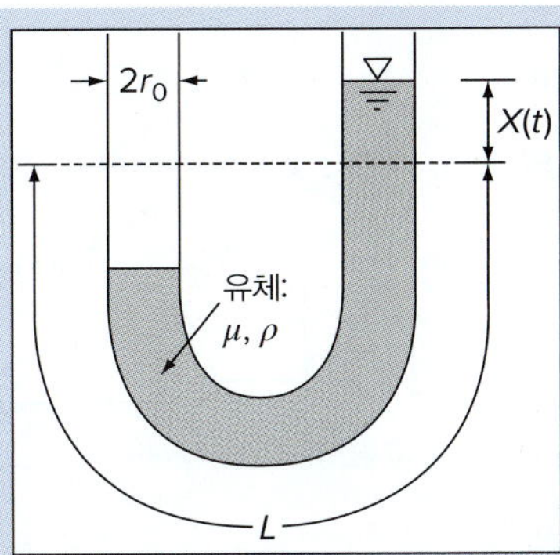

그림 P3.7

3-8. 20°C 및 1 atm의 공기는 부여된 압력 구배(dp/dx)와 20 cm/s로 움직이는 상판에 의해 1 cm 간격의 두 평행판 사이를 움직이게 된다. (a) $dp/dx = -0.3$ Pa/m일 때 체적 유량(폭 1 m당 cm^3/s 단위로)과 (b) 하판의 전단 응력을 사라지게 하는 dp/dx의 값(Pa/m 단위로)을 구하시오.

3-9. 식 (3.30)을 풀어 그림 3.9의 타원형 덕트를 통하는 유동에 대한 해 $u(y, z)$를 구한다. 추정된 2차 해 $u = A + By^2 + Cz^2$로부터 정확한 해를 구하시오.

3-10. 20°C 및 약 1 atm의 공기는 1 × 4의 직사각형 덕트를 통해 평균 1.7 m/s의 속도로 흐른다. (a) 정확한 계산 및 (b) 수력학적 직경의 근사를 통해 압력 강하(Pa/m)를 구하시오.

3-11. 속도 성분이 다음과 같은 형태를 취하도록 함으로써 원형 덕트 유동에 중첩된 소용돌이 운동을 고려하라.

$$v_r = 0, \quad v_\theta = v_\theta(r, t), \quad v_z = v_z(r)$$

축방향 흐름 v_z가 소용돌이의 영향을 받지 않으므로 Poiseuille 분포를 변경하지 않고 임의의 v_θ를 추가할 수 있음을 보이시오.

3-12. 내부와 외부 반경이 각각 9, 10 mm이고 길이가 30 cm인 환형에 1 m^3/h로 유체를 통과시켜 가벼운 윤활유의 점도($\mu \approx 0.02$에서 0.1 Pa·s)를 측정하는 것이 바람직하다. 이 장치와 압력 측정에 적합한 기기를 통해 측정되는 압력 강하를 구하시오.

3-13. 20°C에서 윤활유는[$\rho = 850$ kg/m^3, $\mu = 0.8$ Pa·s, $k = 0.15$ W/(m·K), $c_p = 1800$ J/(kg·K)] 벽 온도가 10°C인 3 cm 직경의 파이프를 통해 평균 2 m/s의 속도로 흘러 냉각된다. (a) $x = 10$ cm에서 열 손실(W/m^2)과 (b) $L = 2$ m일 때 파이프 출구에서 평균 오일 온도를 구하시오. 그 결과에 대해 설명하시오.

3-14. 원형의 유선을 가진 평면 극좌표의 경우, 0이 아닌 유일한 와류 성분인 $\omega = \omega_z(r)$가 다음 관계를 만족함을 보이시오.

$$\frac{\partial \omega}{\partial t} = \nu\left(\frac{\partial^2 \omega}{\partial r^2} + \frac{1}{r}\frac{\partial \omega}{\partial r}\right)$$

초기 순환 Γ_0의 원점에 집중된 와류 선의 붕괴에 대하여 위의 방정식을 푸시오. $\omega(r, t)$에 대해 풀고 다음을 보이시오.

$$v_\theta = \frac{\Gamma_0}{2\pi r}\left[1 - \exp\left(-\frac{r^2}{4\nu t}\right)\right]$$

$t = 0$일 때를 포함하여 몇몇의 대표적인 시간에 대하여 속도 분포를 그리시오.

3-15. 그림 P3.15와 같이 중력에 의해 각도 θ의 경사면을 일정하게 흘러 일정한 두께 h를 갖는 넓은 액막을 생각하라. 대기는 자유 표면에 일정한 압력과 무시해도 될 정도의 전단력을 가한다. 속도 분포는 다음과 같이 주어지고,

$$u = \frac{\rho g \sin\theta}{2\mu} y(2h - y)$$

단위 폭당 체적 유량은 $Q = \rho g h^3 \sin\theta/(3\mu)$로 주어진다. 이 결과를 평행판 사이의 유동, 즉 식 (3.44) 및 (3.55)와 비교하시오.

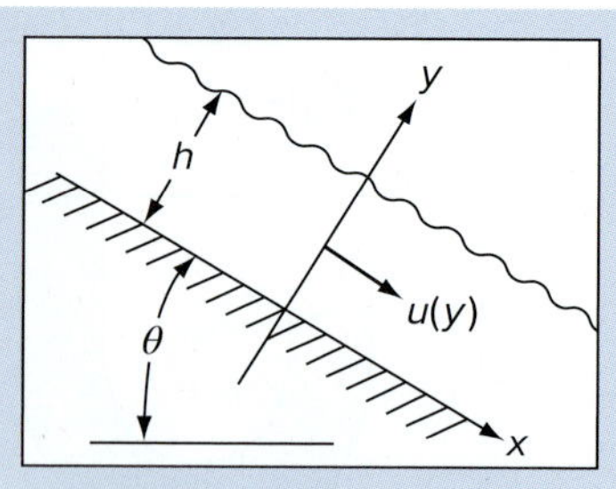

그림 P3.15

3-16. 그림 3.16과 같이 반경이 a인 수직 봉의 바깥쪽에서 체적 유량 Q로 흐르는 액막을 고려하자. 봉에서 약간 떨어진 곳에서 유체 전단이 중력과 균형을 이루고 막 두께가 일정하게 유지되는 완전히 발달된 영역에 도달한다. 비압축성 층류와 대기와 무시할 수 있는 전단 상호작용을 가정할 때, $v_z(r)$에 대한 식과 Q와 막 반경 b 사이의 관계를 구하시오.

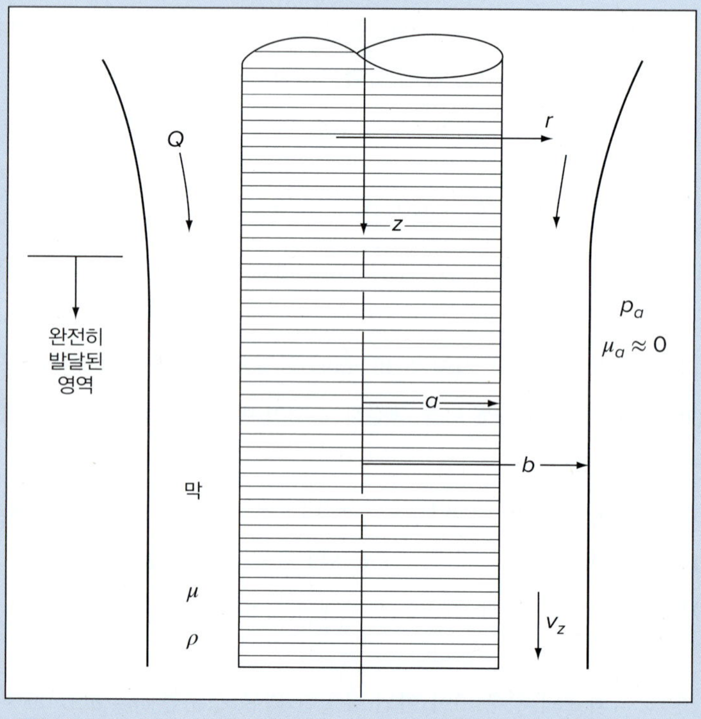

그림 P3.16

3-17. 그림 3.15의 연장선상에서, 그림 P3.17과 같이 경사면을 따라 안정적으로 흘러내리는 비혼합성 유체의 이중층을 고려하라. 대기는 표면에 전단 응력을 가하지 않고 일정한 압력을 가한다. 두 층에서 층류 속도 분포를 구하시오.

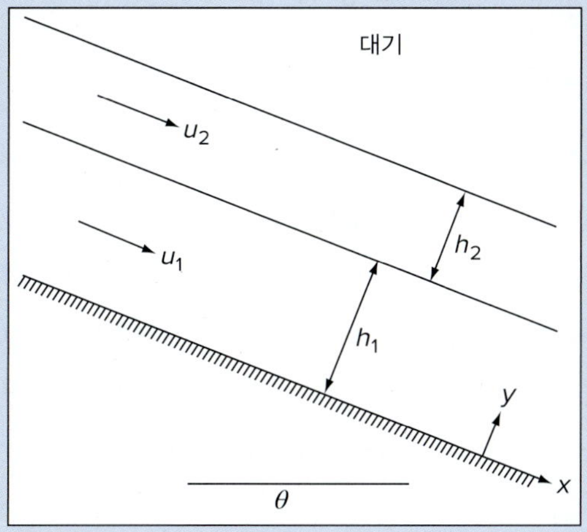

그림 P3.17

3-18. 연습문제 3-15와 같이 흐르는 액막의 표면은 기울기 θ, 중력 g, 밀도 ρ, 점도 μ 및 표면 장력 $\mathfrak{T}$에 따라 달라지는 임계 Reynolds 수 $Re^* = hu_{\max}/\nu \approx O(10)$에서 굽이지고 불안정해질 것이다. 두 무차원 매개변수에 관하여 이 의존성을 다시 쓰시오[Fulford(1964)]. 20°C의 물에 대하여, 점도를 포함하는 매개변수의 값은 얼마인가?

3-19. 원형 파이프에서 유동의 시작에 대하여 식 (3.96)을 도출하시오. 초기 시간 $\nu t/r_0^2 = 0.005$ 및 0.01에 대하여 순간적인 속도 분포를 그리시오.

3-20. 20°C 및 1 atm의 공기는 2 cm 간격으로 고정된 두 평행판 사이에서 정지한다. 시간 $t = 0$에서 하판은 갑작스럽게 30 cm/s의 속도로 접선 이동을 시작한다. 2초 후에 평행판 사이의 중심에서 공기의 속도를 계산하시오. 중심 속도는 언제 14 cm/s에 도달하는가?

3-21. Couette 펌프는 그림 P3.21과 같이 회전하는 내부 원통과 배플형 입구 및 출구로 구성된다. 원주 방향의 압력 구배가 0이고 $(a - b) \ll a$를 가정할 때, 단위 깊이당 체적 유량 및 펌핑 동력에 대한 공식을 도출하시오. 그리고 $a = 10$ cm, $b = 9$ cm 및 $\omega = 600$ rpm일 때 20°C인 SAE 오일의 경우를 설명하시오.

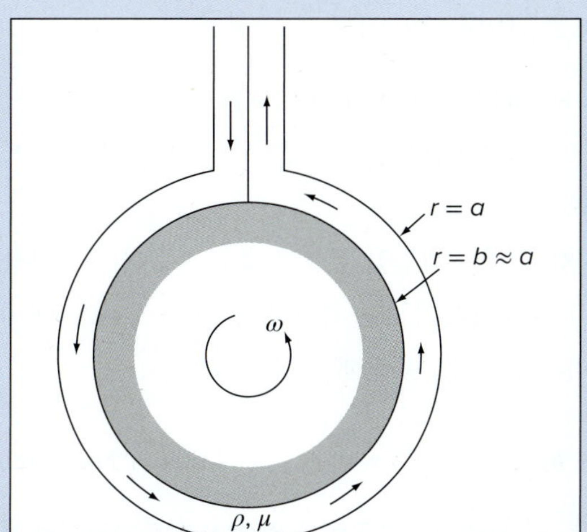

그림 P3.21

3-22. Taylor 와류는 다음과 같이 순전히 원주 방향의 유동으로 정의된다.

$$v_\theta = C\frac{r}{\nu t^2}\exp\left(-\frac{r^2}{\nu t}\right)$$

이 와류가 중력을 무시할 수 있는 비압축성의 Navier-Stokes 방정식에 대한 정확한 해인지 확인하시오. 몇 가지 순간 속도 형상을 그리고 연습문제 3-14의 Oseen 와류와 비교하시오.

3-23. 그림 P3.23과 같이 대칭적인 입구 구멍으로 공급되는 2개의 평행 디스크 사이의 방사형 유출을 고려하자. 일정한 ρ, μ 및 $p = p(r)$에서 $v_z = v_\theta = 0$ 및 $v_r = f(r, z)$라고 가정한다. $r = 0$에서 중력과 입구 영향은 무시한다. 적절한 미분 방정식과 경계 조건을 설정하고 수학적으로 가능한 데까지 구해보시오. 완전한 해를 위해서는 수치해석적 적분(예, Runge-Kutta)이 필요할 수 있다. 예상되는 속도 분포를 그리시오.

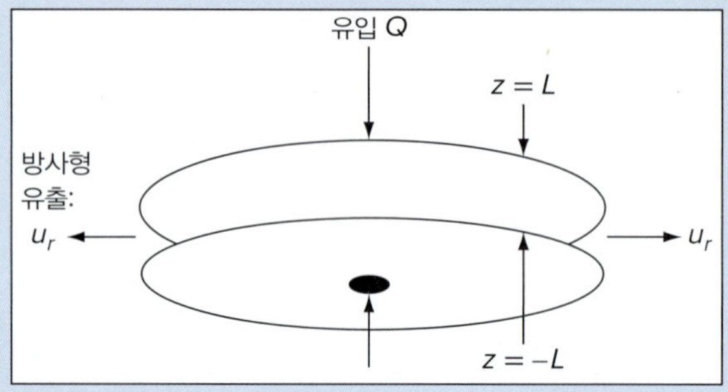

그림 P3.23

3-24. 반경이 R인 길고 균일한 다공성 원통은 속도 U_0로 유체를 ρ 및 μ의 경계가 없는 유체로 방출한다. 원통 표면의 압력은 p_0이다. 중력을 무시할 수 있는 순수한 방사형 유출을 가정할 때, 유체의 속도와 압력 분포를 구하시오.

3-25. 표면 와도 ω_0로 회전하고 벽 흡입 속도(wall-suction velocity)가 $v_r(r = r_0) = -v_w =$ 일정한 반경 r_0의 원형 원통에 의해 유도된 정상 유동 문제를 고려하자. 원주 변화가 없는 $\partial/\partial\theta = 0$이라 가정할 때 극좌표에서 문제를 설정하며, 유체 내의 와도는 다음과 같이 주어진다.

$$\omega = \frac{1}{r}\frac{\partial}{\partial r}(r v_\theta) = \omega_0\left(\frac{r_0}{r}\right)^{Re}$$

여기서 $Re = r_0 v_w/\nu$은 원통의 벽 흡입 Reynolds 수이다. 유체의 속도 분포 $v_\theta(r)$를 확인하기 위해 이 관계를 적분하고 벽 Reynolds 수 Re가 2.0보다 작거나 같거나 큰 세 가지 경우에 대해 해의 특성이 크게 다르다는 것을 보이시오.

3-26. 다공성 채널 문제인 식 (3.167)과 유사한 균일한 다공성 튜브의 층류 유동을 고려하라. 상사변수가 $\zeta = (r/r_0)^2$일 때 채널에 대하여 식 (3.165)와 유사한 축대칭 유동함수 $\psi(x, \zeta)$에 대한 적절한 식을 구하시오. 식 (3.169)와 같은 미분 방정식은 다음과 같다.

$$2\zeta g'''' + 4g''' + Re(g'g'' - gg''') = 0 \qquad \text{[Yuan과 Finkelstein(1956)]}$$

여기서 $Re = v_w r_0/\nu$이고, $g = g(\zeta)$이다. 이 방정식은 $2.305 \le Re \le 9.105$ 범위에서 해를 갖고 있지 않다[White(1962a)]. 함수 $g(\zeta)$에 적절한 경계 조건을 설정하시오.

3-27. 나선형 해법[식 (3.199)]의 실질적인 어려움은 실제 바다는 난류인 반면 층류를 가정한다는 점이다. 한 가지 근사적인 해결책은 Clauser(1956)의 제안에 따라 모든 곳에서 동점도 ν을 바람 전단 및 침투 깊이와 상관관계가 있는 (상수) 난류 또는 '에디' 점도로 대체하는 것이다.

$$\nu_{\text{turb}} \approx 0.04D\sqrt{\tau_0/\rho}$$

위도 41°N의 20°C 공기-물 계면에서 $V_{\text{wind}} = 6$ m/s라는 책의 예제를 반복하여, 침투 깊이 D와 표면 속도 V_0를 계산하시오.

3-28. 얕은 물에 대해 3-7.2절인 Ekman 유동의 분석을 반복한다. 즉, $z = -h$에서 바닥 경계 조건인 식 (3.189)를 적용한다. 속도 성분을 구하고, 표면 속도가 더 이상 바람에 대해 45° 각도에 있지 않고 표면 각도 θ에 대해 다음과 같은 방정식을 만족한다는 것을 보이시오.

$$\tan\theta = \frac{\sinh(2\pi h/D) - \sin(2\pi h/D)}{\sinh(2\pi h/D) + \sin(2\pi h/D)} \qquad \text{[Ekman (1905)]}$$

3-29. 20°C와 1 atm의 공기는 직경이 2 cm이고 벽 온도가 40°C인 원통을 1 m/s의 속도로 흐른다. 상수 B를 설정하기 위해 식 (1.2)인 비점성 이론을 이용하고, 3-8.1절의 결과를 이용하여 (a) 전단층 두께 δ, (b) 벽 전단 응력, (c) 원통 전방 정체점에서의 열전달률 q_w를 구하시오.

3-30. von Kármán의 회전 디스크 문제와 반대되는 문제는 $\upsilon_\theta = r\omega(z \rightarrow \infty$일 때)로 외부 유동이 회전하는 고정 디스크인 Bödewadt 사례[Rogers와 Lance(1960)]이다. 3-8.2절의 접근법을 이용하여, 이 문제를 설정하고 컴퓨터를 이용할 수 있는 경우 수치해석적 적분을 이용하여 가능한 데까지 구하시오.

3-31. 회전 디스크는 때때로 von Kármánn의 원심 펌프라고 불린다. 유체를 축방향으로 가져오고 반경 방향으로 배출하기 때문이다. 20°C, 1 atm 공기 중에서 1200 rpm으로 회전하는 50 cm의 디스크의 한 면을 생각하라. 층류를 가정하고 (a) 유량, (b) 필요한 토크와 동력, (c) 디스크 가장자리에서 최대 방사 속도를 계산하시오.

3-32. Jeffery-Hamel 쐐기-유동 관계식, 식 (3.195)를 크리핑 유동에 대해 푸시오. $Re = 0$이지만 $\alpha \neq 0$이다. 적절한 해가 다음과 같음을 보이시오.

$$f(\eta) = 1 + \tfrac{1}{2}\csc^2\alpha\left[\sin\left(\tfrac{1}{2}\pi - 2\alpha\eta\right) - 1\right]$$

또한 상수 $C = 4\alpha^2\cot^2\alpha$임을 보이고, 몇 가지 분포를 그리시오. 역류는 항상 $\alpha > 90°$에서 발생함을 보이시오.

3-33. 축대칭으로 인해 방위각 변화 $\partial/\partial\theta$가 사라지는 구형 극좌표에서 비압축성 유동함수 $\psi(r, \varphi)$는 다음과 같이 정의된다.

$$u_r = \frac{\partial\psi/\partial\varphi}{r^2\sin\varphi}\ (\text{방사 속도}) \quad \text{및} \quad u_\varphi = -\frac{\partial\psi/\partial r}{r\sin\varphi}\ (\text{극 속도})$$

특정 유동함수

$$\psi(r, \varphi) = \frac{2\nu r\sin^2\varphi}{1 + \alpha - \cos\varphi}, \quad a = \text{상수}$$

Navier-Stokes 방정식의 정확한 해이며 원점에서 발생하는 둥근 제트를 나타낸다. 0.001과 0.1 사이의 특정값에 대해 위쪽 두 사분면에 유선을 그리시오. (그룹 간에 다양한 값을 분포시킬 수 있다.) 제트 분포 모양 $u_r(1, \varphi)$을 그리고 제트 폭 δ (여기서 $u_r = 0.01u_{\max}$)와 제트 질량 유동이 r에 따라 어떻게 변하는지 결정하시오.

3-34. 비중이 7.8인 구체를 비중이 0.88이고 점도가 $\mu = 0.15$ Pa·s인 오일에 떨어뜨린다. 직경이 (a) 0.1 mm, (b) 1 mm, (c) 10 mm인 경우 구의 종단 속도를 구하시오. 어떤 경우가 크리핑 운동인가?

3-35. 반경 속도가 0, 액적 표면에서 접선 속도 및 전단 응력이 동일한 경계 조건으로 Stokes 문제를 반복하여 액적의 항력에 대한 식 (3.285)를 검증하시오(완벽한 구형이라고 가정하며, $r = a$이다).

3-36. 연습문제 3-23과 같이 병렬 디스크 사이의 방사형 유출의 해석을 반복한다. 크리핑 유동이며 관성은 무시할 수 있다. 이 경우에 대한 속도 및 압력 분포를 구하시오.

3-37. 반경이 R이고 간극이 L인 평행 디스크 사이의 크리핑 유동 문제를 해석한다. 아래쪽 디스크($z = 0$)는 고정되어 있고 위쪽 디스크($z = L$)는 각속도 ω로 회전한다. $\upsilon_\theta = rf(z)$라고 가정하고 가능한 한 문제를 간단히 하여 속도를 구하시오.

3-38. 식 (3.30)을 분석하여 직사각형 덕트에 대한 $u(y, z)$를 구하는 **변수 분리** 방법을 그림 3.9와 식 (3.48)과 같이 설정한다. 먼저 $\nabla^2 F = (1/\mu)(dp/dx)$, 즉 $\nabla^2 U = 0$이 되도록 새 변수 $U = u - F$를 정의하기 전까지는 변수 분리가 되기 않는다는 점에 유의하라. 그런 다음 U를 x와 y부분으로 분리하고 각 부분의 형태를 구하시오. 경계 조건을 충족하기 위해 무한급수가 어떻게 필요한지 나타내시오. 급수 계수는 결정하지 않는다.

3-39. 3-9.7.1절의 해석을 반복하여 포물선적으로 변화하는 간극에 대해 해석하자.

$$h = h_L + (h_0 - h_L)\left(1 - \frac{x}{L}\right)^2$$

식 (3.295)와 유사한 압력 분포를 무차원화하고 계산한다. 수치해석적 적분이 필요할 수 있다. 다양한 h_L/h_0에 대한 결과 압력을 그리고 그림 3.49와 비교하시오.

3-40. 그림 3.21(a)와 같이 평판 벽이 갑자기 움직이는 Stokes 제1 문제에 대해 수치해석적 방법을 이용하여 해를 구하려 한다. 몇 가지 일반적인 속도 분포를 개략적으로 그리고, 정확한 해[식 (3.107)]와 정량적으로 비교하시오.

3-41. 수치해석적 방법을 이용하여 연습문제 3-40을 계산하시오.

3-42. 그림 3.22(a)와 같이 벽이 (장기간) 진동하는 Stokes 제2 문제에 대해 수치해석적 방법을 이용하여 해를 구하려 한다. 초기 과도 현상을 무시할 때, 몇 가지 일반적인 속도 분포를 개략적으로 그리고, 엄밀해[식 (3.111)]와 정량적으로 비교하시오.

3-43. 수치해석적 방법을 이용하여 연습문제 3-42를 반복하시오.

3-44. 식 (3.76)의 해 $f_n(r)$를 Graetz **함수**라고 하지만 표로 정리되어 있지 않다. Runge-Kutta 방법을 통해 식 (3.76)의 수치해석적 해를 구하고자 한다. 초기 세 함수 f_{1-2-3}과 그 고윳값 λ_{1-2-3}에 대해 반복적으로 해를 구하시오. 표 3.1과 비교하되 초기 추측을 위해 표를 사용하지 마라.

3-45. 주어진 모든 데이터를 사용하여 $K_n \approx 0.17$이라는 Knudsen 수만 구한 증명 1-21을 확장시키고자 한다. (a) Reynolds 수를 구하고 2000보다 작은지(층류) 확인하시오. (b) Pa/m 단위로 압력 구배를 구하시오. (c) mm^3/s 단위로 유량을 구하시오.

3-46. 각운동량 방정식으로부터 매끄러운 튜브 내부 유동에 대해 식 (3.40)을 유도하시오.

3-47. 그림 3.1 형상에서, 양쪽 벽이 고정된 상태에서 압력 구배 일정할 때 판 사이를 미끄러지는 층류 유동에 대해 연속성과 x축 운동량에 대해 계산하시오. 속도 분포와 단위 깊이당 체적 유량을 구하고, Knudsen 수로 나타내시오.

3-48. Hadjiconstantinou(2003)는 Cercignani(2000)가 제시한 벽면 미끄러짐 속도에 대한 새로운 수치적 계수를 통해 2차 미끄러짐 이론을 다음과 같이 수정하였다. 식 (1.80)과 비교하시오.

$$u_w \approx 1.11\ell \frac{\partial u}{\partial y}\bigg|_w - 0.61\,\ell^2 \frac{\partial^2 u}{\partial y^2}\bigg|_w$$

연습문제 3-52에 위 방정식을 이용하여, 판 사이를 미끄러지는 층류 유동에 대해 연속성과 x축 운동량에 대해 계산하시오. 속도 분포와 단위 깊이당 체적 유량을 구하고, Knudsen 수로 나타내시오.

3-49. 식 (3.266)부터 (3.268)까지, 순차적으로 Stokes 구형 유동에 대해 유도하시오. 곱 형태의 해를 가정하고, $\psi(r, \theta) = f(r)\,g(\theta)$의 형태로 변수를 분리하여, f와 g에 대해 계산하시오.

3-50. Hill과 Power(1956)는 고체 물체에 대한 크리핑 유동(Stokes) 항력이 내접 형태에 대한 항력보다 크고, 외접 형태에 대한 항력보다 작다는 것을 증명하였다. 내접 및 외접 구와 비교하여 그림 3.43의 회전 타원체에 대해서 이 결과를 확인하시오. 상대 항력이 현저하게 다른가 아니면 몇 퍼센트만 다른가?

3-51. 요소 크리핑 유동의 해 $\psi = r \ln r \sin\theta$를 Oseenlet이라고 한다. 이것이 평면 유동[식 (3.261)], 혹은 축대칭 유동[식 (3.266)], 또는 두 가지 모두에 대한 해인가? 보다 복잡한 크리핑 유동을 분석하는 데 Oseenlet을 어떻게 사용할 수 있는가?

3-52. Runge-Kutta 방법과 같은 수치해석적 방법을 사용하여 함수 $F(\eta)$에 대한 축대칭 정체 유동 방정식, 식 (3.220)을 계산하시오. 반복법(iterative scheme)을 사용하여 $F''(0)$의 적절한 값을 구하시오.

3-53. 그림 3.35의 회전 디스크는 원심 펌프처럼 작동한다. 직경 60 cm의 디스크가 20°C 및 1 atm의 공기 중에서 120 rev/min으로 회전한다고 가정했을 때, 디스크 팁에서의 유동이 층류, 천이 또는 난류인지 판단하고 3-8.2절의 Karman의 이론 사용하여, 디스크의 한 면에서 바깥쪽으로 펌핑되는 공기의 체적 유량(cm^3/s)을 구하시오.

3-54. 압력 구배에 의해 구동되는 긴 축대칭 환형에서 완전히 발달된 유동을 고려하자.

(a) 적절한 좌표계를 사용하여 비압축성 Navier-Stokes 방정식을 단순화하는 데 필요한 가정을 하시오.

(b) 해당 유동 문제에 대한 미분 방정식을 서술하시오.

(c) 적절한 경계 조건을 지정하시오.

(d) $b \le r \le a$에 대한 정상 상태 속도 분포 $u(r)$를 계산하시오.

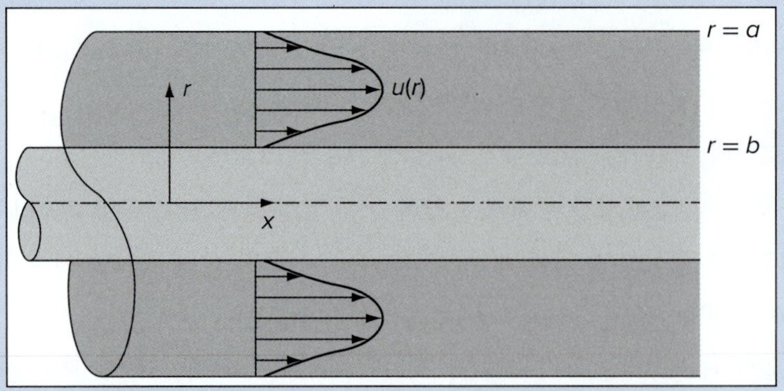

그림 P3.54

3-55. 일정한 두께 h의 유체가 아래 그림과 같이 각도 θ로 기울어진 평평한 표면 아래로 꾸준히 흐르고 있다.

(a) 데카르트 좌표계 Navier-Stokes 방정식을 간단히 하는 데 필요한 가정을 기술하시오.

(b) 해당 유동 문제에 대한 미분 방정식을 서술하시오.

(c) 적절한 경계 조건을 지정하시오.

(d) $0 \le y \le h$에 대한 정상 상태 속도 분포 $u(y)$를 계산하시오.

(e) 단위 폭당 체적 유량은 얼마인가?

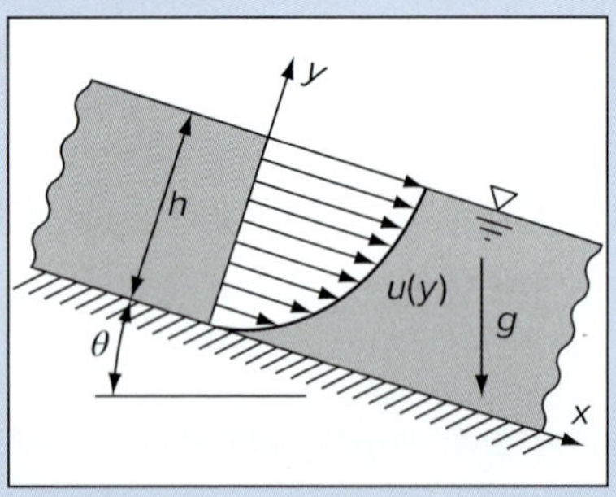

그림 P3.55

3-56. 무한히 얇다고 가정할 수 있는 단단한 계면으로 분리된 서로 다른 두 유체가 평판 사이를 흐르고 있다. 두 유체의 높이와 점도는 그림에서 주어져 있다. 상단부의 유체는 균일한 속도 V로 양

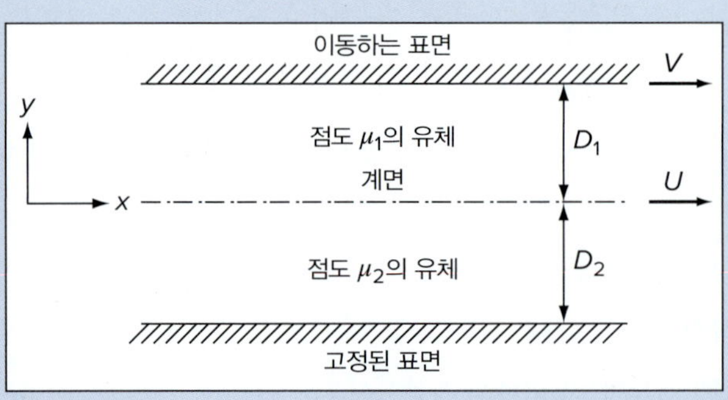

그림 P3.56

수 x 방향으로 이동하는 움직이는 표면과 접해 있다. 유동방향으로 압력 구배가 없을 때, 계면의 축방향 속도 U는 얼마여야 하는가?

3-57. 아래 그림과 같이 두 동심 파이프 사이의 환형부에서 완전히 발달된 층류를 고려하자. 외부 파이프는 고정되어 있고 내부 파이프는 x축 방향으로 일정한 속도 V로 움직인다. 축방향 압력 구배가 없다고($dp/dx = 0$) 가정한다. 미분 형식의 보존 법칙을 참고하여 두 적분 상수 C_1과 C_2로 속도 분포 $u(r)$에 대해 표현하였을 때, 점착 경계 조건을 적용하여 C_1과 C_2를 계산하고, $u(r)$에 대해 나타내시오.

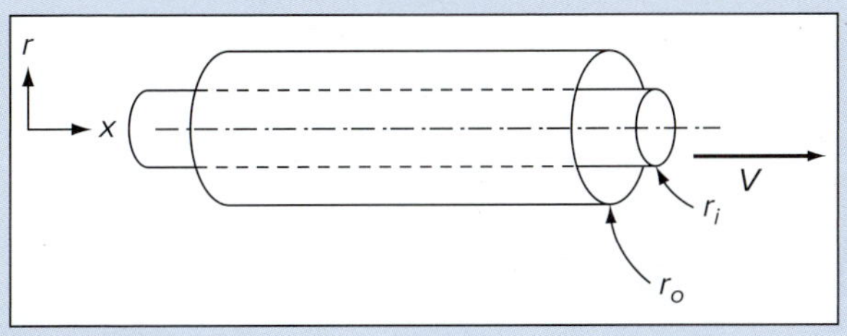

그림 P3.57

3-58. 위에 표시된 두 동심 파이프 사이의 환형부에서 완전히 발달된 층류를 고려하자. 내부 파이프가 고정되어 있고, 압력 구배가 0이 아니며($dp/dx \neq 0$), $r_o = R$ 및 $r_i = kR$이고, 여기서 k는 $0 < k < 1$인 상수이다.

(a) Navier-Stokes 방정식과 적절한 경계 조건을 사용하여 속도 분포와 체적 유량이 다음과 같음을 보이시오.

$$u(r) = -\frac{R^2}{4\mu}\frac{dp}{dx}\left[1 - \left(\frac{r}{R}\right)^2 + \frac{1-k^2}{\ln(1/k)}\ln\left(\frac{r}{R}\right)\right] \quad \text{및} \quad Q = -\frac{\pi R^4}{8\mu}\frac{dp}{dx}\left[1 - k^4 - \frac{(1-k^2)^2}{\ln(1/k)}\right]$$

(b) 최대 속도를 갖는 지점에 대해 k의 함수로 나타내시오.

(c) 환형 내부의 평균속도 $\bar{u}$에 대해 표현하시오.

(d) k가 0으로 무한히 가까워질 때, 위에서 구한 표현식과 원형 파이프의 Poiseuille 유동에 해당하는 식을 비교하시오. 힌트: 두 식은 동일해야 하며, 두 식을 비교하는 데 필요한 적분의 경우 부분적분으로 계산되는 다음의 적분을 제외하고 간단하다.

$$\int r\ln\left(\frac{r}{R}\right)dr = R^2\int\frac{r}{R}\ln\left(\frac{r}{R}\right)d\left(\frac{r}{R}\right) = R^2\left[\frac{1}{2}\left(\frac{r}{R}\right)^2\ln\left(\frac{r}{R}\right) - \frac{1}{4}\left(\frac{r}{R}\right)^2\right]$$

3-59. 3-6.4절의 그림 3.28에 나타난 방사형 다공성 튜브와 관련된 문제를 고려하자. 식 (3.182)에 의해 주어진 상사성 변환을 식 (3.181)에 대입하여 식 (3.183)을 유도하시오. 그 다음으로, $v_\theta = g(r)$이 단일 변수 함수라는 것을 토대로 식 (3.184)를 유도하시오. 끝으로, $\eta = \frac{1}{2}r^2$를 식 (3.184)에 대입하고 한 번 미분하여 식 (3.185)를 구하시오. 이 문제에 대한 네 가지 경계 조건이 다음과 같이 변환되는지 확인하시오.

1. $u_r(1, z) = -1$로부터 $f\left(\frac{1}{2}\right) = 1$ (벽면으로부터 반경 방향으로 균일하게 주입될 때)
2. $u_z(1, z) = 0$으로부터 $f'\left(\frac{1}{2}\right) = 0$ (유입면에서 축방향 속도가 0일 때)
3. $u_r(0, z) = 0$으로부터 $f(0) = 0$ (중심축에서 반경 방향으로 횡단하는 유동이 없을 때)
4. $\partial u_z(0, z)/\partial r = 0$으로부터 $\sqrt{2\eta}f''(0) = 0$ (중심축을 기준으로 대칭된 축속도를 가질 때)

CHAPTER 4

층류 경계층

관찰한 것을 제일 간단한 이론으로 설명하는 것이 가장 좋은 이론이다.

William of Ockham(1285-1347)

4-1 소개

3장에서 고려된 몇 가지 정확한 해(특히 이동 경계 유동, 진동 덕트 유동, 정체 유동, 회전하는 디스크, 수렴-쐐기 유동 및 점근적 흡입을 갖는 평판)는 경계층에서의 유동을 매우 생각나게 했다. 즉, 큰 Reynolds 수에서 점도의 영향은 단단한 벽 근처의 좁은 영역에서 나타난다. 또한 디지털 컴퓨터 해는 와류를 하류로 쓸어 넘기고 벽에서 멀리 떨어진 유동을 본질적으로 비회전 상태로 두는 고속 유동의 경향을 보여준다. 이것은 물리적으로는 하류 대류 속도가 횡단 점성 확산 속도보다 훨씬 크다는 것을 의미한다. 길이가 L인 얇은 물체를 지나는 속도 U의 유동을 고려해 보자. 유체 입자가 물체 근처를 지나는 시간은 대략 L/U인 반면, 점성 효과가 유선에 걸쳐 퍼지는데 필요한 시간은 $\sqrt{\nu L/U^3}$ 단위이다. 이 시간 척도는 Majdalani의 침투 수에서 직접 유도할 수 있으며, 이는 횡단 방향으로 고정된 침투 깊이 혹은 유선을 가로질러 확산 거리에(2-9.3절) 대해 일정하게 유지된다. 이 무차원 매개변수를 상수로 두면

$$Mj = \frac{U^3\tau^2}{\nu L} = \text{상수}$$

를 얻을 수 있다. 이를 통해 교차 특성 시간을 $\tau \approx \sqrt{\nu L/U^3}$로 추정할 수 있다. 따라서 확산 시간이 체류 시간보다 훨씬 짧으면 점성 영역이 얇아진다.

$$\sqrt{\frac{\nu L}{U^3}} \ll \frac{L}{U} \quad \text{또는} \quad \sqrt{\frac{UL}{\nu}} = \sqrt{Re_L} \gg 1 \tag{4.1}$$

따라서 유동 Reynolds 수 Re_L이 클 때 얇은 경계층이 예상된다. 경계층은 처음에는 층류일 가능성이 높으며, Re_L이 증가함에 따라 난류로 전환된다. 단, 둔각물체(bluff body)의 후면이나 바람방향 쪽에는 항상 얇은 층이 형성되지는 않는다. 3장에서 구와 원통에 대해 보았듯이, 적당한 Re일 때 물체 뒤쪽에 에디 모양의 유동이 형성된다. Re가 계속 증가함에 따라 에디가 흩어지면서 넓은 후

류가 발생하기 시작한다. 이러한 맥락에서 여기에서 논의할 얇은 경계층 근사는 둔각 물체 뒤에서 발생하는 '박리' 영역에는 적용되지 않는다. 그러나 경계층 이론은 물체에서 박리 지점이 발생하는 위치를 추정하는 데 사용된다. 박리 유동에 대한 분석 연구는 어렵고 드물지만 상당히 많은 실험과 수치 모델링이 수행되어 왔다.

표준 경계층 분석은 (1) 낮은 Reynolds 수 또는 (2) 유동 박리 영역에 적용할 수 없지만 특히 점성 유동을 이해하는 데 매우 중요한 주제이다. 이러한 이유로 이 장에서는 전통적인 경계층 기술에 초점을 맞출 것이다. 추가 공부를 위해 경계층 이론을 중심으로 다루는 다음의 Cebeci와 Cousteix(1998), Schlichting과 Gersten(2017), Schetz와 Bowersox(2011), Oleinik와 Samokhin(1999), Rosenhead(1963)가 작성한 고전논문을 참조하기 바란다.

4-1.1 평판 적분해석

Kármán(1921)이 처음 개발한 아이디어에 따라, 평판을 지나는 높은 Re에서 점성 유체의 유동에 대한 광범위한 운동량 분석을 하여 경계층에 대한 상당한 양의 정보를 얻을 수 있다. 유동 구성의 개략도는 그림 4.1에 나와 있다. 평판의 날카로운 모서리는 $(x, y) = (0, 0)$으로 설정되고 평판을 따라 흐르는 유체는 점착 조건 때문에 벽에서 전단되어 항력 D를 생성한다. 특정 하류 위치 x에서 해당 속도 분포 $u(y)$는 그림에서와 같이 벽에서 0으로 부드럽게 떨어지는 것을 보여준다. 질량 보존을 만족시키기 위해 유선은 평판에서 약간 편향되어 유체 압력이 거의 일정하게 유지된다. 전단층 두께를 $\delta_{99\%}$로 표시했다. 이 전단층 외부의 유선은 x에만 의존하는 거리 δ^*(배제 두께)를 편향시킨다. 따라서 그림의 유선은 $x = 0$일 때 $y = H$에서 $x = L$일 때 $y = \delta = H + \delta^*$로 위쪽으로 이동한다. 여기서 L은 평판에 평행한 검사 체적의 길이이다. 마지막으로 날카로운 모서리의 바로 상류에 있는 속도가 균일하고 평행하다고 가정하여, $u = U =$ 상수이다.

분석을 위해 선택한 검사 체적은 그림 4.1에서 점선으로 둘러싸인 부분이다. 속도 분포는 입구와 출구에서의 조건만 알고 있기 때문에 검사 체적의 다른 두 면에서 질량이나 운동량이 교차할 수 없는 유선인 것이 좋다. 아래쪽은 벽 자체로 선택되어 마찰 항력을 발생시킨다. 위쪽은 전단층 바로 외부의 유선이므로 이 선을 따라 점성 항력이 0이다.

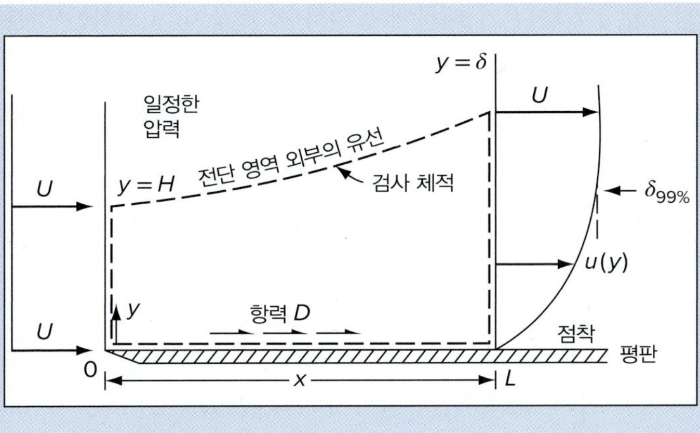

그림 4.1
평판을 지나는 유동 분석을 위한 검사 체적 정의

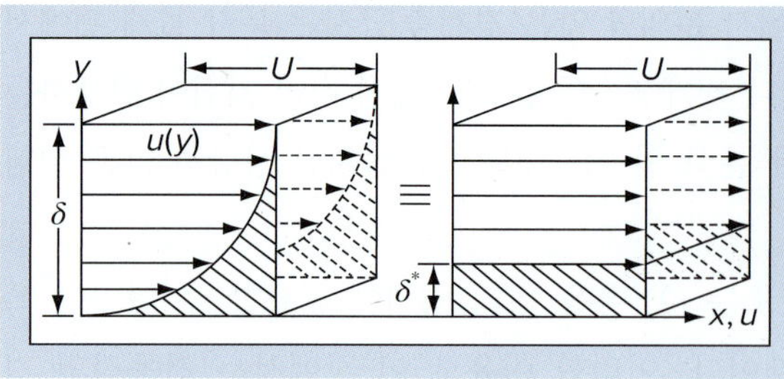

그림 4.2
해당 전단 유동과 동일한 양의 질량을 운반하는 비점성, 비회전, 균일 유동의 수직 변위 δ^*. 유동 감속으로 인한 질량 손실을 나타내는 음영 영역은 동일하다.

4-1.2 배제 두께

정상 유동의 경우, 이 유선형 경계 검사 체적의 (왼쪽) 입구 부분과 (오른쪽) 출구 부분 사이의 질량 보존이 식 (2.118)처럼 적용될 수 있고 b가 평판의 너비라고 할 때 다음과 같이 주어진다.

$$\iint_{CS} \rho \mathbf{V} \cdot d\mathbf{A} = \int_0^\delta \rho u b\, dy - \int_0^H \rho U b\, dy = 0 \tag{4.2}$$

밀도가 일정한 비압축성 운동의 경우 이 관계는 다음과 같이 단순해진다.

$$U\int_0^H dy = \int_0^\delta u\, dy \quad \text{또는} \quad H = \int_0^\delta \frac{u}{U} dy \tag{4.3}$$

$\delta = H + \delta^*$와 $\delta = \int_0^\delta dy$를 재정렬하면 배제 두께를 다음과 같이 직접 추론할 수 있다.

$$\delta^* = \delta - H = \int_0^\delta dy - \int_0^\delta \frac{u}{U} dy \quad \text{또는} \quad \delta^* = \int_0^\delta \left(1 - \frac{u}{U}\right) dy \approx \int_0^\infty \left(1 - \frac{u}{U}\right) dy \tag{4.4}$$

$y > \delta$에 대한 피적분을 무시할 수 있기 때문에 $u \approx U$일 때 마지막 근사가 가능하다. 실제로 식 (4.4)는 경계층 배제 두께 δ^*의 형식적 정의로, 압력(또는 온도)이 일정하거나 가변적인 모든 비압축성 유체(층류 또는 난류)에 적용된다. 물리적으로 δ^*는 경계층의 존재로 인한 축방향의 질량 운반 감소를 나타낸다(그림 4.2 참조). 다시 말해서, 그것은 자유 유동 속도 U로 이동하고 경계층 내부의 유동 감속으로 인한 질량 감소를 운반하는 가상 유동관의 높이를 나타낸다. 이로 인해 속도는 벽에서 0이며 경계층 가장자리에서 U까지 변한다. 따라서 이것은 균일한 유동에서 질량 보존을 유지하는 유선의 수직 변위에 해당한다. 그림 4.2에서 음영 영역은 벽 근처의 질량 감소[플러그 유동(plug flow)에 상대적으로]가 정의상 $\delta^* U$와 같기 때문에 동일하다. 더욱이, y 변화는 적분되므로 δ^*는 그 값이 국부 속도 분포 $u(y)$에 따라 달라지지만 x만의 함수로 남아 있다.

배제 두께 개념을 통해 표면이 δ^*만큼 바깥쪽으로 변위된 두꺼워진 등가의 '유효 본체'를 정의할 수 있으므로, 그림 4.3과 같이 주위의 비점성 유동이라고 둘 수 있다.

4-1.3 평판 항력과 관련된 운동량 두께

식 (2.119)를 검사 체적에 적용하여 x 운동량 보존을 다음과 같이 나타낼 수 있다.

$$\sum F_x = -D = \iint_{CS} u(\rho \mathbf{V} \cdot d\mathbf{A}) = \int_0^\delta u(\rho u b\, dy) - \int_0^H U(\rho U b\, dy) U, \text{ 따라서 } D = \rho U^2 H b - \int_0^\delta \rho u^2 b\, dy \tag{4.5}$$

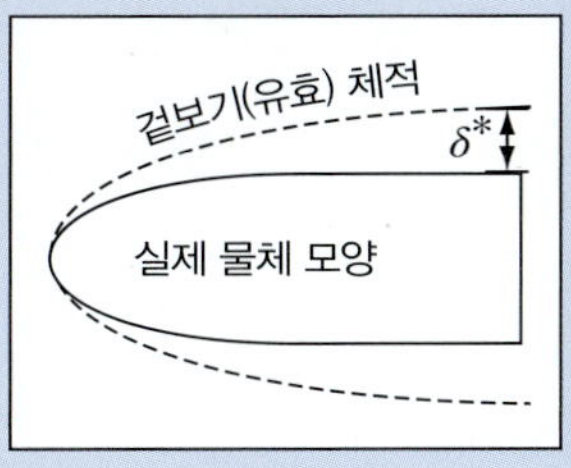

그림 4.3
두꺼운 벽을 가진 유동에 잠긴 물체를 나타내는 겉보기(또는 유효) 체적. 즉 비점성 이론을 사용하기 위해 표면 경계가 법선 거리 δ^*만큼 바깥쪽으로 확장되었다.

다시, 상수 ρ를 가정하고 식에 식 (4.3)의 $H = \int_0^{\delta}(u/U)dy$를 적용하면, 다음 결과를 얻는다.

$$D = \rho b\int_0^{\delta} u(U-u)\,dy \quad \text{또는} \quad \frac{D}{\rho U^2 b} = \theta = \int_0^{\delta}\frac{u}{U}\left(1-\frac{u}{U}\right)dy \approx \int_0^{\infty}\frac{u}{U}\left(1-\frac{u}{U}\right)dy \tag{4.6}$$

식 (4.6)은 두 번째 매개변수인 운동량 두께 θ에 대한 정의이며, 이는 x만의 함수이기도 하다. 여기서 θ는 점성 저항으로 인한 순 운동량 결손을 의미하는 자유 유동 속도 U로 이동하는 가상 유동관의 높이를 나타낸다. 항력 및 ρU^2와의 연관성은 상황에 따라 다르지만 θ에 대한 이 정의는 모든 비압축성 경계층에 적용된다. 예를 들어, 평판 운동과 비교하여 십자류에서 원통 또는 구의 경우 다르다. 실제로 θ는 경계층의 존재로 인한 유동 운동량의 감소를 나타내므로 항력 예측에 유용하다. 예를 들어, 식 (4.6)에 기반하여, 길이 x인 판에 대한 항력 계수를 다음과 같이 쉽게 추론할 수 있다.

$$C_D(x) = \frac{D(x)}{\frac{1}{2}\rho U^2(bx)} = \frac{2\theta(x)}{x} \quad \text{또는} \quad xC_D(x) = 2\theta(x)$$

δ^* 및 θ의 분석은 그림 4.4에 그래프로 표시되어 있다. 명확하게 δ^*는 항상 θ보다 크고 형상 계수라고 하는 두 값의 비는 종종 경계층 분석에 사용된다.

$$H \equiv \frac{\delta^*}{\theta} > 1 \tag{4.7}$$

여기서 H는 그림 4.1의 입구부의 높이와 혼동해서는 안 된다. $\tau_w(x)$가 판에 대한 벽 전단 응력이면 길이가 L이고 너비가 b인 판의 한 면에 대한 총 항력은 벽 전단력의 적분이다.

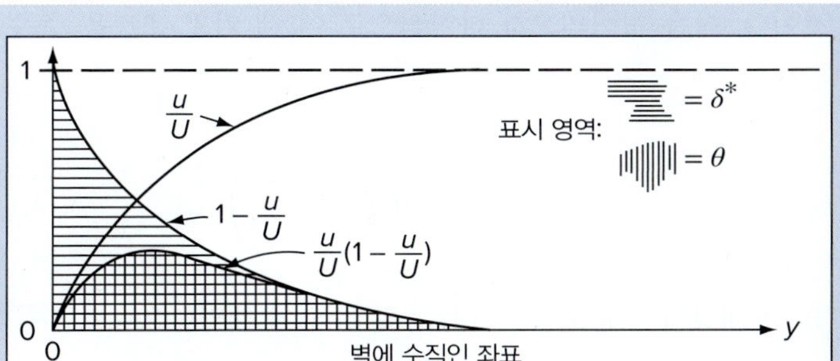

그림 4.4
운동량 및 배제 두께

$$D = \int_0^L \tau_w(x) b dx \tag{4.8}$$

벽 전단력과 항력은 3장에서와 같은 방식으로 무차원화될 수 있다.

$$\text{마찰 계수:} \qquad C_f(x) = \frac{\tau_w(x)}{\frac{1}{2}\rho U^2}$$

$$\text{항력 계수:} \qquad C_D = \frac{D}{\frac{1}{2}\rho U^2 bL} \tag{4.9}$$

이것은 일반적인 정의이다. 평판의 경우 식 (4.6) 및 (4.8)과 비교하여 다음과 같이 두 값을 구할 수 있다.

$$C_{f,\,\text{plate}}(x) = \frac{d}{dx}[xC_D(x)] = 2\frac{d\theta}{dx}$$

$$C_{D,\,\text{plate}} = \frac{1}{L}\int_0^L C_{f,\,\text{plate}}(x)dx = \frac{1}{L}\int_0^L \left(2\frac{d\theta}{dx}\right)dx = \frac{2}{L}\theta(L) \tag{4.10}$$

이 두 표현은 Kármán(1921)의 고전 논문에서 파생되었으며 층류 및 난류 모두에 적용할 수 있다. 평판의 마찰력과 항력을 운동량 두께 $\theta(x)$에서 완전히 추정할 수 있다는 점은 매우 유용하다.

4-1.4 추정된 분포로 도출된 수치적 추정값

입구 분포가 실제로 균일한 속도 U라고 가정하면 올바른 분포 u를 사용하는 경우 이전에 구한 관계식들이 정확하게 맞다. 그러나 정확한 해을 사용하면 적분이 필요하지 않다. 단지 항력과 벽 전단력을 직접 계산하면 된다. Kármán의 아이디어의 장점은 분포의 양수 및 음수 편차를 무시할 수 있기 때문에 합리적인 형태의 u를 추측하고 추정값을 산출할 수 있다는 것이다.

Kármán의 접근 방식을 설명하기 위해 그림 4.1의 고정 위치 x에서 $u(x, y)$에 대한 간단한 식을 도출하는 것으로 시작해 보자. 목표는 이 경계층 분포에 대한 세 가지 기본 물리적 조건을 충족하는 것이다.

벽에서 점착 조건: $\qquad u(x, 0) = 0$

원거리 속도 또는 자유 유동의 부드러운 병합:

$$u(x, \delta) = U \quad \text{그리고} \quad \left.\frac{\partial u}{\partial y}\right|_{y=\delta} = 0$$

다른 제약 조건은 나중에 논의할 것이다. 다음 형식의 2차 다항식으로 이 세 가지 조건을 충족할 수 있다.

$$u(x, y) \approx c_0 + c_1 y + c_2 y^2 \qquad \text{또는} \qquad u(x, y) \approx U\left(\frac{2y}{\delta} - \frac{y^2}{\delta^2}\right) \tag{4.11}$$

여기서 x 종속성은 $\delta(x)$로 표현한다. 이 대략적인 분포를 식 (4.4) 및 (4.6)에 대입함으로써 다음을 도출할 수 있다.

$$\eta^* \equiv \frac{\delta^*}{\delta} \approx \frac{1}{3} \qquad \theta^* \equiv \frac{\theta}{\delta} \approx \frac{2}{15} \qquad \text{그리고} \qquad H \approx \frac{5}{2} \tag{4.12}$$

여기서 η^*와 θ^*는 각각 무차원 변위와 운동량 두께를 나타낸다. 여기서 본 2차 다항식을 미분하여 벽 전단을 가정된 모양 u와 연관시킨다.

$$\tau_w = \mu \frac{\partial u}{\partial y}\bigg|_{y=0} \approx \frac{2\mu U}{\delta} \tag{4.13}$$

식 (4.12)와 (4.13)을 초기 식 (4.10)에 대입하고 정리하면 다음을 얻을 수 있다.

$$C_f \approx \frac{2\mu U/\delta}{\frac{1}{2}\rho U^2} = 2\frac{d\theta}{dx} \approx \frac{4}{15}\frac{d\delta}{dx} \qquad \text{또는} \qquad \delta d\delta \approx \frac{15\mu dx}{\rho U}$$

결과식은 $\delta(0) = 0$인 모서리 시작점에서 경계층 성장의 시작을 고려하면서 $x = 0$에서부터 임의의 위치 x까지 쉽게 적분할 수 있다. $Re_x = \rho Ux/\mu$일 때 결과는 아래와 같다.

$$\delta^2 \approx \frac{30\mu x}{\rho U} \qquad \delta^2 \approx \frac{30\mu x^2}{\rho U x} \qquad \text{또는} \qquad a \equiv \frac{\delta(x)}{x}\sqrt{Re_x} \approx 5.477 \tag{4.14}$$

이 결과는 Blasius(1908)가 도출한 층류 평판 유동에 대한 '정확한' 해보다 9.5% 정도 더 높은 결과이다. 더욱이, 식 (4.14)에서의 $\delta(x)$를 식 (4.12) 및 (4.13)에 대입하여 추가적인 평판 특성을 추론할 수 있다.

$$\begin{gathered} b \equiv C_f\sqrt{Re_x} \approx \frac{4}{15}\frac{d\delta}{dx}\sqrt{Re_x} \approx 0.730 \qquad c \equiv \frac{\delta^*}{x}\sqrt{Re_x} \approx \frac{1}{3}\sqrt{30} \approx 1.826 \\ \text{또는} \quad d \equiv \frac{\theta}{x}\sqrt{Re_x} \approx \frac{2}{15}\sqrt{30} \approx 0.730 \end{gathered} \tag{4.15}$$

결과 상수(a, b, c, d)도 Blasius 추정값의 10% 이내다. 마지막으로 판 길이에 대해 $C_f(x)$를 적분하여 총 항력 계수를 얻는다.

$$C_D = 2C_f(L) \approx \frac{1.4605}{\sqrt{Re_L}} \tag{4.16}$$

Kármán(1921)이 지적했듯이 이러한 표현은 연속성과 운동량 방정식을 전면적으로 고려해야 하는 것에 비해 매우 쉽게 결정될 수 있다.

사실, 평판 유동에 대한 몇 가지 운동량 적분 근사, 특히 u에 대한 폐쇄형 해석 표현을 유도하는 근사가 많이 연구되어 왔다. 그 중 가장 중요한 것은 Pohlhausen(1921)과 Schlichting(1979)에 의해 고안된 것이지만 최근 몇 년 동안 다른 공식이 사용 가능하게 되었다. 이들은 일반적으로 부분별(연속적으로 미분 가능한) 분포들로 분리될 수 있으며, 이 분포는 $0 \le y \le \delta$ 경계층 영역 내에서만 유효한 분포와 대안적으로 $y \to \infty$인 원거리 부분에 매끄럽게 이어지며 단조롭게 증가하는 연속 분포다. 연속 분포에 대한 논의는 Blasius 유사성 해에 연결할 수 있는 4-3절로 미룬다. 그 동안 $0 \le y \le \delta$에 대해 정의되고 $\delta < y < \infty$에 대해 1로 설정된 다섯 가지 모델을 다룬다. 이 모

델들은 다음과 같다.

Pohlhausen의 2차, 3차 및 4차 분포:

$$\frac{u}{U} = 2\frac{y}{\delta} - \frac{y^2}{\delta^2} \quad \frac{u}{U} = \frac{3}{2}\frac{y}{\delta} - \frac{1}{2}\frac{y^3}{\delta^3} \quad \text{그리고} \quad \frac{u}{U} = 2\frac{y}{\delta} - 2\frac{y^3}{\delta^3} + \frac{y^4}{\delta^4} \quad \text{[Pohlhausen(1921)]} \tag{4.17}$$

Schlichting의 사인곡선 분포:

$$\frac{u}{U} = \sin\left(\frac{\pi y}{2\delta}\right) \quad \text{[Schlichting(1979)]} \tag{4.18}$$

Majdalani-Xuan의 4차 분포:

$$\frac{u}{U} = \frac{5}{3}\frac{y}{\delta} - \frac{y^3}{\delta^3} + \frac{1}{3}\frac{y^4}{\delta^4} \quad \text{[Majdalani-Xuan(2020)]} \tag{4.19}$$

단순성을 위해 $\xi = y/\delta$ 및 $F(\xi) = u/U$를 사용하여 이러한 분포를 표 4.1에 모으고 Blasius(1908)의 기존 해와 비교하겠다. 전통적으로 보고된 Blasius 값에서 각 근사의 전체 편차를 정량화하는 데 도움이 되도록 경계층 전체의 전체 $L_2 = \sqrt{\int_0^1 (F - F_{\text{Blasius}})^2 d\xi}$ 오차와 함께 각 추정값 아래에 상대 백분율 오차가 사용된다. 표시되지 않은 속성은 층류의 경우 $(\theta/x)\sqrt{Re_x} = C_f\sqrt{Re_x}$ = 상수(이미 표로 작성됨)이고 $C_D\sqrt{Re_L}$이 이 상수의 두 배이기 때문에 쉽게 추론할 수 있다.

Majdalani-Xuan(2020)의 4차 분포를 제외하면 경계층 특성을 예측할 때 최대 오차가 6~17%로 다양하며, 이는 적분 이론의 전형이다. 그러나 일부 분포는 Blasius 해와 비슷하게 다른 분포보다 훨씬 더 정확하다. 가장 당혹스러운 것은 일부 유체 역학자들이 다소 비공식적으로 Pohlhausen의 역설로 확인하게 된 것인데, Pohlhausen의 2차 다항식으로부터 더 많은 경계 조건을 가진 4차 다항식으로 갈수록, Blasius 해와의 불일치한다는 것을 발견할 수 있다! 표 4.1에서 무차원 변위 및 운동량 두께 (η^*, θ^*) 추정의 오차가 (3.1, 0.25)에서 (13, 12) 퍼센트로 10배 증가함을 알 수

표 4.1 다섯 가지의 부분 분석 분포의 경계층 예측과 기존 Blasius 값에 대한 오차

$\frac{u}{U} = F(\xi)$	$\eta^* = \frac{\delta^*}{\delta}$	$\theta^* = \frac{\theta}{\delta}$	$H = \frac{\delta^*}{\theta}$	$\frac{\delta}{x}\sqrt{Re_x}$	$C_f\sqrt{Re_x}$	$\frac{\delta^*}{x}\sqrt{Re_x}$	L_2 오차
$2\xi - \xi^2$	0.333 3.1%	0.133 0.25%	2.500 3.5%	5.477 9.5%	0.730 10%	1.826 6.1%	0.020
$\frac{3}{2}\xi - \frac{1}{2}\xi^3$	0.375 9.0%	0.139 4.7%	2.692 4.0%	4.641 7.2%	0.646 2.6%	1.740 1.1%	0.034
$2\xi - 2\xi^3 + \xi^4$	0.300 13%	0.118 12%	2.554 1.4%	5.836 17%	0.685 3.2%	1.751 1.8%	0.054
$\sin\left(\frac{1}{2}\pi\xi\right)$	0.363 5.6%	0.137 2.7%	2.660 2.7%	4.795 4.1%	0.655 1.3%	1.743 1.3%	0.021
$\frac{5}{3}\xi - \xi^3 + \frac{1}{3}\xi^4$	0.350 1.7%	0.134 0.52%	2.618 1.1%	4.993 0.13%	0.668 0.53%	1.748 1.6%	0.008
Blasius(1908)	0.344	0.133	2.59	5	0.664	1.72	n/a

있다. 반면 Pohlhausen의 2차 다항식 대신 4차 다항식을 사용할 때 전체 L_2 오차가 0.02에서 0.05로 증가한다. 경계층 두께 예측의 오차도 9.5%에서 무려 17%로 증가한다!

따라서 독자는 이러한 분포의 정확도를 높이는 요인이 무엇인지 궁금해할 수 있다. 수년 동안 Blasius 모델을 대표하는 추가 경계 조건을 고려하여 좀 더 모델을 사실적으로 만들면 추측된 분포의 정확도가 향상될 수 있다고 믿었다. 이를 위해 Pohlhausen(1921)은 벽 접착 및 자유 유동 조건의 부드러운 연결에 더불어 이 절 앞부분의 2차 식 (4.11)로 충족되는 세 가지 제약 조건 외에 전단 응력에 두 가지 추가 요구 사항(벽에 하나, 경계층 가장자리에 하나)을 추가하는 다섯 가지 기본 조건을 제안했다. 실제로, 네 번째 조건은 벽면에서의 무시할 수 없는 경계층 방정식의 올바른 운동량 균형을 유지하는 역할을 한다.

$$\frac{dp}{dx} = -\rho U \frac{dU}{dx}\text{일 때 } \mu \left.\frac{\partial^2 u}{\partial y^2}\right|_{y=0} = \frac{dp}{dx} \text{ ($y = 0$에서 경계층 방정식) (Euler의 원거리 방정식)} \tag{4.20}$$

여기서 경계층 내부의 압력 구배는 원거리장에 대한 Euler 방정식을 사용하여 자유 유동 속도로 표현된다. 독자는 Pohlhausen의 3차 및 4차 다항식이 이 운동량 균형을 위해 필요로 하는 사항을 충족할 뿐만 아니라 Schlichting의 사인곡선 및 Majdalani-Xuan의 4차 분포도 충족한다는 것을 확인할 수 있다.

마지막으로 Pohlhausen의 다섯 번째 조건은 경계층 가장자리에서 전단력이 0이라고 가정하며, 이는 $y = \delta$에서 곡률이 사라지는 것으로 해석된다.

$$\left.\frac{\partial^2 u}{\partial y^2}\right|_{y=\delta} = 0 \tag{4.21}$$

지금까지 설명한 5개의 분포 중 Pohlhausen의 4차 다항식만이 이 조건을 동일하게 만족한다. 덧붙여서, 그것은 또한 가장 큰 전체 L_2 오차와 전통적으로 보고된 Blasius 값과 관련하여 경계층 두께를 예측하는 데 17%의 불일치로 이어지기 때문에 가장 부정확한 것으로 판명되었다. 무엇이 잘못되었을까?

밝혀진 바와 같이 다섯 번째 조건은 $y \to \infty$로 성립하지만, 속도 기울기가 계속 변화하는 경계층의 가장자리에서는 부적합한 것으로 판명되었다. 사실, Blasius 모델에 대한 충분히 해결된 수치해는 -0.7085의 곡률을 반환하며, 이는 확실히 0이 아니라 1차 단위이다.

4차 Pohlhausen 다항식을 다섯 번째 제약 조건에 종속시키면, 이는 10배 정도 벗어나게 되어 하위 모델에 비해 여러 경계층 속성을 과도하게 예측하는 경향을 부분적으로 설명한다(표 4.1 참조). 또한 그림 4.5에서 쉽게 추론할 수 있는 것처럼 벽에서 속도 분포의 초기 기울기가 더 높아지며, 여기서 해석적 분포는 Blasius 곡선에 겹쳐진다. 대조적으로, Schlichting의 사인곡선 및 Majdalani-Xuan의 4차 분포는 $y = \xi = 0$에서 정확한 Blasius 값 1.630에 더 가까운 기울기를 표시한다. 이는 $F'(0) = \pi/2 \approx 1.571$ 및 $5/3 \approx 1.667$로 각각 실제 기울기를 약간 언더슈트(undershoot) 및 오버슈트(overshoot)하는 벽 구배 때문일 것이다. Blasius 해의 다른 편차는 그림 4.5의 두 부분에서 그래픽으로 식별할 수 있다. 예를 들어, $y = \delta$(맨 오른쪽)에서 $u = U$(따라서 0.99 대신 $F = 1$)라는 가정은 부분의 근사에 영향을 미치는 것으로 볼 수 있지만 Blasius

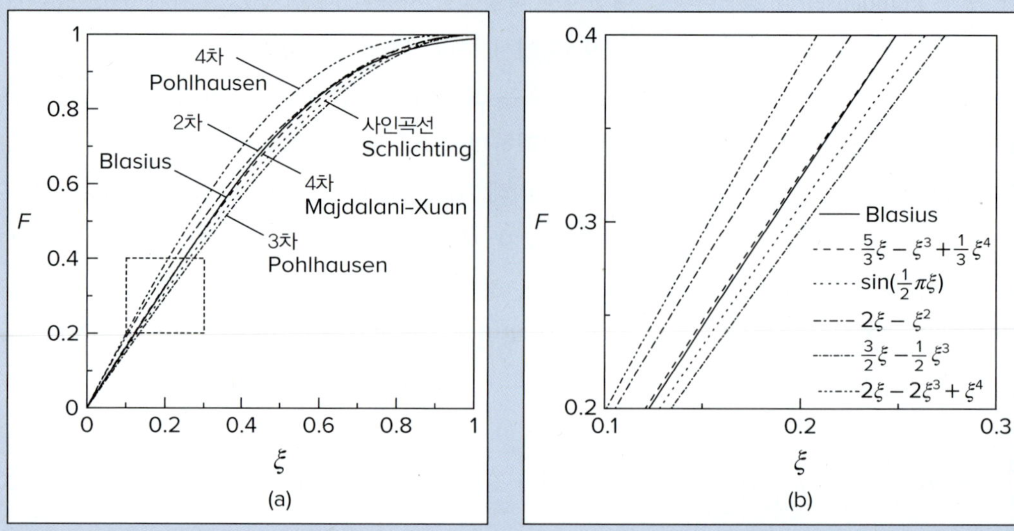

그림 4.5

(a) 경계층에 걸친 Schlichting의 사인곡선(점선) 및 Majdalani-Xuan의 4차(파선) 분포뿐만 아니라 Pohlhausen의 2차, 3차 및 4차 다항식(사슬선)을 포함한 Blasius 해(실선)의 다섯 가지 분석 근삿값 비교. (b) Blasius 곡선에 대한 각각의 편차를 확대해서 보여주는 사분면.

곡선에는 영향을 미치지 않는다. 후자는 $y = \delta$에서 0.99 값을 주며 이는 99% 기준과 일치한다.

명확성을 기하기 위해 점성 영역의 끝점에서 다섯 가지 분석 분포과 미분값들에 의해 관찰된 특성과 조건이 표 4.2에 요약되어 있다. 필수는 아니지만 $\xi = 1$에서 2차 Pohlhausen 분포의 음의 곡률은 4차 Majdalani-Xuan 다항식의 곡률 −2와 일치하며 4차보다 Blasius '가장자리' 곡률과 더 일치하는 것으로 보인다. 식 (4.11)의 이 특징은 벽에서 운동량 균형을 위한 요구 사항, 즉 Pohlhausen의 네 번째 경계 조건을 지킬 수 없음에도 불구하고 4차 형식에 비해 향상된 정확도를 부분적으로 설명하는 데 도움이 된다. 사실, Majdalani와 Xuan(2020)이 Pohlhausen의 4차 해에서 나타나는 결함을 극복하면서 Pohlhausen의 네 가지 필수 경계 조건을 충족하는 간단한 4차 다항식을 유도한 것은 이러한 다양한 한계를 인식함으로써만 가능하다. 이것들은 부분적으로 $y = \delta$에서 적용되었던 전단 응력이 없다는 조건에서 발생한다.

당연히, Pohlhausen의 3차 및 4차 공식보다 나은 4차 다항식이 제안되면서 비공식적으로는 'Pohlhausen의 역설'이 마침내 해소되었다. 그럼에도 불구하고 새로운 문제가 발생한다. 수많은 점

표 4.2 부분 분석 속도 분포의 끝점 속성 및 해당 Blasius 값

$\frac{u}{U} = F(\xi)$	$F(0)$	$F'(0)$	$F''(0)$	$F(1)$	$F'(1)$	$F''(1)$
$2\xi - \xi^2$	0	2.000	−2	1.000	0	−2.000
$\frac{3}{2}\xi - \frac{1}{2}\xi^3$	0	1.500	0	1.000	0	−3.000
$2\xi - 2\xi^3 + \xi^4$	0	2.000	0	1.000	0	0.000
$\sin\left(\frac{1}{2}\pi\xi\right)$	0	1.571	0	1.000	0	−2.467
$\frac{5}{3}\xi - \xi^3 + \frac{1}{3}\xi^4$	0	1.667	0	1.000	0	−2.000
Blasius(1908)	0	1.630	0	0.990	0.0904	−0.709

성 및 열 연구에 널리 사용되는 $u = U(2\xi - 2\xi^3 + \xi^4)$ 분포는 더 정확한 $u = U(5\xi - 3\xi^3 + \xi^4)/3$ 모델을 사용하여 재검토되어야 한다. 한 세기 동안 더 간단한 대안이 없었지만 Pohlhausen의 4차 다항식이 Kármán-Pohlhausen 운동량-적분 방법을 사용하는 분석적 근사의 기본이 되었다는 점을 고려할 때 이 문제는 벅찰 수 있다. 따라서 압력 구배가 있거나 없는 점성 및 열 경계층의 수많은 층류 해의 중추가 되었다. 나중에 4-6절에서 보게 될 것이지만, 분명히 정확도가 감소했다는 점은 여러 연구자가 다른 방법을 찾도록 하였다.

4-1.5 경계층 근사에 대한 몇 가지 통찰

'경계층 근사'의 본질은 전단층이 얇거나 $\delta \ll x$라는 것이다. 식 (4.14)에서, $Re_x \gg 1$인 경우 이것이 사실임을 알 수 있다. 이 결과로부터 다른 축적 인수도 뒤따른다. 첫째, 외부 유선의 기울기를 반영하는 속도비 $v/u \le d\delta^*/dx$는, 식 (4.15)로부터 $Re_x \gg 1$이면 $v \ll u$가 된다. 둘째, 식 (4.11)을 미분하여, $\partial u/\partial x \ll \partial u/\partial y$이고, 다시 $Re_x \gg 1$이고, 정상 속도 v의 미분도 마찬가지임을 발견한다. 요약하면 큰 Reynolds 수에서는 다음과 같은 근본적인 부등식을 도출할 수 있다.

$$Re_x \gg 1: \qquad \delta \ll x \qquad v \ll u \qquad \frac{\partial u}{\partial x} \ll \frac{\partial u}{\partial y} \qquad \text{그리고} \qquad \frac{\partial v}{\partial x} \ll \frac{\partial v}{\partial y} \tag{4.22}$$

사실, Prandtl(1904)이 유명한 경계층 방정식을 유도하는 데 이 모든 근삿값을 사용했다. 또한 $dp/dx = dU/dx = 0$인 균일한 자유 유동의 경우, 경계층 속성은 매우 간단한 관계에서 추정할 수 있다. 독자의 편의를 위해 증명은 연습문제에서 다룬다. 요컨대, 여기서 $\xi = y/\delta$에서 평균 유동 분포 $u/U = F(\xi)$가 주어지면 주요 경계층 속성은 평가하기 쉬운 세 가지 상수 $s = F'(0)$, $\eta^* = \int_0^1 (1 - F)d\xi$, $\theta^* = \int_0^1 F(1 - F)d\xi$에서 추론할 수 있다. 예를 들어, s는 단순히 ξ의 계수이며 다항식 근사 $F(\xi) = c_0 + s\xi + c_2\xi^2 + \cdots$를 통해 찾을 수 있고, 나머지 상수는 다음에서 직접 구한다.

$$\begin{aligned} a &= \frac{\delta}{x}\sqrt{Re_x} = \sqrt{\frac{2s}{\theta^*}}, \quad b = C_f\sqrt{Re_x} = a\theta^*, \quad c = \frac{\delta^*}{x}\sqrt{Re_x} = a\eta^*, \\ d &= b = \frac{\theta}{x}\sqrt{Re_x} = a\theta^*, \quad \text{그리고} \quad C_{D,\,\text{plate}}\sqrt{Re_L} = 2a\theta^* \end{aligned} \tag{4.23}$$

흥미롭게도 처음 두 상수의 곱은 단순히 기울기의 두 배, $ab = 2s$이다. 이러한 간단한 관계는 표 4.1에 나타난 상수의 출처와 평균 유량 분석 분포 사용의 이점을 명확히 하는 데 도움이 된다.

4-1.6 에너지 방정식의 적분 해석

유사한 방식으로 에너지 방정식의 적분을 사용하여 평균 및 국부 열전달에 대한 근삿값과 열 경계층의 두께 δ_T를 얻을 수 있다. 여기에서 선택한 검사 체적은 그림 4.6에 나와 있으며, 평판의 후면 부분이 $x \ge x_0$에 T_w로 가열(또는 냉각)되는 경우인데, 이 온도는 자유 유동(또는 평판의 앞부분)의 경계층 '가장자리' 온도 T_e와 다른 온도이다. x_0에서 시작하여 열 경계층이 성장한다. 또한 상부 유선이 전단 영역(즉, 점성 경계층) 외부에 있다는 점을 고려하면 고려할만한 전단(또는 샤프트) 일은 없을 것이다. 식 (2.120)에 기반해서 다음 식을 얻을 수 있다.

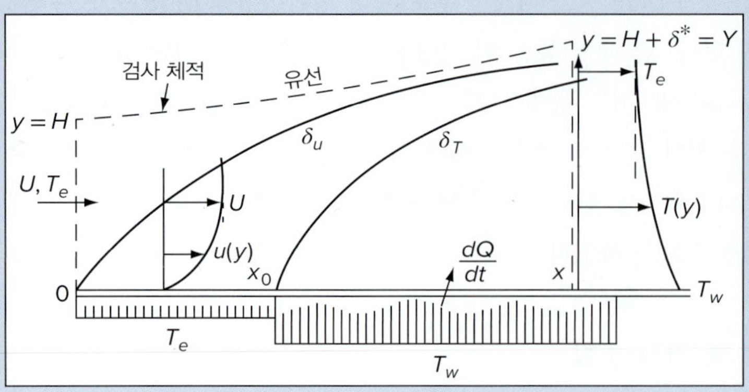

그림 4.6
열 경계층에 대한 스케치 및 검사 체적. 편의상 뜨거운 벽을 표시하였고 $\delta_u \equiv \delta$는 점성 또는 속도 경계층 두께이다.

$$\frac{dQ}{dt} = \iint_{CS} \left(e + p/\rho + gy + \tfrac{1}{2}u^2 + \tfrac{1}{2}v^2\right)\rho \mathbf{V} \cdot d\mathbf{A} \tag{4.24}$$

Re_x가 클 때에는 $\delta^* \ll x$ 및 $v \ll u$이므로 퍼텐셜(potential) 에너지의 변화는 매우 작다. 사실, gy와 $\frac{1}{2}v^2$를 모두 무시함으로써 $(e + p/\rho)$를 엔탈피 h로 통합한 다음 에너지 방정식을 입구 및 출구 영역에 대한 정체 엔탈피 적분 $h_0 = (h + \frac{1}{2}u^2)$으로 줄일 수 있다.

$$\frac{dQ}{dt} \approx \int_0^Y \left(h + \tfrac{1}{2}u^2\right)\rho u b\, dy - \int_0^H \left(h + \tfrac{1}{2}u^2\right)\rho u b\, dy \tag{4.25}$$

이 표현은 비압축성 운동과 압축성 운동 모두에 적용되며 7장에서 다시 다룰 것이다. 여기서는 일정한 밀도를 가정하고 입구의 균일한 조건(h_e, T, U) 때문에 다음과 같이 쓸 수 있다.

입구: $$\int_0^H \left(h + \tfrac{1}{2}u^2\right)\rho u b\, dy = \left(h_e + \tfrac{1}{2}U^2\right)\rho b U H$$

그런 다음 식 (4.3)으로 이어지는 것과 유사하게 질량 균형을 사용하여 $UH \approx \int_0^Y u\, dy$임을 쉽게 알 수 있다. 이를 통해 $\int_0^H \left(h + \frac{1}{2}u^2\right)\rho u b\, dy = \int_0^Y \left(h_e + \frac{1}{2}U^2\right)\rho u b\, dy$를 에너지 방정식에 대입하고 다음과 같이 쓸 수 있다.

$$\frac{dQ}{dt} = \rho\int_0^Y \left[(h - h_e) + \tfrac{1}{2}(u^2 - U^2)\right]ub\, dy \approx \rho\int_0^\infty \left[(h - h_e) + \tfrac{1}{2}(u^2 - U^2)\right]ub\, dy \tag{4.26}$$

여기에서도 경계층의 가장자리를 지나는 적분값을 무시할 수 있기 때문에 $Y \geq \max(\delta, \delta_T)$일 때, $u^2 - U^2 \approx 0$이며 $h - h_e \approx 0$이라는 마지막 근사가 가능하다. 본질적으로, 적분의 상한은 공식적으로 무한대로 확장될 수 있지만, 가장 큰 경계층의 '가장자리'까지만 적분하면 된다. 이 적분-에너지 방정식의 좌변에서, $dQ/dt = \int q_w b\, dx$는 벽 열 플럭스 q_w로 표현할 수 있고, 따라서 식 (4.26)은 x에 대해 미분할 수 있으며 다음과 같이 국부 형식으로 쓸 수 있다.

$$q_w = \frac{d}{dx}\left[\int_0^\infty \rho u\left(h + \tfrac{1}{2}u^2 - h_e - \tfrac{1}{2}U^2\right)dy\right] = -k\left.\frac{\partial T}{\partial y}\right|_{y=0} \tag{4.27}$$

저속 유동의 경우, 단위 질량당 운동에너지, 즉 $\frac{1}{2}u^2$(즉, $Ec \ll 1$)를 무시하고 $h \approx c_p T$를 사용하는 것이 일반적이다. 결론적으로 다음을 얻는다.

$$q_w \approx \frac{d}{dx}\left[\int_0^\infty \rho c_p u(T - T_e)\,dy\right] \approx \frac{d}{dx}\left[\int_0^{\delta_T} \rho c_p u(T - T_e)\,dy\right] \tag{4.28}$$

이것은 엔탈피 두께 δ_h인 국소 길이 스케일과 Stanton 수를 사용하여 무차원 형태로 표시할 수 있다.

$$C_h(x) = \frac{q_w}{\rho U c_p(T_w - T_e)} = \frac{d}{dx}(xC_H) = \frac{d\delta_h}{dx} \tag{4.29}$$

여기서 $$\delta_h = \text{엔탈피 두께} = \int_0^\infty \frac{T - T_e}{T_w - T_e}\frac{u}{U}dy \approx \int_0^{\delta_T} \frac{T - T_e}{T_w - T_e}\frac{u}{U}dy$$

이다. 국부 적분 관계식인 식 (4.10)과의 유사성에 주목하라. 또한 식 (4.29)는 층류 또는 난류에 적용할 수 있다.

4-1.7 추정된 온도 분포로부터 산출된 열 전달률

식 (4.11)과 같이 경계층의 속도 분포를 비교 가능한 2차 다항식 온도 추정값과 결합하여 층류에 대한 열전달을 도출할 수 있다.

$$T - T_e \approx (T_w - T_e)\left[1 - \left(\frac{2y}{\delta_T} - \frac{y^2}{\delta_T^2}\right)\right] \tag{4.30}$$

이러한 근삿값을 식 (4.27) 및 (4.28)에 대입하고 δ_T에 대해 적분하고 정리하면 다음을 얻는다.

$$q_w \approx \frac{d}{dx}\left[\rho c_p U(T_w - T_e)\delta\left(\frac{\zeta^2}{6} - \frac{\zeta^3}{30}\right)\right] \approx \frac{2k(T_w - T_e)}{\zeta\delta} \tag{4.31}$$

여기서 $\zeta = \delta_T/\delta$는 경계층 두께의 비율을 나타낸다. $(T_w - T_e)$ 항은 벽과 유체 온도가 일정하다고 가정할 때 삭제된다. 이 분석에서는 ρ, μ, k 및 c_p도 고정한다.

식 (4.31)의 두 가지 해를 살펴보자. 먼저 $x = 0$에서 $\delta_T = 0$인 선단부에서 열 경계층을 시작한다. 더불어 편의상 $\delta_T < \delta$ 및 $U =$ 상수(즉, $Pr < 1$)라고 가정한다. 식 (4.14)의 $\delta(x) = ax^{1/2}/\sqrt{U/\nu}$를 표 4.1의 $a = \sqrt{30} \approx 5.477$로 대입하면 다음과 같다.

$$\zeta^3 - \frac{\zeta^4}{5} = \frac{24\alpha}{a^2\nu} = \frac{0.8}{Pr} \tag{4.32}$$

실제 범위의 Prandtl 수 범위에서 유효한 이 다항식의 점근적 해가 도출될 수 있다. 하나는 다음과 같다.

$$\zeta = 0.9283Pr^{-1/3} + 0.05745Pr^{-2/3} + 0.01067Pr^{-1} + O(Pr^{-4/3}) \approx Pr^{-1/3} \tag{4.33}$$

그림 4.7에서 점선으로 표시된 것처럼 $O(Pr^{-4/3})$ 급수 전개는 정확한 해(실선)와 단순한 $Pr^{1/3}$(점

선) 식과 잘 일치한다. ζ와 δ를 사용하여 이제 식 (4.31)로부터 국부 Nusselt 수를 구할 수 있다.

$$Nu_x = \frac{q_w x}{k(T_w - T_e)} = \frac{2k(T_w - T_e)x}{\zeta\delta k(T_w - T_e)} = \frac{2x}{\zeta\delta} \approx 0.365 Re_x^{1/2} Pr^{1/3} \tag{4.34}$$

결과 추정값은 Pohlhausen(1921)이 예측한 일정한 T_w 층류 평판 유동에 대한 정확한 해보다 10% 더 높은 것으로 나타났다. 정확한 상수는 0.365가 아니라 0.332이다.

두 번째로, 그림 4.6처럼 가열되지 않은 시작 길이를 고려하자. 이 길이에서는 벽 온도 $T_w \neq T_e$가 $x = x_0$까지 시작되지 않는다. 여기서 $\zeta(x)$는 일정하지 않으므로 식 (4.31)을 풀어야 한다. 식을 정리하면 다음을 얻는다.

$$\zeta\delta\frac{d}{dx}\left[\delta\left(\zeta^2 - \frac{\zeta^3}{5}\right)\right] \approx \frac{12\alpha}{U} \quad x = x_0\text{에서 } \zeta = 0 \tag{4.35}$$

이 미분 방정식은 Runge-Kutta와 같은 서브루틴을 사용하여 수치적으로 쉽게 풀 수 있다. 대안으로, $Pr > 1$에 대해 $\zeta < 1$임을 주목함으로써 $(\zeta^3/5)$ 항을 무시하고 동시에 상수 12를 15로 증가시키면 간단한 해가 구해진다.

$$\zeta^3 + \frac{4}{3}x\frac{d}{dx}(\zeta^3) \approx \frac{1}{Pr} \quad \text{또는} \quad \zeta^3 = \frac{C}{x^{3/4}} + \frac{1}{Pr} \tag{4.36}$$

$x = x_0$에서 $\zeta = 0$이 되려면 상수 $C = -x_0^{3/4}/Pr$이어야 한다. 보통 최종 해는 가열되지 않은 시작 길이의 판 유동에 대한 무차원 Nusselt 수의 형태로 표현할 수 있다.

$$x > x_0: \qquad Nu_x = 0.365 Re_x^{1/2} Pr^{1/3}\left[1 - (x_0/x)^{3/4}\right]^{-1/3} \tag{4.37}$$

여기서도 상수 0.365를 0.332로 10% 줄이면 결과는 Kays와 Crawford(1993)의 식 (9.26)을 포함하여 대부분의 열전달 교과서에서 평판에 권장되는 공식과 일치한다.

이 절을 끝내기 전에 Pohlhausen의 2차 다항식을 사용하여 방금 설명한 과정을 Majdalani와 Xuan(2020)에 의한 4차 해로 반복할 수 있다는 점에 유의하는 것이 좋다. 우선 식 (4.30)을 온도에 대한 4차 다항식 추정값으로 대체할 수 있다.

$$T - T_e \approx (T_w - T_e)\left[1 - \left(\frac{5y}{3\delta_T} - \frac{y^3}{\delta_T^3} + \frac{y^4}{3\delta_T^4}\right)\right] \tag{4.38}$$

식 (4.27)과 (4.28)을 통해 얻은 에너지 균형 적분에 이 식을 대입하면 다음과 같이 된다.

$$q_w \approx \rho c_p(T_w - T_e)\frac{d}{dx}\left[\int_0^{\delta_T} U\left(\frac{5y}{3\delta} - \frac{y^3}{\delta^3} + \frac{y^4}{3\delta^4}\right)\left[1 - \left(\frac{5y}{3\delta\zeta} - \frac{y^3}{\zeta^3\delta^3} + \frac{y^4}{3\zeta^4\delta^4}\right)\right]dy\right] = k(T_w - T_e)\frac{5}{3\delta\zeta} \tag{4.39}$$

추가 전개, 적분 및 단순화를 하면 다음과 같이 된다.

$$\frac{3\delta\zeta}{5}\frac{d}{dx}\left[\left(\frac{4\zeta^2}{27} - \frac{\zeta^4}{56} + \frac{11\zeta^5}{3240}\right)U\delta\right] = \alpha \quad \text{또는} \quad \zeta^3 - \frac{27\zeta^5}{224} + \frac{11\zeta^6}{480} = \frac{0.90238}{Pr} \tag{4.40}$$

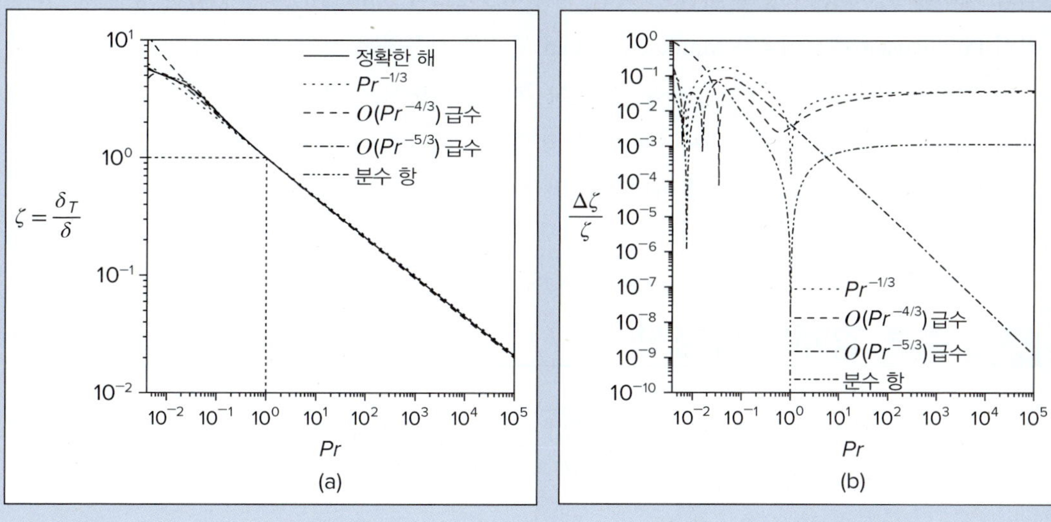

그림 4.7
(a) $Pr > 0.3$일 때 $Pr^{-1/3}$의 모든 모델에 대한 명확한 수렴 특성 및 (b) 잘 맞는 상대 오차를 사용하여 광범위한 Prandtl 수에 대한 $\zeta = \delta_T/\delta$의 여러 분석적 근삿값의 비교.

결과 표현식은 $\alpha_0 = \frac{27}{224}$, $\beta_0 = \frac{11}{480}$, 그리고 $\gamma_0 = \sqrt[3]{\frac{379}{420}}$일 때 $\zeta^3 - \alpha_0\zeta^5 + \beta_0\zeta^6 = \gamma_0^3 Pr^{-1}$과 같이 나타낼 수 있다. 여기에서도 $\zeta = \gamma_0 Pr^{-1/3} + \frac{1}{3}\alpha_0\gamma_0^3 Pr^{-1} - \frac{1}{3}\beta_0\gamma_0^4 Pr^{-4/3} + O(Pr^{-5/3})$라는 강력한 근삿값을 찾을 수 있다. 더 확실하게는 다음과 같다.

$$\zeta = 0.96634\,Pr^{-1/3} + 0.0362564\,Pr^{-1} + 0.00666116\,Pr^{-4/3} + O(Pr^{-5/3}) \approx Pr^{-1/3} \tag{4.41}$$

그림 4.7(b)에서 점선으로 표시된 것처럼 $O(Pr^{-5/3})$의 3개 항 섭동 급수는 Prandtl 수의 연속적인 증가와 함께 꾸준히 감소하는 오차를 나타낸다. $Pr > 0.45$에 대해 오차가 1% 미만으로 급격히 떨어진다는 사실을 알고 있으면 $Pr > 0.0045$인 한 신뢰할 수 있다. $0.004 < Pr < 5.35962$ 범위에서 $O(Pr^{-5/3})$ 급수 전개보다 우수한 또 다른 분수 근사도 얻을 수 있다.

$$\zeta = \left(\frac{1620Pr^{1/3} - 9752Pr - 385}{675Pr^{1/3} - 3360Pr - 154}\right)\frac{1}{3Pr^{1/3}} \tag{4.42}$$

이러한 해와 상대 오차는 $Pr^{-1/3}$의 1항 이론적 추정과 함께 그림 4.7에 나와 있다. 이러한 방정식의 초월적 특성에도 불구하고, $Pr = 1$일 때 모두 $\zeta = 1$의 근이 구해진다. 더욱이, 그림 4.7(b)의 상대 오차가 4% 이하로 떨어지기 때문에 모두 그림 4.7(a)에서 $Pr > 0.3$에 대해 그림으로 식별할 수 없게 된다. 이로 인해 $Pr > 0.7$인 모든 기체 및 액체에 대해 3.3% 미만의 오차를 수반하는 $\zeta \approx Pr^{-1/3}$을 사용할 수 있음을 확인할 수 있다.

ζ 및 δ 이후의 열 분석을 완료하고 표 4.1에서 $a \equiv \delta\sqrt{Re_x}/x = \sqrt{\frac{9450}{379}} \approx 4.9934$를 상기하면 국부 Nusselt 수는 다음을 사용하여 체계적으로 추론할 수 있다.

$$Nu_x = \frac{q_w x}{k(T_w - T_e)} = k(T_w - T_e)\frac{5}{3\delta\zeta}\frac{x}{k(T_w - T_e)} = \frac{5x}{3\delta\zeta}$$

그리고

$$Nu_x = \frac{5Re_x^{1/2}Pr^{1/3}}{3a} = \frac{5Re_x^{1/2}Pr^{1/3}}{3\sqrt{\frac{9450}{379}}} \approx 0.3338Re_x^{1/2}Pr^{1/3} \tag{4.43}$$

결과 계수는 이 유동 구성에 대한 '정확한' 계수 0.332보다 0.5%(10%가 아님)만 높을 뿐이다. 따라서 Pohlhausen 대신에 4차 Majdalani-Xuan 분포를 사용하는 것이 적절하다.

요약하면 합리적으로 구성된 속도 및 온도 분포를 기반으로 하는 간단한 적분 기술이 1%에서 10% 범위의 정확도로 국부 또는 전체 마찰 및 열전달 계수에 대한 유용한 근삿값을 산출할 수 있음을 알 수 있다. 4-6절에 평판이 아닌 유동의 경우에 대한 추가 예제가 있다.

4-2 층류 경계층 방정식

적분 분석은 가치 있는 근삿값을 도출할 뿐만 아니라 경계층 내 주요 변수의 크기에 대한 정보도 제공한다. 예를 들어, 이제 다음을 확실히 알 수 있다.

$$u, T, \ x = O(1) \qquad v, \ y = O(1/\sqrt{Re}) \tag{4.44}$$

이것들은 추측이 아니라 확실한 추정이며, Prandtl(1904)이 처음 제안한 유명한 경계층 방정식을 유도하는 데 사용할 수 있다. 이러한 추정값의 관점에서 모든 변수를 재정의함으로써 Re가 크면 운동방정식에서 무시할 수 있는 항을 빠르게 식별할 수 있다. 그렇게 함으로써 2차원 비압축성 유동의 관련 방정식이 다음과 같이 정리된다.

$$\begin{gathered}
\frac{\partial u}{\partial x} + \frac{\partial v}{\partial y} = 0 \\
\frac{\partial u}{\partial t} + u\frac{\partial u}{\partial x} + v\frac{\partial u}{\partial y} = -\frac{1}{\rho}\frac{\partial p}{\partial x} + g_x\beta(T - T_0) + \nu\left(\frac{\partial^2 u}{\partial x^2} + \frac{\partial^2 u}{\partial y^2}\right) \\
\frac{\partial v}{\partial t} + u\frac{\partial v}{\partial x} + v\frac{\partial v}{\partial y} = -\frac{1}{\rho}\frac{\partial p}{\partial y} + g_y\beta(T - T_0) + \nu\left(\frac{\partial^2 v}{\partial x^2} + \frac{\partial^2 v}{\partial y^2}\right) \\
\rho c_p\left(\frac{\partial T}{\partial t} + u\frac{\partial T}{\partial x} + v\frac{\partial T}{\partial y}\right) = k\left(\frac{\partial^2 T}{\partial x^2} + \frac{\partial^2 T}{\partial y^2}\right) + \mu\left[2\left(\frac{\partial u}{\partial x}\right)^2 + 2\left(\frac{\partial v}{\partial y}\right)^2 + \left(\frac{\partial u}{\partial y} + \frac{\partial v}{\partial x}\right)^2\right]
\end{gathered} \tag{4.45}$$

이제 식 (4.44)의 추정값을 사용하여 Re가 클 때 차수가 일치하는 무차원 변수를 정의할 수 있다.

$$x^* = \frac{x}{L} \quad y^* = \frac{y}{L}\sqrt{Re} \quad t^* = \frac{tU}{L} \quad T^* = \frac{T - T_0}{T_w - T_0} \quad u^* = \frac{u}{U} \quad v^* = \frac{v}{U}\sqrt{Re} \quad p^* = \frac{p - p_0}{\rho U^2} \tag{4.46}$$

여기서 U, L, p_0, T_0는 기준값이고 $Re = UL/\nu$는 특성 Reynolds 수를 나타낸다. 이들 변수를 식 (4.45)에 대입하고 Re가 커지는 극한을 취함으로써 다음을 제외한 몇몇 항이 제거된다.

$$\begin{aligned}
&\frac{\partial u^*}{\partial x^*} + \frac{\partial v^*}{\partial y^*} = 0 && \text{(연속방정식)} \\
&\frac{\partial u^*}{\partial t^*} + u^*\frac{\partial u^*}{\partial x^*} + v^*\frac{\partial u^*}{\partial y^*} = -\frac{\partial p^*}{\partial x^*} + \frac{\beta(T_w - T_0)}{Fr_x}T^* + \frac{\partial^2 u^*}{\partial y^{*2}} && (x\text{운동량}) \\
&\frac{\partial p^*}{\partial y^*} + \frac{\beta(T_w - T_0)}{Fr_y}T^* = 0 && (y\text{운동량}) \\
&\frac{\partial T^*}{\partial t^*} + u^*\frac{\partial T^*}{\partial x^*} + v^*\frac{\partial T^*}{\partial y^*} = \frac{1}{Pr}\frac{\partial^2 T^*}{\partial y^{*2}} + Ec\left(\frac{\partial u^*}{\partial y^*}\right)^2 && \text{(에너지)}
\end{aligned} \tag{4.47}$$

여기서 β는 열팽창계수, $Ec = U^2/[c_p(T_w - T_0)]$은 Eckert 수, $Fr_i = U^2/(Lg_i)$는 각 방향의 Froude 수를 나타낸다. 다른 모든 항은 무시할 수 있는 $1/Re$ 또는 $(1/Re)^2$ 계수로 나타내어진다. 이 단순화된 방정식들에 대해 몇 가지를 분석할 수 있다.

1. 연속방정식은 Reynolds 수 고려사항의 영향을 받지 않는다.
2. x운동량 방정식에서 축방향 확산항 $\partial^2 u/\partial x^2$는 사라지고, 부력 항은 Froude 수가 충분히 클 때 (큰 U와 작은 L) 무시할 수 있다. $\beta(T_w - T_0) = O(1)$ 이하(그림 1.24 참조)이기 때문이다. 따라서 작은 속도와 큰 크기를 제외하고는 경계층 근사에서 자유 대류를 무시할 수 있다.
3. y방향의 압력 구배는 거의 0이며, y방향의 가속도에 기여하지 않는 부력 또는 계층 항에 의해서만 영향을 받는다. 따라서 경계층의 횡방향 압력 구배는 무시할 수 있으므로 다음과 같이 된다.

$$\frac{\partial p}{\partial y} \approx 0 \qquad p = p(x) \text{ only} \tag{4.48}$$

   이 훌륭한 분석들은 Prandtl(1904)로부터 시작된다. 그는 압력이 경계층 분석에서 알려진 변수이며 $p(x)$가 외부 비점성 유동에 의해 경계층에 외부적으로 영향을 받는다는 것을 처음으로 보여주었다. 결과적으로 경계층 외부의 자유 유동 $U = U(x)$(여기서 x는 벽에 평행한 좌표)는 비압축성 유동에 대한 Bernoulli의 정리를 통해 $p(x)$와 관련될 수 있다. 정상 운동에서 $p(x)$를 지정하는 것은 경계층 외부에서 $U(x)$를 지정하는 것과 동일하도록 하기 위해 다음을 얻는다.

$$\frac{\partial p}{\partial x} = -\rho U \frac{dU}{dx} \tag{4.49}$$

4. 에너지 방정식은 $\partial^2 T/\partial x^2$는 무시할 수 있고 소산 항의 $\partial u/\partial y$ 부분만 중요함을 보여준다. 또한 Eckert 수가 작을 때(예, 작은 속도와 큰 온도 차이의 경우) 소산 항은 무시할 수 있음이 분명하다.
5. 매우 흥미로운 점은 Reynolds 수가 식 (4.47)에 명시적으로 나타나지 않는다는 것이다. 적절하게 배치된 경계층 좌표 변환을 사용하여 모든 두께를 1차 단위로 다시 조정하고 유동이 층류로 유지되는 경우[†] Reynolds 수는 유동을 가로지르는 방향으로 변수를 정규화하는 데 사용되는 특성 길이 척도 및 속도에만 나타난다. 즉, 식 (4.46)에서 $L/\sqrt{Re}$ 및 $U/\sqrt{Re}$이다.
6. 훨씬 더 흥미로운 것은 아마도 경계층 방정식 내에서 x에 대한 모든 2차 도함수를 제거하는 것이다. 이 차수 감소는 두 가지 결과를 낳는다. (1) 방정식은 이제 타원 대신 포물선이므로 x는 진행 변수이고 컴퓨터 해는 상대적으로 쓰기가 더 쉬우며 (2) 더 이상 특정 경계 조건, 특히 v 및 x에 대한 경계 조건이 필요하지 않다. 좀 더 구체적으로, 횡방향 속도 v는 하나의 미분 $\partial v/\partial y$를 유지하고 $\partial v/\partial x$ 및 2개의 2차 미분을 버린다. 이제 하나의 y 위치에서 v에 대한 하나의 조건만 필요하다. 명백히 유지해야 하는 조건은 $y = 0$에서 $v = 0$의 점착 조건이다. 따라서 v는 층의 외부 가장자리에서 자유롭다. 또한 $\partial^2 u/\partial x^2$ 및 $\partial^2 T/\partial x^2$를 버리면 u와 T에 대해 각각 하나의 조건을 잃는다. 우리는 하나의 x 위치에서 u와 T에 대한 모든 지식을 부정할 수 있으며, 최선의 선택은 출구 평면이다. 당연히, 포물선 해는 출구에서 u 및 T의 올바른 값을 산출하는 데 의존한다.

[†] 난류 유동(6-4절)에서 Reynolds 수는 난류 관성 항이 Re의 제곱근으로 축척될 수 없기 때문에 매개변수로 남아 있다.

요약하면 경계층 방정식은 Navier-Stokes 방정식보다 훨씬 간단하다. 상수 속성을 갖는 비압축성 평면 유동에 대해 더 일반적인 차원 형식으로 식 (4.47)을 다시 도출할 수 있다.

$$\frac{\partial u}{\partial x} + \frac{\partial v}{\partial y} = 0 \tag{4.50a}$$

$$\frac{\partial u}{\partial t} + u\frac{\partial u}{\partial x} + v\frac{\partial u}{\partial y} \approx \left(\frac{\partial U}{\partial t} + U\frac{\partial U}{dx}\right) + g_x\beta(T - T_0) + \nu\frac{\partial^2 u}{\partial y^2} \tag{4.50b}$$

$$\rho c_p\left(\frac{\partial T}{\partial t} + u\frac{\partial T}{\partial x} + v\frac{\partial T}{dy}\right) \approx k\frac{\partial^2 T}{\partial y^2} + \mu\left(\frac{\partial u}{\partial y}\right)^2 \tag{4.50c}$$

여기서 $U = U(x, t)$는 지정되어야 하며 경계층 바로 외부의 자유 유동 속도를 나타낸다. 나머지 전체 경계 조건은 다음과 같다.

$$\begin{array}{ll} \text{점착 조건:} & u(x, 0, t) = v(x, 0, t) = 0 \text{ 및 } T(x, 0, t) = T_w(x, t) \\ \text{입구 조건:} & u(x_0, y, t), v(x_0, 0, t) \text{ 및 알고 있는 } T(x_0, y, t) \\ \text{외부 층에 연결:} & u(x, \infty, t) \to U(x, t) \text{ 및 } T(x, \infty, t) \to T_e(x, t) \\ \text{초기 조건:} & u(x, y, 0), v(x, y, 0) \text{ 및 알고 있는 } T(x, y, 0) \end{array} \tag{4.51}$$

Prandtl(1904)이 개발한 이 방정식은 높은 Reynolds 수에서 점성 유체의 유동을 근사화한다. 이것들은 유속과 온도의 실제 분포를 적어도 수치적으로는 풀 수 있다. 층류 경계층에 대한 몇 가지 중요한 해는 Rosenhead(1963)의 책에 자세히 설명되어 있으니 참조하라.

경계층 방정식의 한계는 다음과 같다.

1. Reynolds 수는 충분히 커야 한다. 실제로 모든 축에서 추정할 수 있는 최소 국부 Reynolds 수 Re_x가 있다.
2. 외부 유동이 감속되면($dU/dx < 0$, $dp/dx > 0$) 방향 전환 전에 벽 전단 응력이 사라지는 박리 지점에 도달한다. 안타깝게도, 대부분의 경계층 근사는 박리를 넘어서 악화된다. 그러나 몇 가지 새로운 기술이 박리 유동 분석을 발전시켰다.
3. 큰 $Re_x = O(10^6)$에서 유동이 난류 상태로 전환됨에 따라 층류 해가 불안정해진다. 얇은 층 근사는 난류 경계층에 대해 여전히 유효하다.

다음에서는 2차원 유동에 대한 비압축성 경계 계층에 관한 것들을 다룬다. 이들은 3차원 또는 압축성 유동 조건으로 쉽게 확장할 수 있다.

4-2.1 직교 곡선 좌표

언뜻 보기에 식 (4.50a)~(4.50c)는 데카르트 좌표계 (x, y)에 대해서만 유효한 것처럼 보인다. 그러나 경계층 두께 δ가 벽의 곡률 반경 $\mathfrak{R}$보다 훨씬 작아야 한다는 조건만 충족한다면 그림 4.8에 표시된 것처럼 곡선 벽을 따라 흐르는 유동에도 유효하다. 이러한 곡선 좌표계에서 정확한 경계층 방정식은 Tollmien(1931)이 구한 바 있다. 적절한 크기의 가정하에, 곡선 방정식과 데카르트 방정

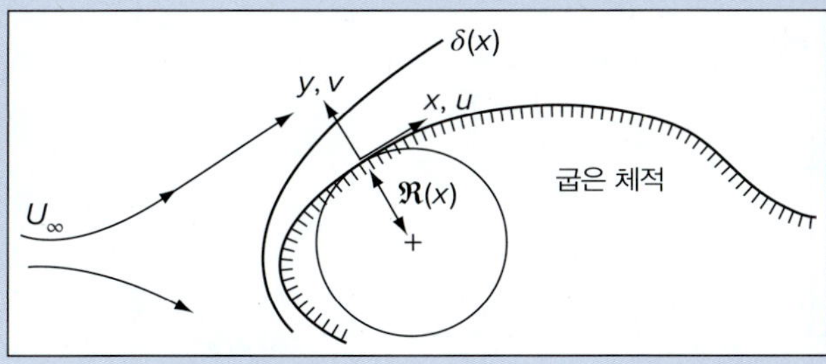

그림 4.8
굽은 체적 모양 위의 경계층 유동

식의 주요 차이점은 벽에 수직인 압력 구배를 했다는 것이며, 이는 더 이상 굽은 체적에 대해 무시할 수 없을만큼 크다.

$$\frac{\partial p}{dy} \approx \frac{\rho}{\mathfrak{R}} u^2 \tag{4.52}$$

여기서 구배는 $O(1)$이다. 그러나 $y = 0$에서 $y = \delta$까지 적분할 때 선형 분포 $u = Uy/\delta$를 가정하면 다음을 얻는다.

$$\frac{p(\delta) - p(0)}{\rho U^2} \approx \frac{\delta}{3\mathfrak{R}} \quad \text{또는} \quad \Delta p^* \approx \frac{\delta}{3\mathfrak{R}} \tag{4.53}$$

이 값은 $\delta \ll \mathfrak{R}$이면 무시할 수 있을 정도로 작다. 따라서 식 (4.50a)~(4.50c)는 경계층 두께가 벽 곡률 반경에 비해 작게 유지되는 한 곡선 벽 유동에 대해 계속 유지된다. 이것은 날카로운 모서리에서는 사실이 아니지만 날카로운 모서리는 즉각적인 유동 박리를 유발하므로 피해야 한다.

4-2.2 유동 박리에 관한 일반사항

실제 해를 구하기 전에 경계층 방정식 자체에서 유동 박리 효과를 발견할 수 있다. $u = v = 0$인 벽에 운동량 방정식을 적용하면 다음을 확인할 수 있다.

$$\left(\frac{\partial^2 u}{\partial y^2}\right)_{y=0} = \frac{1}{\mu}\frac{dp}{dx} \tag{4.54}$$

따라서 벽 곡률은 압력 구배의 부호를 갖는 반면 분포가 더 멀리 떨어져 있으면 자유 유동과 합쳐질 때 음의 곡률을 가져야 한다. 분포 곡률은 발생할 수 있는 경계층 박리의 지표이다. 세 가지 예가 그림 4.9(a)에 나와 있다. 음의(우호적인) 압력 구배의 경우 곡률은 전체적으로 음수이며 유동 박리가 발생할 수 없다. 구배가 0인(예, 평판 유동) 경우 곡률은 벽에서 0이고 더 멀리는 음수이며, 박리가 없다. 양수(역) 구배의 경우 곡률의 부호가 바뀌고 분포는 S자형이다. 증가하는 하류 압력은 벽의 유동을 늦춰 멈추게 하고 방향을 바꿀 수 있으므로 유동 박리의 시작을 나타낸다.

그림 4.9(b)는 박리 과정을 보여준다. 지속적인 역구배 $dp/dx > 0$은 분포를 점점 더 S자형으로 만들고, 따라서 벽 전단을 0(박리점)으로 감소시킨 다음 역류를 유발하는 반면 경계층은 훨씬 더 두꺼워진다. 층류는 역구배에 대한 저항이 약하고 쉽게 분리된다. 난류 경계층은 벽 마찰과 열전달이 증가하는 대신 박리가 쉽게 일어나지 않는다.

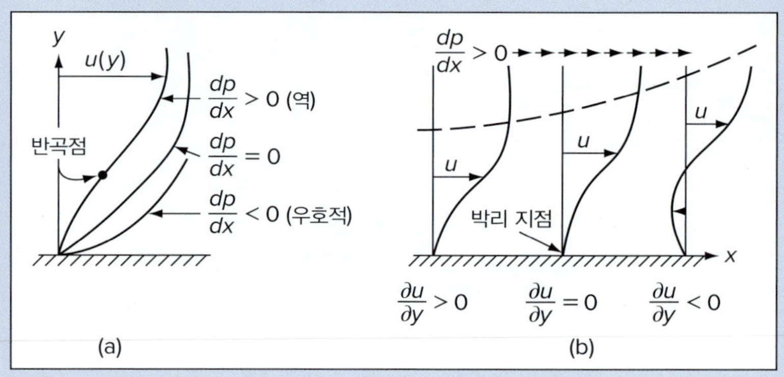

그림 4.9
압력 구배로 인한 구조적 효과. (a) 분포 유형, (b) 지속적인 역구배

4-2.3 경계층의 전단 응력

경계층 방정식을 풀고 나면 전단 응력은 아마도 쉽게 구할 수 있는 첫 번째 요소 중 하나일 것이다. 2차원에서 응력은 다음과 같이 나타낸다.

$$\tau = \mu\left(\frac{\partial u}{\partial y} + \frac{\partial v}{\partial x}\right)$$

그러나 척도 분석에 따르면 항 $\partial v/\partial x$는 $\partial u/\partial y$보다 2차 작은 상태를 유지한다. 따라서 경계층 계산에서 다음을 사용하여 국부 전단 응력을 근사하는 것이 가능하다.

$$\tau \approx \mu\frac{\partial u}{\partial y} \quad \text{및} \quad \tau_w \approx \mu\left(\frac{\partial u}{\partial y}\right)_{y=0} \tag{4.55}$$

그 후, 젖은 표면적에 대해 τ_w를 적분함으로써 표면 마찰 항력을 얻을 수 있다. 식 (4.55)는 또한 그림 4.9(b)의 박리 지점이 전단 응력이 0인 지점, 즉 τ_w가 부호를 전환하는 지점에 해당함을 확인한다.

4-3 정상 2차원 유동을 위한 유사성 해

방정식 (4.50a)~(4.50c)에서 부력 효과를 무시하면 속도는 온도와 분리되어 운동량 방정식과 연속방정식만 신경쓰면 된다. 안정적인 유동을 위해 다음 식들을 사용한다.

$$\frac{\partial u}{\partial x} + \frac{\partial v}{\partial y} = 0 \tag{4.56a}$$

$$u\frac{\partial u}{\partial x} + v\frac{\partial u}{\partial y} = U\frac{dU}{dx} + \nu\frac{\partial^2 u}{\partial y^2} \tag{4.56b}$$

이 식들은 $u(x, 0) = v(x, 0) = 0$, $u(x, \infty) = U(x)$의 조건에 적용된다. 이것은 x방향으로 하류로 진행하며 유한 차분 기술을 사용하여 풀 수 있는 포물선 유형의 편미분 방정식 시스템이다. 그러나 4-5절에서 이 방법을 사용하기 전에 유사성 변환을 사용하여 이러한 방정식을 상미분 방정식으로 줄이는 과정을 살펴보겠다. 3-8절에서 논의한 전체 Navier-Stokes 방정식에 대한 이전 유사성 해 중 하나는 경계층 유형인 정체 유동 공식이다. 사실 Hansen(1964)과 Sachdev(2000)의 책과 같이 유사성 기술에 전적으로 전념한 여러 책이 있다. 다음에서는 Blasius 평판, 쐐기 운동의 Falkner-Skan 및 수렴 채널(흡입) 유동과 같은 세 가지의 유사한 자기 보존 경계층에 대해 설명한다. 각각의 경우 연속성과 운동량의 2차원 방정식은 수치적으로 또는 점근적으로 풀릴 수 있는 단일 상미분 방정식으로 축소된다.

4-3.1 평판 유동을 위한 Blasius 해

Ludwig Prandtl의 첫 번째 학생인 Heinrich Blasius(1908)는 그림 4.1에 설명되어 있는 평판 위의 층류 경계층 운동에 대한 기본 해를 발견했다. 변위 두께가 작으면($Re \gg 1$) 식 (4.56b)에서 $U =$ 상수, $dU/dx = 0$이다. 이것은 외부 압력 구배가 없는 경우 입사각이 0일 때 발생할 수 있다. 여기에서 초기 부분이 $(x, y) = (0, 0)$이지만 특성 길이 'L'은 없다. 자기 보존 운동(self-preserving motion)의 경우 국부 속도 분포는 모두 동일한 무차원 모양, $u/U = f(y/\delta)$를 가져야 한다. 또한 식 (4.14)와 적분 분석을 기반으로 $\delta/x = a/\sqrt{Re_x}$ 또는 $\delta = a\sqrt{\nu x/U}$를 예상한다(표 4.1). 따라서 y/δ 형태의 유사성 변수를 도입해야 한다. 즉

$$\eta = y\sqrt{\frac{U}{2\nu x}} \tag{4.57}$$

이다. 계수 '2'는 단일 계수 미분 방정식을 도출하기 때문에 편의를 위해 추가되었다.

이 유사성 변수를 사용하는 독립적인 이유는 차원 분석에 있다. 4개의 경계층 매개변수 $\delta = F(U, x, \nu)$ 내에서 2개의 기본 차원 $[L]$ 및 $[t]$를 계산할 수 있다. 그런 다음 (x, ν)를 Buckingham 파이 정리와 함께 소위 반복 매개변수로 사용하면 $\Pi = Ux\nu^{-1} = Re_x$일 때 $\delta/x = F(\Pi)$로 표현하여 기능적 종속 변수를 2개로 줄일 수 있다. 이 형식은 $F(Re_x) = CRe_x^{-1/2}$를 취하면 식 (4.57)과 동일해지므로 $C = \sqrt{2}$에서 $\delta = C\sqrt{\nu x/U}$ 또는 $\eta = y\sqrt{U/(2\nu x)}$이다.

유사하게, 유체가 유선을 가로질러 흐를 수 없기 때문에 유동함수 $\psi = \int u dy|_{x=\text{const}}$의 공간적 변화는 $\delta(x)$와 함께 $x^{1/2}$로 증가할 것이다. $\psi(x, \eta) = g(x)f(\eta)$ 형식의 곱 해를 가정하면 적절한 무차원 형식은 $g(x) = \sqrt{2\nu Ux}$이다. 따라서

$$\psi = \sqrt{2\nu Ux}\, f(\eta) \tag{4.58}$$

의 결론을 얻는다. 여기서 f는 아직 결정되지 않은 특성 유동함수이며, 편의상 계수 '2'를 이전과 같이 사용하였다. 유동함수의 정의에서 이제 다음과 같은 결론을 얻는다.

$$u = \frac{\partial\psi}{\partial y} = Uf'(\eta), \quad v = -\frac{\partial\psi}{\partial x} = \sqrt{\frac{\nu U}{2x}}(\eta f' - f) = \frac{U}{\sqrt{2Re_x}}(\eta f' - f) \tag{4.59}$$

여기서 부호(′)는 η에 대한 미분을 나타낸다. 이전 변수 $\xi = y/\delta$ 또는 속도 함수 $F(\xi) = u/U = f'$과 혼동하면 안 된다. u가 U 차수이고 v가 더 작은 차수, 즉 $U/\sqrt{Re_x}$임을 즉시 확인할 수 있다. 식 (4.59)가 연속방정식 (4.56a)를 동일하게 만족함을 검증할 수 있다. 방정식 (4.59)의 u와 v를 대입하고 일부 대수 계산을 하면 3차 미분 방정식이 생성되는 운동량 관계 (4.56b)가 남는다.

$$f''' + ff'' = 0 \tag{4.60}$$

그 과정에서 여러 편도함수를 사용해야 한다.

$$\frac{\partial \eta}{\partial x} = -\frac{\eta}{2x},\quad \frac{\partial \eta}{\partial y} = \sqrt{\frac{U}{2\nu x}},\quad \frac{\partial u}{\partial x} = -\frac{\eta}{2x}Uf'',\quad \frac{\partial u}{\partial y} = Uf''\sqrt{\frac{U}{2\nu x}},\quad \frac{\partial^2 u}{\partial y^2} = \frac{U^2}{2\nu x}f'''$$

경계 조건은 벽에서의 속도 $u(x, 0) = \upsilon(x, 0) = 0$이며, 자유 유동-병합 조건 $u(x, \infty) = U$는 식 (4.57) 및 (4.59)를

$$f'(0) = f(0) = 0\text{과 } f'(\infty) = 1 \tag{4.61}$$

로 변환한다.

식 (4.60)은 평판 유동에 대한 유명한 Blasius 방정식을 나타낸다. Hiemenz(1911)가 제공한 비선형 정체 유동 관계, 즉 $F(0) = F'(0) = 0$ 및 $F'(\infty) = 1$에서 $F''' + FF'' + 1 - F'^2 = 0$ [식 (3.206)]과 매우 유사하다. 후자는 압력 구배를 설명하는 추가 항을 포함한다.

지금까지 Blasius 방정식은 무한 급수 형태의 정확한 해석 해를 도출했다. 예로는 Liao(1997, 1999a, 1999b)의 호모토피 분석 방법(HAM) 급수와 Ebaid와 Al-Armani(2013)의 지수 변환된 Blasius 변수의 Adomian 분해가 있다. Blasius(1908)는 내부 및 외부 급수 해를 일치시키는 형태로 크고 작은 η에 대한 점근적 근삿값을 제공한다. 그러나 그의 거듭제곱 급수는 $0 \le \eta < 4.0234644935$에 해당하는 유한 수렴 반경을 나타내며, 그 이상으로 해가 발산한다. Blasius 확장은 또한 초기 기울기(η에 대한 축 속도), $f''(0) = \sigma$를 알아야 하며, 이는 '연결 매개변수' 또는 'Blasius 상수'라고도 한다. 여러 다른 방법이 Rosenhead(1963)의 책에 기록되어 있다. 현재는 구식으로 여겨지나 일반적인 경계층 기술로 이어지는 한 가지 방법은 Meksyn(1961)의 책에 요약되어 있다.

역사적 관점에서 볼 때 1908년 이후 Blasius 해의 점근적 동작을 더 잘 이해하기 위해 발전된 수많은 연구를 찾을 수 있다. 이들 중 일부는 반무한 영역 내부의 삼극점[Punnis(1956a, 1956b), Boyd(1999)]을 포함한 그 존재와 고유성 특성[예, Weyl(1942), Callegari와 Friedman(1968), Callegari와 Nachman(1978), Fang 등(2008)]에 집중했다. 다른 사람들은 Padé 근삿값을 사용하여 특이점을 극복하려고 시도했고[Boyd(1997), Ahmad와 Al-Barakati(2007), Peker 등(2011)], Crocco 변수[Callegari와 Friedman(1968), Callegari와 Nachman(1978), Wang(2004)]는 구체적으로 한 쌍의 좌표 $u = f'(\eta)$ 및 $\tau(u) = f''(\eta)$를 채택하여 식 (4.60)을 다음 형식의 단일 2차 미분 방정식으로 변환한다.

$$\left.\frac{d\tau}{du}\right|_{u=0} = 0 \text{ 및 } \tau|_{u=1} = 0\text{일 때}\quad \frac{d^2\tau}{du^2} + \frac{u}{\tau} = 0;\quad 0 \le u < 1 \tag{4.62}$$

공교롭게도 Crocco 변수 u는 자유 유동 속도 U에 의해 정규화된 축 속도에 해당하는 반면 종속 변수 τ는 전단 응력의 정규화된 형태를 나타낸다. 첫 번째 조건은 $f'''(0) = 0$이고 원거리장에 압력 구배가 없다는 것이다. 물리적으로 벽 바로 위의 속도 분포의 선형성(일정한 기울기)에 기인할 수 있다. 두 번째 조건은 $u = 1$인 원거리장의 전단력 소실과 연결될 수 있다. 분명히 Crocco의 변환

은 Blasius 방정식의 차수를 줄이는 동시에 특이점을 영역의 외부 가장자리로 재배치하는 데 유용하다. 여기서 $u = 1$ 및 $\tau = 0$이므로 다루기 쉽다.

대수적으로, Blasius 방정식을 풀기 위한 노력으로 인해 많은 다른 표현들이 가능해졌다. 이를테면 Pohlhausen(1921) 및 Schlichting(1955)에 의해 도입되었으며 경계층의 가장자리까지 유효한 단순하고 부분적으로 근사된 표현인 $0 \le \eta \le \eta_\delta(\eta_\delta = \delta_{99\%}\sqrt{U/(2\nu x)}$ 일 때)에서부터는 Liao(2010)가 생각한 것과 같이 $0 \le \eta \le \infty$의 전체 범위에서 유효하게 유지되는 무한 HAM 급수까지 적용된다. 그들은 또한 Bairstow(1925), Parlange 등(1981), Boyd(2008), Iacono와 Boyd(2015), Majdalani와 Xuan(2020) 및 기타 다수의 분석적 근삿값을 도출시켰다. 사실, 다음의 다양한 인상적인 방법들이 Blasius 방정식을 풀기 위해 적용되었다.

1. 섭동 팽창[Blasius(1908), Goldstein(1930), Piercy와 Preston(1936), Bender 등(1989), Van Oudheusden(1997)]
2. Taylor 급수[Blasius(1908), Bairstow(1925), Parlange 등(1981), Picard 반복 방법을 사용한 Roman-Miller와 Broadbridge(2000), Asaithambi(2005), Abbasbandy와 Bervillier(2011)] 및 도메인 분할을 사용한 관련 미분 변환 방법(DTM)[Yu와 Chen(1998), Kuo(2003, 2004, 2005), Peker 등(2011)], Euler 가속의 멱급수 또는 Padé 근사를 통한 급수 수렴[Boyd(1999)]
3. 호모토피 분석 방법(HAM)[Liao(1997, 1999a, 1999b, 2010), Allan과 Syam(2005), Alizadeh-Pahlavan과 Borjian-Boroujeni(2008), Zhang과 Chen(2009), Zhao 등(2013)], Adomian 분해(ADM)[Wazwaz(2001, 2006), Wang(2004), Hashim(2006), Abbasbandy(2007), Tsai와 Chen(2011), Ebaid와 Al-Armani(2013), Aghakhani 등(2015)], 종종 호모토피 또는 반복 교란 방법과 혼합(HPM/IPM)[He(1998, 1999a, 1999b, 2000, 2003), Esmaeilpour와 Ganji(2007)], 변형(또는 매개변수) 반복 방법(VIM)[He(1998, 1999b, 2003), Lin(1999), Wazwaz(2007)], 고정소수점법(FPM) 적분[Xu와 Guo(2013), Xu 등(2014)], 또는 Padé 근사, 등각 또는 Padé-Hankel 매핑과의 반복 적분[Ahmad와 Al-Barakati(2009), Abbasbandy와 Bervillier(2011), Iacono와 Boyd(2015)]
4. 대수, 지수, 쌍곡선 코사인, 쌍곡선 탄젠트 등의 형태로 직관적인 기저 함수를 기반으로 한 근삿값[Yun(2010, 2012), Savaş)(2012), Ebaid와 Al-Armani(2013), Majdalani와 Xuan(2020)], 이러한 분석과 함께 Blasius 방정식은 다음을 기반으로 하는 의사 스펙트럼 기술을 사용하여 매우 효과적으로 분석되었다.
5. Chebyshev, Fourier, Gauss-Laguerre, Gegenbauer, Laguerre, Legendre 또는 Sinc 배열 함수[Squire(1959), Boyd(1982, 1987, 2007, 2008), Khabibrakhmanov와 Summers(1998), Boyd 등(2003), Tajvidi 등(2008), Parand와 Taghavi(2009), Parand 등(2009, 2010, 2013)] 등

개인용 컴퓨터를 사용할 수 있게 되면서 이제 예를 들어 Runge-Kutta 서브루틴을 사용하여 식 (4.60) 및 (4.61)을 프로그래밍하는 것이 간단해진다. $f'' = Y_1$, $f' = Y_2$, $f = Y_3$이라고 하면 적절한 관계가 다음과 같아진다.

$$F(1) = -Y(1)*Y(3) \qquad F(2) = Y(1) \qquad F(3) = Y(2) \tag{4.63}$$

문제는 $f' = Y_2 \to 1$을 $\eta \to \infty$로 만들 $f''(0) = Y_1(\eta = 0)$에 대한 올바른 초기 가정을 정하는 것이다. 실제로, '무한대'가 $\eta_\infty \approx 10$에서 접근한다는 것을 발견했다. $f''(0)$의 여러 추측에 대해 몇 가지 해를 계산한 다음 $f'(\infty) \approx Y_2(10.0) \approx 1.0$을 만들 $f''(0)$의 주요 값을 찾기 위해 보간할 수 있다. 8개의 유효 자릿수로 정확한 허용 기울기(표 4.1 참조)는 다음과 같다.

$$\eta = y\sqrt{U/(2\nu x)}\text{를 사용하면} \quad \sigma = f''(0) = 0.46959999^{\ddagger} \tag{4.64}$$

성공률이 증가함에 따라 Blasius 상수를 결정하기 위한 여러 연구가 수행되었다. 예를 들어, Bairstow(1925)와 Goldstein(1930)은 0.474와 0.470을 보고한 반면 Falkner(1936)와 Howarth (1938)는 0.470334와 0.469600을 얻었다. 현대 컴퓨터의 출현으로 Fazio(1992)와 Boyd(1999)는 12자리와 17자리에 이르렀으며, 나중에 Abbasbandy와 Bervillier(2011)가 이를 대체하여 0.469599988361013304509 값으로 21자리의 정확도를 달성했다. 가장 많은 유효 숫자에 대한 기록은 현재 Varin(2014, 2018)이 보유하고 있다. 그는 임의의 순서에 대한 유리수의 수렴 급수 형태로 $f''(0)$를 표현하면서 30개 및 100개(또는 그 이상)를 확보했다. Blasius 방정식의 충분히 분해된 수치해는 연속 Taylor 급수 방법을 사용하여 표 4.3에 있다. 이 데이터를 기반으로 표시된 모든 숫자에서 몇 가지 중요한 매개변수를 충분히 정확하게 계산할 수 있다.

흥미롭게도 Blasius 방정식의 첫 번째 수치해는 Töpfer(1912), 더 정확하게는 Howarth(1938), Cortell(2005)에 의해 수동으로 도출되었다. 축적된 대칭성을 이용하여 문제는 간단히 풀 수 있는 두 가지 초깃값 문제로 변환되었다[Töpfer(1912), Weyl(1942), Parlange 등(1981), Fazio(1992), Yu와 Chen(1998), Cortell(2005), Boyd(2008), Fazio(2019) 참조]. 따라서 Blasius 방정식은 $F(t)$ 및 $f(\eta)$로 된 한 쌍의 초깃값 문제로 변환되며 $t = \sigma^{1/3}\eta$ 및 $f(\eta) = \sigma^{1/3}F(t)$와 같다. 그런 다음 $f' = \sigma^{2/3}\dot{F}$, $f'' = \sigma\ddot{F}$, 그리고 $f''' = \sigma^{4/3}\dddot{F}$를 사용하면 첫 번째 문제는 다음과 같다.

$$F(0) = \dot{F}(0) = 0, \quad \ddot{F}(0) = \sigma^{-1}f''(0) = 1\ (f''(0) = \sigma\text{이기 때문에})\text{일 때} \quad \dddot{F} + F\ddot{F} = 0 \tag{4.65}$$

이것은 원거리장 값 $\dot{F}(\infty)$를 포함하여 $F(t)$를 직접(σ를 모른 채) 결정할 수 있게 하는데, $\sigma^{-2/3}f'(\infty) = \sigma^{-2/3}$이다. $\dot{F}(\infty)$를 사용하여 Blasius 상수 $\sigma = [\dot{F}(\infty)]^{-3/2}$를 매우 정확하게 찾을 수 있으며 다음을 사용하여 Blasius 함수에 대한 풀이를 할 수 있다.

$$f(0) = f'(0) = 0, \quad f''(0) = [\dot{F}(\infty)]^{-3/2}\text{일 때} \quad f''' + ff'' = 0 \tag{4.66}$$

그림 4.10(a)는 Blasius 함수 f(특성 유동함수), f'(축 속도) 및 f''(전단 응력)을 설명하고 그림 4.10(b)는 분포 $f' = u/U$를 Liepmann(1943)의 실험과 비교한다. 매우 잘 일치하며 첫 번째 경계층 근사가 성공적이라고 볼 수 있다.

---

‡ 이 값은 유사성 변수와 유동함수가 $\eta = y\sqrt{U/(\nu x)}$ 및 $\psi = \sqrt{\nu U x}f(\eta)$와 같이 약간 다르게 작성될 때 $\sigma/\sqrt{2} \approx 0.3320573362151963$으로 변한다. 해당 Blasius 방정식은 $f'(0) = f(0) = 0$이고 $f'(\infty) = 1$일 때 $f''' + \frac{1}{2}ff'' = 0$이 된다. 4–1절의(표 4.1 참조) $\xi = y/\delta$일 때 속도 함수 $F(\xi) = u/U$의 벽 도함수로 쓸 때 동일한 기울기가 $\bar{s} = dF(0)/d\xi = \sigma a/\sqrt{2} \approx 1.630398038629397$로 변경된다.

표 4.3 평판 위의 유동에 대한 Blasius 식 (4.60)의 수치해

η	$\eta \cdot \eta_{99\%}$	$f(\eta)$	$f'(\eta)$	$f''(\eta)$	$f'''(\eta)$
0.0	0.00000	0.00000	0.00000	0.46960	0.00000
0.0	0.05761	0.00939	0.09391	0.46931	−0.00441
0.4	0.11521	0.03755	0.18761	0.46725	−0.01755
0.6	0.17282	0.08439	0.28058	0.46173	−0.03896
0.8	0.23042	0.14967	0.37196	0.45119	−0.06753
1.0	0.28803	0.23299	0.46063	0.43438	−0.10121
1.2	0.34563	0.33366	0.54525	0.41057	−0.13699
1.4	0.40324	0.45072	0.62439	0.37969	−0.17114
1.6	0.46084	0.58296	0.69670	0.34249	−0.19966
1.8	0.51845	0.72887	0.76106	0.30045	−0.21899
2.0	0.57606	0.88680	0.81669	0.25567	−0.22673
2.2	0.63366	1.05495	0.86330	0.21058	−0.22215
2.4	0.69127	1.23153	0.90107	0.16756	−0.20636
2.6	0.74887	1.41482	0.93060	0.12861	−0.18196
2.8	0.80648	1.60328	0.95288	0.09511	−0.15249
3.0	0.86408	1.79557	0.96905	0.06771	−0.12158
3.2	0.92169	1.99058	0.98036	0.04637	−0.09230
3.3	0.95049	2.08883	0.98456	0.03781	−0.07899
3.4	0.97929	2.18747	0.98797	0.03054	−0.06679
3.47†	1.00000	2.25856	0.99000	0.02603	−0.05878
3.5	1.00810	2.28641	0.99071	0.02441	−0.05582
3.6	1.03690	2.38559	0.99289	0.01933	−0.04611
3.8	1.09451	2.58450	0.99594	0.01176	−0.03039
4.0	1.15211	2.78389	0.99777	0.00687	−0.01914
4.2	1.20972	2.98356	0.99882	0.00386	−0.01152
4.4	1.26732	3.18338	0.99940	0.00208	−0.00663
4.6	1.32493	3.38330	0.99970	0.00108	−0.00366
4.8	1.38253	3.58325	0.99986	0.00054	−0.00193
5.0	1.44014	3.78323	0.99994	0.00026	−0.00098
5.2	1.49774	3.98323	0.99997	0.00012	−0.00047
5.4	1.55535	4.18322	0.99999	0.00005	−0.00022
5.6	1.61296	4.38322	1.00000	0.00002	−0.00010
5.8	1.67056	4.58322	1.00000	0.00001	−0.00004
6.0	1.72817	4.78322	1.00000	0.00000	−0.00002

† 실제 값 16자리 유효 숫자: $\eta_\delta = 3.471886880405967$

다른 속성들은 표 4.3에 따라 알 수 있다. $\eta_\delta \approx 3.47188688$에서 $f' = 0.99$임을 알 수 있다. 이 값을 사용하면 다음을 사용하여 99% 경계층 두께를 추론할 수 있다.

$$\delta_{99\%} \equiv \delta \approx 3.47189\sqrt{\frac{2\nu x}{U}} \quad 또는 \quad a \equiv \frac{\delta}{x}\sqrt{Re_x} \approx 4.90998951 \tag{4.67}$$

여기서 $a = \sqrt{2}\eta_\delta \approx 4.91$은 수동으로 계산하여 대부분의 교과서에 보고된 기존 값인 '5'보다

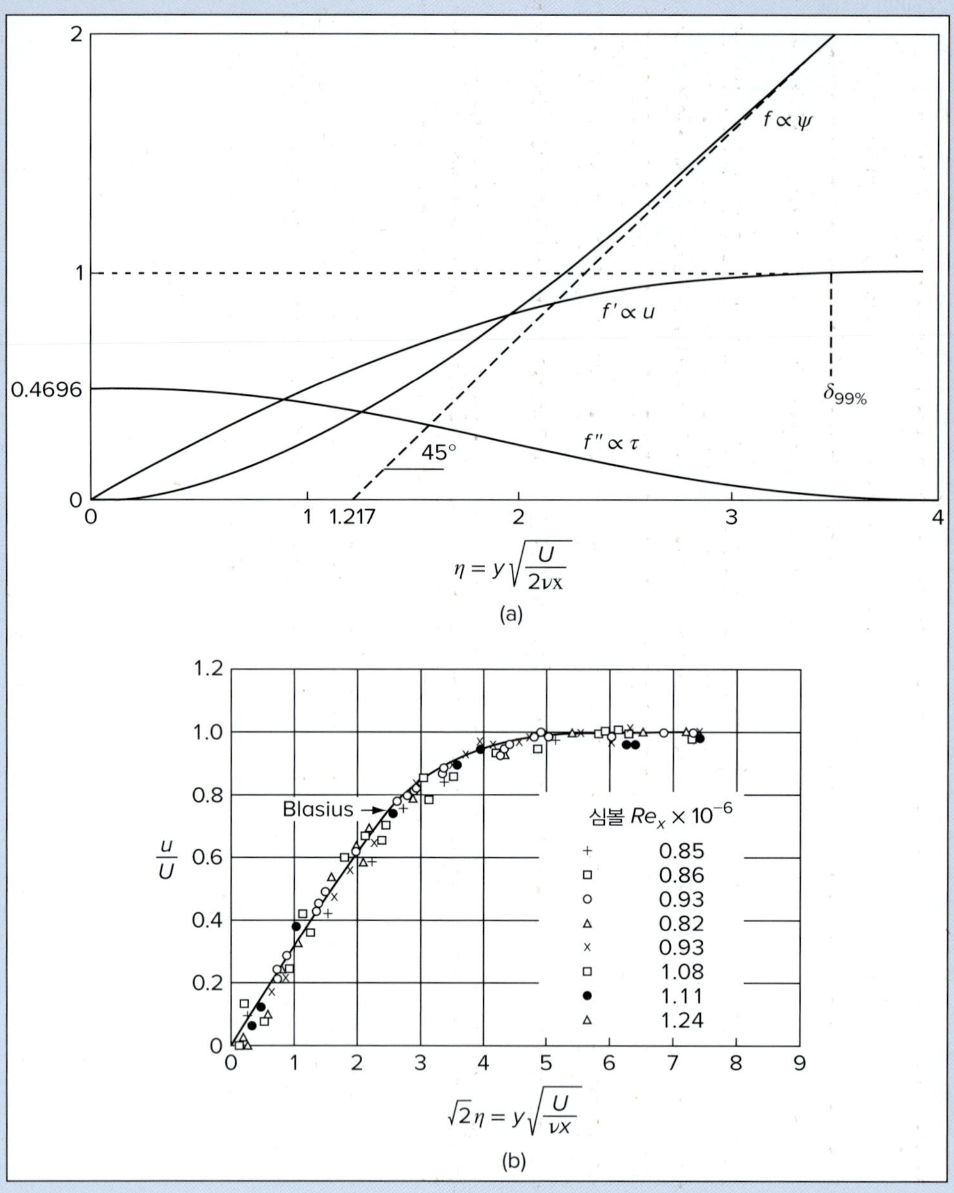

그림 4.10
평판 경계층에 대한 Blasius 해. (a) 식 (4.60)의 수치해, (b) Liepmann(1943)의 실험과 $f' = u/U$의 비교

1.8% 낮다. 변위 및 운동량 두께는 식 (4.4) 및 (4.6)의 정의를 통해 f'의 적분과 관련이 있다. 결과 다음을 얻을 수 있다.

$$\delta^* \sqrt{\frac{U}{2\nu x}} = \int_0^\infty (1 - f')d\eta = \lim_{\eta \to \infty}(\eta - f) \approx 1.21678062 \quad \text{또는} \quad c \equiv \frac{\delta^*}{x}\sqrt{Re_x} \approx 1.72078766 \qquad (4.68)$$

수치 1.217은 그림 4.10(a)에서 45° 선의 η 절편이며, 이는 큰 η에서 곡선 $f(\eta)$에 점근적이다. f는 유동함수에 비례하기 때문에 점선 45°는 판에서 무차원의 1.217만큼 이동한 비점성 유동함수를 나타낸다. 유사하게 다음을 계산할 수 있다.

$$f''(0) = \theta\sqrt{\frac{U}{2\nu x}} = \int_0^\infty f'(1 - f')d\eta \approx 0.469599988 \quad \text{또는} \quad d \equiv \frac{\theta}{x}\sqrt{Re_x} \approx 0.664114672 \qquad (4.69)$$

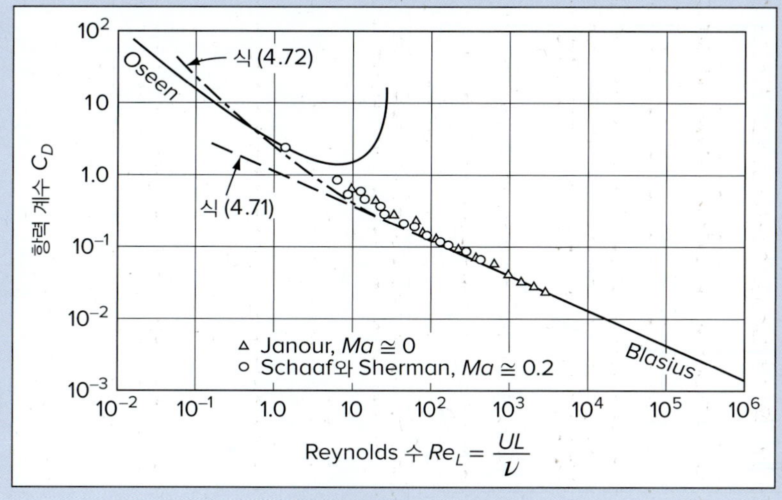

그림 4.11
평판의 이론 및 실험적 항력

다음을 사용하여 벽 전단 응력도 계산할 수 있다.

$$\tau_w = \mu \frac{\partial u}{\partial y}\bigg|_w = \frac{\mu U f''(0)}{\sqrt{2\nu x / U}} \quad \text{또는} \quad C_f = \frac{2\tau_w}{\rho U^2} = \frac{\theta}{x} \approx \frac{0.664}{\sqrt{Re_x}} \tag{4.70}$$

마지막으로 길이가 L인 판에 대한 적분 항력 계수는 다음과 같다.

$$C_D(L) = \frac{1}{L}\int_0^L C_f dx = 2C_f(L) \approx \frac{1.328}{\sqrt{Re_L}} \tag{4.71}$$

이 마지막 표현식은 판의 한쪽 면에 대한 항력을 나타낸다. $1 \le Re_L \le 2000$ 범위의 실험값을 그림 4.11에 나타내었고, 3장에서 논의한 Oseen 관계식[식 (3.281)]과 함께 식 (4.71)을 비교하였다. Blasius 관계는 $Re_L \ge 1000$에 대해 정확하고 Oseen의 이론은 $Re_L \le 1$에서 유효함을 알 수 있다.

중간 영역 $1 < Re_L < 1000$은 분석 및 수치적으로 많이 연구되었다. Imai(1957)의 섭동 연구에서 주어진 보정 계수를 적용하면 합리적으로 잘 맞을 수 있으며, 구체적으로 아래와 같다.

$$C_D \approx \frac{1.328}{\sqrt{Re_L}} + \frac{2.3}{Re_L} \tag{4.72}$$

이 관계는 그림 4.11에도 표시되어 있으며 데이터보다 약간 아래에 있는 것을 볼 수 있다.

Dennis와 Dunwoody(1966) 및 Brauer와 Sucker(1976)의 $0.1 < Re_L < 1000$에 대한 전체 Navier-Stokes 방정식의 수치해는 항력이 경계층 이론에 의해 예측된 것보다 높다는 것을 보여준다. 그림 4.12는 (a) 국부 마찰 계수와 (b) 국부 표면 압력에 대한 Dennis와 Dunwoody(1966)의 계산을 보여준다. 더 낮은 Reynolds 수의 경우 앞전 및 뒷전 가장자리 모두에서 상당한 효과가 있으므로 경계층 근사는 $Re_L \ge 1000$이 될 때까지 나타나지 않는다.

경계층의 가장자리에서 법선 속도 v가 0이 아니라는 점은 흥미롭다. 식 (4.59)에 따라 $\eta \to \infty$일 때, 다음과 같이 계산할 수 있다.

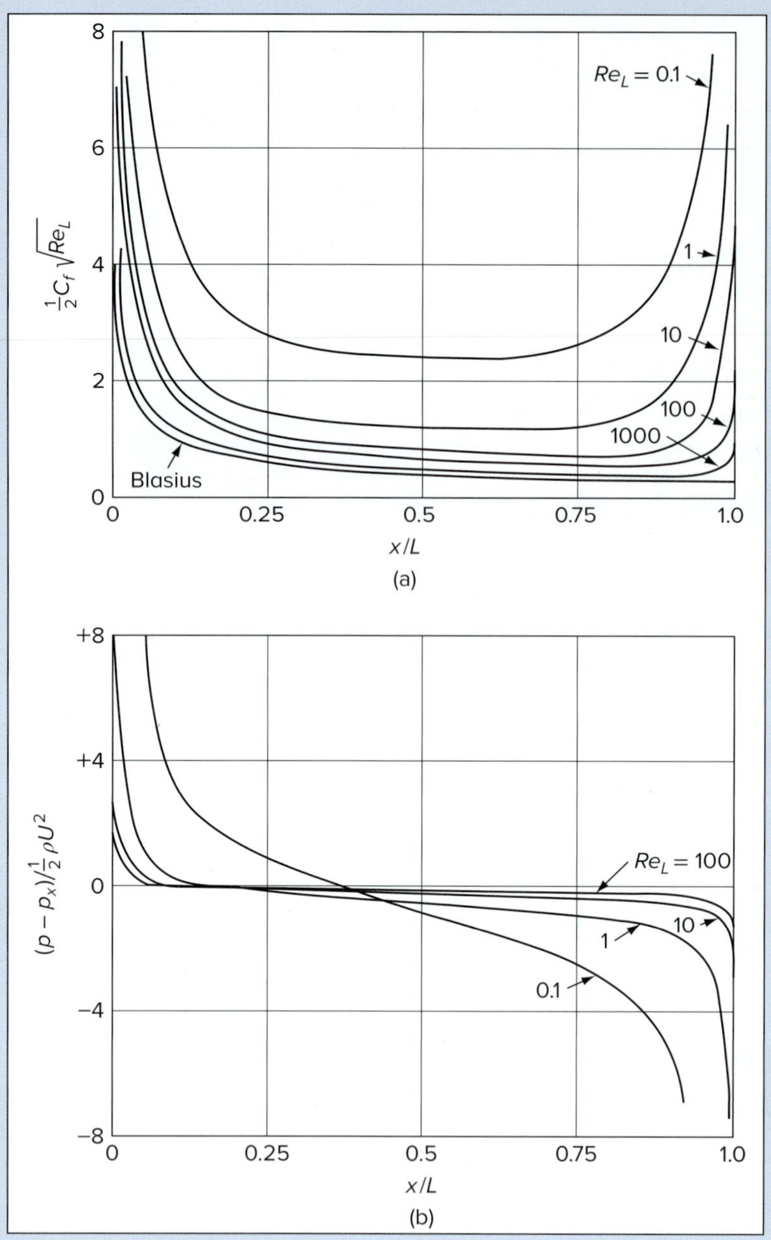

그림 4.12
적당한 Reynolds 수에서 평판 유동에 대한 전체 Navier-Stokes 방정식의 수치해. (a) 국부 마찰계수, (b) 국부 표면 압력[Dennis와 Dunwoody (1966)].

$$\frac{v(x, \infty)}{U} = \frac{G_\infty}{\sqrt{Re_x}}; \ G_\infty \approx 0.86039383 \tag{4.73}$$

외부 유동의 변위로 인해 유동에 약간의 용승이 있다[Panton(1996, 20.7절) 참조].

99% 경계층의 가장자리에서 멈추면 $\eta = \eta_\delta$에서 수직 속도가 약간 더 낮다. 즉

$$\frac{v(x, \delta)}{U} = \frac{G_\delta}{\sqrt{Re_x}}; \ G_\delta \approx 0.83339871$$

과 같다. 실제로 Majdalani와 Xuan(2020)이 제시한 바와 같이 Blasius 해의 경우 $G_\infty = a\alpha/2 = \frac{1}{2}\delta^*\sqrt{Re_x}$ 및 $G_\delta = \frac{1}{2}a[f'(\eta_\delta) - f'(\eta_\delta)/\eta_\delta]$이다. 4-1절에서 $y = \delta$에서 1로 갑자기 설정되는 부분

해석 속도 분포에서 $G_\delta = G_\infty = a\alpha/2$임을 발견했다.

4-1.4절에 자세히 설명된 부분 분포 외에도 방금 설명한 Blasius 특성을 찾기 위해 몇 가지 연속 속도 근사가 개발되었다. 그 중 99% 교란 두께를 계속 유지하는 $u/U = (df/d\eta)_{\text{Blasius}}$에 대한 네 가지 해석해가 비교될 것이다. 이는 Blasius 해, 합리화, 곡선 맞춤, 추측 또는 이들의 조합에 대한 통찰력을 사용하여 얻은 것이다.

Yun의 쌍곡선 탄젠트:

$$u/U = \tanh(\bar{s}\xi) \qquad \text{[Yun(2010)]} \tag{4.74}$$

Moeini-Chamani의 오차 함수:

$$u/U = \text{erf}(1.59261\xi) \qquad \text{[Moeini와 Chamani(2017)]} \tag{4.75}$$

Savaş의 분수 차수의 쌍곡선 탄젠트:

$$u/U = \left[\tanh(\bar{s}\xi)^{5/3}\right]^{3/5} \qquad \text{[Savaş(2012)]} \tag{4.76}$$

Majdalani-Xuan의 붕괴 지수:

$$u/U = 1 - \exp\left[-\bar{s}\xi(1 + \tfrac{1}{2}\bar{s}\xi + \xi^2)\right] \qquad \text{[Majdalani와 Xuan(2020)]} \tag{4.77}$$

여기서 $\xi = y/\delta$ 및 $\bar{s} \approx 1.630398038629397$은 Blasius 상수이다. 명확성을 기하기 위해 이 분포는 $0 \le \xi \le 1.2$(즉, $0 \le \eta \le 4.1663$)에 대해 그림 4.13(a)의 Blasius 속도 함수$(df/d\eta)$와 비교되어 경계층 안과 밖, $\xi \to \infty$, 모두에서 실제 현상을 모사할 수 있다는 것을 보여준다. 그림으로 볼 때

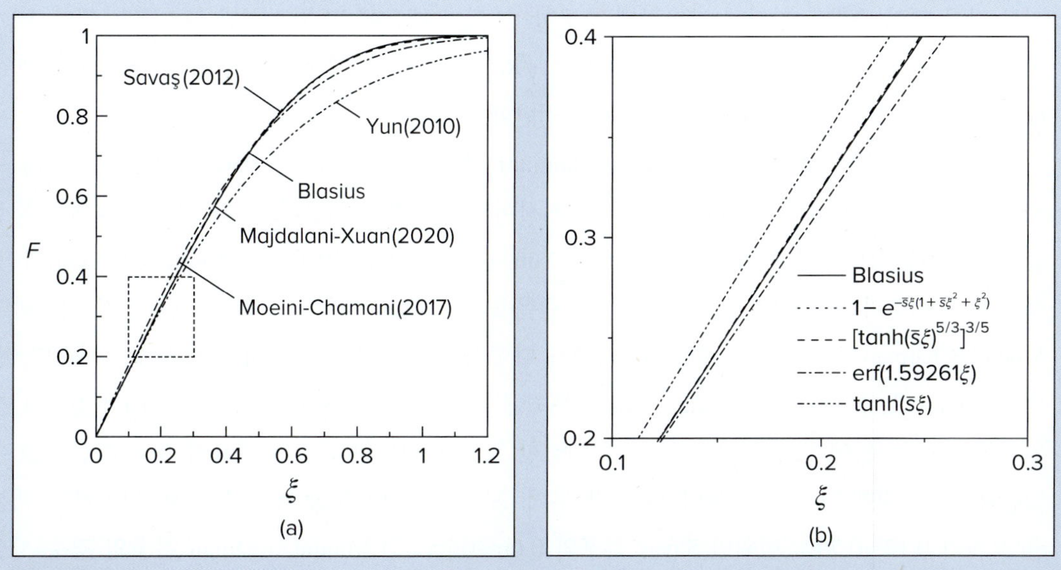

그림 4.13
Majdalani와 Xuan(2020), Savaş(2012), Moeini와 Chamani(2017), Yun(2010)의 Blasius 해에 대한 4개의 연속 근사 비교. (a) 경계층 영역을 가로질러 원거리장 영역 결과, (b) Blasius 곡선으로부터의 개별 편차가 확대되어 나타나는 사분면 내부에서 $F'(0) = \bar{s} \approx 1.630$ 결과.

표 4.4 4개의 연속 분포에 의한 경계층 예측과 계산된 Blasius 값에 대한 오차

$\frac{u}{U} = F(\xi) = \frac{df}{d\eta}$	$\eta^* = \frac{\delta^*}{\delta}$	$\theta^* = \frac{\theta}{\delta}$	$H = \frac{\delta^*}{\theta}$	$\frac{\delta}{x}\sqrt{Re_x}$	$C_f\sqrt{Re_x}$	$\frac{\delta^*}{x}\sqrt{Re_x}$	$\frac{v}{U}\Big\vert_\delta \sqrt{Re_x}$	L_2 오차†
$\tanh(\bar{s}\xi)$	0.425	0.188	2.259	4.162	0.783	1.770	0.805	0.056
Yun(2010)	21.30%	39.12%	12.81%	15.22%	17.95%	2.84%	3.45%	
$\mathrm{erf}(1.59261\xi)$	0.354	0.147	2.414	4.494	0.726	1.753	0.800	0.016
Moeini-Chamani(2017)	1.08%	8.49%	6.83%	0.80%	9.35%	1.89%	4.02%	
$[\tanh(\bar{s}\,\xi^{5/3})]^{3/5}$	0.351	0.136	2.574	4.891	0.667	1.716	0.824	0.0020
Savaş(2012)	0.12%	0.79%	0.67%	0.40%	0.40%	0.27%	1.07%	
$1-\exp\left[-\bar{s}\xi\left(1+\frac{1}{2}\bar{s}\xi+\xi^2\right)\right]$	0.351	0.136	2.586	4.904	0.665	1.720	0.833	0.00064
Majdalani-Xuan(2020)	0.06%	0.25%	0.19%	0.12%	0.13%	0.06%	0.10%	
Blasius	0.35047	0.13526	2.59110	4.90999	0.66411	1.72079	0.83340	0

† $L_2 = \sqrt{\int_0^1 (F - F_{\text{Blasius}})^2 d\xi}$

Majdalani-Xuan 감소 지수(점선)는 Blasius 곡선과 사실상 구별할 수 없다. 이 분포의 상대적 단순성을 고려할 때 이것은 중요하다. 다음으로 그림 4.13(b)의 확대 삽입도에서도 Blasius 선과 거의 구별할 수 없는 분수 차수의 Savaş 쌍곡선 탄젠트가 있다. 반대로 Moeini-Chamani의 오차 함수와 유의 쌍곡선 탄젠트는 특히 점성층의 상위 $0.5 < \xi < 1$ 부분에서 점진적으로 이탈하는 것으로 나타났다. 사실, Blasius 모양과 주어진 유동 근사의 공간적 일치와 근본적인 경계층 특성 예측에서의 효율성 사이에는 강한 상관관계가 존재하는 것으로 볼 수 있다. 이것은 4개의 연속 분포에 의한 경계층 예측을 정리하여 계산된 Blasius 값과 대조해 놓은 표 4.4에서 확인된다. 일반적으로 η^*, θ^*, H, (δ/x), $C_f\sqrt{Re_x}$ 및 $(\delta^*/x)\sqrt{Re_x}$와 같은 각 개별 추정값을 수반하는 Blasius 기준에 대한 백분율 오차는 바로 아래에 나열된다. 각 분포에 대해 점성 영역에 걸쳐 전체 L_2 오차를 계산하고 표시하여 각 연속 분포에서 발생한 누적 불일치를 정확하게 정량화하였다. 이전과 마찬가지로 다른 관련 수량도 상당히 간단하게 추론할 수 있기 때문에 필수 속성만 표로 작성했다. 여기에서도 $d = b = (\theta/x)\sqrt{Re_x} = C_f\sqrt{Re_x}$ 및 $C_D\sqrt{Re_L} = 2d$이다. 무한대에서 최대 수직 속도 계수 $G_\infty = a\alpha/2$는 표 4.4의 $(\delta^*\sqrt{Re_x}/x)$ 항목의 절반에 불과하다.

L_2 오차로 시작하여 Yun 및 Moeini-Chamani 분포에 대해 각각 0.056 및 0.016을 구해 보자. 이 값은 그림 4.13의 Blasius 곡선과 모양 사이의 공간과 일치한다. 또한 그것은 경계층 특성을 추정할 때 상대적인 변화에 반영되는데, Yun의 경우 2.84~39.14%, Moeini-Chamani의 경우 0.8~9.35%이다. 돌이켜 보면, 이러한 수준은 Pohlhausen 다항식 분포의 효율성과 비슷하며 Moeini-Chamani의 결과는 Pohlhausen의 2차 다항식 $2\xi - \xi^2$ [식 (4.11)]의 결과와 유사하다. 반대로, 전체 L_2는 Savaş 및 Majdalani-Xuan 분포에 대해 각각 2.0×10^{-3} 및 6.4×10^{-4} 정도로 불일치하며, 이는 눈에 띄게 낮은 수준이다. 이러한 적당한 정도의 감소가 중요한 것으로 간주될 수 있는데, 이는 경계층 변위, 운동량 및 교란 두께, 표면 마찰 및 형상 계수를 추정할 때 해당 백분율 오차가 0.12~0.79% 범위인 Savaş 분포와 0.06~0.25%인 Majdalani-Xuan 분포의 경우 사실상 무의미한 수준으로 갑자기 떨어지기 때문이다. 이러한 낮은 수준은 Majdalani-Xuan 지수 분포가 그림 4.13의 Blasius 해에서 그림으로 식별할 수 없는 이유를 아주 잘 설명할 수 있다. 사실, Blasius 방정식 자체에는 유량 Reynolds 수의 크기에 따라 달라지는 작은 절단 오차가 수반

표 4.5 연속 분석 속도 분포의 끝점 속성 및 해당 Blasius 값

$\frac{u}{U} = F(\xi) = \frac{df}{d\eta}$	$F(0)$	$F'(0)$	$F''(0)$	$F(1)$	$F'(1)$	$F''(1)$
$\tanh(\bar{s}\xi)$	0	1.630	0	0.926	0.232	−0.701
$\mathrm{erf}(1.59261\xi)$	0	1.797	0	0.976	0.142	−0.722
$[\tanh(\bar{s}\xi^{5/3})]^{3/5}$	0	1.630	0	0.987	0.097	−0.659
$1 - \exp[-\bar{s}\xi(1 + \frac{1}{2}\bar{s}\xi + \xi^2)]$	0	1.630	0	0.990	0.093	−0.729
Blasius(1908)	0	1.630	0	0.990	0.0904	−0.709

되며 Blasius 모델이 층류 범위에서만 유효하다는 점을 고려하면 Majdalani-Xuan 지수 분포를 $0 \le \xi < \infty$ 범위에서 Blasius 방정식에 대해 간단하고 잘 맞으며 준정확한 분석해라 볼 수 있다. 그러나 공학적 관점에서 Majdalani-Xuan 4차 다항식 $(5\xi - 3\xi^3 + \xi^4)/3$은 경계층 속성에 대한 정확한 폐쇄형 표현을 쉽게 구할 수 있는 가장 단순하면서도 점성 영역에 국한된 분포다. 나머지 연속 분포들의 경우 일반적으로 적분 속성을 결정하기 위해 수치적 계산이 필요하다.

연속 분포가 적절한지에 대한 최종 확인으로, 점성 영역의 끝점에서 Blasius 해 및 도함수에서 관찰된 조건과 그 결과들이 표 4.5에 있다. 첫째, 점성층의 가장자리에서 모든 속도 분포에서 음의 $F''(1)$ 곡률과 일관된 0.709 Blasius 값을 확인할 수 있다. 흥미롭게도 가장 가까운 곡률은 Yun의 쌍곡선 탄젠트에 해당하는 반면 가장 먼 곡률은 Savaş 분수 차수의 쌍곡선 탄젠트에서 나타난다. 둘째, 모든 모델이 $F(0) = F''(0) = 0$인 벽에서 점착조건 및 운동량 균형 조건을 충족하는지 쉽게 확인한다. 셋째, Majdalani-Xuan 및 Savaş 분포에서 모두 $\xi = 1$에서 $u/U = 99\%$를 나타내는 반면 반면 Moeini-Chamani와 Yun은 각각 97.6%와 92.6%를 나타낸다. 벽에서 매우 중요한 속도 구배에 관해서는 Yun, Savaş 및 Majdalani-Xuan의 세 공식 모두 $F'(0) = \bar{s} \approx 1.630$의 값을 나타낸다. 마지막으로, 점성층의 가장자리에서 전단값(또는 속도 기울기)을 일치시키는 한 여기에서도 Majdalani-Xuan 및 Savaş 분포는 각각 $F'(1) = 0.0904$ 대신 0.093 및 0.097로 예측한다. 이러한 특징은 개별 L_2 및 표 4.4의 상대 오차에 반영된 각 공식과 관련된 다양한 정확도를 부분적으로 설명하는 데 도움이 된다.

4-3.2 일정한 벽 온도를 위한 평판 열전달

T_w와 T_e가 일정하면 온도 분포도 상사성 관계를 만족한다. 정체-유동 관계, 식 (3.222)와 유사하게 무차원 온도차를 다음과 같이 정의한다.

$$\Theta(\eta) = \frac{T - T_e}{T_w - T_e} \tag{4.78}$$

Blasius 해에서 u와 v를 알고 있다고 가정하면 식 (4.78)을 경계층 에너지 식 (4.50c)에 대입한 후 $Ec \ll 1$를 가정하고 소산을 무시하면 다음과 같이 나타낼 수 있다.

$$\Theta(0) = 1\text{이고} \quad \Theta(\infty) = 0\text{일 때,} \quad \Theta'' + Prf(\eta)\Theta' = 0 \tag{4.79}$$

결과 표현식은 경계 조건이 반대인 정체-유동 관계, 식 (3.223)과 동일하다. 해는 다음과 같다.

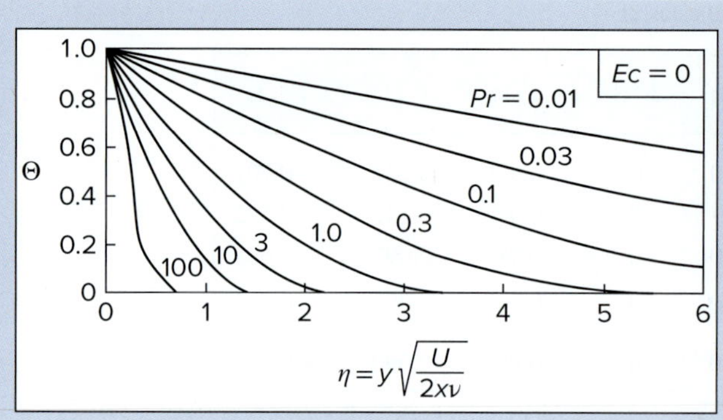

그림 4.14
소산이 없을 때 평판 온도 분포

$$\Theta = \frac{\int_{\eta}^{\infty} \exp\left[-Pr\int_0^{\eta} f(s)ds\right] d\eta}{\int_0^{\infty} \exp\left[-Pr\int_0^{\eta} f(s)ds\right] d\eta} \tag{4.80}$$

Pohlhausen(1921)이 처음으로 얻은 온도 분포는 식 (4.80)에서 계산한 다음 다양한 Prandtl 수에 대해 그림 4.14에 나타낼 수 있다. Pr은 점성 대 전도 효과의 비율이므로 Prandtl 수가 높을수록 열 경계층이 더 얇아진다. 열과 점성 두께 비율은 다음과 같이 근사할 수 있다.

$$\frac{\delta_T}{\delta} \approx Pr^{-0.4} \tag{4.81}$$

여기서 벽에서의 열전달은 Fourier의 법칙으로 계산할 수 있다.

$$q_w = -k\frac{\partial T}{\partial y}\bigg|_{y=0} = -k(T_w - T_e)\Theta'(0)\sqrt{\frac{U}{2\nu x}}$$

또는 무차원 형태로 다음과 같다.

$$Nu_x = -\frac{\Theta'(0)}{\sqrt{2}}Re_x^{1/2} \tag{4.82}$$

그림 4.14에서 볼 수 있듯이 벽 온도 기울기 Θ'(0)는 Prandtl 수에 대한 함수로 판명되었으며, 식 (4.78)에 따라 다음과 같이 주어질 수 있다.

$$-\frac{1}{\Theta'(0)} = \int_0^{\infty} \exp\left[-Pr\int_0^{\eta} f(s)ds\right] d\eta \tag{4.83}$$

정체-유동 관계, 식 (3.227)과 직접적인 유사성으로 이 매개변수는 Blasius 식에 아래 두 가지 명령문을 추가하여 찾을 수 있다.

F(4) = Y(3)　　및　　F(5) = EXP(−PR*Y(4))

그 결과 $1/Y_5(\infty)$는 구하고자 하는 벽 기울기 $\cdot\Theta'(0)\cdot$이다. 다른 Pr 값에서 이 열 기울기의 일부

값은 아래 표에 나와 있다.

Pr	$-\Theta'(0)/\sqrt{2}$	Pr	$-\Theta'(0)/\sqrt{2}$
0.001	0.01732	10	0.72814
0.01	0.05159	100	1.5718
0.1	0.14003	1000	3.3871
1	0.33206	10,000	7.2974

$0.1 < Pr < 10{,}000$ 범위의 Prandtl 수에 대해 이러한 표 값에 적합한 곡선은 $-\Theta'(0)/\sqrt{2} \approx 0.332Pr^{1/3}$과 같다. 결과적으로 저속 층류 평판 열전달에 대한 식 (4.82)는 다음과 같이 근사될 수 있다.

$$Nu_x \approx 0.332Re_x^{1/2}Pr^{1/3} \tag{4.84}$$

이 친숙한 표현은 가정된 다항식 분포를 기반으로 하는 에너지 적분과 같은 형식을 갖는다[식 (4.34)]. $Pr < 0.1$인 액체 금속에 대한 Nusselt 수를 과대예측하기는 하지만 허용되는 공학적 근삿값으로 사료된다.

소산을 무시하지 않으면 평판 에너지 방정식의 해는 매우 흥미롭고, 회복 계수와 단열 벽 온도의 개념으로 이어질 수 있다. 그러나 이러한 개념은 실제로 고속(압축성) 경계층에 의해서만 가능하다. 따라서 이와 관련된 논의는 7장에서 소개한다.

4-3.3 Falkner-Skan 쐐기 유동

가장 유명한 경계층 유사성 해들은 Falkner와 Skan(1931)이 밝혔으며, 나중에 Hartree(1937)가 수치적으로 평가하였다. Blasius 문제와 같이 해의 형태를 단순히 추측하는 것보다 이러한 유사성 변환으로 이어지는 단계를 개략적으로 설명하는 것이 도움이 될 수 있다.

시작하려면 벽에서 소실 속도의 점착 조건을 고려하면서 v에 대한 연속방정식을 풀어 운동량 방정식에서 v를 제거할 수 있다. $\partial v/\partial y = -\partial u/\partial x$로 시작하여 Leibniz 법칙을 이용할 수 있다.

$$\int_{a(x)}^{b(x)}\left[\frac{\partial}{\partial x}u(x, y)\right]dy = \frac{d}{dx}\int_{a(x)}^{b(x)} u(x, y)dy + u(x, a)\frac{da}{dx} - u(x, b)\frac{db}{dx}$$

상수 x에 대해 수직 방향으로 적분한다.

$$\int_0^v dv = -\int_0^y \frac{\partial u}{\partial x}dy = -\frac{\partial}{\partial x}\int_0^y u\,dy - u(x, y)\frac{dy}{dx} + u(x, 0)\frac{d(0)}{dx} \quad \text{또는} \quad v = -\frac{\partial}{\partial x}\int_0^y u(x, y)dy \tag{4.85}$$

이제 문제는 u에 대한 단일 적분 방정식으로 간단해진다.

$$u\frac{\partial u}{\partial x} - \frac{\partial u}{\partial y}\left(\frac{\partial}{\partial x}\int_0^y u\,dy\right) = U\frac{dU}{dx} + \nu\frac{\partial^2 u}{\partial y^2} \tag{4.86}$$

여기서 압력 구배는 Euler 방정식 $-dp/dx = \rho U dU/dx$를 사용하여 자유 유동 속도 구배로 대체된다. 이제 위의 방정식이 η의 함수에서 상미분 방정식이 되도록 x와 y를 단일 변수 $\eta(x, y)$로 결합할 가능성이 있는지 살펴보겠다. 가능하다면 상사성을 얻을 수 있기는 하지만 단지 자유 유동 속도 분포 $U(x)$의 특수한 경우에만 해당된다. 더 나아가려면 Blasius 해가 $\eta = \eta(x, y)$는 무차원일 때

$$u(x, y) = U(x)f'(\eta) \tag{4.87}$$

를 통해서 다양한 자유 유동 속도를 포함할 수 있도록 일반화하는 것이 필수적이다. 미분의 연쇄 법칙을 이용하여 이 식을 운동량 방정식 (4.86)으로 대체할 수 있다. 예를 들어, $u = Uf'$라면 2차 도함수와 함께 아래와 같이 나타낼 수 있다.

$$\frac{\partial u}{\partial x} = U'f' + Uf''\frac{\partial \eta}{\partial x} \quad \text{및} \quad \frac{\partial u}{\partial y} = Uf''\frac{\partial \eta}{\partial y} \tag{4.88}$$

$\partial^2\eta/\partial y^2$를 사라지게 하는 y에 대한 매우 유용한 선형식은 다음과 같다.

$$\eta = yg(x) \tag{4.89}$$

사실 이 변수를 운동량 관계, 식 (4.86)에 대입하고, 부분적으로 적분을 취하고 (Leibnitz 법칙을 활용하면서) 결과를 다음과 같이 재정렬할 수 있다.

$$f''' = ff''\left(\frac{Ug'}{\nu g^3}\right) + (f'^2 - ff'' - 1)\left(\frac{dU/dx}{\nu g^2}\right) \tag{4.90}$$

이 관계에서 두 계수 각각에서 x가 사라지고 상수만 남게 되면 상사성이 달성된다. 식 (4.90)에 따르면 $(Ug'/g) \sim dU/dx$ 또는 $\ln(U)$이 $g(x) = Cx^a$의 경우와 같이 $\ln(g)$에 비례함을 의미한다.

Falkner와 Skan(1931)은 변수 $\eta = Cyx^a$를 사용함으로써 상사성을 도출할 수 있다는 것을 발견했으며, 이는 다음 형식의 거듭제곱 법칙 자유 유동 속도 분포와 일치한다.

$$U(x) = Kx^m, \qquad m = 2a + 1 \tag{4.91}$$

지수 m은 Falkner-Skan 거듭제곱 법칙 매개변수라고 할 수 있다. 상수 C는 η를 무차원으로 만들어야 하지만 그렇지 않으면 임의의 수다. 좋은 선택은 $g(x) = Cx^a = \sqrt{(m+1)U(x)/(2\nu x)}$ 그리고 $U(x) = 2\nu C^2 x^{2a+1}/(m+1)$로 두어서 결론적으로 $C^2 = K(m+1)/(2\nu)$를 도출하는 것이다. 이 결과는 $m = 0$인 경우와 일치하는데, 이는 식 (4.57)에서 Blasius 변수를 동일하게 도출한다. 따라서 다음 결과를 얻는다.

$$\eta = y\sqrt{\frac{m+1}{2}\frac{U(x)}{\nu x}} \tag{4.92}$$

이 상사성 변수를 식 (4.89)에 대입하면 가장 일반적인 형식의 Falkner-Skan 방정식이 나온다.

$$f''' + ff'' + \beta(1 - f'^2) = 0, \qquad \beta \equiv \frac{2m}{m+1} \tag{4.93}$$

이때 평판에 대한 동일한 경계 조건은 다음과 같다.

$$f(0) = f'(0) = 0 \quad \text{및} \quad f'(\infty) = 1 \tag{4.94}$$

매개변수 β는 압력 구배 dp/dx이다. $\beta > 0$이면 음수의 압력 구배 또는 순압력 구배인 반면, $\beta < 0$은 역압력 구배를 나타낸다. 당연히 $\beta = 0$은 '평판' 구성을 나타낸다. 처음에는 $m = -1(\beta = \pm\infty)$의 경우가 문제가 될 것으로 예상하지만, 그렇지 않다. $U = Kx^{-1}$의 경우는 상수 C를 어떻게 선택하느냐에 따라 처리될 수 있음이 밝혀졌다.

4-3.3.1 쐐기 및 모서리를 지나는 비점성 유동

Falkner-Skan 해는 순압력 구배와 역압력 구배를 모두 보여주는 현실적인 공학적 접근방법이다. 거듭제곱 법칙 자유 유동 $U = Kx^m$는 쐐기 또는 모서리 모양을 지나는 비점성 유동에 대한 정확한 해이다. 평면 극좌표에서 비회전 운동(부록 B4)에 해당하는 유동함수 $\psi(r, \theta)$에 대한 Laplace 방정식은 다음과 같이 쓸 수 있다.

$$v_r = \frac{1}{r}\frac{\partial\psi}{\partial\theta} \quad \text{및} \quad v_\theta = -\frac{\partial\psi}{\partial r} \text{ 일 때} \qquad \frac{1}{r}\frac{\partial}{\partial r}\left(r\frac{\partial\psi}{\partial r}\right) + \frac{1}{r^2}\frac{\partial^2\psi}{\partial\theta^2} = 0$$

퍼텐셜 유동 이론을 다루는 책에서 볼 수 있듯이[예, White(2016)] 정확한 해는 다음과 같은 형식으로 도출될 수 있다.

$$\psi(r, \theta) = Cr^{m+1}\sin[(m + 1)\theta] \tag{4.95}$$

이 표현식은 $\beta = 2m/(m + 1)$의 값에 따라 그림 4.15와 같이 쐐기 또는 모서리의 '벽'으로 해석될 수 있는 특정 방사형 유선을 생성한다. 이 벽을 따른 속도는 $U = Kx^m$ 형식을 가지며, 이는 쐐기의 끝에서 $x = 0$을 사용하여 벽의 경계층을 지나가는 자유 유동을 나타낸다. 가장 두드러진 경우는 다음과 같다.

- $-2 \leq \beta \leq 0$, $-\frac{1}{2} \leq m \leq 0$: 회전각 $\beta\pi/2$인 모서리 주위의 유동
- $\beta = 0$, $m = 0$: 평판
- $0 \leq \beta \leq +2$, $0 \leq m \leq \infty$: 반각 $\beta\pi/2$인 쐐기에 대한 유동
- $\beta = 1$, $m = 1$: 평면 정체점(180° 쐐기)
- $\beta = +4$, $m = -2$: 평면 벽 근처의 더블릿(doublet) 유동
- $\beta = +5$, $m = -\frac{5}{3}$: 90° 모서리 근처의 더블릿 유동
- $\beta = +\infty$, $m = -1$: 흡입점을 향한 유동[즉, 수렴 쐐기에서 Jeffery-Hamel류의 경계층 상황(3-8절)]

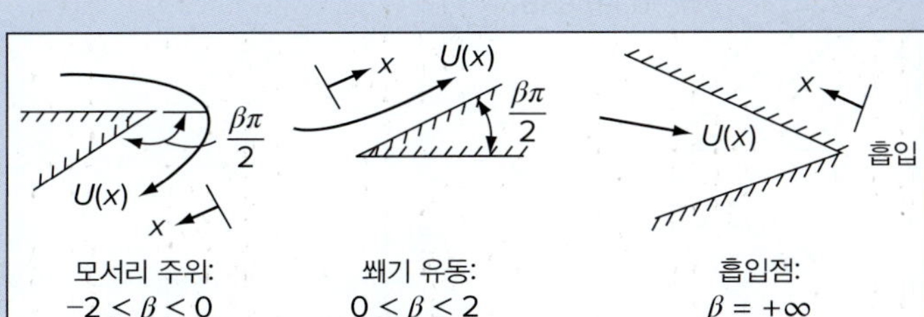

그림 4.15
Falkner-Skan 퍼텐셜 유동의 몇 가지 예

이들은 유사한 유동이다. 즉 주어진 β에 대해 $U(x)$ 및 $\delta(x)$로 크기를 조정할 때 속도 분포는 모두 비슷해진다. 그들은 또한 유사하지 않은 유동을 예측하는 데 사용될 수 있다.

식 (4.93)은 Blasius 방정식의 식 (4.63)에 $\beta(1 - f'^2)$ 항을 추가하여 간단히 수치적으로 풀 수 있다. 예를 들어 다음을 사용할 수 있다.

$$\mathrm{F(1) = -Y(1)*Y(3) - BETA*(1. - Y(2)*Y(2)) \quad F(2) = Y(1) \quad F(3) = Y(2)} \tag{4.96}$$

이전과 같이 β를 선택하고 점근적으로 $f'(\infty) \to 1$을 만드는 f''_0의 적절한 값을 찾는다.

컴퓨터로 식 (4.93)을 쉽게 풀 수 있지만 Falkner-Skan 해는 차트에 작성되어 있다[Evans (1968)]. 그림 4.16에서 가장 중요한 결과는 정체점($\beta = m = 1$)에서 평판 유동($\beta = m = 0$)을 거쳐 박리점($\beta = -0.19884$, $m = -0.09043$)까지 확장된다. 그림 4.16(a)는 $u/U = f'$에 해당하는 속도 분포를 나타내며, 이는 β가 감소함에 따라 더 두꺼워지고, $\beta < 0$인 경우 $\beta = -0.19884$에서 박리($\tau_w = 0$)되기 전에 그림 4.9(b)와 같이 S자 모양이 된다. 박리는 그림 4.15에서 확장각도가 18° 일 때에 해당한다.

그림 4.16(b)는 전단 응력 분포 $f''(\eta)$를 보여준다. 가속된(순) 유동에서 전단은 벽 값에서 떨어지지만 감속된(역) 유동에서는 벽에서 상승한다. 이것은 운동량 방정식 조건 $\partial\tau/\partial y \cdot_{\text{wall}} = dp/dx$이고 난류 경계층에서도 마찬가지이다. $\beta = \frac{1}{2}$ 및 $m = \frac{1}{3}$에 대한 해는 3-8.1.3절의 축대칭 정체 유동에 해당한다.

표 4.6은 다양한 해에 대한 $u/U = f'(\eta)$ 값을 보여준다. 또한 무차원 변위 및 운동량 두께와 더불어 적절한 초기 조건 $f''(0)$이 표에 나타나 있다.

$$\eta^* = \int_0^\infty (1 - f')d\eta = (\eta - f)|_{\eta\to\infty} \quad \text{및} \quad \theta^* = \int_0^\infty f'(1 - f')d\eta = \frac{f''_0 - \beta\eta^*}{\beta + 1} \tag{4.97}$$

이 둘의 비율인 형상 계수 H는 나중에 논의할 일부 근사 이론에서 특히 유용할 것이다. Navier-

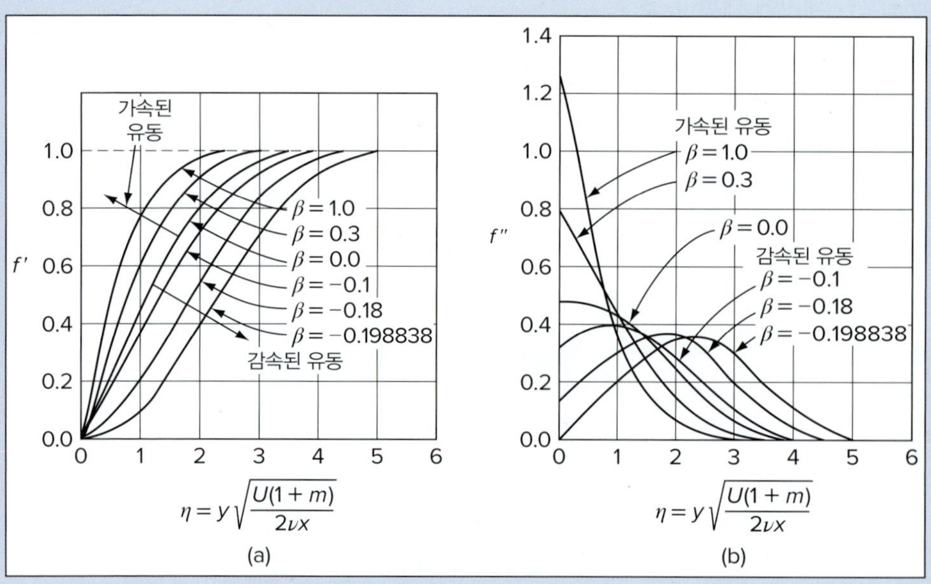

그림 4.16
(a) 속도 분포 및 (b) Falkner-Skan 방정식에 대한 전단 응력 분포

표 4.6 Falkner-Skan 유사성 유동에 대한 유동 방향 속도 $f'(\eta)$의 수치값

η	β f''_0 η^* θ^*	**−0.19884** **0.0** **2.35885** **0.58544**	**−0.18** **0.12864** **1.87157** **0.56771**	**0.0** **0.46960** **1.21678** **0.46960**	**0.3** **0.77476** **0.91099** **0.38574**	**1.0** **1.23259** **0.64790** **0.29235**	**2.0** **1.68722** **0.49743** **0.23079**	**10.0** **3.67523** **0.24077** **0.11523**
0.0		0.0	0.0	0.0	0.0	0.0	0.0	0.0
0.1		0.00099	0.01376	0.04696	0.07597	0.11826	0.15876	0.31843
0.2		0.00398	0.02933	0.09391	0.14894	0.22661	0.29794	0.54730
0.3		0.00895	0.04668	0.14081	0.21886	0.32524	0.41854	0.70496
0.4		0.01591	0.06582	0.18761	0.28569	0.41446	0.52190	0.81043
0.5		0.02485	0.08673	0.23423	0.34938	0.49465	0.60964	0.87954
0.6		0.03578	0.10937	0.28058	0.40988	0.56628	0.68343	0.92414
0.7		0.04868	0.13373	0.32653	0.46713	0.62986	0.74496	0.95259
0.8		0.06355	0.15975	0.37196	0.52107	0.68594	0.79587	0.97057
0.9		0.08038	0.18737	0.41672	0.57167	0.73508	0.83767	0.98185
1.0		0.09913	0.21651	0.46063	0.61890	0.77787	0.87172	0.98888
1.2		0.14232	0.27899	0.54525	0.70322	0.84667	0.92142	0.99591
1.4		0.19274	0.34622	0.62439	0.77425	0.89681	0.95308	0.99856
1.6		0.24982	0.41691	0.69670	0.83254	0.93235	0.97269	0.99957
1.8		0.31271	0.48946	0.76106	0.87906	0.95683	0.98452	0.99998
2.0		0.38026	0.56205	0.81669	0.91509	0.97322	0.99146	0.99999
2.2		0.45097	0.63269	0.86330	0.94211	0.98385	0.99542	
2.4		0.52308	0.69942	0.90107	0.96173	0.99055	0.99761	
2.6		0.59460	0.76048	0.93060	0.97548	0.99463	0.99879	
2.8		0.66348	0.81449	0.95288	0.98480	0.99705	0.99940	
3.0		0.72776	0.86061	0.96905	0.99088	0.99842	0.99972	
3.2		0.78578	0.89853	0.98037	0.99471	0.99919	0.99987	
3.4		0.83635	0.92854	0.98797	0.99704	0.99959	0.99995	
3.6		0.87882	0.95138	0.99289	0.99840	0.99980	0.99998	
3.8		0.91315	0.96805	0.99594	0.99916	0.99991	0.99999	
4.0		0.93982	0.97975	0.99777	0.99958	0.99996		
4.5		0.97940	0.99449	0.99957	0.99994	0.99999		
5.0		0.99439	0.99997	0.99994	0.99999			

Stokes 방정식은 고유하지 않다는 것을 기억하면, 경계층 방정식도 여러 해를 가진다. Stewartson (1954)은 β가 음수일 때에 대한 Falkner-Skan 방정식의 다음과 같은 약점들을 지적한다.

1. $-0.19884 \le \beta \le 0$에 대해 식 (4.93)의 주어진 β에 대한 해가 2개 이상 있다. 하나는 그림 4.16(a)에 표시된 유형이고 둘째 유형은 항상 벽에서 역류를 나타낸다. 두 해 유형은 $\beta = -0.19884$에서 동일하지만 $\beta = 0$에서 완전히 다르다.
2. $\beta < -0.19884$의 경우, 벽 구배 f''_0의 주어진 값에 대해 방정식 (4.93)에 대한 무한한 해가 존재할 수 있다. 예를 들어, 그림 4.17(b)는 Libby와 Liu(1967)에 의해 계산된 $f''_0 = 0$의 분포들을 보여준다. $\beta \approx -5.3$, -6.3 등의 경우 Stewartson(1954)은 이 β 범위의 모든 해가 경계층의 특정 지점에서 속도 오버슈트, 즉 $f' > 1$을 표시해야 함을 증명했다.

이러한 언급의 요지는 그림 4.17(a)에 나와 있다. 여기서 Libby와 Liu(1967)가 발견한 음의 β

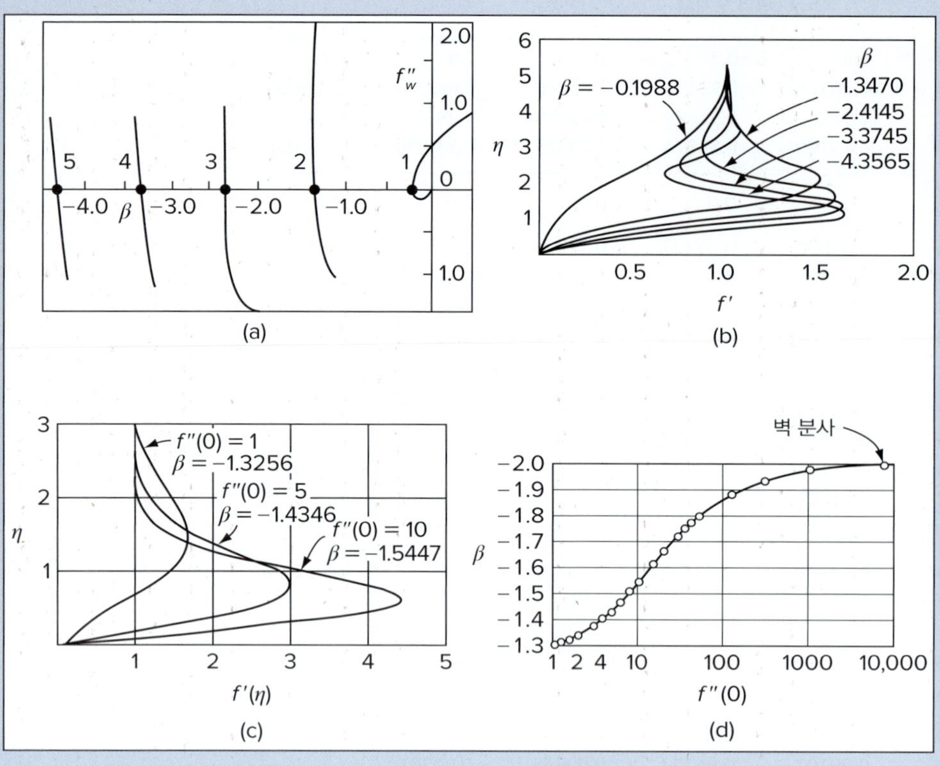

그림 4.17
음의 β에 대한 Falkner-Skan 해의 다중성. (a) Libby와 Liu(1967)가 발견한 음의 β에 대한 해의 다섯 가지 분기, (b) (a)에서 뚜렷하게 표시된 5개의 절편에 해당하는 5개의 분리 분포, (c) 역류가 없는 3개의 오버슈트 분포, 분기 2를 따라 위로 이동하며 계산됨[Steinheuer(1968)], (d) 해는 Steinheuer(1968)에 의해 계산된 상위 분기 2를 따라 설정되며 Glauert(1956)가 제시한 벽 분사 해에 대한 점근적 접근을 보여준다.

에 대한 해의 처음 5개 분기에 대해 β의 극좌표 플롯이 f''_0에 대해 나타난다. 그림 4.17(c)는 Steinheuer(1968)에 의해 계산된 분기 2를 따라 $f''_0 > 0$에 대한 일부 분포를 보여준다. 이들은 분리 분포와 마찬가지로 오버슈트를 포함하지만 역류는 없다. Libby와 Liu(1967)는 이러한 분포를 벽 분출의 유동에 비유했다. 실제로, $f''(0)$이 그림 4.17(a)의 분기 2를 따라 매우 커지면 β는 22.0에 접근하고 Steinheuer(1968)가 지적한 바와 같이 속도 분포는 Glauert(1956)가 발견한 층류 벽 분사 해와 동일하게 된다. 이 효과는 그림 4.17(c) 및 (d)에 나타나 있다.

4-3.4 Falkner-Skan 유동의 열전달

소산을 무시하고 벽과 유체 온도를 일정하다고 가정하면 4-3.2절은 정확히 같은 형태가 된다.

$$\Theta'' + Prf(\eta, \beta)\Theta' = 0 \tag{4.98}$$

이때 $\Theta = (T - T_e)/(T_w - T_e)$ 이전과 같다. 여기서 $f(\eta, \beta)$는 Falkner-Skan 유동함수[식 (4.96)의 결과값 Y_3]로 다음과 같이 정의된다.

$$\psi(x, y) = \sqrt{\frac{2\nu xU(x)}{m+1}}f(\eta) \tag{4.99}$$

Blasius 유동함수와 관련하여 식 (4.58)의 '2' 계수가 이제 $(m + 1)$로 나뉜다. 해는 식 (4.80)으로 주어지며, 국부 Nusselt 수는 다음과 같은 형태로 쓸 수 있다.

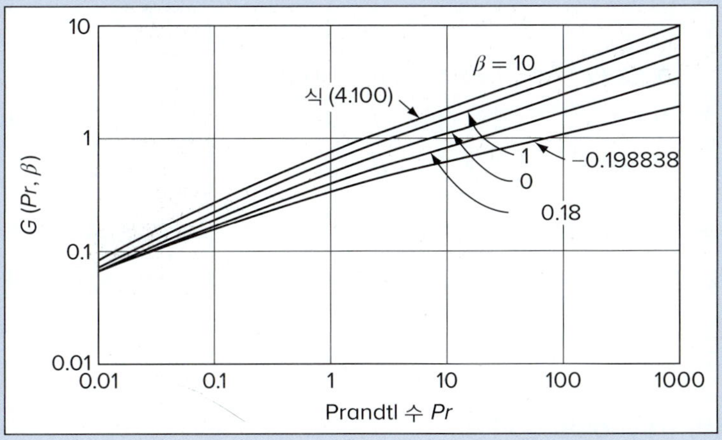

그림 4.18
벽 온도가 일정하고 소산을 무시할 수 있을 때, Falkner-Skan 유사성에 대한 열전달 매개변수

표 4.7 식 (4.100)의 열전달 매개변수 G(*Pr*, *β*)의 수치값

	β	−0.19884	−0.18	0.0	0.3	1.0	2.0	10.0
	f_0''	0.0	0.12864	0.46960	0.77476	1.23259	1.68722	3.67523
	Pr η^*	2.35885	1.87157	1.21678	0.91099	0.64790	0.49743	0.24077
	0.001	0.02383	0.02410	0.02449	0.02467	0.02483	0.02492	0.02508
	0.003	0.03967	0.04047	0.04154	0.04206	0.04252	0.04278	0.04325
	0.006	0.05409	0.05555	0.05759	0.05859	0.05947	0.05999	0.06091
	0.01	0.06745	0.06972	0.07296	0.07455	0.07597	0.07681	0.07831
	0.03	0.10547	0.11109	0.11935	0.12353	0.12734	0.12972	0.13385
	0.06	0.13666	0.14619	0.16050	0.16791	0.17480	0.17903	0.18693
	0.1	0.16339	0.17709	0.19803	0.20908	0.21950	0.22600	0.23843
	0.3	0.23180	0.25971	0.30371	0.32783	0.35147	0.36681	0.39801
	0.6	0.28318	0.32498	0.39168	0.42892	0.46633	0.49130	0.54459
공기	0.72	0.29777	0.34400	0.41786	0.45929	0.50113	0.52928	0.59054
	1.0	0.32581	0.38112	0.46960	0.51952	0.57047	0.60520	0.68219
	2.0	0.39145	0.47090	0.59723	0.66905	0.74372	0.79599	0.91815
	3.0	0.43478	0.53224	0.68596	0.77344	0.86522	0.93036	1.0872
	6.0	0.51896	0.65591	0.86728	0.98727	1.1147	1.2069	1.4396
	10.0	0.59054	0.76545	1.02974	1.1791	1.3388	1.4557	1.7597
	30.0	0.77839	1.0703	1.4873	1.7198	1.9706	2.1577	2.6682
	60.0	0.92602	1.3260	1.8746	2.1776	2.5054	2.7520	3.4395
	100.0	1.0523	1.5550	2.2229	2.5892	2.9863	3.2863	4.1332
	400.0	1.4885	2.4098	3.5292	4.1331	4.7894	5.2890	6.7332
	1000.0	1.8717	3.2319	4.7901	5.6230	6.5291	7.2212	9.2401
	4000.0	2.6471	5.0631	7.6039	8.9481	10.4112	11.5320	14.8312
	10,000.0	3.3285	6.8289	10.3201	12.1577	14.1583	15.6928	20.2262

$$Nu_x = \sqrt{\tfrac{1}{2}(m+1)}G(Pr,\beta)Re_x^{1/2} \quad \text{및} \quad \frac{1}{G(Pr,\beta)} = \int_0^\infty \exp\left(-Pr\int_0^\eta f ds\right) d\eta \qquad (4.100)$$

여기서 $Re_x = xU(x)/\nu$이다. 다양한 β값에 대한 $G(Pr, \beta)$ 도식이 그림 4.18에 나와 있고 표 4.7에 목록화되어 있다. 주어진 β에 대해 Pr의 변동은 식 (4.84)에서와 같이 거의 거듭제곱 법칙이다. 세

가지 흥미로운 경우는 다음과 같다.

$$\frac{Nu_x}{Re_x^{1/2}} \approx \begin{cases} 0.220Pr^{0.27} & (\text{박리 유동}, \beta = -0.1988) \\ 0.332Pr^{1/3} & (\text{평판 유동}, \beta = 0) \\ 0.570Pr^{0.4} & (\text{정체 유동}, \beta = 1) \end{cases} \tag{4.101}$$

표면 마찰이 0인 박리 유동에서는 상당한 열전달이 일어난다. 사실, 예를 들어 둔각 체적의 후면을 따르는 유동과 같이 일반적으로 유사하지 않은 박리 유동 영역에서의 열전달은 층류 및 난류 모두에 대해 상당히 많이 발생한다.

4-3.5 압력 구배 함수로서의 Reynolds 상사성

3-8.1.5절에서 정체 유동은 마찰과 열전달 사이에 비례 관계가 있음을 보았다. 유사한 Reynolds 상사성은 평판 유동에서도 나타난다. 식 (4.70)을 식 (4.84)로 나누면 다음과 같다.

$$\frac{C_f}{C_h}(\text{평판}) = 2Pr^{2/3} \tag{4.102}$$

이것은 Reynolds 수에 관계없이 층류 또는 난류 모두에 유효한 순수한 비례 관계이다. 덕트 유동과 같은 다른(비슷하지 않은, 평판이 아닌) 구성에서 근삿값으로 자주 사용된다. 그럼에도 불구하고 식 (4.101)은 신중하게 고려해야 하는 압력 구배 효과가 있음을 알려준다.

Reynolds 상사성이 Falkner-Skan 해에 적용되는지 본다. 이러한 유동에 대한 표면 마찰은 다음과 같이 주어진다.

$$C_f(x) = \frac{2\mu(\partial u/\partial y)_w}{\rho U^2(x)} = f''_0\sqrt{\frac{2(1+m)\nu}{Ux}} \tag{4.103}$$

Stanton 수 C_h는 식 (3.15)와 부록 H2에 주어진다. Prandtl 수가 1일 때 근처에서 일반적인 거듭제곱 법칙 근사를 적용하면 다음을 얻을 수 있다.

$$G(Pr, \beta) \approx G(1, \beta)Pr^{1/3} \tag{4.104}$$

Falkner-Skan 유동에서 열전달에 대한 표면 마찰의 비율이 다음과 같이 적절하게 표현될 수 있음을 발견했다.

기체: $$\frac{C_f(x)}{C_h(x)} \approx 2Pr^{2/3}\frac{f''_0}{G(1, \beta)} \tag{4.105}$$

그리고 단순한 Reynolds 상사성은 $f''_0/G(1, \beta)$ 인자가 1인 경우에만 유효하며, 이는 $\beta = 0$일 때에 해당한다. 하지만 이 '상사성 인자'는 그림 4.19에 나타난 것처럼 β값에 크게 영향을 받는다. $C_f = 0$이지만 C_h가 유한한 박리점에서 0이고, β가 커질수록 무한히 증가한다. 따라서 상사성은 거의 0에 가까운 압력 구배에 대해서만 적용할 수 있다. 이와 유사하지 않은 유동이나 벽 온도가 변하는 경우 더욱 적용 불가능하다.

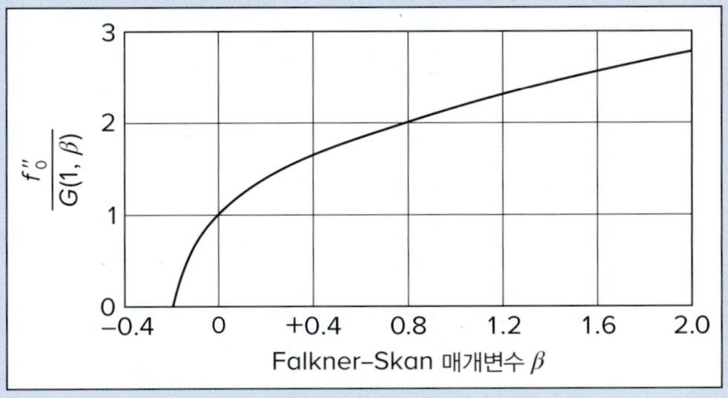

그림 4.19
Falkner-Skan 해에 대한 압력 구배 β가 있는 방정식 (4.105)의 Reynolds 상사성 변화

4-3.6 벽에서 흡입 또는 분출 유동이 있는 평판

Blasius 해는 벽에서의 유속이 0이 아닌 $v_w \ll U$인 경우, 이를테면 양수(분출) 또는 음수(흡입)의 유속까지 확장할 수 있다. 유동 방향 벽 속도 $u_w = 0$은 점착 조건을 충족한다. 이 모델은 물질 전달, 건조, 절제, 증산 냉각, 벽 분출, 추진제 연소 및 경계층 제어와 관련된 많은 문제에 실제 적용된다. 상사성을 위해 특정 변형 $v_w(x)$만 허용된다. 식 (4.59)에서 $\eta = 0$일 때 벽 속도는 $v_w = -f(0)\sqrt{\nu U/(2x)}$로 쓸 수 있다. 따라서 흡입(suction) 및 분출(blowing)은 Blasius 유동함수의 0이 아닌 값 $f(0)$으로 시뮬레이션할 수 있으며 v_w는 $x^{-1/2}$로 바뀌어야 한다. Blasius 방정식 (4.60)을 다음과 같이 푼다.

$$f'(0) = 0, \quad f''(\infty) = 1 \quad \text{및} \quad f(0) \neq 0 \tag{4.106}$$

결과는 흡입-분출 매개변수 v_w^*에 따라 달라진다. 여기서

$$v_w^* = \frac{v_w}{U}\sqrt{Re_x} = \frac{-f(0)}{\sqrt{2}} \tag{4.107}$$

Schlichting과 Bussmann(1943)이 관련된 운동량 문제를 연구했으며, Hartnett과 Eckert(1957)가 열전달 결과를 추가하였다.

그림 4.20은 v_w와 Pr의 다른 값에 대한 기본 결과를 보여준다. 분명히 그림 4.20(a)의 속도 분포는 v_w^*의 영향을 크게 받는다. 흡입으로 인해 경계층이 얇아지면서 벽 기울기(마찰 및 열전달)가 크게 증가한다. 한편, 흡입 분포는 순구배와 같이 강한 음의 곡률을 가지며, 이러한 안정성으로 인해 전환이 지연된다(그림 5.12 참조). 반면에 분출은 경계층을 두꺼워지게 하고 분포를 S자형으로 만들며 덜 안정적이고 난류로 전환되기 쉽게 한다(그림 5.12 참조). $v_w^* = +0.619$의 유한값에서 해는 $y = 0$에서 $\partial u/\partial y = 0$을 도출하고 모든 유한 y에 대해 $u = 0$이다. 경계층은 열전달과 마찰을 모두 억제하는 벽 주입 효과에 의해 "날아간다"고 한다. 물론 이 극단적인 경우에는 경계층 근사는 적절하지 않다. 그림 4.20(b)는 열전달 $Nu_x/\sqrt{Re_x}$ 대 흡입-분출 매개변수를 나타낸다. Prandtl 수의 영향은 적어도 기체에 대해서는 미미한 것으로 보인다. 그림 4.20(b)의 점선은 또한 표면 마찰 $C_f/2$를 나타내며, 특히 평판 유동에서 $Pr = 1$일 때 Reynolds 상사성이 정확해진다.

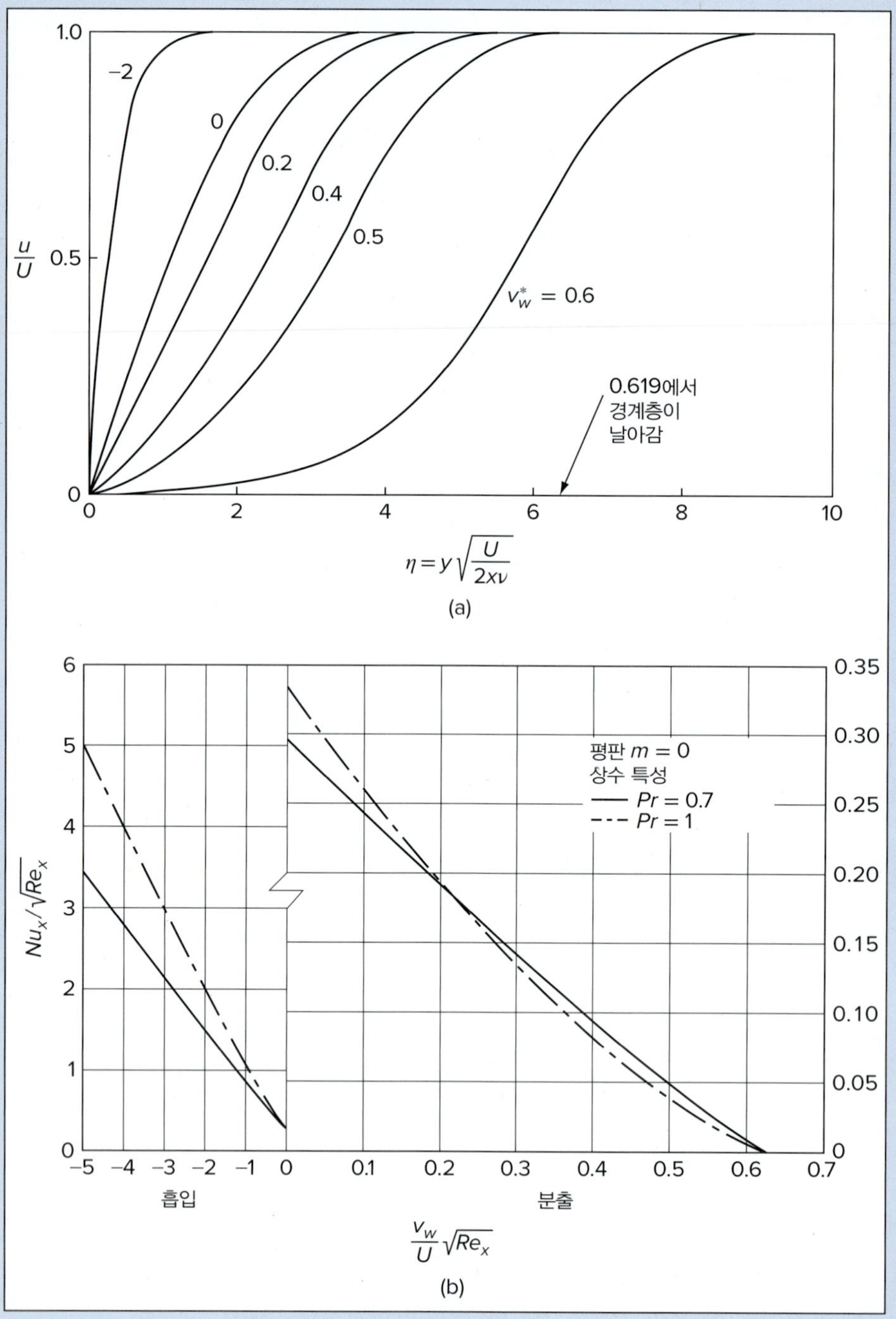

그림 4.20
흡입 또는 분출이 있는 평판 유동. (a) 속도 분포, (b) 국부적 열전달률[Hartnett과 Eckert (1957)]

4-3.7 흡입점을 향한 유동

그림 4.15는 $m = -1$에서 $\beta = +\infty$의 경우가 흡입점을 향한 유동에 해당한다는 것을 보여준다. 그러나 Falkner-Skan 접근법은 $m = -1$일 때 식 (4.92)의 유사성 변수가 사라지기 때문에 적합하지 않다. 이 경우 유사성 변수를 재정의하는 것이 해결 방법이다. 사실, 그림 4.21(a)의 흡입점 좌표의 경우 다음을 사용하는 것이 적절하다.

$$U(x) = -\frac{K}{x} \tag{4.108}$$

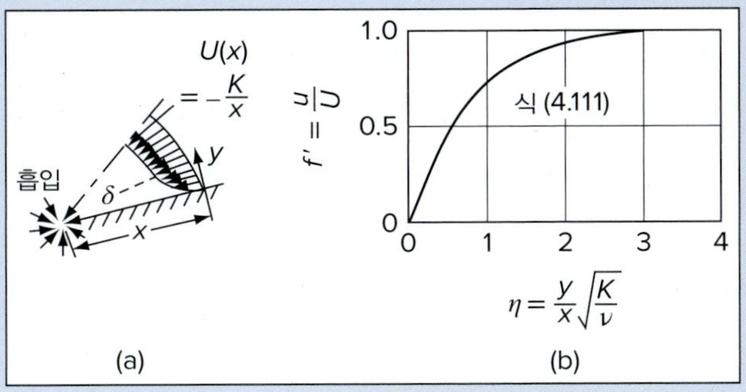

그림 4.21
흡입점에 대한 경계층 유사해. (a) 구조, (b) 해

식 (4.90)에 대한 이후 비교는 η가 y/x에 비례하는 경우 상사성이 적용될 수 있음을 보여준다. 따라서 다음을 사용한다.

$$\eta_{\text{point sink}} = \sqrt{\frac{K}{\nu}}\frac{y}{x} \tag{4.109}$$

식 (4.89)에 대입하면 세 가지 경계 조건이 있는 수렴 채널로의 유동에 대한 3차 미분 방정식이 생성된다.

$$f(0) = f'(0) = 0 \quad \text{그리고} \quad f'(\infty) = 1\text{일 때} \quad f''' - f'^2 + 1 = 0 \tag{4.110}$$

이 문제에 대한 정확한 해는, 즉

$$f' = \frac{u}{U} = 3\tanh^2\left(\frac{\eta}{\sqrt{2}} + \tanh^{-1}\sqrt{\frac{2}{3}}\right) - 2 \tag{4.111}$$

와 같으며 여기서 상수 $\tanh^{-1}\sqrt{2/3} = 1.146$이다. 이 관계는 그림 4.21(b)에 나와 있으며, 여기서 $\eta \approx 3.4$에서 $f' = 0.99$임을 확인할 수 있다. 이를 통해 해당 역제곱근 관계를 추론할 수 있다.

흡입점: $$\frac{\delta}{x} = \frac{3.3913}{\sqrt{-Ux/\nu}} \tag{4.112}$$

분수 아래의 빼기 기호는 그림 4.21(a)에서와 같이 U가 x와 반대 관계임을 보여준다. 흥미롭게도, 그림 4.21(b)의 흡입-유동 분포는 큰 음의 αRe에 대한 3-8.3.1절의 Jeffery-Hamel 쐐기-유동 분포를 재현한다(그림 3.41에서 $\alpha Re = -100$에 대한 분포 참조). 그러나 η는 Jeffery-Hamel 운동과는 상당히 다르게 정의된다.

4-4 자유 전단 유동

자유 전단층은 개방된 주변 유체에서 발달하고 퍼질 수 있으므로 벽의 영향을 받지 않는다. 여기에 속도 구배가 형성되는데, 이는 대류 감속이 있는 상태에서 점성 확산으로 흐름을 매끄럽게 하려는 일부 상류 메커니즘에 의해 생성된다. 세 가지 예는 (1) 평행하게 움직이는 유동 사이의 자유 전단층, (2) 분사(jet), (3) 유동에 잠긴 물체 뒤의 후류이다.

x방향의 자유 전단 속도를 u로 두자. Reynolds 수가 크면 경계층 근삿값은 $v \ll u$, $\partial u/\partial x \ll \partial u/\partial y$ 및 $\partial p/\partial y \approx 0$으로 유지된다. 나아가 경계벽이 없기 때문에, $dp/dx \approx 0$이므로 평면 자유 전단 유동은 점착 조건을 적용하는 벽이 없다는 점을 제외하고는 다음 평판 방정식을 충족한다.

$$\frac{\partial u}{\partial x} + \frac{\partial v}{\partial y} = 0 \quad \text{및} \quad u\frac{\partial u}{\partial x} + v\frac{\partial u}{\partial y} \approx \nu\frac{\partial^2 u}{\partial y^2} \tag{4.113}$$

속도 구배를 유발하는 교란의 바로 하류(예, 2개의 평행한 유동이 만나는 지점, 분사 출구 및 잠긴 체적의 후면)에서, 유동은 발달하고 유사하지 않을 것이다. 더 하류로 갈수록 유동은 비슷할 것이고 속도 분포는 적절하게 조정될 때 모두 비슷하게 보일 것이다. 여기에서는 전단층, 분사 및 후류에 대한 유사한 해에 대해서만 논의한다.

4-4.1 2개의 서로 다른 유동 사이의 자유 전단층

그림 4.22(a)는 $x = 0$에서 만나는 2개의 평행하고 균일한 유동인 U_1(위쪽)과 U_2(아래쪽)를 보여준다. 하류로 이동함에 따라 U_1과 U_2 사이의 불연속성은 점도에 의해 그들 사이의 S자형 자유 전단층으로 부드럽게 된다. 가장 간단한 응용은 슬롯에서 대기로 나오는 평면 기류와 같이 $U_2 = 0$인 경우이다. Lock(1951)은 이 물리적 설정을 그림 4.22(a)에 나와 있는 것처럼 물리적 특성 (ρ_1, μ_1)과 (ρ_2, μ_2)를 가진 2개의 다른 유체로 일반화했다. 그는 다음을 사용하여 각 유동에 대해 Blasius 유형 유사성 변수를 정의했다.

$$\eta_j = y\sqrt{\frac{U_1}{2x\nu_j}} \quad \text{및} \quad f_j' = \frac{u_j}{U_1}, \qquad j = 1, 2 \tag{4.114}$$

두 변수 모두 U_j가 아닌 U_1으로 나타난다. 식 (4.114)에 대입하면 각 층에 대해 Blasius 유형 방정식이 나온다.

$$f_j''' + f_j f_j'' = 0, \qquad j = 1, 2 \tag{4.115}$$

경계 조건은 세 가지 유형을 고려할 수 있다. 첫째, 멀리 떨어진 두 유동 속도의 점진적 값을 지정할 수 있는데, 여기서 U_1과 U_2가 자유 전단층 위와 아래에서 회복된다. 이 조건은 다음과 같이 나타낼 수 있다.

$$f_1'(+\infty) = 1 \quad \text{및} \quad f_2'(-\infty) = U_2/U_1 \tag{4.116}$$

둘째, $\eta_j = 0$인 계면에서 동적 상등, $u_1 = u_2$ 및 $v_1 = v_2$가 있어야 한다.

$$f_1(0) = f_2(0) = 0 \quad \text{및} \quad f_1'(0) = f_2'(0) = 0 \tag{4.117}$$

셋째, 계면에서 전단 응력이 동일해야 한다.

$$\mu_1\frac{\partial u_1}{\partial y}(0) = \mu_2\frac{\partial u_2}{\partial y}(0) \quad \text{또는} \quad f_1''(0) = k^{1/2}f_2''(0), \qquad k = \frac{\rho_2\mu_2}{\rho_1\mu_1} \tag{4.118}$$

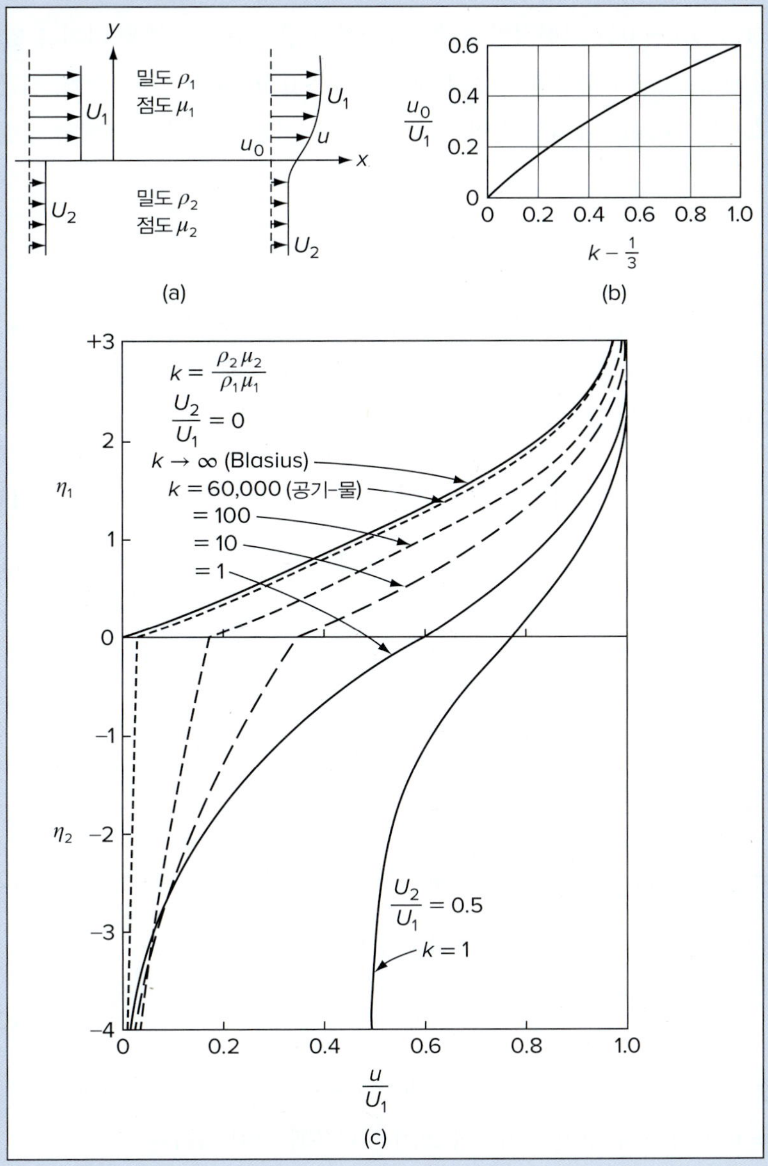

그림 4.22
속성이 다른 2개의 평행한 유동 사이의 속도 분포. (a) 구조, (b) 경계면에서의 속도(U_2 = 0), (c) 대표적인 속도 분포 [Lock(1951), The Clarendon Press, Oxford의 허가 받음]

이 마지막 조건은 $y = \eta_1\sqrt{2x\nu_1 / U_1} = \eta_2\sqrt{2x\nu_2 / U_1}$의 상등관계에서 비롯되는데, 이것은

$$\frac{\partial(U_1 f_1')}{\partial\left(\eta_1\sqrt{2x\nu_1/U_1}\right)}(0) = \frac{\mu_2}{\mu_1}\frac{\partial(U_1 f_2')}{\partial\left(\eta_2\sqrt{2x\nu_2/U_1}\right)}(0)\text{이며,}\quad \text{따라서}\ \frac{d(f_1')}{d(\eta_1\sqrt{\nu_1})}(0) = \frac{\mu_2}{\mu_1}\frac{d(f_2')}{d(\eta_2\sqrt{\nu_2})}(0)$$

를 가능하게 한다. 두 유체 사이의 물질 전달을 무시하기 때문에 가장 실용적인 경우는 $k = 1$(동일한 유체) 또는 $k \gg 1$에 해당하는 액체 위를 흐르는 기체다. 공기-물 계면의 경우 $k \approx 60{,}000$ 또는 $k^{1/2} \approx 245$이다.

다른 k값에 대해 Lock(1951)이 계산한 일부 해가 그림 4.22(c)에 나와 있다. k가 증가할수록 하위층은 더 느리게 이동한다. $k = 60{,}000$인 공기-물 사례는 호수나 바다에서 표층의 느린 '바람에 의한' 움직임을 설명할 수 있는 좋은 물리적 증거를 제공한다. $U_2 = 0$일 때의 계면 속도는 k의 함수로 그림 4.22(b)에 나와 있다.

그림 4.22(c)에서 $k = 1$ 및 $U_2 = 0$인 고전적인 경우는 두 가지 흥미로운 측면을 가지고 있다. 첫째, 비대칭이다. 두 층의 대류 감속이 다르기 때문에 계면 속도는 $0.5U_1$보다 크다. 둘째, 점근값 $f_2(-\infty)/\sqrt{2} = -0.619$로, 그림 4.20(a)에서와 같이 경계층이 '날아가는' 음의 무한대에서 평판을 나타낸다.

4-4.2 평면 층류 분사

그림 4.23과 같이 $x = 0$인 (2차원) 슬롯에서 정지한(동일한) 유체로 나오는 평면 분사를 고려해 보자. 분사는 일정한 압력에서 퍼지고 경계 벽이 없기 때문에 모든 축에 대해서 일정한 운동량 플럭스를 유지하면서 식 (4.113)을 충족해야 한다.

$$J = \rho \int_{-\infty}^{+\infty} u^2 dy = \text{상수} \tag{4.119}$$

이는 일정한 압력 검사 체적에 대한 식 (4.5)의 항력과 자유 유동이 없는 상황이다. Schlichting (1933a)은 경계층 근사가 유효하면 분사 유입이 x의 3차 근으로 퍼지고 적절한 유동함수가 다음과 같다는 것을 보여준다.

$$\psi = \nu^{1/2} x^{1/3} f(\eta), \qquad \eta = \frac{y}{3\nu^{1/2} x^{2/3}} \tag{4.120}$$

해당 속도 성분은 다음과 같이 쓸 수 있다.

$$u = \tfrac{1}{3} x^{-1/3} f'(\eta) \quad \text{및} \quad v = -\tfrac{1}{3} \nu^{1/2} x^{-2/3} (f - 2\eta f') \tag{4.121}$$

이 표현식을 식 (4.113)에 대입하고 대수 계산을 하여 다음을 얻는다.

$$f''' + ff'' + f'^2 = 0 \tag{4.122}$$

평면 층류 분사에 대한 경계 조건은 x축에 대한 대칭이며(즉 $y = 0$에서 $v = 0$ 및 $\partial u/\partial y = 0$), 뿐만 아니라 $y \to \infty$에서 $u = 0$인 정지 유체이다. 이러한 조건은 다음과 같이 나타낸다.

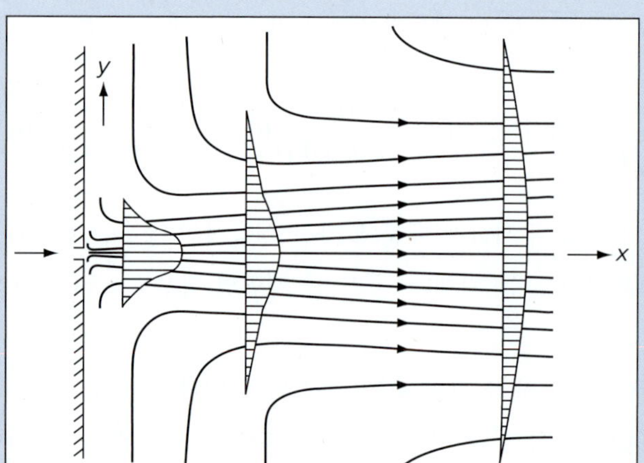

그림 4.23
2차원 층류 자유 분사에 대한 정의 스케치
[Schlichting(1933a)]

$$f(0) = f''(0) = 0 \quad \text{및} \quad f'(\infty) = 0 \tag{4.123}$$

모든 균일한 경계 조건에서 방정식에 대한 추진력이 없는 것처럼 보인다. 다시 생각해 보면 3장의 Jeffery-Hamel 쐐기 유동과 유사하게 추진력이 운동량 플럭스인 J임을 알 수 있다.

식 (4.122)는 Falkner-Skan 방정식 (4.93)과 동일한 2개의 비선형성을 포함한다. 그러나 이 경우 Schlichting(1933a)은 놀랍도록 간단하면서도 정확한 분석 해를 얻을 수 있다.

$$f(\eta) = 2a\tanh(a\eta) \quad \text{및} \quad f'(\eta) = 2a^2\text{sech}^2(a\eta) \tag{4.124}$$

여기서 분사 속도 분포는 Gauss 확률 분포를 연상시키는 대칭 $\text{sech}^2 y \approx 4e^{-2y}$ 모양을 갖는다. 상수는 식 (4.119)에서 운동량 플럭스 J를 고려하여 결정된다.

$$J = \rho\int_{-\infty}^{+\infty}\left(\frac{2a^2}{3x^{1/3}}\text{sech}^2 a\eta\right)^2 3\nu^{1/2}x^{2/3}d\eta = \frac{16}{9}\rho\nu^{1/2}a^3$$

$$\text{또는} \qquad a = \left(\frac{9J}{16\sqrt{\rho\mu}}\right)^{1/3} \approx 0.8255\frac{J^{1/3}}{(\rho\mu)^{1/6}} \tag{4.125}$$

$\text{sech}(0) = 1$이므로 최대 중심선 속도는 다음과 같이 계산할 수 있다.

$$u_{\max} = \frac{2a^2}{3x^{1/3}} = \frac{2}{3}\left(\frac{9}{16}\right)^{2/3}\frac{J^{2/3}}{(\rho\mu x)^{1/3}} \approx 0.4543\left(\frac{J^2}{\rho\mu x}\right)^{1/3} \tag{4.126}$$

분명히 분사는 중심선 속도가 $x^{-1/3}$로 떨어지는 동안 확산된다. 해당 속도 분포는 다음과 같이 주어질 수 있다.

$$u(x, y) = u_{\max}\text{sech}^2 a\eta = u_{\max}\,\text{sech}^2\left[0.2752\left(\frac{\rho J}{\mu^2 x^2}\right)^{1/3} y\right] \tag{4.127}$$

분사의 폭을 $u = 0.01\ u_{\max}$인 거리 y의 두 배로 정의할 수 있다. $\text{sech}^2 3 \approx 0.01$임을 주목하면,

$$\text{분사 폭:} \qquad b = 2y|_{1\%} \approx 21.8\left(\frac{\mu^2}{\rho J}\right)^{1/3} x^{2/3} \tag{4.128}$$

따라서 분사가 $x^{2/3}$으로 퍼진다는 것을 알 수 있다. 수직면을 가로지르는 질량 유량은 다음과 같이 주어진다.

$$\dot{m} = \rho\int_{-\infty}^{+\infty} u\,dy = (36\mu\rho Jx)^{1/3} \approx 3.302(\mu\rho Jx)^{1/3} \tag{4.129}$$

분사가 주변 유체를 끌어당겨 같이 이동함에 따라 $x^{1/3}$으로 증가하는 것으로 보인다. 이 결과는 큰 x에서는 정확하지만 분사가 발생하는 때인 $x = 0$에서 $\dot{m} = 0$이라는 잘못된 의미를 내포한다. 그 이유는 Reynolds 수가 작고 단위깊이당 적절한 Reynolds 수가 $\dot{m}/\mu \sim (\rho Jx/\mu^2)^{1/3}$인 경우 경계층 근사가 실패하기 때문이다. $\rho Jx/\mu^2$의 작은 값에 대해 해가 악화되기 때문에 경계층 이론을 사용하

여 분사 출구 근처의 유동 세부사항을 확인할 수 없다.

분사 속도 분포는 변곡점이 있는 S자형이기 때문에 출구 폭과 평균 슬롯 속도를 기준으로 약 30의 Reynolds 수에서 불안정하고 일찍 난류로 전환된다. 문헌[Pai(1954)]에 층류 분사에 대한 추가 분석이 있지만 분사는 난류일 가능성이 더 높다. 난류 분사 분석 및 실험에 대한 교과서에는 Abramovich(1963), Schetz(1980) 및 Morris 등(2002)이 있다. 축대칭(둥근) 분사와 후류의 분석은 4-10절에서 논의할 것이다.

4-4.3 평면 층류 후류: 원거리장 근사

후류는 그림 4.24와 같이 잠긴 물체 뒤의 유속 결함이다. 그림 4.24의 유동에 평행한 익형과 같이 양력이 0인 날씬한 평면 체적은 하류에서 단조롭게 감소하는 속도 결함 u_1이 있는 부드러운 후류를 생성한다. 원통과 같은 뭉툭한 체적에는 von Kármán 소용돌이 거리와 같이 교차하며 흐르는 소용돌이 구조에 의해 왜곡된 후류를 형성하며, 그림 4.24는 시간에 대해 평균 후류를 나타낸다.

그림 4.24의 체적 하류에서 후류는 발달하는 동안에는 유사하지 않다. 하류에서 체적 길이의 약 세 배 길이 동안 후류는 자기 유사 분포로 발전한다. 여기서는 속도 결함이 매우 작다고 가정하여 전개된 후류에 대한 간단한 원거리 근사를 한다.

$$u_1(x, y) = U_0 - u(x, y) \ll U_0 \tag{4.130}$$

이 경우 대류 가속도는 Oseen 근사[3-9.4절]에 따라 선형화될 수 있다. 운동량 방정식 (4.113)은 다음과 같이 단순화된다.

$$u_1(x, \pm\infty) = 0, \quad \frac{\partial u_1}{\partial x}(x, 0) = 0\text{일 때} \quad U_0\frac{\partial u_1}{\partial x} \approx \nu\frac{\partial^2 u_1}{\partial y^2} \tag{4.131}$$

그 결과 선형, 포물선, 열전도 유형 방정식은 간단하게 풀 수 있수 있고, B가 상수일 때 다음을 얻는다.

$$u_1 = \frac{BU_0}{\sqrt{x}}\exp\left(-\frac{U_0 y^2}{4x\nu}\right) \tag{4.132}$$

그러면 원거리장에서 후류는 $x^{-1/2}$로 감소하는 중심선 값을 갖는 Gauss 속도 분포를 나타낸다. 상

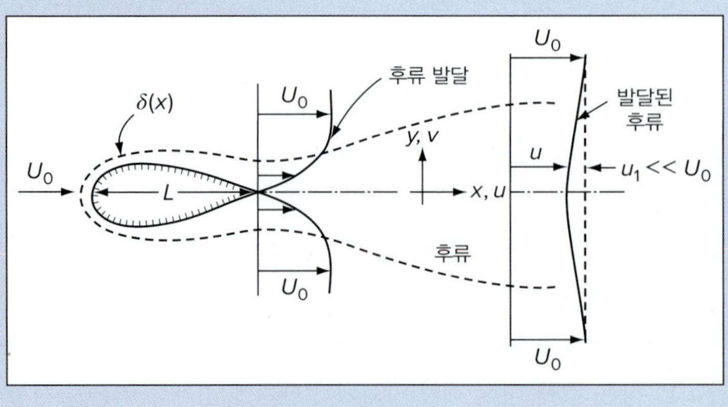

그림 4.24
유동에 잠긴 물체의 후류 유동

수 B는 후류에서 단위깊이당 체적 항력 F가 운동량 플럭스 결함의 균형을 유지해야 한다는 조건에서 도출할 수 있다.

$$F = \int_{-\infty}^{+\infty} \rho u u_1 dy \approx \rho U_0 \int_{-\infty}^{+\infty} u_1 dy = 2\rho U_0^2 B \sqrt{\frac{\pi \nu}{U_0}} \tag{4.133}$$

한편, 이 힘은 다음을 사용하여 체적 항력 계수와 관련될 수 있다.

$$F = \tfrac{1}{2} C_D \rho U_0^2 L$$

이 식을 식 (4.133)과 같다고 두고 B에 대하여 풀면 후류 속도는 다음과 같은 형식으로 나타낼 수 있다.

$$\frac{u_1}{U_0} = C_D \left(\frac{Re_L}{16\pi}\right)^{1/2} \left(\frac{L}{x}\right)^{1/2} \exp\left(-\frac{U_0 y^2}{4x\nu}\right) \tag{4.134}$$

여기서 $Re_L = U_0 L/\nu$는 체적 Reynolds 수를 나타낸다. 따라서 후류 결함은 체적 항력 계수에 비례한다. 양면이 젖어 있는 평판의 경우 식 (4.71)에서 $C_D = 2.656/\sqrt{Re_L}$이고 중심선 속도 결함은 다음과 같다.

$$\left.\frac{u_1(x, 0)}{U_0}\right|_{\text{flat plate}} = \frac{0.664}{\sqrt{\pi}} \left(\frac{L}{x}\right)^{1/2} \tag{4.135}$$

이는 Tollmien(1931)이 제공한 결과로 $x > 3L$에 대해 유효하다.

근거리 및 3차원 구조와 압축성 유동을 포함한 층류 후류에 대한 정리는 Berger(1971)의 논문에서 볼 수 있다. 분사와 같이 후류는 불안정하고 실제로 층류보다 난류일 가능성이 더 크다.

4-5 기타 2차원 분석해

4-3절과 4-4절의 상사성 해는 하류로 이동할 때 분포 모양이 변하지 않는다는 점에서 매우 특별하다. 전형적인 유동은 유사하지 않을 가능성이 더 높기 때문에 역구배에서 순구배로, 그리고 다시 반대로 될 수도 있다. 예를 들어, 돌출부 근처에서 순구배를 갖는 원통 근처의 자유 유동은 후방으로 이동함에 따라 역구배(박리와 함께)로 지속적으로 바뀐다. 어떤 상사성 기술도 이러한 유동을 처리할 수 없다. 그러나 최근의 개인용 컴퓨터 시대에는 실제적인 모든 층류 자유 유동 분포를 빠르고 정확하게 계산할 수 있다. 돌이켜 보면, 유사하지 않은 경계층을 모델링하기 위해 세 가지 기본 접근 방식이 사용되었다.

1. 급수 전개 의한 분석적 연속. 예: Howarth(1938), Görtler(1957) 및 Meksyn(1961).
2. 대략적인 적분 방법—4-1.1절의 확장. 이러한 기술 중 인상적인 수는 Rosenhead(1963)에 의해 논의되었다. 여기서는 Thwaites(1949)의 간단하고 정확한 층류 상관 관계에 초점을 맞출 것이다.
3. 디지털 컴퓨터의 수치 모델링. 유한 차분 및 유한 요소 방법에 의존하는 이러한 수치 기술은 문

헌에 보고되어 있다[Schetz와 Bowersox(2011), Cebeci와 Cousteix(1998)].

적분 및 수치해석적 방법이 모든 새로운 문제를 처리할 수 있지만 두 가지 고전적인 해는 설명할 가치가 있다.

4-5.1 선형 감속 Howarth 유동

Howarth(1938)는 다음과 같이 단순한 감속의 유사하지 않은 자유 유동 분포에 대해 분석했다.

$$U(x) = U_0\left(1 - \frac{x}{L}\right) \tag{4.136}$$

이 분포는 역구배와 층류-경계-층 박리의 거동을 설명하는 역할을 한다. Howarth는 $y\sqrt{U_0/(\nu x)}$인 Blasius 유형 함수 계수를 사용하여 $x > L$에서 유동함수를 멱급수로 확장한다. 그는 7개의 항을 유지하고 그림 4.25처럼 속도 분포를 나타냈다. $x/L = 0$에 대한 곡선은 Blasius 분포를 나타내며, 이 분포의 하류 유동은 $x/L \approx 0.125$에서 박리가 발생하면서 분포가 점점 S자형이 된다.

급수 전개 접근 방식은 이제 더 이상 사용되지 않지만 경계층에 대한 가장 정확한 수치해조차도 박리 및 그 이상에서는 유효하지 않다. 외부 퍼텐셜 유동 $U(x)$가 어떻게 변하든, 박리점에서의 벽 전단 응력은 일반적으로 0, 즉 $\partial\tau_w/\partial n = 0$이 된다. 이를 Goldstein 특이점이라고 한다. Goldstein(1948)은 경계층 이론에서 벽 전단 응력이 박리 근처에서 제곱근 형태를 갖는다는 것을 보여주었다.

$$\mu\frac{\partial u}{\partial y}\bigg|_{y=0} = 상수(x_{\text{sep}} - x)^{1/2} \tag{4.137}$$

수학적으로는 흥미롭지만 이는 물리적으로 비현실적이며 경계층 이론의 근본적인 한계이다. 이 딜레마는 Sychev(1972)에 의해 해결되었으며, 자유 유선 퍼텐셜 이론[Milne-Thomson(1968)]은 박리의 바로 근처에서 경계층 근사를 재조정하여 특이점을 제거한다. 그러면 벽 전단 응력이 0까지 부드럽게 변한다. 박리 영역에서 고차 이론과 전체 Navier-Stokes 방정식은 경계층 근사를 대체할 수 있어야 한다. Sychev-Smith 이론은 자유 유선이 유동 박리를 유발하기에 충분한 역압 구배를 생성하는 둔각 체적 유동에 가장 적합하다[Schlichting 및 Gersten(2017) 14장 참조].

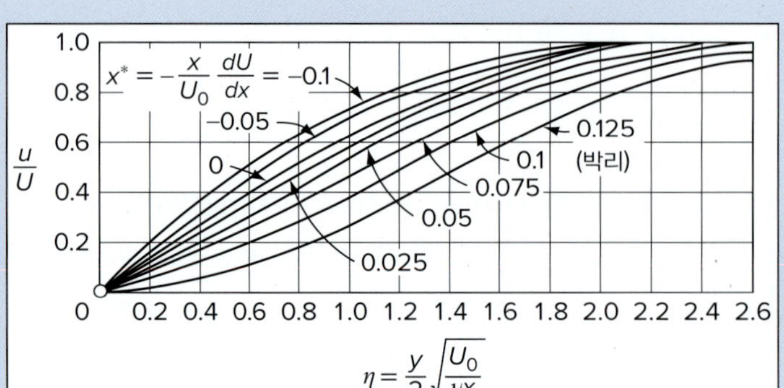

그림 4.25
선형으로 감속된 유동의 급수 전개를 통한 속도 분포, $U(x) = U_0(1 - x/L)$ [Howarth(1938)]

4-5.2 벽면에서 균일하게 유체를 흡입하는 평판

또 다른 중요한 일련의 해는 그림 4.26[Iglisch(1944)]에 묘사된 것처럼 유체가 균일하게 평판으로 흡입되면서 평판을 지나는 경계층 유동이다. 벽 흡입은 경계층 전환을 지연시키는 실용적인 접근 방식이므로, Iglisch는 일정한 압력에서 $\partial U/\partial x = 0$ 및 다음의 벽 흡입 경계 조건으로 경계층 방정식 (4.113)을 푼다.

$$u(x, 0) = 0 \qquad u(x, \infty) = U_\infty \qquad v(x, 0) = v_0 = \text{상수} < 0 \tag{4.138}$$

유동은 유사하지 않으며 그림 4.26의 속도 분포는 앞전에서 거의 Blasius 모양에서 멀리 하류로 갈수록 식 (3.158)의 점근 지수 분포로 변한다. 점근 조건은 약 $(-v_0/U_\infty)\sqrt{Re_x} \approx 2.0$에 도달한다. 흡입률이 $U_\infty = 10\ \text{m/s}$인 22°C의 공기에서 $(-v_0/U_\infty) = 0.001$인 일반적인 값을 갖는 경우,

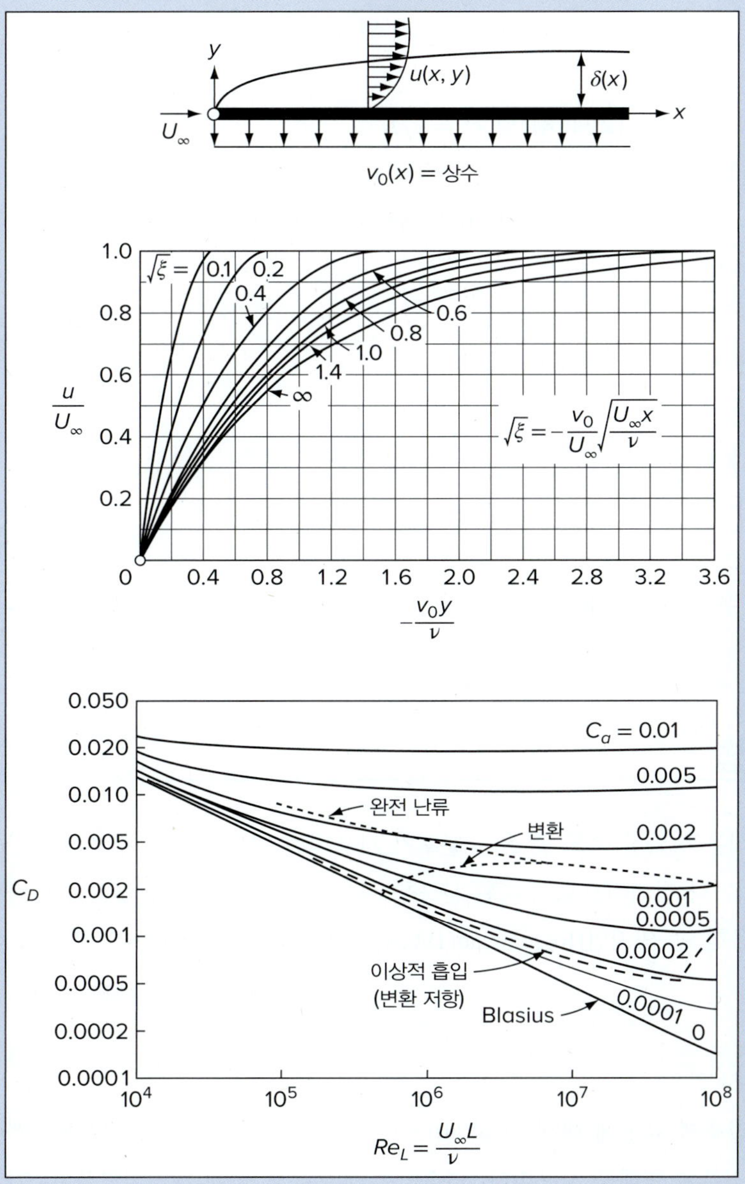

그림 4.26
균일한 흡입을 갖는 평판의 속도 분포 및 항력 계수[Iglisch(1994)]

이는 $x = 6$ m의 거리에 해당한다. 그러나 그림 4.26의 세 번째 차트는 흡입을 증가시키면 평판 항력이 증가함을 보여준다. 아마도 흡입으로 피하려고 하는 난류 항력보다 더 높을 수도 있다. 독자는 연습문제에서(그림 4.1과 유사한 검사 체적에서) 벽에서의 흡입이 벽을 통한 추가 접선 운동량을 흡수하여 판의 항력 계수를 증가시킨다는 것을 보여줄 수 있다.

$$C_D = \frac{1}{L}\int_0^L C_f(x)dx + 2C_0, \qquad C_0 = -\frac{v_0}{U_\infty} \tag{4.139}$$

여기서 C_f는 국부적인 점성 전단력 $2\tau_w/(\rho U_\infty^2)$를 의미한다. Iglisch의 항력 계산은 그림 4.26에 나와 있다. 점선은 5장의 전이 이론에 따라 층류를 유지하는 데 필요한 최소 흡입 지점의 궤적인 최적 흡입에 해당한다[Lachmann의 Wuest(1961) 참조].

4-5.3 기타 고전 분석해

특수 분포에 대한 경계층 방정식의 다른 출판된 고전해가 꽤 있다.

1. Tani(1949): $U = U_0(1 - x^{*n})$, $n = \{2, 4, 8\}$ 및 $x^* = x/L$
2. Görtler(1957): $U/U_0 = (1 - x^*)^n$, $n = \{\frac{1}{2}, 2\}$; $U/U_0 = (1 + x^*)^m$, $m = \{-1, -2, \cos x^*\}$
3. Curle(1958): $U = U_0(x^* - x^{*3} + ax^{*5})$, $a = \{0, 0.07885, -0.12156\}$
4. Terrill(1960): $U = U_0 \sin x^*$

그 중 두 가지는 비교 분석에 사용되는 실험이다.

5. Hiemenz(1911): 원형 원통을 지나는 유동
6. Schubauer(1935): 가느다란 타원형 원통을 지나는 유동

이러한 모든 층류는 박리로 유도되므로 대체 방법에 대한 효과적인 실험 사례로 사용할 수 있다.

4-6 근사 적분 방법

4-1절의 검사 체적 접근 방식은 정확한 속도 및 온도 분포가 사용되면 매우 정확한 추정값을 산출할 수 있다. 그러나 직관적이거나 합리적으로 추측된 분포를 사용하면 그 결과는 근삿값을 나타낸다. 다양한 적분 방법을 사용할 수 있지만[Rosenhead(1963)], 여기에서는 Thwaites의 방법을 다루고자 한다.

4-6.1 경계층 적분 방정식

모든 적분 방법은 2차원 비압축성 유동에 대해 식 (4.50)으로 이어지는 연속방정식, 운동량 및 에너지 방정식의 부분적으로 적분된 형태를 사용한다. 연속방정식은 유도 중에 제거되므로 두 가지

기본 방정식은 (1) 운동량 적분 관계[Kármán(1921)] 및 (2) 열에너지 적분 관계[Frankl(1934)]이다. 일부는 기계적 에너지 적분 관계[Leibenson(1935)]라고 하는 세 번째 방법도 사용한다. 기계적 에너지 방정식은 x운동량 방정식에 u를 곱한 것이다. 즉, 단순히 힘을 해당 힘이 수행한 일의 속도로 대체한다. 기본적인 관계는 아니지만 특히 난류 경계층의 경우 상관관계 도구로 유용할 수 있다.

경계층 방정식으로 y방향으로 직접 적분하여 적분 관계를 유도할 수 있다. 편의를 위해 여기 반복하여 나타내면 아래와 같다.

연속성: $$\frac{\partial u}{\partial x} + \frac{\partial v}{\partial y} = 0 \tag{4.50a}$$

운동량: $$\frac{\partial u}{\partial t} + u\frac{\partial u}{\partial x} + v\frac{\partial u}{\partial y} \approx \left(\frac{\partial U}{\partial t} + U\frac{\partial U}{\partial x}\right) + \frac{1}{\rho}\frac{\partial \tau}{\partial y} \tag{4.50b}$$

열에너지: $$\rho c_v\left(\frac{\partial T}{\partial t} + u\frac{\partial T}{\partial x} + v\frac{\partial T}{\partial y}\right) \approx -\frac{\partial q}{\partial y} + \tau\frac{\partial u}{\partial y} \tag{4.50c}$$

부력을 무시하였고 τ와 q는 전단 응력과 열 플럭스를 나타낸다. 이러한 방식으로 방정식은 난류 경계층에 대해 유효해진다. 층류의 경우, 간단히 $\tau = \mu\partial u/\partial y$ 및 $q = -k\partial T/\partial y$라고 두면 된다.

4-6.2 운동량-적분 관계

운동량-적분 관계를 얻으려면, 먼저 연속방정식에 $u - U$를 곱하고 운동량 방정식에서 그 결과를 뺀다.

$$-\frac{1}{\rho}\frac{\partial \tau}{\partial y} = \frac{\partial}{\partial t}(U - u) + \frac{\partial}{\partial x}(uU - u^2) + (U - u)\frac{\partial U}{\partial x} + \frac{\partial}{\partial y}(vU - vu) \tag{4.140}$$

비정상 유동과 수직 속도 $v_w(x)$(주입에 대해 양수로 정의됨)의 다공성 벽이 있을 수 있다고 둔다. 그런 다음 벽에서 무한대로 적분하는데, 이때 경계층 근사 중 τ가 무한대에서 사라진다. 그 결과는 다음과 같다.

$$\frac{\tau_w}{\rho} = \frac{\partial}{\partial t}\int_0^\infty (U - u)dy + \frac{\partial}{\partial x}\int_0^\infty u(U - u)dy + \frac{\partial U}{\partial x}\int_0^\infty (U - u)dy - Uv_w \tag{4.141}$$

이것은 운동량-적분 관계의 상당히 일반적인 형태로, 이 접근 방식을 처음 제안한 von Kármán (1921)의 이름을 따서 종종 Kármán 적분 관계라고 한다. 이것을 U^2로 나누면 아래와 같다.

$$\frac{\tau_w}{\rho U^2} = \frac{1}{U^2}\frac{\partial}{\partial t}\int_0^\infty U\left(1 - \frac{u}{U}\right)dy + \frac{1}{U^2}\frac{\partial}{\partial x}\int_0^\infty U^2\left(\frac{u}{U}\right)\left(1 - \frac{u}{U}\right)dy + \frac{1}{U^2}\frac{\partial U}{\partial x}\int_0^\infty U\left(1 - \frac{u}{U}\right)dy - \frac{v_w}{U}$$

또한 y방향 적분에서 $U(x)$를 추출하고 $\partial U^2 = 2U\partial U$를 사용하여 정리하면 다음을 얻는다.

$$\frac{\tau_w}{\rho U^2} = \frac{1}{U^2}\frac{\partial}{\partial t}[U\underbrace{\int_0^\infty \left(1 - \frac{u}{U}\right)dy]}_{\delta^*} + \frac{2}{U}\frac{\partial U}{\partial x}\underbrace{\int_0^\infty \left(\frac{u}{U}\right)\left(1 - \frac{u}{U}\right)dy}_{\theta} + \frac{\partial}{\partial x}\underbrace{\int_0^\infty \left(\frac{u}{U}\right)\left(1 - \frac{u}{U}\right)dy}_{\theta} + \frac{1}{U}\frac{\partial U}{\partial x}\underbrace{\int_0^\infty \left(1 - \frac{u}{U}\right)dy}_{\delta^*} - \frac{v_w}{U}$$

예상할 수 있듯이 일부 항은 변위 및 운동량 두께, 식 (4.4) 및 식 (4.6)과 동일하다. 이를 통해 운동량–적분 관계를 다음과 같이 단순화할 수 있다.

$$\frac{\tau_w}{\rho U^2} = \frac{C_f}{2} = \frac{1}{U^2}\frac{\partial}{\partial t}(U\delta^*) + \frac{\partial \theta}{\partial x} + (2\theta + \delta^*)\frac{1}{U}\frac{\partial U}{\partial x} - \frac{v_w}{U} \tag{4.142}$$

불침투성 벽이 있는 정상 유동의 경우 식 (4.142)는 다음과 같이 된다.

$$\frac{C_f}{2} = \frac{d\theta}{dx} + (2 + H)\frac{\theta}{U}\frac{dU}{dx} \quad \text{또는} \quad \frac{C_f}{2\theta^*} = \frac{d\delta}{dx} + (2 + H)\frac{\delta}{U}\frac{dU}{dx} \tag{4.143}$$

이는 Kármán 적분 관계의 가장 유명한 형태이다. 앞에서 언급했듯이 형상 계수 H는 그림 4.4와 같이 항상 1을 초과하며, 층류의 경우 정체 지점에서 2.0부터 박리 지점에서 약 3.5까지 다양하게 나타난다. 난류에서는 $1.3 \leq H \leq 2.5$ 값을 가진다.

4-6.3 열에너지 적분 관계

열에너지 적분은 먼저 운동량 방정식 (4.50b)에 u를 곱하고 이것을 열에너지 방정식 (4.50c)에 더하면 가장 쉽게 유도된다. 결과는 다음과 같다.

$$\rho\frac{\partial h_0}{\partial t} + \rho\left(u\frac{\partial h_0}{\partial x} + v\frac{\partial h_0}{\partial y}\right) = \frac{\partial}{\partial y}(-q + u\tau) \tag{4.144}$$

여기서 $h_0 = c_p T + \frac{1}{2}u^2$는 유동의 총 엔탈피 또는 정체 엔탈피이며, 이때 자연스럽게 $\frac{1}{2}v^2$를 무시한다. 이 방정식은 기체의 층류 압축성 유동에 중요한 결과를 도출할 것이다(7장). 현재 우리의 관심은 다공성 벽과 불안정한 유동에 대해 충분히 일반성을 유지하면서 이 관계를 0에서 무한대로 적분하는 데 있다. 결과는 다음과 같다.

$$q_w = \frac{\partial}{\partial t}\int_0^\infty \rho c_p T dy + \frac{\partial}{\partial x}\int_0^\infty \rho u(h_0 - h_{0e})\, dy - \rho c_p v_w (T_w - T_e) \tag{4.145}$$

열에너지 적분 관계의 이러한 일반적인 형태는 Frankl(1934)이 처음 도출하였다. 불침투성 벽이 있고, 소산을 무시할 수 있을 때 정상 상태 유동에서 다음 결과를 얻는다.

$$q_w = \frac{d}{dx}\int_0^\infty \rho c_p u(T_w - T_e)\, dy \tag{4.146}$$

이는 모든 저속 층류 또는 난류 경계층에 유효하다. 이 식은 식 (4.28)과 같이 이전 평판 분석에서 나온 결과이다.

4-6.4 기계적 에너지 적분 관계

역학적 에너지 적분 관계를 도출하기 위해 연속방정식과 운동량 방정식에 각각 $u^2 - U^2$와 $2u$를 곱한 후 빼고, 이전과 같이 벽에서 무한대로 적분한다. 결과는 다음과 같다.

$$\frac{2}{\rho}\int_0^\infty \tau\frac{\partial u}{\partial y}dy = \frac{\partial}{\partial t}\int_0^\infty u(U-u)dy + U^2\frac{\partial}{\partial t}\int_0^\infty \left(1-\frac{u}{U}\right)dy + \frac{\partial}{\partial x}\int_0^\infty u(U^2-u^2)dy - U^2 v_w \tag{4.147}$$

좌항의 적분은 종종 소산 적분이라고 한다.

$$\mathscr{D} = \int_0^\infty \tau\frac{\partial u}{\partial y}dy \tag{4.148}$$

우항에서 운동량 두께, 배제 두께 및 소위 운동 에너지 두께(소산 두께라고도 함)와 관련된 세 번째 적분이 나타난다.

$$\delta_3 = \int_0^\infty \frac{u}{U}\left(1-\frac{u^2}{U^2}\right)dy \tag{4.149}$$

U^3로 나누면 다음과 같다.

$$\frac{2\mathscr{D}}{\rho U^3} = \frac{1}{U^3}\frac{\partial}{\partial t}[U^2\underbrace{\int_0^\infty \frac{u}{U}\left(1-\frac{u}{U}\right)dy}_{\theta}] + \frac{1}{U}\frac{\partial}{\partial t}\underbrace{\int_0^\infty \left(1-\frac{u}{U}\right)dy}_{\delta^*} + \frac{1}{U^3}\frac{\partial}{\partial x}[U^3\underbrace{\int_0^\infty \frac{u}{U}\left(1-\frac{u^2}{U^2}\right)dy}_{\delta_3}] - \frac{v_w}{U}$$

이 확장된 식을 통해서, 식 (4.147)을 다음과 같이 다시 쓸 수 있음을 쉽게 알 수 있다.

$$C_{\mathscr{D}} = \frac{2\mathscr{D}}{\rho U^3} = \frac{1}{U}\frac{\partial}{\partial t}(\theta+\delta^*) + \frac{2\theta}{U^2}\frac{\partial U}{\partial t} + \frac{1}{U^3}\frac{\partial}{\partial x}\left(U^3\delta_3\right) - \frac{v_w}{U} \tag{4.150}$$

이 간결한 형태는 층류와 난류 모두에 대해 Leibenson(1935)이 처음 도출한 기계적 에너지 적분 관계를 나타낸다. 여기서는 층류 조건에서 사용되었지만 불확실한 매개변수가 있는 모델에 추가 상관관계를 도입하면 도움이 되는 난류 운동을 모델링하는 데 더 필수적인 것으로 입증되었다.

4-6.5 1-매개변수 적분법

위에서 파생된 세 가지 적분 공식은 정확하지만 일반적으로 (1) 추측된 속도 및 온도 분포 또는 (2) 적분 매개변수 간의 경험적 상관관계에 의존하는 근사 방법과 함께 사용된다.

운동량 분석의 경우 식 (4.143)을 기반으로 1-매개변수 속도 분포 집합을 사용하여 u를 근사화할 수 있다.

$$u(x, y) \approx U(x)f\left[y/\delta, P(x)\right] \tag{4.151}$$

여기서 P는 적합한 무차원 매개변수이다. 그런 다음 이러한 분포에서 $\{\theta, \delta^*, H, \tau_w\}$를 계산하고 결과 표현식을 식 (4.143)에 대입하여 $\delta(x)$에 대한 1차 미분 방정식을 얻을 수 있다.

적분법은 수십 년 동안 Pohlhausen(1921)의 획기적인 논문과 Kármán(1921)의 논문 이후 Kármán-Pohlhausen 접근이라고 하는 직관적이고 추측된 분포 접근 방식이 지배적이었다. 요컨대, Pohlhausen은 다음 형식의 4차 다항식을 제안했다.

$$\frac{u}{U} \approx 2\xi - 2\xi^3 + \xi^4 + \frac{\Lambda}{6}\left[\xi(1-\xi)^3\right], \quad \xi \equiv \frac{y}{\delta(x)} = \frac{\eta}{\eta_\delta} \tag{4.152}$$

여기서 Pohlhausen 매개변수 $\Lambda = \delta^2(dU/dx)/\nu$는 국부적인 압력 구배에 따라 달라지며, ξ는 벽에서 경계층의 99% 가장자리까지의 거리 비율을 나타낸다. 또한 Blasius 유사성 변수 $\eta = y\sqrt{U/(2\nu x)}$와 가장자리 값 $\eta_\delta = \delta\sqrt{U/(2\nu x)} \approx 3.47188688$의 비율로 나타낼 수도 있다. ξ에 대해 도함수를 취할 때 Blasius 변수와의 혼동을 피하기 위해 η 대신 ξ를 사용하는 데 주의한다. 식 (4.152)는 다섯 가지 경계 조건에 적합하며 운동량-적분 관계 (4.143)에 대입하면 풀기 쉬운 미분 방정식이 나온다. 안타깝게도 4-1절에 자세히 설명된 것처럼 매우 정확하지는 않다.

분포 가정에 의존하는 몇 가지 다른 방법이 있으며 일부는 여러 매개변수를 포함한다[Rosenhead (1963)]. 이후에 Thwaites(1949)의 상관관계가 제시되어 있으며, 이는 층류에 대해 충분히 정확하다.

4-6.6 Thwaites의 상관법

Thwaites(1949)는 Holstein과 Bohlen(1940)이 도입한 생각을 수정하고 개선했으며, 이들은 효과적인 매개변수 λ의 관점에서 운동량 적분식 (4.143)을 다시 작성했다.

$$\lambda = \frac{\theta^2}{\nu}\frac{dU}{dx} = \left(\frac{\theta}{\delta}\right)^2\Lambda, \quad \Lambda = -\frac{\delta^2}{\mu U}\frac{dp}{dx} = \frac{\delta^2}{\nu}\frac{dU}{dx} \tag{4.153}$$

그들의 간단하지만 탁월한 생각은 운동량-적분 관계 방정식 (4.143)에 $U\theta/\nu$를 곱하는 것이었다. 결과는 다음과 같다.

$$\frac{\tau_w\theta}{\mu U} = \frac{U\theta}{\nu}\frac{d\theta}{dx} + \frac{\theta^2 U'}{\nu}(2+H) \tag{4.154}$$

이제 H와 이 방정식의 좌항은 무차원 경계층 함수이므로 설계에 따라 단일 매개변수(이 경우 λ)에 의해 합리적으로 잘 상관된다. Holstein과 Bohlen(1940)에 따르면 다음과 같다.

$$\frac{\tau_w\theta}{\mu U} \approx S(\lambda) \quad \text{(전단 상관관계)} \quad \text{및} \quad H = \frac{\delta^*}{\theta} \approx H(\lambda) \quad \text{(형상 계수 상관관계)} \tag{4.155}$$

$\theta d\theta = d(\frac{1}{2}\theta^2)$를 상기하면, 식 (4.154)는 다음과 같이 다시 쓸 수 있다.

$$S(\lambda) \approx \frac{U}{2}\frac{d}{dx}\left[\frac{1}{U'}\left(\frac{\theta^2 U'}{\nu}\right)\right] + 2\left(\frac{\theta^2 U'}{\nu}\right) + \left(\frac{\theta^2 U'}{\nu}\right)H \quad \text{또는} \quad S(\lambda) \approx \frac{U}{2}\frac{d}{dx}\left(\frac{\lambda}{U'}\right) + 2\lambda + \lambda H$$

여기서 λ의 존재가 분명하다. 정리하면 다음을 얻을 수 있다.

$$U\frac{d}{dx}\left(\frac{\lambda}{U'}\right) \approx 2[S(\lambda) - \lambda(2+H)] \quad \text{및} \quad F(\lambda) \equiv \frac{U}{\nu}\frac{d\theta^2}{dx} \approx 2[S(\lambda) - \lambda(2+H)] \tag{4.156}$$

초기 작업자는 Pohlhausen의 다항식과 같이 식 (4.156)의 매개변수 함수를 평가하기 위해 일련의 분포를 제안했지만 Thwaites(1949)는 알려진 분석 및 실험 결과 전체를 고려하여 평균 1-매개변수 함수로 근사할 수 있는지 여부를 결정했다. 그림 4.27에서 볼 수 있듯이 그는 함수 F에 대한 우

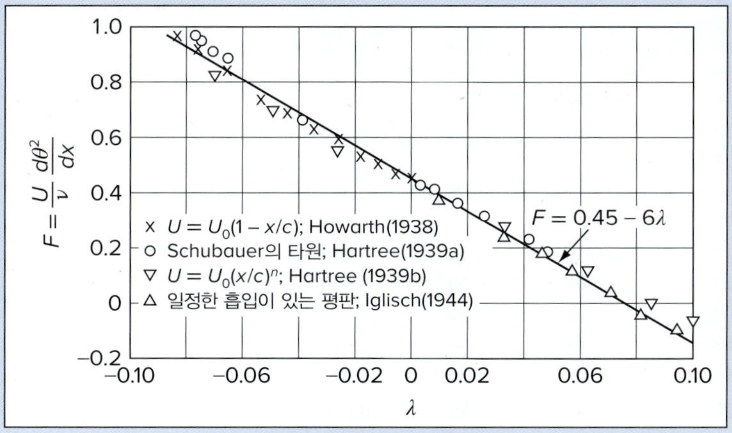

그림 4.27
식 (4.156)에서 경계층 함수의 경험적 상관관계[Thwaites(1949)]

수한 선형 상관관계를 발견했다. 즉, 다음과 같다.

$$F(\lambda) \approx 0.45 - 6.0\lambda \quad \text{[Thwaites(1949)]} \tag{4.157}$$

또한 $F = a - b\lambda$가 식 (4.156)에 삽입되면 연습문제에서 확인할 수 있는 폐쇄형 해를 얻는다.

$$\frac{\theta^2}{\nu} = \frac{a}{U^b}\left(\int_{x_0}^{x} U^{b-1}\,dx + C\right) \tag{4.158}$$

x_0가 정체 지점인 경우 $U = 0$인 무한 운동량 두께를 피하기 위해 $C = 0$으로 설정해야 한다. 그 후 Thwaites는 층류 경계층의 유형에서 $\theta(x)$가 단순 구적법으로 매우 정확하게($\pm 3\%$ 이내) 예측된다는 것을 보여줄 수 있다.

$$\theta^2 \approx \frac{0.45\nu}{U^6}\int_0^x U^5 dx \tag{4.159}$$

이 관계에서 θ를 구하면 1-매개변수 상관관계의 표면 마찰 및 배제 두께와 함께 $\lambda = \theta^2 U'/\nu$를 구할 수 있다.

$$\tau_w = \frac{\mu U}{\theta} S(\lambda) \quad \text{및} \quad \delta^* = \theta H(\lambda) \tag{4.160}$$

$S(\lambda)$ 및 $H(\lambda)$에 대한 Thwaites의 상관관계는 표 4.8과 그림 4.28에 나타나 있다. 그림 4.28(b)에 표시된 전단 함수에 대한 간단하고 정확한 곡선은 다음과 같다.

$$S(\lambda) \approx (\lambda + 0.09)^{0.62} \tag{4.161}$$

형상 계수 함수 $H(\lambda)$에 대해 비교적 간단한 공식을 구할 수 없기 때문에 White(2006)는 다음을 제안한다.

$$H(\lambda) \approx 2.0 + 4.14z - 83.5z^2 + 854z^3 - 3337z^4 + 4576z^5 \tag{4.162}$$

여기서 $z = \frac{1}{4} - \lambda$이다. 그림 4.28(a)의 적합도는 정확하진 않지만 적절하다.

Thwaites 방법의 정확도는 순 혹은 조금의 역구배에 대해 약 $\pm 5\%$이지만 박리점 근처에서는

표 4.8 Thwaites(1949)가 제시한 전단 및 형상 함수의 상관관계

λ	$H(\lambda)$	$S(\lambda)$	λ	$H(\lambda)$	$S(\lambda)$
+0.25	2.00	0.500	−0.056	2.94	0.122
0.20	2.07	0.463	−0.060	2.99	0.113
0.14	2.18	0.404	−0.064	3.04	0.104
0.12	2.23	0.382	−0.068	3.09	0.095
0.10	2.28	0.359	−0.072	3.15	0.085
+0.080	2.34	0.333	−0.076	3.22	0.072
0.064	2.39	0.313	−0.080	3.30	0.056
0.048	2.44	0.291	−0.084	3.39	0.038
0.032	2.49	0.268	−0.086	3.44	0.027
0.016	2.55	0.244	−0.088	3.49	0.015
0.0	2.61	0.220	−0.090	3.55 (박리)	0.000
−0.016	2.67	0.195			
−0.032	2.75	0.168			
−0.040	2.81	0.153			
−0.048	2.87	0.138			
−0.052	2.90	0.130			

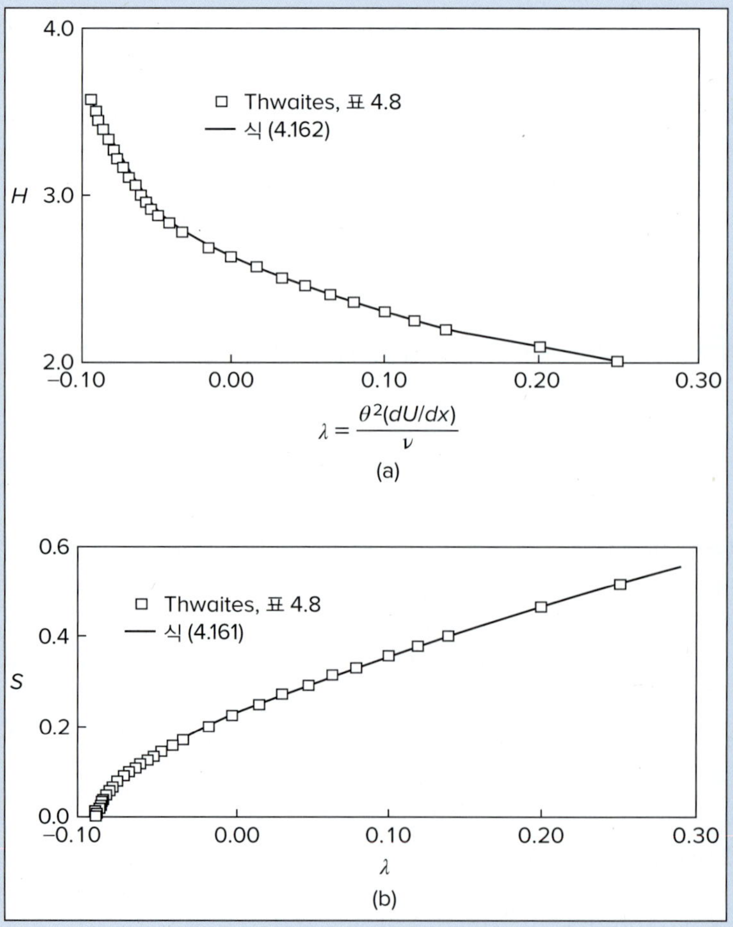

그림 4.28
Thwaites(1949)에 의한 층류 경계층 상관 함수. (a) 형상 계수, (b) 곡선에 맞춘 전단 응력.

±15% 이상일 수 있다. 그럼에도 불구하고 이 방법은 여러 해의 평균이기 때문에 실용적인 1-매개변수 방법이라고 볼 수 있다. 더 높은 정확도가 필요한 경우 수치적 해를 사용해야 한다.

4-6.7 Howarth 감속 유동에 대한 적용

Thwaites 방법의 단순성을 설명하기 위해 $dU/dx = -U_0/L =$ 상수인 식 (4.136)과 그림 4.25의 Howarth 선형 감속 유동에 적용한다. 운동량 두께는 대략 식 (4.159)에서 계산된다.

$$\theta^2 = \frac{0.45\nu}{U_0^6(1-x/L)^6}\int_0^x U_0^5\left(1-\frac{x}{L}\right)^5 dx = 0.075\frac{\nu L}{U_0}\left[\left(1-\frac{x}{L}\right)^{-6} - 1\right]$$

정의에 따라 다음과 같다.

$$\lambda = \frac{\theta^2}{\nu}\frac{dU}{dx} = -0.075\left[\left(1-\frac{x}{L}\right)^{-6} - 1\right] \tag{4.163}$$

이 근사식으로 주어진 $\lambda(x)$를 사용하여 표 4.8 또는 그림 4.28(b)의 함수 $S(\lambda)$에서 벽 전단 $\tau_w(x)$를 계산할 수 있다. 박리점은 $\lambda_{sep} \approx -0.09$에서 예측할 수 있다.

$$\frac{x_{sep}}{L} = 1 - (2.2)^{-1/6} \approx 0.123$$

이 값은 $x_{sep} = 0.120L$인 정확한 유한 차분 결과의 3% 내에 속한다. 또한 $U(x)$가 대수적으로 복잡한 경우 수학적으로 식 (4.159)에서 U^5의 적분을 수행해야 할 수 있다. 이는 완전한 수치 시뮬레이션보다 훨씬 간단한다.

4-6.8 원형 원통을 지나는 층류에 대한 적용

둔각 물체 주위 경계층 계산의 정확성과 딜레마는 모두 원형 원통으로 설명된다. 반경을 a라고 할 때, 무차원 호 길이 $x^* = x/a$이고, 퍼텐셜 유속 분포는 다음과 같다.

$$\frac{U}{U_\infty} = 2\sin x^* = 2.0x^* - 0.333x^{*3} + 0.167x^{*5} + \cdots \tag{4.164}$$

이때 모든 유형(적분, 급수 또는 디지털 컴퓨터)의 경계층 해를 쉽게 도출함으로써 계산이 가능하였다. 박리는 Terrill(1960)의 수치 결과에서 $x^* = \phi = 104.5°$ 각도로 예측되며, 이는 원통 위의 실험적 층류에서 재현될 것이라고 (오해로) 생각할 수도 있다.

불행히도, 둔각 물체 유동 박리로 인한 넓은 후류는 1차 효과이다. 이는 퍼텐셜 유동 예측(예, 그림 1.5 및 1.6)과 너무 다르기 때문에 정체 지점을 포함하여 모든 곳에서 $U(x)$를 변화시킨다. 예를 들어, $Re_a = U_\infty a/\nu = 9500$의 Reynolds 수에서 원통에 대한 Hiemenz(1911)의 실험은 다음과 같이 맞출 수 있다.

$$\frac{U}{U_\infty} \approx 1.814x^* - 0.271x^{*3} - 0.0471x^{*5} \tag{4.165}$$

이는 퍼텐셜 유동과 상당히 다르다. 정체 속도 구배(1.814)도 퍼텐셜 유동값(2.0)보다 9.3% 낮고

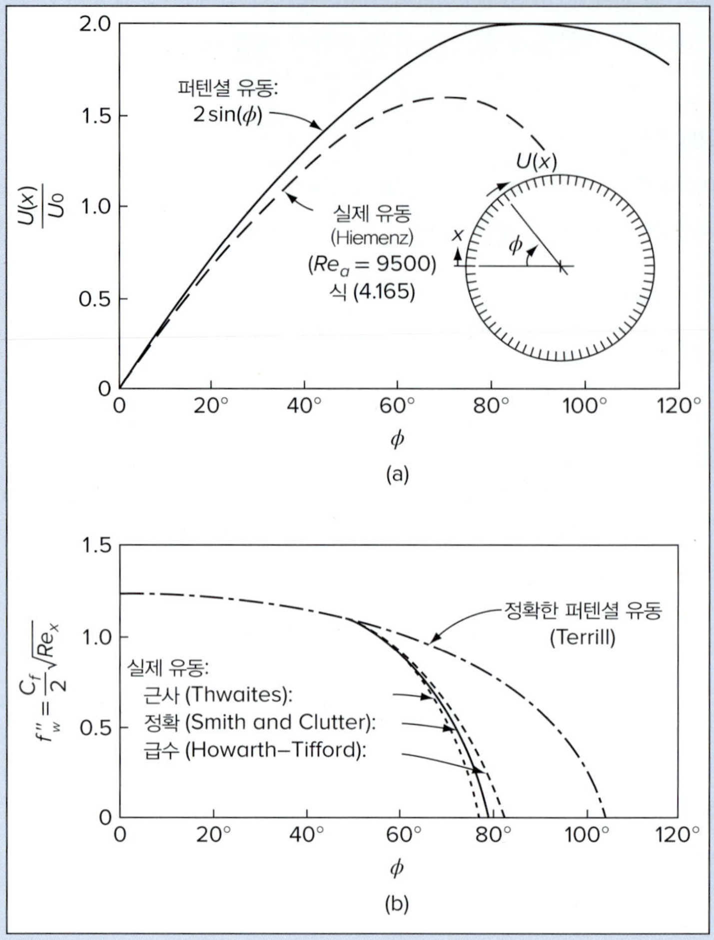

그림 4.29
원형 원통에 대한 퍼텐셜 유동과 실제 유동 계산의 비교. (a) 퍼텐셜 및 실제 속도 분포, (b) 퍼텐셜 유동 및 실제 유동 표면 마찰

최대 속도($1.595U_\infty$)는 $\phi = 90°$에서 $2.0U_\infty$ 대신 $\phi = 71.2°$에서 발생한다. 두 분포는 그림 4.29(a)에 나와 있으며, 여기서 퍼텐셜 유동이 경계층 계산에 적합하지 않음이 분명히 드러난다. 실제 $U(x)$가 구해지면 그림 4.29(b)와 같이 다양한 이론을 사용하고 비교할 수 있다. 흥미롭게도 Smith와 Clutter(1963)의 유한 차분 방법은 ϕ_{sep}를 80°에 배치하는 반면 Thwaites의 적분 방법인 식 (4.159)는 78.5°라고 예측하고 Howarth-Tifford 급수(19개 항 포함)는 83°라고 예측한다. 세 가지 모두 $\phi_{sep} \approx 80.5°$인 Hiemenz(1911) 실험 관찰과 합리적으로 일치한다.

따라서 모든 층류 경계층 추정은 정확한 $U(x)$를 정확히 아는 것에 달려 있음을 알 수 있다. 분리 경계층이 외부의 점성 유동과 상호 작용하는 것을 고려한 결합 방법을 개발하는 것은 현재 매우 활발한 연구 영역이다.

4-6.9 층류 유동 박리점 예측

Thwaites 이론의 일반성을 확인하는 한 가지 실험은 식 (4.159)가 다양한 $U(x)$ 자유 유동 속도 분포에 대한 층류 박리를 얼마나 잘 예측하는지 확인하는 것이다. 이는 식 (4.159)를 유동분포에 적용하고 $\theta(x)$를 계산하여 $\lambda_{sep} = \theta^2(dU/dx)/\nu \approx -0.09$인 위치를 확인하는 것이다. 역압 구배가 있는 11가지 다른 유동에 대한 일부 결과가 표 4.9에 나와 있다. 박리 위치를 예측하는 오차가 4%

표 4.9 Thwaites의 방법에 의한 층류-박리점 예측

$U(x)$	x_{sep}(정확)	Thwaites	
		x_{sep}	오차[%]
Howarth(1938)			
$1 - x$	0.120	0.123	+2.5
Tani(1949)			
$1 - x^2$	0.271	0.268	−1.1
$1 - x^4$	0.462	0.449	−2.8
$1 - x^8$	0.640	0.621	−3.0
Terrill(1960)			
$\sin(x)$	1.823	1.800	−1.3
Curle(1958)			
$x - x^3$	0.655	0.648	−1.1
Görtler(1957)			
$\cos(x)$	0.389	0.384	−1.3
$(1 - x)^{1/2}$	0.218	0.221	+1.3
$(1 - x)^2$	0.0637	0.0652	+2.4
$(1 + x)^{-1}$	0.151	0.158	+4.6
$(1 + x)^{-2}$	0.0713	0.0739	+3.6

미만인 것은 매우 만족스러운 결과이며, 이것은 대규모 박리가 외부 속도 및 압력 분포에 상당한 영향을 준다는 이전 관찰에 의해 나타난 결과이다.

4-7 수치해

4-6절에서 논의된 적분법은 사용하기는 쉽지만 정확도는 제한적이다. 4-3절의 유사성 해는 정확하지만 적용 범위가 제한적이다. 유사하지 않은 경계층에 대한 더 높은 정밀도가 필요한 경우 수치 모델을 사용하는 것을 제안한다.

편의를 위해 풀고자 하는 2차원, 정상 상태, 층류, 경계층 방정식을 반복해 보겠다.

연속성:
$$\frac{\partial u}{\partial x} + \frac{\partial v}{\partial y} = 0 \tag{4.56a}$$

운동량:
$$u\frac{\partial u}{\partial x} + v\frac{\partial u}{\partial y} = U\frac{dU}{dx} + \nu\frac{\partial^2 u}{\partial y^2} \tag{4.56b}$$

이 방정식은 x에 대해 **포물선형**이므로 수치 모델은 모두 후류 진행 유형이다. 모든 방법에 대한 일반적인 입력 조건은 이미 알고 있는 (1) 상류 분포 $u(0, y)$ 및 $v(0, y)$, (2) 자유 유동 속도 $U(x)$, (3) 벽 조건 $u(x, 0) = 0$ 및 $v(x, 0) = v_w(x)$이다.

층류 경계층 방정식은 특성이 **포물선형**이거나 그 특징이 '진행'하므로 CFD로 모델링하기가 상대적으로 쉽다. 문헌에는 수치 모델의 점수가 포함되어 있으며, 그 중 다수는 Schetz와 Bowersox(2011), Cebeci와 Cousteix(1998), Schlichting과 Gersten(2017)의 세 가지 경계층 문헌에 요약되어 있다. 이 문헌 중 처음 2개에는 다양한 경계층 모델에 대한 FORTRAN 코드가 포

함되어 있다. 게다가 Schetz의 작업은 국립과학재단(National Science Foundation)의 후원으로 Devenport와 Schetz(2002)에 의해 인터넷 경계층 소프트웨어(Internet Boundary Layer Applets)의 형태로 확장되었다. 이러한 우수한 소프트웨어는 비압축성 및 압축성인 층류 및 난류 유동을 포함하는 JAVA 코드이다. 이러한 자원을 사용할 수 있다면 현재 문헌들은 CFD 연구논문이 되지 않을 것이다. 우리는 효과적이고 유용하며 간단하고 직접적인 경계층 모델을 제시할 수 있을 것이다. 독자는 이 간단한 방법을 배우고 더 정교한 코드로 넘어가기를 바랄 것이다.

진행 전략에는 명시적이거나 암시적인 두 가지 유형이 있다. 명시적 방식에서 후류 분포 $u(x + \Delta x, y)$ 및 $v(x + \Delta x, y)$는 식 (4.56a)~(4.56b)의 대수 모델에 직접 적용하여 이미 알고 있는 상류 분포 $u(x, y)$ 및 $v(x, y)$에서 즉시 계산된다. 명시적 모델은 간단하지만 매우 작은 단위 크기 Δx가 사용되지 않는 한 수치적으로 불안정하다.

암시적 방법은 식 (4.56a)~(4.56b)의 대수 모델이기도 한다. 여기서 후류 분포 $u(x + \Delta x)$의 모든 점은 반복 또는 역행렬 의해 동시에 풀린다. 단계 Δx당 계산 시간은 명시적 방식보다 클 수 있지만 수치적 불안정성은 없다.

우리가 설명할 방법은 직사각형 (x, y) 격자의 절점 사이의 차이로 도함수를 모델링하는 유한 차분 방식이다. 유한 요소 방법[Beer(2001) 또는 Löhner(2001)]을 기반으로 하는 접근법도 있으나, 이 방법은 전체 장(field) 또는 격자점으로 경계를 이루는 유동의 '요소'를 시뮬레이션한다는 점에서 원칙적으로 매우 다르다.

4-7.1 평면 유동에 대한 명시적 유한 차분 모델

두 방법 모두 그림 4.30에 표시된 직사각형의 유한 차분 격자를 사용한다. 아래 첨자는 편의를 위해 사용되었고, 이를테면 $u_{m,n}$은 $(x, y) = [(m - 1)\Delta x, (n - 1)\Delta y]$에 위치한 격자점 (m, n)에서의

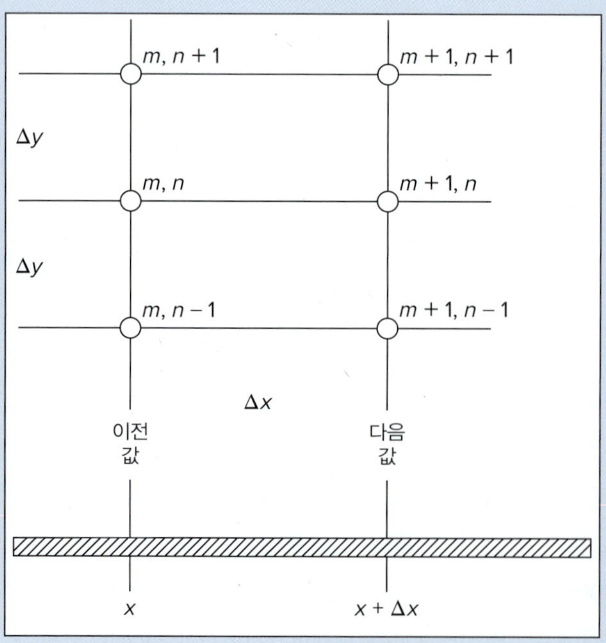

그림 4.30
2차원 경계층에 대한 유한 차분 격자

속도 u를 나타낸다. 따라서 $(m, n) = (1, 1)$은 원점 $(x, y) = (0, 0)$을 뜻한다. Δx 및 Δy가 동일할 필요는 없다. 또한 동일한 격자점에서 수직 속도 $v_{m,n}$ 및 (나중) 온도 $T_{m,n}$을 둔다. 위치 m의 모든 값은 알려진 것으로 또는 '이전'으로 가정한다. 이를 사용하여 하류로 진행하고 $(m + 1)$에서 '다음' 국부값을 예측하기 때문이다. 전체 격자를 $M \times N$로 크게 둔다. 여기서 $m = M$은 출구, $n = N$은 자유 유동, $m = 1$은 입구, $n = 1$은 벽을 나타낸다.

격자 n단계를 나타내는 운동량 방정식 (4.56b)의 유한 차분 모델을 작성하는 것으로 시작하겠다.

$$u_{m,n}\frac{u_{m+1,n} - u_{m,n}}{\Delta x} + v_{m,n}\frac{u_{m,n+1} - u_{m,n-1}}{2\Delta y} \approx \frac{U_{m+1}^2 - U_m^2}{2\Delta x} + \nu\frac{u_{m,n+1} - 2u_{m,n} + u_{m,n-1}}{\Delta y^2} \tag{4.166}$$

이제 왼쪽에서 오른쪽으로 이동하여 각 용어를 설명한다. 첫째 항은 $\partial u/\partial x$를 모델링하기 위한 순차 차이를 사용한다. 둘째 항은 중심 차이를 사용하여 $\partial u/\partial y$를 나타내므로 모델을 'n' 단계로 유지한다. 셋째 항은 압력 구배이다. $UdU/dx = d(\frac{1}{2}U^2)/dx$ 형식을 사용하고 이를 순차 차이로 작성한다. $U(x)$가 자유 유동 속도이기 때문에 U_{m+1}를 알고 있다. 마지막으로 넷째 항은 $\partial^2 u/\partial y^2$의 중심차 모델이다. 모든 항은 수치적 정확도가 좋은 'n' 단계를 중심으로 한다. 모델에서 유일하게 알려지지 않은 속도는 $u_{m+1,n}$이며, 다음과 같이 풀고 나타낼 수 있다.

$$u_{m+1,n} \approx (\alpha - \beta)u_{m,n+1} + (1 - 2\alpha)u_{m,n} + (\alpha + \beta)u_{m,n-1} + \frac{U_{m+1}^2 - U_m^2}{2u_{m,n}}, \quad \alpha = \frac{\nu\Delta x}{u_{m,n}\Delta y^2} \quad \beta = \frac{v_{m,n}\Delta x}{2u_{m,n}\Delta y} \tag{4.167}$$

식 (4.167)의 오른쪽 항은 모두 '이전' 측점에서 알 수 있다. $u_{m+1,n}$에 대해 즉시 풀 수 있는데, 즉 모델이 **명시적**이라는 것이다. 그러나 식 (4.167)과 같은 대수적 재귀 관계에서는 수치적 안정성을 위해 이전 u_m의 모든 계수가 양수여야 한다. 이 경우 $\alpha < \frac{1}{2}$ 및 $\beta < \alpha$이다. 구속 조건은 격자의 크기를 모두 제한한다.

$$\text{수치적 안정성 요구사항:} \qquad \Delta x < \frac{u_{\min}\Delta y^2}{2\nu} \quad \text{및} \quad \Delta y < \frac{2\nu}{|v_{\max}|} \tag{4.168}$$

v가 역구배에서는 양수이지만 순구배에서는 음수일 수 있기 때문에 $v_{\max}$에 대한 절댓값이 필요하다. 일반적으로 $u_{\min}$은 벽 근처에서 발생하고 $v_{\max}$는 자유 유동 근처에서 발생한다. 이 명시적 계산 동안 식 (4.168)이 충족되는지 확인하기 위해 $\alpha(y)$ 및 $\beta(y)$를 모니터링해야 한다.

식 (4.167)에서 알려진 $u_{m+1,n}$을 사용하여 연속방정식 (4.56a)를 모델링하여 $v_{m+1,n}$을 찾는다. 가장 간단한 방법은 두 항에 대한 순차 차이이다.

$$\frac{u_{m+1,n} - u_{m,n}}{\Delta x} + \frac{v_{m+1,n} - v_{m+1,n-1}}{\Delta y} \approx 0$$

$v_{m+1,1} = v_w$가 알려져 있기 때문에 $v_{m+1,2}$를 계산하기 위해 $n = 2$로 시작한다. 그러나 수치적 정확도는 떨어질 것이다. n단계에서 $\partial v/\partial y$를 중심 차이 $(v_{m+1,n+1} - v_{m+1,n-1})/(2\Delta y)$까지 이동하

는 것은 우리가 원하는 값 $v_{m+1,n}$을 건너뛰기 때문에 불가능하다. Wu(1961)는 평균값을 사용하여 $\partial u/\partial x$를 단계 $n-\frac{1}{2}$로 이동할 것을 제안한다.

$$\left.\frac{\partial u}{\partial x}\right|_{\text{avg}} \approx \frac{1}{2}\left[\frac{u_{m+1,n}-u_{m,n}}{\Delta x}+\frac{u_{m+1,n-1}-u_{m,n-1}}{\Delta x}\right]$$

연속성 모델에서 대신 이 표현식을 사용하고 다음 수직 속도에 대해 명시적으로 해결한다.

$$v_{m+1,n} \approx v_{m+1,n-1}-\frac{\Delta y}{2\Delta x}(u_{m+1,n}-u_{m,n}+u_{m+1,n-1}-u_{m,n-1}) \tag{4.169}$$

이 관계에는 이미 식 (4.168)에서 요구하는 것 외에는 불안정성이 없다. $n = 2$에서 시작하여 위쪽으로 이동한다.

식 (4.167) 및 (4.169)는 개인용 컴퓨터에서 쉽게 프로그래밍할 수 있는 만족스러운 명시적 층류 경계층 모델을 구성한다. 우리가 '진행'하고 있기 때문에 'm' 첨자를 사용할 필요가 없는데, 예를 들어 1000개의 후류 단계에 대해 $u(1000, 50)$ 및 $v(1000, 50)$의 치수를 지정할 필요가 없다는 것이다. 위치 m을 '이전'에 대해 $up(50)$ 및 $vp(50)$로 표시하고 위치 $m + 1$을 '다음'에 대해 $un(50)$ 및 $vn(50)$으로 표시하고 결과를 도출할 수 있을 만큼 충분히 길게 유지한 후 $up(n) = un(n)$ 및 $vp(n) = vn(n)$으로 다시 초기화하고 반복한다. 계산하는 동안 안정성 조건 (4.168)을 모니터링하고 경계층 두께를 미리 알 수 없기 때문에 외부값 $u_{m,N-1}$ 및 $u_{m,N}$ 등이 자유 유동 속도 U_m과 원활하게 병합되는지 등을 확인해야 한다.

4-7.1.1 Howarth 선형 감속 유동에 대한 적용

설명을 위해 식 (4.167) 및 (4.169)는 $x = 0$에서부터 박리될 때까지 $U = U_0(1 - x/L)$인 Howarth 문제를 해결하도록 프로그래밍되었다. 결과가 무차원화되기 때문에 U_0, L 및 ν에 대해 임의의 값을 취할 수 있다. 그림 4.31은 정규화된 표면 마찰 $C_f/C_f(0)$을 Howarth 급수해와 비교하여 계산한 값과 λ가 식 (4.163)으로 주어졌을 때 $S(\lambda)$를 이용한 Thwaites 방법을 나타낸 것이다. 컴퓨터 해가 $x/L \le 0.1$에 대해 Howarth 급수와 같으며 $x_{\text{sep}}/L \approx 0.1$인 박리 근처에서 더 정확하다는 것을 알 수 있다. Thwaites 방법은 전체 범위에서 상당히 우수하다($\pm 5\%$). 명시적 컴퓨터 방법은 3000단계가 필요했으며, Δx는 박리 근처의 식 (4.168)에 의해 극도로 제한되었다.

4-7.2 암시적 유한 차분 모델

암시적 모델에서 더 많은 '다음' 항이 도함수를 근사하는 데 사용되어 동시 대수 방정식이 생성된다. 현재 응용 프로그램에서 다음 위치 $m + 1$에서의 운동량 방정식의 점성 또는 2차 도함수 항을 다음을 사용하여 모델링한다.

$$\frac{\partial^2 u}{\partial y^2} \approx \frac{u_{m+1,n+1}-2u_{m+1,n}+u_{m+1,n-1}}{\Delta y^2}$$

명시적 모델의 '이전' 2차 도함수를 이 표현식으로 바꾸면 각 n차 방정식에 3개의 미지수가 있다.

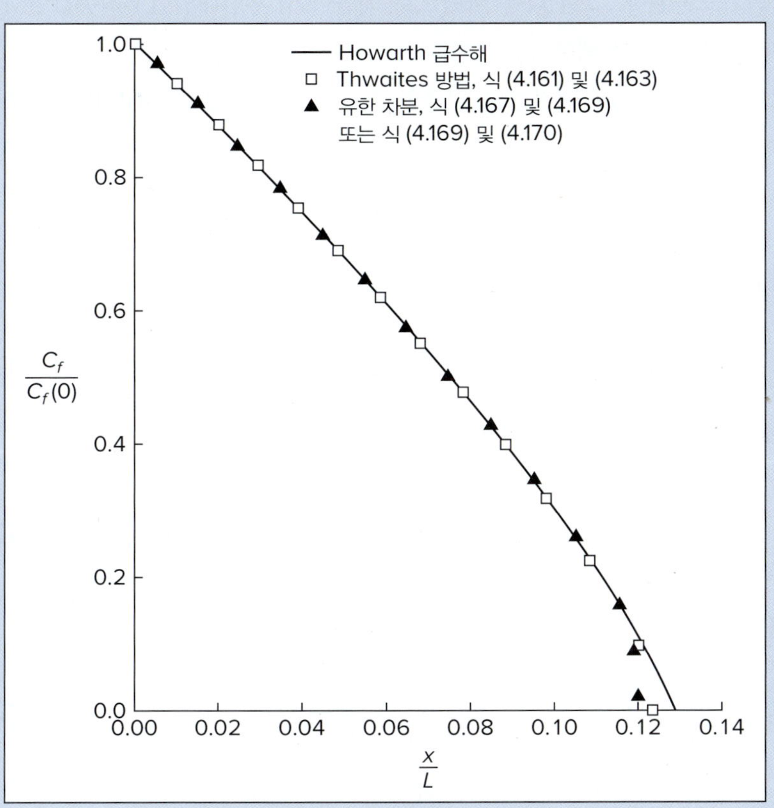

그림 4.31
식 (4.136)에서 주어진 Howarth 선형 감속 유동에서 벽 마찰에 대한 유한 차분, 적분 및 직렬 해의 비교

$$-\alpha u_{m+1,n+1} + (1 + 2\alpha)u_{m+1,n} - \alpha u_{m+1,n-1} \approx u_{m,n} - \beta(u_{m,n+1} - u_{m,n-1}) + \frac{U_{m+1}^2 - U_m^2}{2u_{m,n}} \qquad (4.170)$$

여기서 α와 β는 식 (4.167)과 같은 의미를 갖는다. 이제 $u_{m+1,n}$에 대해 암시적인 방식으로 동시에 해결해야 한다. 이점은 Δx 및 Δy의 크기에 관계없이 결과가 무조건 안정적이라는 것이다. 그럼에도 불구하고 최소한 20개의 점이 경계층 내에 속하도록 충분히 작은 Δy와 지점 간의 $u_{m,n}$ 변화가 5% 이내일 만큼 충분히 작은 Δx를 선택하는 것이 좋다.

식 (4.170)을 푸는 한 가지 방법은 Gauss-Seidel 반복을 사용하는 것이다. 지배적인 항 $u_{m+1,n}$이 계산된 후 $u_{m+1,n\pm1}$이 이동되고 우변이 u 값이 변경되지 않을 때까지 반복적으로 소멸된다. Δx 및 Δy가 상대적으로 작지 않으면 수렴이 보장되지 않는다. Gauss 소거법이나 역행렬로 직접 해를 구할 수도 있다.

4-7.2.1 삼각대각 행렬의 역행렬

$n = 1$이 벽과 일치하고 $n = N$이 자유 유동에 해당한다고 가정하면 식 (4.170)은 $N - 2$ 방정식을 나타내며, 각 방정식에는 3개의 미지수가 있다. 따라서 행렬은 삼각대각형이다. 이러한 행렬은 삼각대각 행렬 알고리즘(TDMA)을 사용하여 쉽게 반전된다[4.2-7절, Patankar(1980)]. 아래쪽에 2개의 미지수, $u_{n=1} = 0$일 때(점착 조건) $n = 2$와 상단에 2개의 미지수, $u_N = U(x)$일 때 $n = N$이 있기 때문에 가능하다. 맨 아래에서 시작하여 맨 위에 도달할 때까지 한 번에 하나의 변수를 제거할 수

있으며, 여기서 u_{N-1}은 즉시 도출된다. 그런 다음 바닥으로 되돌아가('후진대입법') 최종값인 u_2가 확보될 때까지 U_{n+1}의 관점에서 u_n을 선택한다.

TDMA는 다음과 같이 요약된다. 'm' 첨자를 불필요한 것으로 생략하면 식 (4.170)은 임의의 n에서 다음과 같이 쓸 수 있다.

$$(1 + 2\alpha_n)u_n = \alpha_n u_{n+1} + \alpha_n u_{n-1} + C_n$$

여기서 C_n은 식 (4.170)의 우변 전체를 나타낸다. 원하는 후진대입 재귀식은 다음 형식을 갖는다.

$$u_n = P_n u_{n+1} + Q_n \tag{4.171}$$

먼저 $u_1 = 0$일 때, 아래에서 시작하여 P_n과 Q_n을 계산한다.

$$P_2 = \frac{\alpha_2}{1 + 2\alpha_2} \quad \text{및} \quad Q_2 = \frac{C_2}{1 + 2\alpha_2} \tag{4.172}$$

그런 다음 재귀식을 사용하여 P_n 및 Q_n의 나머지 값을 구한다.

$$P_n = \frac{\alpha_n}{1 + 2\alpha_n - \alpha_n P_{n-1}} \qquad Q_n = \frac{C_n + \alpha_n Q_{n-1}}{1 + 2\alpha_n - \alpha_n P_{n-1}} \tag{4.173}$$

상단에서 $u_N = U$이므로 속도값을 쉽게 추론할 수 있다.

$$u_{N-1} = \frac{\alpha_{N-1}U + \alpha_{N-1}Q_{N-2} + C_{N-1}}{1 + 2\alpha_{N-1} - \alpha_{N-1}P_{N-2}} \tag{4.174}$$

여기서 U는 해당 위치의 자유 유동 속도이다. u_{N-1}, P_n 및 Q_n을 알고 있으면 최종 미지수 u_2에 도달할 때까지 식 (4.171)을 사용하여 아래쪽으로 작업해 나갈 수 있다. 알고리즘은 식 (4.170)과 같이 잘 작동하는 행렬에 대해 매우 잘 맞는다.

그림 4.31과 같이 $\Delta x/L = 0.001$을 이용하여 Howarth 분포에 암시적 방법을 적용하여 명시적 방법만큼 정확한 결과를 얻을 수 있었다. 암시적 방법은 계산 시간이 명시적 방법보다 짧을 뿐만 아니라 불안정성이 없었고 박리 근처에서 Δx를 감소시킬 특별한 필요도 없었다.

마지막으로 이 방법은 Hiemenz 실험 속도 분포[식 (4.162)]를 사용하여 원형 원통에 대해 실행되었다. 결과적인 경계층 분포는 정체점에서 측정되었으며 $\Delta\theta = 10°$의 각도 증분에 따라 그림 4.32에 나와 있다. $\theta = 81°$에서 박리가 예측되었고[그림 4.29(b) 참조], 실제 경계층 두께를 나타내기 위해 공칭 Reynolds 수를 $U_0R/\nu = 10^5$로 취했는데, 이는 원통 반경의 1%이다. 60°까지의 θ에 대한 순구배에서 분포는 강하게 구부러지고 벽 전단 응력이 증가한다. 60°부터 자유 유동이 수평을 이루고 감속하기 시작하면, 분포가 두꺼워지고 S자 모양이 되어 조기 박리가 발생한다.

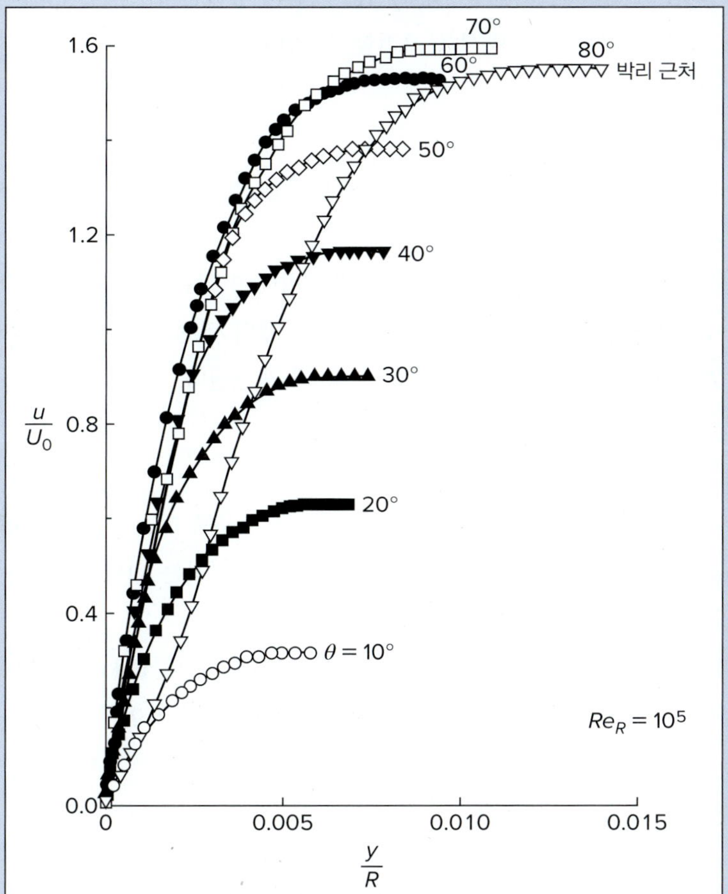

그림 4.32
식 (4.169) 및 (4.170)의 암시적 수치 방법으로 계산된 원통의 층류 경계층. 자유 유동 속도는 식 (4.165)에서 주어진다.

4-8 열-경계층 계산

이전 세 절에서 속도 계산에 전념한 이유는 일정한 점도를 갖는 비압축성 유동의 가정은 속도를 온도와 독립적으로 분리하여 계산할 수 있기 때문이다. 그 후, 온도는 열에너지 방정식 (4.50c)와 알려진 속도 해에서 얻을 수 있다. 이제 상당히 임의적 조건에서 온도 분포를 결정할 수 있는 몇 가지 방법을 검토해 보겠다.

거의 모든 비압축성 유동 해석은 소산을 무시할 수 있다고 가정하고 단순화된 열에너지 방정식에 중점을 둔다.

미분 형태:
$$u\frac{\partial T}{\partial x} + v\frac{\partial T}{\partial y} \approx \frac{k}{\rho c_p}\frac{\partial^2 T}{\partial y^2} \tag{4.175a}$$

적분 형태:
$$q_w = \frac{d}{dx}\left[\int_0^\infty \rho u c_p (T - T_e)dy\right] \approx \frac{d}{dx}\left[\int_0^{\delta_T} \rho u c_p (T - T_e)dy\right] \tag{4.175b}$$

$y > \delta_T$에 대해 $T \approx T_e$가 주어지면 열 경계층 너머로 적분할 필요가 없다는 점에 유의하라. 또한 열에너지 방정식의 선형성으로 인해 주어진 $U(x)$에 대해 두 해 $T_1(x, y)$ 및 $T_2(x, y)$가 구해지고 T_1

+ T_2의 합도 해가 된다. 물론 이것은 2개의 속도 해 u_1 및 u_2에는 해당되지 않는다.

운동량 분석과 마찬가지로 세 가지 기본 접근 방식을 고려할 수 있다.

1. 급수 전개 [Meksyn(1961)], 현재는 사용되지 않는다.
2. 적분 에너지 방법—이 중 13개는 Spalding과 Pun(1962)의 흥미로운 평론에서 논의되었다. 여기서 Thwaites의 방법에 초점을 맞춘다.
3. 수치해석적 방법—잘 개발된 사용자 친화적인 컴퓨터 코드를 포함하여 많은 방법이 제안되었다[Tannehill 등(1997)]. 4-7.1절의 동일한 기본형 변수 기법을 현재의 열전달 문제에 적용할 것이다. 유한 차분은 $U(x)$, $T_e(x)$ 및 $T_w(x)$의 임의의 변동이 있을 때 제안된다.

4-8.1 1-매개변수 적분법: 변수 $U(x)$, 상수 $(T_w - T_e)$

열전달량을 추정하기 위한 한 가지 적분 방식은 속도와 온도 분포를 모두 추측하고 식 (4.175b)에 대입하는 것이다. 그러나 4-6.6절에 설명한 Thwaites의 운동량 방법을 반영하는 간단한 층류-상관관계를 통해 본격적인 해와의 어느정도의 일치를 얻을 수 있다.

식 (4.29)의 엔탈피 두께와 같은 열 경계층의 두께 측정값 Δ를 고려해 보자. Eckert(1942)는 이러한 두께의 성장 속도는 국부 유동 매개변수와 유체 특성에만 의존해야 한다고 이론화했다.

$$\frac{d\Delta}{dx} \approx f\left(\Delta,\ U, \frac{dU}{dx},\ \nu,\ \frac{k}{\rho c_p}\right)$$

온도차$(T_w - T_e)$가 일정하면 선형 방정식 (4.175a)의 모든 항이 T에 비례하므로 효과가 없다. 차원 분석을 통해 위의 식을 다음과 같이 다시 쓸 수 있다.

$$\frac{U}{\nu}\frac{d\Delta^2}{dx} = f\left(\frac{\Delta^2}{\nu}\frac{dU}{dx},\ Pr\right) \tag{4.176}$$

이 관계가 Holstein-Bohlen 공식[식 4.(156)]과 매우 유사함을 주목하라. 엔탈피 두께 δ_h로 Δ를 선택하면 상당한 양의 적분이 필요하므로 결과와 공식이 과도하게 도출된다. Smith와 Spalding (1958)은 이 과정을 매우 단순화했다. 열 플럭스의 직접적인 계산을 염두에 두고 그들은 소위 다음의 전도 두께를 대신 사용했다.

$$\delta_c = \frac{k(T_w - T_e)}{q_w} \tag{4.177}$$

따라서

$$\frac{U}{\nu}\frac{d\delta_c^2}{dx} = f\left(\frac{\delta_c^2 U'}{\nu},\ Pr\right) \tag{4.178}$$

여기서 수치값은 $U(x) = Cx^m$에 대한 Falkner-Skan 해에서 선택할 수 있다. m과 식 (4.100)의 열전달 매개변수 $G(Pr, \beta)$의 관점에서 적합한 매개변수는 다음과 같다.

$$\frac{U}{\nu}\frac{d\delta_c^2}{dx} = \frac{2(1-m)}{(1+m)G^2} \quad \text{및} \quad \lambda_c = \frac{\delta_c^2 U'}{\nu} = \frac{2m}{(1+m)G^2} \tag{4.179}$$

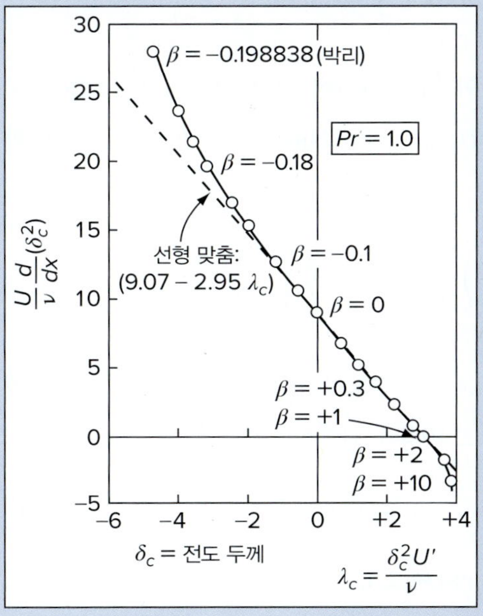

그림 4.33
Smith와 Spalding(1958)이 제안한 선형 근사와 비교한 Falkner-Skan 해(표 4.7)의 식 (4.178)과의 상관관계

그림 4.33은 $Pr = 1$에 대해 이러한 관계를 사용하여 식 (4.178)의 일반적인 구성을 보여준다. 곡선이 $-0.18 \le \beta \le +2.0$의 넓은 범위에서 거의 선형이기 때문에 Smith와 Spalding은 해를 구할 수 있었다. 모든 Prandtl 수에 대해 참이므로 Smith와 Spalding은 일반적인 근삿값을 제안한다.

$$\frac{U}{\nu}\frac{d\delta_c^2}{dx} \approx a(Pr) - b(Pr)\lambda_c \tag{4.180}$$

여기서 a와 b는 표 4.10에 나와 있다. 식 (4.180)은 Thwaites의 선형 맞춤인 식 (4.157)의 정확한 상사이며, 동일한 정확한 해석 해를 가진다.

표 4.10 식 (4.182)에 사용하기 위한 상수 $a(Pr)$ 및 $b(Pr)$

	Pr	$a^{-1/2}$	b
	0.0	0.0	2.0
	0.001	0.0173	2.06
	0.01	0.0760	2.17
	0.1	0.140	2.46
	0.3	0.215	2.68
	0.72	0.296	2.88
공기	1.0	0.332	2.95
	2.0	0.422	3.10
	3.0	0.485	3.18
	10.0	0.728	3.38
	100.0	1.572	3.61
	1000.0	3.387	3.72
	10,000.0	7.297	3.76
	∞	∞	3.81

$$\frac{\delta_c^2}{\nu} = \frac{a}{U^b}\left(\int_{x_0}^{x} U^{b-1}dx + C\right) \tag{4.181}$$

여기서 다시 x_0이 정체점인 경우 $C = 0$이다. δ_c는 q_w와 직접 관련이 있기 때문에 식 (4.181)을 국부 열전도율 $h = q_w/(T_w - T_e)$, 기준 길이 L와 속도 U_0에 기반한 Nusselt 수 관계로 쉽게 변환할 수 있다.

$$\frac{Nu_L}{\sqrt{Re_L}} = \frac{hL/k}{\sqrt{U_0L/\nu}} = \left[a\left(\frac{U_0}{U}\right)^b \int_0^x \left(\frac{U}{U_0}\right)^{b-1} \frac{dx}{L}\right]^{-1/2} \tag{4.182}$$

이것은 속도 분포의 단일 구적만 포함하는 정확하고 놀라울 정도로 간단한 표현이다. 표 4.10에서 $a(Pr)$ 및 $b(Pr)$ 항은 거듭제곱 법칙에 의해 $0.1 \le Pr \le 10.0$ 범위에서 근사화될 수 있다.

$$a^{-1/2} \approx 0.332\, Pr^{0.35} \qquad \text{및} \qquad b \approx 2.95\, Pr^{0.07} \tag{4.183}$$

가장 일반적인 공기의 경우, $a^{-1/2} = 0.296$이고 $b = 2.88(Pr = 0.72)$이다.

4-8.2 명시적 또는 암시적인 유한 차분 방법

4-7.1절에 설명된 유한차 운동량 방법은 온도 계산으로 쉽게 확장될 수 있다. 각 격자점 $T_{m,n}$의 온도를 정의하여 열에너지 방정식을 차 형식으로 나타낼 수 있다.

$$u_{m,n}\frac{T_{m+1,n} - T_{m,n}}{\Delta x} + \upsilon_{m,n}\frac{T_{m,n+1} - T_{m,n-1}}{2\Delta y} \approx \frac{k}{\rho c_p}\frac{T_{m,n+1} - 2T_{m,n} + T_{m,n-1}}{\Delta y^2}$$

여기서 $u_{m,n}$ 및 $\upsilon_{m,n}$은 4-7.1절의 운동량 모델에서 이미 알려진 것으로 가정한다. 모든 차는 'n' 단계를 중심으로 한다. 이것을 후류유동 온도에 대한 명시적 모델로 재정렬할 수 있다.

$$T_{m+1,n} \approx (\gamma - \beta)T_{m,n+1} + (1 - 2\gamma)T_{m,n} + (\gamma + \beta)T_{m,n-1} \tag{4.184}$$

여기서

$$\gamma = \frac{k\Delta x}{\rho c_p u_{m,n}\Delta y^2} \qquad \text{및} \qquad \beta = \frac{\upsilon_{m\,n}\Delta x}{2u_{m,n}\Delta y}$$

이다. 이 명시적 모델의 안정성은 운동량 공식, 즉 $\gamma < 1/2$ 및 $\beta < \gamma$와 유사하다. 단계 크기(step size)는 다음에 의해 추가로 제한된다.

$$\Delta x < \frac{\rho c_p u_{\min}\Delta y^2}{2k} \qquad \text{및} \qquad \Delta y < \frac{2\nu}{|\upsilon_{\max}|} \tag{4.185}$$

$Pr < 1$이면 Δx에 대한 이 조건은 식 (4.168)보다 더 제한적이다.

식 (4.184)는 식 (4.167) 및 (4.169)와 결합되어 층류 경계층 속도 및 온도를 명시적으로 알아낼 수 있는 완전한 수치 모델을 만든다.

암시적 모델은 전도 항에 대해 후류유동 중심차 모델을 사용하여 식 (4.170)에 따라 다음과 같이 구성할 수 있다.

$$\frac{\partial^2 T}{\partial y^2} \approx \frac{T_{m+1,n+1} - 2T_{m+1,n} + T_{m+1,n-1}}{\Delta y^2}$$

결과는 새로운 온도에 대한 연립 방정식들이다.

$$-\gamma T_{m+1,n+1} + (1 + 2\gamma)T_{m+1,n} - \gamma T_{m+1,n-1} \approx T_{m,n} - \beta(T_{m,n+1} - T_{m,n-1}) \tag{4.186}$$

식 (4.170)의 암시적 운동량 모델과 매우 유사하다. γ 및 β는 $u_{m,n}$ 및 $v_{m,n}$을 포함하므로 식 (4.186)을 식 (4.169) 및 (4.170)과 결합해야 한다.

식 (4.186)은 4-7.2.1절, 식 (4.171) ~ (4.174)에 설명된 TDMA 알고리즘으로 풀 수 있다. 계산이 운동량 TDMA와 연관되므로, 다음 항들을 운동량 분석에 추가하기 위해 모든 재귀식을 새 표기법으로 다시 작성한다.

$$D_n = \text{식 (4.186)의 우변} \tag{4.187a}$$

$$T_n = R_n T_{n+1} + S_n \tag{4.187b}$$

$$R_2 = \frac{\gamma_2}{1 + 2\gamma_2} \qquad S_2 = \frac{\gamma_2 T_w + D_2}{1 + 2\gamma_2} \tag{4.187c}$$

$$R_n = \frac{\gamma_n}{1 + 2\gamma_n - \gamma_n R_{n-1}} \qquad S_n = \frac{D_n + \gamma_n S_{n-1}}{1 + 2\gamma_n - \gamma_n R_{n-1}} \tag{4.187d}$$

$$T_{N-1} = \frac{\gamma_{N-1} T_e + \gamma_{N-1} S_{N-1} + D_{N-1}}{1 + 2\gamma_{N-1} - \gamma_{N-1} R_{N-1}} \tag{4.187e}$$

여기서 T_e는 가장자리 또는 자유 유동 온도를 나타낸다. 절차는 다음과 같다. 아래에서 위로 R_n 및 S_n 값을 계산한 다음 식 (4.187b)에 따라 위에서부터 T_{N-1}, 아래로 T_2로 온도를 추론한다. 운동량 분석에서 알고리즘은 잘 작동하며 Δx와 Δy 사이의 온도 변화가 몇 퍼센트 미만으로 유지된다면 결과가 정확할 것이다.

4-8.3 실험적 열 경계층: 원형 원통

원형 원통으로부터의 열전달은 열교환기 설계와의 관련성 때문에 많은 실험의 주제였다. 우리의 초점은 Schmidt와 Wenner(1941) 및 Giedt(1949)에 의해 측정된 원통 전면의 층류 경계층에 있는 국부적인 Nusselt 수에 있다. 여기서 돌출부 근처의 자유 유동 속도는 다음과 같이 근사할 수 있다.

$$\frac{U}{U_0} \approx 1.82\frac{x}{R} - 0.4\frac{x^3}{R^3} \tag{4.188}$$

여기서 R과 U_0는 원통의 반경과 접근 속도를 나타낸다. 최대 속도는 $x/R = 1.23(\phi = 71°)$에서 $U/U_0 = 1.49$이다. 온도차($T_w - T_e$)는 일정하므로 식 (4.182)에서 Smith와 Spalding의 적분법을 사용할 수 있다.

그림 4.34는 Smith-Spalding 공식과 암시적 유한 차분법[식 (4.186)]을 국부 열전달 데이터와 비교한다. 두 이론 모두 $\phi \approx 81°$에서 경계층 박리가 발생하는 Schmidt와 Wenner의 낮은 Reynolds 수 데이터와 잘 일치한다. 그러나 $Re_D = 140{,}000$에서 Giedt의 측정값은 약 10% 더 높

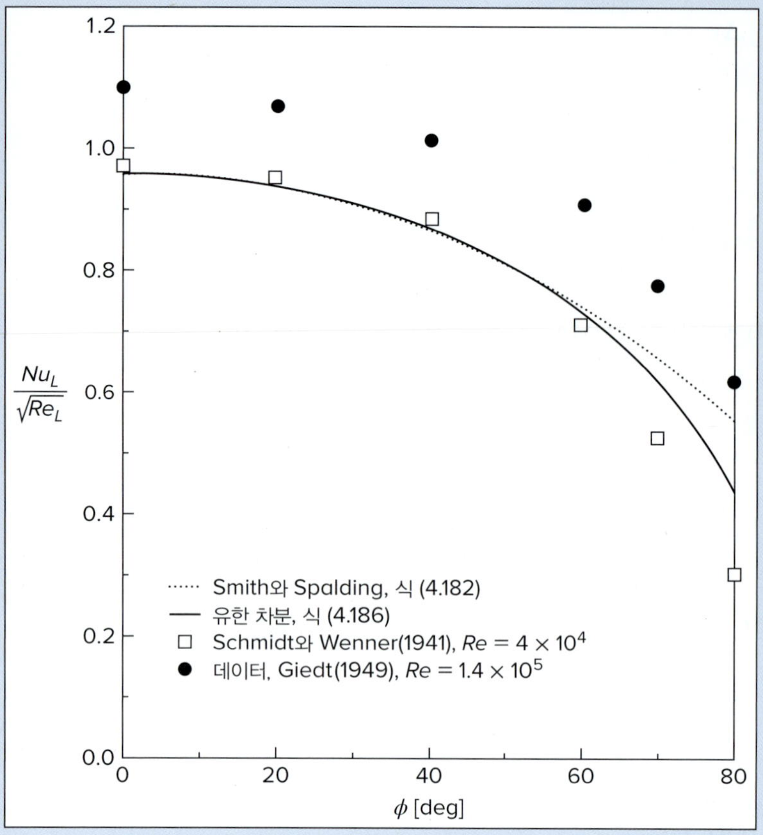

그림 4.34
원통을 지나는 공기 유동(Pr = 0.72)의 국부 열전달에 대한 이론과 실험의 비교, 상수 $(T_w - T_e)$.

다. 사실 Reynolds 수와 함께 열전달의 증가가 나타나며, 이는 언뜻 보기에는 층류 경계층이 $\sqrt{Re}$와 직접 연관되어야 한다는 4-2절의 주장을 반하는 것처럼 보인다. Kestin 등(1961)은 이 거동을 원통에 접근하는 유동의 난류 또는 소음에서 찾을 수 있다. 특히, 난류는 Reynolds 수와 함께 강화되고 경계층에서 유동방향 소용돌이를 일으켜 열전달을 향상시킨다. 이러한 자유 유동 난류 효과에 대한 평론을 평판 유동에 초점을 맞춘 Zukauskas와 Ziukzda(1985)뿐만 아니라 Barrett과 Hollingsworth(2003)가 제공하였다.

4-8.4 가변 벽 온도: 초기 해의 중첩

이전 분석은 일반적인 설계 가정인 일정한 운전 온도 차이$(T_w - T_e)$에 대한 것이었다. 변수 ΔT의 경우 이전 공식은 더 이상 Nu를 국부 온도차와 연관시킬 수 없다. 예를 들어, 하류로 이동함에 따라 T_w가 떨어지면 q_w는 $(T_w - T_e)$의 부호를 바꾼다. 그 이유는 국부 경계층의 유체가 더 뜨거운 상류 벽에 의해 따뜻해졌기 때문이다. 이 효과를 예시와 함께 보여줄 것이다.

열에너지 방정식이 선형이기 때문에 변수$(T_w - T_e)$를 처리하는 가능한 접근 방식은 특정 $U(x)$에 대해 '초기' 또는 단계-벽-변화 공식의 중첩을 사용하는 것이다. 변수 $\Delta T(x)$가 있는 평판의 일반적인 경우로 이 절차를 설명한다. 식 (4.37)에서 그림 4.6에 정의된 문제에 대한 해를 제시했음을 상기해 보자. 이것은 $x = x_0$에서 벽 온도의 불연속성이 있는 열전달 문제였다. 불연속의 하류 열전달은 다음과 같았다.

$$q_w(x_0, x) = (T_w - T_e)h(x_0, x)$$

이때
$$h(x_0, x) = \frac{0.332k}{x} Pr^{1/3} Re_x^{1/2} \left[1 - \left(\frac{x_0}{x}\right)^{3/4}\right]^{-1/3} \tag{4.189}$$

는 국부 열전달 계수이다.

이제 $T_w - T_e$가 x와 함께 연속적으로 변하므로 연속적인 x_0에서 일련의 시작 문제를 연속적으로 구성할 수 있다고 상상해 보자. $d(T_w - T_e)$가 x_0과 $x_0 + dx_0$ 사이에서 발생하는 변화인 경우, x_0을 가변수로 사용하고 이러한 모든 극소 이동을 중첩하여 임의의 x에서 벽 온도를 추정할 수 있다.

$$q_w(x) = \int_0^x h(x_0, x) \frac{d(T_w - T_e)}{dx_0} dx_0 \tag{4.190}$$

이는 x를 상수로 두고 계산하는 적분이다.

더 나아가, 일반적으로 $T_w - T_e$가 ΔT_i의 양만큼 특정 수의 점 $x_0(i)$에서 불연속적으로 변한다고 가정한다. 그런 다음 이러한 개별 시작 해의 합계를 이전 해에 추가해야 한다. 따라서 임의의 가변적인 벽 온도에 대한 완전한 해는 다음과 같다.

$$q_w(x) = \int_0^x h(x_0, x) \frac{d}{dx_0}(T_w - T_e) dx_0 + \sum_{i=1}^{N} h[x_0(i), x] \Delta T_i \tag{4.191}$$

초기 해 $h(x_0, x)$는 문제의 특정 속도 분포 $U(x)$에 적합해야 함을 기억해야 한다.

이제 이 정리를 다음과 같이 $T_w - T_e$의 다항식 분포를 가진 평판에 적용해 보자.

$$T_w - T_e = \sum_{j=0}^{N} a_j x^j = a_0 + a_1 x + a_2 x^2 + a_3 x^3 + a_4 x^4 + \cdots \tag{4.192}$$

불연속성이 없는 경우 식 (4.190)이 적용된다.

$$q_w(x) = \frac{0.332k}{x} Pr^{1/3} Re_x^{1/2} \int_0^x \left[1 - \left(\frac{x_0}{x}\right)^{3/4}\right]^{-1/3} \left(a_0 + \sum_{j=1}^{N} j a_j x_0^{j-1}\right) dx_0$$

적분은 쉽게 계산할 수 있고 감마 함수로 표현할 수 있다.

$$q_w(x) = \frac{0.332k}{x} Pr^{1/3} Re_x^{1/2} \left[a_0 + \sum_{j=1}^{N} \frac{4}{3} j a_j x^j \frac{\Gamma(4j/3)\Gamma(2/3)}{\Gamma(4j/3 + 2/3)}\right] \tag{4.193}$$

모든 감마 함수는 $\Gamma(1/3) = 2.6789385$, $\Gamma(2/3) = 1.3541179$, $\Gamma(1) = 1$의 세 가지 알려진 값과 재귀식 $\Gamma(1 + k) = k\Gamma(k)$을 사용하여 수치적으로 결정된다. 식 (4.193)에서 대괄호의 처음 5개 항은 다음을 도출한다.

$$a_0 + 1.6123 a_1 x + 1.9556 a_2 x^2 + 2.2091 a_3 x^3 + 2.4151 a_4 x^4 + \cdots \tag{4.194}$$

이 결과는 q_w가 국부 $\Delta T = a_0 + a_1 x + a_2 x^2 + a_3 x^3 + a_4 x^4 + \cdots$에 비례하는 것과 상당히 다르다. 결과가 우리의 직관적인 결과와 얼마나 크게 다른지 설명하기 위해 선형 분포를 고려해 보자.

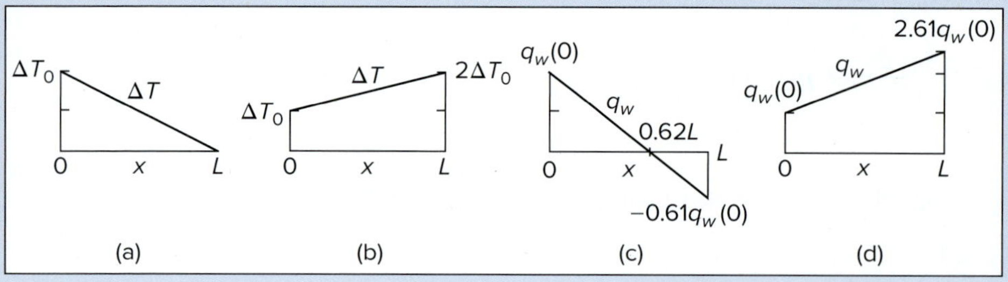

그림 4.35
평판에서 선형적으로 변하는 벽 온도에 따른 국부 열전달, 식 (4.196). (a, c) 떨어지는 온도차, (b, d) 상승하는 온도차

$$T_w - T_e = \Delta T_0\left(1 \pm \frac{x}{L}\right) \tag{4.195}$$

식 (4.194)에서 ΔT_0에 기반한 Nusselt 수는 다음과 같다.

$$Nu_x = \frac{q_w}{k\Delta T_0} = 0.332Pr^{1/3}Re_x^{1/2}\left(1 \pm 1.6123\frac{x}{L}\right) \tag{4.196}$$

선형성으로 인해 분명히 강력한 효과를 나타낸다. 상승하는 온도 차이인 $1 + x/L$의 경우, 뒷전에서의 열전달은 $2\Delta T_0$의 국부적 차이에서 기대할 수 있는 것보다 31% 더 크다. 온도가 떨어지는 $1 - x/L$의 경우 열전달은 실제로 뒷전에서 부호를 변경하며, 그 효과는 앞전 열전달의 61%로 무시할 수 없다. 이러한 결과는 그림 4.35에 요약되어 있다.

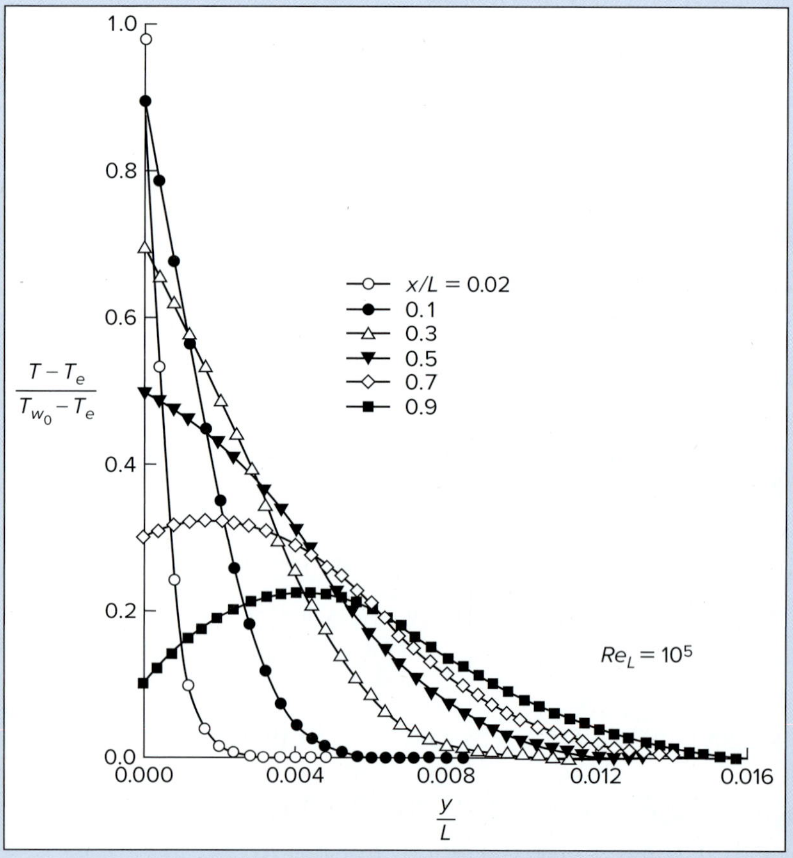

그림 4.36
벽 온도가 선형적으로 감소하는 평판 유동의 온도 분포에 대한 유한 차분 해(4-8.2절). 벽의 열전달은 $x/L = 0.62$에서 부호가 바뀐다.

임의의 $U(x)$ 및 $\Delta T(x)$에 대해 유효한 4-8.2절의 유한 차분 방법은 $\Delta T_0(1 - x/L)$이 떨어지는 이 특정한 문제에 적용되었다. 해당 온도 분포는 그림 4.36에 나와 있고, 뜨거운 상류 벽에 의한 국부 유체의 가열을 설명하는 데 도움이 된다.

4-9 덕트의 유입 유량

덕트 입구에서 발달하는 층류는 수십 명의 연구자들의 상상력을 사로잡았다. Schmidt와 Zeldin (1969)뿐 아니라 Shah와 London(1978)에 의해 광범위한 평론들이 출판됐다.

반경이 a인 덕트의 입구-유동 형상은 그림 4.37에 나와 있다. 둥근 입구에서 $x = 0$에서의 속도 분포는 거의 균일하고 $u = \bar{u} =$ 일정하며 이 가정은 이론적 연구에서 일반적이다. 입구에서 경계층이 $\delta \le a$인 동안 Blasius 평판 해와 유사한 초기 거동이 발달하기 시작한다. 그러나 연속성 조건으로 인해 벽 근처에서 유속이 감속하면 '비점성 중심' 유동이 빨라지고(순구배), 따라서 Blasius 추정값[식 (4.67)]에서 예측한 것보다 경계층이 더 눈에 띄게 얇아진다. 하류에서 약간의 거리를 두고 전단층이 만나고 덕트는 경계층 운동으로 가득찬다. 그 후 얼마 지나지 않아 $x = x_L$에서 유동은 본질적으로 Poiseuille 포물면으로 발달한다. $0 \le x \le x_L$ 영역을 **입구 영역**이라고 한다. 특히 공학적 관심은 (1) Poiseuille 유동에 비해 초과 압력 강하 및 (2) 완전히 발달된 상태에 도달하기 위한 입구 길이 x_L/D이다. 난류 유입 유동에서도 유사한 고려사항이 발생하는데, 이때 초기 경계층이 층류일 가능성이 높으며 하류에서 병합되기 전에 난류로의 전이가 생긴다.

여기서 초과 압력 강하는 진입 시 경계층의 증가된 전단력과 중심 유동의 가속 모두에 기인할 수 있다. $x = 0$에서 입구 압력을 p_0로 하고 $\tau_P = 4\mu\bar{u}/a$를 Poiseuille 유동 영역의 전단 응력이라고 하며, 여기서 $u_P = 2\bar{u}(1 - r^2/a^2)$이다. $x = 0$과 $x \ge x_L$ 사이의 영역에 대한 검사 체적 운동량 분석은 다음 균형식을 도출한다.

$$(p_0 - p_x)\pi a^2 = 2\pi a x \tau_P + \int_0^a \rho(u_P^2 - \bar{u}^2)2\pi r\,dr + \int_0^x (\tau - \tau_P)2\pi a\,dx$$

이 결과는 무차원 형태로 '겉보기' 마찰로 기록될 수 있다.

$$\frac{p_0 - p_x}{\frac{1}{2}\rho\bar{u}^2} = C_{f,\,\mathrm{app}}\frac{4x}{D} = C_{fP}\frac{4x}{D} + K, \quad K = \frac{2}{3} + \int_0^{x/a}\frac{4(\tau - \tau_P)}{\rho\bar{u}^2}\frac{dx}{a} \tag{4.197}$$

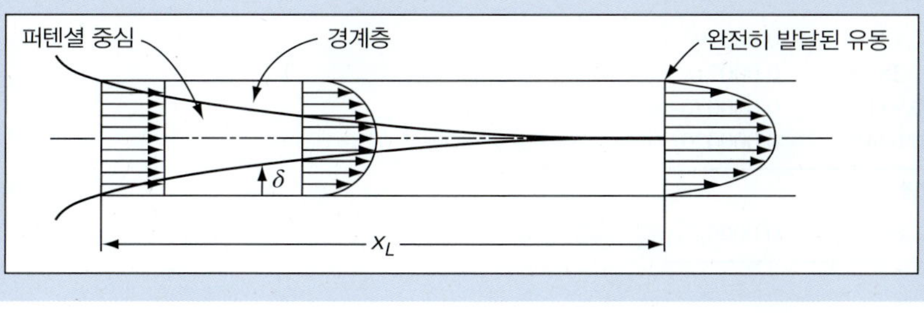

그림 4.37
덕트 입구의 층류

여기서 $C_{fP} = 16/Re_D$는 식 (3.39)의 Poiseuille 마찰 계수이며, $D = 2a$는 덕트 직경이다. K는 입구 영역으로 인한 초과 압력 강하를 나타내며, 여기서 2/3는 Poiseuille 포물면으로의 균일한 유동을 가속하는 데 필요한 압력 강하를 나타낸다. K의 적분 항은 약 0.65의 초과 전단 기여도이다. $x \gg D$인 긴 덕트의 경우 $C_{fP}(4x/D)$ 항이 총 마찰 손실의 대부분을 차지한다.

식 (4.197)을 입구 영역으로 확장하면 $K = K(x)$는 $x = 0$에서 0이며, 발달해갈수록 점근 상수 값 K_∞로 증가한다. 그림 4.38은 덕트와 평행 판 사이의 $K(x)$에 대한 Schmidt와 Zeldin(1969)의 유한 차분 계산을 보여준다. 입구 유동의 경계층 특성을 확인하는 약간의 Reynolds 수 효과만 있음에 유의하라. 그림 4.38에서 덕트 유동 계산의 경우 K_∞가 1.31에서 1.40 사이로 다양하지만, Shah(1978)는 실험을 통해 $K_\infty \approx 1.25$ 값을 제안했고, 이는 보다 현실적인 값으로 사료된다.

덕트의 모든 부분에 대한 전체 마찰은 Graetz 유형 변수 $\zeta = (x/D)/Re_D$와 상관관계가 있다. Shah(1978)는 많은 덕트 모양에 대해 ±2% 내에서 유효한 보간 공식을 제안한다.

$$C_{f,\,\text{app}} Re \approx \frac{3.44}{\sqrt{\zeta}} + \frac{C_{fP}Re + K_\infty/(4\zeta) - 3.44/\sqrt{\zeta}}{1 + c/\zeta^2} \tag{4.198}$$

여기서 C_{fP}, K_∞ 및 c는 표 4.11의 특정 구조에 해당한다. 비원형 구간은 수력학적 직경 D_h 및 Re_{D_h}를 사용한다.

'입구 길이' x_L은 다양한 방식으로 정의될 수 있다. 그림 4.38은 K가 최대 $(x/D)/Re_D \approx 0.08$에서 최종 값 K_∞에 접근할 때 발생하는 것으로 간주될 수 있음을 보여준다. 경계층 진입 이론에 따라 전단층이 '만날' 때 최저값이 발생할 수 있다. 식 (4.67)의 Blasius 이론에 따르면 $c_{\text{Blasius}} \approx 4.91$이기 때문에 $\delta = a = c_{\text{Blasius}}\sqrt{\nu x/\bar{u}}$, 또는 $(x/D)/Re_D = \frac{1}{4}C^{-2} \approx 0.01$에서 병합점을 설정할 수 있다. 가속 중심이 전단층을 얇게 하기 때문에 이것은 너무 낮은 값이다.

Shah와 London(1978)은 x_L을 중심 속도가 Poiseuille 값 $u_{\max}$의 99%에 도달하는 지점으로 정의하고 입구 길이에 대해 다음 관계를 권장한다.

표 4.11 식 (4.198)에 사용되는 상수

b/a	$C_{fp}Re$	K_∞	c
	덕트 또는 동심원		
0.0	16.00	1.25	0.000212
0.05	21.57	0.830	0.000050
0.10	22.34	0.784	0.000043
0.50	23.81	0.688	0.000032
0.75	23.97	0.678	0.000030
1.00	24.00	0.674	0.000029
	직사각형 덕트		
1.00	14.23	1.43	0.00029
0.50	15.55	1.28	0.00021
0.20	19.07	0.931	0.000076
0.00	24.00	0.674	0.000029
	정삼각형		
—	13.33	1.69	0.00053

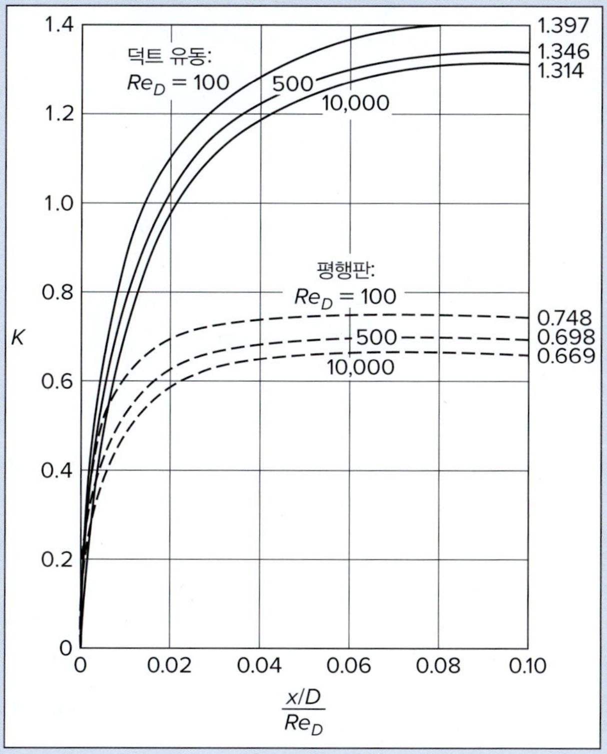

그림 4.38
층류 덕트 입구의 압력 강하 매개변수 K[식 (4.197)]. Schmidt와 Zeldin(1969)의 전체 Navier-Stokes 방정식의 유한 차분 해

$$\frac{x_L}{D} \approx \frac{0.6}{1 + 0.035Re_D} + 0.056Re_D \tag{4.199}$$

Re가 0에 접근해도 입구 길이는 사라지지 않는다. 균일한 비관성 크리핑(creeping) 유동이 포물선 분포 형태를 갖기 위해서 여전히 약 0.6 직경이 필요하다.

4-10 회전 대칭 경계층

지금까지 모든 경계층 해는 평면 운동에 중점을 두었다. 이제 좀 더 일반적인 3차원 경계층에 대한 시작으로 회전 대칭인 경우를 고려해 보자. 회전 대칭이란 원통 극좌표 (r, θ, z)에서의 유동을 의미하며, 여기서 변수$(v_r, v_\theta, v_z, p, T)$는 θ에 의존하지 않는다. 원주 성분 $v_\theta(r, z)$를 **소용돌이 속도**라고 한다. 모든 곳에서 $v_\theta = 0$이면 유동은 **축대칭 유동**의 경우로 간단해지며, 여기서 유선은 자오선에 유지된다.

이미 3장에서 덕트 유동(균일한 소용돌이 포함), 회전하는 원통 사이의 Couette 유동, 회전하는 다공성 원통의 Taylor-Culick 유동, 축대칭 정체 유동 및 무한 회전 디스크 근처의 유동 등의 여러 회전 대칭 유동의 예시를 고려했다. 회전 대칭 하에서 경계층 방정식은 오늘날 우리가 사용하는 형태로 Mangler(1945)가 처음 제안했다. Mangler는 그림 4.39에 나와 있는 해당 속도 성분 (u, v, w)과 함께 곡선 좌표 (x, y, θ)를 선택했다. 경계층 방정식은 다음과 같다.

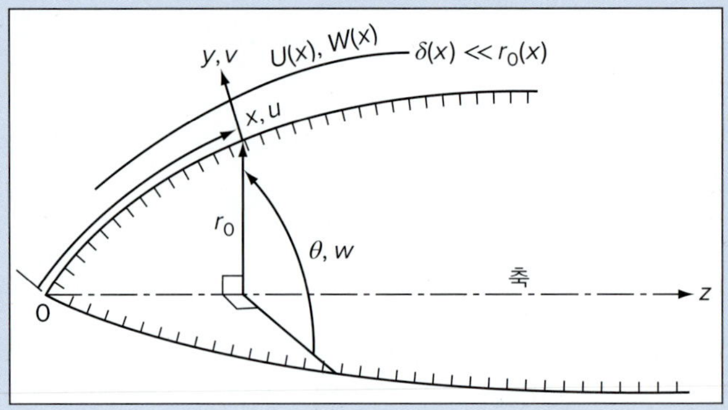

그림 4.39
회전 대칭 유동에 대한 좌표계, 식 (4.200a)~(4.200d)

연속성:
$$\frac{\partial}{\partial x}(r_0 u) + r_0 \frac{\partial v}{\partial y} = 0 \tag{4.200a}$$

x운동량:
$$\frac{\partial u}{\partial t} + u\frac{\partial u}{\partial x} + v\frac{\partial u}{\partial y} - \frac{w^2}{r_0}\frac{dr_0}{dx} = -\frac{1}{\rho}\frac{\partial p}{\partial x} + \nu\frac{\partial^2 u}{\partial y^2} \tag{4.200b}$$

y운동량:
$$\frac{\partial p}{\partial y} = 0 \tag{4.200c}$$

θ운동량:
$$\frac{\partial w}{\partial t} + u\frac{\partial w}{\partial x} + v\frac{\partial w}{\partial y} + \frac{uw}{r_0}\frac{dr_0}{dx} = \nu\frac{\partial^2 w}{\partial y^2} \tag{4.200d}$$

여기서 $r_0(x)$는 축에서 측정된 국부 표면 반경이다(표면의 곡률 반경이 아님). 또한 r_0이 경계층 두께 δ보다 훨씬 커서 경계층을 통한 r_0의 변화를 무시할 수 있다고 가정한다. 경계층의 가장자리에서 자유 유동 속도는 $U(x)$이고 소용돌이는 $W(x)$이며, 이는 퍼텐셜 유동 관계에 의해 압력과 관련될 수 있다.

$$\frac{\partial U}{\partial t} + U\frac{\partial U}{\partial x} - \frac{W^2}{r_0}\frac{dr_0}{dx} = -\frac{1}{\rho}\frac{\partial p}{\partial x} \quad \text{및} \quad \frac{\partial W}{\partial t} + U\frac{\partial W}{\partial x} + \frac{UW}{r_0}\frac{dr_0}{dx} = 0 \tag{4.201}$$

경계 조건은 일반적으로 각속도 $\Omega(t)$로 축을 중심으로 회전하는 다공성 표면을 포함할 수 있다.

$$\begin{aligned}
&y = 0\text{에서:} && u = 0 \quad v = v_w(x, t) \quad w = r_0\Omega(t) \\
&y \to \infty\text{에서:} && u = U(x, t) \quad w = W(x, t) \\
&x = 0\text{에서:} && u(0, y, t),\ v(0, y, t),\ w(0, y, t)\ (\text{특정 앞전값}) \\
&t = 0\text{에서:} && u(x, y, 0),\ v(x, y, 0),\ w(x, y, 0)\ (\text{특정 초깃값})
\end{aligned} \tag{4.202}$$

2차원 경계층 문제와 마찬가지로 y방향의 수직 압력 구배는 무시한다.

4-10.1 축대칭 경계층: 상사해

훨씬 더 간단한 특별한 경우는 안정된 축대칭 유동($w = 0$)의 경우이며 이에 대해 많은 연구 결과들이 발표되었다. 식 (4.200a)~(4.200d)는 다음과 같이 표현된다.

표 4.12 속도 매개변수 n에 따른 원뿔 반각 ϕ의 변화

n	ϕ[deg]	n	ϕ[deg]
0.0	0.0	1.2	97.01
0.05	19.10	1.4	102.99
0.1	27.73	1.6	108.12
0.15	34.52	1.8	112.61
0.2	40.33	2.0	116.58
0.3	50.11	2.5	124.60
0.4	58.22	3.0	130.89
0.5	65.20	4.0	139.90
0.6	71.31	5.0	146.12
0.7	76.84	6.0	150.71
0.8	81.60	7.0	154.12
0.9	86.00	8.0	156.86
1.0	90.00	9.0	159.70

$$\frac{\partial}{\partial x}(r_0 u) + r_0\frac{\partial v}{\partial y} = 0$$

$$u\frac{\partial u}{\partial x} + v\frac{\partial u}{\partial y} = U\frac{dU}{dx} + \nu\frac{\partial^2 u}{\partial y^2} \tag{4.203}$$

경계 조건은 다음과 같다.

$$u(x, 0) = 0 \qquad v(x, 0) = v_w(x) \qquad u(x, \infty) \to U(x)$$

체적 모양 $r_0(x)$를 알고 있다 가정하고 자유 유동 속도가 거듭제곱 형식인 경우 식 (4.203)에 대한 상사해들을 찾을 수 있다.

$$U(x) = Cx^n \tag{4.204}$$

이것은 반각이 ϕ인 원뿔을 지나며 받음각이 0인 퍼텐셜 유동에 해당한다. Evans(1968)는 광범위한 분석을 했고, 그 결과 n의 다른 값들과 이와 관련된 반각은 표 4.12에 정리되어 있다. $\phi_{\text{wedge}} = m\pi/(1+m)$인 Falkner-Skan 평면 쐐기 유동과 같이 이것은 간단한 관계가 아니다.

이러한 원뿔 유동에 대한 적절한 유사성 변수는 다음과 같다.

$$u(x, y) = U(x)f'(\eta), \qquad \eta = y\sqrt{\frac{(3+n)U(x)}{2\nu x}} \tag{4.205}$$

식 (4.203)의 후방대입법은 3차 상미분 방정식으로 이어진다.

$$f(0) = f'(0) = 0, \quad f'(\infty) = 1\text{일 때}$$

$$f''' + ff'' + \frac{2n}{3+n}(1 - f'^2) = 0 \tag{4.206}$$

결과 식은 β의 등가 값이 다르다는 점을 제외하고는 Falkner-Skan 관계식, 식 (4.93)과 동일하다. 두 매개변수를 동일시하면 주어진 원뿔 유동이 수학적으로 특정 쐐기 유동과 동일하다는 것을 알

수 있다.

$$\beta_{\text{cone}} = \frac{2n}{3+n} = \beta_{\text{wedge}} = \frac{2m}{1+m} \qquad \text{또는} \qquad m_{\text{wedge}} = \frac{1}{3}n_{\text{cone}} \tag{4.207}$$

따라서 $U = Cx^n$인 원뿔 유동은 $U = C'x'^{n/3}$인 쐐기 유동과 동일한 속성을 갖는다. 두 유형 모두 Falkner-Skan 해에서 결정할 수 있다. 원뿔의 C와 x는 쐐기의 C' 및 x'과 같지 않다. 즉, 두 유동에 대한 압력 구배가 상당히 다르다. 동등성은 상사해를 통해서만 가능하다. 예를 들어 축대칭 정체 유동($n = 1$)에 대한 해는 90° 쐐기($m = 1/3$)에 대해 알려진 유사한 해에서 직접 가져올 수 있다. 사실 원뿔-쐐기 등가는 우연이 아니다. Mangler(1948)는 놀라운 변형을 도출한다.

$$x' = \frac{1}{L^2}\int_0^x r_0^2\,dx \qquad y' = \frac{r_0 y}{L} \qquad u' = u \qquad U'(x') = U(x) \qquad \text{그리고} \qquad v' = \frac{L}{r_0}\left(v + \frac{yu}{r_0}\frac{dr_0}{dx}\right) \tag{4.208}$$

여기서 L은 기준 길이로 식 (4.203)을 등가 평면 경계층 유동으로 직접 변환한다[식 (4.56a)~(4.56b)]. 장점은 평면 유동 방법이 (x', y', u', v')에 대해 사용될 수 있지만 차례로 변환된 압력 구배 $U'(x')$가 복잡한 함수를 초래할 수 있다는 것이다. 때로는 Mangler 변환이 매우 효과적이다. $r_0 = x \sin \phi$인 식 (4.205)의 원뿔을 고려해 보자. 식 (4.208)을 통한 변환은 $x = (\text{상수})x^3$를 예측하므로, 원뿔에 대한 $U = Cx^n$은 식 (4.207)에서 볼 수 있다시피 $U = C'x'^{n/3}$인 평판 유동과 같다. Falkner-Skan 결과가 잘 정립되어 있기 때문에 원뿔 유동 분석에 새로운 계산이 필요하지 않다.

4-10.2 축대칭 유동에 대한 Thwaites 유형 방법

Mangler 변환을 하지 않고 식 (4.203)을 적분 형식으로 직접 변환할 수 있다. 평면 유동에 대한 4-6.2절에 설명된 절차를 따르면 다음을 얻을 수 있다.

$$\frac{C_f}{2} = \frac{1}{U^2}\frac{\partial}{\partial t}(U\delta^*) + \frac{2\theta + \delta^*}{U}\frac{\partial u}{\partial x} + \frac{\partial \theta}{\partial x} + \frac{\theta}{r_0}\frac{dr_0}{dx} - \frac{v_w}{U} \tag{4.209}$$

평면 유동과의 유일한 차이점은 표면 구조에 의해 결정되는 dr_0/dx를 포함하는 항이다. 일반적으로 $\delta \ll r_0$이라고 가정한다. 불투과성 벽이 있는 안정된 축대칭 유동의 경우 이는 다음과 같이 간단해진다.

$$\frac{\tau_w}{\rho} = \frac{1}{r_0}\frac{d}{dx}(r_0 U^2 \theta) + U\frac{dU}{dx}\delta^* \tag{4.210}$$

평면 유동에 대한 식 (4.155)와 정확히 상사를 맞추어, Thwaites 또는 Holstein-Bohlen 매개변수, $\lambda = \theta^2(dU/dx)/\nu$의 관점에서 이 관계를 다시 그룹화한다. 결과는 다음과 같다.

$$\frac{U}{r_0^2}\frac{d}{dx}\left(\frac{r_0^2\lambda}{dU/dx}\right) = 2S - 2\lambda(2 + H) = F(\lambda) \approx 0.45 - 6\lambda \tag{4.211}$$

여기서 $S(\lambda)$와 $H(\lambda)$는 평면 유동(4-6.6절)에서와 같은 의미와 상관관계를 갖는다. 다시 말하지만, 평면 유동의 식 (4.159)와 상사를 맞추어 식 (4.211)을 직접 적분하여 다음을 도출할 수 있다.

$$\theta^2 \approx \frac{0.45\nu}{r_0^2 U^6} \int_0^x r_0^2 U^5 dx \tag{4.212}$$

이때 $\lambda = -0.09$에서 박리가 다시 발생한다고 가정한다. 이 표현은 Rott와 Crabtree(1952)에 의해 개발되었다. r_0이 일정하거나 x보다 훨씬 크면 식 (4.212)는 Thwaites의 평면 유동 방법으로 축소된다. 예상 정확도는 $\pm 5\%$이다.

4-10.3 축대칭 유한 차분법

평면 경계층과 축대칭 경계층의 주요 차이점은 연속방정식 (4.203)에서 $r_0(x)$가 존재한다는 것이므로, 4-7절에서 설명한 수치 기법을 거의 수정할 필요가 없다.

축대칭 유동의 경우 명시적 x운동량 모델인 식 (4.167)과 암시적 모델인 식 (4.170)이 명시적 모델에 대한 안정성 제약 조건과 함께 유지된다[식 (4.168)]. 연속방정식 (4.169)만 $r_0(x)$를 도입하여 변경해야 하며, 이를 r_m으로 표시한다. 이 사소한 수정은 다음을 통해 조정할 수 있다.

$$v_{m+1,n} \approx v_{m+1,n-1} - \frac{\Delta y}{2\Delta x\, r_{m+1}}\left[r_{m+1}(u_{m+1,n} + u_{m+1,n-1}) - r_m(u_{m,n} + u_{m,n-1})\right] \tag{4.213}$$

이 관계는 새로운 $u_{m+1,n}$이 명시적 또는 암시적 모델에서 구해지면 수직 속도의 다음 열을 계산하는 데 사용된다.

4-10.4 구를 지나는 유동에 대한 응용

속도 U_0의 유동에 잠겨 있는 반경 a의 구를 고려하자. ϕ가 돌출부에서 측정된 각도인 경우, 퍼텐셜-유동 표면-속도 분포는 다음과 같다[White(2016), 8.8절, 식 (8.87)].

$$U = \tfrac{3}{2} U_0 \sin\phi = \tfrac{3}{2} U_0 \sin(x/a) \tag{4.214}$$

이 이론적 자유 유동 분포를 (1) 식 (4.212)에 의해 규정된 Thwaites 방법의 Rott-Crabtree 수정 및 (2) 식 (4.170) 및 식 (4.213)에 기초한 유한 차분법 두 가지 방법으로 확인할 수 있다. 예측된 표면 마찰에 대한 결과는 그림 4.40에 나와 있다. Rott-Crabtree 방법은 $\phi = 103.6°$에서 박리를 예측하고 가장 정확한 유한 차분 계산은 $\phi_{sep} = 105.5°$를 도출한다.

원통 문제를 지나는 유동에서와 같이 퍼텐셜 유동 계산은 1차 유동 박리 효과로 인해 여기에서 신뢰할 수 없다. $Re_a \approx 200{,}000$에서 Fage(1936)가 측정한 실제 속도 분포가 다음 곡선에 들어맞는다.

$$\frac{U}{U_0} \approx 1.5\frac{x}{a} - 0.4371\left(\frac{x}{a}\right)^3 + 0.1481\left(\frac{x}{a}\right)^5 - 0.0423\left(\frac{x}{a}\right)^7 \qquad 0 \le \frac{x}{a} \le 1.48 \tag{4.215}$$

이 관계는 퍼텐셜 유동 추정보다 훨씬 빠르게 떨어져 $x/a = 1.291(\phi = 74°)$에서 최대 $U/U_0 = 1.274$에 도달하는 반면, 퍼텐셜 유동은 $\phi = 90°$에서 최대 $U/U_0 = 1.5$를 갖는다.

그림 4.40은 또한 이 실험적 $U(x)$ 분포에 대한 두 가지 방법을 비교한다. 다시 두 세트의 결과는 허용 가능한 수준으로 가깝다. 박리 각도는 Rott-Crabtree 방법의 경우 81.1°이고 (거의 정확

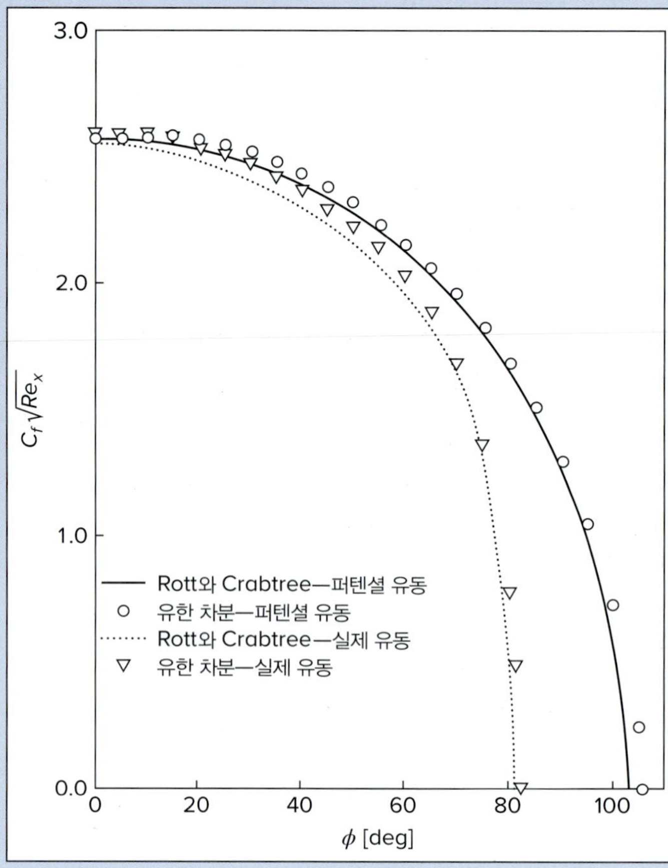

그림 4.40
Rott-Crabtree(1952) 적분 방법과 구면 유동의 표면 마찰에 대한 유한 차분 계산의 비교

한) 유한 차분 계산의 경우 82.4°이다. 사용된 수치해석적 방법은 $\Delta\theta = 0.5°$의 단계 크기를 사용하는 암시적 방법이다.

4-10.5 두꺼운 축대칭 경계층

이 절은 지금까지 $\delta \ll r_0$인 '얇은' 경계층만 고려했다. 그러나 원통형 체적이 충분히 길면 이 가정이 실패하는 하류 지점이 있어야 하며 경계층 두께는 체적 직경 이상이 된다. 긴 줄은 중요한 실제 예가 될 수 있다. 두꺼운 축대칭 경계층의 주요 효과는 원통형 형상을 고려해야 한다는 것이다. 따라서 **가로 곡률 효과**라는 용어는 이러한 유동을 설명하는 데 자주 사용된다.

이제 일정한 반경 a의 매우 긴 원통을 따라 축대칭 층류 경계층의 문제를 고려해 보자. 압력구배는 무시할 수 있으며($U = U_0 \approx$ 일정) Reynolds 수 Re_x의 제곱근이 큰 경우 경계층 근사가 적용된다. '벽' 좌표 $y = r - a$, $dy = dr$을 사용하면 축대칭 경계층 방정식은 다음과 같다.

$$\frac{\partial u}{\partial x} + \frac{1}{a + y}\frac{\partial}{\partial y}[(a + y)v] = 0 \tag{4.216a}$$

$$u\frac{\partial u}{\partial x} + v\frac{\partial u}{\partial y} = \frac{\nu}{a + y}\frac{\partial}{\partial y}\left[(a + y)\frac{\partial u}{\partial y}\right] \tag{4.216b}$$

$y \ll a$이면 이 방정식이 평판 방정식으로 축소되어 짧은 원통의 경계층이 Blasius 해를 따른다.

이 문제에 대한 많은 연구가 있어 왔다. 특히 Glauert와 Lighthill(1955)은 원통 길이의 광범위한 범위, 즉 짧은 원통에서 매우 긴 원통에 적용되는 근사 해를 만들었다. 그들은 또한 $\delta \gg a$에 대해 대류 가속도가 무시할 수 있게 되며 운동량 방정식 (4.216b)가 속도에 대해 직접 풀릴 수 있다고 말한다.

$$u(x, y) \approx \frac{a}{\mu}\tau_w(x) \ln\left(1 + \frac{y}{a}\right) \tag{4.217}$$

흥미롭게도 이 해는 매우 긴 원통을 따라 층류 및 난류 영역 모두에 유효하다. Glauert와 Lighthill은 근사 분포를 얻기 위해 전단 관련 매개변수 $\alpha(x) = \mu U_0/(a\tau_w)$로 표현을 확장한다.

$$u = \begin{cases} y \le \delta = a(e^\alpha - 1)\text{일 때} & \dfrac{U_0}{\alpha}\ln\left(1 + \dfrac{y}{a}\right) \\ y \ge \delta\text{일 때} & U_0 \end{cases} \tag{4.218}$$

이러한 맥락에서 정상 원통형 운동량 적분 관계는 다음과 같다.

$$\tau_w = \frac{d}{dx}\left[\int_0^\delta \rho u(U_0 - u)\left(1 + \frac{y}{a}\right)dy\right] \tag{4.219}$$

이 적분은 식 (4.218)의 u를 사용해 계산하여 국부 전단 $\alpha(x)$에 대한 대수 식을 구할 수 있으며 다음과 같다.

$$\frac{1}{4}\left[e^{2\alpha} + 3 - \frac{2}{\alpha}(e^{2\alpha} - 1) + \int_0^{2\alpha}\frac{e^z - 1}{z}dz\right] = \frac{\nu x}{U_0 a^2} \tag{4.220}$$

따라서 지수 적분을 수치적으로 계산하여 식 (4.220)은 $\alpha(x)$를 긴 원통 매개변수와 관련시킬 때 사용될 수 있다. 이 매개변수는 다음과 같다.

$$\xi(\alpha) = \sqrt{\frac{\nu x}{U_0 a^2}} = \frac{x/a}{\sqrt{Re_x}} = \frac{1}{2}\sqrt{e^{2\alpha} + 3 - \frac{2}{\alpha}(e^{2\alpha} - 1) + \int_0^{2\alpha}\frac{e^z - 1}{z}dz} \tag{4.221}$$

식 (4.221)에서 구한 $\xi(\alpha)$를 사용하여 Glauert와 Lighthill은 그림 4.41에 표시된 전단, 항력 및

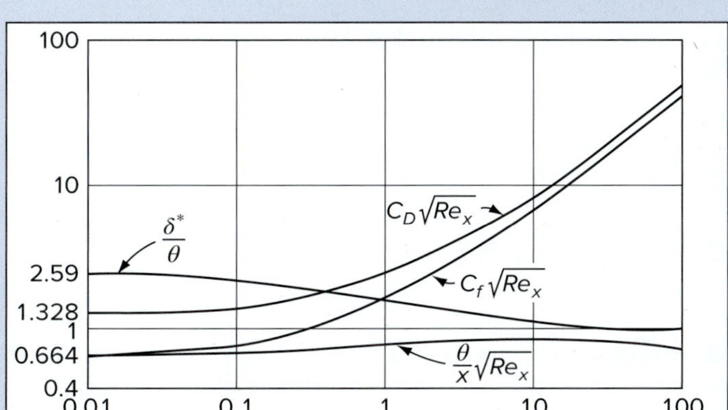

그림 4.41
매우 긴 원통 외부를 지나는 일정한 층류 유동에 대한 경계층 매개변수. Glauert와 Lighthill(1955)의 이론에서 계산됨.

두께 매개변수를 표로 만들 수 있었다. $\xi > 100$인 '매우 긴' 원통의 경우 표면 마찰과 항력은 $C_f\sqrt{Re_x} \approx 2\xi/\ln(2\xi)$의 점근적 결과에 가까워진다. 반대로 $\xi < 0.01$인 경우 Blasius 해가 다시 쓰인다.

그림 4.41에 표시된 결과는 근삿값이지만 유한 차분 계산과 비교할 때 여전히 정확하다. 사실 식 (4.216a)~(4.216b)는 포물선이고 4-7절의 수치 기술에 쉽게 적용할 수 있다.

4-10.6 좁은 축대칭 분사

충분한 운동량으로 원형 구멍에서 원형 분사가 나오면 좁은 상태를 유지하고 천천히 성장하며 반경 방향 변화 $\partial/\partial r$는 축방향 변화 $\partial/\partial x$보다 훨씬 크다. Schlichting(1933a)은 특히 다음과 같은 축대칭 경계층 방정식의 해를 찾아냈다.

연속성:
$$\frac{\partial u}{\partial x} + \frac{1}{r}\frac{\partial}{\partial r}(rv) = 0 \tag{4.222a}$$

x운동량:
$$u\frac{\partial u}{\partial x} + v\frac{\partial u}{\partial r} = \frac{\nu}{r}\frac{\partial}{\partial r}\left(r\frac{\partial u}{\partial r}\right) \tag{4.222b}$$

Schlichting은 분사 두께가 선형적으로 증가하여 적절한 유사성 변수가 r/x라고 추론했다. 그는 유동함수를 다음과 같이 정의했다.

$$\psi(r, x) = \nu x F(\eta), \qquad \eta = \frac{r}{x} \tag{4.223}$$

여기서 축대칭 속도 성분은 다음과 같이 추론될 수 있다.

$$u = \frac{1}{r}\frac{\partial \psi}{\partial r} = \frac{\nu F'}{r} \qquad \text{및} \qquad v = -\frac{1}{r}\frac{\partial \psi}{\partial x} = \frac{\nu}{r}(\eta F' - F) \tag{4.224}$$

축 운동량 방정식 (4.222b)로 대입하면 다음 3차 비선형 미분 방정식이 생성된다.

$$\frac{d}{d\eta}\left(F'' - \frac{F'}{\eta}\right) = \frac{1}{\eta^2}\left(FF' - \eta F'^2 - \eta FF''\right) \tag{4.225}$$

결과에 x와 r이 없기 때문에 상사해가 구해졌다. 경계 조건은 $F(0) = F'(0) = F'(\infty) = 0$으로 변환된다. 여기에서도 Schlichting(1933a)은 다음 형식의 정확한 해를 구할 수 있다.

$$F = \frac{(C\eta)^2}{1 + (C\eta/2)^2} \tag{4.226}$$

여기서 상수 C는 4-4.2절의 평면 분사와 유사하게 분사의 운동량에 의해 규정되어야 한다.

$$J = \rho\int_0^\infty u^2(2\pi r)\,dr = \frac{16}{3}\pi\rho C^2\nu^2 \qquad \text{또는} \qquad C = \left(\frac{3J}{16\pi\rho\nu^2}\right)^{1/2} \tag{4.227}$$

C를 사용하여 축방향 분사 속도는 식 (4.224)에서 구할 수 있다. 즉,

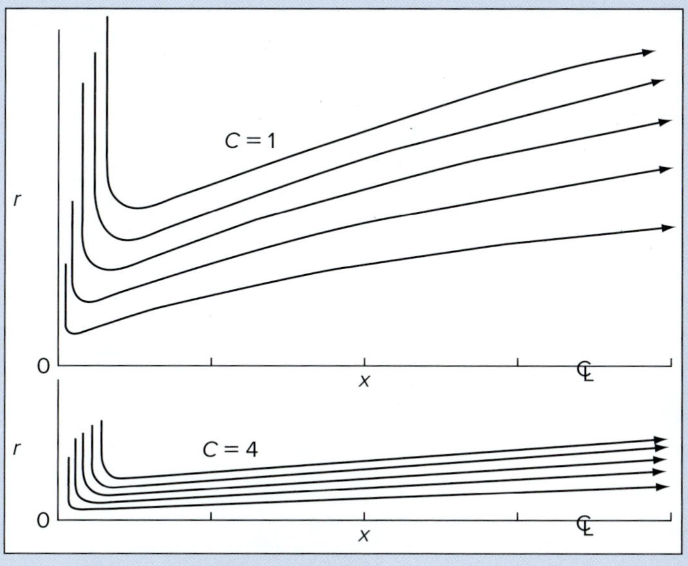

그림 4.42
식 (4.226)의 경계층 이론에서 두 가지 원형 분사 경우의 유선

$$u = \frac{3J}{8\pi\mu x}\left(1 + \frac{C^2\eta^2}{4}\right)^{-2} \tag{4.228}$$

괄호 안의 용어는 분사 분포를 나타내며, 이는 평면 분사의 (sech^2) 모양[식 (4.124)]과 다르다. 분사 중심선 속도는 x^{-1}로 떨어지고 분사의 축방향 단면에 걸친 질량 유량은 다음에서 결정할 수 있다.

$$\dot{m} = \rho\int_0^\infty u(2\pi r)dr = 8\pi\mu x \tag{4.229}$$

분명히 질량 유량은 분사 운동량 J에 관계없이 x에 따라 증가한다. 후자는 C를 통해 분사 폭에만 영향을 미친다.

그림 4.42는 $C = 1$ 및 4에 대한 식 (4.226)과 관련된 분사 유선을 나타낸다. $C = 1$의 경우는 경계층 근사를 약화시키는 '좁음'이 아니라는 점에 유의하라. 그러나 $C \geq 4$인 경우 식 (4.227)에 따라 $\partial/\partial r \gg \partial/\partial x$ 및 $J/(\rho\nu^2) > 250$의 Reynolds 수를 갖는 좁은 분사가 발생한다.

4-10.7 축대칭 후류

4-4.3절에서 논의된 평면 후류는 대류 가속도의 Oseen 유형의 선형화를 사용한다. 후류 속도 결함 $u_1 = (U_0 - u)$이 작은 것으로 가정되는 후류 구조에 대해 그림 4.24를 다시 참조하자. 축대칭 유동의 경우 운동량 방정식 (4.222b)는 다음과 같이 간단해질 수 있다.

$$U_0\frac{\partial u_1}{\partial x} \approx \frac{\nu}{r}\frac{\partial}{\partial r}\left(r\frac{\partial u_1}{\partial r}\right) \text{ 및 } \frac{\partial u_1}{\partial r}(0, x) = 0, \quad u_1(\pm\infty, x) = 0 \text{와 } u_1(r, \infty) = 0 \tag{4.230}$$

이전에 식 (4.132)에서 보았듯이 해는 다음 형식의 Gauss 후류 속도 분포이다.

$$\frac{u_1}{U_0} = \frac{C}{x}\exp\left(-\frac{U_0 r^2}{4\nu x}\right) \tag{4.231}$$

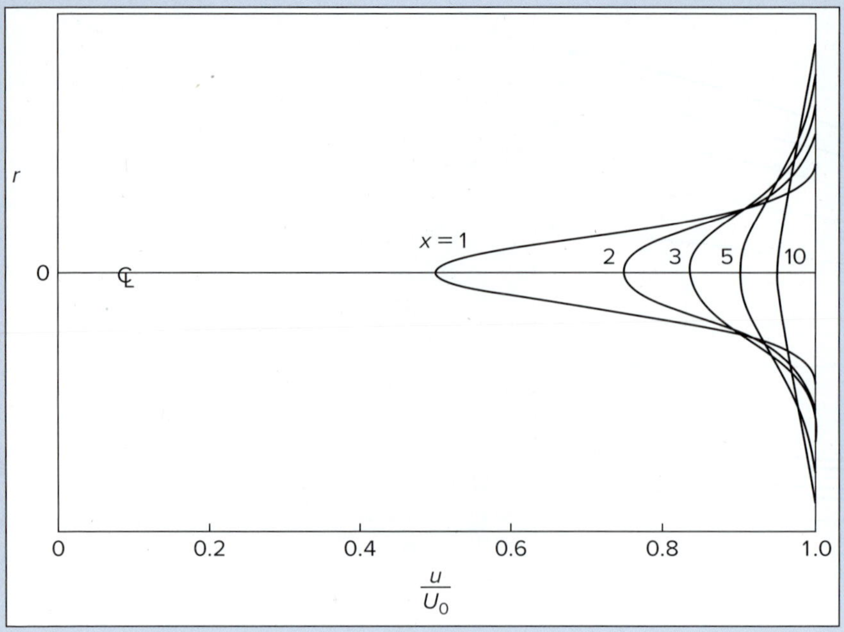

그림 4.43
식 (4.232)에서 원형 후류의 붕괴를 나타내는 속도 분포. x 및 r의 단위는 임의적임.

여기서 C는 체적에 대한 항력과 관련된 상수이다.

$$F \approx \rho U_0 \int_0^\infty u_1(2\pi r)\,dr = \rho U_0^2 C \frac{4\pi\nu}{U_0} = \tfrac{1}{2} C_D \rho U_0^2 L^2 \qquad \text{또는} \qquad C = \frac{C_D U_0 L^2}{8\pi\nu}$$

여기서 L은 체적 기준 길이에 해당한다. 후류 결함 속도는 다음과 같다.

$$\frac{u_1}{U_0} = \frac{C_D}{8\pi}\left(\frac{U_0 L}{\nu}\right)\frac{L}{x}\exp\left(-\frac{U_0 r^2}{4\nu x}\right) \tag{4.232}$$

이러한 유사한 분포는 뒷전의 하류에서 최소 체적 길이의 3배 원거리 후류에서 발생한다.

그림 4.43은 식 (4.232)에 기초한 다섯 가지 일반적인 후류 속도 분포를 표시하여 중심선 속도 결함의 감쇠와 후류의 확산을 보여준다. 층류 후류에 대한 자세한 내용은 Berger(1971)를 참조하라.

4-11 3차원 층류 경계층

이 책은 주로 2차원 개념을 사용하여 쉽게 해석될 수 있는 축대칭 유동을 포함한 2차원 경계층을 다룬다. 그러나 많은 실제 문제들은, 이를테면 날개, 모서리, 터빈 블레이드, 가느다랗고 긴 체적, 회전하는 발사체, 곡선 덕트, 날개 체적 접합부 등과 같이 3차원적이다. 층류 3차원 경계층 이론은 잘 발달했지만 유동 박리가 일어나지 않는 유동에 국한된다. 3차원 공간에서 유동 박리는 복잡한 위상 문제를 야기한다[Tobak과 Peake(1982), Wang(1997)]. 난류 3차원 유동 모델링은 상세한 데이터의 부족으로 인해 더디게 진행되었다. 그럼에도 불구하고 Eichelbrenner(1973),

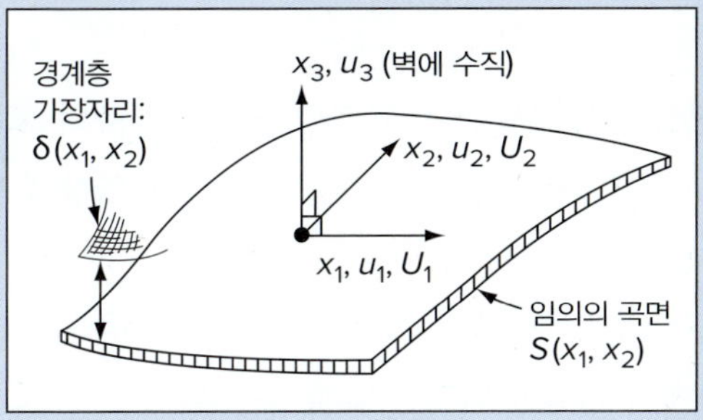

그림 4.44
3차원 경계층에 대한 직교 좌표계.

Cebeci(1984), Cousteix(1986) 및 Bradshaw(1987) 등은 주로 난류 유동의 측면에서 3차원 경계층에 대한 여러 검토를 했다.

일반적으로 경계층은 그림 4.44와 같이 임의의 곡면 S에 걸쳐 발달할 수 있다. S에 수직인 모든 곳에서 x_3이 있는 직교 곡선 좌표 (x_1, x_2, x_3)를 선택할 수 있다. 경계층 속도는 (u_1, u_2, u_3)이다. 경계층이 얇아서 $u_3 \ll u_1, u_2$라고 가정하고 두 자유 유동 속도 성분 U_1과 U_2를 고려한다. 직교 좌표에서 호 길이 ds의 요소는 **확장** 또는 **축적** 계수 h_1, h_2 및 h_3을 사용하여 (x_1, x_2, x_3)와 연관된다. 이는 2-7절에 자세히 설명되어 있다. 따라서 다음을 얻는다.

$$(ds)^2 = (h_1 dx_1)^2 + (h_2 dx_2)^2 + (h_3 dx_3)^2 \tag{4.233}$$

그러나 x_3는 모든 곳에서 벽에 수직이므로 $h_3 \equiv 1$을 모든 곳에 취할 수 있다. 축적 계수를 알 수 없는 경우 다음을 사용하여 편리한 데카르트 좌표 (x, y, z)에 (x_1, x_2, x_3)을 사용하여 정할 수 있다.

$$h_1^2 = \left(\frac{\partial x}{\partial x_1}\right)^2 + \left(\frac{\partial y}{\partial x_1}\right)^2 + \left(\frac{\partial z}{\partial x_1}\right)^2 = \left[\left(\frac{\partial x_1}{\partial x}\right)^2 + \left(\frac{\partial x_1}{\partial y}\right)^2 + \left(\frac{\partial x_1}{\partial z}\right)^2\right]^{-1} \tag{4.234}$$

h_2 및 h_3에 대해 정확히 유사한 표현을 사용한다. 다시 $h_3 \equiv 1$의 특정 경우를 선택해 보자. 이러한 좌표에서 비압축성 연속방정식은 다음과 같으며 여전히 정확하다.

$$\frac{1}{h_1 h_2}\left[\frac{\partial}{\partial x_1}(h_2 u_1) + \frac{\partial}{\partial x_2}(h_1 u_2) + \frac{\partial}{\partial x_3}(h_1 h_2 u_3)\right] = 0 \tag{4.235}$$

경계층 근사에서 셋째 항은 $\partial u_3/\partial x_3$와 같을 수 있다. 희망하는 대로 얇은 경계층을 사용하면 법선 압력 구배 $\partial p/\partial x_3$를 무시할 수 있다. 나머지 경계층 운동량 방정식은 다음과 같다.

$$\frac{Du_1}{Dt} + \frac{u_1 u_2}{h_1 h_2}\frac{\partial h_1}{\partial x_2} - \frac{u_2^2}{h_1 h_2}\frac{\partial h_2}{\partial x_1} \approx -\frac{1}{\rho h_1}\frac{\partial p}{\partial x_1} + \nu\frac{\partial^2 u_1}{\partial x_3^2}, \quad \frac{Du_2}{Dt} - \frac{u_1^2}{h_1 h_2}\frac{\partial h_1}{\partial x_2} + \frac{u_1 u_2}{h_1 h_2}\frac{\partial h_2}{\partial x_1} \approx -\frac{1}{\rho h_2}\frac{\partial p}{\partial x_2} + \nu\frac{\partial^2 u_2}{\partial x_3^2} \tag{4.236}$$

여기서

$$\frac{D}{Dt} = \frac{\partial}{\partial t} + \frac{u_1}{h_1}\frac{\partial}{\partial x_1} + \frac{u_2}{h_2}\frac{\partial}{\partial x_2} + u_3\frac{\partial}{\partial x_3}$$

이다. 경계층 열에너지 방정식은 총 엔탈피 $H \approx c_p T + \frac{1}{2}(u_1^2 + u_2^2)$로 나타낼 수 있다.

$$\frac{DH}{Dt} \approx \frac{1}{\rho}\frac{\partial p}{\partial t} + \frac{\alpha}{Pr}\frac{\partial^2}{\partial x_3^2}\left[H + \tfrac{1}{2}(Pr - 1)\left(u_1^2 + u_2^2\right)\right] \tag{4.237}$$

여기서 $\alpha = k/(\rho c_p)$이다. 이 방정식에서 $Pr = 1$인 정상 유동에서 벽이 단열된 경우 경계층의 모든 곳에서 총 엔탈피 H가 일정하다는 것을 알 수 있다. 즉, Crocco의 관계식은 3차원성에 영향을 받지 않는다.

식 (4.236)의 압력 구배는 $U_1(x_1, x_2, t)$ 및 $U_2(x_1, x_2, t)$의 두 가지 성분이 있는 자유 유동 속도와 일치해야 한다. 비점성 유동에 대한 Euler 관계식에서 적절한 일치를 찾을 수 있다.

$$\begin{cases} -\dfrac{1}{\rho h_1}\dfrac{\partial p}{\partial x_1} = \dfrac{\partial U_1}{\partial t} + \dfrac{U_1}{h_1}\dfrac{\partial U_1}{\partial x_1} + \dfrac{U_2}{h_2}\dfrac{\partial U_1}{\partial x_2} + \dfrac{U_1 U_2}{h_1 h_2}\dfrac{\partial h_1}{\partial x_2} - \dfrac{U_2^2}{h_1 h_2}\dfrac{\partial h_2}{\partial x_1} \\ -\dfrac{1}{\rho h_2}\dfrac{\partial p}{\partial x_2} = \dfrac{\partial U_2}{\partial t} + \dfrac{U_1}{h_1}\dfrac{\partial U_2}{\partial x_1} + \dfrac{U_2}{h_2}\dfrac{\partial U_2}{\partial x_2} + \dfrac{U_1 U_2}{h_1 h_2}\dfrac{\partial h_2}{\partial x_1} - \dfrac{U_1^2}{h_1 h_2}\dfrac{\partial h_1}{\partial x_2} \end{cases} \tag{4.238}$$

마지막으로 다공성 벽을 포함한 경계 조건은 다음과 같다.

$$\begin{array}{llll} x_3 = 0\text{에서:} & u_1 = u_2 = 0 & u_3 = v_w(x_1, x_2, t) & T = T_w \\ x_3 \to \infty\text{에서:} & u_1 \to U_1 & u_2 \to U_2 & T = T_e \end{array} \tag{4.239}$$

전단 응력은 3차원 경계층에서 두 가지 성분을 고려해야 한다.

$$\tau_1 = \mu\frac{\partial u_1}{\partial x_3} \quad \text{및} \quad \tau_2 = \mu\frac{\partial u_2}{\partial x_3} \tag{4.240}$$

이러한 표현은 일반적으로 벽 전단이 자유 유동 속도와 같은 방향이 아닐 수 있는 벽에서 사용 가능하다.

4-11.1 데카르트 좌표: 2차 유동과 치우침

데카르트 좌표에서 $h_1 = h_2 = 1$이고 벽에 수직인 y를 선택할 수 있다. 밀도와 점도가 일정한 정상 유동에 대한 경계층 연속방정식 및 운동량 방정식은 다음과 같다.

$$\frac{\partial u}{\partial x} + \frac{\partial v}{\partial y} + \frac{\partial w}{\partial z} = 0$$

$$u\frac{\partial u}{\partial x} + v\frac{\partial u}{\partial y} + w\frac{\partial u}{\partial z} = U\frac{\partial U}{\partial x} + W\frac{\partial U}{\partial z} + \nu\frac{\partial^2 u}{\partial y^2} \qquad u\frac{\partial w}{\partial x} + v\frac{\partial w}{\partial y} + w\frac{\partial w}{\partial z} = U\frac{\partial W}{\partial x} + W\frac{\partial W}{\partial z} + \nu\frac{\partial^2 w}{\partial z^2} \tag{4.241}$$

여기서 $U(x, z)$ 및 $W(x, z)$는 자유 유동 속도 성분이다. 이 방정식은 식 (4.236)의 곡선 대응과 같이 (x, z)에서 포물선형이며 U 및 W가 알려진 경우 알려진 초깃값에서 하류로 진행할 수 있다. 초기 조건은 단일 '입구' $x = 0$으로 제한되지 않고 계산되는 면을 따라 확장된다. $(x, y, z) = (x, y, 0)$ 및 (x, y, L)과 같은 부차 조건은 종종 잘 알려져 있지 않거나 잘 모델링되지 않는다. Dwyer(1981)는 3차원 경계층에서 점의 '영향 영역'이 대류와 확산 모두에 의해 영향을 받으며, 특히 회전하는 로켓에서와 같이 큰 직교류 대류가 있을 때 강하다는 점을 발견했다.

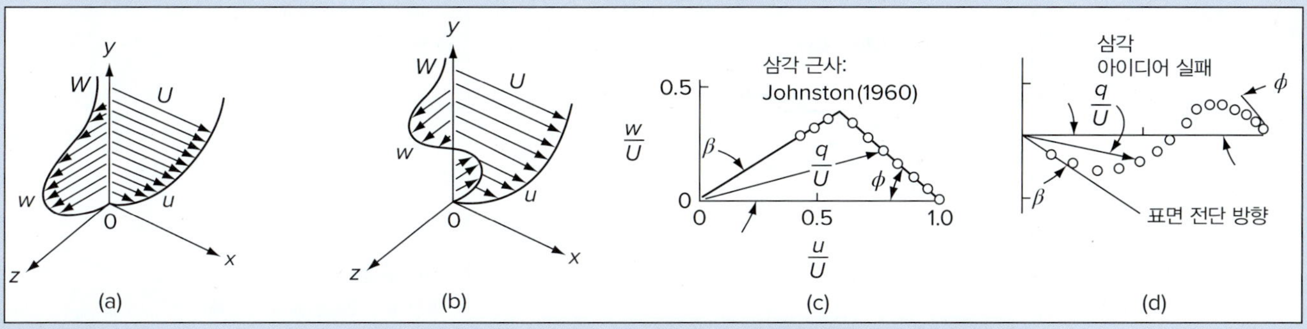

그림 4.45
단방향 및 양방향으로 비대칭한 3차원 압력에 의한 경계층. (a) 단방향 비대칭, (b) 양방향 비대칭, (c) 단방향 속도도, (d) 양방향 속도도

U가 주 유동 방향과 국부적으로만 일직선에 있다고 가정하자. 그런 다음 $w(x, y, z)$는 직교류 또는 2차 유동이라고 하며 주요 유선형 곡률 및 관련 직교류 압력 구배에 크게 영향을 받는다. 두 가지 다른 유형의 동작이 그림 4.45에 나와 있다. 그림 4.45(a)에서 직교류는 단방향이며, 이는 그림 3.35의 회전하는 디스크 유동 $v_r(z)$와 유사하게 균일하게 직교류 압력 구배가 양수임을 의미한다. 그림 4.45(c)에서와 같이 w 대 u의 속도도를 사용하여 3차원 운동의 벡터를 효과적으로 시각화한다. Johnston(1960)은 삼각형 속도도 모양이 많은 단방향 직교류에 적합하다고 제안했다. 따라서 2차원 속도 분포로 주 유동 U를 모델링하고 속도도를 통해 W와 U를 연관시키면 적분 방법으로 이러한 문제를 근사할 수 있다.

두 번째 유형의 직교류는 그림 4.45(b)와 같이 양방향이다. 이것은 예를 들어 외부 유선형 곡률의 반전으로 인해 발생할 수 있다. 관련 속도도[그림 4.45(d)]는 S자 모양으로 삼각 근사를 할 수 없다. 이러한 형상은 외부 유동 조건과 잘 상관되지 않기 때문에 적분 분석도 어려울 수 있다.

참고로, 그림 4.45(c) 및 (d)에서, 표면 유선은 주 자유 유동에 대해 각도 β로 나타난다. 따라서 다음과 같이 표면 전단 응력과 관련될 수 있다.

$$\tan\beta = \frac{\tau_{zy,\text{wall}}}{\tau_{xy,\text{wall}}} \tag{4.242}$$

회전 디스크에 대한 수치적 해인 표 3.5에서 표면 유선은 순수한 원주 방향의 '주류' 운동과 비교하여 $\beta = 39.6°$의 각도로 놓여 있다.

4-11.2 포물선형 자유 유동이 있는 평판 유동

Loos(1955)는 2차원 운동의 간단한 예를 제시했다. Loos(1955)는 그림 4.46과 같이 판을 가로질러 포물선 곡선으로 움직이는 자유 유동에 잠겨 있는 날카로운 평판을 상상했다. 속도 구성 요소는 다음과 같다.[§]

$$U = \text{상수}, \qquad W = U(a - bx)$$

[§] 이 자유 유동은 회전 유동, 즉 $\partial U/\partial z - \partial W/\partial x \neq 0$이다. 이것은 무시할 수 있다. 2차 유동의 예시가 중요하다.

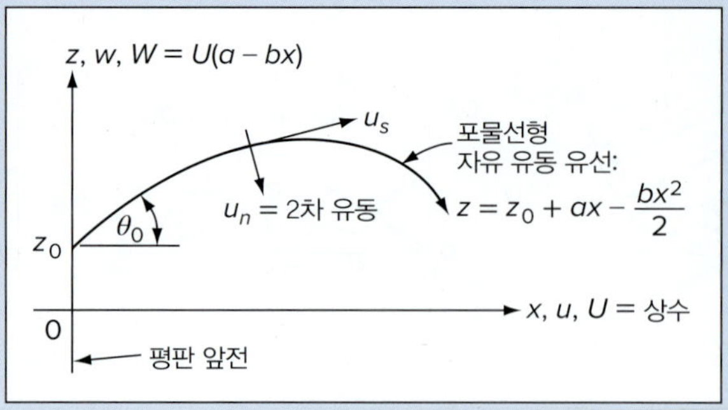

그림 4.46
평판 위의 포물선형 유동에 대한 정의 스케치

여기서 a는 초기 기울기이고 b는 구조에서 확인할 수 있듯이 외부 유선의 곡률이다.

$$\left.\frac{dz}{dx}\right|_{\text{streamline}} = \frac{W}{U} = a - bx \qquad \text{또는} \qquad z = z_0 + ax - \tfrac{1}{2}bx^2 \tag{4.243}$$

그림 4.46에서 보는 바와 같이 z_0은 유선이 판의 앞전을 가로지르는 곳($x = 0$)이고, $a = \tan\phi_0$은 앞전 유선 기울기, $-b = z''_{\text{streamline}}$은 포물선형 유선의 곡률을 나타낸다. 여기서 데카르트 좌표 (x, y, z)를 사용하여 속도 (u, v, w)를 나타내는 것이 좋다. 이 포물선 자유 유동에 대해 식 (4.241)은 다음과 같이 간단해진다.

$$\frac{\partial u}{\partial x} + \frac{\partial v}{\partial y} = 0 \qquad u\frac{\partial w}{\partial x} + v\frac{\partial w}{\partial y} = -bU^2 + \nu\frac{\partial^2 w}{\partial y^2} \qquad u\frac{\partial u}{\partial x} + v\frac{\partial u}{\partial y} = \nu\frac{\partial^2 u}{\partial y^2} \tag{4.244}$$

유동은 어디에서나 z와 무관하기 때문이다. 경계 조건은 다음과 같다.

$$y = 0: \quad u = v = w = 0, \qquad y \to \infty: \quad u \to U \quad w \to W \tag{4.245}$$

확인을 통해 식 (4.244)는 $b = 0$에 대한 Blasius 모델을 나타냄을 알 수 있다. 이는 $-bU^2$ 항이 2차 운동을 유발하는 곡률 효과를 반영하기 때문이다. $a \neq 0$일지라도 해는 $dz/dx = a = \tan\phi_0$에 해당하는 기울어진 직선을 따라 Blasius 운동이 된다. 즉, 평판을 따라 흐르는 흐름은 자유 유동이 앞전을 가로지르는 방향에 영향을 받지 않는다.

이 문제에 대한 정확한 해는 Blasius 유형의 유사도 변수를 사용하여 얻을 수 있다.

$$\eta = \tfrac{1}{2}y\sqrt{U/(\nu x)}$$

여기서 속도는 세 가지 특성 함수 f, g 및 h와 관련될 수 있다.

$$u = \tfrac{1}{2}Uf'(\eta), \qquad v = \tfrac{1}{2}(\eta f' - f)\sqrt{U\nu/x}, \qquad w = U[ag(\eta) - cxh(\eta)] \tag{4.246}$$

식 (4.244)에 대입하면 다음 3개의 상미분 방정식이 나온다.

$$f''' + ff'' = 0 \tag{4.247a}$$

$$g'' + fg' = 0 \tag{4.247b}$$

$$h'' + fh' - 2f'h = 0 \tag{4.247c}$$

$$f'(\infty) = 2, \quad g(\infty) = h(\infty) = 1\text{일 때} \quad f(0) = f'(0) = g(0) = h(0) = 0 \tag{4.248}$$

식 (4.247a)는 2차원 평판 유동에 대한 Blasius 식이다. 식 (4.247b)를 적분하면 다음이 된다.

$$g = \tfrac{1}{2}f' \tag{4.249}$$

이것은 곡률과 관련되지 않은 횡방향 유동 w 부분에 대한 Blasius 해이며, 이는 독립 원칙의 또 다른 검증이라고 할 수 있다. 마지막으로 $f(\eta)$를 알면 선형인 식 (4.247c)를 쉽게 풀 수 있다. Sowerby (1954)는 문제를 해결하기 위해 선점형 수치해를 계산한다.

2차 운동을 설명하기 위해 유동을 외부 유선에 평행하고 수직인 속도 성분으로 분해할 수 있다(그림 4.46 참조). 그 결과는 다음과 같다.

$$U_0 = U\left[1 + (a - bx)^2\right]^{-1/2}\text{일 때,} \quad \frac{u_s}{U_0} = \tfrac{1}{2}f' + (a - bx)\left(\tfrac{1}{2}af' - cxh\right) \text{ 및 } \frac{u_n}{U_0} = cx\left(h - \tfrac{1}{2}f'\right) \tag{4.250}$$

여기서 u_n가 유선의 곡률 중심을 향하면 이는 양수이다. $h - \frac{1}{2}f' > 0$이므로 2차 유동은 항상 곡률 중심을 향한다.

그림 4.47은 결과적인 자유 유동 속도가 $U = U_0\sqrt{2}$인 $a = +1$, $bx = +2$에 대한 수치적 예를 보여준다. 최대 U_0의 64%로 2차 유동이 상당함을 알 수 있다. 유동 방향 구성 요소 u_s는 경계층을 휘게 하는 또 다른 측면인 오버슈트(overshoot)를 가지고 있다. 외부 유선으로부터 결과 속도의 편차 각도도 상당하여 벽에서 38°이다. 회전 디스크(3장)의 등가 벽 각도는 39.6°이다.

4-11.3 편향된 무한 원통의 경계층

항공기용 날개의 후퇴각을 설계하는 실제 문제에 있어서, 날개의 앞쪽 가장자리로 다가오는 유동

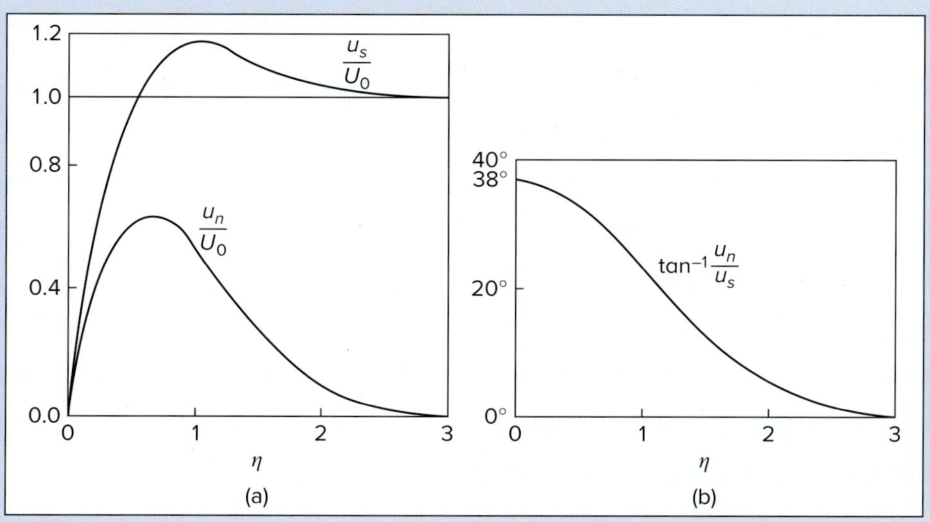

그림 4.47
$a = +1$, $bx = +2$에 대한 평판 위의 포물선형 유동의 층류 경계층 해.
(a) 속도 성분, (b) 외부 유선으로부터의 편차[Sowerby(1954)]

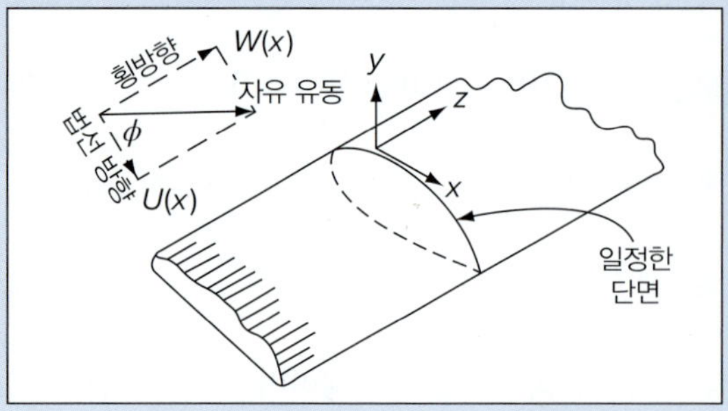

그림 4.48
요잉 무한 원통의 좌표계

이 날개에 수직이 아닌 경우가 발생하고, 이에 대한 본체 위의 유동 분석이 필요하다. 뒷전 부근의 경계층에 있는 유체는 날개의 축을 따라 날개의 후방을 향하여 바깥쪽으로 이동하는 것으로 알려져 있다. 이것은 2차 유동의 또 다른 예이다.

유한한 횡(끝으로 갈수록 폭이 좁아지는) 날개의 경우 유사성 관계를 얻을 수 없다. 분석은 컴퓨터 시뮬레이션을 통해서만 가능하다. 그러나 그림 4.48과 같이 일정한 단면적의 무한한 횡 날개를 가정하면 일부 분석이 가능한다. 이 유동은 3차원이지만 속도는 횡방향 좌표 z와 무관하다. 자유 유동을 각각 앞전에 수직이고 평행한 성분 $U(x)$ 및 $W(x)$로 분리하는 것이 편리하다. 속도는 z에 따라 변하지 않기 때문에 경계층 방정식 (4.235) 및 (4.236)은 다음과 같이 간단해진다.

$$\frac{\partial u}{\partial x} + \frac{\partial v}{\partial y} = 0 \tag{4.251a}$$

$$u\frac{\partial u}{\partial x} + v\frac{\partial u}{\partial y} = U\frac{\partial U}{\partial x} + \nu\frac{\partial^2 u}{\partial y^2} \tag{4.251b}$$

$$u\frac{\partial w}{\partial x} + v\frac{\partial w}{\partial y} = \nu\frac{\partial^2 w}{\partial y^2} \tag{4.251c}$$

경계 조건은 벽에서 점착 조건과 자유 유동에서 속도가 일치한다는 것이다.

$$u(x, 0) = v(x, 0) = w(x, 0) = 0 \qquad u(x, \infty) = U(x) \quad \text{및} \quad w(x, \infty) = W(x) \tag{4.252}$$

이 방정식은 3차원 경계층을 모델링하려는 선구적인 시도로 Prandtl(1945b)이 처음 제안하였다.

식 (4.251a), (4.251b)는 w와 무관하므로 2차원 유형 분석에서 u와 v에 대해 풀 수 있다. w에서 u와 v를 분리하는 것은 Prandtl(1945b)이 처음으로 언급한 독립 원칙에 따른다. 박리가 발생한다면 일반 성분 $U(x)$의 역구배 때문이다. 박리'선'은 그림 4.49에서 계산된 두 가지 특정 예에 설명되어 있다. 대략적인 2차원 방법을 사용하여 Wild(1949)는 $\alpha = 7°$에서 45° 요잉(yawed) 6:1 타원형 원통에 대한 유동을 계산하고, Sears(1948)는 $U = C(x - x^3)$의 경우를 계산했다. 두 구성 모두에서 표면 유선은 박리선을 향해 점근적으로 회전한다. 이러한 횡방향 표면 운동은 유한 날개에서도 발생하며, 이 직교류로 인한 에일러론(aileron) 효과의 손실을 피하기 위해 젖혀진 날개에 시위 방향 경계층 '펜스(fences)'를 제공하는 것이 일반적이다.

3차원 경계층의 또 다른 흥미로운 예는 교차하는 물체 사이의 모서리 유동이다. 날카롭고 예

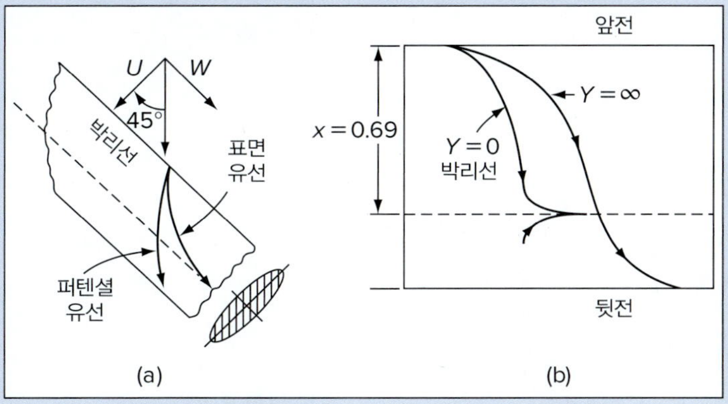

그림 4.49
무한 요잉 원통의 유동을 분리하기 위한 외부 퍼텐셜 유동 및 제한 표면 유선의 두 가지 예. (a) 타원형 원통(1:6), $\phi = 45°$ [Wild(1949)], (b) $U = C(x - x^3)$, $W = W_0$[Sears(1948)]

리한 평판을 교차하는 제한적인 경우에도 여전히 3개의 독립적인 속도 구성요소가 필요하다. 평판 모서리에 대한 연구에서 Gersten(1959)은 3차원 마찰 항력이 같은 면적의 2개의 독립적인 판의 경우보다 낮을 것으로 예측한다.

$$C_{D,\ \text{corner}} \approx \frac{1.328}{Re_L^{1/2}} - \frac{C(\alpha)}{Re_L} \tag{4.253}$$

여기서 α는 모서리 각도이다. Gersten은 $C(90°) \approx 5.76$이라고 보고했다. 평판 모서리에 대한 실험적 측정은 일반적으로 난류 조건에서 수행된다[Nakayama와 Rahai(1984)].

또한 익형을 따라 흐르는 유동에 대한 연구에서 Gersten은 벽의 이중 저항으로 인해 그림 4.50에서와 같이 낮은 운동량을 가진 모서리 유동이 거의 즉시 박리된다는 점을 지적한다. 또한 이러한 둥근 돌출부 접합부의 전면에 박리 영역이 형성되고, 돌출부가 갈수록 더욱 뭉툭해짐에 따라 말굽 모양의 '접합부 소용돌이'로 자라는 박리 영역이 나타난다.

4-11.4 3차원 유동에서의 박리 구조

2차원 박리는 그림 4.9(b)와 같이 단순한 구조이다. 전체 경계층 운동은 벽 전단 응력이 0인 지점

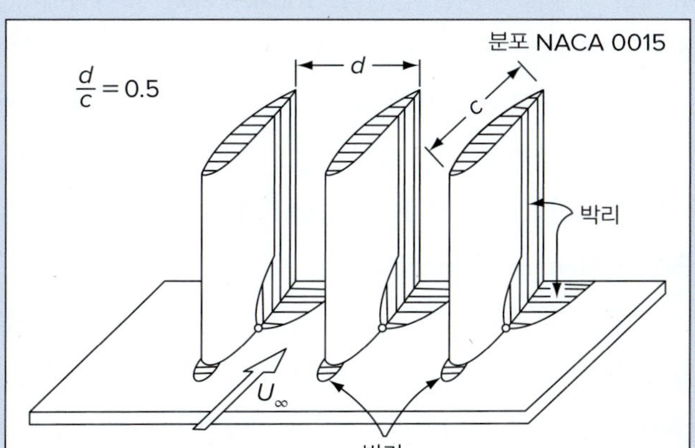

그림 4.50
익형 사이의 모서리 유동에 있는 박리 영역 [Gersten(1959)]

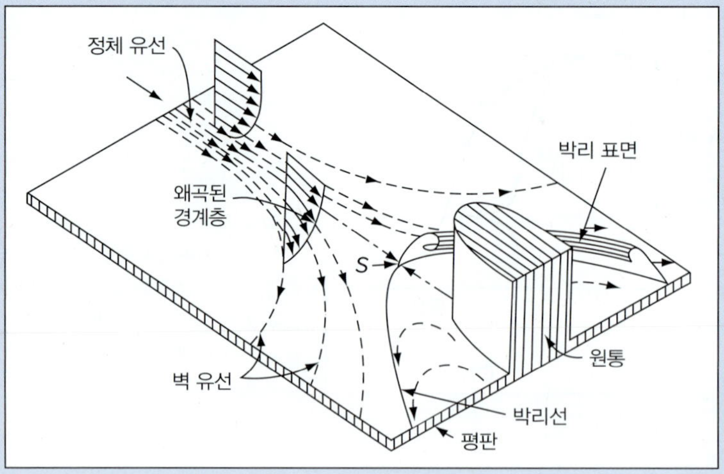

그림 4.51
원통형 장애물에 대한 평판 유동의 3차원 박리[Johnston(1960)]

에서 박리되고 왼쪽이나 오른쪽으로 분기할 방법이 없기 때문에 결과적인 분리 기포 또는 후류 위로 자체적으로 방향을 전환해야 한다. 3차원으로 박리할 수 있게 되면 더 많은 자유도가 생긴다. 예를 들어, 그림 4.49의 표면 유선은 박리선을 향해 접선 방향으로 이동하는 반면 외부 유동은 기포 위로 올라간다.

3차원 박리 영역의 수학적 위상에 대한 활발한 연구[Tobak과 Peake(1982), Wang(1997)]에 따르면 박리의 네 가지 지점을 구분할 수 있다.

1. 절점에서 무한개의 표면 유선('표면 마찰선')이 박리선에 접선 방향으로 병합됨.
2. 안장점에서 2개의 표면 유선만 교차하고 나머지는 모두 양쪽으로 우회함.
3. 초점 또는 나선점은 안장점 근처에서 형성되고 무한개의 표면 유선이 소용돌이침.
4. 3차원 특이점은 벽이 아니면서 속도가 0인 지점이며, 편자 소용돌이의 중심 역할을 함.

전형적인 예는 Johnston(1960)이 연구한 것처럼 그림 4.51에서 둥근 장애물 근처의 벽에 대한 경계층 운동이다. 장애물은 앞의 벽에 역구배를 생성하기 때문에 유동이 박리되어야 하고 결과적인 기포는 U자형 교차점 또는 말굽 와류에서 장애물 주위를 감싼다. Tobak-Peake 표기법에서 그림 4.51의 점 S는 박리의 절점을 나타낸다. 기포 내부에서 S와 장애물 사이의 중심면에 와류 중심이 형성되는 3차원 특이점이 발생한다. 이러한 장애물(미도시)의 후방에는 부착 절점과 쌍 초점이 형성될 수도 있다. Baker(1979)는 층류 말굽 소용돌이에 대한 실험을 보고했다. 대부분의 실제 적용(터보기계 블레이드 루트, 날개 체적 접합부, 선박의 제어 표면)은 높은 Reynolds 수에 해당하므로 난류 접합 와류에 대한 연구가 계속된다[Menna와 Pierce(1988)].

층류 3차원 박리의 또 다른 예는 받음각에서 둥근 체적을 지나는 유동이며, 그림 4.52에 나타나 있고 Legendre(1965)가 처음으로 설명했다. Tobak-Peake(1981) 표기법에서 점 A는 부착 절점을, 점 S는 안장점을, 점 F(항상 S 근처)는 박리점을 나타낸다. 그림 4.52에서 박리된 유동은 기포 또는 유동방향 와류를 형성하는 대신 표면에서 박리되며, Wang(1997)은 이를 토네이도 와류

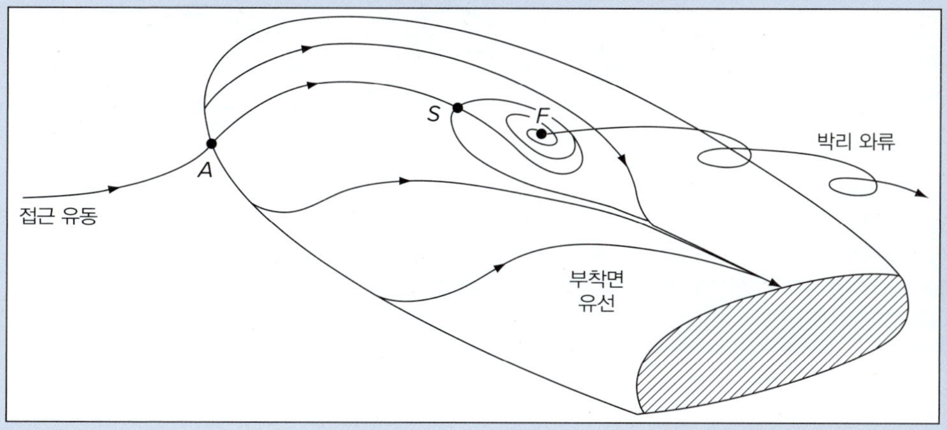

그림 4.52
Legendre(1965)가 처음 기술한 반음각에서 둥근 돌출부 체적의 3차원 박리. 점 A, S, F는 각각 부착 절점, 안장점, 박리점을 나타낸다.

(tornade-like vortex)라고 불렀다. 이 동작은 상류에서 유동이 박리된 영역으로 들어갈 수 있는 긴 회전 타원체의 '개방' 또는 비 기포 박리와 대조된다. 지금까지는 실험이 이러한 복잡한 유동을 설명할 수 있는 핵심적인 방법었으나, 이제는 메가-격자 CFD 모델로 3차원 유동 박리를 시뮬레이션할 수 있다.

4-12 비정상 경계층: 박리 불안

비정상 유동은 일반적으로 (1) 유동의 시작 또는 (2) 주기적 유동과 관련이 있다. 3장에서는 몇 가지 정확한 비정상 Navier-Stokes 해를 제시했다. 3-4절에서는 압력 구배가 갑자기 적용되거나(시작 유동) 또는 진동하는(주기적인 유동) 덕트 유동을 다루었다. 3-5절에서는 갑자기 가속된 판(시작 유동)과 진동판(주기적인 유동)에 대한 Stokes의 해를 보여준다. 이러한 예 중 어느 것도 유동 박리가 발생하지 않았지만 많은 비정상 경계층이 사실 박리된다.

4-12.1 시작 유동

정지한 원통이 갑자기 속도 U로 움직이기 시작할 때 발생하는 시동 동작을 고려해 보자. 그림 4.53과 같이 흥미로운 결과가 이어진다. 처음에는 그림 4.53(a)에서 유동은 점성이 없고 그림 1.4의 고전적인 퍼텐셜 유동 패턴과 일치한다. $Ut/R \approx 0.35$에서 전단 응력은 후방 정체점에서 사라지고 박리가 시작된다[그림 4.53(b)]. 그러나 경계층 이론은 현재 Goldstein 유형의 특이점을 예측하지 않는다. 나중에 약 $Ut/R \approx 1.5$에서 큰 이중 소용돌이 층이 형성된다[그림 4.53(c)]. 훨씬 후에, 교차하는 Kármán 와류가 최종 유동 패턴으로 형성되며, 전면 정체점에서 약 81°의 원통 전면에서 박리가 발생한다[그림 4.53(d)].

그림 4.53의 심각한 유동 패턴 변화는 (1) 비정상 유동에서 박리가 어떻게 정의되고, (2) 경계층 이론이 여전히 유용할 수 있는가 하는 질문들을 남긴다. 1950년대에 Moore, Rott, Sears [Moore(1958)]는 비정상 박리가 유동점 s에 대한 속도, 전단 응력 및 와도가 모두 사라지는 유동

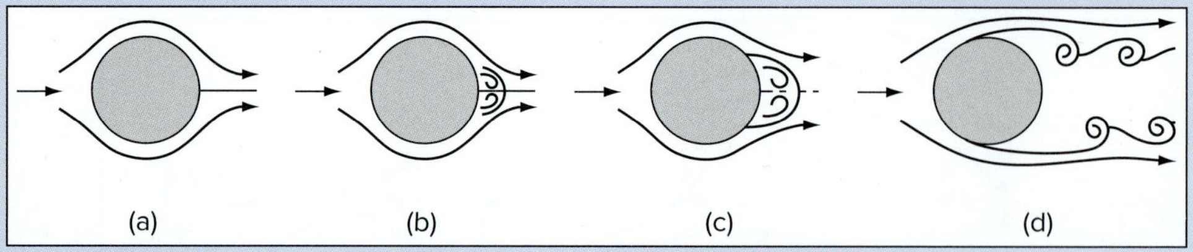

그림 4.53
정지상태에서 가속된 원통을 지나는 점성 유동의 시작. (a) 초기 유동은 그림 1.4와 유사하게 거의 점성이 없다. (b) 나중에 후면에서 박리가 시작된다. (c) 여전히 나중에, 박리는 대칭 와류 패턴으로 후면까지 확장된다. (d) 마지막으로 이중 소용돌이는 불안정해지고 체적 전면에 박리점이 있는 교차하는 Kármán 소용돌이로 이어진다.

의 특이점 $[x_s(t), y_s(t)]$에 의해 표시된다고 제안했다.

$$u_s = \frac{dx_s}{dt} = 0 \quad \text{그리고} \quad \tau_s = \omega_s = \left.\frac{du}{dy}\right|_s = 0$$

이것은 이제 MRS 기준으로 알려져 있으며 Goldstein 정상 유동 특이점, 방정식 (4.137)의 비정상 버전이다. 점 s는 벽에 있을 필요가 없으며 역류가 있을 필요도 없다. 이후 1980년대에 Cebeci(1982)와 Telionis(1981)의 논문에서 논의된 바와 같이 그림 4.53의 원통 경계층의 정확한 거동이 논란이 되었다. Van Dommelen과 Shen(1981, 1982)은 이에 대해 수치적으로 잘 설명했다. 그들은 Lagrangian 좌표와 미세한 격자를 사용하여 전면에서 약 111°에서 비-Goldstein 특이점을 계산한다. 이 특이점은 벽에서 와류층의 점성이 거의 없는 '박리' 형태이다. 이 지점에서 벽 전단 응력은 반드시 0일 필요는 없다. Van Dommelen의 말에 따르면 $Ut/R \approx 1.5$의 "유한한 시간 후에 경계층이 벽에서 떨어져 나온다." 따라서 경계층 이론은 비정상 분리 유동에서도 근본적으로 제한된다[Koumoutsakos와 Leonard(1995), Haller(2004)].

4-12.2 주기적 유동: 음향 유동

비정상 점성 유동의 두 번째 중요한 유형은 진동 경계층이다. 예를 들어 길이가 L인 원통형 체적이 정지해 있는 유체에서 작은 진동 진폭 $A \ll L$으로 진동할 때 발생한다. 정상 자유 유동에서 체적이 퍼텐셜 유동 분포 $U_0(x)$를 갖는 경우, 진동체는 다음과 같은 퍼텐셜 유동을 생성한다.

$$U(x, t) = U_0(x)\cos(\omega t)$$

따라서 경계층은 Stokes의 두 번째 문제인 3-5.1절의 평평한 벽과 마찬가지로 진동하는 자유 유동에 의해 구동된다. 고주파에서 진동하는 원형 원통에 대해 Schlichting(1932)은 직렬 형태의 해를 제공한다. 1차 해는 Stokes의 두 번째 문제에 대한 식 (3.149)와 동일하다.

$$u_0(x, t) = U_0(x)\left[\cos(\omega t) - e^{-\eta}\cos(\omega t - \eta)\right], \qquad \eta = y\sqrt{\frac{\omega}{2\nu}}$$

2차 해 $u_1(x, t)$는 자유 유동에서 유한하고 사라지지 않는 값을 가진다.

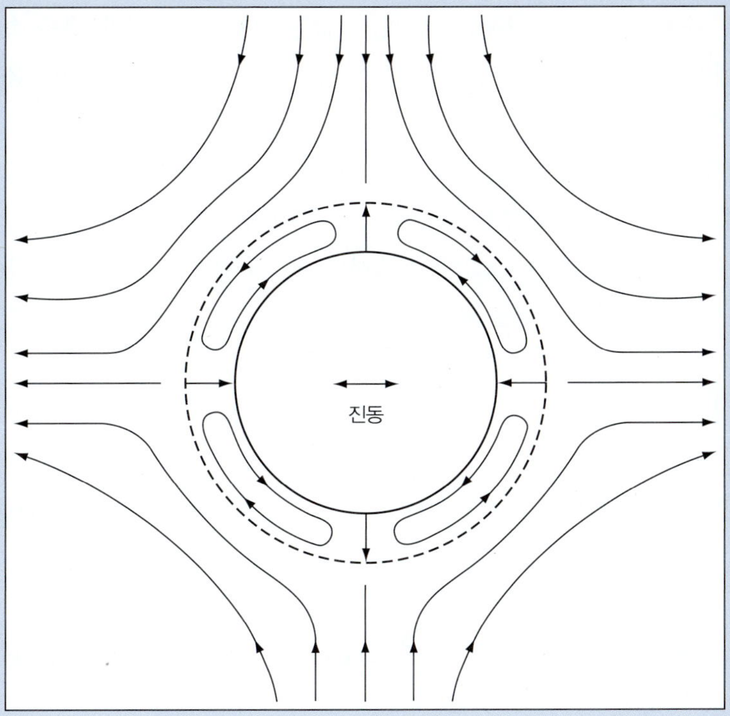

그림 4.54
진동하는 원형 원통에 대한 외부 유동의 음향 유동에 대한 유선[Schlichting(1932)]

$$u_1(x, \infty) = -\frac{3}{4}\frac{U_0}{\omega}\frac{dU_0}{dx}$$

이 항은 $u_0(\partial u_0/\partial x)$와 같은 대류 가속 항이 진동할 때 0이 아닌 평균값을 갖기 때문에 발생한다. 따라서 항 $u_1(x, \infty)$을 음향 유동(acoustic streaming)이라고 하며, 진동체에 의해 생성되는 자유 유동 속도 $U_0(x)$를 감소시키는 움직임이다. Schlichting의 해는 1883년에 Lord Rayleigh가 처음 연구한 바와 같이 정상파가 발생할 때 Kundt 관에서 먼지 패턴의 형성을 설명한다. 그림 4.54는 진동하는 원통에 의해 발생하는 음향 유동에 대한 Schlichting의 스케치를 보여준다. 0이 아닌 평균 대류 항을 유발하는 주기 운동의 개념은 유동 안정성(5장)과 난류(6장)에서 매우 중요하다. 비정상 점성 유동에 대한 추가 연구는 Telionis(1981)의 논문에서 찾아볼 수 있다.

4-13 자유 대류 경계층

기본 방정식의 유도에 체적력을 포함했지만 부력 효과가 있는 유동의 해는 아직 고려하지 않았다. 이 절의 목적은 자연 대류 경계층의 몇 가지 예를 논의하는 것이다. 엔지니어링(열 교환기, 컴퓨터 칩, 화재 및 기둥)과 지구물리학(해양 및 대기) 등 영역에 부력 유동의 실제 사례가 많이 있다. 자세한 내용은 Jaluria(1980) 및 Kakaç 등(1985)의 논문을 참조하기 바란다.

4-13.1 속도 척도: Grashof 수

순수한 부력 유동, 즉 중첩된 자유 유동 또는 '강제된' 움직임이 없는 유동을 고려하자. 유동 속도 U_∞를 기준으로 하지 않고 체적힘으로 유속을 조정해야 한다. 또한 단상 유동으로 제한하여 응축 및 용융과 관련된 문제를 배제한다.

유체에 온도 또는 농도 차이로 인해 발생하는 밀도 차이 $\Delta\rho$가 고려되면, 중력 $g\Delta\rho$에 의해 유체가 운동한다. 예를 들어, 뜨거운 수직 벽 옆의 유동에서 벽 근처 층의 평균 부력은 $g(\rho_\infty - \rho_w)/2$이다. 더 가벼운 유체가 정지상태에서 거리 L만큼 상승하면 (대략) 위치에너지를 잃고 운동에너지 또는 운동이 생긴다. 따라서 에너지 균형을 고려해야 한다.

$$\frac{1}{2}\Delta\rho g L \approx \frac{1}{2}\rho V^2 \qquad \text{또는} \qquad V \approx \sqrt{gL\frac{\Delta\rho}{\rho}} \tag{4.254}$$

V는 자유 대류에 대한 적절한 속도 척도이다. 이러한 맥락에서 부력 유동에 대해 등가 Reynolds 수 제곱을 정의할 수 있다.

$$Re^2_{\text{effective}} = \left(\frac{VL}{\nu}\right)^2 = \frac{gL^3}{\nu^2}\frac{\Delta\rho}{\rho} = Gr_L \tag{4.255}$$

Grashof 수인 이 새로운 매개변수 Gr은 자유 대류에서 Reynolds 수(제곱)를 대신한다. 온도 차이로 인한 부력의 일반적인 경우 $\Delta\rho$는 열팽창 계수 β와 선형 근사를 통해 ΔT와 관련될 수 있다.

$$\Delta\rho \approx \rho\beta\Delta T \qquad \text{또는} \qquad Gr_L = \frac{g\beta\Delta T L^3}{\nu^2} \tag{4.256}$$

Grashof 수와 Reynolds 수의 상대적 크기를 비교하여 자유 대류 효과가 중요한 시기를 결정할 수 있다.

$Gr \ll Re^2$: 강제 대류가 지배적임

$Gr \gg Re^2$: 자유 대류가 지배적임

$Gr = O(Re^2)$: '혼합' 자유 대류 및 강제 대류

주어진 크기와 온도 차이에 대해 유체 부력 매개변수($g\beta/\nu^2$)는 Grashof 수의 강도를 결정한다. 표 4.13에 주어진 값에 따르면, 점성 오일은 부력이 낮고, 기체는 중간 수준에서 좋은 수준이며, 가벼운 액체와 액체 금속은 높은 부력을 가지고 있다.

4-13.2 2차원 정상 자유 대류

이제 일정한 속성과 무시할 수 없는 부력을 갖는 정상 유동에 대한 식 (4.50a)~(4.50c)의 경계층 방정식을 재고해 보자.

표 4.13 20°C 및 1 atm 지구 중력에서 다양한 유체의 부력 매개변수

유체	$g\beta/\nu^2[\mathrm{K^{-1}m^{-3}}]$
글리세린(Glycerin)	3.2×10^3
엔진오일(Engine oil)	7.9×10^3
헬륨(Helium)	2.4×10^6
수소(Hydrogen)	3.1×10^6
공기(Air)	1.5×10^8
이산화탄소(Carbon dioxide)	5.3×10^8
물(Water)	2.0×10^9
에탄올(Ethyl alcohol)	4.5×10^9
수은(Mercury)	1.4×10^{11}

$$\frac{\partial u}{\partial x} + \frac{\partial v}{\partial y} = 0$$

$$u\frac{\partial u}{\partial x} + v\frac{\partial u}{\partial y} = g_x\beta(T - T_0) + \nu\frac{\partial^2 u}{\partial y^2} \tag{4.257}$$

$$u\frac{\partial T}{\partial x} + v\frac{\partial T}{\partial y} = \alpha\frac{\partial^2 T}{\partial y^2}$$

여기서 $\alpha = k/(\rho c_p)$는 (일정한) 열확산도이다. 소산을 무시했음을 주목하라. 또한 강제 운동이 없다고 가정하고 외부 압력 구배 UdU/dx를 떨어뜨렸다. 부력은 고체 경계에 평행한 중력 성분인 g_x에 비례하기 때문에, 표면이 구부러지거나 기울어진 경우 g_x의 기하학적 변화를 설명하는 것이 중요할 수 있다.

일반적인 경계 조건은 벽에서 점착 조건이나 온도 변화가 없고 주변 온도가 무한대인 정지 상태의 유체로 구성된다.

$$u(x, 0) = v(x, 0) = u(x, \infty) = 0 \quad T(x, 0) = T_w(x) \quad \text{및} \quad T(x, \infty) = T_\infty = \text{상수} \tag{4.258}$$

다양한 기하학적 유동 구성 및 응용에 대한 문헌에서 이러한 방정식에 대한 많은 분석이 있다. Gebhart 등(1988)은 광범위하고 깊은 연구결과를 보여준다.

4-13.3 수직 등온판을 따른 자유 대류

$g_x = g$인 수직판에 대해 상수 T_w를 가정한다. β가 음수일 수 있는 동결 근처의 비정상적인 물의 경우를 무시하면 모든 일반 유체는 뜨거운 벽에서 밀도가 낮다. 부력 운동과 자유 대류는 모두 뜨거운 수직판을 따라 위쪽으로 진행되고 앞전 $x = 0$은 바닥에서 시작된다. 냉각판의 경우 부력은 아래쪽이고 $x = 0$은 판의 상단에 있다. 좌표 y는 판에 수직이다.

국부 Grashof 수 Gr_x가 부력 운동에서 Re_x^2의 역할을 하기 때문에 경계층 두께 δ/x가 $Gr_x^{1/4}$에 비례할 것이라고 (정확하게) 추측할 수 있다. 실제로 Bejan(1994) 저서의 '축적 분석(scale analysis)'을 따르면 δ는 $x^{1/4}$에 비례할 것이라고 예측한다. 수직 판 유동의 경우 Schmidt 등(1930)의 속도 및 두께 축적은 다음의 일련의 유사성 변수와 같다.

$$\eta = \left(\frac{Gr_x}{4}\right)^{1/4}\frac{y}{x} \qquad Gr_x = \frac{\beta g(T_w - T_\infty)x^3}{\nu^2} \qquad u = 2\sqrt{x\beta g(T_w - T_\infty)}f'$$
$$v = \left[\frac{\beta g(T_w - T_\infty)\nu^2}{4x}\right]^{1/4}(\eta f' - 3f) \qquad \Theta = \frac{T - T_\infty}{T_w - T_\infty} \tag{4.259}$$

독자는 u와 v가 연속성을 만족하고 이러한 변수가 2개의 결합된 비선형 상미분 방정식에 대한 운동량 및 에너지 관계를 감소시킬 것임을 확인할 수 있다.

$$f''' + 3ff'' - 2f'^2 + \Theta = 0 \quad \text{및} \quad \Theta'' + 3Prf\Theta' = 0 \tag{4.260}$$

이때 경계 조건은 다음과 같다.

$$f(0) = f'(0) = f'(\infty) = 0 \quad \text{그리고} \quad \Theta(0) = 1 \qquad \Theta(\infty) = 0 \tag{4.261}$$

식 (4.260)은 결합되어 있어 동시에 풀어야 하며, 이는 자유 대류 문제의 경우 항상 그렇다. 해석해가 알려져 있지 않기 때문에 수치 적분이 필요하다. 벽에 2개의 알 수 없는 초깃값이 있다. $f''(0)$ 및 $\Theta'(0)$의 적절한 값을 찾아야 하며, 이는 큰 η에 대해 속도와 온도가 사라지게 한다.

1930년에 Pohlhausen이 제공한 원래의 근사해는 Ostrach(1953) 등이 제공한 디지털 컴퓨터 해에서 개선되었다. 일부 정확한 초깃값은 표 4.14에 나열되어 있다. 다양한 Prandtl 수에 대한 속도 및 온도 분포가 그림 4.55에 나와 있다. $Pr \ll 1$을 제외하고 속도층은 온도층보다 두껍다. 이러한 이론적 분포는 수직 표면에 대한 실험적인 층류 자유 대류 데이터와 잘 일치한다.

분석의 가장 중요한 결과는 무차원 열전달률 또는 Nusselt 수이다.

$$Nu_x = \frac{xq_w}{k(T_w - T_\infty)} \text{ (국부)} \qquad Nu_m = \frac{1}{L}\int_0^L Nu_x\,dx \text{ (평균)} \tag{4.262}$$

Θ의 정의에서 $Nu_x(4/Gr_x)^{1/4} = -\Theta(0) = F(Pr)$가 있고, 여기서 Gr_x는 식 (4.259)에서 정의된 국부 Grashof 수이다. q_w는 $x^{-1/4}$로 변하기 때문에 두 Nusselt 수는 단순히 $Nu_x(L) = \frac{3}{4}Nu_m$으로 관련된다. $Nu_x/Gr_x^{1/4}$의 일부 수치는 표 4.14에 나와 있다. Pr이 1에 가까운 기체의 경우 간단한 멱법칙이면 충분하다. 결과는 다음과 같다.

표 4.14 수직 등온판의 자유 대류에 대한 식 (4.260)에서 계산된 매개변수

Pr	$f''(0)$	$-\Theta'(0)$	$Nu_x/Gr_x^{1/4}$
0.01	0.9873	0.0807	0.0571
0.1	0.8591	0.2301	0.1627
0.72	0.6760	0.5046	0.3568
1.0	0.6422	0.5671	0.4010
2.0	0.5713	0.7165	0.5066
3.0	0.5309	0.8155	0.5767
6.0	0.4649	1.0075	0.7124
10.0	0.4192	1.1693	0.8268
30.0	0.3312	1.5891	1.1237
100.0	0.2517	2.1913	1.5495
1000.0	0.1449	3.9650	2.8037

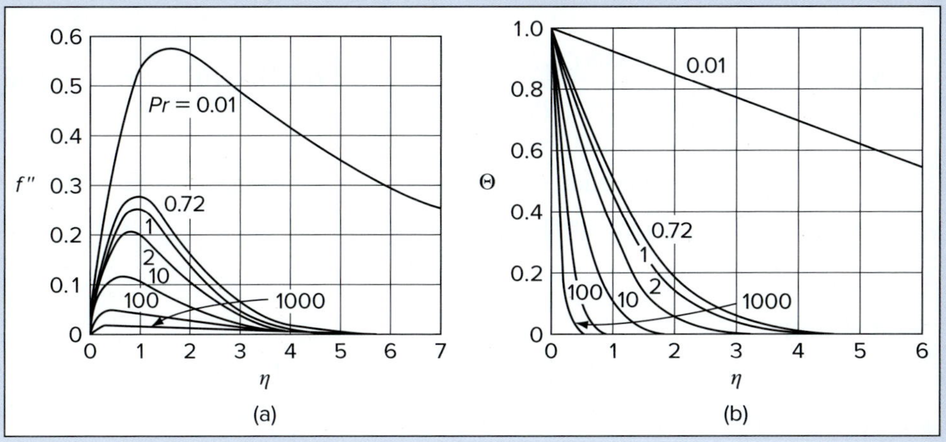

그림 4.55
수직판에서의 자유 대류에 대한 (a) 속도 및 (b) 온도 분포. Pohlhausen의 미분 방정식 (4.260)에서 Ostrach(1953)가 계산함.

$$Ra_x = Gr_x Pr\text{일 때} \quad Nu_x \approx 0.4Ra_x^{1/4} \tag{4.263}$$

여기서 Ra_x는 유동의 Rayleigh 수라고 한다. 한편, Churchill과 Usagi(Usagi)(1972)는 Prandtl 수의 전체 범위에 걸쳐 ±0.5% 정확도 내에서 유효한 다음과 같은 곡선 적합 공식을 제안한다.

$$Nu_x \approx \frac{0.503Ra_x^{1/4}}{\left[1 + (0.492/Pr)^{9/16}\right]^{4/9}} \quad \text{[Churchill과 Usagi(1972)]} \tag{4.264}$$

이 공식은 $10^5 < Ra_x < 10^9$인 등온벽과 층류 자유 대류 유동 영역에만 적용이 가능하다. 이것은 Nu_x가 매우 작은 Pr에 대해 $(Gr_x Pr^2)^{1/4}$로 변하고 $(Gr_x Pr)^{1/4}$는 매우 큰 Pr에 대해 점근적으로 증명될 수 있다.

Gebhart와 Majahan(1982) 및 Gebhart 등(1988)이 자유 대류 유동의 안정성과 전이에 대한 평론을 발표하였다. 경계층 불안정성은 Grashof 수가 400만큼 낮을 때 시작되고 완전한 난류 유동은 일반적으로 $Gr_x \approx 10^9$까지 발생한다. 그러면 난류 유동의 국부 Nusselt 수는 대략 $Gr_x^{1/3}$만큼 변한다. 국부적 열 플럭스는 전이 동안 급격히 변할 수 있지만 전체 열전달 속도는 점진적으로 증가하며 Churchill과 Chu(1975)의 곡선 적합 상관관계로 잘 표현된다.

$$Nu_L^{1/2} = 0.825 + \frac{0.387Ra_L^{1/6}}{\left[1 + (0.492/Pr)^{9/16}\right]^{8/27}} \quad Ra_L \le 10^{12}, \forall Pr \tag{4.265}$$

이는 Prandtl 수에 관계없이 등온벽에 적용할 수 있다.

열 플럭스가 균일한 수직면에서 층류 자유 대류와 관련된 문제는 Sparrow와 Gregg(1956)에 의해 해결되었다. 국부 열전달에 대한 계산 결과는 Churchill과 Ozoe(1973)가 다음 공식에 적용했다.

$$Nu_x \approx \left(\frac{Gr_x^* Pr^2}{4 + 9Pr^{1/2} + 10Pr}\right)^{1/5} \quad 10^5 < Gr_x^* < 10^{12}, \forall Pr \tag{4.266}$$

$Gr_x^* = Gr_x Nu_x = g\beta q_w x^4/(k\nu^2)$는 수정된 또는 '열 플럭스' Grashof 수라고 한다. 층류 및 난류 모

두에서 전체 열전달에 대해 Churchill과 Chu(1975)는 곡선 맞춤을 제안한다.

$$Nu_L^{1/2} = 0.825 + \frac{0.387(Gr_L Pr)^{1/6}}{\left[1 + (0.437/Pr)^{9/16}\right]^{8/27}} \qquad 1 < Gr_L Pr < 10^{11}, \forall Pr \qquad (4.267)$$

흥미롭게도, 이 상관관계는 수정된 Grashof 수보다 전통적인 수를 사용하므로 온도 차이가 표면에 따라 변하기 때문에 $Gr_L = Gr_L^* / Nu_L$ 관계로 반복 계산되어야 한다.

4-13.4 기타 기하학

자유 대류의 평면이 수직에서 각도 ϕ만큼 기울어지면 1차 이론적 효과는 중력(단위질량당)을 g에서 $g \cos \phi$로 줄이는 것이다. 2차 효과는 측면 부력 성분이 평판 표면을 향해 있는지 또는 멀어지는지에 따라 다르다. 후자의 경우 유동은 평판에서 분리되는 경향이 있다. 많은 실험의 전반적인 결론[Gebhart 등(1988, 5.2절)]은 $|\phi| \le 60°$, $Gr_x \cos \phi$의 유효 Grashof 수에서 수직 표면 공식을 계산하여 열전달을 계산할 수 있다.

수직 원통에 대한 층류해는 Sparrow와 Gregg(1956)가 도출하였다. 원통의 반경에 비해 경계층이 두꺼워지면 열전달이 증가한다. 여기서 적절한 매개변수는 $\zeta = (L/D) Ra_L^{-1/4}$이며, 다음을 사용하여 동일한 길이의 수직판에 대한 전체 열전달을 도출한다.

$$Nu_{L,\text{ cylinder}} \approx Nu_{L,\text{ plate}} \left(1 + 1.3\zeta^{0.9}\right) \qquad (4.268)$$

여기서 평판 Nusselt 수는 식 (4.265)에서 가져온다.

아마도 가장 실용적인 모양은 열교환기 설계에서 자주 발생하는 수평 원통일 것이다. Hermann (1936)이 발표한 첫 번째 이론은 중력이 $g_x = g \sin(x/R)$로 변하는 경계층 방정식 (4.257)을 사용하는 것이다. 더불어 Kuehn과 Goldstein(1980)은 이 경우에 대해 완전 타원 Navier-Stokes 계산을 발표했다. $Ra_D = 10^5$에 대한 계산 및 실험 등온선이 그림 4.56에 나와 있다. 원통을 지나는 강제 운동과 달리 체적 뒤쪽에는 박리가 없다. 오히려 후방의 유동은 점차 퍼지고 회전하여 원통 위에 기둥을 형성한다. Rayleigh 수보다 낮은 $Ra_D < 10^4$ [Kuehn과 Goldstein(1980)]에서 전체 유동은 뜨거운 '근원' 근처의 기둥과 유사하며 범위가 체적 반경보다 훨씬 크다.

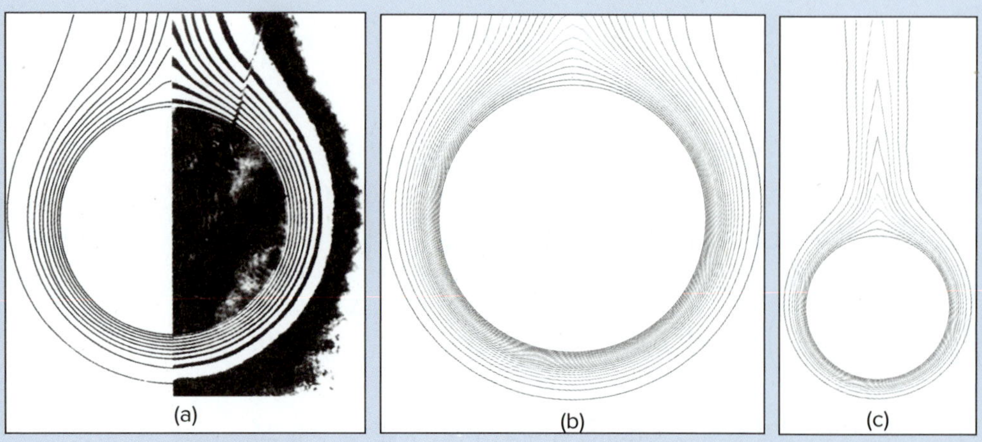

그림 4.56
가열된 수평 원통 근처의 자유 대류에서 등온선의 비교는 (a) 실험 및 완전 타원 Navier-Stokes 계산(오른쪽 및 왼쪽 미러링)을 보여준다. [Kuehn과 Goldstein(1980), 저자 제공] (b) (c)에서 축소된 그림과 함께 유한 체적 Navier-Stokes 솔버를 사용한 독립적 계산[G. Sharma 및 J. Majdalani에 의해 제현됨]

유사한 선을 따라 수평 원통의 자유 대류 열전달은 경계층에 있는 입자의 '이동 길이'인 길이 $\pi D/2$인 수직판으로 근사할 수 있다. Churchill과 Chu(1975)는 원통에 대해 다음과 같은 일반적인 곡선 맞춤을 권장한다.

$$Nu_D^{1/2} = 0.60 + \frac{0.387 Ra_D^{1/6}}{\left[1 + (0.559/Pr)^{9/16}\right]^{8/27}} \qquad 10^{-5} < Ra_D < 10^{12}, \forall Pr \tag{4.269}$$

수직판의 경우 식 (4.256)과 유사하다. Goldstein 등(2019)은 보다 정확한 체제별 상관관계를 권장한다.

층류: $$(Nu_D)_{\text{lam}} = \frac{2}{\ln\left[1 + \dfrac{2.7}{f(Pr) Ra_D^{1/4}}\right]}; f(Pr) = \frac{0.701}{\left[1 + \left(\dfrac{1}{2Pr}\right)^{10/17}\right]^{4/9}} \qquad Ra_D < 10^6, \forall Pr \tag{4.270}$$

난류: $$(Nu_D)_{\text{turb}} = 0.1 Ra_D^{1/3} \qquad Ra_D > 10^9, \forall Pr \tag{4.271}$$

이 상관관계는 중간 또는 과도기 $10^6 < Ra_D < 10^9$ 범위, 구체적으로 $(Nu_D)_{\text{tr}} = \left[(Nu_D)_{\text{lam}}^{12} + (Nu_D)_{\text{turb}}^{12}\right]^{1/12}$ 내에서 혼합 함수로 바뀐다. 부력 자유 대류 또는 혼합 대류 유동에 대한 추가 연구는 Gebhart 등(1988)에서 찾아볼 수 있다.

요약

이 장에서는 속도와 온도 분포에 중점을 두고 다양한 유형의 층류 경계층 유동을 자세히 다루었다. 4-1절의 단순 적분 운동량 및 에너지 해석은 4-2절의 전체 경계층 방정식으로 이어진다. 다양한 유사성 해가 4-3절에서 논의되고, 4-4절에서 자유 전단 유동(혼합층, 분사 및 후류)이, 4-5절에서 몇 가지 유사하지 않은 유동이 뒤따른다. 상사해 중에서 Blasius 방정식과 이를 푸는 데 사용할 수 있는 다양한 분석 및 수치해석적 방법에 중점을 둔다. 일반적인 경계층 운동에 대한 분석 방법은 Kármán의 운동량-적분 접근법 및 Thwaites의 단일 매개변수 기법과 같은 적분 기법에 중점을 두고 4-6절에서 소개된다. 그런 다음 경계층 처리에 적합한 유한 차분 방법이 4-7절에서 추가된다. 이 과정에서 Kármán의 운동량–적분 접근 방식의 단순화로 100년 넘게 유체 역학 학계의 관심을 끈 Pohlhausen의 다항식 근사의 역설에 대한 설명을 함께 다룬다. 4-8절에서 적분 및 유한 차분 방법으로 열 경계층을 분석한다. 4-9절은 덕트 입구의 유동에 대한 간략한 분석을 다루고, 4-10절은 원형 분사 및 후류에 대한 다양한 축대칭 경계층 해을 다룬다. 이 장은 3차원 경계층(4-11절), 비정상 경계층(4-12절), 자유 대류 유동(4-13절)에 대한 논의로 끝난다.

층류는 일부 임계 Reynolds 수에서 필연적으로 분해되고 뒤이은 운동이 난류일 것이라는 점을 강조해야 한다(6장). 이러한 맥락에서 5장에서는 층류의 안정성과 전이와 불안정성의 시작을 예측하는 데 사용되는 기술을 다룰 것이다. 그렇다면 난류가 자주 발생하는 실제 상황에서 층류 유동에 대해 이야기해야 하는 이유는 무엇인가? 답은 간단한다. 층류 이론은 난류 경계층 이론보다 훨씬 더 발전되어 있으며 우리가 방금 설명한 상사성, 운동량 균형, 박리, 순구배, 자유 대류, 3차원 유동 등의 많은 현상이 경계층의 일반적인 동작을 나타낸다. 이러한 이유로 이 장에서 배운 것들은 난류의 세계를 탐험할 수 있도록 도움이 될 것이다. 종종 층류 상관관계와 난류 유동 상관관계 간의 유일한 차이점은 계수 및 지수의 수치 값일 때가 있다.

연습문제

4-1. 4-1절에서 Pohlhausen의 3차 다항식 분포에 대한 평판의 운동량-적분 분석을 반복하시오.

$$\frac{u}{U} = \frac{3}{2}\left(\frac{y}{\delta}\right) - \frac{1}{2}\left(\frac{y}{\delta}\right)^3 \quad \text{[Pohlhausen(1921)]}$$

여기서 $\delta(x)$는 그림 P4.1과 같이 경계층 또는 교란 두께이다. 이 분포는 식 (4.11)의 근삿값보다 더(또는 덜) 현실적인가? 위의 분포에 대해 (a) $(\theta/x)\sqrt{Re_x}$, (b) $(\delta^*/x)\sqrt{Re_x}$, (c) $(\delta/x)\sqrt{Re_x}$, (d) $C_f\sqrt{Re_x}$, (e) $C_D\sqrt{Re_x}$를 계산하시오.

답: (a) 0.646, (b) 1.740, (c) 4.64, (d) 0.646, (e) 1.293

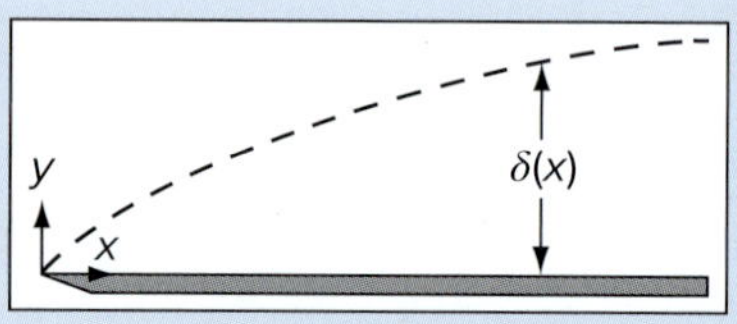

그림 P4.1

4-2. 식 (4.30)을 4차 온도 분포 근사로 대체하여 4-1.7절의 적분 열전달 해석을 반복하시오.

$$T - T_e \approx (T_w - T_e)(1 - 2\zeta + 2\zeta^3 - \zeta^4)$$

이 분포는 어떤 경계 조건을 만족하는가? 결과를 식 (4.32) 및 (4.33)과 비교하시오.

4-3. Schlichting(1979, p. 206)은 단순한 평판 속도 분포 근사

$$u \approx U \sin\left(\frac{\pi y}{2\delta}\right) \quad \text{[Schlichting(1979)]}$$

가 Pohlhausen의 포물선 분포

$$u(y) \approx U\left(\frac{2y}{\delta} - \frac{y^2}{\delta^2}\right) \quad \text{[Pohlhausen(1921)]}$$

보다 C_f, θ 및 $\delta^*(\pm 2\%)$에 대해 훨씬 더 나은 정확도를 도출한다고 했다. C_f를 계산하여 이 진술을 확인해 보시오. Schlichting의 사인파형은 Pohlhausen의 포물선 분포과 비교하여 추가적인 경계 조건을 만족하는가?

4-4. 그림 P4.4에서와 같이 20°C 및 1기압의 공기가 매끄러운 평판을 지나 흐른다. 벽에서 2 mm 떨어진 피토 정체관은 수압계 헤드 h = 21 mm를 발생시킨다. Blasius 해, 표 4.3과 함께 이 정보를 사용하여 피토관의 위치 x를 추정하시오. 유동이 층류인지 확인하시오.

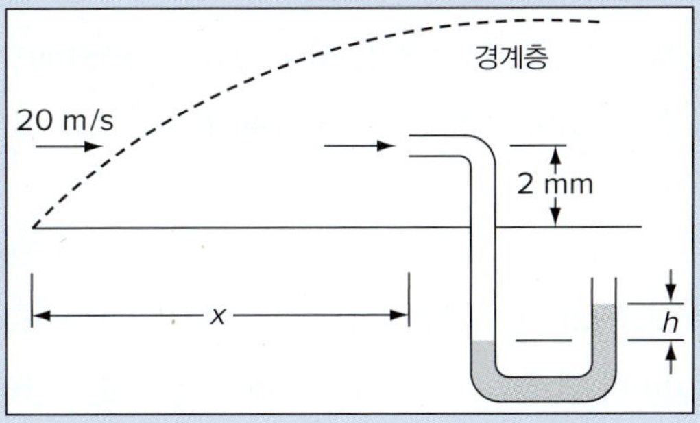

그림 P4.4

4-5. 식 (4.37)을 도출한 비가열 시작 길이 해석에서 항 ($\zeta^3/5$)은 적분 에너지 방정식에서 무시된다. 이 항을 무시하지 않고 $1 < x < 5$, $x_0 = 1$ 및 $Pr = 1$인 특수한 경우에 대해 미분 방정식을 수치적으로(예, Runge-Kutta 사용) 푸시오. 수치 결과를 식 (4.37)과 비교하시오.

4-6. 초기 추측 $f''(0) = 0.3$에서 Blasius 방정식을 반복하고 정확한 값 $f''(0) = 0.4696$으로 수렴하는 수치적 해(예, Runge-Kutta 적분 사용) 및 방정식 (4.63)을 도출하시오.

4-7. 그림 P4.7에서와 같이 속도 U로 벽에서 나오는 긴 평판을 고려하시오. 자유 유동은 없다. $f(0) = 0$, $f'(0) = 1$, $f'(\infty) = 0$인 경우 Blasius 방정식 (4.60)이 성립함을 보이시오. 식을 수치적으로 풀고 $C_f \approx 0.444/Re_x^{1/2}$임을 보이시오. 또한 $v(\infty)$를 구하고 토론하시오. [힌트: $f''(0)$은 음수이다.]

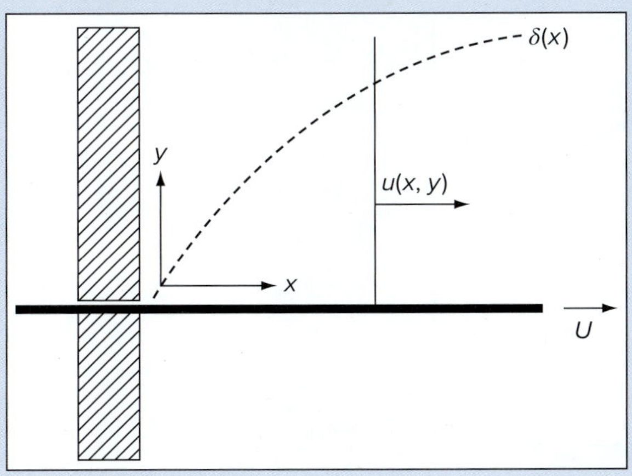

그림 P4.7

4-8. $f''(0)$의 초기 추측값에서 사용자 정의 오류 허용범위 내 $f''(0)$의 정확한 값까지 $\beta \neq 0$의 고정값에 대해 Falkner-Skan 방정식 (4.93)을 반복하는 수치적 해(예, Runge-Kutta 적분 사용) 및 식 (4.96)을 구하시오. 결과를 그림 4.16과 비교하시오.

4-9. Blasius 방정식 (4.60)은 $f''(0)$의 값을 찾기 위해 반복 계산되어야 하며, 이는 $f'(\infty)$가 1.0이 되도록 한다. Töpfer(1912)와 Weyl(1942), Parlange 등(1981), Panton(1996), 그리고 Fazio(2019)는 반복 계산을 피하려고 다음을 제안한다.

$$\alpha\text{는 상수일 때,}\quad f(\eta) = \alpha F(\alpha\eta)$$

(a) 함수 F도 Blasius 방정식을 만족함을 보이시오. (b) 초기 조건 $F''(0) = 1.0$을 임의로 설정하

면 반복 없이 α를 찾는 방법을 설명하시오. (c) α를 찾았더라도 F에 대한 해가 표 4.3에 맞추기 어려운 이유를 설명하시오. (d) 적분(필요하지 않을 수 있음)이 $F'(\infty) = 1.65519036$을 도출한다면, α의 적절한 값은 얼마인가? (e) 문항 (d)의 α값이 $f''(0) = 0.4696$의 결과로 이어진다는 것을 보이시오.

4-10. $(\delta^*/\tau_w)(dp/dx)$을 Clauser의 매개변수라고 한다. 이는 외부 압력 구배를 벽 마찰과 비교하는 값이며 난류 경계층에 매우 유용한 변수이다(6장). (a) 이 매개변수가 주어진 층류 Falkner-Skan 쐐기 유동 경계층에 대해 상수임을 보이시오. (b) 이 매개변수는 박리 조건에서 어떤 값을 가지는가?

답: (a) $-2m\eta^*/[(m+1)f''(0)]$, (b) 양의 무한대

4-11. 식 (4.92) 대신에 Falkner-Skan 유사성 변수 $\eta = y\sqrt{|U|/(\nu x)}$를 사용하면, 동일한 경계 조건 식 (4.94)에서 Falkner-Skan 방정식은 다음과 같이 된다.

$$f''' + \frac{1}{2}(m+1)ff'' + m(f'^2 - 1) = 0$$

$U = -K/x$인 특수한 경우에 대해 이 관계를 분석하고 폐쇄형(closed-form) 해가 얻어질 수 있음을 보이시오.

답: $u/U = 3\tanh^2\left[(y/x)\sqrt{K/(2\nu)} + \tanh\sqrt{2/3}\right] - 2$

4-12. 그림 P4.12에서와 같이 얇은 정삼각형 판에 20°C 및 1 atm의 기류가 12 m/s의 속도로 평행하게 가해진다. 층류를 가정하고 이 판의 항력(단위: N)을 추정하시오.

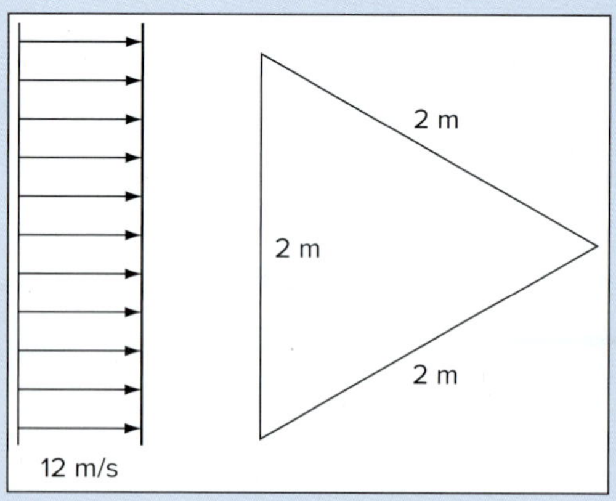

그림 P4.12

4-13. 유동 교정기는 소용돌이 및 기타 가로축(2차) 속도를 제거하기 위해 유동에 배치된 좁은 덕트 배열로 이루어져 있다. 덕트의 한 부분을 그림 P4.13과 같이 측면이 얇은 정사각형 상자로 나타

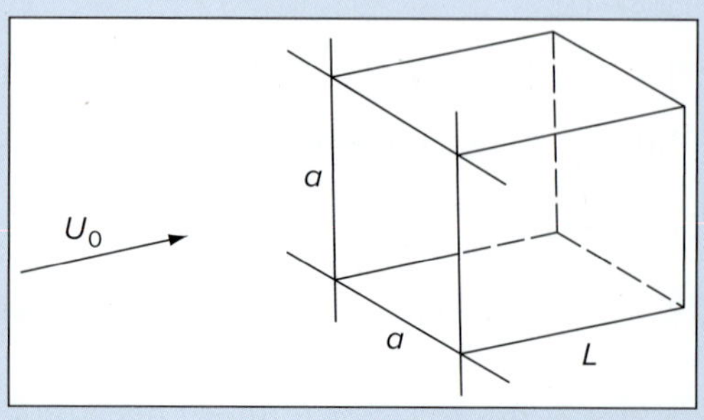

그림 P4.13

낼 수 있다. 층류 평판 이론을 사용하여 이러한 상자의 $N \times N$ 묶음을 통과하는 압력 강하 ΔP에 대한 공식을 유도하시오.

4-14. 특정값 $v_w^* \neq 0$에 대해 벽 흡입 또는 분출이 있는 Blasius 방정식에 대한 수치해를 개발하고 그 결과를 그림 4.20과 비교하시오.

4-15. 흡입점(point sink)을 향한 경계층 유동의 표면 마찰 계수 C_f를 국부 Reynolds 수 Re_x의 함수로 나타내시오[식 (4.111)]. 그 결과를 강한 순구배를 가진 정체 유동의 해와 비교하시오.

4-16. k의 특정값에 대해 병렬 유동 사이의 층류 혼합층에 대한 수치해를 구하고 그림 4.17과 비교하시오.

4-17. 20°C 및 1 atm의 공기는 좁은 틈에서 나와 2차원 층류로 분사된다. 틈 하류 50 cm에서 최대 속도는 20 cm/s이다. 이 위치에서 (a) 분사 폭, (b) 단위 깊이당 분사 질량 유량, (c) 분사에 대한 적절한 Reynolds 수를 추정하시오.

답: (a) 0.09 m, (b) 0.0072 kg/(m·s), (c) 1200

4-18. 20°C 및 1 atm의 공기는 '평면' 면적(bL)을 기준으로 항력 계수가 0.05인 길이 L = 30 cm인 가느다란 2차원 물체 주위에 1 m/s로 흐른다. 뒷전의 하류 3 m 지점에서 층류를 가정하고 (a) 최대 후류 속도 결함(단위: m/s), (b) '1%' 후류 두께(단위: m), (c) 후류 두께-Reynolds 수를 구하시오.

답: (a) 0.32 m/s, (b) 0.029 m, (c) 600

4-19. 그림 P4.19에 표시된 미분 경계층 검사 체적에 질량과 힘의 균형을 통해, 벽 흡입 또는 분출을 포함하여 정상 유동에서의 운동량-적분 식 (4.142) 또는 등가관계를 유도하시오.

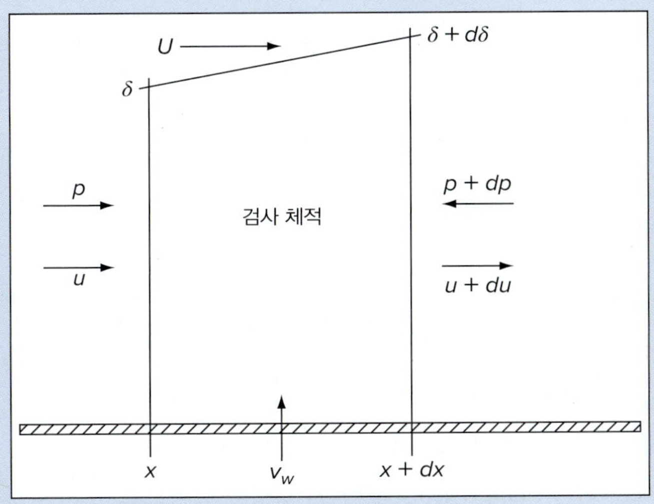

그림 P4.19

4-20. δ와 $1/v_w$가 모두 $x^{1/2}$에 비례한다고 가정하여 식 (4.11)에 의해 주어진 속도 분포와 $v_w \neq 0$일 때, 적분 관계 식 (4.142)를 푸시오. $Nu_x/Re_x = C_f/2$라고 가정하고 $Pr = 1$일 때 계산된 벽 마찰을 그림 4.20(b)와 비교하시오.

4-21. 그림 4.20(a)의 방식으로 분출과 흡입을 설명하는 매개변수 다항식 속도 분포를 만들어 문제 4-20을 개선하시오. 벽의 분포를 경계층 방정식과 일치시키시오. [힌트: $y = 0$에서 점착 조건이

여전히 유지되지만 $u = 0$에서 분출이나 흡입은 벽에서 다음의 추가 조건을 충족해야 한다. 즉,

$$\rho v_w \frac{\partial u}{\partial y} = \mu \frac{\partial^2 u}{\partial y^2}$$

이다.]

4-22. 동일한 분포 방정식 (4.11)을 사용하지만 흡입 또는 분출 v_w를 일정하게 하여 문제 4-20을 수정하시오. 그리고 $C_f(x)$ 및 $\delta(x)$를 풀고 점근적 결과를 그림 4.26 및 식 (3.158)과 비교하시오.

4-23. 4-6.6절의 Thwaites 적분 방법을 비점성 식 (4.164) 또는 측정된 식 (4.165), 자유 유동 속도 분포를 사용하여 원통 경계층 유동에 적용하시오. 계산된 국부 벽 마찰력을 그림 4.29(b)와 비교하시오.

4-24. Thwaites 적분 방법을 표 4.9의 층류 테스트 사례 중 하나에 적용하시오(최상의 결과를 얻으려면 각 구성원이 다른 사례를 사용하도록 함). 국부 마찰 분포 $C_f\sqrt{Re_x}$를 계산하고 도식화하여 예측된 박리점을 표 4.9와 비교하시오.

4-25. 그림 P4.25와 같이 2차원 평면 벽 확산기를 고려해 보자. 1차원 자유 유동 속도 $U(x)$ 및 진입 속도 $U_0(x)$를 갖는 비압축성 유동을 가정하자. 입구 높이는 W이고 지면 쪽으로 깊이는 b로 일정하다. Thwaites의 방법을 사용하여 (a) $x = L$에서 박리가 발생하는 각도 θ에 대한 식을 찾으시오. (b) $L = 1.5W$인 경우 θ의 값은 얼마인가?

답: (a) $\theta_{sep} = \tan^{-1}(0.079W/L_{sep})$, (b) 3.0°

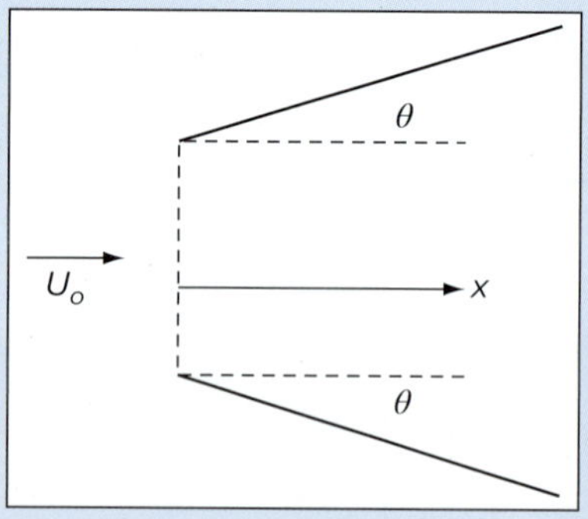

그림 P4.25

4-26. 4-7.1절의 명시적 유한 차분 모델을 비점성 식 (4.164) 또는 측정된 식 (4.165), 자유 유동 속도 분포를 사용하여 원통의 경계층 유동에 적용하시오. 계산된 국부 벽 마찰력을 그림 4.29(b)와 비교하시오.

4-27. 4-7.2절의 암시적 유한 차분 모델을 사용하여 문제 4-26을 수정하시오.

4-28. 층류 경계층의 컴퓨터 분석을 위한 Crank-Nicolson(1947) 방법을 살펴보고, 수치적 장점과 단점을 설명하시오.

4-29. 4-7.1절의 명시적 유한 차분 방법을 표 4.9의 층류 테스트 사례 중 하나에 적용하시오(최상의 결과를 위해 각 구성원이 다른 사례를 사용하도록 함). 국부 마찰 분포 $C_f\sqrt{Re_x}$를 계산하고 도식화하여 예측된 박리점을 표 4.9와 비교하시오.

4-30. Sherman(1990)은 그림 P4.30에서와 같이 포물선 원통에 접근하는 자유 유동 U_0로 인한 층류 유동에 대한 CFD 해를 도출했다. 원통 표면은 $y/R = (2x/R)^{1/2}$로 정의되며, 여기서 R은 원통

반경이다. 표면을 따른 호 길이 S는 $ds = R(1 + \zeta^2)^{1/2}\, d\zeta$로 정의되며, 여기서 $\zeta = y/R$이다. 퍼텐셜 이론에서 표면 속도는 $U = U_0\zeta/(1 + \zeta^2)^{1/2}$이다. (a) 표면 속도가 표면 위로 이동할 때 유동 속도 U_0에 접근함을 보이시오. (b) Thwaites의 방법을 사용하여 표면을 따라 $\tau\theta/(\mu U)$가 평판 값 10% 이내인 0.22가 되는 거리 s/R을 추정하시오.

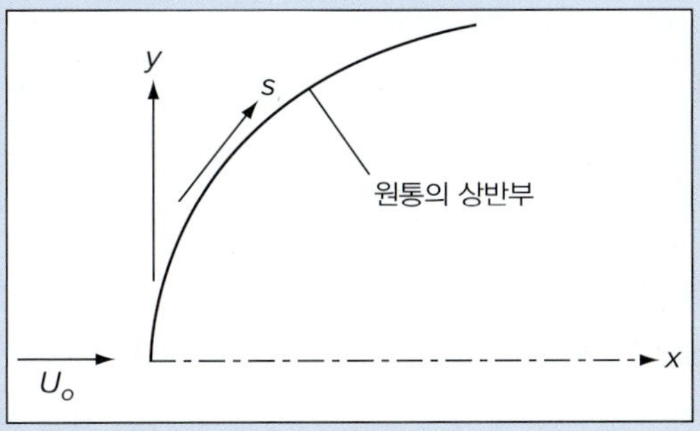

그림 P4.30

4-31. $Pr = 1$일 때 방정식 (4.182)의 Smith와 Spalding 열적분법을 일정한 벽 온도에서 Howarth 속도 분포 식 (4.136)에 적용하여 박리가 일어날 때까지의 국부 열전달률을 구하시오. 또한 Reynolds 유추 인자 $\frac{1}{2}C_f(x)/C_h(x)$를 계산하고 이를 그림 4.19와 연결하시오.

4-32. 4-8.2절의 명시적 또는 암시적 유한 차분 방법을 사용하여 문제 4-31을 수정하시오.

4-33. $Pr = 0.72$인 식 (4.182)의 Smith와 Spalding 열적분법을 적용하여 등온 원형 원통을 지나는 유동에 대해 식 (4.188)을 수행하고 결과를 그림 4.30과 비교하시오.

4-34. $Re_a = 9500$에 대한 식 (4.165)에서 원통 전면 근처에서는 $U/U_\infty \approx 1.814x/a$이다. 20°C 및 1 atm의 공기에 대해 이것은 대략 $a = 5$ cm 및 $U_\infty = 2.85$ m/s에 해당한다. Falkner-Skan 이론, 표 4.6 및 4.7, 온도차 $T_w - T_\infty = 12$°C를 사용하여 (a) 운동량 두께(단위: mm) 및 (b) 이 원통 전면의 열전달률(단위: W/m²)을 추정하시오.

답: (a) $\theta = 0.11$ mm, (b) 410 W/m²

4-35. 평판 $U = U_0$, 벽 온도 분포 $T_w - T_e = \Delta T_0[1 - (x/L)^3]$의 경우에, 4-8.4절의 중첩 방법을 사용하여 국부 열전달 q_w의 부호를 변경하는 x값을 계산하시오.

답: 0.768

4-36. 4-8.2절의 명시적 또는 암시적 유한 차분 방법을 사용하여 문제 4-35를 수정하시오.

4-37. 그림 4.37[Sparrow(1955)]과 유사하게 $2H$만큼 떨어진 불투과성 평행판 사이의 입구에서 층류 유동에 대한 적분 분석을 해 보자. 임의의 x에서 속도 분포가 (a) Bernoulli 방정식을 만족하는 퍼텐셜 코어 $U(x)$와 (b) 거리 $\delta \le H$까지 확장되는 포물선 경계층 분포로 구성된다.

$$\frac{u(x, y)}{U(x)} = 2\frac{y}{\delta} - \left(\frac{y}{\delta}\right)^2, \qquad \delta = \delta(x)$$

유동은 평평한 분포 $U = U_0$로 유입된다. $\delta(x)$ 및 $U(x)$를 계산하기 위해 전체 채널에 대한 질량 보존과 함께 정상 유동 운동량 적분 관계 (4.141)을 적용한다. 입구 길이 x_e를 구하시오.

답: $\dfrac{x_e/(2H)}{U_0(2H)/\nu} = \dfrac{3}{40}\left(9\dfrac{U}{U_0} - 16\ \ln\dfrac{U}{U_0} - 7\dfrac{U_0}{U} - 2\right)\Bigg|_{U=1.5U_0} \approx 0.0259$

4-38. 구를 지나는 퍼텐셜 자유 유동 $U = 1.5U_0 \sin(x/a)$에 대해, Rott-Crabtree 적분 방법인 식 (4.212)를 사용하여 층류 경계층 박리 지점을 계산하시오. 결과를 그림 4.40과 비교하시오.

4-39. 2차원 유동에 대한 식 (4.167)에 따라 두꺼운 축대칭 유동 운동량 관계에 대한 명시적 유한차 모델인 식 (4.216b)를 도출하시오. 반경 방향 좌표로 y_n을 사용하여 그림 4.30에 표시된 것과 동일한 격자를 사용하지만 축대칭 연속방정식 (4.216a)를 분석하지 마라. 매개변수 α 및 β가 여전히 존재하는가? 압력 구배가 없다는 점 ($U_{m+1} = U_m$)에 유의하라.

4-40. 20°C 및 1 atm의 공기는 원형 구멍에서 나와 둥근 층류 분사를 형성한다. 구멍의 하류 20 cm에서 최대 속도는 35 cm/s이다. 이 위치에서 (a) '1%' 분사 두께, (b) 분사 질량 유동, (c) 분사에 대한 적절한 Reynolds 수를 추정하시오.

답: (a) 0.05 m, (b) 9.05×10^{-5} kg/s, (c) 1160

4-41. 20°C 및 1 atm의 공기는 길이 $L = 15$ cm이고 항력 계수가 면적 L^2을 기준으로 0.008인 가느다란 회전체를 지나 1 m/s로 흐른다. 뒷전 3 m 후류에서 층류를 가정할 때, (a) 최대 후류 속도 결함(단위: cm/s), (b) '1%' 후류 두께(단위: cm), (c) 후류 두께 Reynolds 수를 구하시오.

답: (a) 16 cm/s, (b) 58 cm, (c) 610

4-42. 그림 P4.42(a)에 표시된 유선형 익형에서 축방향 속도 분포는 유선형 경계 검사 체적(즉, 유선관을 형성하는 체적)을 사용하여 1과 2로 표시된 상류 및 하류 부분 모두에서 측정할 수 있다. 검사 체적 주위의 동일한 압력과 중앙면에 대한 대칭을 가정하고, (a) 상류 부분의 절반 높이 H, (b) 하류 부분의 수직 치수가 $Y = \varphi c$인 경우 이 익형의 항력 계수를 결정하시오. 여기서 c는 현 길이이다. 하류 속도는 $u = U\left[1 - \frac{1}{2}\cos\left(\frac{1}{2}\pi y/Y\right)\right]$이다. [힌트: 그림 P4.42(b)와 같이 검사 체적을 선택하여 대칭을 활용할 수 있다.]

답: (a) $H = (\pi - 1)Y/\pi$, (b) $\varphi(8 - \pi)/(2\pi)$

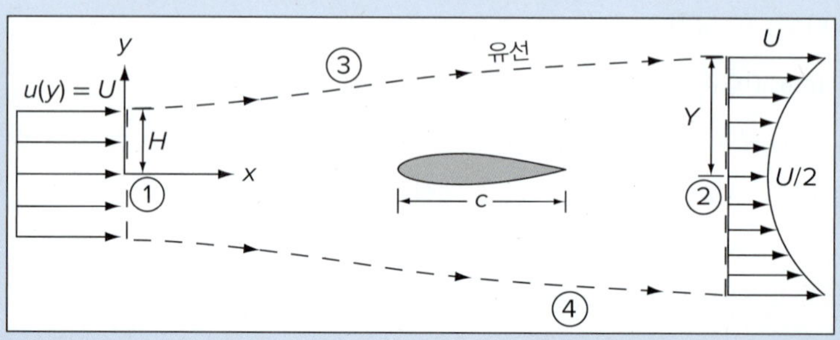

그림 P4.42a

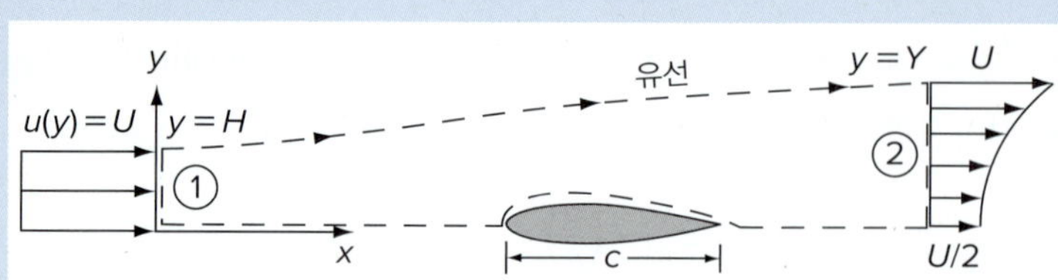

그림 P4.42b

4-43. 그림 P4.43과 같이 직경 d의 원형 원통를 지나는 정상, 비압축성, 2차원 유동을 고려하자. 상류 속도 U는 균일한 것으로 간주될 수 있는 반면 하류 속도는 다음과 같이 설정할 수 있다.

$$\frac{u(y)}{U} = \begin{cases} \sin\left(\frac{\pi}{2}\frac{y}{\delta}\right), & +0 \le y \le +\delta \\ 1, & +\delta < y < +\infty \end{cases}$$

여기서 U와 d는 모두 알고 있다고 하자. (a) δ 및 (b) 항력 계수 C_D를 계산하시오.

답: (a) $\delta = \pi d/2$, (b) $C_D = 4\theta/d = 4 - \pi$

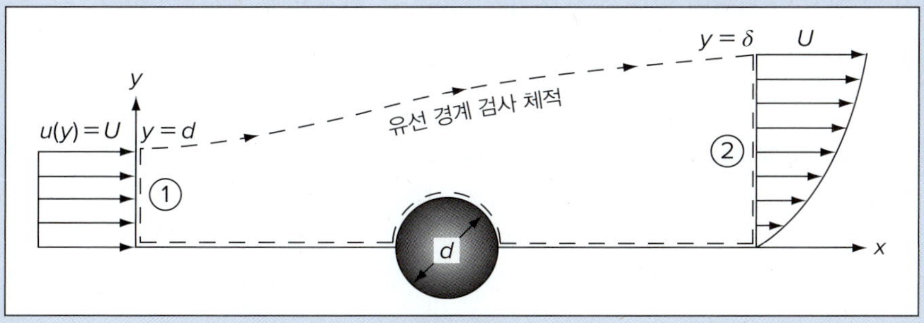

그림 P4.43

4-44. 3-8.2절의 회전 디스크 층류 경계층은 완전히 3차원이다. v_θ의 기준 좌표계를 벽에서 0이 되도록 변경하여(즉, $r\omega$에서 v_θ를 뺌), 표 3.5의 결과를 v_θ를 '유동 방향'으로 하여 호도그래프 형태로 도식화하시오. 각도 β를 구하고 그 결과를 그림 4.45(c)와 비교하시오.

4-45. 식 (4.259)의 유사성 변수가 실제로 결합된 상미분 식 (4.260)으로 연결되는지 확인하시오.

4-46. 수직 자유 대류 방정식 (4.260) 및 (4.261)에 대한 수치해를 구하시오. 표 4.14에 나열되지 않은 임의의 Prandtl 수를 사용하라(예: $Pr = 8$, 또는 각각 다른 경우를 선택할 수 있음). 2개의 알 수 없는 조건 $f''(0)$ 및 $\Theta'(0)$이 있기 때문에 반복 계산이 어려울 수 있다. Nusselt 수를 계산하고 식 (4.264)와 비교하시오.

답: $Pr = 8, f''(0) = 0.4386, \Theta'(0) = -1.0957, Nu/Gr^{1/4} = 0.775$

4-47. 높이 40 cm, 너비 30 cm의 수직 등온판이 20°C 및 1 atm의 공기 중에 있다. 판의 각 면은 100 W의 열을 공기로 발산한다. (a) 벽 온도(단위: °C)와 (b) Grashof 수를 계산하시오. 유동은 층류인가? [힌트: 평균 벽-유체(필름) 온도를 100°C로 가정하고 필요한 열물리적 특성을 평가하고 특성이 더 이상 변경되지 않을 때까지 반복하라.]

답: $Pr = 0.71$의 경우, (a) $T_w = 170°C$, (b) $Gr = 5.2 \times 10^8$

4-48. 외경 5 cm의 수평 덕트를 20°C 및 1 atm의 공기 중에 둔다. 원통 표면이 300°C일 때 덕트 길이 1 m당 공기로 손실되는 열(단위: W)은 얼마인가? [힌트: 평균 필름 온도에서 필요한 열물리적 특성을 평가하라.]

답: $Pr = 0.71$의 경우, $q_w = 400$ W/m

4-49. 모델 2차원 익형은 작은 받음각일 때 위쪽 표면에서 다음과 같은 이론적 퍼텐셜 유동 표면 속도를 갖는다.

x/C	0.0	0.025	0.05	0.1	0.2	0.3	0.4	0.6	0.8	1.0
V/U_∞	0.0	0.97	1.23	1.28	1.29	1.29	1.24	1.14	0.99	0.82

유동 속도 U_∞는 가변적이다. 현 길이 C는 30 cm이다. 유체는 20°C 및 1 atm인 공기이다. x가 상부 표면을 따른 호 길이의 적절한 근삿값이라고 가정하자. 원하는 층류 경계층 방법을 사용하여 (a) $Re_C = 10^6$, (b) $Re_C = 4 \times 10^5$일 때 박리점을 예측하시오.

답: $x/C = Re_C$에 관계없이 0.45

4-50. 그림 P4.50과 같이 약 1 atm, 20°C의 공기가 0.4 m^3/s로 12 cm 정사각형 덕트를 통해 흐른다. 현 길이가 1 cm인 200개의 얇은 평판이 덕트를 가로질러 임의의 위치에 뻗어 있다. 그들은 서로 간섭하지 않는다. 이 평판이 덕트 유동 손실에 기여하는 추가 압력 강하는 얼마인가?

답: $\Delta p \approx 150$ Pa

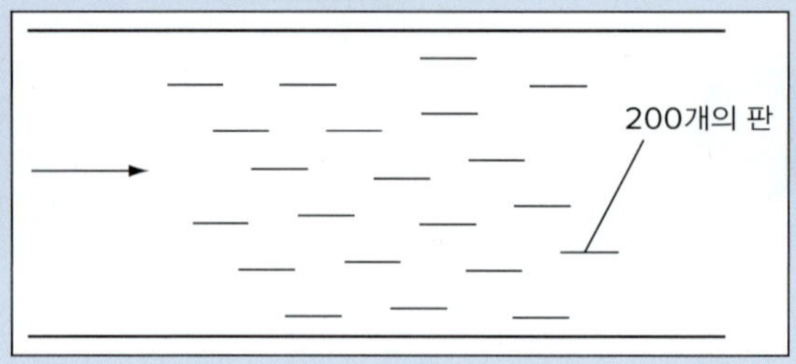

그림 P4.50

4-51. 외부 퍼텐셜 유동 분포 $U(x)$의 층류 경계층 유동에 대해 U_0 및 L을 참조값으로 사용하여 Thwaites의 방법을 무차원화하시오. 예측된 박리점이 Reynolds 수 U_0L/ν와 무관함을 보이시오. 이 결론을 적용하여 연습문제 4-49에 대한 예상 결과를 논의하시오.

답: $V = U/U_0$ 및 $\xi = x/L$을 사용하여 Thwaites의 매개변수는 무차원 속도와 위치에 따라 결정되며, 따라서 점도 및 Reynolds 수와는 무관함을 보인다. $\lambda(\xi) = 0.45(dV/d\xi)V^{-6}\int_0^{\xi} V^5 d\xi = -0.09$

4-52. 초기 반경 R의 원뿔형 디퓨저는 그림 P4.52에서와 같이 균일한 각도 θ로 확장된다. 유동은 균일한 속도 U_0로 주입된다. 1차원 자유 유동을 가정하고 층류 경계층 방법(예: Rott-Crabtree 축대칭 수정)을 사용하여 $x = 2R$에서 유동 박리가 발생하는 각도 θ를 추정하시오.

답: $\theta = 1.13°$

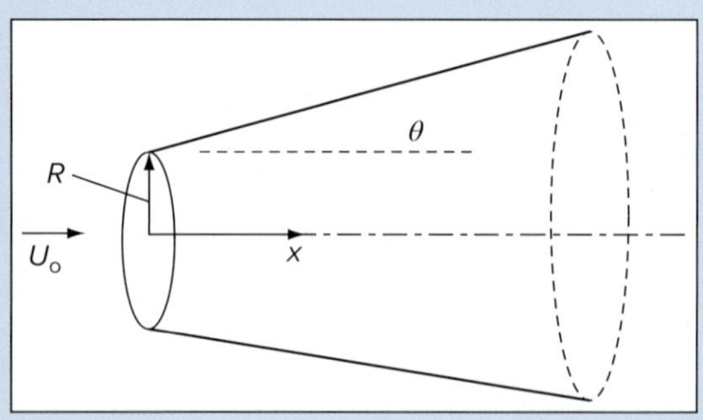

그림 P4.52

4-53. 식 (4.108)과 (4.111)의 흡입점 경계층 해는 Thwaites의 매개변수 $\lambda = 9/80$으로 Thwaites의 방법을 통해 해석될 수 있음을 보이시오. 2차원 정체 유동과 비교하여 이 λ값은 어떠한가?

답: Thwaites의 평면 정체 유동에 대한 추정값은 약 0.075 또는 33% 낮다.

4-54. 2차원 정체 유동에 대한 정확한 Falkner-Skan 해가 Thwaites의 방법 매개변수 $\lambda = 0.0855$, $S = 0.360$ 및 $H = 2.216$과 동일함을 보이시오. 자유 유동 $U = Bx$에 대해 Thwaites의 방법을 사용한 값과 이 값을 비교하면 어떠한가?

4-55. 분사가 벽과 평행하게 형성되면 그림 P4.55와 같이 벽 분사라고 한다. 분사 원점은 운동량의 근원으로 생각할 수 있으며, 벽 아래로 더 내려가면 속도 분포가 유사하다. Glauert(1956)는 평면 및 축대칭 벽 분사가 층류에 대한 동일한 상미분 방정식을 충족한다는 것을 보였다.

$$\frac{d^3f}{d\eta^3} + f\frac{d^2f}{d\eta^2} + 2\left(\frac{df}{d\eta}\right)^2 = 0$$

여기서 $\eta \propto y$, $f \propto \psi$, $f' \propto u$ 및 $f'' \propto \tau$이다. 경계층 두께 δ는 $x^{3/4}$에 비례한다. (a) Glauert의 경계 조건: $f(0) = f'(0) = f'(\infty) = 0$을 확인하시오. (b) 정규화된 조건 $f(\infty) = 1$을 적용하기 위해 Glauert는 $f''(0) = 2/9$을 보였다. 이 값에 대해 유사성 방정식을 $\eta = 8$까지 수치적으로 적분하고 $f(\eta)$와 $f'(\eta)$를 모두 도식화하시오. [힌트: Glauert의 논문을 참고하라.]

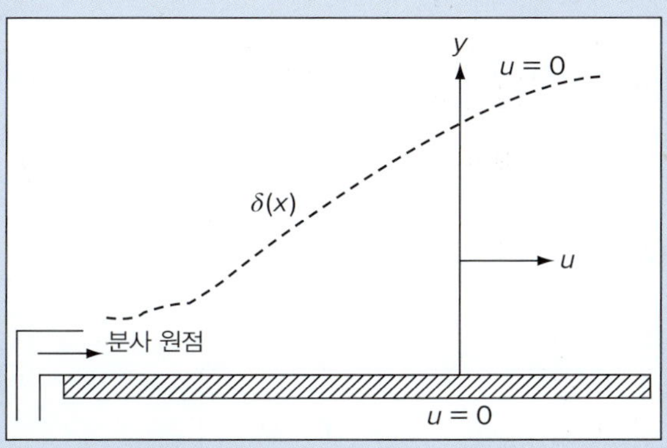

그림 P4.55

4-56. 그림 P4.56과 같이 직경 d인 원형 원통을 지나는 2차원 정상 유동을 고려하라. 상류 속도 U는 균일한 것으로 간주될 수 있는 반면 하류 속도는 다음 대칭 분포에 따라 $U/2$에서 U까지 다양하다.

$$\frac{u(y)}{U} = \begin{cases} \frac{1}{2}\left[1 + \sin\left(\frac{\pi y}{2\delta}\right)\right], & 0 \le y \le \delta \\ 1, & \delta < y < \infty \end{cases} \quad \text{또는} \quad \frac{u(\xi)}{U} = \begin{cases} \frac{1}{2}\left[1 + \sin\left(\frac{1}{2}\pi\xi\right)\right], & 0 \le \xi \le 1 \\ 1, & 1 < \xi < \infty \end{cases}$$

여기서 U와 d는 모두 알고 있다. (a) δ를 d의 함수로 계산하고 (b) 항력 계수 C_D를 계산하시오. 여기서 $\xi = y/\delta$이다.

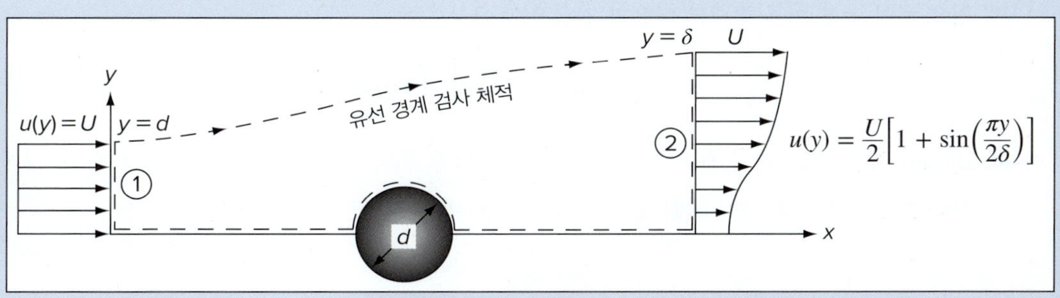

그림 P4.56

답: (a) $\delta = 2\pi d/(2+\pi)$, (b) $C_D = \pi/(2+\pi)$

4-57. 검사 체적의 하류 유동에서 다음 다항식 분포를 사용하여 이전 문제를 반복하시오.

$$\frac{u(y)}{U} = \begin{cases} 1, & -\infty < y < -\delta \\ \frac{1}{2}\left(1 + \frac{y^2}{\delta^2}\right), & -\delta \le y \le +\delta \\ 1, & +\delta < y < +\infty \end{cases} \quad \text{또는} \quad \frac{u(\xi)}{U} = \begin{cases} 1, & -\infty < \xi < -1 \\ \frac{1}{2}(1+\xi^2), & -1 \le \xi \le +1 \\ 1, & +1 < \xi < +\infty \end{cases}$$

답: (a) $\delta = 3d/2$, (b) $C_D = 1.2$

4-58. z방향에서 단위 깊이 W를 갖는 타원체 원통을 지나는 정상, 비압축성, 2차원 유동을 고려하라. 상류 속도 U는 균일한 것으로 간주될 수 있으며 하류 속도는 $U/2$에서 다음 분포에 따라 U에 도달할 때까지 변한다.

$$\frac{u(y)}{U} = \begin{cases} 1, & -\infty < y < -Y \\ \frac{1}{2}\left(1 + \frac{y^4}{Y^4}\right), & -Y \le y \le +Y \\ 1, & +Y < y < +\infty \end{cases} \quad \text{또는} \quad \frac{u(\xi)}{U} = \begin{cases} 1, & -\infty < \xi < -1 \\ \frac{1}{2}(1+\xi^4), & -1 \le \xi \le +1 \\ 1, & +1 < \xi < +\infty \end{cases}$$

여기서 U는 알려져 있고 Y는 경계층 영역의 가장자리를 정의한다. (a) Y를 H로 계산하고 (b) 타원의 장축을 특성 길이로 사용하여 항력 계수 C_D를 계산하시오. 단순성을 위해 아래 표시된 영역의 절반을 사용할 수 있다.

답: (a) $Y = 5H/3$, (b) $C_D = 20H/(27b)$

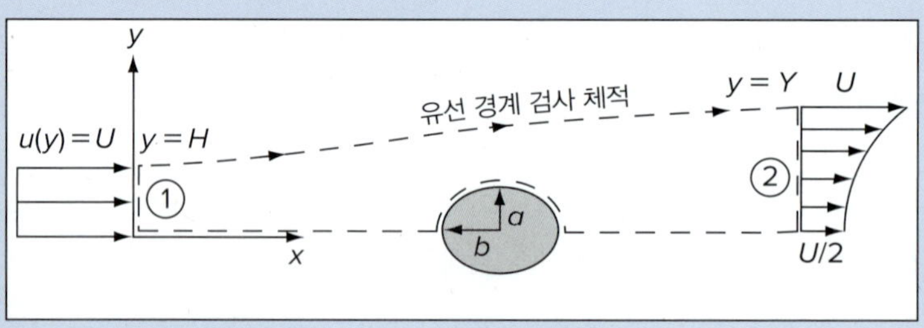

그림 P4.58

4-59. Blasius 방정식은 다음과 같이 표현할 수 있다.

$$\frac{f'''}{f''} + f = 0$$

여기서 프라임 부호는 $\eta = y/\sqrt{U/(2\nu x)}$에 대한 미분을 나타낸다. Blasius 상수가 $\sigma = f''(0)$인 경우 해의 적분 미분 형태는 다음과 같음을 보이시오.

$$f''(\eta) = \sigma \exp\left[-\int_0^{\eta} f(t)\,dt\right]$$

4-60. Blasius 해는 평판 위의 자유 유동 속도가 U인 평판 위의 층류, 비압축성, 일정한 속성, 경계층 유동의 경우에 구해진다. 보통 평판 위의 유동에 대한 경계층 방정식은 다음과 같다.

$$\begin{cases} \dfrac{\partial u}{\partial x} + \dfrac{\partial v}{\partial y} = 0 \\ u\dfrac{\partial u}{\partial x} + v\dfrac{\partial u}{\partial y} = \nu\dfrac{\partial^2 u}{\partial y^2} \end{cases} \quad \text{여기서} \quad u(x,\,0) = 0,\;\; u(x,\,\delta) = U \;\; \text{및} \;\; \left.\frac{\partial u}{\partial y}\right|_{y=\delta} = 0$$

Blasius 유사성 변수의 일반적인 형태는 근에 임의의 '2'를 포함하지 않는다. 보다 구체적으로, Blasius 방정식은 다음 변환을 사용하여 다시 표현할 수 있다.

$$\eta = \sqrt{\frac{U}{\nu x}}y, \quad \psi = \sqrt{\nu x U}f \quad \text{및} \quad \frac{u(x,\,y)}{U} = \frac{df(\eta)}{d\eta}$$

해당 Blasius 방정식이 이전과 동일한 경계 조건에서 $f''' + \frac{1}{2}ff'' = 0$이 됨을 보이시오.

4-61. Runge-Kutta 방법을 사용하여 Blasius 방정식 $f''' + ff'' = 0$을 풀고 $\eta = y\sqrt{U/(2\nu x)}$를 사용하여 평판 경계층을 찾으시오. $\eta_\infty = 6$의 원거리장 값과 $\Delta\eta = 0.02$를 사용하라.

(a) 미지의 초기 조건에 대한 처음 두 가정으로 $f''(0) = \{0.3,\, 0.4\}$를 사용하라. $\epsilon = 10^{-5}$의 절대 허용오차 내에서 $f'(\infty) \approx 1$에 수렴하는 데 필요한 추가 가정 수를 구하시오.

(b) f, f', f''와 η의 관계를 도식화하시오. $\Delta\eta = 0.2$(즉, 10번째 데이터 포인트마다) 증분에 대해 f, f' 및 f''를 표로 작성하시오. 구한 결과들을 표 4.3과 비교하시오.

(c) 경계층 두께의 99% 정의를 사용하여 경계층의 '가장자리'에 해당하는 $\eta = \eta_\delta$값을 추정하시오.

(d) 다음 매개변수들을 계산하시오.

$$\frac{\delta^*}{x}\sqrt{Re_x}, \qquad \frac{\theta}{x}\sqrt{Re_x} \qquad \text{그리고} \qquad C_f\sqrt{Re_x}$$

4-62. 표준 온도 및 압력 조건에서 그림 P4.1과 같이 평판 위의 층류, 비압축성 공기 유동을 고려하자. 여기서 속도는 선형이며, 구체적으로 $u(y) = Uy/\delta$로 간주될 수 있다. von Kármán의 운동량 적분 접근 방식을 사용하여 (a) 기본 경계층 속성 δ, δ^*, θ 및 τ_w를 구하시오. (b) 단위 폭당 항력(F_D/b) 및 항력 계수 $C_D = 2F_D/(\rho U^2 Lb)$를 구하시오. 일정한 자유 유동 속도, $U = 10$ m/s, $b = 1$ m, $L = 1$ m를 사용할 수 있다.

답: (a) $\delta(x) = \dfrac{3.46}{\sqrt{Re_x}}x,\quad \delta^* = \dfrac{1.73}{\sqrt{Re_x}}x,\quad \theta = \dfrac{0.58}{\sqrt{Re_x}}x,\quad \tau_w = \dfrac{2.89\mu}{x}\sqrt{Re_x}$

(b) $\dfrac{F_D}{b} = 18.278\sqrt{\rho\mu},\; C_D = 0.3656\sqrt{\nu}$

4-63. 표준 온도 및 압력 조건에서 평판 위의 층류, 비압축성 유동을 고려하자. 이때 속도는 Pohlhausen 유형, 구체적으로 $u/U = c_0 + c_1\xi + c_2\xi^2 + c_3\xi^3 + c_4\xi^4$, $\xi \equiv y/\delta$로 간주될 수 있다. (a) 기본 경계층 속성 δ, δ^*, θ 및 τ_w를 구하시오. (b) 단위 폭당 항력(F_D/b) 및 항력 계수 $C_D = 2F_D/(\rho U^2 Lb)$를 구하시오. 이때 압력 구배가 없는 균일한 자유 유동 속도를 가정한다.

4-64. (a) 20°C, 1 atm에서 0.1 m/s의 속도로 흐르는 평판 위의 정상, 비압축성, 층류 유동을 고려하자. 물이나 공기가 뒷전에서 더 두꺼운 경계층을 생성하는가? 유도 과정과 필요한 모든 가정을 제시하시오.

유체	ρ [kg/m^3]	μ [N·s/m^2]
공기	1.214	1.812×10^{-5}
물	998.0	1.002×10^{-3}

(b) 아래 그림과 같이 2개의 유선형 익형에 부착된 2차원 층류 운동을 고려하라.

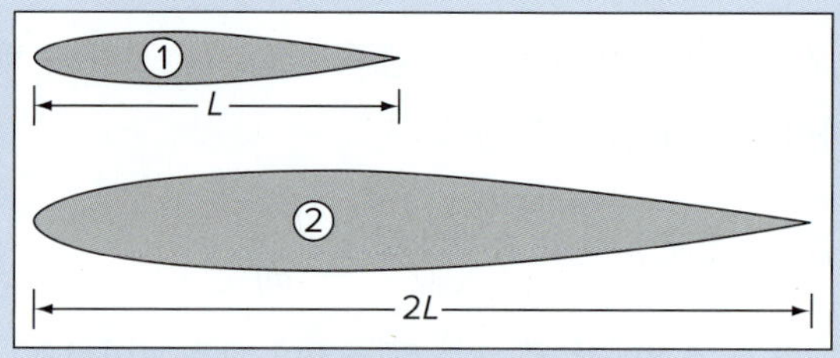

그림 P4.64

두 익형의 유일한 차이점이 Airfoil # 1의 길이가 Airfoil # 2의 두 배라는 것뿐이라면 뒷전 가장자리에서 경계층 두께 사이는 무슨 관계를 갖는가? 2개의 익형을 2차원 평판으로 볼 수 있다. 적절한 층류 상관관계도 사용할 수 있다.

답: (a) $\delta_{\text{air}} = 3.86\delta_{\text{water}}$, (b) $\delta_2 = \sqrt{2}\,\delta_1$

4-65. 거의 한 세기 동안 평판 위의 유동에 대한 경계층 문제는 Blasius(1908)에 의해 처음으로 3차 비선형 미분 방정식 형태로 간단해졌으며, 수치적으로나 무한 급수의 사용을 통해서만 풀 수 있었다. 실용적인 대안을 찾기 위해 여러 다항식 근사가 시도되었으며 이는 주로 Pohlhausen (1921)이 증명했다. 다항식 분포는 경계층 내부의 유동 거동만을 포착하기 위한 것이기 때문에 분포는 다음 형식의 조각별 해로 표현된다.

$$\frac{u}{U} = \begin{cases} c_0 + c_1\frac{y}{\delta} + c_2\left(\frac{y}{\delta}\right)^2 + c_3\left(\frac{y}{\delta}\right)^3 + c_4\left(\frac{y}{\delta}\right)^4, & 0 \le y \le \delta \\ 1, & \delta < y < \infty \end{cases}$$

경계층의 속도(u)와 외부 자유 유동 속도(U) 사이의 부드러운 병합을 위해 몇 가지 경계 조건이 Pohlhausen(1921)에 의해 제안되었다. 이것들은 다음과 같다.

(1) 벽에서 점착 조건: $u(x, 0) = 0$

(2) 경계층 가장자리에서 원거리장 속도 일치: $u(x, \delta) = U$

(3) 전단력이 사라지는 원거리장과의 부드러운 병합: $\left.\frac{\partial u}{\partial y}\right|_{y=\delta} = 0$

(4) 벽에서의 축방향 운동량 균형: $\left.\mu\frac{\partial^2 u}{\partial y^2}\right|_{y=0} = \frac{dp}{dx}$, 경계층 방정식에서 복구되며, 여기서 Euler의 원거리 방정식에 따른 압력 구배는 $\frac{dp}{dx} = -\rho U\frac{dU}{dx}$이다.

(5) 경계층 가장자리에서 속도 기울기가 더 이상 변화 없음(곡률이 0임): $\left.\frac{\partial^2 u}{\partial y^2}\right|_{y=\delta} = 0$

Blasius 문제에 해당하는 압력 구배가 0인 경우 조건 #4가 $\left.\frac{\partial^2 u}{\partial y^2}\right|_{y=0} = 0$으로 간단해진다. 이 특정 경우에 대해 다음과 같이 다섯 가지 경계 조건(1-5) 중 어느 것이 충족되는지 확인하시오.

Pohlhausen 분포:

(a) 2차, 2차 다항식: $\frac{u}{U} = 2\frac{y}{\delta} - \frac{y^2}{\delta^2}$

(b) 3차, 3차 다항식: $\frac{u}{U} = \frac{3y}{2\delta} - \frac{y^3}{2\delta^3}$

(c) 4차, 4차 다항식: $\frac{u}{U} = 2\frac{y}{\delta} - 2\frac{y^3}{\delta^3} + \frac{y^4}{\delta^4}$

[힌트: 조건 #5는 $y \to \infty$로 참이지만, 기울기가 계속 변하는 경계층의 가장자리에서는 부정확하다. 운 좋게도 이 조건은 4차 Pohlhausen 다항식에만 영향을 미치므로, 경계층 특성을 예측하는 데 낮은 차수의 다항식보다 정확도가 떨어지는 경향을 설명할 수 있다(표 4.1 참조).]

4-66. 압력 구배가 0이 아닌 평판 위의 비압축성 층류 유동에 대한 4차 Pohlhausen 분포를 고려하라.

$$\frac{u}{U} = c_0 + c_1\xi + c_2\xi^2 + c_3\xi^3 + c_4\xi^4, \quad 0 \le \xi \le 1 \quad \text{이때} \quad \xi = \frac{y}{\delta}$$

(a) 미지의 계수가 다음과 같아야 함을 보여주기 위해 Pohlhausen의 다섯 가지 경계 조건을 적용하시오.

$$c_0 = 0,\ c_1 = 2 + \tfrac{1}{6}\Lambda,\ c_2 = -\tfrac{1}{2}\Lambda,\ c_3 = \tfrac{1}{2}\Lambda - 2 \ \text{및}\ c_4 = 1 - \tfrac{1}{6}\Lambda$$

$$\text{여기서}\ \Lambda = -\frac{\delta^2}{\mu U}\frac{dp}{dx} = \frac{\rho\delta^2}{\mu}\frac{dU}{dx}$$

여기서 Λ는 Pohlhausen 압력 구배 매개변수를 나타낸다. 해를 다음과 같은 형식으로 단순화하시오.

$$u/U = 2\xi - 2\xi^3 + \xi^4 + \tfrac{1}{6}\Lambda\xi(1-\xi)^3$$

(b) Λ가 어떤 값일 때 유동 박리가 발생하는가? $y = 0$에서 $\partial u/\partial y = 0$일 때 박리가 발생한다는 것을 기억하라.

(c) $\Lambda = \{-12, -6, 0, +6, +12\}$에 대해 u/U 대 ξ를 도식화하시오.

4-67. 압력 구배가 없는 평판 위의 층류, 비압축성 유동에 대한 4차 Pohlhausen 분포를 고려하라. 무차원 변수를 사용하여 다음을 얻을 수 있다.

$$F(\xi) = \frac{u}{U} = \begin{cases} 2\xi - 2\xi^3 + \xi^4, & 0 \le \xi \le 1 \\ 1, & 1 < \xi < \infty \end{cases} \quad \text{이때} \quad \xi = \frac{y}{\delta}$$

(a) 무차원 배제 두께, 운동량 두께 및 형상 계수가 다음과 같음을 보이시오.

$$\eta^* = \frac{\delta^*}{\delta} = \int_0^1\left(1 - \frac{u}{U}\right)d\xi = 0.3 \quad \theta^* = \frac{\theta}{\delta} = \int_0^1 \frac{u}{U}\left(1 - \frac{u}{U}\right)d\xi = 0.1175 \quad \text{및} \quad H = \frac{\delta^*}{\theta} = 2.554$$

(b) Kármán-Pohlhausen 운동량 적분 방정식이 다음과 같음을 보이시오.

$$\frac{\tau_w}{\rho} = U^2\theta^*\frac{d\delta}{dx} = \frac{\nu U}{\delta}s, \quad s \equiv \left.\frac{dF}{d\xi}\right|_{\xi=0} = \text{벽에서의 무차원 속도 기울기}$$

(c) 변수를 분리하고 $\delta(0) = 0$에서 $\delta(x)$까지 적분한 후 경계층 두께는 국부 Reynolds 수 $Re_x = Ux/\nu$의 함수로 다음과 같이 나타낼 수 있음을 보이시오.

$$\frac{\delta}{x} = \frac{a}{\sqrt{Re_x}}, \quad a = 5.836$$

(d) 마찰 계수가 $C_f = 2\tau_w/(\rho U^2) = 2\theta^* d\delta/dx$이고 $\delta = ax^{1/2}/\sqrt{U/\nu}$임을 상기하여 다음과 같음을 보이시오.

$$\frac{d\delta}{dx} = \frac{(a/2)}{\sqrt{Re_x}} \quad \text{및} \quad C_f = \frac{b}{\sqrt{Re_x}}, \quad b = a\theta^* = 0.6855$$

(e) 배제 두께가 $\delta^*/x = \eta^*\delta/x$로부터 추론될 수 있음을 상기하여 다음과 같음을 보이시오.

$$\frac{\delta^*}{x} = \frac{c}{\sqrt{Re_x}}, \quad c = a\eta^* = 1.751$$

(f) 운동량 두께는 $\theta/x = \theta^*\delta/x$에서 추론할 수 있음을 상기하여 다음과 같음을 보이시오.

$$\frac{\theta}{x} = \frac{d}{\sqrt{Re_x}}, \quad d = a\theta^* = 0.6855$$

(g) 연속성을 사용하여, $\frac{v}{U} = -\frac{\partial}{\partial x}\int_0^y \frac{u}{U}dy$, 횡방향 속도를 다음과 같이 나타낼 수 있음을 보여주기 위해 축 분포를 적분하시오.

$$\frac{v}{U} = \left(\xi^2 - \frac{3}{2}\xi^4 + \frac{4}{5}\xi^5\right)\frac{(a/2)}{\sqrt{Re_x}} = \left(\xi^2 - \frac{3}{2}\xi^4 + \frac{4}{5}\xi^5\right)\frac{2.9178}{\sqrt{Re_x}}$$

(h) 다음에서 구할 수 있는 경계층의 가장자리에서 최대 횡단 속도가 발생함을 보이시오.

$$\left.\frac{v}{U}\right|_{\max} = \left.\frac{v}{U}\right|_{y=\delta} = \frac{(3a/20)}{\sqrt{Re_x}} = \frac{0.8753}{\sqrt{Re_x}}$$

(i) δ/x 및 C_f 예측의 오차가 기존 Blasius 결과와 비교하여 17 및 3.2%임을 확인하시오.

4-68. 평판 위의 비압축성 층류 유동에 대한 4차 Majdalani-Xuan 분포를 고려하라.

$$F(\xi) = \frac{u}{U} = \begin{cases} \frac{5}{3}\xi - \xi^3 + \frac{1}{3}\xi^4, & 0 \le \xi \le 1 \\ 1, & 1 < \xi < \infty \end{cases} \quad \text{이때} \quad \xi = \frac{y}{\delta} \quad \text{[Majdalani와 Xuan(2020)]}$$

(a) 무차원 배제 두께, 운동량 두께 및 형상 계수가 다음과 같음을 보이시오.

$$\eta^* = \frac{\delta^*}{\delta} = \int_0^1\left(1 - \frac{u}{U}\right)d\xi = 0.3500, \ \theta^* = \frac{\theta}{\delta} = \int_0^1 \frac{u}{U}\left(1 - \frac{u}{U}\right)d\xi = 0.1337 \ \text{및} \ H = \frac{\delta^*}{\theta} = 2.618$$

(b) 다음을 보이시오.

$$a = \delta\sqrt{Re_x}/x = 4.993, \quad b = C_f\sqrt{Re_x} = \theta\sqrt{Re_x}/x = 0.6676 \quad \text{및} \quad c = \delta^*\sqrt{Re_x}/x = 1.748$$

(c) 길이가 L인 판에 대한 총 표면 마찰력과 항력 계수를 계산하시오. 결과를 다음과 같이 표현하시오.

$$Re_L = UL/\nu$$

(d) 연속방정식을 사용하여 축 속도 분포를 적분하여 다음을 보이시오.

$$\frac{v}{U} = \left(\xi^2 - \frac{3}{2}\xi^4 + \frac{4}{5}\xi^5\right)\frac{(a/2)}{\sqrt{Re_x}} = \left(\xi^2 - \frac{3}{2}\xi^4 + \frac{4}{5}\xi^5\right)\frac{2.9178}{\sqrt{Re_x}}$$

(e) 다음에서 구할 수 있는 경계층의 가장자리에서 최대 횡단 속도가 발생함을 보이시오.

$$\left.\frac{v}{U}\right|_{\max} = \left.\frac{v}{U}\right|_{y=\delta} = \frac{(7a/40)}{\sqrt{Re_x}} = \frac{0.8738}{\sqrt{Re_x}}$$

(f) δ/x 및 C_f 예측의 오차가 표 4.1의 기존 Blasius 결과에 비해 1.7 및 0.53%인지 확인하시오.

(g) 4차 Majdalani-Xuan 분포가 경계층 가장자리의 소실 곡률을 제외하고 모든 기본 경계 조건을 충족함을 보이시오. 이 조건이 완화될 때 더 나은 예측을 얻을 수 있는 이유를 설명하시오. [힌트: $y \to \infty$일 때, 곡률이 0이 되는 경계 조건은 맞지만 속도 기울기가 계속 변하는 경계층의 가장자리에서는 정확하지 않다. 이 조건을 완화함으로써 Majdalani와 Xuan(2020)은 Pohlhausen의 4차 다항식보다 한 자릿수만큼 더 정확한 간단한 근삿값을 도출할 수 있

다. 결과적으로 Majdalani-Xuan 다항식 분포는 여러 공학적 응용분야에서 Blasius 해와 실질적으로 동등한 것으로 볼 수 있다.

4-69. 평판 위의 비압축성 층류 유동에 대한 연속 Majdalani-Xuan 지수 분포를 고려해 보자.

$$\frac{u}{U} = 1 - e^{-\bar{s}\xi(1+\frac{1}{2}\bar{s}\xi+\xi^2)};\quad \xi = \frac{y}{\delta},\quad \bar{s} = \frac{\sigma a}{\sqrt{2}} = \sigma\frac{\delta}{x}\sqrt{\frac{Re_x}{2}} \approx 1.63040,\ 0 \le \xi < \infty$$

[Majdalani와 Xuan(2020)]

(a) 무차원 배제 두께, 운동량 두께 및 형상 계수가 다음과 같음을 보이시오.

$$\eta^* = \int_0^\infty \left(1 - \frac{u}{U}\right)d\xi = 0.35068,\quad \theta^* = \int_0^\infty \frac{u}{U}\left(1 - \frac{u}{U}\right)d\xi = 0.13559 \quad \text{및} \quad H = 2.5862$$

(b) 다음과 같음을 보이시오.

$$\delta\sqrt{Re_x}/x = 4.9039,\quad C_f\sqrt{Re_x} = \theta\sqrt{Re_x}/x = 0.66494 \quad \text{및} \quad \delta^*\sqrt{Re_x}/x = 1.7197$$

(c) δ/x, C_f 및 δ^*/x 예측의 오차가 표 4.4의 정확하게 계산된 Blasius 해에 비해 각각 0.12, 0.13 및 0.06%로 무시할 수 있음을 확인하시오.

(d) 이 분포에 의해 충족되는 기본 경계 조건 외에도 연속 Majdalani-Xuan 지수 분포가 다음의 Blasius 해를 잘 나타내는지 확인하시오. (1) 벽에서 정확한 Blasius 해와 동일한 기울기를 가지며, (2) $y = \delta$에서 $0.99U$와 같고, (3) 합리적인 정확도로 경계층의 가장자리에서 Blasius 속도 분포의 기울기와 일치하면서, (4) Blasius 곡률이 사라지지 않는 $y = \delta$에서 정확한 Blasius 해의 곡률을 근사한다.

(e) $0 \le \xi < 1$ 범위에 제한되는 국부적 근삿값과 달리, 이 분포는 경계층의 가장자리 너머, 특히 $\xi \to \infty$에서 유효하며, 이때 점근적으로 $u/U \to 1$이어야 한다. 따라서 점성 해와 원거리 자유 유동을 부드럽게 병합할 수 있다. Blasius 방정식 자체의 유도에 수반되는 작은 절단 오차를 감안할 때 이 간단한 분석 분포가 '정확한' Blasius 해와 실질적으로 동일한 이유를 설명하시오.

(f) $\eta = y\sqrt{U/(2x\nu)} = C_{\eta\xi}\xi$를 사용하고, $\delta = a\sqrt{\nu x/U}$를 상기하여 Blasius 유사도 변수와 ξ 사이의 변환 상수는 단순히 $C_{\eta\xi} = a/\sqrt{2} \approx 3.47$임을 보이시오.

(g) $0 \le \xi \le \xi_\infty$에 대한 이 해를 도식화하시오. 여기서 $\xi_\infty = 1.5$는 Blasius 변수인 $\eta_\infty \approx 5.2$에 해당한다. 정규화된 축 속도를 나타내는 Blasius 미분 함수 $df/d\eta$를 도식에 추가하시오.

4-70. 평판 위의 비압축성 층류 유동에 대한 정현파 Schlichting 분포를 고려해 보자.

$$\frac{u}{U} = \sin\left(\frac{\pi y}{2\delta}\right),\quad 0 \le y \le \delta \quad \text{[Schlichting(1979)]}$$

(a) 연속성 $\frac{v}{U} = -\frac{\partial}{\partial x}\int_0^y \frac{u}{U}dy$을 사용하여, 횡방향 속도가 다음과 같이 쓸 수 있음을 보여주기 위해 축 분포를 적분하시오.

$$\frac{v}{U} = \left[\cos\left(\frac{\pi y}{2\delta}\right) + \frac{\pi y}{2\delta}\sin\left(\frac{\pi y}{2\delta}\right) - 1\right]\frac{a}{\pi\sqrt{Re_x}},\quad a = \frac{\delta\sqrt{Re_x}}{x}$$

(b) u/U 및 v/U와 y/δ의 관계를 도식화하고 다음에서 얻을 수 있는 경계층의 가장자리에서 최대 횡방향 속도가 발생함을 보이시오.

$$\left.\frac{v}{U}\right|_{\max} = \left.\frac{v}{U}\right|_{y=\delta} = \frac{\pi - 2}{\pi}\frac{(a/2)}{\sqrt{Re_x}} = \frac{0.871264}{\sqrt{Re_x}}$$

(c) $x = 0.6$ m 및 $\delta = 0.006$ m에서 $(v/U)_{\max}$를 구하시오. [힌트: 먼저 Reynolds 수에 관계없이

$$\left.\frac{v}{U}\right|_{\max} = \frac{\pi - 2}{2\pi}\frac{\delta}{x}$$

이다.]

답: (c) $(v/U)_{\max} = 0.182\%$

4-71. 평판 위의 비압축성 층류 유동에 대한 3차 Pohlhausen 분포를 고려해 보자.

$$\frac{u}{U} = \frac{3y}{2\delta} - \frac{y^3}{2\delta^3}; \quad 0 \le y \le \delta \quad \text{[Pohlhausen(1921)]}$$

(a) 연속성을 사용하여 축 분포를 적분하고 횡방향 속도가 다음과 같이 나타남을 보이시오.

$$\frac{v}{U} = \frac{3}{16}\left(2\frac{y^2}{\delta^2} - \frac{y^4}{\delta^4}\right)\frac{a}{\sqrt{Re_x}} = \frac{3}{16}\left(2\frac{y^2}{\delta^2} - \frac{y^4}{\delta^4}\right)\frac{\delta}{x}$$

(b) u/U 및 v/U와 y/δ의 관계를 도식화하고 다음에서 얻을 수 있는 경계층의 가장자리에서 최대 횡방향 속도가 발생함을 보이시오.

$$\left.\frac{v}{U}\right|_{\max} = \left.\frac{v}{U}\right|_{y=\delta} = \frac{3a}{16\sqrt{Re_x}} = \frac{0.8702}{\sqrt{Re_x}}$$

(c) $x = 0.7$ m 및 $\delta = 0.007$ m에서 $(v/U)_{\max}$를 계산하시오.

답: (c) $(v/U)_{\max} = 0.188\%$

4-72. 평판 위의 층류에 대한 연속적인 1-매개변수 접선 쌍곡선 Yun 분포를 고려해 보자.

$$\frac{u}{U} = \tanh(\bar{s}\xi); \quad \xi = \frac{y}{\delta}, \quad \bar{s} = 1.6304, \quad 0 \le \xi < \infty \quad \text{[Yun(2010)]}$$

(a) 무차원 배제 두께, 운동량 두께 및 형상 계수가 다음과 같음을 보이시오.

$$\eta^* = \int_0^\infty \left(1 - \frac{u}{U}\right)d\xi = 0.4251, \quad \theta^* = \int_0^\infty \frac{u}{U}\left(1 - \frac{u}{U}\right)d\xi = 0.1882, \quad H = 2.2589$$

(b) 다음을 보이시오.

$$\delta\sqrt{Re_x}/x = 4.1624, \quad C_f\sqrt{Re_x} = \theta\sqrt{Re_x}/x = 0.7834, \quad \delta^*\sqrt{Re_x}/x = 1.7696$$

(c) δ/x 및 C_f를 예측할 때의 오차가 표 4.4에서 계산된 Blasius 값에 대해 15.2 및 18%임을 보이시오.

4-73. 평판 위의 층류에 대한 연속적인 2-매개변수 접선 쌍곡선 Savaş 분포를 고려해 보자.

$$\frac{u}{U} = \left[\tanh(\varphi\xi)^{5/3}\right]^{3/5}; \quad \xi = \frac{y}{\delta}, \quad \varphi = \bar{s} = 1.6304, \quad 0 \le \xi < \infty \quad \text{[Savaş(2012)]}$$

(a) 무차원 배제 두께, 운동량 두께 및 형상 계수가 다음과 같음을 보이시오.

$$\eta^* = \int_0^\infty \left(1 - \frac{u}{U}\right)d\xi = 0.3509, \quad \theta^* = \int_0^\infty \frac{u}{U}\left(1 - \frac{u}{U}\right)d\xi = 0.1363, \quad H = 2.5738$$

(b) 다음을 보이시오.

$$\delta\sqrt{Rex}/x = 4.8906, \quad C_f\sqrt{Re_x} = \theta\sqrt{Re_x}/x = 0.6667, \quad \delta^*\sqrt{Re_x}/x = 1.7161$$

(c) δ/x 및 C_f 예측할 때의 오차가 표 4.4의 계산된 Blasius 값에 대해 0.40 및 0.40%임을 보이시오.

4-74. 평판 위의 층류에 대한 연속적인 1-매개변수 Moeini-Chamani 분포를 고려해 보자.

$$\frac{u}{U} = \text{erf}(\varphi\xi); \quad \xi = \frac{y}{\delta}, \quad \varphi = 1.59261, \quad 0 \le \xi < \infty \qquad \text{[Moeini와 Chamani(2017)]}$$

(a) 무차원 배제 두께, 운동량 두께 및 형상 계수가 다음과 같음을 보이시오.

$$\eta^* = \int_0^\infty \left(1 - \frac{u}{U}\right)d\xi = 0.3543, \quad \theta^* = \int_0^\infty \frac{u}{U}\left(1 - \frac{u}{U}\right)d\xi = 0.1467, \quad H = 2.4142$$

(b) 다음을 보이시오.

$$\delta\sqrt{Re_x}/x = 4.9491, \quad C_f\sqrt{Re_x} = \theta\sqrt{Re_x}/x = 0.7262, \quad \delta^*\sqrt{Re_x}/x = 1.7532$$

(c) δ/x 및 C_f 예측할 때의 오차가 표 4.4의 계산된 Blasius 값에 비해 0.80 및 9.4%임을 보이시오.

4-75. 층류 경계층 연구에서 근사 분포가 널리 사용되기 때문에 압력 구배가 없는 경우 4차 평균 유동을 고려해 보자.

$$F(\xi) = \frac{u}{U} = c_0 + s\xi + c_2\xi^2 + c_3\xi^3 + c_4\xi^4, \quad \xi = \frac{y}{\delta} \quad 0 \le \xi \le 1$$

여기서 ξ는 층류 경계층 내의 분수 거리를 나타내고 $s \equiv c_1 = F'(0)$은 Blasius 상수 또는 연결 매개변수라고도 하는 벽의 축방향 속도 기울기이다.

(a) 4-1절에 설명한 Pohlhausen의 네 가지 필수 조건을 충족하는 특정 분포는 다음과 같아야 함을 보이시오.

$$F(\xi) = \xi s + (4 - 3s)\xi^3 + (2s - 3)\xi^4$$

[힌트: 이 조건은 $F(0) = F'(1) = F''(0) = 0$ 및 $F(1) = 1$로 변환된다.]

(b) 정규화된 경계층 속성 η^*, θ^* 및 H는 s의 직접 함수로 쓸 수 있음을 보이시오.

$$\begin{cases} \eta^* \equiv \dfrac{\delta^*}{\delta} = \displaystyle\int_0^1 (1 - F)\,d\xi = \dfrac{3}{20}(4 - s) & \text{(정규화된 배제 두께)} \\ \theta^* \equiv \dfrac{\theta}{\delta} = \displaystyle\int_0^1 F(1 - F)\,d\xi = \dfrac{4}{35} + \dfrac{13s}{210} - \dfrac{19s^2}{630} & \text{(정규화된 운동량 두께)} \\ H \equiv \dfrac{\delta^*}{\theta} = \dfrac{\eta^*}{\theta^*} = \dfrac{189(4 - s)}{144 + 78s - 38s^2} & \text{(운동량 형상 계수)} \end{cases}$$

(c) $C_f = 2d\theta/dx$를 사용하여 벽 전단 응력과 표면 마찰 계수는 다음과 같이 쓸 수 있음을 보이시오.

$$\tau_w = \frac{\mu U}{\delta}s \quad \text{및} \quad C_f = \frac{2\nu s}{\delta U} = 2\left(\frac{4}{35} + \frac{13s}{210} - \frac{19s^2}{630}\right)\frac{d\delta}{dx}$$

(d) 변수 분리를 사용하여 다음을 보이시오.

$$\delta d\delta = \frac{630s}{72 + 39s - 19s^2}\frac{\nu}{U}dx$$

(e) $\delta(0) = 0$에서 $\delta(x)$까지 적분한 후 경계층 두께와 그 도함수는 국부 Reynolds 수 $Re_x = Ux/\nu$, 기울기 s의 함수로 쓸 수 있음을 보이시오.

$$\frac{\delta}{x} = \frac{a}{\sqrt{Re_x}}, \quad a = \sqrt{\frac{1260s}{72 + 39s - 19s^2}} \quad \text{및} \quad \frac{d\delta}{dx} = \frac{(a/2)}{\sqrt{Re_x}}$$

(f) 마찰 계수의 정의 $C_f = 2\tau_w/(\rho U^2)$를 사용하여 다음을 보이시오.

$$C_f = \frac{b}{\sqrt{Re_x}}, \quad b = \sqrt{\frac{s}{315}(72 + 39s - 19s^2)}$$

(g) 배제 두께가 $\delta^* = \delta\eta^*$로 표현될 수 있음을 상기하여 다음을 보이시오.

$$\frac{\delta^*}{x} = \frac{c}{\sqrt{Re_x}}, \quad c = \frac{3a}{20}(4 - s)$$

(h) 운동량 두께가 $\theta = \delta\theta^*$에서 추론될 수 있음을 상기하여 다음을 보이시오.

$$\frac{\theta}{x} = \frac{d}{\sqrt{Re_x}}, \quad d = a\theta^* = b$$

(i) 연속방정식 $v = -\frac{\partial}{\partial x}\int_0^y u dy$를 사용하여 횡방향 속도 성분이 다음과 같음을 보이시오.

$$\frac{v}{U} = \left[\frac{s}{4}\xi^2 + \frac{3}{8}(4 - 3s)\xi^4 + \frac{2}{5}(2s - 3)\xi^5\right]\frac{a}{\sqrt{Re_x}}$$

(j) 횡방향 속도의 최댓값이 다음 경계층의 가장자리에서 발생함을 보이시오.

$$\left(\frac{v}{U}\right)_{\max} = \frac{v}{U}\bigg|_{y=\delta} = \frac{G_\delta}{\sqrt{Re_x}}, \quad G_\delta = \left(1 - \frac{1}{4}s\right)\sqrt{\frac{567s}{360 + 195s - 95s^2}}$$

(k) 4차 Pohlhausen 및 Majdalani-Xuan 분포에 각각 해당하는 $s = 2$ 및 $5/3$의 두 값에 대해 (a, b, c, d, e)를 계산하시오. 결과를 표 4.1의 Blasius 값과 비교하시오.

4-76. 층류 경계층 연구에서 근사해가 널리 사용되기 때문에 압력 구배가 있는 경우 4차 평균 유동 분포를 고려해 보자.

$$F(\xi) = \frac{u}{U} = c_0 + s\xi + c_2\xi^2 + c_3\xi^3 + c_4\xi^4, \quad \xi = \frac{y}{\delta} \quad 0 \le \xi \le 1$$

여기서 ξ는 층류 경계층 내의 분수 거리를 나타내고, $s \equiv c_1 = F'(0)$은 벽에서의 축방향 속도 기울기이며, 압력 구배가 0인 s_0 및 압력 구배 보정 함수 $s = s_0 + s_1\Lambda$로 나타낸다.

(a) 사라지지 않는 압력 구배 (4-1절)로 Pohlhausen의 네 가지 필수 조건을 충족하는 특정 분포는 다음과 같아야 함을 보이시오.

$$F(\xi) = s\xi - \frac{1}{2}\Lambda\xi^2 + (4 - 3s + \Lambda)\xi^3 + \left(2s - 3 - \frac{1}{2}\Lambda\right)\xi^4, \quad \Lambda = -\frac{\delta^2}{\mu U}\frac{dp}{dx} = \frac{\rho\delta^2}{\mu}\frac{dU}{dx}$$

[힌트: 이는 $F(0) = F'(1) = 0$, $F(1) = 1$ 및 $F''(0) = -\Lambda$로 변환된다. 여기서 Λ는 Pohlhausen의 압력 매개변수이다.]

(b) $\Lambda = -s_0/s_1$에 대해 유동 박리가 발생함을 보이시오. $y = 0$에서 $\partial u/\partial y = 0$일 때 박리가 발

생함을 상기하라.

(c) 정규화된 경계층 속성 η^*, θ^*, H는 s와 Λ의 함수로 쓸 수 있음을 보이시오.

$$\eta^* = \frac{1}{60}(36 - 9s + \Lambda) \qquad \text{(정규화된 배제 두께)}$$

$$\theta^* = -\frac{19s^2}{630} - \frac{(\Lambda - 12)(24 + \Lambda)}{2520} + \frac{s(156 + 17\Lambda)}{2520} \qquad \text{(정규화된 운동량 두께)}$$

$$H = \frac{2520(9s - 36 - \Lambda)}{76s^2 + (\Lambda - 12)(24 + \Lambda) - s(156 + 17\Lambda)} \qquad \text{(운동량 형상 계수)}$$

(d) $U' = dU/dx$일 때, $C_f = 2\theta^* d\delta/dx + 2(2 + H)\theta^*(U'/U)\delta$를 이용하여, 벽 전단 응력과 표면 마찰 계수는 다음과 같음을 보이시오.

$$\tau_w = \frac{\mu U}{\delta}s \text{ 이고 } \quad C_f = \frac{\tau_w}{\frac{1}{2}\rho U^2} = \frac{2\nu}{U\delta}s = 2\theta^* d\delta/dx + 2(2 + H)\theta^*(U'/U)\delta$$

또는

$$U\frac{d}{dx}\left(\frac{\Lambda}{U'}\right) = 2(2 + H)\Lambda - \frac{2s}{\theta^*} = 4\frac{\Lambda^3 - (17s + 1248)\Lambda^2 + (76s^2 + 11184s - 45648)\Lambda + 1260s}{\Lambda^2 + (12 - 17s)\Lambda + 76s^2 - 156s - 288}$$

(e) 3-8.1절에서 경계층 외부 속도가 $U = ax$ 및 $V = -ay$로 주어지는 Hiemenz 유동의 경우, 해석해는 일정한 경계층 두께를 도출하며, $\Lambda = (\delta^2/\nu)U' =$ 상수와 같음을 보이시오.

(f) $s = 2 + \Lambda/6$인 Pohlhausen의 4차 분포를 사용하여 Hiemenz 유동에 대한 Λ와 해당 표면 마찰 계수 $\tau_w\sqrt{\nu/U'}/(\mu U)$를 구하여 표 3.4에 제공된 수치해와 그 결과를 비교하시오. 다음을 보이시오.

$$\Lambda_{\text{Pohlhausen}} = 7.052 \text{ 및 } \frac{\tau_w}{\mu U}\sqrt{\frac{\nu}{U'}} = \frac{s}{\sqrt{\Lambda}} = 1.196 \text{ 대 } \Lambda_{\text{Hiemenz}} = 5.760 \text{ 및 } \frac{\tau_w}{\mu U}\sqrt{\frac{\nu}{U'}} = 1.233\text{의 수치 값}$$

후자는 표 3.4에서 '$F''(0)$'으로 나타난다.

(g) $s = 5/3 + 0.2075\Lambda$인 Majdalani-Xuan의 4차 분포를 사용하여 Hiemenz 유동에 대한 Λ와 해당 표면 마찰 계수 $\tau_w\sqrt{\nu/U'}/(\mu U)$를 결정하시오. 문항 (f)에 있는 것과 여러분의 예측을 비교하시오. 다음을 보이시오.

$\Lambda_{\text{Majdalani-Xuan}} = 5.761$은 Hiemenz 값과 일치하고 $\dfrac{\tau_w}{\mu U}\sqrt{\dfrac{\nu}{U}} = \dfrac{s}{\sqrt{\Lambda}} = 1.192$는 3.33% 다르다.

(h) Thwaites의 접근법을 사용하여 λ값과 해당하는 표면 마찰 계수 $\tau_w\sqrt{\nu/U}/(\mu U)$를 식 (4.160) 및 (4.161)을 적용하여 예측하시오. Thwaites의 접근법에 의해 예측된 표면 마찰 계수를 표 3.4에 제공된 수치해에서 얻은 것과 비교하시오. 다음을 보이시오.

$$\lambda = 0.075, \qquad S(\lambda) = 0.3272, \qquad \frac{\tau_w}{\mu U}\sqrt{\frac{\nu}{U}} = S(\lambda)\sqrt{\frac{6}{0.45}} = 1.195$$

(i) Hiemenz 유동에 대한 Pohlhausen의 4차 분포를 사용하여 정규화된 변위 및 운동량 두께와 형상 계수를 계산하시오. $\eta^* = 0.241$, $\theta^* = 0.105$, $H = 2.308$임을 보이시오.

(j) Hiemenz 유동에 대한 Majdalani-Xuan의 4차 분포를 사용하여 정규화된 변위 및 운동량 두께와 형상 계수를 계산하시오. $\eta^* = 0.267$, $\theta^* = 0.115$, $H = 2.318$임을 보이시오.
[힌트: 수치 적분으로 얻은 Hiemenz 해는 $\eta^* = 0.270$, $\theta^* = 0.122$, $H = 2.219$이다.]

4-77. 압력 구배가 없는 평판 위의 층류 경계층에서 형태를 유지하는 평균 유동 분포를 고려해 보자.

$$\frac{u}{U} = F(\xi), \qquad \xi = \frac{y}{\delta} \qquad 0 \le \xi \le 1$$

$s = F'(0)$은 벽에서의 축방향 속도 기울기를 나타낸다. 임의의 분포 $F(\xi)$에 대해 정규화된 경계층 속성 $\eta^* = \delta^*/\delta$, $\theta^* = \theta/\delta$ 및 $H = \eta^*/\theta^*$는 $F(\xi)$가 지정되면 적분에서 결정될 수 있는 상수로 구성된다.

(a) $C_f = 2d\theta/dx$를 상기하면서 벽 전단 응력과 표면 마찰 계수는 다음과 같이 나타낼 수 있음을 보이시오.

$$\tau_w = \frac{\mu U}{\delta} s \quad \text{및} \quad C_f = \begin{cases} \dfrac{2\nu s}{\delta U} & (\text{정의}) \\ 2\theta^* \dfrac{d\delta}{dx} & (\text{운동량–적분 관계}) \end{cases}$$

(b) C_f에 대한 정의와 θ에 대한 운동량-적분 관계를 동일시하여 다음을 보이시오.

$$\delta d\delta = \frac{\nu s}{U\theta^*} dx$$

(c) 판의 앞전에서 임의의 지점 x까지 적분함으로써 $\delta(x)$와 그 도함수는 $Re_x = Ux/\nu$, θ^* 및 기울기 s로 표현될 수 있음을 보이시오.

$$\frac{\delta}{x} = \frac{a}{\sqrt{Re_x}}, \quad a = \sqrt{\frac{2s}{\theta^*}} \quad \text{그리고} \quad \frac{d\delta}{dx} = \frac{(a/2)}{\sqrt{Re_x}}$$

(d) 마찰 계수에 대한 정의식 $C_f = 2\tau_w/(\rho U^2)$를 사용하여 다음을 보이시오.

$$C_f = \frac{b}{\sqrt{Re_x}}, \quad b = \sqrt{2s\theta^*}$$

(e) 두 항등식 $ab = 2s$ 및 $b/a = \theta^*$를 증명하시오.

(f) 변위와 운동량 두께를 $\delta^* = \delta\eta^*$ 및 $\theta = \delta\theta^*$로 나타낼 수 있음을 상기하고, 다음을 보이시오.

$$\frac{\delta^*}{x} = \frac{c}{\sqrt{Re}}, \quad c = a\eta^* \quad \text{그리고} \quad \frac{\theta}{x} = \frac{d}{\sqrt{Re}}, \quad d = a\theta^* = b$$

(g) 식 (4.10)과 $\theta(x)$에서 $C_{D,\ \text{plate}} = 2\theta(L)/L$를 사용하여 다음을 보이시오.

$$C_{D,\ \text{plate}} = \frac{2a\theta^*}{\sqrt{Re_L}}$$

(h) Majdalani–Xuan 4차 분포에 대해 (a, b, c)를 구하고 그 결과를 Blasius 값과 비교하시오.

CHAPTER 5

층류의 안정성

가설을 흔들기 위해, 때때로 그것을 할 수 있는 한 끝까지 밀어붙여야 한다.

Denis Diderot(1713-1784)

5-1 서론: 소교란 안정성의 개념

3장과 4장에서는 다양한 층류 문제를 소개하였다. 3장에서는 Navier-Stokes 방정식과 다양한 단순도형에서의 흐름을 다루었으며, 4장에서는 더 넓은 범위의 실제적인 유동 및 비점성 외부 유동 분포의 정확한 정보를 탐색하고자, Prandtl 경계층 근사(boundary-layer approximation)를 소개하였다. 우리는 다양한 방법론을 통해 거의 모든 층류 문제에 대해 합리적인 정확도로 접근할 수 있었다. 그러나 층류의 해가 존재할 수 있음에도 불구하고, 작동 매개변수(operating parameters)의 일정 범위에서의 안정적인 해(stable solution)를 나타내지 않는다면, 반드시 개발될 필요는 없다. 그러므로 해의 존재성에 집중한 앞선 두 장을 보완하고자, 이번 장에서는 해의 안정성에 집중하고자 한다.

왜일까? 층류는 물리적 한계를 가지고 있다고 알려져 있는데, 이것은 높은 Reynolds 수에서 붕괴되는 경향이 있기 때문이다. 주어진 층류에서 특정값 이상이 되면 일관성 있는 움직임을 지속할 수 없는 특정한 Reynolds 수가 존재한다. 이 임계 Reynolds 수는 가로 두께를 특정 길이로 했을 때 천단위의 값을 가지는 작은 값이기 때문에, 대부분의 공학적 응용 범위 안에서 층류성은 규칙이 아니라 예외이다. 높은 Reynolds 수에서는 움직임은 난류로 바뀌게 된다. 즉, 무질서하고 무작위하며 불안정하여 6장에서 다룰 평균 특성을 기반으로는 분석할 수 있지만, 일반적으로는 정확히 추적하는 것이 불가능하다.

층류의 불안정성은 임계 Reynolds 수에 의존하기 때문에, 물, 수은, 암모니아, 가스 등과 같은 점성이 낮은 유체는 일반적으로 층류가 아닌 난류이다. 컵 안에 커피는 난류적으로 섞이며, 굴뚝으로부터의 연기는 난류적으로 치솟는다. 욕실 샤워 파이프의 물 또한 난류적으로 흐르며†, 상업용 제트 비행기 날개의 경계층도 난류이다. 이름을 알고 있는 모든 강들도 난류적으로 흐른다. 그

† 샤워 스프레이도 난류이지만 연속적이지는 않다. 스트로보스코프 조명 아래서 보면 불규칙한 물방울 패턴이 눈에 띈다.

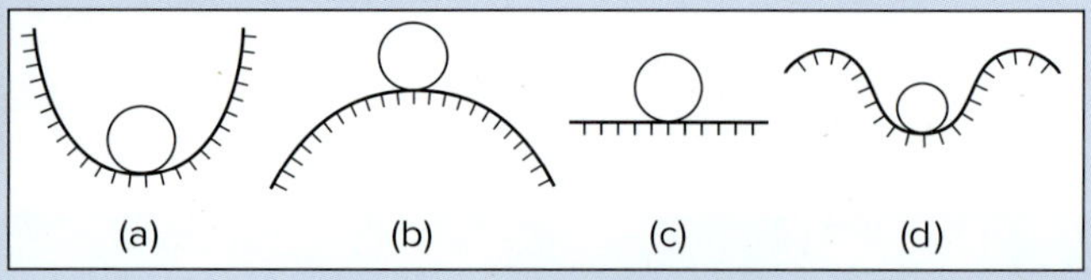

그림 5.1
정지해 있는 공의 상대적 안정성. (a) 안정, (b) 불안정, (c) 중립 안정성, (d) 작은 교란에는 안정적이지만 큰 교란에는 불안정.

럼에도 불구하고 많은 실제상황, 예를 들면 저속의 흐름, 작은 크기의 물체, 점성이 큰 유체, 경계층과 선행 가장자리(leading-edge) 유동에서 실제로 층류가 발생하기 때문에 층류는 무시되어서는 안 된다.

이번 장에서 두 가지 가장 큰 키워드는 **안정성**(stability)과 **천이**(transition)이다. 안정성에 대한 일반적인 개념은 여러 번 논의되어 왔지만, 아마도 Cunningham(1963)에 의해 가장 설득력 있게 논의되었다. 안정성에 대한 논의는 항상 한 가지 질문으로 요약된다. 물리적 상태가 교란(disturbance)을 견디고 원래의 상태로 돌아갈 수 있는가? 만약 그렇다면, 그것은 안정한 상태이다. 만약 그렇지 않다면 그 특정한 상태는 불안정하다. 그러므로 특정 교란 테스트는 안정성 분석 테스트에서 꼭 이루어져야 한다.

다양한 조건에서 정지해 있는 공이 놓인 예제가 그림 5.1에 있다. 그림 5.1(a)는 큰 변위가 발생하여 교란될지라도 초기 위치로 돌아갈 수 있기 때문에 무조건 안정적이다. 반대로 그림 5.1(b)는 작은 교란에 의해서 공을 넘어트리게 되면 다시는 돌아오지 않기 때문에 불안정한 상태이다. 그림 5.1(c)와 같은 평평한 테이블 위는 중립 안정성을 보여주는데, 공이 어디에 존재하더라도 멈출 수 있기 때문이다. 마지막으로 그림 5.1(d)는 공이 작은 변위에 대해서는 안정적이지만, 가장자리를 넘어갈 만큼 충분한 큰 교란을 받으면 불안정한 상태가 되는 복잡한 경우를 보여준다. 이것은 종종 큰 트립 와이어(trip wire)로 인해 안정적인 층류가 난류가 될 수 있는 경계층에서 일어난다. 안정성에 대해서는 단순한 예 또는 아니오의 대답을 요구한다. 교란에 의해 발생하는 어떤 최종상태를 결정할 수 없는 상태에서 물리적 상태는 불안정하다. 점성 흐름에서 우리는 층류가 특정 Reynolds 수 이상에서 불안정하다는 것을 증명할 수 있지만, 그것이 우리의 예측 통찰력의 한계일 뿐이다. 분석은 난류를 예측하지 못한다. 난류는 실험적으로 관찰된 사실일 뿐이다. 난류가 높은 Reynolds 수에서 안정한 상태라는 것은 수학적으로 지금까지 증명된 바가 없다. 따라서 우리는 공간과 시간 및 특정 Reynolds 수 범위에 따른 층류에서 난류로의 변화로 정의되는 두 번째 키워드인 **천이**를 정성적으로만 논의할 수 있다.‡ 작은 교란 안정성 이론(small-disturbance stability theory)이 50년 동안 널리 받아들여지고 많은 천이와 관련된 측정들이 축적되었지만, 여전히 천이에 관한 이론은 없다.§ 단지, 우리가 앞으로 보게 될 선형화된 안정성 이론에서 얻어진 공간적 증폭률을 기반으로 하는 약간의 성공적인 경험적 천이 예측이 있다. 또한 중간 정도 되는 Reynolds 수에 대해서 전산유체역학(computational fluid dynamics, CFD)을 사용하여 유동 불안정성과 천이를 예측하는 것 정도는 가능하다. 지속적으로 발전하는 이 분야를 **직접수치해석법**(direct numerical simulation, DNS)이라고 하는데, 이것은 최신 컴퓨터들의 크기와 속도에 의존

‡ 특정 조건에서서는 **역천이** 또는 **재층류화**의 반대 효과도 가능하다(6장).

§ 그러나 $Re < Re_{crit}$에서는 천이가 발생하지 않는다고 말할 수 있다.

하며, 난류 변동(turbulent fluctuations)을 포함하여 모든 중요한 스케일에서의 유동을 해석할 수 있다. 오늘날의 DNS는 Moin과 Mahesh(1998), Pirozzoli(2011), Zhong과 Wang(2012), 그리고 Elghobashi(2019)가 확인한 바와 같이 안정성, 천이, 낮은 Reynolds 수 난류를 연구하기 위한 수치해석기법이 되었다.

이 장에서는 주제에 대한 포괄적인 검토를 수행하겠지만, Lin(1955)과 Chandrasekhar(1961)의 고전적인 논문은 더 읽어볼 만하다. Betchov와 Criminale(1967)의 논문은 평행 유동의 선형적 안정성을 다루고 있고, Joseph(1976)의 논문은 비선형 이론은 강조한다. 또한 Drazin과 Reid(1981)의 논문은 수치해석적 방법을 포함하여 이 주제를 광범위하게 다루고 있다. 다른 관련 논문으로는 Godreche와 Manneville(1998), Riahi(2000), Schmid와 Henningson(2001), 그리고 Drazin과 Reid(2004)의 논문들이 있다. 이 매우 흥미로운 주제를 순수하게 즐기기 위해서라면 저자는 Philip Drazin의 많은 훌륭한 책 중 마지막인 Philip Drazin(2002)의 짧은 글을 추천한다.

5-1.1 일반적인 안정성 분석 개요

모든 소교란 안정성 분석은 7단계의 일반적인 프레임워크를 따른다.

1. 스칼라량이거나 벡터 함수인 일반적인 물리 문제의 기본 해 Q_0(또는 $\bar{Q}$)의 안정성을 검토하고자 한다.

2. 기본 운동 방정식에 일반 교란(generic disturbance) $\hat{q}$를 추가하고 총 일반 변수(total generic variable) ($\tilde{Q} = Q_0 + \hat{q}$)를 대입한다. 여기서 곡절(circumfex, ^)와 물결표(tilde, ~)는 각각 변동 및 순간 물리량(instantaneous quantity)을 나타내는 데 사용된다.

3. 2단계에서 얻은 방정식에서, 기본 솔루션 Q_0이 동일하게 만족하는 기본 항들을 뺀다. 빼고 남은 식을 **교란 방정식**(disturbance equation), 보다 일반적으로 **방정식**(equations)이라고 부른다.

4. 작은 교란을 가정함으로써 교란 방정식을 선형화한다. $|\hat{q}| \ll |Q_0|$이며, $\hat{q}^2$, $\hat{q}^3$ 등과 같은 고차항들은 무시한다.

5. 선형화된 교란 방정식이 복잡하고 다차원적인 경우, 진행파(traveling wave) 또는 하나 또는 그 이상의 공간 방향의 섭동(perturbation)과 같은 교란에 대해 공간적 형태를 가정하여 단순화할 수 있다.

6. 선형화된 교란 방정식은 동차(homogeneous)이며, 동차 경계 조건을 가져야 한다. 교란 방정식은 방정식 매개변수의 어떤 특정값에 대해서만 풀 수 있다. 즉, **고윳값**(eigenvalue) 문제가 발생한다.

7. 6단계에서 찾은 고윳값을 검사하여 언제 성장(불안정), 감소(안정), 또는 일정하게 유지(중립 안정성)하는지를 확인한다. 이어지는 분석을 통해 일반적으로 각 고윳값에 대해 표시할 수 있는 **고유해**(eigensolutions)[혹은 **고유함수**(eigenfunctions)] 세트와 **중립곡선**(neutral curves)에 의해 불안정 영역에서 나뉘어진 안정 영역을 보여주는 차트를 결과로 얻을 수 있다.

이 과정을 설명하기 위해서, 100년 이상 된 고전적인 예시를 고려할 것이다.

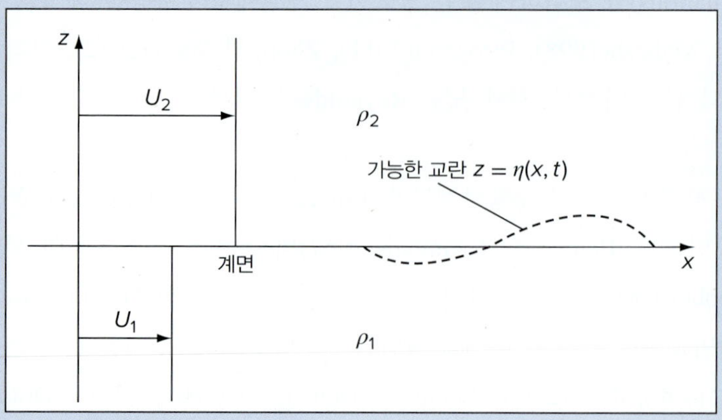

그림 5.2
Kelvin-Helmholtz 계면 불안정성에 대한 스케치 및 명명법

5-1.2 바람에 의해 생성된 파도: Kelvin-Helmholtz 불안정성

첫 번째 예시로 컴퓨터를 필요로 하지 않는 수학적으로 어렵지 않은 매우 중요한 문제를 다룬다. 충분한 속도의 바람이 잔잔한 수면에 파도를 형성할 것이라는 것을 경험을 통해 알고 있다. 공기-물 계면은 특정 조건 아래에서 불안정하다. Hermann von Helmholtz는 1868년에 물리적으로 문제를 제기했고, 그의 친구 Lord Kelvin은 이 문제를 수학적으로 설정하여 1871년에 해를 구했다.

수학적 모델은 그림 5.2에서 확인할 수 있다. 이 문제에서 수평 경계면은 속도와 밀도가 다른 2개의 균일한 유동으로 나뉘어진다. Kelvin은 하부(영역 1)와 상부(영역 2) 유동이 모두 비압축성, 비회전, 비점성 유동이라고 가정하였다.** 이와 같이 두 기본 유동(5-1.1절의 1단계)이 가지는 속도 퍼텐셜(velocity potential)과 정수압 분포(hydrostatic pressure distribution)는 다음과 같이 서술될 수 있다.

$$z < 0: \quad \phi_1 = U_1 x \quad p_1 = p_0 - \rho_1 g z \quad \text{및} \quad z > 0: \quad \phi_2 = U_2 x \quad p_2 = p_0 - \rho_2 g z \tag{5.1}$$

우리는 속도의 불연속성을 가지는 소용돌이면(vortex sheet)인 계면에서의 접선 슬립(tangential slip)을 허용한다. 그 후 5-1.1절의 2단계로 모든 변수에 곡절(^) 혹은 '햇(hat)'으로 표현된 교란을 추가한다.

$$\phi_1 = U_1 x + \hat{\phi}_1(x, z, t) \qquad \phi_2 = U_2 x + \hat{\phi}_2(x, z, t) \tag{5.2}$$

경계면 또한 그림 5.2에서처럼 $z = \eta(x, t)$로 교란된다. 유동이 교란되고 비정상 Bernoulli 관계식 식 (2.95)를 만족하면, 압력은 비정상이 된다.

$$p_j = C_j - \rho_j \frac{\partial \phi_j}{\partial t} - \frac{\rho_j}{2}|\nabla \phi_j|^2 - \rho_j g z \quad \text{해당 영역에서} \quad j = 1, 2 \tag{2.95}$$

이 식이 교란이 없을 때 $z = 0$에서 유효하기 위해서는 $C_1 - \frac{1}{2}\rho_1 U_1^2 = C_2 - \frac{1}{2}\rho_2 U_2^2$는 만족해야 한다. 첫 번째 경계 조건은 압력은 계면에서 연속적이어야 한다는 것이다.

** 이후 연구에는 분석에 점성 효과를 추가했다. Phillips(1978)의 논문을 참조하라.

$$z = \eta \text{에서:} \qquad C_1 - \rho_1\frac{\partial \phi_1}{\partial t} - \frac{\rho_1}{2}|\nabla\phi_1|^2 - \rho_1 g\eta = C_2 - \rho_2\frac{\partial \phi_2}{\partial t} - \frac{\rho_2}{2}|\nabla\phi_2|^2 - \rho_2 g\eta$$

두 번째 경계 조건은 수직 속도가 각각 계면 운동과 일치해야 한다는 것이다.

$$z = \eta \text{에서:} \qquad w_j = \frac{\partial \phi_j}{\partial z} = \frac{d\eta}{dt} = \frac{\partial \eta}{\partial t} + \frac{\partial \phi_j}{\partial x}\frac{\partial \eta}{\partial x} \qquad j = 1, 2$$

다른 두 가지 조건은 교란이 계면에서 멀어질수록 사라진다는 것이다.

$$z \to +\infty \text{일 때} \quad \nabla\hat{\phi}_2 \to 0 \quad \text{및} \quad z \to -\infty \text{일 때} \quad \nabla\hat{\phi}_1 \to 0 \tag{5.3}$$

5-1.1절의 3단계는 **교란 방정식**을 드러나게 하기 위해 기본 유동 방정식에서 제외하는 단계이다. 이것은 비점성 유동에서는 교란 항이 Laplac 방정식을 만족하기 때문에 쉽다.

$$\nabla^2\hat{\phi}_1 = 0 \quad \text{및} \quad \nabla^2\hat{\phi}_2 = 0 \tag{5.4}$$

4단계는 교란이 기본 유동보다 약하다고(즉, 크기 면에서 훨씬 작음) 가정하여 문제를 선형화하는 단계이다. 먼저 계면은 작은 변위와 작은 구배를 가지고 있다고 가정한다.

$$g\eta \ll U_j^2 \qquad \frac{\partial \eta}{\partial x} \ll 1$$

이를 통해 $z = \eta \approx 0$ 근처에서의 계면 조건을 근사할 수 있다. 둘째로 교란 속도는 매우 작다고 가정한다($|\nabla\hat{\phi}_j| \ll U_j$). 이를 통해 계면 조건을 선형화할 수 있으며, 즉 다음과 같이 표현된다.

$$\text{압력:} \qquad z \approx 0\text{에서} \qquad \rho_1\left(U_1\frac{\partial \hat{\phi}_1}{\partial x} + \frac{\partial \hat{\phi}_1}{\partial t} + g\eta\right) \approx \rho_2\left(U_2\frac{\partial \hat{\phi}_2}{\partial x} + \frac{\partial \hat{\phi}_2}{\partial t} + g\eta\right)$$

$$\text{운동학:} \qquad z \approx 0\text{에서} \qquad \frac{\partial \hat{\phi}_1}{\partial x} \approx \frac{\partial \eta}{\partial t} + U_1\frac{\partial \eta}{\partial x} \quad \text{및} \quad \frac{\partial \hat{\phi}_2}{\partial x} \approx \frac{\partial \eta}{\partial t} + U_2\frac{\partial \eta}{\partial x} \tag{5.5}$$

방정식과 경계 조건이 이제 선형이지만, 임의의 교란 $\eta(x, t)$에 대해 처리하기는 여전히 까다롭다. 따라서 5-1.1절의 5단계에서는 교란을 단순한 형태, 즉 2차원 진행파 또는 **정상모드**로 가정하는 것을 제안한다.

$$\eta = \eta_0 e^{i(\alpha x - \sigma t)} = \eta_0 e^{i[\alpha x - (\sigma_r + \sigma_i i)t]} \qquad \hat{\phi}_j = \hat{\phi}'_j(z)\, e^{i(\alpha x - \sigma t)} \qquad \text{해당 영역에서} \qquad j = 1, 2$$

여기서 $i = \sqrt{-1}$이다. 파수(wave number) α는 실수이나 주파수 σ는 복소수를 나타내며, 따라서 허수부 σ_i가 양수이면 교란 $\eta = \eta_0 e^{\sigma_i t} e^{i(\alpha x - \sigma_r t)}$는 일시적으로 **불안정**(한계 없이 성장)하다.

5-1.1절의 6단계는 기하급수적 교란(exponential disturbances) 형태 $e^{\pm kz}$를 사용하여 식 (5.4)에 주어진 Laplacian을 푼다. 그 후 식 (5.3)의 원거리장 경계 조건을 사용하여 해를 다음과 같이 줄일 수 있다.

$$\phi'_1 = A_1 e^{kz} \quad \text{및} \quad \phi'_2 = A_2 e^{-kz} \tag{5.6}$$

이 지점에서, 식 (5.5)의 계면 조건으로 다시 대체하면 3개의 상수 η_0, A_1, 그리고 A_2를 위한 3개의 선형 동차 방정식이 주어지며, 그 결과는 다음과 같다.

$$A_1 = i\eta_0\left(U_1 - \frac{\sigma}{\alpha}\right) \quad \text{그리고} \quad A_2 = -i\eta_0\left(U_2 - \frac{\sigma}{\alpha}\right)$$

이것은 교란 고유함수 식 (5.6)의 계수들을 결정한다. 이는 η_0에는 비례하나, 임의적이며 작다. 고윳값 σ는 식 (5.5)의 압력 조건에서 찾을 수 있으며, 이는 해가 존재하는 2차 방정식이다.

$$\sigma = \alpha\frac{\rho_1 U_1 + \rho_2 U_2}{\rho_1 + \rho_2} \pm i\left[\frac{\alpha^2\rho_1\rho_2(U_1 - U_2)^2}{(\rho_1 + \rho_2)^2} - \frac{\alpha g(\rho_1 - \rho_2)}{(\rho_1 + \rho_2)}\right]^{1/2}$$

안정성의 핵심은 대괄호 [ ] 안에 요약되어 있다. 대괄호 안에 항이 음수, 0 혹은 양수임에 따라서 교란은 안정, 중립, 불안정으로 나타내어진다. 따라서 불안정 조건은

$$\alpha\rho_1\rho_2(U_1 - U_2)^2 > g(\rho_1^2 - \rho_2^2) \qquad \text{또는} \qquad \alpha = \frac{2\pi}{\lambda} \tag{5.7}$$

이며, λ는 교란의 파장을 의미한다. 이 조건은 충분히 큰 α 또는 충분히 작은 λ에 대해 항상 사실이므로, 이러한 근사 수준에서 소용돌이면은 언제나 불안정하다.

식 (1.87)을 사용하여 선형화된 표면(계면) 장력을 해석에 추가해 보면 보다 현실적인 결과를 얻을 수 있다. 그 결과는

$$\sigma = \alpha\frac{\rho_1 U_1 + \rho_2 U_2}{\rho_1 + \rho_2} \pm i\left[\frac{\alpha^2\rho_1\rho_2(U_1 - U_2)^2}{(\rho_1 + \rho_2)^2} - \frac{\alpha[g(\rho_1 - \rho_2) + \alpha^2\mathfrak{T}]}{(\rho_1 + \rho_2)}\right]^{1/2} \tag{5.8}$$

여기서 $\mathfrak{T}$는 표면 장력 계수(surface-tension coefficient)이다. 대괄호 안에 항은 아래의 식을 만족하는 경우에 양수(즉, 불안정)이다.

$$(U_1 - U_2)^2 > \frac{[g(\rho_1 - \rho_2) + \alpha^2\mathfrak{T}](\rho_1 + \rho_2)}{\alpha\rho_1\rho_2} \tag{5.9}$$

표면 장력이 무시된 식 (5.7)과는 다르게, 식 (5.9)는 파동을 형성하기 위한 유한한 속도 차이를 필요로 한다. 연습을 통해 $\alpha = [g(\rho_1 - \rho_2)/\mathfrak{T}]^{1/2}$일 때 식 (5.9)의 우변이 최솟값을 가진다는 것을 보여줄 수 있다. 한 예시로 20°C와 1 atm의 공기가 깨끗한 물 표면에 분다고 생각해 보자. 부록 C의 표 C.1과 C.2를 이용하여 $\rho_{\text{water}} = 998\ \text{kg/m}^3$, $\rho_{\text{air}} = 1.20\ \text{kg/m}^3$, $\mathfrak{T} = 0.0727\ \text{N/m}$이다. $(U_1 - U_2)^2$의 최솟값은 $\alpha \approx 367\ \text{m}^{-1}$일 때 가진다. 식 (5.9)는 임계값 $|U_1 - U_2| \approx 6.67\ \text{m/s} = 15\ \text{mph}$에서 파동이 형성되기 시작할 것이라고 예측하며, 이때의 임계 파장(critical wavelength)은 0.0171 m이다. 이 계산은 단지 추정값이며, ±50퍼센트이다. 실제 임계 속도 차이는 점도, 바람 불균일성 및 난류에 따라 달라지게 된다.

5-1.1절의 마지막 7단계는 유동 안정성과 불안정성의 영역을 보여주는 차트를 그리는 것을 제안한다. 이것은 다음 절의 복잡한 컴퓨터 솔루션에 적합하지만, 여기서는 공식 식 (5.9)를 도출했으므로 이를 통해 차트를 만드는 것은 필요하지 않다.

점성에 의해 수정되기는 하지만, Kelvin-Helmholtz 불안정성은 특히 바람에 의해 생성된 표면파가 보이는 대기와 바다에서 일반적이다. Phillips(1978)가 설명했듯, 깊은 바다에는 밀도 계면에 내부 파동이 있다. 대기에서 일반적으로 보이지 않는 파동을 생성하는 윈드 시어(wind shear)

그림 5.3
Kelvin-Helmholtz 붕괴 파형-파상운(물결구름) 형태로 나타난다. [John Davidson 사진/Alamy Stock 사진]

는 조종사의 골칫거리이다. 그러나 때때로 구름과 빛의 조건이 잘 맞을 때는, 자연적으로 발생하는 Kelvin-Helmholtz 불안정성으로 인해 만들어진 그림 5.3과 같은 아름답게 말린 파동을 관찰할 수도 있다.

5-2 평행한 점성 유동의 선형 안정성

이제 5-1절에서 사용한 동일한 방법은 점성 유동의 불안정성을 학습하는 데 사용할 것이다. 여기에서, 해와 가정된 교란은 일반적으로 3차원 비정상 함수가 된다. 동일한 7단계가 적용된다.

1. 유동의 기본해를 선택한다.
2. 교란을 추가한다.
3. 교란 방정식을 찾는다.
4. 작은 교란에 대한 선형화를 진행한다.
5. 공간 교란 형태를 단순화시킨다(이 경우 진행파로 설정함).
6. 고윳값과 해당 고유해를 푼다.
7. 안정성 조건을 구분 및 해석하고, 중립 곡선과, 성장률, 감소율을 보여줄 수 있는 차트를 그린다.

5-2.1 Orr-Sommerfeld 방정식의 유도

상수 (ρ, μ, k, c_p)를 가지고 부력 효과가 없는 비압축성 층류 유동에 대해 7단계를 적용시켜보겠다. 이를 통해 두 순간 변수 $\tilde{\mathbf{V}}$와 $\tilde{P}$에 대한 연속성과 Navier-Stokes 관계의 안정성을 알아볼 수 있다.

$$\nabla \cdot \tilde{\mathbf{V}} = 0 \qquad \frac{D\tilde{\mathbf{V}}}{Dt} = -\frac{1}{\rho}\nabla \tilde{P} + \nu \nabla^2 \tilde{\mathbf{V}} \tag{5.10}$$

3장과 4장의 방법을 통해 해석적 또는 수치적 층류 유동 해(종종 기본 유동이라고 함)를 다음 방정식으로 추출했다고 하자[$\mathbf{V}_0 = \mathbf{V}_0(\mathbf{x}, t) = (U, V, W)$, $P_0(\mathbf{x}, t)$]. 기본 유동이 안정적인지 확인하기 위해 작은 교란 변수 $\hat{\mathbf{v}}(\mathbf{x}, t) = (\hat{u}, \hat{v}, \hat{w})$와 $\hat{p}(\mathbf{x}, t)$를 추가한다. 중첩된 변수 $\tilde{\mathbf{V}} = \mathbf{V}_0 + \hat{\mathbf{v}}$와 $\tilde{P} = P_0 + \hat{p}$를 식 (5.10)에 대입하고, 원래 $\mathbf{V}_0$와 P_0 등식을 뺀 다음, $\hat{\mathbf{v}}$의 고차항과 곱한 값을 무시하는데, 이는 한곳에서만 발생하는 (비선형) 대류 가속도 항이다. 다음과 같이 선형화된 교란 방정식을 쉽게 확인할 수 있다.

$$
\begin{aligned}
&\frac{\partial \hat{u}}{\partial x} + \frac{\partial \hat{v}}{\partial y} + \frac{\partial \hat{w}}{\partial z} = 0 \\
&\frac{\partial \hat{u}}{\partial t} + U\frac{\partial \hat{u}}{\partial x} + \hat{u}\frac{\partial U}{\partial x} + V\frac{\partial \hat{u}}{\partial y} + \hat{v}\frac{\partial U}{\partial y} + W\frac{\partial \hat{u}}{\partial z} + \hat{w}\frac{\partial U}{\partial z} = -\frac{1}{\rho}\frac{\partial \hat{p}}{\partial x} + \nu\nabla^2\hat{u} \\
&\frac{\partial \hat{v}}{\partial t} + U\frac{\partial \hat{v}}{\partial x} + \hat{u}\frac{\partial V}{\partial x} + V\frac{\partial \hat{v}}{\partial y} + \hat{v}\frac{\partial V}{\partial y} + W\frac{\partial \hat{v}}{\partial z} + \hat{w}\frac{\partial V}{\partial z} = -\frac{1}{\rho}\frac{\partial \hat{p}}{\partial y} + \nu\nabla^2\hat{v} \\
&\frac{\partial \hat{w}}{\partial t} + U\frac{\partial \hat{w}}{\partial x} + \hat{u}\frac{\partial W}{\partial x} + V\frac{\partial \hat{w}}{\partial y} + \hat{v}\frac{\partial W}{\partial y} + W\frac{\partial \hat{w}}{\partial z} + \hat{w}\frac{\partial W}{\partial z} = -\frac{1}{\rho}\frac{\partial \hat{p}}{\partial z} + \nu\nabla^2\hat{w}
\end{aligned}
\tag{5.11}
$$

이들은 어렵지만, U, V와 W는 단순히 가변 계수(variable coefficeints) 역할을 하는 알려진 함수이기 때문에 섭동 변수 $(\hat{u}, \hat{v}, \hat{w}, \hat{p})$에 대한 선형 편미분 방정식이다.

식 (5.11)은 국부적으로 평행한 기본 유동을 가정함으로써 하나의 상미분 방정식으로 체계적으로 간단히 할 수 있다. y를 벽의 수직인 좌표 또는 전단층을 가로지르는 좌표로 설정하는 경우, 층을 가로지르는 성분 V는 덕트 유동과 같이 무시할 수 있을 정도로 작다고 가정할 수 있으며, 더 나아가 $U \approx U(y)$ 및 $W \approx W(y)$라고 가정할 수 있다. 이러한 설정은 왼쪽에 있는 10개의 대류 항을 제거하고 다음과 같이 정리된다.

$$
\begin{aligned}
&\frac{\partial \hat{u}}{\partial x} + \frac{\partial \hat{v}}{\partial y} + \frac{\partial \hat{w}}{\partial z} = 0 \\
&\frac{\partial \hat{u}}{\partial t} + U\frac{\partial \hat{u}}{\partial x} + \hat{v}\frac{\partial U}{\partial y} + W\frac{\partial \hat{u}}{\partial z} = -\frac{1}{\rho}\frac{\partial \hat{p}}{\partial x} + \nu\nabla^2\hat{u} \\
&\frac{\partial \hat{v}}{\partial t} + U\frac{\partial \hat{v}}{\partial x} + W\frac{\partial \hat{v}}{\partial z} = -\frac{1}{\rho}\frac{\partial \hat{p}}{\partial y} + \nu\nabla^2\hat{v} \\
&\frac{\partial \hat{w}}{\partial t} + U\frac{\partial \hat{w}}{\partial x} + W\frac{\partial \hat{w}}{\partial z} = -\frac{1}{\rho}\frac{\partial \hat{p}}{\partial z} + \nu\nabla^2\hat{w}
\end{aligned}
$$

이 부분에서, 교란은 평행하다고 가정할 수 있다. 사실 3차원 교란 $(\hat{u}, \hat{v}, \hat{w})$의 합리적인 형태는 x축에 대해 각도 ϕ로 벽을 따라 진행하는 파동이며 진폭은 y축에 따라 변한다. 복잡한 표기법을 이용하여 $\hat{q} = q(y)\exp[i\alpha(x\cos\phi + z\sin\phi - ct)]$로 각 일반 교란 $\hat{q}$를 정할 수 있으며, 다음과 같다.

$$
(\hat{u}, \hat{v}, \hat{w}, \hat{p}) = [u(y), v(y), w(y), p(y)]\exp[i\alpha(x\cos\phi + z\sin\phi - ct)] \tag{5.12}
$$

여기서 $i = \sqrt{-1}$ 이다. 따라서 모든 교란은 파수 α, 전파 속도 c, 그리고 주파수 $\omega = \alpha c$로 이동한다. 이것은 역사적으로 Tollmien-Schlichting 파동이라고 부르며, 층류 불안정성의 최초의(무한의) 지표이다. 위의 결과 방정식에 식 (5.12)를 대입하면 복소수 계수가 있는 다음 선형 상미분 방정식을 얻을 수 있다.

$$
i\alpha u\cos\phi + v' + i\alpha w\sin\phi = 0 \tag{5.13}
$$

$$
i\alpha u(U\cos\phi + W\sin\phi - c) + U'v = -\frac{i}{\rho}\alpha p\cos\phi + \nu(u'' - \alpha^2 u) \tag{5.14}
$$

$$
i\alpha v(U\cos\phi + W\sin\phi - c) = -\frac{1}{\rho}p' + \nu(v'' - \alpha^2 v) \tag{5.15}
$$

$$
i\alpha w(U\cos\phi + W\sin\phi - c) + W'v = -\frac{i}{\rho}\alpha p\sin\phi + \nu(w'' - \alpha^2 w) \tag{5.16}
$$

여기서 프라임은 y에 대한 미분을 의미한다. 예상대로 우리의 시스템은 u, v, w에 대해서 2차이고 p에 대해서 1차이다. 교란이 공간적으로(α가 복소수이고 $\omega = \alpha c$가 실수) 또는 시간적으로(α가 실수이고 $\omega = \alpha c$가 복소수) 성장한다고 가정할 수 있다. x축을 진행파 운동과 의도적으로 정렬시킴으로써 $\hat{q} = q(y)\exp[i\alpha(x - ct)]$로 쓸 수 있고 고윳값 문제는 단순화된 형태로 아래와 같이 쓸 수 있다.

$$i\alpha u + v' = 0$$

$$i\alpha u(U - c) + U'v = -\frac{i}{\rho}\alpha p + \nu(u'' - \alpha^2 u)$$

$$i\alpha v(U - c) = -\frac{1}{\rho}p' + \nu(v'' - \alpha^2 v)$$

$$i\alpha w(U - c) + W'v = \nu(w'' - \alpha^2 w)$$

일반적인 특성을 유지하면서 이 문제를 공식화하는 더 멋진 방법은 두 방정식을 추가하기 전에 식 (5.14)에 cos ϕ를 곱하고 식 (5.16)에 sin ϕ를 곱하는 것이다. 더 나아가 보다 단순한 표기법을 도입할 수도 있다.

$$u_0 = u\cos\phi + w\sin\phi \qquad \text{및} \qquad U_0 = U\cos\phi + W\sin\phi \tag{5.17}$$

3개의 변수 u_0, v와 p에 관한 3개의 방정식만 남길 수 있다.

$$i\alpha u_0 + v' = 0 \tag{5.18}$$

$$i\alpha u_0(U_0 - c) + U_0'v = -\frac{i}{\rho}\alpha p + \nu(u_0'' - \alpha^2 u_0) \tag{5.19}$$

$$i\alpha v(U_0 - c) = -\frac{1}{\rho}p' + \nu(v'' - \alpha^2 v) \tag{5.20}$$

식 (5.17)에서 볼 수 있듯, 성분 u_0와 U_0를 가지는 2차원 방정식이 진행파의 전달 방향 ϕ에 평행하다. 따라서 임의의 ϕ 방향에서의 평행 유동의 안정성은 해당 방향의 유효 기본 유동 $U_0(y)$의 2차원 해석에서 찾아볼 수 있다. 이 중요한 결론은 Dunn과 Lin(1955)에 의해 처음 추론되었으며 이를 바탕으로 Gregory 등(1955)은 특히 3-8절에서의 회전하는 디스크 유동과 같은 3차원 유동의 안전성의 일반적인 결과를 유도하였다.

이제 더 나아가 W가 동일하게 0이라고 가정, 즉 기본 유동은 완전 2차원 기본 유동이라고 가정하자. 그러면 $U_0(y)$ 분포의 형상은 ϕ에 독립적이며, 이는 척도인자 cos ϕ를 제외하고는 안정성 계산이 더 이상 ϕ에 종속되지 않음을 의미한다. 따라서 경사 교란의 경우, 기본 유동 U cos ϕ는 상대적으로 $U(y)$에 평행하게 전파되는 교란에 비해 느리고 안정적이다. 이 결과는 Squire(1933)에 의해 정리되었고 이것이 바로 그의 가장 유명한 정리이다.

Squire의 정리. 2차원 평행 유동 $U(y)$의 경우, 동일한 방향($\phi = 0$)으로 전파되는 2차원 교란에 대해 최소 임계 불안정 Reynolds 수가 발생한다.

2차원 교란만 고려할 경우, Squire의 정리는 $\phi = 0$일 때 발생하는 최소 Reynolds 수와 관련이 있다. 그러나 그의 리뷰, Stuart(1987)에서 최대 파동 증폭이 $\phi = 0$에서 발생하여 3차원 교란이 실제로 불안정한 교란의 성장과 형상에 영향을 미친다고 지적하였다.

이제 식 (5.18)~(5.20)에서 아래 첨자 0을 삭제해 보자. 3개의 변수 u, v, p 중에 2개를 지우는 것이 가능하다. 만약 u를 제거한다면 압력 변동에 관한 단순한 식을 얻을 수 있다.

$$p'' - \alpha^2 p = -2i\alpha\rho U' v \tag{5.21}$$

따라서 압력은 평균 전단력과 수직 속도 변동의 종방향 변화의 곱에 비례하는 소스 항으로 Poisson 방정식을 만족한다.

$$\frac{dU}{dy}\frac{\partial \hat{v}}{\partial x}$$

$U' \approx 0$인 외부 자유 유동에서 해는 반드시 다음과 같은 형식이어야 한다.

$$p = ae^{-\alpha y} + be^{+\alpha y} \tag{5.22}$$

교란이 무한대에서 사라진다고 가정하기 때문에 $b = 0$이고 압력 변동은 기하급수적으로 감소한다.

이 방정식에서 v와 p를 제거하는 것은 상대적으로 어렵다. u와 p를 제거한다면 결과는 수학적으로 동일하며 그 결과는 유명한 Orr-Sommerfeld 관계이다.

$$(U - c)(v'' - \alpha^2 v) - U''v + \frac{i\nu}{\alpha}(v'''' - 2\alpha^2 v'' + \alpha^4 v) = 0 \tag{5.23}$$

극소 층류 불안정성의 비밀은 이 4차 선형 동차 방정식에 있으며, Orr(1907)와 Sommerfeld(1908)에 의해 독립적으로 유도되었다. 경계 조건은 교란 u와 v가 무한대에서 그리고 어떠한 벽(점착 조건)에서 사라져야 한다는 것이다. 식 (5.18) 연속 관계식은 $u = 0$이 $v' = 0$임을 보여준다. 따라서 Orr-Sommerfeld 방정식의 적절한 조건은 다음과 같은 유형이다.

덕트 유동: $v(\pm h) = v'(\pm h) = 0$

경계층: $v(0) = v'(0) = 0 \qquad v(\infty) = v'(0) = 0$ (5.24)

자유 전단층: $v(\pm\infty) = v'(\pm\infty) = 0$

방정식과 그 경계 조건이 모두 동차이기 때문에, 고윳값 문제가 발생한다. Orr-Sommerfeld 방정식에는 세 가지 매개변수 α, c, 그리고 ν(아니면 더 나은 Reynolds 수 $Re = U\delta/\nu$)가 있다. 주어진 $U(y)$와 $U''(y)$의 분포에서, 오직 연속적이지만 제한된 특정한 시퀀스의 매개변수(고윳값)만이 식 (5.23)과 (5.24)를 만족시킬 수 있다. 수학적인 문제는 이 시퀀스를 찾은 문제인데, 그것은 공간적 대 시간적 교란에 서로 다른 함수 형태를 가지고 있다.

시간적 성장: $f(Re, \alpha, c_r, c_i) = 0 \quad (c_i > 0$: 시간적으로 불안정) (5.25)

공간적 성장: $f(Re, \alpha_r, \alpha_i, \omega) = 0 \quad (\alpha_i < 0$: 공간적으로 불안정) (5.26)

여기서 아래 첨자 r과 i는 각각 실수부와 허수부를 나타낸다. 특히 흥미로운 것은 중립 안정의 경우이다. 시간적 경우에는 $c_i = 0$이고 공간적 중립 성장의 경우에는 $\alpha_i = 0$이다. 이러한 중립점의 궤적은 안정성과 불안정성의 경계를 형성한다. 식 (5.25)~(5.26)의 고윳값과 관련된 해 $v(y)$는 문제의 고유함수 또는 고유해를 나타낸다.

5-2.2 비점성 안정성 이론

제한적이지만 매우 유익한 경우는 무한한 Reynolds 수 혹은 무시할 수 있는 점성의 경우이며, 이 경우 Orr-Sommerfeld 관계 식 (5.23)에 포함된 ν를 삭제할 수 있다. 결과적인 비점성 교란 관계는 아래와 같다.

$$v'' - \left(\frac{U''}{U-c} + \alpha^2\right)v = 0 \tag{5.27}$$

1878년과 1915년 사이에 일련의 논문에서 이 방정식을 처음 연구한 Lord Rayleigh의 이름을 따서 명명되었으며, 이 모든 내용은 그의 'Scientific Paper' 6권에 수록되어 있다. Rayleigh 방정식은 2차이므로 더 이상 접선 속도 u(혹은 v')의 조건을 사용할 수 없다. 수직 속도 v에 관한 두 가지 조건을 유지한다. 예를 들면,

경계층: $$v(0) = v(\infty) = 0 \tag{5.28}$$

수많은 비점성 분석이 문헌에 보고되었으며, Drazin과 Reid(2004)의 논문은 훌륭한 내용을 포함하고 있다. Rayleigh의 이론은 안정성에 대한 분포의 형상 효과에 대한 좋은 통찰력을 제공하며, 일부 연구자들은 2개의 '비점성'해를 사용하여 전체 Orr-Sommerfeld 방정식의 두 가지 추가 '점성' 해를 구하는 데 사용하였다.

Rayleigh 식 (5.27)은 해석적으로나 수치적으로 쉽게 풀 수 있다. 실제 축 $c = c_r$인 점에서 특이점(singularity)이 존재하며, 그때의 속도는 $U = c_r$이다. 이 특이점 근처 v의 분석적 거동은 Tollmien(1929)의 선구적인 연구에 의해서 확립되었다.

비점성 안정성에 대한 다섯 가지 중요한 정리는 다음과 같다.

정리 1[Rayleigh(1880)]. 불안정성의 필요(충분하지는 않은) 조건은 속도 분포가 변곡점을 갖는 것이다.

정리 2[Fjørtoft(1950)]. 와도(vorticity)의 수치적 값 $|U'|$은 변곡점에서 최대가 되어야 한다.

정리 3[Fjørtoft(1950)]. 변곡점이 존재한다면, 분포 어딘가에 $U''(U - U_{\text{PI}}) < 0$ 해야 한다. 여기서 U_{PI}는 변곡점에서의 속도이다.

정리 4[Lin(1955)]. $U(y)$가 $y = y_c$에서 변곡점을 갖는다면, 위상 속도가 $c_r = U(y_c)$인 중립 교란($c_i = 0$)이 존재할 수 있다.

정리 5[Rayleigh(1880)]. 증폭된 교란의 위상 속도 c_r은 항상 $U(y)$의 최솟값과 최댓값 사이에 존재한다.

Rayleigh의 결과인 정리 1은 채널 유동 및 순압력 구배를 갖는 경계층과 같이 변곡점이 없는 실제(점성) 분포가 안정적일 것이라고 오랫동안 믿게 했다. 유한한 Reynolds 수에서 특정한 파수에 점성이 불안정해질 수 있다는 것이 Prandtl(1921)에 의해 연구되었다.

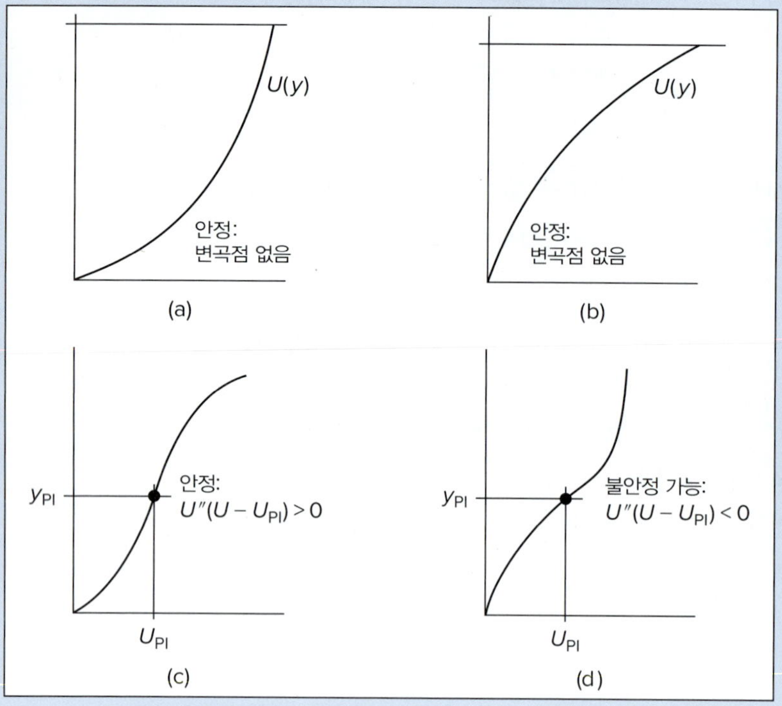

그림 5.4
5–2.2절의 정리 1 및 3에 따라 안정성에 대해 평가된 4개의 비점성 속도 분포

그림 5.4는 비점성 불안정성을 평가하기 위한 네 가지 다른 속도 분포를 보여준다. 처음 세 가지는 무조건 안정적이다. 네 번째만 Fjørtoft의 정리 3에 의해 불안정해질 수 있다. 한편 네 가지 모두 유한한 Reynolds 수에서 점성 불안정성을 가지고 있다.

그림 5.4(d)와 유사한—비점성 제한에도 불구하고 불안정한—실제 분포는 역압 구배가 있는 경계층, 평행 흐름 사이의 전단층, 제트 및 후류를 포함한다.

5–2.3 점성 안정성: Orr-Sommerfeld 방정식의 해

Rayleigh 방정식은 Reynolds 수가 무한대에 접근할 때 가능한 불안정성의 소스가 변곡점임을 보여준다. 그러나 Prandtl(1921)과 수학적으로는 처음 Tollmien(1929)이 물리적으로 예측한 바와 같이 유한 Reynolds 수에서 모든 유형의 층류 분포가 불안정해지는 것은 실험적으로 증명되었다. 이러한 불안정성은 Orr-Sommerfeld 방정식의 고윳값으로 나타나며, 무차원 형식으로 나타내면 다음과 같다.

$$(U^* - c^*)(\phi'' - \alpha_\delta^2 \phi) - U^{*''}\phi + \frac{i}{\alpha_\delta Re_\delta}(\phi'''' - 2\alpha_\delta^2 \phi'' + \alpha_\delta^4 \phi) = 0 \tag{5.29}$$

이때

$$\phi = \frac{v}{U_e} \qquad U^* = \frac{U}{U_e} \qquad c^* = \frac{c}{U_e} \qquad \alpha_\delta = \alpha\delta \qquad Re_\delta = \frac{U_e \delta}{\nu}$$

여기서 무차원 법선 좌표는 $\xi = y/\delta$로 하고 U_e는 경계층의 가장자리에서의 속력을 나타낸다. 경계 조건은 식 (5.24)와 같이 동차 형태를 가진다.

주어진 속도 분포 $U(y)$, 식 (5.29)는 α_δ 및 c^*로 풀릴 수 있으며, 그것은 Re_δ에 따라 변한다. 이

문제는 시간적 안정성(실수 α_δ) 혹은 공간적 안정성(실수 $\omega^* = \alpha_\delta c^*$)에 대해 해결할 수 있다. 다음과 같은 고윳값을 찾으면 해는 불안정해진다.

$$\text{시간적으로 불안정:} \qquad c_i^* > 0 \tag{5.30}$$

$$\text{공간적으로 불안정:} \qquad \alpha_{\delta i} < 0 \tag{5.31}$$

자유 유동 경계 조건 $\phi(\infty) = \phi'(\infty) = 0$을 만족하기 위해서, $U^{*''} = 0$과 $U' = U_e^*$로 설정하고 감쇠 지수 운동에 대해 식 (5.29)를 풀 수 있다.

$$\text{자유 유동, } \xi \gg 1: \qquad \phi = C_1 e^{-\alpha_\delta \xi} + C_2 e^{-\zeta\xi}; \qquad \zeta^2 = \alpha_\delta^2 + i\alpha_\delta Re_\delta (U_e^* - c^*) \tag{5.32}$$

미분 방정식과 경계 조건이 동차이기 때문에 상수 C_1과 C_2는 중요하지 않다. 이 점근적(asymptotic) 거동은 Orr-Sommerfeld 방정식의 해에서 엄청난 수치적 어려움을 보여준다. α_δ와 c^*는 1차이고 $Re_\delta \gg 1$이기 때문에, 식 (5.32)의 두 변화율은 상당한 차이를 가지며, 일반적으로는 속도 분포의 형상과는 상관없다.

$$\cdot \zeta \cdot \gg \cdot \alpha_\delta \cdot \tag{5.33}$$

따라서 식 (5.29)의 4개의 독립적인 해 중 2개($e^{\alpha_\delta \xi}$와 관련된)는 느리게 성장하는 반면, 나머지 2개($e^{\zeta\xi}$와 관련된)는 급격하게 성장한다. 빠르게 성장하는 해는 느린 해에 영향을 끼치므로 정확한 고윳값을 찾는 것은 쉽지 않다.

5-2.3.1 수치해석적 방법

Rayleigh 비점성 안정성 식 (5.27)은 수치적으로 모델링하기에는 약간 어려우므로 문제 할당에 적합하다. 그러나 점성이 있는 Orr-Sommerfeld 식 (5.29)는 크고 작은 해들이 경쟁하기 때문에 훨씬 더 많은 노력이 필요하다. Orr-Sommerfeld 프로그램은 길고 정교하다. 선구자는 해석적(비컴퓨터) 방법을 개발한 Tollmien(1929)과 Schlichting(1933b)이다. 1950년대까지 디지털컴퓨터 방법이 시도되었지만 부정확한 것으로 판명되었다. Kaplan(1964)은 Betchov와 Criminale(1967)의 논문에서 설명된 대로 느리고 빠르게 움직이는 해를 분리하는 '정제(purification)' 방식으로 이 문제를 풀고자 했다. Wazzan 등(1968a)은 최대 $Re_{\delta^*} \approx 10^5$의 정확성을 보장하기 위해서 Gram-Schmidt 정규직교화(orthonormalization)를 사용하였다. 현대적인 방법은 Drazin과 Reid(1981)의 논문에서 설명된 대로 스펙트럼 기술(spectral techniques) 또는 유한 차분(finite differences)을 사용한다. Sherman(1990) 및 Cebeci와 Cousteix(1998)는 FROTRAN 프로그램을 제공한 반면 Schmid와 Henningson(2001)은 MATLAB 프로그램을 사용하였다. 이러한 관점에서 5-4절의 천이 예측 방법은 긴 Orr-Sommerfeld 계산을 피할 수 있다.

점성 이론은 극미한 교란이 증폭($c_i > 0$)되는 낮은 Reynolds 수($Re_\delta \approx 1000$ 정도)에서 유한 영역을 예측한다. 이 영역의 경계는 $c_i = 0$의 궤적인 중립 곡선이라고 불린다. 그것의 모양에 의해 엄지 곡선(thumb curves)이라고 불리며, 두 가지 예가 그림 5.5에 스케치되어 있다. 엄지 모양의 외부에는 모든 교란이 감쇠된다. 분포 $U(y)$에 변곡점이 없는 경우, Rayleigh 기준에 따라 큰

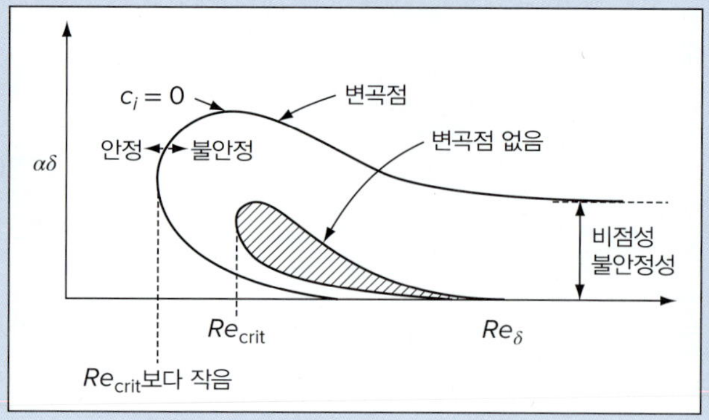

그림 5.5
Orr-Sommerfeld 방정식의 중립 곡선

Reynolds 수에서 엄지 모양이 사라진다. 반면 분포 $U(y)$에 변곡점이 있는 경우, 엄지 곡선은 무한대에서 열린 상태로 유지된다. 엄지손가락이 돌출되는 가장 낮은 Reynolds 수를 Re_{crit}이라고 하며, 일반적으로 굴곡 분포는 Re_{crit}이 작고 엄지손가락이 전체적으로 다 크다. Re_{crit} 점은 교란이 증폭될 수 있는 가장 작은 Reynolds 수를 말한다. 경계층 하류에서 x_{crit}의 약 10~20배에 발생하는 난류 천이 지점과 혼돈해서는 안 된다. 실제로 엄지손가락 내의 c_i와 $\alpha\delta$값은 Re_{crit}보다 더 중요하다. 왜냐하면 이는 난류 운동의 시작을 담당하는 공간 및 시간 성장률을 결정하기 때문이다.

5-2.4 Blasius와 Falkner-Skan 분포의 안정성

대부분의 고전적인 속도 분포를 공부하였고 그 고윳값이 표와 차트로 작성되었다. 초기의 연구는 시간적 안정성 식 (5.25)에 집중되었다. 1960년대에 연구는 식 (5.26)과 같은 공간적 안정성 연구로 옮겨졌는데, 이는 하류에서 성장하고 전파하는 경계층의 교란에 대해 보다 현실적인 모델이다. Wazzan(1975) 및 Arnal(1984)과 같은 리뷰 논문은 Falkner-Skan 유동, 평면 제트, 평면 후류, 자유 전단층, Poiseuille 파이프, 채널 유동, 그리고 많은 유사하지 않은 유동과 같은 다양한 분포에 대해서 논의한다.

평행 유동을 가정한 Blasius 분포에 대한 정확한 안정성 계산은 Wazzan 등(1968a)으로부터 그림 5.6(a)와 (b)에 보여준다. $c_i > 0$ 조건에서 불안정 등고선으로 그려진 시간적 불안정성[(그림 5.6(a)]과 $\alpha_i < 0$ 조건에서 그려진 공간적 불안정성[그림 5.6(b)], 이 두 사이의 관점의 차이에 주목해야 한다. $c_i = \alpha_i = 0$에 해당하는 중립 곡선은 상관관계가 다르지만 물리적 의미는 동일하다. 세부정보는 다음과 같다.

1. 초기 불안정성에 대한 최소 또는 임계 Reynolds 수는 $Re_{\delta^*,crit} = 520$ 또는 $Re_{x,crit} \approx 91,000$이다. (비평행 유동 효과는 이를 각각 약 400 및 54,000으로 추가로 줄인다.)
2. Re_{crit}에서 Jordinson(1970)이 계산한 파동 매개변수는 $\alpha\delta^* = 0.3012$, $c_r/U_0 = 0.3961$, $Re_w^{-1} = \omega\nu/U_0^2 = 2.29 \times 10^{-4}$이며, 여기서 $Re_w = MjSt$는 파동 Reynolds 수를 나타낸다. 즉, $Mj = U_0^3/(\omega^2\nu L)$와 $St = \omega L/U_0$(부록 H2)의 곱이다.
3. 불안정성에 대한 최대 파수는 $\alpha\delta^* \approx 0.35$이다. 따라서 가장 작은 불안정한 파장은 $\lambda_{min} = 2\pi\delta^*/0.35 \approx 18\delta^* \approx 6\delta$이다. 따라서 불안정한 Tollmien-Schlichting 파동은 경계층 두께에 비

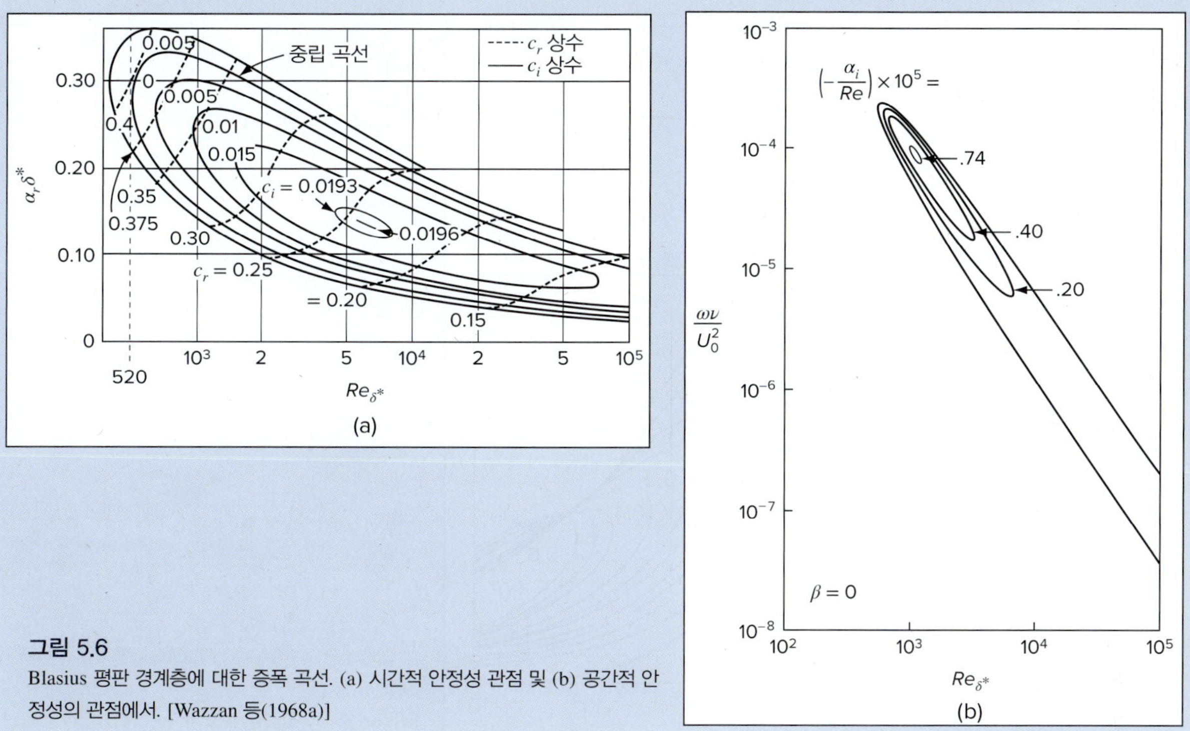

그림 5.6
Blasius 평판 경계층에 대한 증폭 곡선. (a) 시간적 안정성 관점 및 (b) 공간적 안정성의 관점에서. [Wazzan 등(1968a)]

해 상대적으로 길다.

4. 최대 시간적 성장률은 $c_i/U_0 \approx 0.0196$이다.
5. 최대 공간적 성장률은 $\alpha_i \nu/U_0 \approx -0.74 \times 10^{-5}$이다.
6. 불안정한 파동의 최대 위상 속도는 $c_r/U_0 \approx 0.4$이다. 따라서 Tollmien-Schlichting 파동은 다소 느리게 이동하고 벽 근처에서 발생하는 경향이 있다.
7. $Re_{x,\mathrm{crit}} \approx 91{,}000$과 비교할 때, 난류로의 최종 천이 지점은 약 $Re_{x,\mathrm{tr}} \approx 3 \times 10^6$, 혹은 약 30배 더 하류이다.

그림 5.7은 Wazzan(1968b)에 의해 계산된 Falkner-Skan 쐐기 흐름(wedge-flow) 분포에 대한 중립 곡선을 보여준다. 매개변수 β는 Falkner-Skan 식 (4.93)에서와 같은 의미를 갖는다. 여기서 매우 강한 압력 구배 효과를 확인할 수 있다. $\beta = 1.0$인 정체 유동은 $\beta = -0.1988$인 분리 흐름보다 수백 배 더 안정적일 수 있다. 이는 표 5.1에서 확인할 수 있듯이 Re_{crit}뿐만 아니라 최대 공간 증폭률에서도 마찬가지이다. 큰 Reynolds 수에서 $\beta < 0$(역구배)에 대한 곡선이 어떻게 열린 상태로 유지되는지 주목해야 한다. 그 이유는 변곡점이 있어 비점성 불안정성이 발생하기 쉽기 때문이다.

5-2.5 안정성 이론과 실험과의 비교

불안정성과 천이의 개념은 Reynolds(1883)에 의해 잘 확립되었지만 안정성 이론은 처음에는 널리 받아들여지지 않았다. Burgers(1924)의 초기 풍동 천이 실험은 평판에 대해 $Re_{x,\mathrm{crit}} \approx 350{,}000$을 보고했으며 Tollmien-Schlichting 파동을 감지하지 못했다. 열선 풍속계가 발명된 후, Dryden(1934)의 주의 깊은 측정은 난류 변동의 시작을 확인했지만 Tollmien-Schlichting 파동은 감지하

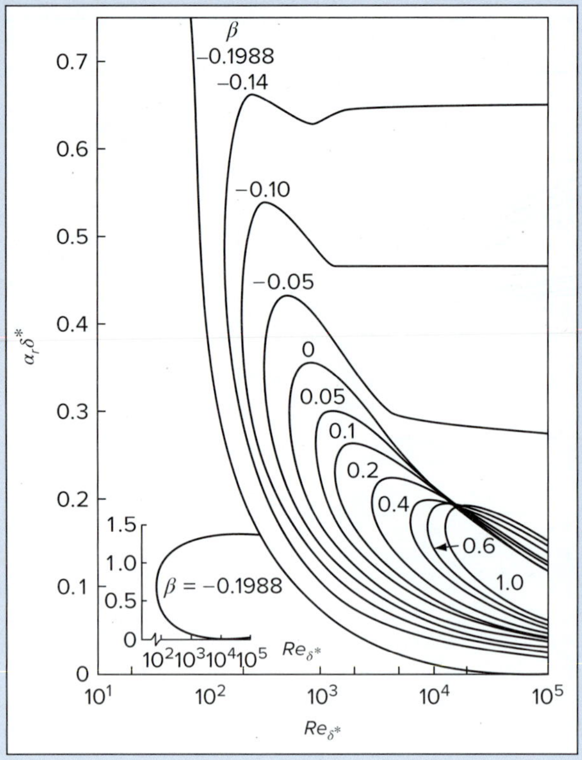

그림 5.7
Falkner-Skan 경계층 분포에 대한 중립 안정성 곡선 [Wazzan 등(1968b)]

표 5.1 Falkner-Skan 분포에 대한 공간 안정성 매개변수

β	$Re_{\delta^*,\text{ crit}}$	$Re_{\theta,\text{ crit}}$	$c_{i,\max}$	$\left(-\dfrac{\alpha\delta^*}{Re_{\delta^*}}\right)_{\max} \times 10^7$
+1.0	12,490	5,636	0.0065	1.14
0.8	10,920	4,874	0.0070	1.35
0.6	8,890	3,909	0.0075	1.67
0.5	7,680	3,344	0.0080	1.92
0.4	6,230	2,679	0.0085	2.42
0.3	4,550	1,927	0.0095	3.45
0.2	2,830	1,174	0.0104	6.0
0.1	1,380	556	0.0129	15.7
0.05	865	342	0.0154	32
0.0	520	201	0.0196	74
−0.05	318	119	0.0275	186
−0.1	199	71	0.0388	450
−0.14	138	47	0.0525	963
−0.1988	67	17	0.12	5,600

출처: Wazzan 등(1968b)의 계산

지 못했다. 이 실험은 매우 시끄러운 난기류와 당시 풍동의 음향으로 인해 오염되었기 때문이다.

그런 다음 1940년에 미국 표준국은 H. L. Dryden의 지휘하에 0.02%[††][Burgers(1924) 터널의 경우 약 1.2%에 비해]의 극도로 작은 자유 유동 난류 수준을 가진 새로운 풍동을 건설했다. 이

[††] 속도 변동을 나타내기 위해 u', v' 및 w'을 사용하여 난류 수준은 $T = \dfrac{1}{U_0}\left[\dfrac{1}{3}\left(\overline{u'^2} + \overline{v'^2} + \overline{w'^2}\right)\right]^{1/2}$와 같이 정의된다.

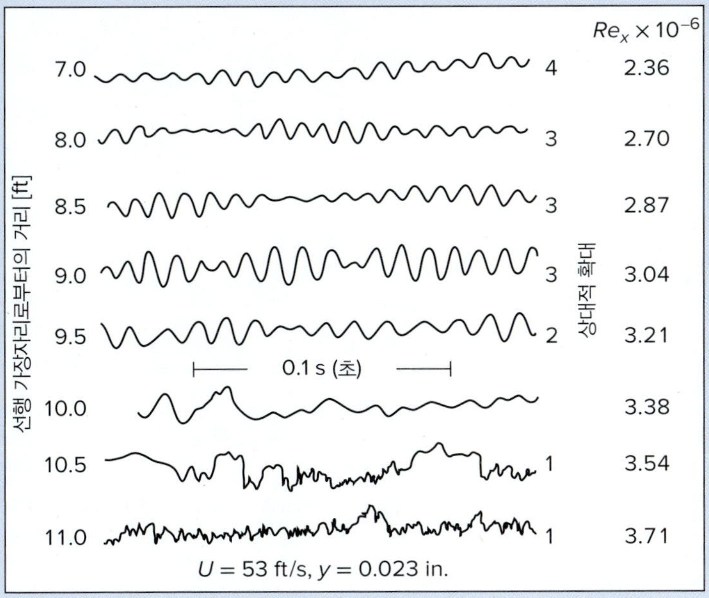

그림 5.8
평판에서 층류에서 난류로의 자연스러운 천이를 보여주는 열선 오실로그램[Schubauer와 Skramstad(1947)]

1940-1941년도의 터널(2차 세계 대전 이후 보고됨)에서 Schubauer와 Skramstad(1947)의 고전적인 실험이 수행되었다. 먼저, 자유 유동에 무작위 변동이 있는 경우 평판 천이를 결정하기 위해 열선 측정을 이용하였다. 이러한 결과는 그림 5.8에 나와 있다. 선행 가장자리 $x < 7$ ft에서 속도 진동은 무시할 수 있을 정도로 작다. 8 ft에서 선택적 증폭이 명확하게 발생한다. 9 ft에서 특정 사인파 성분의 진폭은 상당히 커진다. 10 ft에서 비선형 프로세스가 지배하기 시작하고, 변동이 더 무작위로 발생된다. 11 ft에서 유동은 완전히 난류이고 운동의 규모는 급격하게 변경된다. 관련 주파수는 이제 수십 헤르츠가 아닌 수천 단위이다. 이 결과는 자유 유동이 잡음을 포함했다면 획득 불가능했을 것이다.

그림 5.8은 자연 교란의 영향을 보여준다. 특정 정현파 성분의 효과를 결정하기 위해 Schubauer와 Skramstad는 벽에서 0.005 inch 거리에 있는 평평한 판을 가로질러 0.1 inch 너비와 0.002 inch 두께의 금속 리본을 놓고 전자기적으로 진동시켰다. 이런 식으로 경계층에 어떤 주파수의 교란을 일으킬 수 있다. 예를 들면 주어진 Reynolds 수에서 0에서 시작하여 리본의 진동 주파수를 천천히 증가시킬 수 있다. 처음에 하류 열선은 명확한 정현파 성분이 나타나는 주파수에 도달할 때까지 미미한 자연 진동을 보였다. 이것은 중립 곡선의 하한을 구성했다. 주파수가 증가함에 따라 정현파 진동은 최대 진폭으로 증가했다가 감소하여 엄지 곡선의 상단 경계를 따라 더 높은 유한 주파수에서 마침내 사라진다. 이러한 방식으로 흐름의 Reynolds 수를 변경하여 전체 중립 곡선을 설정할 수 있다.

이 고전적인 제어 실험에서 측정된 중립 곡선은 그림 5.9에 나와 있으며, 여기서 (1) 평행 흐름을 가정한 안정성 이론[Wazzan 등(1968a)] 및 (2) 비평행 유동[Saric과 Nayfeh(1975)]과 비교된다. 평행하지 않은 흐름의 영향—경계층 성장 $U(x, y)$ 및 $V(x, y)$—은 더 낮은 Reynolds 수에서 유의미한 것으로 보이며 실험과 잘 일치한다. Saric과 Nayfeh(1975)도 압력 구배를 사용하여 비평행 유동 거동을 조사하기 위해 '다중 척도 방법(method of multiples scales)'을 사용한다. 예상

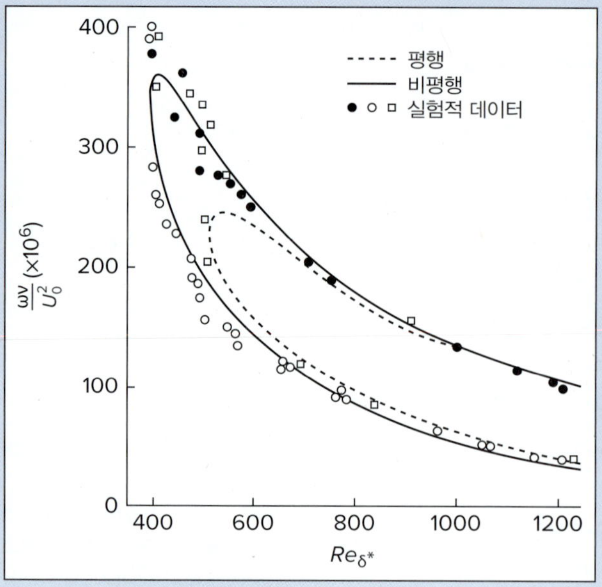

그림 5.9
Blasius 평판 경계층의 중립 곡선에 대한 이론과 실험의 비교.
□ Schubauer와 Skramstad(1947)의 데이터; Ross와 Barnes(1970)의 ● 위쪽, ○ 아래쪽 부분 데이터. [Saric과 Nayfeh(1975)]

대로 순구배($\beta > 0$)는 천천히 성장하고 중립 곡선에 작은 영향을 보여준다. 반대로 급격하게 성장하는 역구배($\beta < 0$)는 평가하기 어려운 큰 효과를 나타낸다.

위상 속도 및 고유함수에 대한 이론과 실험적 안정성 측정 간의 훌륭한 일치는 선형 불안정성 이론의 사용을 정당화하는 데 도움이 된다[Kaplan(1964)].

5-3 선형 안정성 이론에서의 매개변수 효과

안정성 이론의 성공은 Mach 수, 벽 온도 및 벽 흡입과 같은 다양한 매개변수가 층류 안정성에 미치는 영향을 분석적으로 예측할 수 있음을 의미한다. 이러한 많은 분석은 대부분 Orr-Sommerfeld 방정식을 처리하는 최신 디지털컴퓨터 기술을 사용하므로 나타났다. 그림 5.7에서 Falkner-Skan 분포에 대한 압력 구배의 계산된 효과를 보았고, 순(또는 역)구배가 안정성을 증가(또는 감소)시킴을 보여준다. 이 효과는 그림 5.10과 같이 Schubauer와 Skramstad(1947)의 동일한 실험에서 정성적으로 검증되었다. 위에서 아래로 내려가면, 확립된 불안정한 유동이 순구배(하류 압력 강하)에 의해 완전히 감쇠된 다음 압력이 상승할 때 불안정성이 훨씬 더 강하게 나타난다(역구배). Tani(1969)가 자세히 검토한 바와 같이 압력 구배는 초기 선형 불안정성뿐만 아니라 난류로의 최종 붕괴에도 영향을 미친다. 거의 분리된 흐름에서 이 최종 프로세스는 급작스럽게 일어난다.

5-3.1 고전적인 층류 유동 분포

3장의 고전적인 Poiseuille와 Couette 유동 분포의 선형 안정성은 여러 논문에서 분석되었다.

압력 구배에 의한 포물선 Poiseuille 채널 유동(그림 3.8)은 $U = U_0(1 - y^2/L^2)$의 형태를 가지

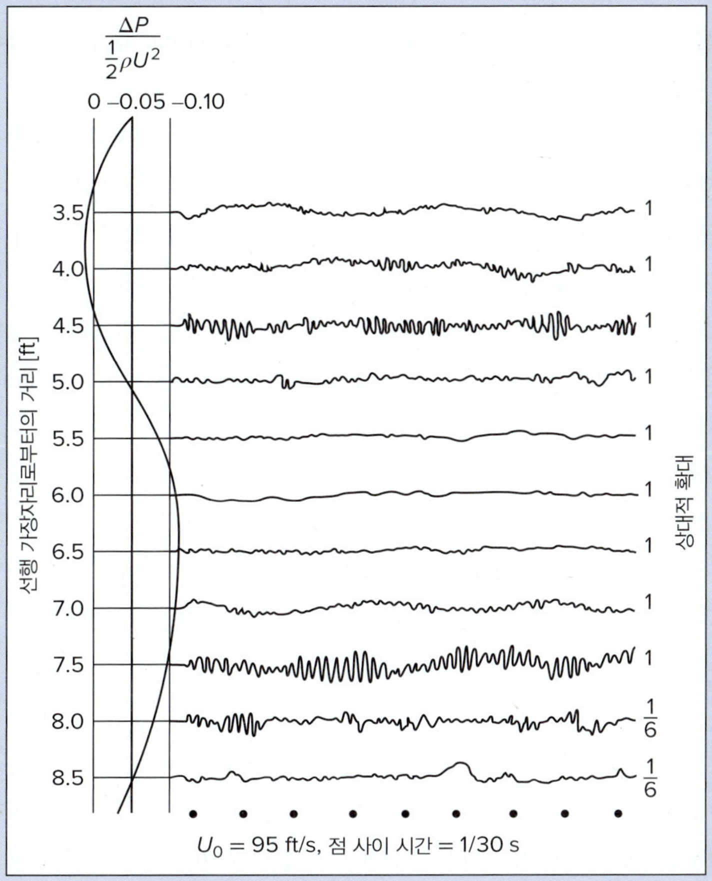

그림 5.10
층류 경계층 진동에 대한 압력 구배 효과[Schubauer와 Skramstad(1947)]

며 Shen(1954)에 의한 점근 분석의 마지막 하나로 연구되었다. 그림 5.11에 표시된 그의 계산된 증폭 곡선은 약 5%까지 정확하다. Nachtsheim(1964)의 이후 기계적 계산에서는 그림에 표시된 $Re_{\text{crit}} = 5767$ 및 $\alpha L = 1.02$를 예측한다. 분명 선형 불안정성은 이 유동을 제어하지 않는다. 채널은 일반적으로 그림 5.11의 임계값보다 훨씬 작은 약 $Re_L \approx 1000$에서 난류로의 천이를 보여주기 때문이다. 가장 가능성 있는 설명은 큰 교란이 천이를 유발하지만 채널 입구의 발달 유동 분포가

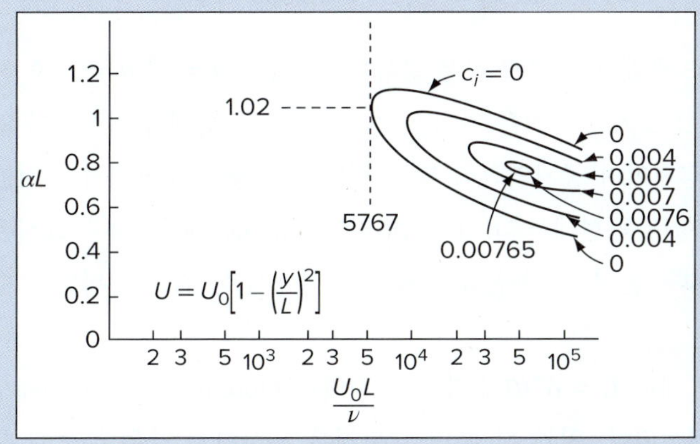

그림 5.11
평면 Poiseuille 유동에 대한 안정성 도표[Shen(1954)]

불안정해질 수 있다는 것이다.

훨씬 더 역설적인 것은 포물면 분포 $U = U_0(1 - r^2/r_0^2)$인 축대칭 Poiseuille 파이프 흐름이다. 알려진 모든 논문은 동일한 결과를 보고한다. Reynolds 수에서 명백한 선형 불안정성은 없다. 그러나 Reynolds(1883)의 연구 이후 난류로의 천이는 일반적으로 약 $Re_D \approx 2300$에서 발생한다는 것을 알고 있다. 여기서도 불안정성은 입구의 큰 교란으로 인한 것으로 생각되는데, 적절한 주의를 기울이면 매끄러운 파이프에서 층류를 $Re_D \approx 10^5$까지 유지할 수 있기 때문이다. Tatsumi(1952)는 발달된 파이프 입구 분포가 약 $Re_D \approx 10^4$에서 불안정해지기 시작하는 것을 보여주었다. 반면에 Meseguer(2003)는 유한 교란과 함께 파이프 흐름 천이로 가는 가능한 경로인 유맥 붕괴(streak breakdown) 과정을 분석한다. 자세한 내용은 Drazin과 Reid(1981) 또는 Schmid와 Henningson(2001)의 9.3절을 참조하길 바란다.

고정판과 이동판 사이에서 생성된 선형 Couette 분포 $U = U_0\, y/L$의 경우(그림 3.1)는 모든 극미한 교란에 대해 겉보기에 완전히 안정적이다. 그러나 $Re = U_0 L/\nu > 1500$이면 난류 유동이 발생한다는 것을 실험을 통해 알고 있다[Schlichting(1979)의 그림 19.3 참조]. Couette 흐름은 (1) 큰 교란 또는 (2) 발달하는 과도 분포에서 Tollmien-Schlichting 파동으로 인해 불안정해진다고 다시 한번 말한다.

유사공명(pseudoresonace). 앞에서 언급했듯이 평면 Couette 유동 또는 Poiseuille 파이프 유동에 대해 불안정한 정상 모드 진행파는 발견되지 않았다. 선형 이론은 안정적이며 난류를 유발하려면 큰 교란이 필요하다. 한편, Trefethen 등(1993, 1999)은 실제 불안정성은 아닐지라도 큰 진폭의 성장을 예측하는 완전히 다른 선형 안정성 접근법을 보고했다. 이 이론은 선형 3차원 섭동의 연속 세트를 생성하기 위해 스펙트럼 방법을 사용한다. 이 유사스펙트럼(pseudospectrum)의 일부는 특히 더 높은 Reynolds 수에서 크게 증폭되며, 특정 작은 교란은 3~4자리 정도 커질 수도 있다. 아마도 이러한 증폭된 교란 중 일부는 불안정으로 이어지는 비선형 효과를 촉발할 것이다.

5-3.2 흡입 분포의 불안정성: 형상 계수 상관관계

그림 4.26의 점근적(지수) 흡입 분포는 우수한 안정성 특성을 나타낸다. Hughes와 Reid(1965)는 이 상태에 대해 다음과 같이 보고했다.

$$U(y) = U_0(1 - e^{-y}) \qquad Re_{\text{crit}} = \frac{U_0 \delta^*}{\nu} = 46{,}000 \tag{5.34}$$

이것은 Blasius 값보다 90배 더 크다. 또한 분포는 가장 작은 층류 형상 계수 $H = \delta^*/\theta = 2$ 중 하나를 갖는다. 4-6.2절에서 층류에 대해 $2 \leq H \leq 3$임을 기억할 수 있다. 모든 곳에서 변곡점이 없고 U''가 양수인 흡입 분포는 매우 안정적이며 공기역학적 및 유체역학적 응용 분야에서 천이를 지연시키는 데 사용된다. 그림 4.26의 항력 곡선에서 '최적 흡입(optimum suction)'이라고 표시된 점선은 흡입 안정성 이론에서 계산되었다. 분명히, 난류 유동 항력 곡선에서 큰 감소를 확인할 수 있다.

표 5.1의 $Re_{\delta^*,\text{crit}}$ 값을 경계층 형상 계수 $H = \delta^*/\theta$에 대해 표시하면 Obremski 등(1969)에서 볼 수 있는 것처럼 매끄러운 곡선이 생성된다. 훨씬 더 흥미로운 것은 유사하지 않은 분포에 대

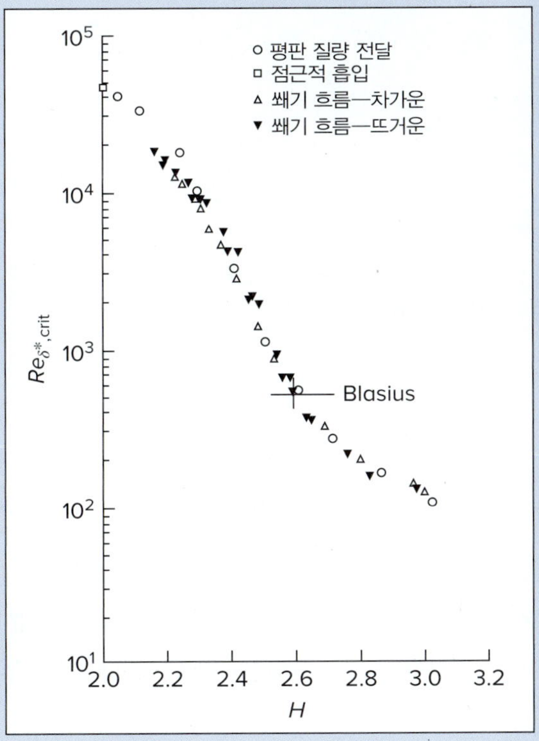

그림 5.12
임계 Reynolds 수와 초기 불안정성의 공학적 추정값으로 사용될 수 있는 경계층 형상 계수 사이의 상관관계[Wazzan 등(1979)]

한 안정성 결과가 이 곡선에 가깝다는 것이다. 이것은 Wazzan 등(1979)의 그림 5.12에 나와 있다. 곡선의 점에는 표 5.1의 Falkner-Skan 쐐기 흐름, Tsou와 Sparrow(1979)의 평판 흡입 및 분출 안정성 계산, Wazzan 등(1979)의 고온 벽과 가변 점도가 있는 쐐기 흐름이 포함된다. 따라서 Wazzan은 그림 5.12가 보편적인 상관관계이므로 형상 계수 H가 경계층 불안정성의 공학적 추정에 필요한 전부라고 제안한다. 예를 들어 Thwaites의 방법인 표 4.8에서 $H(\lambda)$를 계산할 수 있다.

5-3.3 후류, 제트, 그리고 전단층

벽이나 압력 구배가 없을 때 소위 자유 전단층은 항상 강한 곡률과 하나 이상의 변곡점을 갖는다. 예를 들어 전단층(그림 4.22에서 $k = 1$), 층류 제트(그림 4.23), 발달된 후류(그림 4.24)이다. 따라서 상대적으로 불안정하다.

2차원 제트의 분포의 형상은 $U = U_0 \operatorname{sech}^2 y$이며 많은 연구자들이 분석했다. 그림 5.13은 Kaplan(1964)에 의해 계산된 제트 고윳값을 보여준다. 불안정성은 매우 일찍 발생한다.

$$\text{제트:} \qquad \alpha \approx 0.2\text{에서} \qquad Re_{\text{crit}} \approx 4 \tag{5.35}$$

유사하게, 2차원 후류는 역제트 모양을 가지며 특히 Mattingly와 Criminale(1972)에 의해 연구되었다. 속도 분포는 $U = 1 + (U_0 - 1)\operatorname{sech}^2 y$로 대략적인 형태를 가지며, 제트와 마찬가지로 대략 4의 임계 Reynolds 수를 나타낸다.

2차원 전단층은 $U = U_0 \tanh(y/L)$로 표시될 수 있으며, Betchov와 Szewczyk(1963)에 따르면

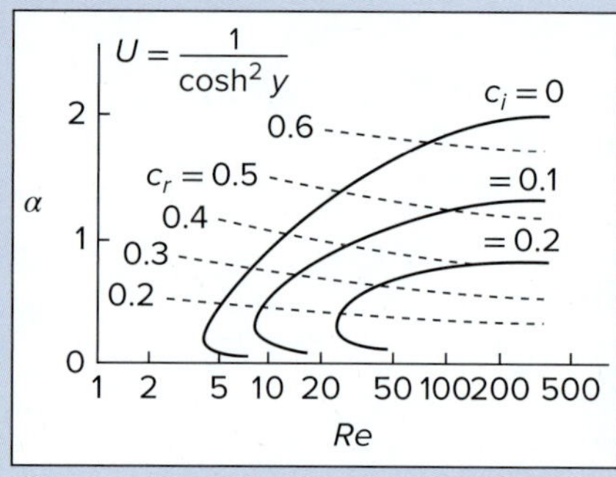

그림 5.13
2차원 제트의 고윳값[Kaplan(1964)]

임계 Reynolds 수는 다음과 같다.

$$\alpha L = 0.5\text{에서} \qquad Re_{\text{crit}} = 0 \qquad \text{및} \qquad C_{i,\max} = 0.19 \tag{5.36}$$

따라서 속도가 다른 흐름 사이의 전단층은 모든 Reynolds 수에 대해 무조건적으로 불안정하다. 그러나 이러한 제트, 후류 및 전단층 계산은 평행 흐름을 가정하고 낮은 Reynolds 수에서 분명히 발생하는 비평행 효과에 대해 수정되어야 한다. 이러한 흐름은 Betchov와 Criminale(1967)과 Drazin과 Reid(1981)에 의해 자세히 논의되었다.

5-3.4 벽 온도의 효과

실제 유체는 온도에 따라 점성이 변한다. 따라서 벽 근처의 점성 및 그에 따른 벽 근처 분포의 형상은 열전달의 영향을 받을 수 있다. 일반적으로 말해서 경계층 안정성은 벽에 가까운 음의 곡률 $U''(0)$을 증가시켜 향상된다. Reshotko(1987)가 지적한 바와 같이 $\mu = \mu(T)$인 경우 비점착 벽에서의 경계층 방정식은 곡률 표현식으로 산출된다.

$$\left.\frac{\partial^2 u}{\partial y_2}\right|_{y=0} = \frac{1}{\mu_w}\left(\frac{dp}{dx} - \frac{d\mu}{dT}\left.\frac{\partial T}{\partial y}\right|_{y=0}\left.\frac{\partial u}{\partial y}\right|_{y=0}\right) \tag{5.37}$$

이미 보았듯이 음의(순) 압력 구배 $dp/dx < 0$를 부과하여 $U''(0)$을 더 음으로 만들 수 있다. 식 (5.37)은 열전달로 인한 추가 효과를 보여준다. $\partial u/\partial y > 0$이므로 오른쪽의 둘째 항은 두 가지 다른 조건에서 음수가 될 수 있다.

$$\text{기체:} \qquad \frac{d\mu}{dT} > 0 \qquad \left.\frac{\partial T}{\partial y}\right|_{y=0} > 0: \quad \text{차가운 벽} \tag{5.38}$$

$$\text{액체:} \qquad \frac{d\mu}{dT} < 0 \qquad \left.\frac{\partial T}{\partial y}\right|_{y=0} < 0: \quad \text{뜨거운 벽} \tag{5.39}$$

따라서 온도에 따라 점성이 증가할 수 있는 기체는 냉각에 의해 안정화되고, 온도에 따라 점성이 감소하는 액체는 벽 가열에 의해 안정화된다.

평행한 비압축성 흐름을 계속 가정하지만, 온도 변화로 인한 가변 점성 $\mu(y)$를 허용하면 Orr-Sommerfeld 식 (5.29)는 다음과 같이 변경된다.

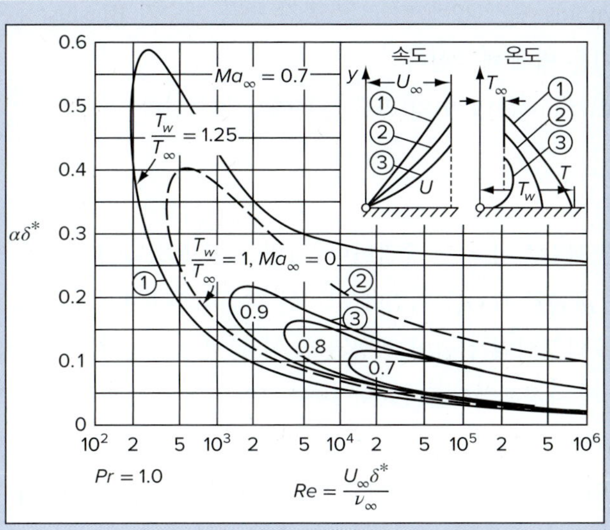

그림 5.14
아음속 기체 경계층의 안정성에 대한 벽 온도 효과 [Lees와 Lin(1946)]

$$(U-c)(\phi''-\alpha_\delta^2\phi)-U''\phi=-\frac{i}{\alpha_\delta Re_\delta}\left[\mu(\phi''''-2\alpha_\delta^2\phi''+\alpha_\delta^4\phi)+2\mu'(\phi'''-\alpha_\delta^2\phi')+\mu''(\phi''+\alpha_\delta^2\phi)\right] \tag{5.40}$$

여기서 2개의 추가된 항은 μ'과 μ''을 포함한다. 아음속 유동의 기체에 적용하면 식 (5.40)은 중립 곡선과 증폭 요인 모두에 매우 강한 영향을 나타낸다. 예를 들어, 그림 5.14는 0.7의 Mach 수를 가지는 자유 유동에서 Lees와 Lin(1946)의 계산을 보여준다. 벽 온도를 $T_w = 0.7T_\infty$로 낮추면 임계 Reynolds 수가 30배 증가하고 성장률 c_i에서 유사한 정도의 감소가 발생한다.

정확히 반대의 효과가 Wazzan 등(1968a)에 의해 물이 있는 평판 유동 연구에서 보고되었으며, 온도에 따라 점도가 급격히 감소한다. $T_e = T_\infty = 60°\text{F}$ 및 다양한 T_w를 가정한 계산은 표 5.2에 나

표 5.2 $T_\infty \equiv T_e = 60°\text{F}$ 물에 의한 평판 흐름의 안정성

T_w, °F	$Re_{\delta,\,crit}$	$\left(\frac{\alpha_i\delta^* c_i}{U_e}\right)_{max}$	$\left(-\frac{\alpha_r\delta^*}{Re_{\delta^*}}\right)_{max}\times 10^5$
32	240	0.0131	4.80
45	280	0.00780	2.50
60	520	0.00355	0.740†
75	1680	0.00135	0.105
90	5200	0.00080	0.028
105	8925	0.00067	0.016
120	10,750	0.00060	0.0125
135	11,400	0.00057	0.0117‡
140	11,440	0.00057	0.0120
150	11,300	0.00058	0.0130
175	9600		0.0166
200	8200		0.0200
250	5500		0.0295
300	3700		0.0405

출처: Wazzan 등(1968a)의 계산

와 있다. 가장 안정적인 조건은 임계 Reynolds 수가 22배 더 크고 공간 증폭 계수가 Blasius(등온) 경계층보다 63배 작은 T_w = 135°F인 뜨거운 벽에 해당한다.

액체와 관련된 추가 안정성 계산은 Wazzan 등(1979)의 리뷰 논문에서 논의된다.

5-3.5 압축 유동의 안정성

안정성 문제에서 기체 압축성을 추가하면 복잡성이 크게 증가한다. 압력은 이제 상태 방정식을 통해 온도 및 밀도에 연결되므로 변동 변수 $\rho(y)$와 $T(y)$를 이전에 고려한 식 (5.12)의 4개 변수(u, v, w, p)에 추가해야 하며, 그 결과 6차 미분 방정식의 집합이 생성된다. 이 문제에 대한 자세한 논의는 Betchov와 Criminale(1967, Chap. 8)의 내용과 Mack(1969, 1984, 1987)의 광범위한 노트 및 리뷰에 나와 있다.

Lees와 Lin(1946)은 비점성 압축성 안정성 이론을 개발했고 Brown(1962)은 점성 이론의 첫 번째 수치해를 얻었다. 그 이후의 수치적 연구는 불안정한 초음파와 같은 다양한 흥미로운 현상을 밝혀냈다. 이 분야는 컴퓨터 코드를 이용한 압축성 유동 설계 연구에서 층류 제어를 추정할 수 있을 정도로 발전했다.

몇 가지 중요한 결과에 대해 간단히 논의해 보겠다. 그림 5.15는 Ma_e = 2.2일 때 공기 중 단열 평판의 중립 곡선 이론과 비교한 실험자료를 보여준다. Dunn과 Lin(1955)의 근사 분석이 점근적 형태나 수치 적분 형태로 데이터와 잘 일치하지 않는다는 것을 알 수 있다. 정확성을 위해서는 완전한 다변수 안정성 방정식이 필요하다. 단열판에 대한 Mack(1969)의 추가 계산은 그림 5.16에 나와 있다. $Re_{x,\text{crit}}$이 Mach 수에 따라 증가하기 때문에 언뜻 보기에 압축률이 안정화되고 있는 것처럼 보인다. 실제로 불안정 특성에 큰 변화가 일어나고 있다. 증폭률과 곡선의 일반적인 형상은 Mach 수와 Reynolds 수에 따라 크게 변한다. Ma_e = 1.6에 대한 곡선은 비압축 엄지 곡선 유형이다. Ma_e = 2.2에서 곡선의 위쪽 분기에 국부 최솟값이 나타나 높은 Reynolds 수 범위에서 점성이

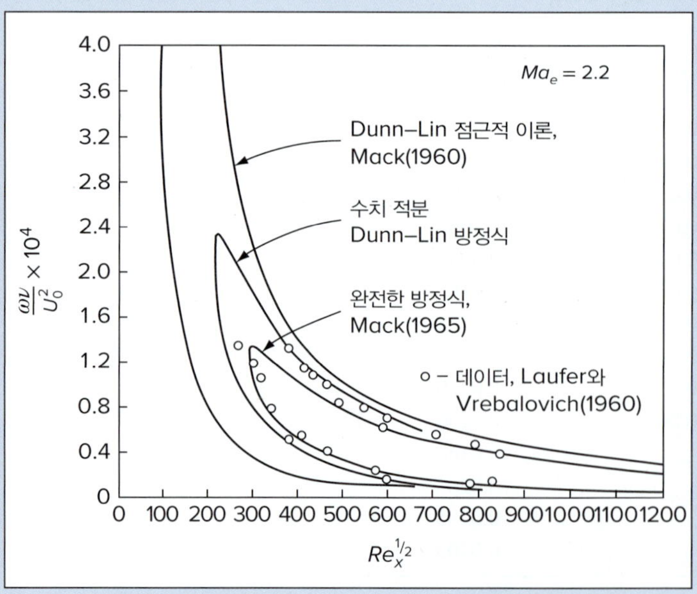

그림 5.15
Ma_e = 2.2에서 단열 평판의 중립 곡선에 대한 세 가지 안정성 이론 비교 [Mack(1969)]

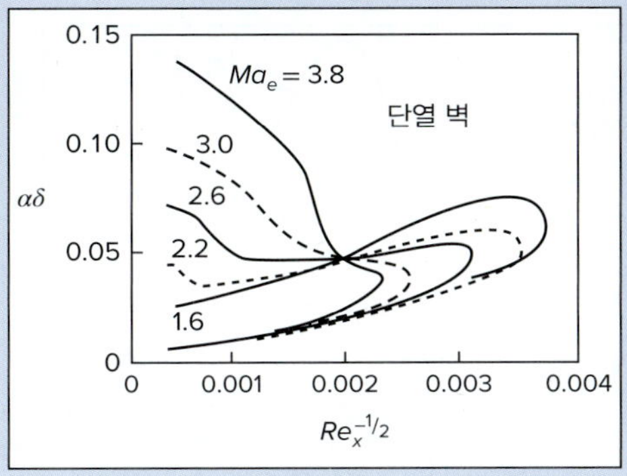

그림 5.16
평판(이상기체) 위의 초음속 단열 흐름의 중립 곡선에 대한 Mack(1969)의 컴퓨터 솔루션. [Jet Propulsion Laboratory, California Institute of Technology 제공].

안정화되었음을 나타낸다. 이 최솟값은 Ma_e가 증가하고 약 Ma_e = 3.0에서 사라짐에 따라 오른쪽으로 더 이동하며, 그 이상에서는 점도가 모든 Reynolds 수에 대해 안정화된다. Ma_e = 3.8에서 중립 곡선은 그림 5.7의 분리 분포의 일반적인 형상을 가지며 비점성 한계에서 최대 불안정성을 갖는다. Ma_e = 3.8에 대한 시간적 증폭률은 그림 5.17에 나와 있으며, 이는 비점성률이 가장 높다는 것을 보여준다.

약 3.0 이상인 Ma_e의 경우 상위 모드가 등장한다. 교란 위상 속도가 $c_r > a_w$로 벽에 비해 초음속일 때 발생하는 모드이다. 두 번째 모드는 매우 높은 빈도로 등장하여 약 Ma_e = 3.7까지는 미미하게 약하다. 이것은 Mach 수가 증가함에 따라 더 강해지고 아래로 이동하여 약 Ma_e = 4.8에서 첫 번째 모드와 병합된다. 이 효과는 그림 5.18에서 Ma_e = 4.5와 4.8에 대한 중립 곡선으로 설명된다. Mach 수가 높을수록 모드의 병합이 훨씬 더 완전하며, 두 모드는 Ma_e = 7에서 구별할 수 없다. 유감스럽게도 상위 모드는 그림 5.14에 나타난 1차 모드 효과와 달리 벽 냉각에 의해 감쇠되지 않는다. Mack(1969)의 계산에 따르면 벽 냉각에 의해 상위 모드의 증폭률이 약간 증가한다.

압축성의 또 다른 흥미로운 측면은 Squire의 정리가 더 이상 성립하지 않는다는 것이다. 가장 불안정한 파동은 자유 유동과 평행할 필요가 없다. 사실 높은 Mach 수에서 소산이 중요해지면서, 3차원 교란을 동등한 2차원 근삿값으로 다루는 것은 비압축성 경우에 대해 그랬던 것처럼 그다지 옳지 않다. 이것은 Dunn과 Lin(1955)에 의해 처음 보여졌다. 그들은 점성 및 전도 항이 동

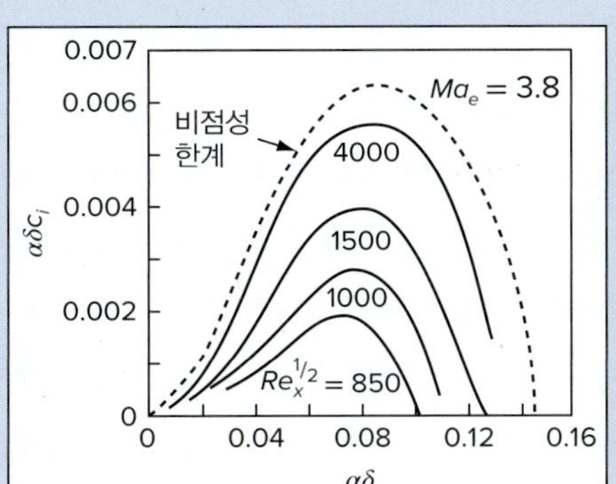

그림 5.17
Ma_e = 3.8에서 단열 평판의 1차 모드 증폭률에 대한 Reynolds 수 효과[Jet Propulsion Laboratory, California Institute of Technology, after Mack(1969) 제공].

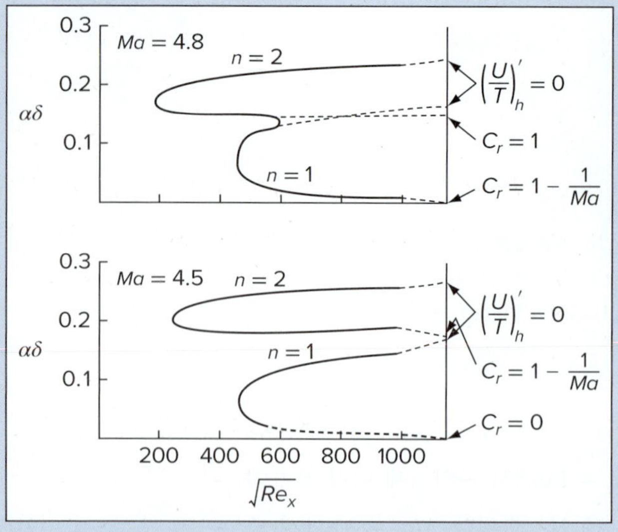

그림 5.18
상위 모드의 모양을 보여주는 초음속, 단열 평판 유동에 대한 중립 곡선 [Mack(1969)]

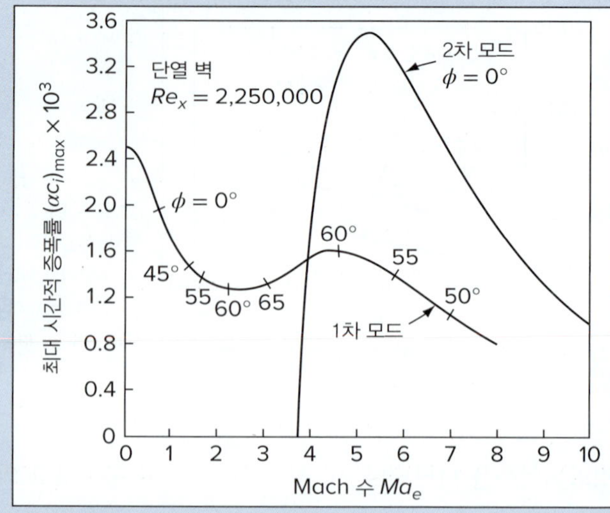

그림 5.19
평판을 지나는 단열 유동에 대한 시간 증폭률과 가장 불안정한 파동 방향 ϕ [Jet Propulsion Laboratory, California Institute of Technology 제공, Mack(1969) 이후]

등한 2차원 시스템으로 적절하게 변환되지만 소산 항은 그렇지 않다는 것을 입증했다. 증폭률에 대한 Mack(1969)의 일부 결과와 평판에서 가장 불안정한 파동각 ϕ [식 (5.12)에서]이 그림 5.19에 나와 있다. Squire의 정리($\phi = 0$)는 약 $Ma_e = 0.7$까지 1차 모드에 대해 성립하며, 이후 임계각은 $\phi = 45 - 65°$로 점프한다. 2차 모드는 Squire의 정리를 전체적으로 충족한다. 2차 모드는 $Ma_e = 4$에서 빠르게 두드러지고 더 불안정한 모드가 된다.

이론적으로나 실험적으로나 높은 Mach 수(극초음속) 흐름의 안정성은 많은 연구의 대상이며, 특히 Stetson(1988), Lachowicz 등(1996) 및 Cassel 등(1996)이 주목할 만하다. 지배적인 불안정성은 2차 모드로, 성장률이 선형 이론과 합리적으로 잘 비교된다. 실험에서 고주파 교란이 검출되며, 초음파 안정성에서 강한 비선형 효과를 포함한다.

5-3.6 컴플라이언트 경계의 안정성

지금까지 논의한 모든 결과는 단순한 점착 조건이 유지되는 견고한 벽에 대한 것이었다. 벽이 유연하다면 많은 중요한 예가 발생한다. (1) 패널 플러터, (2) 액체 필름의 움직임, (3) 해양 파도의 성장, (4) 수중 음파 탐지기 돔과 같은 고무 코팅 기구, (5) 심혈관 흐름, 그리고 (6) 수영하는 물고기의 피부가 있다. 수치해석의 순도 높은 전환점을 이끈 Kaplan(1964)의 논문은 사실 컴플라이언트(compliant) 경계에 대한 연구였다. 그의 연구는 Kramer(1957)의 흥미로운 실험에 의해 촉발되었다. 천연고무와 같은 컴플라이언트 재질로 표면을 코팅할 경우 물속에서 견인되는 물체의 항력이 감소한다는 것이었다. Kramer는 항력 감소가 컴플라이언트 경계에 의한 난류로 천이가 지연되었기 때문이라고 추측했다. 그 후 Benjamin(1960)은 분석적으로 컴플라이언트 벽이 경우에 따라 잠재적으로 안정화될 수 있으며, 불안정한 파동의 유형이 세 가지임을 보여주었다. 클래스 A(Tollmien-Schlichting 파), 클래스 B(공기탄성 경계 플러터), 클래스 C(Kelvin-Helmholtz 불안

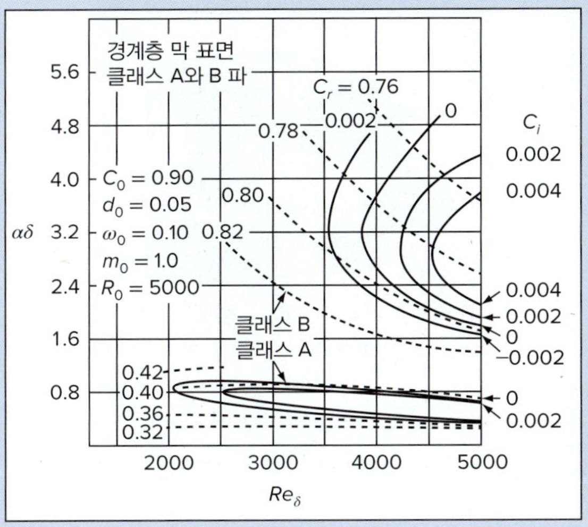

그림 5.20
컴플라이언트 막 표면 위의 유동에 대한 증폭률 및 위상 속도[Kaplan(1964)]

정성)이다. 클래스 A 파는 일반적으로 컴플라이언트 벽에 의해 감쇠되고 안정화되지만 클래스 B 파는 종종 컴플라이언스에 의해 불안정해지고 중요한 경우가 된다. 클래스 C 파는 비점성 불안정성과 유사하며 코팅의 제조 및 유지관리에 문제를 일으킬 수 있다.

Kaplan(1964)은 일부 특정 컴플라이언트 벽에 대한 수치 안정성 해를 보고하였다. Blasius 경계층이 있는 막 표면에 대한 결과는 그림 5.20에 나타나 있다. 상수 (C_0, d_0, ω_0, m_0, R_0)는 특정 막의 특성이다. 클래스 A 파와 클래스 B 파가 모두 나타나며, 클래스 A 파가 갖는 임계 Reynolds 수는 2150으로 단단한 벽의 경우(그림 5.6)보다 약 40% 높다. 클래스 B 파는 약 $Re_{\text{crit}} \approx 3800$에서 불안정해지며, 클래스 A 파보다 높은 성장률과 위상 속도를 가진다.

Kramer의 실험은 도발적이고 이론에 의해 질적으로 지지를 받았음에도 불구하고 컴플라이언트 표면 천이 지연 및 항력 감소에 대한 약속은 그다지 효과적이지 않았으며, 신뢰할 수 있는 엔지니어링 설계가 보고되지 않았다.

5-3.7 자유 대류 유동의 안정성

자유 대류 또는 부력 대류는 층류 불안정성을 연구하는 데 탁월한 매질이며, 온도장이 다양하여 Eckert와 Soehngen이 개척한 간섭계 기술을 통해 흐름을 시각화할 수 있다[Eckert와 Drake (1972) 논문 참조]. 주제에 대한 훌륭한 리뷰는 Gebhart(1969)와 Gebhart 등(1988)의 책 11장에서 이루어진다.

Orr-Sommerfeld 관계와 동등한 자유 대류는 Plapp(1957)에 의해 도출되었다. 경계층 관계 자체[식 (4.257)]와 비교할 수 있는 이 방정식은 속도와 온도 결합을 통합하지만 작은 교란 가정으로 인해 선형으로 유지된다. Plapp의 완전 결합 방정식의 컴퓨터 해는 Nachtsheim(1963)에 의해 주어졌으며, 그림 5.21에 나타난 결과는 실험과 잘 일치한다. 속도 분포가 변곡점을 가지기 때문에 불안정성이 매우 일찍 발생한다[그림 4.55(a) 참고]. 그림 5.21에서 임계 Grashof 수는 물의 경우 약 2500이고 기체의 경우 50,000이며, 이는 각각 $Re_{\text{crit}} \approx 50$과 700의 등가 값에 해당한다. 성장률은 중간 정도이므로, $Gr_x \approx 10^9$의 국소적 Grashof 수까지 또는 약 30~70배 더 하류에서 난

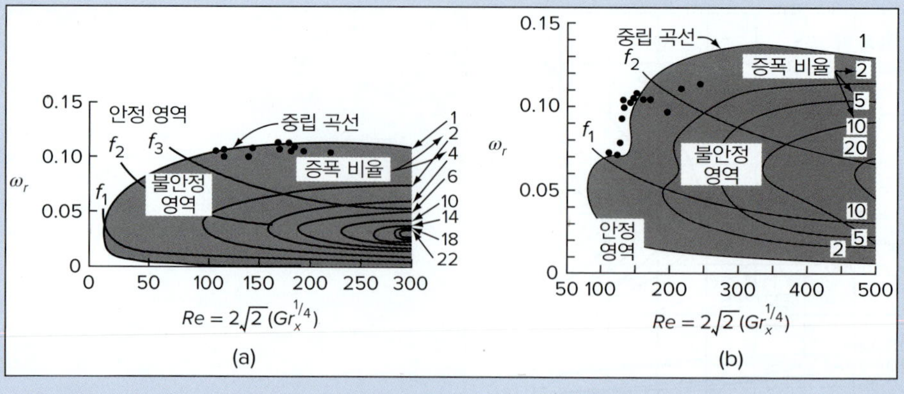

그림 5.21
수직 자유 대류 유동에 대한 증폭 곡선. (a) 물: $Pr = 6.7$; ● = Knowles와 Gebhart(1968)의 데이터, (b) 기체: $Pr = 0.7$; ● = Polymeropoulos와 Gebhart(1967)의 데이터.

류로의 최종 천이가 발생하지 않는다. 그림 5.21(b)에서 기체에 대한 중립 곡선은 속도 및 온도 변동에 각각 대응하는 상부 및 하부 혹(humps)을 가지는 두 가지 모드를 갖는다.

5-3.8 원심 불안정성

이전의 안정성 예는 모두 평행한 점성 유동이었다. 다소 다르지만 관련된 사례는 회전 유동의 원심 불안정성이 있다. 이러한 맥락에서 우리는 회전 원통 사이의 고전적인 Couette 유동, 식 (3.22), 유한한 회전 속도 및 반경의 구성을 위해 분류한다. 그림 5.22(a)에서 볼 수 있듯이, 뒤따르는 흐름은 난류가 아니라 G. I. Taylor(1923) 이후에 Taylor 와류라고 불리는 원주방향 토로이달(toroidal) 와류 열(row)의 안정적인 층류이다. 훨씬 더 높은 회전율까지 난류가 나타나지 않는다.

비점성 회전 불안정성의 기준은 Rayleigh(1916)에 의해 도출되었다. "비점성 회전 유동은 순환의 제곱이 바깥쪽으로 감소하면 불안정하다." 즉, 다음과 같은 경우 안정성이 보장된다.

$$\frac{d}{dr}(rv_\theta)^2 > 0$$

원통 사이의 Couette 유동의 경우[식 (3.22)]로 줄일 수 있다.

안정성: $$\Omega_o r_o^2 > \Omega_i r_i^2 \tag{5.41}$$

여기서 아래 첨자 i와 o는 각각 내부 표면과 외부 표면을 의미한다. 이 조건으로부터 다음과 같은 흥미로운 예측을 추론할 수 있다.

1. 내부 원통 회전, 외부 원통 정지: 불안정
2. 내부 원통 정지, 외부 원통 회전: 안정
3. 반대 방향으로 회전하는 원통: 불안정

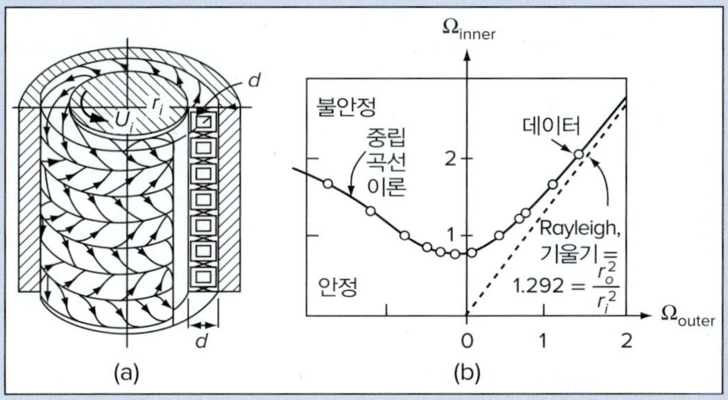

그림 5.22
회전 원통 사이의 Couette 유동의 불안정성에 대한 Taylor(1923)의 고전 이론 및 실험. (a) Taylor 와류 및 (b) $r_o = 4.035$ cm 및 $r_i = 3.55$ cm에 대한 이론 및 실험.

실제로 점성은 이러한 경계가 다소 안정화시키고 번지게 하는 경향이 있다. 점성 불안정성은 식 (3.22)에 의해 주어진 기본 유동 v_r, v_θ, v_z, p에서 작은 교란으로 요동되도록 함으로써 연구된다. 이 분석은 Taylor(1923)에 의해 두 갈래의 실험적, 분석적 연구에서 수행되었다. 간격(clearance) $C = (r_o - r_i)$가 r_i에 비해 상대적으로 작다고 가정하여 Taylor는 문제를 단순함으로써 안정성은 Ω_o/Ω_i와 Taylor 수라고 불리는 무차원 매개변수에만 의존하게 된다.

$$Ta = \frac{r_i C^3(\Omega_i^2 - \Omega_o^2)}{\nu^2} \tag{5.42}$$

작은 간격 안정성 이론은 $0 \le \Omega_o/\Omega_i \le 1$인 경우, 불안정성이 다음 위치에서 발생한다고 예측한다.

$$Ta_{\text{crit}} \approx 1708 \qquad \text{및} \qquad \alpha C \approx 3.12 \tag{5.43}$$

3.12 값을 가지는 임계파수는 π에 가깝다. 즉, 그림 5.22(a)에서 형성되는 토로이달 와류는 거의 정사각형이다. 이러한 결과는 Coles(1965)의 신중한 실험과 잘 일치한다. Ta가 증가함에 따라 층류 와류는 층류를 유지하면서 원주파를 발생시키기 시작한다. $Ta \approx 160{,}000$에서 난류가 발생한다. 이 토로이달 와류의 사진은 van Dyke(1982)의 사진 앨범에 나와 있다.

매우 높은 Taylor 수, $8 \times 10^7 < Ta < 4 \times 10^9$에서 난류 Couette 유동에 대한 실험 결과는 Townsend(1984)에 의해 보고되었다.

이와 관련하여 Görtler(1955)는 그림 5.23과 같이 오목한 벽을 따라 흐르는 경계층 흐름에서 종방향 와류 불안정성의 존재를 지적했다. 작은 $\delta/r \approx 0.02$~0.1의 경우, 이러한 쌍을 이루는 유동방향 와류는 약 $U_\infty\delta/\nu \approx 5$에서 형성되기 시작한다. 이들은 오목 벽에서 난류로의 초기 천이에 강한 영향을 미치는 것으로 생각된다.

원심 불안정성의 또 다른 예는 3-8.2절에서 논의한 회전 디스크 위의 유동이다. Gregory 등(1955)의 실험은 그림 3.38에서와 같이 디스크의 유한 두께 링에서 불안정한 대수-나선 와류를 보여주었다. 3차원 교란 방정식은 Malik(1986)에 의해 $Re_\omega = r^2(\omega/\nu) \approx 81{,}200$에 해당하는 동적 Reynolds 수에서 불안정한 것으로 나타났다. Lingwood(1995)는 $Re_\omega \approx 260{,}000$에서 절대(다방향,

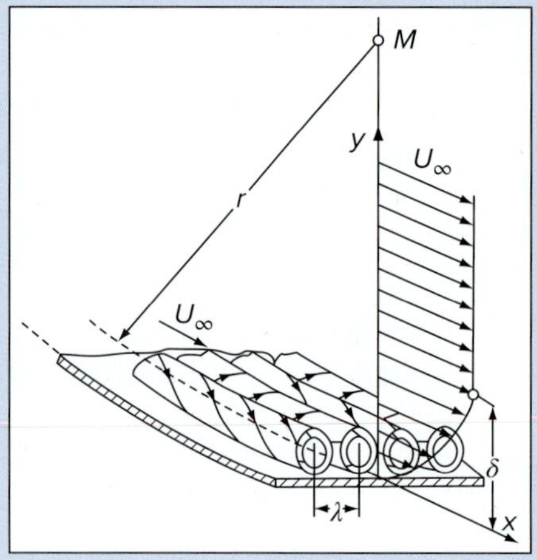

그림 5.23
오목한 벽 유동의 종방향 와류[Görtler(1955)]

비대류) 불안정성을 발견했다. 그녀의 실험은 절대적인 불안정성 직후에 천이가 뒤따르는 것으로 나타났다[Lingwood(1996)].‡‡

실제로 원심 불안정성에 대한 탁월한 리뷰는 Drazin과 Reid(1981) 및 Koschmieder(1993)에 의해 논의되었다.

5-4 난류로의 천이

앞의 두 절의 선형화 안정성 이론은 일부 유한한 Reynolds 수에서 층류 붕괴를 예측한다. 난류의 시작을 예측하지는 않는다. 극미한 교란의 증폭을 통한 층류의 초기 붕괴에 이어, 유동은 복잡한 공간적 변화의 순서를 통과한다. 그 결과 불안정하고 무질서하지만 이상하게도 합리적이고 놀랍도록 안정적인 난류 현상이 발생한다. 층류에서 난류로의 진화 과정을 천이(transition)라고 한다.

천이 과정에 대한 한 세기의 연구 이후, 특히 불안정한 파동의 시각화에는 상당한 진전이 있었지만, 그 메커니즘은 아직 완전히 이해되지 않았다. 역사적으로, 천이에 대한 의견은 이 개념에서 다른 개념으로 옮겨갔다. 1880년의 Rayleigh 비점성 이론은 경계층의 실제 문제인 극미한 교란의 점성 불안정성을 모호하게 했다. 그 이후 1929년에 점성 Tollmien-Schlichting 파동이 예측되었을 때 연구자들은 그 파동을 의심했다. 왜냐하면 그 날의 (시끄러운) 실험은 난류로의 3차원 '폭발(explosion)'로의 천이를 분명히 가리키고 있었기 때문이다. 20년 후 Schubauer와 Skramstad, 그리고 Liepmann이 Tollmien-Schlichting 파동을 문서화했을 때, 2차원적 원인을 수용하려는 의견의 쇄도가 너무 커서 Liepmann의 폭방향(spanwise) 변동에 대한 명확한 표시는 완전히 무시되었다. 10년 후 Emmons(1951)는 흐르는 얕은 물에서 우연히 산발적인 난류를 발견했다. 2차원성은 갑자기 버려졌고 Morkovin(1969)은 "모든 사람이 한 점만을 보고 있었습니다."라고 씁쓸하게

‡‡ 절대 불안정성은 교란이 다른 곳으로 퍼지기 전, 공간의 동일한 시작점에서 시작하여 계속 증가하는 경우이다. 대류 불안정성은 교란이 시작 근원에서 멀어지면서 커지는 경우를 말한다.

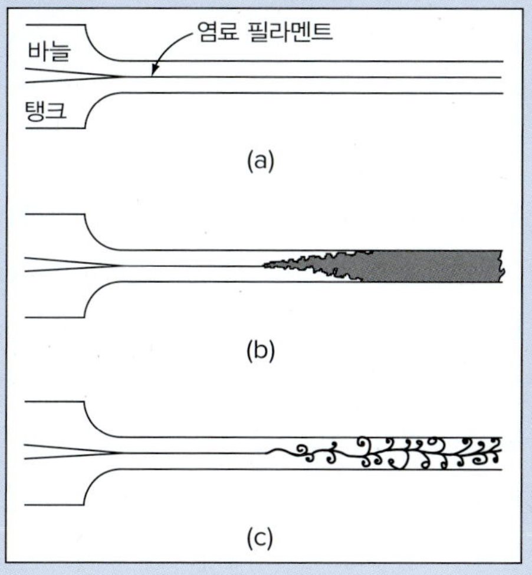

그림 5.24
Reynolds(1883)의 고전적인 파이프 유동 염료 실험. (a) 저속, 층류, (b) 고속, 난류, (c) (b) 조건의 스파크 사진.

언급했다. Klebanoff 등(1962)이 종방향 와도와 폭방향 에너지 교환을 포함하는 필수 중간 과정을 명확히 하기 전의 또 다른 10년이었다. 여기에 추가된 귀찮은 단위 Reynolds 수 효과는 다양한 실험 시설 간에 천이 과정이 다르며, 이는 난류로 향하는 실제 경로에서 초기 교란 스펙트럼(자유 유동 난류, 방사 잡음, 표면 거칠기)에 대한 강력한 역할을 보여준다. 이러한 매개변수와 상호 작용의 복잡성으로 인해 천이 과정에 대한 최종 그림에 대한 희망이 계속 좌절되었다.

우리의 제한된 지식의 극적인 예는 원래의 천이 실험(파이프 유동)이 여전히 잘 이해되지 않는다는 사실이다. Reynolds(1883)는 그림 5.24에서와 같이 원형 파이프의 입구에 염료를 도입하는 고전적인 실험을 수행했다. 일정한 직경과 점성에서 유속을 변화시킴으로써 Reynolds는 사실상 무차원 매개변수 $Re = \bar{u}d/\nu$를 변화시켰으며, 나중에 그의 이름을 따서 명명되었다. 저속($Re <$ 2000)에서 유동은 층류를 유지하고 염료 필라멘트는 그림 5.24(a)에서와 같이 거의 직선적이고 뚜렷한 유선을 따라 머물렀다. 속도를 $Re = 2000 \sim 13{,}000$ 사이 값으로 증가시키면 입구 조건의 평활도(smoothness)에 따라 필라멘트가 하류 어딘가에서 끊어지고 주변 물과 빠르게 혼합되어 그림 5.24(b)와 같이 튜브가 완전히 착색된다. 잘 혼합된 영역의 흐름은 난류였지만 스파크 사진[그림 5.24(c)]은 순간 필라멘트가 실제로 여전히 비교적 뚜렷한 컬(curls)과 에디 세트에 국한되어 있음을 보여준다. 이러한 에디와 관련 유체 파셀(parcel)은 최대 수천 헤르츠의 주파수에서 빠른 3차원 운동으로 나타나 육안으로는 색상이 흐려지는 효과를 만든다[그림 5.24(b)]. 또한 $Re < 2000$에서는 입구 조건이 아무리 거칠고 시끄럽더라도 천이가 발생하지 않는 것으로 나타났다.

그림 5.24에 관한 몇 가지 다른 사실은 주목할 필요가 있다. (1) 천이는 파이프 입구가 아닌 하류에서 발생하며 실제 지점은 Reynolds 수가 연속적으로 증가하면서 입구 쪽으로 이동하는 경향이 있다. (2) 층류에서 난류로의 명확한 증폭 영역이 있다. 그리고 훨씬 하류에서 난류는 초기 교란과는 별개로 생성과 붕괴 사이의 균형이 완전히 발달된 평형 상태에 도달한다. (3) 난류가 시작되는 지점에서 유동은 오직 난류 지점으로 간헐적으로 난류한다. 예를 들어 Rotta(1956)의 측정에서 $Re = 2500$에서 유동은 $x/d = 200$에서 약 50%의 난류[간헐 계수(intermittency factor) $\gamma = 0.5$]이고 $x/d = 500$에서는 여전히 약 85%의 난류($\gamma = 0.85$)이다. 경계층 유동에서 동일한 간헐 현상

이 발생하는데, 여기서 난류-경계층 유동과 거의 비난류 외부 유동 사이의 다소 날카로운 계면을 보여준다(그림 6.5).

5-4.1 폭방향 와도의 발달

초기 교란 스펙트럼이 거의 무한대이고 무작위인 경우[이산(discrete) 주파수 피크가 없음]라면, 초기 불안정성이 압축률이 중요하지 않은 한 평균 유동방향으로 진행하는 2차원 Tollmien-Schlichting 파동으로 발생할 것이라고 이론은 예측하고 실험을 통해 검증된다. 그러나 Tollmien-Schlichting 파동이 폭방향의 변화를 나타내기 시작하면서 곧 3차원이 나타난다. 3차원에 대한 이러한 경향은 1960년대의 실험까지 예측되거나 예상되지 않았다. 이와 관련하여 Klebanoff 등(1962)은 불안정한 영역의 전단층이 약간의 3차원을 증폭하는 경향이 강하다는 것을 보여주었으며, 이는 모든 자연 교란 스펙트럼에 반드시 존재해야 한다. 그림 5.25는 스페이서를 포함하는 진동 리본의 유동방향 속도 변동 하류에서 폭방향 피크와 골의 급속한 발달을 보여준다. 폭방향 변화는 하류에서 약하지만 11 cm 후, 피크는 골보다 4배 더 강하다. 측면 및 수직 요동에서 유사한 변동(보이진 않지만)이 발생하고, 유동은 완전한 난류 유동의 특징인 철저한 3차원적 조건에 접근한다. 그러나 그림 5.25의 유동은 여전히 층류이다.

1980년대에는 Tollmien-Schlichting 파동의 성장 과정을 훌륭하게 시각화했다. Tatsumi(1984)가 편집한 논문에는 다양한 저자들의 훌륭한 논의가 많다. 특히 Saric과 Thomas(1984)는 세 가지 다른 유형의 Tollmien-Schlichting 파동 붕괴를 설명하기 위해 평판 흐름의 연기-와이어 시각화를 사용한다. 반면 Klebanoff 등(1962)은 스페이서가 있는 리본을 사용하고, Saric과 Thomas(1984)는 장식되지 않은 리본을 사용한 후 진동의 rms 진폭과 주파수를 변화시킨다. 그 결과는 그림 5.26에 나와 있으며 Λ 와류(Λ vortices)라고 한다.

그림 5.26(a)는 Tollmien-Schlichting 파동과 동일한 파장을 갖고 U_∞의 약 1% 변동 진폭에서 발생하는 동위상 Λ 와류(즉, 피크-팔로우-피크)를 보여준다. 이 파동은 그림 5.25의 파동과 동일

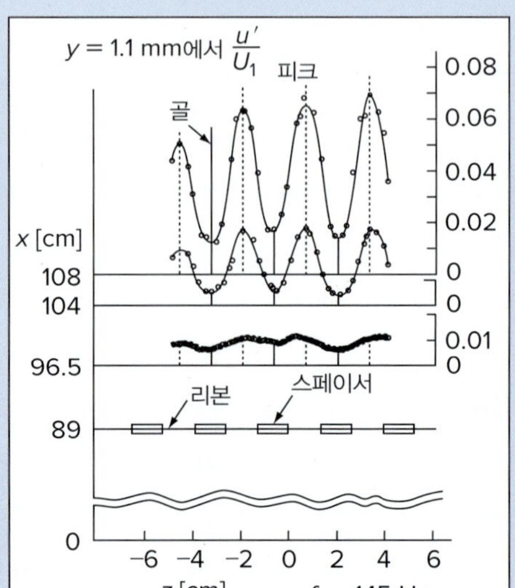

그림 5.25
스페이서가 있는 진동 리본의 유동방향 하류 속도 변동의 폭방향 진동의 발달[Klebanoff 등(1962)]

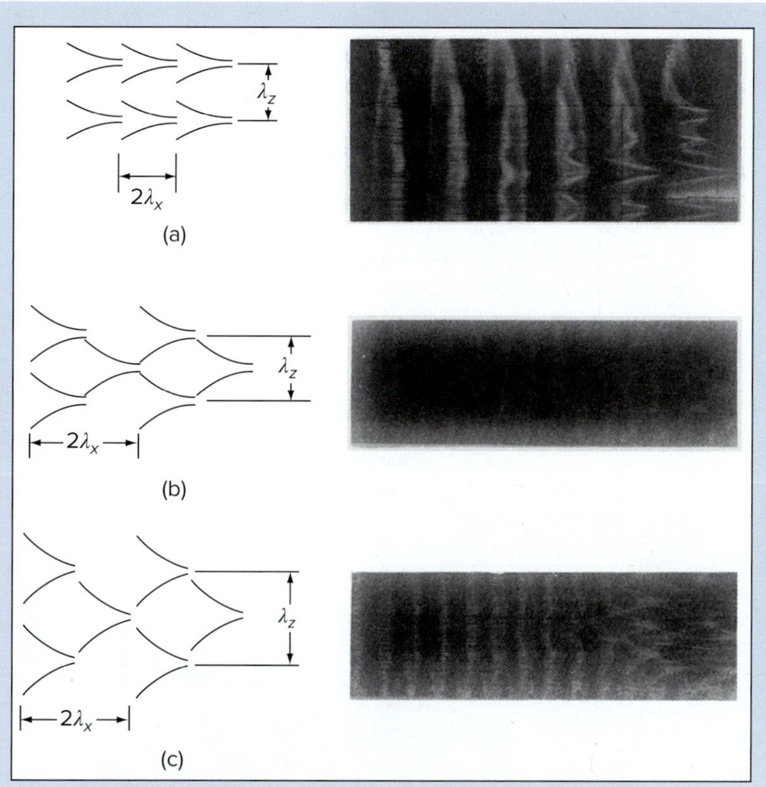

그림 5.26
경계층에서의 불안정한 와류 붕괴 패턴. (a) 동위상으로 정렬되고 Tollmien-Schlichting 파동과 유사한 K형($u'/U_\infty \approx 1\%$), (b) $\lambda_z \approx 1.5\lambda_x$인 C형(0.3%) 지그재그인 서브하모닉, (c) $\lambda_z \approx 0.7\lambda_x$인 H형(0.6%) 지그재그인 서브하모닉. [Dr. William S. Saric 제공]

하므로 Klebanoff의 이름을 따서 K형 와류라고 한다. 폭방향 파장 λ_z는 유동방향 값 λ_x의 약 1/2이다.

더 낮은 진폭(U_∞의 $\approx$ 0.3%)에서 피크-팔로우-골이 있는 지그재그 파동의 구조는 그림 5.26(b)와 같이 나타난다. 유동방향의 파수와 주파수는 Tollmien-Schlichting 파동의 약 절반이고 $\lambda_z \approx 1.5\lambda_x$이다. 패턴은 Craik(1971)의 이름을 따서 지금은 C형 와류라고 불리는 서브하모닉(subharmonic) 불안정파를 구성한다.

마지막으로, 그림 5.26(c)는 $\lambda_x \approx 2\lambda_{TS}$이지만 짧은 폭, $\lambda_z \approx 0.7\lambda_x$인 두 번째 유형의 지그재그(서브하모닉) 와류 패턴을 보여준다. 이러한 파동은 U_∞의 약 0.6%의 중간 변동 진폭에서 발생하며 Tollmien-Schlichting 파동의 2차 불안정성에서 3차원 교란으로 발생한다는 것을 보여준 Herbert(1983)의 이름을 따서 H파라고 한다.

따라서 Tollmien-Schlichting 파동에서 난류까지의 경로 다양하다는 것을 알 수 있으며, Stuart(1987)가 검토한 것과 Schmid와 Henningson(2001)의 책 5장에서 검토한 것처럼 많은 경로가 유동 불안정성의 비선형 이론으로 설명된다. 그러나 비선형 이론은 현재 책의 범위를 벗어난다.

5-4.2 난류 지점: 최종 천이 과정

전단층이 점성 불안정성을 발생시키고 Tollmien-Schlichting 파동을 형성하여 여전히 층류이지만, 속도와 압력의 유한 진폭(1~2%) 3차원 변동으로 성장하는 것을 확인하였다. 그 이후로 그 과정은 성장보다 붕괴에 가깝다. 종방향으로 늘어난 와류는 관련 주파수와 파수가 무작위에 가까워질

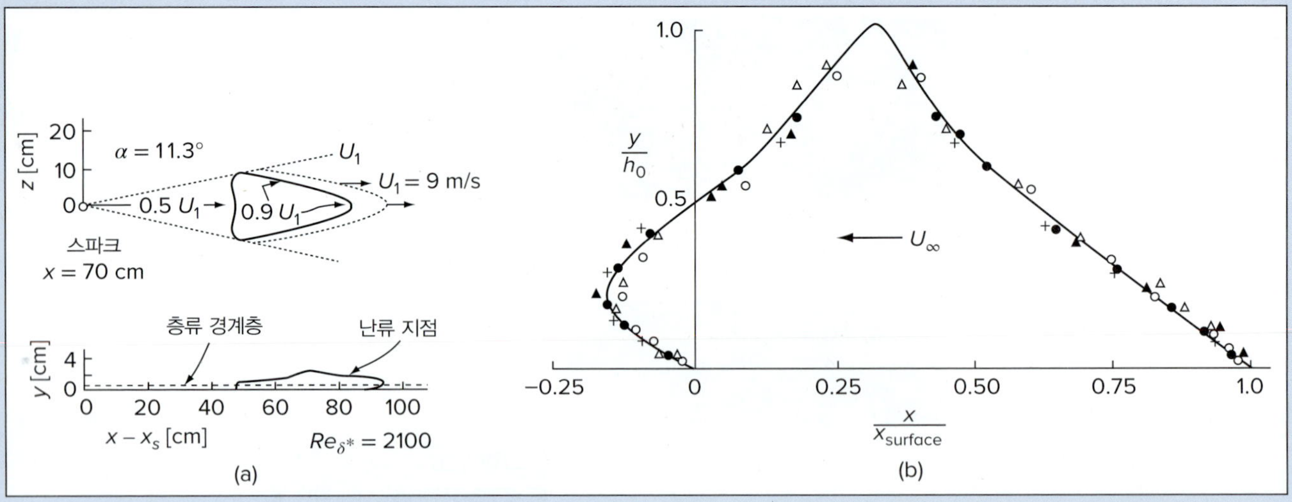

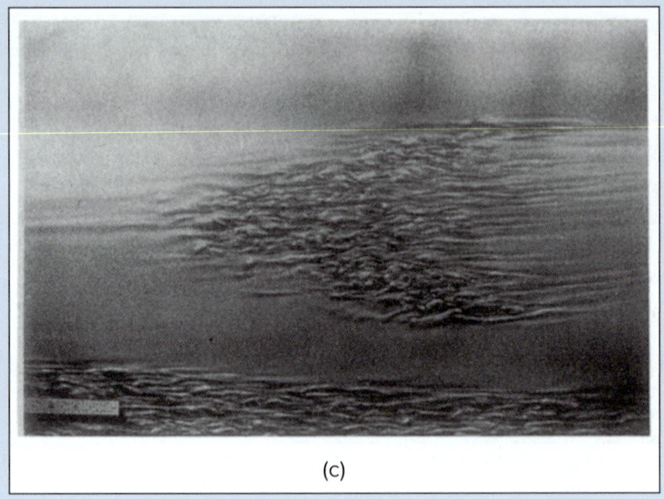

그림 5.27
난류 지점 성장 관측. (a) 계획 및 고도 스케치[Schubauer와 Klebanoff (1995)], (b) 측정된 정규화된 형상[Wygnanski 등(1976)], (c) 채널에서 알루미늄 플레이크에 의한 가시화[Cantwell, B., Coles, D.와 Dimotakis, P., "Structure and Entrainment in the Plane of Symmetry of a Turbulent Spot," Journal of Fluid Mechanics, 87(1978): 641-72].

때까지 더 작은 단위로 계단식으로 붕괴된다. 그런 다음, 이 광범위하게 변동하는 상태에서 벽 근처의 전단층에서 임의의 시간과 위치에서 강렬한 국소적 변화가 발생한다. 난기류는 얕고 낮은 채널의 표면에서 Emmons(1951)에 의해 처음으로 발견된 성장 및 확산 지점의 형태로 발생한다. 그 이후로 많은 연구자들이 예를 들어 전기 스파크를 사용하여 인공 지점을 생성할 수 있었다.

그림 5.27은 난류 지점의 성장과 형상에 대한 다양한 관찰 결과를 보여준다. 위에서 보면—그림 5.27(a)와 (c)—지점은 하류로 이동하고 일반적으로 8°와 12° 사이에서 보고되는 반각(half-angle)으로 퍼지는 화살촉처럼 보인다. 선행 가장자리는 약 $0.9\,U_\infty$로 이동하는 반면 후행 가장자리는 약 $0.5U_\infty$로 더 천천히 전파된다. 따라서 그림 5.27(b)의 5개의 다른 x위치에서 확인된 것처럼 지점의 크기는 커지지만 정규화된 모양은 변경되지 않은 상태로 유지된다. 그림 5.27(c)의 무질서한 패턴은 그 지점이 완전히 난류임을 암시한다. 그 상세한 구조는 Reynolds 수가 증가함에 따라 더 미세해진다[예로 van Dyke(1982)의 사진 111 참고]. 그림 5.27(c)의 경우 $Re_x \approx 400{,}000$은 지점 중앙에 있다.

Carlson 등(1982)은 시각화 기법을 사용하여 이동 지점 자체를 촬영한다. 이들의 사진은 화살

축의 앞쪽 및 뒤쪽 '날개' 모두에서 강한 사선파(oblique waves)를 보여준다. 더불어 결과는 지점이 형성된 후에도 불안정한 파동 붕괴가 지속적으로 역할을 함을 시사한다.

지점은 성장하고 격렬한 난류를 유지하기 때문에 주변 층류를 동반하여 스스로를 유지해야 한다. Wygnanski 등(1976)은 가장 강한 외부 유체 유입(entrainment)이 후행 가장자리의 상면뿐만 아니라 선행 가장자리에서 발생한다고 보고한다.

경계층 유동에서 Dhawan과 Narasimha(1958)가 좁은 횡단 대역 Δx로 보고하는 부분에서 임의적이고 자연스럽게 지점이 형성되며, 이는 천이 영역의 길이에 비해 작게 유지된다. 지점은 하류로 퍼지기 때문에 필연적으로 계속 진화하고 번성하는 지역으로 합쳐진다. 그러면 하류의 흐름은 6장에서 볼 수 있듯이 완전히 난류가 된다고 하고, 층류와는 전혀 다른 모델링 법칙에 의해 확장된다.

매끄러운 표면을 지나는 경계층 유동에서의 천이 과정의 전체적인 그림은 다음과 같은 과정으로 구성된다.

1. 선행 가장자리 근처에서 안정적인 층류 유동
2. 불안정한 2차원 Tollmien-Schlichting 파동
3. 3차원 불안정파와 헤어핀 에디의 개발
4. 국부적인 전단이 높은 영역 지역에서의 와류 붕괴
5. 완전한 3차원 변동으로 계단식 와류 붕괴
6. 국부적으로 격렬한 변동에서 난류 지점의 형성
7. 완전히 난류로 지점이 합쳐짐

이러한 현상은 그림 5.28(a)에서 이상적인 평판 유동으로 스케치되어 있으며, 이는 평판 측면 가장자리의 오염 효과도 보여준다. 가장자리는, 충분히 심한 경우, 난류 유동(지점 없이)으로 즉시 천이할 수 있는 유한 교란을 해석한다. 회전체의 직선 원통형 부분의 천이를 연기 유동으로 시각화함으로써 그림 5.28(b)는 이 그림을 확인한다.

정성적으로 유사한 영향은 약한 압력 구배가 있을 때 발생한다. 불안정하고 유동 분리의 대상이 되는 강한 역구배가 있는 운동은 일부 단계를 단락시키고 대신 분리 기포를 형성할 수 있으며, 하류에 다시 부착된 유동은 완전히 난류이다.

5-4.3 경계층 천이 과정의 분류

유체 공학에는 세 가지 유형의 벽 경계 천이 과정이 있다. Morkovin(1969b)이 흥미로운 차트를 제공했으며, Mayle(1991)이 가스 터빈 엔진과 관련된 IGTI 학술 강연에서 이 주제를 다뤘다. 세 가지 시나리오는 다음과 같다.

1. 자연스러운 천이. 이것은 그림 5.28의 극미한 교란에 의한 점진적인 과정이다. 흐름은 TS파에서 3차원파, 와류 붕괴, 난류 지점, 완전 난류 유동 순서대로 변경된다. 유동은 조용하고 벽은 매끄러워야 한다.

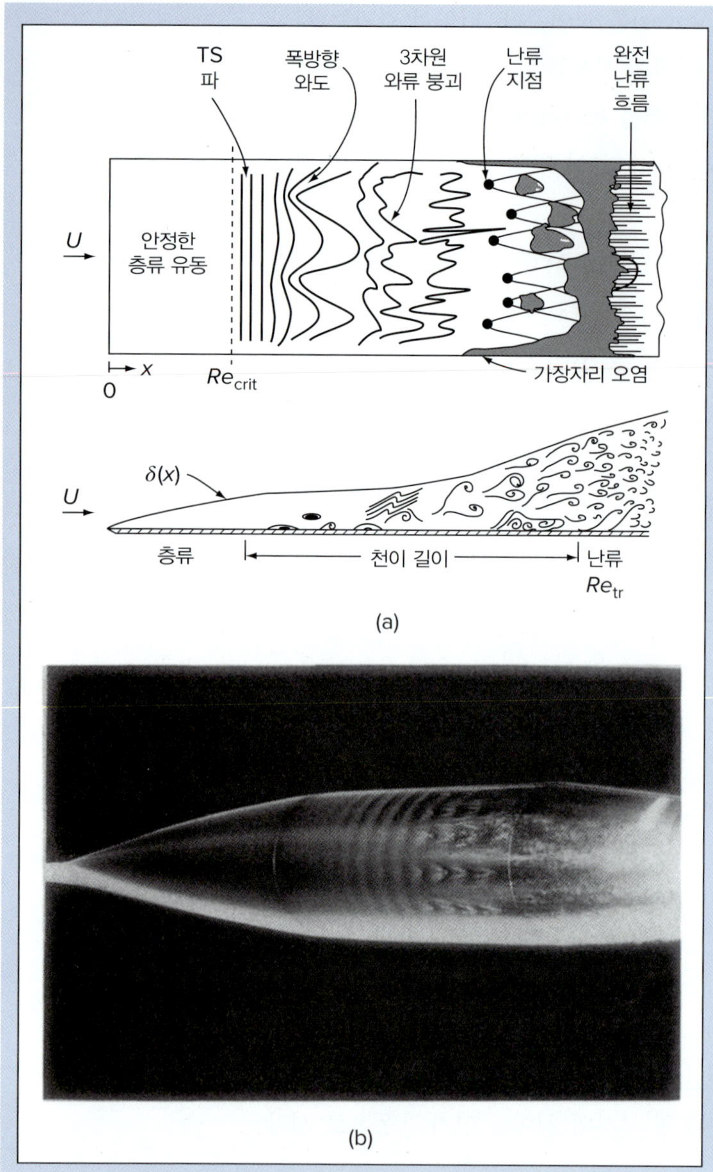

그림 5.28
경계층 천이 과정에 대한 설명. (a) 평판 유동의 이상적인 스케치 및 (b) $Re_L = 814{,}000$ 및 500 Hz의 음향 입력에 의해 초기에 유발된 천이가 있는 유동의 연기 가시화. [J. T. Kegelman과 T. J Mueller, University of Notre Dame 제공]

2. 우회 천이. 벽이 거칠고, 자유 유동이 시끄럽거나, 표면이 진동하거나, 흐름이 음파에 영향을 받는 경우, 유동은 자연적 불안정의 초기 단계를 건너뛰고 직접 와류 붕괴 또는 난류 발생으로 이동할 수 있다. 큰 교란으로 인해 우회가 발생한다.

3. 분리된 유동 천이. 층류 경계층이 분리되어 분리 기포를 형성하면 난류 유체로 다시 부착될 가능성이 높다. 그림 5.28의 자연적 천이 과정의 일부 또는 전부는 기포 영역에서 발생할 수 있다.

5-4.3.1 경계층 수용성

우회 천이는 단순히 급격한 변화가 아니다. 천이하는 과정에서 일반적으로 일시적인 성장이라고 하는 여러 가지 다른 경로를 겪을 수 있다. 이론, CFD 해석 또는 실험을 통해 이러한 경로를 찾는 것은 Saric 등(2002)에 의해 리뷰된 경계층 수용성이라는 연구 분야이다.

5-5 엔지니어링 천이 예측

천이에 대한 근본적인 이론은 없지만, 다음과 같은 매개변수의 함수로서 $Re_{x,\text{tr}}$ 또는 $Re_{\theta,\text{tr}}$과 같은 완전 난류 유동의 최종 시작을 예측하려는 실험 및 상관관계가 있다.

1. 압력 구배
2. 자유 유동 난류
3. 벽 거칠기
4. Mach 수
5. 벽 흡입 또는 분출
6. 벽 난방 또는 냉각

당연하게도 대부분의 근삿값은 이러한 매개변수 중 한두 가지만 다룬다.

5-5.1 압력 구배 효과

그림 5.29에 스케치된 문제를 고려한다. $U(x)$가 알려져 있고 자유 유동 난류가 없고, 벽이 매끄럽고 불침투성이며 가열되지 않는다고 가정한다. 경계층은 처음에는 층류가 되며 감쇠되지 않은 Tollmien-Schlichting 파동이 처음 나타나는 점 x_i에서 불안정해진다. 이 파동은 그림 5.28과 같이 천이 지점 또는 완전한 난류 유동 x_{tr}에 도달할 때까지 성장하고 왜곡된다. 필요한 경우 x_i를 입력으로 사용하여 x_{tr}을 예측하고자 한다. 네 가지 방법을 간략히 살펴보겠다.

5-5.1.1 Granville의 2단계 방법

초기에 여전히 인기 있는 Granville(1953)의 방법은 그림 5.12의 Re_{crit} 상관관계에 도달할 때까지 Thwaites 방법의 $H(\lambda)$를 따라 x_i를 먼저 계산해야 한다. 그런 다음, 계속해서 $Re_\theta(x)$를 모니터링하면서 Granville은 평균 Thwaites 매개변수를 계산할 것을 제안한다.

$$\lambda_m = \frac{1}{(x_{\text{tr}} - x_i)} \int_{x_i}^{x_{\text{tr}}} \lambda(x)dx \tag{5.44}$$

여기서 $\lambda = \theta^2(dU/dx)/\nu$ 이다. x_{tr}은 Re_θ가 Granville의 천이 데이터와 충돌할 때 발생한다고 가정할 수 있으며, 이는 다음 공식에 맞을 수 있다.

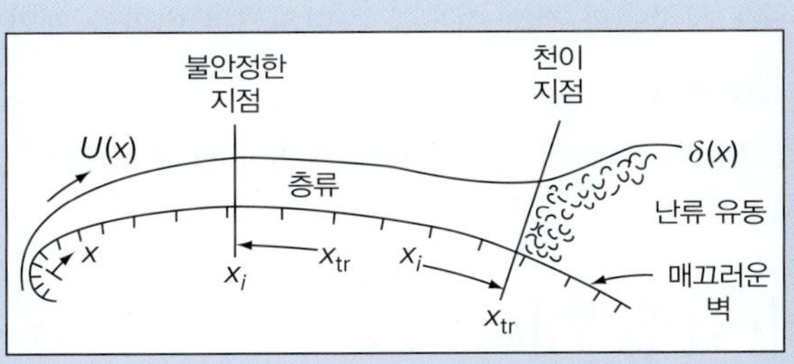

그림 5.29
천이 지점의 2단계 계산

$$Re_\theta(x_{tr}) \approx Re_\theta(x_i) + 450 + 400e^{60\lambda_m}; \quad \lambda < 0.04 \tag{5.45}$$

역구배($\lambda \approx -0.1$)의 경우 마지막 항은 무시할 수 있고 천이는 x_i에 매우 가깝다. 순구배의 경우, 마지막 항이 매우 크고 천이가 훨씬 하류로 이동한다.

5-5.1.2 Michel의 1단계 방법

Michel(1952)은 운동량 두께와 위치의 국부적 값에 기초한 상관관계의 형태로 매우 간단하지만 효과적인 방법을 제안했다. 하나는 x_i를 무시하고 Thwaites의 방법이라고 불리는 식 (4.159)에서 Michel의 '천이선(transition line)'에 도달할 때까지 단순히 $\theta(x)$를 계산한다.

$$Re_{\theta,tr} \approx \frac{U(x)\theta(x)}{\nu} \approx 2.9Re_{x,tr}^{0.4} \tag{5.46}$$

계산된 $Re_\theta(x)$는 아래에서 이 곡선에 명확하게 접근해야 한다.

5-5.1.3 Jaffe 등에 의한 Orr-Sommerfeld 방법

식 (5.46)이 제안된 동일한 논문에서 Michel(1952)은 데이터 편집의 천이 지점이 약 $A/A_0 \approx 10^4$에 해당하는 Tollmien-Schlichting 파동의 전체 증폭에 해당하는 것으로 보인다고 언급했다. 여기서 A_0는 초기 진폭을 나타낸다. 이 사실은 계산 안정성 분야의 연구자가 다양한 경계층 분포의 고윳값을 평가한 다음 주어진 주파수에서 전체 파동 성장을 계산하도록 영감을 주었다. 이러한 방식으로 Smith와 Gamberoni(1956)와 독립적으로 van Ingen(1956)은 시간적 안정성 이론이 이러한 실험에 적용될 때 전체 성장을 예측할 수 있음을 확인했다.

$$\frac{A}{A_0} = \exp\left[\int_{x_i}^{x_{tr}} \alpha c_i\, dt\right] \approx e^9 \tag{5.47}$$

이 방법은 'e^9' 방법으로 빠르게 알려졌다. 나중에 Jaffe 등(1970)은 전체 성장률을 평가하기 위해 공간 안정성 이론을 사용하는 것이 보다 현실적인 절차임을 보여주었다. 국소 유사성 근사보다 정확한 속도 분포를 사용한 계산은 성장률이 공간적으로 통합되고 아래와 같이 두었을 때, 천이 측정과 잘 일치하였다.

$$\frac{A}{A_0} = \exp\left[\int_{x_i}^{x_{tr}} (-\alpha_i)\, dx\right] \approx e^{10} \tag{5.48}$$

따라서 'e^{10}' 방법도 확인할 수 있다. Blasius 분포에 대한 일정 주파수 성장 곡선 계산의 예는 그림 5.30에 나와 있다. Gaster(1962)는 시간 및 공간 성장률과 전파 속도를 관련시키는 변환을 제안했지만 정확도는 타당했고 따라서 식 (5.48)이 우세했다.

그 후, 식 (5.46)에 의해 주어진 Michel의 공식의 참뜻에 따라 Cebeci와 Smith(1974)는 e^9 계산이 다음을 사용하여 상관된다고 제안했다.

$$Re_{\theta,tr} \approx 1.174\left[1 + \left(\frac{22{,}400}{Re_{x,tr}}\right)\right]Re_{x,tr}^{0.46} \tag{5.49}$$

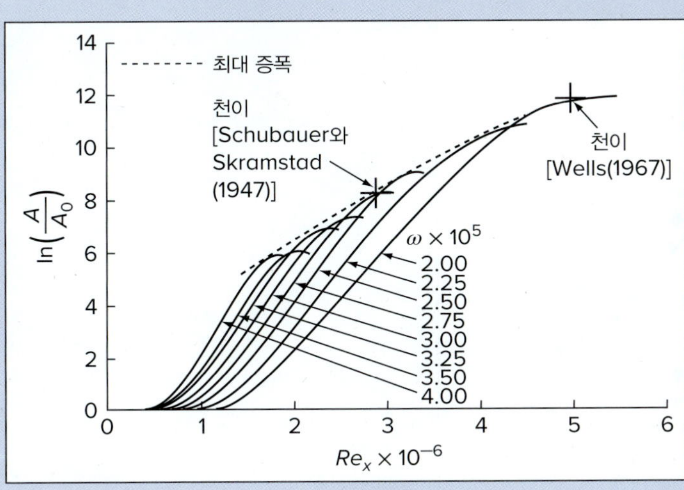

그림 5.30
선형 안정성 이론에서 평판 유동에 대한 정주파수 증폭 곡선[식 (5.48)]. 각 곡선은 그림 5.6(b)의 Blasius 엄지 곡선을 통한 슬라이스를 나타낸다. [Jaffe 등(1970)]

이것은 Michel의 관계보다 다소 정확하다고 주장된다.

5-5.1.4 Wazzan 등에 의한 1단계 방법

매우 다른 경우에 대해 Re_{crit}을 H와 연관시키는 그림 5.12의 성공은 Wazzan 등(1979, 1981)으로 하여금 천이 Reynolds 수에 대해 유사한 상관관계를 제안하도록 이끌었다. 이 연구자들은 e^9 방법이 천이 형상 계수로 표시되는 경우, 압력 구배, 흡입 및 분출 또는 가열 및 냉각과 같은 매개변수에 대해 동일한 결과를 제공한다는 것을 발견했다. 이들의 상관관계는 그림 5.31의 상단 곡선으로 표시된다. 하단 곡선은 $Re_{\delta*}$를 Re_x로 변환하여 그림 5.12에서 계산된 Re_{crit}을 제공한다. 그림 5.31을 사용하기 위해 Thwaites와 같은 층류 경계층 방법으로 $H(\lambda)$를 계산한다. 아래에서부터 상승하는 궤적 $H(Re_x)$가 위쪽 곡선과 교차할 때 천이가 예측된다. Wazzan 등(1981)은 상단 곡선에 대해 $2.1 < H < 2.8$의 경우 다음과 같은 곡선 맞춤을 제안했다.

$$\begin{cases} \log_{10}(Re_{x,\text{tr}}) \approx -40.4557 + 64.8066H - 26.7538H^2 + 3.3819H^3 \\ \text{또는} \\ \ln(Re_{x,\text{tr}}) \approx -93.1527 + 149.223H - 61.6029H^2 + 7.7871H^3 \end{cases} \tag{5.50}$$

이 방법은 실험적으로 잘 검증되지 않았지만 e^9 방법이 널리 받아들여지기 때문에 매력적이다.

5-5.1.5 평판 유동에 대한 비교

사전 비교로 평판 유동에 대한 $Re_{x,tr}$를 이전의 네 가지 방법 각각으로 계산하고 다음과 같이 표로 만들 수 있다.

방법	방정식	$Re_{x,\text{tr}}$ (예측된)
Granville(1953)	(5.45)	2,505,000
Michel(1952)	(5.46)	2,525,000
Smith와 Gamberoni(1956)	(5.49)	2,027,000
Wazzan 등(1981)	(5.50)	4,753,000 (조용한 실험의 경우)

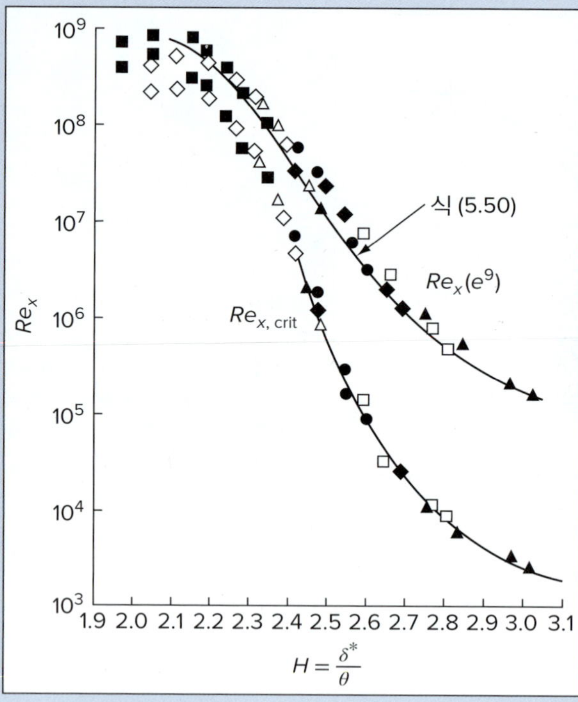

그림 5.31
임계 및 천이 Reynolds 수와 경계층 형상 계수의 상관관계[Wazzan 등(1981)]

분명히 오래된 방법과 Wazzan 등(1981) 사이에는 뚜렷한 차이가 있다. 한 가지 이유는 그림 5.31에서 조용하지만 도발적으로 비교된 2개의 평판 세트의 데이터 포인트에서 볼 수 있다. 오래된 방법은 0.02% 난류에서 $Re_{x,\text{tr}} \approx 2.8 \times 10^6$을 보고한 Schubauer와 Skramstad(1947)의 실험으로 바뀌었다. 나중에 Wells(1967)는 Schubauer-Skramstad 데이터에 존재하는 음향 교란을 제거하여 천이 지점을 $Re_{x,\text{tr}} \approx 4.9 \times 10^6$으로 확장했다. Wazzan 추정값은 이 조용한 실험을 반영한다. 천이는 다양한 유형의 교란에 매우 민감하기 때문에 간단한 이론으로 이러한 효과를 해결할 수 있는지 의심된다.

5-5.1.6 Falkner-Skan 유동에 대한 비교

압력 구배 효과의 추가 비교를 위해 자유 유동 난류 또는 벽 거칠기 및 열전달이 없는 경우 위의 네 가지 이론과 논의할 다른 두 가지 이론이 Falkner-Skan 쐐기 유동에 적용되었다. 필요한 경우 Thwaites 방법의 식 (4.159)를 사용하여 $Re_\theta(x)$를 계산했다. 결과는 그림 5.32에 표시하였다. 로그 척도를 염두에 두고 여섯 가지 방법 모두 $\beta = 0$에 대해 비교 가능하고 역구배($\beta < 0$)에 대해 상당히 일관성이 있음을 알 수 있다. 그러나 강한 순구배($\beta > 0.5$)의 경우 5배 정도 차이가 난다. 유체공학에서 이러한 방법은 많은 경우가 발생하지만 순구배에 대해 잘 보정되지 않았다고 추측된다. 이러한 경우 Wazzan의 관계식 (5.50)을 사용하는 것이 추천된다.

5-5.1.7 천이의 직접 수치해석법

이 절에서 권장하는 공식은 이론이 아니라 상관관계이다. 천이에 대한 순수한 이론은 없지만 수치적 방법이 적용되고 있다. Moin과 Mahesh(1998)가 리뷰한 DNS 기술은 '닫힘' 모델 없이 전

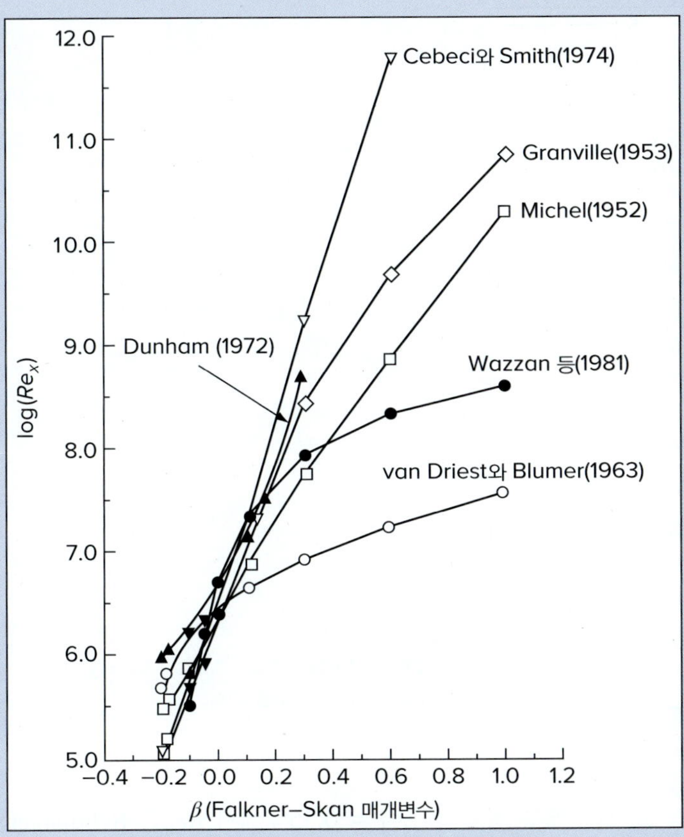

그림 5.32
여섯 가지 다른 방법으로 예측한 Falkner-Skan 쐐기 유동에 대한 천이 Reynolds 수

체 시간 종속 Navier-Stokes 방정식을 해결하므로 모든 중요한 크기의 유동을 풀 수 있다. 이러한 맥락에서 Reynolds 수가 증가함에 따라 CFD 격자점의 수도 급격히 증가해야 한다. 노드의 구골(googol)을 피하기 위해, 예측 가능한 한계는 낮은 난류 Reynolds 수이다. 이는 진동 리본, 자유 유동 난류 및 벽 거칠기와 같은 교란 해석에 초점을 맞춘 천이에 대한 DNS 연구에 충분할 것이다. Kleiser와 Zang(1991)은 1990년까지의 결과를 검토했다. Rist와 Fasel(1995)은 개선된 공간(시간과 반대되는) 계산을 사용하고 천이 실험을 복제한다. Bake 등(2002)은 진동 리본 교란을 모델링하고, 그 결과는 Klebanoff(K형) 천이 실험과 잘 일치한다[그림 5.26(a)]. 이 글을 쓰는 시점에서 DNS 계산은 계속해서 다양한 형상과 교란에 대한 천이를 예측한다.

5-5.2 자유 유동 난류의 효과

잡음이 많은 자유 유동이 천이 과정을 가속화하고 초기에 Tollmien-Schlichting 파동의 초기 역할을 가렸다는 사실을 이미 논의했다. 자유 유동 난류 수준을 특성화하는 매개변수는 다음과 같이 정의된다.

$$T = \frac{q}{U}; \quad q = \left[\frac{1}{3}\left(\overline{u'^2} + \overline{v'^2} + \overline{w'^2}\right)\right]^{1/2} \tag{5.51}$$

여기서 U는 평균 자유 유동 속도를 나타내고 u', v', w'은 자유 유동의 변동 속도를 나타낸다. 표기법 $\overline{u'^2}$는 평균 제곱 변동을 나타내며, 충분히 긴 시간 동안 평균화된다(시간 평균화 법칙

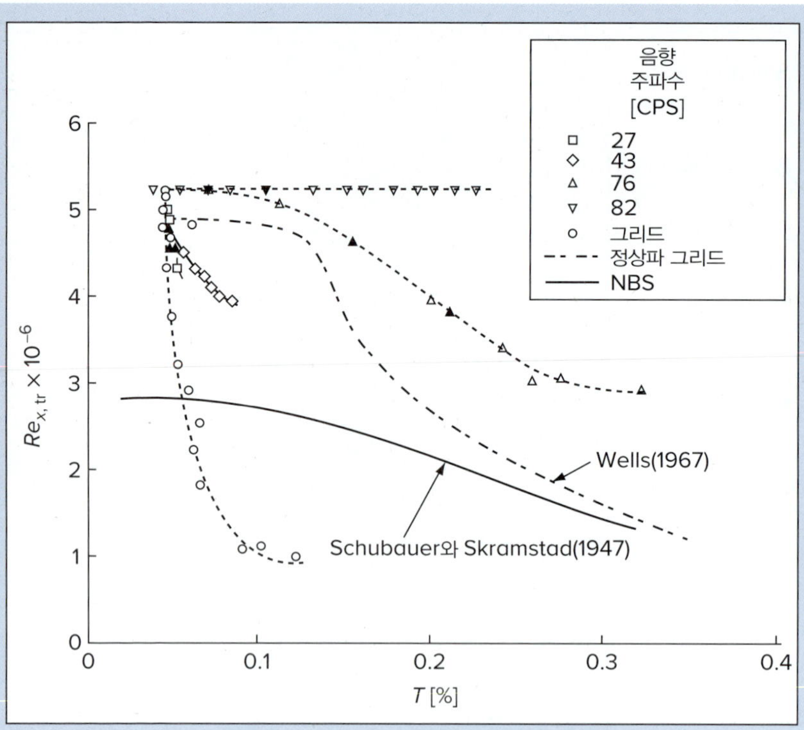

그림 5.33
평판 천이 지점에 대한 다양한 유형의 자유 유동 교란의 측정된 효과[Spangler와 Wells(1968)]

은 6-1절 참조). 천이에 대한 T의 효과는 매우 강력하다. $T = 0.35\%$에서 Re_{tr}은 Schubauer와 Skramstad(1947)의 실험에 해당하는 '평온한(quiet)' 값보다 이미 50% 낮다.

'자유 유동 교란(freestream disturbances)'이라는 용어가 다소 모호하다는 점에 유의해야 한다. 교란이 (1) 그리드 생성 난류, (2) 음향 잡음, (3) 가진된 정상파, 그리고 (4) 가진된 진행파로 인한 경우 다른 효과가 발생한다. 평판 유동 실험에 대한 내용이 그림 5.33에 설명되어 있다. 음향 잡음은 없지만 정상파를 포함하는 Wells(1967)의 실험은 $Re_{tr} \approx 4.9 \times 10^6$의 높은 '평온한' 값을 제공했다. 자유 유동 난류를 생성하기 위해 그리드를 추가했을 때, Wells의 데이터는 Schubauer와 Skramstad(1947)의 데이터에 음향 잡음이 포함된 것으로 추측된다. 이후에 겨우 2.8×10^6의 평온한 Re_{tr}을 보고했다. Spangler와 Wells(1968)는 Wells의 시설을 사용하여 Orr-Sommerfeld 방정식을 기반으로 불안정한 것으로 알려진 특정 주파수의 가진된 음향 파동으로 경계층을 시뮬레이션했다(그림 5.9 참조). 이 연구에서 정상파는 억제되었고 82 Hz(엄지 곡선 위)의 진행파는 아무런 영향을 미치지 않았지만, 27, 43 및 76 Hz의 파동은 그림 5.33에서 볼 수 있는 것처럼 $Re_{x,tr}$의 급격한 감소를 야기했다. 여기서 그리드(열린 원)의 사용은 Wells(1967) 실험보다 훨씬 더 효과적이었다. 또한 Spangler와 Wells는 교란의 스펙트럼 밀도 분포가 중요하다고 보고했다. 이러한 실험적 불일치는 나중에 Arnal(1984)이 "보편적인 $Re_{x,tr}(T)$ 곡선은 없습니다."라고 언급하도록 하게 했다.

5-5.2.1 van Driest와 Blumer의 상관관계

1943년 Liepmann이 제시한 제안에 따라 van Driest와 Blumer(1963)는 경계층의 최대 와도와 관련된 Reynolds 수가 자유 유동 난류와 관련될 수 있는 임계값에 도달할 때 천이가 발생한다는 이

론을 세웠다. 즉,

$$Re_\omega = \left(\frac{\omega y^2}{\nu}\right)_{\max}$$

Re_ω를 분포의 모양과 관련시키고 임계값을 Schubauer와 Skramstad(1947)의 데이터에 일치시킴으로써, van Driest와 Blumer는 평판 천이에 대해 다음과 같은 상관관계를 도출했다.

$$Re_{x,\mathrm{tr}}^{1/2} = \frac{-1 + \sqrt{1 + 132{,}500\,T^2}}{39.2\,T^2};\ T = \sqrt{\frac{1}{3}\left(\frac{\overline{u'^2} + \overline{v'^2} + \overline{w'^2}}{U^2}\right)} \tag{5.52}$$

여기서 T는 백분율이 아닌 분수로 간주한다. 식 (5.52)는 그림 5.33의 실선과 잘 일치하며 실제로 Schubauer와 Skramstad 데이터에 '조율(tuned)'되었다.

자유 유동 난류와 압력 변화의 결합 효과를 설명하기 위해, van Driest와 Blumer는 $U = Cx^m$인 Falkner-Skan 쐐기 흐름에 대해 Re_ω를 평가하고 다음 식에 도달했다.

$$\frac{1690}{Re_{x,\mathrm{tr}}^{1/2}} \approx 0.312(m + 0.11)^{-0.528} + 1.6\eta_\delta^2 Re_{x,\mathrm{tr}}^{1/2} T^2 \tag{5.53}$$

여기서 η_δ는 식 (4.92)의 상사 변수 측면에서 99% 경계층 두께이다. 식 (5.53)은 $m = 0$ 및 $\eta_\delta = 3.5$인 특수한 경우로, 평판 상관관계인 식 (5.52)를 포함한다.

그림 5.34(a)는 식 (5.53)의 도표로, 자유 유동 난류와 압력 구배 모두 천이에 강한 영향을 미

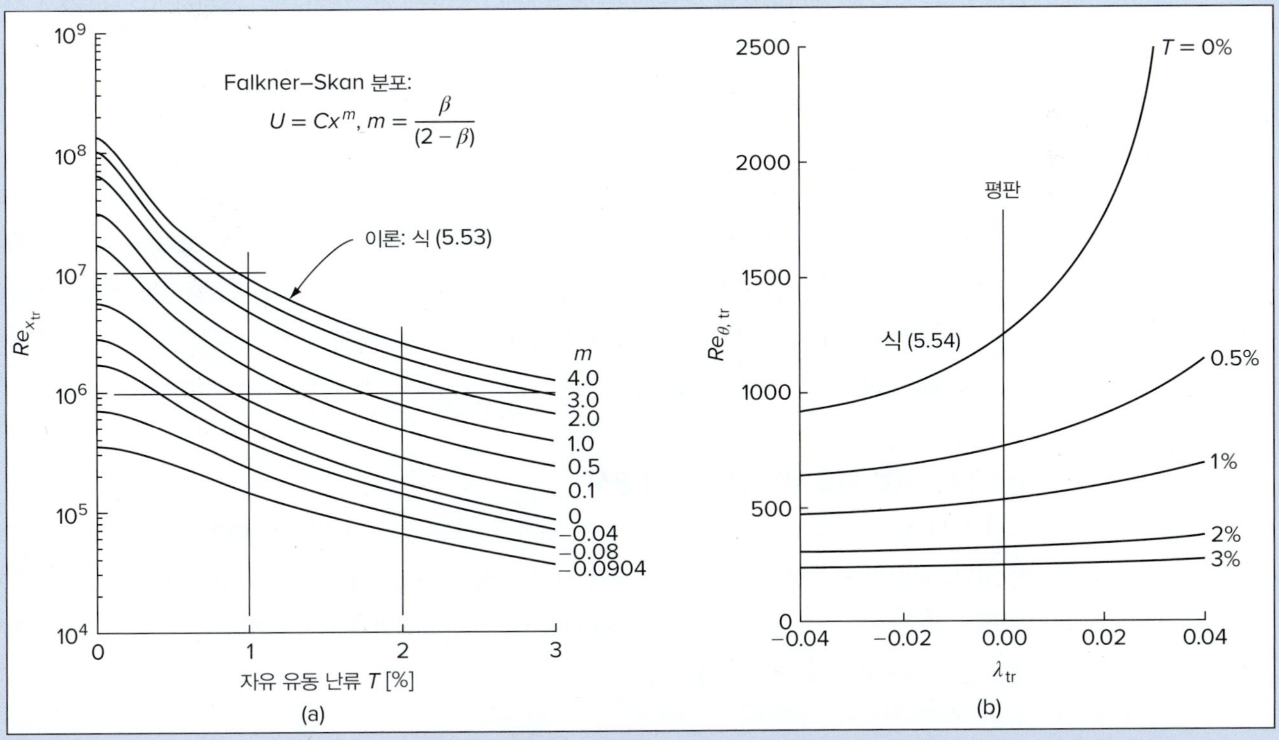

그림 5.34
천이에 대한 자유 유동 난류와 압력 구배의 결합된 효과. (a) 쐐기 유동에 대한 van Driest와 Blumer(1963)의 상관관계 및 (b) Dunham(1972)의 상관관계

친다는 것을 보여준다. $T = 0$인 이 공식은 비교를 위해 그림 5.32에도 표시되어 있으며, 강한 순구배에 대한 초기 천이를 예측하는 것으로 보인다.

5-5.2.2 Dunham의 상관관계

터보기계류 블레이드의 경계층 천이 연구에서 Dunham(1972)은 다음과 같은 상관관계에서 결합된 자유 유동 난류와 압력 구배 효과에 대한 데이터를 수집했다.

$$Re_{\theta,\text{tr}} \approx \left(0.27 + 0.73e^{-80T}\right)\left[550 + \frac{680}{(1 + 100T - 21\lambda_{\text{tr}})}\right];\ \lambda < 0.04 \tag{5.54}$$

여기서 $\lambda = \theta^2(dU/dx)/\nu$는 Thwaites 매개변수이다. 이 식은 그림 5.34(b)에 표시되어 있으며, T가 작을 때 순구배의 강력한 안정화 효과를 예측하는 것으로 보인다. 또한 Dunham의 상관관계는 높은 난류 수준에서 압력 구배의 약한 영향을 예측한다. 또한 $T = 0$인 식 (5.54)는 이미 그림 5.32에 표시된 것처럼 Falkner-Skan 관계에서 Re_x로 변환될 수 있다. 그리고 그림 5.33에서 $\lambda = 0$에 대한 식 (5.53)을 도시했으며, 그 예측은 Schubauer와 Skramstad(1947)로 표시된 곡선보다 약 10% 더 떨어졌을 것이다.

5-5.2.3 Mack의 e^9 방법 개선

식 (5.53)와 (5.54)의 상관관계에서 한 가지 한계는 교란 스펙트럼 또는 후속 증폭에 대한 자유 유동 난류의 영향에 대한 피드백을 얻지 못한다는 것이다. Mack(1977)은 난류가 초기 교란 수준과 관련될 수 있다고 제안했으며, e^9 방법을 $N = N(T) \leq 9$인 'e^N' 예측으로 개선하였다. 따라서 다음을 제안했다.

$$N \approx -8.43 - 2.4\ \ln(T)$$

이는 $0.0007 \leq T \leq 0.0298$에 대해 유효하다. 예를 들어 $T = 0.0015$인 경우, $N = 7.2$가 된다. $T = 0.0298$이라면 $N \approx 0$이므로 Re_{crit}에서 바로 천이가 발생함을 나타낸다. 그러나 이 식을 사용하려면 식 (5.47) 또는 (5.48)을 사용하여 Orr-Sommerfeld 결과의 진폭 비율을 통합해야 한다. 그렇지 않다면 그림 5.31의 Wazzan 방법을 수정하여 더 낮은 수준의 e^N을 포함할 수 있다[예를 들면 Wazzan 등(1979)의 Fig. 25 참조].

5-5.2.4 높은 자유 유동 난류: 우회 공식

그림 5.34(b)를 보면 1% 이상의 자유 유동 난류의 경우, 천이가 압력 구배에 거의 둔감해짐을 알 수 있다. 교란이 충분히 크면 유동은 자연 천이 과정을 우회(bypass)할 수 있다. Reynolds 수에 비례하는 최적 성장 기준을 사용하여, Schmid와 Henningson(2001)은 우회 천이에 대한 단순하지만 우아한 무차원 공식을 제공한다.

$$T(Re_{x,\text{tr}})^{1/2} \approx 1200 \pm 200 \tag{5.55}$$

여기서 자유 유동 난류 T는 백분율로 표시된다. Schmid와 Henningson은 이 관계가 van Driest와

Blumer의 식 (5.53)과 유사하다고 지적한다. 그러나 식 (5.53)은 T가 3%만큼 높은 경우에도 상당한 압력 구배 효과를 유지한다[그림 5.34(a)].

5-5.3 천이에 대한 표면 거칠기의 효과

지금까지의 결과는 매끄러운 벽에 해당한다. 벽 거칠기 또는 돌출이 도입되면 표면 불규칙성이 경계층에 부여하는 추가 교란으로 인해 일반적으로 더 빠른 천이가 발생한다. 두 가지 다른 기하구조를 구분해야 한다. (1) 2차원 거칠기, 유동을 가로질러 늘어난 와이어 또는 원통, (2) 3차원적 거칠기, 구형 또는 스파이크 또는 단일 모래 알갱이. 이들은 단일 거칠기로 간주된다. 사포나 원통 열 또는 다중 리벳과 같은 분산된 거칠기의 가능성도 있다.

2차원 및 3차원 거칠기는 분명히 다른 효과를 가진다. 그림 5.35(a)는 이상적인 2차원 요소인, 평판 위의 횡방향 와이어를 보여준다. Klebanoff와 Tidstrom(1972)이 논의한 것처럼, 와이어 후류는 하류에서 성장하는 Tollmien-Schlichting 파동의 수준을 높이는 교란을 도입한다. 와이어 높이 k가 국소 배제 두께 $\delta^*(x_k)$보다 훨씬 작으면 효과가 거의 없고, 예를 들어 그림 5.33에서처럼 매끄러운 벽 위치 x_{tr}에서 천이가 발생한다. U(또는 k)가 k/δ^*가 0.3을 초과할 때까지 증가함에 따라, 점 x_{tr}은 거칠기 요소를 향해 상류로 이동하고, $Re_{\delta^*,tr}$의 값은 그림 5.35(b)와 같이 쌍곡선을 따라 감소한다. 따라서 와이어가 유동을 난류로 '트립(trip)'시키게 하는 기준은 다음과 같다.

$$Uk/\nu \approx 850 \qquad [\text{Gibbings}\,(1959)] \tag{5.56}$$

자유 유동 난류가 존재할 때, 그림 5.35(b)의 점선에 표시된 것처럼 매끄러운 벽과 거칠기의 영향을 받은 천이값이 모두 감소한다. $Re_{\delta^*,tr}\,(k = 0)$ 값은 그림 5.33에서 추정할 수 있다. Dryden(1953)이 지적한 것처럼 그림 5.35(b)에서 볼 수 있듯이, 가로 좌표를 '평온한' 값으로 정규화하면 자유 유동 난류의 영향을 줄일 수 있다. Dryden(1953) 상관관계에 따르면, 그 결과는 거의 보편적인 곡선으로 그림 5.36(a)에 표시된다.

더 높은 Mach 수에서는 2차원 트립이 훨씬 덜 효과적이다. 그림 5.36(b)는 $Ma = 0$[그림 5.36(a)에서], $Ma = 3.1$[Brinich(1954)]과 $Ma = 5.8$[Korkegi(1956)]에 대한 정규화된 천이 데이터를 보여준다. 이 경우 Gibbings(1959)가 예측한 것처럼, 효과적인 트리핑을 위해서는 훨씬 더 큰 거칠기 높이가 필요하다.

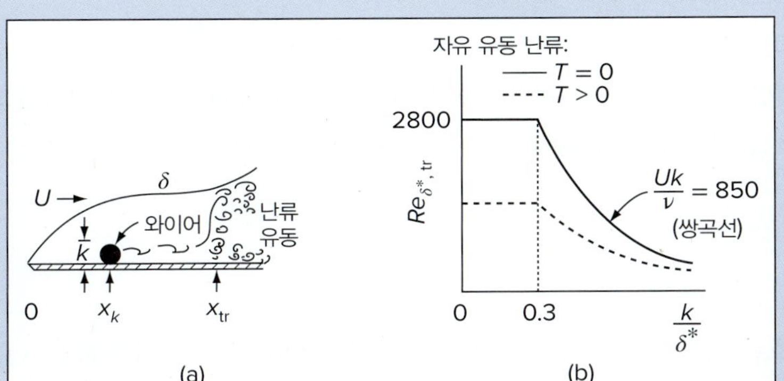

그림 5.35
천이에 대한 2차원 거칠기의 이상적인 효과. (a) 트립 와이어가 있는 평판 및 (b) 천이 데이터.

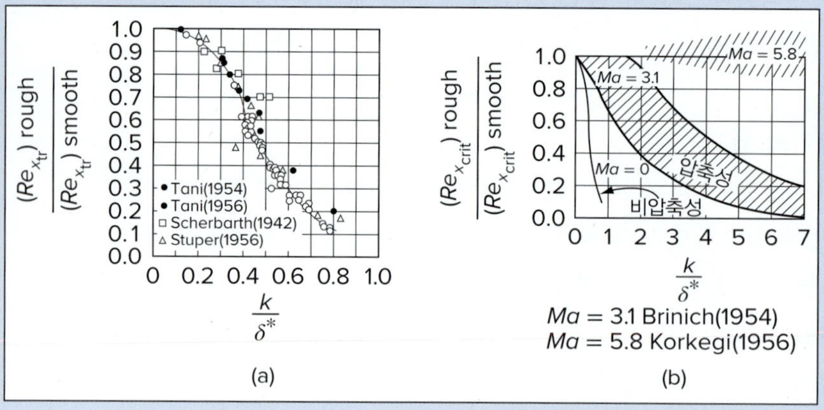

그림 5.36
자유 유동 난류 효과를 제거하기 위해 정규화된 평판, 2차원 거칠기 천이 데이터. (a) 비압축성 유동[Dryden(1953)] 및 (b) 압축성 유동.

평판 Mach 수	$\frac{Uk}{\nu}$
0.0	850
2.0	2000
4.0	10,000
6.0	∞

단일 3차원 거칠기 요소는 후류에 확산되는 변동 영역을 발생시킨다. $k/\delta^* \approx 0.6$이 될 때까지는 천이 지점에 거의 영향을 미치지 않으며, 그 이후에는 $Re_{\delta^*,\mathrm{tr}}$이 급격히 떨어진다. 국소 거칠기 $u(k)k/\nu \approx 600$의 Reynolds 수에서, 저속 경계층은 '트립'된 것으로 간주되며, 하류 유동 요소는 연속 난류의 쐐기로 볼 수 있다. Mach 수가 증가함에 따라, 요소는 $Ma > 4$까지 유효 트립을 유지하며, 그 후에 필요한 거칠기 높이가 현저하게 증가한다. Whitfield와 Iannuzzi(1969)는 극초음속 Mach 수에서 실험을 수행했으며 $Ma = 0$에서 $Ma = 16$까지 구형 요소에 대한 일반적인 천이 상관관계를 제공한다.

분포된 거칠기는 아직 연구가 충분히 되지 않았다. 1957년 Feindt에 의해 보고된 모래 입자 거칠기에 대한 결과[Schlichting(1979)의 Fig. 17.45 참조]는 순압력 구배 및 역압 구배 모두에서 $Uk/\nu \approx 120$까지 천이에 영향을 미치지 않음을 보여준다. 그러나 $Re_k > 120$의 경우 천이 지점 x_{tr}은 Re_k와 함께 현저하게 감소한다.

5-5.4 비정상 유동의 천이

이 절의 모든 논의는 정상 전단 유동의 천이를 설명했다. Dwoyer와 Hussaini(1987)가 편집한 심포지엄에서 다루는 비정상 흐름에는 추가 매개변수가 나타난다. 일반적으로 무차원 시간 또는 주파수가 상관관계에 추가된다.

5-5.4.1 진동하는 경계층

Obremski와 Fejer(1967)는 흐름 속도가 평균에 대해 대략 정현파로 변하는 평판 기류(airflow)를 실험했다.

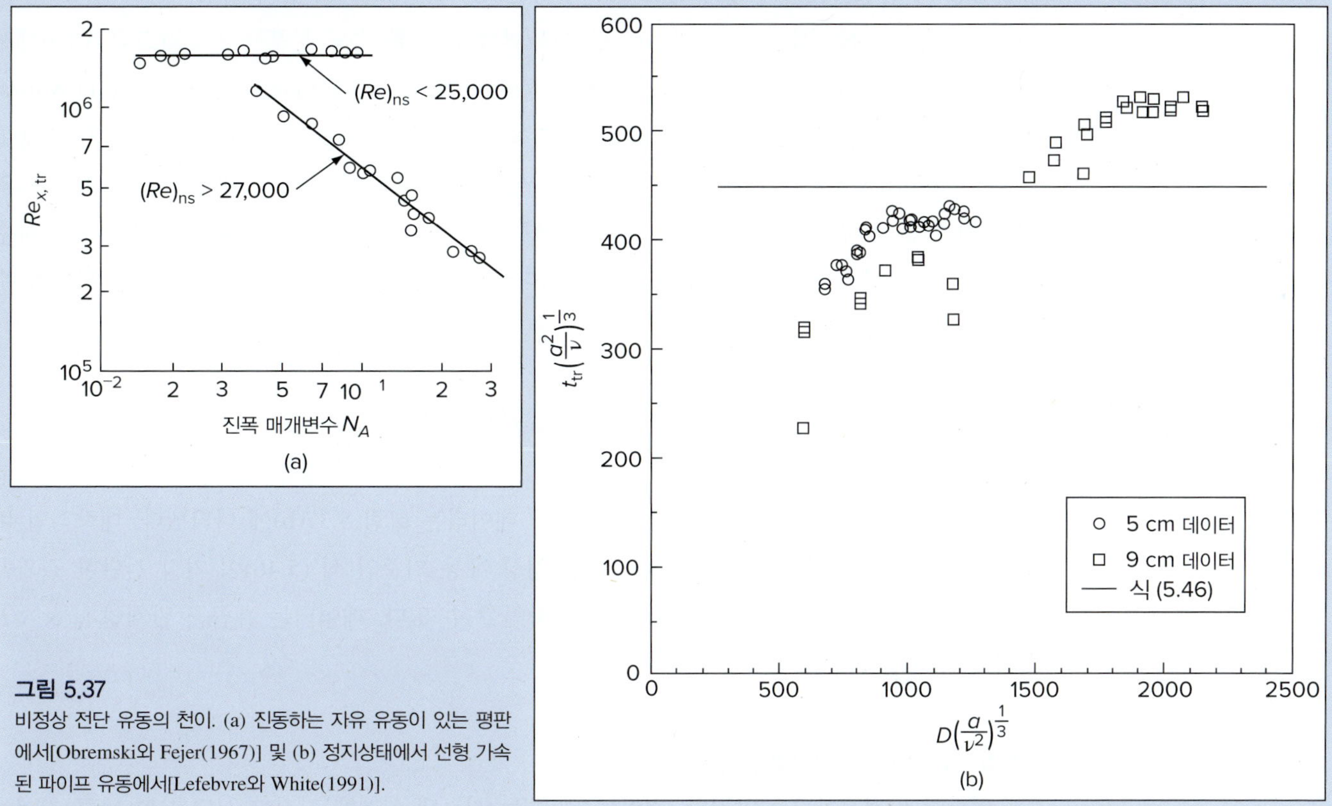

그림 5.37
비정상 전단 유동의 천이. (a) 진동하는 자유 유동이 있는 평판에서[Obremski와 Fejer(1967)] 및 (b) 정지상태에서 선형 가속된 파이프 유동에서[Lefebvre와 White(1991)].

$$U = U_0(1 + N_A \sin \omega t) \tag{5.57}$$

진폭 비율 N_A는 0.014에서 0.27로 변하며 주파수 ω(4.5에서 62 Hz)는 예상되는 불안정한 Tollmien-Schlichting 파동의 범위 아래로 유지되었다. 초기 불안정성은 사이클의 저속 저점($\omega t \approx 3\pi/2$)에서 시작되었다. 일반적인 $Re_{x,\text{tr}}$ 외에도 Obremski와 Fejer는 '비정상 Reynolds 수'인 $Re_{\text{ns}} = N_A U_0^2/(\omega\nu)$를 정의했으며 $Re_{\text{ns}} \approx 26{,}000$이 임계점임을 발견했다. 그림 5.37(a)에서 볼 수 있듯이 진동은 $Re_{\text{ns}} > 25{,}000$에 대해 천이 지점 $Re_{x,\text{tr}} \approx 1.6 \times 10^6$에 영향을 미치지 않았다. 그러나 $Re_{\text{ns}} > 27{,}000$에 대해 N_A가 증가함에 따라 천이 지점이 빠르게 앞으로 이동했다.

비정상 불안정성 특징의 두 가지 추가 결과가 Obremski와 Fejer에 의해 보고되었다. (1) 모든 Re_{ns}값에 대해 속도 저점에서 불안정한 웨이브 패킷(wave packets)이 형성되었지만 $Re_{\text{ns}} >$ 27,000에 대해서만 이러한 패킷이 난류로 발전했다. 그리고 (2) 천이 중 특정 시간에 웨이브 패킷 계면이 상류로 이동하는 것처럼 보였으며 이는 정상 유동 불안정성에서는 관찰되지 않았다. Obremski와 Morkovin(1969)은 순간 속도 분포의 Orr-Sommerfeld 고윳값을 측정하고 경로를 추적함으로써 이러한 관찰을 설명하기 위해 준정상 이론을 제안했다. 시간 주기 유동 안정성의 주제는 Davis(1976)에 의해 검토되었다.

5-5.4.2 파이프 내에서의 가속 유동

Lefebvre와 White(1989, 1991)는 D = 5 cm와 (후속) 9 cm인 30 m 길이의 파이프에서 정지상태

에서 선형 가속되는 물의 유동을 실험했다. 유동은 층류로 시작하여 갑작스럽고 거의 전역적으로 (30 ms 이내) 천이를 겪은 다음 완전히 난류로 변했다. 층류 속도 분포는 3-4절(그림 3.16)에서 Szymanski(1932)의 고전적인 해와 일치했다. 정상 파이프 유동과 비교할 때, 0.2에서 11.8 m/s^{2}까지의 가속에 대해 매우 높은 Reynolds 수($2 \times 10^5 \le Re_{D,\mathrm{tr}} \le 1.1 \times 10^6$)에서 천이가 발생했다. 속도 분포가 포물선이 아니라 그림 3.16의 얇은 경계층과 평평한 코어가 있는 초기 분포와 유사하기 때문에 비교가 잘못되었다. 층류 분포는 파이프 직경 D, 가속도 a 및 동점성 ν의 함수인 천이 시간 t_{tr}에서 전역적으로 난류로 발산한다. 차원 분석을 통해 다음과 같은 식을 확인할 수 있다.

$$t_{\mathrm{tr}}\left(\frac{a^2}{\nu}\right)^{1/3} = f\left[D\left(\frac{a}{\nu^2}\right)^{1/3}\right] \tag{5.58}$$

2개의 서로 다른 파이프 크기에 대한 천이 시간 데이터는 그림 5.37(b)에 나타냈다. 대략적인 비교로서 Lefebvre와 White(1991)는 Michel의 정상 유동 기준인 식 (5.46)이 가장 간단한 결과를 제공한다고 언급했다. 이는 그림 5.37(b)에도 확인할 수 있다. 데이터는 제곱근 관계인 $t_{\mathrm{tr}} \propto \sqrt{D}$에 의해 더 밀접하게 들어 맞는다.

5-5.5 경계층 천이 제어

기존 이론이 확정적이지는 않지만, 천이를 제어하는 시스템 설계에 진지한 시도를 할 만큼 천이에 대해 충분히 알고 있다. 이 주제는 Reshotko(1987)에 의해 검토되었으며, 그는 또한 자유 유동 교란이 경계층에 진입하여 '정상 모드(normal modes)' 또는 Tollmien-Schlichting 파동을 가진시키는 수단인 수용성(receptivity)의 개념을 다루고 있다. 예를 들어, 그림 5.33을 참조하면, 경계층이 특정 유형의 그리드 난류를 수용하는 이유는 무엇인가?

기본적으로 분포의 음의 곡률을 증가시킴으로써 경계층이 안정화되거나 천이 지연된다. Reshotko(1987)는 식 (5.37)을 확장하여 0이 아닌 벽 속도를 포함한다.

$$\mu_w \left.\frac{\partial^2 u}{\partial y^2}\right|_{y=0} = \frac{dp}{dx} + \left(\rho v_w - \frac{d\mu}{dT}\left.\frac{\partial T}{\partial y}\right|_{y=0}\right)\left.\frac{\partial u}{\partial y}\right|_{y=0} \tag{5.59}$$

이 수식에서 오른쪽을 더 음수(안정)로 만드는 것은 아래와 같다.

1. 순압력 구배: $dp/dx < 0$
2. 벽 흡입: $v_w < 0$
3. 기체 냉각: $d\mu/dT > 0,\ \partial T/\partial y > 0$
4. 액체 가열: $d\mu/dT < 0,\ \partial T/\partial y < 0$

천이를 지연(층류 유지)하면 차량의 항력은 낮아질 것이다. 항공기 항력의 약 60%와 수중 물체 항력의 90%는 벽 마찰로 인한 것이다. Reshotko(1987)가 위의 효과에 대해 현재까지 검토한 내용을 여기에 요약한다.

최대 속도 지점을 먼 후방으로 이동시키기 위해 본체를 '형성(shaping)'함으로써 순압력 구배(효과 1)를 달성할 수 있다. 그런 다음 광범위한 유동 분리를 피하기 위해 몸체의 (짧은) 꼬리를 설계해야 한다.

벽 흡입(효과 2)은 경계층을 층류로 유지하고 항력을 줄이며 분리를 지연(따라서 더 높은 양력을 얻음)하는 것으로 오랫동안 알려져 왔다. Pfenninger와 Reed(1966)는 에어포일 흡입에 대한 연구를 요약했다. 동체의 난류가 선행 가장자리를 따라 퍼지는 경향이 있을 때, 후퇴익에서 흡입은 덜 효과적이다. Wagner와 Fischer(1984)는 선행 가장자리를 이러한 영향으로부터 보호하기 위한 노력을 요약한다.

기체 냉각(효과 3)은 매우 효과적이지만(그림 5.14) 비용이 많이 들고 항공기에 적용하려면 극저온 장비가 필요하다. 그럼에도 불구하고 Reshotko(1979)는 20~25%의 항력 감소가 실용적이고 달성 가능한 목표일 수 있음을 보여준다.

물 유동의 표면 가열(효과 4)은 경계층을 확실히 안정화시킨다. Lauchle와 Gurney(1984)는 물 유동의 회전체를 주변 온도보다 25°C까지 과열시킴으로써, $Re_{x,\text{tr}}$이 4.5×10^6에서 3.64×10^7로 증가했음을 보여주었다. 가열에는 큰 전력(약 100 kW/m^2)을 요구하는데, 이는 물의 열용량과 열전도도가 높기 때문이다.

천이를 지연시키거나 유동 조절을 개선하기 위해 경계층의 **능동 제어**에 대한 많은 연구가 있다. 일반적인 검토는 Gad-el-Hak(1996)에 의해 수행되었다. 한 가지 방법은 **파동 제거**(wave cancellation)로, 증가하는 교란이 감지되고 제어 시스템이 이를 상쇄하기 위해 180° 위상이 다른 반대파를 생성한다. 이 아이디어는 Joslin 등(1996)에 의해 연구되었다.

천이 경계층과 난류 경계층 모두에 유용한 두 번째 능동 제어 제안은 난류를 공급하는 유선방향 와류를 상쇄하기 위해 역회전 운동을 생성하는 **압전 액추에이터**(piezoelectric actuators) 어레이로 표면을 덮는 것이다. 이 아이디어는 Jacobson과 Reynolds(1998)에 의해 확인되었다.

위의 모든 층류 제어 기술은 얼음 결정, 비, 먼지, 퇴적물 또는 물 속의 작은 유기체와 같은 환경 요인으로 인해 제어를 우회하고 난류를 유발하기에 충분한 교란을 제공할 수 있다.

5-5.6 카오스와 난류

1963년 E. N. Lorentz는 대기 거동을 시뮬레이션하는 1차 미분 방정식 시스템을 분석하는 동안 이러한 명백히 결정론적인 방정식이 무질서한 해[지금은 **카오스**(chaos)라고 함]를 초래한다는 사실을 발견했다. 이러한 발견은 물리학자, 수학자 및 엔지니어의 카오스 연구 폭발을 촉발시켰다. 많은 물리적 시스템이 카오스적인 것으로 밝혀졌다.

예를 들어, 생물학적 종의 개체군 x의 성장을 예측하기 위한 간단한 대수 공식인 **로지스틱 방정식**을 고려하자.

$$x_{\text{new}} = rx_{\text{old}}(1 - x_{\text{old}}) \tag{5.60}$$

여기서 $1 < r < 4$는 매개변수이다. 임의의 초기 추측 $0 < x < 1$로 시작하여 주어진 r값에 대해 이 방정식을 반복연산한다. $1 < r < 3$인 경우, 반복연산은 하나의 안정적인 곡선으로 수렴한다. $r = 3$에서 반복연산은 두 곡선으로 분기(bifurcation)된다. $r = 3.5$ 및 3.6에서 2개의 추가 분기가 발생

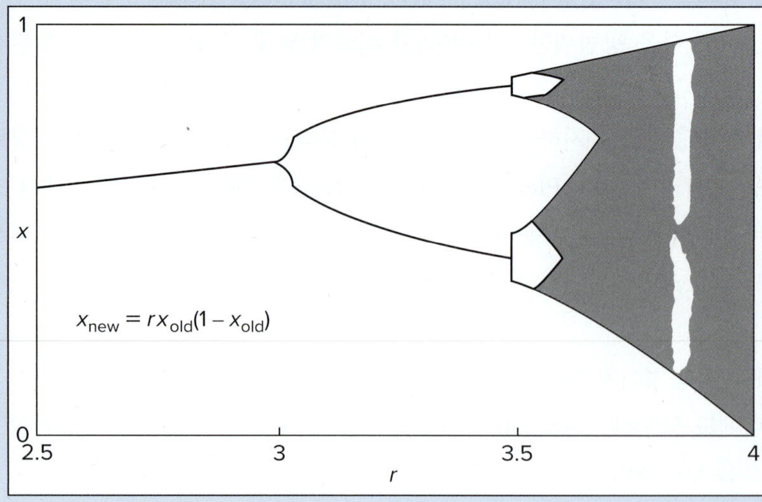

그림 5.38
로지스틱 공식 식 (5.60)의 반복연산. 분기는 $r = 3.0$, 3.5 및 3.6에서 발생한다. $r > 3.6$의 경우 해는 카오스하게 된다.

한다. $r > 3.6$의 경우, 반복연산은 가장 높은 분기와 가장 낮은 분기 사이의 영역 전체에 카오스하게 퍼진다. 이러한 동작은 그림 5.38에 그림으로 설명되어 있으며, 결정 동적 시스템의 특징으로 많이 확인된다.

동적 시스템에서 카오스가 발생하기 위한 주요 요구사항은 초기 조건에 대한 극도의 민감도이다. 초기 데이터의 약간의 변화는 결국 거의 동일한 시작 조건일지라도 완전히 분기되는 궤적을 생성한다. 궤적은 종종 주기적이 아니라(즉, 제한된 사이클), 시간이 지남에 따라 지역의 모든 부분 근처를 통과하는 변화하는 층을 통해 종잡을 수 없는 지점 근처에서 원을 그리게 된다. 이러한 점을 이상한 끌개(strange attractors)라고 하며 해당 영역의 인지된 기하학적 차원보다 더 큰 '프랙탈(fractal)' 차원을 갖는다.

카오스 이론은 이제 여러 교재에서 다루는 숙고된 과학이다. 그림 5.28(a)와 그림 5.38을 보면 상상할 수 있는 것처럼 천이와 매우 유사하다. 두 프로세스 모두 여러 분기를 포함하고 무작위 콘텐츠로 이어지지만 Drazin(2002)의 9장에서 논의된 것처럼 두 프로세스를 일치시키기에는 지나치게 단순화되었다. 너무 많은 매개변수와 난류로의 경로를 가진 천이는 너무 다양하다. 카오스과 천이는 Tatsumi(1984), Swinney와 Gollub(1985), Chevray(1989)의 책에서 처음으로 비교되었다. 특정 층류(Couette 흐름, Bénard 대류 및 유체 혼합)는 카오스 거동을 나타내는 것으로 알려져 있다. 특정 난류 구조(제트의 가장자리와 전단층)는 프랙탈(정수가 아닌) 차원을 가진다. 카오스과 천이는 유사하지 않지만, 그들의 병렬성은 여전히 흥미로우며 Favre(1995), Branover 등(1999), Debnath와 Riahi(2000)의 최근 책의 주제로 다뤄졌다.

5-6 비압축성 점성 유동의 전역 안정성

지금까지 2차원 교란이 $\hat{q} = q(y)\exp[i(\alpha x - \sigma t)] = q(y)e^{\sigma_i t}e^{i(\alpha x - \sigma_r t)}$ 형식의 진행파로 적절하게 표현될 수 있다고 가정했다. 여기서 α는 x방향의 공간파 수를 나타내고 시간 안정성 이론에 따라

$\sigma = \alpha c$는 복소 각진동수를 나타낸다. 따라서 유동은 $\sigma_i = \alpha c_i > 0$일 때 불안정하다. 횡방향 또는 유동방향의 가로지르는 y방향에서의 급격한 변화를 나타내는 3차원 유동을 모델링할 때, 이 진행파 형태는 다음과 같이 된다.

$$\hat{q}(x, y, z, t) = q(y)e^{\sigma_i t}e^{i(\alpha x + nz - \sigma_r t)} \qquad \text{(데카르트)} \tag{5.61}$$

여기서 x와 z는 각각 해당 파수 α와 n을 사용하여 유동방향 및 폭방향을 나타낸다. 원통형 극좌표에서 동등하게 아래와 같이 나타낼 수 있다.

$$\hat{q}(r, \theta, z, t) = q(r)e^{\sigma_i t}e^{i(\alpha z + m\theta - \sigma_r t)} \qquad \text{(원통형)} \tag{5.62}$$

여기서 m은 접선(또는 방위각) 모드 번호를 나타낸다. 이러한 모델은 유동방향 좌표에 약하게 의존하는 대부분의 평행 유동에 적합하다. 즉, 아래와 같다.

$$\left|\frac{\partial Q_0}{\partial x}\right|, \left|\frac{\partial Q_0}{\partial z}\right| = \left|\frac{\partial Q_0}{\partial y}\right| \ \text{(데카르트)} \quad \text{또는} \quad \left|\frac{\partial Q_0}{\partial \theta}\right|, \left|\frac{\partial Q_0}{\partial z}\right| = \left|\frac{\partial Q_0}{\partial r}\right| \ \text{(원통형)} \tag{5.63}$$

더 넓은 일반성을 추구하기 위해, 교란 진폭의 전역 형태가 아래와 같이 구현될 수 있다.

$$\hat{q}(x, y, z, t) = q(x, y)e^{\sigma_i t}e^{i(nz - \sigma_r t)} \quad \text{또는} \quad \hat{q}(r, \theta, z, t) = q(r, z)e^{\sigma_i t}e^{i(m\theta - \sigma_r t)} \tag{5.64}$$

교란 진폭을 하나가 아닌 2개의 공간 좌표의 함수로 표현함으로써, 결과 프레임워크는 더 이상 공간 증폭 또는 감쇠를 규정함에 있어 순수한 지수 형태로 제한되지 않는다. 따라서 기본 유동의 불안정성은 제3 공간 방향인 z 또는 θ에서 각각 파수 n 또는 m의 사용자 지정값에서 보다 정확하게 식별될 수 있다.

이 절에서는 Navier-Stokes 방정식과 함께 사용할 때 전역 안정성 프레임워크의 몇 가지 특성을 탐구한다. 자세한 내용은 Theofilis(2011), Chedevergne 등(2012), Boyer 등(2013) 또는 Elliott과 Gibson(2019)을 참조하기 바란다.

5-6.1 비압축성 Navier-Stokes 방정식에 기초한 선형화된 교란 관계

안정성 분석을 시작하기 위해 순간 변수 $\tilde{\mathbf{V}} = \mathbf{V}_0 + \hat{\mathbf{v}}$와 $\tilde{P} = P_0 + \hat{p}$를 사용한다. 이와 같이 일반 변수 $\tilde{Q} = Q_0 + \hat{q}$는 기본 형태에 작은 교란을 더한 형태로 분해될 수 있으며, 이는 기본 운동의 1차 섭동으로 간주될 수 있다. 식 (5.10)에 주어진 Navier-Stokes 방정식과 같은 비선형 연산자 $\mathcal{N}$에 삽입하면, $\mathcal{N}(Q_0 + \hat{q}) = 0$이 된다. 후자는 $\mathcal{N}(Q_0) = 0$으로 더 확장될 수 있다. 이것은 일반적으로 기본 운동에 의해 만족되고 $\mathcal{L}(Q_0)\cdot\hat{q} + O(\hat{q}^2) = 0$ 형식의 $\hat{q}$에 작용하는 선형화된 연산자이다. 이 선형화된 Navier-Stokes 연산자 $\mathcal{L}(Q_0)$는 $\hat{q}$의 거동을 따르며 소위 교란 방정식(들)으로 이어진다.

3차원 형태의 비압축성 Navier-Stokes 방정식을 사용하여 이 절차를 설명하고자 한다. 식 (5.10)에서부터 시작한다. 순간 속도 벡터 $\tilde{\mathbf{V}} = (\tilde{U}, \tilde{V}, \tilde{W})$를 사용하면 연속성, 축방향, 횡방향 및 폭방향 운동량 방정식은 다음과 같다.

$$\frac{\partial \tilde{U}}{\partial x} + \frac{\partial \tilde{V}}{\partial y} + \frac{\partial \tilde{W}}{\partial z} = 0 \quad \text{(연속 방정식)} \tag{5.65}$$

$$\frac{\partial \tilde{U}}{\partial t} + \tilde{U}\frac{\partial \tilde{U}}{\partial x} + \tilde{V}\frac{\partial \tilde{U}}{\partial y} + \tilde{W}\frac{\partial \tilde{U}}{\partial z} + \frac{1}{\rho}\frac{\partial \tilde{P}}{\partial x} = \nu\left(\frac{\partial^2 \tilde{U}}{\partial x^2} + \frac{\partial^2 \tilde{U}}{\partial y^2} + \frac{\partial^2 \tilde{U}}{\partial z^2}\right) \quad (x\,\text{운동량}) \tag{5.66}$$

$$\frac{\partial \tilde{V}}{\partial t} + \tilde{U}\frac{\partial \tilde{V}}{\partial x} + \tilde{V}\frac{\partial \tilde{V}}{\partial y} + \tilde{W}\frac{\partial \tilde{V}}{\partial z} + \frac{1}{\rho}\frac{\partial \tilde{P}}{\partial y} = \nu\left(\frac{\partial^2 \tilde{V}}{\partial x^2} + \frac{\partial^2 \tilde{V}}{\partial y^2} + \frac{\partial^2 \tilde{V}}{\partial z^2}\right) \quad (y\,\text{운동량}) \tag{5.67}$$

$$\frac{\partial \tilde{W}}{\partial t} + \tilde{U}\frac{\partial \tilde{W}}{\partial x} + \tilde{V}\frac{\partial \tilde{W}}{\partial y} + \tilde{W}\frac{\partial \tilde{W}}{\partial z} + \frac{1}{\rho}\frac{\partial \tilde{P}}{\partial z} = \nu\left(\frac{\partial^2 \tilde{W}}{\partial x^2} + \frac{\partial^2 \tilde{W}}{\partial y^2} + \frac{\partial^2 \tilde{W}}{\partial z^2}\right) \quad (z\,\text{운동량}) \tag{5.68}$$

원통형 극좌표에서 $\tilde{\mathbf{V}} = (\tilde{U}_r, \tilde{U}_\theta, \tilde{U}_z)$로 취하고, 앞 절의 식 (5.10)은 다음과 같이 변환될 수 있다.

$$\frac{\partial \tilde{U}_r}{\partial r} + \frac{\tilde{U}_r}{r} + \frac{1}{r}\frac{\partial \tilde{U}_\theta}{\partial \theta} + \frac{\partial \tilde{U}_z}{\partial z} = 0 \quad \text{(연속 방정식)} \tag{5.69}$$

$$\frac{\partial \tilde{U}_r}{\partial t} + \tilde{U}_r\frac{\partial \tilde{U}_r}{\partial r} + \frac{\tilde{U}_\theta}{r}\frac{\partial \tilde{U}_r}{\partial \theta} - \frac{\tilde{U}_\theta^2}{r} + \tilde{U}_z\frac{\partial \tilde{U}_r}{\partial z} + \frac{1}{\rho}\frac{\partial \tilde{P}}{\partial r}$$
$$= \nu\left(\frac{\partial^2 \tilde{U}_r}{\partial r^2} + \frac{1}{r}\frac{\partial \tilde{U}_r}{\partial r} - \frac{\tilde{U}_r}{r^2} + \frac{1}{r^2}\frac{\partial^2 \tilde{U}_r}{\partial \theta^2} - \frac{2}{r^2}\frac{\partial \tilde{U}_\theta}{\partial \theta} + \frac{\partial^2 \tilde{U}_r}{\partial z^2}\right) \quad (r\,\text{운동량}) \tag{5.70}$$

$$\frac{\partial \tilde{U}_\theta}{\partial t} + \tilde{U}_r\frac{\partial \tilde{U}_\theta}{\partial r} + \frac{\tilde{U}_\theta}{r}\frac{\partial \tilde{U}_\theta}{\partial \theta} + \frac{\tilde{U}_r\tilde{U}_\theta}{r} + \tilde{U}_z\frac{\partial \tilde{U}_\theta}{\partial z} + \frac{1}{\rho r}\frac{\partial \tilde{P}}{\partial \theta}$$
$$= \nu\left(\frac{\partial^2 \tilde{U}_\theta}{\partial r^2} + \frac{1}{r}\frac{\partial \tilde{U}_\theta}{\partial r} - \frac{\tilde{U}_\theta}{r^2} + \frac{1}{r^2}\frac{\partial^2 \tilde{U}_\theta}{\partial \theta^2} + \frac{2}{r^2}\frac{\partial \tilde{U}_r}{\partial \theta} + \frac{\partial^2 \tilde{U}_\theta}{\partial z^2}\right) \quad (\theta\,\text{운동량}) \tag{5.71}$$

$$\frac{\partial \tilde{U}_z}{\partial t} + \tilde{U}_r\frac{\partial \tilde{U}_z}{\partial r} + \frac{\tilde{U}_\theta}{r}\frac{\partial \tilde{U}_z}{\partial \theta} + \tilde{U}_z\frac{\partial \tilde{U}_z}{\partial z} + \frac{1}{\rho}\frac{\partial \tilde{P}}{\partial z} = \nu\left(\frac{\partial^2 \tilde{U}_z}{\partial r^2} + \frac{1}{r}\frac{\partial \tilde{U}_z}{\partial r} + \frac{1}{r^2}\frac{\partial^2 \tilde{U}_z}{\partial \theta^2} + \frac{\partial^2 \tilde{U}_z}{\partial z^2}\right) \quad (z\,\text{운동량}) \tag{5.72}$$

독자의 편의를 위해 데카르트 형식과 원통형 형식이 나란히 제시되거나 연습문제로 미루도록 한다. 분해된 변수 $\tilde{\mathbf{V}} = \mathbf{V}_0 + \hat{\mathbf{v}}$와 $\tilde{P} = P_0 + \hat{p}$를 대입하고 $\hat{\mathbf{v}}^2$, $\hat{p}^2$ 이상의 차수 항을 제거한 후, 비정상 교란의 발달을 제어하는 선형화된 안정성 방정식을 구할 수 있다. 이것을 $\hat{\mathbf{v}}$에 대한 교란 방정식이라고 하며, 여기서 기본 유동 $\mathbf{V}_0$의 성분은 미리 결정된 계수로 나타난다. $\hat{\mathbf{v}} = (\hat{u}, \hat{v}, \hat{w})$ 및 $\mathbf{V}_0 = (U, V, W)$인 데카르트 좌표에서 이러한 관계는 다음과 같다.

$$\frac{\partial \hat{u}}{\partial x} + \frac{\partial \hat{v}}{\partial y} + \frac{\partial \hat{w}}{\partial z} = 0 \quad \text{(연속 방정식)} \tag{5.73}$$

$$\frac{\partial \hat{u}}{\partial t} + \frac{\partial U}{\partial x}\hat{u} + \frac{\partial U}{\partial y}\hat{v} + \frac{\partial U}{\partial z}\hat{w} + U\frac{\partial \hat{u}}{\partial x} + V\frac{\partial \hat{u}}{\partial y} + W\frac{\partial \hat{u}}{\partial z} + \frac{1}{\rho}\frac{\partial \hat{p}}{\partial x}$$
$$= \nu\left(\frac{\partial^2 \hat{u}}{\partial x^2} + \frac{\partial^2 \hat{u}}{\partial y^2} + \frac{\partial^2 \hat{u}}{\partial z^2}\right) \quad (x\,\text{운동량}) \tag{5.74}$$

$$\frac{\partial \hat{v}}{\partial t} + \frac{\partial V}{\partial x}\hat{u} + \frac{\partial V}{\partial y}\hat{v} + \frac{\partial V}{\partial z}\hat{w} + U\frac{\partial \hat{v}}{\partial x} + V\frac{\partial \hat{v}}{\partial y} + W\frac{\partial \hat{v}}{\partial z} + \frac{1}{\rho}\frac{\partial \hat{p}}{\partial y}$$
$$= \nu\left(\frac{\partial^2 \hat{u}}{\partial x^2} + \frac{\partial^2 \hat{v}}{\partial y^2} + \frac{\partial^2 \hat{v}}{\partial z^2}\right) \quad (y\,\text{운동량}) \tag{5.75}$$

$$\frac{\partial \hat{w}}{\partial t} + \frac{\partial W}{\partial x}\hat{u} + \frac{\partial W}{\partial y}\hat{v} + \frac{\partial W}{\partial z}\hat{w} + U\frac{\partial \hat{w}}{\partial x} + V\frac{\partial \hat{w}}{\partial y} + W\frac{\partial \hat{w}}{\partial z} + \frac{1}{\rho}\frac{\partial \hat{p}}{\partial z} = \nu\left(\frac{\partial^2 \hat{w}}{\partial x^2} + \frac{\partial^2 \hat{w}}{\partial y^2} + \frac{\partial^2 \hat{w}}{\partial z^2}\right) \quad (z\text{ 운동량}) \tag{5.76}$$

기본 유동 성분 (U, V, W)은 알거나 계산되거나 사전에 결정되어야 한다. 원통형 좌표에서 $\mathbf{V}_0 = (U_r, U_\theta, U_z)$, $\hat{\mathbf{v}} = (\hat{u}_r, \hat{u}_\theta, \hat{u}_z)$를 사용할 수 있으며, 교란 방정식을 다음과 같이 확장할 수 있다.

$$\frac{\partial \hat{u}_r}{\partial r} + \frac{\hat{u}_r}{r} + \frac{1}{r}\frac{\partial \hat{u}_\theta}{\partial \theta} + \frac{\partial \hat{u}_z}{\partial z} = 0 \quad (\text{연속 방정식}) \tag{5.77}$$

$$\frac{\partial \hat{u}_r}{\partial t} + U_r\frac{\partial \hat{u}_r}{\partial r} + \hat{u}_r\frac{\partial U_r}{\partial r} + \frac{U_\theta}{r}\frac{\partial \hat{u}_r}{\partial \theta} + \frac{\hat{u}_\theta}{r}\frac{\partial U_r}{\partial \theta} - \frac{2U_\theta \hat{u}_\theta}{r} + U_z\frac{\partial \hat{u}_r}{\partial z} + \hat{u}_z\frac{\partial U_r}{\partial z} + \frac{1}{\rho}\frac{\partial \hat{p}}{\partial r} = \nu\left(\frac{\partial^2 \hat{u}_r}{\partial r^2} + \frac{1}{r}\frac{\partial \hat{u}_r}{\partial r} - \frac{\hat{u}_r}{r^2} + \frac{1}{r^2}\frac{\partial^2 \hat{u}_r}{\partial \theta^2} - \frac{2}{r^2}\frac{\partial \hat{u}_\theta}{\partial \theta} + \frac{\partial^2 \hat{u}_r}{\partial z^2}\right) \quad (r\text{ 운동량}) \tag{5.78}$$

$$\frac{\partial \hat{u}_\theta}{\partial t} + U_r\frac{\partial \hat{u}_\theta}{\partial r} + \hat{u}_r\frac{\partial U_\theta}{\partial r} + \frac{U_\theta}{r}\frac{\partial \hat{u}_\theta}{\partial \theta} + \frac{\hat{u}_\theta}{r}\frac{\partial U_\theta}{\partial \theta} + \frac{U_r \hat{u}_\theta}{r} + \frac{\hat{u}_r U_\theta}{r} + U_z\frac{\partial \hat{u}_\theta}{\partial z} + \hat{u}_z\frac{\partial U_\theta}{\partial z} + \frac{1}{\rho r}\frac{\partial \hat{p}}{\partial \theta} = \nu\left(\frac{\partial^2 \hat{u}_\theta}{\partial r^2} + \frac{1}{r}\frac{\partial \hat{u}_\theta}{\partial r} - \frac{\hat{u}_\theta}{r^2} + \frac{1}{r^2}\frac{\partial^2 \hat{u}_\theta}{\partial \theta^2} + \frac{2}{r^2}\frac{\partial \hat{u}_r}{\partial \theta} + \frac{\partial^2 \hat{u}_\theta}{\partial z^2}\right) \quad (\theta\text{ 운동량}) \tag{5.79}$$

$$\frac{\partial \hat{u}_z}{\partial t} + U_r\frac{\partial \hat{u}_z}{\partial r} + \hat{u}_r\frac{\partial U_z}{\partial r} + \frac{U_\theta}{r}\frac{\partial \hat{u}_z}{\partial \theta} + \frac{\hat{u}_\theta}{r}\frac{\partial U_z}{\partial \theta} + U_z\frac{\partial \hat{u}_z}{\partial z} + \hat{u}_z\frac{\partial U_z}{\partial z} + \frac{1}{\rho}\frac{\partial \hat{p}}{\partial z} = \nu\left(\frac{\partial^2 \hat{u}_z}{\partial r^2} + \frac{1}{r}\frac{\partial \hat{u}_z}{\partial r} + \frac{1}{r^2}\frac{\partial^2 \hat{u}_z}{\partial \theta^2} + \frac{\partial^2 \hat{u}_z}{\partial z^2}\right) \quad (z\text{ 운동량}) \tag{5.80}$$

5-6.2 전역 확장과 고윳값 문제 공식화

이 시점에서 비정상 교란은 전역 형식, 즉 세 공간 방향 중 두 방향에서 교란의 공간적 진폭을 제한하지 않는 형식을 사용하여 모델링할 수 있다. 이는 다음과 같이 둠으로써 얻을 수 있다.

$$\hat{q} = q(x, y)\exp(\sigma_i t)\exp[i(nz - \sigma_r t)] \quad \text{또는} \quad \hat{q} = q(r, z)\exp(\sigma_i t)\exp[i(m\theta - \sigma_r t)] \tag{5.81}$$

여기서 n과 m은 각각 데카르트 좌표와 원통형 좌표의 폭방향 및 접선 모드 번호를 나타낸다. 평소와 같이, 복소 고유모드 $\sigma = \sigma_r + i\sigma_i$는 안정성 성장률 σ_i와 원형 주파수 σ_r를 모두 포함하고 있다. Chedevergne 등(2012)은 다공성 튜브에서 Taylor-Culick 분포의 유체역학적 안정성 특성을 조사하기 위해 유사한 접근을 효과적으로 사용했다. 일반적으로 말하면, 기본 운동에 대한 비정상 교란이 시간이 지남에 따라 감쇠하거나 $\sigma_i < 0$일 때 유동은 안정적이다.

$(\hat{u}, \hat{v}, \hat{w}, \hat{p}) = (u, v, w, p)\exp[i(nz - \sigma t)]$를 사용하면 식 (5.73)~(5.76)은 다음과 같이 된다.

$$\frac{\partial u}{\partial x} + \frac{\partial v}{\partial y} + inw = 0 \quad (\text{연속 방정식}) \tag{5.82}$$

$$-i\sigma u + \frac{\partial U}{\partial x}u + \frac{\partial U}{\partial y}v + \frac{\partial U}{\partial z}w + U\frac{\partial u}{\partial x} + V\frac{\partial u}{\partial y} + inWu + \frac{1}{\rho}\frac{\partial p}{\partial x} = \nu\left(\frac{\partial^2 u}{\partial x^2} + \frac{\partial^2 u}{\partial y^2} - n^2 u\right) \quad (x\text{ 운동량}) \tag{5.83}$$

$$-i\sigma v + \frac{\partial V}{\partial x}u + \frac{\partial V}{\partial y}v + \frac{\partial V}{\partial z}w + U\frac{\partial v}{\partial x} + V\frac{\partial v}{\partial y} + inWv + \frac{1}{\rho}\frac{\partial p}{\partial y}$$

$$= \nu\left(\frac{\partial^2 v}{\partial x^2} + \frac{\partial^2 v}{\partial y^2} - n^2 v\right) \quad (y\text{ 운동량}) \quad (5.84)$$

$$-i\sigma w + \frac{\partial W}{\partial x}u + \frac{\partial W}{\partial y}v + \frac{\partial W}{\partial z}w + U\frac{\partial w}{\partial x} + V\frac{\partial w}{\partial y} + inWw + in\frac{p}{\rho}$$

$$= \nu\left(\frac{\partial^2 w}{\partial x^2} + \frac{\partial^2 w}{\partial y^2} - n^2 w\right) \quad (z\text{ 운동량}) \quad (5.85)$$

마찬가지로, $(\hat{u}_r, \hat{u}_\theta, \hat{u}_z, \hat{p}) = (u_r, u_\theta, u_z, p)\exp[i(m\theta - \sigma t)]$를 사용하면 식 (5.77)~(5.80)은 다음과 같이 간단화된다.

$$\frac{\partial u_r}{\partial r} + \frac{u_r}{r} + im\frac{u_\theta}{r} + \frac{\partial u_z}{\partial z} = 0 \quad (\text{연속 방정식}) \quad (5.86)$$

$$-i\sigma u_r + U_r\frac{\partial u_r}{\partial r} + u_r\frac{\partial U_r}{\partial r} + im\frac{U_\theta u_r}{r} + \frac{u_\theta}{r}\frac{\partial U_r}{\partial \theta} - \frac{2U_\theta u_\theta}{r} + U_z\frac{\partial u_r}{\partial z} + u_z\frac{\partial U_r}{\partial z} + \frac{1}{\rho}\frac{\partial p}{\partial r}$$

$$= \nu\left[\frac{\partial^2 u_r}{\partial r^2} + \frac{1}{r}\frac{\partial u_r}{\partial r} - (1+m^2)\frac{u_r}{r^2} - \frac{2im}{r^2}u_\theta + \frac{\partial^2 u_r}{\partial z^2}\right] \quad (r\text{ 운동량}) \quad (5.87)$$

$$-i\sigma u_\theta + U_r\frac{\partial u_\theta}{\partial r} + u_r\frac{\partial U_\theta}{\partial r} + im\frac{U_\theta u_\theta}{r} + \frac{u_\theta}{r}\frac{\partial U_\theta}{\partial \theta} + \frac{U_r u_\theta}{r} + \frac{u_r U_\theta}{r} + U_z\frac{\partial u_\theta}{\partial z} + u_z\frac{\partial U_\theta}{\partial z} + i\frac{m}{\rho r}p$$

$$= \nu\left[\frac{\partial^2 u_\theta}{\partial r^2} + \frac{1}{r}\frac{\partial u_\theta}{\partial r} - (1+m^2)\frac{u_\theta}{r^2} + \frac{2im}{r^2}u_r + \frac{\partial^2 u_\theta}{\partial z^2}\right] \quad (\theta\text{ 운동량}) \quad (5.88)$$

$$-i\sigma u_z + U_r\frac{\partial u_z}{\partial r} + u_r\frac{\partial U_z}{\partial r} + im\frac{U_\theta u_z}{r} + \frac{u_\theta}{r}\frac{\partial U_z}{\partial \theta} + U_z\frac{\partial u_z}{\partial z} + u_z\frac{\partial U_z}{\partial z} + \frac{1}{\rho}\frac{\partial p}{\partial z}$$

$$= \nu\left(\frac{\partial^2 u_z}{\partial r^2} + \frac{1}{r}\frac{\partial u_z}{\partial r} - \frac{m^2}{r^2}u_z + \frac{\partial^2 u_z}{\partial z^2}\right) \quad (z\text{ 운동량}) \quad (5.89)$$

2차원 및 축대칭 유동에서 Orr-Sommerfeld 방정식을 유도하기 위해 수행한 것과 유사한 단계를 사용하여 이러한 방정식 세트를 조작하고 단일 유동함수 공식으로 통합하는 것이 가능하다. 해당 노력은 연습문제에서 다루도록 한다. 그러나 속도-압력 팽창의 일반성을 유지함으로써, 이어지는 프레임워크는 기본적으로 3차원이며 3개의 소멸하지 않는 속도 성분이 있는 기본 유동을 수용할 수 있다. 이를 위해 식 (5.82)~(5.85)로부터 시작하는 연산자 형식으로 결과 방정식을 다시 쓰는 것이 도움이 된다.

$$\left(\frac{\partial}{\partial x}\right)u + \left(\frac{\partial}{\partial y}\right)v + (in)w = 0 \quad (\text{연속 방정식}) \quad (5.90)$$

$$\left[\frac{\partial U}{\partial x} + U\frac{\partial}{\partial x} + V\frac{\partial}{\partial y} + inW - \nu\left(\frac{\partial^2}{\partial x^2} + \frac{\partial^2}{\partial y^2} - n^2\right)\right]u + \left(\frac{\partial U}{\partial y}\right)v + \left(\frac{\partial U}{\partial z}\right)w + \left(\frac{1}{\rho}\frac{\partial}{\partial x}\right)p = (i\sigma)u$$

$$(x\text{ 운동량}) \quad (5.91)$$

$$\left(\frac{\partial V}{\partial x}\right)u + \left[\frac{\partial V}{\partial y} + U\frac{\partial}{\partial x} + V\frac{\partial}{\partial y} + inW - \nu\left(\frac{\partial^2}{\partial x^2} + \frac{\partial^2}{\partial y^2} - n^2\right)\right]\upsilon + \left(\frac{\partial V}{\partial z}\right)w + \left(\frac{1}{\rho}\frac{\partial}{\partial y}\right)p = (i\sigma)\upsilon$$

(y 운동량) (5.92)

$$\left(\frac{\partial W}{\partial x}\right)u + \left(\frac{\partial W}{\partial y}\right)\upsilon + \left[\frac{\partial W}{\partial z} + U\frac{\partial}{\partial x} + V\frac{\partial}{\partial y} + inW - \nu\left(\frac{\partial^2}{\partial x^2} + \frac{\partial^2}{\partial y^2} - n^2\right)\right]w + \left(\frac{in}{\rho}\right)p = (i\sigma)w$$

(z 운동량) (5.93)

유사하게, 원통형 좌표의 식 (5.86)~(5.89)는 연산자로 다시 그룹화되고 다음과 같이 쓸 수 있다.

$$\left(\frac{\partial}{\partial r} + \frac{1}{r}\right)u_r + \left(\frac{im}{r}\right)u_\theta + \left(\frac{\partial}{\partial z}\right)u_z = 0 \qquad \text{(연속 방정식)} \quad (5.94)$$

$$\left[U_r\frac{\partial}{\partial r} + \frac{\partial U_r}{\partial r} + im\frac{U_\theta}{r} + U_z\frac{\partial}{\partial z} - \nu\left(\frac{\partial^2}{\partial r^2} + \frac{1}{r}\frac{\partial}{\partial r} - \frac{1+m^2}{r^2} + \frac{\partial^2}{\partial z^2}\right)\right]u_r$$
$$+\left(\frac{1}{r}\frac{\partial U_r}{\partial \theta} - \frac{2U_\theta}{r} + \frac{2\nu im}{r^2}\right)u_\theta + \left(\frac{\partial U_r}{\partial z}\right)u_z + \left(\frac{1}{\rho}\frac{\partial}{\partial r}\right)p = (i\sigma)u_r \qquad (r\text{ 운동량}) \quad (5.95)$$

$$\left(\frac{\partial U_\theta}{\partial r} + \frac{U_\theta}{r} - \frac{2\nu im}{r^2}\right)u_r + \left[U_r\frac{\partial}{\partial r} + \frac{imU_\theta}{r} + \frac{1}{r}\frac{\partial U_\theta}{\partial \theta} + \frac{U_r}{r} - \nu\left(\frac{\partial^2}{\partial r^2} + \frac{1}{r}\frac{\partial}{\partial r} - \frac{1+m^2}{r^2} + \frac{\partial^2}{\partial z^2}\right) + U_z\frac{\partial}{\partial z}\right]u_\theta$$
$$+\left(\frac{\partial U_\theta}{\partial z}\right)u_z + \left(\frac{im}{\rho r}\right)p = (i\sigma)u_\theta \qquad (\theta\text{ 운동량}) \quad (5.96)$$

$$\left(\frac{\partial U_z}{\partial r}\right)u_r + \left(\frac{1}{r}\frac{\partial U_z}{\partial \theta}\right)u_\theta + \left[U_r\frac{\partial}{\partial r} + im\frac{U_\theta}{r} + U_z\frac{\partial}{\partial z} + \frac{\partial U_z}{\partial z} - \nu\left(\frac{\partial^2}{\partial r^2} + \frac{1}{r}\frac{\partial}{\partial r} - \frac{m^2}{r^2} + \frac{\partial^2}{\partial z^2}\right)\right]u_z$$
$$+\left(\frac{1}{\rho}\frac{\partial}{\partial z}\right)p = (i\sigma)u_z \qquad (z\text{ 운동량}) \quad (5.97)$$

식 (5.90)~(5.93) 혹은 식 (5.94)~(5.97)로 규정된 편미분 방정식은 4개의 미지수 (u, υ, w, p) 또는 (u_r, u_θ, u_z, p)가 있는 4개의 방정식으로 구성된다. 이러한 변수의 계수는 다음 유형의 일반화된 고윳값 문제를 형성하는 데 사용할 수 있다.

$$A_{ij}f_i = \sigma B_{ij}f_i \qquad (5.98)$$

여기서 σ와 f_i는 고윳값과 해당 고유벡터를 나타내는 반면, A_{ij}와 B_{ij}는 연속성과 세 가지 운동량 방정식 투영의 연산자 행렬을 나타낸다.

$$A_{ij} = \begin{bmatrix} A_{c,u} & A_{c,\upsilon} & A_{c,w} & A_{c,p} \\ A_{x,u} & A_{x,\upsilon} & A_{x,w} & A_{x,p} \\ A_{y,u} & A_{y,\upsilon} & A_{y,w} & A_{y,p} \\ A_{z,u} & A_{z,\upsilon} & A_{z,w} & A_{z,p} \end{bmatrix} \text{ 및 } B_{ij} = \begin{bmatrix} B_{c,u} & B_{c,\upsilon} & B_{c,w} & B_{c,p} \\ B_{x,u} & B_{x,\upsilon} & B_{x,w} & B_{x,p} \\ B_{y,u} & B_{y,\upsilon} & B_{y,w} & B_{y,p} \\ B_{z,u} & B_{z,\upsilon} & B_{z,w} & B_{z,p} \end{bmatrix} \qquad (5.99)$$

예를 들면 식 (5.90)~(5.93)에 따라 연산자 행렬은 다음을 사용하여 채울 수 있다.

$$\begin{cases} A_{c,u} = \dfrac{\partial}{\partial x} \\ A_{c,v} = \dfrac{\partial}{\partial y} \\ A_{c,w} = in \\ A_{c,p} = 0 \end{cases} \quad \begin{cases} A_{x,u} = \dfrac{\partial U}{\partial x} + U\dfrac{\partial}{\partial x} + V\dfrac{\partial}{\partial y} \\ \qquad +inW - \nu\left(\dfrac{\partial^2}{\partial x^2} + \dfrac{\partial^2}{\partial y^2} - n^2\right) \\ A_{x,v} = \dfrac{\partial U}{\partial y} \\ A_{x,w} = \dfrac{\partial U}{\partial z} \\ A_{x,p} = \dfrac{1}{\rho}\dfrac{\partial}{\partial x} \end{cases} \quad \begin{cases} A_{y,u} = \dfrac{\partial V}{\partial x} \\ A_{y,v} = \dfrac{\partial V}{\partial y} + U\dfrac{\partial}{\partial x} + V\dfrac{\partial}{\partial y} \\ \qquad +inW - \nu\left(\dfrac{\partial^2}{\partial x^2} + \dfrac{\partial^2}{\partial y^2} - n^2\right) \\ A_{y,w} = \dfrac{\partial V}{\partial z} \\ A_{y,p} = \dfrac{1}{\rho}\dfrac{\partial}{\partial y} \end{cases}$$

$$\begin{cases} A_{z,u} = \dfrac{\partial W}{\partial x} \\ A_{z,v} = \dfrac{\partial W}{\partial y} \\ A_{z,w} = \dfrac{\partial W}{\partial z} + U\dfrac{\partial}{\partial x} + V\dfrac{\partial}{\partial y} \\ \qquad +inW - \nu\left(\dfrac{\partial^2}{\partial x^2} + \dfrac{\partial^2}{\partial y^2} - n^2\right) \\ A_{z,p} = \dfrac{in}{\rho} \end{cases} \tag{5.100}$$

추가적으로 $B_{x,u} = B_{y,v} = B_{z,w} = i$이고 B_{ij}의 다른 모든 항은 0이다. 식 (5.94)~(5.97)과 관련된 유사한 연산자는 뒤쪽 연습문제에서 다루도록 한다.

5-6.3 수치적 전략과 Chebyshev 스펙트럼 병치 방법

실제로 각 연산자 행렬은 해 영역을 통해 평가되어야 하므로 사용자가 보유한 공간 차원의 수에 따라 달라지는 블록 행렬이 생성된다. 연산자는 여러 공간 도함수가 포함되어 있으므로, 선택한 수치적 해석방법은 특히 경계 근처에서 높은 공간 분해능을 가질 수 있어야 한다. 편미분 방정식의 특성을 감안할 때, 많은 연구자들은 효율적인 고차 스펙트럼 병치(collocation) 방법, 특히 다른 이산화 체계보다 유리한 점을 제공할 수 있는 방법에 관심을 뒀다[Boyd(2000), Trefethen(2005) 및 Theofilis(2011)]. 적절한 다항식 병치의 선택은 국소 그리드 분해능, 수치 안정성, 전체 정확도를 제어할 필요성에 의해 촉진된다. 실제로 멱급수에 기초한 대수적 다항식은 Lagrange 다항식, Newton 분할 차분, Padé 근사 등을 비롯한 다양한 영리한 방법으로 구성할 수 있다. 이러한 맥락에서 Chebyshev군 및 Legendre군과 같은 삼각 및 직교 다항식 보간기(interpolator)는 고유한 이점을 제공한다. 불균일 간격의 스텐실은 벽 근처 또는 불균일한 영역에 미세한 그리드 간격을 부과하고 다른 곳에 더 거친 분포를 부과할 수 있는 고유한 능력 때문에 경계층 이산화에서 종종 고려된다. 더욱이, 균일한 간격의 스텐실은 일반적으로 Fourier형 스펙트럼 근사를 약화시키는 달갑지 않은 Gibbs 현상과 등간격 대수 보간기를 약화시키는 등가 Runge 현상에 취약하다[Runge(1901)]. 그림 5.39[Trefethen(2005)]는 등간격 대수 다항식 보간기와 연결된 끝점 Runge 진동을 극복할 때 Chebyshev 병치의 이점을 보여준다. 1차 도함수를 평가할 때 발생하는 오류는 보간점이 많을수록 악화된다는 점에 유의한다. 이러한 불일치를 방지하기 위해 이 경우에 전역 이산화 체계가 사용되며, Chebyshev 다항식은 스펙트럼 보간 및 미분을 위한 기본 기능으로 사용된다.

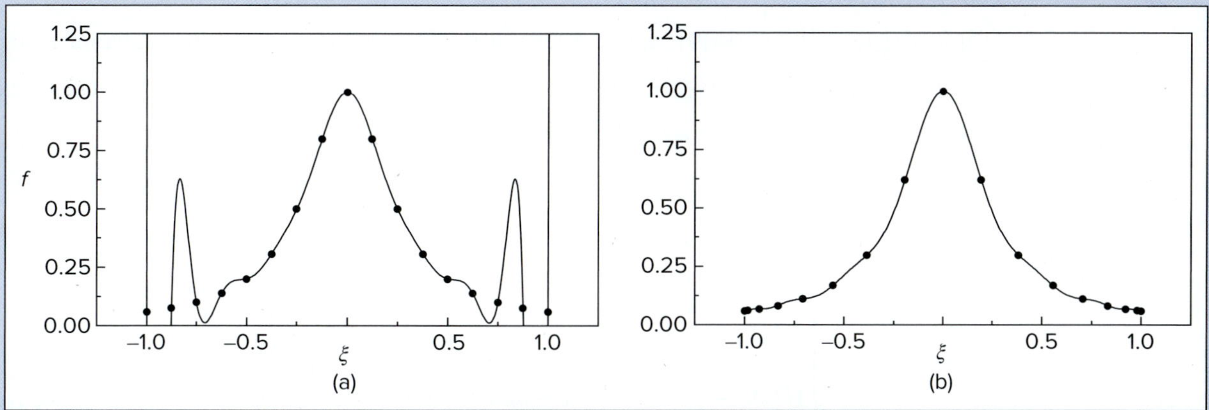

그림 5.39
(a) 등간격 및 (b) 비균등 간격 Chebyshev 스텐실을 기반으로 한 보간 방법의 특성 결과. 끝점 Runge 진동은 (a)에서 균일한 간격의 다항식 보간기를 수반한다.

Chebyshev 병치 접근방식은 차수가 N인 스텐실을 선택하여 시작된다. 차수 무한대의 함수 $f(\xi)$의 정확한 다항식 표현은 $\mathscr{P}_\infty f(\xi_\infty)$로 지정되기 때문에, N차수의 이산 Chebyshev 다항식은 다음과 같이 쓸 수 있다.

$$\mathscr{P}_N f(\xi) = \sum_{i=1}^{N} f(\xi_i)\lambda_i(\xi) \tag{5.101}$$

여기서 ξ_i는 노드 $i = 1, \ldots, N$에서 병치점을 나타내며, $\lambda_i(\xi)$는 적절한 가중치 함수를 나타낸다. Chebyshev 다항식의 경우, 가중치 함수는 다음에서 알 수 있다.

$$\lambda_i(\xi) = (-1)^i\left(\frac{1-\xi^2}{\xi-\xi_i}\right)\left[\frac{T'_{N-1}(\theta)}{d_i(N-1)^2}\right] \quad \text{이때} \quad \begin{cases} \xi_i = \cos\left[\dfrac{(i-1)\pi}{N-1}\right] \\ \theta = \arccos\xi \end{cases} \tag{5.102}$$

여기서

$$d_i = \begin{cases} 2; & i = 1 \text{ 또는 } N \\ 1; & \text{기타} \end{cases} \tag{5.103}$$

명확성을 위해, 병치점 ξ_i는 $N \le 5$에 대해 아래와 같이 표시된다.

N\i	**1**	**2**	**3**	**4**	**5**
1	0				
2	1	−1			
3	1	0	−1		
4	1	0.5	−0.5	−1	
5	1	0.7071	0	−0.7071	−1

Chebyshev 이산화 방법은 스펙트럼 함수 $f(\xi_i)$의 이산값에 대해 동시에 풀 수 있는 N개 방정식 및 N개 미지수 시스템으로 이어진다. 다항식은 이후에 각각의 병치점에서 기능적 값(functional value)을 곱한 가중치 함수로 구성된다. 이러한 노력을 통해, $\mathscr{P}_N f(\xi)$의 1차 도함수를 사용하여 병치 노드 $\{\xi_1, \ldots, \xi_N\}$에서 f의 1차 도함수는 근사될 수 있다. 이 과정에서 도함수의 다항식 표현은

$\mathscr{D}_N f(\xi) = [\mathscr{P}_N f(\xi)]' = \sum_{i=1}^{N} f(\xi_i)\lambda_i'(\xi)$로 주어지고, 따라서 $f'(\xi_i) = D_N f(\xi_i)$이다. 더욱이, 가중치 함수 도함수 $\lambda_i'(\xi)$는 미리 평가되어, 유사 스펙트럼 미분 행렬(pseudo-spectral differentiation matrix)이라 불리는 $\{D_{ij}\}$에 저장될 수 있다. 여기서 $D_{ij} = \lambda_j'(\xi_i)$이며 $i, j = 1, \ldots, N$이다. N차 Chebyshev 다항식을 미분하고 모든 병치점에서 계수를 해결함으로써, 미분 행렬에 대한 일반적인 표현에 도달할 수 있다. $N \times N$개의 행과 열을 포함하는 이 행렬 D_N[Voigt 등(1984)]은 각 $N \geq 1$을 사용하여 아래와 같이 정의된다.

$$\begin{cases} (D_N)_{11} = \dfrac{2(N-1)^2+1}{6} \qquad (D_N)_{NN} = -\dfrac{2(N-1)^2+1}{6} \\ (D_N)_{ii} = \dfrac{-\xi_i}{2\left(1-\xi_i^2\right)} \quad i = 2, \ldots, N-1 \\ (D_N)_{ij} = \dfrac{(-1)^{i+j}}{(\xi_i - \xi_j)}\dfrac{d_i}{d_j} \quad i \neq j, \quad i, j = 2, \ldots, N-1 \end{cases} \tag{5.104}$$

고차 도함수는 1차 미분 행렬을 대응하는 거듭제곱으로 올려서 직접 생성할 수 있다.

$$\frac{d}{d\xi} \to (D_N)^1 = D_N, \quad \frac{d^2}{d\xi^2} \to (D_N)^2 = D_N \times D_N, \quad \frac{d^n}{d\xi^n} \to (D_N)^n = \underbrace{D_N \times D_N \times \cdots \times D_N}_{\times n} \tag{5.105}$$

스펙트럼 미분 및 통합 코드의 유용한 세트는 Weideman과 Reddy(2000)에 의해 설명된다.

5-6.4 좌표 변화와 그리드 조정

N 병치점과 n차 Chebyshev 미분 행렬이 $[-1, 1]$ 구간에 걸쳐 있기 때문에, 다른 해 영역을 동일한 구간에서 선형 조정해야 한다. 예를 들어, 변수 $x \in [a, b]$와 $y \in [c, d]$에서 기존의 2차원 문제를 고려하면 이중 좌표 변환에는 2개의 보조 변수 ξ와 η가 필요하며, 이를 사용하여 문제를 재조정한다.

$$\begin{cases} x = \dfrac{b}{2}(\xi+1) - \dfrac{a}{2}(\xi-1) \qquad \xi = \dfrac{2x-(a+b)}{b-a} \\ y = \dfrac{d}{2}(\eta+1) - \dfrac{c}{2}(\eta-1) \qquad \eta = \dfrac{2y-(c+d)}{d-c} \end{cases} \quad \text{및} \quad \begin{cases} \dfrac{\partial}{\partial x} = \dfrac{2}{b-a}\dfrac{\partial}{\partial \xi} \\ \dfrac{\partial}{\partial y} = \dfrac{2}{d-c}\dfrac{\partial}{\partial \eta} \end{cases} \tag{5.106}$$

따라서 $0 \leq x \leq X_N$와 $0 \leq y \leq 1$로 구성된 영역은 다음을 사용하여 재조정될 수 있다.

$$\begin{matrix} x = \dfrac{1}{2}X_N(\xi+1) & \xi = \dfrac{2}{X_N}x - 1 \\ y = \dfrac{1}{2}(\eta+1) & \eta = 2y - 1 \end{matrix} \quad \text{및} \quad \begin{matrix} \dfrac{\partial}{\partial x} = \dfrac{2}{X_N}\dfrac{\partial}{\partial \xi} \\ \dfrac{\partial}{\partial y} = 2\dfrac{\partial}{\partial \eta} \end{matrix} \tag{5.107}$$

더욱이, 2차원 문제는 방향 독립적인 Chebyshev 점을 기반으로 하는 2차원 그리드가 필요하다. 이러한 텐서 곱 그리드는 2개의 독립 변수가 동일한 행렬 연산자에 공존할 수 있도록 한다[Trefethen(2000)]. 텐서 곱 그리드는 Kronecker 곱을 사용해야 한다. 엄밀히 말하면, $A_{ij} \otimes B_{mn} = C_{ijmn}$으로 설정된 두 행렬의 Kronecker 곱은 각 블록이 $\{a_{ij}B_{mn}\}$항으로 구성된 블록 행렬 C_{ijmn}으로 계산된다. 이 경우 Kronecker 곱은 다음과 같다.

$$A_{ij} \otimes B_{mn} = \begin{pmatrix} a_{11}B_{mn} & \cdots & a_{1j}B_{mn} \\ \vdots & \ddots & \vdots \\ a_{i1}B_{mn} & \cdots & a_{ij}B_{mn} \end{pmatrix} \tag{5.108}$$

여기서 A_{ij}의 각 요소는 전체 행렬 B_{mn}으로 곱해진다. 두 방향으로 도함수를 지정하기 위해 Kronecker 곱을 미분 행렬에 적용한다. 이러한 맥락에서, η에 대한 도함수는 $(I_N) \otimes (D_N)^n$으로 간주할 수 있는 반면, ξ에 대한 도함수는 $(D_N)^n \otimes (I_N)$으로 쓸 수 있다. 여기서 (I_N)는 $N \times N$ 단위 행렬이다. 2개의 공간 방향이 있는 2차원 문제를 풀 경우, 식 (5.99)의 $A_{x,u}$와 같은 각 연산자 행렬은 $N \times N$크기의 블록 행렬을 생성한다. 처음에 A_{ij}와 B_{ij} 행렬의 $4N^2 \times 4N^2 = 16N^4$ 크기를 가진다. 4개의 변수(열) 및 운동 방정식(행) 각각에 대해 N^2 블록 행렬이 존재하기 때문이다. 3차원 공간에서 크기는 $4N^3 \times 4N^3 = 16N^6$까지 증가할 수 있다. 단, 4개의 운동 방정식만 4개의 미지의 변수 (u, v, w, p)와 사용된다고 가정한다.

이 시점에서, 영역 매핑과 미분 행렬을 식 (5.100)에 적용하고 다음을 사용하여 이산적으로 지정될 수 있는 블록 행렬을 추출할 수 있다.

$$\begin{cases} A_{c,u} = \bar{D}_N^x \\ A_{c,v} = \bar{D}_N^y \\ A_{c,w} = inI_N \\ A_{c,p} = 0 \end{cases} \quad \begin{cases} A_{x,u} = U_{ii}\bar{D}_N^x + V_{ii}\bar{D}_N^y + \left(\dfrac{\partial U}{\partial x} inW\right)_{ii} \\ \qquad -\nu\left[\left(\bar{D}_N^x\right)^2 + \left(\bar{D}_N^y\right)^2 - n^2 I_N\right] \\ A_{x,v} = \left(\dfrac{\partial U}{\partial y}\right)_{ii} \\ A_{x,w} = \left(\dfrac{\partial U}{\partial z}\right)_{ii} \\ A_{x,p} = \dfrac{1}{\rho}\bar{D}_N^x \end{cases} \quad \begin{cases} A_{y,u} = \left(\dfrac{\partial V}{\partial x}\right)_{ii} \\ A_{y,v} = \left(\dfrac{\partial V}{\partial y} + inW\right)_{ii} \\ \qquad +U_{ii}\bar{D}_N^x + V_{ii}\bar{D}_N^y \\ \qquad -\nu\left[\left(\bar{D}_N^x\right)^2 + \left(\bar{D}_N^y\right)^2 - n^2 I_N\right] \\ A_{y,w} = \left(\dfrac{\partial V}{\partial z}\right)_{ii} \\ A_{y,p} = \dfrac{1}{\rho}\bar{D}_N^y \end{cases}$$

$$\begin{cases} A_{z,u} = \left(\dfrac{\partial W}{\partial x}\right)_{ii} \\ A_{z,v} = \left(\dfrac{\partial W}{\partial y}\right)_{ii} \\ A_{z,w} = \left(\dfrac{\partial W}{\partial z} + inW\right)_{ii} \\ \qquad +U_{ii}\bar{D}_N^x + V_{ii}\bar{D}_N^y \\ \qquad -\nu\left[\left(\bar{D}_N^x\right)^2 + \left(\bar{D}_N^y\right)^2 - n^2 I_N\right] \\ A_{z,p} = \dfrac{in}{\rho} I_N \end{cases} \tag{5.109}$$

식 (5.109)의 오버바(overbar)는 $x \in [a, b]$와 $y \in [c, d]$와 같이 스펙트럼 연산자가 고려 중인 물리적 영역에 매핑된다는 것을 의미하기 위해 사용된다. 식 (5.109)에 추가하여 우변 행렬 $\{B_{ij}\}$의 모든 항은 $B_{x,u} = B_{y,v} = B_{z,w} = iI_N$을 제외하고 사라진다. 식 (5.94)~(5.97)에서 원통형 극 연산자와 관련된 등가 블록 행렬은 연습문제로 남긴다.

5-6.5 경제 조건 및 수치해석적 해법

전역 안정성 문제와 관련된 경계 조건은 유입 및 유출 부분을 제외하고는 균일한 경향이 있으며, 여러 아이디어가 제안되었다. 조건은 다음과 같이 특징될 수 있다. 솔리드 경계 및 음향적으로 닫힌 표면에서 속도 변동을 억제하고, 중간면과 중심선을 따라 대칭 조건을 부과하고, 벽 값을 가장 가까운 근처와 동일시하여 벽 구배를 0으로 유지하고, 출구 점 외삽법(extrapolation)을 사용하여 유동 연속성을 유지하고, 유출 위치에서 수직 응력을 0으로 동일시하고, 인접 출구 조건을 지정한다[Boyer 등(2013)]. 사실, 잘 제기된 수반행렬 문제(adjoint problem)의 개발은 유한 요소를 사용하여 점성 유체의 모델링에 필수적인 것으로 입증된 조건으로 간주된다. Boyer 등(2013)에서 볼 수 있듯, 비압축성 유동을 분석할 때 경계 조건의 두 가지 주요 선택이 가능하다. 이들은 유입에 대해 부과된 속도와 유출에 대해 부과된 수직 응력으로 구성된다. 이러한 요구사항 중 가장 주목할 만한 것은 유동방향의 소실 응력 텐서(vanishing stress tensor)이다.

$$\tilde{\sigma}\left(\tilde{\mathbf{V}}, \tilde{P}\right)\cdot\mathbf{e}_x = \left[-\tilde{P}\boldsymbol{\delta} + \mu\left(\nabla\tilde{\mathbf{V}} + \nabla\tilde{\mathbf{V}}^T\right)\right]\cdot\mathbf{e}_x = 0 \quad (\text{유출에서}) \tag{5.110}$$

여기서 $\mathbf{e}_x$(또는 $\mathbf{e}_z$)는 유동방향의 법선 단위 벡터를 나타내고 $\boldsymbol{\delta}$는 단위 행렬을 의미한다. 항별로는 다음과 같다.

$$\begin{cases} \nabla\tilde{\mathbf{V}}\cdot\mathbf{e}_x = \dfrac{\partial\tilde{U}}{\partial x}\mathbf{e}_x + \dfrac{\partial\tilde{U}}{\partial y}\mathbf{e}_y + \dfrac{\partial\tilde{U}}{\partial z}\mathbf{e}_z, \quad \nabla\tilde{\mathbf{V}}^T\cdot\mathbf{e}_x = \dfrac{\partial\tilde{U}}{\partial x}\mathbf{e}_x + \dfrac{\partial\tilde{V}}{\partial x}\mathbf{e}_y + \dfrac{\partial\tilde{W}}{\partial x}\mathbf{e}_z & (\text{데카르트}) \\ \nabla\tilde{\mathbf{V}}\cdot\mathbf{e}_z = \dfrac{\partial\tilde{U}_z}{\partial r}\mathbf{e}_r + \dfrac{1}{r}\dfrac{\partial\tilde{U}_z}{\partial\theta}\mathbf{e}_\theta + \dfrac{\partial\tilde{U}_z}{\partial z}\mathbf{e}_z, \quad \nabla\tilde{\mathbf{V}}^T\cdot\mathbf{e}_z = \dfrac{\partial\tilde{U}_r}{\partial z}\mathbf{e}_r + \dfrac{\partial\tilde{U}_\theta}{\partial z}\mathbf{e}_\theta + \dfrac{\partial\tilde{U}_z}{\partial z}\mathbf{e}_z & (\text{원통형}) \end{cases} \tag{5.111}$$

식 (5.110)을 만족하기 위해, 각 좌표계에서 세 가지 공간 투영을 다뤄야 한다.

$$\begin{cases} 2\mu\dfrac{\partial\tilde{U}}{\partial x} - \tilde{P} = 0; \quad \dfrac{\partial\tilde{U}}{\partial y} + \dfrac{\partial\tilde{V}}{\partial x} = 0; \quad \dfrac{\partial\tilde{U}}{\partial z} + \dfrac{\partial\tilde{W}}{\partial x} = 0 & (\text{데카르트}) \\ \dfrac{\partial\tilde{U}_z}{\partial r} + \dfrac{\partial\tilde{U}_r}{\partial z} = 0; \quad \dfrac{1}{r}\dfrac{\partial\tilde{U}_z}{\partial\theta} + \dfrac{\partial\tilde{U}_\theta}{\partial z} = 0; \quad 2\mu\dfrac{\partial\tilde{U}_z}{\partial z} - \tilde{P} = 0 & (\text{원통형}) \end{cases} \tag{5.112}$$

이러한 조건이 유동 교란에 적용될 때, 다음과 같이 쓸 수 있다.

$$\begin{cases} 2\mu\dfrac{\partial u}{\partial x} - p = 0; \quad \dfrac{\partial u}{\partial y} + \dfrac{\partial v}{\partial x} = 0; \quad \dfrac{\partial u}{\partial z} + \dfrac{\partial w}{\partial x} = 0 & (\text{데카르트}) \\ \dfrac{\partial u_z}{\partial r} + \dfrac{\partial u_r}{\partial z} = 0; \quad \dfrac{1}{r}\dfrac{\partial u_z}{\partial\theta} + \dfrac{\partial u_\theta}{\partial z} = 0; \quad 2\mu\dfrac{\partial u_z}{\partial z} - p = 0 & (\text{원통형}) \end{cases} \tag{5.113}$$

더 나아가, 폭방향 또는 방위각 변화가 없는 평면 또는 축대칭 교란을 고려할 때 식 (5.113)은 다음과 같이 추가로 간단히 될 수 있다.

$$\begin{cases} 2\mu\dfrac{\partial u}{\partial x} - p = 0; \quad \dfrac{\partial u}{\partial y} + \dfrac{\partial v}{\partial x} = 0; \quad \dfrac{\partial w}{\partial x} = 0 & (\text{데카르트}) \\ \dfrac{\partial u_z}{\partial r} + \dfrac{\partial u_r}{\partial z} = 0; \quad \dfrac{\partial u_\theta}{\partial z} = 0; \quad 2\mu\dfrac{\partial u_z}{\partial z} - p = 0 & (\text{원통형}) \end{cases} \tag{5.114}$$

간단한 기하학적 구성의 문제에 이러한 조건을 적용하는 것을 설명하기 위해, 유출 조건이 존재하는 $x = X_N$를 제외한 모든 곳에서 무한 임피던스(단단한 벽) 경계를 갖는 $0 \le x \le X_N$와 $0 \le y \le 1$에 걸쳐 있는 직사각형 유체 영역을 고려하여야 한다. 일반적으로 사용되는 조건과 위에서 파생된 조건을 결합하면 다음과 같은 식을 사용할 수 있다.

$$\begin{cases} u(x,0) &= 0 \\ u(x,1) &= 0 \\ u(0,y) &= 0 \\ \dfrac{\partial u(X_N,y)}{\partial x} &= \dfrac{p}{2\mu} \end{cases} \quad \begin{cases} \upsilon(x,0) &= 0 \\ \upsilon(x,1) &= 0 \\ \upsilon(0,y) &= 0 \\ \dfrac{\partial \upsilon(X_N,y)}{\partial x} &= -\dfrac{\partial u(X_N,y)}{\partial y} \end{cases} \quad \begin{cases} w(x,0) &= 0 \\ w(x,1) &= 0 \\ w(0,y) &= 0 \\ \dfrac{\partial w(X_N,y)}{\partial x} &= 0 \end{cases} \quad \begin{cases} \dfrac{\partial p(x,0)}{\partial y} = 0 \end{cases} \tag{5.115}$$

경계 조건은 처리할 행렬의 희소성(sparsity)에 추가된다. 이 시점에서, 경계값을 포함하여 블록 행렬에 입력되는 모든 항을 지정하면 적절한 고유솔버(eigensolver)가 필요하다. 솔버에 따라 반올림 오류를 완화하고 0 요소의 영향을 줄이기 위해 행렬에 사전조정 및 놈(norm) 감소가 필요할 수 있다. 일부 변환은 A_{ij}와 B_{ij}를 모두 고윳값이 대각선 요소로 나타나는 삼각형 형태로 줄인다. 이것은 일반적으로 조밀한 행렬에 대해 QZ 또는 LZ 알고리즘을 사용하고 희소 행렬에 대해 Arnoldi 알고리즘을 사용한다. Arnoldi의 전략은 추측값 주변에 있는 미리 결정된 수의 고윳값을 계산하는 것이다[Chedevergne 등(2012)]. 일부 고유솔버는 C++용 newmat11 라이브러리, FORTRAN용 LAPACK, C용 GNU 과학 라이브러리 및 MATLAB의 핵심 라이브러리에서 찾을 수 있다. 실제로 MATLAB은 각각 간단한 명령어 eig(A, B)와 eigs(A, B)를 사용하여 QZ 및 Arnoldi 솔버를 구현한다. 비압축성 점성 흐름 분포에 대한 전역 안정성 프레임워크의 적용을 보여주는 몇 가지 예가 연습문제에 제공된다.

5-7 압축성 점성 유동의 전역 안정성

전역 안정성 프레임워크를 토대로 기본 유동과 유사한 속도로 움직이는 유체역학적 교란 파동의 특성과 함께 비압축성 점성 운동의 유체역학적 붕괴로 이어지는 조건을 찾아낼 수 있다. 음속에 가깝게 움직이는 음향파 또는 압력 유도 진동을 포함하는 것이 중요한 경우가 많다. 예를 들어, 로켓 및 가스 터빈 엔진 유동 안정성과 관련된 연구에서 음향파 특성을 파악하는 것이 종종 유체역학적 안정성 모드를 찾아내는 데 매우 필요하다.

로켓 챔버 시뮬레이션에서 진동의 시작을 예측하는 데 사용된 초기 안정성 기술 중에서는 5-2절에서 논의한 Orr-Sommerfeld 접근법을 사용하였다. 그러나 이 방법은 Navier-Stokes 공식[Varapaev와 Yagodkin(1969)]에서 모든 속도 성분을 유지할 수 있는 국소적 비평행 접근법(local nonparallel approach)의 등장으로 빠르게 사라졌다. 국소적 접근법은 Taylor(1956) 및 Taylor-Culick(1966)의 다공성 채널과 튜브의 기본 유동을 기초로 평면 및 축대칭 챔버 구성을 모두 고려한 Casalis 등(1998), Griffond 등(2000), 그리고 Griffond와 Casalis(2001)에 의해 추가로 개발되었다. 이러한 이상화(idealization)는 종종 내부 연소 슬라브(slab) 혹은 단면이 일정한 오른쪽 원통형 로켓 챔버의 벌크 주입 구동 유동을 모방하는 데 의존했다. 일련의 실험에서 뒷받침된 연구결과는 흐름 불안정성이 나타나는 챔버 헤드월(headwall)로부터의 임계 거리와 같은 몇 가지 필수 안정성 특징을 확인하는 데 도움되었다[Avalon 등(1998), Avalon과 Lambert(2001), Fabignon 등(2003)].

평형 유동 가정에 의해 방해받지 않는 모델을 개발하기 위해 Chedevergne 등(2006)은 측벽(sidewall) 주입이 있는 다공성 튜브의 조건에서 전역 안정성 프레임워크를 탐색했다. Taylor-

Culick 불안정성 문제의 비압축성 와도-유동함수(streamfunction) 공식을 사용하여, 연구자들은 Avalon 등(1998)이 실험적으로 측정한 고유모드의 공간적 특징과 이론적으로 예측된 고유모드 사이의 일치를 이루었다. Chedevergne 등(2012)의 후속 연구에서 Taylor-Culick 운동의 직접 수치 시뮬레이션이 비압축성 전역 안정성의 유체역학적 파동 예측과 와류음향 변동(예를 들면 Majdalani와 Van Moorhem(1998)의 폐쇄형 근사를 사용하여 생성)을 결합하여 얻은 진동파 구성과 잘 일치한다는 것을 확인했다. 그럼에도 불구하고, 이러한 연구들[예를 들면 Boyer 등(2013)]은 교란을 비압축성 유체역학적 파동(비압축성 솔버에서 얻음)으로 분해해야 하며, 이는 이후에 압축성 음향 고유모드 및 영역의 경계에서 생성된 그 해당 회전 변동(rotational fluctuation)과 결합될 수 있다.

이 지속적으로 발전하는 연구 진행 라인에 따라, 이 절에서는 완전히 압축성 Navier-Stokes 방정식과 연계한 전역 안정성 프레임워크의 사용법에 중점을 둔다. 이러한 노력은 풀어야 할 방정식의 수학적 복잡성뿐만 아니라 변수의 수를 증가시키겠지만, 선두에서의 유동 해석 분해 요구를 제거할 것이다. 대신, 와류음향과 유체역학 고유모드는 압축 가능한 전역 안정성 프레임워크를 사용하여 동시에 찾을 수 있도록 표현된다. 요컨대, 압축성 전역 안정성 프레임워크는 와류음향 및 유체역학 고유모드, 관련 모드의 모양 및 이들이 생성하는 풍부한 구조의 정확한 예측을 생성할 수 있는 고윳값 문제로 나타난다[Majdalani 등(2016)].

5-7.1 압축성 Navier-Stokes 방정식을 기반으로 한 선형화된 교란 관계

이전과 마찬가지로 순간 변수 $\tilde{\mathbf{V}} = \mathbf{V}_0 + \hat{\mathbf{v}}$와 $\tilde{P} = P_0 + \hat{p}$에 밀도 $\tilde{\rho} = \rho_0 + \hat{\rho}$ 및 온도 $\tilde{T} = T_0 + \hat{T}$를 추가하여 사용한다. 에너지와 상태 방정식을 고려한 압축성 Navier-Stokes 방정식의 3차원 형식을 사용하여 시작한다.

$$\frac{\partial \tilde{\rho}}{\partial t} + \nabla \cdot (\tilde{\rho}\, \tilde{\mathbf{V}}) = 0 \tag{5.116}$$

$$\tilde{\rho}\left[\frac{\partial \tilde{\mathbf{V}}}{\partial t} + (\tilde{\mathbf{V}} \cdot \nabla)\tilde{\mathbf{V}}\right] = -\nabla \tilde{P} + \mu\left[\nabla^2 \tilde{\mathbf{V}} + \tfrac{1}{3}\nabla(\nabla \cdot \tilde{\mathbf{V}})\right] \tag{5.117}$$

$$\tilde{\rho}\, c_p\left[\frac{\partial \tilde{T}}{\partial t} + (\tilde{\mathbf{V}} \cdot \nabla)\tilde{T}\right] = \frac{\partial \tilde{P}}{\partial t} + \tilde{\mathbf{V}} \cdot \nabla \tilde{P} + \tilde{\Phi} + k\nabla^2 \tilde{T} \tag{5.118}$$

$$\tilde{P} = \tilde{\rho} R \tilde{T} \tag{5.119}$$

여기서 $\tilde{\Phi}$는 기계적 소산 함수(dissipation function)를 나타낸다. 결과적으로 분해된 변수의 대체는 2계 변동 $\hat{\mathbf{v}}^2$, $\hat{p}^2$, $\hat{\rho}^2$, $\hat{T}^2$, $\hat{\rho}\hat{T}$와 그 이상 고계가 제한된 선형화된 압축성 안정성 방정식으로 이어지며, 결과는 다음과 같다.

$$\frac{\partial \hat{\rho}}{\partial t} + \nabla \cdot \left(\rho_0 \hat{\mathbf{V}} + \hat{\rho}\, \mathbf{V}_0\right) = 0 \tag{5.120}$$

$$\rho_0\left[\frac{\partial \hat{\mathbf{V}}}{\partial t} + (\mathbf{V}_0 \cdot \nabla)\hat{\mathbf{V}} + (\hat{\mathbf{V}} \cdot \nabla)\mathbf{V}_0\right] + \hat{\rho}\left[\frac{\partial \mathbf{V}_0}{\partial t} + (\mathbf{V}_0 \cdot \nabla)\mathbf{V}_0\right] = -\nabla \hat{p} + \mu \nabla^2 \hat{\mathbf{V}} + \tfrac{1}{3}\mu\, \nabla(\nabla \cdot \hat{\mathbf{V}}) \tag{5.121}$$

$$\rho_0 c_p\left[\frac{\partial \hat{T}}{\partial t} + (\mathbf{V}_0 \cdot \nabla)\hat{T} + (\hat{\mathbf{V}} \cdot \nabla)T_0\right] + \hat{\rho}\, c_p\left[\frac{\partial T_0}{\partial t} + (\mathbf{V}_0 \cdot \nabla)T_0\right] = \frac{\partial \hat{p}}{\partial t} + (\mathbf{V}_0 \cdot \nabla)\hat{p} + \hat{\mathbf{V}} \cdot \nabla p_0 + \hat{\Phi} + k\nabla^2 \hat{T} \tag{5.122}$$

$$\hat{p} = \rho_0 R\hat{T} + \hat{\rho} R T_0 \tag{5.123}$$

이제 $\tilde{\mathbf{V}} = (\tilde{U}, \tilde{V}, \tilde{W})$인 데카르트 좌표를 사용하면, 이상 기체 방정식을 제외한 모든 방정식을 더 나아가 확장하고 다음과 같이 재정렬할 수 있다.

$$\frac{\partial \hat{\rho}}{\partial y} + \frac{\partial}{\partial x}(\rho_0 \hat{u}) + \frac{\partial}{\partial y}(\rho_0 \hat{v}) + \frac{\partial}{\partial z}(\rho_0 \hat{w}) + U\frac{\partial \hat{\rho}}{\partial y} + V\frac{\partial \hat{\rho}}{\partial y} + W\frac{\partial \hat{\rho}}{\partial z} + \hat{\rho}\left(\frac{\partial U}{\partial x} + \frac{\partial V}{\partial y} + \frac{\partial W}{\partial z}\right) = 0$$

(연속 방정식) (5.124)

$$\rho_0\left(\frac{\partial \hat{u}}{\partial t} + U\frac{\partial \hat{u}}{\partial x} + V\frac{\partial \hat{u}}{\partial y} + W\frac{\partial \hat{u}}{\partial z} + \hat{u}\frac{\partial U}{\partial x} + \hat{v}\frac{\partial U}{\partial y} + \hat{w}\frac{\partial U}{\partial z}\right) + \hat{\rho}\left(\frac{\partial U}{\partial t} + U\frac{\partial U}{\partial x} + V\frac{\partial U}{\partial y} + W\frac{\partial U}{\partial z}\right)$$

$$= -\frac{\partial \hat{p}}{\partial x} + \mu\left(\frac{\partial^2 \hat{u}}{\partial x^2} + \frac{\partial^2 \hat{u}}{\partial y^2} + \frac{\partial^2 \hat{u}}{\partial z^2}\right) + \frac{1}{3}\mu\left(\frac{\partial^2 \hat{u}}{\partial x^2} + \frac{\partial^2 \hat{v}}{\partial x \partial y} + \frac{\partial^2 \hat{w}}{\partial x \partial z}\right)$$

(x 운동량) (5.125)

$$\rho_0\left(\frac{\partial \hat{v}}{\partial t} + U\frac{\partial \hat{v}}{\partial x} + V\frac{\partial \hat{v}}{\partial y} + W\frac{\partial \hat{v}}{\partial z} + \hat{u}\frac{\partial V}{\partial x} + \hat{v}\frac{\partial V}{\partial y} + \hat{w}\frac{\partial V}{\partial z}\right) + \hat{\rho}\left(\frac{\partial V}{\partial t} + U\frac{\partial V}{\partial x} + V\frac{\partial V}{\partial y} + W\frac{\partial V}{\partial z}\right)$$

$$= -\frac{\partial \hat{p}}{\partial y} + \mu\left(\frac{\partial^2 \hat{v}}{\partial x^2} + \frac{\partial^2 \hat{v}}{\partial y^2} + \frac{\partial^2 \hat{v}}{\partial z^2}\right) + \frac{1}{3}\mu\left(\frac{\partial^2 \hat{u}}{\partial x \partial y} + \frac{\partial^2 \hat{v}}{\partial y^2} + \frac{\partial^2 \hat{w}}{\partial y \partial z}\right)$$

(y 운동량) (5.126)

$$\rho_0\left(\frac{\partial \hat{w}}{\partial t} + U\frac{\partial \hat{w}}{\partial x} + V\frac{\partial \hat{w}}{\partial y} + W\frac{\partial \hat{w}}{\partial z} + \hat{u}\frac{\partial W}{\partial x} + \hat{v}\frac{\partial W}{\partial y} + \hat{w}\frac{\partial W}{\partial z}\right) + \hat{\rho}\left(\frac{\partial W}{\partial t} + U\frac{\partial W}{\partial x} + V\frac{\partial W}{\partial y} + W\frac{\partial W}{\partial z}\right)$$

$$= -\frac{\partial \hat{p}}{\partial z} + \mu\left(\frac{\partial^2 \hat{w}}{\partial x^2} + \frac{\partial^2 \hat{w}}{\partial y^2} + \frac{\partial^2 \hat{w}}{\partial z^2}\right) + \frac{1}{3}\mu\left(\frac{\partial^2 \hat{u}}{\partial x \partial z} + \frac{\partial^2 \hat{v}}{\partial y \partial z} + \frac{\partial^2 \hat{w}}{\partial z^2}\right)$$

(z 운동량) (5.127)

그리고

$$\rho_0 c_p\left(\frac{\partial \hat{T}}{\partial t} + U\frac{\partial \hat{T}}{\partial x} + V\frac{\partial \hat{T}}{\partial y} + W\frac{\partial \hat{T}}{\partial z} + \hat{u}\frac{\partial T_0}{\partial x} + \hat{v}\frac{\partial T_0}{\partial y} + \hat{w}\frac{\partial T_0}{\partial z}\right) + \hat{\rho}\, c_p\left(\frac{\partial T_0}{\partial t} + U\frac{\partial T_0}{\partial x} + V\frac{\partial T_0}{\partial y} + W\frac{\partial T_0}{\partial z}\right)$$

$$= \frac{\partial \hat{p}}{\partial t} + U\frac{\partial \hat{p}}{\partial x} + V\frac{\partial \hat{p}}{\partial y} + W\frac{\partial \hat{p}}{\partial z} + \hat{u}\frac{\partial P_0}{\partial x} + \hat{v}\frac{\partial P_0}{\partial y} + \hat{w}\frac{\partial P_0}{\partial z} + \hat{\Phi} + k\left(\frac{\partial^2 \hat{T}}{\partial x^2} + \frac{\partial^2 \hat{T}}{\partial y^2} + \frac{\partial^2 \hat{T}}{\partial z^2}\right)$$

(에너지) (5.128)

해당 좌표계에서 소산 함수는 다음과 같다.

$$\frac{\hat{\Phi}}{\mu} = \frac{4}{3}\left[\left(2\frac{\partial U}{\partial x} - \frac{\partial V}{\partial y} - \frac{\partial W}{\partial z}\right)\frac{\partial \hat{u}}{\partial x} + \left(2\frac{\partial V}{\partial y} - \frac{\partial U}{\partial x} - \frac{\partial W}{\partial z}\right)\frac{\partial \hat{v}}{\partial y} + \left(2\frac{\partial W}{\partial z} - \frac{\partial U}{\partial x} - \frac{\partial V}{\partial y}\right)\frac{\partial \hat{w}}{\partial z}\right]$$

$$+2\left[\left(\frac{\partial U}{\partial y} + \frac{\partial V}{\partial x}\right)\left(\frac{\partial \hat{u}}{\partial y} + \frac{\partial \hat{v}}{\partial x}\right) + \left(\frac{\partial U}{\partial z} + \frac{\partial W}{\partial x}\right)\left(\frac{\partial \hat{u}}{\partial z} + \frac{\partial \hat{w}}{\partial x}\right) + \left(\frac{\partial V}{\partial z} + \frac{\partial W}{\partial y}\right)\left(\frac{\partial \hat{v}}{\partial z} + \frac{\partial \hat{w}}{\partial y}\right)\right] \tag{5.129}$$

원통형 극좌표계에서, $\tilde{\mathbf{V}} = (\tilde{U}_r, \tilde{U}_\theta, \tilde{U}_z)$를 동일하게 사용하여 다시 쓰면 다음과 같다.

$$\frac{\partial \hat{\rho}}{\partial t} + \hat{u}_r'\frac{\partial \rho_0}{\partial r} + \frac{\hat{u}_\theta}{r}\frac{\partial \rho_0}{\partial \theta} + \hat{u}_z\frac{\partial \rho_0}{\partial z} + U_r\frac{\partial \hat{\rho}}{\partial r} + \frac{U_\theta}{r}\frac{\partial \hat{\rho}}{\partial \theta} + U_z\frac{\partial \hat{\rho}}{\partial z} + \rho_0\left(\frac{\partial \hat{u}_r}{\partial r} + \frac{\hat{u}_r}{r} + \frac{1}{r}\frac{\partial \hat{u}_\theta}{\partial \theta} + \frac{\partial \hat{u}_z}{\partial z}\right)$$

$$+ \hat{\rho}\left(\frac{\partial U_r}{\partial r} + \frac{U_r}{r} + \frac{1}{r}\frac{\partial U_\theta}{\partial \theta} + \frac{\partial U_z}{\partial z}\right) = 0$$

(연속 방정식) (5.130)

$$\rho_0\left(\frac{\partial \hat{u}_r}{\partial t} + U_r\frac{\partial \hat{u}_r}{\partial r} + \frac{U_\theta}{r}\frac{\partial \hat{u}_r}{\partial \theta} + U_z\frac{\partial \hat{u}_r}{\partial z} - \frac{2U_\theta \hat{u}_\theta}{r} + \hat{u}_r\frac{\partial U_r}{\partial r} + \frac{\hat{u}_\theta}{r}\frac{\partial U_r}{\partial \theta} + \hat{u}_z\frac{\partial U_r}{\partial z}\right)$$
$$+ \hat{\rho}\left(\frac{\partial U_r}{\partial t} + U_r\frac{\partial U_r}{\partial r} + \frac{U_\theta}{r}\frac{\partial U_r}{\partial \theta} + U_z\frac{\partial U_r}{\partial z} - \frac{U_\theta^2}{r}\right)$$
$$= -\frac{\partial \hat{p}}{\partial r} + \frac{\mu}{3}\left[4\left(\frac{\partial^2 \hat{u}_r}{\partial r^2} + \frac{1}{r}\frac{\partial \hat{u}_r}{\partial r} - \frac{\hat{u}_r}{r^2}\right) + 3\left(\frac{1}{r^2}\frac{\partial^2 \hat{u}_r}{\partial \theta^2} + \frac{\partial^2 \hat{u}_r}{\partial z^2}\right) - \frac{7}{r^2}\frac{\partial \hat{u}_\theta}{\partial \theta} + \frac{1}{r}\frac{\partial^2 \hat{u}_\theta}{\partial r \partial \theta} + \frac{\partial^2 \hat{u}_z}{\partial r \partial z}\right]$$
$$(r\text{ 운동량}) \quad (5.131)$$

$$\rho_0\left(\frac{\partial \hat{u}_\theta}{\partial t} + U_r\frac{\partial \hat{u}_\theta}{\partial r} + \frac{U_\theta}{r}\frac{\partial \hat{u}_\theta}{\partial \theta} + U_z\frac{\partial \hat{u}_\theta}{\partial z} + \frac{U_r \hat{u}_\theta}{r} + \frac{\hat{u}_r U_\theta}{r} + \hat{u}_r\frac{\partial U_\theta}{\partial r} + \frac{\hat{u}_\theta}{r}\frac{\partial U_\theta}{\partial \theta} + \hat{u}_z\frac{\partial U_\theta}{\partial z}\right)$$
$$+ \hat{\rho}\left(\frac{\partial U_\theta}{\partial t} + U_r\frac{\partial U_\theta}{\partial r} + \frac{U_\theta}{r}\frac{\partial U_\theta}{\partial \theta} + U_z\frac{\partial U_\theta}{\partial z} + \frac{U_r U_\theta}{r}\right)$$
$$= -\frac{1}{r}\frac{\partial \hat{p}}{\partial \theta} + \frac{\mu}{3}\left[3\left(\frac{\partial^2 \hat{u}_\theta}{\partial r^2} + \frac{1}{r}\frac{\partial \hat{u}_\theta}{\partial r} - \frac{\hat{u}_\theta}{r^2} + \frac{\partial^2 \hat{u}_\theta}{\partial z^2}\right) + \frac{4}{r^2}\frac{\partial^2 \hat{u}_\theta}{\partial \theta^2} + \frac{7}{r^2}\frac{\partial \hat{u}_r}{\partial \theta} + \frac{1}{r}\frac{\partial^2 \hat{u}_r}{\partial r \partial \theta} + \frac{1}{r}\frac{\partial^2 \hat{u}_z}{\partial z \partial \theta}\right]$$
$$(\theta\text{ 운동량}) \quad (5.132)$$

$$\rho_0\left(\frac{\partial \hat{u}_z}{\partial t} + U_r\frac{\partial \hat{u}_z}{\partial r} + \frac{U_\theta}{r}\frac{\partial \hat{u}_z}{\partial \theta} + U_z\frac{\partial \hat{u}_z}{\partial z} + \hat{u}_r\frac{\partial U_z}{\partial r} + \frac{\hat{u}_\theta}{r}\frac{\partial U_z}{\partial \theta} + \hat{u}_z\frac{\partial U_z}{\partial z}\right)$$
$$+ \hat{\rho}\left(\frac{\partial U_z}{\partial t} + U_r\frac{\partial U_z}{\partial r} + \frac{U_\theta}{r}\frac{\partial U_z}{\partial \theta} + U_z\frac{\partial U_z}{\partial z}\right)$$
$$= -\frac{\partial \hat{p}}{\partial z} + \frac{\mu}{3}\left[3\left(\frac{\partial^2 \hat{u}_z}{\partial r^2} + \frac{1}{r}\frac{\partial \hat{u}_z}{\partial r} + \frac{1}{r^2}\frac{\partial^2 \hat{u}_z}{\partial \theta^2}\right) + 4\frac{\partial^2 \hat{u}_z}{\partial z^2} + \frac{1}{r}\left(\frac{\partial \hat{u}_r}{\partial z} + \frac{\partial^2 \hat{u}_\theta}{\partial \theta \partial z}\right) + \frac{\partial^2 \hat{u}_r}{\partial r \partial z}\right]$$
$$(z\text{ 운동량}) \quad (5.133)$$

그리고

$$\rho_0 c_p\left(\frac{\partial \hat{T}}{\partial t} + U_r\frac{\partial \hat{T}}{\partial r} + \frac{U_\theta}{r}\frac{\partial \hat{T}}{\partial \theta} + U_z\frac{\partial \hat{T}}{\partial z} + \hat{u}_r\frac{\partial T_0}{\partial r} + \frac{\hat{u}_\theta}{r}\frac{\partial T_0}{\partial \theta} + \hat{u}_z\frac{\partial T_0}{\partial z}\right)$$
$$+ \hat{\rho} c_p\left(\frac{\partial T_0}{\partial t} + U_r\frac{\partial T_0}{\partial r} + \frac{U_\theta}{r}\frac{\partial T_0}{\partial \theta} + U_z\frac{\partial T_0}{\partial z}\right)$$
$$= \frac{\partial \hat{p}}{\partial t} + U_r\frac{\partial \hat{p}}{\partial r} + \frac{U_\theta}{r}\frac{\partial \hat{p}}{\partial \theta} + U_z\frac{\partial \hat{p}}{\partial z} + \hat{u}_r\frac{\partial P_0}{\partial r} + \frac{\hat{u}_\theta}{r}\frac{\partial P_0}{\partial \theta} + \hat{u}_z\frac{\partial P_0}{\partial z} + \hat{\Phi} + k\left(\frac{\partial^2 \hat{T}}{\partial r^2} + \frac{1}{r}\frac{\partial \hat{T}}{\partial r} + \frac{1}{r^2}\frac{\partial^2 \hat{T}}{\partial \theta^2} + \frac{\partial^2 \hat{T}}{\partial z^2}\right)$$
$$(\text{에너지}) \quad (5.134)$$

원통형 소산 함수는 다음과 같이 주어진다.

$$\frac{\hat{\Phi}}{\mu} = \frac{4}{3}\left[\left(2\frac{\partial U_r}{\partial r} - \frac{U_r}{r} - \frac{1}{r}\frac{\partial U_\theta}{\partial \theta} - \frac{\partial U_z}{\partial z}\right)\frac{\partial \hat{u}_r}{\partial r} + \left(\frac{2}{r}\frac{\partial U_\theta}{\partial \theta} + 2\frac{U_r}{r} - \frac{\partial U_r}{\partial r} - \frac{\partial U_z}{\partial z}\right)\left(\frac{\hat{u}_r}{r} + \frac{1}{r}\frac{\partial \hat{u}_\theta}{\partial \theta}\right)\right.$$
$$\left. + \left(2\frac{\partial U_z}{\partial z} - \frac{\partial U_r}{\partial r} - \frac{U_r}{r} - \frac{1}{r}\frac{\partial U_\theta}{\partial \theta}\right)\frac{\partial \hat{u}_z}{\partial z}\right]$$
$$+2\left\{\left[\frac{\partial U_\theta}{\partial r} + \frac{1}{r}\left(\frac{\partial U_r}{\partial \theta} - U_\theta\right)\right]\left[\frac{\partial \hat{u}_\theta}{\partial r} + \frac{1}{r}\left(\frac{\partial \hat{u}_r}{\partial \theta} - \hat{u}_\theta\right)\right] + \left(\frac{\partial U_z}{\partial r} + \frac{\partial U_r}{\partial z}\right)\left(\frac{\partial \hat{u}_z}{\partial r} + \frac{\partial \hat{u}_r}{\partial z}\right)\right.$$
$$\left. + \left(\frac{1}{r}\frac{\partial U_z}{\partial \theta} + \frac{\partial U_\theta}{\partial z}\right)\left(\frac{1}{r}\frac{\partial \hat{u}_z}{\partial \theta} + \frac{\partial \hat{u}_\theta}{\partial z}\right)\right\} \quad (5.135)$$

연속 방정식의 마지막 항은 기본 유동 $\nabla \cdot \mathbf{V}_0 = 0$을 만족할 때 사라진다는 점을 기억하기 바란다. 또한 이전 절의 데카르트 및 원통형 극좌표에서의 비압축 교란 방정식은 식 (5.124)~(5.127)과 식 (5.130)~(5.133)에서 각각 다시 구할 수 있다.

5-7.2 전역 확장과 압축성 고윳값 문제 공식화

전역 교란 형식을 소개하기 위해 다음과 같이 작성하는 것이 편리하다.

$$\begin{cases} (\hat{\rho}, \hat{u}, \hat{v}, \hat{w}, \hat{T}, \hat{\Phi}) = (\rho, u, v, w, T, \Phi)\exp(\sigma_i t)\exp[i(nz - \sigma_r t)] & \text{(데카르트)} \\ (\hat{\rho}, \hat{u}_r, \hat{u}_\theta, \hat{u}_z, \hat{T}, \hat{\Phi}) = (\rho, u_r, u_\theta, u_z, T, \Phi)\exp(\sigma_i t)\exp[i(m\theta - \sigma_r t)] & \text{(원통형)} \end{cases} \tag{5.136}$$

여기서 n 또는 m은 사용자 지정 폭방향 또는 접선 모드 번호를 나타내며, 통상적으로 $\sigma = \sigma_r + i\sigma_i$는 안정성 증가율 σ_i와 원 주파수 σ_r를 모두 포함한다. $p = \rho_0 RT + \rho RT_0$가 되는 이상 기체 방정식과는 별개로 전역 가설풀이(ansatz)를 사용하면 데카르트 좌표계에서의 식 (5.124)~(5.129)에서 시작하여 다음과 같은 선형화된 교란 방정식으로 변환할 수 있다.

$$-i\sigma\rho + \frac{\partial}{\partial x}(\rho_0 u) + \frac{\partial}{\partial y}(\rho_0 v) + \frac{\partial}{\partial z}(\rho_0 w) + U\frac{\partial \rho}{\partial x} + V\frac{\partial \rho}{\partial y} + W\frac{\partial \rho}{\partial z} + \rho\left(\frac{\partial U}{\partial x} + \frac{\partial V}{\partial y} + \frac{\partial W}{\partial z}\right) = 0$$

(연속 방정식) (5.137)

$$\rho_0\left(-i\sigma u + U\frac{\partial u}{\partial x} + V\frac{\partial u}{\partial y} + inWu + u\frac{\partial U}{\partial x} + v\frac{\partial U}{\partial y} + w\frac{\partial U}{\partial z}\right) + \rho\left(\frac{\partial U}{\partial t} + U\frac{\partial U}{\partial x} + V\frac{\partial U}{\partial y} + W\frac{\partial U}{\partial z}\right)$$
$$= -R\left(\frac{\partial \rho}{\partial x}T_0 + \frac{\partial T_0}{\partial x}\rho + \frac{\partial \rho_0}{\partial x}T + \frac{\partial T}{\partial x}\rho_0\right) + \frac{\mu}{3}\left(4\frac{\partial^2 u}{\partial x^2} + 3\frac{\partial^2 u}{\partial y^2} - 3n^2 u + \frac{\partial^2 v}{\partial x \partial y} + in\frac{\partial w}{\partial x}\right)$$

(x 운동량) (5.138)

$$\rho_0\left(-i\sigma v + U\frac{\partial v}{\partial x} + V\frac{\partial v}{\partial y} + inWv + u\frac{\partial V}{\partial x} + v\frac{\partial V}{\partial y} + w\frac{\partial V}{\partial z}\right) + \rho\left(\frac{\partial V}{\partial t} + U\frac{\partial V}{\partial x} + V\frac{\partial V}{\partial y} + W\frac{\partial V}{\partial z}\right)$$
$$= -R\left(\frac{\partial \rho}{\partial y}T_0 + \frac{\partial T_0}{\partial y}\rho + \frac{\partial \rho_0}{\partial y}T + \frac{\partial T}{\partial y}\rho_0\right) + \frac{\mu}{3}\left(3\frac{\partial^2 v}{\partial x^2} + 4\frac{\partial^2 v}{\partial y^2} - 3n^2 v + \frac{\partial^2 u}{\partial x \partial y} + in\frac{\partial w}{\partial y}\right)$$

(y 운동량) (5.139)

$$\rho_0\left(-i\sigma w + U\frac{\partial w}{\partial x} + V\frac{\partial w}{\partial y} + inWw + u\frac{\partial W}{\partial x} + v\frac{\partial W}{\partial y} + w\frac{\partial W}{\partial z}\right) + \rho\left(\frac{\partial W}{\partial t} + U\frac{\partial W}{\partial x} + V\frac{\partial W}{\partial y} + W\frac{\partial W}{\partial z}\right)$$
$$= -R\left(inT_0\rho + \frac{\partial T_0}{\partial z}\rho + \frac{\partial \rho_0}{\partial z}T + in\rho_0 T\right) + \frac{\mu}{3}\left(3\frac{\partial^2 w}{\partial x^2} + 3\frac{\partial^2 w}{\partial y^2} - 4n^2 w + in\frac{\partial u}{\partial x} + in\frac{\partial v}{\partial y}\right)$$

(z 운동량) (5.140)

그리고

$$\rho_0 c_p\left(-i\sigma T + U\frac{\partial T}{\partial x} + V\frac{\partial T}{\partial y} + inWT + u\frac{\partial T_0}{\partial x} + v\frac{\partial T_0}{\partial y} + w\frac{\partial T_0}{\partial z}\right) + \rho c_p\left(\frac{\partial T_0}{\partial t} + U\frac{\partial T_0}{\partial x} + V\frac{\partial T_0}{\partial y} + W\frac{\partial T_0}{\partial z}\right)$$
$$= R\left(-i\sigma + U\frac{\partial}{\partial x} + V\frac{\partial}{\partial y}\right)(\rho_0 T + T_0\rho) + RW\left(inT_0\rho + \frac{\partial T_0}{\partial z}\rho + \frac{\partial \rho_0}{\partial z}T + in\rho_0 T\right)$$
$$+u\frac{\partial P_0}{\partial x} + v\frac{\partial P_0}{\partial y} + w\frac{\partial P_0}{\partial z} + \Phi + k\left(\frac{\partial^2 T}{\partial x^2} + \frac{\partial^2 T}{\partial y^2} - n^2 T\right)$$

(에너지) (5.141)

이때,

$$\frac{\Phi}{\mu}=\frac{4}{3}\left[\left(2\frac{\partial U}{\partial x}-\frac{\partial V}{\partial y}-\frac{\partial W}{\partial z}\right)\frac{\partial u}{\partial x}+\left(2\frac{\partial V}{\partial y}-\frac{\partial U}{\partial x}-\frac{\partial W}{\partial z}\right)\frac{\partial v}{\partial y}+\left(2\frac{\partial W}{\partial z}-\frac{\partial U}{\partial x}-\frac{\partial V}{\partial y}\right)inw\right]$$
$$+2\left[\left(\frac{\partial U}{\partial y}+\frac{\partial V}{\partial x}\right)\left(\frac{\partial u}{\partial y}+\frac{\partial v}{\partial x}\right)+\left(\frac{\partial U}{\partial z}+\frac{\partial W}{\partial x}\right)\left(inu+\frac{\partial w}{\partial x}\right)+\left(\frac{\partial V}{\partial z}+\frac{\partial W}{\partial y}\right)\left(inv+\frac{\partial w}{\partial y}\right)\right]$$
$$\text{(소산)}\quad (5.142)$$

유사하게, 원통형 극좌표를 사용하여 식 (5.130)~(5.135)는 다음과 같이 단순화된다.

$$-i\sigma\rho+u_r\frac{\partial\rho_0}{\partial r}+\frac{u_\theta}{r}\frac{\partial\rho_0}{\partial\theta}+u_z\frac{\partial\rho_0}{\partial z}+U_r\frac{\partial\rho}{\partial r}+\frac{im}{r}U_\theta\rho+U_z\frac{\partial\rho}{\partial z}+\rho_0\left(\frac{\partial u_r}{\partial r}+\frac{u_r}{r}+\frac{im}{r}u_\theta+\frac{\partial u_z}{\partial z}\right)$$
$$+\rho\left(\frac{\partial U_r}{\partial r}+\frac{U_r}{r}+\frac{1}{r}\frac{\partial U_\theta}{\partial\theta}+\frac{\partial U_z}{\partial z}\right)=0\qquad\text{(연속 방정식)}\quad(5.143)$$

$$\rho_0\left(-i\sigma u_r+U_r\frac{\partial u_r}{\partial r}+\frac{im}{r}U_\theta u_r+U_z\frac{\partial u_r}{\partial z}-\frac{2U_\theta u_\theta}{r}+u_r\frac{\partial U_r}{\partial r}+\frac{u_\theta}{r}\frac{\partial U_r}{\partial\theta}+u_z\frac{\partial U_r}{\partial z}\right)$$
$$+\rho\left(\frac{\partial U_r}{\partial t}+U_r\frac{\partial U_r}{\partial r}+\frac{U_\theta}{r}\frac{\partial U_r}{\partial\theta}+U_z\frac{\partial U_r}{\partial z}-\frac{U_\theta^2}{r}\right)=-R\left(\frac{\partial\rho}{\partial r}T_0+\frac{\partial T_0}{\partial r}\rho+\frac{\partial\rho_0}{\partial r}T+\frac{\partial T}{\partial r}\rho_0\right)$$
$$+\frac{\mu}{3}\left[4\left(\frac{\partial^2u_r}{\partial r^2}+\frac{1}{r}\frac{\partial u_r}{\partial r}-\frac{u_r}{r^2}\right)+3\left(\frac{\partial^2u_r}{\partial z^2}-\frac{m^2}{r^2}u_r\right)-7\frac{im}{r^2}u_\theta+\frac{im}{r}\frac{\partial u_\theta}{\partial r}+\frac{\partial^2u_z}{\partial r\partial z}\right]$$
$$(r\ \text{운동량})\quad(5.144)$$

$$\rho_0\left(-i\sigma u_\theta+U_r\frac{\partial u_\theta}{\partial r}+\frac{im}{r}U_\theta u_\theta+U_z\frac{\partial u_\theta}{\partial z}+\frac{U_ru_\theta}{r}+\frac{u_rU_\theta}{r}+u_r\frac{\partial U_\theta}{\partial r}+\frac{u_\theta}{r}\frac{\partial U_\theta}{\partial\theta}+u_z\frac{\partial U_\theta}{\partial z}\right)$$
$$+\rho\left(\frac{\partial U_\theta}{\partial t}+U_r\frac{\partial U_\theta}{\partial r}+\frac{U_\theta}{r}\frac{\partial U_\theta}{\partial\theta}+U_z\frac{\partial U_\theta}{\partial z}+\frac{U_rU_\theta}{r}\right)=-\frac{R}{r}\left(imT_0\rho+\frac{\partial T_0}{\partial\theta}\rho+\frac{\partial\rho_0}{\partial\theta}T+im\rho_0T\right)$$
$$+\frac{\mu}{3}\left[3\left(\frac{\partial^2u_\theta}{\partial r^2}+\frac{1}{r}\frac{\partial u_\theta}{\partial r}-\frac{u_\theta}{r^2}+\frac{\partial^2u_\theta}{\partial z^2}\right)-\frac{4m^2}{r^2}u_\theta+7\frac{im}{r^2}u_r+\frac{im}{r}\frac{\partial u_r}{\partial r}+\frac{im}{r}\frac{\partial u_z}{\partial z}\right]$$
$$(\theta\ \text{운동량})\quad(5.145)$$

$$\rho_0\left(-\sigma u_z+U_r\frac{\partial u_z}{\partial r}+\frac{im}{r}U_\theta u_z+U_z\frac{\partial u_z}{\partial z}+u_r\frac{\partial U_z}{\partial r}+\frac{u_\theta}{r}\frac{\partial U_z}{\partial\theta}+u_z\frac{\partial U_z}{\partial z}\right)$$
$$+\rho\left(\frac{\partial U_z}{\partial t}+U_r\frac{\partial U_z}{\partial r}+\frac{U_\theta}{r}\frac{\partial U_z}{\partial\theta}+U_z\frac{\partial U_z}{\partial z}\right)=-R\left(\frac{\partial\rho}{\partial z}T_0+\frac{\partial T_0}{\partial z}\rho+\frac{\partial\rho_0}{\partial z}T+\frac{\partial T}{\partial z}\rho_0\right)$$
$$+\frac{\mu}{3}\left[3\left(\frac{\partial^2u_z}{\partial r^2}+\frac{1}{r}\frac{\partial u_z}{\partial r}-\frac{m^2}{r^2}u_z\right)+4\frac{\partial^2u_z}{\partial z^2}+\frac{1}{r}\left(\frac{\partial u_r}{\partial z}+im\frac{\partial u_\theta}{\partial z}\right)+\frac{\partial^2u_r}{\partial r\partial z}\right]\quad(z\ \text{운동량})\quad(5.146)$$

그리고

$$\rho_0c_p\left(-i\sigma T+U_r\frac{\partial T}{\partial r}+\frac{imU_\theta}{r}T+U_z\frac{\partial T}{\partial z}+u_r\frac{\partial T_0}{\partial r}+\frac{u_\theta}{r}\frac{\partial T_0}{\partial\theta}+u_z\frac{\partial T_0}{\partial z}\right)$$
$$+\rho c_p\left(\frac{\partial T_0}{\partial t}+U_r\frac{\partial T_0}{\partial r}+\frac{U_\theta}{r}\frac{\partial T_0}{\partial\theta}+U_z\frac{\partial T_0}{\partial z}\right)$$
$$=R\left(-i\sigma+U_r\frac{\partial}{\partial r}+U_z\frac{\partial}{\partial z}\right)(\rho_0T+T_0\rho)+R\frac{U_\theta}{r}\left(imT_0\rho+\frac{\partial T_0}{\partial\theta}\rho+im\rho_0T+\frac{\partial\rho_0}{\partial\theta}T\right)$$
$$+u_r\frac{\partial P_0}{\partial r}+\frac{u_\theta}{r}\frac{\partial P_0}{\partial\theta}+u_z\frac{\partial P_0}{\partial z}+\Phi+k\left(\frac{\partial^2T}{\partial r^2}+\frac{1}{r}\frac{\partial T}{\partial r}-\frac{m^2}{r^2}T+\frac{\partial^2T}{\partial z^2}\right)\ \text{(에너지)}\quad(5.147)$$

소산 함수는 다음으로부터 계산될 수 있다.

$$\frac{\Phi}{\mu} = \frac{4}{3}\left[\left(2\frac{\partial U_r}{\partial r} - \frac{U_r}{r} - \frac{1}{r}\frac{\partial U_\theta}{\partial \theta} - \frac{\partial U_z}{\partial z}\right)\frac{\partial u_r}{\partial r} + \frac{u_r + imu_\theta}{r}\left(\frac{2}{r}\frac{\partial U_\theta}{\partial \theta} + \frac{2U_r}{r} - \frac{\partial U_r}{\partial r} - \frac{\partial U_z}{\partial z}\right)\right.$$
$$\left. + \left(2\frac{\partial U_z}{\partial z} - \frac{\partial U_r}{\partial r} - \frac{U_r}{r} - \frac{1}{r}\frac{\partial U_\theta}{\partial \theta}\right)\frac{\partial u_z}{\partial z}\right]$$
$$+2\left[\left(\frac{\partial U_\theta}{\partial r} + \frac{1}{r}\frac{\partial U_r}{\partial \theta} - \frac{U_\theta}{r}\right)\left(\frac{\partial u_\theta}{\partial r} + \frac{imu_r - u_\theta}{r}\right) + \left(\frac{\partial U_z}{\partial r} + \frac{\partial U_r}{\partial z}\right)\left(\frac{\partial u_z}{\partial r} + \frac{\partial u_r}{\partial z}\right)\right.$$
$$\left. + \left(\frac{1}{r}\frac{\partial U_z}{\partial \theta} + \frac{\partial U_\theta}{\partial z}\right)\left(\frac{im}{r}u_z + \frac{\partial u_\theta}{\partial z}\right)\right] \tag{5.148}$$

여기에서도 식 (5.82)~(5.85)와 식 (5.86)~(5.89)에 의해 주어진 비압축성 교란 방정식 세트는 각각 식 (5.137)~(5.140)과 식 (5.143)~(5.146) 내에 구현된 압축성 교란 방정식 세트로부터 각각 계산될 수 있다.

이 단계에서 식 (5.137)~(5.142)로 시작하는 연산자 형식으로 앞의 관계를 다시 그룹화하는 것이 도움이 된다. 이것들은 다음과 같이 재배열될 수 있다.

$$\left(\frac{\partial U}{\partial x} + \frac{\partial V}{\partial y} + \frac{\partial W}{\partial z} + U\frac{\partial}{\partial x} + V\frac{\partial}{\partial y} + inW\right)\rho$$
$$+\left(\frac{\partial \rho_0}{\partial x} + \rho_0\frac{\partial}{\partial x}\right)u + \left(\frac{\partial \rho_0}{\partial y} + \rho_0\frac{\partial}{\partial y}\right)v + \left(\frac{\partial \rho_0}{\partial z} + in\rho_0\right)w = (i\sigma)\rho \quad (\text{연속 방정식}) \tag{5.149}$$

$$\left[\left(\frac{\partial U}{\partial t} + U\frac{\partial U}{\partial x} + V\frac{\partial U}{\partial y} + W\frac{\partial U}{\partial z}\right)\frac{1}{\rho_0} + \frac{R}{\rho_0}\frac{\partial T_0}{\partial x} + \frac{RT_0}{\rho_0}\frac{\partial}{\partial x}\right]\rho$$
$$+\left[\frac{\partial U}{\partial x} + U\frac{\partial}{\partial x} + V\frac{\partial}{\partial y} + inW - \frac{\mu}{\rho_0}\left(\frac{4}{3}\frac{\partial^2}{\partial x^2} + \frac{\partial^2}{\partial y^2} - n^2\right)\right]u$$
$$+\left(\frac{\partial U}{\partial y} - \frac{\mu}{3\rho_0}\frac{\partial^2}{\partial x \partial y}\right)v + \left(\frac{\partial U}{\partial z} - \frac{in\mu}{3\rho_0}\frac{\partial}{\partial x}\right)w + \left(R\frac{\partial}{\partial x} + \frac{R}{\rho_0}\frac{\partial \rho_0}{\partial x}\right)T = (i\sigma)u \quad (x\text{운동량}) \tag{5.150}$$

$$\left[\frac{1}{\rho_0}\left(\frac{\partial V}{\partial t} + U\frac{\partial V}{\partial x} + V\frac{\partial V}{\partial y} + W\frac{\partial V}{\partial z}\right) + \frac{RT_0}{\rho_0}\frac{\partial}{\partial y} + \frac{R}{\rho_0}\frac{\partial T_0}{\partial y}\right]\rho + \left(\frac{\partial V}{\partial x} - \frac{\mu}{3\rho_0}\frac{\partial^2}{\partial x \partial y}\right)u$$
$$+\left[\frac{\partial V}{\partial y} + U\frac{\partial}{\partial x} + V\frac{\partial}{\partial y} + inW - \frac{\mu}{\rho_0}\left(\frac{\partial^2}{\partial x^2} + \frac{4}{3}\frac{\partial^2}{\partial y^2} - n^2\right)\right]v + \left(\frac{\partial V}{\partial z} - \frac{in\mu}{3\rho_0}\frac{\partial}{\partial y}\right)w$$
$$+\left(\frac{R}{\rho_0}\frac{\partial \rho_0}{\partial y} + R\frac{\partial}{\partial y}\right)T = (i\sigma)v \quad (y\text{운동량}) \tag{5.151}$$

$$\left[\frac{1}{\rho_0}\left(\frac{\partial W}{\partial t} + U\frac{\partial W}{\partial x} + V\frac{\partial W}{\partial y} + W\frac{\partial W}{\partial z}\right) + \frac{R}{\rho_0}\left(inT_0 + \frac{\partial T_0}{\partial z}\right)\right]\rho + \left(\frac{\partial W}{\partial x} - \frac{in\mu}{3\rho_0}\frac{\partial}{\partial x}\right)u + \left(\frac{\partial W}{\partial y} - \frac{in\mu}{3\rho_0}\frac{\partial}{\partial y}\right)v$$
$$+\left[\frac{\partial W}{\partial z} + U\frac{\partial}{\partial x} + V\frac{\partial}{\partial y} + inW - \frac{\mu}{\rho_0}\left(\frac{\partial^2}{\partial x^2} + \frac{\partial^2}{\partial y^2} - \frac{4}{3}n^2\right)\right]w + R\left(in + \frac{1}{\rho_0}\frac{\partial \rho_0}{\partial z}\right)T = (i\sigma)w$$
$$(z\text{운동량}) \tag{5.152}$$

그리고

$$\left[c_p\frac{\partial T_0}{\partial t}+c_v\left(U\frac{\partial T_0}{\partial x}+V\frac{\partial T_0}{\partial y}+W\frac{\partial T_0}{\partial z}\right)-RT_0\left(U\frac{\partial}{\partial x}+V\frac{\partial}{\partial y}+inW\right)\right]\rho+\left(\rho_0c_p\frac{\partial T_0}{\partial x}-\frac{\partial P_0}{\partial x}-\Phi_u\right)u$$
$$+\left(\rho_0c_p\frac{\partial T_0}{\partial y}-\frac{\partial P_0}{\partial y}-\Phi_v\right)v+\left(\rho_0c_p\frac{\partial T_0}{\partial z}-\frac{\partial P_0}{\partial z}-\Phi_w\right)w+\left[\rho_0c_v\left(U\frac{\partial}{\partial x}+V\frac{\partial}{\partial y}+inW\right)\right.$$
$$\left.-R\left(U\frac{\partial\rho_0}{\partial x}+V\frac{\partial\rho_0}{\partial y}+W\frac{\partial\rho_0}{\partial z}\right)-k\left(\frac{\partial^2}{\partial x^2}+\frac{\partial^2}{\partial y^2}-n^2\right)\right]T=(i\sigma)(\rho_0c_vT-RT_0\rho)$$

(에너지) (5.153)

이때

$$\Phi_u=2\mu\left[\frac{2}{3}\left(2\frac{\partial U}{\partial x}-\frac{\partial V}{\partial y}-\frac{\partial W}{\partial z}\right)\frac{\partial}{\partial x}+\left(\frac{\partial U}{\partial y}+\frac{\partial V}{\partial x}\right)\frac{\partial}{\partial y}+in\left(\frac{\partial U}{\partial z}+\frac{\partial W}{\partial x}\right)\right]$$
$$\Phi_v=2\mu\left[\frac{2}{3}\left(2\frac{\partial V}{\partial y}-\frac{\partial U}{\partial x}-\frac{\partial W}{\partial z}\right)\frac{\partial}{\partial y}+\left(\frac{\partial U}{\partial y}+\frac{\partial V}{\partial x}\right)\frac{\partial}{\partial x}+in\left(\frac{\partial V}{\partial z}+\frac{\partial W}{\partial y}\right)\right]$$
$$\Phi_w=2\mu\left[\frac{2in}{3}\left(2\frac{\partial W}{\partial z}-\frac{\partial U}{\partial x}-\frac{\partial V}{\partial y}\right)+\left(\frac{\partial U}{\partial z}+\frac{\partial W}{\partial x}\right)\frac{\partial}{\partial x}+\left(\frac{\partial V}{\partial z}+\frac{\partial W}{\partial y}\right)\frac{\partial}{\partial y}\right] \quad (5.154)$$

유사하게, 원통형 극좌표 식 (5.143)-(5.148)의 연산자는 다음과 같이 모이고 나눌 수 있다.

$$\left(\frac{\partial U_r}{\partial r}+\frac{U_r}{r}+\frac{1}{r}\frac{\partial U_\theta}{\partial\theta}+\frac{\partial U_z}{\partial z}+U_r\frac{\partial}{\partial r}+\frac{im}{r}U_\theta+U_z\frac{\partial}{\partial z}\right)\rho$$
$$+\left[\frac{\partial\rho_0}{\partial r}+\rho_0\left(\frac{\partial}{\partial r}+\frac{1}{r}\right)\right]u_r+\frac{1}{r}\left(\frac{\partial\rho_0}{\partial\theta}+im\rho_0\right)u_\theta+\left(\frac{\partial\rho_0}{\partial z}+\rho_0\frac{\partial}{\partial z}\right)u_z=i\sigma\rho$$

(연속 방정식) (5.155)

$$\left[\left(\frac{\partial U_r}{\partial t}+U_r\frac{\partial U_r}{\partial r}+\frac{U_\theta}{r}\frac{\partial U_r}{\partial\theta}+U_z\frac{\partial U_r}{\partial z}-\frac{U_\theta^2}{r}\right)+R\left(\frac{\partial T_0}{\partial r}+T_0\frac{\partial}{\partial r}\right)\right]\rho$$
$$+\left\{\rho_0\left(U_r\frac{\partial}{\partial r}+im\frac{U_\theta}{r}+U_z\frac{\partial}{\partial z}+\frac{\partial U_r}{\partial r}\right)-\mu\left[\frac{4}{3}\left(\frac{\partial^2}{\partial r^2}+\frac{1}{r}\frac{\partial}{\partial r}-\frac{1}{r^2}\right)+\left(\frac{\partial^2}{\partial z^2}-\frac{m^2}{r^2}\right)\right]\right\}u_r$$
$$+\left[\frac{\rho_0}{r}\left(\frac{\partial U_r}{\partial\theta}-2U_\theta\right)-\frac{im\mu}{3r}\left(\frac{\partial}{\partial r}-\frac{7}{r}\right)\right]u_\theta+\left(\rho_0\frac{\partial U_r}{\partial z}-\frac{\mu}{3}\frac{\partial^2}{\partial r\partial z}\right)u_z+R\left(\frac{\partial\rho_0}{\partial r}+\rho_0\frac{\partial}{\partial r}\right)T=i\rho_0\sigma u_r$$

(r 운동량) (5.156)

$$\left[\left(\frac{\partial U_\theta}{\partial t}+U_r\frac{\partial U_\theta}{\partial r}+\frac{U_\theta}{r}\frac{\partial U_\theta}{\partial\theta}+U_z\frac{\partial U_\theta}{\partial z}+\frac{U_rU_\theta}{r}\right)+\frac{R}{r}\left(imT_0+\frac{\partial T_0}{\partial\theta}\right)\right]\rho$$
$$+\left[\rho_0\left(\frac{U_\theta}{r}+\frac{\partial U_\theta}{\partial r}\right)-\frac{im\mu}{3r}\left(\frac{7}{r}+\frac{\partial}{\partial r}\right)\right]u_r$$
$$+\left[\rho_0\left(U_r\frac{\partial}{\partial r}+\frac{imU_\theta+U_r}{r}+U_z\frac{\partial}{\partial z}+\frac{1}{r}\frac{\partial U_\theta}{\partial\theta}\right)-\mu\left(\frac{\partial^2}{\partial r^2}+\frac{1}{r}\frac{\partial}{\partial r}-\frac{1}{r^2}+\frac{\partial^2}{\partial z^2}-\frac{4m^2}{3r^2}\right)\right]u_\theta$$
$$+\left(\rho_0\frac{\partial U_\theta}{\partial z}-\frac{im\mu}{3r}\frac{\partial}{\partial z}\right)u_z+\frac{R}{r}\left(im\rho_0+\frac{\partial\rho_0}{\partial\theta}\right)T=i\rho_0\sigma u_\theta$$

(θ 운동량) (5.157)

$$\left[\left(\frac{\partial U_z}{\partial t} + U_r\frac{\partial U_z}{\partial r} + \frac{U_\theta}{r}\frac{\partial U_z}{\partial \theta} + U_z\frac{\partial U_z}{\partial z}\right) + R\left(\frac{\partial T_0}{\partial z} + T_0\frac{\partial}{\partial z}\right)\right]\rho + \left[\rho_0\frac{\partial U_z}{\partial r} - \frac{\mu}{3}\left(\frac{1}{r}\frac{\partial}{\partial z} + \frac{\partial^2}{\partial r\partial z}\right)\right]u_r$$
$$+\left(\frac{\rho_0}{r}\frac{\partial U_z}{\partial \theta} - \frac{im\mu}{3r}\frac{\partial}{\partial z}\right)u_\theta + \left[\rho_0\left(U_r\frac{\partial}{\partial r} + \frac{im}{r}U_\theta + U_z\frac{\partial}{\partial z} + \frac{\partial U_z}{\partial z}\right) - \mu\left(\frac{\partial^2}{\partial r^2} + \frac{1}{r}\frac{\partial}{\partial r} - \frac{m^2}{r^2} + \frac{4}{3}\frac{\partial^2}{\partial z^2}\right)\right]u_z$$
$$+R\left(\frac{\partial \rho_0}{\partial z} + \rho_0\frac{\partial}{\partial z}\right)T = i\rho_0\sigma u_z \qquad (z\text{운동량}) \quad (5.158)$$

$$\left[c_p\frac{\partial T_0}{\partial t} + c_v\left(U_r\frac{\partial T_0}{\partial r} + \frac{U_\theta}{r}\frac{\partial T_0}{\partial \theta} + U_z\frac{\partial T_0}{\partial z}\right) - RT_0\left(U_r\frac{\partial}{\partial r} + U_z\frac{\partial}{\partial z} + \frac{im}{r}U_\theta\right)\right]\rho$$
$$+\left(\rho_0 c_p\frac{\partial T_0}{\partial r} - \frac{\partial P_0}{\partial r} - \Phi_r\right)u_r + \left(\frac{\rho_0 c_p}{r}\frac{\partial T_0}{\partial \theta} - \frac{1}{r}\frac{\partial P_0}{\partial \theta} - \Phi_\theta\right)u_\theta + \left(\rho_0 c_p\frac{\partial T_0}{\partial z} - \frac{\partial P_0}{\partial z} - \Phi_z\right)u_z$$
$$+\left[\rho_0 c_v\left(U_r\frac{\partial}{\partial r} + \frac{im}{r}U_\theta + U_z\frac{\partial}{\partial z}\right) - R\left(U_r\frac{\partial \rho_0}{\partial r} + U_z\frac{\partial \rho_0}{\partial z} + \frac{U_\theta}{r}\frac{\partial \rho_0}{\partial \theta}\right) - k\left(\frac{\partial^2}{\partial r^2} + \frac{1}{r}\frac{\partial}{\partial r} - \frac{m^2}{r^2} + \frac{\partial^2}{\partial z^2}\right)\right]T$$
$$= i\sigma(\rho_0 c_v T - RT_0\rho) \qquad (\text{에너지}) \quad (5.159)$$

여기서 소산 함수의 세 가지는 다음을 사용하여 계산할 수 있다.

$$\frac{\Phi_r}{\mu} = \frac{4}{3}\left[\left(2\frac{\partial U_r}{\partial r} - \frac{U_r}{r} - \frac{1}{r}\frac{\partial U_\theta}{\partial \theta} - \frac{\partial U_z}{\partial z}\right)\frac{\partial}{\partial r} + \frac{1}{r}\left(\frac{2}{r}\frac{\partial U_\theta}{\partial \theta} + 2\frac{U_r}{r} - \frac{\partial U_r}{\partial r} - \frac{\partial U_z}{\partial z}\right)\right]$$
$$+2\left[\frac{im}{r}\left(\frac{\partial U_\theta}{\partial r} + \frac{1}{r}\frac{\partial U_r}{\partial \theta} - \frac{U_\theta}{r}\right) + \left(\frac{\partial U_z}{\partial r} + \frac{\partial U_r}{\partial z}\right)\frac{\partial}{\partial z}\right]$$

$$\frac{\Phi_\theta}{\mu} = \frac{4im}{3r}\left(\frac{2}{r}\frac{\partial U_\theta}{\partial \theta} + 2\frac{U_r}{r} - \frac{\partial U_r}{\partial r} - \frac{\partial U_z}{\partial z}\right) + 2\left[\left(\frac{\partial U_\theta}{\partial r} + \frac{1}{r}\frac{\partial U_r}{\partial \theta} - \frac{U_\theta}{r}\right)\left(\frac{\partial}{\partial r} - \frac{1}{r}\right) + \left(\frac{1}{r}\frac{\partial U_z}{\partial \theta} + \frac{\partial U_\theta}{\partial z}\right)\frac{\partial}{\partial z}\right]$$
$$\frac{\Phi_z}{\mu} = \frac{4}{3}\left(2\frac{\partial U_z}{\partial z} - \frac{\partial U_r}{\partial r} - \frac{U_r}{r} - \frac{1}{r}\frac{\partial U_\theta}{\partial \theta}\right)\frac{\partial}{\partial z} + 2\left[\left(\frac{\partial U_z}{\partial r} + \frac{\partial U_r}{\partial z}\right)\frac{\partial}{\partial r} + \frac{im}{r}\left(\frac{1}{r}\frac{\partial U_z}{\partial \theta} + \frac{\partial U_\theta}{\partial z}\right)\right] \quad (5.160)$$

각 좌표계에서 이어지는 PDE 시스템은 6개의 미지수가 있는 6개의 방정식으로 구성된다. 그러나 압력은 이상 기체 방정식을 통해 온도 및 밀도와 선형적으로 관련될 수 있으므로, 운동량 및 에너지 방정식에서 완전히 제거할 수 있다. 이것은 5개의 나머지 스칼라 변수(즉, 밀도, 3개의 속도 성분, 온도)를 포함하는 5개의 방정식을 남긴다. 해당 PDE는 연산자 형식으로 만들어지고 $A_{ij}f_i = \sigma B_{ij}f_i$ 유형의 일반화된 고윳값 문제로 작성될 수 있다. 여기서 이전과 마찬가지로 σ와 f_i는 고윳값과 고유벡터를 나타내며, A_{ij}와 B_{ij}는 연산자 행렬을 참고한다. 각 연산자 행렬은 5개의 종속 변수 계수를 포함하는 개별 세트로 더 세분화될 수 있다. 이러한 방식으로 각 하위 집합은 아래 예시 행렬 다이어그램에 표시된 대로 모든 그리드 지점에서 승수(multipliers)를 제공한다.

$$\text{데카르트:}\quad A_{ij} = \begin{bmatrix} A_{c,\rho} & A_{c,u} & A_{c,v} & A_{c,w} & A_{c,T} \\ A_{x,\rho} & A_{x,u} & A_{x,v} & A_{x,w} & A_{x,T} \\ A_{y,\rho} & A_{y,u} & A_{y,v} & A_{y,w} & A_{y,T} \\ A_{z,\rho} & A_{z,u} & A_{z,v} & A_{z,w} & A_{z,T} \\ A_{e,\rho} & A_{e,u} & A_{e,v} & A_{e,w} & A_{e,T} \end{bmatrix} \begin{matrix} \rightarrow \text{연속 방정식} \\ \rightarrow x\text{운동량} \\ \rightarrow y\text{운동량} \\ \rightarrow z\text{운동량} \\ \rightarrow \text{에너지} \end{matrix} \qquad B_{ij} = \begin{bmatrix} B_{c,\rho} & B_{c,u} & B_{c,v} & B_{c,w} & B_{c,T} \\ B_{x,\rho} & B_{x,u} & B_{x,v} & B_{x,w} & B_{x,T} \\ B_{y,\rho} & B_{y,u} & B_{y,v} & B_{y,w} & B_{y,T} \\ B_{z,\rho} & B_{z,u} & B_{z,v} & B_{z,w} & B_{z,T} \\ B_{e,\rho} & B_{e,u} & B_{e,v} & B_{e,w} & B_{e,T} \end{bmatrix}$$
$$(5.161)$$

$$\text{원통형:}\quad A_{ij}=\begin{bmatrix} A_{c,\rho} & A_{c,u_r} & A_{c,u_\theta} & A_{c,u_z} & A_{c,T} \\ A_{r,\rho} & A_{r,u_r} & A_{r,u_\theta} & A_{r,u_z} & A_{r,T} \\ A_{\theta,\rho} & A_{\theta,u_r} & A_{\theta,u_\theta} & A_{\theta,u_z} & A_{\theta,T} \\ A_{z,\rho} & A_{z,u_r} & A_{z,u_\theta} & A_{z,u_z} & A_{z,T} \\ A_{e,\rho} & A_{e,u_r} & A_{e,u_\theta} & A_{e,u_z} & A_{e,T} \end{bmatrix}\begin{matrix}\rightarrow \text{연속 방정식} \\ \rightarrow r\ \text{운동량} \\ \rightarrow \theta\ \text{운동량} \\ \rightarrow z\ \text{운동량} \\ \rightarrow \text{에너지}\end{matrix}\qquad B_{ij}=\begin{bmatrix} B_{c,\rho} & B_{c,u_r} & B_{c,u_\theta} & B_{c,u_z} & B_{c,T} \\ B_{r,\rho} & B_{r,u_r} & B_{r,u_\theta} & B_{r,u_z} & B_{r,T} \\ B_{\theta,\rho} & B_{\theta,u_r} & B_{\theta,u_\theta} & B_{\theta,u_z} & B_{\theta,T} \\ B_{z,\rho} & B_{z,u_r} & B_{z,u_\theta} & B_{z,u_z} & B_{z,T} \\ B_{e,\rho} & B_{e,u_r} & B_{e,u_\theta} & B_{e,u_z} & B_{e,T} \end{bmatrix} \tag{5.162}$$

예를 들어, $N \times N$ 병치점을 사용하는 경우, 연산자 행렬 A_{ij}와 B_{ij}는 $5N^2 \times 5N^2 = 25N^4$ 요소를 포함한다. N^2 블록 행렬이 각각 5개의 변수(열)와 방정식(행)을 생성하기 때문이다. 3차원 공간에서 $(\rho,\ u,\ v,\ w,\ T)$와 같은 5개의 미지 변수에서 5개의 방정식만 풀고 있다고 가정하면 행렬 크기는 $5N^3 \times 5N^3 = 25N^6$이 된다. 현재 2차원 공간에서 40 또는 60개의 점에서 스텐실을 채택하려면 6,400만과 3억 2,400만 요소를 점진적으로 사용해야 한다. 그런 다음, 사용 가능한 계산 리소스의 향상된 속도와 메모리 할당이 주어지면 Arnoldi 대신 QZ 알고리즘을 사용할 수 있으며, N 값이 증가함에 따른 고윳값 문제를 해결할 수 있다. 이렇게 하면 보고된 결과가 그리드 독립적임을 도출할 수 있다.

식 (5.149)~(5.154)를 기반으로 데카르트 연산자 행렬은 다음을 사용하여 생성할 수 있다.

$$\begin{cases} A_{c,\rho}=\dfrac{\partial U}{\partial x}+\dfrac{\partial V}{\partial y}+\dfrac{\partial W}{\partial z}+U\dfrac{\partial}{\partial x}+V\dfrac{\partial}{\partial y}+inW \\ A_{x,\rho}=\dfrac{1}{\rho_0}\left(\dfrac{\partial U}{\partial t}+U\dfrac{\partial U}{\partial x}+V\dfrac{\partial U}{\partial y}+W\dfrac{\partial U}{\partial z}\right)+\dfrac{R}{\rho_0}\left(\dfrac{\partial T_0}{\partial x}+T_0\dfrac{\partial}{\partial x}\right) \\ A_{y,\rho}=\dfrac{1}{\rho_0}\left(\dfrac{\partial V}{\partial t}+U\dfrac{\partial V}{\partial x}+V\dfrac{\partial V}{\partial y}+W\dfrac{\partial V}{\partial z}\right)+\dfrac{R}{\rho_0}\left(\dfrac{\partial T_0}{\partial y}+T_0\dfrac{\partial}{\partial y}\right) \\ A_{z,\rho}=\dfrac{1}{\rho_0}\left(\dfrac{\partial W}{\partial t}+U\dfrac{\partial W}{\partial x}+V\dfrac{\partial W}{\partial y}+W\dfrac{\partial W}{\partial z}\right)+\dfrac{R}{\rho_0}\left(\dfrac{\partial T_0}{\partial z}+inT_0\right) \\ A_{e,\rho}=c_p\dfrac{\partial T_0}{\partial t}+c_v\left(U\dfrac{\partial T_0}{\partial x}+V\dfrac{\partial T_0}{\partial y}+W\dfrac{\partial T_0}{\partial z}\right) \\ \qquad -RT_0\left(U\dfrac{\partial}{\partial x}+V\dfrac{\partial}{\partial y}+inW\right) \end{cases} \qquad \begin{cases} A_{c,u}=\dfrac{\partial \rho_0}{\partial x}+\rho_0\dfrac{\partial}{\partial x} \\ A_{x,u}=\dfrac{\partial U}{\partial x}+U\dfrac{\partial}{\partial x}+V\dfrac{\partial}{\partial y}+inW \\ \qquad -\dfrac{\mu}{\rho_0}\left(\dfrac{4}{3}\dfrac{\partial^2}{\partial x^2}+\dfrac{\partial^2}{\partial y^2}-n^2\right) \\ A_{y,u}=\dfrac{\partial V}{\partial x}-\dfrac{\mu}{3\rho_0}\dfrac{\partial^2}{\partial x\partial y} \\ A_{z,u}=\dfrac{\partial W}{\partial x}-\dfrac{in\mu}{3\rho_0}\dfrac{\partial}{\partial x} \\ A_{e,u}=\rho_0 c_p\dfrac{\partial T_0}{\partial x}-\dfrac{\partial P_0}{\partial x}-\Phi_u \end{cases}$$

$$\begin{cases} A_{c,v}=\dfrac{\partial \rho_0}{\partial y}+\rho_0\dfrac{\partial}{\partial y} \\ A_{x,v}=\dfrac{\partial U}{\partial y}-\dfrac{\mu}{3\rho_0}\dfrac{\partial^2}{\partial x\partial y} \\ A_{y,v}=\dfrac{\partial V}{\partial y}+U\dfrac{\partial}{\partial x}+V\dfrac{\partial}{\partial y}+inW \\ \qquad -\dfrac{\mu}{\rho_0}\left(\dfrac{\partial^2}{\partial x^2}+\dfrac{4}{3}\dfrac{\partial^2}{\partial y^2}-n^2\right) \\ A_{z,v}=\dfrac{\partial W}{\partial y}-\dfrac{in\mu}{3\rho_0}\dfrac{\partial}{\partial y} \\ A_{e,v}=\rho_0 c_p\dfrac{\partial T_0}{\partial y}-\dfrac{\partial P_0}{\partial y}-\Phi_v \end{cases} \quad \begin{cases} A_{c,w}=\dfrac{\partial \rho_0}{\partial z}+in\rho_0 \\ A_{x,w}=\dfrac{\partial U}{\partial z}-\dfrac{in\mu}{3\rho_0}\dfrac{\partial}{\partial x} \\ A_{y,w}=\dfrac{\partial V}{\partial z}-\dfrac{in\mu}{3\rho_0}\dfrac{\partial}{\partial y} \\ A_{z,w}=\dfrac{\partial W}{\partial z}+U\dfrac{\partial}{\partial x}+V\dfrac{\partial}{\partial y}+inW \\ \qquad -\dfrac{\mu}{\rho_0}\left(\dfrac{\partial^2}{\partial x^2}+\dfrac{\partial^2}{\partial y^2}-\dfrac{4n^2}{3}\right) \\ A_{e,w}=\rho_0 c_p\dfrac{\partial T_0}{\partial z}-\dfrac{\partial P_0}{\partial z}-\Phi_w \end{cases} \quad \begin{cases} A_{c,T}=0 \quad A_{x,T}=R\dfrac{\partial}{\partial x}+\dfrac{R}{\rho_0}\dfrac{\partial \rho_0}{\partial x} \\ A_{y,T}=R\dfrac{\partial}{\partial y}+\dfrac{R}{\rho_0}\dfrac{\partial \rho_0}{\partial y} \\ A_{z,T}=inR+\dfrac{R}{\rho_0}\dfrac{\partial \rho_0}{\partial z} \\ A_{e,T}=\rho_0 c_v\left(U\dfrac{\partial}{\partial x}+V\dfrac{\partial}{\partial y}+inW\right) \\ \qquad -k\left(\dfrac{\partial^2}{\partial x^2}+\dfrac{\partial^2}{\partial y^2}-n^2\right) \\ \qquad -R\left(U\dfrac{\partial \rho_0}{\partial x}+V\dfrac{\partial \rho_0}{\partial y}+W\dfrac{\partial \rho_0}{\partial z}\right) \end{cases} \tag{5.163}$$

또한 $B_{c,\rho}=B_{r,u}=B_{\theta,v}=B_{z,w}=i$, $B_{e,T}=i\rho_0 c_v$, $B_{e,\rho}=-iRT_0$임을 알 수 있으며, B_{ij}의 다른

모든 항은 0이다. 식 (5.155)~(5.160)과 관련된 유사한 연산자는 연습문제로 남긴다.

5-7.3 수치해석적 기법과 경계 조건

비압축성 Navier-Stokes 방정식의 처리를 위해 5-6.3절과 5-6.4절에서 설명한 동일한 Chebyshev 기반 스펙트럼 병치와 및 그리드 사전 조건화 과정을 여기에서 적용할 수 있다. 식 (5.163)에 도메인 매핑 및 미분 행렬을 적용하면, 데카르트 좌표의 블록 행렬은 다음을 사용하여 이산적으로 결정할 수 있다.

$$
\begin{cases}
A_{c,\rho} = \left(\dfrac{\partial U}{\partial x} + \dfrac{\partial V}{\partial y} + \dfrac{\partial W}{\partial z} + inW\right)_{ii} + U_{ii}\bar{D}_N^x + V_{ii}\bar{D}_N^y \\[2ex]
A_{x,\rho} = \dfrac{1}{(\rho_0)_{ii}}\left(\dfrac{\partial U}{\partial t} + U\dfrac{\partial U}{\partial x} + V\dfrac{\partial U}{\partial y} + W\dfrac{\partial U}{\partial z}\right)_{ii} + \dfrac{R}{(\rho_0)_{ii}}\left[\left(\dfrac{\partial T_0}{\partial x}\right)_{ii} + (T_0)_{ii}\bar{D}_N^x\right] \\[2ex]
A_{y,\rho} = \dfrac{1}{(\rho_0)_{ii}}\left(\dfrac{\partial V}{\partial t} + U\dfrac{\partial V}{\partial x} + V\dfrac{\partial V}{\partial y} + W\dfrac{\partial V}{\partial z}\right)_{ii} + \dfrac{R}{(\rho_0)_{ii}}\left[\left(\dfrac{\partial T_0}{\partial y}\right)_{ii} + (T_0)_{ii}\bar{D}_N^y\right] \\[2ex]
A_{z,\rho} = \dfrac{1}{(\rho_0)_{ii}}\left(\dfrac{\partial W}{\partial t} + U\dfrac{\partial W}{\partial x} + V\dfrac{\partial W}{\partial y} + W\dfrac{\partial W}{\partial z}\right)_{ii} + \dfrac{R}{(\rho_0)_{ii}}\left[\left(\dfrac{\partial T_0}{\partial z}\right)_{ii} + in(T_0)_{ii}\right] \\[2ex]
A_{e,\rho} = c_p\left(\dfrac{\partial T_0}{\partial t}\right)_{ii} + c_v\left(U\dfrac{\partial T_0}{\partial x} + V\dfrac{\partial T_0}{\partial y} + W\dfrac{\partial T_0}{\partial z}\right)_{ii} \\
\qquad -R(T_0)_{ii}\left(U_{ii}\bar{D}_N^x + V_{ii}\bar{D}_N^y + inW_{ii}\right)
\end{cases}
$$

$$
\begin{cases}
A_{c,u} = \left(\dfrac{\partial \rho_0}{\partial x}\right)_{ii} + (\rho_0)_{ii}\bar{D}_N^x \\[2ex]
A_{x,u} = \left(\dfrac{\partial U}{\partial x}\right)_{ii} + U_{ii}\bar{D}_N^x + V_{ii}\bar{D}_N^y + inW_{ii} \\
\qquad -\dfrac{\mu}{(\rho_0)_{ii}}\left[\dfrac{4}{3}\left(\bar{D}_N^x\right)^2 + \left(\bar{D}_N^y\right)^2 - n^2 I_N\right] \\[2ex]
A_{y,u} = \left(\dfrac{\partial V}{\partial x}\right)_{ii} - \dfrac{\mu\bar{D}_N^x\bar{D}_N^y}{3(\rho_0)_{ii}} \\[2ex]
A_{z,u} = \left(\dfrac{\partial W}{\partial x}\right)_{ii} - \dfrac{in\mu\bar{D}_N^x}{3(\rho_0)_{ii}} \\[2ex]
A_{e,u} = \left(\rho_0 c_p\dfrac{\partial T_0}{\partial x} - \dfrac{\partial P_0}{\partial x}\right)_{ii} - \bar{\Phi}_u
\end{cases}
\qquad
\begin{cases}
A_{c,v} = \left(\dfrac{\partial \rho_0}{\partial y}\right)_{ii} + (\rho_0)_{ii}\bar{D}_N^y \\[2ex]
A_{x,v} = \left(\dfrac{\partial U}{\partial y}\right)_{ii} - \dfrac{\mu\bar{D}_N^x\bar{D}_N^y}{3(\rho_0)_{ii}} \\[2ex]
A_{y,v} = \left(\dfrac{\partial V}{\partial y}\right)_{ii} + U_{ii}\bar{D}_N^x + V_{ii}\bar{D}_N^y + inW_{ii} \\
\qquad -\dfrac{\mu}{(\rho_0)_{ii}}\left[\left(\bar{D}_N^x\right)^2 + \dfrac{4}{3}\left(\bar{D}_N^y\right)^2 - n^2 I_N\right] \\[2ex]
A_{z,v} = \left(\dfrac{\partial W}{\partial y}\right)_{ii} - \dfrac{in\mu\bar{D}_N^y}{3(\rho_0)_{ii}} \\[2ex]
A_{e,v} = \left(\rho_0 c_p\dfrac{\partial T_0}{\partial y} - \dfrac{\partial P_0}{\partial y}\right)_{ii} - \bar{\Phi}_v
\end{cases}
$$

$$
\begin{cases}
A_{c,w} = \left(\dfrac{\partial \rho_0}{\partial z}\right)_{ii} + in(\rho_0)_{ii}I_N \\[2ex]
A_{x,w} = \left(\dfrac{\partial U}{\partial z}\right)_{ii} - \dfrac{in\mu\bar{D}_N^x}{3(\rho_0)_{ii}} \\[2ex]
A_{y,w} = \left(\dfrac{\partial V}{\partial z}\right)_{ii} - \dfrac{in\mu\bar{D}_N^y}{3(\rho_0)_{ii}} \\[2ex]
A_{z,w} = \left(\dfrac{\partial W}{\partial z}\right)_{ii} + U_{ii}\bar{D}_N^x + V_{ii}\bar{D}_N^y + inW_{ii} \\
\qquad -\dfrac{\mu}{(\rho_0)_{ii}}\left[\left(\bar{D}_N^x\right)^2 + \left(\bar{D}_N^y\right)^2 - \dfrac{4}{3}n^2 I_N\right] \\[2ex]
A_{e,w} = \left(\rho_0 c_p\dfrac{\partial T_0}{\partial z} - \dfrac{\partial P_0}{\partial z}\right)_{ii} - \bar{\Phi}_w
\end{cases}
\qquad
\begin{cases}
A_{c,T} = 0 \quad A_{x,T} = R\bar{D}_N^x + \dfrac{R}{(\rho_0)_{ii}}\left(\dfrac{\partial \rho_0}{\partial x}\right)_{ii} \\[2ex]
A_{y,T} = R\bar{D}_N^y + \dfrac{R}{(\rho_0)_{ii}}\left(\dfrac{\partial \rho_0}{\partial y}\right)_{ii} \\[2ex]
A_{z,T} = inRI_N + \dfrac{R}{(\rho_0)_{ii}}\left(\dfrac{\partial \rho_0}{\partial z}\right)_{ii} \\[2ex]
A_{e,T} = (\rho_0)_{ii}c_v\left(U_{ii}\bar{D}_N^x + V_{ii}\bar{D}_N^y + inW_{ii}I_N\right) \\
\qquad -k\left[\left(\bar{D}_N^x\right)^2 + \left(\bar{D}_N^y\right)^2 - n^2 I_N\right] \\
\qquad -R\left(U\dfrac{\partial \rho_0}{\partial x} + V\dfrac{\partial \rho_0}{\partial y} + W\dfrac{\partial \rho_0}{\partial z}\right)_{ii}
\end{cases}
\tag{5.164}
$$

이때

$$\bar{\Phi}_u = 2\mu\left[\frac{2}{3}\left(2\frac{\partial U}{\partial x} - \frac{\partial V}{\partial y} - \frac{\partial W}{\partial z}\right)_{ii}\bar{D}_N^x + \left(\frac{\partial U}{\partial y} + \frac{\partial V}{\partial x}\right)_{ii}\bar{D}_N^y + \left(\frac{\partial U}{\partial z} + \frac{\partial W}{\partial x}\right)_{ii} inI_N\right]$$

$$\bar{\Phi}_v = 2\mu\left[\frac{2}{3}\left(2\frac{\partial V}{\partial y} - \frac{\partial U}{\partial x} - \frac{\partial W}{\partial z}\right)_{ii}\bar{D}_N^y + \left(\frac{\partial U}{\partial y} + \frac{\partial V}{\partial x}\right)_{ii}\bar{D}_N^x + \left(\frac{\partial V}{\partial z} + \frac{\partial W}{\partial y}\right)_{ii} inI_N\right]$$

$$\bar{\Phi}_w = 2\mu\left[\frac{2}{3}\left(2\frac{\partial W}{\partial z} - \frac{\partial U}{\partial x} - \frac{\partial V}{\partial y}\right)_{ii} inI_N + \left(\frac{\partial U}{\partial z} + \frac{\partial W}{\partial x}\right)_{ii}\bar{D}_N^x + \left(\frac{\partial V}{\partial z} + \frac{\partial W}{\partial y}\right)_{ii}\bar{D}_N^y\right] \quad (5.165)$$

식 (5.164) 외에도 $B_{c,\rho} = B_{x,u} = B_{y,v} = B_{z,w} = iI_N$, $B_{e,T} = i\rho_0 c_v I_N$, $B_{e,\rho} = -iRT_0 I_N$을 제외한 우변 행렬 $\{B_{ij}\}$의 모든 항은 사라진다. 해당 경계 조건은 일반적으로 해의 영역의 물리적 경계에서 세 가지 속도 고유함수가 모두 사라지는 것을 필요로 한다. 경계 영역은 모든 경계에서 $\mathbf{n}\cdot\nabla p = 0$이 설정될 수 있도록 음향적으로 닫힌 것으로 가정할 수 있다. 이는 온도와 밀도에 대한 $\mathbf{n}\cdot\nabla T = \mathbf{n}\cdot\nabla\rho = 0$ 조건으로 변환된다. 압력은 $p = \rho_0 RT + \rho RT_0$를 사용하여 이상 기체 방정식에서 직접 추론할 수 있으므로, 압력에 대한 경계 조건이 필요하지 않다. 그러나 유출 영역에서는 유동이 영역 밖으로 원활하게 천이될 수 있도록 유동방향(x 또는 z)의 선형 외삽과 같은 속도에 대한 비반사 조건을 포함하여 다른 조건이 시행될 수 있다.

$$\text{유출에서:}\quad \frac{\partial^2 u}{\partial x^2} = 0,\quad \frac{\partial^2 v}{\partial x^2} = 0,\quad \frac{\partial^2 w}{\partial x^2} = 0 \quad (\text{데카르트})$$

$$\text{또는}\quad \frac{\partial^2 u_r}{\partial z^2} = 0,\quad \frac{\partial^2 u_\theta}{\partial z^2} = 0,\quad \frac{\partial^2 u_z}{\partial z^2} = 0 \quad (\text{원통형}) \quad (5.166)$$

식 (5.155)~(5.159)와 관련된 원통형 극 연산자를 사용한 등가 블록 행렬의 전개는 연습문제에 있다. 다공성 튜브의 압축 가능한 Taylor-Culick 분포에 이 방법을 적용하는 방법은 다음 절에서 간략하게 설명하고 다룰 것이다.

5-7.4 압축성 Taylor-Culick 유동의 안정성 해석

그림 5.40에 개략적으로 설명된 것처럼 고체 로켓 모터는 다공성 길이 Z_N 및 반경 a의 오른쪽 원통형 튜브로 이상화될 수 있다. 일정한 질량 주입 속도를 유지하는 능력으로 인해 다공성 벽은 고체 추진제 입자의 연소 표면을 모방할 수 있다. 실제로, 벽에서의 균일한 주입(또는 분출) 속도 V_w

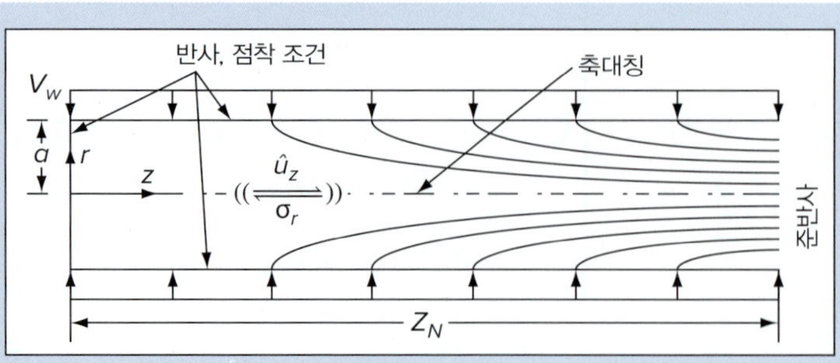

그림 5.40
측벽 주입이 있는 다공성 튜브로 모델링된 오른쪽 원통형 내부 연소 로켓의 개략도

는 비회귀 다공성 벽을 가로지르는 단상 기체 물질의 내부 주입을 나타내는 것으로 자주 간주된다 [Saad와 Majdalani(2017)].

이 문제에서 구간 $0 \le r \le a$, $0 \le \theta \le 2\pi$와 $0 \le z \le Z_N$은 영역 경계를 나타내는 데 사용된다. 그러나 축대칭을 사용하면 분석을 챔버의 절반, 즉 $z = 0$에서 $z = Z_N$까지 수평으로, $r = 0$에서 $r = a$까지 수직으로 확장되는 영역으로 한정할 수 있다. 또한 챔버 종횡비를 $L = Z_N/a$로 설정하고 아래 첨자 'w'를 사용하여 다공성 벽에서 가져온 기준 특성을 나타내는 것이 편리하다. 이 구성의 경우, 벽 Mach 수 제곱[Majdalani(2007)]에서 Rayleigh-Janzen 확장에 따른 평균 흐름에 대해 닫힌 형태의 해석 해를 사용할 수 있다. 소리 전파 속도 c_s, 벽 Mach 수 $Ma_w = V_w/c_s$ 및 $\eta \equiv \frac{1}{2}\pi(r/a)^2$ 라고 가정하면 기본 유동 함수는 다음과 같이 근사화될 수 있다.

$$\psi_0(r, z) = V_w az \sin(\eta)\left(1 - \tfrac{1}{4}\left\{\pi^2(z/a)^2\left[1 + \tfrac{1}{3}\cos(2\eta)\right] + 2\right\}Ma_w^2\right) \tag{5.167}$$

따라서 기본 유속 성분에 대해 다음과 같이 쓸 수 있다.

$$U_r = -V_w(a/r)\sin(\eta)\left(1 - \tfrac{1}{4}\{\pi^2(z/a)^2[1 + \cos(2\eta)] - (a/r)^2[1 - \cos(2\eta)] + 2\}Ma_w^2\right) \tag{5.168}$$

$$U_z = V_w\pi(z/a)\cos(\eta)\left(1 + \tfrac{1}{4}\left\{\pi^2(z/a)^2\left[\tfrac{5}{3} - \cos(2\eta)\right] + (a/r)^2[1 - \cos(2\eta)] - 2\right\}Ma_w^2\right) \tag{5.169}$$

해당 밀도, 온도 및 압력 분포는 η로 표현되고 다음과 같이 확장될 수 있다.

$$\begin{aligned}\rho_0 = \rho_w\Big(1 &- \tfrac{1}{2}\pi\left[\pi(z/a)^2 + \tfrac{1}{2}\eta^{-1}\sin^2\eta\right]Ma_w^2 - \tfrac{1}{8}\pi^2\Big\{\tfrac{1}{3}\pi^2(z/a)^4(3\gamma - 2)\\ &+ \pi(z/a)^2\left[\eta + \eta^{-1}(\gamma - 1)\sin^2\eta - 4/\pi\right] - 2\eta/\pi + \tfrac{3}{4}\eta^2 + \tfrac{1}{4}\eta^{-2}(\gamma - 1)\sin^4\eta\Big\}Ma_w^4\Big)\end{aligned} \tag{5.170}$$

$$\begin{aligned}T_0 = T_w\Big\{1 &- \tfrac{1}{2}\pi(\gamma - 1)\left[\pi(z/a)^2 + \tfrac{1}{2}\eta^{-1}\sin^2\eta\right]Ma_w^2 - \tfrac{1}{8}\pi^2(\gamma - 1)\Big[\tfrac{4}{3}\pi^2(z/a)^4\\ &+ \pi(z/a)^2(\eta + \eta^{-1}\sin^2\eta - 4/\pi) - 2\eta/\pi + \tfrac{3}{4}\eta^2 + \tfrac{1}{4}\eta^{-2}(\gamma - 1)\sin^4\eta\Big]Ma_w^4\Big\}\end{aligned} \tag{5.171}$$

그리고

$$\begin{aligned}P_0 \approx \rho_w RT_w\Big\{1 &- \tfrac{1}{2}\pi\gamma\left[\pi(z/a)^2 + \tfrac{1}{2}\eta^{-1}\sin^2\eta\right]Ma_w^2 - \tfrac{1}{8}\pi^2\gamma\Big[\tfrac{1}{3}\pi^2(z/a)^4 + (z/a)^2(\pi\eta - 4)\\ &+ \tfrac{1}{4}\eta(3\eta - 8/\pi)\Big]Ma_w^4\Big\}\end{aligned} \tag{5.172}$$

경계 조건은 헤드월, 측벽, 중심선, 끝벽이라 명명된 유출 구간에서 지정할 수 있다. 독자의 편의를 위해 이러한 조건을 표 5.3에 요약했다.

식 (5.155)~(5.159) 프로그래밍의 복잡성을 감안할 때, 벽 주입이 없는 상태에서 음향 압력파를 해결하는 절차의 정확성과 견고성은 간단한 시뮬레이션을 사용하여 확인할 수 있다. 이 경우, 조용한(quiescent) 매질의 기존 파동 방정식을 사용할 수 있다.

$$\frac{\partial^2\hat{p}}{\partial t^2} - c_s^2\nabla^2\hat{p} = 0 \tag{5.173}$$

표 5.3 다양한 고유함수에 부과된 경계 조건 요약

	ρ	u_r	u_θ	u_z	T
헤드월($z = 0$)	$\frac{\partial}{\partial z} = 0$	0	0	0	$\frac{\partial}{\partial z} = 0$
측벽($r = 1$)		0	0	0	$\frac{\partial}{\partial r} = 0$
중심선($r = 0$)	$\frac{\partial}{\partial r} = 0$	$\frac{\partial}{\partial r} = 0$	$\frac{\partial}{\partial r} = 0$	$\frac{\partial}{\partial r} = 0$	$\frac{\partial}{\partial r} = 0$
끝벽($z = Z_N$)		$\frac{\partial^2}{\partial z^2} = 0$	$\frac{\partial^2}{\partial z^2} = 0$	$\frac{\partial^2}{\partial z^2} = 0$	$\frac{\partial^2}{\partial z^2} = 0$

실제 시스템에서 평균 유동은 챔버의 음향 주파수에도 영향을 미치며, 예를 들어 Campos(2007)가 설명한 바와 같이 대류파 방정식(Convected Wave Equation)을 사용하여 결정할 수 있다. 그러나 평균 유동 효과가 있는 공명 음향 주파수를 설명하는 잘 알려진 벤치마크 사례는 문헌에서 널리 사용되지 않기 때문에, 순수 음향 톤을 재생하는 데 있어 현재 체계의 효율성을 설명하는 데 도움이 된다. 음향 파형을 분리하기 위해, 이 방법은 주입 또는 점도가 없는 챔버에서 종횡비가 $L = 5$인 원형 포트 모터에 먼저 적용된다. 평균 흐름이 없는 경우, 이론적 음향 주파수는 표준 관계식을 사용하여 쉽게 평가할 수 있다.

$$\sigma_r = \alpha c_s = (k_{lmn}/a)c_s = (c_s/a)\sqrt{k_l^2 + k_{mn}^2}$$

또는

$$\sigma_r^*\big|_{Ma_w=0} = \frac{\sigma_r}{(c_s/a)} = k_{lmn} = \sqrt{k_l^2 + k_{mn}^2} \qquad (l,\ m,\ n)\ \text{모드} \tag{5.174}$$

여기서 σ_r^*은 무차원 주파수를 나타내고 $k_l = l\pi/L$과 k_{mn}은 각각 종파수와 횡파수를 나타낸다. 또한 시간은 음파가 챔버의 특성 길이인 a를 가로지르는 데 걸리는 평균 시간인 (a/c_s)에 대해 정규화될 수 있다. $t^* = tc_s/a$를 취하면 원형 주파수 및 시간에 대한 정규화 값이 역수가 되어, 간편한 결과 $\sigma_r t = \sigma_r^* t^*$가 도출된다. k_{mn}의 경우 $J_m'(k_{mn}) = 0$의 순차 근(sequential roots)에서 결정될 수 있다. 순수 방사형 파형의 경우, 보통 다음과 같이 얻는다.

$$(k_{01}, k_{02}, k_{03}, k_{04}, k_{05}) \approx (3.8317, 7.0156, 10.1735, 13.3237, 16.4706) \tag{5.175}$$

반대로 순수 접선 모드의 경우, 다음과 같이 보완 고윳값(complementary eigenvalues)을 다시 얻는다.

$$(k_{10}, k_{20}, k_{30}, k_{40}, k_{50}) \approx (1.8412, 3.0542, 4.2012, 5.3175, 6.4156) \tag{5.176}$$

특성 진폭 A_{lmn}을 갖는 해당 압력파는 다음과 같이 표현될 수 있다.

$$\hat{p} = A_{lmn}\cos(k_l z/a)J_m(k_{mn}r/a)\cos(m\theta)\cos(\sigma_r t) \tag{5.177}$$

여담으로 정적 로켓 모터 발사에서 종방향 및 접선 모드는 에너지 요구사항이 감소하기 때문에 방사형 모드보다 더 자주 발생하는 경향이 있다는 점에 유의하는 것이 도움이 될 수 있다. 반대로, $r = 0$에서 압력 안티노드(antinodes)를 나타내는 방사형 모드는 챔버의 축을 따라 에너지원이 필요하며, 이는 고체 로켓 모터에서는 거의 발생하지 않는다. 접선 모드 진동은 주요 에너지원

표 5.4 $Ma_w = 0$에서 계산된 축 주파수 대 $L = 5$인 챔버의 순수 음향 모드

벤치마크		$N = 30$		$N = 40$	
모드 l	$l\pi/L$	고윳값	차이	고윳값	차이
1	0.6283	0.6281	0.0318%	0.6282	0.0159%
2	1.2566	1.2558	0.0636%	1.2562	0.0318%
3	1.8850	1.8839	0.0583%	1.8844	0.0318%
4	2.5133	2.5117	0.0636%	2.5124	0.0358%
5	3.1416	3.1398	0.0572%	3.1406	0.0318%

이 입자 표면 가까이에 위치하여 저항과 감쇠가 덜 발생하기 때문에 더 쉽게 구동되고 유지된다. 이는 유체역학 모드뿐만 아니라 축 및 횡파 운동 모두에서 기여를 보여주는 결합된 k_{lmn} 모드를 식별하기 위해 실험 측정을 분석할 때 자주 확인되는 이유를 설명하는 데 도움이 될 수 있다. 그러나 현재의 전역 안정성 접근법에서 접선 모드는 접선 모드 번호 m으로 규정된다. $m = 0$으로 설정하면 고유모드가 종방향 및 방사형 파동 이동으로만 제한된다. 접선 고유모드를 찾는 경우, 원하는 모드 번호 m을 명시적으로 제공해야 한다. 대조적으로 여기에서 다루지 않는 트라이글로벌(triglobal) 솔버는 방사형 및 접선 모드를 동시에 포착할 수 있다. 이러한 요소를 염두에 두고 먼저 $m = 0$에서 종방향 및 접선 모드 예측을 탐색하여 진행한다.

큰 음향의 Reynolds 수 $Re = c_s a/\nu = 2 \times 10^{200}$, $\gamma = 1.4$, $Pr = 0.7$과 두 연속값 $N = 30, 40$을 사용한 처음 5개 종방향 모드에 대한 비점성, 등엔트로피 유동의 이론적 예측값과 고유솔버를 통해 구한 값을 표 5.4에 비교하였다. 점성을 무시할 수 있는 조건을 재현하기 위해, 특별히 매우 큰 음향 Reynolds 수를 선택한다. 고유솔버와 엄밀한 이론적인 예측 사이의 상대적 차이도 표시된다. 이 10가지 경우에서, $k_{mn} = k_{00} = 0$ 및 $\sigma_r^* = k_{lmn} = \sqrt{k_l^2 + k_{00}^2} = k_l = l\pi/L$인 결과와 함께 횡방향 모드 진동의 징후를 확인할 수 없다. 해당 헤르츠 주파수(Hertzian frequency)는 닫힌-닫힌 형태(closed-closed configuration)에 대해 $f_r = \sigma_r^* c_s/(2\pi a) = lc_s/(2aL) = \frac{1}{2} lc_s/Z_N$으로부터 쉽게 계산된다.

이론과 시뮬레이션 사이의 강력한 일치에 더하여 표로 작성된 차이는 계산된 주파수와 분석적으로 평가된 주파수 사이의 무시할 수 있는 차이를 보여주며, 이는 의심할 여지없이 Chebyshev 이산화 체계와 관련된 높은 수준의 정밀도 때문이다. 더 나아가, 일반적으로 더 높은 주파수에서 증가하는 수치적 불일치는 $N = 40$ 이상에서 거의 중요하지 않다. 그림 5.41에서 첫 번째 4개의 고유모드를 특징으로 하는 압력 변동에 대한 해당 고유해는 식 (5.177)과 매우 잘 일치하는 순수 정현파 모드 모양을 따른다. 후자는 이 경우 고전적인 비회전 및 비점성 형식인 $\hat{p} = \cos(k_l z)\cos(\sigma_r t)$로 축소되며, 여기에서 단순화를 위해 $A_{lmn} = a = 1$을 사용했다. 각 축 모드에 대해, 다중 타임라인이 첫 번째로 평균 유동이 없는 상태로 표시되고 두 번째로 평균 유동 Mach 수가 $Ma_w = 0.05$인 상태로 표시되어 와류음향 교란에 대한 평균 유동의 영향을 확인하는 데 도움을 준다. 평균 유동이 존재하는 경우, 공간 모드 모양이 증폭되는, 즉 유동방향으로 공간 성장을 보임으로써 증폭된다는 것이 분명하다. 이러한 공간적 성장은 Taylor-Culick 분포의 잘 알려진 특성이다[Chedevergne 등(2012) 참조].

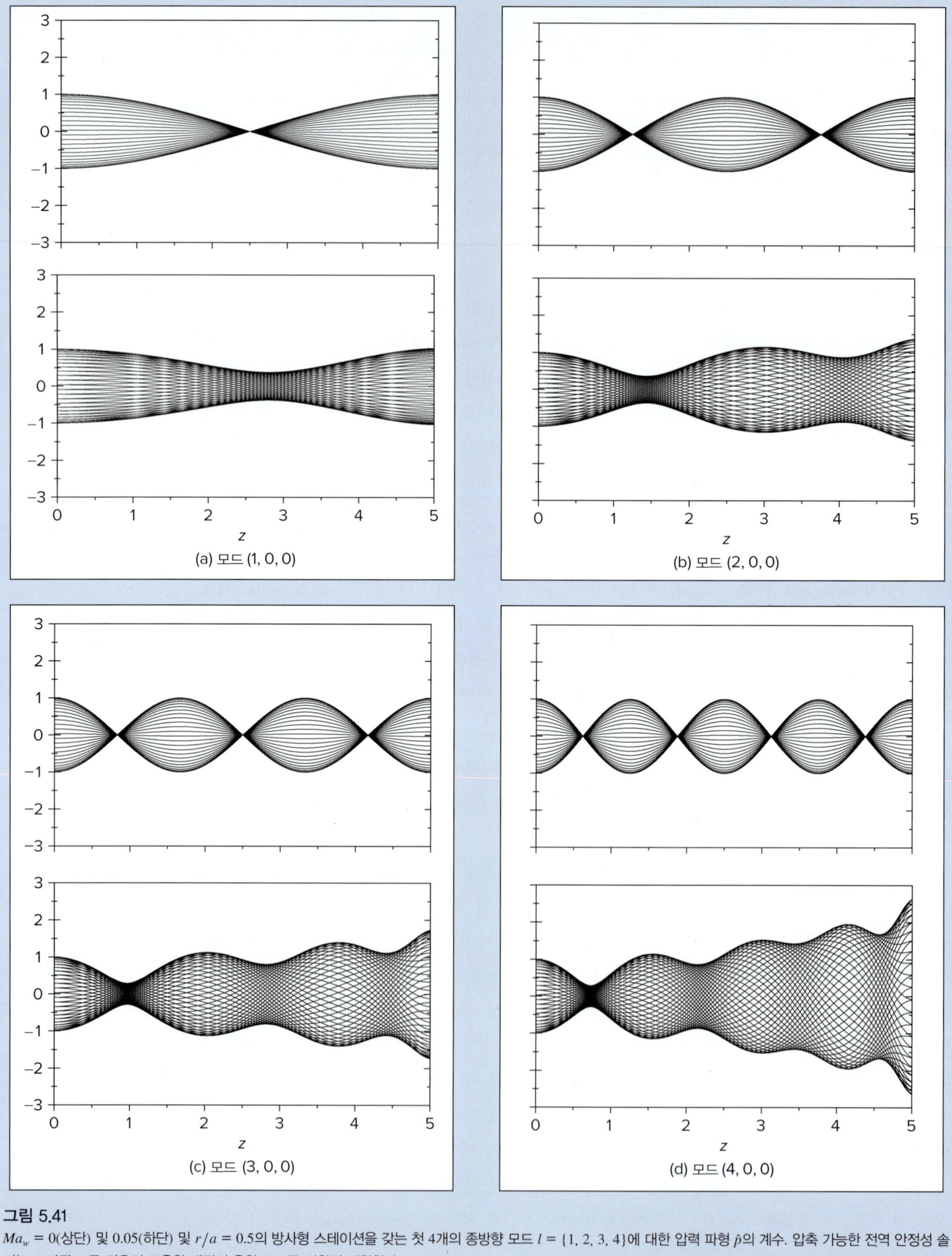

그림 5.41

$Ma_w = 0$(상단) 및 0.05(하단) 및 $r/a = 0.5$의 방사형 스테이션을 갖는 첫 4개의 종방향 모드 $l = \{1, 2, 3, 4\}$에 대한 압력 파형 $\hat{p}$의 계수. 압축 가능한 전역 안정성 솔버는 고려된 모든 경우의 조용한 매질의 음향 모드를 정확히 재현한다.

표 5.5 $Ma_w = 0$에서 계산된 방사형 주파수 대 $L = 5$인 챔버의 순수한 음향 모드

벤치마크		$N = 30$		$N = 40$	
방사형 모드 n	k_{0n}	고윳값	차이	고윳값	차이
1	3.8317	3.8311	1.5721%	3.83158	0.5198%
2	7.0156	7.0143	1.8510%	7.0151	0.7091%
3	10.1735	10.1710	2.4601%	10.1728	0.6911%
4	13.3237	13.3190	3.5290%	13.3218	1.4289%

표 5.6 $Ma_w = 0$에서 계산된 접선 주파수 대 $L = 5$인 챔버의 음향 모드

벤치마크		$N = 30$		$N = 40$	
접선 m	k_{m0}	고윳값	차이	고윳값	차이
1	1.8419	1.8416	1.6310%	1.8481	0.5392%
2	3.0543	3.0539	1.3098%	3.0541	0.6479%
3	4.2012	4.1998	3.3287%	4.2009	0.7009%
4	5.3176	5.3151	4.7011%	5.3171	0.9312%

방사형 및 접선 고유모드에 대한 이론과 계산 사이의 유사한 비교가 표 5.5와 5.6에 나와 있다. 여기서 처음 4개의 접선 고윳값은 $N = 30$ 및 40의 두 연속 이산화 체계에서의 상대적인 차이를 포함하여 표시된 것이다. 방사형 진동에서 예상할 수 있듯이 $n = \{1, 2, 3, 4\}$에 대해 계산된 고유모드와 이론적 k_{0n}값 사이의 우수한 일치를 확인할 수 있다. 이 방법은 전역 솔버에서 접선 모드 번호 $m = \{1, 2, 3, 4\}$를 명시적으로 설정하면서 적용된다. 여기에서도 계산된 고유모드는 이론적인 k_{m0} 투영을 반영하는 것으로 보인다. 축방향으로 우세한 진동과 비교할 경우, 이론적 모드에 대한 불일치는 Chebyshev 점의 수가 증가함에 따라 급격히 감소한다.

이러한 거동을 추가로 설명하기 위해, $z/Z_N = \frac{1}{2}$에서 챔버의 중간에 위치한 극좌표 슬라이스에서 처음 4개의 방사형 모드에 대한 압력파의 공간 모드 모양을 그림 5.42에 표시하였다. 방사형 방향으로 솔루션의 전개는 식 (5.177)의 해석 파형에 포함된 된 $J_0(k_{0n}r/a)$ 종속성과 거의 일치하는 명확하게 정의된 노드 점을 보여준다. 3차원 관점에서 방사형 축을 따라 나타나는 각 노드 점은 z축을 중심으로 회전하는 동심 노드 원을 생성한다. 평균 유동이 있는 경우, 평균 유동이 없는 경우에 비해 작은 주파수와 그에 따른 시간 이동이 감지될 수 있다. 간단히 말해, 관측은 일반적인 공간 내에서 파동 전파와 관련된 순수 음향 톤을 복구하기 위한 압축 가능한 전역 접근방식의 능력을 확인해 준다.

이제 전역 방식과 평균 유동 효과를 부분적으로만 설명할 수 있는 완전 비회전 대류파 방정식을 모두 사용하여 음향 주파수에 대한 평균 유동의 효과를 더 면밀히 확인해 보고자 한다. 자세히 설명하기 위해, 벽 Mach 수 0.05와 음향 Reynolds 수 200에 의해 구동되는 정상 상태 운동을 포함하더라도 동일한 기하학적 형상을 사용한다. 또한 Prandtl 수와 비열 비율을 각각 0.7과 1.4로 일정하게 유지한다. 표 5.7와 5.8에 분류된 이어진 결과는 최대 6.6%까지 종방향 및 방사 주파수 모두에서 하향 이동을 나타낸다. 전반적으로 전역 솔버는 완전 비회전 대류파 방정식보다 더

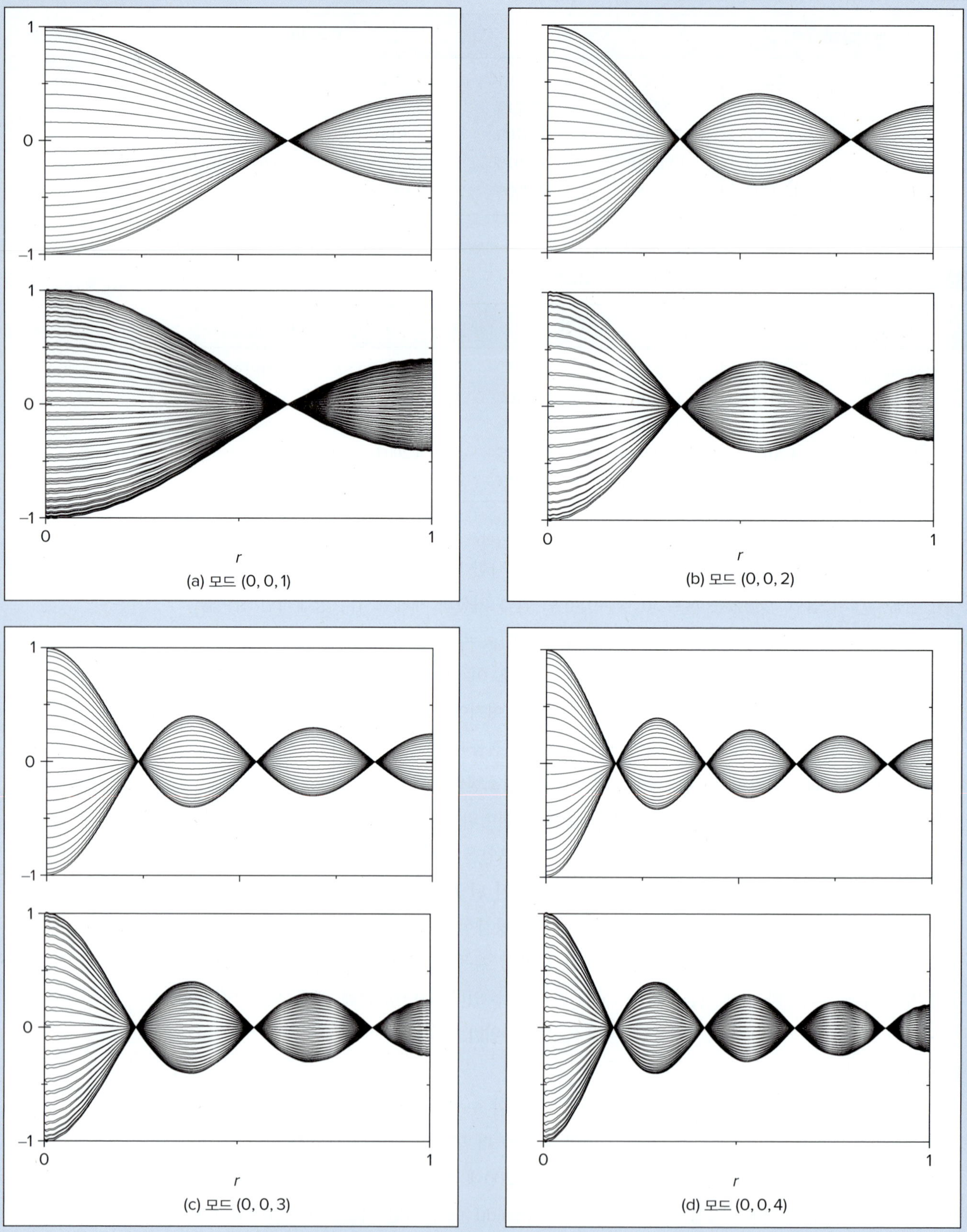

그림 5.42
챔버의 중간 섹션($z/Z_N = 0.5$)에서 $Ma_w = 0$(상단) 및 0.05(하단)인 첫 4개의 방사형 모드에 대한 압력 파형 $\hat{p}$

표 5.7 $Ma_w = 0.05$, $N = 40$, $L = 5$, $Re = 200$에 대해 계산된 축 주파수 대 순수 음향 모드

벤치마크		대류파 방정식		압축 가능한 전역 솔버	
모드 l	$l\pi/L$	고윳값	주파수 편이	고윳값	주파수 편이
1	0.6283	0.571	9.20%	0.586	6.61%
2	1.2566	1.124	10.52%	1.176	6.35%
3	1.8850	1.670	11.40%	1.767	6.26%
4	2.5133	2.202	12.39%	2.387	5.02%
5	3.1416	2.719	13.44%	2.966	4.61%

표 5.8 $Ma_w = 0.05$, $N = 40$, $L = 5$, $Re = 200$에 대해 계산된 방사형 주파수 대 순수 음향 모드

벤치마크		대류파 방정식		압축 가능한 전역 솔버	
방사형 모드 n	k_{0n}	고윳값	주파수 편이	고윳값	주파수 편이
1	3.8317	3.823	0.23%	3.803	0.75%
2	7.0156	6.995	0.29%	6.944	0.72%
3	10.1735	10.132	0.41%	10.098	0.74%
4	13.3237	13.251	0.55%	13.249	0.56%

큰 주파수 편이를 예측하는 것으로 보인다. 이는 비정상 압력 교란만 설명하는 대류 파동 방정식과 달리, 비정상 압력과 와도 교란 사이에 존재하는 양방향 결합을 설명하는 전역 솔버의 기능 때문이다. 보여주진 않았지만, 더 큰 주파수 편이는 낮은 음향 Reynolds 수에서 비롯되며 점성을 증가시켜 얻을 수 있음을 입증할 수 있다. 반면에 Reynolds 수를 한 자릿수 증가하여 2000으로 만들면 $Re = 200$에서 나타나는 주파수 편이의 약 절반이 된다. 이것은 완전 비점성, 비회전, 등엔트로피 및 주입이 없는 환경의 맥락에서 파생되는 순수 음향 톤에 기인할 수 있다. 실제로, 주파수 편이의 규모는 실험적 측정에서 관찰된 것의 특징으로 볼 수 있다[Gazanion 등(2014)]. 로켓 관련 음향 안정성 연구에서 방사형 주파수 편이는 축방향 평균 유동 속도에 비해 방사형 속도가 더 낮기 때문에 종방향 주파수 편이보다 작게 유지된다. 그러나 음향 Reynolds 수가 감소함에 따라 방사형 주파수 편이가 더 뚜렷하게 나타난다. 일반적으로 압력 모드 모양은 계산된 고유함수에서 쉽게 추출되고 그림으로 표시될 수 있다. 이는 그림 5.41과 5.42에 나타나 있으며, 평균 유동이 없는 상태에서 얻은 것과 밀접한 공간적 유사성이 확인되었다.

방위각 파수의 효과를 설명하기 위해, 접선 모드 번호를 0에서 $m = \{1, 2, 3, 4\}$로 재설정할 수 있으며 압축성 솔버는 한 번에 하나의 방위각 사례를 다시 실행할 수 있다. 이를 통해 평균 유동으로 인해 발생하는 접선 주파수 이동을 포착할 수 있다. 이전과 동일한 벽 Mach 수를 사용하여 전역 고유솔버와 대류파 방정식에서 얻은 주파수는 처음 4개 모드, 음향 Reynolds 수 200, $N = 40$에 따라 표 5.9에서 분류하였다. 여기에서도 대류파 방정식에 의해 예측된 접선 이동은 압축 가능한 전역 솔버를 사용하여 계산된 것보다 상당히 작게 유지된다. 그러나 둘 다 종방향 주파수 편이보다 눈에 띄게 작게 유지된다. 이러한 거동은 접선 평균 유동 성분의 부재와 운동의 축대칭 특성에 의해 기인될 수 있다. 이러한 요소는 평균 유동, 점도, 그리고 음향 Reynolds 수에 대한

표 5.9 $Ma_w = 0.05$, $N = 40$, $L = 5$, $Re = 200$에 대해 계산된 접선 주파수 대 순수 음향 모드

벤치마크		대류파 방정식		압축 가능한 전역 솔버	
접선 모드 m	k_{m0}	고윳값	주파수 편이	고윳값	주파수 편이
1	1.8419	1.839	0.13%	1.783	3.19%
2	3.0543	3.052	0.09%	2.974	2.63%
3	4.2012	4.198	0.07%	4.135	1.58%
4	5.3176	5.315	0.05%	5.273	0.84%

접선 주파수의 민감도를 감소시킨다.

압축 가능한 전역 솔버에 의해 생성된 복잡한 주파수를 살펴보면, 실수 부분과 허수 부분으로 나눌 수 있다. 그림 5.43에 묘사된 것처럼 실수 성분 σ_r은 진동의 주파수를 나타내는 반면, 허수 성분은 주요 고유해의 시간적 증폭을 제어하는 성장률을 결정한다. 따라서 불안정 모드는 진폭 함수가 선형 시스템에서 지속적으로 증가하는 양수 σ_i와 연관될 수 있다. 이런 특정한 경우에 접선 모드 번호는 $m = 0$으로 간주되며 횡방향 모드를 방사형 진동으로만 제한하여 θ 방향의 변화를 제외한다.

$Ma_w = 0.05$와 $Re = 200$을 사용하여 일반적인 주파수 스펙트럼 그림 5.43에 각각 길이 대 반경 비율이 5와 25인 모터에 대해 그림 5.43(a) 및 5.43(b)에 중첩하여 표시하였다. 이 그래프를 기반으로 L1에서 L3까지 레이블이 지정된 처음 3개의 종방향 모드로 시작하는 일련의 특성 주파수의 존재를 쉽게 추론할 수 있다. 또한 R1-R3으로 레이블이 지정된 처음 3개의 방사형 모드와 각 모드에서 나오는 후행 모드(trailing modes)를 확인할 수 있다. 후행점(trailing points)은 종방향 및 방사형 기여를 모두 결합하는 혼합 모드를 나타낸다. 반대로, 그래프의 왼쪽 하단 모서리에 나타나는 모드는 현재의 구성일 때, 음의 성장률로 인해 일시적으로 감쇠된 상태로 남아 있는 유체역학 모드를 암시한다. 평균 유동 붕괴와 관련된 유체역학 모드는 더 낮은 주파수에서 나타날 뿐만 아니라 음의 성장률은 와류음향 결합 모드와 관련된 것보다 작게 유지된다.

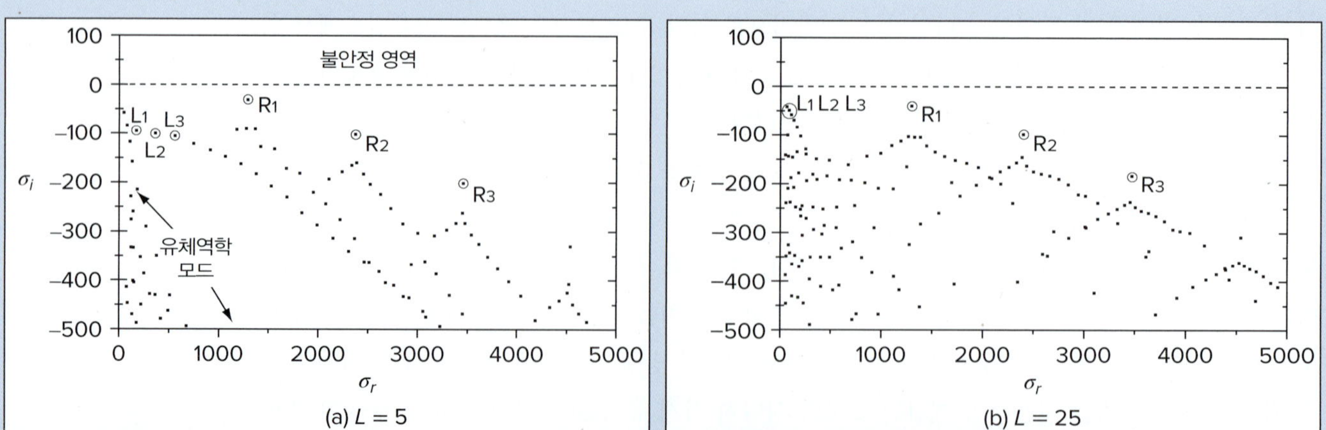

그림 5.43
원통형 로켓 모터의 일반적인 주파수 스펙트럼, $Re = 200$, $N = 40$, $m = 0$, $Ma_w = 0.05$ 및 (a) $L = 5$, (b) $L = 25$.

결론적으로 압축 가능한 전역 안정성 절차를 사용하면 유동 분해가 필요 없이 압축 가능한 점성 유체에서 유체역학 및 음향 교란과 관련된 특성 주파수 및 성장률을 획득할 수 있다. 따라서 점성 유체에서 발생할 수 있는 교란을 종합적으로 파악할 수 있다.

요약

우리가 아는 한, 모든 층류 흐름은 결국 불안정해지고 Reynolds 수, Grashof 수 또는 Taylor 수와 같은 유동에 적합한 충분히 빠른 속도 매개변수에서 난류로 발전하거나 '천이'된다.

모든 유동의 안정성은 기본 층류 운동에 작은 교란을 중첩하여 연구할 수 있다. 경계층 흐름의 경우, Orr-Sommerfeld 방정식의 선형화된 교란 관계를 이용하여 많은 유동을 풀었다. 다수의 실험 연구와 컴퓨터 시뮬레이션을 기반으로 몇 가지 안정화 매개변수가 확인되었으며, 여기에는 유리한 압력 구배, 벽 흡입, 벽 순응도(compliance), 액체 가열 및 기체 냉각이 포함된다.

실험은 Orr-Sommerfeld 분석에 의해 예측된 불안정한 평면 이동 Tollmien-Schlichting 파동이 하류로 성장하여 3차원이 되어 궁극적으로 와류 붕괴와 완전한 난류 운동으로 합쳐지는 난류 지점의 형성을 유발한다는 것을 보여준다. 이 최종 천이 지점의 예측을 위해 몇 가지 실증적 상관관계가 진전되었다. 천이는 자유 유동 난류, 음향 가진(excitations) 및 벽 거칠기에 크게 영향을 받는다. 비정상 전단 흐름의 천이에 대한 간략한 논의 후, 천이 시작을 제어하기 위한 몇 가지 가능한 설계 기준에 대한 설명이 제공된다. 이 장은 비압축성 유동과 압축성 유동 모두에 적용될 수 있기 때문에 유체역학 커뮤니티에서 널리 사용되는 전역 안정성 접근에 대한 논의로 끝내도록 한다.

연습문제

5-1. $(g, \rho_1, \rho_2, \mathfrak{T})$를 상수로 유지할 경우, 식 (5.9)의 우변이 파수 $\alpha = [g(\rho_1 - \rho_2)/\mathfrak{T}]^{1/2}$에서 최소임을 보이시오. 어딘가에서 실험 데이터를 찾아 휘발유를 통해 불어오는 공기에 대한 이 '임계' 파장과 속도 차이를 추정하시오. 더 자세한 논의는 Drazin(2002), p. 57를 참고하라.

5-2. 그림 5.2의 상한 및 하한 속도를 무시할 수 있고 표면 장력을 무시하면, 계면의 교란이 위상 속도로 전파됨을 보이시오.

$$c = \sqrt{\frac{g\lambda(\rho_1 - \rho_2)}{2\pi(\rho_1 + \rho_2)}}$$

여기서 λ는 교란의 파장이다. $\rho_1 < \rho_2$일 때 어떤 일이 발생하는지에 대해 토론하고 파장이 3 m일 때 공기-물 계면에 대한 전파 속도를 추정하시오.

5-3. 유명한 (비선형) van der Pol 방정식에 대한 선형 교란 방정식을 유도하시오.

$$\frac{d^2X}{dt^2} + C(X^2 - 1)\frac{dX}{dt} + X = 0$$

여기서 C는 상수이다. $X_0(t)$가 알려진 정확한 해라고 가정한다. 교란 방정식에 주석을 달되 풀지마라.

5-4. 식 (5.18)~(5.20)에서 p와 u를 제거하여 Orr-Sommerfeld 식 (5.23)을 확인하시오.

5-5. Rayleigh의 비점성 안정성 식 (5.27)을 고려하라. 섭동 진폭 $\upsilon(y)$는 복소수이며, 시간 안정성 분석의 경우 α는 실수이고 c는 복소수이다. Rayleigh 방정식이 다음과 같이 실수부와 허수부로 분리될 수 있음을 보여준다.

$$\upsilon_r'' - \left[\alpha^2 + \frac{U''(U - c_r)}{(U - c_r)^2 + c_i^2}\right]\upsilon_r + \frac{U'' c_i}{(U - c_r)^2 + c_i^2} = 0$$

$$\upsilon_i'' - \left[\alpha^2 + \frac{U''(U - c_r)}{(U - c_r)^2 + c_i^2}\right]\upsilon_i - \frac{U'' c_r}{(U - c_r)^2 + c_i^2} = 0$$

주어진 $U(y)$에 대해 수치적으로 이 시스템을 푸는 가능한 방법을 글로 설명하시오.

5-6. 압력 구배가 없는 평판 위의 속도 분포에 대한 대략적인 근삿값을 제공하는 Pohlhausen의 4차 다항식 분포를 고려하라.

$$\frac{u}{U} = 2\xi - 2\xi^3 + \xi^4 \qquad \xi = \frac{y}{\delta}$$

$\nu = 0$인 비점성 경우에 대해 수치적으로 Orr-Sommerfeld 식 (5.23)을 푸시오. $\upsilon \approx e^{-\alpha y}$라고 가정하고 $y = 2\delta$에서 시작하여 $y = 0$에서 벽 조건 $\upsilon = \upsilon' = 0$을 만족하도록 안쪽으로 적분하시오. 시간적 증폭을 가정하고, 일부 (감쇠된) 고윳값을 찾고 c_i 대 α를 무차원 형식으로 그래프로 그리시오.

5-7. 정체 경계층 유동($U = Kx$)의 경우 불안정성이 처음 발생하는 위치 Re_x를 추정하시오.

5-8. 분리되는 Falkner-Skan 쐐기류 경계층 $\beta = -0.19884$에 대해 불안정성이 처음 발생하는 위치 Re_x를 추정하시오.

5-9. Howarth 자유 유동 속도 $U = U_0(1 - x/L)$에 대해 $U_0 L/\nu = 10^6$일 경우, 경계층 불안정성이 처음 발생하는 지점 (x/L)을 추정하시오. 낮은 아음속 Mach 수를 가정한다.

5-10. 연습문제 5-9를 일반화하여 불안정점 $(x/L)_{\text{crit}}$을 $U_0 L/\nu$의 함수로 계산하고 그래프로 그리시오.

5-11. 원통을 가로지르는 퍼텐셜 자유 유동 흐름의 경우 $U = 2U_0 \sin(x/a)$이고 만약 $Re_D = 10^6$이라면, 경계층 불안정성이 처음 발생하는 위치 $(x/a)_{\text{crit}}$을 추정하시오.

5-12. 연습문제 5-5와 5-6의 지침과 선택한 수치해석적 방법을 사용하여, 단순화된 경계층 유동에 대한 Rayleigh 식 (5.27)을 푸시오. 이때, $U = \tanh(y)$, $0 \le y \le \infty$, 일반적인 값 $\alpha \approx 0.2$에서 0.3이다. 비점성 불안정성을 예상하는가? 시간이 허락한다면, c_r과 α의 일부 계산된 값을 그래프로 그리시오. [힌트: 식 (5.6)의 지수 근사로 큰 $y \ge 4$에서 시작하고, 벽에 역방향으로 적분한다.]

5-13. 연습문제 5-5 및 5-6의 지침과 선택한 수치해석적 방법을 사용하여 Blasius 경계층 유동에 대한 Rayleigh 식 (5.27)을 푸시오. 이 방정식은 식 (4.60) 및 (4.61)에서부터 시작한다. 비점성 불안정성을 예상하는가? 0.2~0.3 범위 내에서 α값을 선택한다. [힌트: 식 (5.6)의 지수 근사를 사용하여 큰 $\eta \ge 5$에서 시작하고, 벽에 역방향으로 적분한다.]

5-14. 정체 경계층 유동($U = Kx$)에 대해 식 (5.46)으로 주어진 Michel의 방법을 사용하여, 천이가 처음 발생하는 위치 Re_x를 추정하시오. Granville의 상관관계(5-5.1.1절)가 적합하지 않은 이유는 무엇인가? 무시할 수 있는 자유 유동 난류라고 가정한다.

5-15. 분리 Falkner-Skan 쐐기 유동 경계층의 경우 $\beta = -0.19884$에 대해 적절한 상관관계를 사용하여 천이가 처음 발생하는 위치 Re_x를 추정하시오. 자유 유동 난류는 무시한다. 결과를 그림 5.32와 비교하시오.

5-16. Howarth 자유 유동 속도 $U = U_0(1 - x/L)$의 경우, $U_0L/\nu = 4 \times 10^6$인 경우 식 (5.46)에 의해 주어진 Michel의 상관관계를 이용하여 경계층 천이가 발생하는 점 (x/L)을 추정하시오. 자유 유동 난류는 무시한다. 결과를 그림 5.31과 비교하시오.

5-17. 연습문제 5-16의 계산을 위해 매개변수 컴퓨터 연구로 도입하기 위해 일반화하고, $(x/L)_{tr}$ 대 U_0L/ν를 그래프로 그리시오.

5-18. 원통을 가로지르는 퍼텐셜 자유 유동 흐름($U = 2U_0 \sin(x/a)$)의 경우, $Re_D = 2 \times 10^6$인 경우 식 (5.46)에 의해 주어진 Michel의 상관관계를 사용하여 경계층 천이가 처음 발생하는 위치 $(x/a)_{tr}$를 추정하시오. 자유 유동 난류는 무시한다. 결과를 그림 5.31과 비교하시오.

5-19. 20°C 및 1기압의 공기는 반각 36°의 쐐기를 향해 조용히 흐르므로 표면을 따라 멱법칙 자유 유동 및 층류 경계층이 생성된다. 식 (5.50)에 의해 주어진 Wazzan의 방법을 사용하여 천이 Reynolds 수 $Re_{x,tr}$을 추정하시오.

5-20. 1%의 자유 유동 난류 수준에 대해 연습문제 5-14를 수정하시오.

5-21. 1%의 자유 유동 난류 수준에 대해 연습문제 5-15를 수정하시오.

5-22. 1%의 자유 유동 난류 수준에 대해 연습문제 5-16을 수정하시오.

5-23. 1%의 자유 유동 난류 수준에 대해 연습문제 5-18을 수정하시오.

5-24. 그림 5.37(b)와 같이 가속도 a로 정지상태에서 시작된 파이프 유동의 경우, 운동량 두께는 공식 $\theta \approx 0.35(\nu t)^{1/2}$에 따라 초기에 증가한다. "$U$"와 "$x$"가 등가속도 공식으로 주어진다고 가정하고, 이 관계를 Michel의 정상 유동 천이 상관관계 식 (5.46)에 적용하라. 결과가 무차원 천이 시간 상수 값 $t_{tr}(a^2/\nu)^{1/3}$임을 보이시오. 직경 D가 식에 나타나지 않는 이유는 무엇인가?

5-25. 20°C 및 1 atm의 공기는 $U = 12$ m/s로 매끄러운 평판을 흐른다. 벽의 판을 가로질러 직경 1 mm의 와이어를 잡아당겨 경계층을 난류로 만든다. 와이어가 $x = 1$ m에 배치된 경우, 천이가 발생하는 위치는 어디인가? 가장 빠른 천이를 일으키는 와이어 위치 x는 어디인가?

5-26. 자유 유동 난류 수준이 1%인 경우 연습문제 5-25를 반복하시오.

5-27. 그림 5.38의 로지스틱 맵의 카오스 영역 안에 좁은 세로 흰색 띠는 $3.825 < r < 3.865$ 영역에 존재한다. 초기 추측값 $x = 0.5$, $r = 3.825$에서 시작하여 식 (5.60)에 의해 주어진 로지스틱 관계의 작은 증분 $\Delta r \leq 0.0005$에 대해 컴퓨터 반복연산을 되풀이하고, 이 영역에 대한 확장된 가로 좌표에 결과를 그래프로 그리시오. 발견한 놀라운 패턴에 대해 의견을 제시하시오.

5-28. 자유 유동이 난류 수준의 4%를 가지고 있는 경우 연습문제 5-19를 반복하시오. 서로 다른 두 가지 방법으로 천이 Reynolds 수 $Re_{x,tr}$을 추정하고 이를 비교하시오.

5-29. 회전하는 원통 사이의 Couette 유동에 대한 Taylor(1923)의 유명한 중립 곡선이 그림 5.22(b)에 나와 있다. 곡선 위의 영역은 단순히 **불안정**하다고 표시된다. Andereck 등(1986)의 대단한 차트에서 볼 수 있듯이 놀랍도록 다양한 흐름 체제가 이 영역에 있다. 이 차트와 많은 불안정한 유동 패턴을 설명하시오.

5-30. 2차원 비점성 흐름의 경우, 와도 수송 방정식, 식 (2.103)은 다음과 같이 쓸 수 있다.

$$\frac{\partial \omega}{\partial t} + u\frac{\partial \omega}{\partial x} + v\frac{\partial \omega}{\partial y} = 0$$

여기서
$$\omega = \frac{\partial v}{\partial x} - \frac{\partial u}{\partial y} = -\nabla^2 \psi$$

평균 유동의 유동함수, 속도 및 와도 성분 (Ψ, U, V, Ω)과 해당 교란 (ψ', u', v', ω')으로 기본 유동을 정의하면, 선형화된 이 유동에 대한 선형화된 교란 방정식을 유도하시오. 그런 다음 일반 모드를 진행파로 가정한다.

$$(\psi', u', v', \omega') = [\hat{\psi}(y), \hat{u}(y), \hat{v}(y), \hat{\omega}(y)]\exp[i\alpha(x - ct)]$$

교란 방정식을 도출하고, 가능하다면 단일 교란 진폭에 대한 단일 미분 방정식을 얻기 위해 이들을 결합하시오.

5-31. $Re_c = 2 \times 10^6$인 경우, 식 (5.46)에 의해 주어진 연습문제 4.49의 에어포일 표면 속도 데이터와 Michel의 방법을 사용하여 난류로의 천이 위치를 추정하시오. 20°C 및 1 atm의 공기를 가정한다. 결과에 모호함이 있는 경우 비평하시오.

5-32. 3차원 평판 속도 분포를 고려하라.

$$\frac{u}{U} = \frac{3}{2}\xi - \frac{1}{2}\xi^3 \qquad \xi = \frac{y}{\delta}$$

$\nu = 0$인 비점성 경우에 대해 수치적으로 Orr-Sommerfeld 방정식, 식 (5.23)을 푸시오. $y = 2\delta$에서 시작하여 $v \approx e^{-\alpha y}$라고 가정한다. $y = \xi = 0$에서 벽 조건 $v = v' = 0$을 충족하도록 안쪽으로 적분하시오. 시간적 증폭을 가정하고, 일부 (감쇠된) 고윳값을 찾고 c_i 대 α를 무차원 형식으로 그리시오.

5-33. 정현파 평판 속도 분포를 고려하라.

$$\frac{u}{U} = \sin\left(\frac{\pi\xi}{2}\right) \qquad \xi = \frac{y}{\delta}$$

$\nu = 0$인 비점성 경우에 대해 수치적으로 Orr-Sommerfeld 방정식, 식 (5.23)을 푸시오. $y = 2\delta$에서 시작하여 $v \approx e^{-\alpha y}$라고 가정한다. $y = \xi = 0$에서 벽 조건 $v = v' = 0$을 충족하도록 안쪽으로 적분하시오. 시간적 증폭을 가정하고, 일부 (감쇠된) 고윳값을 찾고 c_i 대 α를 무차원 형식으로 그리시오.

5-34. Blasius 경계층 문제에 대한 놀라울 정도로 간단하고 정확한 4차 속도 근사를 나타내는 Majdalani-Xuan 다항식 분포를 고려하라.

$$\frac{u}{U} = \frac{5}{3}\xi - \xi^3 + \frac{1}{3}\xi^4 \qquad \xi = \frac{y}{\delta}$$

$\nu = 0$인 비점성 경우에 대해 수치적으로 Orr-Sommerfeld 방정식, 식 (5.23)을 푸시오. $y = 2\delta$에서 시작하여 $v \approx e^{-\alpha y}$라고 가정한다. $y = \xi = 0$에서 벽 조건 $v = v' = 0$을 충족하도록 안쪽으로 적분하시오. 시간적 증폭을 가정하고, 일부 (감쇠된) 고윳값을 찾고 c_i 대 α를 무차원 형식으로 그리시오.

5-35. Blasius 경계층 문제에 대한 매우 정확한 속도 근삿값을 나타내는 Majdalani-Xuan 지수 분포를

고려하라.

$$\frac{u}{U} = 1 - \exp\left[-\bar{s}\xi\left(1 + \tfrac{1}{2}\bar{s}\xi + \xi^2\right)\right] \qquad \xi = \frac{y}{\delta}$$

여기서 $\bar{s}$ = 1.630398038629397은 Blasius 상수 또는 **연결 매개변수**(connection parameter)라고 하는 벽에서의 Blasius 기울기를 나타낸다. $\nu = 0$인 비점성 경우에 대해 수치적으로 Orr-Sommerfeld 방정식, 식 (5.23)을 푸시오. $y = 2\delta$에서 시작하여 $v \approx e^{-\alpha y}$라고 가정한다. $y = \xi = 0$에서 벽 조건 $v = v' = 0$을 충족하도록 안쪽으로 적분하시오. 시간적 증폭을 가정하고, 일부 (감쇠된) 고윳값을 찾고 c_i 대 α를 무차원 형식으로 그리시오.

5-36. 비점성, 비압축성, 외부 유체 영역$(0 \le y \le \infty)$의 맥락에서 다음 분포가 불안정해지는 경향이 있는지 결정하시오.

(a) $U = 1 + y^2$, (b) $U = y^3$, (c) $U = y^4$, (d) $U = e^{-y}$, (e) $U = e^{-y^2}$, (f) $U = e^{-y^2}\cos(y)$,
(g) $U = \tanh(y)$

5-37. 주어진 비점성 운동 $U(y)$에 대해 σ가 식 (5.27)로 주어진 Rayleigh 방정식의 고윳값을 나타낸다면, 공액복소수(complex conjugate)도 마찬가지임을 보이시오.

5-38. 경계층 불안정성 처리에 있어 Orr-Sommerfeld 방정식의 이점과 단점을 e^n방법과 비교하시오.

5-39. 3차원 교란을 받는 2차원 평면 운동의 안정성에 대한 Squire의 정리의 의미를 (a) 비점성, 그리고 (b) 점성 조건에서 논의하시오.

5-40. Rayleigh의 회전 불안정성에 대한 기준은 "**순환의 제곱이 바깥쪽으로 감소하면 비점성 회전 유동은 불안정하다**"고 말한다. 원통형 극좌표 (r, θ, z)를 사용하여 유한 간격 $r_i \le r \le r_o$에 걸쳐 $\mathbf{V}(r) = [0, V_\theta(r), 0]$으로 규정된 비점성 회전장의 운동을 고려하라. 여기서 와도는 z방향에서 0이 아닌 단일 성분, 즉 $\boldsymbol{\omega} = (0, 0, \omega_z)$를 유지한다.

(a) 다음을 보이시오.

$$\omega_z = \frac{1}{r}\frac{d}{dr}(rV_\theta), \quad \frac{d\omega_z}{dr} < 0, \quad \text{및} \quad \frac{d(r^2V_\theta^2)}{dr} < 0$$

유동은 안정적인가 아니면 불안정한가?

(b) 아래 첨자 i와 o가 각속도 Ω_i와 Ω_o로 회전하는 내부와 외부 표면을 나타내는 2개의 긴 원통 사이의 Couette 유동[식 (3.22)]으로 가정하면, 불안정성을 초래하는 조건은 다음과 같음을 보이시오.

$$\Omega_i r_i^2 > \Omega_o r_o^2$$

이 조건에서 외부 원통이 정지하고 내부 원통이 회전하는 경우 운동의 안정성에 대해 무엇을 말할 수 있는가? 반대로 내부 원통이 정지하고 외부 원통이 회전하면 어떻게 되는가? 마지막으로, 2개의 원통이 반대 방향으로 회전할 때마다 어떤 일이 발생하는가?

5-41. $u(x, t)$에 대해 다음과 같은 시간 의존 대류 방정식을 고려하라.

$$\frac{\partial u}{\partial t} + c\frac{\partial u}{\partial x} = \sigma u$$

여기서 c와 σ는 양의 상수이다. (a) $u(x, t) = \varepsilon e^{\sigma t} f(x - ct)$ 형식의 교란이 유효한 해임을 보이시오. (b) 정상 모드 형식 $u(x, t) = \varepsilon e^{\sigma t}\exp[i\alpha(x - ct)]$를 사용하여 0차 해 $u_0 = 0$에 교란에 대한

안정성 조건을 결정하시오. (c) $u(x, t) = \varepsilon e^{\sigma t}\operatorname{sech}^2(x - ct)$라고 가정하고 이 교란의 거동을 그래프를 이용하여 설명하시오. (d) 해는 공간의 고정된 점에서 $t \to \infty$에 따라 어떻게 거동하는가? (e) 아주 오랜 시간이 지난 후, u가 공간의 고정된 점에서 무한해지면 절대적인 불안정성이 있음을 나타낸다. 이 교란이 $\sigma > 2c$에 대해 절대적으로 불안정해짐을 보이시오.

5-42. $u(x, t)$에 대해 다음과 같은 시간 의존 대류 방정식을 고려하라.

$$\frac{\partial u}{\partial t} + c\frac{\partial u}{\partial x} = \frac{\partial^2 u}{\partial x^2} + (\sigma - \sigma_0)u$$

여기서 c, σ 및 σ_0은 양의 상수이다. (a) $\sigma < \sigma_0$인 경우 유동이 안정적임을 보이시오. (b) 대신에 $\sigma > \sigma_0$인 경우 대류적으로 불안정한 교란을 발생시키는 c의 범위와 절대 불안정한 경우를 유발하는 범위를 찾으시오.

5-43. 속도 벡터 $\mathbf{V} = (v_r, v_\theta, v_z)$와 압력 P와 함께 원통형 극좌표 (r, θ, z)를 사용하면 비점성, 비압축 운동에 대한 연속 방정식 및 운동량 방정식이 다음과 같이 줄어든다.

$$\frac{1}{r}\frac{\partial}{\partial r}(rv_r) + \frac{1}{r}\frac{\partial v_\theta}{\partial \theta} + \frac{\partial v_z}{\partial z} = 0 \quad \text{및} \quad \begin{aligned} &\rho\left(\frac{\partial v_r}{\partial t} + v_r\frac{\partial v_r}{\partial r} + \frac{v_\theta}{r}\frac{\partial v_r}{\partial \theta} + v_z\frac{\partial v_r}{\partial z} - \frac{v_\theta^2}{r}\right) = -\frac{\partial P}{\partial r} \\ &\rho\left(\frac{\partial v_\theta}{\partial t} + v_r\frac{\partial v_\theta}{\partial r} + \frac{v_\theta}{r}\frac{\partial v_\theta}{\partial \theta} + v_z\frac{\partial v_\theta}{\partial z} + \frac{v_r v_\theta}{r}\right) = -\frac{1}{r}\frac{\partial P}{\partial \theta} \\ &\rho\left(\frac{\partial v_z}{\partial t} + v_r\frac{\partial v_z}{\partial r} + \frac{v_\theta}{r}\frac{\partial v_z}{\partial \theta} + v_z\frac{\partial v_\theta}{\partial z}\right) = -\frac{\partial P}{\partial z} \end{aligned}$$

이제 $0 < \varepsilon \ll 1$인 $\mathbf{V} = \mathbf{V}_0 + \varepsilon\hat{\mathbf{v}}(\mathbf{x}, t)$에 의해 속도장이 규정될 수 있는 2개의 동심 원통 사이의 회전하는 축대칭 유동의 경우를 고려해 보겠다. 이 문제의 기본 운동은 $\mathbf{V}_0(r) = [0, V(r), 0]$ 형식의 순전히 소용돌이치는(방위각) 속도 성분으로 나타낼 수 있다.

(a) 교란을 $\hat{\mathbf{v}}(\mathbf{x}, t) = (\hat{u}, \hat{v}, \hat{w}) = (u, v, w)e^{i\alpha z + \alpha c_i t}$로 작성하는 것에부터 시작하여, 방사형 교란이 선형 2계 미분 방정식, 즉 다음과 같음을 보이시오.

$$\frac{d^2u}{dr^2} + \frac{1}{r}\frac{du}{dr} - \frac{u}{r^2} - \left(\alpha^2 + \frac{B}{c_i^2}\right)u = 0 \quad \text{여기서} \quad B = \frac{1}{r^3}\frac{d}{dr}(r^2V^2)$$

(b) 반경이 r_i인 내부 원통과 반경 $r_o > r_i$인 외부 원통을 갖는 저널 베어링을 모델링할 수 있다. 원통형 고리의 정상 점성 운동이 $V(r) = C_1r + C_2r^{-1}$로 표현될 수 있다고 가정하고 필요한 상수를 결정한 후 B를 추론하시오.

(c) 종방향 파수 α를 고정하고 B가 음수일 수 있다고 가정하여, 이 운동의 안정성 특성을 논의하시오.

5-44. z 방향에서 $n = 0$의 폭방향 파수와 $\mathbf{V}_0(x, y) = [U(x, y), V(x, y), 0]$ 형식의 두 속도 성분 벡터로 규정되는 기본 운동을 사용하여 엄격한 2차원 유동 조건을 가정한다.

(a) 식 (5.82)~(5.85)에 의해 주어진 전역 안정성 교란 모드를 갖는 선형화된 Navier-Stokes 방정식이 다음으로 쉽게 간략화될 수 있음을 보이시오.

$$\frac{\partial u}{\partial x} + \frac{\partial v}{\partial y} = 0 \qquad \text{(연속 방정식)}$$

$$-i\sigma u + \frac{\partial U}{\partial x}u + \frac{\partial U}{\partial y}v + U\frac{\partial u}{\partial x} + V\frac{\partial u}{\partial y} + \frac{1}{\rho}\frac{\partial p}{\partial x} = \nu\left(\frac{\partial^2 u}{\partial x^2} + \frac{\partial^2 u}{\partial y^2}\right) \qquad (x\ \text{운동량})$$

$$-i\sigma v + \frac{\partial V}{\partial x}u + \frac{\partial V}{\partial y}v + U\frac{\partial v}{\partial x} + V\frac{\partial v}{\partial y} + \frac{1}{\rho}\frac{\partial p}{\partial y} = \nu\left(\frac{\partial^2 v}{\partial x^2} + \frac{\partial^2 v}{\partial y^2}\right) \qquad (y \text{ 운동량})$$

여기서 $\hat{p}(x, y, z, t) = p(x, y)e^{-i\sigma t}$이고 $\hat{\mathbf{v}}(x, y, z, t) = (\hat{u}, \hat{v}, 0) = [u(x, y), v(x, y), 0]e^{-i\sigma t}$이다.

(b) 선형화된 연속 방정식을 동일하게 만족하는 교란 유동함수를 이용하여, 나머지 운동량 방정식에서 아래의 식을 대입하여 u와 v를 제거하시오.

$$u = \frac{\partial \psi}{\partial y} \qquad \text{및} \qquad v = -\frac{\partial \psi}{\partial x}$$

결과 운동량 방정식이 다음과 같이 재정렬될 수 있음을 보이시오.

$$\frac{1}{\rho}\frac{\partial p}{\partial x} = i\sigma\frac{\partial \psi}{\partial y} - \frac{\partial U}{\partial x}\frac{\partial \psi}{\partial y} + \frac{\partial U}{\partial y}\frac{\partial \psi}{\partial x} - U\frac{\partial^2 \psi}{\partial x \partial y} - V\frac{\partial^2 \psi}{\partial y^2} + \nu\left(\frac{\partial^3 \psi}{\partial x^2 \partial y} + \frac{\partial^3 \psi}{\partial y^3}\right) \qquad (x \text{ 운동량})$$

$$\frac{1}{\rho}\frac{\partial p}{\partial y} = -i\sigma\frac{\partial \psi}{\partial x} - \frac{\partial V}{\partial x}\frac{\partial \psi}{\partial y} + \frac{\partial V}{\partial y}\frac{\partial \psi}{\partial x} + U\frac{\partial^2 \psi}{\partial x^2} + V\frac{\partial^2 \psi}{\partial x \partial y} - \nu\left(\frac{\partial^3 \psi}{\partial x^3} + \frac{\partial^3 \psi}{\partial x \partial y^2}\right) \qquad (y \text{ 운동량})$$

(c) y에 대한 x운동량 압력 구배의 편미분을 x에 대한 y압력 구배의 편미분과 동일하게 설정하여 압력을 제거할 수 있다. (U, V)로 표현되는 기본 유동 운동이 연속성을 충족해야 한다는 점을 염두에 두고, 두 운동량 방정식을 교란 유동함수, 즉 단일 4차 편미분 방정식으로 통합할 수 있음을 보이시오.

$$i\sigma\left(\frac{\partial^2 \psi}{\partial x^2} + \frac{\partial^2 \psi}{\partial y^2}\right) = \left(\frac{\partial^2 V}{\partial x \partial y} - \frac{\partial^2 U}{\partial y^2}\right)\frac{\partial \psi}{\partial x} + \left(\frac{\partial^2 U}{\partial x \partial y} - \frac{\partial^2 V}{\partial x^2}\right)\frac{\partial \psi}{\partial y}$$

$$+ U\left(\frac{\partial^3 \psi}{\partial x^3} + \frac{\partial^3 \psi}{\partial x \partial y^2}\right) + V\left(\frac{\partial^3 \psi}{\partial y^3} + \frac{\partial^3 \psi}{\partial x^2 \partial y}\right) - \nu\left(\frac{\partial^4 \psi}{\partial x^4} + \frac{\partial^4 \psi}{\partial y^4} + 2\frac{\partial^4 \psi}{\partial x^2 \partial y^2}\right)$$

5-45. 슬래브형 로켓 모터[Taylor(1956)]에서 이상적인 기체 운동을 설명하는 데 사용된 Taylor 분포는 다공성 채널에서 2차원 자기 유사(self-similar) 분포에 해당한다[Griffond와 Casalis (2006)]. 채널 반쪽 높이를 1로 했을 때 기본 유동함수는 $0 \le x \le X_N$, $0 \le y \le 1$에 대해 $\psi_0(x, y) = x \sin(\frac{1}{2}\pi y)$로 쓸 수 있다. 여기서 X_N은 다공성 채널의 길이를 나타낸다(그림 P5.45 참조).

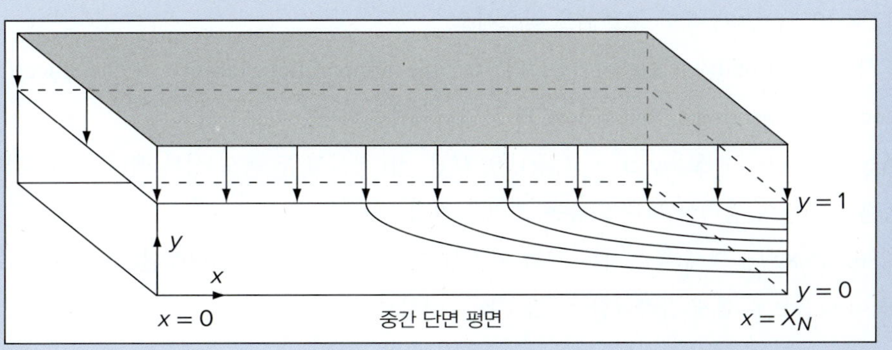

그림 P5.45

벽 주입 속도가 1이라고 가정하면, 기본 유동 속도는 $\mathbf{V}_0(x, y) = U(x, y)\boldsymbol{i} + V(y)\boldsymbol{j}$, $U = \frac{1}{2}\pi x \cos(\frac{1}{2}\pi y)$ 및 $V = -\sin(\frac{1}{2}\pi y)$로 표현될 수 있다. 위의 문제에서 볼 수 있듯이, 2차원 전역 안정성 교란 모드(및 z방향에서 $n = 0$)인 선형화된 Navier-Stokes 방정식은 교란 유동함수 ψ(여기서 $\hat{\psi} = \psi(x, y)e^{-i\sigma t}$)에 대한 단일, 4차 편미분 방정식으로 통합될 수 있다. $V(y)$는 x와 무관하므로 유동함수 공식은 다음과 같이 더 줄일 수 있다.

$$i\sigma\left(\frac{\partial^2\psi}{\partial x^2} + \frac{\partial^2\psi}{\partial y^2}\right) = -\frac{\partial^2 U}{\partial y^2}\frac{\partial\psi}{\partial x} + \frac{\partial^2 U}{\partial x\partial y}\frac{\partial\psi}{\partial y} + U\left(\frac{\partial^3\psi}{\partial x^3} + \frac{\partial^3\psi}{\partial x\partial y^2}\right) + V\left(\frac{\partial^3\psi}{\partial y^3} + \frac{\partial^3\psi}{\partial x^2\partial y}\right)$$
$$-\nu\left(\frac{\partial^4\psi}{\partial x^4} + \frac{\partial^4\psi}{\partial y^4} + 2\frac{\partial^4\psi}{\partial x^2\partial y^2}\right)$$

기본 유동 경계 조건은 균일한 벽-수직 주입, 헤드월에서의 점착 조건, 중간 단면 평면($y = 0$)에 대한 대칭, 구체적으로 아래와 같다.

$$\begin{cases} \dfrac{\partial\psi_0}{\partial x}(x, 1) = 1; \quad \dfrac{\partial\psi_0}{\partial y}(x, 1) = 0 & \text{(벽-수직 주입)} \\ \dfrac{\partial\psi_0}{\partial x}(0, y) = \dfrac{\partial\psi_0}{\partial y}(0, y) = 0 & \text{(헤드월에서의 점착 조건)} \\ \dfrac{\partial\psi_0}{\partial x}(x, 0) = \dfrac{\partial^2\psi_0}{\partial y^2}(x, 0) = 0 & (y = 0\text{에서 } V = \partial U/\partial y = 0) \end{cases}$$

(a) 순간 운동이 $\tilde{\psi} = \psi_0 + \hat{\psi}$에서 회복 가능하고, 교란이 경계에서 기본 유동 조건을 변경하도록 허용되지 않는다는 것을 상기하면서, 교란이 다음을 충족해야 함을 보이시오.

$$\begin{cases} \dfrac{\partial\psi}{\partial x}(x, 1) = \dfrac{\partial\psi}{\partial y}(x, 1) = 0 & \text{(벽-수직 주입)} \\ \dfrac{\partial\psi}{\partial x}(0, y) = \dfrac{\partial\psi}{\partial y}(0, y) = 0 & \text{(헤드월에서의 점착 조건)} \\ \dfrac{\partial\psi}{\partial x}(x, 0) = \dfrac{\partial^2\psi}{\partial y^2}(x, 0) = 0 & \text{(중간 단면 대칭)} \end{cases}$$

영역의 출구 평면 $x = X_N$에서 간단한 외삽 관계를 설정하여 Theofilis, Duck과 Owen(2004)이 제안한 유출 조건을 도입할 수도 있다. 즉,

$$\psi(X_N, y) = \frac{X_N - X_{N-2}}{X_{N-1} - X_{N-2}}\psi(X_{N-1}, y) + \frac{X_{N-1} - X_N}{X_{N-1} - X_{N-2}}\psi(X_{N-2}, y)$$

(b) Taylor 기본 유동 분포와 선택한 수치 솔버를 사용하여 $n = 0$, $X_N = 8$, 그리고 $\nu = 1/900 = 1.11 \times 10^{-3}$ m²/s에 대한 고윳값을 찾으시오.

(c) 선택 사항: Griffond와 Casalis(2001)의 "On the nonparallel stability of the injection induced two-dimensional Taylor flow"와 본인이 구한 결과를 비교하시오.

5-46. 방위각 파동수 $m = 0$이고 $\mathbf{V}_0(r, z) = [U_r(r), 0, U_z(r, z)]$ 형식의 두 속도 성분 벡터로 규정되는 기본 운동을 사용하여 엄격한 축대칭 유동 조건을 가정한다.

(a) 식 (5.86)~(5.89)에 의해 주어지는 전역 안정성 교란 모드를 갖는 선형화된 Navier-Stokes 방정식이 다음으로 쉽게 간략화할 수 있음을 보이시오.

$$\frac{\partial u_r}{\partial r} + \frac{u_r}{r} + \frac{\partial u_z}{\partial z} = 0 \text{ (연속 방정식)}$$

$$-i\sigma u_r + U_r\frac{\partial u_r}{\partial r} + u_r\frac{\partial U_r}{\partial r} + U_z\frac{\partial u_r}{\partial z} - \nu\left(\frac{\partial^2 u_r}{\partial r^2} + \frac{1}{r}\frac{\partial u_r}{\partial r} - \frac{u_r}{r^2} + \frac{\partial^2 u_r}{\partial z^2}\right) = -\frac{1}{\rho}\frac{\partial p}{\partial r} \text{ (} r \text{ 운동량)}$$

$$-i\sigma u_z + U_r\frac{\partial u_z}{\partial r} + u_r\frac{\partial U_z}{\partial r} + U_z\frac{\partial u_z}{\partial z} + u_z\frac{\partial U_z}{\partial z} - \nu\left(\frac{\partial^2 u_z}{\partial r^2} + \frac{1}{r}\frac{\partial u_z}{\partial r} + \frac{\partial^2 u_z}{\partial z^2}\right) = -\frac{1}{\rho}\frac{\partial p}{\partial z} \text{ (} z \text{ 운동량)}$$

여기서 $\hat{p}(r, \theta, z, t) = p(r, z)e^{-i\sigma t}$ 이고 $\hat{\mathbf{v}}(r, \theta, z, t) = (\hat{u}_r, 0, \hat{u}_z) = [u_r(r, z), 0, u_z(r, z)]\,e^{-i\sigma t}$ 이다.

(b) 선형화된 연속 방정식을 동일하게 만족하는 교란 유동함수를 이용하여 방사형, 그리고 축방향 운동량 방정식에서 아래의 식을 대입하여 u_r와 u_z를 제거하시오.

$$u_r = -\frac{1}{r}\frac{\partial \psi}{\partial z} \qquad \text{및} \qquad u_z = \frac{1}{r}\frac{\partial \psi}{\partial r}$$

(c) z에 대한 반경방향 압력 구배의 편미분을 r에 대한 축방향 압력 구배의 편미분과 동일하게 설정하여 압력을 제거할 수 있다. 주어진 문제가 교란 유동함수에 대한 단일 4차 편미분 방정식, 즉 Chedevergne 등(2006)에 의해 발전된 것으로 축소됨을 보이시오.

$$\begin{aligned} i\sigma\left(\frac{\partial^2\psi}{\partial r^2} - \frac{1}{r}\frac{\partial\psi}{\partial r} + \frac{\partial^2\psi}{\partial z^2}\right) &= U_r\frac{\partial^3\psi}{\partial r^3} + \left(\frac{\partial U_r}{\partial r} + \frac{\partial U_z}{\partial z} - \frac{2U_r}{r}\right)\frac{\partial^2\psi}{\partial r^2} + U_z\frac{\partial^3\psi}{\partial z^3} \\ &+ \left(\frac{2U_r}{r^2} - \frac{1}{r}\frac{\partial U_r}{\partial r} + \frac{\partial^2 U_z}{\partial r\partial z} - \frac{1}{r}\frac{\partial U_z}{\partial z}\right)\frac{\partial\psi}{\partial r} + U_r\frac{\partial^3\psi}{\partial r\partial z^2} + \left(-\frac{U_r}{r} + \frac{\partial U_r}{\partial r} + \frac{\partial U_z}{\partial z}\right)\frac{\partial^2\psi}{\partial z^2} \\ &+ \left(\frac{1}{r}\frac{\partial U_z}{\partial r} - \frac{\partial^2 U_z}{\partial r^2}\right)\frac{\partial\psi}{\partial z} - \frac{U_z}{r}\frac{\partial^2\psi}{\partial r\partial z} + U_z\frac{\partial^3\psi}{\partial r^2\partial z} \\ &- \nu\left(\frac{\partial^4\psi}{\partial r^4} - \frac{2}{r}\frac{\partial^3\psi}{\partial r^3} + \frac{3}{r^2}\frac{\partial^2\psi}{\partial r^2} - \frac{3}{r^3}\frac{\partial\psi}{\partial r} + 2\frac{\partial^4\psi}{\partial r^2\partial z^2} - \frac{2}{r}\frac{\partial^3\psi}{\partial r\partial z^2} + \frac{\partial^4\psi}{\partial z^4}\right) \end{aligned}$$

5-47. 고체 로켓 모터[Culick(1966)]에서 이상 기체 운동을 설명하는 데 반복적으로 사용된 Taylor-Culick 분포는 다공성 튜브의 축대칭 자기 유사 분포에 해당한다. 튜브 반경이 1이라고 간주될 때, 기본 유동함수는 $0 \le r \le 1$ 및 $0 \le z \le Z_N$에 대해 $\psi_0 = z\sin(\frac{1}{2}\pi r^2)$로 쓸 수 있다. 여기서 Z_N은 다공성 튜브의 길이[그림 P5.47(a) 참조]를 나타낸다.

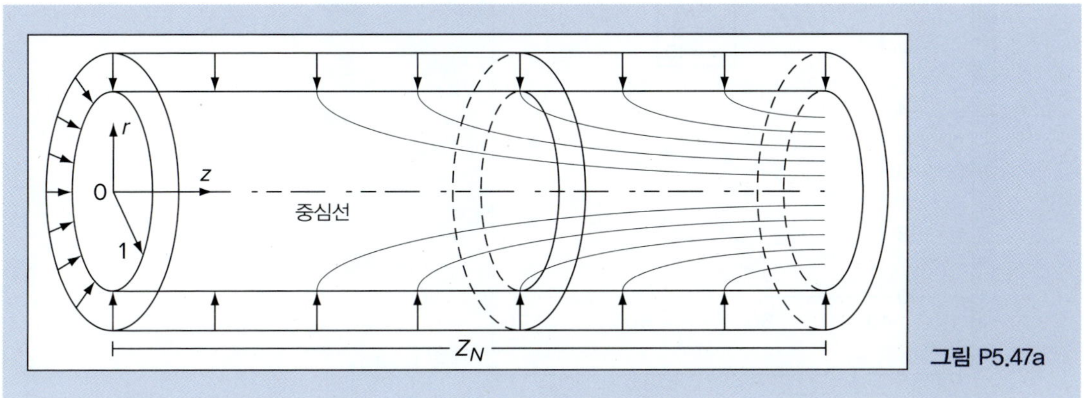

그림 P5.47a

벽 주입 속도가 1이라고 가정하면, 기본 유동 속도는 $\mathbf{V}_0(r, z) = U_r\boldsymbol{e}_r + U_z\boldsymbol{e}_z$이고, $U_r = -r^{-1}\sin(\frac{1}{2}\pi r^2)$ 및 $U_z = \pi z\cos(\frac{1}{2}\pi r^2)$로 표현될 수 있다. 위의 문제에서 볼 수 있듯이, 전역 안정성 교란 모드가 있는 선형화된 Navier-Stokes 방정식은 교란 유동함수 ψ[여기서 $\hat{\psi} = \psi(r, z)e^{-i\sigma t}$]에 대한 단일, 4차 편미분 방정식으로 축소될 수 있다. Chedevergne 등(2012)에 따르면, 기본 유동 경계 조건은 균일한 벽-수직 주입, 헤드월에서의 점착 조건, $r = 0$에 대한 축대칭이 필요하며, 구체적으로 아래와 같다.

$$\begin{cases} \dfrac{\partial\psi_0}{\partial r}(1, z) = 0; \quad \dfrac{\partial\psi_0}{\partial z}(1, z) = 1 & \text{(벽-수직 주입)} \\ \dfrac{\partial\psi_0}{\partial r}(r, 0) = \dfrac{\partial\psi_0}{\partial z}(r, 0) = 0 & \text{(헤드월에서의 점착 조건)} \\ \dfrac{\partial^3\psi_0}{\partial r^3}(0, z) = \dfrac{\partial\psi_0}{\partial r}(0, z) = \dfrac{\partial\psi_0}{\partial z}(0, z) = 0 & (U_r = \partial U_z/\partial r = 0) \end{cases}$$

(a) 순간 운동이 $\tilde{\psi} = \psi_0 + \hat{\psi}$에서 복구 가능하고, 교란이 경계에서 기본 유동 조건을 변경하도록 허용되지 않는다는 것을 상기하면서, 교란이 다음을 충족해야 함을 보이시오.

$$\begin{cases} \dfrac{\partial\psi}{\partial r}(1, z) = \dfrac{\partial\psi}{\partial z}(1, z) = 0 & \text{(벽-수직 주입)} \\ \dfrac{\partial\psi}{\partial r}(r, 0) = \dfrac{\partial\psi}{\partial z}(r, 0) = 0 & \text{(헤드월에서의 점착 조건)} \\ \dfrac{\partial^3\psi}{\partial r^3}(0, z) = \dfrac{\partial\psi}{\partial r}(0, z) = \dfrac{\partial\psi}{\partial z}(0, z) = 0 & \text{(축대칭)} \end{cases}$$

영역의 출구 평면 $z = Z_N$에서 간단한 외삽 관계를 설정하여 Theofilis, Duck과 Owen(2004)이 제안한 유출 조건을 도입할 수도 있다. 즉,

$$\psi(r, Z_N) = \frac{Z_N - Z_{N-2}}{Z_{N-1} - Z_{N-2}}\psi(r, Z_{N-1}) + \frac{Z_{N-1} - Z_N}{Z_{N-1} - Z_{N-2}}\psi(r, Z_{N-2})$$

(b) Taylor-Culick 기본 유동과 선택한 수치 솔버를 사용하여 $m = 0$, $Z_N = 8$ 및 $\nu = 1/1975\ \text{m}^2/\text{s} \approx 5 \times 10^{-4}\ \text{m}^2/\text{s}$에 대한 고윳값 중 하나가 대략 $\sigma = 40.4 - 9.16i$임을 보이시오.

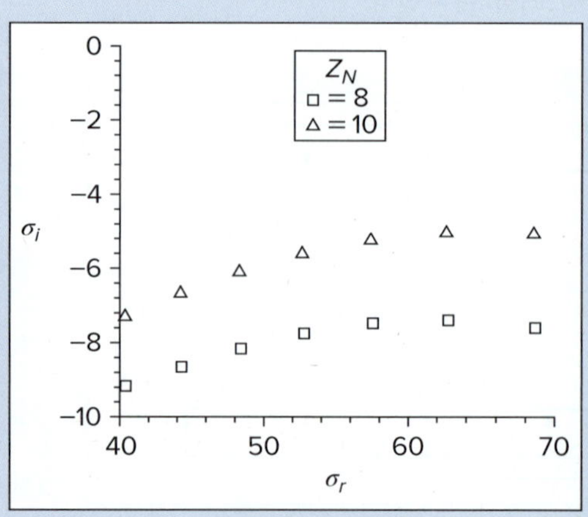

그림 P5.47b

(c) $\nu = 5 \times 10^{-4}$ m^2/s를 사용하여 $Z_N = 8$ 및 $Z_N = 10$에 대한 '부메랑' 고윳값 세트를 얻으시오.

(d) 얻은 결과를 그림 P5.47b에서 제공된 Chedevergne 등(2012)의 결과와 비교하고 차이점에 대해 설명하시오.

5-48. $A_{ij} f_i = \sigma B_{ij} f_i$로 표현되는 고윳값 문제에 대한 소스 계수를 제공하기 위해 식 (5.94)~(5.97)로 주어진 원통형 극좌표를 사용하여 전역 안정성 교란 방정식에 나타나는 연산자를 확인하시오. 여기서 σ 및 f_i는 고윳값 및 해당 고유벡터를 나타내고 A_{ij}와 B_{ij}는 다음을 참조한다.

$$A_{ij} = \begin{bmatrix} A_{c,u_r} & A_{c,u_\theta} & A_{c,u_z} & A_{c,p} \\ A_{r,u_r} & A_{r,u_\theta} & A_{r,u_z} & A_{r,p} \\ A_{\theta,u_r} & A_{\theta,u_\theta} & A_{\theta,u_z} & A_{\theta,p} \\ A_{z,u_r} & A_{z,u_\theta} & A_{z,u_z} & A_{z,p} \end{bmatrix} \quad \text{및} \quad B_{ij} = \begin{bmatrix} B_{c,u_r} & B_{c,u_\theta} & B_{c,u_z} & B_{c,p} \\ B_{r,u_r} & B_{r,u_\theta} & B_{r,u_z} & B_{r,p} \\ B_{\theta,u_r} & B_{\theta,u_\theta} & B_{\theta,u_z} & B_{\theta,p} \\ B_{z,u_r} & B_{z,u_\theta} & B_{z,u_z} & B_{z,p} \end{bmatrix}$$

다음을 보이시오.

$$\begin{cases} A_{c,u_r} = \dfrac{\partial}{\partial r} + \dfrac{1}{r} \\ A_{c,u_\theta} = \dfrac{im}{r} \\ A_{c,u_z} = \dfrac{\partial}{\partial z} \\ A_{c,p} = 0 \end{cases}
\quad
\begin{cases} A_{r,u_r} = U_r\dfrac{\partial}{\partial r} + \dfrac{\partial U_r}{\partial r} + im\dfrac{U_\theta}{r} + U_z\dfrac{\partial}{\partial z} \\ \qquad -\nu\left(\dfrac{\partial^2}{\partial r^2} + \dfrac{1}{r}\dfrac{\partial}{\partial r} - \dfrac{1+m^2}{r^2} + \dfrac{\partial^2}{\partial z^2}\right) \\ A_{r,u_\theta} = \dfrac{1}{r}\dfrac{\partial U_r}{\partial \theta} - \dfrac{2U_\theta}{r} + 2\nu\dfrac{im}{r^2} \\ A_{r,u_z} = \dfrac{\partial U_r}{\partial z} \qquad A_{r,p} = \dfrac{1}{\rho}\dfrac{\partial}{\partial r} \end{cases}
\quad
\begin{cases} A_{\theta,u_r} = \dfrac{\partial U_\theta}{\partial r} + \dfrac{U_\theta}{r} - 2\nu\dfrac{im}{r^2} \\ A_{\theta,u_\theta} = U_r\dfrac{\partial}{\partial r} + \dfrac{1}{r}\dfrac{\partial U_\theta}{\partial \theta} + \dfrac{U_r}{r} + U_z\dfrac{\partial}{\partial z} + im\dfrac{U_\theta}{r} \\ \qquad -\nu\left(\dfrac{\partial^2}{\partial r^2} + \dfrac{1}{r}\dfrac{\partial}{\partial r} - \dfrac{1+m^2}{r^2} + \dfrac{\partial^2}{\partial z^2}\right) \\ A_{\theta,u_z} = \dfrac{\partial U_\theta}{\partial z} \qquad A_{\theta,p} = \dfrac{im}{\rho r} \end{cases}$$

$$\begin{cases} A_{z,u_r} = \dfrac{\partial U_z}{\partial r} \qquad A_{z,u_\theta} = \dfrac{1}{r}\dfrac{\partial U_z}{\partial \theta} \\ A_{z,u_z} = U_r\dfrac{\partial}{\partial r} + U_z\dfrac{\partial}{\partial z} + \dfrac{\partial U_z}{\partial z} + im\dfrac{U_\theta}{r} \\ \qquad -\nu\left(\dfrac{\partial^2}{\partial r^2} + \dfrac{1}{r}\dfrac{\partial}{\partial r} - \dfrac{m^2}{r^2} + \dfrac{\partial^2}{\partial z^2}\right) \qquad A_{z,p} = \dfrac{1}{\rho}\dfrac{\partial}{\partial z} \end{cases}$$

B_{ij}의 유일하게 사라지지 않는 값은 $B_{r,u_r} = B_{\theta,u_\theta} = B_{z,u_z} = i$이다.

5-49. 식 (5.106)을 사용하여, (r, z) 영역에서 정의된 축대칭 문제를 $0 \le r \le 1$ 및 $0 \le z \le Z_N$ 간격에서 Chebyshev 영역 $[-1, 1]$로 매핑하는 데 필요한 선형 좌표 변환을 제공하시오.

5-50. 식 (5.106)을 사용하여, (r, θ, z) 영역에서 정의된 원통형 극좌표 문제를 $0 \le r \le 1$, $0 \le \theta \le 2\pi$, 및 $0 \le z \le Z_N$ 간격에서 Chebyshev 영역 $[-1, 1]$로 매핑하는 데 필요한 선형 좌표 변환을 제공하시오.

5-51. 식 (5.94)~(5.97)을 기반으로 원통 극좌표의 전역 안정성 교란 방정식을 $A_{ij} f_i = \sigma B_{ij} f_i$ 형식의 고윳값 문제로 변환하는 데 사용해야 하는 블록 행렬을 확인하시오. 여기서 σ와 f_i는 고윳값 및 해당 고유벡터를 나타낸다. 블록 행렬은 다음과 같이 나타난다.

$$A_{ij} = \begin{bmatrix} A_{c,u_r} & A_{c,u_\theta} & A_{c,u_z} & A_{c,p} \\ A_{r,u_r} & A_{r,u_\theta} & A_{r,u_z} & A_{r,p} \\ A_{\theta,u_r} & A_{\theta,u_\theta} & A_{\theta,u_z} & A_{\theta,p} \\ A_{z,u_r} & A_{z,u_\theta} & A_{z,u_z} & A_{z,p} \end{bmatrix} \quad \text{및} \quad B_{ij} = \begin{bmatrix} B_{c,u_r} & B_{c,u_\theta} & B_{c,u_z} & B_{c,p} \\ B_{r,u_r} & B_{r,u_\theta} & B_{r,u_z} & B_{r,p} \\ B_{\theta,u_r} & B_{\theta,u_\theta} & B_{\theta,u_z} & B_{\theta,p} \\ B_{z,u_r} & B_{z,u_\theta} & B_{z,u_z} & B_{z,p} \end{bmatrix}$$

B_{ij}의 유일하게 사라지지 않는 값은 $B_{r,u_r} = B_{\theta,u_\theta} = B_{z,u_z} = iI_N$임을 보이고 아래와 같음을 확인하시오.

$$\begin{cases} A_{c,u_r} = \overline{D}_N^r + \dfrac{1}{r_{ii}} \\ A_{c,u_\theta} = \dfrac{im}{r_{ii}} \\ A_{c,u_z} = \overline{D}_N^z \\ A_{c,p} = 0 \end{cases} \qquad \begin{cases} A_{r,u_r} = (U_r)_{ii}\overline{D}_N^r + (U_z)_{ii}\overline{D}_N^z + \left(\dfrac{\partial U_r}{\partial r} + im\dfrac{U_\theta}{r}\right)_{ii} \\ \qquad -\nu\left[(\overline{D}_N^r)^2 + \dfrac{\overline{D}_N^r}{r_{ii}} - \dfrac{1+m^2}{r_{ii}^2} + (\overline{D}_N^z)^2\right] \\ A_{r,u_\theta} = \left(\dfrac{1}{r}\dfrac{\partial U_r}{\partial \theta} - 2\dfrac{U_\theta}{r}\right)_{ii} + 2\nu\dfrac{im}{r_{ii}^2} \\ A_{r,u_z} = \left(\dfrac{\partial U_r}{\partial z}\right)_{ii} \qquad A_{r,p} = \dfrac{1}{\rho}\overline{D}_N^r \end{cases}$$

$$\begin{cases} A_{\theta,u_r} = \left(\dfrac{\partial U_\theta}{\partial r} + \dfrac{U_\theta}{r}\right)_{ii} - 2\nu\dfrac{im}{r_{ii}^2} \\ A_{\theta,u_\theta} = (U_r)_{ii}\overline{D}_N^r + \left(\dfrac{1}{r}\dfrac{\partial U_\theta}{\partial \theta}\right)_{ii} \\ \qquad +\left(\dfrac{U_r}{r} + im\dfrac{U_\theta}{r}\right)_{ii} + (U_z)_{ii}\overline{D}_N^z \\ \qquad -\nu\left[(\overline{D}_N^r)^2 + \dfrac{\overline{D}_N^r}{r_{ii}} - \dfrac{1+m^2}{r_{ii}^2} + (\overline{D}_N^z)^2\right] \\ A_{\theta,u_z} = \left(\dfrac{\partial U_\theta}{\partial z}\right)_{ii} \qquad A_{\theta,p} = \dfrac{im}{\rho\, r_{ii}} \end{cases}$$

$$\begin{cases} A_{z,u_r} = \left(\dfrac{\partial U_z}{\partial r}\right)_{ii} \qquad A_{z,u_\theta} = \left(\dfrac{1}{r}\dfrac{\partial U_z}{\partial \theta}\right)_{ii} \\ A_{z,u_z} = (U_r)_{ii}\overline{D}_N^r + (U_z)_{ii}\overline{D}_N^z + \left(\dfrac{\partial U_z}{\partial z} + im\dfrac{U_\theta}{r}\right)_{ii} \\ \qquad -\nu\left[(\overline{D}_N^r)^2 + \dfrac{1}{r_{ii}}\overline{D}_N^r - \dfrac{m^2}{r_{ii}^2} + (\overline{D}_N^z)^2\right] \qquad A_{z,p} = \dfrac{1}{\rho}\overline{D}_N^z \end{cases}$$

5-52. 방위각 변화가 없고 $m = 0$인 축대칭 교란을 가정하여, 방금 도출한 식 (5.94)~(5.97)의 블록 행렬을 줄이시오.

5-53. 간단한 축대칭 점성 유동 구성, 즉 $0 \le r \le 1$ 및 $0 \le z \le Z_N$에 걸쳐 확장되는 원통형 유체 영역의 문제를 고려하라. $r = 0$, $r = 1$, 그리고 $z = 0$을 따라 모든 곳에서 무한 임피던스(단단한 벽) 경계가 있고, 유출 조건이 $z = Z_N$에 존재한다고 가정한다. 여기서 식 (5.114)에 기반한 제로 수직 응력 요구사항은 다음과 같이 해석된다.

$$\frac{\partial u_z}{\partial r} + \frac{\partial u_r}{\partial z} = 0, \qquad \frac{\partial u_\theta}{\partial z} = 0, \qquad 2\mu\frac{\partial u_z}{\partial z} - p = 0$$

(u_r, u_θ, u_z, p) 교란 고유함수의 경계 조건이 다음과 같음을 보이시오.

$$\begin{cases} u_r(0, z) = 0 & u_\theta(0, z) = 0 & \dfrac{\partial u_z}{\partial r}(0, z) = 0 & \dfrac{\partial p(0, z)}{\partial r} = 0 & \text{(중심선)} \\ u_r(1, z) = 0 & u_\theta(1, z) = 0 & u_z(1, z) = 0 & -- & \text{(측벽)} \\ u_r(r, 0) = 0 & u_\theta(r, 0) = 0 & u_z(r, 0) = 0 & -- & \text{(헤드월)} \\ \dfrac{\partial u_r}{\partial z}(r, Z_N) = -\dfrac{\partial u_z}{\partial r}(r, Z_N) & \dfrac{\partial u_\theta}{\partial z}(r, Z_N) = 0 & \dfrac{\partial u_z}{\partial z}(r, Z_N) = \dfrac{p(r, Z_N)}{2\mu} & -- & \text{(출구 평면)} \end{cases}$$

5-54. 연습문제 5-51~5-53의 원통형 극좌표 공식과 선택한 수치 솔버를 사용하여 $0 \le r \le 1$, $0 \le z \le Z_N$에서 $\psi_0 = z \sin(\frac{1}{2}\pi r^2)$에 해당하는 Taylor-Culick 분포의 안정성을 조사하시오. 여기서 $\mathbf{V}_0(r, z) = U_r \boldsymbol{e}_r + U_z \boldsymbol{e}_z$이고 $U_r = -r^{-1}\sin(\frac{1}{2}\pi r^2)$ 및 $U_z = \pi z \cos(\frac{1}{2}\pi r^2)$이다. $m = 0$ 및 $\nu = 5 \times 10^{-4}$ m^2/s를 사용하여 $Z_N = 8$ 및 $Z_N = 10$에 대한 고윳값의 스펙트럼을 찾으시오. 얻은 결과를 그림 P5.47b에 제공된 Chedevergne 등(2012)의 결과와 비교하시오.

5-55. 연습문제 5-51~5-53의 원통형 극좌표 공식을 사용하여, Taylor-Culick 운동을 회전하는 로켓 모터로 확장하는 Cecil-Majdalani 분포의 안정성을 조사하시오(그림 P5.55 참조). Cecil과 Majdalani(2017)의 AIAA 수상 논문에서 볼 수 있듯이, $0 \le r \le 1$, $0 \le \theta \le 2\pi$ 및 $0 \le z \le Z_N$에서 $\mathbf{V}_0(r, z) = U_r \boldsymbol{e}_r + U_\theta \boldsymbol{e}_r + U_z \boldsymbol{e}_z$와 $U_r = -r^{-1}\sin(\frac{1}{2}\pi r^2)$, $U_\theta = \xi r^{-1}\left[1 - \exp\left(-\frac{1}{4}\pi r^2 Re\right)\right]$ 및 $U_z = \pi z \cos(\frac{1}{2}\pi r^2)$을 사용하여 기본 운동을 표현할 수 있다. 여기서 $\xi = V_s/V_w$는 벽 주입 속도에 대한 회전 챔버의 접선 속도를 나타내고, $Re = V_w a/\nu$는 벽 주입 속도 V_w, 챔버 반경 a, 동점성 ν에 따른 주입 Reynolds 수를 나타낸다. 주입 속도와 챔버 반경을 동일하게 하면 Reynolds 수는 동점성의 역수 $Re = 1/\nu$가 되고 Hertzian 회전 주파수는 $f_s = V_s/(2\pi a)$에서 추론할 수 있다. $m = 0$ 및 $\nu = 5 \times 10^{-4}$ m^2/s을 사용하여 $Z_N = 8$과 $Z_N = 10$에 대한 고윳값의 스펙트럼을 구하시오. 얻은 결과를 그림 P5.47b의 Chedevergne 등(2012)의 결과와 비교함으로써, 기본 운동의 안정성에 대한 축 회전의 영향에 대해 무엇을 말할 수 있는가? 연습문제 5-53에 설명된 경계 조건을 사용하라.

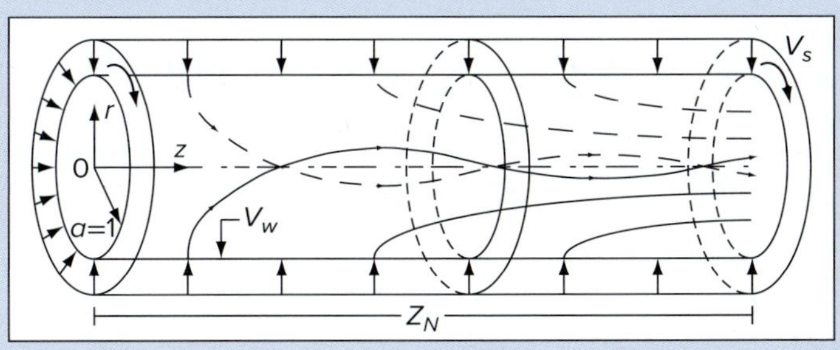

그림 P5.55

5-56. $A_{ij} f_i = \sigma B_{ij} f_i$로 표현되는 고윳값 문제에 대한 소스 계수를 제공하기 위해, 식 (5.155)~(5.160)으로 주어진 원통형 극좌표의 압축성 전역 안정성 교란 방정식에 나타나는 연산자를 확인하시오. 여기서 σ 및 f_i는 고윳값 및 해당 고유벡터를 나타내고 A_{ij}와 B_{ij}는 다음을 참조한다.

$$A_{ij} = \begin{bmatrix} A_{c,\rho} & A_{c,u_r} & A_{c,u_\theta} & A_{c,u_z} & A_{c,T} \\ A_{r,\rho} & A_{r,u_r} & A_{r,u_\theta} & A_{r,u_z} & A_{r,T} \\ A_{\theta,\rho} & A_{\theta,u_r} & A_{\theta,u_\theta} & A_{\theta,u_z} & A_{\theta,T} \\ A_{z,\rho} & A_{z,u_r} & A_{z,u_\theta} & A_{z,u_z} & A_{z,T} \\ A_{e,\rho} & A_{e,u_r} & A_{e,u_\theta} & A_{e,u_z} & A_{e,T} \end{bmatrix} \quad \text{및} \quad B_{ij} = \begin{bmatrix} B_{c,\rho} & B_{c,u_r} & B_{c,u_\theta} & B_{c,u_z} & B_{c,T} \\ B_{r,\rho} & B_{r,u_r} & B_{r,u_\theta} & B_{r,u_z} & B_{r,T} \\ B_{\theta,\rho} & B_{\theta,u_r} & B_{\theta,u_\theta} & B_{\theta,u_z} & B_{\theta,T} \\ B_{z,\rho} & B_{z,u_r} & B_{z,u_\theta} & B_{z,u_z} & B_{z,T} \\ B_{e,\rho} & B_{e,u_r} & B_{e,u_\theta} & B_{e,u_z} & B_{e,T} \end{bmatrix}$$

다음과 같음을 보이시오.

$$\begin{cases} A_{c,\rho} = \dfrac{\partial U_r}{\partial r} + \dfrac{U_r}{r} + \dfrac{1}{r}\dfrac{\partial U_\theta}{\partial \theta} + \dfrac{\partial U_z}{\partial z} + U_r\dfrac{\partial}{\partial r} + im\dfrac{U_\theta}{r} + U_z\dfrac{\partial}{\partial z} \\ A_{r,\rho} = \left(\dfrac{\partial U_r}{\partial t} + U_r\dfrac{\partial U_r}{\partial r} + \dfrac{U_\theta}{r}\dfrac{\partial U_r}{\partial \theta} + U_z\dfrac{\partial U_r}{\partial z} - \dfrac{U_\theta^2}{r}\right) + R\left(\dfrac{\partial T_0}{\partial r} + T_0\dfrac{\partial}{\partial r}\right) \\ A_{\theta,\rho} = \left(\dfrac{\partial U_\theta}{\partial t} + U_r\dfrac{\partial U_\theta}{\partial r} + \dfrac{U_\theta}{r}\dfrac{\partial U_\theta}{\partial \theta} + U_z\dfrac{\partial U_\theta}{\partial z} + \dfrac{U_r U_\theta}{r}\right) + \dfrac{R}{r}\left(imT_0 + \dfrac{\partial T_0}{\partial \theta}\right) \qquad \text{(밀도 항)} \\ A_{z,\rho} = \left(\dfrac{\partial U_z}{\partial t} + U_r\dfrac{\partial U_z}{\partial r} + \dfrac{U_\theta}{r}\dfrac{\partial U_z}{\partial \theta} + U_z\dfrac{\partial U_z}{\partial z}\right) + R\left(\dfrac{\partial T_0}{\partial z} + T_0\dfrac{\partial}{\partial z}\right) \\ A_{e,\rho} = c_p\dfrac{\partial T_0}{\partial t} + c_v\left(U_r\dfrac{\partial T_0}{\partial r} + \dfrac{U_\theta}{r}\dfrac{\partial T_0}{\partial \theta} + U_z\dfrac{\partial T_0}{\partial z}\right) - RT_0\left(U_r\dfrac{\partial}{\partial r} + U_z\dfrac{\partial}{\partial z} + im\dfrac{U_\theta}{r}\right) \end{cases}$$

$$\begin{cases} A_{c,u_r} = \dfrac{\partial \rho_0}{\partial r} + \rho_0\left(\dfrac{\partial}{\partial r} + \dfrac{1}{r}\right) \\ A_{r,u_r} = \rho_0\left(U_r\dfrac{\partial}{\partial r} + im\dfrac{U_\theta}{r} + U_z\dfrac{\partial}{\partial z} + \dfrac{\partial U_r}{\partial r}\right) - \mu\left[\dfrac{4}{3}\left(\dfrac{\partial^2}{\partial r^2} + \dfrac{1}{r}\dfrac{\partial}{\partial r} - \dfrac{1}{r^2}\right) + \dfrac{\partial^2}{\partial z^2} - \dfrac{m^2}{r^2}\right] \qquad \text{(방사방향 항)} \\ A_{\theta,u_r} = \rho_0\left(\dfrac{U_\theta}{r} + \dfrac{\partial U_\theta}{\partial r}\right) - \mu\dfrac{im}{3r}\left(\dfrac{7}{r} + \dfrac{\partial}{\partial r}\right) \\ A_{z,u_r} = \rho_0\dfrac{\partial U_z}{\partial r} - \dfrac{\mu}{3}\left(\dfrac{1}{r}\dfrac{\partial}{\partial z} + \dfrac{\partial^2}{\partial r\partial z}\right) \qquad A_{e,u_r} = \rho_0 c_p\dfrac{\partial T_0}{\partial r} - \dfrac{\partial P_0}{\partial r} - \Phi_r \end{cases}$$

$$\begin{cases} A_{c,u_\theta} = \dfrac{1}{r}\dfrac{\partial \rho_0}{\partial \theta} + \rho_0\dfrac{im}{r} \qquad A_{r,u_\theta} = \dfrac{\rho_0}{r}\left(\dfrac{\partial U_r}{\partial \theta} - 2U_\theta\right) - \mu\dfrac{im}{3r}\left(\dfrac{\partial}{\partial r} - \dfrac{7}{r}\right) \\ A_{\theta,u_\theta} = \rho_0\left(U_r\dfrac{\partial}{\partial r} + \dfrac{imU_\theta + U_r}{r} + U_z\dfrac{\partial}{\partial z} + \dfrac{1}{r}\dfrac{\partial U_\theta}{\partial \theta}\right) - \mu\left(\dfrac{\partial^2}{\partial r^2} + \dfrac{1}{r}\dfrac{\partial}{\partial r} - \dfrac{1}{r^2} + \dfrac{\partial^2}{\partial z^2} - \dfrac{4m^2}{3r^2}\right) \text{(접선방향 항)} \\ A_{z,u_\theta} = \dfrac{\rho_0}{r}\dfrac{\partial U_z}{\partial \theta} - \mu\dfrac{im}{3r}\dfrac{\partial}{\partial z} \qquad A_{e,u_\theta} = \dfrac{\rho_0 c_p}{r}\dfrac{\partial T_0}{\partial \theta} - \dfrac{1}{r}\dfrac{\partial P_0}{\partial \theta} - \Phi_\theta \end{cases}$$

$$\begin{cases} A_{c,u_z} = \dfrac{\partial \rho_0}{\partial z} + \rho_0\dfrac{\partial}{\partial z} \qquad A_{r,u_z} = \rho_0\dfrac{\partial U_r}{\partial z} - \dfrac{\mu}{3}\dfrac{\partial^2}{\partial r\partial z} \qquad A_{\theta,u_z} = \rho_0\dfrac{\partial U_\theta}{\partial z} - \mu\dfrac{im}{3r}\dfrac{\partial}{\partial z} \\ A_{z,u_z} = \rho_0\left(U_r\dfrac{\partial}{\partial r} + im\dfrac{U_\theta}{r} + U_z\dfrac{\partial}{\partial z} + \dfrac{\partial U_z}{\partial z}\right) - \mu\left(\dfrac{\partial^2}{\partial r^2} + \dfrac{1}{r}\dfrac{\partial}{\partial r} - \dfrac{m^2}{r^2} + \dfrac{4}{3}\dfrac{\partial^2}{\partial z^2}\right) \quad \text{(축방향 항)} \\ A_{e,u_z} = \rho_0 c_p\dfrac{\partial T_0}{\partial z} - \dfrac{\partial P_0}{\partial z} - \Phi_z \end{cases}$$

$$\begin{cases} A_{c,T} = 0 \qquad A_{r,T} = R\left(\dfrac{\partial \rho_0}{\partial r} + \rho_0\dfrac{\partial}{\partial r}\right) \qquad A_{\theta,T} = \dfrac{R}{r}\left(im\rho_0 + \dfrac{\partial \rho_0}{\partial \theta}\right) \qquad A_{z,T} = R\left(\dfrac{\partial \rho_0}{\partial z} + \rho_0\dfrac{\partial}{\partial z}\right) \\ A_{e,T} = \rho_0 c_v\left(U_r\dfrac{\partial}{\partial r} + im\dfrac{U_\theta}{r} + U_z\dfrac{\partial}{\partial z}\right) - R\left(U_r\dfrac{\partial \rho_0}{\partial r} + U_z\dfrac{\partial \rho_0}{\partial z} + \dfrac{U_\theta}{r}\dfrac{\partial \rho_0}{\partial \theta}\right) \qquad \text{(온도 항)} \\ \qquad - k\left(\dfrac{\partial^2}{\partial r^2} + \dfrac{1}{r}\dfrac{\partial}{\partial r} - \dfrac{m^2}{r^2} + \dfrac{\partial^2}{\partial z^2}\right) \end{cases}$$

여기서 소산 함수는 다음으로부터 구할 수 있다.

$$\frac{\Phi_r}{\mu} = \frac{4}{3}\left\{\left(2\frac{\partial U_r}{\partial r} - \frac{U_r}{r} - \frac{1}{r}\frac{\partial U_\theta}{\partial \theta} - \frac{\partial U_z}{\partial z}\right)\frac{\partial}{\partial r} + \frac{1}{r}\left[\frac{2}{r}\left(\frac{\partial U_\theta}{\partial \theta} + U_r\right) - \frac{\partial U_r}{\partial r} - \frac{\partial U_z}{\partial z}\right]\right\}$$
$$+2\left\{\frac{im}{r}\left[\frac{\partial U_\theta}{\partial r} + \frac{1}{r}\left(\frac{\partial U_r}{\partial \theta} - U_\theta\right)\right] + \left(\frac{\partial U_z}{\partial r} + \frac{\partial U_r}{\partial z}\right)\frac{\partial}{\partial z}\right\}$$

$$\frac{\Phi_\theta}{\mu} = \frac{4}{3}\left[\frac{2}{r}\left(\frac{\partial U_\theta}{\partial \theta} + U_r\right) - \frac{\partial U_r}{\partial r} - \frac{\partial U_z}{\partial z}\right]\frac{im}{r} + 2\left\{\left[\frac{\partial U_\theta}{\partial r} + \frac{1}{r}\left(\frac{\partial U_r}{\partial \theta} - U_\theta\right)\right]\left(\frac{\partial}{\partial r} - \frac{1}{r}\right) + \left(\frac{1}{r}\frac{\partial U_z}{\partial \theta} + \frac{\partial U_\theta}{\partial z}\right)\frac{\partial}{\partial z}\right\}$$

$$\frac{\Phi_z}{\mu} = \frac{4}{3}\left(2\frac{\partial U_z}{\partial z} - \frac{\partial U_r}{\partial r} - \frac{U_r}{r} - \frac{1}{r}\frac{\partial U_\theta}{\partial \theta}\right)\frac{\partial}{\partial z} + 2\left[\left(\frac{\partial U_z}{\partial r} + \frac{\partial U_r}{\partial z}\right)\frac{\partial}{\partial r} + \left(\frac{1}{r}\frac{\partial U_z}{\partial \theta} + \frac{\partial U_\theta}{\partial z}\right)\frac{im}{r}\right]$$

B_{ij}의 유일하게 사라지지 않는 값은 $B_{c,\rho} = i$, $B_{r,u_r} = B_{\theta,u_\theta} = B_{z,u_z} = i\rho_0$, $B_{e,T} = i\rho_0 c_v$, $B_{e,\rho} = -iRT_0$이다.

5-57. 식 (5.155)~(5.160)에 기반한 원통형 극좌표의 압축성 전역 안정성 교란 방정식을 $A_{ij}f_i = \sigma B_{ij}f_i$ 형식의 고윳값 문제로 변환하는 데 사용해야 하는 블록 행렬을 확인하시오. 여기서 σ와 f_i는 고윳값 및 해당 고유벡터를 나타낸다. 블록 행렬은 다음과 같이 나타난다.

$$A_{ij} = \begin{bmatrix} A_{c,\rho} & A_{c,u_r} & A_{c,u_\theta} & A_{c,u_z} & A_{c,T} \\ A_{r,\rho} & A_{r,u_r} & A_{r,u_\theta} & A_{r,u_z} & A_{r,T} \\ A_{\theta,\rho} & A_{\theta,u_r} & A_{\theta,u_\theta} & A_{\theta,u_z} & A_{\theta,T} \\ A_{z,\rho} & A_{z,u_r} & A_{z,u_\theta} & A_{z,u_z} & A_{z,T} \\ A_{e,\rho} & A_{e,u_r} & A_{e,u_\theta} & A_{e,u_z} & A_{e,T} \end{bmatrix} \quad \text{및} \quad B_{ij} = \begin{bmatrix} B_{c,\rho} & B_{c,u_r} & B_{c,u_\theta} & B_{c,u_z} & B_{c,T} \\ B_{r,\rho} & B_{r,u_r} & B_{r,u_\theta} & B_{r,u_z} & B_{r,T} \\ B_{\theta,\rho} & B_{\theta,u_r} & B_{\theta,u_\theta} & B_{\theta,u_z} & B_{\theta,T} \\ B_{z,\rho} & B_{z,u_r} & B_{z,u_\theta} & B_{z,u_z} & B_{z,T} \\ B_{e,\rho} & B_{e,u_r} & B_{e,u_\theta} & B_{e,u_z} & B_{e,T} \end{bmatrix}$$

B_{ij}의 유일하게 사라지지 않는 값은 $B_{c,\rho} = iI_N$, $B_{r,u_r} = B_{\theta,u_\theta} = B_{z,u_z} = i\rho_0 I_N$, $B_{e,T} = i\rho_0 c_v I_N$, $B_{e,\rho} = -iRT_0 I_N$ 임을 보이고 아래와 같음을 확인하시오.

$$\begin{cases} A_{c,\rho} = \left(\dfrac{\partial U_r}{\partial r} + \dfrac{U_r}{r} + \dfrac{1}{r}\dfrac{\partial U_\theta}{\partial \theta} + \dfrac{\partial U_z}{\partial z} + im\dfrac{U_\theta}{r}\right)_{ii} + (U_r)_{ii}\overline{D}_N^r + (U_z)_{ii}\overline{D}_N^z \\ A_{r,\rho} = \left(\dfrac{\partial U_r}{\partial t} + U_r\dfrac{\partial U_r}{\partial r} + \dfrac{U_\theta}{r}\dfrac{\partial U_r}{\partial \theta} + U_z\dfrac{\partial U_r}{\partial z} - \dfrac{U_\theta^2}{r}\right)_{ii} + R\left[\left(\dfrac{\partial T_0}{\partial r}\right)_{ii} + (T_0)_{ii}\overline{D}_N^r\right] \\ A_{\theta,\rho} = \left(\dfrac{\partial U_\theta}{\partial t} + U_r\dfrac{\partial U_\theta}{\partial r} + \dfrac{U_\theta}{r}\dfrac{\partial U_\theta}{\partial \theta} + U_z\dfrac{\partial U_\theta}{\partial z} + \dfrac{U_r U_\theta}{r}\right)_{ii} + \dfrac{R}{r_{ii}}\left[im(T_0)_{ii} + \left(\dfrac{\partial T_0}{\partial \theta}\right)_{ii}\right] \qquad \text{(밀도 항)} \\ A_{z,\rho} = \left(\dfrac{\partial U_z}{\partial t} + U_r\dfrac{\partial U_z}{\partial r} + \dfrac{U_\theta}{r}\dfrac{\partial U_z}{\partial \theta} + U_z\dfrac{\partial U_z}{\partial z}\right)_{ii} + R\left[\left(\dfrac{\partial T_0}{\partial z}\right)_{ii} + (T_0)_{ii}\overline{D}_N^z\right] \\ A_{e,\rho} = c_p\left(\dfrac{\partial T_0}{\partial t}\right)_{ii} + c_v\left(U_r\dfrac{\partial T_0}{\partial r} + \dfrac{U_\theta}{r}\dfrac{\partial T_0}{\partial \theta} + U_z\dfrac{\partial T_0}{\partial z}\right)_{ii} - R(T_0)_{ii}\left[(U_r)_{ii}\dfrac{\partial}{\partial r} + (U_z)_{ii}\dfrac{\partial}{\partial z} + im\left(\dfrac{U_\theta}{r}\right)_{ii}\right] \end{cases}$$

$$\begin{cases} A_{c,u_r} = \left(\dfrac{\partial \rho_0}{\partial r}\right)_{ii} + (\rho_0)_{ii}\left(\overline{D}_N^r + \dfrac{1}{r_{ii}}\right) \\ A_{r,u_r} = (\rho_0)_{ii}\left[(U_r)_{ii}\overline{D}_N^r + im\left(\dfrac{U_\theta}{r}\right)_{ii} + (U_z)_{ii}\overline{D}_N^z + \left(\dfrac{\partial U_r}{\partial r}\right)_{ii}\right] \\ \qquad\qquad - \mu\left\{\dfrac{4}{3}\left[(\overline{D}_N^r)^2 + \dfrac{1}{r_{ii}}\overline{D}_N^r - \dfrac{1}{r_{ii}^2}\right] + (\overline{D}_N^z)^2 - \dfrac{m^2}{r_{ii}^2}\right\} \qquad \text{(반경 방향 항)} \\ A_{\theta,u_r} = (\rho_0)_{ii}\left(\dfrac{U_\theta}{r} + \dfrac{\partial U_\theta}{\partial r}\right)_{ii} - \mu\dfrac{im}{3}\left(\dfrac{7}{r_{ii}^2} + \dfrac{1}{r_{ii}}\overline{D}_N^r\right) \\ A_{z,u_r} = (\rho_0)_{ii}\left(\dfrac{\partial U_z}{\partial r}\right)_{ii} - \dfrac{\mu}{3}\left(\dfrac{\overline{D}_N^z}{r_{ii}} + \overline{D}_N^r\overline{D}_N^z\right) \qquad A_{e,u_r} = (\rho_0)_{ii}c_p\left(\dfrac{\partial T_0}{\partial r}\right)_{ii} - \left(\dfrac{\partial P_0}{\partial r}\right)_{ii} - \overline{\Phi}_r \end{cases}$$

$$
\begin{cases}
A_{c,u_\theta} = \dfrac{1}{r_{ii}}\left(\dfrac{\partial \rho_0}{\partial \theta} + im\rho_0\right)_{ii} \qquad A_{r,u_\theta} = (\rho_0)_{ii}\left(\dfrac{1}{r}\dfrac{\partial U_r}{\partial \theta} - \dfrac{2U_\theta}{r}\right)_{ii} - \mu\dfrac{im}{3}\left(\dfrac{1}{r_{ii}}\overline{D}_N^r - \dfrac{7}{r_{ii}^2}\right) \\
A_{\theta,u_\theta} = (\rho_0)_{ii}\left[(U_r)_{ii}\overline{D}_N^r + \dfrac{im(U_\theta)_{ii} + (U_r)_{ii}}{r_{ii}} + (U_z)_{ii}\overline{D}_N^z + \dfrac{1}{r_{ii}}\left(\dfrac{\partial U_\theta}{\partial \theta}\right)_{ii}\right] \\
\qquad -\mu\left[(\overline{D}_N^r)^2 + \dfrac{\overline{D}_N^r}{r_{ii}} - \dfrac{1}{r_{ii}^2} + (\overline{D}_N^z)^2 - \dfrac{4m^2}{3r_{ii}^2}\right] \\
A_{z,u_\theta} = \dfrac{(\rho_0)_{ii}}{r_{ii}}\left(\dfrac{\partial U_z}{\partial \theta}\right)_{ii} - \mu\dfrac{im}{3r_{ii}}\overline{D}_N^z \qquad A_{e,u_\theta} = c_p\dfrac{(\rho_0)_{ii}}{r_{ii}}\left(\dfrac{\partial T_0}{\partial \theta} - \dfrac{\partial P_0}{\partial \theta}\right)_{ii} - \overline{\Phi}_\theta
\end{cases}
\quad \text{(접선방향 항)}
$$

$$
\begin{cases}
A_{c,u_z} = \left(\dfrac{\partial \rho_0}{\partial z}\right)_{ii} + (\rho_0)_{ii}\overline{D}_N^z \qquad A_{r,u_z} = (\rho_0)_{ii}\left(\dfrac{\partial U_r}{\partial z}\right)_{ii} - \dfrac{\mu}{3}\overline{D}_N^r\overline{D}_N^z \\
A_{\theta,u_z} = (\rho_0)_{ii}\left(\dfrac{\partial U_\theta}{\partial z}\right)_{ii} - \mu\dfrac{im}{3r_{ii}}\overline{D}_N^z \\
A_{z,u_z} = (\rho_0)_{ii}\left[(U_r)_{ii}\overline{D}_N^r + im\left(\dfrac{U_\theta}{r}\right)_{ii} + (U_z)_{ii}\overline{D}_N^z + \left(\dfrac{\partial U_z}{\partial z}\right)_{ii}\right] \\
\qquad -\mu\left[(\overline{D}_N^r)^2 + \dfrac{\overline{D}_N^r}{r_{ii}} - \dfrac{m^2}{r_{ii}^2} + \dfrac{4}{3}(\overline{D}_N^z)^2\right] \qquad A_{e,u_z} = \left(\rho_0 c_p\dfrac{\partial T_0}{\partial z} - \dfrac{\partial P_0}{\partial z}\right)_{ii} - \Phi_z
\end{cases}
\quad \text{(축방향 항)}
$$

$$
\begin{cases}
A_{c,T} = 0 \qquad A_{r,T} = R\left[\left(\dfrac{\partial \rho_0}{\partial r}\right)_{ii} + (\rho_0)_{ii}\overline{D}_N^r\right] \\
A_{\theta,T} = \dfrac{R}{r_{ii}}\left(im\rho_0 + \dfrac{\partial \rho_0}{\partial \theta}\right)_{ii} \qquad A_{z,T} = R\left[\left(\dfrac{\partial \rho_0}{\partial z}\right)_{ii} + (\rho_0)_{ii}\overline{D}_N^z\right] \\
A_{e,T} = (\rho_0)_{ii}c_v\left[(U_r)_{ii}\overline{D}_N^r + im\left(\dfrac{U_\theta}{r}\right)_{ii} + (U_z)_{ii}\overline{D}_N^z\right] \\
\qquad -R\left(U_r\dfrac{\partial \rho_0}{\partial r} + U_z\dfrac{\partial \rho_0}{\partial z} + \dfrac{U_\theta}{r}\dfrac{\partial \rho_0}{\partial \theta}\right)_{ii} - k\left[(\overline{D}_N^r)^2 + \dfrac{\overline{D}_N^r}{r_{ii}} - \dfrac{m^2}{r_{ii}^2} + (\overline{D}_N^z)^2\right]
\end{cases}
\quad \text{(온도 항)}
$$

여기서 소산 함수는 다음으로부터 구할 수 있다.

$$
\frac{\Phi_r}{\mu} = \frac{4}{3}\left[\left(2\frac{\partial U_r}{\partial r} - \frac{U_r}{r} - \frac{1}{r}\frac{\partial U_\theta}{\partial \theta} - \frac{\partial U_z}{\partial z}\right)_{ii}\overline{D}_N^r + \left(\frac{2}{r}\frac{\partial U_\theta}{\partial \theta} + 2\frac{U_r}{r} - \frac{\partial U_r}{\partial r} - \frac{\partial U_z}{\partial z}\right)_{ii}\frac{1}{r_{ii}}\right]
$$

CHAPTER 6

비압축성 난류 평균 유동

"나는 이제 늙었고, 내가 죽어서 천국에 갈 때 깨달음을 바라는 것은 두 가지입니다. 하나는 양자 전기역학이고, 다른 하나는 유체의 난류 유동입니다. 그 둘 중 저는 오히려 전자에 관해서 깨달음을 얻는 것에 오히려 낙관적입니다."

Horace Lamb(1949-1934)

6-1 난류에 관한 물리적·수학적 설명

5장에서는 매끄럽고, 질서 정연한 층류(laminar) 흐름이 임계 매개변수(Reynolds 수, Grashof 수, Taylor 수, Richardson 수 등)의 유한한 값으로 엄격하게 제한된다는 것을 보여주었다. 그리고 그 유한한 값을 넘어서면 층류는 불안해지고, 임계 매개변수가 충분히 커지게 되면 새로운 유동 양식이 발달된다. 이 새로운 유동 양식은 안정성 이론에 예측되지 않지만, 그럼에도 불구하고 불가피한 변동적이고, 무질서한 운동을 갖는 **난류**(turbulence)이다. 난류는 매우 복잡하기 때문에 아마도 완전한 분석과 정량화는 결코 이뤄지지 않을 것이다. 난류는 가까운 미래에 연구 주제로 남아 매년 수백 편의 관련된 논문과 기사가 발표될 것이다.

우수한 실험 기술로 인해 난류 구조에 대해 많은 것이 알려져 있다. 첫째, van Dyke(1982), Merzkirch(1987), Nakayama(1988), Yang(1989, 1994), Nakayama와 Tanida(1996), Smits와 Lim(2000)의 동일 주제의 논문에서 설명한 대로 고급 유동가시화가 있다. 정지 이미지 외에도 Carr와 Young(1996)이 제공한 뛰어난 유체 유동 영상도 있다. 유동가시화학회는 정기적으로 모임을 갖는다(역주: 국내에도 관련된 학회로 한국가시화정보학회가 있음). 둘째, 뛰어난 기술력 기반의 유동가시화를 위한 현대식 소형 계측기가 있다. 열선[Bruun(1995)], 레이저 도플러 시스템[Durst(1992)], 입자 이미지 속도계[Raffel 등(1998)] 및 다른 측정 장비[초음파, X선, 컴퓨터 단층 촬영, 홀로그래피 및 자기공명속도계[Goldstein 등(1996)]] 등.

이 장은 비압축성 난류 유동에 대한 보편적인 내용을 제공한다. 이 주제에 대한 진보된 논문을 시간 순으로 다루고 있다. Hinze(1975), Libby(1996), Schmitt(1997), Wilcox(1998), Mathieu와 Scott(2000), Pope(2000), Launder와 Sandham(2001), Bernard와 Wallace(2002), Cebeci(2003), Tzabiras(2003) 등.

6-1.1 물리적 설명

천이-난류 평판 유동의 격동적인 가시화는 Nakayama(1988)에 의해 기술되었다. 그리고 그림 6.1과 같이 유동 계산을 통해 재현될 수 있다. 공기($\nu \approx 1.5 \times 10^{-5}$ m²/s) 유동이 3.3 m/s 속도로 2.4 m 길이(역주: 유동 방향), 1.2 m 너비를 갖는 평판을 지나간다. 전단층의 움직임은 앞쪽 가장자리에 설치된 연기에 의해 시각화된다. 반점이 형성되고 합쳐지며 난류로의 천이(transition)는 시작 지점으로부터 대략 90 cm 떨어진 곳에서 발생한다. 이는 국소 Reynolds 수로 환산했을 때 $Re_x \approx 2 \times 10^5$이다. 이 지점 이후에는 경계층은 훨씬 두꺼워지고 상당히 무질서해진다. 이러한 무질서는 단순히 영상 잡음(백색 잡음)이 아니다. 명확한 공간 구조를 가지며, 다음과 같은 특성으로 설명할 수 있다.

1. 압력과 속도 변동(또한 열전달이 있을 때 온도). 속도는 세 방향 모두에서 변동한다. 변동은 각 속성의 평균값에 중첩된다.
2. 에디 또는 전단층을 혼합하고 채우는 다양한 크기의 유체 패킷. 에디 크기는 전단층 두께 δ(이 경우 약 40 mm)에서부터 소위 Kolmogorov 길이 척도 $L = (\nu^3\delta/U^3)^{1/4}$ (이 경우 약 0.05 mm)까지 지속적으로 변한다.
3. 특성 형태(영상 잡음 또는 백색 잡음은 아님)를 갖는 유체의 무작위 변화. 각 속성에는 높은 파수(wave number)(작은 와류 크기)에서 0으로 떨어지는 특정 연속 에너지 스펙트럼이 있다.
4. 자체 유지 운동. 일단 촉발되면 난류는 점성 소산으로 손실된 에디(작은 와류)를 대체하기 위해

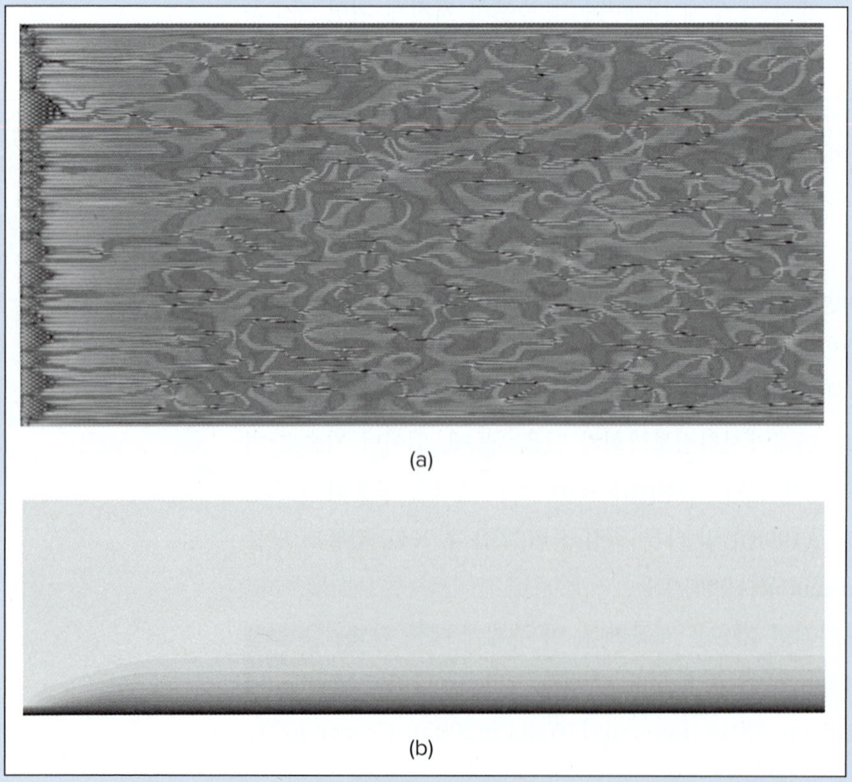

그림 6.1
Reynolds 응력 난류 모델에 기초한 평판을 지나는 3.3 m/s의 공기 유동의 수치 시뮬레이션. (a) 상면도, (b) 측면도. 천이는 $x \approx 90$ cm 또는 $Re_x \approx 2 \times 10^5$에서 발생한다. [G. Sharma와 J. Majdalani 제작. 유한 체적 솔버와 4백만 개의 육면체 격자를 사용한다.]

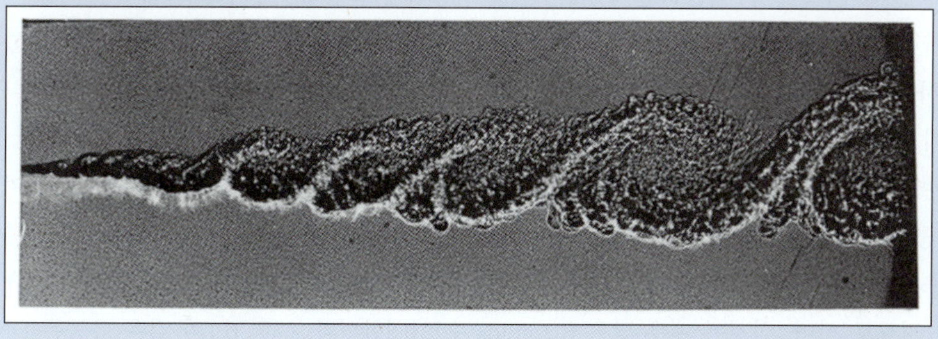

그림 6.2
불균일한 병렬 유선 사이의 혼합층에서 난류 유동을 나타내는 스파크 섀도그래프. 무작위 난류 에디 안에 큰 일관성 있는 소용돌이 구조가 내장되어 있다. [Brown과 Roshko(1974) 이후]

새로운 에디를 생성하여 자체적으로 유지한다. 이것은 특히 벽 경계 흐름에서 나타난다. 난류 생성은 일반적으로 Tollmien-Schlichting 파와 같은 원래의 불안정성 메커니즘과 관련이 없다.

5. **층류(분자) 작용으로 인한 것보다 훨씬 강한 혼합(mixing).** 난류 에디는 3차원으로 활발하게 퍼져 질량, 운동량 및 에너지의 빠른 확산을 일으킨다. 더욱이, 난류가 없는 구역의 주변 유체는 난류에 강하게 동반된다. 층류와 비교할 때 열전달과 마찰이 크게 향상되며 난류 혼합은 시간 평균 흐름의 구배와 관련이 있다.

난류는 일반적으로 자가 유지(self-sustaining)되고 혼합(mixing), 확산(diffusion), 유입(entrainment) 및 소산(dissipation)을 향상시키는 중첩된 3차원 무작위 변동이 있는 공간적으로 변하는 평균 유동으로 설명할 수 있다.

난기류를 생성하기 위해 근처에 벽이 있을 필요는 없다. 경계가 없는 운동(제트, 후류, 혼합층)도 난류일 수 있으며 위에서 언급한 모든 특성을 가질 수 있다. 또한 난류가 아닌 유체와 접하는 난류에는 **응집 구조**(coherent structures)라고 하는 가시적인 패턴이 포함될 수 있다. 그림 6.2는 속도가 다른 2개의 평행한 흐름 사이의 혼합층에서 난류 흐름의 예를 보여준다. 선형으로 하류에서 성장하는 한 쌍의 와류의 일관된 패턴은 무질서한 작은 와류 운동, 즉 비점성 혼합층의 Kelvin-Helmholtz 불안정성과 관련된 패턴 내에서 식별될 수 있다(그림 5.3 참조). 관련된 응집 구조는 난류 제트, 후류 및 경계층의 가장자리에서도 발견될 수 있다[Hussain(1986), Holmes et al.(1998)].

난류는 임의의 길이와 시간 척도를 가진 광범위한 특성을 포함하므로 설명하기 어려울 수 있다. 이 장에서는 시간 평균 속도, 압력, 온도, 전단 응력 및 열전달의 공학적 추정에 집중한다. 난류 흐름에 대한 다른 많은 가치 있는 측정값이 있다. 예를 들어 Bernard와 Wallace(2002)의 2장에서는 적분 마이크로스케일, Reynolds 응력, 난류 운동 에너지, 난류 소산, 난류 수송, 압력-변형률 상관관계, 소용돌이 및 엔트로피의 특성을 자세히 설명한다. 유체 역학에서 엔트로피는 유체의 소산 효과에 해당하는 흐름 모델의 운동 에너지와 직접 관련된 양이다.

6-1.2 수학적 설명

Nakayama(1988)의 연구와 같은 가시화 연구는 명료하지만, 많은 양적 정보를 제공하지 못한다. 최소한 난류 분석에서 (1) 속도 및/또는 온도 분포 및 (2) 벽 마찰 및/또는 열전달 분포를 예측할 수 있어야 한다. 비록 순수 이론적인 주장(논거)을 사용하여 그림 6.1의 구조를 예측하는 것은 불가능하지만, 난류의 통계적 특성에 대한 추가 정보는(역주: 난류 구조, 또는 무질서도를 이해하는 데) 유효하다.

우리가 아는 한, 3장에서의 Navier-Stokes 방정식은 난류 흐름에 적용할 수 있으며, 이러한 방정식은 유한 차이 또는 유한 요소에 의해 디지털 컴퓨터에서 모델링될 수 있다. 난류에 대한 이러한 정면 공격은 직접 수치 시뮬레이션(DNS, direct numerical simulation)과 같은 새로운 연구 분야의 기초를 구성한다(Moin과 Mahesh, 1998). 관련된 광범위한 유동 규모 때문에 DNS 해는 슈퍼컴퓨터를 필요로 하며, 심지어 매우 낮은 Reynolds 수로 제한된다. 그림 6.1과 같은 유동은 DNS로 계산이 불가능하다. 가장 작은 와류 크기는 약 0.04 mm이다. 따라서 1.2 × 2.4 m 판에 10 cm 높이의 전단층을 시뮬레이션하려면 5조 개의 격자(mesh) 지점이 필요한데, 이는 여전히 대부분의 컴퓨터 용량을 초과한다. 많은 격자 지점은 더 높은 Reynolds 수를 모델링하는 데 매우 필요한 정보를 산출할 수 있음에도, 지금까지 달성된 가장 큰 격자 지점은(컴퓨터 용량 한계로) 천이 유동과 저 난류 유동($Re \le 10^4$)을 모델링하는 데만 충분하다.

한때 DNS 난류 계산이 불가능하다고 생각되었던 적이 있다. Emmons(1970)는 난류 관 내 유동의 미세한 세부사항을 예측하려면 10^{22}개의 수치 연산이 필요하며, 이는 단일 슈퍼컴퓨터의 능력을 훨씬 뛰어넘는 수준이라고 추정했다. 이후 CPU와 GPU 플랫폼을 이용한 병렬 연산은 다수의 단일 컴퓨터의 노력을 결합하여 연구자들이 Emmons의 추정값을 몇 자릿수 이상 초과할 수 있게 했다.

6-1.3 변동 및 시간 평균

높은 Reynolds 수 흐름에서 원시 속도 성분 $u(x, y, z, t)$의 실제 계산은 불가능하기 때문에, 난류의 표준 분석은 변동 속성과 그것의 시간 평균값을 분리한다.

그림 6.3은 난류 유동에서 단일 속도 구성요소의 열선(hot-wire)에 의해 촬영된 시간 궤적을

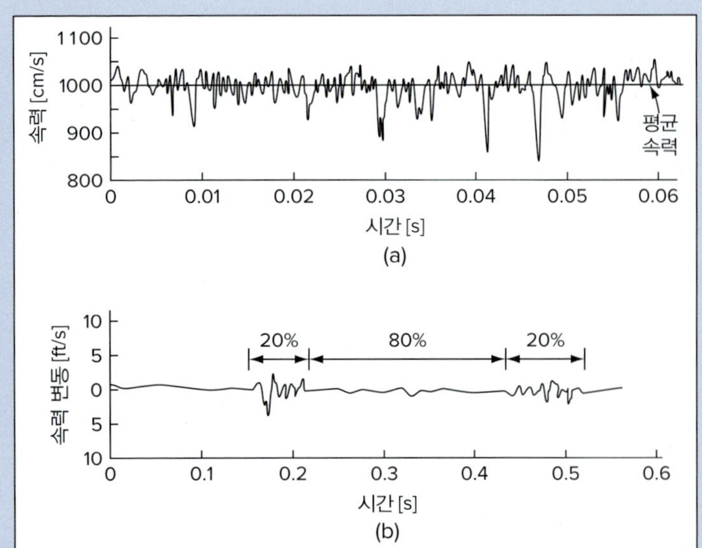

그림 6.3
난류 속력 변동을 보여주는 열선 측정. (a) 난류 흐름에서 단일 속도 성분의 일반적인 흔적, (b) 제트 가장자리에서 간헐적인 난류를 보여주는 흔적.

보여준다. 궤적 a[그림 6.3(a)]는 전단층 깊숙한 곳에서 채취되었으며 평균값에 대해 5~10%의 연속적인 무작위 변동을 보여준다. 궤적 b[그림 6.3(b)]는 제트 유동의 가장자리 근처에서 촬영되었으며 난류 및 비난류 유동의 간헐적인 영역을 보여준다. 그 유동은 약 20%의 시간 동안 난류 특성이 나타나는 것으로 보인다. 즉, **간헐적 계수**[intermittency factor, γ = (난류 시간)/(총 시간)]로 정의하면 $\gamma = 0.2$이다. 궤적 b에서는 편의를 위해 평균 유량을 감산하였다. 간헐성은 난류 제트의 가장자리가 날카롭고 고르지 못하며, 난류 및 비난류 흐름이 번갈아 계측지점 위를 통과하기 때문에 발생한다.

에너지 함량을 분석했을 때, 궤적 a의 주파수 스펙트럼은 연속적(임의적)이며, $1 \sim 10^5$ Hz 범위의 상당한 에너지를 가지고 있는 것으로 밝혀졌다. 궤적 b의 난류 구간도 마찬가지이다. 다른 특성들, 즉 압력, 온도 및 나머지 두 속도 성분들도 그림 6.3과 거의 동일한 거동을 보여준다.

그림 6.3의 궤적 a가 특정 지점 (x, y, z)에서 $u(t)$를 나타낸다고 가정하자. 그러면 속도 u의 시간 평균은 다음과 같이 정의된다.

$$\bar{u} = \frac{1}{T}\int_{t_0}^{t_0+T} u\,dt \tag{6.1}$$

여기서 적분 간격 T는 u의 변동의 어떤 유의한 주기보다 크도록 선택된다. 평균 흐름을 빼면 변동 u'을 나머지로 정의할 수 있다.

$$u' = u - \bar{u} \tag{6.2}$$

그림 6.3의 궤적 b에는 변동만 나타나 있다. 이 정의에 따르면 평균 변동은 엄밀하게 0임을 쉽게 알 수 있다($\overline{u'} = 0$). 따라서 변동의 크기를 특성화하기 위해 평균 제곱값을 평가한다.

$$\overline{u'^2} = \frac{1}{T}\int_{t_0}^{t_0+T} u'^2\,dt \tag{6.3}$$

u'의 제곱근(root-mean-square, rms) 값은 $u'_{\text{rms}} = \sqrt{\overline{u'^2}}$로 정의된다. 또한 식 (6.1)과 (6.3)의 적분이 시작 시간 t_0과 무관할 경우, 변동은 통계적으로 **정지**(stationary)라고 한다.

난류-유동 분석에는 (1) 난류 상관 함수의 통계 이론과 (2) 난류 평균 반경험적 모델링, 두 가지 접근법이 있다. 전자의 접근법 (1)은 변동의 통계적 특성, 즉 주파수 상관관계, 시공간 상관관계 및 상호작용에 초점을 맞춘다. 후자의 접근법 (2)는 평균 속도 및 온도 분포, 벽 마찰 및 열전달, 전단층 두께 매개변수 및 rms 변동 분포와 같은 대부분의 공학적 중요도의 난류 특성을 강조한다. 최근 난류 모델링 연구에서 정교함이 증가함에 따라 두 경로가 겹치기 시작했다. 본 책은 주로 공학적 문제의 반경험적 모델링에 초점을 맞춘 두 번째 접근 방식을 강조할 것이다. 통계 이론은 다음과 같은 몇 가지 훌륭한 문헌에서 다루고 있다. Monin과 Yaglom(1972), Tennekes와 Lumley(1972), Hinze(1975), Heinz(2003).

6-1.4 그림: 평판 유동에서의 난류 측정

경계층 이론 전반에 걸쳐, 좌표 (u, v, w)를 채택한다. 여기서 속도 u는 자유 유동과 평행하고, v는 벽면의 법선방향이며, w는 자유 유동의 측면 방향이다. 그림 6.4는 평판 위 $Re_x \approx 10^7$, 난

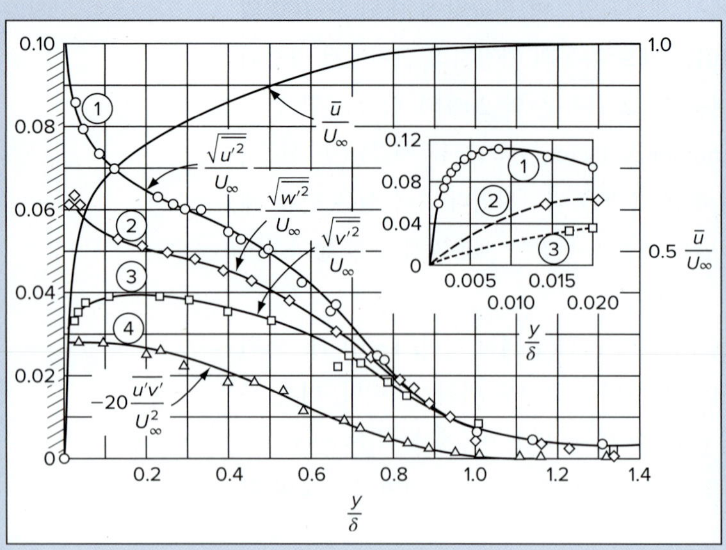

그림 6.4
변동 속도 u'(유동방향), v'(법선방향), w'(측면방향) 및 난류 전단 $u'v'$의 평판 측정. [Klebanoff (1955) 이후]

류 경계층에서의 $\sqrt{u'^2}$, $\sqrt{v'^2}$, $\sqrt{w'^2}$과 공분산(covariance) $\overline{u'v'}$의 측정값이다. 특히, $\overline{u'v'}$는 Klebanoff(1955) 이후로, 우리가 반드시 알아야 하는 난류 전단 응력(turbulent shear stress)이다. 변동 폭이 자유 유동 속도의 최대 11%에 달한다는 점에 유의하자. 벽면의 존재는 명확한 기하학적 및 물리적 이유로 (모든 전단 흐름의 일반적인 이방성의) 변동 차이를 만든다. 종 방향(자유 유동 방향)의 변동 u'이 가장 크며, 벽면으로 인해 방해받지 않고 자유 유동으로 약간 강화된다. v'은 벽면에 의해 직접적으로 방해받기 때문에 가장 작으며, u'이나 w'보다 입구에서부터 훨씬 더 먼 지점에서 최댓값에 도달한다. 측면 방향 요소인 w'은 중간값을 가지며 꽤 크다. 독자들은 아마도 가장 '2차원적인(two-dimensional)' 난류 경계층조차도 완전히 3차원적인 속도 변동을 가진다는 점에 놀랄 것이다. 그러나 이 경우 w'은 평균 유량에 직접적인 영향을 미치지 않는다. 마지막으로, 난류 전단 $\overline{u'v'}$는 훨씬 작지만 이후 분석에 근본적으로 중요하다. 그 특성을 결정하는 것은 난류 전단 흐름 분석의 핵심 문제이다.

그림 6.4에는 다른 흥미로운 특징이 있다. 첫째, 벽 근처에서 모든 변동(u', v', w')은 점착 조건으로 인해 사라져야 한다. 그러나 대형 그래프($0 < y/\delta < 1$)는 평균 유량 $\overline{u}$가 0으로 떨어지는 것을 보여주지만 변동이 없으므로 점착을 입증하기 위해 확장된 삽입 스케일이 필요하다. 난류는 벽 감쇠에 상당히 저항하며, 두꺼운 경계층 내 벽 근처 $y/\delta = 0.0001$ 지점에서도 상당한 변동이 관측된다.

둘째, 큰 y(벽면에서 상당히 떨어진)에서 변동이 경계층 '가장자리' $y = \delta$에서 일반적으로 지정된 지점 외부로 확장되는 것을 볼 수 있다. 이 지점에서 $\overline{u} \approx U_\infty$이다. 이것은 외층(outer layer)의 간헐성과 관련이 있다. Klebanoff(1955)는 유동의 난류 영역과 비난류 영역 사이에 날카로운 경계면(interface) 또는 상층(superlayer)이 존재함을 보여주었다. 이 경계면은 그림 6.5(b)에 도식된 것처럼 하류로 이동하는 동안 불규칙한 모양과 물결 모양을 가지고 있다. 상층은 약 0.4δ와 1.2δ 사이에서 변화하며 약 $0.94U_\infty$에서 하류로 전파된다. 경계면은 프랙탈(fractal, 역주: 자기 유사성을 갖는 기하학적 구조) 거동을 나타낸다. 즉, 길이와 표면적이 기본 크기가 예측하는 것보다 빠른 속

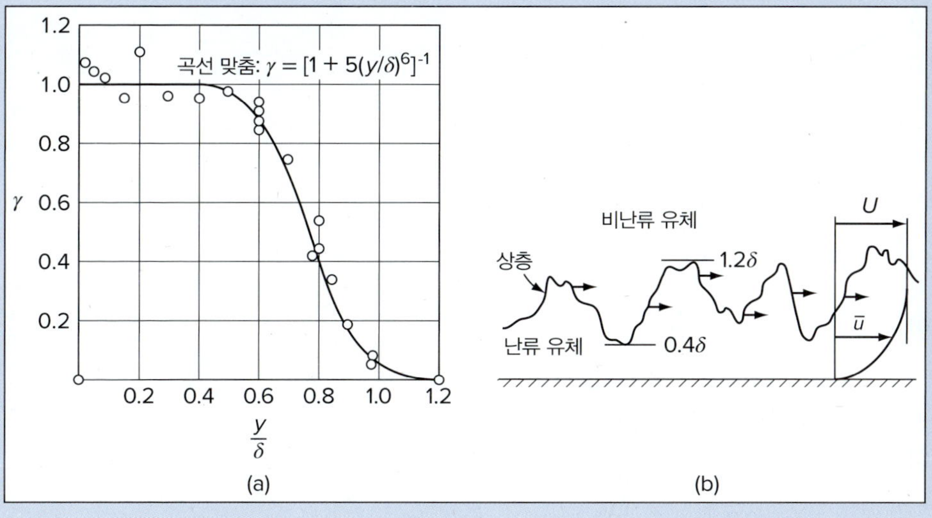

그림 6.5
난류 경계층에서의 간헐성 현상. (a) 측정된 간헐성 요인[Klebanoff(1955) 이후], (b) 난류와 비난류 유체 사이의 상층 접점.

도로 증가한다[예, Chevray(1989) 참조].

Klebanoff는 경계층에서 간헐성(유동이 난류 특성을 갖는 시간의 백분율)을 측정했으며, 결과는 그림 6.5(a)에 나와 있다. $\gamma > 1$(벽 근처)에서의 데이터의 기이함은 층류/난류를 구별하는 기기 기반의 조건 샘플링을 이용한 최신 기술보다는 Klebanoff의 통계 공식 사용으로 설명할 수 있다[Kovaznay 등(1970)]. 그림 6.5(a)의 곡선 맞춤 공식은 경험적 이론에서 자주 사용되며, Klebanoff는 간헐 분포가 $y/\delta = 0.4$와 1.2 사이의 범위에서 거의 정확히 Gaussian 분포임을 보여주었다. Corrsin과 Kistler(1955)의 유사한 측정은 난류 제트와 후류에 대해서도 동일한 간헐성-Gaussian 분포를 보여준다. Klebanoff는 상층(superlayer)의 지배적인 파장을 약 2δ로 추정했다. 이때, 이 경계면의 평균 위치(여기서 $\gamma \approx 0.5$)는 0.78δ이다.

그림 6.4에서 난류가 등방성(isotropic)이 되는 $y/\delta \geq 0.8$ 영역에서 rms 변동(u', v', w')이 거의 동일해지는 점을 주목하라[예, Bernard와 Wallace(2002) 참조]. 그러나 벽 근처에서는 유동은 강하게 이방성(anisotropy)이며, 이 영역에서 난류 에너지의 생산과 소실이 대부분 일어난다.

마지막으로, Klebanoff(1955)는 또한 에너지 함량 또는 난류 스펙트럼을 측정했다. 유동방향 변동 u'의 파수 스펙트럼에 대한 그의 결과는 그림 6.6에 나와 있다. 이 곡선 아래의 면적은 전체 평균 제곱 변동(total mean-square fluctuation)의 척도이다.

$$\overline{u'^2} = \int_0^\infty F_u(k_u)dk_u \tag{6.4}$$

벽면 근처에서는 높은 파수(작은 에디)에서 더 많은 에너지가 있는 반면에, 벽에서 멀어질수록 작은 파수(큰 에디)가 스펙트럼을 지배하는 것을 알 수 있다.

6-2 난류 운동의 Reynolds 방정식

비록 통계 이론과 수치 시뮬레이션이 실행 가능한 옵션이지만, 지난 세기의 난류 분석에 대한 대

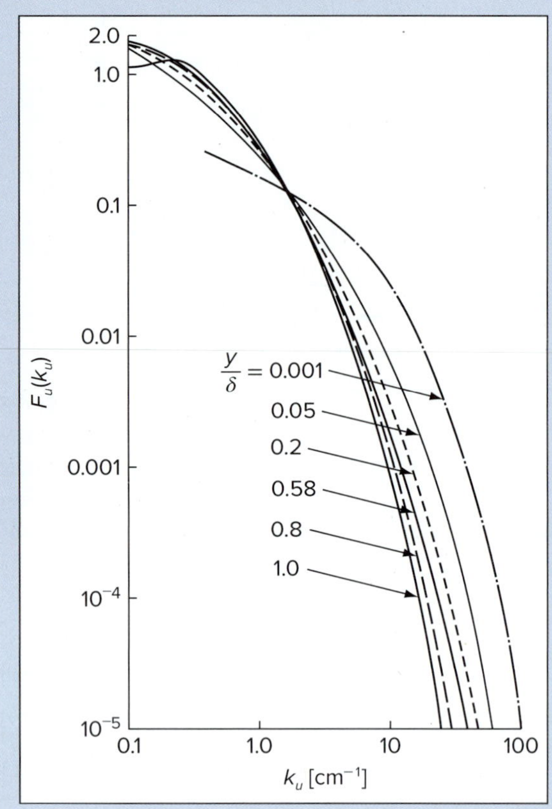

그림 6.6
평판 유동에서 유동방향 난류 속도 변동의 파수 스펙트럼
[Klebanoff(1955)에서 각색]

부분의 연구는 시간 평균의 개념을 사용했다. 기본 운동 방정식에 시간 평균을 적용하면 평균 및 변동량을 모두 포함하는 Reynolds 방정식을 유도할 수 있다. 그런 다음 변동 항을 평균 특성 또는 구배와 연관시켜 모델화를 시도하자. 이러한 지속적인 접근 방식은 난류 유동에 대한 해석의 유용성을 감소시킬 수 있다. Lumley(1989)는 시간 평균화가 그 유용성을 얼마나 오래 지속될 수 있는지에 대한 자극적인 토론을 제공한다. 그럼에도 불구하고 Reynolds 방정식은 구식이 아니며 난류 유동에 대한 대부분의 공학적 분석의 기초를 계속 형성하고 있다.

Reynolds(1895)의 원래 아이디어에 따라 시간 평균 또는 평균 운동 방정식의 사용을 정당화하기 위해 유체가 무작위로 불안정한 난류 상태로 존재한다고 가정하자. 이러한 맥락에서, 임의의 변수 Q는 평균값 $\bar{Q}$와 변동값 Q'으로 분해될 수 있다. 여기서 정의에 따르면,

$$\bar{Q} = \frac{1}{T}\int_{t_0}^{t_0+T} Q dt \tag{6.5}$$

여기서 적분을 수행하는 기간 T는 해당 변동 기간에 비해 충분히 커야 한다. 평균값 $\bar{Q}$ 자체는 그림 6.7과 같이 시간에 따라 천천히 변할 수 있으며, 이 경우를 비정상(unsteady) 난류라고 한다. 예를 들어, 조수 강어귀에서 속도는 12시간 또는 24시간 주기의 조수 변화에 겹쳐진 1 Hz 범위의 난류 성분을 가질 수 있다. 시간 평균화 후에도 평균 유동은 여전히 조수 주기와 함께 진동할 수 있다.

이러한 분석을 시작하기 위해 속도, 압력 및 온도에서 일정한 수송 특성과 가능한 변동을 갖는

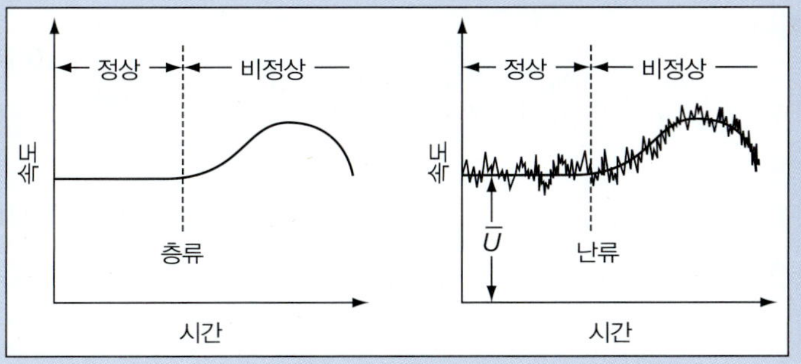

그림 6.7
정상 및 비정상 층류 및 난류

비압축성 난류를 고려하자. 유동변수는 다음과 같이 분해될 수 있다.

$$\begin{cases} u = \bar{u} + u' \\ v = \bar{v} + v' \\ w = \bar{w} + w' \end{cases} \quad \begin{cases} p = \bar{p} + p' \\ T = \bar{T} + T' \end{cases} \tag{6.6}$$

이러한 확장을 기본 방정식에 대입하기 전에, 식 (6.5)로부터, 다음의 평균 규칙[식 (6.7)]이 임의의 두 난류 양 f와 g에 적용되는지 확인할 수 있다.

$$\begin{gathered} \overline{f'} = 0 \qquad \bar{\bar{f}} = \bar{f} \qquad \overline{\bar{f}g} = \bar{f}\,\bar{g} \qquad \overline{f'\bar{g}} = 0 \qquad \overline{f+g} = \bar{f} + \bar{g} \\ \overline{\frac{\partial f}{\partial s}} = \frac{\partial \bar{f}}{\partial s} \qquad \overline{fg} = \bar{f}\,\bar{g} + \overline{f'g'} \qquad \overline{\int f ds} = \int \bar{f} ds \end{gathered} \tag{6.7}$$

비압축성 연속 방정식에 대해서는,

$$\nabla \cdot \mathbf{V} = 0 \tag{6.8}$$

식 (6.6)과 같이 u, v, w가 분해된 형태를 비압축 연속 방정식에 대입하고, 시간 평균을 함으로써 식 (6.9)를 유도할 수 있다. 이때, 시간 평균 과정에서 모든 변동의 도함수가 제거됨(drop out)을 이해해야 한다.

$$\frac{\partial \bar{u}}{\partial x} + \frac{\partial \bar{v}}{\partial y} + \frac{\partial \bar{w}}{\partial z} = 0 \tag{6.9}$$

이제 식 (6.8)에서 식 (6.9)를 빼면 변동 변수에 대한 중요한 조건[식 (6.10)]을 도출할 수 있다. 즉,

$$\frac{\partial u'}{\partial x} + \frac{\partial v'}{\partial y} + \frac{\partial w'}{\partial z} = 0 \tag{6.10}$$

요컨대, 평균 및 변동 속도 성분은 각각 개별적으로 동일한 형태의 연속 방정식을 만족해야 한다. 만약 밀도 변동을 설명하고자 하면, $\overline{\rho' u_i'}$와 관련된 항이 두 관계를 연결하기 때문에 이는 사실이 아니다. 더 나아가면 식 (6.10)과 같은 변동과 관련된 식보다는 식 (6.9)와 같은 평균 유동 관계식에 대해 집중할 것이다.

다음으로, 비압축성 Navier-Stokes 방정식에서도 동일한 절차를 시도해 보자. 구체적으로

$$\begin{cases} \rho \dfrac{D\mathbf{V}}{Dt} = \rho \mathbf{g} - \nabla p + \mu \nabla^2 \mathbf{V} \quad \text{(벡터형)} \\ \rho \dfrac{Du_i}{Dt} = \rho g_i - \nabla_i p + \mu \nabla^2 u_i \quad \text{또는} \quad \rho\left(\dfrac{\partial u_i}{\partial t} + u_j \dfrac{\partial u_i}{\partial x_j}\right) = \rho g_i - \dfrac{\partial p}{\partial x_i} + \mu \dfrac{\partial^2 u_i}{\partial x_j \partial x_j} \quad \text{(지시형)} \end{cases} \tag{6.11}$$

독자의 편의를 위해 벡터와 지시형을 식 (6.11)과 같이 모두 제공하였다. u, v, w, p를 분해된 형태로 대체하기 전에, 대류-가속도 항을 다음과 같이 교묘하게 재배열함으로써 불필요한 유도과정을 피할 수 있다.

$$\begin{aligned} \mathbf{V}\cdot\nabla Q = u\frac{\partial Q}{\partial x} + v\frac{\partial Q}{\partial y} + w\frac{\partial Q}{\partial z} &= \frac{\partial}{\partial x}(uQ) + \frac{\partial}{\partial y}(vQ) + \frac{\partial}{\partial z}(wQ) - Q\left(\frac{\partial u}{\partial x} + \frac{\partial v}{\partial y} + \frac{\partial w}{\partial z}\right) \\ &= \frac{\partial}{\partial x}(uQ) + \frac{\partial}{\partial y}(vQ) + \frac{\partial}{\partial z}(wQ) \end{aligned}$$

위의 식은 비압축성 연속 방정식 (6.8)에 기인한다. 시간 평균하면 식 (6.11)에서 식 (6.12)를 쉽게 유도할 수 있다.

$$\begin{cases} \rho \dfrac{D\overline{\mathbf{V}}}{Dt} + \rho\nabla\cdot(\overline{\mathbf{u}'\mathbf{u}'}) = \rho\mathbf{g} - \nabla\overline{p} + \mu\nabla^2\overline{\mathbf{V}} \\ \rho \dfrac{D\overline{u}_i}{Dt} + \rho\nabla_j\left(\overline{u_i'u_j'}\right) = \rho g_i - \nabla_i\overline{p} + \mu\nabla^2\overline{u}_i \quad \text{또는} \quad \rho\left(\dfrac{\partial\overline{u}_i}{\partial t} + \overline{u}_j\dfrac{\partial\overline{u}_i}{\partial x_j}\right) + \rho\dfrac{\partial\left(\overline{u_i'u_j'}\right)}{\partial x_j} = \rho g_i - \dfrac{\partial\overline{p}}{\partial x_i} + \mu\dfrac{\partial^2\overline{u}_i}{\partial x_j\partial x_j} \end{cases} \tag{6.12}$$

평균 운동량 방정식은 난류 관성 텐서 $\overline{u_i'u_j'}$를 포함하는 새로운 항에 의해 복잡해진다. 이 새로운 항은 수학적인 형태가 사전에 알려지지 않기 때문에 어려우며, 매우 중요하다. 본질적으로, 시간 평균 절차는 상세한 난류 구조에 대한 (이용할 수 없는) 지식을 통해서만 정의할 수 있는 9개의 새로운 변수(즉, 텐서 성분)를 도입한다. $\overline{u_i'u_j'}$의 구성요소는 유체 물성뿐만 아니라 속도, 기하학, 표면 거칠기 및 상류 조건과 같은 국소 유동 조건과도 관련이 있다. 2차원 난류 경계층 ($\overline{w}=0, \partial/\partial z=0$)에서, 유일한 유의미한 항은 $\overline{u'v'}$로 도출될 수 있지만, 이 단일 항조차도 기껏해야 반경험적인 수학적 상관식에 접근하기 위해서는 광범위한 추측을 요구한다. 다행스럽게도, 일부 경험적 접근은 성공적이긴 했지만, 다소 엄격한 가정으로 공식화되었다.

난류 관성 항을 마치 응력인 것처럼 표시하면, 식 (6.12)에 대한 약간의 깨달음에 대한 가능성이 보인다. 이런 맥락에서 다음과 같이 기술해 보자.

$$\begin{cases} \rho \dfrac{D\overline{\mathbf{V}}}{Dt} = \rho\mathbf{g} - \nabla\overline{p} + \nabla\cdot\boldsymbol{\tau} \\ \rho \dfrac{D\overline{u}_i}{Dt} = \rho g_i - \nabla_i\overline{p} + \nabla_j\tau_{ij} \quad \text{또는} \quad \rho\left(\dfrac{\partial\overline{u}_i}{\partial t} + \overline{u}_j\dfrac{\partial\overline{u}_i}{\partial x_j}\right) = \rho g_i - \dfrac{\partial\overline{p}}{\partial x_i} + \dfrac{\partial\tau_{ij}}{\partial x_j} \end{cases} \tag{6.13}$$

여기서

$$\tau_{ij} = \underbrace{\mu\left(\frac{\partial\overline{u}_i}{\partial x_j} + \frac{\partial\overline{u}_j}{\partial x_i}\right)}_{\text{층류}} \underbrace{-\rho\overline{u_i'u_j'}}_{\text{난류}}$$

수학적으로 난류 관성 항은 시스템에 대한 총 응력이 추가적인 또는 명백한 난류 응력 텐서 $-\rho\overline{u_i'u_j'}$에 의해 증강되는 뉴턴 점성 응력을 포함하는 것처럼 보인다. 경계층 해석에서 중요한 항인 $-\rho\overline{u'v'}$는 난류 전단을 만든다.

이제 일정한 물성을 갖는 비압축성 유동에 대한 에너지 방정식(즉, 열역학 제1법칙)을 생각해 보자.

$$\rho c_p \frac{DT}{Dt} = k\nabla^2 T + \Phi \tag{6.14}$$

여기서 Φ는 식 (2.46)에서의 소산 함수이다. 시간 평균을 통해 평균 에너지 방정식을 얻을 수 있다.

$$\rho c_p \frac{D\bar{T}}{Dt} = -\frac{\partial q_i}{\partial x_i} + \bar{\Phi} \tag{6.15}$$

여기서 $\bar{\Phi} = \frac{\mu}{2}\overline{\left(\frac{\partial \bar{u}_i}{\partial x_j} + \frac{\partial u_i'}{\partial x_j} + \frac{\partial \bar{u}_j}{\partial x_i} + \frac{\partial u_j'}{\partial x_i}\right)^2}$ 그리고 $q_i = -k\frac{\partial \bar{T}}{\partial x_i} + \rho c_p \overline{u_i'T'}$

(층류: $-k\frac{\partial \bar{T}}{\partial x_i}$, 난류: $\rho c_p \overline{u_i'T'}$)

운동량 방정식의 재배열 과정과 유사하게, 전도 및 난류 대류 항을 분자 열 플럭스와 **난류 열 플럭스** $\rho c_p\overline{u_i'T'}$를 모두 포함한 총 열 플럭스 벡터 q_i로 통합하였다. 전체 소산 항 Φ는 일반적인 경우에는 명백히 복잡하지만 2차원 난류 경계층 유동에서는 대략적으로 다음과 같이 유도할 수 있다.

$$\bar{\Phi} \approx \frac{\partial \bar{u}}{\partial y}\left(\mu\frac{\partial \bar{u}}{\partial y} - \rho\overline{u'v'}\right)$$

식 (6.9), (6.13) 및 (6.15)는 각각 난류 평균 연속, 평균 운동량 및 평균 열에너지에 대한 Reynolds 평균 기본 미분 방정식이다. 이러한 방정식은 변동하는 속도와 온도의 시간 평균 상관관계를 포함하는 몇 가지 새로운 미지수를 포함한다. 따라서 추가적인 관계식 또는 경험적 모델링 없이는 방정식을 통해 해답을 얻을 수 없다.

6-2.1 난류 운동 에너지 방정식

위의 시간 평균 연속성, 운동량 및 에너지 방정식에 '난류 보존' 관계식을 추가하려는 많은 시도가 있었다. 가장 명백한 단일 덧셈은 변동의 **난류 운동 에너지** K에 대한 관계식이며, 다음과 같이 정의된다.

$$K = \frac{1}{2}(\overline{u'u'} + \overline{v'v'} + \overline{w'w'}) = \frac{1}{2}\overline{u_i'u_i'} \tag{6.16}$$

여기서 편의상 $u_i = (u_1, u_2, u_3) = (u, v, w)$와 반복 하첨자가 합계를 암시하는 Einstein 합 표기법을 도입하였다(부록 D). 예를 들어, $u_iu_i = u_1^2 + u_2^2 + u_3^2$이다. 만약 난류를 오직 하나의 속도 척도로 설명한다면, 그것은 $K^{1/2}$이어야 한다.

K에 대한 보존 관계식은 기계적 에너지 방정식, 즉 u_i와 i번째 운동량 방정식과의 내적(dot product)을 통해 도출될 수 있다. 그리고 Prandtl(1945a)을 참조하여, 도출된 식의 시간 평균값에

서 순간적인 기계적 에너지를 감한다. 그 결과는 비압축성 유체에 대한 난류 운동 에너지 관계식이다.

$$\underset{\text{I}}{\frac{DK}{Dt}} = \underset{\text{II}}{-\frac{\partial}{\partial x_i}\left[\overline{u_i'\left(\frac{1}{2}u_j'u_j' + \frac{p'}{\rho}\right)}\right]} \underset{\text{III}}{- \overline{u_i'u_j'}\frac{\partial \bar{u}_j}{\partial x_i}} + \underset{\text{IV}}{\frac{\partial}{\partial x_i}\left[\overline{\nu u_j'\left(\frac{\partial u_i'}{\partial x_j} + \frac{\partial u_j'}{\partial x_i}\right)}\right]} \underset{\text{V}}{- \nu\overline{\frac{\partial u_j'}{\partial x_i}\left(\frac{\partial u_i'}{\partial x_j} + \frac{\partial u_j'}{\partial x_i}\right)}} \tag{6.17}$$

이 관계식을 수식이 아닌 언어로 설명하기 위해 로마 숫자로 표기했다. 난류 에너지의 변화율(I)은 대류 확산(II), 생성(III), 난류 점성 응력(IV), 난류 점성 소산(V)의 합과 같다. 이 관계식에서 각 항은 너무 복잡해서 기본적인 공식(first principle)으로 계산할 수 없다. 이러한 이유로 모델링에 대한 아이디어가 고려되어야 한다.

6-2.2 Reynolds 응력 방정식

식 (6.3)으로부터 난류 응력 또는 'Reynolds' 응력은 $S_{ij} = \left(-\rho\overline{u'_i v'_j}\right)$의 형태를 갖는다. 이러한 관점에서 볼 때, 난류 운동 에너지는 실제로 세 가지 난류 수직 응력 $K = S_{ii}/(2\rho)$의 합에 비례한다. 공학도에게 더 중요한 것은 난류 전단 응력이다(여기서, $i \neq j$). 단일 Reynolds 응력에 대한 보존 방정식 유도과정은 i와 j 방향 모두에 대해 순간값에서 시간 평균 운동량 식 (6.12)를 감하는 과정을 포함한다. 이처럼, i 방향 식에 u_j로 곱하고 j 방향 식에 u_i로 곱한다. 이러한 Reynolds 응력 관계식은 시간 평균 과정을 통해 유도할 수 있게 된다.

$$\begin{aligned} \underset{\text{I}}{\frac{D\overline{u_i'u_j'}}{Dt}} &= \underset{\text{II}}{-\left[\overline{u_j'u_k'}\frac{\partial \bar{u}_i}{\partial x_k} + \overline{u_i'u_k'}\frac{\partial \bar{u}_j}{\partial x_k}\right]} \underset{\text{III}}{- 2\nu\overline{\frac{\partial u_i'}{\partial x_k}\frac{\partial u_j'}{\partial x_k}}} + \underset{\text{IV}}{\overline{\frac{p'}{\rho}\left(\frac{\partial u_i'}{\partial x_j} + \frac{\partial u_j'}{\partial x_i}\right)}} \\ &\quad \underset{\text{V}}{- \frac{\partial}{\partial x_k}\left[\overline{u_i'u_j'u_k'} - \nu\frac{\partial\overline{u_i'u_j'}}{\partial x_k} + \overline{\frac{p'}{\rho}(\delta_{jk}u_i' + \delta_{ik}u_j')}\right]} \end{aligned} \tag{6.18}$$

여기서 로마 숫자는 (I) Reynolds 응력의 변화율, (II) 응력의 발생, (III) 소산, (IV) 압력-변형 효과, (V) Reynolds 응력의 확산을 의미한다.

완전한 3차원 형태에서, 식 (6.17)과 (6.18)은 매우 복잡하며, 모델에 대해 알려지지 않은 많은 상관관계가 있다. 따라서 다음 절에서 훨씬 단순한 2차원 경계층 형태로 관심을 국한하고자 한다.

유체 특성의 부력과 온도 의존성을 무시한다면, 평균 에너지 방정식 (6.15)를 분리할 수 있고, 평균 온도를 얻을 수 있다. 평균 속도 및 압력($\bar{u}, \bar{v}, \bar{w}, \bar{p}$)은 난류 모델링에 대한 적절한 가정이 수립되면, 연속 방정식과 운동량 방정식[식 (6.9) 및 (6.13)]을 통해 얻을 수 있다.

6-3 2차원 난류 경계층 방정식

난류 분석에서 우리의 주요 성공이 2차원 경계층에 있다는 사실을 직시해야 한다. 만약 경계층을 유동 속성의 종방향(유선방향) 변화와 관련하여 큰 횡방향(유선과 교차하는 방향) 변화가 발생하는 것으로 정의한다면, 이는 벽 유동뿐만 아니라 관 내 유동, 후류 및 제트도 포함할 것이다.

평소와 같이 x는 자유 유동 또는 유동방향이고 y는 벽면에 수직 방향이다. 층류 경계층 분석과 유사하게, 경계층 두께는 $\delta(x) \ll x$라고 가정할 수 있다.

$$\bar{v} \ll \bar{u} \qquad \frac{\partial}{\partial x} \ll \frac{\partial}{\partial y} \tag{6.19}$$

또한 평균 흐름 구조는 다음과 같이 2차원으로 가정할 수 있다.

$$\bar{w} = 0 \qquad \frac{\partial}{\partial z} = 0 \tag{6.20}$$

이 경우, 평균 횡방향 난류는 실제로 0이 아니며, $\overline{w'^2} \neq 0$이지만, 그것의 z 도함수는 무시될 수 있다. 그러면 기본 난류 방정식 식 (6.9), (6.13) 및 (6.15)는 비압축성 난류 유동에 대한 경계층 근삿값으로 간소화된다는 것을 쉽게 확인할 수 있다.

연속:
$$\frac{\partial \bar{u}}{\partial x} + \frac{\partial \bar{v}}{\partial y} = 0 \tag{6.21a}$$

축방향 운동량:
$$\bar{u}\frac{\partial \bar{u}}{\partial x} + \bar{v}\frac{\partial \bar{u}}{\partial y} \approx U_e\frac{dU_e}{dx} + \frac{1}{\rho}\frac{d\tau}{dy} \tag{6.21b}$$

열에너지:
$$\rho c_p\left(\bar{u}\frac{\partial \bar{T}}{\partial x} + \bar{v}\frac{\partial \bar{T}}{\partial y}\right) \approx \frac{\partial q}{\partial y} + \tau\frac{\partial \bar{u}}{\partial y} \tag{6.21c}$$

여기서 $U_e(x)$는 자유 유동 속도를 나타내며, 짧은 표기법을 채택하였다.

$$\tau = \mu\frac{\partial \bar{u}}{\partial y} - \rho\overline{u'v'} \qquad q = -k\frac{\partial \bar{T}}{\partial y} - \rho c_p\overline{v'T'} \tag{6.22}$$

식 (6.21a)와 (6.21c)가 각각 난류 열 플럭스 및 전단 응력을 포함하고 반드시 모델링이 되어야 하는 q와 τ를 제외하고, 4장 층류 유동 방정식과 매우 유사하다는 것을 알 수 있다.

y운동량 방정식은 다음과 같이 유도될 수 있다.

$$\frac{\partial p}{\partial y} \approx -\rho\frac{\partial \overline{v'^2}}{\partial y}$$

경계층을 가로질러 적분하여 압력 항을 산출하면 다음과 같다.

$$p \approx p_e(x) - \rho\overline{v'^2} \tag{6.23}$$

따라서 층류 유동과 달리 벽과 수직인 속도 변동으로 인해 경계층에 걸쳐 압력이 약간 변화한다. 그림 6.4와 같이, 제곱근 v' 변동은 흐름 속도의 4% 이하이며, 압력은 자유 유동 동적 압력의 약 0.4% 이하이다. 이는 무시할 수 있는 변화이다. 점착 조건으로 인해 벽면 압력은 자유 유동 압력과 같다.

Bernoulli 관계식은 (비점성) 자유 유동에서 만족되기 때문에 다음과 같이 기술할 수 있다.

$$dp_e \approx -\rho U_e dU_e \tag{6.24}$$

사실, 이 관계는 식 (6.21b)에서 사용되었다. 자유 유동 조건($U_e(x)$, $T_e(x)$)을 알고 있는 것을 고려하면, 경계 조건은 다음과 같다.

$$\begin{aligned} &\text{점착, 연속:} && \bar{u}(x,0)=\bar{v}(x,0)=0 && \bar{T}(x,0)=T_w(x) \quad (\text{벽면}) \\ &\text{자유 유동과의 연속:} && \bar{u}(x,\delta)=U_e(x) && \bar{T}(x,\delta_T)=T_e(x) \quad (\text{경계층 끝단}) \end{aligned} \tag{6.25}$$

여기서도 층류 유동 분석과 같이, 속도와 열 경계층 두께(δ, δ_T)가 반드시 Prandtl 수에 따라 동일하지 않다. 전체 전단 τ에 대한 적절한 상관관계가 알려진 경우, $\bar{u}$와 $\bar{v}$에 대한 식 (6.21a)와 (6.21b)를 풀 수 있다. 이어서, 난류 열 플럭스 q가 상관될 수 있다면, 온도 $\bar{T}$는 식 (6.21c)로부터 구할 수 있다.

6-3.1 난류 에너지와 Reynolds 응력

식 (6.21)은 q와 τ라는 두 가지 새로운 미지수를 포함하기 때문에 수학적 종결점(closure)을 도달하기 위해 보완할 필요가 있다. 한 가지 방안은 난류 방정식의 경계층 형태를 이용하는 것이다.

난류 운동 에너지 식 (6.17)은 2차원 경계층 형태를 갖는다.

$$\bar{u}\frac{\partial K}{\partial x}+\bar{v}\frac{\partial K}{\partial y}\approx-\frac{\partial}{\partial y}\left[\overline{v'\left(\frac{1}{2}u_i'u_i'+\frac{p'}{\rho}\right)}\right]+\frac{\tau}{\rho}\frac{\partial\bar{u}}{\partial y}-\epsilon \tag{6.26}$$

여기서 $\epsilon=-\nu\overline{\frac{\partial u_i'}{\partial x_j}\frac{\partial u_j'}{\partial x_i}}=\text{난류 소산}$

불행하게도, 이것은 압력-변형 항과 소산이라는 두 가지 추가적인 난류 매개변수를 도입하는데, 이 또한 본 장의 뒷부분에서 볼 수 있듯이 약간의 모델링이 필요하다.

Reynolds 응력의 2차원 경계층 형태[식 (6.18)]는 다음과 같다.

$$\bar{u}\frac{\partial\overline{u'v'}}{\partial x}+\bar{v}\frac{\partial\overline{u'v'}}{\partial y}\approx 2\overline{u'v'}\frac{\partial\bar{u}}{\partial y}-\frac{\partial}{\partial y}\left(\overline{u'v'^2+\frac{p'u'}{\rho}}\right)-2\nu\overline{\frac{\partial u'}{\partial y}\frac{\partial v'}{\partial x}}+\overline{\frac{p'}{\rho}\left(\frac{\partial u'}{\partial y}+\frac{\partial v'}{\partial x}\right)}+\nu\frac{\partial^2\overline{u'v'}}{\partial y^2} \tag{6.27}$$

다시, 성공적으로 모델링될 필요가 있고 모델링된 몇 가지 새로운 난류 상관관계가 도입된다.

6-3.2 난류 경계층 적분 관계

난류 유동의 운동량-적분, 에너지 등의 관계는 연속 방정식[식 (6.21a)]을 이용하여, $\bar{v}$를 $\bar{u}$로 치환하여 제거한 후 경계층을 가로질러 그 결과를 적분하여 도출할 수 있다. 또는 폭 dx 및 높이 δ를 갖는 검사 체적을 사용할 수도 있다.

운동량-적분 방정식은 1921년 Kármán에 의해 처음 유도되었으며 층류 흐름 관계와 동일한 형태[식 (4.122)]를 갖는다.

$$\frac{d\theta}{dx}+(2+H)\frac{\theta}{U_e}\frac{dU_e}{dx}=\frac{\tau_w}{\rho U_e^2}=\frac{C_f}{2} \tag{6.28}$$

여기서 $\delta^* = \int_0^\infty \left(1 - \frac{\bar{u}}{U_e}\right)dy = \delta\eta^*$ $\eta^* = \int_0^1 \left(1 - \frac{\bar{u}}{U_e}\right)d\left(\frac{y}{\delta}\right)$ (배제 두께)

$\theta = \int_0^\infty \frac{\bar{u}}{U_e}\left(1 - \frac{\bar{u}}{U_e}\right)dy = \delta\theta^*$ $\theta^* = \int_0^1 \frac{\bar{u}}{U_e}\left(1 - \frac{\bar{u}}{U_e}\right)d\left(\frac{y}{\delta}\right)$ (운동량 두께)

$H = \frac{\delta^*}{\theta} = \frac{\eta^*}{\theta^*}$ (운동량 형상 계수)

이 식은 θ, H, C_f의 세 변수를 포함한다. 층류 유동에서는, 표 4.1에 제시된 것과 같이 단일 매개변수 속도 분포 근삿값과 이 세 가지 변수를 상당히 잘 연관시킬 수 있다. 그러나 난류 유동 분포는 모양이 더 복잡하므로, 식 (6.28)에서 수학적 종결점에 도달하기 위해 많은 다른 상관식 또는 추가적인 관계식이 제안되었다. 선행연구에서는 50편 이상의 이에 대한 내용이 보고되고 있다.

마찬가지로, 2차원 난류 적분 에너지 방정식은 층류 적분 에너지 방정식[식 (4.145)]과 동일하다. 유체가 침투할 수 없는 벽이 있는 정상 유동에서 다음과 같이 표기할 수 있다.

$$q_w = \frac{d}{dx}\left[\int_0^\infty \rho\bar{u}(\overline{h_0} - \overline{h_{0e}})dy\right] \quad \text{여기서} \quad \overline{h_0} \approx c_p\bar{T} + \tfrac{1}{2}\bar{u}^2 \quad \text{(평균 정체 엔탈피)} \tag{6.29}$$

(난류) 속도와 온도 분포의 형태에 대한 적절한 가정을 통해, 식 (6.29)는 난류 열대류에 대한 근사 이론을 개발하는 데 사용될 수 있다.

운동량-적분 관계 방정식[식 (6.28)]은 알려지지 않은 함수를 포함하기 때문에, 종종 추가적인 적분 관계로 보충되었다. 이들 중 하나는 '기계적 에너지'를 사용하며, 식 (6.21b)에 $\bar{u}$를 곱하고 경계층을 가로질러 적분하는 방법이다. 이러한 과정을 통해 층류 또는 난류 흐름에서 동일한 형태를 갖는 2차원 기계적 에너지 적분 관계식(mechanical-energy integral relation)을 얻을 수 있다.

$$\frac{\rho}{2}\frac{d}{dx}\left[U_e\int_0^\infty \bar{u}\left(U_e^2 - \bar{u}^2\right)dy\right] = \int_0^\infty \tau\frac{\partial\bar{u}}{\partial y}dy \tag{6.30}$$

식 (6.30)의 우변을 소산 적분(dissipation integral)이라고 하며, 난류의 경우, 수학적 종결점을 달성하는 데 사용할 수 있는 새로운 정보를 포함한다. Kline 등(1968)은 이 관계를 사용하는 일곱 가지 통합 경계 계층 방법을 논의한다.

마지막으로, 연속 방정식[식 (6.21a)]의 통합된 형태를 사용하여 유체가 침투할 수 없는 벽에 대해 다음과 같은 관계식을 구하였다.

$$v_e = -\int_0^\infty \frac{\partial\bar{u}}{\partial x}dy = \frac{d}{dx}\left(\int_0^\infty \bar{u}dy\right) + U_e\frac{d\delta}{dx}$$

여기서 Leibnitz의 규칙은 적분을 평가하기 위해 사용된다. 식 (6.28)의 배제 두께를 δ^*를 도입함으로써, 이 식을 다음과 같이 다시 쓸 수 있다.

$$\frac{d\delta}{dx} - \frac{v_e}{U_e} = \frac{1}{U_e}\frac{d}{dx}[U_e(\delta - \delta^*)] \tag{6.31}$$

이 결과는 외부 유체가 경계층으로 유입되는 속도를 나타낸다. Head(1958)에 의해 처음 유도된 이 혼입관계식(entrainment relation)은 층류 또는 난류에서 모두 유효하다. Kline 등(1968)은 이 관계를 사용하는 네 가지 난류 유동 방법을 개략적으로 설명한다.

난류-경계층 적분 방법은 한때 설계 계산의 주축이었지만, 지금은 대부분 상업용 CFD 난류 모델링 코드로 대체되었으며, 때때로 LES(Large-Eddy Simulation)와 DNS(direct numerical simulation)가 이용되기도 한다. Kline 등(1982, vol. 2, pp. 650-671)의 Cousteix에 의해 적분 방법이 검토되었고, 일부 우수한 적분 방법은 Devenport와 Schetz(2002)의 온라인 Java 애플릿(Boundary Layer Applets)에 통합되었다. 통합 방법의 장점은 간단한 표 계산에 구현하기 쉽다는 점이다.

6-4 속도 분포: 내층, 외층, 그리고 중복층

이제 난류 유동에 대한 속도 분포 $\bar{u}(x, y)$를 고려해 보자. 첫째, 그들은 어떻게 생겼을까? 그림 6.8은 난류 유동에서의 다양한 압력 구배 조건에서 y/δ에 대한 $\bar{u}/U_e$의 일부 실험 분포를 보여준다. 이 속도 분포는 분석적인 문제를 일으키는 것처럼 보이고, 비층류(nonlaminar)적이다. 그들은 마치 벽에 미끄러짐 속도가 있는 것처럼 벽에 부딪쳐 부서지는 것처럼 보인다. 사실, 그것들은 거의 측정할 수 없는 두께 내에서 선형적으로 0까지 떨어진다. 최상단 분포의 경우, 예를 들어, 속도의 선형(점성)적 변화(drop-off)는 $0 \le y/\delta < 0.002$ 영역에서 발생한다. 분포는 또한 마치 그렘린[역주: 미국 코미디 호러 영화(Gremlins, 1984)에 나오는 요괴]이 그 위에 앉아 있는 것처럼 $y/\delta \approx 0.2$ 근처에서 특징적인 오목함을 가지는 것으로 보인다. 이것은 외층(완전히 난류)의 후류 같은 거동의 시작이다.

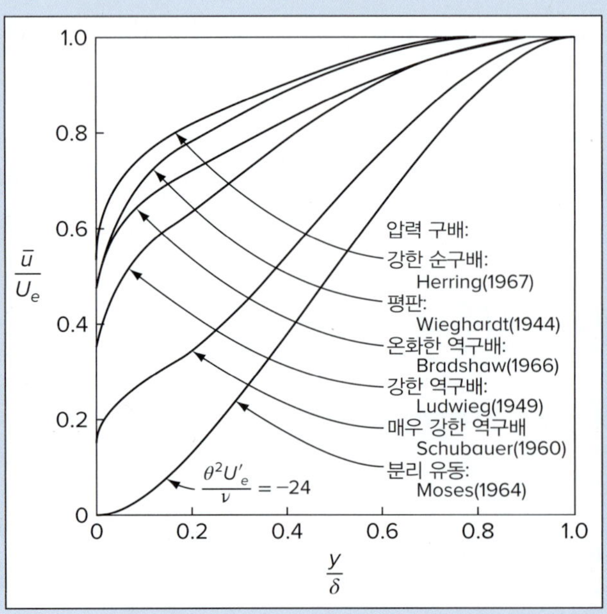

그림 6.8
다양한 압력 구배에 대한 실험적인 난류 경계층 속도 분포[Coles와 Hirst(1968)의 데이터]

분포의 형상을 밝히는 데에는 Ludwig Prandtl과 Theodore von Kármán의 물리적 통찰력에 힘입은 바가 크다. 그들은 난류 속도 분포가 내층(inner layer), 외층(outer layer)과 둘 사이의 중간 중복층(overlap layer)으로 구성되어 있다고 추론했다.

내층: 점성(분자) 전단 지배
외층: 난류(에디) 전단 지배
중복층: 두 종류 전단 모두 중요하며, 분포는 내부와 외부 영역을 매끈하게 연결함.

1933년에 Prandtl은 내층에서 분포가 벽 전단 응력, 유체 특성, 벽으로부터의 거리 y에 의존하지만, 자유 유동 매개변수에 의존하지 않는다고 추론했다. 그는 다음과 같이 제안했다.

내부 법칙(inner law):
$$\overline{u} = f(\tau_w, \rho, \mu, y) \tag{6.32}$$

반대로, 외층에서는, 1930년에 Kármán은 벽이 저항의 원천으로 작용하여 점도 μ와는 무관하지만, 벽 전단 응력, 경계층 두께, 자유 유동 압력 구배에 따라 국소 속도 $\overline{u}(y)$를 자유 유동 속도 U_e 이하로 감소시킨다고 추론했다.

외부 법칙(outer law):
$$U_e - \overline{u} = f\left(\tau_w, \rho, y, \delta, \frac{dp_e}{dx}\right) \tag{6.33}$$

마지막으로, 중복층의 경우 단순히 내부와 외부 함수가 일부 유한 중간 영역에 걸쳐 원활하게 병합되도록 지정한다.

중복 법칙(overlap law):
$$\overline{u}_{\text{inner}} = \overline{u}_{\text{outer}} \tag{6.34}$$

흥미롭게도, 문제의 물리적 특성은 이 중복층 분포의 수학적 형태를 결정한다.

6-4.1 무차원 분포

식 (6.32), (6.33), (6.34)의 기능 형태는 치수 분석에 의해 안내되고 실험으로부터 결정된다. 이러한 관계에는 세 가지 기본 차원(질량, 길이 및 시간)이 포함된다. 그러므로 5개의 변수를 갖는 식 (6.32)는 5(변수) − 3(수식) = 2(무차원 변수)의 관계가 성립된다. 독자는 적절한 무차원 내부 법칙을 다음과 같이 유도할 수 있다.

내부 법칙:
$$\frac{\overline{u}}{v^*} = f\left(\frac{yv^*}{\nu}\right) \qquad v^* = \left(\frac{\tau_w}{\rho}\right)^{\frac{1}{2}} \tag{6.35}$$

변수 v^*는 속도 단위를 가지며 벽-마찰 속도(wall-friction velocity)라고 불린다. 난류 유동 분석에서 v^*를 반복해서 사용할 것이다.

동일한 방법으로, 식 (6.33)은 다음과 같이 무차원화할 수 있다.

외부 법칙:
$$\frac{U_e - \overline{u}}{v^*} = g\left(\frac{y}{\delta}, P\right) \qquad P = \frac{\delta}{\tau_w}\frac{dp_e}{dx} \tag{6.36}$$

이것은 종종 속도-결함 법칙(velocity-defect law)이라고 불리며, $(U_e - \bar{u})$는 벽 효과에 의한 흐름의 '결함' 또는 지연이다. 임의의 주어진 위치 x에서 결함 형상 $g(y/\delta)$는 국소 압력 구배 P에 따라 달라진다. P의 정의는 Clauser's, Pohlhausen's 또는 Thwaites의 압력 매개변수와 유사하다는 점에 유의하라(부록 H2).

중복층 프로파일을 기술하는 함수는 내부 및 외부 분포를 동일한 압력 구배 P를 공유하는 중간 영역에서 동일하도록 설정한다.

중복 법칙: $$\frac{\bar{u}}{\upsilon^*} = f\left(\frac{\delta\upsilon^*}{\nu}\frac{y}{\delta}\right) = \frac{U_e}{\upsilon^*} - g\left(\frac{y}{\delta}\right) \tag{6.37}$$

결과식은 항등식이지만, 함수 f는 곱셈 상수를 포함하고, 함수 g는 덧셈 상수이다. 함수적 분석을 사용하면, f와 g가 로그 함수 형식일 경우에만 식이 참임을 나타낼 수 있다.

내부 변수(inner variables): $$\frac{\bar{u}}{\upsilon^*} = \frac{1}{\kappa}\ln\frac{y\upsilon^*}{\nu} + B \tag{6.38a}$$

외부 변수(outer variables): $$\frac{U_e - \bar{u}}{\upsilon^*} = -\frac{1}{\kappa}\ln\frac{y}{\delta} + A \tag{6.38b}$$

여기서 κ와 B는 매끄럽고, 유체가 침투할 수 없는 벽을 통과하는 난류 유동에 대한 거의 보편적인 상수이며, A는 주로 압력 구배 P에 따라 변화한다. 1930년 Prandtl의 제자인 J. Nikurades의 관 내 유동 측정에서는 $\kappa \approx 0.40$과 $B \approx 5.5$를 제안했지만, 이후 Coles와 Hirst(1968)의 연구 결과에 의해 다음과 같이 조정되었고, 본 책에서는 이 값을 적용하였다.

$$\kappa \approx 0.41 \qquad B \approx 5.0 \tag{6.39}$$

로그 중첩을 포함한 내부 법칙의 유효성은 내부 변수인 $u^+ = \bar{u}/\upsilon^*$와 $y^+ = y\upsilon^*/\nu$의 관점에서 그림 6.8의 속도 분포를 다시 표시함으로써 빠르게 확립된다. 이 작업은 그림 6.9에서 수행되었으며, 엄청난 성공을 거두었다. 분리 유동을 제외하고, 그림 6.8에서 매우 다르게 보였던 모든 곡선은 이제 중첩 영역 $35 \le y^+ \le 350$(대략, $0.02 \le y/\delta \le 0.2$ 범위에 해당하는 영역)에서 단일 로그식으로 통합되고, 그 후 곡선은 외부(후류처럼)에서 상향으로 회전하거나 내부(점성처럼)에서 하향으로 회전한다.

그림 6.9의 근-분리 유동(near-separating flow) 분포는 υ^*가 0에 접근하여 u^+가 매우 크고 y^+가 매우 작아지기 때문에 선도(그래프) 왼쪽과 위쪽으로 확대된다. 분리에 가까울 경우 벽 전단 응력을 기반으로 한 스케일링이 저하된다. 외부 법칙은 유지되지만, 내부와 중복 법칙은 점점 작아진다.

또한 그림 6.9에서 로그 법칙 상수 κ와 B에 대해 (0.40, 5.5) 또는 (0.41, 5.0) 중에서 선택할 수 있는 것이 거의 없다는 점에 유의하라. 후자의 값은 수치 결과가 필요할 때 사용된다.

속도 결함의 외부 변수와 y/δ를 사용하여 그림 6.8의 분포를 다시 표시할 때, 외부 법칙[식 (6.36)]의 유효성은 덜 명확해진다. 그 결과는 그림 6.10과 같다. 언뜻 보기에, 분포가 단일 '보편적' 곡선으로 통합되지 않는다는 사실에 순간적으로 당황할 수 있다. 하지만 자세히 살펴보면, 도

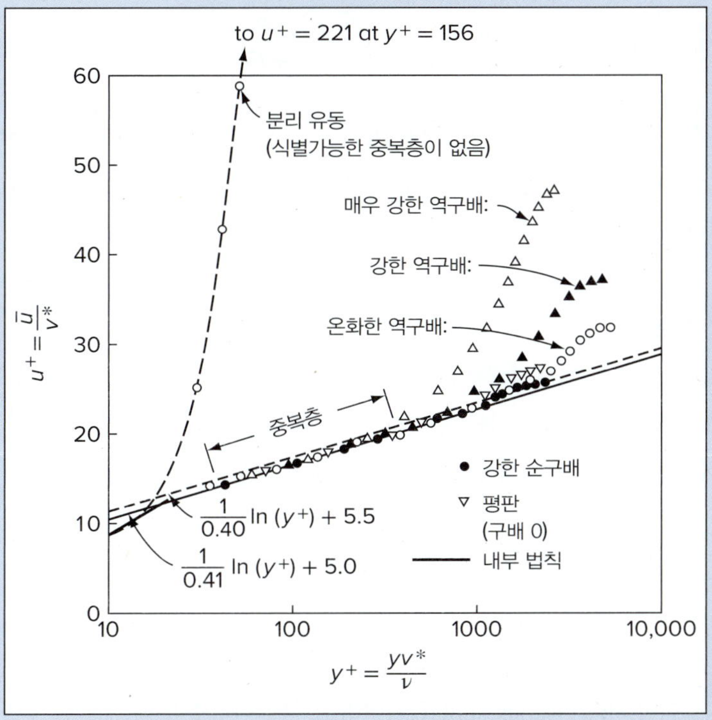

그림 6.9
내부 법칙 변수 y^+ 및 u^+를 사용한 그림 6.8의 속도 분포의 재표시

표의 차이가 각 분포에 수반되는 압력 구배 매개변수 P의 차이에 기인할 수 있다는 것이 명백해진다.

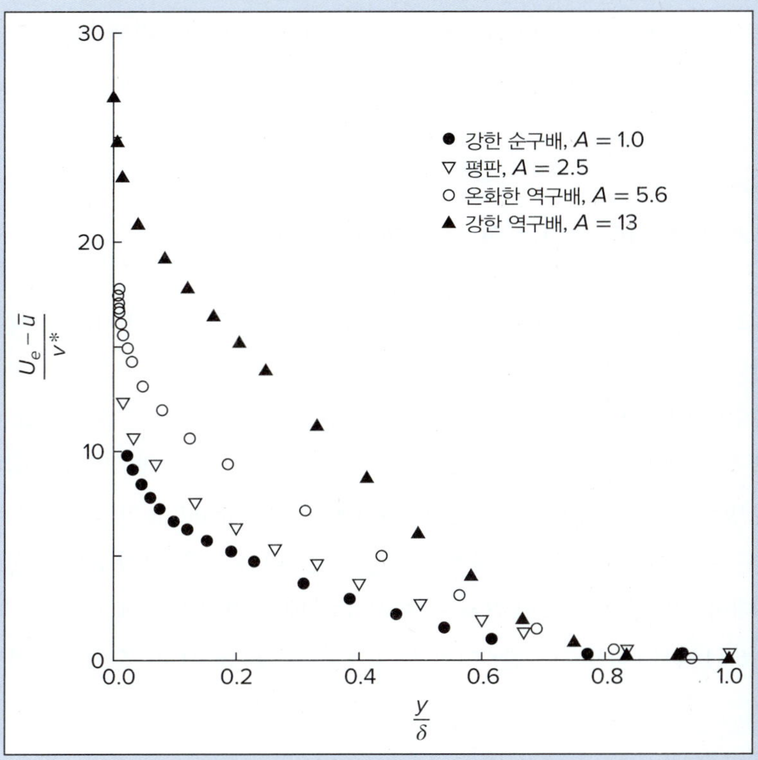

그림 6.10
그림 6.8의 속도 분포를 식 (6.36)의 외부 법칙 변수를 사용하여 재표시. 각 분포의 압력 구배 매개변수 P의 값이 다르므로 성공 여부는 분명하지 않다.

강한 순구배:	−4.8	온화한 역구배:	+6.3
평판: 0.0	0.0	강한 역구배:	+29

그림 6.10에 따르면 각 모양은 상수 A의 값에 따라 다르다. 따라서 중복 법칙도 무너지지 않는다. 그러나 주어진 P에 대해, 거의 고유한 분포가 형성된다. 예를 들어, 모든 평판 데이터는 그림 6.10에서 열린 삼각형 점 근처에 있다.

6-4.2 내층 세부정보: 벽의 법칙

그림 6.9에서, 내부 법칙인 식 (6.35)이 벽에서 점착되고(속도가 0이며), 약 $y^+ \approx 30$에서 중복 로그 법칙인 식 (6.38a)와 부드럽게 병합되는 것을 볼 수 있다. 그림에서 보이지 않는 것은 난류가 감쇠되고, 경계층이 점성 전단에 의해 지배되는 벽 근처에서의 유체의 거동이다. 매우 작은 y의 경우, 속도 분포는 선형적이다.

$$y^+ \le 5: \qquad \tau_w = \frac{\mu \bar{u}}{y} \quad \text{또는} \quad u^+ = y^+ \tag{6.40}$$

벽 근처의 이 (매우 얇은) 영역은 점성 저층(viscous sublayer)이라고 불린다. 그 두께는 일반적으로 $\delta_{sub} = 5\nu/v^*$이며, 그 양 (ν/v^*)은 종종 난류 경계층의 점성 길이 척도(viscous length scale)라고 불린다. 예를 들어, 그림 6.8과 같이 Wieghardt의 평판 공기 유동 데이터의 경우, $v^* = 1.24$ m/s, $\nu_{air} \approx 1.51 \times 10^{-5}$ m^2/s일 때, 점성 저층 두께를 $\delta_{sub} = 5(1.51 \times 10^{-5})/1.24 \approx 0.06$ mm로 유도할 수 있다. 이는 3 cm 정도의 경계층 두께보다 대략 500배 얇은 수치이다.

$5 \le y^+ \le 30$ 사이에서는, 완충층(buffer layer)으로 불리며, 속도 분포는 선형도 로그도 아닌 두 영역의 부드러운 혼합된 형태이다. Spalding(1961)의 벽 로그 법칙[식 (6.41)]이 전체 벽 관련 영역을 포괄하는 단일 복합 공식으로서 추론할 때까지 수십 년 동안 저층, 완충층 및 로그층에 별도의 관계식이 할당되었다.

$$y^+ = u^+ + e^{-\kappa B}\left[e^{\kappa u^+} - 1 - \kappa u^+ - \tfrac{1}{2}(\kappa u^+)^2 - \tfrac{1}{6}(\kappa u^+)^3\right] \tag{6.41}$$

이 식은 벽에서 외층이 로그 곡선 위로 상승하기 시작하는 지점(일반적으로, $y^+ = 100$)까지 내부 법칙 데이터에 대한 우수한 적합성을 나타낸다.

Lindgren(1965)이 증류수로 매끄러운 관을 테스트하여 그림 6.11과 같은 데이터를 제공할 때까지 수십 년 동안 내부 법칙을 테스트할 수 있을 만큼 벽과 가까운 평균 속도 데이터가 없었다는 점에 유의해야 한다. 분명히 외부 법칙이 시작되는 $y^+ > 300$에서도 Spalding의 식 (6.41)은 Lindgren(1965)의 데이터를 우수하게 예측한다. 완전히 발달된 관 내 유동은 그림 6.9의 '선호(favorable)' 영역과 '평판' 데이터의 중간 정도인 $P \approx -2$에서 순구배를 갖기 때문에 이 외부 '후류'는 매우 미미하다. 그림 6.11에서 (허용 가능한) 이전 로그 상수 $(\kappa, B) = (0.40, 5.5)$의 사용에 유의하라.

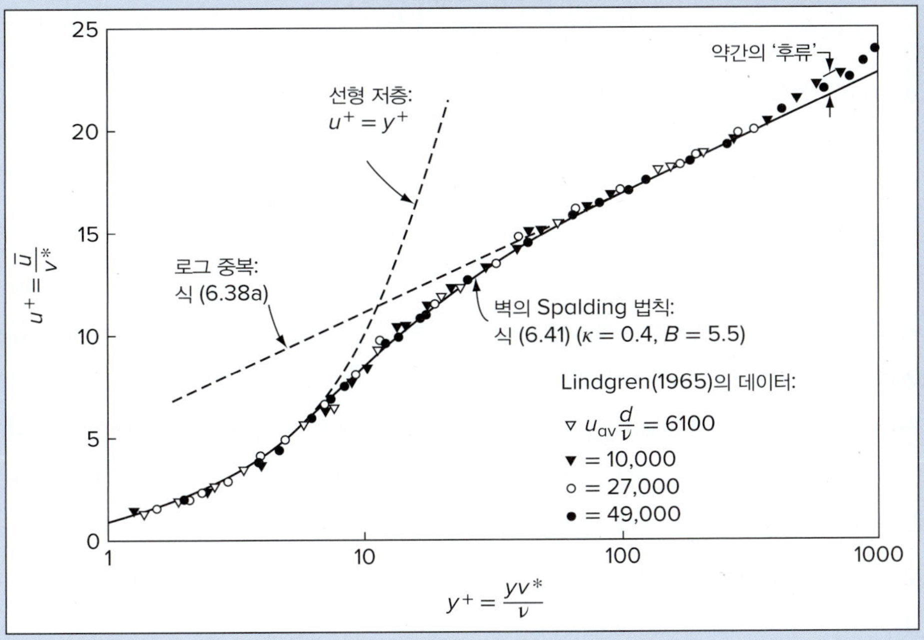

그림 6.11
Lindgren(1965)의 관 내 유동 데이터와 Spalding의 내부 법칙 표현식 비교

6-4.3 외층 세부정보: 평형 난류 흐름

내부 법칙은 매끄러운 벽의 난류 흐름, 즉 식 (6.41)을 완전하게 따르거나 유사한 것으로 보인다. 그러나 외부 법칙은 식 (6.36)과 그림 6.10에 나타난 바와 같이 압력 구배 매개변수 $P = (\delta/\tau_w)(dp_e/dx)$ 및 x와의 변화에 매우 민감하다.

Clauser(1954, 1956)는 2개의 고전 논문에서 P가 상수인 특정 사례에 대한 아이디어를 개발했으며, 이를 평형 난류 유동이라고 불렀다. Clauser는 모호한 정의 두께 δ를 엄격하게 정의된 배제 두께로 대체하여, 특히 무차원 평형 압력 구배 매개변수로 이어졌다.

Clauser의 평형 매개변수:
$$\beta \equiv \frac{\delta^*}{\tau_w}\frac{dp_e}{dx} = P\eta^* \tag{6.42}$$

상수 β 흐름은 $U_e = Cx^m$인 멱법칙(power-law) 자유 유동 분포에 해당하며, 이는 4-3.4절의 층류 Falkner-Skan 상사성 유동과 굉장히 유사하다.

상당한 실험적 노력으로, Clauser(1954)는 다양한 $p_e(x)$ 조건에서, 일정한 β를 갖는 경계층이 단일 매개변수로 모든 총 특성을 조정할 수 있다는 점에서 난류 평형을 달성할 수 있음을 보여준다. Clauser에 의해 평형 흐름에 가장 적절한 특성 길이는 결함 두께 Δ로 결정된다.

$$\Delta = \int_0^\infty \frac{U_e - \overline{u}}{v^*}dy = \delta^*\lambda \tag{6.43}$$

여기서 $\lambda = \sqrt{2/C_f}$는 국소 표면 마찰의 척도다(λ는 이후의 일부 근사 분석에서 매우 유용할 것이다). 따라서 속도 분포는 y/Δ로 조정(scaling)할 수 있다. Clauser는 평형 경계층에서 일정하게 유지되는 형상 계수 G를 다음과 같이 정의하였다.

$$G = \frac{1}{\Delta}\int_0^\infty \left(\frac{U_e - \overline{u}}{v^*}\right)^2 dy \tag{6.44}$$

일반적인 Kármán형 형상 계수 $H = \delta^*/\theta$는 다음과 같이 G와 연관될 수 있다.

$$H = \frac{\lambda}{\lambda - G} \tag{6.45}$$

표면 마찰이 x에 따라 변하기 때문에 H는 평형 경계층에서 일정하지 않다는 것을 언급한다.

Clauser의 외층 계층 구조 가정의 타당성에 대해서는 더 이상 의심의 여지가 없다. 그림 6.12는 거친 벽에 대한 데이터를 포함하여 평판($\beta = 0$)에 대한 외층 결함 분포를 보여준다. Mellor와 Gibson(1966)의 에디 점성 계수 계산에 대한 데이터는 적절하게 붕괴가 되는 것을 보여준다. 또한 Clauser의 예전 실험(1954)에서도 생성된 두 가지 평형 역구배도 나타났으며, 우수한 일치성을 보였다. 이 두 분포는 현재 일반적으로 Clauser I ($\beta \approx 1.8$, $G \approx 10.1$)과 Clauser II ($\beta \approx 8.0$, $G \approx 19.3$)로 불린다. 평형 개념은, 예를 들어 Stratford(1959)에 의해 측정된 극한($\beta \to \infty$)에서도 유효하다. 마지막으로, 음의 β(순구배)의 경우에는 다른 것들 중에서 Herring과 Norbury(1967)의 실험이 잘 일치한다.

6-4.4 대안적 관점: Coles의 후류 법칙

적용 관점에서, Clauser의 외층 접근에는 두 가지 어려움이 있다. (1) 비평형 유동은 그림 6.12의 '상사성' 분포에서 모양이 이탈하고, (2) 평형 형태조차도 공학 이론에서 사용할 간단한 분석 형태

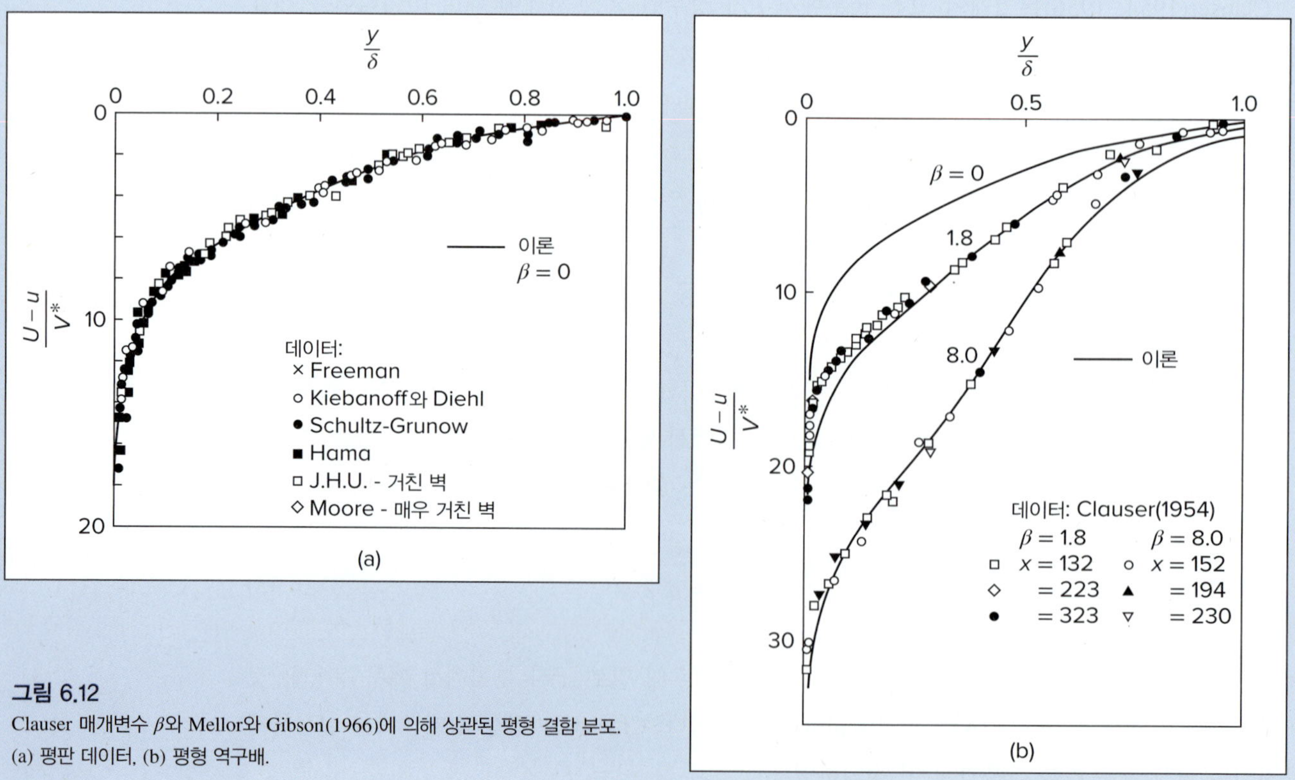

그림 6.12
Clauser 매개변수 β와 Mellor와 Gibson(1966)에 의해 상관된 평형 결함 분포. (a) 평판 데이터, (b) 평형 역구배.

가 없다. 이러한 점들은 Coles(1956)에 의해 해결되었는데, 그는 로그층(그림 6.9 참조) 위의 외층의 편차 또는 초과 속도가 자유 유동에서 볼 때 후류 같은 형태를 가지고 있다고 언급했다. $y = \delta$에서 최대 편차로 정규화하면 데이터는 y/δ의 고유한 함수로 붕괴한다. 즉, Coles가 제안한 것은 다음과 같다.

$$\frac{u^+ - u^+_{\text{log-law}}}{U^+_e - u^+_{\text{log-law}}(y = \delta)} \approx f\left(\frac{y}{\delta}\right)$$

여기서 **후류 함수** f는 벽에서 0이고 $y = \delta$에서 통일되도록 정규화된다. 후류 함수에 예상되는 S 모양에는 두 가지 일반적인 곡선 적합치가 사용된다.

$$f\left(\frac{y}{\delta}\right) \approx \sin^2\left(\frac{\pi}{2}\frac{y}{\delta}\right) \approx 3\left(\frac{y}{\delta}\right)^2 - 2\left(\frac{y}{\delta}\right)^3 \tag{6.46}$$

물론 다항식 적합은 적분 공식에서 사용하기 쉽다.

로그 법칙에 후류를 추가하면 중복층 및 외층에 대한 정확한 근삿값에 도달한다.

$$u^+ \approx \frac{1}{\kappa}\ln(y^+) + B + \frac{2\Pi}{\kappa}f\left(\frac{y}{\delta}\right) \tag{6.47}$$

Coles의 **후류 매개변수**라고 불리는 $\Pi = \kappa A/2$는 이전에 정의된 외층 상수 A와 직접 관련이 있다. 또한 Clauser의 평형 매개변수 β와 대략적으로 관련이 있다(그림 6.27 참조). 평형 유동의 경우 Π는 β에 의해서만 변화해야 한다.

식 (6.47)의 장점은 평형 상태에 있든 없든 모든 2차원 난류 경계층 분포에 대해 완전하고 합리적으로 정확한 표현을 나타낸다는 것이다. $y^+ < 30$이면 후류를 생략하고, 식 (6.41)에서 u^+를 계산해야 한다. 그림 6.13에 나타낸 대표적인 분포로부터 식 (6.47)의 유효성을 알 수 있으며,

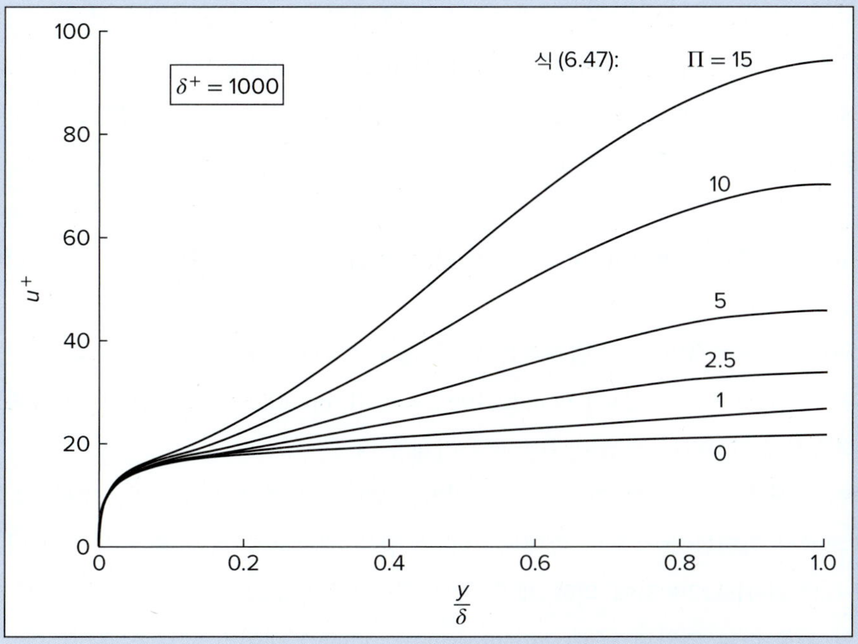

그림 6.13
난류 속도 분포는 $\delta^+ = 1000$이라고 가정했을 때, Coles의 벽-후류 공식[식 (6.47)]으로부터 계산된다. $\Pi = 0$에 대한 곡선은 식 (6.41)에서 벽의 순수 법칙이다.

벽의 순수 법칙(pure law)($\Pi = 0$)에 S자형 후류 함수를 추가하려는 아이디어를 보여준다. 이것들은 계산하기 쉬운 매우 현실적인 모양을 나타낸다. 또한 u/U_e로 정규화 및 재분배된 경우, 그림 6.8에 나타난 분포와 유사하다.

벽-후류 복합 분포는 여러 유형의 난류 전단 흐름 이론에 사용될 수 있다. 예를 들어, 감탄할 만한 단순성으로 인해 적분 매개변수에 대한 간결한 공식이 생성된다. 경계층을 가로질러 식 (6.47)을 적분함으로써 다음을 얻는다.

$$\frac{\delta^*}{\delta} \approx \frac{1+\Pi}{\kappa\lambda} \qquad \lambda = \left(\frac{2}{C_f}\right)^{1/2} \qquad \frac{\theta}{\delta} \approx \frac{\delta^*}{\delta} - \frac{2 + 3.2\Pi + 1.5\Pi^2}{\kappa^2\lambda^2} \tag{6.48}$$

마찬가지로, 경계층의 가장자리에서 식 (6.47)을 통해 벽-후류 법칙을 평가함으로써 국소 표면 마찰 계수 $C_f = 2\tau_w/(\rho U_e^2)$는 후류 매개변수 Π와 국소 Reynolds 수 $Re_\delta = U_e\delta/\nu$와 관련될 수 있다. 다음을 얻는다.

$$\frac{U_e}{v^*} = \lambda = \left(\frac{2}{C_f}\right)^{1/2} = \frac{1}{\kappa}\ln\left(\frac{Re_\delta}{\lambda}\right) + B + \frac{2\Pi}{\kappa} \tag{6.49}$$

다음 절의 몇 가지 실용적인 난류 전단 흐름 문제에 이 간단한 로그적 접근법을 사용할 것이다. Huang과 Bradshaw(1995)는 압력 구배가 미치는 영향에 대해 논의한다.

6-4.5 대체 멱법칙 중복: 논란

유체 공학은 공동 연구 분야이다. 연구자들은 보통 점진적으로 지식을 개선하며 계산 방법을 제외하고는 논쟁을 거의 하지 않는다. 따라서 Barenblatt 등(1997)이 중복 법칙에 대한 새로운 비로그(non-logarithmic) 공식을 제안했을 때, 그것은 놀랍게도 논쟁거리가 되었다. 신문들은 "벽의 법칙이 무너졌다"라는 헤드라인을 실었다. 이것은 70년 동안 받아들여져 온 벽의 로그-산수 법칙인 식 (6.38a)를 의미했다. Kathleen Stein 기자는 저자들의 말을 인용해 "공학과 공기역학 교과서와 디자인 소프트웨어가 다시 쓰여져야 할 것"이라고 전했다. George와 Castillo(1997)와 그 외 다른 사람들, 특히 Zagarola와 Smits(1998)는 로그 법칙의 소멸에 찬성했다. 관 내 흐름과 평판 흐름 모두에 대해 제안된 대체 중복 공식은 멱법칙 형태이다.

$$u^+ \approx C(y^+)^\alpha \quad \text{여기서} \quad C \approx 3 + 0.62\ln(Re_\theta), \quad \alpha \approx \frac{1.24}{\ln(Re_\theta)} \tag{6.50}$$

$\kappa \approx 0.41$과 $B \approx 5.0$으로, 고전적인 로그 법칙과는 달리, 상수 C와 α는 Reynolds 수에 따라 변화한다고 인정되었다. 이 아이디어는 1921년 Prandtl(1961, vol. II, pp. 620-626)이 관 내 흐름 속도가 거의 7분의 1 멱법칙에 가깝다는 최초 관측을 떠올리게 한다.

유체 연구자들이 이제 두 가지 실행 가능한 중복 법칙을 받아들일 수 있었겠는가? 대신, 그 논란은 몇몇 국제회의에서 격렬한 논쟁으로 확대되었다. 논쟁을 해결하기 위한 좋은 노력이 마침내 Buschmann과 Gad-el-Hak(2003)에 의해 제안되었는데, 그들은 로그 공식과 멱법칙 공식 모두에 의해 109개의 서로 다른 영압력 구배(zero-pressure-gradient) 데이터 세트를 분석했다. 그

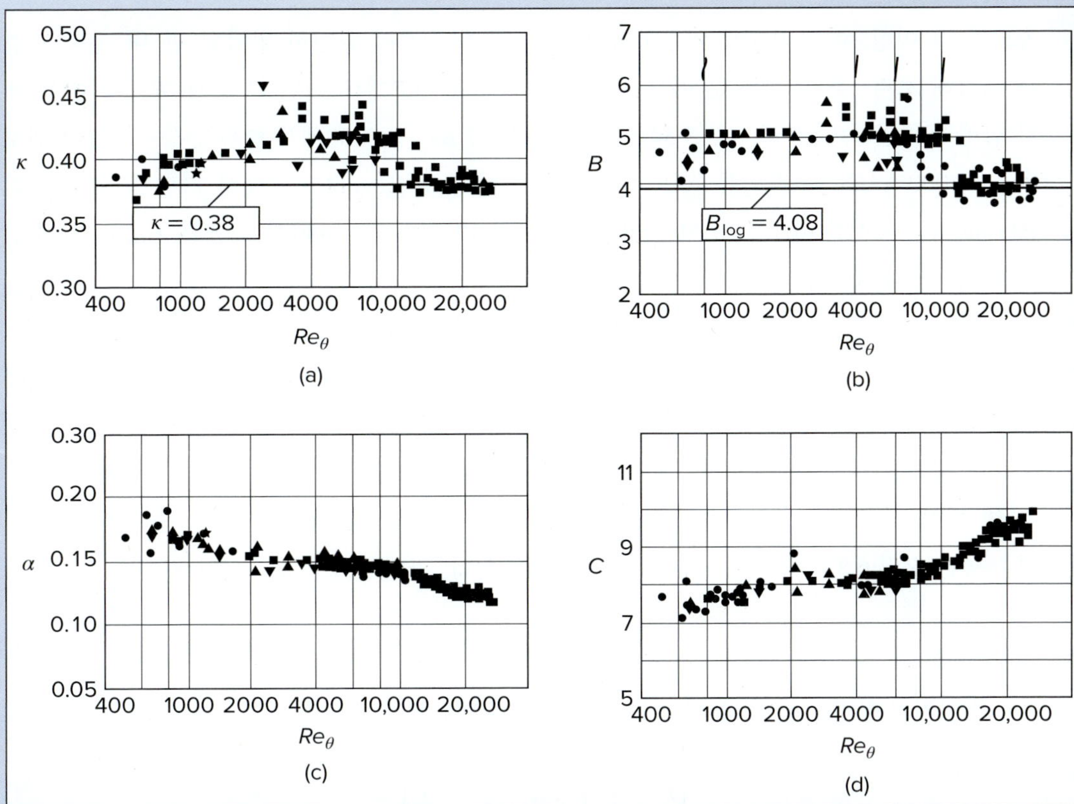

그림 6.14

Buschmann과 Gad-el-Hak(2003)에 의해 중복 법칙 상수가 상관된다. (a, b) 로그 법칙, 식 (6.38a), (c, d) 멱법칙, 식 (6.50). [American Institute of Aeronautics and Astronautics의 허가를 받아 재인쇄됨.]

들은 Österlund(1999)의 새로운 데이터를 포함했는데, 이는 로그 법칙이 일치했던 데이터보다 훨씬 높은 $Re_\theta = 27{,}000$까지 확장되었다. 그들은 두 법칙이 비슷한 합의를 제공했고 통계적으로도 우월하지 않다고 결론지었다. 멱법칙은 벽 근처에서 데이터를 잘 예측하지 못하고, 로그 법칙은 후류 지역 근처를 잘 예측하지 못한다. 그림 6.14는 로그 법칙과 멱법칙 '상수'의 최적 적합치를 Reynolds 수의 함수로 보여준다. 모든 계수가 Re_θ에 따라 약간 다르다는 것을 알 수 있다. 일반적으로 로그 법칙은 $Re_\theta \to \infty$로 유효해야 한다는 데 동의하며, 여기서 Buschmann과 Gad-el-Hak(2003)은 $\kappa \approx 0.38$과 $B \approx 4.08$의 제한값을 제안한다.

6-5 원형관 및 채널 내 난류 유동

흥미로운 점은 6-4절에 제시된 모든 논의와 그래프에 대해 실제로 기초 이론이 없었다는 것이다. 어떤 방정식도 풀리지 않았고 모든 속도 분포는 상관관계, 즉 물리적으로 의미 있는 차원해석의 결과였다. 이제 '이론'을 광범위하게 사용하지 않고 간단한 문제를 해결하기 위해 이러한 대수식으로부터 진행할 수 있다. 여기서 덕트에서 완전히 발달된 유동에 대해 논의한다.

6-5.1 원형관

속도가 더 이상 축 거리 x에 의존하지 않는 입구 하류에서 완전히 발달된 관 내 유동의 경우를 생각해 보자. 층류-유동 분석, 3-3.1절에서는 그림 3.7에 도시된 $C_f = 16/Re_D$의 마찰 계수와 함께 포물선 속도 분포, 식 (3.34)를 예측한다. 약 $Re_D = 2000$에서 층류 운동이 불안정해지고 $Re_D \approx 4000$에서는 완전 난류 유동이 형성된다. 더 높은 Reynolds 수에서 그림 3.7의 데이터는 'Blasius'라는 곡선을 따르는데, 이는 이론이 아니라 1913년에 Prandtl의 학생 H. Blasius가 수집한 매끄러운 벽 데이터에 적합한 곡선이다.

$$C_f(\text{관}) = \frac{2\tau_w}{\rho u_{\text{av}}^2} \approx 0.0791 Re_D^{-1/4} \qquad 4000 < Re_D < 10^5 \tag{6.51}$$

Blasius 공식은 차원 분석 기술의 최초 현대적 응용 중 하나였지만, 적용 범위가 제한적이다.

벽 법칙, 식 (6.41) 또는 식 (6.38a)에서 더 나은 결과가 나온다. 유리한 압력 구배를 갖는 관 내 유동은 그림 6.8의 상부 속도 분포와 유사해야 한다. 관의 반경을 a로 나타내면 벽 좌표는

$$y = a - r \qquad dy = -dr$$

분포가 알려지면 평균 관 내 유체 속도를 평가할 수 있다.

$$u_{\text{av}} = \frac{Q}{A} = \frac{1}{\pi a^2}\int_0^a \overline{u}(2\pi r)dr = \frac{2}{a^2}\int_0^a \overline{u}(a - y)dr \tag{6.52}$$

그림 6.11은 난류관 유동의 후류가 미미하다는 것을 명확하게 보여준다. 결과적으로, 벽의 법칙은 관을 가로지르는 방향으로 정확하다. 게다가, (매우 얇은) 점성 저층을 무시하고 간단한 로그 법칙인 식 (6.38a)를 결과로 대체할 수 있다

$$u_{\text{av}} = v^*\left(\frac{1}{\kappa}\ln\frac{av^*}{\nu} + B - \frac{3}{2\kappa}\right) \tag{6.53}$$

이제 관 마찰 계수의 정의, $C_f = 2\tau_w/(\rho u_{\text{av}}^2)$에 의해 다음 항등식이 성립한다.

$$\frac{u_{\text{av}}}{v^*} = \left(\frac{2}{C_f}\right)^{1/2} \qquad \frac{av^*}{\nu} = Re_D\left(\frac{C_f}{8}\right)^{1/2} \qquad Re_D = \frac{2au_{\text{av}}}{\nu}$$

이것은 우리의 관심을 끌며, 식 (6.53)이 실제로 마찰 계수 관계임을 드러낸다. $\ln(x) = \ln(10)\log 10(x)$와 $\kappa = 0.41$ 및 $B = 5.0$을 사용하고 기저가 10인 로그를 도입하면, 다음과 같이 식 (6.53)를 재정렬할 수 있다.

$$\frac{1}{\Lambda^{1/2}} = 1.99\log_{10}\left(Re_D\Lambda^{1/2}\right) - 1.02$$

여기서 $\Lambda = 4C_f$는 Darcy 마찰 계수이다. 이 공식은 1935년 Prandtl에 의해 도출되었다. 그가 저층과 후류 영역을 무시했기 때문에, Prandtl은 특히 낮은 Reynolds 수에서 관 내 마찰 데이터를 더 효과적으로 맞추기 위해 상수를 약간 조정했다. 마지막 공식은 다음과 같다.

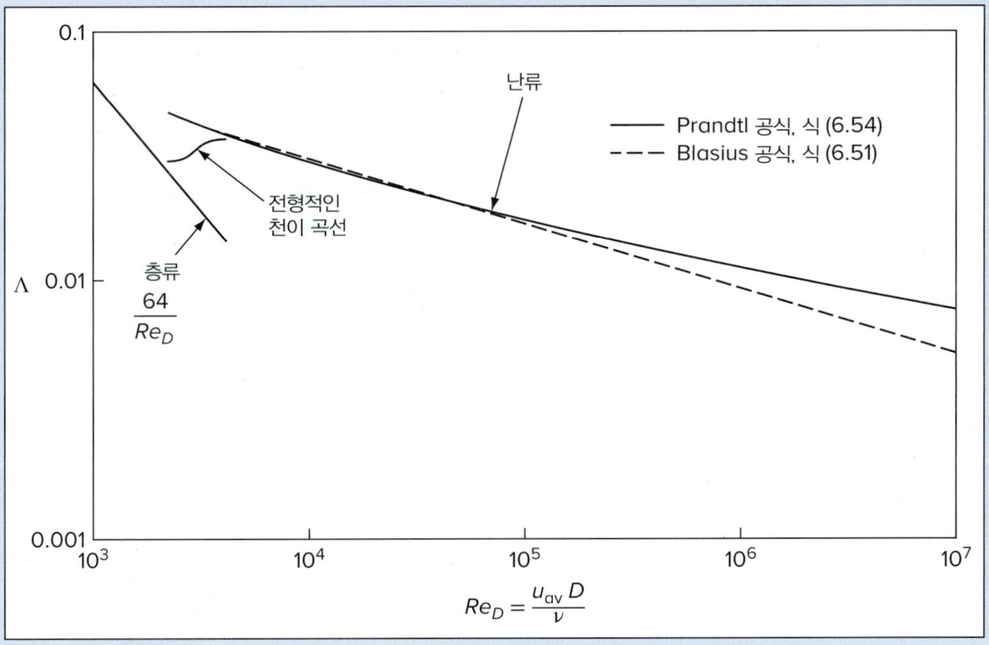

그림 6.15
완전히 발달된 관 내 유동에 대한 해석적 마찰 계수 공식. 그림 3.7의 데이터와 비교하라.

$$\frac{1}{\Lambda^{1/2}} = 2.0\log_{10}\left(Re_D \Lambda^{1/2}\right) - 0.8 \tag{6.54}$$

이 식은 4000보다 큰 Reynolds 수에서 매끄러운 벽 난류 관 내 유동에 유효하다. 그것은 식 (6.51)에 의해 주어진 Blasius 상관식을 대체한다.

그림 6.15는 Reynolds 수 대비 표시된 층류 및 난류 마찰 계수 공식을 보여준다. Blasius 공식[식 (6.51)]은 $Re_D > 10^5$에서 너무 낮게 마찰 영향을 예측한다는 점에 유의해야 한다. 그러나 Blasius 공식은 벽 전단 응력의 관점에서 그것을 다시 작성함으로써 흥미로운 경향을 드러내는 데 사용될 수 있다.

$$\tau_w \approx 0.0396\rho^{3/4} u_{av}^{7/4} \mu^{1/4} D^{-1/4} \tag{6.55}$$

따라서 난류 관 내 유동에서 벽 전단(wall shear)은 밀도에 따라 거의 선형적으로 증가하고, 속도에 따라 거의 2차적으로 증가하며, 점도에 따라 매우 약하게, 관 크기에 따라 약하게 감소한다. 그림 6.15의 천이 곡선은 $Re_D = 2000{\sim}4000$의 층류에서 난류 유동으로의 변화를 전형적으로 나타낸 것이다. 이 영역은 다소 불확실하며, 그 유동은 난류 '슬러그'가 관을 통해 전파될 때 맥동(pulsation)한다. 배관 시스템 설계 시 반드시 피해야 한다.

6-5.2 평판 사이의 채널 유동

평판 사이의 층류 유동이 완전히 발달한 경우를 식 (3.44)로 해결하여 포물선 속도 분포 $u(y)$와 마찰 계수 $C_f = 6/Re_h$를 얻었으며, 여기서 h는 평판 사이의 반폭을 나타낸다. 그림 6.16과 같이 채널 유동을 기하학적으로 나타낼 수 있으며, 층류 및 난류 속도 분포 간의 차이를 확인할 수 있다. 또한 관 내 유동과 마찬가지로 벽에서 중심선으로 이동함에 따라 0으로 선형적으로 떨어지는 총 전

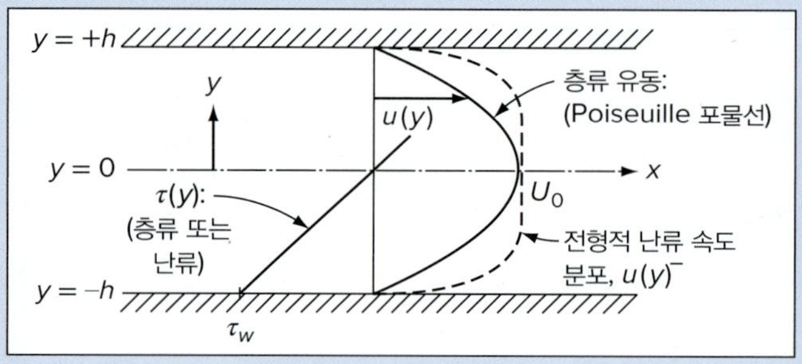

그림 6.16
채널에서 완전히 발달된 층류 및 난류

단 응력 분포 $\tau(y)$를 보여준다.

여기서도, 후류는 작고 저층은 무시할 수 있으므로, 로그 법칙 방정식, 식 (6.38a)를 사용하여 전체 채널에 걸친 속도 분포를 나타낼 수 있다. $Y = (h - y)$의 벽 변수를 사용하여 평균 속도는 로그 법칙에서 근사할 수 있다.

$$u_{\text{av}} = \frac{1}{h}\int_0^h \overline{u}dY \approx v^*\left(\frac{1}{\kappa}\ln\frac{hv^*}{\nu} + B - \frac{1}{\kappa}\right)$$

$u_{\text{av}}/v^* = (8/\Lambda)^{1/2} = (2/C_f)^{1/2}$ 이므로, 이제 해당 마찰 계수에 대해 풀 수 있다. 채널의 경우, 식 (3.55)의 수력 직경(hydraulic diameter) 개념을 채택하고 쓰는 것이 편리하다.

$$Re_{D_h} = \frac{u_{\text{av}}D_h}{\nu} \qquad D_h = \frac{4A}{\mathscr{P}} = 4h \tag{6.56}$$

여기서 A와 $\mathscr{P}$는 각각 유동 면적과 젖음 둘레(wetted perimeter)를 나타낸다. 매끄러운 벽 난류 채널 유동에 대해, 이러한 정의를 u_{av}에 대한 식에 도입하고, 기저가 10인 로그를 사용하여 재정렬하면 다음과 같은 식을 얻을 수 있다.

$$\frac{1}{\Lambda^{1/2}} = 2.0\log_{10}\left(Re_{D_h}\Lambda^{1/2}\right) - 1.19 \tag{6.57}$$

결과는 관인 경우의 관계식, 식 (6.54)와 놀라울 정도로 유사하지만, $Re = 10^5$에서 Λ를 7% 정도 약간 높게, $Re = 10^8$에서는 4% 정도 약간 낮게 예측한다.

벽 법칙을 사용하여 관 내 유동과 채널 유동을 분석함으로써 u_{av}의 평가는 직접 최종 결과로 이어진다. 미분 방정식은 풀리지 않으며, 이론적 주장도 만들어지지 않는다.

6-5.3 난류 비원형 덕트 유동을 위한 유효직경

채널 유동 관계식, 식 (6.57)은 관 내 유동 결과에 충분히 유사하므로, 수력 직경 D_h과 관 마찰 관계식, 식 (6.54)를 사용하여 비원형 덕트 마찰을 계산하는 일반적인 공학적 관행[예, White(2012, pp. 373-374)]을 입증한다. 실제로, 삼각형, 사각형, 직사각형 및 고리형 덕트를 통한 난류 유동에 대한 실험[Schlichting(1979, Fig. 20.12) 참조]은 이 방식을 채택할 때 몇 %의 오류만을 보여준다. 따라서 수력 직경 근삿값은 층류 유동의 경우보다 난류에 대해 훨씬 우수하다(비교를 위해 그림 3.13 참조).

동일한 단면에 대하여 층류 덕트 이론을 이용하여 D_h를 수정함으로써 추가적인 개선을 얻을 수 있다. 예를 들어, 채널에 대한 식 (6.57)은 다음과 같이 다시 작성될 경우 원형 관 법칙 식 (6.54)와 유사하다.

$$\frac{1}{\Lambda^{1/2}}\,(\text{채널}) = 2.0\log_{10}\left(0.64Re_{D_h}\Lambda^{1/2}\right) - 0.8 \tag{6.58}$$

채널의 유효 직경으로 $(0.64D_h)$를 사용할 때, 채널과 관 사이의 최상의 일치가 예측된다. 층류에서 $C_f(\text{관}) = 16/Re_D$ 및 $C_f(\text{채널}) = 24/Re_h$이며, 따라서 이 둘의 비율은 $16/24 = 0.667$로 예측값 0.64에 상당히 유사하다는 것을 기억하라. 이건 우연이 아니다. 비원형 덕트에서 난류 마찰을 추정하기 위한 일반적인 규칙은 유효 Reynold 수를 기반으로 관 마찰 법칙, 식 (6.54)를 사용하는 것이다.

$$Re_{D_{\text{eff}}} = \frac{u_{\text{av}}D_{\text{eff}}}{\nu} \quad \text{여기서} \quad D_{\text{eff}} = D_h\frac{16}{(C_fRe_{D_h})_{\text{laminar}}} \tag{6.59}$$

이 개념은 O. C. Jones에 의해 직사각형[Jones(1976)] 및 동심 고리 덕트[Jones와 Leung(1981)]와 관련된 테스트에서 제안되고 실험적으로 입증되었다. 3-3.3절의 결과로부터 주어진 절에 대한 $(C_fRe)_{\text{laminar}}$을 취할 수 있다. 실제로 이 방법은 볼록한 단면에 대해 잘 작동해야 한다. 즉, 비정상적으로 얇은 영역이 없어야 한다. 예를 들어, Eckert와 Irvine(1957)의 12° 이등변삼각형 관 실험은 12° 구석에서의 유동이 놀라울 정도로 높은 Reynolds 수까지 층류로 남아 있었기 때문에 더 나쁜 결과를 낳았다. Obot(1988)은 작은 정점 각도와 거친 벽을 포함하여 비원형 덕트의 전체 주제를 검토했다. Obot은 유효 직경 방식에 동의하면서도 더 나아가 모든 덕트의 데이터를 상관시키기 위한 '임계 마찰' 또는 천이 지향적인 방법을 제안했다.

6-5.4 거친 관에서의 난류

이전 공식은 매끄러운 벽 난류 덕트 흐름에 대해서만 유효하다. 벽면 거칠기는 층류 유동에 거의 영향을 미치지 않지만, 약간의 거칠기라도 얇은 점성 저층을 파괴하고 난류 흐름에서 벽면 마찰을 크게 증가시킨다. k에 의한 평균 거칠기 높이를 나타내면 벽 법칙과 마찰 법칙은 각각,

$$u^+ = f(y^+, k^+) \qquad \text{여기서} \qquad k^+ = \frac{kv^*}{\nu}, \quad \text{그리고} \quad \Lambda = f\left(Re_D, \frac{k}{D}\right)$$

로그 중복층은 여전히 존재하지만, k^+가 증가하면 절편 B는 단조롭게 아래로 이동하기 시작하고 유효 '벽' 위치는 바깥쪽으로 이동하기 시작한다.

$$u^+_{\text{overlap}} = \frac{1}{\kappa}\ln\frac{yv^*}{\nu} + B - \Delta B(k^+) \tag{6.60}$$

그림 6.17에 도시된 바와 같이, 하향 절편 이동(shift)이 클 수 있으며, 그에 따라 마찰의 증가가 클 수 있다. Kármán의 상수 $\kappa \approx 0.41$은 거칠기에 따라 변하지 않지만, ΔB는 거칠기의 유형(균일한 모래, 모래 혼합물, 리벳, 나사산, 구체 등)에 따라 달라지는 k^+의 비고유(non-unique) 함수임

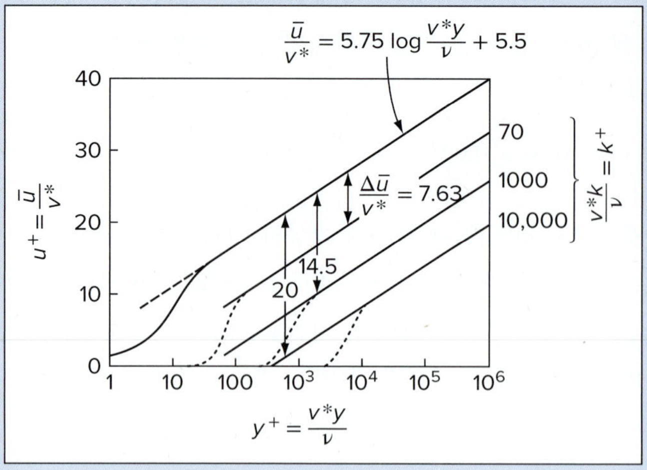

그림 6.17
대수 중복층의 하향 절편 이동 ΔB를 보여주는 실험적 거친 관 내 속도 분포

을 입증한다. 이는 Clauser(1956)가 편집한 그림 6.18에서 확인할 수 있다. 작은 k^+에서 상당한 변동이 발생하지만, 큰 k^+에서 점근적 변화는 모든 경우에 $1/\kappa$의 기울기를 갖는 로그이다. 외층 또는 중복층은 벽 거칠기의 영향을 받지 않음에 유의하라[그림 6.12(a)의 데이터는 거칠고 매우 거친 표면을 포함한다!].

그림 6.18의 점선은 고전적인 Prandtl-Schlichting 모래 입자 곡선을 나타낸다. $k^+ < 4$의 경우 거칠기 효과가 없고, $k^+ > 60$의 경우 ΔB는 로그이다. 이것은 세 가지 거칠기 양식(regime)을 정의한다.

$$\begin{aligned} k^+ < 4 &: \text{수력학적 매끈한 벽} \\ 4 < k^+ < 60 &: \text{천이-거친 양식} \\ k^+ > 60 &: \text{완전히 거친 유동 (점성 효과 없음)} \end{aligned} \tag{6.61}$$

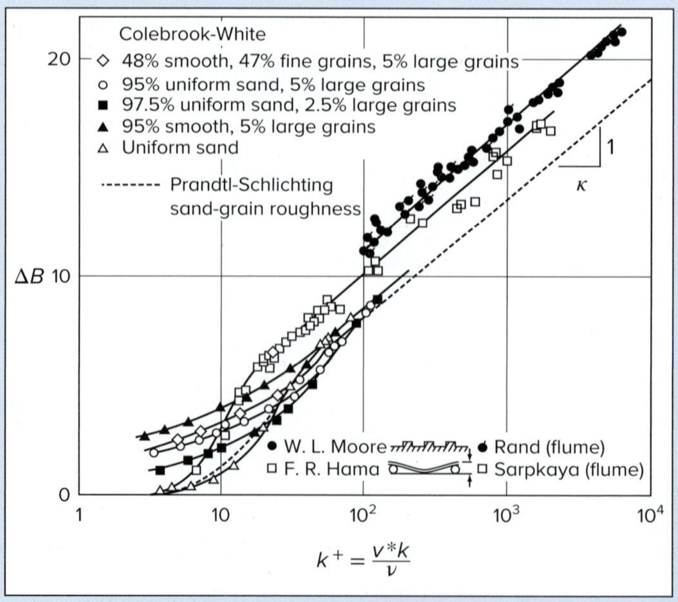

그림 6.18
다양한 거칠기 형상에 대한 분포 이동 절편 $\Delta B(k^+)$의 합성 플롯(plot). Clauser (1956)에 의해 편집됨.

조도를 갖는 관 마찰 공식을 도출하기 위해 그림 6.18의 점선 곡선에 다음과 같은 식을 사용하여 곡선을 그릴 수 있다.

$$\Delta B_{\text{sand grains}} \approx \frac{1}{\kappa}\ln(1 + 0.3k^{+}) \tag{6.62}$$

이 식이 다시 식 (6.60)으로 대체될 때, 다음과 같이 정리된다.

완전히 거친 유동:
$$u^{+} = \frac{1}{\kappa}\ln\left(\frac{y}{k}\right) + 8.5;\ k^{+} > 60 \tag{6.63}$$

이 조건에서는 속도 분포에 점도의 영향이 없다.

마찬가지로 관 마찰 공식, 식 (6.53)에 $(B - \Delta B)$를 도입하고, 기저가 10인 로그를 재배열하여 도입하면,

$$\frac{1}{\Lambda^{1/2}} \approx 2.0\log\left[\frac{Re_D\sqrt{\Lambda}}{1 + 0.1k/DRe_D\sqrt{\Lambda}}\right] - 0.8 \tag{6.64}$$

이 표현은 전체 난류 유동 양식에 대한 모래 입자 관 마찰의 적절한 표현으로 간주되어야 한다. 분모 항은 다음과 같이 나타낸다.

$\left(\frac{k}{D}\right)Re_D < 10$:　중요하지 않은 거칠기

$\left(\frac{k}{D}\right)Re_D > 1000$: 지배적인 거칠기, Re_D에 무관하게 '완전히 거친' 유동

상업용 관에는 모래 조도 거동을 정확하게 따르지 않는 거칠기가 있으므로 C. F. Colebrook (1939)은 Moody(1944)가 도식화하여 그림 6.19에 나타낸 식 (6.64)와는 다른 공식을 고안했다. Colebrook 보간 공식은 다음과 같다.

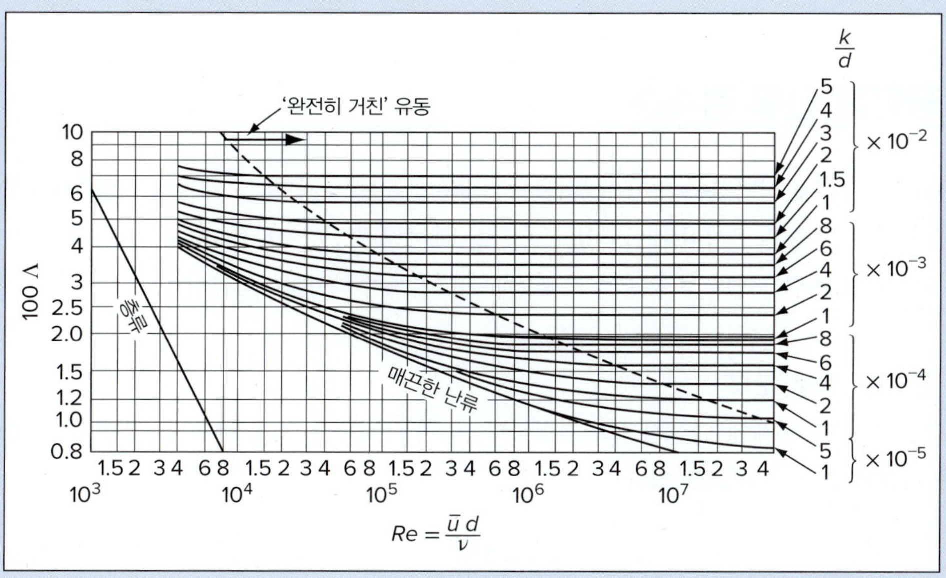

그림 6.19
거친 관의 난류에 대한 마찰 계수
[Moody(1944) 이후]

표 6.1 상업용 관의 거칠기

관의 유형	등가조도 k_s, ft
유리	0.000001
인발 튜브	0.000005
강철, 연철	0.00015
아스팔트 주철	0.0004
아연 도금철(새로운)	0.0005
아연 도금철(3년된)	0.0009
주철	0.00085
나무 장대	0.0006~0.003
콘크리트	0.0010~0.01
리벳이 달린 강철	0.003~0.03

$$\frac{1}{\Lambda^{1/2}} \approx -2.0\log_{10}\left(\frac{k/D}{3.7} + \frac{2.51}{Re_D\sqrt{\Lambda}}\right) \tag{6.65}$$

현재 상업용 관 마찰에 대한 Moody 선도로 알려진 이 식의 선도는 그림 6.19에 나와 있다. 관 거칠기 높이는 표 6.1에 제시된 목록에서 추정할 수 있다.

Colebrook-Moody 공식은 함축적이다. 즉, Re_D와 k/D가 알려진 경우, Λ를 구하기 위해서는 반복계산이 수행되어야 한다. 이러한 번거로움은 Haaland(1983)에 의해 제안된 명시적 공식을 사용함으로써 면할 수 있다.

$$\frac{1}{\Lambda^{1/2}} \approx -1.8\log_{10}\left[\frac{6.9}{Re_D} + \left(\frac{k/D}{3.7}\right)^{1.11}\right] \quad \text{또는} \quad \Lambda = \frac{1.6364}{\ln^2\left[\frac{6.9}{Re} + \frac{(k/D)^{1.11}}{3.7}\right]} \tag{6.66}$$

이 관계는 식 (6.65)와 ±2% 미만으로 차이가 나며 마찰 계수를 직접 평가할 수 있다(부록 E 참조).

6-6 평판의 난류 경계층

높은 Reynolds 수에서 날카로운 평판을 통과하는 유동의 문제는 광범위하게 연구되었으며, 해당 마찰 계수에 대한 수많은 공식이 제안되었다. 연구는 데이터 곡선 적합, Kármán 적분 관계 및 벽 법칙의 사용, 난류 전단 모델을 사용한 수치해석에 이르기까지 다양하다(6-7절).

6-6.1 운동량-적분 분석

적분적 접근법이 이 문제에 이상적으로 적합하다. 압력 구배는 0이고, 운동량-적분 관계식[식 (6.28)]은 다음과 같이 정리할 수 있다.

$$C_f = 2\frac{d\theta}{dx} \tag{6.67}$$

이는 평형 유동($\beta = 0$)이기 때문에, 속도 분포는 벽-후류 법칙, 식 (6.47)에 $\Pi \approx 0.45$를 적용했을 때 잘 근사된다. $y = \delta$에서 분포 함수, 식 (6.47)의 평가는 다음과 같다.

$$\frac{U_e}{\upsilon^*} = \left(\frac{2}{C_f}\right)^{1/2} = \frac{1}{\kappa}\ln\frac{\delta\upsilon^*}{\nu} + B + \frac{2\Pi}{\kappa} \approx 2.44\ \ln\left[Re_\delta\left(\frac{C_f}{2}\right)^{1/2}\right] + 7.2$$

식 (6.53)과 유추하여, 이 관계는 C_f와 Re_δ 사이의 마찰 관계를 나타낸다. 대수적으로 확정하기 어려우므로, 0.001에서 0.005까지의 C_f에 대해 여러 값을 대입한 다음, 우수한 멱법칙 곡선 맞춤 근삿값을 구성할 수 있다.

$$C_f \approx 0.020Re_\delta^{-1/6} \quad \text{또는 벽 전단 응력의 항,} \quad \tau_w = 0.010\rho u_{\text{av}}^2\left(\frac{\nu}{u_{\text{av}}\delta}\right)^{1/6} \tag{6.68}$$

이것은 식 (6.67)의 좌변을 확정한다.

과도한 대수학을 사용하지 않고 운동량 두께를 평가하기 위해, 1921년에 Prandtl은 관 내 유동 데이터에서 가져온 간단한 1/7 멱법칙 분포를 제안했다[Prandtl(1961, vol. II, pp. 620-626)].

$$\frac{\bar{u}}{U_e} \approx \left(\frac{y}{\delta}\right)^{1/7} \quad \text{따라서} \quad \frac{\theta}{\delta} \approx \frac{7}{72} \tag{6.69}$$

식 (6.68)과 (6.69)를 식 (6.67)에 대입하여 단순한 1차 상미분 방정식을 유도한다.

$$0.020Re_\delta^{-1/6} \approx 2\frac{d}{dx}\left(\frac{7\delta}{72}\right) = \frac{7}{36}\frac{dRe_\delta}{dRe_x}$$

$x = 0$에서 $\delta = 0$인 초깃값을 반영하여 적분하면 다음 식을 얻을 수 있다.

$$Re_\delta \approx 0.16Re_x^{6/7} \qquad \frac{\delta}{x} \approx \frac{0.16}{Re_x^{1/7}} \quad \text{그리고} \quad C_f \approx \frac{0.027}{Re_x^{1/7}} \tag{6.70}$$

이러한 간단한 멱법칙 표현식은 난류 평판 데이터와 호의적으로 일치하는 것으로 입증되며 일반적인 용도로 권장된다.

조금 더 자세한 관계식은 $\kappa = 0.41$ 및 $\Pi \approx 0.45$인 벽-후류 운동량 두께 결과[식 (6.48)]를 사용하여 얻을 수 있다.

$$\frac{\theta}{\delta} \approx \frac{3.54}{\lambda} - \frac{22.21}{\lambda^2} \quad \text{여기서} \quad \lambda = \left(\frac{2}{C_f}\right)^{1/2} \tag{6.71}$$

불행하게도, 이 식을 식 (6.67)에서 사용하면 식 (6.71)보다 더 정확하지 않은 결과를 얻을 수 있다. 이 분석은 연습문제로 남긴다.

한편, 1927년 Prandtl은 $\tau_w = 0.0233\rho u_{\text{av}}^2[\nu/(u_{\text{av}}\delta)]^{1/4}$ 또는 $C_f \approx 0.0466Re_\delta^{-1/4}$를 사용하여 멱법칙 근삿값을 구했다.

$$\frac{\delta}{x} \approx \frac{0.37}{Re_x^{1/5}} \qquad \text{그리고} \quad C_f \approx \frac{0.058}{Re_x^{1/5}} \tag{6.72}$$

이러한 관계는 문헌에서 자주 인용되지만, 매우 제한된 낮은 Reynolds 수 데이터로부터 발전되었다.

난류 경계층 연구에서 멱함수 분포가 널리 사용되기 때문에, 앞서 말한 해답의 일반화가 보장된다. Majdalani가 2018년 수업 노트에서 보여주듯이, 이는 von Kármán의 운동량-적분 분석을 다음 형식의 정규화된 속도 분포에 적용함으로써 쉽게 달성될 수 있다.

$$\frac{\bar{u}}{U_e} = \left(\frac{y}{\delta}\right)^{1/q} \qquad \xi \equiv \frac{y}{\delta}$$

여기서 ξ는 속도 경계층 내의 분수 거리를 나타내고, $q = \{5, 6, 7, 8, 9\}$는 고려 중인 운동을 가장 잘 반영하는 멱법칙 지수를 설정한다. 그런 다음 식 (6.28), 정규화된 배제 두께 η^*, 운동량 두께 θ^* 및 형상 계수 H가 q의 직접 함수로 표현될 수 있음을 쉽게 알 수 있다. 즉,

$$\begin{cases} \eta^* \equiv \dfrac{\delta^*}{\delta} = \displaystyle\int_0^1 \left(1 - \frac{\bar{u}}{U_e}\right) d\xi = \frac{1}{q+1} & \text{(정규화된 배제 두께)} \\ \theta^* \equiv \dfrac{\theta}{\delta} = \displaystyle\int_0^1 \frac{\bar{u}}{U_e}\left(1 - \frac{\bar{u}}{U_e}\right) d\xi = \frac{q}{(q+1)(q+2)} & \text{(정규화된 운동량 두께)} \\ H \equiv \dfrac{\delta^*}{\theta} = \dfrac{\eta^*}{\theta^*} = \dfrac{q+2}{q} & \text{(정규화된 형상 계수)} \end{cases}$$

예를 들어, $q = 7$을 사용하면, $\eta^* = \frac{1}{8}$, $\theta^* = \frac{7}{72}$ 및 $H = \frac{9}{7}$가 된다. 더 나아가기 위해서는 벽 전단 응력이 Re_δ의 함수임을 명시하는 것이 필수적이다. 사실, 식 (6.68)과 (6.72)는 벽-후류 및 Prandtl의 멱법칙 근삿값과 관련이 있으며, 다음 형태의 전단 응력 상관관계에 의존한다.

$$\tau_w = C_w \rho u_{\text{av}}^2 \left(\frac{\nu}{u_{\text{av}}\delta}\right)^{1/m} \quad \text{또는} \quad C_f = \frac{2C_w}{Re_\delta^{1/m}}$$

여기서 실험 상수 C_w와 m은 고려 중인 문제의 특성이다. 예를 들어, 1927년 Prandtl의 모델은 $m = 4$를 사용하는 반면, 벽-후류의 멱법칙 공식은 $m = 6$에 의존한다. 이러한 모든 경우에, 0 압력 구배에 대하여 식 (6.67)에 의해 주어진 운동량-적분 평형은 다음과 같이 유도된다.

$$\frac{d\theta}{dx} = \theta^* \frac{d\delta}{dx} = \frac{C_w}{Re_\delta^{1/m}}, \qquad \theta^* \frac{dRe_\delta}{dRe_x} = \frac{C_w}{Re_\delta^{1/m}}, \qquad \text{또는} \quad Re_\delta^{1/m}\, dRe_\delta = \frac{C_w}{\theta^*} dRe_x$$

초기 조건인 $\delta(0) = 0$을 사용하여 쉽게 적분할 수 있다.

$$\int_0^{Re_\delta} Re_\delta^{1/m} dRe_\delta = \frac{C_w}{\theta^*}\int_0^{Re_x} dRe_x \qquad \text{또는} \qquad Re_\delta = \frac{u_{\text{av}}\delta}{\nu} = \left(\frac{C_w}{\theta^*}\frac{m+1}{m}\right)^{\frac{m}{m+1}} Re_x^{\frac{m}{m+1}}$$

$\delta(x)$를 풀고, 재정렬 및 단순화하면,

$$\frac{\delta}{x} = \left(\frac{C_w}{\theta^*}\frac{m+1}{m}\right)^{\frac{m}{m+1}} \frac{1}{Re_x^{\frac{1}{m+1}}} \qquad C_f = \frac{2C_w}{Re_\delta^{1/m}} = \frac{2}{Re_x^{\frac{1}{m+1}}}\left(\frac{m\theta^* C_w^m}{m+1}\right)^{\frac{1}{m+1}}$$

그리고

$$\frac{\delta^*}{x} = \eta^*\frac{\delta}{x} = \frac{1}{q+1}\left(\frac{C_w}{\theta^*}\frac{m+1}{m}\right)^{\frac{m}{m+1}}\frac{1}{Re_x^{\frac{1}{m+1}}} \qquad \frac{\theta}{x} = \theta^*\frac{\delta}{x} = \frac{q}{(q+1)(q+2)}\left(\frac{C_w}{\theta^*}\frac{m+1}{m}\right)^{\frac{m}{m+1}}\frac{1}{Re_x^{\frac{1}{m+1}}}$$

이러한 관계식은 다음과 같이 편리하게 표현할 수 있다.

$$\frac{\delta}{x} = \frac{a}{Re_x^{\frac{1}{m+1}}} \qquad C_f = \frac{b}{Re_x^{\frac{1}{m+1}}} \qquad \frac{\delta^*}{x} = \frac{c}{Re_x^{\frac{1}{m+1}}} \quad \text{그리고} \quad \frac{\theta}{x} = \frac{d}{Re_x^{\frac{1}{m+1}}}$$

여기서

$$a \equiv \left(\frac{C_w}{\theta^*}\frac{m+1}{m}\right)^{\frac{m}{m+1}} \qquad b \equiv 2\left(\frac{m\theta^* C_w^m}{m+1}\right)^{\frac{1}{m+1}} \qquad c \equiv \frac{1}{q+1}\left(\frac{C_w}{\theta^*}\frac{m+1}{m}\right)^{\frac{m}{m+1}}$$

그리고

$$d \equiv \frac{q}{(q+1)(q+2)}\left(\frac{C_w}{\theta^*}\frac{m+1}{m}\right)^{\frac{m}{m+1}}$$

이러한 표현식의 유효성은 Prandtl의 $C_w = 0.0233$, $q = 7$, $m = 4$를 사용하여, 식 (6.72)에 영향을 미치는 반올림 오차 내에서 재현함으로써 확인할 수 있다.

$$\frac{\delta}{x} = \frac{0.381}{Re_x^{\frac{1}{5}}} \qquad C_f = \frac{0.0593}{Re_x^{\frac{1}{5}}} \qquad \frac{\delta^*}{x} = \frac{0.0477}{Re_x^{\frac{1}{5}}} \quad \text{그리고} \quad \frac{\theta}{x} = \frac{0.0371}{Re_x^{\frac{1}{5}}}$$

벽-후류 법칙에 대한 유효성도 같은 방법으로 확인할 수 있다. $C_w = 0.010$, $q = 7$, $m = 6$을 사용하여 중간 계산을 생략하고 재현할 수 있다

$$\frac{\delta}{x} = \frac{0.162}{Re_x^{\frac{1}{7}}} \qquad C_f = \frac{0.0271}{Re_x^{\frac{1}{7}}} \qquad \frac{\delta^*}{x} = \frac{0.0203}{Re_x^{\frac{1}{7}}} \quad \text{그리고} \quad \frac{\theta}{x} = \frac{0.0158}{Re_x^{\frac{1}{7}}}$$

이는 식 (6.70)에 의해 주어진 표현과 일치한다. 횡방향 속도는 연속 방정식으로부터 얻을 수 있음을 주목하자. 즉,

$$\frac{\overline{v}}{U_e} = -\frac{\partial}{\partial x}\int_0^y \frac{\overline{u}}{U_e}dy = -\frac{\partial}{\partial x}\int_0^y \left(\frac{y}{\delta}\right)^{1/q} dy \quad \text{따라서} \quad \frac{\overline{v}}{U_e} = \frac{m}{(m+1)(q+1)}\frac{y}{x}\left(\frac{y}{\delta}\right)^{1/q} = \begin{cases} \dfrac{y}{10x}\left(\dfrac{y}{\delta}\right)^{1/7}; \text{ Prandtl} \\ \dfrac{3}{28x}\left(\dfrac{y}{\delta}\right)^{1/7}; \text{ 벽-후류 법칙} \end{cases}$$

6-6.2 내부 변수를 이용한 평판 계산

Kestin과 Persen(1962)은 매우 흥미로운 대안적 접근법을 제안했다. 이 개념은 경계층의 유선방향 속도 u가 내부 변수와 상관된다고 가정하는 것이다.

$$\frac{\overline{u}(x, y)}{v^*(x)} = u^+ \approx f(y^+) \quad y^+ = \frac{yv^*(x)}{\nu} \tag{6.73}$$

벽 함수 $f(y^+)$는 Spalding의 공식, 식 (6.41)일 수 있으며, 이 시점에서 지정할 필요는 없다. 후류 성분($\Pi W/\kappa$)은 엄격하게 필요하지는 않지만 무시될 수 있다. 그런 다음 연속 방정식의 간단한 적분을 통해 법선방향 속도를 얻을 수 있다.

$$\bar{v} = -\int_0^y \frac{\partial \bar{u}}{\partial x} dy = -\frac{\nu}{v^*}\int_0^{y^+} \frac{\partial}{\partial x}(v^* u^+) dy = -\frac{\nu}{v^*}\frac{\partial v^*}{\partial x} u^+ y^+ \tag{6.74}$$

Kestin과 Persen(1962)은 이러한 속도 가정을 $dU_e/dx = 0$인 유선방향 경계층 운동량 방정식에 직접 대입했다.

$$\bar{u}\frac{\partial \bar{u}}{\partial x} + \bar{v}\frac{\partial \bar{u}}{\partial y} = \frac{1}{\rho}\frac{\partial \tau}{\partial y}$$

결과는 내부 변수로 완전히 표현할 수 있다.

$$v^*\frac{\partial v^*}{\partial x} u^{+2} \approx \frac{v^*}{\mu}\frac{\partial \tau}{\partial y^+}$$

이 관계는 $y = \delta$에서 $\tau = 0$임을 주목하면서, $y^+ = 0$에서 $y^+ = \delta^+$까지 전체 경계층에 걸쳐 적분될 수 있다. 결과는

$$\tau_w = \rho v^{*2} = -\mu \frac{dv^*}{dx} G(\lambda) \qquad \text{여기서} \qquad G = \int_0^{\delta+} u^{+2} dy^+ \tag{6.75}$$

그리고 식 (6.71)에서 $\lambda = (2/C_f)^{1/2}$이다. 이것은 벽-마찰 속도 $v^*(x)$ 또는 동등하게 $\tau_w(x)$의 분포에 대한 1차 미분 방정식이다. 적분하기 전에, v^*를 무차원 변수 $\lambda = U_e/v^*$로 변경하자. 결과를 다시 한번 적분하여 다음을 얻을 수 있다.

$$\frac{U_e}{\nu} = G(\lambda)\frac{d\lambda}{dx} \qquad \text{또는} \qquad Re_x = \frac{U_e x}{\nu} = \int_0^\lambda G(\zeta)d\zeta \tag{6.76}$$

여기서 난류 경계층이 $x = 0$에서 시작한다고 가정했다. Kestin과 Persen은 Spalding의 벽 공식, 식 (6.41)을 이용한 적분을 다소 대수적으로 관련되어 있지만, 매우 정확한 결과로 평가했다.

$$\begin{cases} G(\lambda) = \int_0^\lambda u^{+2} dy^+ = \frac{1}{3}\lambda^3 + \frac{e^{-\kappa B}}{\kappa^2}\left[e^Z(Z^2 - 2Z + 2) - 2 - \frac{Z^3}{3} - \frac{Z^4}{4}\right] \\ Re_x = \int_0^\lambda G d\lambda = \frac{1}{12}\lambda^4 + \frac{e^{-\kappa B}}{\kappa^3}\left[e^Z(Z^2 - 4Z + 6) - 6 - 2Z - \frac{Z^4}{12} - \frac{Z^5}{20}\right] \end{cases} \tag{6.77}$$

여기서 $Z = \kappa\lambda$이다. $\lambda = (2/C_f)^{1/2}$이므로, 식 (6.77)은 난류 유동에 대해 원하는 평판 벽면-마찰 법칙을 요약하였다. 그러나 C_f는 암시적 변수로 평가하기 어렵다. White(1969)는 함수 G가 실제 범위 $20 < \lambda < 40$에서 지수적으로 잘 근사된다고 언급했다.

$$G(\lambda) \approx 8.0e^{0.48\lambda}$$

이 근삿값을 식 (6.76)에 도입하고 통합 및 재배열하여 원하는 명시적 식을 얻는다.

평판: $$C_f \approx \frac{0.455}{\ln^2(0.06Re_x)} \qquad \text{[White(1969)]} \tag{6.78}$$

이 단순한 표현은 식 (6.77)의 ±1% 내에 속하며, 평판 난류 표면 마찰에 대해 다소 '정확한' 공학적 관계로 권장되며, 특히 최대 오차는 모델 자체와 관련된 오차보다 작게 유지된다.

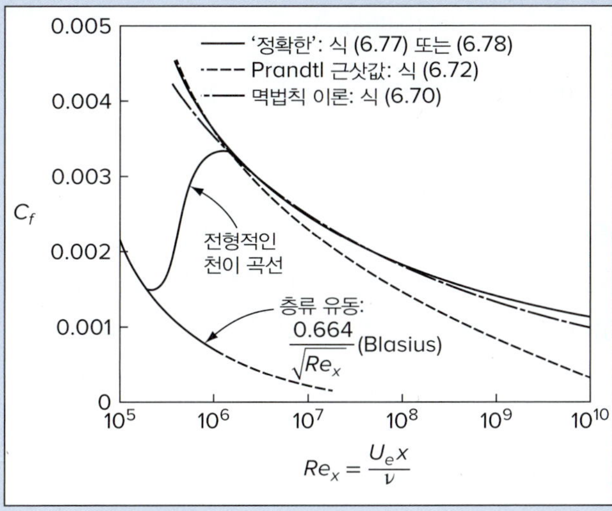

그림 6.20
여러 이론을 보여주는 난류 유동에 대한 매끄러운 평판의 국소적 표면 마찰

그림 6.20은 $C_f(Re_x)$에 대한 층류 및 난류 이론을 나타내며, $Re_x \approx 5 \times 10^5$ 주변에서 천이가 발생한다. Prandtl의 전통적인 멱법칙 표현식, 식 (6.72)가 $Re_x \approx 6 \times 10^6$ 이후로 매우 빠르게 악화된다는 것을 알 수 있다. 또한 식 (6.70)의 새로운 멱법칙 이론이 '정확한' 해결책과 적절한 예측을 유지하고 있다는 것을 알 수 있다. 그렇다면 왜 더 복잡한 내부 변수 이론에 신경을 쓸 필요가 있는가? 답은 후자가 가변 압력 구배로 쉽게 확장될 수 있다는 것이다.

문헌[Chap. XXIa, Schlichting(1979)]에 유사한 정확도의 평판 표면 마찰에 대한 다른 공식이 많다. 위의 공식은 $x = 0$으로 시작하는 난류 유동을 가정한다는 것에 유의하라. 만약 천이가 뒤따르는 층류 유동 구간이 있다면, '유효한' 난류 원점을 추정하기 위한 보간 작업이 필요하다.

6-6.3 평판의 총 마찰력

길이 L과 폭 b의 판의 한쪽 면의 단위 폭당 총 항력 F가 되도록 한다. 층류 유동에서처럼, F는 국소 벽 전단 응력을 적분하여 계산할 수 있다.

$$F = \int_0^L \tau_w b dx \quad \text{또는} \quad C_D = \frac{F}{\frac{1}{2}\rho U_e^2 L b} = \int_0^1 C_f d\left(\frac{x}{L}\right) \tag{6.79}$$

여기서 C_D를 항력 계수(drag coefficient)라고 한다. 얇은 판의 특성으로 유동의 입사각이 0인 경우, 모든 압력에의 한 힘은 자유 유동에 대해 법선방향으로 유지되기 때문에 형상 항력은 0이 된다.

멱법칙 식 (6.70)을 식 (6.79)에 도입하고 적분하면, C_D가 후단(trailing edge) 값인 C_f보다 6분의 1 더 크다는 것을 알 수 있다.

$$C_{D,\text{plate}} \approx 0.031 Re_L^{-1/7} = \frac{7}{6} C_f(L) \tag{6.80}$$

이 간단한 근삿값은 난류 매끈한 벽면 유동에서 전체 Reynolds 수 범위에 걸쳐 유효하다.

또는 분석적으로 번거롭지만, 식 (6.78)에 의해 주어진 로그 제곱 법칙을 통합할 수 있다. 결과는 다음과 같이 근사할 수 있다.

$$C_{D,\text{plate}} \approx 1.15C_f(L) \approx \frac{0.523}{\ln^2(0.06Re_L)} \tag{6.81}$$

이 관계는 상당히 정확하고 실질적으로 식 (6.80)과 동등하다. 여기서도, 문헌에서 많은 유사한 공식이 발견될 수 있지만, 이 책에서는 식 (6.81)을 사용할 것이다.

6-6.4 거친 판을 통과하는 난류 유동

판의 평균 거칠기 높이 k가 균일하고 공간 벽-마찰 변화 $C_f(Re_x, k/x)$를 알고 싶다고 가정하자. 예를 들어 모래 조도 상관관계식[식 (6.62)]이 경계층에서 국소적으로 유지된다고 가정하면 내부 변수 접근법이 이 경우에도 효과가 있다.

$$u^+ = \frac{\overline{u}(x, y)}{v^*(x)} \approx \frac{1}{\kappa}\ln(y^+) + B - \frac{1}{\kappa}\ln(1 + 0.3k^+)$$

유선방향 경계층 운동량 방정식의 대입은 다음을 유도한다.

$$v^*\frac{dv^*}{dx}\left[u^{+2} - \frac{0.3k^+}{\kappa(1 + 0.3k^+)}\left(u^+ - \frac{1}{\kappa}\right)\right] = \frac{v^*}{\mu}\frac{\partial\tau}{\partial y^+}$$

6-6.3절과 동일한 절차를 따라, 다음과 같이 이 관계식은 두 번 적분되고, 무차원화 및 재배열될 수 있다.

$$Re_x \approx 1.73(1 + 0.3k^+)e^Z\left[Z^2 - 4Z + 6 - \frac{0.3k^+}{1 + 0.3k^+}(Z - 1)\right] \tag{6.82}$$

여기서 $\qquad Z = \kappa\lambda \qquad \lambda = \left(\frac{2}{C_f}\right)^{1/2}$ 그리고 $\quad k^+ = \frac{kv^*}{\nu} = \frac{Re_x(k/x)}{\lambda}$

이 결과는 세 가지(Re_x, C_f, k/x) 모두가 암시적 변수이지만, 난류 평판 유동에서 수력학적으로 매끄럽고, 천이적이며, 완전히 거친 벽면의 전체 범위에 걸쳐 균일한 모래 입자 거칠기에 유효하다. C_f의 일부 수치는 다양한 (x/k) 및 Re_x에 대해 그림 6.21에 표시된다. 이러한 값은 구(sphere) 또는 리벳(rivet)과 같은 다른 유형의 거칠기 요소에 대해 정확하지 않을 수 있다.

k^+가 커질수록 Reynolds 수의 영향이 사라지고 흐름이 완전히 거칠어진다. 이 경우 식 (6.82)의 근사식은 다음과 같다.

완전히 거친: $\qquad C_f \approx \left[1.4 + 3.7\log_{10}\left(\frac{x}{k}\right)\right]^{-2}, \qquad \frac{x}{k} > \frac{Re_x}{1000} \qquad (6.83)$

이 표현은 Schlichting(1979, p. 654)이 다음과 같은 곡선 맞춤 관계식을 권장하는 Nikuradse(1933)의 모래 입자 판에 대한 실험과 잘 일치한다.

완전히 거친: $\qquad C_f \approx \left[2.87 + 1.58\log_{10}\left(\frac{x}{k}\right)\right]^{-2.5} \qquad (6.84a)$

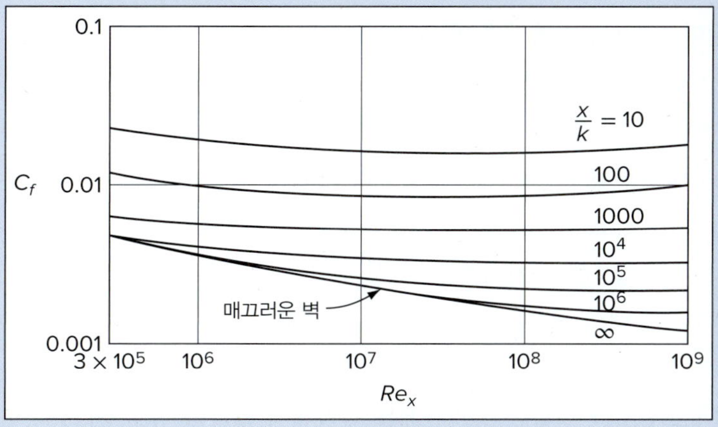

그림 6.21
식 (6.82)로부터 균일하게 거친 판에 대한 국소적 표면 마찰

$$C_D \approx \left[1.89 + 1.62\log_{10}\left(\frac{L}{k}\right)\right]^{-2.5} \tag{6.84b}$$

이러한 상관관계식은 모래 입자 거칠기 유형 외에는 정확하지 않을 수 있다.

거친 벽 효과에 대한 일반적인 검토는 Raupach 등(1991)이 제공한다. 난류 모델링에서 거칠기 로그 법칙 이동 ΔB가 사용되지만, Patel(1998)은 "거칠기의 크기와 종류, 가상 벽의 유효 위치에 대한 ΔB의 의존성에 불확실성이 있다."고 지적하였다. Schlichting과 Gersten(2000, Chap. 17)은 많은 거친 요소 형상을 분류한다. 리브(rib)와 홈(groove)과 같은 균일한 주기적 거칠기의 경우, Grégoire 등(2003)의 CFD 결과는 가상 벽($y = 0$)이 요소의 꼭대기에 가깝다는 것을 보여준다. 이산 요소 모델(discrete element model)이라고 불리는 대안적 접근방식을 이용한 Taylor 등(1985, 1988)은 개별 요소의 형상 항력과 차폐(blockage)를 직접 계산한다. 마지막으로, 계산 노력이 크고 Reynolds 수가 낮지만, 이제 LES[Lee(2002)] 또는 DNS 도구[Miyake 등(2001)]를 통해 거친 벽 유동을 시뮬레이션할 수 있다.

6-6.5 연속 벽면 흡입 또는 분출을 이용한 난류 유동

거칠기만큼 강한 효과는 벽에서 0이 아닌 법선방향 속도(기하학적 및 유체역학적 조합에 따라 직교류, 횡방향 또는 방사형이라고도 함)이다[$v_w < 0$ (흡입) 또는 $v_w > 0$ (분출)]. 이러한 직교류 구성요소는 강한 유선방향 대류 가속도인 $v_w\partial\bar{u}/\partial y$를 벽 근처 경계층에 더한다. 만약 0 압력 구배(평판) 유동을 가정한다면, 벽의 바로 근처에 있는 운동량 방정식은 다음과 같다.

$$\rho v_w \frac{\partial \bar{u}}{\partial y} \approx \frac{\partial \tau}{\partial y} \quad \text{또는} \quad \tau \approx \tau_w + \rho v_w \bar{u} \tag{6.85}$$

벽의 증산(transpiration)이 전단 분포를 크게 변화시킨다는 것을 알 수 있다. Stevenson(1963)은 난류 전단(6-7절 참조)의 '에디 점도' 모델과 식 (6.85)를 일치시킴으로써 흡입 또는 분출로 벽의 로그 법칙을 다음과 같이 수정했다.

$$\frac{2}{v_w^+}\left[(1 + v_w^+ u^+)^{1/2} - 1\right] \approx \frac{1}{\kappa}\ln(y^+) + B \tag{6.86}$$

여기서 $v_w^+ = v_w/v^*$이다. 이 도출은 연습문제로 남긴다. $v_w = 0$일 때, 이 식은 식 (6.38a)에 의해 불침투성 벽의 법칙으로 유도된다. v_w^+의 일반적인 범위는 ±0.06이다.

그림 6.22는 식 (6.86)에 표시된 벽면 분포의 일부 법칙을 보여준다. 즉, 점성 저층은 표시되지 않는다. $C_f = 2v^{*2}/U_e^2$를 상기하면, 적은 양의 벽 증산이 큰 마찰 변화를 일으킨다는 것을 알 수 있다. 예를 들어, $\delta^+ = 1000$이면 불침투성 벽 마찰은 $C_{f0} \approx 0.0042$이다. 중간 정도의 분출의 경우 $v_w^+ = +0.02$, $C_f \approx 0.0034$ 또는 19% 낮으며, 동등한 흡입의 경우 $v_w^+ \approx -0.02$, $C_f \approx 0.0053$ 또는 26% 높다. 그래서 흡입이 벽의 마찰 정도를 증가시키는 반면, 주입은 그것을 감소시킨다. 실제로 Cole와 Aroesty(1968)가 보여주듯이, 벽의 점성층은 큰 분출(hard blowing)의 경우 완전히 국소화되지 않은 영역으로 날아가 버릴 수 있다.

그림 6.22는 물리적으로 만족스럽지만 정확한 상관관계를 나타내지 않는다. Schetz(1984, pp. 151-155)는 Stevenson의 법칙[식 (6.86)]과 Simpson(1968)이 제안한 비교 법칙이 모두 이용 가능한 다공성 평판 데이터를 축소시키지 않는다는 이유로 비판한다. 한 가지 문제는 실제 다공성 벽이 적어도 약간은 거칠기 때문에 여러 가지 효과가 발생할 수 있다는 것이다. 그러나 Schetz의 데이터는 매우 매끄러운 다공성 벽조차도 불침투성 벽면 사례에 대한 표면 마찰을 증가시킬 것을 시사한다. 따라서 분출로 마찰(또는 열전달)을 줄이려는 경우, 다시 불침투성 벽면 상태로 되돌리기 위한 일정량의 분출이 필요하다.

흡입 및 분출은 외부 결함 법칙에 거의 영향을 미치지 않으므로, 예를 들어 Coles의 후류 함수 식 (6.47)을 식 (6.86)에 추가하여 확산 경계층의 전체 속도 분포를 시뮬레이션할 수 있다.

전반적으로, Stevenson의 대수 공식[식 (6.86)]은 난류 벽의 흡입과 분출에 대한 공학적인 추정에 매우 적합하다. 숙제 문제를 위해서도 세부설명은 생략한다. 흡입 및 분출 효과에 대한 자세한 내용은 CFD 연구에서 확인할 수 있다. 예를 들어, Sofialidis와 Primos(1996, 1997)가 보고한 바

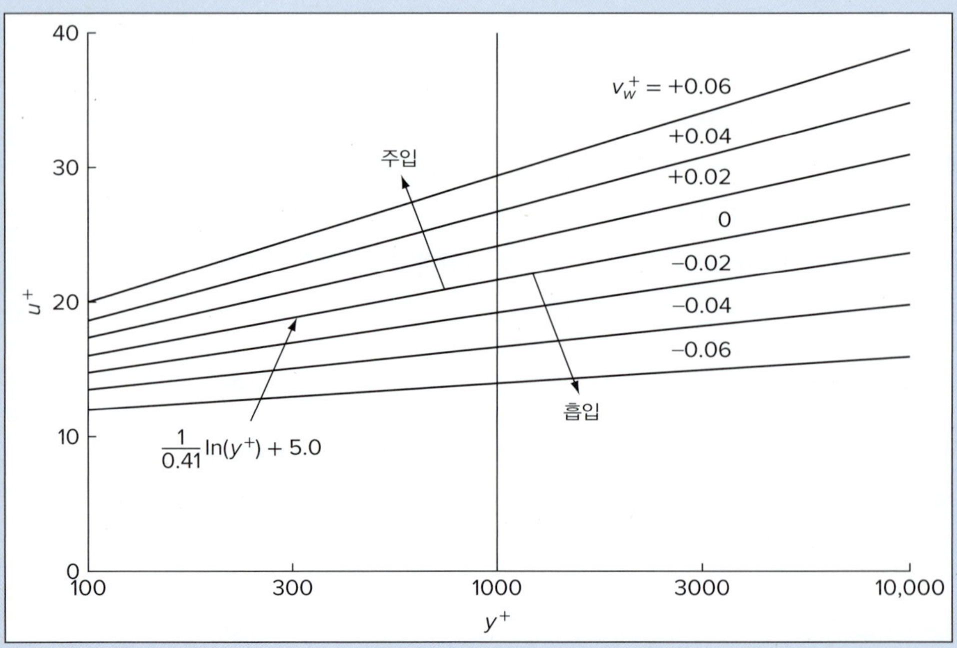

그림 6.22
Stevenson(1963)의 상관식, 식 (6.86)을 사용하여 벽 법칙에 대한 흡입 및 분출 효과에 대한 예

와 같이 난류 모델링은 만족스러운 결과를 산출한다. 또한 저난류 Reynolds 수로 제한된 DNS 측정은 모델 개선 및 유동 시각화에 도움이 될 수 있다[Sumitani와 Kasagi(1995) 및 Kim 등(2002)].

6-7 난류 모델링

벽-후류 법칙[식 (6.47)]과 약간의 대수학을 사용하여 전체 문제를 마무리할 수 있는 간단한 난류 전단 유동 사례가 매우 빠르게 고갈되고 있다. 임의로 가변적인 것, 즉 (1) 압력 구배, (2) 벽의 거칠기 또는 (3) 분출 및 흡입에 대해 어떻게 해야 하는가? 벽 마찰 이상의 세부사항을 요청하면 무엇을 할 수 있는가? [예를 들어 (1) 전체 속도 분포, (2) 난류 전단 응력 또는 (3) RMS 난류 변동 등] 해답은 난류 모델링에 있다.

난류 모델링은 성숙된 분야가 되었고, 관련 내용으로는 Wilcox(1998), Chen과 Jaw(1997), Durbin과 Pettersson(2001), Piquet 등(2001), Launder와 Sandham(2001), Gross와 Burchard(2002), Cebeci(2003) 등의 전공 논문 등이 있다. 많은 상업용 CFD 난류 코드가 현재 이용 가능하며 (천천히) 컴퓨터 지원 설계(CAD) 시스템과 병합되고 있다[Thilmany(2003)]. 이 장은 모델링 개념을 강조하고, 고급자들을 위한 독서를 위해 CFD 프로그램을 남겨둔다.

난류 모델의 계층은 가장 단순한 대수적 상관관계에서 완전히 불연속적인 Navier-Stokes 처리에 이르기까지 존재한다. Wilcox(1998)는 훌륭한 논의를 제공한다. 여기서 '***n*-방정식**' 모델은 시간 평균 연속성과 운동량 관계 외에도 n개의 시간 평균 편미분 방정식이 추가되었음을 의미한다. 복잡성이 증가하는 여섯 가지 다른 분류는 다음과 같다.

1. **0-방정식 모델**(Zero-equation model): 단순히 대수적 에디 점성 계수 공식을 시스템에 추가한다.
2. **1-방정식 모델**(One-equation model): (1) 난류 운동 에너지 또는 (2) 에디 점성 계수의 시간 평균 방정식을 시스템에 추가하고, 다양한 항을 모델링하기 위한 몇 가지 대수 공식을 추가한다. 이 아이디어는 그다지 성공적이지 않았지만, 오늘날에도 여전히 사용되고 있다.
3. **2-방정식 모델**(Two-equation model): 난류 운동 에너지와 일반적으로 시간 평균 난류 소산을 포함하는 두 번째 편미분 방정식과 더 많은 대수 모델링 공식을 시스템에 추가한다.
4. **2-모멘트 종결 모델**(Second-moment closure model): 이것은 가장 복잡한 시간 평균 난류 모델이다. 그것은 난류 운동 에너지 방정식을 건너뛰고, 소산 방정식을 유지하고, 전체 Reynolds 응력 관계를 모델링한다[식 (6.18)].
5. **큰 에디 시뮬레이션**(LES, Large Eddy Simulation): 격자(grid) 크기 이상의 모션 스케일에 대해 전체 비정상 Navier-Stokes 계산을 수행한 다음 더 작은 하위 격자 스케일 모션에 대해 난류 모델을 사용한다. 이 시스템은 계산 집약적이며 적당한 Reynolds 수로 제한된다. Lesieur와 Métais(1996) 리뷰 논문이나 Sagaut와 Germano(2002), Geurts(2003), Volker(2003)의 논문을 참조하라.
6. **직접 수치 시뮬레이션**(DNS, Direct Numerical Simulation): 어떠한 모델을 사용하지 않고 모든 난류 척도에 대한 비정상 Navier-Stokes 방정식 전체를 공략한다. 따라서 저난류 Reynolds

수로 제한된다. DNS 사용의 중요한 이유는 난류 모델 개선에 필요한 세부정보 제공에 있다. Moin과 Mahesh(1998)의 리뷰 논문 또는 Baritaud(1996), Geurts(2003)의 논문을 참조하라.

6-7.1 0-방정식 모델: 에디 점성 계수

2차원 난류 경계층 유동을 고려할 때, 운동량 방정식에서 유일하게 추가로 알려지지 않은 것은 난류 전단($-\rho\overline{u'v'}$)이다. 1877년 J. Bousinesq에 이은 전통적인 모델링 가정은 이것을 분자 전단(molecular shear)과 유사한 구배 확산 항(gradient diffusion term)으로 만드는 것이다.

$$\tau_t = -\rho\overline{u'v'} = \mu_t\frac{\partial\overline{u}}{\partial y} \quad \text{여기서} \quad \mu_t = \text{에디 점성 계수} \tag{6.87}$$

에디 점성 계수 μ_t는 유체 성질은 아니지만, μ와 동일한 차수를 가지며 유동 조건과 형상에 영향을 받는다. 마찬가지로, 난류 열전달을 위해 나중에 에디 전도를 정의할 것이다.

첫 번째로 주목해야 할 것은 μ_t가 양(+)이라는 것, 즉 전단 상관관계($\overline{u'v'}$)는 음(−)의 값을 갖는다. 이를 설명하기 위해 전단 유동에서 $\partial\overline{u}/\partial y > 0$인 위치 y를 고려해 보자. y 위치로 내려오는 에디($v' < 0$)는 일반적으로 더 높은 유선방향 속도($u' > 0$)를 가져온다. 마찬가지로, 아래에서 위로 이동하는 느린 에디($v' > 0$)는 속도($u' < 0$)를 감소시킨다. 따라서 대부분의 에디 운동은 음의 상관관계($\overline{u'v'}$)를 갖는다.

두 번째는 에디의 구배 확산은 합리적이지만 근삿값일 뿐이라는 것이다. 일반적인 경계층에서 $\overline{u}(y)$는 U_e로 단조롭게 증가하므로, 전체 과정에서 $\partial\overline{u}/\partial y > 0$이고, 자유 유동에서 0에 접근한다. $\tau_t \to 0$에서도 마찬가지이다. 전체 분포는 τ_t와 $(\partial\overline{u}/\partial y)$ 사이의 그럴듯한 (양의) 상관관계를 뒷받침한다. 그러나 국소 최댓값(또는 최솟값)을 나타내는 일부 분포가 있다[예: 벽 제트(또는 비대칭 후류)]. 난류 전단 변화 부호는 $(\partial\overline{u}/\partial y)$가 사라지는 곳에서 τ_t의 측정값이 반드시 0인 것은 아니다. 그러나 경향은 옳으며, 에디 점성 계수 개념의 사용은 그러한 경우에 심각한 우려를 발생해서는 안 된다.

6-7.1.1 혼합 길이 이론

매우 인기 있는 접근법은 운동 이론과 유추하여 각각의 난류 변동은 길이 척도 및 속도 구배와 관련이 있을 수 있다고 제안한 Prandtl(1925)의 혼합 길이(mixing-length) 개념이다. 그는 다음과 같이 제안했다.

$$-\overline{u'v'} \approx (\text{상수})\,u'_{\text{rms}}v'_{\text{rms}} \approx (\text{상수})\left(l_1\frac{\partial\overline{u}}{\partial y}\right)\left(l_2\frac{\partial\overline{u}}{\partial y}\right)$$

여기서 척도 l_1과 l_2는 혼합 길이라고 불리며, 이는 유체의 평균 자유 경로보다 훨씬 큰 평균 에디 크기를 나타낸다. 편의상, (상수)(l_1l_2)를 단일 척도 ℓ^2로 대체할 수 있으며, 여기서 ℓ은 주어진 난류 에디가 분산되기 전에 운동량을 유지하면서 이동할 특성 거리를 나타낸다. 다시 말해, 혼합 길이는 유체 에디가 주변 유체에 분산되기 전에 원래의 특성을 유지할 거리에 따라 확장된다. Prandtl의 식을 식 (6.87)과 비교하면 다음과 같이 유도할 수 있다.

혼합 길이 모델:

$$\mu_t \approx \rho\ell^2\left|\frac{\partial\overline{u}}{\partial y}\right| \tag{6.88}$$

혼합 길이 ℓ를 유동 조건과 연관시킬 수 있다면 모델은 완성된다. 주요 효과는 벽으로부터의 거리 y이다. Prandtl과 Kármán은 교대로 이 추정값을 가지고 다음과 같은 결과를 얻었다.

저층에서: $$\ell \approx y^2 \tag{6.89a}$$

중복층에서: $$\ell \approx \kappa y \tag{6.89b}$$

외층에서: $$\ell \approx \text{상수} \tag{6.89c}$$

세 조건을 모두 하나의 웅장한 복합 함수로 병합하는 것이 가능하다. 그러나 대부분의 연구자들은 (a)와 (b)만 병합한 다음, 어떤 일치 조건에서 (c)로 이동한다. (a)와 (b)에 대한 가장 인기 있는 복합체는 (a)를 처리하기 위해 조건 (b)에 '감쇠 계수(damping factor)'를 추가한 van Driest(1956a)에 의해 제안되었다.

$$\ell_{a,b} \approx \kappa y\left[1 - \exp\left(-\frac{y^+}{A}\right)\right] \qquad A \approx \text{평판 유동의 경우 } 26 \tag{6.90}$$

여기서 일반적으로, $y^+ = yv^*/\nu$이다. van Driest 감쇠 계수의 브라켓 [ ]은 벽 근처에서 진동하는 층류 유동에서 도출된다[식 (3.111)]. 무차원 감쇠 상수 A는 압력 구배, 벽 거칠기, 분출 또는 흡입과 같은 유동 조건에 따라 변한다. 압력 구배가 0인 매끄럽고 불침투성 벽의 경우 $A \approx 26$이다.

외층에서, 식 (6.89c)는 혼합 길이와 경계층 두께의 관계를 만족한다. 가장 보편적인 모델은 다음과 같다.

$$\ell_{\text{outer layer}} \approx 0.09\delta \tag{6.91}$$

층 두께에 비례하는 혼합 길이에 대한 동일한 아이디어는 제트, 후류 및 자유 전단층의 분석에 사용된다. 식 (6.90)과 (6.91) 사이의 교차점이 발생하며, 여기서 $\kappa y \approx 0.09\delta$ 또는 $y_{\text{match}} \approx 0.22\delta$이다.

이러한 모델을 통해 다음의 전단 항

$$\tau = (\mu + \mu_t)\frac{\partial \overline{u}}{\partial y}$$

을 운동량 식[식 (6.21b)]에 도입할 수 있다. 이러한 모델은 식 (6.90) 및 (6.91)로부터 계산한 μ_t를 통해 선형 저층, 완충층, 로그층 및 파형 외층의 전체 속도 분포에 대한 우수한 예측으로 이어진다.

6-7.1.2 혼합 길이 없는 모델링

내층과 외층 모두에서 혼합 길이 개념 없이 에디 점성 계수를 직접 추정할 수 있다. 예를 들어, Spalding(1961)이 식 (6.41)을 도출하기 위해 사용한 내층 모델은 다음과 같다(그림 6.11 참조).

$$\mu_t \approx \mu\kappa e^{-\kappa B}\left(e^Z - 1 - Z - \tfrac{1}{2}Z^2\right) \qquad Z = \kappa u^+ = \kappa\overline{u}/v^* \tag{6.92}$$

혼합 길이 또는 속도 구배가 없음에도 불구하고, 그림 6.11의 데이터를 잘 예측하는 것을 확인할 수 있다.

마찬가지로, Clauser(1956)에 의한 일반적인 외층 공식은 다음과 같다.

$$\mu_{t,\text{outer}} \approx C\rho U_e \delta^* \qquad C \approx 0.016 \tag{6.93}$$

또는 동등하게 $\mu_t/\mu \approx 0.016 Re_{\delta^*}$이다. 이러한 유형의 모델은 제트, 후류 및 자유 전단층을 시뮬레이션하는 데도 사용된다.

또한 혼합하고 일치시킬 수 있다. 식 (6.90)과 (6.93)은 그들의 1974년 저서에서 요약된 널리 사용되는 Cebeci와 Smith 모델의 기초이다. 이는 Kline 등(1968, pp. 346-355)의 1968년 스탠퍼드 학회에서도 요약되어 발표되었다. 그들은 경계층의 가장자리 근처의 간헐성을 설명하기 위해 외부 법칙을 수정했다[그림 6.5(a) 참조].

$$\mu_{t,\text{outer}} \approx \frac{0.016\rho U_e \delta^*}{\left[1 + 5.5(y/\delta)^6\right]} \tag{6.94}$$

그림 6.23은 3개의 서로 다른 국소 Reynolds 수에 대한 복합 모델인 식 (6.92), (6.93), (6.94)를 보여준다. 감쇠가 원점 근처에서 μ_t를 y의 3차 함수로 감소시키는 보이지 않는 영역을 제외하고 내부 영역에서 μ_t가 선형으로 유지됨을 볼 수 있다. 식 (6.88)과 (6.92)는 완전히 다른 공식과 매개변수를 가지고 있지만, 지적한 바와 같이 저층 영역을 제외하고 둘 다 내층에서 선형 관계로 감소한다.

$$\mu_t \approx \kappa \rho v^* y \qquad \text{또는} \qquad \frac{\mu_t}{\mu} \approx \kappa y^+ \tag{6.95}$$

외층에서, 그림 6.23은 국소적인 Reynolds 수에 따라, μ_t가 분자 점도보다 수십 배 또는 심지어 수백 배 더 큰 것을 보여준다. 난류 전단층은 기본적으로 높은 외부 유효 점도와 낮은 내부 유

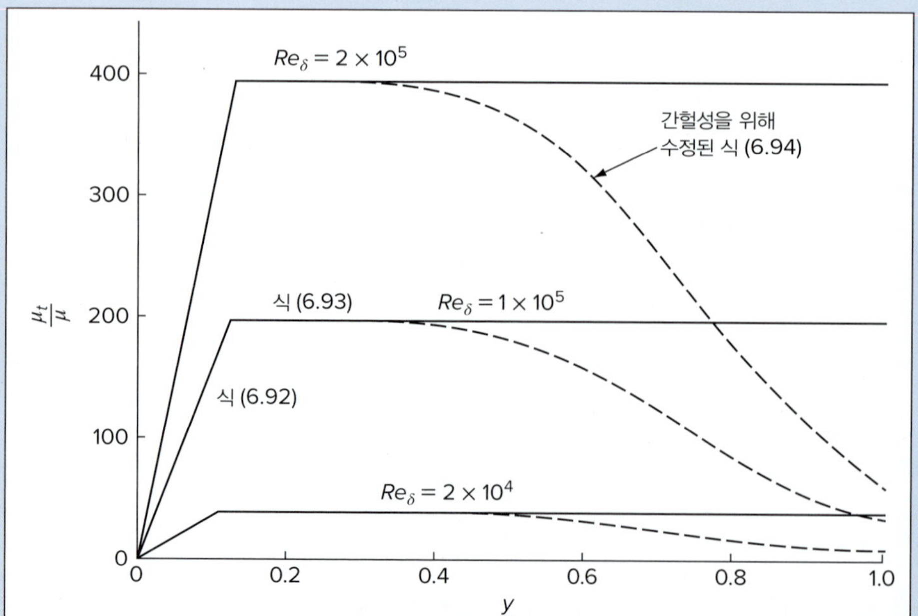

그림 6.23
내부 법칙 식 (6.92)와 외부 법칙 식 (6.93)에서 계산한 난류 경계층의 에디 점성 계수 분포. 입방체 감쇠 효과를 나타내려면 원점 근처의 확대 뷰($y/\delta < 0.01$)가 필요하다.

효 점도를 가지고 있으며, 이것이 난류 속도 분포가 벽에서 매우 가파르고 더 멀리 평평해지는 이유이다.

상기 혼합 길이 식 (6.90) 및 (6.91)에 의한 μ_t의 표시는 그림 6.23과 유사하지만 동일하지는 않다. 두 접근방식 중 하나 또는 둘의 혼합은 난류 경계층 속도 분포의 적절한 예측으로 이어진다.

6-7.1.3 평판 흐름에 대한 적용

압력 구배가 0일 때, 총 전단 응력은 벽 근처에서 일정하게 되며, 에디 점성 계수의 정의와 혼합 길이 모델[식 (6.90)]로부터 중복층을 즉시 계산할 수 있다.

$$\tau \approx \tau_w = (\mu + \mu_t)\frac{\partial \bar{u}}{\partial y} \approx \rho\kappa^2 y^2 \left|\frac{\partial \bar{u}}{\partial y}\right|\frac{\partial \bar{u}}{\partial y} = \rho v^{*2}$$

여기서 $\mu \ll \mu_t$를 무시했다. 제곱근을 취하고, 이 관계를 분리 및 통합함으로써 다음을 얻는다.

$$\frac{\bar{u}}{v^*} = \frac{1}{\kappa}\ln\left(\frac{yv^*}{\nu}\right) + B$$

따라서 중복 법칙[식 (6.38a)]은 모델을 제안할 때 Prandtl의 목표였던 혼합 길이 이론에 의해 충실하게 재현된다. 상수 $B \approx 5.0$에 대한 '경계 조건'이 없으므로, 실험이 필요할 것이다. 분자 점도 항과 식 (6.90)의 van Driest 감쇠 항을 추가로 통합하면, 점착 조건을 사용하여 벽에서 끝까지 통합할 수 있다. 상당한 대수학 과정 후에 다음 수식을 얻을 수 있다.

$$u^+ = \int_0^{y^+} \frac{2dy^+}{1 + \left\{1 + 4\kappa^2 y^{+2}\left[1 - \exp\left(-y^+/A\right)\right]^2\right\}^{1/2}} \qquad (6.96)$$

만약 $A = 26$의 특정한 값을 선택한다면, 전체 내부 법칙(저층, 완충층, 중복층)은 정확한 로그 법칙 상수 $B \approx 5.0$으로 정확하게 재현될 수 있다. A를 잘못 선택하면 B가 잘못 나온다. 압력 구배와 같은 다른 효과를 분석에 추가하면 다음 절과 같이 A를 수정해야 한다.

마찬가지로, 대신에 만약 Spalding의 식[식 (6.92)]을 선택하고 μ_t와 분자 점도 항(μ)을 고려하면, 적분은 Spalding의 벽 법칙[식 (6.41)]을 유도할 것이다. 이것은 내부 법칙에 대한 완전한 표현이기도 하다. 두 접근 방식 모두 불침투성 평판 유동에 매우 성공적이다.

6-7.1.4 매개변수 효과 수정

에디 점성 계수 모델은 압력 구배, 분출 또는 흡입을 위해 수정되어야 한다. 초기 노력은 식 (6.90)에서 감쇠 상수 A만 변경하는 데 집중되었다. 나중에 전체 전단 응력이 벽 근처에서 더 이상 일정하지 않기 때문에 선형 변화(κy) 자체가 변화해야 한다는 것을 알게 되었다. 압력 구배 또는 0이 아닌 벽 속도에서 벽 근처의 전단 응력의 변화는 첫 번째 순서로 다음과 같다.

$$\tau \approx \tau_w + \frac{dp_e}{dx}y + \rho v_w \bar{u} + \cdots \qquad (6.97)$$

벽 근처 경사면의 변화가 상당하다. Thomas와 Hasani(1989)는 식 (6.97)을 전체 경계층에 걸쳐 상당히 정확한 $\tau(y)$에 대한 보간 공식으로 확장했다.

$$\frac{\tau}{\tau_w} \approx 1 + P\frac{y}{\delta} + \varphi\frac{\overline{u}}{U_e} - (3 + 2P + 3\varphi)\left(\frac{y}{\delta}\right)^2 + (2 + P + 2\varphi)\left(\frac{y}{\delta}\right)^3, \; P = \frac{\delta}{\tau_w}\frac{dp_e}{dx} \; \varphi = v_w^+ U_e^+ \quad (6.98)$$

이러한 관계는 그림 6.24에 불침투성 벽면($\varphi = 0$) 및 세 가지 간단한 경우인 (1) 평판, $P = 0$, (2) 적당한 역압 구배, $P = +4$ 및 (3) 강한 순압력 구배, $P = -3$에 대해 도시되어 있다. 이 그림의 목적은 전단 응력에 대한 압력 구배의 강한 영향을 설명하기 위한 것이다. 이러한 효과를 설명하기 위해 Galbraith 등(1977)은 전단 제곱근에 의해 식 (6.90)이 수정되어야 한다는 것을 설득력 있게 보여준다.

$$\ell_{\text{inner}} \approx \kappa y\left(\frac{\tau}{\tau_w}\right)^{1/2}\left[1 - \exp\left(-\frac{y^+}{A}\right)\right] \quad (6.99)$$

이러한 조정은 모든 압력 구배에 대해 분포가 잘 시작되도록 한다. 그러나 로그층에 원활하게 병합하려면 A를 수정해야 한다. Granville(1989)은 가장 원활한 병합(로그 법칙 절편과 그 기울기)이 다음과 같은 감쇠 상수 변화에 의해 달성될 수 있다고 제안한다.

$$A \approx \frac{26}{(1 + bp^+)^{1/2}} \qquad p^+ = \frac{\nu}{\rho v^{*3}}\frac{dp_e}{dx} \quad (6.100)$$

여기서 $p^+ > 0$이면 $b = 12.6$이고, $p^+ < 0$이면 $b = 14.76$이다. 불침투성 벽면이 있는 난류 경계층에서 일반적으로 사용하기 위해 식 (6.99)와 (6.100)이 권장된다.

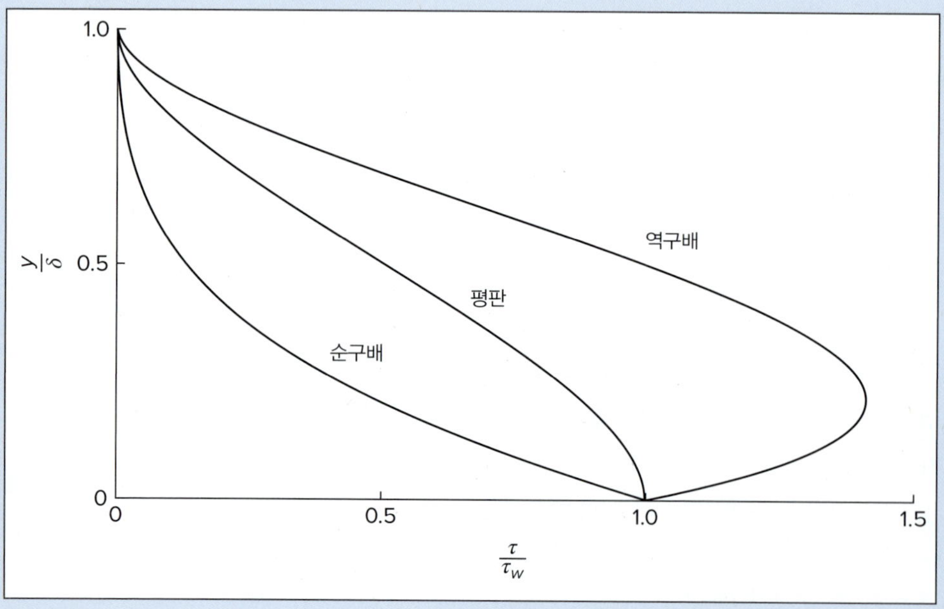

그림 6.24
난류 경계층에서 전단 응력 분포에 대한 압력 구배의 효과에 대한 설명. 불침투성 벽면($\varphi = 0$)의 경우 식 (6.98)의 도표.

6-7.1.5 Baldwin-Lomax 모델

이전의 에디 점성 계수 모델을 사용할 때, 예를 들어 명시적인 유한차분법을 이용하여 하류로 해석해 나갈 때도, 항상 반복계산이 필요하다. 주된 이유는 내부 법칙이 벽 전단 응력 τ_w 또는 그에 상응하는 미지의 변수인 v^*와 상관관계가 있기 때문이다. 두 번째 이유는 외부 법칙 공식에도 혼합 길이 모델을 위한 δ[식 (6.91)]와 Clauser 모델을 위한 δ^*[식 (6.93)]와 같은 미지의 변수를 포함하고 있기 때문이다. 이러한 두 번째 반복을 피하기 위해 Baldwin과 Lomax(1978)는 경계층에서 특정 최대 함수를 위하여 δ 또는 δ^*를 제거하는 완전히 다른 외부 법칙 모델을 제안했다. 그들의 표기법에 따르면,

$$\mu_{t,\text{outer}} \approx \frac{0.016C_{\text{cp}}\rho y_{\max}F_{\max}}{1+5.5\left(C_{\text{kleb}}y/y_{\max}\right)^6} \qquad \text{여기서} \qquad F_{\max} = \max\left[y\left|\frac{\partial \overline{u}}{\partial y}\right|\left(1-e^{-y+/A}\right)\right] \tag{6.101}$$

이고, 여기서 $y_{\max}$는 $F_{\max}$에 해당하는 y값을 지정한다. 매개변수 C_{cp}와 C_{kleb}는 동일 차수의 상수로 제안되었다. 이 모델은 항공우주학 관련 문헌에서 특히 인기를 끌고 있다. 그러나 Coles의 후류 법칙과 같이 일반적으로 받아들여지는 다른 외층 관계와 모순되는 결과를 초래한다.

Granville(1987)은 '상수(constants)'가 Coles의 후류 법칙과 평형 압력 구배의 알려진 특성에 맞게 조정될 수 있는 변수여야 한다고 제안했다. 그가 제안한 상관관계는 다음과 같다.

$$C_{\text{kleb}} \approx \frac{2}{3} - \frac{0.01312}{0.1724+\beta^*} \qquad \beta^* = \frac{y_{\max}}{v^*}\frac{dU_e}{dx} \qquad C_{\text{cp}} \approx \frac{3-4C_{\text{kleb}}}{2C_{\text{kleb}}\left(2-3C_{\text{kleb}}+C_{\text{kleb}}^3\right)} \tag{6.102}$$

이러한 수정은 Baldwin-Lomax 모델 정확도를 혼합 길이 및 Clauser 반복 모델과 비교할 수 있을 것으로 믿는다.

6-7.2 고차 모델링

에디 점성 계수 접근법은 0-방정식을 추가하고 운동량 방정식에서 Reynolds 응력에 대한 직접적인 대수적 상관관계를 유도한다. 다양한 유형의 유동에 대해 적절히 조정할 수 있지만, 난류 전단 $(-\overline{u'v'})$뿐만 아니라 평균 속도 $\overline{u}$ 및 $\overline{v}$와 같은 한 가지 유형의 출력만으로 제한된다. 그것은 난류 에너지 K나 그것의 변동 성분들 $(u', v', w')_{\text{rms}}$를 계산할 수 없다. 따라서 추가적인 편미분 방정식이 필요하다. 변동의 모델링은 1945년 Prandtl에서 시작되었으며 운동 에너지, 난류 소산, 난류 길이 척도, 와도 변동, 소산 시간 척도, 압력-변형률 상관관계, 다양한 응력 관계 등과 같은 다양한 경로를 택했다. Wilcox(1998), Piquet 등(2001), Cebeci(2003) 등이 난류 모델링에 관한 훌륭한 연구 논문을 발표했다.

1968년 난류 경계층에 관한 스탠퍼드 학회에서는 CFD를 사용한 난류 모델링이 초기 단계에 있었다[Kline 등(1968)]. 거의 40년이 지난 지금, 매년 수백 편의 모델링 논문과 그 응용 프로그램이 출판되고 있다. 가장 인기 있는 2-방정식 모델은 상용 CFD 코드로 사용할 수 있으며 널리 사용된다. 기계 공학 잡지(Mechanical Engineering Magazine)의 어떤 호를 읽음으로써 많은 CFD 판매업자들의 차이를 비교해 볼 수 있다. Freitas(1995)의 흥미로운 논문에서 8개의 다른 상업 코드가 비교되었다.

6-7.2.1 1-방정식 모델: 난류 운동 에너지

편의상, 여기서 난류 운동 에너지 방정식의 2차원 경계층 형태를 반복해 보자.

$$\bar{u}\frac{\partial K}{\partial x} + \bar{v}\frac{\partial K}{\partial y} \approx -\frac{\partial}{\partial y}\left[\overline{v'\left(\frac{1}{2}u_i'u_i' + \frac{p'}{\rho}\right)}\right] + \frac{\tau}{\rho}\frac{\partial \bar{u}}{\partial y} - \epsilon \tag{6.26}$$

여기서 $K = (\overline{u_i'u_i'})/2$는 운동 에너지를 나타내고, ϵ은 단위 질량당 힘 단위 또는 속도^3/길이에 대한 난류 소산을 나타낸다.

L을 난류 길이 척도 또는 유효 에디 크기라고 하자. 이러한 에디는 $K^{1/2}$의 속도 척도를 가질 것이다. 그 소산은 차원 추론에 의해 다음과 같이 확장되어야 한다.

$$\epsilon \approx (\text{상수})\frac{K^{3/2}}{L} \tag{6.103}$$

따라서 크기 L의 에디가 $K^{1/2}$의 속도로 이동한다면 단위 질량당 소모되는 힘은 다음과 비례해야 한다.

$$\frac{\text{항력} \times \text{속도}}{\text{질량}} \approx \frac{[(\text{상수})\rho K L^2]K^{1/2}}{(\text{상수})\rho L^3} \approx (\text{상수})\frac{K^{3/2}}{L}$$

식 (6.26)의 오른쪽에 있는 두 번째 또는 '생산' 항은 이미 에디 점성 계수 $\tau = (\mu + \mu_t)\partial\bar{u}/\partial y$에 의해 모델링되었다. 오른쪽의 첫 번째 또는 '대류 확산' 항은 경계층에서 측정할 수 없기 때문에 문제 풀이를 어렵게 만든다. 그 이유는 작은 압력 계측기(flush diaphragm을 이용한)가 벽면 압력 변동을 측정하기는 하지만, 현재 유체 본체 자체에서 미세한 규모의 변동 p'을 측정할 수 있는 장치가 없기 때문이다. 난류 전단 응력을 유추하여, 이 항이 구배 확산과 유사하다고 가정하는 것이 타당하다.

$$-\overline{v'\left(\frac{1}{2}u_i'u_i' + \frac{p'}{\rho}\right)} \approx (\text{상수})\frac{\partial K}{\partial y}$$

그리고 난류 운동 에너지 방정식에 대한 일반적인 모델은 다음과 같이 단순화된다.

$$\frac{\partial K}{\partial x} + \bar{v}\frac{\partial K}{\partial y} \approx \frac{\partial}{\partial y}\left[(\text{상수})\frac{\partial K}{\partial y}\right] + \nu_t\left(\frac{\partial \bar{u}}{\partial y}\right) - (\text{상수})\frac{K^{3/2}}{L} \tag{6.104}$$

이 식은 연속 방정식 (6.21a)와 운동량 방정식 (6.21b)와 쌍을 이룬다. 길이 척도 L이 적절하게 모델링될 때까지 수학적 종결점에 도달할 수 없다. 1968년 스탠퍼드 학회[Kline 등(1968)]의 미분 방법 중 세 가지는 L에 대한 대수적 상관관계를 갖는 식 (6.104)를 사용했다. 결과는 만족스러웠지만, 명백히 에디 점성 계수에 대해 추측된 관계를 사용한 최고의 0-방정식 모델보다 나을 것이 없었다. 이러한 사실은 길이 척도 상관관계를 복잡한 유동으로 확장하는 극심한 어려움과 결합하여 1-방정식 모델을 널리 채택할 수 없다는 것을 깨닫게 했다.

6-7.2.2 2-방정식 모델: $K - \epsilon$ 모델

난류 운동 에너지 방정식[식 (6.104)]은 (1) 소산 ϵ 또는 (2) 난류 길이 척도 L의 변화 속도를 모델링하는 두 번째 방정식과 결합하면 더 나은 성능을 발휘한다. 소산은 아마도 전문가가 아닌 사용자에게 난류 모델링 분야를 개방한 Jones와 Launder(1972)의 획기적인 논문으로 인해 매우 대중적이다. 이 연구자들은 식 (6.104)와 같이 Tennekes와 Lumley(1972)가 수립한 완전 소산 방정식과 유사한 방식으로 모델링했다. 그 결과로 두 모델은 완전 타원(비경계층) 높은 Reynolds 수 유동에 대해 다음과 같이 주어진다.

에너지: $$\frac{DK}{Dt} \approx \frac{\partial}{\partial x_j}\left(\frac{\nu_t}{\sigma_K}\frac{\partial K}{\partial x_j}\right) + \nu_t\frac{\partial \overline{u}_i}{\partial x_j}\left(\frac{\partial \overline{u}_i}{\partial x_j} + \frac{\partial \overline{u}_j}{\partial x_i}\right) - \epsilon \tag{6.105a}$$

소산: $$\frac{D\epsilon}{Dt} \approx \frac{\partial}{\partial x_j}\left(\frac{\nu_t}{\sigma_\epsilon}\frac{\partial \epsilon}{\partial x_j}\right) + C_1\nu_t\frac{\epsilon}{K}\frac{\partial \overline{u}_i}{\partial x_j}\left(\frac{\partial \overline{u}_i}{\partial x_j} + \frac{\partial \overline{u}_j}{\partial x_i}\right) - C_2\frac{\epsilon^2}{K} \tag{6.105b}$$

여기서 σ_K와 σ_ϵ는 에디 확산 K와 운동량 에디 점성 계수 ϵ를 연관시키는 효과적인 'Prandtl 수'이다($\sigma_K = \nu_t/\nu_k$, $\sigma_\epsilon = \nu_t/\nu_\epsilon$). 에디 점성 계수 자체는 다음과 같이 모델링된다.

$$\nu_t \approx \frac{C_\mu K^2}{\epsilon} \tag{6.106}$$

이러한 관계에서 나타나는 다섯 가지 경험 상수는 경계층 계산에 대해 다음과 같은 권장값을 갖는다.

$$C_\mu = 0.09 \quad C_1 = 1.44 \quad C_2 = 1.92 \quad \sigma_K = 1.0 \quad \sigma_\epsilon = 1.3 \tag{6.107}$$

불행히도 이러한 값은 보편적이지 않으므로, 제트, 후류 및 재순환 흐름과 같은 다른 문제에 대해 수정해야 한다.

연속 방정식[식 (6.21a)] 및 운동량 방정식[식 (6.21b)]과 결합된 방정식, 식 (6.105)~(6.107)은 2차원 난류 전단 유동의 분석을 위한 완전한 $K - \epsilon$ 모델을 형성한다. 식 (6.107)의 상수가 조정되는 평판 유동을 제외하고, 정확도는 종종 타당하다. 이러한 이유로, 다른 연구자들은 서로 다르지만 관련된 2차 방정식 모델을 제안했다.

(1) Yakhot와 Smith(1992)의 재규격화 그룹 방법을 사용한 $K - \epsilon$ 모델
(2) Prandtl(1945a)과 Wilcox(1998)의 $K - \omega$ 모델
(3) Rotta(1986)의 $K - L$ 모델
(4) Wilcox와 Rubesin(1980)의 $K - \omega^2$ 모델
같은 정신으로 $K - \epsilon$ 모델에 2개의 추가 방정식을 가지고 있다. 즉 4-방정식 모델:
(5) $K - \epsilon - v'^2 - f$ 모델, 때때로 간단히 Durbin(1995)의 $v'^2 - f$ 모델로 불리기도 한다.

이 다섯 번째 모델에서 v'^2는 변동하는 법선방향 속도를 나타내고, f는 생산 속도를 나타낸다. L은 난류 길이 척도를 저장하고, ω는 $\omega = \epsilon/(KC_\mu)$의 관계로 모델링된 단위 난류 운동 에너지당 소산을 의미한다는 것을 기억하라. L과 ω는 모두 K에 대한 방정식을 결합하기 위해 자체 편미분 방정식을 필요로 한다[자세한 내용은 Wilcox(1998) 논문 참조]. 위의 다섯 가지 모델은 일반적으로 역압 구배, 낮은 Reynolds 수 및 분리된 유동에 대해 표준 $K - \epsilon$ 모델보다 높은 정확도를 보인다

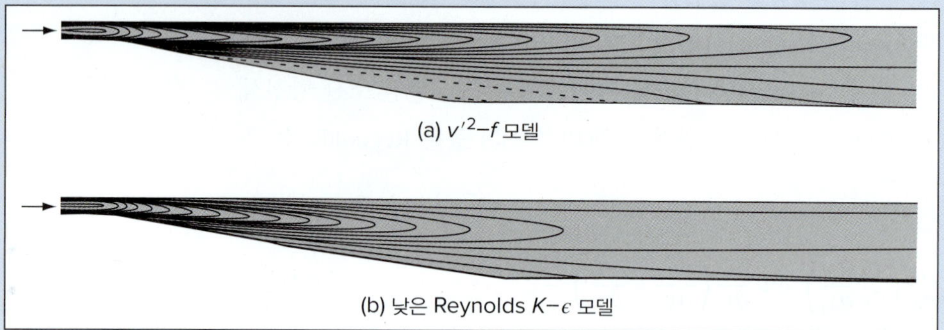

그림 6.25
$Re \approx 20{,}000$에서 10° 더 낮은 벽 팽창을 갖는 비대칭 확산기의 난류 모델링 등속도 등고선. (a) v'^2-f 모델은 실험적 분리 거품(점선)을 정확하게 예측한다. (b) $K-\epsilon$ 모델은 분리를 예측하지 못하지만 질적으로 합리적이다[Iaccarino(2001)의 허가를 받음].

[Wilcox(1998)]. 그러나 표준 모델은 여전히 널리 사용되고 있으며 질적으로 만족스럽다.

이러한 모델을 시험하기 위한 엄격한 사례는 Iaccarino(2001)에 의해 평평한 상부 벽과 10° 각도로 확장되는 하부 벽이 있는 비대칭 2차원 확산기(diffuser)를 통과하는 유동에 대해 보고되었다. Reynolds 수는 입구 채널 높이를 기준으로 20,000이며, 이에 대한 실험 데이터는 Obi 등(1993)에서 구할 수 있다. Iaccarino는 유선방향으로 124개, 횡방향으로 65개의 노드로 이루어진 격자를 사용하였으며, 특히 벽 근처에 밀집되도록 하였다.

그림 6.25는 (1) v'^2-f 모델과 (2) 낮은 Reynolds 수 보정이 있는 $K-\epsilon$ 모델을 이용하여 계산된 등속도 등고선을 보여준다. v'^2-f 모델은 구석(점선)에서 길고 얇은 분리 거품을 예측하며, 이는 실험과 매우 일치함을 보인다. $K-\epsilon$ 모델은 분리를 예측하지 않지만, 그 외에는 질적으로 정확하다.

6-7.2.3 벽 함수 및 낮은 Reynolds 수 수정

대부분의 표준 2-방정식 모델은 '높은 Reynolds 수'를 위해 개발되었다. 상기 $K-\epsilon$ 모델 식 (6.105a), (6.105b) 또는 식 (6.106)은 분자 점성 계수 μ를 포함하지 않음에 유의하라. 이 모델은 점도가 지배하는 근접 벽에서 멀리 떨어진 완전히 난류 영역에 적용되도록 의도되었다. 벽 근처 영역에는 다음과 같은 두 가지 옵션이 있다. (1) 중복 영역의 첫 번째 계산 노드에 벽 함수 내부 법칙 관계를 패치(patch)하여 사용 또는 (2) 모델 자체에 점도와 감쇠 항을 추가하고 벽 바로 위까지 정밀 격자(mesh)를 사용.

벽 함수 공식은 기본적으로 $K-\epsilon-\omega$ 매개변수에 맞게 조정된 로그 법칙 관계이다. 예를 들어, y_P가 벽에 가장 가까운 격자점을 나타낸다면, 다음과 같이 지정할 수 있다.

$$\frac{\overline{u_P}}{v^*} = \frac{1}{\kappa}\ln\left(\frac{v^* y_P}{\nu}\right) + B \qquad K_P = \frac{v^{*2}}{C_\mu^{1/2}} \qquad \epsilon_P = \frac{v^{*3}}{\kappa y_P} \qquad \omega_P = \frac{C_\mu^{3/4} K^{3/2}}{\kappa y_P} \tag{6.108}$$

이 접근법은 특히 질적 계산에 있어 일반적으로 만족스럽다. 안타깝게도, 결과는 일치점 y_P의 위치에 수치적으로 민감하며, 분리된 유동 및 모서리 유동 영역에서 부정확한 경우가 많다. 물론 장점은 격자 크기의 만족스러운 증가이다. Craft 등(2002)은 속도, 온도 및 소산 속도에 대한 새로운 분석적인 벽 함수 공식을 유도하여 상당한 개선을 보고했다. 그들의 접근방식은 부력, 압력 구배 및 분자 수송 상태량 변화를 설명한다.

두 번째 벽 근처 옵션은 분자 점성과 감쇠 항을 추가한 다음, 국소적인 역학을 설명할 수 있는 정밀 격자를 사용하는 것이다. Jones와 Launder(1973)는 이 항들을 K, 그리고 ϵ 미분 방정식에 직접 추가한다. 정밀 격자는 $y^+ < 1$만큼 가까운 점을 가진 점성 저층에 도달해야 한다. Jones와 Launder는 식 (6.105a), (6.105b)에 대해 다음과 같이 수정할 것을 제안한다.

$$\bar{u}\frac{\partial K}{\partial x} + \bar{v}\frac{\partial K}{\partial y} \approx \frac{\partial}{\partial y}\left[\left(\nu + \frac{\nu_t}{\sigma_K}\right)\frac{\partial K}{\partial y}\right] + \nu_t\left(\frac{\partial \bar{u}}{\partial y}\right)^2 - \epsilon \tag{6.109a}$$

$$\bar{u}\frac{\partial \epsilon}{\partial x} + \bar{v}\frac{\partial \epsilon}{\partial y} \approx \frac{\partial}{\partial y}\left[\left(\nu + \frac{\nu_t}{\sigma_\epsilon}\right)\frac{\partial \epsilon}{\partial y}\right] + C_1\frac{\epsilon\nu_t}{K}\left(\frac{\partial \bar{u}}{\partial y}\right)^2 - C_2\frac{\epsilon^2}{K} \tag{6.109b}$$

여기서 점성 계수 μ를 추가했고, '상수' C_1, C_2, C_μ는 벽 근처에서 변할 수 있는 값이다. Jones와 Launder(1973) 공식 외에도 Wilcox(1998)는 세 가지 다른 낮은 Reynolds 수 모델을 논의하고 Coles와 Hirst(1968)의 12가지 다른 경계층 실험을 위한 데이터와 비교한다. 네 모델 모두 결점이 있는 반면, $K - \omega$ 모델은 12개의 유동 모두에 대해 매우 잘 수행된다. Patel 등(1985)의 검토에서는 Wilcox와 Rubesin(1980)의 $K - \omega^2$ 모델과 함께 7개의 낮은 Reynolds 수 모델을 테스트하고, 특히 순압력 구배에 대해서 모두 부정확함을 발견했다. Wilcox(1998)는 정확도가 식 (6.105b)의 ϵ 관계가 잘못 공식화되었기 때문에 발생하는 것으로 추측한다.

낮은 Reynolds 수 수정에 대한 변형은 감쇠나 벽 함수를 사용하지 않는 Durbin(1995)의 $v'^2 - f$ 모델이다. 오히려, 그것은 법선방향 속도 v'^2가 벽에 접근할 때 자연 감쇠라는 사실을 이용한다. 정확하게 모델링하면 저층과 내층을 상당히 잘 재현한다. Durbin이 모델링한 방정식은 다음과 같이 쓸 수 있다.

$$\bar{u}\frac{\partial v'^2}{\partial x} + \bar{v}\frac{\partial v'^2}{\partial y} \approx Kf_{22} - \frac{\epsilon}{K}v'^2 + \frac{\partial}{\partial y}\left[\left(\nu + \frac{\nu_t}{\sigma_K}\right)\frac{\partial v'^2}{\partial y}\right] \tag{6.110}$$

여기서 f_{22}항은 v'^2의 근원 또는 생산 속도를 나타내며, 완화형 미분 방정식으로 모델링할 수 있다. Durbin은 $K - \epsilon$ 방정식의 (C_1, C_2, C_μ, σ_K, σ_ϵ) 외에도 세 가지 조절 가능한 상수를 더 도입하여 모델을 완성한다. Durbin의 예와 Iaccarino(2001)의 예들은 분리 거품, 후향계단(backstep) 유동, 심지어 비유선형 물체(bluff body)에서 나오는 와류 방출(vortex shedding) 모사에 대한 큰 가능성을 가지고 있는 상당히 정확한 모델로 이어진다.

6-7.2.4 Reynolds 응력 모델

Reynolds 응력의 모델링 $\left(-\rho\overline{u'v'}\right)$은 이전 체계보다 높은 수준으로, 보통 2차 닫힘(second-order closure)이라고 한다. 에디 점성 계수와 속도 구배 접근법은 폐기되고, 응력은 (1) 대수적 응력 모델 또는 (2) 응력 변화율에 대한 미분 방정식으로 직접 계산된다. 모델링 자체는 다소 복잡하고, 계산 집약적인 더 높은 수준에서 수행된다.

이 주제는 Rodi(1984), Launder 등(1975) 및 Wilcox(1998)가 검토한다. Rodi[Kline 등(1982, pp. 681-690)]의 논의에 따라, Reynolds 응력 방정식을 별도의 항으로 분해한다. 지시적 합계 표기법을 사용하면 다음과 같다.

$$\partial\frac{\left(\overline{u'_i u'_j}\right)}{\partial t} + u_k\partial\frac{\left(\overline{u'_i u'_j}\right)}{\partial x_k} = D_{ij} + P_{ij} + \pi_{ij} - \epsilon_{ij} + \nu\frac{\left(\overline{\partial^2 u'_i u'_j}\right)}{\partial x_k \partial x_k} \tag{6.111}$$

여기서

$$D_{ij} = -\frac{\partial}{\partial x_k}\left(\overline{u'_i u'_j u'_k} + \frac{\overline{p'u'_i}}{\rho}\delta_{jk} + \frac{\overline{p'u'_j}}{\rho}\delta_{ki}\right) \qquad \text{(난류 수송)}$$

$$P_{ij} = -\overline{u'_i u'_k}\frac{\partial \overline{u}_j}{\partial x_k} - \overline{u'_j u'_k}\frac{\partial \overline{u}_i}{\partial x_k} \qquad \text{(생산)}$$

$$\pi_{ij} = \overline{\frac{p'}{\rho}\left(\frac{\partial u'_i}{\partial x'_j} + \frac{\partial u'_j}{\partial x'_i}\right)} \qquad \text{(압력-변형률)}$$

$$\epsilon_{ij} = 2\nu\overline{\frac{\partial u'_i}{\partial x'_k}\frac{\partial u'_j}{\partial x'_k}} \qquad \text{(소산)}$$

이 방정식은 K와 ϵ에 대한 관계와 함께 사용된다(그들을 대체하지 않는다).

생산 항 P_{ij}는 이미 Reynolds 응력 형태이지만, 소산, 난류 수송 및 압력-변형률이라는 다른 세 항은 모델링해야 한다. 우리는 세 가지 모두 측정하기 어렵거나, 심지어 불가능한(압력-변형률) 복잡한 통계적 상관관계를 관찰했다. Wilcox(1998)는 이러한 미묘함을 훌륭하게 논의하여, '2차 닫힘'의 밝은 미래를 예측한다.

소산은 벽 근처에서 이방성이고 벽에서 멀어질수록 등방성이므로, Hanjalic과 Launder(1976)는 다음 모델을 제안한다.

$$\epsilon_{ij} = \frac{2\epsilon}{3}\delta_{ij} + f_s\epsilon\left(-\frac{\overline{u'_i u'_j}}{2K} + \frac{1}{3}\delta_{ij}\right) \tag{6.112}$$

여기서 전체 소산 ϵ 및 난류 세기 K는 식 (6.105a), (6.105b)와 같은 특정 미분 관계에서 계속 계산된다. 계수 f_s는 감쇠 함수를 나타낸다.

난류 수송 항 $D_{ij} = -\partial(\beta_{ijk})/\partial x_k$은 Hanjalic과 Launder(1976)의 모델을 지원하는 DNS 계산 [예, Moin과 Mahesh(1998)]에 의해 연구되었다. 편의상, $S_{ij} \equiv -\overline{u'_i u'_j}$를 나타낸다. 그러면 상수 $C_s \approx 0.11$일 때, 세 번째 항의 양 β_{ijk}에 대한 모형은 다음과 같다.

$$\beta_{ijk} = C_s\frac{K}{\epsilon}\left(S_{im}\frac{\partial S_{jk}}{\partial x_m} + S_{jm}\frac{\partial S_{ik}}{\partial x_m} + S_{km}\frac{\partial S_{ij}}{\partial x_m}\right) \tag{6.113}$$

이 모델은 대중적인 Launder-Reece-Rodi(LRR)(1975)와 Speziale-Sarkar-Gatski(SSG)(1991a) 접근법에 사용된다.

마지막으로, 압력-변형 항 π_{ij}는 (1) 측정 불가능하고, (2) 모델링하기 어렵기 때문에 여전히 집중적인 진화를 겪고 있다. 예를 들어, SSG 버전은 11개의 항과 7개의 경험 상수를 포함한다. Wilcox와 Rubesin(1980) 모델은 8개의 항과 5개의 상수를 포함한다. 특별히, 더 단순한 모델은 Rodi(1984)에 기인한다.

$$\pi_{ij} \approx -C_1\frac{\epsilon}{K}\left(\overline{u'_i u'_j} - \frac{2}{3}K\delta_{ij}\right) - C_\gamma\left(P_{ij} - \frac{1}{3}P_{ii}\delta_{ij}\right) \tag{6.114}$$

이러한 항들은 Reynolds 응력 관계, 식 (6.106)으로 저장되어 소산에 대한 연속 방정식, 운동량 방정식 및 소산율 방정식과 동시에 풀릴 수 있다. 난류 전단이 직접 계산될 수 있기 때문에 식 (6.111)의 에디 점성 계수 모델도 폐기된다. 벽의 바로 근처에서 모델을 사용하려면 수정이 필요하다.

이 모델에서 사용할 수 있도록 제안된 상수는 다음과 같다.

$$C_s \approx 0.25 \qquad C_1 \approx 1.5 \qquad C_\gamma \approx 0.6 \tag{6.115}$$

Reynolds 응력 모델 이용자들은 여기에 제시된 6-7.2.2절과 다른 $K - \epsilon$ 모델을 종종 사용한다[자세한 내용은 Rodi(1984년) 참조].

6-7.2.5 대수적 응력 모델

Reynolds 응력 폐쇄 모델(Reynolds stress closure models)은 원칙적으로 1- 및 2-방정식 모델보다 개선되었지만, 3~6개의 추가 편미분 방정식을 포함하므로 계산 집약적이다. Hanjalic과 Launder(1972)를 시작으로, 많은 연구자들은 미분 방정식[식 (6.111)]을 식 (6.111)에 의해 포착된 소산, 난류 수송 및 압력-변형 효과를 모방한 대수적 응력 모델(ASM, algebraic stress model)로 대체할 것을 제안했다. 예를 들어, Rodi(1976)는 비선형 관계를 다음과 같이 제안한다.

$$\frac{\tau_{ij}}{\rho K}\left(\tau_{mn}\frac{\partial \bar{u}_m}{\partial x_n} - \rho\epsilon\right) \approx -\tau_{ik}\frac{\partial \bar{u}_j}{\partial x_k} - \tau_{jk}\frac{\partial \bar{u}_i}{\partial x_k} - \epsilon_{ij} - \pi_{ij} \tag{6.116}$$

소산 항 ϵ_{ij} 및 압력-변형률 항 π_{ij}에 대해 극도로 복잡한 3차원 상관관계로 보완된다. 여기서의 아이디어는 비선형 에디 점성 계수 모델과 비슷하다. 그러나 대수적 응력 모델(ASM)은 특히 유동 분리 및 재연결 유동에 대해서는 잘 활용되지 않는다.

6-7절에서는 난류 모델링의 광범위한 연구 영역에 대한 간략한 개요만 제공한다는 것을 분명히 해야 한다. 자세한 내용은 Wilcox(1998), Bernard와 Wallace(2002), Cebeci(2003)를 참조하라.

6-8 압력 구배를 갖는 난류 경계층의 해석

이 장의 앞부분에 설명된 도구를 사용하여 상당히 임의적인 조건에서 난류 경계층을 분석하기 위해 다양한 방법이 개발되었다. 이 중 2개의 기본 그룹은 하위 범주와 함께 식별될 수 있다.

1. 적분 방법(integral methods)은 (1) Kármán 적분 관계, (2) 내부 변수를 기초로 함.
2. 유한 미분 방법[finite-difference(differential) methods]은 (1) 에디 점성 계수, (2) 난류 운동 에너지, (3) 2-방정식[예, K(에너지)-ϵ(소산)], 또는 (4) Reynolds 응력 방정식을 기초로 함.

경계층에 걸쳐 평균화된 적분 방법은 표면 마찰 및 운동량 두께 정보와 같은 총 매개변수를 산출하는 일반적인 미분 방정식으로 이어진다. 미분 방법은 동일한 매개변수와 속도, 난류 전단 및 기타 모델링되는 모든 것의 완전한 분포를 산출한다. 그러나 일반적으로 복잡한 컴퓨터 코드를 사용하거나 개발해야 하는 미분 방법과 달리 적분 방법은 프로그래밍하기 쉽다. 두 가지 유형의 방법 모두 다양한 문제에 대한 정확한 예측을 제공할 수 있다.

이제 가변 압력 구배에 대한 이러한 방법에 대해 논의하지만, 이 책에서는 매끄러운 불침투성 벽면이 있는 2차원 안정적인 난류 유동으로 제한한다.

6-8.1 Kármán 적분 관계를 사용하는 방법

문헌에서 대부분의 적분 방법은 Kármán(1921)의 유명한 운동량 관계에 의존하며, 편의를 위해 여기에서 반복한다.

$$\frac{d\theta}{dx} + (2 + H)\frac{\theta}{U_e}\frac{dU_e}{dx} = \frac{C_f}{2} \tag{6.28}$$

$U_e(x)$가 주어진 값이라면 3개의 미지수(θ, H 및 C_f)가 있으므로 최소한 2개의 추가적인 관계식이 필요하다. 이들 중 하나는 벽-후류 법칙[식 (6.47)]이 분포 데이터에 매우 잘 들어맞기 때문에 발생하는 순수 대수적 관계이다. Ludwieg와 Tillmann(1949)은 다양한 유동에서 측정된 값(θ, H, C_f)을 연관시킴으로써 다음과 같은 고전적인 상관관계를 발견했다.

Ludwieg-Tillmann 관계식:
$$C_f \approx 0.246\left(\frac{U_e\theta}{\nu}\right)^{-0.268} 10^{-0.678H} \tag{6.117}$$

데이터와 비교할 때 정확도는 ±10%이다. 분리는 예측되지 않는다. 즉, C_f는 유한 H에 대해 0으로 수렴하지 않는다. Cousteix[Kline 등(1982, p. 657)]에 의해 검토된 바와 같이, 많은 유사한 상관관계가 제안되었다. 예를 들어, Felsch 등[Kline 등(1968, p. 170)]은 다음과 같이 제안하였다.

$$C_f \approx 0.058Re_\theta^{-0.268}(0.93 - 1.95\log_{10}H)^{1.705} \tag{6.118}$$

따라서 분리($C_f = 0$)는 $H = 3.0$에서 예측되며, 이는 상당히 합리적이다.

이러한 모든 상관관계의 유효성은 식 (6.48)에서 적분 매개변수가 제공되는 Coles의 벽-후류 법칙의 우수성에 달려 있다. 다음과 같이 그 공식들을 재정렬해 보자.

$$\lambda = a(\Pi)\frac{H}{H - 1}$$

여기서
$$a(\Pi) = \frac{2 + 3.179(\Pi) + 1.5\Pi^2}{\kappa(1 + \Pi)} \tag{6.119a}$$

$$Re_\theta = \frac{1 + \Pi}{\kappa H}\exp(\kappa\lambda - \kappa B - 2\Pi) \tag{6.119b}$$

이 두 공식 사이에서 Π를 제거하면, $C_f = 2/\lambda^2$, H 및 Re_θ 사이의 고유한 관계를 얻을 수 있다. 결과는 그림 6.26에 표시되어 있으며, 다음과 같은 관계로 상당히 정확하게(±3%) 곡선과 일치되고 있는 것을 확인할 수 있다.

$$C_f \approx \frac{0.3e^{-1.33H}}{(\log_{10}Re_\theta)^{1.74+0.31H}} \tag{6.120}$$

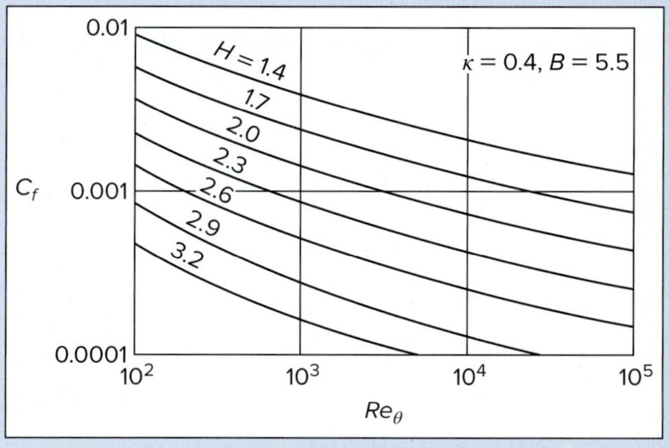

그림 6.26
운동량 두께 및 형상 계수의 함수로서 표면 마찰에 대한 후류의 법칙 식 (6.119a)~(6.119b)로부터의 계산

이 상관관계식은 Kármán 기반 방법과 함께 사용할 수 있는 가장 정확한 상관관계식 중 하나이다.

6-8.1.1 Π가 있는 단순 Kármán형 닫힘-β 상관식

앞서 6-4.4절에서 논의한 Coles의 후류 매개변수 Π와 Clauser 매개변수 β 사이의 대략적인 상관관계를 사용하여 Kármán형 적분법을 닫을 수 있다. 이 책의 첫 번째 판은 제한된 수의 실험 평형 유동에 맞는 간단한 공식 $\Pi = 0.8(\beta + 0.5)^{3/4}$를 제안했다. 그 이후, Das(1987)는 1968년 스탠퍼드 학회[Coles와 Hirst(1968)]의 수백 개의 데이터 포인트를 다음과 같은 다항식 상관관계로 상관시켰다.

$$\beta \approx -0.4 + 0.76\Pi + 0.42\Pi^2 \tag{6.121}$$

이 공식은 그림 6.27의 평형 및 비평형 데이터와 비교된다. 상당한 양의 데이터 분산(scatter)이 적분 방법에서 공식을 상당히 유용하게 사용할 수 있다는 것을 무효화하지 않다. 음의 β에 대한 큰 분산(순구배)은 실험 오류 때문이 아니다. Π가 매우 작을 때 거의 동일한 숫자를 빼서 발생한다.

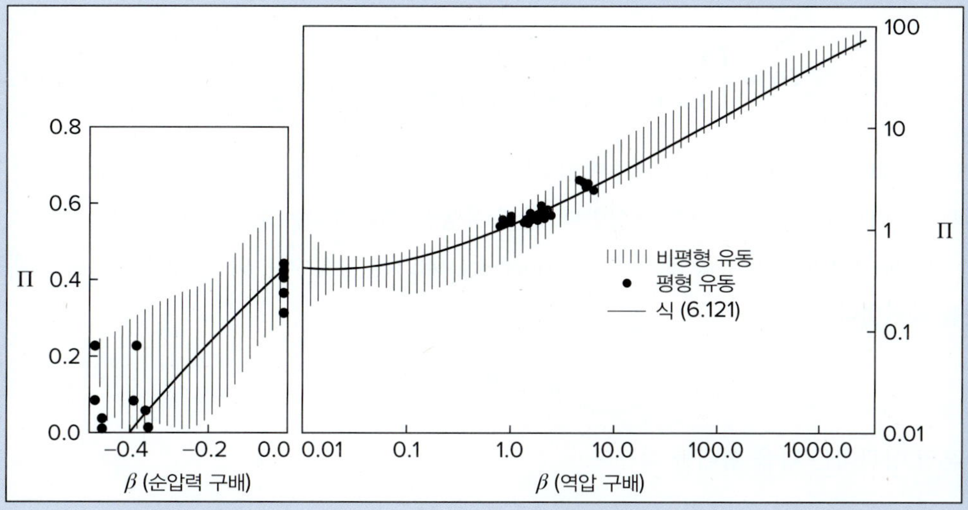

그림 6.27
평형 및 비평형 경계층에 대한 Clauser 매개변수와 Coles의 후류 매개변수의 상관관계[Das(1987) 이후]

비록 식 (6.121)은 '세 번째 관계'를 제공하며, (C_f, H, Re_q)와 관련되어야 하는 새로운 매개변수 Π 및 β를 도입한다. 분해능은 간단하다. Π는 이미 식 (6.119a)를 통해 C_f 및 H와 관련되어 있다. 그리고 β는 다음과 같은 정의식에서 쉽게 결정할 수 있다.

$$\beta = \frac{\delta^*}{\tau_w}\frac{dp_e}{dx} = -\lambda^2 H \frac{\theta}{U_e}\frac{dU_e}{dx} \tag{6.122}$$

진행하기 위해, $d\theta/dx$를 적분하기 위해 Runge-Kutta 방법을 이용하여 식 (6.28), (6.119a), (6.120), (6.121), (6.122)를 동시에 푼다. 초기 조건은 $x = 0$에서 $C_f(0)$ 및 $\theta(0)$로 알려져 있다. 각 단계 $(x + \Delta x)$에서 4개의 대수 관계 중 H, C_f 등을 계산하기 위해 반복이 필요하다. 그 후에 다음 위치 $(x + 2\Delta x)$로 나아갈 수 있다. 이 방법은 특별한 지침서가 없지만 순압력 구배와 역압 구배 모두에 대해 상당히 적절한 예측을 한다.

6-8.1.2 혼입 적분법

많은 공학자들은 '세 번째 관계'가 대수적 상관관계가 아니라 제2의 미분 방정식, 즉 앞에서 논의한 유입(entrainment) 관계여야 한다고 믿는다.

$$E = \frac{1}{U_e}\frac{d}{dx}[U_e(\delta - \delta^*)] \tag{6.31}$$

유용하기 위해서는 E가 다른 적분 매개변수와 상관관계가 있어야 한다. Head(1958)의 원래 방법은 새로운 형상 계수를 정의한다.

$$H_1 = \frac{\delta - \delta^*}{\theta}$$

그리고 식 (6.31)을 이 계수의 관점에서 곡선 맞춤 상관관계식으로 기술한다.

$$\frac{d}{dx}(U_e\theta H_1) = U_e F(H_1) \qquad F(H_1) \approx 0.0306(H_1 - 3.0)^{-0.6169} \tag{6.123}$$

Head는 H_1이 표준 형상 계수 H와 관련이 있음을 보여주었고, 그의 상관관계는 나중에 다음과 같은 공식에 곡선 맞춤으로 결합된다.

$$H_1 \approx \begin{cases} 3.3 + 0.8234(H - 1.1)^{-1.287}, & H \le 1.6 \\ 3.3 + 1.5501(H - 0.6778)^{-3.064}, & H \ge 1.6 \end{cases} \tag{6.124}$$

식 (6.28), (6.120), (6.123), (6.124)는 주어진 자유 유동 속도 $U_e(x)$에 대해 (θ, C_f, H, H_1)을 풀기 위한 폐쇄 시스템(closed system)을 구성한다. 분리 유동을 제외하고는 꽤 잘 예측한다.

강한 역구배에서의 분리 유동에 대해, Ferziger 등(1982)은 형상 계수의 관점에서 접점을 재구성할 것을 제안한다.

$$\eta^* = \frac{\delta^*}{\delta}$$

그들의 혼입 상관식은 다음 형태를 갖는다.

$$\frac{d}{dx}\left[U_e H\theta\left(\frac{1}{\eta^*}-1\right)\right] = U_e f(\eta^*) \qquad f(\eta^*) \approx 0.0083\,(1-\eta^*)^{-2.5} \tag{6.125}$$

또한 Ferziger 등(1982)은 η^*와 직접적으로 관련된 표면 마찰 상관식을 위하여 Ludwieg-Tillmann 관계식을 축소했다.

$$C_f \approx 0.1017|1-2\eta^*|^{1.732}\left(\frac{\eta^*}{HRe_\theta}\right)^{0.268} \operatorname{sgn}(1-2\eta^*) \tag{6.126}$$

따라서 분리($C_f = 0$)는 $\eta^* = 1/2$의 값에서 발생한다. 이 표현은 $C_f < 0$과 벽 유동이 반전되는 분리점을 지나도 사용할 수 있다. 마지막으로, Coles의 벽-후류 법칙[식 (6.49)]을 변경하여 η^*를 C_f와 H와 연관시킨다.

$$\frac{H-1}{H} \approx 1.5\eta^* + 0.309\,C_f^{1/2} + 0.955\frac{C_f}{\eta^*} \tag{6.127}$$

식 (6.28), (6.125), (6.126), (6.127)은 (θ, C_f, H, η^*)에 대해 동시에 풀 수 있다. 이 적분법은 역구배에 대해서는 잘 예측하지만, 안타깝게도, 순구배에 대해서는 신뢰할 수 없다.

6-8.2 내부 변수 적분법

평판의 경우 식 (6.76)으로 이어진 내부 변수 방법은 후류 성분을 추가하여 압력 구배 조건까지 확장할 수 있다. 결과는 표면 마찰에 대해 알려진 대수 계수를 갖는 1차 상미분 방정식 $C_f(x)$이다.

y에 따라 선형적으로 변화하는 후류를 사용한 White(1969)의 초기 시도는 손계산에도 상당히 효과적이었다. 그러나 Coles의 벽-후류 속도 분포를 사용한 Das(1988)의 더 정확한 모형으로 대체되었다.

$$\frac{\bar{u}(x,y)}{v^*(x)} \approx \frac{1}{\kappa}\ln y^+ + B + \frac{2\Pi}{\kappa}(3\xi^2 - 2\xi^3) \tag{6.128}$$

여기서 $\quad v^* = \left(\frac{\tau_w}{\rho}\right)^{1/2} \qquad \xi = \frac{y^+}{\delta^+} \qquad$ 그리고 $\quad y^+ = \frac{yv^*}{\nu}$

Moses [Kline 등(1968, p. 78)]가 제안한 다항식 후류는 적분을 단순화하기 위해 식 (6.46)의 사인 제곱 법칙을 대체한다.

식 (6.128)로부터 $\bar{u}$를 알면, 법선방향 속도 성분은 연속 방정식[식 (6.21a)]으로부터 따라온다. 다음과 같은 식을 얻는다.

$$\bar{v} \approx -\frac{\nu}{v^*}\int_0^{y^+}\frac{\partial \bar{u}}{\partial x}\,dy^+ \tag{6.129}$$

6-6.2절과 비슷하지만, 대수적으로 더 복잡한 방식으로, $\bar{u}$와 $\bar{v}$는 운동량 방정식[식 (6.21b)]으로 대체될 수 있고, 벽면($y^+ = 0$, $\tau = \tau_w$)에서부터 층 가장자리($y^+ = \delta^+$, $\tau = 0$)까지 경계층을 가로질러 적분될 수 있다. 이 중간 단계의 결과는 다음과 같다.

$$A_1\frac{dv^*}{dx} + A_2\frac{d\Pi}{dx} + A_3\frac{d\delta^+}{dx} \approx \delta^+ U_e\frac{dU_e}{dx} - \frac{v^*\tau_w}{\mu} \tag{6.130}$$

여기서 계수 $A_{1,2,3}$은 Das(1988)에 의해 주어진다. 식 (6.130)에서 $d\delta^+/dx$를 제거하기 위해, 식 (6.49)의 벽-후류 마찰 법칙의 미분 형태를 사용하고 다음과 같이 항을 재정렬한다.

$$\frac{d\delta^+}{dx} \approx \frac{\kappa\delta^+}{v^*}\frac{dU_e}{dx} - \frac{\delta^+}{v^*}(\ln\delta^+ + \kappa B + 2\Pi)\frac{dv^*}{dx} - 2\delta^+\frac{d\Pi}{dx} \tag{6.131}$$

식 (6.130)에서 추가로 $d\Pi/dx$를 제거하기 위해, 먼저 Clauser 매개변수의 정의를 호출한다.

$$\beta = \frac{\delta^*}{\tau_w}\frac{dp_e}{dx} = -\frac{\delta U_e}{v^{*2}}\frac{dU_e}{dx}\frac{\delta^*}{\delta} \qquad \frac{\delta^*}{\delta} \approx \frac{(1+\Pi)v^*}{\kappa U_e} \tag{6.132}$$

여기서 후자는 식 (6.48)에서 이어진다. 마지막으로, 그림 6.27과 같이 대략 식 (6.121)의 다항식 회귀 분석(polynomial fit)에 의해 β와 Π를 연관시킨다. 이러한 방식으로, $d\Pi/dx$는 식 (6.130)에서도 제거된다. 결과는 dv^*/dx만을 포함하는 (차원) 미분 방정식이다. 마지막으로, Das(1988)는 이 관계를 정의함으로써 무차원화한다.

$$x^* = \frac{x}{L} \qquad V = \frac{U_e}{U_0} \qquad \text{그리고} \qquad \zeta = \frac{v^*(x)}{U_e(x)} \tag{6.133}$$

여기서 L과 U_0은 각각 적절한 기준 길이와 속도를 나타낸다.

최종 미분 방정식은 다음과 같은 형태를 갖는다.

$$\frac{d\zeta}{dx^*} = -\frac{\zeta}{V}\frac{dV}{dx^*} + \frac{1}{V}\frac{T_1 - T_2 + R_L T_3(T_4 - R_L T_5)}{R_L T_3(T_6 + T_7) + T_8 + T_9} \tag{6.134}$$

여기서 $R_L = U_0 L/\nu$ 및 무차원 계수 T_{1-9}는 표 6.2에 제시되어 있다. 알려진 초깃값 $\zeta(0)$은 필요하다. $\zeta(x^*)$가 계산되면, 표면 마찰은 $C_f = 2\zeta^2$로부터 얻을 수 있다. 원하는 경우 벽-후류 법칙으로부터 $\delta^*(x)$, $H(x)$, $\theta(x)$의 추정값을 계산할 수 있다.

$$\frac{1}{\kappa}\ln\delta^+ + B + \frac{2\Pi}{\kappa} = \frac{1}{\zeta} \qquad \beta = -\frac{\delta^+(1+\Pi)}{\kappa\zeta^2 R_L}V\frac{dV}{dx^*} \tag{6.135}$$

이 방법은 적절하게 수행하기 위해 자유 유동 속도 $V(x^*)$와 처음 두 도함수에 대해 상당히 연속적인(smooth) 함수를 필요로 한다.

Thomas와 Kadry(1990)는 관련적이고 약간 더 간단한 다항식 전단 적분법(polynomial-shear integral method)을 제안하였다. 또한 Das[식 (6.134)]의 방법은 Oljaca와 Sucec (1997)에 의해 벽 증산으로 확장되었다. 표 6.2보다 간단하지만 더 긴 결과는 분출/흡입 실험과 매우 일치한다.

6-8.2.1 이완 효과: 지연 방정식

대부분의 적분 방법은 평판 구성과 같은 평형 난류 유동에서 개발된 상관관계식을 사용한다. 변화

표 6.2 식 (6.134)를 사용하기 위한 계수 함수 T_i [Das(1988) 이후]

$$T_1 = \delta^+[F_1]\left[\frac{1}{V}\left(\frac{dV}{dx^*}\right)^2\right]$$

여기서 $F_1 = \zeta(6.25 \ln \delta^+ + 8.54 + 6.42\Pi^2) + \zeta\Pi(12.5 \ln \delta^+ + 18.97)$

$$T_2 = 2.5\delta^+\zeta[F_1]\left(-\frac{d^2V}{dx^{*2}}\right)$$

$$T_3 = \frac{[F_2]\zeta^2}{(1+\Pi)^2} - \frac{5\delta^+}{R_L V^2}\left(\frac{dV}{dx^*}\right)$$

여기서 $F_2 = 1.16 + 0.84\Pi + 0.42\Pi^2$

$$T_4 = [\zeta(1.28\Pi^2) + \zeta\Pi(2.5 \ln \delta^+ + 2.58) + 1]\left(V\frac{dV}{dx^*}\right)$$

$$T_5 = \frac{\zeta^3 V^3}{\delta^+}$$

$$\begin{aligned} T_6 = [&\zeta(6.25 \ln^2 \delta^+ + 8.75 \ln \delta^+ + 14.0) \\ &+ \zeta\Pi^2(3.21 \ln \delta^+ + 7.06) \\ &+ \zeta\Pi(6.25 \ln \delta^+ + 20.2 \ln \delta^+ + 21.48)]V \end{aligned}$$

$$\begin{aligned} T_7 = [&\zeta\Pi(12.5 \ln \delta^+ + 15.0 + 6.42\Pi^2) \\ &+ \zeta(6.25 \ln \delta^+ + 1.25) + \zeta\Pi^2(12.5 \ln \delta^+ + 22.18)]V \end{aligned}$$

$$T_8 = \delta^+(2.5 \ln \delta^+ + 5.5)[F_1]\left(\frac{1}{V}\frac{dV}{dx^*}\right)$$

$$T_9 = 5\delta^+(\Pi + 1)[F_1]\left(\frac{1}{V}\frac{dV}{dx^*}\right)$$

가 점진적이면 비평형 유동에서 잘 수행된다. 변화가 빨라지면 실제 적분 매개변수는 평형 예측보다 뒤처질 것이다. 예를 들어, 그림 6.28에는 강한 역압 구배가 갑자기 제거된 이완 경계층이 도시되어 있다. 벽 영역은 빠르게 반응하지만, 외부 후류는 5~10개의 경계층 두께의 거리에 걸쳐 평형을 향해 천천히 이완된다. 큰 양의 β에서 $\beta = 0$으로 갑작스럽게 바뀌는 것과 직접적으로 연관된 이론은 더 하류까지 실제로 일어나지 않는 조기 예측을 낳는다. 조기 변화를 피하기 위해 일부 공학자는 지수형 '지연 방정식'을 사용한다.

$$\frac{dQ}{dx} = \frac{C}{\delta}(Q_{\text{eq}} - Q) \tag{6.136}$$

여기서 Q는 적분 특성(H, Π 등)을 나타내고, C는 무차원 상수, Q_{eq}는 하류 점근점을 수집한다. 예

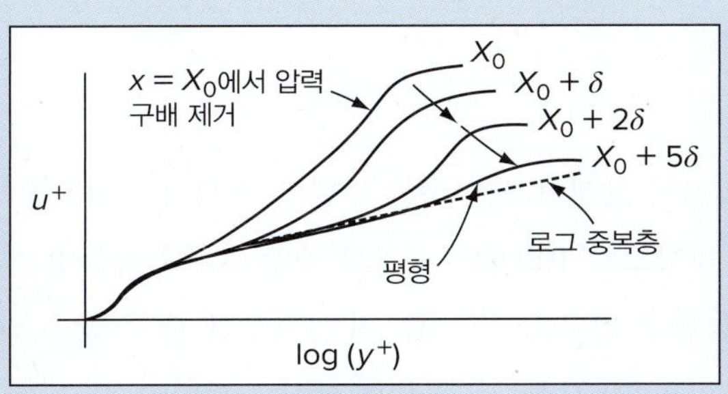

그림 6.28
압력 구배가 갑자기 제거된 후 이완 영역의 개략도

를 들어, 6-8.1.2절의 접점 방법에서, Ferziger 등(1982)은 Q가 E와 $C \approx 0.025$로 간주되는 특정 급변하는 압력 구배에서 식 (6.136)을 사용할 것을 제안한다.

6-8.3 경계층의 유한 미분 해석

위에서 논의한 적분 방법은 $C_f(x)$, $\theta(x)$와 같은 매개변수에 대해 유선방향으로 풀게 되는 일반 미분 방정식으로 이어진다. 유동장의 세부사항은 대수 근삿값에서만 추론할 수 있다. 반대로 미분 방법은 운동 완전 편미분 방정식을 고려하여 $\overline{u}(x, y)$, $\overline{v}(x, y)$, $K(x, y)$, $\epsilon(x, y)$ 등과 같은 유동장 성분을 계산한다. 원칙적으로, 그것들은 적분 방법보다 더 정확한 경향이 있다. 실제로는, 순수 물리학이 아닌 모델링 가정을 기반하기 때문에 실험 데이터에서 편차를 보이는 경우가 많다.

위에서 언급한 모든 방법들은 디지털 컴퓨터와 2차원(또는 3차원) 노드 격자(nodal mesh)를 필요로 한다. 이러한 격자는 난류 유동의 변화가 매우 빠르게 일어나는 벽 근처에서 더 미세해야 한다. 선회 유동(swirling flow)을 모델링할 때, 벽과 회전축 주변의 격자를 모두 정교하게 다듬어야 한다. Hytopoulos 등(1993)의 방법과 같이 유한 요소 방법[finite-element method, Löhner (2001)]이 이 문제에 적용 가능하지만, 현재 대부분의 체계는 유한 차이 또는 Patankar(1980)에 의해 대중화된 유한 체적 방법(finite-volume method)을 사용한다. 다양한 경계층 계산 체계는 Schetz(1992), Cebeci와 Cousteix(1998), Schlichting과 Gersten(2000)의 교재에서 논의된다. 또한 Devenport와 Schetz(2002)의 경계층 Applet 코드는 인터넷을 통해 직접 사용할 수 있다.

6-8.3.1 0-방정식 모델

이러한 방법은 에디 점성 계수 개념을 사용하여 추가 미분 방정식 없이 연속 방정식[식 (6.21a)] 및 운동량 방정식[식 (6.21b)]을 해결한다. 본문에서 자세히 논의된 방법에서 Cebeci와 Smith(1974)는 에디 점성 계수를 계산하기 위해 식 (6.90)의 van Driest 내층 모델과 식 (6.93)의 Clauser 외층 모델을 사용한다. 이러한 맥락에서, 식 (6.90)의 감쇠 상수 A는 식 (6.100)과 유사한 방식으로 압력 구배에 대해 조정된다. 또한 Cebeci와 Smith는 경계층을 가로질러 Blasius 형태의 좌표를 사용한다. 즉

$$d\eta = \left(\frac{U_e}{\nu x}\right)^{1/2} dy$$

따라서 동일한 방법이 층류 경계층에 매우 편리하다. 난류 운동을 위해 벽 근처에서 매우 세밀한 격자 크기 $\Delta\eta$를 사용하고, 외층에서는 상대적으로 큰 격자를 사용한다. 그들의 컴퓨터 코드는 거친 벽, 흡입 및 분출, 낮은 Reynolds 수, 자유 대류 등 다양한 매개변수 조건에 대해 시험되어 왔으며, 도입 초기부터 인기가 있었다.

6-8.3.2 2-방정식 모델

6-7.2.2절의 $K - \epsilon$ 방법은 가장 잘 알려진 2-방정식 모델이지만, 다른 수많은 공식이 발전되었다. Jones와 Launder(1972)는 흐름을 가로지르는 방향으로 100개의 격자를 갖는 $\Delta\omega$와 유동방향의 격자 $\Delta x \approx 0.3\delta$와 함께 Patankar-Spalding 유동함수 변수를 사용했으며 경계층에 대한 만족스러운 결과를 얻었다. 이러한 방법은 재순환(recirculating) 흐름, 즉 분리된 (역류) 영역이 있는 흐름

의 정확도가 떨어진다.

수많은 데이터 세트와 비교를 통해, Wilcox(1998)는 $K - \omega$ 모델이 특히 역압 구배에서 경계층에 대한 $K - \epsilon$ 모델보다 정확도가 우수하다는 것을 보여주었다. 2-방정식 모델은 분리 유동, 벽 흡입/분출, 고속 압축 유동으로 확장될 수 있다.

6-8.3.3 Reynolds 응력 모델

이러한 Reynolds 응력 모델(RSM) 중 가장 좋은 것은 분리 및 재부착(reattachment)과 같은 복잡한 흐름에서 우수하며, 부착된 경계층 처리에서 $K - \omega$ 모델을 능가한다. RSM은 중력과 벽 곡률을 쉽게 설명할 수 있고 계산적인 노력이 많음에도 불구하고 오히려 3차원 흐름으로 원활하게 확장될 수 있다. LES와 DNS 도구는 낮은 Reynolds 수로 제한되기 때문에 RSM은 아마도 Speziale(1991b), Hanjalic(1994), Wilcox(1998)에 의해 추측된 대로 지배적인 CFD 접근방식으로 남을 것이다.

6-8.4 평판을 통과하는 난류 흐름

모든 모델에 대한, 간단하지만 중요한 시험은 Wieghardt와 Tillmann(1951)에 의해 측정된 평판 유동이다. 이 문제에서, $\nu \approx 1.51 \times 10^{-5}$ m^2/s의 공기는 5 m 길이의 왁스칠을 한 합판 위를 $U_e = 33$ m/s로 흐른다. 유동은 앞면 가장자리에서 트립되어, 첫 번째 측정 지점($x = 0.087$ m)에서 거의 난류가 없고($Re_x \approx 1.9 \times 10^5$, $Re_\theta \approx 460$) 매우 얇다($\delta \approx 4$ mm). 따라서 5개의 속도 분포 데이터 포인트만 취한다. 실제로 $x < 0.8$ m의 모든 측정 지점에 대해 속도 분포와 표면 마찰 계수 모두에 상당한 불확실성이 존재한다. 이 결함에도 불구하고, 실험은 모든 예측 도구에 대한 우수한 예비시험을 구성한다.

그림 6.29는 앞에서 설명한 네 가지 다른 방법을 사용하여 표면 마찰 및 운동량 두께 데이터를 나란히 비교한다[Head(1958)와 Ferziger 등(1982)은 6-8.1.2절에서, Das(1988)는 6-8.2절에서, Cebeci와 Smith(1974)는 6-8.3.1절에서]. 데이터 불확실성의 일부를 피하기 위해 네 번째 측정 지점인 $x = 0.387$ m에서 예측이 시작된다. Head(1958)가 C_f의 낮은 값을 예측한다는 점을 제외하고 네 가지 방법 모두 상당히 정확한 것으로 밝혀졌는데, 문제는 주어진(불확실한) C_f, H 및 θ의 초깃값이 식 (6.117) 또는 (6.120)의 대수적 상관식과 호환되지 않는다는 것이다. 예를 들어, 실험값 $C_f(0) = 0.00364$는 식 (6.78)과 비교할 때, 유효 원점 $x(0) = -0.15$ m와 양립할 수 있음을 입증한다. 식 (6.70)과 비교했을 때, 실험값 $\theta(0) = 0.092$ cm는 다른 원점, $x(0) = -0.09$ m와 호환성이 있는 것으로 입증되었다.

그림 6.29의 혼란을 피하기 위해, 6-8.1.1절의 Kármán 기반 방법[Das(1988)와 유사한 결과] 또는 $K - \omega$ 및 Reynolds 응력 모델[Kline 등(1982, pp. 1249-1250)]을 생략하고, 모두 좋은 호환성을 보여준다. 미분 모델은 장(field) 방법으로서 속도 분포 $\bar{u}(x, y)$를 적절한 정밀도로 예측할 수 있다. 이 시험은 앞서 언급한 모든 적분 및 미분 방법이 평판 유동에 대해 합리적으로 정확하고 잘 작동함을 보여준다.

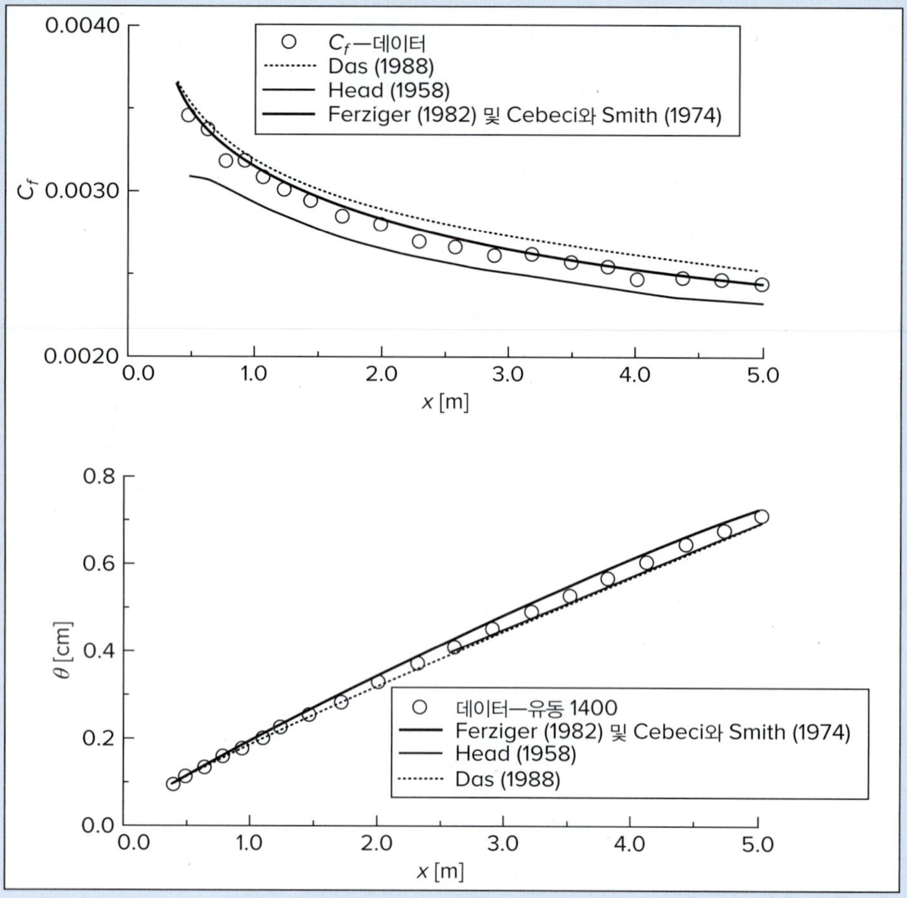

그림 6.29
Wieghardt의 평판 데이터와 네 가지 경계층 예측 방법 비교[Coles와 Hirst(1968) 유동 1400]

6-8.4.1 평판 유동의 시각화 및 시뮬레이션

그림 6.29는 $C_f(x)$, $\theta(x)$와 같은 시간 평균 특성을 예측하는 '경계층 분석'의 전형적인 결과이며, 미분 방법의 경우 $\bar{u}(x, y)$, $K(x, y)$ 또는 $\overline{u'v'}(x, y)$이다. 시간에 따른 변동 자체 또는 비정상 유동장은 계산되지 않는다. 그러나 순간적인 난류 유동장은 사진 촬영이 가능하며, 슈퍼컴퓨터의 등장으로 수치적으로 시뮬레이션이 가능하다.

예를 들어, 평판을 지나는 물 유동의 수소 기포 시각화는 동경대학교의 Hirata와 동료들에 의해 보고되었다[또한 Nakayama(1988, p. 27) 참조]. 그림 6.30(a)는 Hirata의 실험에 해당하는 5개의 서로 다른 위치에서의 평균 속도 분포를 보여준다. 후자는 저층을 캡처하고, 유선방향 와도(vorticity)의 빠르고 느린 '유맥선(streaks)'의 특징적인 횡방향(spanwise) 변화를 보여준다. 완충층에서는 유동이 더 잘 혼합되고 유맥선이 덜 뚜렷해진다. 로그층(중복층)에서는 혼합이 철저하고 유맥선이 사라진다. 외층(후류)에서는 에디 크기가 훨씬 커지고 유동이 약간 간헐적으로 흐른다. 불행히도, 이러한 실험 관측값은 그림 6.30(a)에서 시간 평균을 취하면 손실된다.

유사한 선을 따라 Spalart(1988)는 $Re_\theta = 225$, 300, 670 및 1410에서 평판 유동에 대한 스펙트럼 방법을 사용하여 3차원 시간 종속 Navier-Stokes 방정식을 풀었다. 이 잘 알려진 DNS 연구는 1000만 격자 지점이 있는 NASA-Ames 연구소 슈퍼컴퓨터를 사용하였다. 그림 6.30(b)는 가

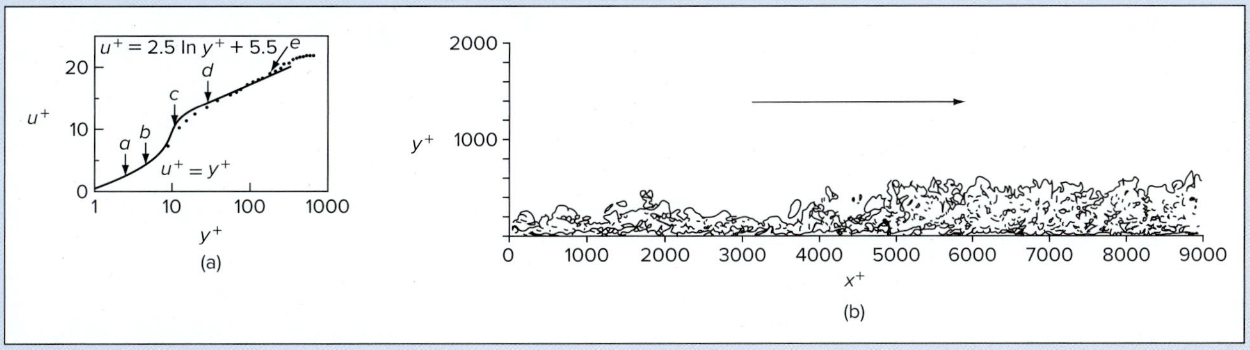

그림 6.30
평판 유동 결과. (a) 5개의 서로 다른 위치에 기반한 속도 분포, (b) Re_θ=1410에서 와도 등고선의 슈퍼컴퓨터 시뮬레이션. [Splart(1988)에서]

장 높은 Reynolds 수에서 계산된 순간 와도 등고선을 보여준다. 이러한 1000만 지점값이 시간과 공간에 따라 상관관계가 있을 때 Spalart는 다음 결과를 확인하였다.

1. 마찰 계수 및 형상 계수는 ±5%까지 정확하다.
2. 내부 법칙, $\kappa \approx 0.41$ 및 $B \approx 5.0$인 로그 법칙, Coles(1956)보다 약간 낮은 Π를 갖는 외부 후류를 확인하는 속도 분포
3. Reynolds 응력과 속도 및 압력의 RMS 변동에 대한 정확한 추정값
4. 추세와 통계 이론이 일치하는 속도와 압력의 합리적으로 정확한 주파수 스펙트럼[Hinze(1975)]

계산된 Reynolds 수는 낮고 난류의 크기가 작지만, 난류에 대한 풍부한 시공간 정보를 제공하는 시뮬레이션의 가치는 놀랍고, 난류에 대한 공학적 분석을 새로운 수준으로 끌어올린다.

6-8.5 역압 구배가 있는 평형 유동

평판 유동보다 더 어려운 경우는 평형 난류 경계층의 특성을 최초로 입증한 Clauser(1954)의 실험에서 나온 Coles와 Hirst(1968)의 유동 2200이다. 유동은 일정한 $\beta \approx 1.8$[식 (6.42)]을 갖는 것을 의미했지만, 실제로 측정된 β는 25 ft 거리에 걸쳐 약 1.4~2.3으로 증가했다. 그 유동은 좁은 풍동의 두꺼운 경계층이었고 거의 확실히 3차원 효과를 포함하고 있었다.

그림 6.31(a)는 평형 유동에서 예상한 바와 같이 멱법칙 분포에 매우 적합한 측정된 자유 유동 속도를 보여준다. 그림 6.31(b)는 측정된 표면 마찰 계수를 6-8.1.1절의 Kármán 기반 방법과 함께 그림 6.29에 사용된 동일한 네 가지 이론과 비교한다. Kármán 기반 및 Das 예측은 둘 다 평형 상관계식[식 (6.121)]을 사용하기 때문에, 예상대로 최상의 합의를 산출한다. 다른 방법들은 마찰을 너무 낮게 일관되게 예측한다.

그림 6.31(c)는 계산된 운동량 두께와 측정된 운동량 두께 변화를 비교한다. 다섯 가지 방법 모두 유사한 과대 예측으로 이어진다. 아마도 데이터에서 알려지지 않은 영향에 대한 또 다른 표시일 것이다. 그러나 Bradshaw와 Ferriss의 1-방정식 난류 운동 에너지 방법[Kline 등(1968, pp. 264-274)]에서 유동 2200에 대한 $\theta(x)$의 훌륭한 예측이 나왔다.

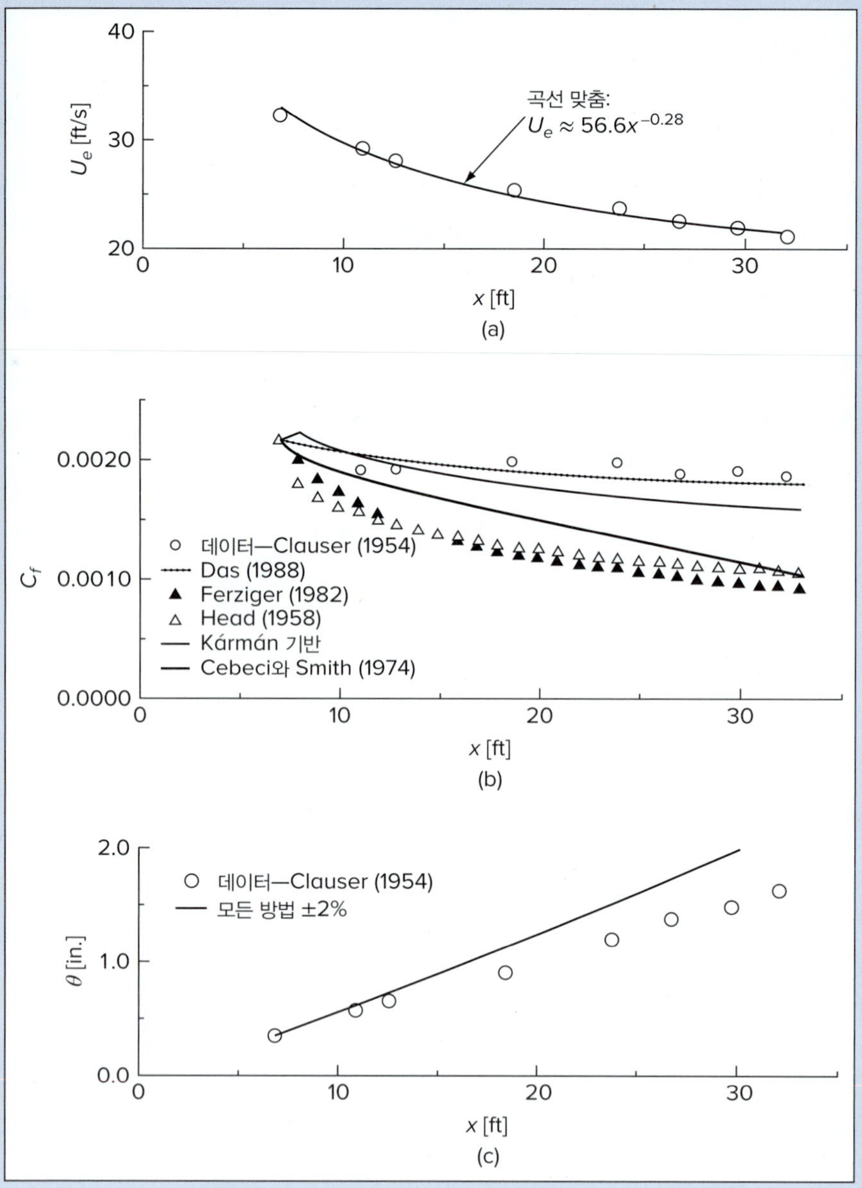

그림 6.31
Clauser (1954)의 평형 유동에 대한 이론과 실험의 비교[Coles와 Hirst(1968) 유동 2200]

6-8.6 비평형 분리 유동: Newman 익형

Newman(1951)은 익형(airfoil) 단면을 120 ft/s 속도로 지나는 유동에 대한 풍동 연구를 수행했다. 상부(흡입) 표면에서의 측정은 $x \approx 5$ ft에서 분리를 향한 역압 구배를 따라 진행되었다. 그림 6.32(a)는 최소 제곱 입방 다항식(a least-squares cubic polynomial)에 매우 잘 맞는 측정된 자유 유동 속도를 보여준다. Kline 등(1968)에서 사용된 방법의 약 3분의 1은 이 비평형 유동에 대해 상당히 정확한 예측을 했다.

그림 6.32(b)는 다섯 가지 방법과 비교하여 표면 마찰 데이터를 보여준다. Das와 Kármán 기반 평형 지향 방법은 분리 전 C_f의 (비현실적) 이완으로 이어진다. Ferziger 등(1982)은 너무 빠른 분리를 예측했다. Head(1958)는 합리적이지만 너무 낮은 것으로 보인다. Cebeci와 Smith(1974)의

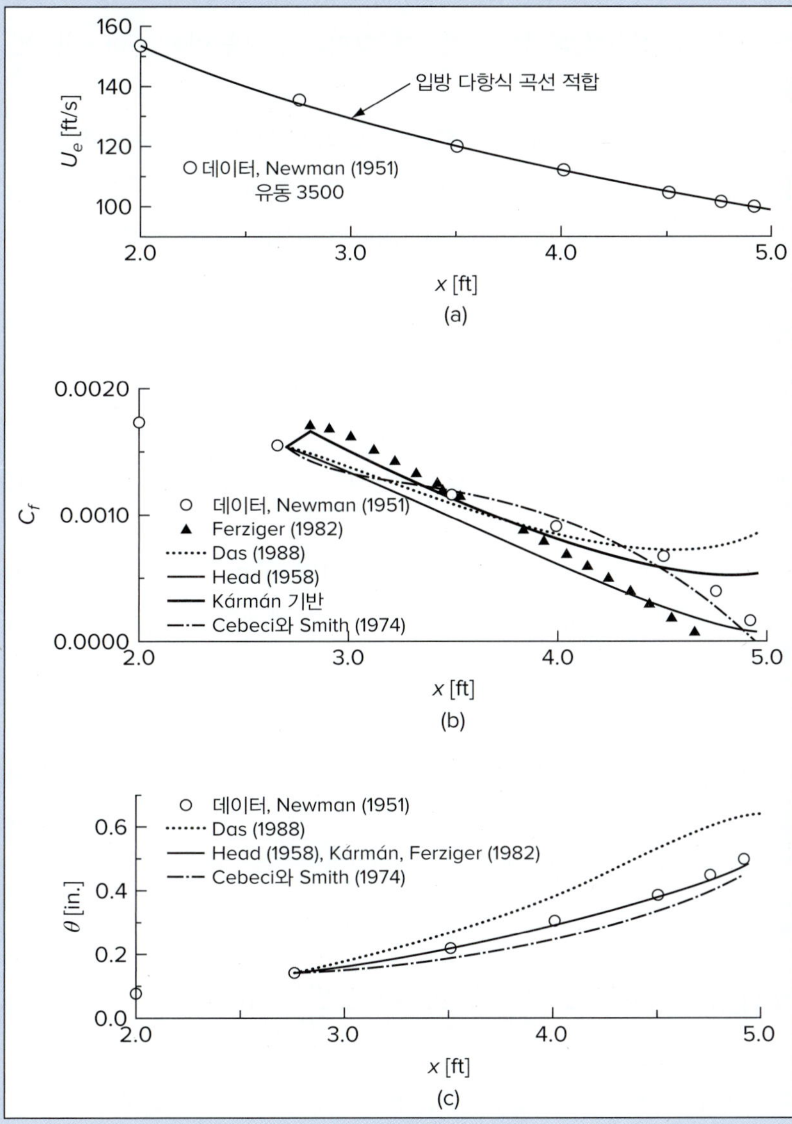

그림 6.32
Newman(1951)의 분리 익형 유동에 대한 이론과 실험의 비교[Coles와 Hirst(1968) 유동 3500]

예측만이 매우 잘 일치한다.

그림 6.32(c)는 운동량 두께에 대한 예측 및 데이터를 보여준다. Das의 예상이 너무 높긴 하지만 나머지 네 가지 방법은 합당하다. 사실 $C_f(x)$보다 $\theta(x)$를 예측하는 데 더 정확하다는 일반적인 추세는 고려 중인 방법의 일반적인 특성인 것 같다. 여기에 제시된 기법이 난류 경계층 예측에서 공학적 사용에 '적절한' 것처럼 보이지만, 사용 가능한 모든 데이터와 일관된 일치를 제공하기 위해 단일 방법을 안정적으로 채택할 수 없다는 결론을 내린다.

6-8.6.1 유동 분리: 역기법

분리에 가까울 때, $C_f \to 0$, β와 Π는 무한대에 가까워지고, 대부분의 경계층 방법은 부정확해진다. 이는 자유 유동 속도 $U_e(x)$에 대한 민감도가 높아지기 때문이다. 분리 후, τ_w와 v^*는 음(−)으로 배제 두께가 매우 커지고 경계층 근삿값이 부정확해진다. 법선방향 속도와 유선방향 구배는 훨씬 커진다. 이러한 조건에서 가장 근본적인 접근법은 전체 유동장(자유 유동 및 벽 영역)에서 전체 운동 방정식을 컴퓨터 집약적인 절차로 해결하는 것이다. 그러나 경계층 이론은 여전히 '역' 모드에서 효과적으로 사용될 수 있다.

분리 근처의 적절한 상호작용은 배제 두께 분포 $\delta^*(x)$가 알려져 있고 자유 유동 속도 $U_e(x)$를 알 수 없다고 가정하는 역방법(inverse method)을 이용한다. 이러한 수정으로, 유한 미분 방법[Pletcher(1978)]과 적분 방법[Mose 등(1979), Strawn과 Kline(1983)]에 의해 측정된 분리 유동과 만족스러운 일치를 얻을 수 있다.

Das(1987)는 6-8.2절의 '직접' 내부 변수 방법을 가장 우아하게 역기법으로 수정한다. 먼저 벽-후류 법칙 식 (6.128)은 후류 속도 $v_\beta = \Pi v^*$의 관점에서 작성된다.

$$\bar{u} = \frac{v^*}{\kappa}\ln\left(\frac{yv^*}{\nu}\right) + Bv^* + \frac{v_\beta}{\kappa}(6\xi^2 - 4\xi^3) \qquad \xi \equiv \frac{y}{\delta} \tag{6.137}$$

장점은 v_β가 분리되는 동안에도 유한하고 양(+)으로 유지되는 반면, v^*는 부호를 변경하고 Π는 특이값(singular)이 된다는 것이다. 식 (6.130)에서 운동량-적분 관계의 새로운 형태는 다음과 같다.

$$A_{11}\frac{dv^*}{dx} + A_{12}\frac{dv_\beta}{dx} + A_{13}\frac{d\delta^+}{dx} + A_{14}\frac{dU_e}{dx} = A_{15} \tag{6.138}$$

여기서 A_{ij}는 Das(1987)을 참조했다. 식 (6.131)에서 벽-후류 법칙의 미분 형태 또한 식 (6.138)의 형태를 취한다.

$$\left(\frac{1}{\kappa}\ln\delta^+ + B\right)\frac{dv^*}{dx} + \frac{2}{\kappa}\frac{dv_\beta}{dx} + \frac{v^*}{\kappa\delta^+}\frac{d\delta^+}{dx} + \frac{dU_e}{dx} = 0 \tag{6.139}$$

식 (6.132)는 $\Pi - \beta$ 상관관계식[식 (6.121)]과 결합되고, 다음 재배열에서 $(1 + \Pi)v^*$가 $(v^* + v_\beta)$로 대체되는 것을 제외하면, dU_e/dx에 대한 세 번째 관계로 유지된다.

$$\frac{dU_e}{dx} = -\frac{\kappa|v^*|\left[-0.4v^{*2} + 0.76v_\beta|v^*| + 0.42v_\beta^2\right]}{\nu\delta^+(v_\beta + v^*)} \tag{6.140}$$

마지막으로, 식 (6.132)의 미분 형태는 네 번째 미분 방정식을 산출하고,

$$\frac{dv_\beta}{dx} = B_1\frac{dv^*}{dx} + B_2\frac{d\delta^+}{dx} + B_3\frac{dU_e}{dx} + B_4 \tag{6.141}$$

여기서 B_i는 Das(1987)를 참조했다.

식 (6.138)~(6.141)은 알려진 입력 분포 $\delta^*(x)$를 가정하여 U_e, v^*, v_β, δ^+에 대해 풀어야 할 4개의 1차 상미분 방정식이다. 예를 들어, 이 역기법을 그림 6.32의 Newman 익형 문제에 적용했을 때(직접 내부 변수 방법이 매우 정확하지 않음), 결과는 분리된 유동 영역에서도 U_e, C_f 및 $\theta(x)$에 대한 측정값과 잘 일치한다. 다른 만족스러운 예는 Das(1987)에 의해 제시되었다. 원칙

적으로, 이러한 역기법은 분리 또는 신체 항력을 줄이기 위한 '맞춤형' 유동을 설계하는 데 사용할 수 있다.

6-8.7 복잡한 난류 유동

이 절에서 강조된 것은 공학적 사용을 위한 비교적 간단한 난류 경계층 방법을 개발하는 것이지만, 그러한 방법이 실패하는 복잡한 움직임들이 있다. 1970년대 후반, 이러한 복잡한 유동을 분석하기 위해 많은 컴퓨터 지향적 방법들이 개발되었다. 그러한 노력은 오늘날까지 계속되고 있다. 간단히 말해서, '복잡한' 난류 유동은 문헌에서 철저히 다루어진 2차원적이고 안정적이며, 비압축적이며, 부착된 얇은 전단층보다 더 복잡한 흐름이다. 3차원성은 가장 명백한 복잡성이다. 다른 요인으로는 다음이 있다.

1. 유체 효과: 고분자 첨가제, 화학 반응, 다상(multiple phases), 압축성, 표면 장력 및 비뉴턴 거동
2. 자유 유동의 변동, 난기류 및 주기성
3. 벽 효과: 불규칙한 형상, 흡입 및 분출, 거칠기, 유연도(compliance, 역주, 혈류유동에서 주로 다룸) 및 움직이는 벽
4. 신체 힘, 특히 유선 곡률로 인한 힘
5. 변형 상호작용, 특히 3차원에서의 상호작용

한 가지 간단한 예는 **불규칙한 형상**이다. 그림 6.33에 도시된 바와 같이, 벽면 또는 몸체 형상의 직각 변화는 즉시 유동을 분리시키고, 벽면이 허용되면 하류에 더 부착하게 된다. 분리 '기포'는 경계층 특성을 나타내지 않으며, 자유 유동과 강하게 상호작용한다. 그림 6.33의 일곱 가지 예 각각을 예측하기 위해서는 완전한 유동장 계산이 필요하다.

주어진 문제를 연구하기 위해 충분한 수의 신뢰할 수 있는 데이터 세트를 적시에 수집할 수 있는지에 대한 문제는 논쟁거리로 밝혀졌다. 26개의 비압축성 유동 실험과 18개의 압축성 유동 실험[Kline 등(1982), vol. II]을 포함하여 총 66개의 시험 사례가 있으며, 그 중 많은 것은 다수의 기하학적 사례를 포함한다. 비압축성 유동 실험 중 대표적인 문제는 다음과 같다.

1. 모서리 유동
2. 확산기(diffuser) 유동
3. 자유 유동 난기류
4. 곡선 유선
5. 흡입/분출
6. 분리 유동
7. 벽 제트
8. 재분배 유동
9. 후류—가까운 그리고 먼
10. 격자(grid) 난류의 붕괴

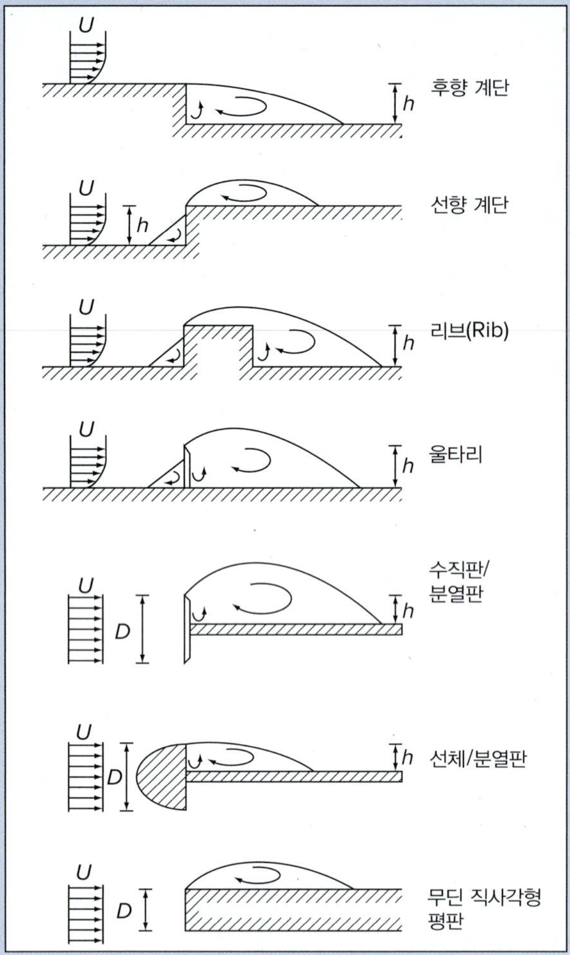

그림 6.33
2차원 유동 분리 및 재부착을 유발하는 직각 벽 및 몸체 형상 구성의 일곱 가지 예[I. S. Gartshore와 N. Djilali, University of British Columbia 제공]

11. 후향 계단[그림 6.33(a)]

12. 2차 유동

말할 필요도 없이, 이 풍부한 다양한 사례의 완전한 스펙트럼을 성공적으로 처리할 수 있는 단일 방법은 없다.

(1) 적분 방법, (2) 에디 점성 계수, (3) 2-방정식 모델, (4) 대수 응력 모델, (5) 미분 Reynolds 응력 모델을 포함한 67가지 방법을 사용한 총 35개의 컴퓨터 그룹이 이 연구에서 특징지어진다. 평가 위원회 보고서에서 인용하자면[Kline 등(1982, pp. 979-986)], "어떤 방법에도 중요한 보편성이 없었다. 마찬가지로, 어떤 방법도 보편적으로 나쁜 것으로 증명되지 않았다." 서로 다른 방법이 다른 경우에 효과가 있었기 때문에, 그들은 모든 방법이 더 많은 관심과 정교함을 받을 것을 권고했다. 예측 정확도를 향한 최선의 진전은 분리 유동, 충격파(shock wave) 경계층 상호작용, 변동 속도 계산(u', v', w'), 층류 유동으로의 난류 붕괴 및 천음속 유동(transonic flow) 등의 사례로 보인다. 추가 결론은 다음과 같다.

1. 2-방정식 모델의 가장 약한 부분은 ϵ 관계이다. 특정한 경우, "상수를 약화"함으로써 일치점을 찾을 수 있지만, 일반적으로 더 나은 소멸 모델이 필요하다.
2. 대수적 응력 모델은 에디 점성 계수 닫힘(closure)보다 더 나을 것으로 예상되지만, 상당한 개선을 가져오지는 않는다.
3. 벽까지 통합되는 미분 방법은 '벽 함수'보다 더 나은 결과를 산출한다.
4. 격자 간격과 수치 불확실성은 종종 부적절하다.
5. 일부 어려운 경우(천음속 익형, 곡면 벽, 확산기 등)에는 가장 단순한 (적분) 방법이 가장 정확하다. 일반적으로 사용된 모델의 복잡성과 실제 예측 능력 사이에는 상관관계가 없다.
6. 분리 유동에 대한 예측 정확도는, 예를 들어, 그림 6.33과 같이 해당 부착 흐름에 대한 예측 정확도보다 상당히 나쁘다.

현재 상태는 모든(또는 대부분의) 난류 유동을 처리하는 '보편적' 모델을 달성할 수 있을지 또는 대신 특정 지역, 등급 또는 운동 유형에 각각 효과적인 영역 모델 그룹을 구성해야 하는지에 대한 불확실성 중 하나이다.

6-8.7.1 재층류화

많은 연구자들에 의해 계산되지 않은 흥미로운 시험 사례는 역천이 또는 재층류화(relaminarization)를 거치는 유동에 해당한다. Narasimha와 Sreenivasan (1979), Sreenivasan(1982), Warnack(1998), Majdalani 등(2002)이 검토한 30개의 실험이 이 흥미로운 현상을 연구했다.

부력과 전자기력으로 인한 특수 효과를 무시한 채 난류에서 층류로의 역전을 일으키는 두 가지 유체-유동 메커니즘이 있다. 이들은 경계층의 강한 대류 가속[그림 6.34(a)]과 완전히 발달된 덕트 유동의 점진적 팽창[그림 6.34(b)]으로 구성된다.

그림 6.34(a)에서는 난류가 사라지는 것이 아니라 속도 분포, 표면 마찰 등의 평균 매개변수가 층류값에 접근한다는 점에서 '약한' 층류화(laminarization)가 발생한다. 난류는 절대적인 의미에서만 작아진다. $(-\overline{u'v'})$는 층화 과정 동안 거의 일정하게 유지되지만, 유동 에너지 U_e^2의 급격히 감소하는 부분이 된다. Reynolds 수 $Re_\theta < 300$에 대해 난류가 존재할 수 없다고 생각되지만, 이 임계값은 그림 6.34(a)의 층상화와 관련이 없다. 제안된 임계 매개변수는 특히 무차원 가속이다.

$$K_{\text{crit}} = \frac{\nu}{U_e^2}\frac{dU_e}{dx} \approx 3 \times 10^{-6} \tag{6.142}$$

일반적으로 이 값은 가속이 시작된 후 약 20개의 경계층 두께에 도달한다. 그러나 Sreenivasan (1982)은 K가 경계층 정보를 포함하지 않기 때문에 진정한 기본 매개변수가 될 수 없다고 지적한다.

그림 6.34(b)의 경우는 훨씬 하류에서 난류가 완전히 사라지기 때문에 '강한' 층상화라고 할 수 있다. 작은 팽창 각도(1 − 2°)의 경우, 난류 유동을 더 이상 유지할 수 없을 때까지 덕트 Reynolds 수는 점진적으로 감소한다. 난류 전단은 제곱 평균(root mean square) 변동보다 빠르게 감소하지만, 둘 다 수십에서 심지어 수백 직경에 걸쳐 서서히 붕괴한다. 이러한 팽창이 발생함에 따라, 그

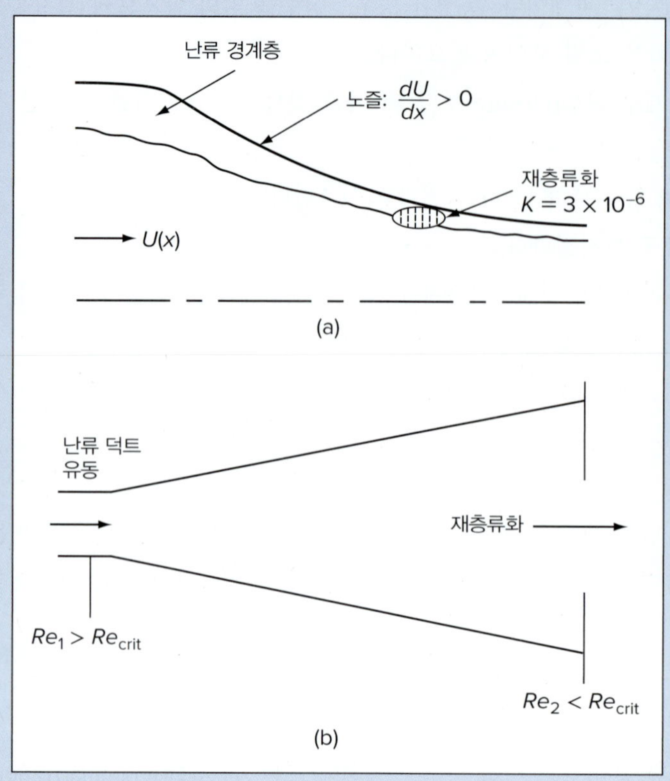

그림 6.34
역천이 실험의 두 가지 예. (a) 초기 난류 경계층의 대류 가속도, (b) 점진적인(정지되지 않은) 팽창으로 인한 덕트 Reynolds 수의 감소.

림 6.34(b)는 '점성' 층류화로 볼 수 있을 정도로 소산이 난류 생산을 초과할 것이고, 반면에 소산이 작게 남아 있는 그림 6.34(a)에서는 이러한 반전이 유동장에 대한 가속도의 안정화 효과에 기인할 수 있다. Kline 등(1982, p. 1165)에 따르면, Jones와 Launder(1972)의 기본 $K - \epsilon$ 모델이 이러한 목적으로 개발되었지만, 매우 효과적으로 재층류화를 예측할 수 있는 방법이 거의 없었다. 그러나 나중에 이 효과를 2차 순간 닫힘[Shima(1993)]과 DNS 계산[Iida와 Nagano(1998)]으로 예측하는 것이 가능해졌다.

6-9 자유 난류: 제트, 후류 및 혼합층

이전 절에서는 합리적인 분석에 내층 및 외층 간의 상호작용이 중요한 벽 경계 유동에 대해 다루었다. 이제 개방된 주변 유체(즉, 벽에 의해 제한되지 않고 영향을 받지 않는)에서 높은 Reynolds 수 전단 유동을 나타내는 자유 난류를 고려하는 데 집중하고자 한다. Pai(1954), Abramovich(1963), List(1982), Ho와 Huerre(1984), Sherman(1990), Middleman(1995), Morris 등(2002), Lee와 Chu(2003) 등이 자유 난류 유동에 대한 몇 개의 논문과 리뷰를 투고하였다. 그림 6.35는 자유 난류의 가장 일반적인 세 가지 유형, 즉 (1) 속도가 다른 두 흐름 사이의 혼합층, (2) 정지된(진행이 중단된) 또는 움직이는 흐름으로 분출되는 제트, (3) 물체 뒤에서 일어나는 후류를 보여준다. 세 경우 모두 특성 속도 척도 $U_{max}(x)$ 또는 $\Delta u_{max}(x)$ 그리고 특성 전단층, 폭 $b(x)$

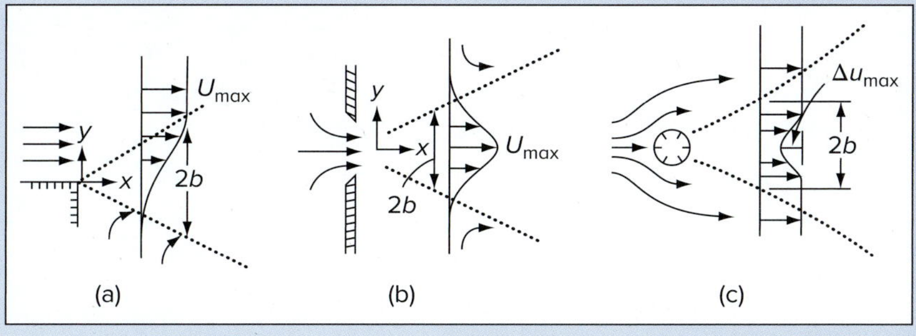

그림 6.35
세 가지 유형의 자유 난류. (a) 혼합층, (b) 자유 제트, (c) 몸체의 후류.

가 있다. 이러한 유동은 '자유롭거나' 제한되지 않기 때문에 층 내의 (작은) 난류를 제외하고 유동 전체에 걸쳐 압력은 대략 일정하다.

그림 6.35에서 자유 난류의 점근적 하류 거동을 살펴보고 있으며, 이는 전통적으로 유동을 생성하는 소스의 유형과 무관하고 가정한다. 따라서 무시되는 소스도 대칭으로 가정되어 전단층의 모양이 비뚤어지지 않는다. 그런 다음 폭 및 속도 척도의 점근적 거동과 평면 유동의 속도 분포 $\bar{u}(x, y)$ 또는 축대칭 유동의 속도 분포 $\bar{u}(x, r)$을 분석한다. 실제로, 제트 소스 또는 후류를 생성하는 본체의 정확한 형태의 특정 효과가 있으며, 이에 대한 논의가 필요하다.

그림 6.36은 주변 유체를 가정하여 제트 초기 형성에 대한 세부정보를 보여준다. 이 수치는 유사한 제트 및 주변 유체(예, 공기 대 공기)에만 유효하며, 물 대 공기의 경우에는 유효하지 않다. 속도 분포는 유동을 가로지르는 두껍고 어두운 선으로 표시된다. 제트는 일반적으로 거의 평평하고 완전히 발달한 난류 속도 U_{exit}로 발생한다. 그림 6.35(a)와 같이 출구의 가장자리에서 혼합층이 형성되며, 여전히 주변환경과 U_{exit} 속도로 흐르는 거의 비점성 **퍼텐셜 중심부** 유동 사이에서 성장한다. 퍼텐셜 중심부는 출구에서 약 1직경만큼 떨어진 거리에서 빠르게 사라지며, 여기서 속도 분포는 혼합층-평면 중심부 형태를 잃는다. 중심부의 하류에서, 유동은 '제트(jet)'라고 생각하는 독특한 Gaussian 유형 모양으로 발전하기 시작한다. 마지막으로 출구 하류의 약 20직경만큼 떨어진 지점부터 속도 분포는 **자기 보존** 형태(self-preserving shape)에 도달하고 유지한다.

$$\frac{\bar{u}}{U_{max}} \approx F\left(\frac{y}{b}\right) \quad \text{또는} \quad F\left(\frac{r}{b}\right) \tag{6.143}$$

제트가 평면인지 축대칭인지에 따라 다양하다. 여기서 연구하고자 하는 것은 이 점근적 자기 유사 형태(self-similar form)의 자유 난류이다. 식 (6.143)은 물리적으로 만족스럽지만 놀라운 것은 아니다. 이 모양의 대부분의 곡선(최댓값에서 변곡점을 거쳐 0에 가까워짐)은 최댓값과 특성 폭으로 정규화될 때 함께 상당히 잘 붕괴가 된다. 발달되거나 자기 유사한 영역은 그림 6.36과 같이 출구 앞의 '겉보기 원점'에서 성장하는 것으로 보인다.

그림 6.36의 속도 분포는 동일한 운동량을 갖지만 동일한 질량 흐름을 갖지 않는다. 유체는 주변 영역에서 제트에 동반되고 제트 질량 흐름은 하류에서 증가한다. 또한 그림 6.36은 시간 평균 유동장의 개략도이며 순간 유동은 그림 6.2에 묘사된 비정상 구조와 유사할 수 있음을 강조해야 한다.

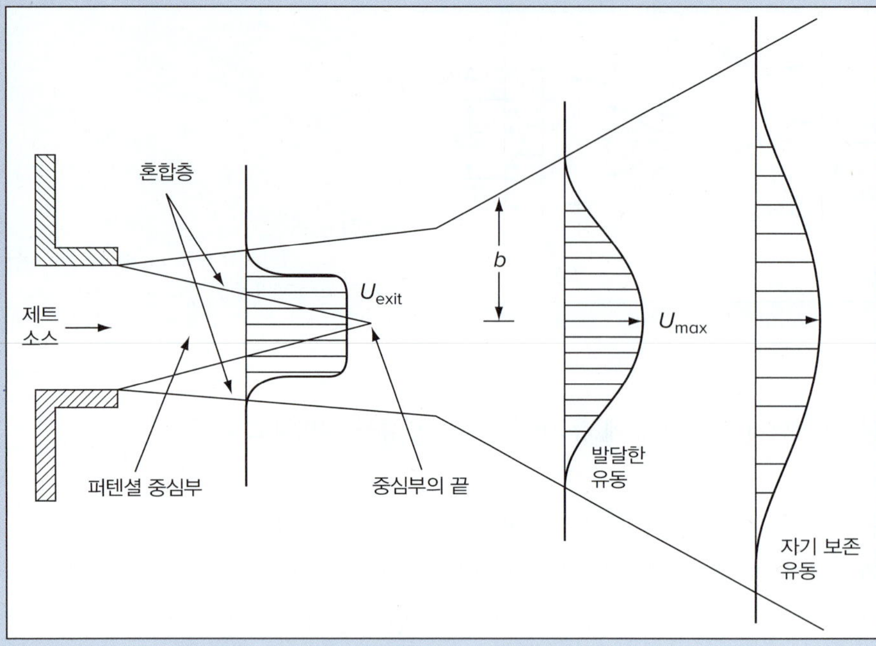

그림 6.36
실제 제트의 초기 발달에 대한 세부정보

6-9.1 난류 제트의 자기 유사성(self-similarity)

식 (6.143)과 같이 제트 속도가 자기 유사하게 되기에 충분히 하류라고 가정하면, 제트 운동량 J는 압력 구배가 없을 때 각 단면에서 일정하게 유지되어야 한다. 층류 제트[식 (4.125)]를 상기하자.

$$J = \int_{-\infty}^{+\infty} \rho \bar{u}^2 dA = \begin{cases} (\text{상수})\ \rho b U_{max}^2 & (\text{평면 제트}) \\ (\text{상수})\ \rho b^2 U_{max}^2 & (\text{축대칭의}) \end{cases} \qquad (6.144)$$

자기 유사 영역에서 중심선 속도와 제트 폭은 제트 운동량, 밀도 및 거리에 따라 달라져야 하며, 벽이 없기 때문에 분자 점도에 따라 달라져서는 안 된다.

$$U_{max} = F(x, J, \rho) \qquad b = g(x, J, \rho)$$

차원해석에 의해, 폭은 선형적으로만 증가할 수 있으므로 평면과 축대칭 구성에 대해 $b = (\text{상수})x$를 취할 수 있다. 4장에서는 층류 원형 제트(그림 4.37)에 대해서도 마찬가지였지만, 상수는 제트 운동량과 분자 점도에 따라 달라졌다는 것을 상기하자. 여기서 상수는 독특하다(Reynolds 수에 관계없이 모든 자기 유사 난류 제트에 대한 단일 성장률). 또한 평면 층류 제트의 성장은 $b = Cx^{2/3}$ [식 (4.128)]임을 기억하라.

U_{max}의 차원해석은 다음과 같은 두 가지 관계로 이어진다.

평면 유동: $$U_{max} = (\text{상수})\left(\frac{J}{\rho}\right)^{1/2} x^{-1/2}$$

축대칭 유동: $$U_{max} = (\text{상수})\left(\frac{J}{\rho}\right)^{1/2} x^{-1}$$

층류 유동과 달리, 여기서 상수는 Reynolds 수와 독립적이며 종종 실험 데이터로부터 결정된다. 이러한 자기 보존 가정에 대한 제한에 대한 논의는 George(1989)에 의해 제시되었다.

6-9.1.1 평면 제트의 이론적 속도 분포

차원해석에 의해 확립된 $b(x)$와 $U_{max}(x)$의 형태로, 제트 분포 모양은 0 압력 구배로 난류 경계층 연속성과 운동량 관계를 해결함으로써 포착될 수 있다.

$$\frac{\partial \bar{u}}{\partial x} + \frac{\partial \bar{v}}{\partial y} = 0 \qquad \text{및} \qquad \bar{u}\frac{\partial \bar{u}}{\partial x} + \bar{v}\frac{\partial \bar{u}}{\partial y} = \frac{1}{\rho}\frac{\partial \tau}{\partial y} \tag{6.145}$$

1926년 Prandtl이 제안한 바와 같이 전단 응력은 x에만 의존하는 에디 점성 계수에 의해 모델링될 수 있으며 경계층에 대한 Clauser의 외부 후류 모델 형태를 갖는다[식 (6.93)].

$$\mu_t(\text{제트}) \approx K\rho U_{max} b = (\text{상수})x^{1/2} \qquad K \approx 0.016 \tag{6.146}$$

여기서 $x^{1/2}$ 변화는 차원해석으로부터 따른다. Görtler(1942)는 평면 제트에도 같은 가정을 하고 다음과 같은 유사성 변수를 정의했다.

$$\bar{u} = U_0\left(\frac{x_0}{x}\right)^{1/2} f'(\eta) \qquad \nu_t = KU_0 b_0\left(\frac{x}{x_0}\right)^{1/2} \qquad \eta = \sigma\frac{y}{x} \tag{6.147}$$

여기서 σ는 임의의 상수를 나타내고 (U_0, b_0)는 초기 기준점 x_0에서 (U_{max}, b)의 값을 나타낸다. 식 (6.146)과 (6.147)을 식 (6.145)로 대체하면 특성 함수 f에 대한 상사성 미분 방정식이 생성된다.

$$\tfrac{1}{2}f''' + ff'' + f'^2 = 0 \tag{6.148}$$

여기서 계수 $\frac{1}{2}$은 다음과 같이 지정함으로써 편리하도록 선택되었다.

$$\frac{4Kb_0\sigma^2}{x_0} = 1 \qquad \text{또는} \qquad \sigma = \frac{1}{2}\sqrt{\frac{x_0}{Kb_0}} \tag{6.149}$$

식 (6.148)은 중심선에서 대칭을 이루는데, 여기서 $y = 0$일 때 $\bar{v} = \partial\bar{u}/\partial y = 0$이고, $y \to \infty$일 때 속도 $\bar{u}$는 소멸한다. 이러한 조건은 다음과 같이 변환된다.

$$f(0) = f''(0) = f'(\infty) = 0 \tag{6.150}$$

또한 식 (6.147)의 속도 정의에서 $f'(0) = 1$이라는 것을 인식한다. 이것들을 층류-제트 관계식[식 (4.124), (4.127)]을 참고하면, 난류 평면 제트에 대한 해답이 다음과 같다는 것을 알 수 있다.

$$f(\eta) = \tanh(\eta) \qquad \frac{\bar{u}}{U_{max}} = \operatorname{sech}^2(\eta) \tag{6.151}$$

이 분포는 평면 제트에 대한 실험과 매우 잘 일치하는 것으로 판명되었다. Görtler(1942)는 $\bar{u} = U_{max}/2$ 및 $\eta_{1/2} = \operatorname{sech}^{-2}(0.5) = 0.88$인 절반 속도 지점 $y_{1/2}$에서 데이터를 일치시켜 다음의 추

정값을 얻었다.

$$\sigma_{\text{plane jet}} \approx 7.67$$

제트의 '폭'은 속도가 큰 y에서 0으로 점근적으로 떨어지기 때문에 정의되지 않은 채로 남아 있다. $b = 2y_{1/2}$로 정의하면 제트는 다음과 같이 성장한다.

$$\frac{b}{x} = \frac{1.76}{7.67} = \tan(13°) \qquad K = \frac{x}{4b\sigma^2} = 0.018$$

따라서 난류 평면 제트는 Reynolds 수와 관계없이 13°의 반각에서 성장한다. 에디 점성 계수는 식 (6.93)에 의해 주어진 Clauser의 공식과 합리적으로 일치한다.

6-9.1.2 원형 제트를 위한 해답

원형 제트에 대한 분석은 U_{max}가 x^{-1}에 비례하고, 축대칭 경계층 관계식[식 (4.222)]을 사용한다는 점을 제외하고는 매우 유사하다. 이 경우에 대한 Görtler(1942) 이론은 다음 분포로 이어진다.

$$\frac{\bar{u}}{U_{max}} \approx \left(1 + \frac{\eta^2}{4}\right)^{-2} \qquad \eta \approx 15.2\frac{y}{x} \qquad \text{및} \quad U_{max} \approx 7.4\frac{(J/\rho)^{1/2}}{x} \tag{6.152}$$

이 운동은 식 (4.228)에 해당하는 층류 원형 제트와 동일한 형태를 갖는다. 이 해답을 그림 6.37(a)의 실험적 측정과 비교할 때, 속도 오버슈트가 제트 가장자리 근처의 난류 간헐성에 기인할 수 있는 제트의 외부 영역을 제외하고 합리적인 일치가 발견된다[Corrsin과 Kistler(1955)].

원형 제트에 대한 더 나은 공식은 단순히 σ 값이 다른 평면 제트 해답을 가져감으로써 찾을 수 있다.

원형 제트:
$$\frac{\bar{u}}{U_{max}} \approx \text{sech}^2\left(10.4\frac{y}{x}\right) \tag{6.153}$$

이러한 표현은 그림 6.37(a)에서 Wygnanski와 Fiedler(1969)의 데이터와 매우 일치하는 것으로 보인다. 속도 분포의 자기 유사성은 $x/D > 20$에 대해 발생하며, 여기서 D는 소스 직경이다. 실제 소스의 약 7직경 떨어진 하류에서 유동이 시작되는 것처럼, 중심선에서 U_{max}는 x^{-1}에 비례하여 감소한다.

불안정한 변동은 평균 속도보다 더 오래 걸린다. 그림 6.37(b)는 측정된 흐름별 속도 변동을 보여주며, 이는 $x/D = 20$에서 유사하지 않으며 $x/D = 50$까지 자기 유사하지 않다. 경계층에 비해 매우 높은 난류 수준(30%)에 주목하자(그림 6.4). 가로 성분인 v'_{rms}와 w'_{rms}는 $x/D = 70$이 될 때까지 유사하지 않으며, 이때 원형 제트는 진정한 자기 보존 상태가 된다. $x/D = 100$에서도 성분 v'와 w'는 u'보다 작게 남아 있어 난류가 등방성이 되지 않았음을 나타낸다.

자유 전단 유동의 난류는 6-7.2.2절의 $K - \epsilon$ 모델과 같은 고차 이론에 의해 예측할 수 있지만, Rodi(1984)와 Taulbee(1989)가 검토한 바와 같이 합의를 개선하기 위해 식 (6.107)의 '상수'를 수정해야 한다. 이 모델은 평균 속도를 매우 잘 예측하고, 성장률과 전단 응력을 적당히 잘 예측하지

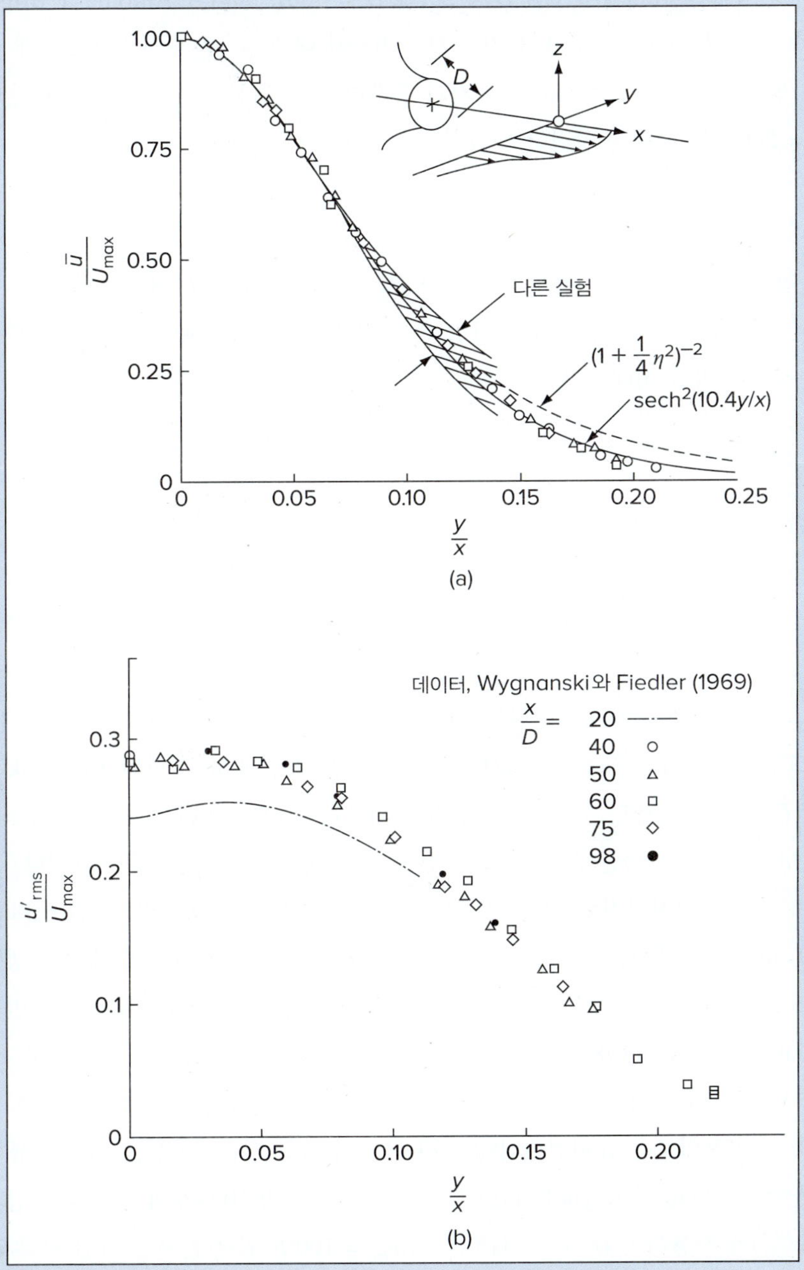

그림 6.37
자기 유사성에 대한 접근을 확인하는 원형 제트에 대한 실험 데이터. (a) 평균 속도, (b) 유동방향 변동. [Wygnanski와 Fiedler(1969) 이후]

만, 난류 구성요소에 대한 예측은 신뢰하기 어렵다. 자세한 내용은 Wilcox(1998)를 참조하라.

만약 제트가 U_j의 속도로 자유 유동 U_e와 같은 방향으로 분사된다면, Antonia와 Bilger(1973)의 자료에서 알 수 있듯이 자기 유사성의 발달은 강한 영향을 받는다. 평균 속도 차이는 그림 6.37(a)에서와 같이 $y/y_{1/2}$에 따라 잘 척도화되며, 다음과 같이 잘 근사된다.

$$\frac{\bar{u} - U_e}{U_j - U_e} \approx \cos^2\left(\frac{\pi}{4}\frac{y}{y_{1/2}}\right) \qquad 0 < y < 2y_{1/2}$$

여기서 U_e/U_j이 증가함에 따라, 성장률 $y_{1/2}(x)$는 작고 비선형적이다. 이러한 거동은 그림 6.37(a)

의 $U_e = 0$에서 뚜렷하게 나타난다(여기서 $y_{1/2}/D \approx 25$, $x/D = 300$). 그러나 Antonia와 Bilger(1973)의 U_e에 대한 측정으로부터 $U_e/U_j = 1/3$ 및 $x/D = 300$에 대해, $y_{1/2}D \approx 3.2$ 또는 8배 더 작은 것을 알 수 있다. 평균 속도는 $x/D > 40$일 때 자기 유사하지만, 유선방향 난류 u'_{rms}/U_{max}에 대해서는 심지어 $x/D = 266$에서도 계속 발전하고 있다.

6-9.2 평면 혼합층

Görtler(1942)는 에디 점성 계수 분석을 이용하여 상류가 U_2 속도로, 하류가 U_1에서 이동하는 경우를 포함하여 평행한 흐름 사이의 혼합층에서의 평면 속도 분포를 얻었다. 해당 운동은 경계 조건을 가진 중간점을 중심으로 약간 비대칭적이다.

$$\bar{u}(-\infty) = U_1 \quad \bar{u}(+\infty) = U_2 \quad \bar{u}(0) = \frac{1}{2}(U_1 + U_2)$$

Görtler(1942)가 제시한 해법은 다음과 같다.

$$u^* = \frac{\bar{u} - U_1}{U_2 - U_1} = \frac{1}{2}\left[1 + \text{erf}\left(\frac{\sigma y}{x}\right)\right] \qquad \sigma \approx 13.5 \tag{6.154}$$

만약 $u^* = 0.99$인 점으로 경계층으로 정의한다면, $\sigma b/x \approx 1.64$ 또는 $b/x \approx 0.121 = \tan(7°)$이다. 식 (6.154)는 그림 6.38(a)에 표시된 $U_1/U_2 = 0.5$인 물 채널에서 측정된 Plesniak과 Johnston(1984)의 실험값과 잘 일치한다. 그림 6.38의 가로 좌표는 y/x가 아닌 $(U_2 - U_1)$을 $y = 0$인 중심부에서 기울기 $(\partial\bar{u}/\partial y)_{max}$로 나눈 값과 동일한 '전단 두께' δ_s에 의해 무차원화된 y이다.

그림 6.38에서 제트 유동과 마찬가지로 자기 유사성의 단계적 발달에 주목하라. 그림 6.38(a)의 평균 속도는 $x = 30$ cm에서 발생하는 반면, 그림 6.38(b)의 u'_{rms}는 $x = 70$ cm까지 계속 발생한다. 마지막으로, 그림 6.38(c)의 v'_{rms}는 측정이 수행된 거리 내에서 유사하지 않고 유동방향 변동만큼 크지 않다. Plesniak과 Johnston(1988)은 혼합층이 유선형 곡률의 영향을 강하게 받으며, 상류 및 하류의 각운동량 비에 따라 안정화되거나 불안정화 됨을 추가로 보여준다.

낮은 Reynolds 수의 평면 혼합층은 슈퍼컴퓨터에 의한 난류의 직접 시뮬레이션을 위한 훌륭한 시험 사례이다. 예를 들어 Sandham과 Reynolds(1987)는 스펙트럼 방법(1024개의 세로 격자점과 256개의 가로 격자점 포함)을 사용하여 $U_1/U_2 = 0.5$이고 $Re_{\theta 1} = 100$인 입구 분포를 가진 난류 혼합층을 계산한다. 이러한 시뮬레이션에서, 와류 쌍(vortex pairing)과 난류는 불안정한 주파수 중 3개의 입구 분포를 강제함으로써 촉발된다. 흥미롭게도, 엄격하게 주기적인 강제력은 불규칙하고 변칙적인 결과를 생성하는 것으로 밝혀졌다. 그러나 입구 강제력이 '떠는 조건(jittering)'에서, 즉 여기 모드의 위상을 무작위로 변화시킴으로써 그림 6.39와 같이 매우 현실적인 결과를 얻게 된다. 이러한 '수치적 스냅샷'이 그림 6.2의 실제 혼합층의 시각화와 어떻게 유사한지 주목하라.

시간 평균을 낼 때, 그림 6.39의 시뮬레이션은 그림 6.38(a) 또는 식 (6.154)와 거의 동일한 평균 속도 분포를 산출한다. 그러나 이 일치는 난류 성분에 대해서는 부호가 맞지 않으며 평균 스칼라 플럭스는 층 가장자리 근처에서 잘못된 부호를 갖는 것으로 보인다. 난류에 대한 DNS 예측은 계속해서 발전할 유익한 연구 분야임이 분명하다.

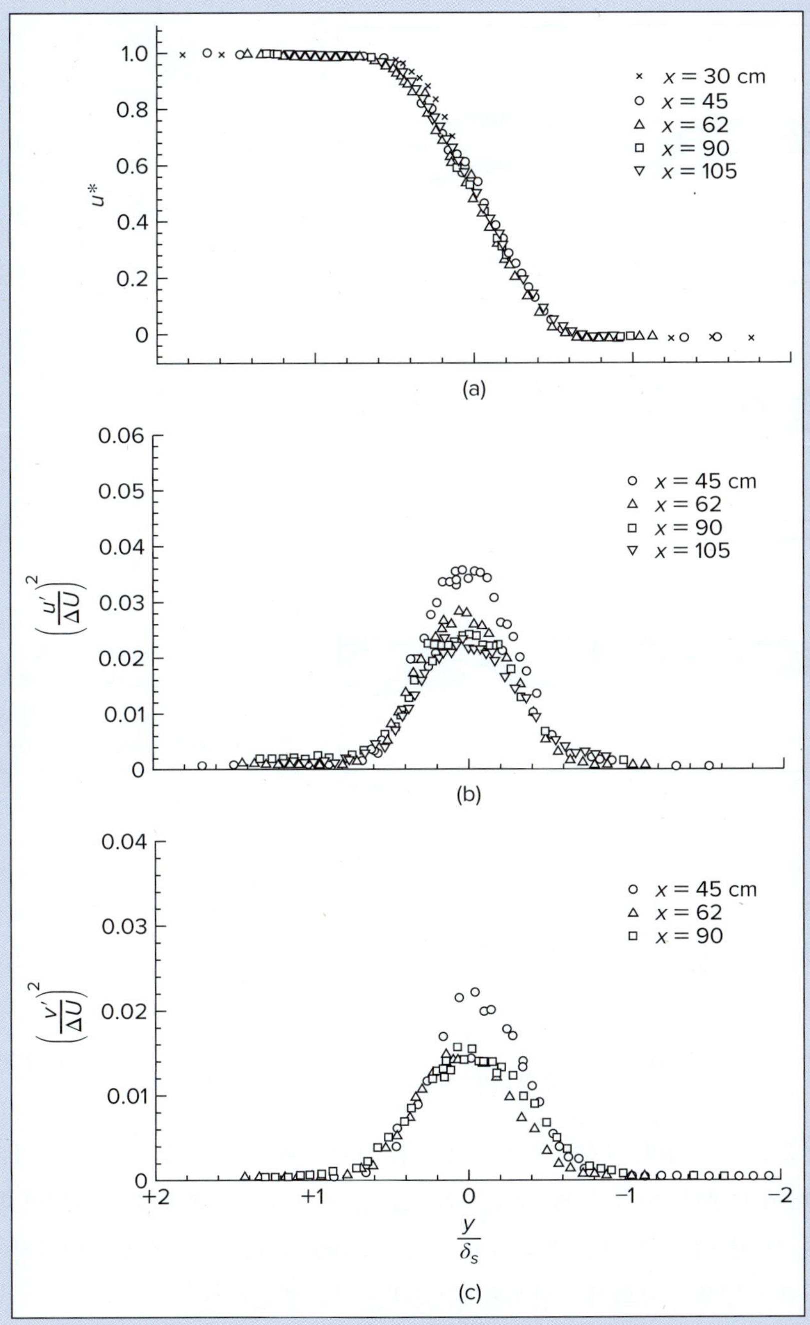

그림 6.38
평면 혼합층에서의 측정. (a) 평균 속도, (b) 종방향 변동, (c) 횡방향 변동. [Plesniak과 Johnston(1988) 이후]

6–9.3 난류 후류

그림 6.35(c)의 후류는 균일한 흐름에서 조각된 제트와 유사하다. 후류는 이동하는 흐름에서 '결함(defect)'을 구성하기 때문에 대류 가속으로 인해 제트보다 훨씬 더 강한 영향을 미친다. 당연히 그 결과 공식은 제트의 공식과 상당히 다르다. 훨씬 하류에서 자기 유사성을 가정하고 다음을 작성한다.

$$\frac{\Delta u}{\Delta u_{\max}(x)} = f\left[\frac{y}{b(x)}\right] \tag{6.155}$$

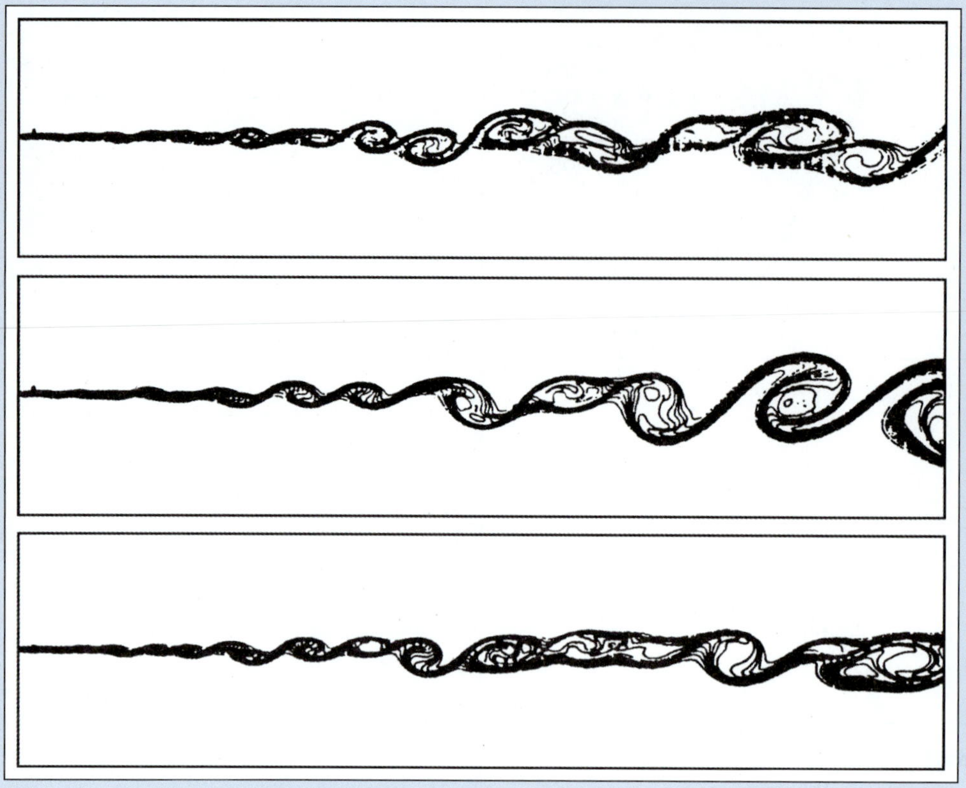

그림 6.39
난류 혼합층의 슈퍼컴퓨터 시뮬레이션에서 수동적 스칼라 윤곽의 3개의 즉각적인 스냅샷. 그림 6.2와 비교하라. [Sandham과 Reynolds(1987) 이후]

제트 유동과 마찬가지로 후류의 압력은 개방된 환경 때문에 난류 변동 효과를 제외하고 거의 일정하다. 이때, 운동량 정리에 따르면 후류 분포와 관련된 항력 F는 x와 무관하다.

$$F = \int_{-\infty}^{+\infty} \rho \bar{u} \Delta u dA \approx \begin{cases} (\text{상수})\ \rho U \Delta u_{\max} b & (\text{평판 후류}) \\ (\text{상수})\ \rho U \Delta u_{\max} b^2 & (\text{원형 후류}) \end{cases} \tag{6.156}$$

여기서 U는 후류 밖의 흐름 속도이며, 균일하다고 가정하자. 식 (6.156)의 마지막 두 결과는 작은 결점 가정인 $\Delta u \ll U$에서 나온다. 따라서 제트와는 달리 $\Delta u_{\max}$는 b^{-1}(평면 후류)과 b^{-2}(원형 후류)에 비례한다. 이러한 관계들이 작은 결점 가정 $u(\partial u/\partial x) \approx U(\partial u/\partial x)$을 갖는 경계층 방정식에 대입될 때, 유사성이 다음의 경우를 제외하고 달성될 수 없다는 것을 발견한다.

$$\begin{aligned} &\text{평판 후류:} \quad && b = (\text{상수})\ x^{1/2} \quad \Delta u_{\max} = (\text{상수})\ x^{-1/2} \\ &\text{원형 후류:} \quad && b = (\text{상수})\ x^{1/3} \quad \Delta u_{\max} = (\text{상수})\ x^{-2/3} \end{aligned} \tag{6.157}$$

이 정보를 통해 속도 결함 유사성 분포를 해결할 수 있다. Clauser 유형의 에디 점성 계수 분포[식 (6.146)]를 사용하여 'b'를 반속도 점으로 하면, 해답은 Gaussian 분포를 갖게 된다[식 (4.231)].

$$\frac{\Delta u}{\Delta u_{\max}} = \exp\left(-0.693 \frac{y^2}{y_{1/2}^2}\right) \tag{6.158}$$

Δu_{max}와 $y_{1/2}$의 변동을 결정하는 식 (6.157)의 상수는 실험에 의해 확립되어야 한다. 하지만 이는 일반적인 후류에서 Kármán 와류 거리와 같은 대규모 구조로 인해 측정하기 어렵다. 유사성은 하류에서 최대 1000직경까지 발달되지 않을 수 있다. Sreenivasan과 Narasimha(1982)는 이중 평판 '소형 교란' 후류 생성기를 사용하여 평면 후류에 대해 다음과 같은 성장률 식을 제안한다.

$$y_{1/2} \approx 0.30\,(x\theta)^{1/2} \qquad \Delta u_{max} \approx 1.63U\left(\frac{\theta}{x}\right)^{1/2} \tag{6.159}$$

여기서 θ는 x와 무관한 후류의 운동량 두께이다.

$$\theta = \int_{-\infty}^{+\infty} \frac{\Delta u}{U}\left(1 - \frac{\Delta u}{U}\right) dy = \text{상수}$$

Wygnanski 등(1986)은 원통, 높은 고체 스크린, 스트립 및 익형 등 다양한 유형의 물체 뒤에서 평판 후류의 결과를 그림 6.40과 같이 측정했다. 물체의 하류에서 운동량 두께의 수백 배 지점까지 유동은 자기 유사해지지 않았다.

그림 6.40(a)의 평균 속도 결함 측정은 평면 후류의 가장자리 근처(도시하지 않음)를 제외하고는 Gaussian 방정식 (6.158)과 잘 일치하는 것으로 보인다. 원통형 후류의 경우 성장률 상수가 식 (6.159)의 상수와 약간 다르다. 즉, (0.30, 1.63) 대신 (0.275, 1.75)이다. 또한 그림 6.40(b)는 각각의 뒤에 있는 흐름별 변동이 자기 유사성에 도달하지만 분포가 서로 일치하지 않음을 보여준다. 정규화된 난류 전단 $(-\overline{u'v'})/\Delta u_{max}^2$ 조차도 다양한 물체 모양 뒤에서 동일하지 않다. Wygnanski

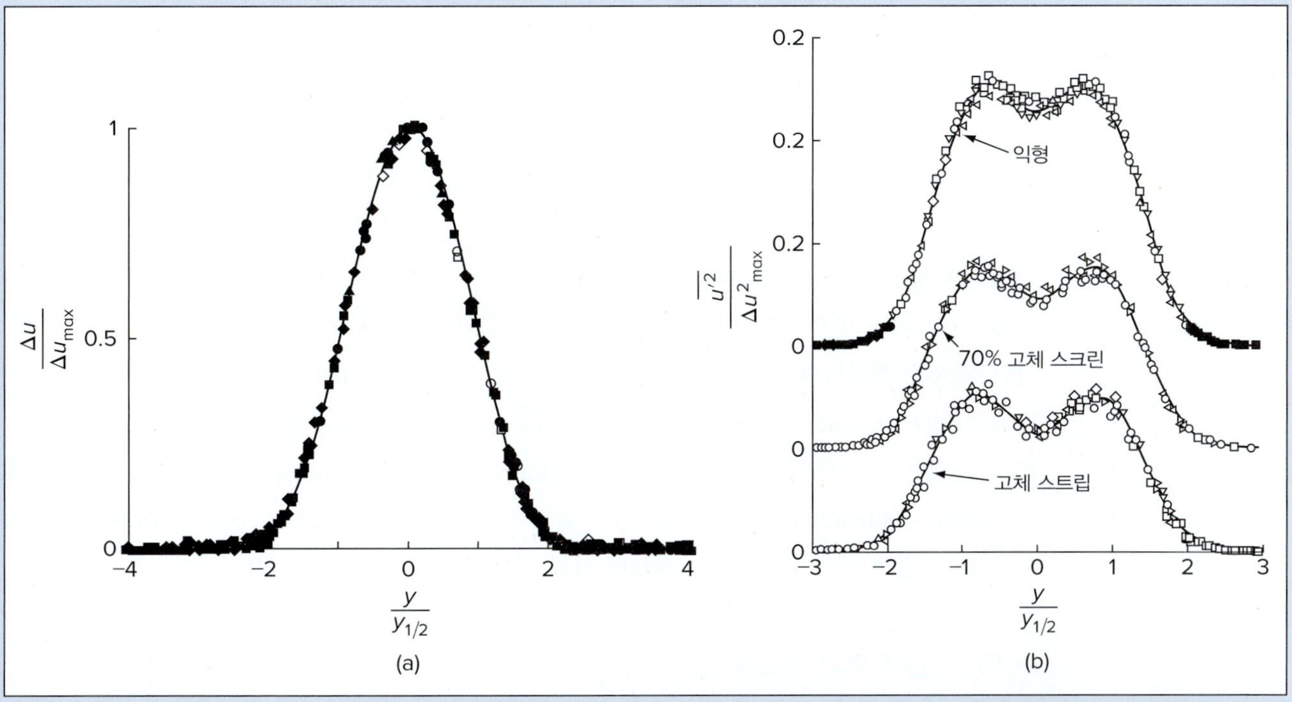

그림 6.40
다양한 모양의 물체 뒤에 있는 평면 후류 측정. (a) 평균 속도 결함, (b) 유동방향 난류 변동. 데이터는 x/θ = 200~700에 대해 취함. [Wygnanski 등(1986) 이후]

표 6.3 제트 및 후류를 위한 멱법칙

	층류 유동		난류 유동	
	폭 b의 성장률	$\bar{u}$ 또는 Δu의 속도 감쇠율	폭 b의 성장률	$\bar{u}$ 또는 Δu의 속도 감쇠율
혼합 영역	$x^{1/2}$	1.0	x	1.0
평판 제트	$x^{2/3}$	$x^{-1/3}$	x	$x^{-1/2}$
원형 제트	x	x^{-1}	x	x^{-1}
평판 후류	$x^{1/2}$	$x^{-1/2}$	$x^{1/2}$	$x^{-1/2}$
원형 후류	$x^{1/2}$	x^{-1}	$x^{1/3}$	$x^{-2/3}$

등(1986)은 평균 속도 결함을 제외하고, 2차원 후류에 대한 '보편적인' 유사성의 상태가 없다고 결론지었다.

방금 논의한 자유 난류 유동의 다양한 경우는 성장률과 속도 감쇠율을 가지며 표 6.3에 요약하였다.

6-10 난류 대류 열전달

층류 비압축성 유동에서와 같이, 속도 분포, 표면 마찰 및 기타 유동 성분이 온도와 독립적으로 결정될 수 있기 때문에, 열전달은 사후 고려사항으로 발생하는 것으로 보인다. 그런 다음 알려진 속도를 사용하여 이론상 난류 경계층에 대한 열에너지 방정식에서 온도를 추론할 수 있다.

$$\rho c_p\left(\bar{u}\frac{\partial \bar{T}}{\partial x} + \bar{v}\frac{\partial \bar{T}}{\partial y}\right) = \frac{\partial \bar{q}}{\partial y} + \tau\frac{\partial \bar{u}}{\partial y} \tag{6.160}$$

여기서 $\tau = \mu\frac{\partial \bar{u}}{\partial y} - \rho\overline{u'v'}$ 그리고 $\bar{q} = k\frac{\partial \bar{T}}{\partial y} - \rho c_p\overline{v'T'}$

어려움은 평소와 같이 난류 관성 항에서 비롯된다.

이 절에서는 많은 교과서 및 논문 저자에게 인기 있는 주제인 난류 대류 열전달에 대한 간략한 개요를 제공한다. 연대순으로 Arpaci(1984), Kays와 Crawford(1993), Burmeister(1993), Bejan(1994), Kakac과 Yener(1994), Oosthuizen(1999), Kaviany(2001)이다. 일부 저자는 주제의 계산 측면을 전문으로 한다. Jaluria와 Torrance(1986), Nakayama(1995), Tannehill 등(1997), Comini와 Sunden(2000)이 있다. 0-, 1-, 및 2-방정식 모델에서 2차 모멘트 닫힘(closure), LES 및 DNS 방법에 이르기까지 모든 유형의 난류 모델이 난류 열전달에 적용되었다.

6-10.1 난류 에디 전도도

다음을 사용하여 에디 점성 계수와 에디 전도도에 대한 Boussinesq 유추를 공식적으로 표현할 수 있다.

$$\tau_{\text{total}} = (\mu + \mu_t)\frac{\partial \bar{u}}{\partial y} \qquad q_{\text{total}} = -(k + k_t)\frac{\partial \bar{T}}{\partial y} \tag{6.22}$$

μ_t와 k_t는 유체 특성이 아니지만 난류 Prandtl 수라고 하는 무차원 비율로 형성될 수 있다.

$$Pr_t = \frac{c_p \mu_t}{k_t} \tag{6.161}$$

난류-플럭스 항 $\overline{v'u'}$와 $\overline{v'T'}$은 시간 평균 대류의 동일한 메커니즘으로 인한 것이므로, 그 비율 Pr_t은 1차수가 되어야 한다. 이러한 개념은 본질적으로 난류 운동량과 열 플럭스를 등가 현상으로 간주하는 Reynolds(1874)가 제안했다. 따라서 다음과 같이 하나를 취할 수 있다.

$$Pr_t = f(Pr) = O(1)$$

이것은 난류에 대한 유명한 Reynolds 상사(analogy)의 한 형태이다. 100년이 지난 오늘날에도 국소 조건에 따라 확실히 달라지는 난류 Prandtl 수를 상수 또는 기껏해야 분자 Prandtl 수 Pr의 함수로 간주하고 있다. 난류 열전달을 계산하기 위한 최신 디지털 컴퓨터 프로그램조차도 이 가정을 이용한다.

난류 강제 대류에 대한 실험 데이터베이스의 대부분은 Moffat과 Kays(1984)가 검토한 스탠퍼드 대학교 그룹에서 유래했다. 이러한 맥락에서, 그림 6.41은 순, 영 및 역구배에서 난류 Prandtl 수에 대한 Blackwell(1973)의 데이터를 보여준다. 고려한 모든 경우에서, Pr_t는 저층에서 약 1.5에서 경계층의 외부 가장자리까지 0.7로 감소한다. 벽 근처에서의 증가는 μ_t와 k_t가 모두 국소적으로 작기 때문에 그다지 중요하지 않다. 따라서 데이터를 곡선 맞춤할 필요가 없다. 대신에, $O(1)$의 상수값을 가정하는 것이 일반적이다.

$Pr > 0.7$: $$Pr_t \approx 0.9 \text{ 또는 } 1.0 \tag{6.162}$$

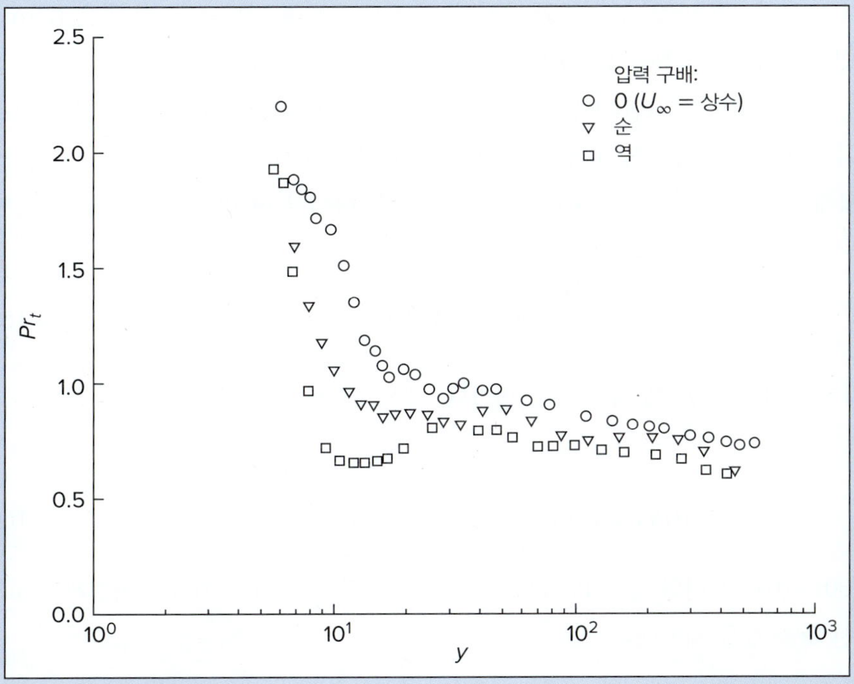

그림 6.41
압력 구배가 있는 경계층에서 난류 Prandtl 수의 실험적 측정[Blackwell(1973) 이후]

벽 흡입 및 분출에 대한 추가 실험[Simpson 등(1970)]은 추가적인 효과가 없음을 나타내므로, 식 (6.162)는 계속 사용할 수 있다. 속도 및 온도 분포의 수치적 미분이 수반되기 때문에 그림 6.41의 데이터 불확실성이 클 것으로 추정된다. 실제로, 상수 Pr_t의 사용은 이론적 모델에서 매우 성공적이었다. 또한 자유 난류(제트, 후류, 혼합층)에서는 그림 6.41의 데이터에서 제안한 것처럼 $Pr_t \approx 0.7$을 취해야 한다.

주어진 Pr_t에 대해, $k_t = c_p\mu_t/Pr_t$이고 μ_t는 식 (6.92) 및 (6.93)을 이용하여 일반적인 에디 점성 계수 모델에 의해 구할 수 있다. 결과적으로, 더 이상의 가정 없이 평균 온도 및 벽 열전달 분포를 결정할 수 있다. 이처럼 모든 난류 모델은 열 계산으로 쉽게 확장될 수 있다.

6-10.2 벽의 온도 법칙

압력 구배가 벽 근처 전단 응력 $\tau(y)$에 영향을 미치지만, 식 (6.98) 및 그림 6.24에서와 같이, 1차적으로 벽 근처 열 플럭스에 영향을 미치지 않는다. 이를 확인하려면, $\bar{u} \approx 0$이고, 흡입 또는 분출 조건(즉, $\bar{v} \approx v_w \neq 0$)인 작은 y에서의 에너지 관계식[식 (6.21c)]을 고려해야 한다. 다음을 적분하여 이 'Couette 유동' 근삿값을 해결할 수 있다.

$$\frac{\partial q}{\partial y} \approx \rho c_p v_w \frac{\partial \bar{T}}{\partial y} \qquad \text{또는} \qquad q \approx q_w + \rho c_p v_w(\bar{T} - T) + \cdots \tag{6.163}$$

불침투성 벽면 근처에서, $q \approx q_w \approx \rho c_p(\nu/Pr + \nu_t/Pr_t)(\partial\bar{T}/\partial y)$이므로, 벽의 법칙 변수 y^+를 사용하여 분리하고 적분할 수 있다.

$$T^+ = \frac{T_w - \bar{T}}{T^*} = \int_0^{y^+} \frac{dy^+}{1/Pr + \mu_t/(\mu Pr_t)} \tag{6.164}$$

여기서 $T^* = q_w/(\rho c_p v^*)$는 벽 마찰 속도 v^*와 유사한 벽 전도 온도를 나타낸다. 이 항은 Kármán (1939)이 처음 제안한 벽의 온도 법칙을 정의한다.

상수 Pr 및 Pr_t를 가정하면, 식 (6.164)는 에디 점성 계수 μ_t/μ에 대한 식 (6.92)를 이용하여 수치적으로 적분될 수 있다. $Pr_t = 1.0$ 및 다양한 분자 Prandtl 수에 대한 결과가 그림 6.42에 나와 있다. 벽 바로 근처에서 열 저층은 $T^+ = Pr\, y^+$ 형태를 갖는다. 벽에서 더 멀어지면 로그층이 발달된다. 즉

$$T^+ \approx \frac{Pr_t}{\kappa}\ln y^+ + A(Pr) \tag{6.165}$$

절편 $A(Pr)$은 그림 6.42와 같이 Pr에 따라 크게 변한다. 사실, 기억하기 쉬운 곡선 맞춤 표현은 다음과 같다.

$$A(Pr) \approx 13Pr^{2/3} - 7 \qquad Pr \geq 0.7 \tag{6.166}$$

Kader(1981)는 0.001~0.03 사이의 낮은 Prandtl 수를 가진 액체 금속에 대해서도 여전히 유효한 복잡한 형태의 곡선 맞춤 값을 제안했다.

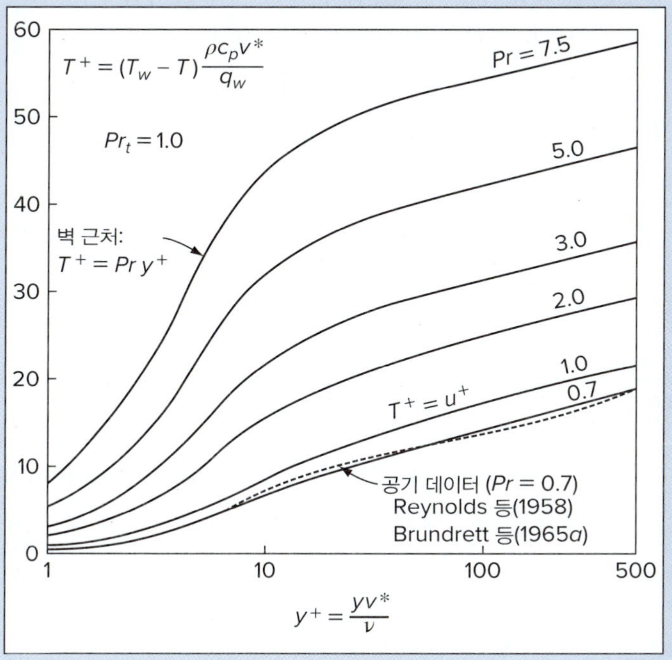

그림 6.42
식 (6.92) 및 (6.164)로부터 0.7보다 큰 Prandtl 수를 갖는 유체에 대한 벽의 온도 법칙

$$A(Pr) \approx (3.85Pr^{1/3} - 1.3)^2 + 2.12\ln(Pr) \tag{6.167}$$

Kader는 공기, 물, 에틸렌글리콜 및 기름에서 측정된 온도 분포와의 비교를 통해 제안된 곡선 맞춤 값이 $0.7 \le Pr \le 170$의 상당한 범위에서 실험값을 잘 예측하는 것을 확인하였다. 그는 또한 0 및 보통의 압력 구배 조건에서 전체 온도 분포(저층, 중복층 및 외층)에 대한 곡선 맞춤을 구성한다. Kays와 Crawford(1993)는 유사한 데이터 조사를 보고했다. 다른 $T^+(y^+)$ 모델이 제안되었다. Sucec(1999)은 멱법칙 $T^+ \approx 6(y^+)^{0.17} + 13.2Pr - 9.37$을 사용했다. Volino와 Simon(1997)은 식 (6.163)의 Couette 유동 근삿값을 사용하지 않고, 벽 근처 분석에 압력 구배와 대류를 포함하였다. 복잡하고 암시적(implicit, 닫힌 형식이 아님)인 것으로 증명된 T^+에 대한 공식은 실험 측정과 잘 일치한다. Huang과 Bradshaw(1995)는 압력 구배 효과를 분석하고 $K - \omega$ 2-방정식 모델을 사용하여 최상의 결과를 찾았다. Cruz와 Silva-Freire(2002)는 분리 유동 및 재순환 유동을 위한 벽의 열 법칙을 개발했다. 이러한 상관식은 매끄럽고 불침투성 벽면에 해당한다. Faraco-Medeiros와 Silva-Freire(1992)가 논의한 바와 같이 벽 증산, 특히 분출은 매우 강력한 영향을 미친다. Hollingsworth 등(1992)은 또한 표면 곡률의 영향을 분석하고 특성화했다.

6-10.3 Stanton 수에 대한 Reynolds의 상사

4장 층류 경계층 유동에서 평판 유동에 대해 표면 마찰과 열전달 계수 사이에 비례성이 확립된다는 것을 상기하는 것으로 시작한다. 즉,

$Pr{\sim}1$:
$$C_h \approx \frac{C_f}{2Pr^{2/3}} \tag{4.80}$$

속도와 온도 후류를 무시할 수 있기 때문에, 난류 평판 및 관 내 유동에 대해 유사한 근사가 가능하다. 경계층의 가장자리에서 2개의 로그 법칙을 간단히 평가한다.

$$\frac{T_w - T_e}{T^*} \approx \frac{Pr_t}{\kappa}\ln\frac{\delta_T v^*}{\nu} + A \qquad \frac{U_e}{v^*} \approx \frac{1}{\kappa}\ln\frac{\delta v^*}{\nu} + B$$

여기서 δ 및 δ_T는 각각 속도 및 열 경계층 두께를 나타낸다. $Pr_t \approx 1$ 및 $\delta \approx \delta_T$를 가정하면, 이 두 식을 빼고 다음과 같이 쓸 수 있다.

$$\frac{q_w}{\rho c_p U_e (T_w - T_e)}\left[\frac{U_e}{v^*} + (A - B)\right] \approx \frac{v^*}{U_e}$$

따라서 좌변의 계수에서 Stanton 수를 구하고 우변에서 $(C_f/2)^{1/2}$를 구할 수 있다. 식 (6.166)에서 A와 함께, 다음을 이용하여 이 식을 난류 평판 유동에 대한 대략적인 Reynolds 유추로 다시 작성할 수 있다.

$$Pr \geq 0.7: \qquad C_h \approx \frac{C_f/2}{1 + 13(Pr^{2/3} - 1)(C_f/2)^{1/2}} \tag{6.168}$$

Pr이 1에 근접할 때, 이 식은 식 (4.102)에 잘 근사되며, 매끄럽고 불침투성인 등온 벽에만 유효하다. 매끈한 평판에 대한 표면 마찰 계수는 White의 식[식 (6.78)]을 이용하여 예측할 수 있다.

6–10.3.1 완전히 발달된 난류 관 내 유동

관 내 유동에서 열전달 계수는 일정한 c_p에 대해 중심선 온도가 아닌, 3장에서처럼 체적(bulk) 또는 컵–혼합(cup-mixing) 온도를 기반으로 한다.

$$T_m = \frac{\int \rho \bar{u} \bar{T} dA}{\int \rho \bar{u} dA} \tag{3.65}$$

관에서의 Stanton 수는 다음과 같이 정의된다.

$$C_h = \frac{q_w}{\rho c_p u_{\text{av}} (T_w - T_m)}$$

완전히 발달된 난류 관 내 유동에 대한 u_{av}는 이미 식 (6.53)의 로그 법칙에서 평가되었다. 이제 속도 로그 법칙 식 (6.38a)와 온도 로그 법칙 식 (6.165)를 식 (3.65)로 대체하여 T_m을 예측한다면, 상당한 식 변형 과정 후 결과는 다음과 같이 표현할 수 있다.

$$C_{h,\text{pipe}} \approx \frac{\Lambda/8}{1 + 13(Pr^{2/3} - 1)(\Lambda/8)^{1/2}} \qquad 0.5 \leq Pr \leq 10^5 \tag{6.169}$$

여기서 $\Lambda = 4C_f$는 관 마찰 계수이며, 식 (6.54)로 예측할 수 있다. Petukhov(1970)가 처음 제안한 이 공식은 분출 또는 흡입하지 않는 매끄러운 벽에만 유효하다.

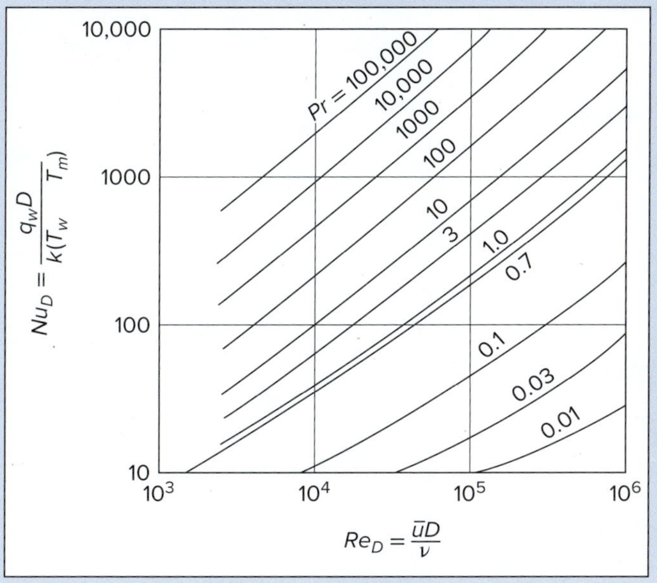

그림 6.43
식 (6.169) 및 (6.170)으로부터 완전 발달된 관 내 난류 유동에 대한 Nusselt 수

Stanton 수보다는 Nusselt 수의 형태로 관 내 열전달 상관관계를 공식화하는 것이 관례이므로,

$$Nu_D = \frac{q_w D}{k(T_w - T_m)} = C_h Re_D Pr$$

가 된다. 액체 금속의 경우($Pr < 0.1$), 식 (6.169)는 유효하지 않으며, 대신 Sleicher와 Rouse (1975)에 의해 제공된 다른 실험 상관식이 유효하다.

$Pr < 0.1$:
$$Nu_D = 6.3 + 0.00167 Re_D^{0.85} Pr^{0.93} \tag{6.170}$$

그림 6.43은 식 (6.169) 및 (6.170)을 기반으로 하며, Pr은 고정값에서 Reynolds 수에 따른 Nusselt 수의 변화를 보여준다. 이러한 예측은 일정한 벽 온도 및 열 플럭스에 대해 완전히 발달된 관 내 유동 실험과 굉장히 일치하는 것으로 밝혀졌다. Nusselt 수는 일반적으로 관 입구에서 더 높다는 것을 기억하자. 더 자세한 내용은 Kays와 Crawford(1993, Chap. 14)가 제공한 입구 영역에서의 사용 가능한 데이터와 이론에 대한 요약을 참고하도록 한다.

6-10.4 흡입 또는 분출이 있는 난류 대류

Moffat과 Kays(1984)가 보고한 바와 같이 벽 증산은 난류 열전달에 강한 영향을 미친다. 그림 6.44는 흡입 또는 분출 매개변수 $F = v_w/U_e$의 다양한 값에 대한 $Re_x \approx 2 \times 10^6$에서 평판 유동의 속도 및 온도 분포에 대한 몇 가지 측정값을 보여준다. 그림 6.44(a)의 속도 분포는 난류 운동량 전달의 급격한 변화가 아니라, 식 (6.83)에 따른 전단 응력 분포의 변화에 분출률(blowing rate)에 따라 극적으로 상승한다. 벽면 흡입($v_w < 0$) 효과는 미미하며, 측정된 분포는 $v_w/U_e = -0.0024$에서 Stevenson의 벽 법칙[식 (6.86)]과 잘 일치한다. 그러나 식 (6.86)은 분출 조건에서 u^+를 과대 예측하는 한계가 있다. 이에 Simpson(1968)은 증산이 있는 조건에서 대체할 수 있는 벽의 법칙을

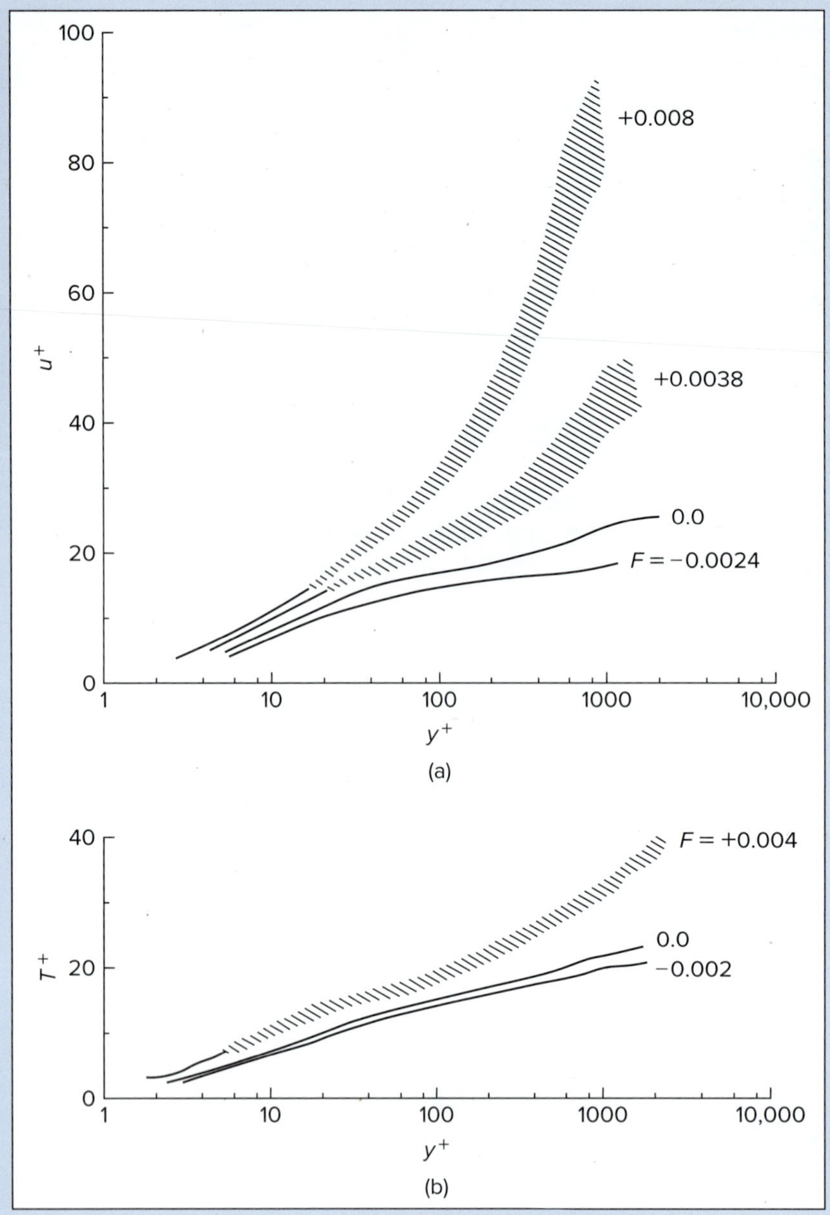

그림 6.44
흡입 및 분출을 통한 평판 유동의 실험. (a) 속도 및 (b) 온도 분포. 매개변수 $F = v_w/U_e$이다. [Moffat과 Kays(1984) 이후]

제안한다. 즉,

$$\frac{2}{v_w^+}\left[(1 + v_w^+ u^+)^{1/2} - (1 + 11v_w^+)^{1/2}\right] = \frac{1}{\kappa}\ln\left(\frac{y^+}{11}\right) \qquad (6.171)$$

식 (6.171)은 모든 분포가 $(u^+, y^+) = (11, 11)$에서 시작하도록 공식화되었다. 이것은 표면 마찰을 측정하기 쉽지 않기 때문에 상당한 분산(scatter)이 있는 그림 6.44(a)의 두 분출 곡선과 일치하지만, 식 (6.86)의 Stevenson의 법칙이 여전히 식 (6.171)을 능가하는 다른 데이터와는 일치하지 않는다. 2개의 경쟁적인 벽 분출 속도 상관식 사이의 논쟁은 아직 해결되지 않았고, Schetz(1980, pp.151-155)에 의해 자세히 논의된다.

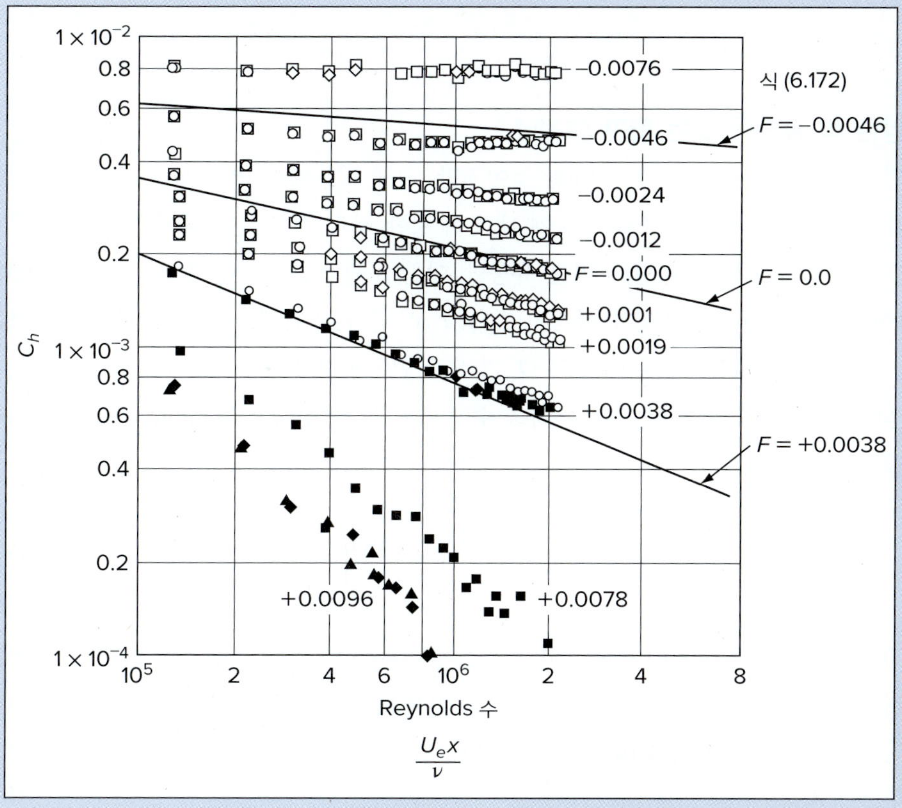

그림 6.45
균일한 흡입 또는 분출로 난류 평판 유동에 대한 국소 Stanton 수 측정. 여기서 $F = v_w/U_e$이다. $F = 0$에 대한 이론은 식 (6.78)과 (6.168)을 사용하였다. [Moffat과 Kays(1984) 이후]

그림 6.44(b)는 그림 6.44(a)에 비해 흡입 및 분출 효과가 훨씬 적은 벽 좌표의 온도 분포를 보여준다. 압력 구배를 매개변수로 추가해도 동일한 추세가 적용된다. u^+에 큰 영향을 미치고, 특히 자유 유동 감속으로 인해 T^+에 미치는 영향은 미미하다[Moffat과 Kays(1984)].

당연히 벽 증산은 표면 마찰과 열전달 계수 모두에 강한 영향을 미친다. 그림 6.45는 Moffat과 Kays(1984)가 보고한 분출과 흡입이 있는 난류 평판 유동에서 국소 Stanton 수를 집계한 것이다. 흡입(또는 분출)으로 인해 벽 열전달이 한 차원 증가(또는 감소)할 수 있음을 알 수 있다. 식 (6.97)과 (6.163)을 통합하고, 경계층을 가로질러 에디 점성 계수가 증산에 영향을 받지 않는다고 가정하면, Kays와 Crawford(1980, pp. 180-182)는 평판 유동에 대해 다음과 같은 상관식을 제공한다.

$$\frac{C_f(Re_x, v_w/U_e)}{C_f(Re_x, 0)} \approx \frac{C_h(Re_x, v_w/U_e)}{C_h(Re_x, 0)} \approx \frac{\zeta}{e^{\zeta} - 1} \tag{6.172}$$

여기서 $\zeta = 2(v_w/U_e)/C_f(Re_x, 0)$ 또는 $(v_w/U_e)/C_h(Re_x, 0)$는 각각 벽 마찰 및 열전달이다. 기준값 $C_f(Re_x, 0)$는 식 (6.78)로부터 계산되며, 이후 Stanton 수 $C_h(Re_x, 0)$는 식 (6.168)에서 주어진 Prandtl 수에 의해 결정된다. 그림 6.45는 흡입($F = -0.0046$), 불침투성 벽면($F = 0$), 분출($F = +0.0038$)의 세 가지 대표적인 계산 결과를 보여준다. 예측의 유효도가 세 가지 사례 모두에 대해 만족스럽고 실제로 사용 가능한 데이터에 적합하다는 것은 만족스러운 일이다. 또한 강한 흡입의 경우, Stanton 수는 Re_x가 연속적으로 증가함에 따라 점근적으로 $C_h = -F$에 접근하는 것을 기억하자.

6-10.5 다양한 벽 온도를 갖는 평판 열전달

이전 분석은 일정한 온도 차이 $T_w - T_e$에 대한 것이지만, 실제 적용에서 벽 온도는 종종 가변적이다. 한 가지 접근법은 4-8.4절에서 층류 유동에 대해 수행한 것과 같은 일련의 단계 변경을 중첩하는 것이다. 다양한 $T_w(x)$를 가진 난류 평판 유동에 대한 포괄적인 연구는 Reynolds 등(1958) 4개의 보고서에서 제공된다. 벽 온도가 갑자기 $T_w \neq T_e$로 변하는 위치 $x = x_0$까지 유동은 등온 $T_w = T_e$라고 가정하자. Reynolds 등은 u와 $T - T_w$가 모두 $y^{1/7}$에 따라 변한다고 가정하고, 층류 유동에 대한 식 (4.28)의 전개와 유사한 적분 분석을 수행했다. x_0 뒤의 국소 Stanton 수에 대한 표현식은 다음과 같이 구성된다.

$$C_h(x, x_0) \approx C_h(x, 0)\left[1 - \left(\frac{x_0}{x}\right)^{9/10}\right]^{-1/9} \tag{6.173}$$

여기서 $C_h(x, 0)$는 등온해, 즉 식 (6.168)을 의미한다. 이 결과는 벽 온도의 단계적 변화에 대한 그들의 실험과 잘 일치한다[Reynolds 등(1958, part 2)]. 이제 $(T_w - T_e)$가 x에 따라 연속적으로 변한다고 가정하자. 층류 유동 분석[식 (4.190)]과 유사하게, 길이 x의 평판에 대한 총 열전달은 다음과 같이 주어진다.

$$q_w(x) = \int_0^x h(x, x_0)d(T_w - T_e) \qquad h(x, x_0) = \frac{q_w(x, x_0)}{T_w - T_e} \tag{6.174}$$

온도 차이가 점 $x_0(i)$에서 다수의 불연속성 ΔT_i를 포함하는 경우, 식 (6.174)는 식 (4.191)처럼 Riemann 적분과 지시 함수의 합으로 분리한다.

$$q_w(x) = \int_0^x h(x, x_0)\frac{d}{dx_0}(T_w - T_e)dx_0 + \sum_{i=1}^{N} h[x, x_0(i)]\Delta T_i \tag{6.175}$$

본 전개는 층류 유동에 상응하는 내용(4-8.4절)을 반영한다. 난류 유동에 대한 수치적 예를 제공하기 위해, ΔT는 다항식의 형태라고 가정한다.

$$T_w - T_e = a_0 + a_1x + a_2x^2 + a_3x^3 + \cdots$$

그러면 국소 온도 차이를 참조하는 Stanton 수는 다음과 같다.

$$\frac{C_{h,\text{actual}}}{C_{h,\text{plate at }\Delta T}} = \frac{1}{\Delta T(x)}\int_0^x \left[1 - \left(\frac{x_0}{x}\right)^{9/10}\right]^{-1/9}\left(a_0 + \sum_{j=1}^{N} ja_jx_0^{j-1}\right)dx_0$$

이전과 마찬가지로 적분은 감마 함수의 관점에서 쉽게 평가된다.

$$\frac{C_{h,\text{actual}}}{C_{h,\text{plate at }\Delta T}} = \frac{1}{\Delta T(x)}\left[a_0 + \sum_{j=1}^{N}\frac{10}{9}ja_jx^j\frac{\Gamma(10j/9)\Gamma(8/9)}{\Gamma(10j/9 + 8/9)}\right] \tag{6.176}$$

예를 들어, $\Gamma\left(\frac{8}{9}\right) = 1.07776$을 평가함으로써, 처음 5개의 항을 쓸 수 있다.

$$\frac{C_{h,\text{actual}}}{C_{h,\text{plate at }\Delta T}} = \frac{a_0 + 1.1340a_1x + 1.2026a_2x^2 + 1.2497a_3x^3 + 1.2858a_4x^4 + \cdots}{a_0 + a_1x + a_2x^2 + a_3x^3 + a_4x^4 + \cdots} \tag{6.177}$$

단순히 국소 $\Delta T(x)$에서 등온-벽 공식을 적용함으로써 벽의 열전달이 추정하는 것보다 더 빠른 속도로 변화한다는 것을 알 수 있다. 그러나 층류 조건에서의 등가 변화[식 (4.192)]는 훨씬 더 크다. Reynolds 등(1958, part 3)은 또한 지연된 램프나 갑자기 단열된 벽과 같이 벽 온도가 변화하는 다양한 사례들을 연구한다. 이전의 해는 매끄럽고, 불침투성 벽면이 있는 평판 흐름에만 유효하다. 동일한 중첩 체계는 순압력 구배 또는 역압 구배와 같은 다른 조건에도 적용되지만, 식 (6.173)과 유사한 새로운 지시 함수를 찾고 통합해야 한다.

6-10.6 압력 구배가 있는 난류 대류

벽 온도와 자유 유동 속도가 모두 변하는 난류 열전달의 경우 몇 가지 분석이 가능하다. (1) 매우 단순한 직교 체계, (2) 내부 변수 적분 방법 또는 (3) 에디 전도도 계산 및 $K-\epsilon$ 2-방정식 접근을 포함한 다양한 미분 방법. 기본적으로, 온도는 연속 방정식과 운동량 방정식에 추가될 수 있는 에너지 방정식 (6.21c)에서 수동적인 스칼라(scalar) 역할을 한다.

이 경우 간단하고 신뢰할 수 있는 이론은 식 (6.178)을 사용하는 단순 직교법으로 국소 난류 Stanton 수를 계산할 수 있도록 모델링된 에너지 적분 방정식을 해결한 Ambrok(1957) 때문이다.

$$C_h(x) \approx 0.0295Pr^{-0.4}\frac{r_0^{0.25}(T_w - T_e)^{0.25}\mu^{0.2}}{\left[\int_0^x r_0^{1.25}(T_w - T_e)^{1.25}\rho U_e dx\right]^{0.2}} \tag{6.178}$$

여기서 $r_0(x)$는 축대칭 몸체의 표면 반경을 나타낸다(그림 4.39). 본체가 2차원이면 r_0항만 간단히 삭제할 수 있다. 상수 $T_w - T_e$, 상수 U 및 상수 r_0의 극한에서, 식 (6.178)은 다음과 같이 정리할 수 있다.

$$C_h \approx 0.0295Pr^{-0.4}Re_x^{-0.2} \approx \frac{C_f}{2Pr^{0.4}} \tag{6.179}$$

이것은 6-10.3절의 전통적인 Reynolds 상사와 거의 동일하다.

Das(1988)의 운동량 방법을 열에너지 방정식으로 확장함으로써, Sucec(1999)는 열전달을 위한 내부 변수, 난류 경계층 적분 방법을 개발했다. 그 결과는 식 (6.130)과 유사한 온도 매개변수에 대해 추가된 '열적' 1차 미분 방정식으로 구성된다. 해당 분석은 가변적인 벽 분출 및 흡입이 포함되며, 결과는 평판 및 압력 구배에 대한 열전달 데이터와 매우 잘 일치한다.

White 등(1973)은 표면 마찰과 벽 열 플럭스를 모두 포함하는 또 다른 내부 변수 적분법을 개발했다. 속도와 온도에 대한 단순화된 벽 함수를 정의하고 통합함으로써 2개의 결합된 1계 상미분 방정식이 2개의 무차원 변수로 표현된다.

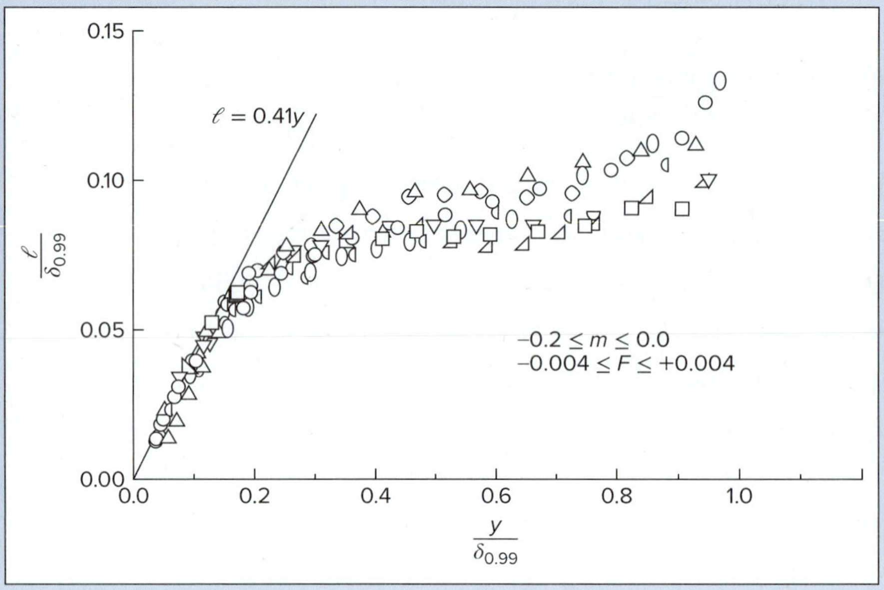

그림 6.46
감속 유동 $U_e = Cx^m$ 및 벽 분출/흡입 $F = v_w/U_e$에 대한 난류 혼합 길이 측정값[Moffat과 Kays(1984) 이후]

$$\lambda_1 = \frac{U_e}{v^*}\left(\frac{T_w}{T_e}\right)^{1/2} \qquad \lambda_2 = \frac{q_w}{\rho U_e^3}\frac{T_e}{T_w} \tag{6.180}$$

알려진 $U_e(x)$, $T_e(x)$ 및 $T_w(x)$를 가정하며, 또한 임의의 Mach 수 $Ma_e(x)$도 허용한다. 하나는 $\lambda_1(x)$ 및 $\lambda_2(x)$를 위해 풀고, 다음에 $v^*(x)$ 및 $q_w(x)$를 추론한다.

미분 방법은 6-8.3.1절의 운동량 분석 및 상수 Pr_t의 가정으로부터 알려진 속도 성분들을 사용하여 에너지 식[식 (6.21c)]의 유한 미분해에 의한 열전달을 포함하도록 쉽게 확장될 수 있으므로, 에디 전도도는 $k_t = c_p\mu_t/Pr_t$를 통해 예측할 수 있다. 그림 6.23의 중복층 및 외층 에디 점성 계수 모델은 열전달, 압력 구배 및 벽 증산이 존재할 때에도 여전히 유효하다. 이는 Moffat과 Kays(1984)가 그림 6.46에서 보고한 혼합 길이 측정을 통해 확인할 수 있다. 여기에 표시된 실험 데이터 세트는 중복층에서 $\ell = \kappa y$, 외부 후류에서 $\ell = 0.09\delta$로 잘 근사된다.

그림 6.46의 도표 척도는 벽 근처에서 혼합 길이가 변화하지만, 식 (6.90)으로부터 예측된 바와 같이 저층 감쇠 상수 A의 급격한 변화를 나타내기에는 불충분하다. Moffat과 Kays(1984)는 van Driest 감쇠 상수에 대한 경험적 기반의 대수적 상관관계를 추천한다.

$$A \approx \frac{26}{1 + a[v_w^+ + bp^+/(1 + cv_w^+)]} \tag{6.181}$$

여기서 p^+는 식 (6.100)으로 규정되며, 여기서

$$\begin{cases} a = 7.10, & v_w^+ \geq 0 \quad \text{그리고} \quad a = 9.0, \quad v_w^+ < 0 \\ b = 5.24, & p^+ \leq 0 \quad \text{그리고} \quad b = 2.9, \quad p^+ > 0 \\ c = 10.0, & p^+ \leq 0 \quad \text{그리고} \quad c = 0.0, \quad p^+ > 0 \end{cases}$$

2-방정식 방법은 열전달 계산을 위한 에너지 방정식도 수용할 수 있다는 점에 유의해야 한다.

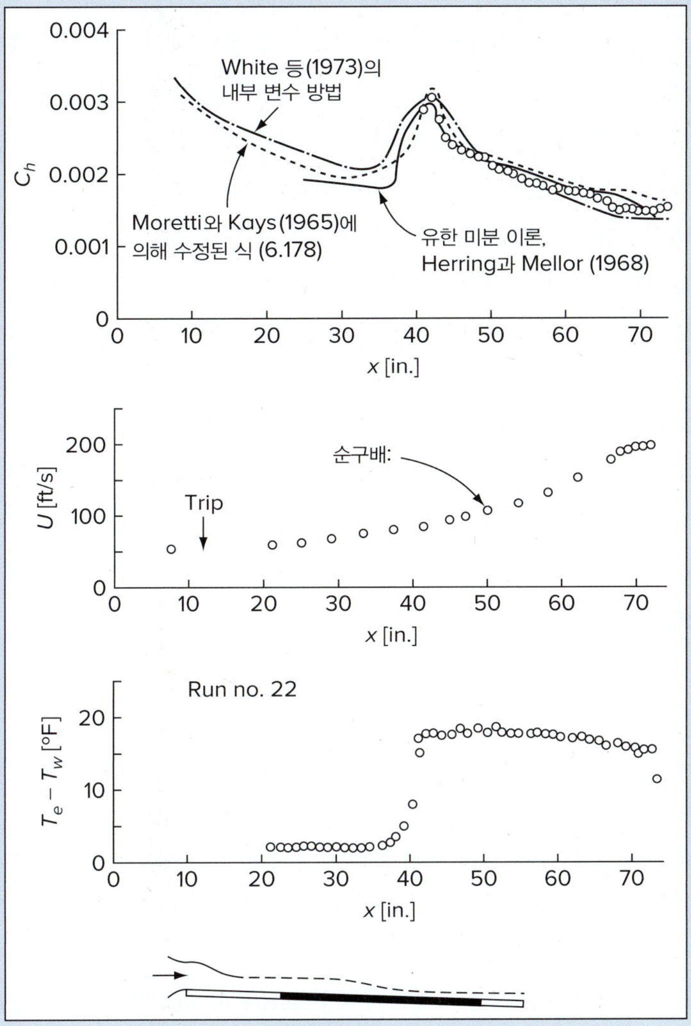

그림 6.47
Moretti와 Kays(1965)의 속도 및 벽 온도 실험 변수에 대한 이론과 실험의 비교

Jones와 Launder(1972)는 다양한 $U_e(x)$와 $T_w(x)$에 대한 Moretti와 Kays(1965)의 실험에서 4번의 다른 실행으로 $K - \epsilon$ 모델의 좋은 일치를 보고했다.

그림 6.47은 Moretti와 Kays(1965)의 1회 실행에 해당하는 실험과 이론을 비교한 내용이다. 본 실험은 자유 유동 속도가 순구배를 가지며 실행 중 벽 온도가 급격히 변화하는 조건에서 수행되었다. 그림 6.47에서 Ambrok(1957), White 등(1973), Herring과 Mellor(1968)의 이론과의 좋은 예측을 확인할 수 있다. Jones와 Launder(1972)는 이 특정 실행에 대한 결과를 보고하지 않았지만, 네 가지 관련 시험에 대해 우수한 결과를 보여주었다.

요약

이 장에서는 난류 시간 평균 흐름의 분석에 대한 소개를 제공한다. 난류의 통계적 이론에 대한 자세한 내용은 제공되지 않았다. 본 논의는 평균 속도 및 온도 분포, 벽 마찰, 유동 분리 및 열전달과 같은 난류 전단층의 공학적 특성을 강조한다.

난류 유동의 Reynolds 시간 평균 방정식을 유도한 후 벽 관련 유동에서 내부, 외부 및 중복 속도층에 대한 반경험적 상관관계가 제시되었다. 그런 다음 덕트 및 과거 평판에서의 난류에 대한 간단한 분석을 수행하였다. 더 복잡한 유동의 경우, 에디 점성 계수, 혼합 길이, $K-\epsilon$ 닫힘, Reynolds 응력 및 대수 응력 공식의 개념을 통해 난류 모델링이 도입되었다.

압력 구배가 있는 난류 경계층은 적분 및 유한 미분 방법으로 연구된다. 그런 다음 자유 난류(제트, 후류 및 혼합층)에 대해 설명한다. 난류 열전달의 주제는 벽의 온도 법칙, 난류 Prandtl 수, 에디 전도도 및 Reynolds 상사를 소개하고 적용하여 간단히 처리한다. 다양한 압력 구배, 벽 흡입 및 분출, 표면 온도로 인한 기타 매개변수 효과도 고려 및 논의한다.

실제적인 중요성과 고유한 복잡성으로 인해 난류 유동 연구는 유체 역학에서 가장 활발한 분야이다. 난류 변동 길이 규모와 주파수는 광범위한 스펙트럼을 포함하기 때문에 현재의 슈퍼컴퓨터 또는 초대형 슈퍼컴퓨터는 여전히 높은 Reynolds 수 흐름의 전체 세부사항을 해결하기 위해 고군분투하고 있다. 가까운 미래에 난류 연구는 난류 유동에 대한 상세한 실험과 개선된 반경험적 모델에 계속 집중할 것으로 예상한다.

연습문제

6-1. 변동 정의인 식 (6.6)을 직접 대체하고 식 (6.7)에 의해 주어진 평균 규칙을 사용하여, 3차원 시간 평균 x운동량 방정식을 유도하고 안정적인 2차원 난류 경계층에서 어떤 감소가 발생하는지 보이시오.

6-2. 부록 G, 식 (6.6) 및 (6.7)의 개념에 대한 원통형 좌표계에서의 Navier-Stokes 방정식을 사용하여 난류 유동에 대한 3차원 Reynolds 응력 z운동량 관계를 유도하시오. 이것을 원통 외부를 따라 축방향 경계층 유동으로 단순화하시오.

6-3. 상수 (ρ, μ, C_p, k)를 갖는 폭이 b이고 길이가 L인 등온 평판을 지나는 난류 유동을 고려하자. $\delta_u \approx \delta_T$, 즉 $Pr \approx 1$이라고 가정한다. $x = 0$에서 유동은 균일한 속도 U와 온도 T_e를 갖는다. $x = L$에서 평균 유동은 1/7 멱법칙 분포에 의해 근사화될 수 있다.

$$\frac{u}{U} \approx \frac{T - T_w}{T_e - T_w} \approx \left(\frac{y}{\delta}\right)^{1/7}$$

앞면 모서리와 후면 모서리 사이의 흐름 구조에 대한 정보는 없다. 검사 체적 분석을 사용하여 평판의 한 단면에서 (a) 총 마찰 항력 및 (b) 경계층 두께 측면에서 총 열전달을 구하시오.

6-4. Clauser(1954)의 실험, Coles와 Hirst(1968)의 유동 2200은 24°C 및 1기압에서 공기를 사용했다. 첫 번째 지점 $x = 6.92$ ft에서 난류 경계층 속도 데이터는 다음과 같다.

y [in]	u [ft/s]	y [in]	u [ft/s]
0.1	16.14	0.8	22.88
0.15	17.02	0.9	23.70
0.2	17.54	1.0	24.38
0.25	18.16	1.25	26.51
0.3	18.69	1.5	28.21
0.4	19.60	2.0	31.22
0.5	20.49	2.5	32.27
0.6	21.24	3.0	32.44
0.7	22.03	3.5	32.50

경계층 두께는 3.5인치이고 국소 자유 유동 속도 구배는 $dU/dx \approx -1.06\ \text{s}^{-1}$이다. (a) 내부 법칙 및 벽 전단 응력, (b) Clauser 매개변수 β 및 Coles 후류 매개변수 Π를 사용하는 외부 법칙, (c) 대수 중첩 등을 설정하여 적절한 방법과 공식과 함께 측정값을 분석하시오.

6-5. 식 (6.50)처럼 멱함수 중복층 근삿값에 도달하기 위해 연습문제 6-4의 속도 데이터를 분석하시오. α와 C를 구하고 식 (6.50)과 비교하시오. 작업을 효율적으로 하려면, 운동량 두께를 예측할 수 있는 식 (6.69)를 사용해야 한다. 이 지점에서 벽 전단 응력은 약 0.0027 lbf/ft^{2}이다. (힌트: 처음 10개의 데이터 포인트만 사용하고 나머지는 후류 영역에 포함된다.)

6-6. 발달된 난류 매끈한 벽 관 내 유동의 경우, 6-5.1절의 로그 법칙 분석이 $\kappa = 0.41$로 유효하다고 가정할 때, 최대 관 내 유동 속도는 다음과 같이 계산될 수 있음을 보이시오.

$$\frac{u_{\text{max}}}{u_{\text{av}}} \approx 1 + 1.29\Lambda^{1/2}$$

여기서 Λ는 Darcy의 마찰 계수이다.

6-7. 20°C의 물은 직경 3 cm의 매끄러운 관을 통해 30 m^3/h 유량으로 흐른다. 발달된 유동을 가정하여 (a) 벽 전단 응력(Pa), (b) 압력 강하(Pa/m) 및 (c) 관의 중심선 속도를 추정하시오. 유동이 층류일 때의 최대 유속은 얼마인가? 어떤 유량이 $\tau_w = 100$ Pa을 만드는가?

6-8. 연습문제 6-4에서 Clauser의 속도 분포의 중복 영역은 멱법칙 추정값 $u^+ \approx 7.5(y^+)^{1/6}$에 의해 잘 맞을 수 있다. 이 결과를 사용하여 벽면 전단 응력(lbf/ft^2)과 형상 계수 H를 추정하시오.

6-9. 정사각형 단면의 덕트를 통해 완전히 발달된 난류 유동을 고려하자. 이중 대칭의 이점을 활용하여, 단면 주위의 전단 응력 변화에 대한 적절한 가정과 로그 법칙[식 (6.38a)]을 이용하여 문제를 해석하시오. Λ에 대한 결과를 수력 반경 개념과 비교하시오.

6-10. 중복층에서는 난류 전단이 지배적이며 점도의 영향은 작다. μ를 무시하고 식 (6.32)를 대략적인 구배 관계식으로 대체한다고 가정하자.

$$\frac{d\bar{u}}{dy} \approx f(y, \tau_w, \rho)$$

차원해석을 통해 이 관계가 로그 중복 법칙 식 (6.38a)로 직접 이어진다는 것을 보이시오.

6-11. 내부 반경 r_i와 외부 반경 r_o의 매끄러운 동심 고리(annulus)를 통한 난류 유동을 분석하기 위해 식 (6.38a)의 로그 법칙을 사용한다. 속도 분포 $u(r)$와 마찰 계수 Λ에 대한 식을 구하시오. 마찰 결과를 수력 반경 근삿값과 비교하시오. (최대 속도는 고리 영역 중간에 발생하지 않지만, 첫 번

째 근삿값으로 가정할 수 있다.)

6-12. 식 (6.67)과 결합하기 위해 식 (6.69) 대신 식 (6.71)을 이용하여 평판 적분 해석을 수정하시오. (수치 적분이 필요할 수 있다.) 마찰 계수 및 경계층 두께에 대한 결과를 식 (6.70)과 비교하시오.

6-13. 6-6절의 평판 공식은 전단($x = 0$)에서 시작하는 난류 유동을 가정한다. 그림 P6.13과 같이 초기 층류 영역이 있을 가능성이 더 크다.

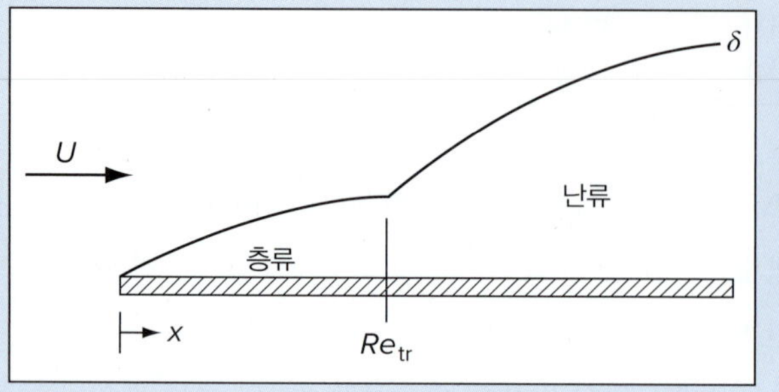

그림 P6.13

층류 유동 부분을 고려하여 난류 영역 $Re > Re_{tr}$에서 $\delta(x)$와 $C_f(x)$를 비교하는 방식을 유도하시오.

6-14. 20°C, 1기압의 물은 길이 1 m, 너비 60 cm의 매끄러운 평판을 6 m/s로 흐른다. $Re_{x,\text{tr}} = 10^6$인 경우, (a) 끝단 배제 두께, (b) 끝단 벽 전단 응력 및 (c) 평판 한쪽의 항력을 구하시오.

6-15. 평판의 평균 거칠기 높이가 0.1 mm인 경우 연습문제 6-14를 수정하여 동일한 문제를 제기한다. 또한 끝단에서 로그 법칙 절편 ΔB 값을 구하시오.

6-16. 흡입 또는 분출이 있는 벽에서의 Stevenson의 법칙[식 (6.86)]을 유도하시오.

6-17. 흡입 또는 분출의 벽-마찰 법칙의 형태로 Stevenson의 관계식[식 (6.86)]을 다시 작성하시오. 불침투성 벽면 값 C_{f0}에 대한 C_f의 비율은 대략 '분출 매개변수' $B = (2v_w)/(U_e C_f)$의 함수임을 보이시오. $-0.5 < B < 2.0$ 범위에서 C_f/C_{f0}와 B의 관계를 나타내는 선도를 그리고, 결과를 Kays와 Crawford(1980, p. 181)가 권장하는 상관식 $[\ln(1 + B)]/B$과 비교하시오.

6-18. 20°C의 물은 직경 8 cm의 매끄러운 투과성 관을 통해 흐른다. 체적 유량은 0.06 m^3/s이다. 벽 속도가 (a) 0.01 m/s 분출, (b) 0 m/s, (c) 0.01 m/s 흡입인 경우, 벽 전단 응력(Pa)을 구하시오. 과도한 반복계산을 피하기 위해, 중심선 속도 평균의 비율이 0.85라고 가정한다.

6-19. Stevenson의 식[식 (6.86)]을 사용하여 분출 또는 흡입으로 관 내 유동에서 벽 마찰에 대한 공식을 유도하시오. 벽 분출률이 3 cm/s가 되도록 수정된 연습문제 6-7 결과를 적용하시오.

6-20. 식 (6.62)에 대한 대안으로, Bergstrom 등(2002)은 높이 k의 균일한 표면 거칠기로 인한 식 (6.60)의 로그 법칙의 작은 절편에 대한 다음 공식을 제안한다.

$$\Delta B \approx \frac{1}{\kappa}\ln(k^+) - 3.5 \qquad k^+ \geq 4.2$$

먼저, 스케치나 그래프를 사용하여 이 상관관계를 식 (6.62)와 비교하시오. 또한 이 상관관계를 적용하여 식 (6.64)와 유사한 관 마찰 계수 Λ에 대한 공식을 도출하시오.

6-21. 영압력 구배인 경우에 대해 수치 구적법(numerical quadrature)을 사용하여 식 (6.96)을 평가하고 스케치하시오. 결과를 식 (6.41) 및 그림 6.11과 비교하시오.

6-22. 로그 법칙[식 (6.38a)] 이용하여, 상판이 U 속도로 이동하면서 $2h$ 떨어진 평판 사이의 Couette 유동을 분석한다. 그림 3.5와 같이 난류 유속 분포가 S자형임을 보여준다. $Uh/\nu = 10^5$에 대한 분포를 스케치하고, 이 조건에 대한 $\tau_w h/(\mu U)$ 비율을 계산하시오.

6-23. 로그 법칙[식 (6.38a)]을 사용하여 무한 유체에서 각속도 ω로 회전하는 반경 R의 긴 원통에 대한 일정한 난류를 분석하시오. 표면 마찰 $C_f = 2\tau_w/(\rho\omega^2 R^2)$을 유도하고, $Re = \omega R^2/\nu$에 따른 표면 마찰 변동을 스케치하시오.

6-24. 연습문제 6-14의 평판 유동을 고려하자. 6-8절의 적분 방법을 사용하여 평판 표면을 따라 $\tau_w(x)$, $\delta^*(x)$ 및 $H(x)$의 분포를 예측하시오. 결과를 전통적인 대수 평판 공식과 비교하시오. 단순화를 위해 층류 영역을 무시하고, $x = 4$ cm에서 $C_f \approx 0.005$로 시작한다고 가정한다.

6-25. 난류 경계층 분리에 대한 저항 증가를 설명하기 위해, 6-8절의 적분 방법을 사용하여 Howarth 자유 유동 속도 분포 $U = U_0(1 - x/L)$을 계산하시오. 전단($x = 0$)에서 난류 유동을 가정하고, (a) $U_0L/\nu = 10^6$, (b) $U_0L/\nu = 10^7$ 및 (c) $U_0L/\nu = 10^8$에서의 분리 지점 x_{sep}/L을 구하시오.

6-26. 정체점에서 시작하는 난류 경계층을 가진 원통을 통과하는 퍼텐셜 유동 흐름 $U = 2U_0\sin(x/a)$을 가정하자. 임의의 난류 경계층 적분 방법을 사용하여 $Re(= U_0a/\nu)$가 (a) 10^6, (b) 10^7 및 (c) 10^8일 때 분리점 ϕ_{sep}값을 계산하시오. 층류 유동값 $\phi_{sep} \approx 105°$와 비교하시오.

6-27. Clauser(1956)의 실험 II, Coles와 Hirst(1968)의 유동 2300에 대한 표면 마찰 분포를 계산하기 위해 6-8절의 적분 방법을 사용한다. 실험적인 자유 유동 속도와 표면 마찰이 표로 작성되었다. 유체(공기)의 동점성 계수(kinematic viscosity)는 0.000165 ft^2/s이다. 계산된 결과와 실험값을 비교하시오. 이 실험을 위한 스탠퍼드 학회의 일곱 가지 '좋은' 방법의 평균 편차는 약 ±15%였다.

x [ft]	U [ft/s]	C_f (exp)	x [ft]	U [ft/s]	C_f (exp)
7.5	26.1	0.00127	**16.17**	21.3	0.00105
9.0	24.8	0.00115	**19.17**	20.2	0.00105
11.0	23.5	0.00110	**23.92**	18.9	0.00095
12.67	22.8	0.00104	**26.67**	18.1	0.00085

6-28. 6-8절의 적분법을 이용하여 Moses의 실험, 사례 5 [Coles와 Hirst(1968) 유동 4000]에 대한 $C_f(x)$를 계산하시오. 유체는 공기로 동점성 계수가 $\nu = 0.000166$ ft^2/s이다. 실험에서의 자유 유동 속도와 표면 마찰 데이터가 표로 작성되었다. 컴퓨터 결과를 표시하고 실험 측정값과 비교하시오.

x, ft	U, ft/s	C_f (exp)	x, ft	U, ft/s	C_f (exp)
0.0	82.00	0.00471	1.516	48.65	0.00215
0.162	76.26	0.00429	1.734	48.79	0.00251
0.323	69.09	0.00347	1.979	48.86	0.00278
0.484	61.36	0.00233	2.198	48.51	0.00280
0.646	55.49	0.00146	2.438	48.86	0.00294
0.865	51.14	0.00090	2.683	49.13	0.00306
1.058	49.54	0.00090	2.928	48.16	0.00305
1.303	48.93	0.00156			

6-29. 6-9절의 유사성 개념을 사용하여, (a) 평면 제트, (b) 원형 제트 및 (c) 평면 혼합층의 발달 영역에서 x에 의한 총 질량 플럭스의 변화에 대해, 표 6.3과 유사한 멱법칙 식을 유도하시오. 이를 층류 유동 결과와 비교하시오.

6-30. 발달된 난류 평면 물 제트의 특정 단면에서 최대 속도는 3 m/s이고, 질량 유량은 폭 m당 800 kg/s이다. 하류에서 2 m 더 떨어진 a지점에서 (a) 제트 폭, (b) 최대 속도 및 (c) 총 질량 유량을 구하시오.

6-31. 20°C, 1기압의 공기는 4 mm 직경의 오리피스를 통해 정지된 공기로 0.001 kg/s 속도로 방출된다. 오리피스 하류 1 m의 제트 구간에서 (a) 최대 속도, (b) 제트 폭 및 (c) 비율 μ_t/μ를 구하시오.

6-32. 저온 화력 설계의 일환으로, 긴 5 m 직경의 수직 원통이 바다에 배치된다. 원통에 흐르는 전류는 60 cm/s이다. 원통의 하류 1 km 지점에서 (a) 후류 폭(m) 및 (b) 최대 속도 결함(cm/s)을 구하시오.

6-33. $Pr_t = 1.0$ 및 다양한 Pr 값에 대해 식 (6.90)당 van Driest 에디 점성 계수를 이용하여 벽의 온도 법칙[식 (6.164)]을 수치적으로 평가하시오. 계산된 결과를 식 (6.165), (6.166)과 비교하시오.

6-34. 20°C, 1기압의 공기는 길이 1 m, 너비 60 cm의 매끄러운 평판을 지나 60 cm/s 속도로 흐른다. 평판 표면 온도는 50°C이다. 평판 한쪽에서의 총 열 손실(W)을 구하시오.

6-35. 유체가 6 m/s로 흐르는 물일 경우, 연습문제 6-34를 수정하여 답을 구하시오.

6-36. 평판이 침투성이고, 2 cm/s로 균일하게 벽면에서 분출될 경우, 연습문제 6-34(공기 유동에 대해)를 수정하여 답을 구하시오.

6-37. 20°C, 1기압의 물은 직경 3 cm, 길이 2 m의 매끄러운 튜브를 통해 4 kg/s 질량 유량으로 흐른다. 튜브 벽 온도가 40°C인 경우, 물의 평균 출구 온도를 구하시오.

6-38. 연습문제 3-15에서 경사면을 따라 흘러내리는 액막을 다시 고려하자. 이번에는 난류 유동 특성을 갖고, 깊이 h가 일정하도록 한다. 속도에 대한 로그 법칙을 이용하여 (a) ρ, g, μ, θ, h와 관련된 바닥 벽 전단 응력에 대한 식을 구하시오. (b) 단위 폭당 유량 Q에 대한 식을 구하고, 층류 관계식 $Q \propto h^3$과 비교하시오.

6-39. Ambrok의 방법[식 (6.178)]을 이용하여, $Re_D = 10^6$ 및 $Pr = 1.0$에서 등온 원통의 열전달을 예측하시오. $Nu_D \approx 1400$의 실험값과 통합 Nusselt 수를 비교하시오.

6-40. 에디 점성 계수 모델을 사용하여 4-7.1절 및 4-7.2절의 명시적 또는 암시적 유한 미분 경계층 방법을 2차원 난류 경계층으로 수정할 수 있는지 알아보시오. 이때 발생하는 있는 모든 어려움을 설명하시오.

6-41. 연습문제 6-40에서 난류 유한 미분 기법의 개발이 궁극적으로 성공했다고 가정하고, $Re_L = 10^6$인 평판 유동에서 $C_f(x)$를 계산하는 방법을 적용하시오. 전단 시작점부터 난류가 되도록 하시오.

6-42. 식 (6.38a)의 로그 법칙을 사용하여 반경이 R이고 각속도 ω인 회전 디스크 근처의 난류를 분석하시오. 직교류 속도 w가 포물선 호도그래프 가정에 의해 다음과 같이 주어졌다고 하자.

$$\bar{w} \approx \bar{u}\left(1 - \frac{y}{\delta}\right)^2 \tan\beta \qquad \beta \approx 12^\circ$$

그림 4.45의 속도도 개념을 상기하라. 디스크 Reynolds 수 $Re = \omega R^2/\nu$의 함수로 표면 마찰 C_f 및 모멘트 계수 $C_M = 4M/(\rho\omega^2 R^5)$에 대한 식을 유도하시오. Kármán(1921)이 제공한 공식과 결

과를 비교하시오. $C_f \approx 0.053/Re^{1/5}$, $C_M \approx 0.1463/Re^{1/5}$. Theodorsen과 Regier(1944)의 데이터가 포함된 그림 3.37을 참조하라.

6-43. 그림 P6.43에서와 같이 2차원 평면 벽 확산기를 고려하자. $x = 0$에서 1차원 자유 유동 속도 $U(x)$ 및 진입 속도 U_0를 갖는 비압축성 유동을 가정한다. 입구 높이는 W이고 깊이(지면 방향으로 일정한)는 $b = 4W$이다. 운동량 두께 $\theta/W = 0.02$, $H(0) = 1.3$, $U_0W/\nu = 10^5$이며, $x = 0$에서부터 난류 유동을 가정하자. 6-8.1.2절의 Head의 방법을 이용하여, $x = 1.5W$에서 분리가 발생하는 각도 ϕ를 수치적으로 구하시오.

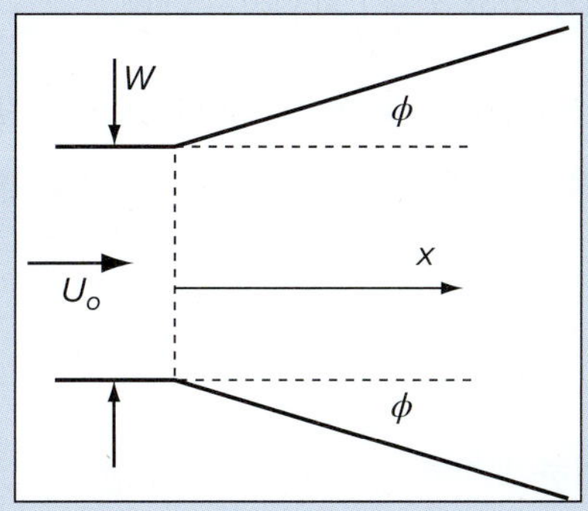

그림 P6.43

6-44. 6-8.1.1절의 Kármán 방법을 대신 이용하여 연습문제 6-43을 푸시오. $U_0W/\nu = 10^5$, 10^6, 10^7의 세 가지 다른 Reynolds 수에 대한 해의 거동을 조사하시오. Reynolds 수가 증가함에 따라 분리각 ϕ가 증가할 것으로 예상하는가?

6-45. 확산기가 직경 W의 입구 관이 있는 확장 원뿔인 경우, Head의 방법으로 연습문제 6-43을 다시 푸시오. 이번에는 '깊이(지면 방향으로) b'가 없다. 주어진 Reynolds 수에 대해 원뿔이 평평한 벽 확산기보다 더 작은 분리각 ϕ을 가질 것으로 예상하는가?

6-46. 그림 4.21의 개수대(sink) 유동은 난류 경계층과 함께 멀리 시작되어 원점에 접근함에 따라 재재층류화(relaminarize)될 수 있다. 가속도 매개변수 K_{crit}가 개수대 유동과 관련이 있고 유동의 Reynold 수와도 관련이 있음을 보이시오. K_{crit} 데이터에 따르면, 개수대 유동이 재층류화되도록 해야 하는 Reynolds 수는 무엇인가?

6-47. 식 (6.86)과 같이 주어진 흡입 및 분출에 대한 Stevenson의 내부 속도 법칙의 개선으로, Oljaca와 Sucec(1997)는 1971년 Donald Coles가 수집한 벽 증산 데이터를 기반으로 다음과 같은 내부/중복/외부 속도 분포 공식을 제공하였다.

$$u^+ \approx \sigma + \frac{2\Pi}{\kappa}f + \frac{v_w^+}{4}\left(\sigma^2 + \frac{4\Pi}{\kappa}\sigma f + \frac{4\Pi^2}{\kappa^2}f^2\right), \qquad \sigma = \frac{1}{\kappa}\ln(y^+) + A$$

식 (6.46)과 같이 함수 $f \approx 3(y/\delta)^2 - 2(y/\delta)^3$는 후류 모양을 정의하며, 보통의 흡입 및 분출을 위한 상수 $A \approx 5$이다. 이 분포가 $v_w^+ = \pm 0.02$에 대한 그림 6.22 곡선과 어떻게 다른지 보여주고, 또한 $v_w^+ = \pm 0.0038$에 대한 그림 6.44(a)와 비교하시오.

6-48. 점성 저층의 전단 응력 표현을 시작점으로 고려하라. 즉,

$$\tau = \mu\frac{\partial \overline{u}}{\partial y} - \rho\overline{u'v'} = \text{상수}$$

선형 관계인 $u^+ = y^+$로 이어지는 데 필요한 가정과 단순화를 수행하시오.

6-49. 로그층의 전단 응력 표현을 시작점으로 고려하라. 즉,

$$\tau = \mu \frac{\partial \overline{u}}{\partial y} - \rho \overline{u'v'} = \text{상수}$$

혼합 길이 근삿값을 포함하여, 로그 관계인 $u^+ = \kappa^{-1} \ln y^+ + B$로 이어지는 데 필요한 가정과 단순화를 수행하시오.

6-50. 난류 관 내 유동의 평균 속도는 다음 식을 사용하여 평가할 수 있다.

$$u_{av} = \frac{Q}{A} = \frac{1}{\pi a^2}\int_0^a \overline{u}(r)\mathrm{d}A = \frac{1}{\pi a^2}\int_0^a \overline{u}(r)2\pi r \mathrm{d}r = \frac{2}{a^2}\int_0^a \overline{u}(y)(a-y)\mathrm{d}y$$

여기서 간단한 $y = a - r$ 좌표 변환이 사용되며, y는 벽으로부터의 거리이다. 벽의 법칙이 벽까지 정확하다고 가정하면, 즉 매우 얇은 점성 저층을 무시하고 다음을 증명하기 위해 평균 속도 정의에 로그 법칙 $u^+ = \kappa^{-1} \ln y^+ + B$를 대입한다.

$$\frac{u_{av}}{v^*} = \frac{1}{\kappa}\ln\left(\frac{av^*}{\nu}\right) + B - \frac{3}{2\kappa}$$

(힌트: $u^+ = \kappa^{-1} \ln y^+ + B$를 평균 속도 적분에 대입하기 전에 다음과 같이 표현한다.)

$$\frac{\overline{u}(y)}{v^*} = \frac{1}{\kappa}\ln\left(\frac{yv^*}{\nu}\right) + B$$

6-51. 반경 a인 관의 벽 마찰 계수는 다음과 같이 정의된다.

$$C_f = \frac{\Lambda}{4} \equiv \frac{2\tau_w}{\rho u_{av}^2}$$

여기서 Λ는 Darcy 마찰 계수이다. (a) 다음 식을 만족함을 보이시오.

$$\frac{u_{av}}{v^*} = \sqrt{\frac{2}{C_f}} \quad \text{및} \quad \frac{av^*}{\nu} = Re_D\sqrt{\frac{C_f}{8}}, \quad \text{여기서} \quad Re_D = \frac{(2a)u_{av}}{\nu}$$

(b) 위의 식을 이전의 결과로 변경하시오. 즉

$$\frac{u_{av}}{v^*} = \frac{1}{\kappa}\ln\left(\frac{av^*}{\nu}\right) + B - \frac{3}{2\kappa}$$

그런 다음 $\kappa = 0.41$, $B = 5.0$, $\log_{10}(x) = \ln(x)/\ln 10$을 사용하여, 매끄러운 관에 대한 Prandtl의 1935년 Darcy의 마찰 계수 공식을 도출하시오. 즉

$$1/\sqrt{\Lambda} = 1.99\log_{10}(Re_D\sqrt{\Lambda}) - 1.02, \quad \Lambda \equiv 4C_f$$

참고로 Prandtl은 낮은 Reynolds 수에서 관 마찰 측정을 더 잘 맞추기 위해 이 상관관계에서 상수를 약간 조정하여 식 (6.54)를 개발하였다.

6-52. 데카르트 좌표계에서 Reynolds 응력을 재탈환하는 가장 간단한 방법 중 하나는 축 운동량 방정식의 보존 형태를 시간 평균화하는 것이다. (a) 확장으로 시작하고,

$$\frac{\partial(u^2)}{\partial x} + \frac{\partial(uv)}{\partial y} = -\frac{1}{\rho}\frac{\mathrm{d}p}{\mathrm{d}x} + \nu\frac{\partial^2 u}{\partial y^2} \quad \text{(보존 형태의 축 운동량)}$$

연속 방정식을 사용하여 결과가 기존 형식과 동일함을 보이시오.

$$u\frac{\partial u}{\partial x} + v\frac{\partial u}{\partial y} = -\frac{1}{\rho}\frac{\mathrm{d}p}{\mathrm{d}x} + \nu\frac{\partial^2 u}{\partial y^2} \quad \text{(정상, 비압축성, 축 운동량 형태)}$$

(b) Reynolds 분해 변수 $u = \overline{u} + u'$, $v = \overline{v} + v'$, $p = \overline{p} + p'$를 보존 형식으로 대입하여 시간 평균화하고, 평균을 내는 항을 소거한다. 그리고 유동방향 변화 $\overline{u'u'}$가 흐름을 교차하는 방향 변화 $\overline{u'v'}$보다 훨씬 느리다고 가정하여 다음을 보이시오.

$$\overline{u}\frac{\partial \overline{u}}{\partial x} + \overline{v}\frac{\partial \overline{u}}{\partial y} = -\frac{1}{\rho}\frac{\mathrm{d}\overline{p}}{\mathrm{d}x} + \nu\frac{\partial^2 \overline{u}}{\partial y^2} + \frac{\partial}{\partial y}(-\overline{u'v'})$$

(힌트: $\overline{u}u'$, $\overline{u}v'$, $\overline{v}u'$, $\overline{v}v'$와 같이 평균 및 변동량의 시간 평균 곱은 모두 동일하게 사라진다. 마찬가지로, 시간 평균 변동량은 제곱하거나 다른 변동량과 곱하지 않는 한 사라진다. 마지막으로, 시간-평균 평균-양은 평균 양이다.)

6-53. 난류 채널 흐름의 평균 속도는 다음과 같은 식을 사용하여 평가할 수 있다.

$$u_{\mathrm{av}} = \frac{Q}{A} = \frac{1}{h}\int_0^h \overline{u}(y)\mathrm{d}y$$

여기서 h는 벽에서 채널의 중간 부분 평면까지의 거리를 나타낸다. 벽의 법칙이 벽까지 정확하다고 가정하면, 즉 매우 얇은 점성 저층을 무시한다면, 로그 법칙 $u^+ = \kappa^{-1}\ln y^+ + B$를 평균 속도 정의에 대입하여 다음을 증명하시오.

$$\frac{u_{\mathrm{av}}}{v^*} = \frac{1}{\kappa}\ln\left(\frac{hv^*}{\nu}\right) + B - \frac{1}{\kappa}$$

6-54. 채널은 둥글지 않기 때문에 Reynolds 수가 기반이 될 수 있는 수력 직경의 개념을 사용할 필요가 있다. 높이 $2h$의 충분히 넓은 채널의 경우, (a) 수력 직경이 $D_h = 4A/\mathrm{P} = 4h$임을 보이시오. 다음으로, (b) $Re_{D_h} = (4h)u_{\mathrm{av}}/\nu$를 사용하고, $u_{\mathrm{av}}/v^* \equiv (8/\Lambda)^{1/2}$를 상기하여 다음을 보이시오.

$$\frac{hv^*}{\nu} = \frac{1}{8}\frac{4hu_{\mathrm{av}}}{\nu}\sqrt{\frac{\Lambda}{2}} = \frac{1}{8\sqrt{2}}Re_{D_h}\sqrt{\Lambda}$$

(c) 또한 $\kappa = 0.41$, $B = 5.0$, $\log_{10}(x) = \ln(x)/\ln 10$을 대입하면 다음과 같다.

$$\frac{u_{\mathrm{av}}}{v^*} = \frac{1}{\kappa}\ln\left(\frac{hv^*}{\nu}\right) + B - \frac{1}{\kappa}$$

매끄러운 채널에 대한 Darcy 마찰 계수 공식을 도출하시오.

$$1/\sqrt{\Lambda} = 2.0\log_{10}\left(Re_{D_h}\sqrt{\Lambda}\right) - 1.19$$

6-55. 직경 $D = 0.03$ m의 원형 덕트에서 공기가 1 m/s(시작)와 50 m/s(종료) 사이에서 흐른다. 이때 시작, 끝 및 최대 입구 길이를 결정하시오. 0.03 m 높이의 사각 덕트에 대해서도 본 문제를 반복해서 푸시오. 공기의 경우 밀도 1.2 kg/m^3, 점도 1.8×10^{-5} kg/(m·s)를 사용한다. 수력 직경은 $D_h = 4A/\mathrm{P}$를 이용하여 계산할 수 있다. 원형 및 사각형 덕트 모두에서 최대 입구 길이로 이어지는 속도를 계산하시오.

6-56. 난류 경계층 연구에서 멱법칙 분포의 대중성 때문에, Majdalani(2018)는 다음과 같은 형태의 일반적인 평균 흐름 패턴을 도입했다.

$$\frac{\bar{u}}{U_e} \equiv F(\xi) = \xi^{1/q}$$

여기서 $\xi \equiv y/\delta$는 난류 경계층 내의 분수 거리를 나타낸다. 멱법칙 지수 $q = \{5, 6, 7, 8, 9\}$는 고려 중인 움직임을 가장 잘 포착하는 값을 지정하는 데 사용할 수 있다.

(a) 식 (6.28)에 기초하여, 정규화된 배제 두께 및 운동량 두께 η^* 및 θ^*, 그리고 형상 계수 H는 q의 직접 함수로 표현될 수 있음을 보여준다. 즉,

$$\begin{cases} \eta^* \equiv \dfrac{\delta^*}{\delta} = \displaystyle\int_0^1 (1-F)\,d\xi = \dfrac{1}{q+1} & \text{(정규화된 배제 두께)} \\ \theta^* \equiv \dfrac{\theta}{\delta} = \displaystyle\int_0^1 F(1-F)\,d\xi = \dfrac{q}{(q+1)(q+2)} & \text{(정규화된 운동량 두께)} \\ H \equiv \dfrac{\delta^*}{\theta} = \dfrac{\eta^*}{\theta^*} = \dfrac{q+2}{q} & \text{(정규화된 형상 계수)} \end{cases}$$

(b) Majdalani는 식 (6.68) 및 (6.72)와 같은 대부분의 벽 전단 응력 상관관계를 Re_δ의 함수로 지정할 수 있다는 것을 인식하면서 다음 형태의 일반적인 표현을 썼다.

$$\tau_w = C_w \rho u_{av}^2 \left(\frac{\nu}{u_{av}\delta}\right)^{1/m} \quad \text{또는} \quad C_f = \frac{2C_w}{Re_\delta^{1/m}}$$

여기서 C_w와 m은 당면한 문제의 특성이다. 압력 구배가 없다고 가정할 때, 다음과 같은 식을 얻기 위해 식 (6.67)로 주어진 운동량-적분 관계를 적용하시오.

$$\frac{d\delta}{dx} = \frac{C_w}{\theta^*}\left(\frac{\nu}{u_{av}\delta}\right)^{1/m}$$

(c) 변수를 분리하고 $\delta(0) = 0$에서 $\delta(x)$까지 적분한 후, 경계층 두께가 국소 Reynolds 수 $Re_x = u_{av}x/\nu$의 함수로 기술될 수 있음을 보이시오. 즉

$$\frac{\delta}{x} = \frac{a}{Re_x^{\frac{1}{m+1}}}, \quad a \equiv \left(\frac{C_w}{\theta^*}\frac{m+1}{m}\right)^{\frac{m}{m+1}}$$

(d) 마찰 계수는 $C_f = 2\tau_w/(\rho u_{av}^2)$로 정의할 수 있음을 상기하고, 다음을 보이시오.

$$C_f = \frac{b}{Re_x^{\frac{1}{m+1}}}, \quad b \equiv 2\left(\frac{m\theta^* C_w^m}{m+1}\right)^{\frac{1}{m+1}}$$

(e) 배제 두께가 $\delta^* = \delta\int_0^1 (1-F)\,d\xi$로 지정될 수 있음을 상기하고, 다음을 보이시오.

$$\frac{\delta^*}{x} = \frac{c}{Re_x^{\frac{1}{m+1}}}, \quad c \equiv \frac{1}{q+1}\left(\frac{C_w}{\theta^*}\frac{m+1}{m}\right)^{\frac{m}{m+1}}$$

(f) 운동량 두께가 $\theta = \delta\int_0^1 F(1-F)\,d\xi$로 유도될 수 있음을 상기하고, 다음을 보이시오.

$$\frac{\theta}{x} = \frac{d}{Re_x^{\frac{1}{m+1}}}, \quad d \equiv \frac{q}{(q+1)(q+2)}\left(\frac{C_w}{\theta^*}\frac{m+1}{m}\right)^{\frac{m}{m+1}}$$

(g) 연속 방정식 $\overline{v} = -\frac{\partial}{\partial x}\int_0^y \overline{u}dy$ 을 통해, 축방향 속도 분포를 적분하여 다음을 보이시오.

$$\frac{\overline{v}}{U_e} = e\frac{y}{x}\left(\frac{y}{\delta}\right)^{1/q}, \quad e \equiv \frac{m}{(m+1)(q+1)}$$

(h) Prandtl의 1927 멱법칙 모델이 $C_w = 0.0233$, $q = 7$, $m = 4$를 사용한다는 것을 인지하라. 특성 계수 (a, b, c, d, e)를 결정하고 결과를 식 (6.72)와 비교하시오.

(g) Coles의 벽-후류 법칙에서 $C_w = 0.010$, $q = 7$, $m = 6$을 사용한다는 점을 인지하라. 특성 계수 (a, b, c, d, e)를 결정하고 결과를 식 (6.70)과 비교하시오.

CHAPTER 7

압축성 경계층 유동

나는 흰색 양말, 주머니 수호자이자 괴상한 엔지니어, 열역학 제2법칙에서 태어나 증기 테이블에 푹 빠져 자유물체도를 사랑하고 Laplace에 의해 변형되고 압축성 유동에 의해 추진된다.

Neil Armstrong(1930-2012)

7-1 소개: 압축성 경계층 방정식

지금까지 대부분의 내용은 비압축성 점성 유동의 분석에 전념하였다. 유체의 압축성을 요인으로 허용하면 밀도가 새로운 중요한 변수가 된다. 압축성 경계층에서 가속도가 중요하고 연속성은 더 이상 중요하지 않다. 또한 압축성 경계층에서도 상압 구배는 일반적으로 무시되고 $p \approx p_e(x)$이므로 압력과 밀도는 모두 온도에 따라 변하며, 열역학적 상태 관계에 따라서도 변해야 한다[$T = T(p, \rho)$]. 대부분의 압축성 유동은 기체이므로 가장 일반적인 상태 관계는 완전 기체 관계 $p = \rho RT$이며, 대부분의 모델에서 T가 절대 온도에 해당한다는 것에 주의해야 한다.

(x, y)가 평행하고 벽면에 수직인 2차원 압축성 층류 경계층 방정식을 유도할 때 동일한 근삿값이 유지된다($v \ll u$, $\partial/\partial x \ll \partial/\partial y$). 밀도가 가변적이며 온도에 대한 k 및 μ의 의존성이 중요할 수 있다는 점을 기억해야 한다. 그러면 임의의 압축성 유체에 대한 2차원 경계층 방정식은 다음과 같이 쓸 수 있다.

연속 방정식:
$$\frac{\partial \rho}{\partial t} + \frac{\partial}{\partial x}(\rho u) + \frac{\partial}{\partial y}(\rho v) = 0 \tag{7.1a}$$

x운동량:
$$\rho\left(\frac{\partial u}{\partial t} + u\frac{\partial u}{\partial x} + v\frac{\partial u}{\partial y}\right) \approx -\frac{\partial p_e}{\partial x} + \frac{\partial}{\partial y}\left(\mu\frac{\partial u}{\partial y}\right) \tag{7.1b}$$

y운동량:
$$\frac{\partial p}{\partial y} \approx 0 \tag{7.1c}$$

에너지:
$$\rho\left(\frac{\partial h}{\partial t} + u\frac{\partial h}{\partial x} + v\frac{\partial h}{\partial y}\right) \approx \frac{\partial p_e}{\partial t} + u\frac{\partial p_e}{\partial x} + \frac{\partial}{\partial y}\left(k\frac{\partial T}{\partial y}\right) + \mu\left(\frac{\partial u}{\partial y}\right)^2 \tag{7.1d}$$

여기서 $h = e + p/\rho$는 엔탈피이다. y운동량 방정식은 압력 변동이 자유 유동에 의해 규정된다. 이

시점에서 5개의 미지수(u, v, ρ, h, T)에 3개의 방정식이 있으므로 2개의 추가적인 열역학 변수를 구하기 위해 2개의 추가적인 관계가 필요하다.

$$T = T(p, \rho) \qquad h = h(p, \rho)$$

또한 자유 유동 압력 구배는 비점성 비전도 유동에 대한 Bernoulli 방정식을 통해 속도 및 엔탈피 구배와 연관 시킬 수 있다.

$$\frac{\partial p_e}{\partial x} = -\rho_e\left(\frac{\partial U_e}{\partial t} + U_e\frac{\partial U_e}{\partial x}\right) = \frac{\rho_e}{U_e}\frac{\partial h_e}{\partial t} + \rho_e\frac{\partial h_e}{\partial x} - \frac{1}{U_e}\frac{\partial p_e}{\partial t} \tag{7.2}$$

마지막으로 운송 계수가 어떻게 변하는지 알고 있다고 가정하여 다음과 같이 나타낸다.

$$\mu = \mu(T) \qquad k = k(T)$$

예를 들어, 멱법칙이나 1장에서 논의된 Sutherland 공식을 통해 경계 조건은 평소와 같이 표면 미끄럼 없으며($u = v = 0$), 온도 점프가($T = T_w$) 없으며 외부 가장자리에서 자유 유동 조건과의 부드러운 혼합($u \rightarrow U_e$, $T \rightarrow T_e$, $h \rightarrow h_e$), 외부 가장자리에서 v에 대한 요구사항이 없는 조건이다.

등가 관계는 에너지 식 (7.1d)를 다시 써서 확인할 수 있다. 총 엔탈피는 $H = h + u^2/2$($v^2/2$는 무시할 수 있음).

$$\mu\frac{DH}{Dt} = \frac{\partial p_e}{\partial t} + \frac{\partial}{\partial y}\left(k\frac{\partial T}{\partial y} + \mu u\frac{\partial u}{\partial y}\right) \tag{7.3}$$

이는 불안정한 조건에서는 거의 분석되지 않는다.

이 장에서는 점성 압축성 유동과 관련된 개념과 이론에 집중할 것이다. 추가로 이 주제에 대한 다음과 같은 여러 논문[Park(1990), Smits와 Dussage(1996), Oosthuizen과 Carscallen(1997), Laney(1998), Anderson(2000, 2002), Chattot(2002), Felcman 등(2003) 및 Ockendon과 Ockendon(2004)]을 참조할 수 있다. Morris 등(2002)의 초음속 제트 유동에 관한 전문 서적과 Bradshaw(1977), Spina 등(1994) 및 Monnoyer(1997)의 포괄적인 리뷰 논문이 있다. 게다가, 적어도 2개의 경계층 텍스트인 Schetz와 Bowersox(2011) 및 Schlichting과 Gersten(2017)은 압축성 운동에 대한 훌륭한 섹션을 가지고 있다.

7-1.1 완전 기체의 등엔트로피 정상 유동

여기서 우리는 기체의 점성 유동에 관심이 있다. 그러나 압축성 경계층 외부의 자유 유동은 일반적으로 마찰이 없고 단열되어 있으므로 보통 등엔트로피 상태이다. 불완전 기체를 계산적으로 다룰 수 있지만 여기서는 다음과 같은 표준 속성을 갖는 이상 기체를 가정한다.

$$\begin{aligned} &p = \rho RT \qquad \text{공기의 경우 } R = \text{특정 기체 상수} \approx 287\ \text{J/(kg·K)} \\ &dh = c_p\,dT \qquad c_p(T) = c_v(T) + R \qquad \gamma(T) = c_p/c_v \end{aligned} \tag{7.4}$$

비열이 일정하다고 가정하면 공기의 경우 $h = c_pT$ 및 γ = 상수 ≈ 1.40이다. 무시할 수 있는 마찰

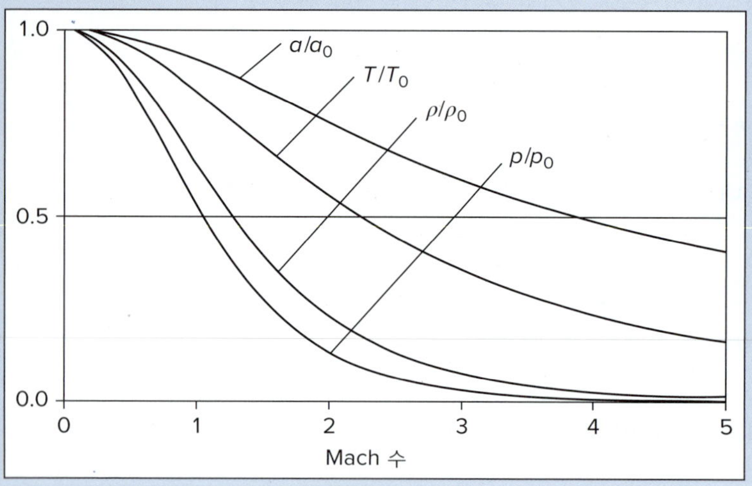

그림 7.1
단열(T/T_0 및 a/a_0) 및 등엔트로피(p/p_0 및 ρ/ρ_0) $\gamma = 1.4$에 대한 완전 기체 특성 대 Mach 수

및 열전달을 갖는 일정한 유동의 경우 식 (7.3)으로 다음과 같이 통합될 수 있다.

$$H = h + u^2/2 = c_p T + u^2/2 = \text{상수} \quad \text{또는} \quad T_0 = \frac{H}{c_p} = T + \frac{u^2}{2c_p} = \text{상수(정체 온도)}$$

여기서 단열 유동을 가정했는데, 이는 일반적으로 $u = U$인 자유 유동에서만 적용된다. 이상 기체 관계 $c_p = \gamma R/(\gamma - 1)$과 음속 $a = \sqrt{\gamma RT}$은 다음과 같이 얻을 수 있다.

$$\frac{T_0}{T} = \left(\frac{a_0}{a}\right)^2 = 1 + \frac{\gamma - 1}{2} Ma^2 \qquad Ma = \frac{U}{a} \text{ (Mach 수)} \tag{7.5}$$

따라서 단열 유동의 경우 Mach 수와 운동 에너지가 증가함에 따라 그림 7.1과 같이 자유 유동 온도와 음속이 처음에는 천천히 감소하다가 점차 빠르게 감소한다. 등엔트로피 조건을 더 가정하면 압력과 밀도는 유사한 관계를 사용하여 표현될 수 있다.

$$\frac{p_0}{p} = \left(\frac{T_0}{T}\right)^{\gamma/(\gamma-1)} = \left(1 + \frac{\gamma - 1}{2} Ma^2\right)^{\gamma/(\gamma-1)}, \qquad \frac{\rho_0}{\rho} = \left(\frac{T_0}{T}\right)^{1/(\gamma-1)} = \left(1 + \frac{\gamma - 1}{2} Ma^2\right)^{1/(\gamma-1)} \tag{7.6}$$

이 두 관계는 그림 7.1에 표시되어 있으며 Mach 수에 따라 더 빨리 떨어지는 것으로 보인다. 추후에 이러한 등엔트로피 경향을 점성 경계층 거동과 비교할 것이다.

방정식 (7.5) 및 (7.6)은 종종 수치적으로 해결되거나 더 전통적으로 특정값 γ에 대한 예측이 기타 압축성 유동 계산에 사용하기 위해 Mach 수 범위에 대해 표로 작성된다[Anderson(2003)]. 보다 최근에 Majdalani와 Maicke(2012)는 이러한 방정식이 Stodola의 면적-Mach 수 관계와 결합되고 분석적으로 역전될 수 있음을 보여주었다. Stodola의 관계는 국부 Mach 수의 함수로 면적 비율을 규정한다.

$$\text{Stodola의 관계:} \quad \left(\frac{A}{A_t}\right)^2 = \frac{1}{Ma^2}\left\{\frac{2}{\gamma + 1}\left[1 + \frac{1}{2}(\gamma - 1)Ma^2\right]\right\}^{\frac{\gamma+1}{\gamma-1}}$$

$$\text{또는} \quad \varepsilon^{\frac{1}{2}} = \frac{Ma\left[\frac{1}{2}(\gamma + 1)\right]^{\frac{\gamma+1}{2(\gamma-1)}}}{\left[1 + \frac{1}{2}(\gamma - 1)Ma^2\right]^{\frac{\gamma+1}{2(\gamma-1)}}} \tag{7.7}$$

여기서 $\varepsilon \equiv (A_t/A)^2$는 면적 비율의 제곱을 나타낸다. 후자는 등엔트로피 확장 과정에서 인후 영역 A_t를 국부 영역 A로 나눈 값을 기반으로 한다. 각 면적 비율에 대해 2개의 근이 존재하기 때문에 해당하는 아음속 및 초음속 해를 별도로 찾아야 한다. Majdalani와 Maicke(2013)는 아음속 근에 대한 매우 정확한 3항 근사를 면적 비율의 직접 함수로 제공하였다.

$$Ma_{\text{sub}} = \left(\frac{2}{\gamma+1}\right)^{\frac{\gamma+1}{2(\gamma-1)}}\frac{A_t}{A} + \frac{1}{4}\left(\frac{2}{\gamma+1}\right)^{\frac{\gamma+5}{2(\gamma-1)}}\left(\frac{A_t}{A}\right)^3 + \left[2^{\frac{15-5\gamma}{2(\gamma-1)}}(\gamma+1)^{\frac{3\gamma+7}{2-2\gamma}}(3\gamma+7)\right]\left(\frac{A_t}{A}\right)^5 + O\left[\left(\frac{A_t}{A}\right)^7\right] \tag{7.8}$$

대부분의 실제 적용에서 1항 전개, 즉 $Ma_{\text{sub}} \approx [2/(\gamma+1)]^{\frac{1}{2}(\gamma+1)/(\gamma-1)}A_t/A$ 및 $\gamma = 1.7$을 초과하지 않는 작동 면적 비율 0.47에 대해 5% 미만의 오차를 수반하므로 이는 충분하다. 3개의 항을 사용하면 이 범위를 $\gamma = 1.2$의 보수적인 값을 사용하여 $A_t/A = 0.88$까지 크게 확장한다. 고정 오차가 주어졌을 때, γ값을 줄이면, A_t/A의 최댓값이 증가하고 근삿값이 계속 유지된다. 그럼에도 불구하고 Bürmann의 정리를 사용하여 Majdalani와 Maicke(2013)는 아음속 Mach 수를 간단한 재귀 공식을 사용하여 원하는 정확도 순서로 추출할 수 있음을 보여준다. 즉,

$$Ma_{\text{sub}}^{(N)} = \sum_{n=0}^{N}\frac{(\gamma-1)^n\varepsilon^{n+\frac{1}{2}}}{(2n+1)!\left(\frac{1}{2}\gamma+\frac{1}{2}\right)^{(n+\frac{1}{2})\frac{\gamma+1}{\gamma-1}}}\frac{(2n)!}{n!2^n}\prod_{m=0}^{n-1}\left[(n+\tfrac{1}{2})\frac{\gamma+1}{\gamma-1} - m\right] + O(\varepsilon^{N+\frac{3}{2}}) \tag{7.9}$$

고전적인 온도, 압력 및 밀도 비율에 대한 해당 아음속 근삿값은 다음을 사용하여 $\varepsilon = (A_t/A)^2$의 함수로 직접 표현할 수 있다.

$$\overline{T}_{\text{sub}} = \frac{T}{T_0} = 1 + 2^{\frac{2}{\gamma-1}}(1-\gamma)(1+\gamma)^{\frac{1+\gamma}{1-\gamma}}\varepsilon + 2^{\frac{3+\gamma}{\gamma-1}}(1-\gamma)(1+\gamma)^{\frac{2(\gamma+1)}{1-\gamma}}\varepsilon^2 + O(\varepsilon^3) \tag{7.10}$$

$$\overline{p}_{\text{sub}} = \frac{p}{p_0} = 1 - 2^{\frac{2}{\gamma-1}}\gamma(1+\gamma)^{\frac{1+\gamma}{1-\gamma}}\varepsilon - 3\gamma 2^{\frac{5-\gamma}{\gamma-1}}(1+\gamma)^{\frac{2(1+\gamma)}{1-\gamma}}\varepsilon^2 + O(\varepsilon^3) \tag{7.11}$$

$$\overline{\rho}_{\text{sub}} = \frac{\rho}{\rho_0} = 1 - 2^{\frac{2}{\gamma-1}}(1+\gamma)^{\frac{1+\gamma}{1-\gamma}}\varepsilon - 2^{\frac{5-\gamma}{\gamma-1}}(2+\gamma)(1+\gamma)^{\frac{2(\gamma+1)}{1-\gamma}}\varepsilon^2 + O(\varepsilon^3) \tag{7.12}$$

Majdalani와 Maicke(2012)는 식 (7.5)와 (7.6)의 모든 관계가 하나의 보편적인 표현으로 통합될 수 있음을 보여준다.

$$\varepsilon\xi = \overline{x} - \overline{x}^{(\gamma+1)/2} = \begin{Bmatrix}\overline{T}^{2/(\gamma-1)} - \overline{T}^{(\gamma+1)/(\gamma-1)} \\ \overline{p}^{2/\gamma} - \overline{p}^{(\gamma+1)/\gamma} \\ \overline{\rho}^2 - \overline{\rho}^{\gamma+1}\end{Bmatrix} \text{ 여기서 } \overline{x} = \begin{Bmatrix}\overline{T}^{2/(\gamma-1)} \\ \overline{p}^{2/\gamma} \\ \overline{\rho}^2\end{Bmatrix} \text{ 및 } \xi \equiv \frac{\gamma-1}{\gamma+1}\left(\frac{2}{\gamma+1}\right)^{\frac{2}{\gamma-1}} \tag{7.13}$$

여기서의 장점은 아음속 또는 초음속 조건에서 $\overline{x}$에 대한 보편적인 표현을 풀면 세 가지 열역학적 특성 모두에 대한 일반적인 해를 직접 풀 수 있다는 것이다. 예를 들어, 실질적으로 정확한 5항 근사는 다음을 사용하여 표현할 수 있다.

$$\begin{aligned}\overline{x}_{\text{sub}} = 1 &- 2^{\frac{\gamma+1}{\gamma-1}}(1+\gamma)^{\frac{1+\gamma}{1-\gamma}}\varepsilon - 2^{\frac{4}{\gamma-1}}(1+\gamma)^{\frac{3+\gamma}{1-\gamma}}\varepsilon^2 - \frac{1}{3}2^{\frac{5+\gamma}{\gamma-1}}(3+\gamma)(1+\gamma)^{\frac{2(\gamma+2)}{1-\gamma}}\varepsilon^3 \\ &- 2^{\frac{9-\gamma}{\gamma-1}}(2+\gamma)(5+\gamma)(1+\gamma)^{\frac{5+3\gamma}{1-\gamma}}\varepsilon^4 + O(\varepsilon^5)\end{aligned} \tag{7.14}$$

또는 임의의 절단 순서로,

$$\bar{x}_{\text{sub}} = \begin{Bmatrix} \bar{T}_{\text{sub}}^{2/(\gamma-1)} \\ \bar{p}_{\text{sub}}^{2/\gamma} \\ \bar{\rho}_{\text{sub}}^{2} \end{Bmatrix} = \sum_{n=0}^{N} \frac{\prod_{m=1}^{n-1}\left[n-1+\frac{1}{2}m(\gamma-1)\right]}{(-1)^{1+(2n)!}\,n!}\left(\frac{2\varepsilon\xi}{\gamma-1}\right)^{n} + O(\varepsilon^{N+1}) \tag{7.15}$$

이 보편적인 해는 $N = 1$항만 사용하여 최대 0.637의 면적 비율에 대해 1% 미만의 상대 오차를 수반하므로 매우 정확하다. 또한 오차는 0.846의 면적 비율까지 5%로 제한된다. 기술적으로 더 정교한 확장이지만, 이는 초음속의 근본이 된다.

$$\bar{x}_{\text{sup}} = \begin{Bmatrix} \bar{T}_{\text{sub}}^{2/(\gamma-1} \\ \bar{p}_{\text{sub}}^{2/\gamma} \\ \bar{\rho}_{\text{sub}}^{2} \end{Bmatrix} = \bar{x}_0 + \sum_{n=1}^{N} \bar{x}_n + O(\varepsilon^{\kappa_N}),\ \ \bar{x}_0 = \varepsilon\xi,\ \ \bar{x}_n = \frac{X_n - (X_n)^{\frac{1}{2}\gamma+\frac{1}{2}} - \varepsilon\xi}{\frac{1}{2}(\gamma+1)(X_n)^{\frac{1}{2}\gamma-\frac{1}{2}} - 1},\ X_n = \sum_{m=0}^{n-1} \bar{x}_m \tag{7.16}$$

보편적인 절단 순서로 다음과 같이 나타낸다.

$$\kappa_N = \begin{cases} \frac{1}{2}(\gamma+1) & ,\quad N = 0 \\ \frac{1}{2}\left[(2^{N+2}-5)\gamma + 7 - 2^{N+2}\right], & N \ge 1 \end{cases} \tag{7.17}$$

절단 순서는 세 변수 모두에 대해 불변으로 유지되지만 온도 근사는 가장 낮은 상대 오차를 나타낸다. 이러한 이유로 온도에 대해 두 가지 보정을 사용하고 압력 및 밀도에 대해 세 가지 보정을 사용하는 것으로 충분하다. 또는 속성별 근삿값을 임의의 순서로 구성할 수 있다. 따라서 초음속 속성에 대한 2항 근사는 다음과 같이 쓸 수 있다.

$$\bar{T}_{\text{sup}} = \frac{T}{T_0} = (\varepsilon\xi)^{\frac{1}{2}(\gamma-1)}\left[1 + \frac{(\gamma-1)}{2(\varepsilon\xi)^{\frac{1}{2}(1-\gamma)} - (\gamma+1)}\right] + O\left[\varepsilon^{\frac{1}{2}(3\gamma-1)}\right]$$

$$\bar{p}_{\text{sup}} = \frac{p}{p_0} = (\varepsilon\xi)^{\frac{1}{2}\gamma}\left[1 + \frac{1}{2(\varepsilon\xi)^{\frac{1}{2}-\frac{1}{2}\gamma} - (\gamma+1)}\right] + O\left[\varepsilon^{\frac{1}{2}(3\gamma-1)}\right]$$

$$\bar{\rho}_{\text{sup}} = \frac{\rho}{\rho_0} = (\varepsilon\xi)^{\frac{1}{2}}\left[1 + \frac{1}{2(\varepsilon\xi)^{\frac{1}{2}-\frac{1}{2}\gamma} - (\gamma+1)}\right] + O\left[\varepsilon^{\frac{1}{2}(3\gamma-1)}\right] \tag{7.18}$$

초음속 Mach 수 평가와 관련하여 Stodola의 관계는 먼저 다음과 같이 다시 쓸 수 있다.

$$(\gamma+1)Ma^{2\kappa} - (\gamma-1)\varepsilon^{\kappa}Ma^{2} - 2\varepsilon^{\kappa} = 0,\quad \kappa \equiv \frac{\gamma-1}{\gamma+1} \tag{7.19}$$

여기서 $0 \le \kappa \le \frac{1}{4}$, $1 \le \gamma \le \frac{5}{3}$이다. 그런 다음 연속 근사법을 사용하여 Majdalani와 Maicke(2013)는 다음을 보여준다.

$$Ma_{\text{sup}} = Ma_0 + Ma_1 + \cdots = \underbrace{\left(\frac{\gamma+1}{\gamma-1}\right)^{\frac{1}{4}(\gamma+1)}\frac{1}{\varepsilon^{\frac{1}{4}(\gamma-1)}}}_{Ma_0} + \underbrace{\left(\frac{\gamma+1}{\gamma-1}\right)^{\frac{1}{4}(3-\gamma)}\frac{\varepsilon^{\frac{\gamma^2-1}{4(\gamma+1)}}}{(\gamma-1)}}_{Ma_1} + O\left[\varepsilon^{\frac{3}{4}(\gamma-1)}\right] \tag{7.20}$$

이와 같이 점근 이론의 도구를 통해 초음속 Mach 수는 γ와 원하는 정밀도 수준에 대한 면적 비율의 직접 함수로 평가할 수 있다.

$$Ma_{\text{sup}} = Ma_0 + \sum_{n=1}^{N} Ma_n,\ Ma_n = \frac{2\varepsilon^\kappa - (\gamma+1)\left[Ma_{\text{sup}}^{(n-1)}\right]^{2\kappa} + (\gamma-1)\varepsilon^\kappa\left[Ma_{\text{sup}}^{(n-1)}\right]^2}{2\kappa(\gamma+1)\left[Ma_{\text{sup}}^{(n-1)}\right]^{2\kappa-1} - 2(\gamma-1)\varepsilon^\kappa Ma_{\text{sup}}^{(n-1)}},\ Ma_{\text{sup}}^{(n-1)} = \sum_{m=0}^{n-1} Ma_m \tag{7.21}$$

이러한 관계에 대한 자세한 내용은 Majdalani와 Maicke(2012, 2013)를 참조할 수 있다.

7-1.2 정상 상태 점성 유동: Crocco-Busemann 관계

압축성 경계층 유동은 단열도 등엔트로피도 아니다. 벽과 자유 유동이 단열되더라도 일반적으로 열 발산을 생성하므로 이들 사이의 경계층은 단열되지 않는다. 그러나 특정 이상 기체 가정은 에너지 적분으로 이어진다.

일정한 비열을 가정할 필요는 없으며, 정상 상태 유동만 고려하면 경계층 방정식은 다음과 같이 나타난다.

$$\frac{\partial}{\partial x}(\rho u) + \frac{\partial}{\partial y}(\rho v) = 0 \tag{7.22a}$$

$$\rho u \frac{\partial u}{\partial x} + \rho v \frac{\partial u}{\partial y} = -\frac{dp_e}{dx} + \frac{\partial}{\partial y}\left(\mu \frac{\partial u}{\partial y}\right) \tag{7.22b}$$

$$\rho u \frac{\partial h}{\partial x} + \rho v \frac{\partial h}{\partial y} = u\frac{dp_e}{dx} + \frac{\partial}{\partial y}\left(\frac{\mu}{Pr}\frac{\partial h}{\partial y}\right) + \mu\left(\frac{\partial u}{\partial y}\right)^2 \tag{7.22c}$$

여기서 에너지 방정식에 Prandtl 수 $Pr = \mu c_p/k$를 도입하였다. 총 엔탈피 관계[식 (7.3)]는 흥미로운 형태를 나타낸다.

$$\rho u \frac{\partial H}{\partial x} + \rho v \frac{\partial H}{\partial y} = \frac{\partial}{\partial y}\left(\frac{\mu}{Pr}\frac{\partial H}{\partial y}\right) + \frac{\partial}{\partial y}\left[\left(1 - \frac{1}{Pr}\right)\mu u \frac{\partial u}{\partial y}\right] \tag{7.23}$$

Prandtl 수가 1이면(기체에 대한 근삿값), 마지막 항은 사라지고 이 관계는 경계층 전체에 걸쳐 특수해 $H =$ 상수를 허용한다. 그러나 $H = h + u^2/2$이므로 $H =$ 상수로 설정하면 $u = 0$(점착 조건)인 벽에서 $\partial h/\partial y = 0$이 된다. 따라서 특수해는 벽에서의 열전달 0에 해당하며 Busemann(1931)과 Crocco(1932)가 독립적으로 발견한 두 가지 에너지 적분 중 첫 번째 해이다.

$Pr = 1$, 단열 벽:
$$H = h + \tfrac{1}{2}u^2 = \text{상수} \tag{7.24}$$

따라서 $Pr = 1$은 점성 소산과 열전도 사이의 완벽한 균형을 이끌어 외부 전위 유동에서와 마찬가지로 단열 경계층에서 정체 엔탈피를 일정하게 유지한다. 압력 구배(있는 경우)는 중요하지 않으며 상수 μ, k, 또는 c_p에 대한 조건이 없다. 그러나 유체는 이상 기체이거나 최소한 $dh = c_p dT$를 만족해야 좋은 근삿값을 얻을 수 있다.

두 번째 에너지 적분은 $Pr = 1$과 0 압력 구배의 추가 제한이 가능하다. 식 (7.22b)와 (7.22c)에 의해 주어진 운동량과 에너지 관계는 압력 구배가 사라지면 수학적 특성이 유사하며, u와 h가 소산 합을 제외하고 상호 교환된다. 다시 말해서, 예를 들어

$$\frac{\partial h}{\partial y} = \frac{dh}{du}\frac{\partial u}{\partial y}$$

에너지 관계를 대입하고 $Pr = 1$이라고 가정하면 0 압력 구배인 경우 다음과 같다.

$$\frac{dh}{du}\left[\rho u\frac{\partial u}{\partial x}+\rho v\frac{\partial u}{\partial y}-\frac{\partial}{\partial y}\left(\mu\frac{\partial u}{\partial y}\right)\right]=\left(1+\frac{d^2h}{du^2}\right)\mu\left(\frac{\partial u}{\partial y}\right)^2 \tag{7.25}$$

좌변은 식 (7.22b)의 운동량 관계로 인해 사라진다. 따라서 우변은 다음을 따라야 한다. 즉,

$$\frac{d^2h}{du^2}=-1 \quad \text{또는} \quad h=-\frac{u^2}{2}+C_1u+C_2 \tag{7.26}$$

검사를 통해 벽에서 $u=0$이므로 $C_2=h_w$이다. 상수 C_1은 벽 열전달 또는 자유 유동 조건과 관련될 수 있다. 후자를 선택하면 $u=U_e$ 또는 $C_1=(h_e+U_e^2/2-h_w)/U_e$에서 $h=h_e$이다. 항을 최종 관계로 모으고 재정렬하면 두 번째 Crocco-Busemann 에너지 적분, 즉

$$Pr=1,\ \frac{dp}{dx}=0: \qquad H=h+\frac{u^2}{2}=h_w+(H_e-h_w)\frac{u}{U_e} \tag{7.27}$$

따라서 총 엔탈피는 경계층을 가로지르는 속도에 따라 선형적으로 변한다. 단열 벽에 대한 첫 번째 Crocco-Busemann 관계는 $H_e=h_w=H=$ 상수인 특별한 경우로 식 (7.27)에서 복원될 수 있다.

$h=c_pT+$ 상수가 되도록 상수 c_p가 더 필요하면 식 (7.27)은 온도와 속도 사이의 관계가 된다.

$$Pr=1,\ \frac{dp}{dx}=0,\ c_p=\text{상수}: \qquad T=T_w+\left(T_e+\frac{U_e^2}{2c_p}-T_w\right)\frac{u}{U_e}-\frac{u^2}{2c_p} \tag{7.28}$$

식 (7.28)은 온도-속도 관계로, Pr이 1에 가깝고(기체) dp/dx가 너무 크지 않을 때 압축성 경계층의 근사 이론을 공식화하는 데 유용하다. $T_e+U_e^2/(2c_p)$가 단열 벽 온도 T_{aw}라는 점에 유의하여 관계식을 다음과 같이 다시 쓸 수 있다.

$$T=T_w+(T_{aw}-T_w)\frac{u}{U_e}-\frac{u^2}{2c_p} \tag{7.29}$$

그런 다음 미분하여, 다음을 사용하여 벽 열 플럭스와 표면 마찰 계수를 연관시킬 수 있다.

$$\frac{q_w}{k_w}=\left(\frac{\partial T}{\partial y}\right)_w=\frac{T_{aw}-T_w}{U_e}\left(\frac{\partial u}{\partial y}\right)_w-\left(\frac{u}{c_p}\frac{\partial u}{\partial y}\right)_w=\frac{(T_{aw}-T_w)\tau_w}{U_e\mu_w}$$

따라서 Stanton 수는 다음과 같이 나타난다.

$$C_h=\frac{q_w}{\rho_eU_ec_p(T_{aw}-T_w)}=\frac{C_f}{2Pr} \tag{7.30}$$

이는 Reynolds 비유를 반영한 것이다. $Pr=1$ 및 0 압력 구배에만 엄격하게 유효하지만 특히 수정 계수를 Pr에서 $Pr^{2/3}$으로 수정하는 경우 층류 및 난류 조건 모두에서 기체에 대한 좋은 근삿값이다.

Prandtl 수는 고속 유동에서 절연 벽 온도에도 영향을 준다. (비점성) 자유 유동이 단열적으로 0 속도로 감속되면 온도가 '이상적인' 정체 온도 T_{0e}에 도달한다. 이는 일정한 c_p를 갖는 이상 기체의 경우 $T_e+U_e^2/(2c_p)$로 표현될 수 있다. 그러나 점성이 있는 고속 경계층 유동이 절연 상태에서

0 속도로 감속될 때 벽의 경우 무차원 회복 계수 r로 정의되는 T_{0e}와 다른 단열 벽 온도 T_{aw}에 접근한다.

$$r = \frac{T_{aw} - T_e}{T_{0e} - T_e} \approx f(Pr) \tag{7.31}$$

고속 유동에서 q_w는 $(T_w - T_e)$가 아니라 $(T_{aw} - T_w)$에 비례하기 때문에 r을 정확하게 평가하는 것이 중요하다. Crocco 적분 및 회복 계수 개념은 Van Oudheusden(1997, 2004)에 의해 확장되었다.

7-2 압축성 층류 유동을 위한 유사성 해

식 (7.22a)~(7.22c)의 압축성 경계층 관계는 강력하게 결합된 비선형 편미분 방정식이다. 유한 차분 방법을 사용하여 해결할 수 있지만, 분석 기술을 통해 더 깊은 물리적 이해를 할 수 있다. 고전적인 압축성 유동 분석은 컴퓨터 이전 시대에 시작되었기 때문에 이러한 방정식을 단순화하기 위해 많은 정교한 노력이 적용되었다. 초기 작업자들은 압축성 경계층을 동등한 비압축성 모델과 관련하여 여러 가지 아름다운 변환을 개발했다. 특정 자유 유동 및 벽 조건에 대한 상미분 방정식을 재현하는 다양한 유사성 변수가 발견되었다. 여기서는 Illingworth(1950)에 기인한 이러한 변형 중 한 가지만 논의한다.

7-2.1 Illingworth 변환

압축성 유동에 대한 유동함수 $\psi(x, y)$는 다음과 같이 정의된다.

$$\frac{\partial \psi}{\partial y} = \rho u, \qquad \frac{\partial \psi}{\partial x} = -\rho v \tag{7.32}$$

이는 연속성 관계를 제거하며, 변수 $\int \rho \, dy$가 압축성 유동에서 비압축성 y를 대체해야 한다는 것을 나타낸다. 그런 다음 초기 작업자들이 따르는 일반적인 아이디어는 2개의 유사성 변수 (ξ, η)가 존재한다고 가정하고 ψ와 u가 다음과 같은 '분할' 형식을 취할 수 있는지 여부를 확인하는 것이다.

$$\psi(\xi, \eta) = \int \rho u \, dy = G(\xi) f(\eta), \qquad u(\xi, \eta) = U_e(\xi) f'(\eta) \tag{7.33}$$

그런 다음 운동량 식 (7.22b)로 대입하고 결과 미분 방정식이 ξ와 무관해야 한다는 조건을 적용한다. 여기에서 분석은 여러 경로를 따르고 서로 다른 변환으로 이어질 수 있다. 여기서 취한 경로는 이중 변수 변환을 사용하여 ξ의 점도 효과와 η의 밀도 효과를 설명하는 것이 편리하다는 것을 발견한 Illingworth(1950)에 의해 발견되었다.

$$\xi(x) = \int_0^x \rho_e(x) U_e(x) \mu_e(x) \, dx \quad \text{및} \quad \eta(x, y) = \frac{U_e}{\sqrt{2\xi}} \int_0^y \rho \, dy \tag{7.34}$$

이러한 변환을 운동량 식 (7.22b)에 대입하면 $f(\eta)$에 대한 다음과 같은 상미분 방정식을 얻을 수 있다.

$$(Cf'')' + ff'' + \frac{2\xi}{U_e}\frac{dU_e}{d\xi}\left(\frac{\rho_e}{\rho} - f'^2\right) = 0 \quad \text{여기서} \quad C = \frac{\rho}{\rho_e}\frac{\mu}{\mu_e} \approx C(\eta) \tag{7.35}$$

여기서 소수는 η에 대한 미분을 나타낸다. 식 (7.33)을 검토하여 불투과성 벽에 대한 경계 조건은 다음과 같다.

$$f(0) = f'(0) = 0 \text{ (점착 조건)} \qquad f'(\infty) = 1 \text{ (자유 유동)} \tag{7.36}$$

식 (7.35)의 두 가지 특별한 경우에 대해 생각해 볼 수 있다. 첫째, 낮은 속도와 적당한 열전달의 평판에 대해 U_e, ρ 및 μ는 일정하다. 결과적으로, $C \approx 1$, $dU_e/d\xi = 0$을 취하고 다음과 같이 쓸 수 있다.

$$f''' + ff'' = 0 \tag{7.37}$$

이는 Blasius 방정식 (4.60)으로 인식한다. 둘째, ρ와 μ는 일정하지만 자유 유동은 $U_e = Kx^m$과 같이 변환하면 $C \approx 1$, 그리고

$$f''' + ff'' + \frac{2m}{m+1}(1 - f'^2) = 0 \tag{7.38}$$

이는 Falkner-Skan 방정식 (4.93)과 동일하다. 두 상황 모두에서 해당 비압축 관계를 특수한 경우로 나타낸다.

경계층 에너지 방정식 (7.22c)도 엔탈피를 크기에 모양 함수를 곱한 크기로 분할하면 상미분 방정식으로 축소된다.

$$h(x, y) = h_e(\xi)g(\eta) \tag{7.39}$$

사실, 식 (7.22c)로의 역대입은 $g(\eta)$에 대한 상미분 방정식, 즉

$$\left(\frac{C}{Pr}g'\right)' + fg' = \left(\frac{\xi}{H_e}\frac{dH_e}{d\xi}\right)f'\left(2g + \frac{U_e^2}{h_e}f'^2\right) - \frac{U_e^2}{h_e}Cf''^2 \tag{7.40}$$

여기서 $H_e = h_e + U_e^2/2$는 자유 유동 정체 엔탈피이다. 일정한 비열을 가진 완전 기체의 경우 Eckert 유형 매개변수 U_e^2/h_e는 Mach 수의 제곱으로 변환할 수 있다.

$$\frac{U_e^2}{h_e} = \frac{U_e^2}{c_p T_e} = \frac{(\gamma - 1)U_e^2}{\gamma R T_e} = (\gamma - 1)Ma_e^2 \tag{7.41}$$

많은 경우에 식 (7.40)의 전체 우변은 무시된다. 예를 들어 정체점 근처의 저속 유동에서 $Ma_e \approx 0$ 및 $H_e \approx$ 상수 , $C \approx 1$ 및 $Pr \approx$ 상수이다. 따라서 식 (7.40)은 다음과 같이 정리된다.

$$g'' + Pr\, fg' \approx 0 \tag{7.42}$$

비압축성 정체 유동 열전달에 대해 식 (3.223)으로 인식한다. $g(\eta)$의 경계 조건은 단열 또는 열전달 조건을 수용할 수 있다.

단열 벽: $g(0) = g_w, \quad g'(0) = 0, \quad g(\infty) = 1$ (7.43a)

열전달: $g(0) = g_w, \quad g'(0) \neq 0, \quad g(\infty) = 1$ (7.43b)

단열 유동의 경우 문제는 g_w의 정확한 값을 찾는 것으로 구성되는 반면 열전달의 경우 g_w가 지정되고 올바른 $g'(0)$값을 찾아야 한다.

식 (7.35) 및 (7.40)을 검토하면 특정 계수가 일정하지 않거나 η의 함수만 아니면 유사성이 달성되지 않는다는 것을 알 수 있다.

1. C = 상수 또는 f 및 g와 관련
2. Pr = 상수 또는 f 및 g와 관련
3. f와 g와 관련된 ρ_e/ρ
4. $\dfrac{2\xi}{U_e}\dfrac{dU_e}{d\xi}$ = 상수
5. $\dfrac{U_e^2}{h_e}$ = 상수(예, $Pr = 1$의 경우) 또는 무시할 수 있음(작은 Mach 수의 경우)
6. $\dfrac{2\xi}{H_e}\dfrac{dH_e}{d\xi}$ = 상수

이는 다양한 조건을 규정하지만 대부분이 합리적인 조건이다. 이상 기체 가정을 하면 조건 1~3이 충족된다. 압력이 경계층 전체에서 거의 일정하다는 것을 생각해 보았을 때, 다음과 같이 표현할 수 있다.

$$\frac{\rho_e}{\rho(y)} = \frac{T(y)}{T_e} \approx \frac{h(y)}{h_e} \tag{7.44}$$

이는 C와 밀도가 대략 g와 관련될 수 있음을 의미한다.

$$\frac{\rho_e}{\rho} \approx g(\eta) \quad \text{및} \quad \frac{h_e}{h}\frac{\mu}{\mu_e} \approx \left(\frac{h}{h_e}\right)^{n-1} = g^{n-1} = C(\eta) \tag{7.45}$$

여기서 기체의 점도-온도 관계에 대한 멱법칙 근사를 만들었다. n의 값은 표 1.2에 나와 있다. 공기의 경우 $n \approx \frac{2}{3}$, 따라서 $C \approx g^{1/3}$이다. 또한 그림 1.17에서 Prandtl 수는 조건 2를 처리하는 대부분의 기체에 대해 거의 일정하다. 조건 4와 5는 Falkner-Skan 분포에 의해 충족된다.

$$U_e \sim \xi^m \quad \text{및} \quad H_e \sim \xi^j \tag{7.46}$$

가장 일반적인 가정은 일정한 자유 유동 정체 온도($j = 0$)와 평판($m = 0$) 또는 정체 흐름($m = 1$)이다. 마지막으로 평판($U_e^2/h_e \approx$ 상수) 및 정체 유동($U_e^2/h_e \approx 0$)에 대해서는 조건 5가 충족되지만 일반적으로 충족되지 않는다. Falkner-Skan 문제에서 U_e^2/h_e는 $j = 2m$이 아닌 한 ξ에 따라 변할 것이다. $Pr \approx 1$ 또는 $U_e^2 \ll h_e$를 가정하여 이 항을 무시해야 한다.

또한 ξ와 무관하게 벽 엔탈피 $g_w = g(0)$이 고정되지 않는 한 유사성이 위반된다는 점에 유의해야 한다. 따라서 대부분의 경우 해는 상수 H_e와 T_w에 대해서만 유효하다.

이러한 모든 단순화된 가정을 고려하여 이상 기체의 층류 유동에 대한 식 (7.35) 및 (7.41)을

다음 유사성 형태로 최종적으로 다시 쓸 수 있다.

운동량: $$(Cf'')' + ff'' = \beta(f'^2 - g) \tag{7.47a}$$

에너지: $$(Cg')' + Prfg' = -PrC(\gamma - 1)Ma_e^2 f''^2 \tag{7.47b}$$

이때 공기에 대해 $\beta = \frac{2\xi}{Ma_e}\frac{dMa_e}{d\xi}$ 및 $C = \frac{\rho\mu}{\rho_e\mu_e} \approx g^{n-1} \approx g^{-1/3}$

변수 매개변수 $C(\eta)$를 제외하고 식 (7.47a) 및 (7.47b)는 4-3.4절 및 4-3.5절의 Falkner-Skan 비압축성 유동의 해와 유사하다. Stewartson(1964)의 논문에 자세히 설명된 것처럼 이들 방정식 및 관련 방정식의 압축 가능한 유사성 해는 많은 연구자들에 의해 발전되었다. 여기에서 7-4절의 논의를 Cohen과 Reshotko(1956)가 발견한 Falkner-Skan 유형 해로 제한한다.

7-3 층류 평판 및 정체점 유동을 위한 해

층류, 압축성, 경계층 이론의 가장 관련성이 높은 두 가지 적용은 (1) 평판 유동(가느다란 물체의 마찰 및 열전달 추정용) 및 (2) 정체점 유동(여기서 열전달 속도는 일반적으로 뭉툭한 물체에서 가장 높음)이다. 두 경우 모두 압축성이 경계층 유동에 미치는 영향에 대한 통찰력을 제공한다.

7-3.1 평판 회복 계수의 대략적인 분석

일정한 벽 온도를 갖는 평판 유동($\beta = 0$)을 고려한다. 온도와 Mach 수에 대한 회복 계수의 의존도가 매우 약하기 때문에 $C = 1$, 즉 μ는 T에 비례하는 관계라 가정한다. 그런 다음 식 (7.47a) 및 (7.47b)는 단열 벽에 대해 다음과 같이 나타낼 수 있다.

$$f''' + ff'' \approx 0 \tag{7.48a}$$

$$g'' + Prfg' = -Bf''^2 \tag{7.48b}$$

여기서 $f(0) = f(0) = g(0) = 0$ 및 $f'(\infty) = g(\infty) = 1$이다. 간결함을 위해 $B = Pr(\gamma - 1)Ma_e^2$으로 정의했다. 이것은 Blasius 관계식이며 $f(\eta)$는 그림 4.10과 표 4.3에서 이미 나타냈다. 에너지 방정식 (7.48b)의 해(선형, 비균일)는 다음과 같다.

$$g = g_w + A\int_0^\eta G\,d\zeta + \int_0^\eta G\left(\int_0^\zeta \frac{f''^2\,d\lambda}{G}\right)d\zeta, \qquad G(\eta, Pr) = \exp\left(-Pr\int_0^\eta f(\zeta)\,d\zeta\right) \tag{7.49}$$

이 해는 Pohlhausen(1921)이 처음 제안하였다. 상수 A는 $g(\infty) = 1$이 되어야 한다. 또한 단열 벽의 경우 $g'(0) = 0$이라는 조건은 다음과 같이 $A = 0$을 의미한다. 식 (7.49)를 미분하여 알 수 있다. 이 경우 $g_w = T_{aw}/T_e$이고, 따라서 식 (7.49)를 다시 쓰면,

$$T_{aw} = T_e + r\frac{U_e^2}{2c_p} \quad \text{및} \quad r = 2Pr\int_0^\infty G\left(\int_0^\zeta \frac{f''^2}{G}d\lambda\right)d\zeta \tag{7.50}$$

표 7.1 식 (7.49) 및 (7.50)의 평판 회복 계수

Pr	*r(Pr)*	*Pr*	*r(Pr)*
0.001	0.02946	1.0	1.0
0.003	0.05125	2.0	1.4089
0.006	0.07279	3.0	1.7088
		6.0	2.3571
0.01	0.09434	10.0	2.9622
0.03	0.16534	30.0	4.7238
0.06	0.23610	60.0	6.2467
0.1	0.30731		
0.3	0.54197	100.0	7.6272
0.6	0.77286	300.0	11.5483
공기 0.72	0.84771	600.0	14.881
		1000.0	17.881

따라서 $r \approx r(Pr)$을 매우 정확하게 취할 수 있다. $Pr = 1$ 및 $r = 1$의 경우, 전도와 소산이 경계층에서 정확하게 균형을 이루기 때문에 판은 단열 벽에서 자유 유동 정체 온도를 회복한다. $Pr \neq 1$의 경우, 식 (7.50)의 적분은 식 (4.63)의 Blasius 해에 대한 컴퓨터 프로그램에 세 가지를 더 기술하여 평가할 수 있다.

$$\mathrm{F(4) = Y(3),\ F(5) = Y(1)*Y(1)*EXP(PR*Y(4)),\ F(6) = 2*PR*EXP(-PR*Y(4))*Y(5)} \tag{7.51}$$

출력 변수 Y(6)은 η가 커질수록 r에 접근한다. 일부 계산된 회복 계수는 표 7.1에 나열되어 있다. 이 결과에 대한 2개의 곡선 맞춤 근사는 다음과 같다.

$$0.1 < Pr < 3.0: \qquad r \approx \sqrt{Pr} \tag{7.52a}$$

$$Pr > 3.0: \qquad r \approx 1.905\,Pr^{1/3} - 1.15 \tag{7.52b}$$

이는 정확한 값과 함께 그림 7.2에 표시된다. 실제로는 공식 (7.52a)만 중요하며 대부분의 압축성 유동 문제는 공기 또는 기체와 관련이 있으므로 $Pr \approx 0.72$ 또는 $r \approx 0.85$를 사용할 수 있다.

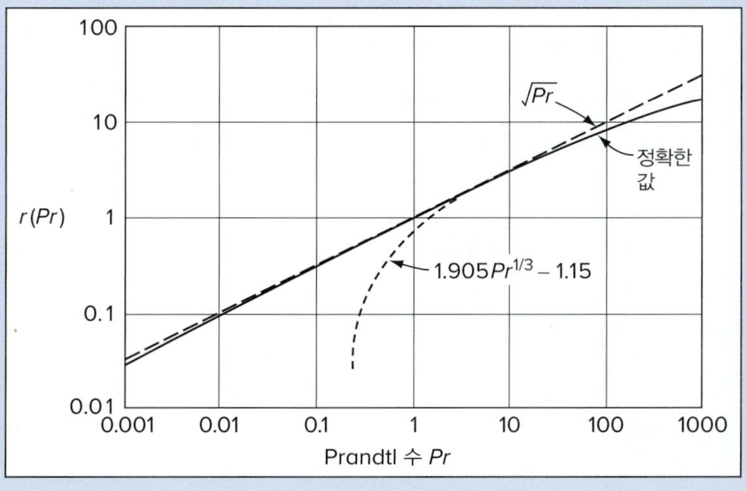

그림 7.2
평판 회복 계수(정확한 값과 근사값)

7-3.2 높은 Mach 수에서 층류 평판 마찰

$C = \rho\mu/(\rho_e\mu_e)$는 Chapman과 Rubesin(1949)의 선구적인 논문 이후 *Chapman-Rubesin* 매개변수를 만들어냈으며, 회복 계수에는 거의 영향을 미치지 않으나 마찰과 열전달에 영향을 미친다. 다음의 단순화된 분석 방법에 대해 설명한다. 평판의 경우 $\beta = 0$이고 식 (7.48a)는 다음과 같다.

$$(Cf'')' + ff'' = 0$$

변수는 결과와 함께 경계층을 가로질러 두 번 분리되고 적분될 수 있다.

$$\int_0^\infty Cf''\,d\eta = C_w f''(0)\int_0^\infty \exp\left(-\int_0^\eta \frac{f}{C}\,d\zeta\right)d\eta$$

벽에 가까운 단순화를 통해 대략적인 해를 찾을 수 있다.

$$C \approx C_w \approx \text{상수}, \qquad f \approx \tfrac{1}{2}f''(0)\eta^2 + \cdots$$

적분은 다음 결과에 대해 평가될 수 있다.

$$C_w \approx \frac{C_w f''(0)}{3}\left[\frac{6C_w}{f''(0)}\right]^{1/3}\Gamma\left(\frac{1}{3}\right) \quad \text{또는} \quad f''(0) \approx \frac{0.48}{\sqrt{C_w}} \tag{7.53}$$

보다 정확한 분석에서 상수 0.48은 비압축성 유동에 대한 Blasius 값인 $f''(0)_{\text{Blasius}} = \sigma \approx 0.4696$이다. $f''(0)$은 벽 전단 응력에 비례하여, 식 (7.53)을 다음을 사용하여 압축성 평판 유동에 대한 표면 마찰 근사로 변환할 수 있다.

$$C_f = \frac{2\tau_w}{\rho_e U_e^2} \approx \frac{0.664C_w^{1/2}}{Re_x^{1/2}} \tag{7.54}$$

여기서 기체의 경우 $C_w = \rho_w\mu_w/\rho_e\mu_e \approx (T_w/T_e)^{-1/3}$이다. 유사하게, Stanton 수 또는 무차원 벽 열전달 계수는 $C_h \approx C_{h,Ma_e=0}\sqrt{C_w}$이다. 결과 일치는 단열 벽에 유효하지만 가열 또는 냉각 벽에 대해서는 악화된다.

7-3.3 기준 온도 개념

1950년대에 유체 특성(ρ, μ, c_p, k)을 평가하여 모든 평판 압축성 기체 유동에 대해 우수한 정확도를 달성하도록 단순화된 식 (7.54)를 Mach 수와 벽 온도에 따라 달라지는 기준 온도 T^*에서 수정할 수 있다. 따라서 Chapman-Rubesin 매개변수는 다음과 같이 평가할 수 있다.

$$C^* = \frac{\rho^*\mu^*}{\rho_e\mu_e} \approx \left(\frac{T_e}{T^*}\right)^{1/3} \tag{7.55}$$

기준 온도로 수정된 평판 공식은 다음과 같다.

$$\frac{T_{aw}}{T_e} \approx 1 + \sqrt{Pr^*}\frac{\gamma-1}{2}Ma_e^2 \qquad (\text{층류 회복 계수}) \tag{7.56a}$$

$$\frac{2\tau_w}{\rho_e U_e^2} \approx \frac{0.664\sqrt{C^*}}{\sqrt{Re_{xe}}} \qquad \text{(층류 평판 유동)} \qquad (7.56b)$$

$$\frac{C_{fe}}{2C_{he}} \approx Pr^{*2/3} \qquad \text{(층류 또는 난류)} \qquad (7.56c)$$

T^*에 대한 가장 연관 있는 상관관계는 Eckert(1955) 식이다.

$$\frac{T^*}{T_e} \approx 0.5 + 0.039\,Ma_e^2 + 0.5\frac{T_w}{T_e} \qquad (7.57)$$

식 (7.57)은 원래 경험적 상관관계로 제안되었지만, Dorrance(1962)는 기준 온도가 압축성 운동에 대한 유사성 관계의 직접적인 결과임을 증명한다. 식 (7.57)은 난류 평판 공식을 수정하는 데에도 사용할 수 있지만 이 경우 더 나은 근사가 가능하다.

7-3.4 정확한 층류 평판에 대한 해

대략적인 평판 압축성 유동 공식을 van Driest(1952a)의 정확한 수치 층류 계산 배열과 비교할 수 있다. 계산은 $Pr = 0.75$와 공기에 대한 Sutherland의 점도 법칙, 식 (1.34)를 가정한다.

$$\mu = \frac{0.006584}{T + 110.6}\left(\frac{T}{273.1}\right)^{1.5}$$

$c_p(T)$ 및 $k(T)$에 대한 유사한 공식도 사용된다. 이론은 식 (7.34)와 다른 좌표 변환을 사용하지만 기본 아이디어는 거의 동일하다.

그림 7.3은 단열 벽에 대한 경계층에서 계산된 속도, 온도 및 Mach 수 분포를 표시한다. 그림

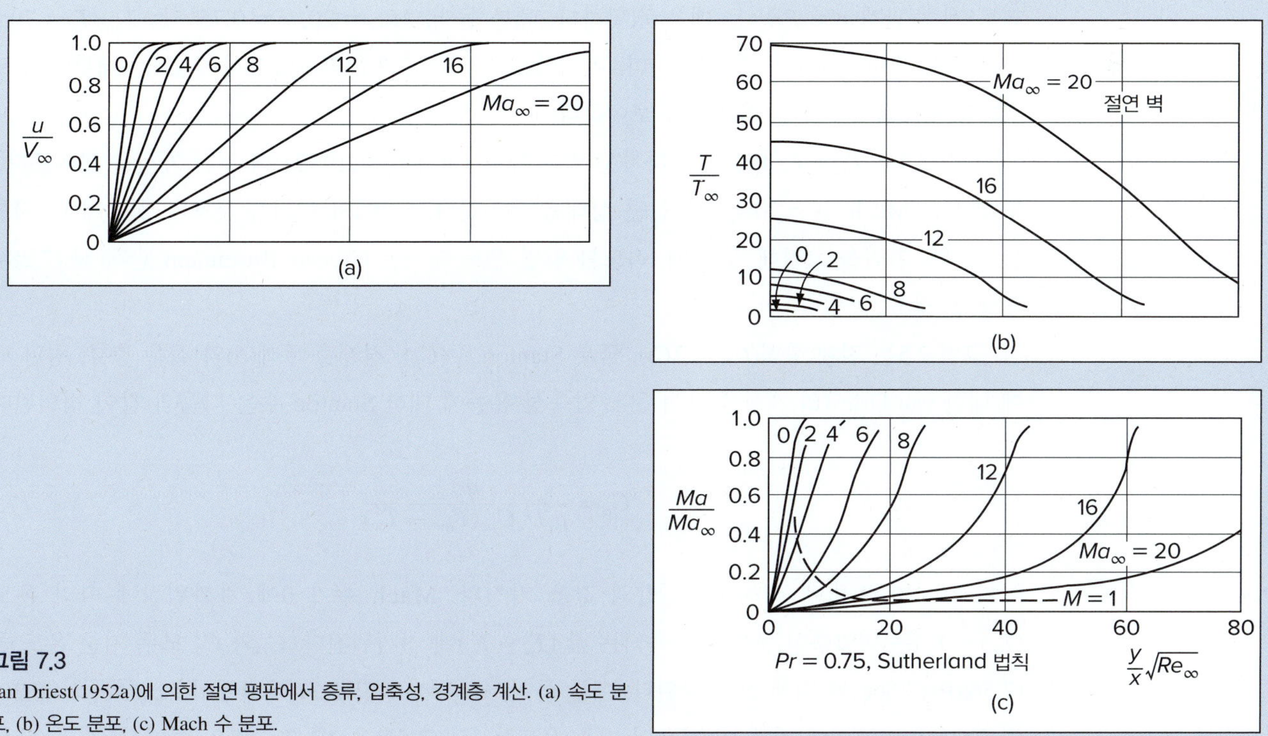

그림 7.3
van Driest(1952a)에 의한 절연 평판에서 층류, 압축성, 경계층 계산. (a) 속도 분포, (b) 온도 분포, (c) Mach 수 분포.

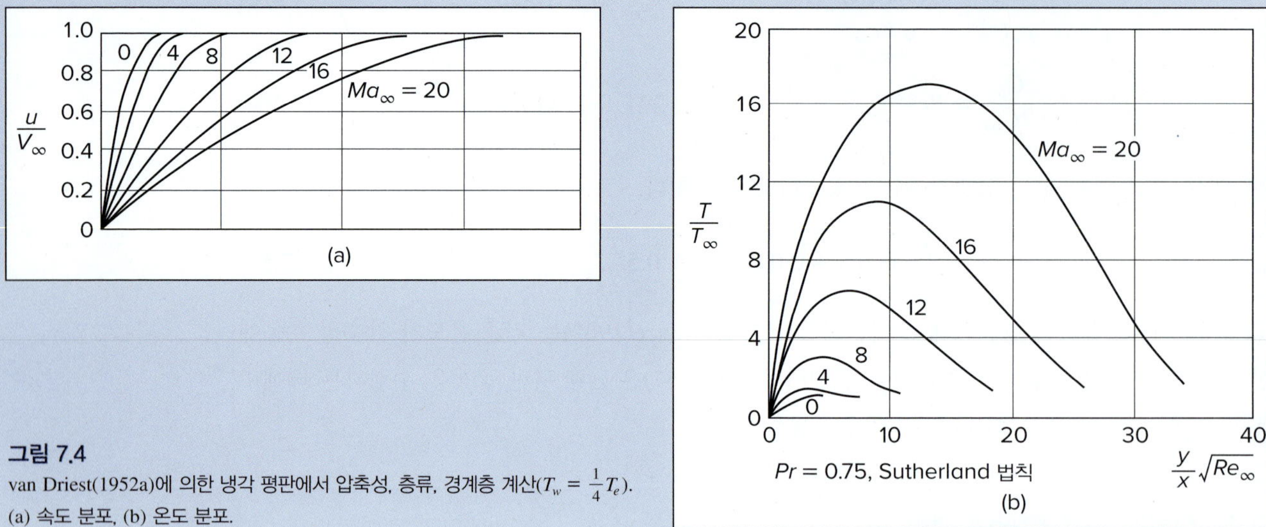

그림 7.4
van Driest(1952a)에 의한 냉각 평판에서 압축성, 층류, 경계층 계산($T_w = \frac{1}{4}T_e$).
(a) 속도 분포, (b) 온도 분포.

7.3(a)의 속도 분포는 높은 Mach 수에서 거의 직선이며, 이는 Truitt(1960, art. 5.3)와 같이 극초음속 유동 분석에 자주 사용되는 근삿값이다. 온도 분포는 높은 Mach 수에서 경계층의 점성 소산의 극적인 가열 효과를 보여준다. 속도를 알면 그림 7.3(b)의 온도는 다음과 같이 $T_w = T_{aw}$에 대한 식 (7.28)로 근사된다.

$$\frac{T}{T_e} \approx 1 + Pr^{1/2}\left(\frac{\gamma - 1}{2}\right)Ma_e^2\left(1 - \frac{u^2}{U_e^2}\right) \tag{7.58}$$

회복 계수 관계 $r \approx Pr^{1/2}$는 매우 정확하다. 예를 들어, $Ma_e = 20$, $r = 0.75^{1/2}$는 $T_{aw}/T_e = 70.3$을 예측한다. 그림 7.3(b)와 잘 일치한다. 마지막으로, 그림 7.3(c)의 Mach 수 분포는 대부분의 고속 경계층이 초음속 조건을 유지함을 보여준다.

그림 7.4는 $T_w = T_e/4$인 매우 차가운 벽에 대한 van Driest(1952a)의 평판 계산을 보여준다. 속도 분포는 Mach 수 = 20에서도 둥근 상태를 유지한다. 5장에서 이러한 분포가 천이에 더 저항하는 성질을 가짐을 고려해 봤을 때, 속도를 알면 온도 분포는 Crocco-Busemann 관계[식 (7.28)]에 의해 잘 맞을 수 있다.

그림 7.5는 전체 항력($C_D = 2C_f$), 국부 Stanton 수(C_h), 경계층 두께(δ)와 같은 층류, 평판 변수에 대한 van Driest의 계산을 보여준다. 압축성 유동에 대한 Stanton 수는 다음과 같이 정의된다.

$$C_h = \frac{q_w}{\rho_e U_e C_{pe}(T_{aw} - T_w)} \tag{7.59}$$

여기서 차가운 벽에 대해 q_w는 양의 값을 가진다. Mach 수가 0에 가까워짐에 따라 온도차 $(T_{aw} - T_w)$는 비압축성 운동에 사용되는 값 $(T_e - T_w)$에 가까워진다. C_D와 C_h 모두 기준 온도 공식 (7.56a)~(7.56c)에 의해 잘 근사된다. 예를 들어, $Ma_e = 10$ 및 $T_w/T_e = 4$에서 $C_h\sqrt{Re_{xe}} \approx 0.30$[그림 7.5(b)]이다. 이에 비해 이 경우의 기준 온도는, 식 (7.57)은 $T^*/T_e \approx 5.9$, 여기서 $C^* \approx 0.58$ 및

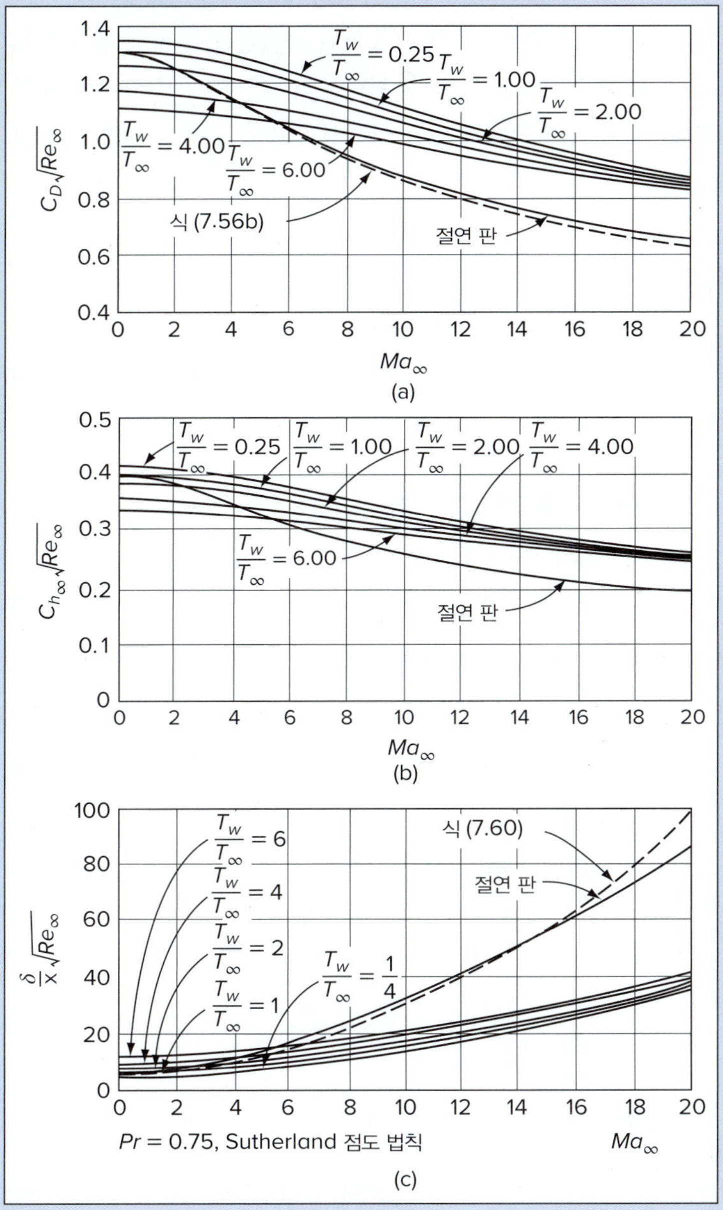

그림 7.5
van Driest(1952a)의 항력, 열전달 및 층류, 평판, 압축성 경계층의 속도 두께 계산. (a) 총 항력 계수 $C_D = 2C_f$, (b) 국부 Stanton 수, (c) 경계층 두께.

식 (7.56c)는 $C_h\sqrt{Re_{xe}} \approx 0.306$, 2%만 더 높다고 예측한다. 이 결과는 기준 온도 공식에 수반되는 정확도의 전형이다.

그림 7.5(c)로 이동하면 무차원 경계층 두께가 단열 및 비단열 벽 모두에 대해 Mach 수와 함께 증가하는 것을 볼 수 있다. 이 두께를 근사화하는 반경험식은 다음과 같이 주어진다.

$$\frac{\delta}{x} Re_{xe}^{1/2} \approx C_w^{1/2}\left[5 + \left(0.2 + 0.9\frac{T_w}{T_{aw}}\right)(\gamma - 1)Ma_e^2\right] \tag{7.60}$$

여기서 점선으로 표시되는 식 (7.60)의 정확도는 그림 7.5(c)의 단열 벽에 대한 예측으로 판단할 때 적절하다.

van Driest의 회복 계수 $r \approx Pr^{1/2}$ 및 Reynolds 유추 계수 $C_f/(2C_h) \approx Pr^{2/3}$에 대한 계산은 Mach 수에서 유의미한 감소를 보여준다. 그러나 이러한 전통적인 근삿값은 압력 구배가 없는 평판 유동을 나타낸다. Van Oudheusden(1997, 2004) 및 다른 사람들의 계산은 회복 계수에 대한 압력 구배의 강력한 영향을 보여준다. 주로 압력 구배가 있는 압축성 열전달의 경우 정확한 CFD 결과가 Prandtl 수 공식보다 더 선호된다.

7-3.5 고속 평면의 정체 유동

이전 논의를 정체 유동으로 쉽게 확장할 수 있다. 여기서 외부 온도 T_e는 정체 또는 단열 벽 온도를 말하며, T_e와 T_w 차이는 열전달을 위한 정상적인 운전 온도를 나타낸다. $\beta = 1$ 및 $Ma_e \approx 0$에 대한 유사성 방정식은 다음과 같다.

$$(Cf'')' + ff'' + g - f'^2 = 0 \tag{7.61a}$$

$$(Cg')' + Prfg' = 0 \tag{7.61b}$$

$$U_e = Kx \tag{7.61c}$$

여기서 K는 정체 속도 구배를 나타낸다. 정체 영역은 아음속이고 T_w가 T_e와 크게 다르지 않다면 $C \approx 1$ 및 $g \approx 1$이므로 운동량 식 (7.61a)는 $f''(0) \approx 1.2326$인 비압축성 Hiemenz 해, 식 (3.206) 또는 표 3.4로 정리할 수 있다. 에너지 방정식 (7.61b)는 다음을 얻기 위해 분리 및 적분할 수 있다.

$$Cg' = Cwg'(0)\exp\left(-Pr\int_0^{\eta}\frac{f}{C}\,d\zeta\right)$$

식 (7.53)으로 이어진 동일한 근삿값을 사용하여 0에서 무한대로 다시 적분할 수 있다.

$$C_w[1 - g(0)] \approx g'(0)\,C_w\Gamma\left(\frac{4}{3}\right)\left[\frac{6C_w}{Prf''(0)}\right]^{4/3}, \qquad f''(0) \approx 1.2326$$

이때

$$g'(0) \approx 0.66\,[1 - g(0)]\left(\frac{Pr}{C_w}\right)^{1/3}$$

이는 이론적 공식이지만 그 안에 있는 수치 상수는 약간 다르다. Sutherland 점도 법칙을 사용한 Fay와 Riddell(1958)의 광범위한 계산은 약간 조정된 상수로 나타났다.

$$g'(0) \approx 0.570[1 - g(0)]\left(\frac{Pr}{C_w}\right)^{0.4} \qquad \text{[Fay와 Riddell(1958)]} \tag{7.62}$$

3장에서 비압축성 평면 정체 유동에 대한 Hiemenz 해의 상수 0.570을 인식한다. $g'(0) \sim q_w$와 $[1 - g(0)] \sim (h_e - h_w)$, 식 (7.62)는 정체 유동에 대한 열전달 속도를 지정하는 것과 같다.

$$q_w = 0.570\,Pr^{-0.6}(\rho_e\mu_e K)^{1/2}\left(\frac{\rho_w\mu_w}{\rho_e\mu_e}\right)^{0.1}(h_e - h_w) \qquad \text{(평면 유동)} \tag{7.63a}$$

$$q_w = 0.763\,Pr^{-0.6}(\rho_e\mu_e K)^{1/2}\left(\frac{\rho_w\mu_w}{\rho_e\mu_e}\right)^{0.1}(h_e - h_w) \qquad \text{(축대칭 유동)} \tag{7.63b}$$

국부 Mach 수는 무시할 수 있기 때문에 평면과 축대칭 운동 사이의 인지할 수 있는 유일한 차이는 계수(0.570 대 0.763)와 국부 속도 구배 K가 다를 수 있다는 사실이 나타난다. 열전달은 K에

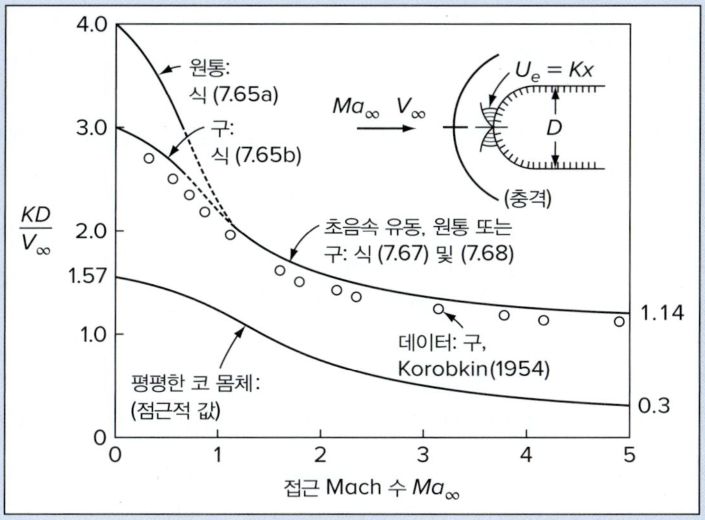

그림 7.6
원통, 구 및 평평한 코에 대한 이론적, 실험적 및 추정된 정체점 속도 구배

크게 의존하며, K는 외부 고려사항에서 알려지지 않는 한 실제 계산을 할 수 없다. 유한한 크기 D와 접근 속도 V_∞(그림 7.6 참조)의 일반적인 공기역학적 몸체(예, 원통 또는 구)를 지나는 유동의 경우, 정체점은 D와 V_∞, 그리고 접근 Mach 수 Ma_∞와 특정 체형에 따라 달라진다. 차원해석에 따르면 다음과 같이 정리할 수 있다.

$$\frac{KD}{V_\infty} = f\,(Ma_\infty, \text{체형}) \tag{7.64}$$

저속(아음속 유동)에서 1차 계산은 Rayleigh-Janzen Mach 수 확장 절차[Shapiro(1953, Chap. 12)]를 사용하여 수행할 수 있다. 결과는 다음과 같다.

$$\frac{KD}{V_\infty} = 4\left(1 - 0.461Ma_\infty^2 - 0.164Ma_\infty^4 + \cdots\right) \quad (\text{원통}) \tag{7.65a}$$

$$\frac{KD}{V_\infty} = 3\left(1 - 0.252Ma_\infty^2 - 0.0175Ma_\infty^4 + \cdots\right) \quad (\text{구}) \tag{7.65b}$$

$$\frac{KD}{V_\infty} = \frac{\pi}{2}(1 - \cdots) \quad (\text{평평한 코 원통}) \tag{7.65c}$$

평평한 코 원통은 구배가 상당히 작기 때문에 코를 평평하게 하여 정체점 열 플럭스를 줄일 수 있다. 이러한 공식이 유효하지 않은 초음속에서[Anderson(2000)], 표면 압력 분포를 다음과 같이 예측하는 뉴턴 충격 이론에서 추정할 수 있다.

$$\frac{p - p_\infty}{\rho_\infty U_\infty^2} \approx \cos^2\theta \tag{7.66a}$$

혹은

$$\left.\frac{dp}{dx}\right|_{x\to 0} = -\rho_e K^2 x = -2\rho_\infty V_\infty^2\,\theta\frac{d\theta}{dx} \tag{7.66b}$$

여기서 θ는 표면 법선과 접근하는 자유 유동 사이의 각도이다. 예를 들어 코에서 $\theta = 0$이다. 직경 D의 원형 코, 평면 또는 구형의 경우 식 (7.66b)에서 $\theta = 2x/D$를 대입하고 x를 소거하여 다음을 얻을 수 있다.

$$\frac{KD}{V_\infty} \approx \sqrt{\frac{8\rho_\infty}{\rho_e}} \quad \text{(초음속에서 둥근 코)} \tag{7.67}$$

이 경우 아래 첨자 e가 정체 상태를 나타냄을 기억하고, 정상적인 충격파 이론에서 ρ_∞/ρ_e를 계산할 수 있으며, 이상 기체의 경우 다음을 얻는다.

$$\frac{\rho_e}{\rho_\infty} = \frac{(\gamma+1)Ma_\infty^2}{2+(\gamma-1)Ma_\infty^2}\left[1+\frac{\gamma-1}{2}\frac{(\gamma-1)Ma_\infty^2+2}{2\gamma Ma_\infty^2-\gamma+1}\right]^{1/(\gamma-1)} \tag{7.68}$$

이 표현은 인상적이기는 하지만 천천히 변화하는 특징을 가진다. $\gamma = 1.4$의 경우, 그림 7.6은 식 (7.67)의 KD/V_∞가 $Ma = 1$에서 2.25에서 약 1.12로 감소함을 보여준다. 이 값은 식 (7.65a) 및 (7.65b)의 저속 공식과 아음속 흐름에 대해 병합된다. Naval Ordinance Laboratory(Report 3841)에서 Korobkin의 데이터는 이러한 경향과 일치하지만 지속적으로 약 10% 더 낮다.

방정식 (7.67)은 D가 무한대에 접근할 때 $K = 0$을 예측하는 평평한 코에는 유효하지 않다. 사실이라면 평평한 코는 정체점 열전달을 제거했을 것이다. 그러나 평평한 코가 K를 감소시킨다는 데는 의문의 여지가 없으며, $Ma = 0$, $Ma = \infty$일 때의 점근적 값을 기반으로 추정된 평평한 코 곡선이 그림 7.6에 나와 있다.

식 (7.67)은 반구형 원통과 같이 차체 후부와 매끄럽게 합쳐지는 둥근 코에 가장 잘 적용된다. 한편, 평평한 코는 정체점 열전달을 최대 50%까지 감소시킨다. 이는 q_w가 $K^{1/2}$에 비례하기 때문이다. 이 두 경우 사이에 하이브리드 본체가 있다. 원통에 부착된 얇은 구형 캡으로 인해 어깨에 날카로운 모서리가 생긴다. 그림 7.7은 Trimmer(Report AEDC-TR-68-99, 1968)가 제공한 이러한 물체에 대한 극초음속 구배 데이터를 보여준다. $R/r > 1.42$인 얇은 코의 경우 음파점은 날카로운 어깨에서 발생하며 Newtonian(초음속) 이론은 구배가 너무 낮을 것으로 예측한다. $1 < R/r < 1.42$의 둥근 코의 경우, 극초음속 유동에 대한 식 (7.67)에 의해 예측된 대로 음파점은 $\theta \approx 45°$ 및 $KD/V_\infty \approx 1.12$에서 발생한다.

K가 알려져 있다고 가정하면 열 플럭스 예측을 위한 정체점 이론은 실험과 잘 일치하는 것으로 보인다. 그림 7.8은 식 (7.63b)와 Rose와 Stark(1958)의 충격관 실험을 재진입 조건에 가까운

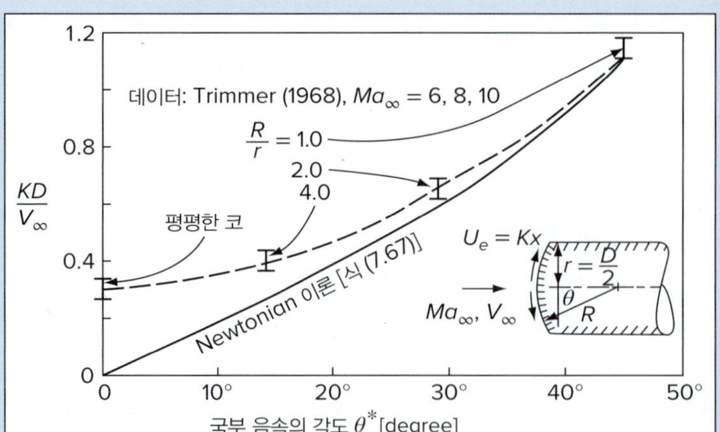

그림 7.7
구형 코가 있는 원통의 정체점 속도 구배 K에 대한 이론 및 실험 비교

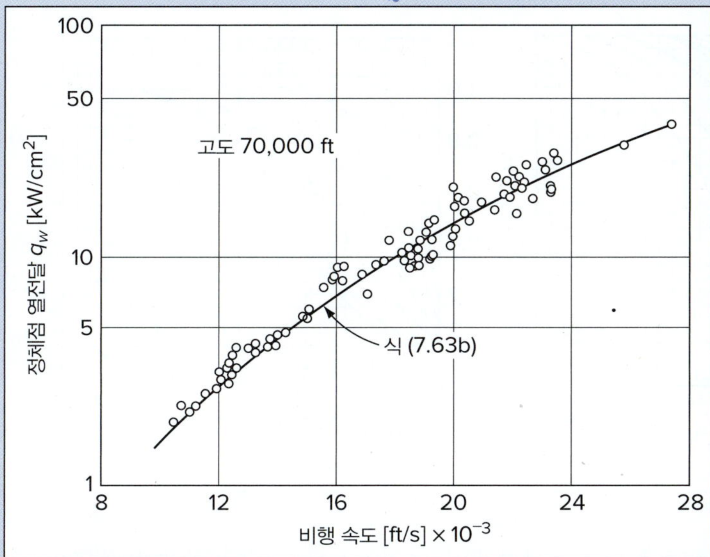

그림 7.8
반구형 원통에 대한 Rose와 Stark (1958)의 충격관 실험과 비교한 이론적 정체점 열 플럭스

극초음속 속도에서 반구형 원통에 대한 비교를 보여준다. 다른 점이 있다면 극초음속 조건의 정체점과 관련된 매우 높은 온도에서 기체 점도를 추정하기 어렵기 때문인 것으로 추측한다.

7-4 임의의 조건에서 압축 가능한 층류 경계층

평판 및 정체점 문제가 가장 중요한 압축성 유동 해로 이어지지만 가변 속도 $U_e(x)$와 온도 $T_e(x)$ 또는 $T_w(x)$는 적어도 대략적으로 벽 표면 마찰 및 열 플럭스 분포를 계산하는 수치적 방법을 필요로 한다. Walz(1969)의 논문에서는 기본적으로 주로 층류뿐만 아니라 난류 경계층에 대한 이러한 근사 계산의 개발에 초점을 맞췄다. 더욱이, Stewartson(1964)의 논문은 압축성, 층류, 경계층에 적용되는 근사 이론에 대한 좋은 문헌이 된다.

대략적인 층류 이론의 개발에서 적어도 세 가지 가능한 전략을 추구할 수 있다.

1. 식 (7.47a) 및 (7.47b)의 압축성 유사성 해의 수정 및 확장
2. 압축성 유동의 적분 운동량과 에너지 관계로의 확장
3. 정확하고 압축 가능한 층류 방정식의 유한 차분 계산

이러한 접근방식 각각에 대해 간략히 살펴보자.

7-4.1 압축성 유사성 해의 수정

Cohen과 Reshotko(1956)는 Falkner-Skan 유형의 압축성 유사 유동에 대해 속도 및 정체 엔탈피 분포의 완전한 분류를 제공한다. 이러한 맥락에서 $C = Pr = 1$의 단순화된 가정을 통해 가변 점도

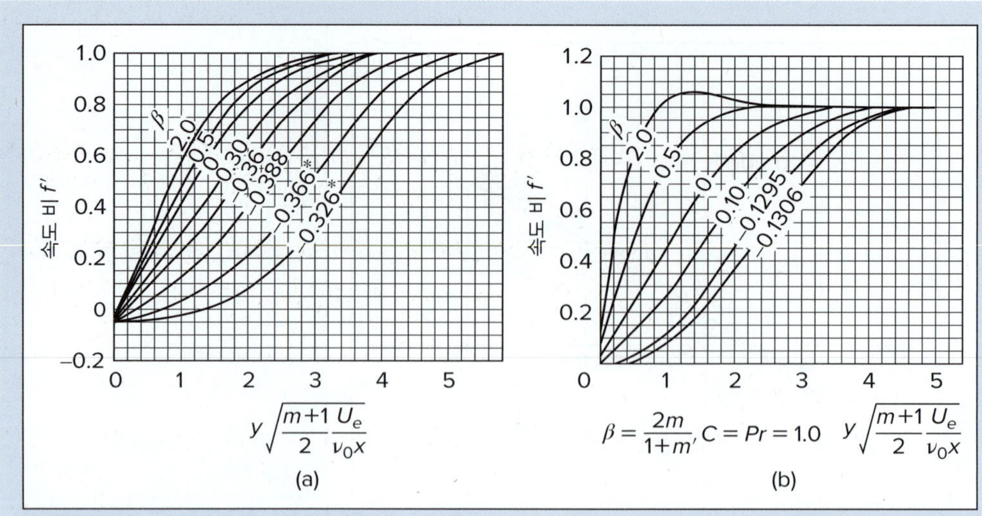

그림 7.9
압축성, 층류, 경계층에 대한 유사성 해. (a) 차가운 벽($S_w = -1.0$), (b) 뜨거운 벽($S_w = +1.0$)[Cohen과 Reshotko (1956) 이후]

효과는 근삿값에 불과하고 Prandtl 수 효과는 존재하지 않는다. 결과적으로, 유사도 식 (7.47a)와 (7.47b)는 다음과 같이 나타낼 수 있다.

운동량: $$f''' + ff'' + \beta(g - f'^2) = 0 \tag{7.69a}$$

엔탈피: $$g'' + fg' = -(\gamma - 1)Ma_e^2 f''^2 \tag{7.69b}$$

정체 엔탈피: $$S'' + fS' = 0, \qquad S = \frac{H}{H_e} - 1 \tag{7.69c}$$

Cohen과 Reshotko는 정체 엔탈피 변수 S를 사용한다. 이는 단위 Prandtl 수의 경우 S는 더 이상 Mach 수에 의존하지 않고 오히려 벽 열전달 S_w와 압력 구배 매개변수에 의존하기 때문이다. 뜨거운 벽($S_w = +1.0$)과 차가운 벽 ($S_w = -1.0$)에 대해 계산된 속도 분포가 그림 7.9에 나와 있다. 절연 단열 벽은 $S_w = 0$ 또는 $H =$ 상수 사이에 있으며 비압축성 Falkner-Skan 형상과 동일하다[그림 4.16(a)]. 유사성 좌표는 Falkner-Skan 유형이며, 여기에 정의된 η와 동일하지 않다[식 (7.34)]. 이 곡선에 대한 두 가지 이상의 관찰이 중요하다.

1. 박리점은 열전달의 영향을 받으며, β_{sep}는 차가운 벽($S_w = -1.0$)의 경우 -0.326, 절연 벽($S_w = 0$)의 경우 -0.1988, 그리고 뜨거운 벽($S_w = +1.0$)의 경우 -0.1305이다. 뜨거운 벽은 더 일찍 박리되고 차가운 벽은 앞서 나타난 것처럼 저항한다.
2. 뜨거운 벽 형상은 양의 β(순구배)에 대한 자유 유동 속도를 초과한다. 이것은 $\beta = 2.0$에서는 분명하고 $\beta = 0.5$에서는 거의 보이지 않는다.

또한 그림 7.9의 좌표 $y\sqrt{(m+1)U_e/(2\nu_0 x)}$가 자유 유동 정체 온도 T_0에서 평가된 동점도를 나타내는 양 ν_0을 포함한다는 점에 주목해야 한다.

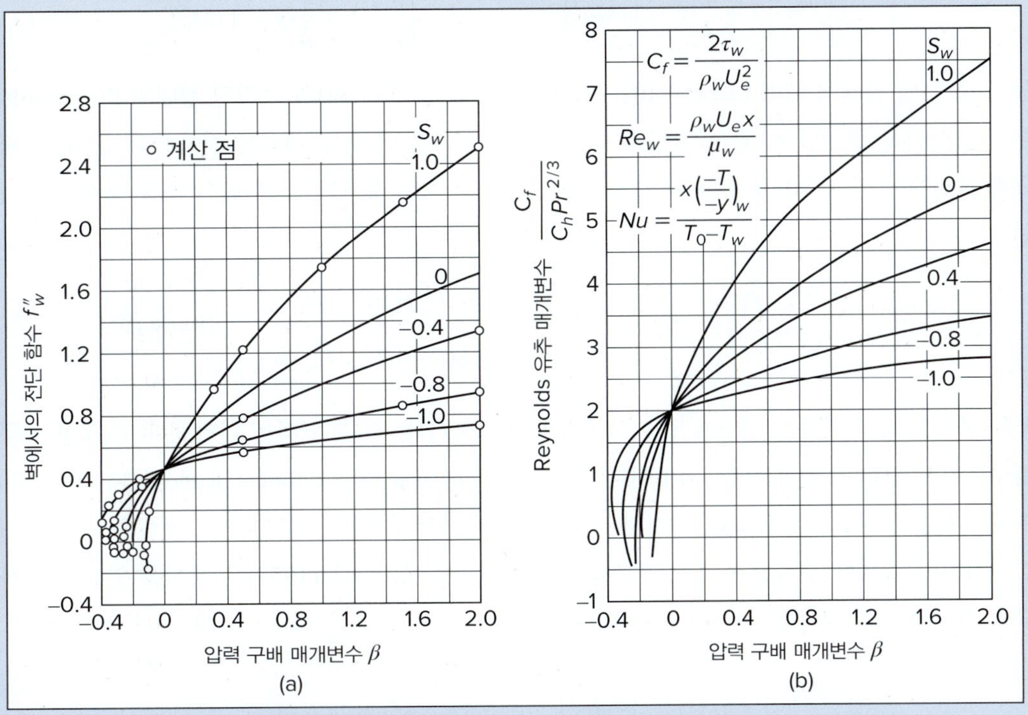

그림 7.10
층류 압축성 유사 유동에 대한 (a) 표면 마찰 $f''(0)$ 및 (b) Reynolds 유추 매개변수의 계산[Cohen과 Reshotko(1956) 이후]

압축성 유사성 해의 광범위한 테이블 세트는 Bae와 Emanuel(1989)의 논문(및 관련 보고서)에서 찾을 수 있다.

그림 7.10은 계산된 벽 전단 응력 함수 $f''(0)$와 β와 S_w의 함수로 Reynolds 유추 계수 $C_f/(C_h Pr^{2/3})$를 보여준다. 압력 구배 모두를 볼 수 있다. 압력 구배와 벽 온도 모두 강한 효과를 준다.

유사하지 않은 유동의 경우, $\beta(x)$의 국부적 값을 계산하고 벽 열 플럭스와 표면 마찰을 추정하기 위해 그림 7.10을 사용하는 것이 첫 번째 근삿값으로 합리적으로 보인다. 이것은 둔한 몸의 앞쪽 부분에 대한 영리한 근사 분석을 수행한 Lees(1956)에 의해 제안되었다. 원통이나 구의 정체점에서 멀어질수록 열 플럭스는 떨어지지만 x나 ϕ의 단순한 함수는 아니다. 국부 Falkner-Skan 매개변수는 다음과 같다.

$$\beta(x) = \frac{2\xi}{U_e}\frac{dU_e}{d\xi} \quad \text{여기서} \quad \xi = \int_0^x \rho_e U_e \mu_e \, dx \tag{7.70}$$

완전 기체의 경우 $U_e = Ma_e\sqrt{\gamma R T_e}$ 관계에서 $U_e(x)$를 계산할 수 있다. Mach 수 $Ma_e(x)$는 식 (7.66a)에 의해 주어진 뉴턴 근삿값으로부터 추정될 수 있다. 접근하는 유동이 초음속인 경우

$$\frac{p_e(x)}{p_0} \approx \frac{p_\infty}{p_0}[1 + Ma_\infty^2 \cos^2\theta(x)] \tag{7.71}$$

높은 Mach 수에서 정상 충격 이론의 비율은 White(2016, p. 615) 예와 같이 $p_0/p_\infty \approx 1 + \gamma Ma_e^2$로 나타난다. 따라서 둥근 코의 경우 $\theta = 2x/D$이므로 식 (7.71)은 완전 기체 등엔트로피 관계에 의해 보완된 표면 Mach 수 Ma_e^2를 예측하는 공식이다.

$$\frac{p_0}{p_e} = \left[1 + \frac{1}{2}(\gamma - 1)Ma_e^2\right]^{\gamma/(\gamma-1)} \quad \text{및} \quad \frac{T_0}{T_e} = 1 + \frac{1}{2}(\gamma - 1)Ma_e^2 \tag{7.72}$$

둥근 코 무딘 몸체에 대해 Lees(1956)는 이러한 근삿값을 식 (7.34)의 수정된 형태의 Illingworth 변환과 결합하고 열전달 $q_w(x)$을 결정할 수 있게 하는 '국부 유사성' 개념을 사용한다. $q_w(x)$는 국부 구배 $\beta(x)$에서 식 (7.70)을 통해 구할 수 있다. 결과는 국부 열 플럭스에 대한 다음 공식으로 나타난다.

$$\frac{q_w(x)}{q_w(0)} \approx \frac{F(x)}{(2^{j+1}K/U_\infty)^{1/2}}, \qquad F(x) = \frac{(C_e U_e / C_0 U_\infty) r_0^j}{\int_0^x (C_e U_e / C_0 U_\infty) r_0^{2j}\, dx} \qquad \text{[Lees(1956)]} \tag{7.73}$$

K는 정체점 속도 구배(그림 7.6 및 7.7)를 나타내고 $r_0(x)$는 표면 반경을 나타낸다. 축대칭 유동의 경우 $j = 1$, 평면 유동의 경우 $j = 0$이다. 또한 $C = \rho\mu/(\rho_e \mu_e)$는 Chapman-Rubesin 매개변수이다. 따라서 $C_e/C_0 = \rho_e\mu_e/(\rho_0\mu_0)$, 여기서 아래 첨자 '0'는 정체점을 나타낸다. 이 공식은 외관상 매우 간단하지만 필요한 구적법은 다소 지루할 수 있다. 이후 Kemp 등(1959)은 분석을 약간 수정하고 승수 형태로 보정 계수를 추가할 것을 제안했다.

$$\frac{q_w(x)}{q_w(0)} \approx \left[\frac{q_w(x)}{q_w(0)}\right]_{\text{Lees}} \left[0.936 + 0.090\sqrt{\beta(x)}\right] \tag{7.74}$$

이 관계는 기껏해야 약 10% 수정으로 이어진다. 식 (7.73) 또는 (7.74)에서, 예를 들어 식 (7.63a) 및 (7.63b)를 사용하여 가능한 한 정확하게 $q_w(0)$를 추정해야 한다.

그림 7.11은 이 두 공식을 극초음속 유동의 반구에서 측정한 실험적 열 플럭스 측정과 비교한다. 이에 대해 둘 다 호의적으로 동의하는 것으로 보인다.

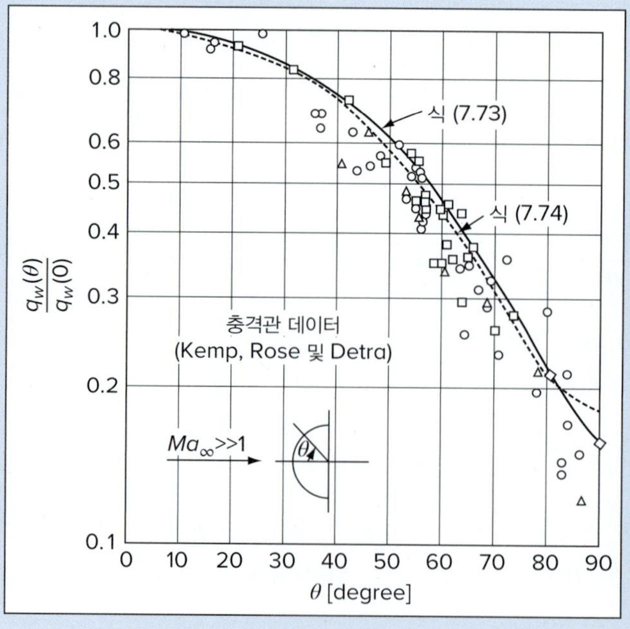

그림 7.11
반구를 지나는 극초음속 층류에서 국부적 열전달에 대한 이론과 실험의 비교

7-4.2 압축 가능한 경계층에 대한 적분 관계

임의의 압축 가능한 경계층에 대한 두 번째 가능한 접근은 4-6절에서 개발된 비압축성 유동 이론과 유사한 Kármán 유형 운동량-적분 관계를 통한 것이다. 접근방식은 거의 변경되지 않았지만 적분 관계는 압축 가능한 경계층 식 (7.22a), (7.22b) 및 (7.22c)에서 다시 파생되어야 한다. 속도 v는 연속 방정식 (7.22a)를 통해 제거되고 식 (7.22b) 및 (7.22c)는 벽에서 무한대로 바깥쪽으로 통합된다. 첫 번째 결과는 운동량-적분 관계이다.

$$\frac{d\theta}{dx} + \frac{\theta}{U_e}\frac{dU_e}{dx}\left(2 + H + \frac{U_e}{\rho_e}\frac{d\rho_e}{dU_e}\right) + \frac{1}{\rho_e U_e^2}\frac{d}{dx}\left(p_e\delta - \int_0^\delta p\,dy\right) = \frac{C_f}{2} \tag{7.75}$$

여기서

$$C_f = \frac{2\tau_w}{\rho_e U_e^2} \qquad H = \frac{\delta^*}{\theta}$$

$$\delta^* = \int_0^\infty \left(1 - \frac{\rho}{\rho_e}\frac{u}{U_e}\right) dy \qquad \text{(압축성 배제 두께)}$$

$$\theta = \int_0^\infty \frac{\rho}{\rho_e}\frac{u}{U_e}\left(1 - \frac{u}{U_e}\right) dy \qquad \text{(압축성 운동량 두께)}$$

단열 자유 유동의 경우

$$\frac{U_e}{\rho_e}\frac{d\rho_e}{dU_e} \equiv -Ma_e^2$$

이 관계는 층류 또는 난류에 대해 유효하다. 일정한 밀도에서 저속 운동의 경우 식 (7.75)는 Kármán 운동량-적분 관계 식 (4.143)으로 정리된다. 압축성 효과는 해석에 세 가지 요소를 추가한다. (1) 밀도 변화는 적분 두께의 정의에 포함되어야 한다. (2) 자유 유동 Mach 수는 압력 구배 항의 중요한 부분이다. (3) 고속에서 경계층을 가로질러 통합된 압력 변동[식 (7.75)의 왼쪽 마지막 항]은 무시하기에는 너무 클 수 있다.

7-4.3 층류 경계층

층류의 경우, 교차 유동방향 압력 변화를 무시하고 단열 자유 유동만 고려하는 것이 일반적이다. 이에 대해 식 (7.75)는

$$\frac{d\theta}{dx} + \frac{\theta}{U_e}\frac{dU_e}{dx}(2 + H - Ma_e^2) \approx \frac{C_f}{2} \tag{7.76}$$

식 (7.75)의 정의에서 θ와 δ^*를 계산할 때 이상 기체 표현 $\rho_e T_e \approx \rho T$를 Crocco-Busemann 관계식 (7.29)로 대체할 수 있다. 이는 다음과 같이 확장될 수 있다.

$$T = T_w + (T_{aw} - T_w)\frac{u}{U_e} - \frac{U_e^2}{2c_p}\left(\frac{u}{U_e}\right)^2 = T_w + (T_{aw} - T_w)\frac{u}{U_e} - (T_{aw} - T_e)\left(\frac{u}{U_e}\right)^2 \tag{7.77}$$

$U_e^2/(2c_p) = T_{aw} - T_e$. 밀도 비율의 항에서,

$$\frac{\rho_e}{\rho} = \frac{T}{T_e} = \frac{T_w}{T_e} + \frac{T_{aw} - T_w}{T_e}\frac{u}{U_e} - \frac{T_{aw} - T_e}{T_e}\left(\frac{u}{U_e}\right)^2 = T_w^* + (T_{aw}^* - T_w^*)F - (T_{aw}^* - 1)F^2 \tag{7.78}$$

여기서 정규화된 속도와 벽 온도는 $F \equiv u/U_e$, $T_w^* \equiv T_w/T_e$, $T_{aw}^* \equiv T_{aw}/T_e$을 나타낸다. 이러한 방식으로 밀도 비율은 배제 및 운동량 두께 적분에서 완전히 제거될 수 있다. 후자는 정규화된 속도와 벽 온도의 함수로 직접 표현할 수 있다. 특히,

$$\delta^* = \int_0^\infty \left[1 - \frac{F}{T_w^* + (T_{aw}^* - T_w^*)F - (T_{aw}^* - 1)F^2}\right]dy \text{ 및 } \theta = \int_0^\infty \frac{F(1-F)}{T_w^* + (T_{aw}^* - T_w^*)F - (T_{aw}^* - 1)F^2}dy \tag{7.79}$$

당연히, 이러한 확장 적분은 온도가 알려지면 평가하기가 더 쉽다. 더욱이, δ^* 및 θ의 비압축성 형태는 $T_{aw}^* = T_w^* = 1$ 또는 $T_w = T_e$와 같은 특수한 경우로 복원될 수 있다.

Walz(1969)의 교재는 식 (7.76)의 해에 대한 여러 접근방식을 논의한다. 여기서는 속도와 밀도를 모두 y/δ의 다항식으로 근사함으로써 고전적인 Kármán-Pohlhausen 기술을 확장한 Gruschwitz(1950)의 방법만 제시한다. 단일 매개변수는 무차원 압력 구배 λ 또는 Λ이다.

$$\lambda = \frac{T_w}{T_e}\frac{\theta^2}{\nu_e}\frac{dU_e}{dx} = \Lambda\left(\frac{\theta}{\Delta}\right)^2 \qquad \text{[Pohlhausen(1921)]} \tag{7.80}$$

여기서

$$\Delta = \int_0^\delta \frac{\rho}{\rho_e}dy \quad \text{및} \quad \frac{\theta}{\Delta} = \frac{37 - \Lambda/3 - 5\Lambda^2/144}{315}$$

저속 단열 유동의 경우 $\rho \approx \rho_e$, $\Delta \approx \delta$ 및 Λ는 Pohlhausen의 원래 매개변수$((\delta^2/\nu)\,dU/dx)$로 정리된다. Gruschwitz는 운동량-적분 및 기계-에너지 적분 관계에서 다항식 분포를 대체하고, 계산 후에 문제는 운동량 두께 $\theta(x)$에 대한 단일 1차 미분 방정식으로 정리된다.

$$\frac{\theta U_e}{\nu_e}\frac{d\theta}{dx} = F_1(\lambda) - \lambda\frac{T_e}{T_w}\left[2 - Ma_e^2 F_2(\lambda)\right] \tag{7.81}$$

U_e, ν_e, Ma_e, T_e/T_w의 변형은 x의 알려진 함수라고 가정한다. 그런 다음 Gruschwitz는 Prandtl 수와 비열비를 매개변수로 포함하는 F_1 및 F_2에 대한 다항식을 지정한다.

$$\begin{aligned} F_1 &= 2\frac{\theta}{\Delta}\left(1 - \frac{\Lambda}{15} + \frac{\Lambda^2}{240}\right) \approx 0.235\exp(-5.4\lambda), \\ F_2 &= 1 - \frac{\gamma - 1}{2}\frac{\Delta}{\theta}\left[\frac{\delta_3}{\Delta} - \frac{Pr(12 + \Lambda)^2}{2160}\right] \approx 0.78\exp(1.5\lambda) \end{aligned} \tag{7.82}$$

여기서

$$\frac{\delta_3}{\Delta} = \frac{798{,}048 - 4{,}656\Lambda - 758\Lambda^2 - 7\Lambda^3}{4{,}324{,}320}$$

지수 근사는 $Pr = 0.72$, $\gamma = 1.4$의 특수한 경우에 해당하며, 이는 공기에 매우 가깝고 불필요한 계산을 피한다. Gruschwitz의 방법은 정확도면에서 몇 가지 더 정교한 기술과 동등한 방법이다.

식 (7.81)~(7.82)의 (수치적) 해에서 $\lambda(x)$가 발견되고, 식 (7.80)에서 $\Lambda(x)$가 계산되면 국소 표면 마찰 박리점은 다음에서 추정할 수 있다.

$$C_f = \frac{2\tau_w(x)}{\rho_e U_e^2} \approx \frac{4\nu_e}{U_e \Delta}\left(1 + \frac{\Lambda}{7}\right) \quad (\text{표면 마찰}), \quad \lambda \approx -0.1, \quad \Lambda \approx -7 \quad (\text{박리}) \tag{7.83}$$

이러한 방정식은 대수적으로는 복잡하지만 수치적으로 프로그래밍하여 풀기 쉽다. Gruschwitz (1950)의 층류 방법에 대한 자세한 내용은 Schreier(1982)를 참조하라.

7-4.4 압축성 층류 유동에 대한 유한 차분법

층류 경계층 방정식은 잘 정의되어 있고 본질적으로 경험적 이론이 없기 때문에 유한 차분 또는 유한 요소법으로 풀 수 있다. 많은 연구자들이 수치적 접근을 제안했으며, 이들 중 일부는 Cebeci 와 Smith(1974), Schreier(1982), Anderson(2000)의 교재에서 논의되었다. 게시된 방법의 대부분은 수치 근사를 적용하기 전에 좌표 변환을 사용한다. 여기에서는 4-7절의 비압축성 유동 방법의 확장으로 원시 변수(u, v, ρ, p, T)에 유한 차분 접근법을 제시한다. 본 결과는 이해하고 프로그램하기 쉽다는 장점이 있다.

2차원의 안정된 압축성 유동만을 고려한다. 그림 7.12와 같이 격자점의 (x, y) 위치를 첨자 (m, n)으로 표시하며, 이는 그림 4.30으로 편리하게 나타낸 것이다. 각 노드의 변수는 $u_{m,n}$, $v_{m,n}$, $\rho_{m,n}$, 그리고 $T_{m,n}$으로 표시된다. 수송 특성 $\mu_{m,n}$, $k_{m,n}$ 및 $c_{p_{m,n}}$ 또한 온도 변화로 인해 변한다. 자유 유동 속성은 $U_{e,m}$, $T_{e,m}$, $p_{e,m}$ 및 $\rho_{e,m}$의 하나의 좌표 첨자를 가지는 x에 대한 함수로 가정한다. Prandtl 수는 일정하다고 가정한다.

7-4.4.1 명시적 모델

x운동량 식 (7.1b)의 정상 형태는 다음과 같이 표현할 수 있다.

$$\rho u \frac{\partial u}{\partial x} + \rho v \frac{\partial u}{\partial y} = \rho_e U_e \frac{dU_e}{dx} + \frac{\partial \mu}{\partial y}\frac{\partial u}{\partial y} + \mu \frac{\partial^2 u}{\partial y^2} \tag{7.84}$$

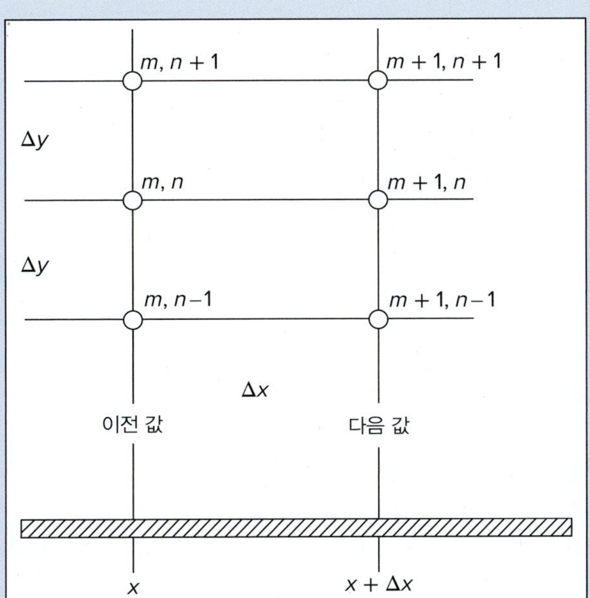

그림 7.12
2차원 경계층에 대한 유한 차분 격자

여기서 점성 항을 두 부분으로 나누었다. 4-7.1절의 전개와 유추하여 이 방정식의 유한 차분 모델은 다음과 같이 쓸 수 있다.

$$\rho_{m,n}u_{m,n}\frac{u_{m+1,n}-u_{m,n}}{\Delta x}+\rho_{m,n}v_{m,n}\frac{u_{m,n+1}-u_{m,n-1}}{2\Delta y}\approx\frac{\rho_{e,m}\left(U_{m+1}^2-U_m^2\right)}{2\Delta x}$$
$$+\frac{(\mu_{m,n+1}-\mu_{m,n-1})(u_{m,n+1}-u_{m,n-1})}{(2\Delta y)^2}+\mu_{m,n}\frac{u_{m,n+1}-2u_{m,n}+u_{m,n-1}}{\Delta y^2}$$

이것을 정리하고 (단일) 하류 유속을 풀면 다음을 얻는다.

$$u_{m+1,n}\approx(\alpha^*-\beta+\zeta)u_{m,n+1}+(1-2\alpha^*)u_{m,n}+(\alpha^*+\beta-\zeta)u_{m,n-1}+\frac{\rho_{e,m}\left(U_{m+1}^2-U_m^2\right)}{2\rho_{m,n}u_{m,n}} \tag{7.85}$$

여기서

$$\alpha^*=\frac{\mu_{m,n}\Delta x}{\rho_{m,n}u_{m,n}\Delta y^2},\qquad\beta=\frac{v_{m,n}\Delta x}{2u_{m,n}\Delta y},\qquad\zeta=\frac{(\mu_{m,n+1}-\mu_{m,n-1})\Delta x}{4\rho_{m,n}u_{m,n}\Delta y^2}$$

식 (7.85)는 식 (4.167)에 의해 주어진 비압축성 공식의 압축성 유사체를 나타낸다.

다음으로 에너지 식 (7.1d)의 정상 형태, 즉

$$\rho uc_p\frac{\partial T}{\partial x}+\rho vc_p\frac{\partial T}{\partial y}=u\frac{dp_e}{dx}+\mu\left(\frac{\partial u}{dy}\right)^2+\frac{\partial k}{\partial y}\frac{\partial T}{\partial y}+k\frac{\partial^2T}{\partial y^2} \tag{7.86}$$

4-8.2절의 전개를 모방할 때, 이 방정식의 명시적 유한 차분 모델은 다음과 같이 쓸 수 있다.

$$(\rho uc_p)_{m,n}\frac{T_{m+1,n}-T_{m,n}}{\Delta x}+(\rho vc_p)_{m,n}\frac{T_{m,n+1}-T_{m,n-1}}{2\Delta y}\approx-\frac{u_{m,n}\rho_{e,m}\left(U_{m+1}^2-U_m^2\right)}{2\Delta x}+\mu_{m,n}\left(\frac{u_{m,n}-u_{m,n-1}}{\Delta y}\right)^2$$
$$+\frac{(k_{m,n+1}-k_{m,n-1})(T_{m,n+1}-T_{m,n-1})}{(2\Delta y)^2}+k_{m,n}\frac{T_{m,n+1}-2T_{m,n}+T_{m,n-1}}{\Delta y^2}$$

이것은 다음과 같은 명시적 체계로 재배열될 수 있다.

$$T_{m+1,n}\approx\left(\frac{\alpha^*}{Pr}-\beta+\frac{\zeta}{Pr}\right)T_{m,n+1}+\left(1-\frac{2\alpha^*}{Pr}\right)T_{m,n}+\left(\frac{\alpha^*}{Pr}+\beta-\frac{\zeta}{Pr}\right)T_{m,n-1}$$
$$-\frac{\rho_{e,m}\left(U_{m+1}^2-U_m^2\right)}{2(\rho uc_p)_{m,n}}+\frac{\alpha^*}{c_{p,m,n}}(u_{m,n}-u_{m,n-1})^2 \tag{7.87}$$

이것은 식 (4.184)의 압축 가능한 형태이다. 마지막으로 식 (7.1a)의 연속성은 다음과 같이 이산화될 수 있다.

$$\frac{(\rho u)_{m+1,n}-(\rho u)_{m,n}}{2\Delta x}+\frac{(\rho u)_{m+1,n-1}-(\rho u)_{m,n-1}}{2\Delta x}+\frac{(\rho v)_{m+1,n}-(\rho v)_{m+1,n-1}}{\Delta y}\approx0$$

다음 격자점에서 법선 속도를 해결하기 위해 재배열하면 다음과 같다.

$$v_{m+1,n}\approx\frac{(\rho v)_{m+1,n-1}}{\rho_{m+1,n}}-\frac{\Delta y}{2\rho_{m+1,n}\Delta x}[(\rho u)_{m+1,n}-(\rho u)_{m,n}+(\rho u)_{m+1,n-1}-(\rho u)_{m,n-1}] \tag{7.88}$$

이 식은 식 (4.169)에 해당한다. $(m+1)$에서의 밀도값은 온도가 식 (7.87)에서 알려지면 완전 기

체 법칙에서 직접 계산할 수 있다. 일반적으로

$$\frac{\rho_{m,n}}{\rho_e} = \frac{T_e}{T_{m,n}} \tag{7.89}$$

수송 특성은 알려진 온도에서 계산할 수 있다. 예를 들어 공기의 경우 표 1.1 및 1.2에서 멱법칙을 사용하여 다음을 얻을 수 있다.

$$\frac{\mu_{m,n}}{\mu_e} \approx \left(\frac{T_{m,n}}{T_e}\right)^{0.666}, \qquad \frac{k_{m,n}}{k_e} \approx \left(\frac{T_{m,n}}{T_e}\right)^{0.81} \tag{7.90}$$

이어서 $c_{p_{m,n}} = k_{m,n}Pr/\mu_{m,n}$을 추론할 수 있다. 식 (7.85) 및 (7.87)~(7.90)은 새로운 점 $(m + 1, n)$에서 $(u, T, v, \rho, \mu, k, c_p)$에 대해 집합적으로 풀어야 한다. 방법이 명시적이므로 $Pr < 1$인 기체를 가정할 때 수치적 안정성을 위해 다음 부등식을 유지해야 한다.

$$\frac{\alpha^*}{Pr} < 0.5, \qquad \beta < \frac{\alpha^*}{Pr}, \qquad \frac{\zeta}{Pr} < \beta \tag{7.91}$$

이러한 매개변수는 수렴을 보장하기 위해 계산 중에 지속적으로 모니터링해야 한다.

7-4.4.2 암시적 모델

4-7.2절과 유사하게 암시적 유한 차분 체계는 다음 스테이션 $(m + 1)$에서 u와 T의 2차 도함수를 평가하여 설정될 수 있다. 그런 다음 2개의 삼각관계를 얻는다.

$$\begin{aligned} -\alpha^* u_{m+1,n+1} + (1 + 2\alpha^*)u_{m+1,n} - \alpha^* u_{m+1,n-1} \approx u_{m,n} &+ \frac{\rho_{e,m}\left(U_{m+1}^2 - U_m^2\right)}{2\rho_{m,n}u_{m,n}} \\ &- (\beta - \zeta)(u_{m,n+1} - u_{m,n-1}) \end{aligned} \tag{7.92}$$

$$\begin{aligned} -\frac{\alpha^*}{Pr}T_{m+1,n+1} + \left(1 - \frac{2\alpha^*}{Pr}\right)T_{m+1,n} - \frac{\alpha^*}{Pr}T_{m+1,n-1} \approx T_{m,n} &+ \frac{\alpha^*}{c_{p_{m,n}}}(u_{m,n} - u_{m,n-1})^2 \\ &- \frac{\rho_{e,m}\left(U_{m+1}^2 - U_m^2\right)}{2(\rho u c_p)_{m,n}} - \left(\beta - \frac{\zeta}{Pr}\right)(T_{m,n+1} - T_{m,n-1}) \end{aligned} \tag{7.93}$$

이것은 4-7.2.1절에 설명된 삼각 행렬 알고리즘을 사용하여 새로운 속도와 온도에 대해 식 (7.88)과 함께 풀 수 있다. 일반적으로 이 암시적 계산은 대수적으로 더 복잡하지만 명시적 공식보다 주어진 정확도에 대해 더 빠르다. 밀도 및 수송 특성은 식 (7.89) 및 (7.90)에 의해 다시 계산된다.

명시적 또는 암시적 방법에 대한 경계 조건은 다음과 같다.

알려진 자유 유동 조건: $$U_e, T_e, \rho_e \tag{7.94a}$$

점착 조건: $$u_{m,1} = v_{m,1} = 0 \tag{7.94b}$$

온도 점프 없음: $$T_{m,1} = T_w \tag{7.94c}$$

알려진 벽 열 플럭스: $$T_{m,2} \approx T_{m,1} + \frac{q_w \Delta y}{k_{m,1}} \tag{7.94d}$$

알려진 초기 형상: $$u_{1,n}, v_{1,n}, T_{1,n} \tag{7.94e}$$

암시적 방법에는 안정성 제한이 없지만 결과로 나타나는 잘림 오류를 방지하기 위해 작은 격자 크기(Δx, Δy)를 선택해야 한다.

7-4.4.3 예: 단열 벽이 있는 평판

이전에 논의한 유한 차분법은 원칙적으로 알려진 자유 유동 및 벽 온도 조건을 가진 모든 층류, 압축성, 경계층에 적용될 수 있다. 예를 들어, 자유 유동 온도가 300 K이고 Prandtl 수가 0.71이라고 가정하고 $Ma_e = 3.0$ 평판 위의 유동을 생각해 보자. 점도 및 열전도도는 식 (7.90)의 멱법칙 근사에 의해 쉽게 계산된다. 횡방향 격자 크기 Δy는 속도 분포가 약 40포인트를 포함하도록 선택할 수 있다. 유동방향 단계 크기 Δx는 각 단계에서 속도와 온도가 5% 이하로 변하도록 선택할 수 있다. 불안정성을 피하기 위해 7-4.4.2절의 암시적 방법을 쉽게 구현할 수 있다.

그림 7.13은 단열 및 차가운 벽($T_w = T_e$) 모두에 대한 계산 결과를 보여준다. 그림 7.3 및 7.4의 정확한 분석 결과와 비교하여 회복 계수 $r \approx 0.81$에 해당하는 단열 벽 온도는 약간 더 낮게 나타난다. 또한 차가운 벽은 점성 소산에 의해 생성된 고온을 크게 억제하고 더 얇고 둥근, 더 안정적인(즉, 천이에 대한 내성) 속도 분포를 생성한다. 단열 및 차가운 벽에 대해 각각 $C_D\sqrt{Re_x} \approx 1.18$ 및 1.28의 계산된 값은 그림 7.5(a)의 정확한 값에 매우 가깝다. 이러한 수치적 접근은 합리적이며, 성공적 접근으로 보인다.

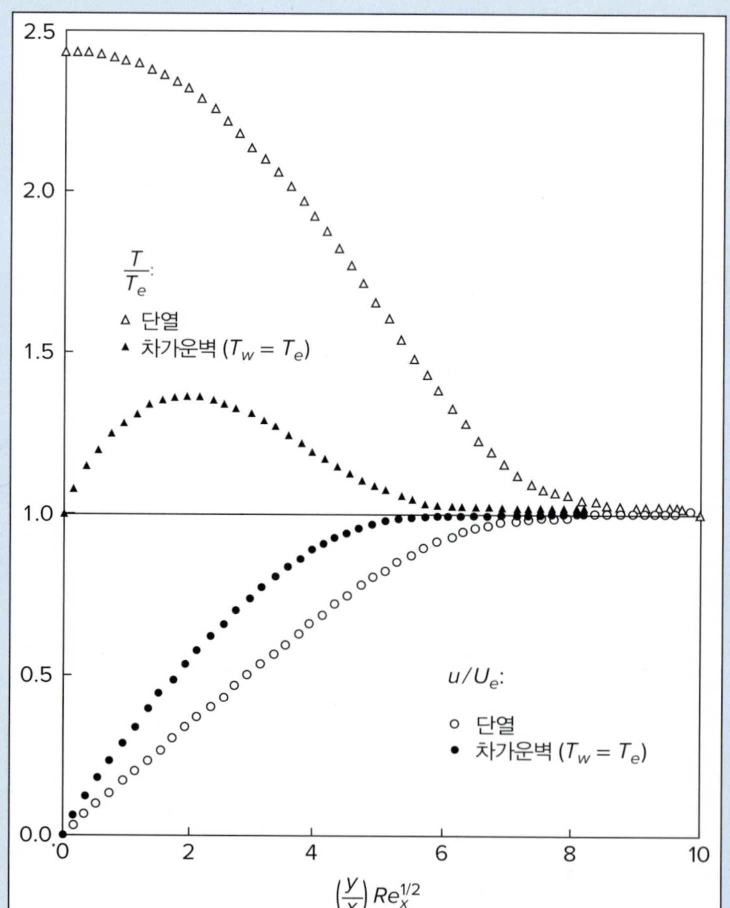

그림 7.13
식 (7.88), (7.92), (7.93)으로부터 Ma = 3.0에서 평판 유동의 속도 및 온도 분포에 대한 디지털 컴퓨터 결과

7-4.4.4 예: 초음속 선형 감속 유동

역압 구배를 포함하는 두 번째 예로서, $U = U_0(1 - x/L)$인 4-5.1절에서 Howarth 유동의 확장을 압축성 선형 감소로 확장하는 것을 고려한다. 자유 유동 Mach 수는 다음 식과 같다.

$$Ma_e(x) = Ma_0\left(1 - \frac{x}{L}\right) \tag{7.95}$$

비압축성 조건인 $Ma_0 \ll 1$에서 이 층류 운동은 $x/L \approx 0.12$에서 박리된다(그림 4.25 또는 4.31 참조). 더 높은 Mach 수의 경우 단열 벽을 가정하고 적분 방법의 예측을 유한 차분 해의 예측과 비교한다. 다시 $Pr = 0.71$인 300 K에서 자유 유동을 공기로 사용한다.

식 (7.95)를 Gruschwitz 적분 방법인 식 (7.81)과 함께 사용하는 것은 매우 간단하다. 벽 온도에 대한 추정만 필요하며 '국부' 회복 계수를 $r \approx \sqrt{Pr} \approx 0.84$로 가정하여 진행할 수 있다.

$$\frac{T_w}{T_e} \approx 1 + (0.71)^{1/2}\left(\frac{1.4 - 1}{2}\right)Ma_e^2 = 1 + 0.1685Ma_e^2 \tag{7.96}$$

Runge-Kutta 방법에 의한 식 (7.81)의 적분은 쉽게 $\theta(x)$를 생성할 것이며, 이를 통해 식 (7.80) 및 (7.83)에서 직접 $\lambda(x)$ 및 $C_f(x)$를 각각 추론할 수 있다.

대안으로, 7-4.4.2절의 암시적 수치 방법은 단열 벽($q_w = 0$) 근사 및 $T_{m,2} = T_{m,1}$과 함께 식 (7.95)를 사용하여 프로그래밍할 수 있다. 이러한 맥락에서 경계층은 각 x 스테이션에서 최소 40개의 격자점 Δy로 이산화될 수 있다. 각 방법에 의해 예측된 국소 표면 마찰은 그림 7.14에 나타내었다. $Ma = 0$의 경우는 그림 4.31에 해당한다. 이 경우 압축성은 층류 경계층의 조기 박리를 유발한다는 것을 알 수 있다. 그림 7.14의 수치 결과를 신뢰할 수 있다고 가정하면 Gruschwitz의 적분 방법은 질적으로는 정확하지만 Mach 수를 증가시킬 때는 부정확한 것으로 특징지을 수 있다.

이 예의 흥미로운 측면은 계산된 단열 벽 온도가 특히 박리 근처에서 예상보다 낮은 것으로 판명되었다는 것이다. 박리 근처에 계산된 회복 계수의 다음 표는 이 점을 보여준다.

Ma_0	0	1	2	3	4	5	6
r_{sep}	0.84	0.82	0.75	0.68	0.61	0.55	0.51

이 거동의 이유는 주어진 U_e값에 대해 박리 근처의 벽 근처 전단 응력이 감소하고 점성 소산 항 $[\mu(\partial u/\partial y)^2]$가 작아지므로 $U_e^2/(2c_p)$에 비해 내부 에너지가 적게 생성된다. T_{aw}/T_e 사전에 추정하기 어려우므로 식 (7.81)의 Gruschwitz 방법으로 사전 프로그래밍할 수 없다.

7-4.4.5 기타 수치해

항공우주 산업은 압축성 점성 유동에 대한 많은 CFD 접근방식을 개발했다. 슈퍼컴퓨터가 이제 수십억 개의 격자 위치를 제공할 수 있기 때문에 층류 유동은 3차원 기하학의 경우에도 성공적으로 적용 가능하다. 이제 Agarwal(1999)이 검토한 것처럼 복잡한 항공기 모양 주변의 초음속 유동장

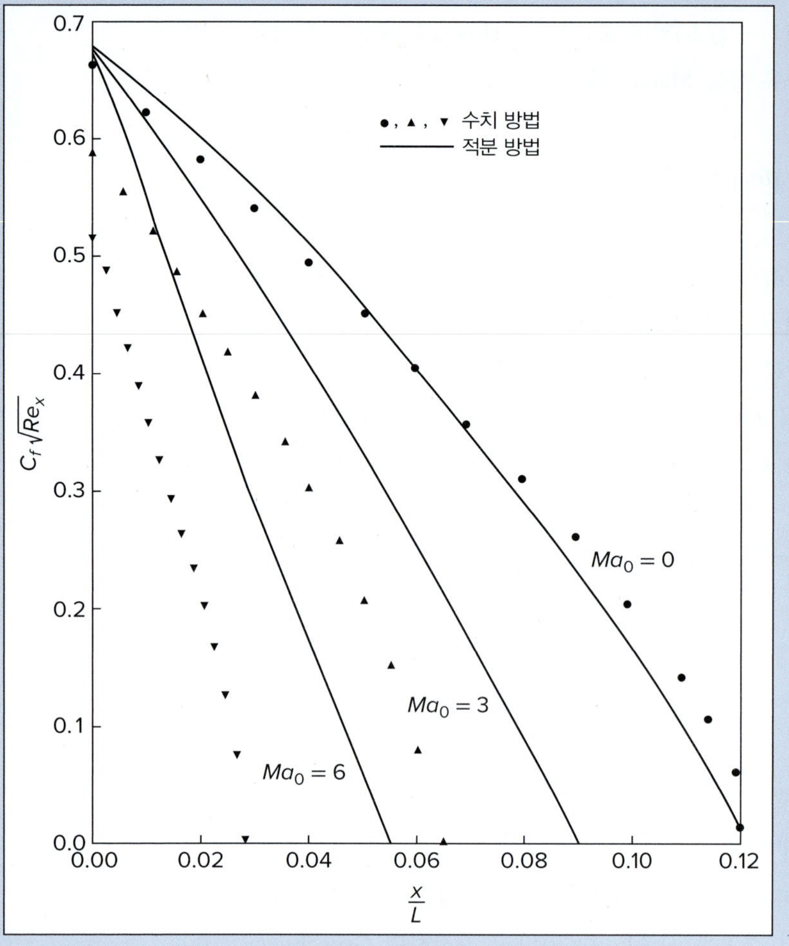

그림 7.14
선형적으로 감소하는 자유 유동 Mach 수를 갖는 경계층: 적분 방법의 비교[식 (7.81)], 암시적 유한 차분 방법[식 (7.88), (7.92), (7.93)].

을 계산할 수 있다. 그러나 항공기 유동의 난류 모델링 부분은 그렇게 정확하지 않다. 주로 비점성인 압축성 유동 CFD 방법은 Laney(1998), Anderson(2002), Chattot(2002) 및 Felcman 등(2003)에 의해 제안되었다. 충격파 불연속성은 종종 존재하나 예측하기가 어렵다. 우수한 충격 포착 및 충격 맞춤 CFD 체계가 개발되었으며, 대부분의 경계층 계산은 유한 차분을 사용하지만 유한 요소법도 성공적으로 적용되었다[Hytopoulos 등(1993)]. 압축성 경계층 적분 방법은 Devenport와 Schetz(2002)의 인터넷 애플릿에서도 사용할 수 있다.

경계층 계산은 McDonnell-Douglas Corp.의 A. M. O. Smith와 동료들의 작업으로 1960년대에 시작되었다. 그림 7.15는 둥근 어깨를 가진 평평한 코 원통을 지나는 극초음속 유동에 대한 Smith와 Clutter(1965)의 계산을 보여준다. Kemp 등(1959)의 데이터와의 일치가 적절하다는 것을 쉽게 알 수 있다. Lees(1956)의 식 (7.73)과 (7.74)의 단순 상관관계도 상당히 합리적이다. 이러한 결과는 $U_e(x)$ 및 $T_e(x)$에 대한 정확한 자유 유동 분포를 산출하기 위해 예비 비점성 계산이 필요하다.

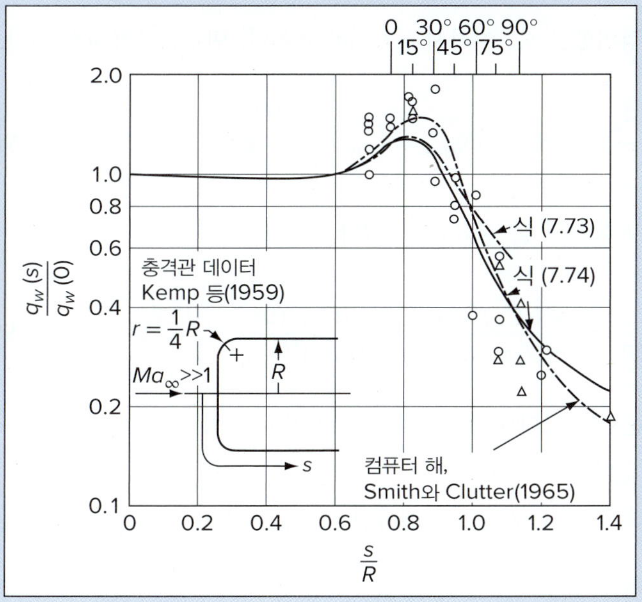

그림 7.15
평평한 코 원통을 지나는 층류 극초음속 유동의 표면 열 플럭스에 대한 이론과 실험의 비교

7-5 압축성 층류의 특별 주제

압축성 (초음속) 점성 유동의 주제는 다음을 포함하여 연구 중인 많은 주제가 있기 때문에 광범위한 주제로 볼 수 있다. (1) 고온에서 공기를 별도의 종으로 분해, 특히 산소와 질소의 해리로 인해 종 확산이 발생한다. (2) 연소, 이온화 및 기타 비평형 열역학적 과정, (3) 고온 기체 경계층으로부터의 복사 및 (4) 경계층으로의 이물질 주입. 여기서는 이 두 가지 주제에 대해 간략하게 논의할 예정이다. 자세한 내용은 Anderson(2000)을 참조할 수 있다.

7-5.1 층류 초음속 원뿔 법칙

입사각이 0인 원뿔을 지나는 비점성 초음속 유동의 경우를 고려해 보자[예, Shapiro(1954, Chap. 17)]. $Ma_\infty > 1.2$와 55° 미만의 원뿔 반각에 대해 충격파는 원뿔 꼭짓점에 부착된 상태로 유지되고 원뿔 표면의 유동은 일정한 속도, 압력 및 온도를 갖는다. 이와 같이 입사각이 0인 초음속 원뿔의 경계층은 평판류와 유사한 특성을 나타낸다. 0 압력 구배 외에도 T_w가 일정하다고 가정한다.

경계층 유동은 축대칭이며 Lees(1956)는 식 (7.34)를 통해 적용 가능한 Illingworth 변환을 다음과 같이 수정했다.

$$\xi = \int_0^x \rho_e U_e \mu_e r_0^{2j}\, dx \quad 및 \quad \eta = \frac{\rho_e U_e r_0^j}{\sqrt{2\xi}} \int_0^y \frac{\rho}{\rho_e} dy \tag{7.97}$$

여기서 $r_0(x)$는 체표면 반경을 나타내고, 지수 $j = 1$은 축대칭 유동에 대해 유지되고 $j = 0$은 평면 운동에 대해 유지된다. 식 (4.208)에 구현된 비압축성 Mangler 변환과 유사한 점에 유의할 필요가 있다. 경계층 운동량 및 에너지 방정식에 대입하면 식 (7.47a) 및 (7.47b)에 의해 주어진 유사성 관계가 얻어진다.

이제 반각 ϕ와 $r_0 = bx$의 원뿔을 정의했을 때, 여기서 $b = \tan^{-1}\phi$이다. 변수는 ξ와 η가 된다.

$$\xi_{\text{cone}} = \frac{\rho_e U_e \mu_e b^2 x^3}{3} \quad \text{및} \quad d\eta_{\text{cone}} = \left(\frac{3\rho_e U_e}{2x\mu_e}\right)^{1/2} \rho\, dy \tag{7.98}$$

$d\eta/dy$에 대한 식에서 표면에서 표면 마찰 계수를 계산할 수 있다.

$$C_{f,\,\text{cone}} = \frac{2\tau_w}{\rho_e U_e^2} = \frac{\sqrt{6}\,C_w f''(0)}{(\rho_e U_e x/\mu_e)^{1/2}} = \frac{\sqrt{6}\,C_w f''(0)}{(Re_{xe})^{1/2}} \tag{7.99}$$

여기서 C는 Chapman-Rubesin 매개변수를 나타내고 $f''(0)$은 $\beta = 0$인 0 압력 구배에 대한 유사성 식 (7.47a) 및 (7.47b)에서 계산할 수 있다.

벽 온도가 일정한 평판 유동에 대해 동일한 분석을 수행하면 다음을 얻는다.

$$\xi_{\text{plate}} = \rho_e U_e \mu_e x, \quad d\eta_{\text{plate}} = \left(\frac{\rho_e U_e}{2x\mu_e}\right)^{1/2} \rho\, dy \text{ 및 } C_{f,\,\text{plate}} = \frac{\sqrt{2}C_w f''(0)}{(\rho_e U_e x/\mu_e)^{1/2}} = \frac{\sqrt{2}C_w f''(0)}{(Re_{xe})^{1/2}} \tag{7.100}$$

흥미롭게도, 원뿔과 판이 같은 T_w/T_e를 가진다면 C_w는 둘 다 동일할 것이다. 또한 Mach 수와 비열비가 둘 다 동일하면 $\beta = 0$에 대한 동일한 유사성 방정식에서 비롯되기 때문에 $f''(0)$은 동일하다. 두 C_f 식에서 원뿔 대 판 규칙은 층류 압축성 유동에 대해 쉽게 식별될 수 있다. 적어도 두 가지 관점을 취할 수 있다.

$$\text{만약} \quad Re_{xe,\,\text{cone}} = Re_{xe,\,\text{plate}} \text{ 이면,} \qquad C_{f,\,\text{cone}} = \sqrt{3}C_{f,\,\text{plate}} \tag{7.101a}$$

$$\text{만약} \quad C_{f,\,\text{cone}} = C_{f,\,\text{plate}} \text{ 이면,} \qquad Re_{xe,\,\text{cone}} = 3Re_{xe,\,\text{plate}} \tag{7.101b}$$

식 (7.101a)의 보기는 문헌에 명시된 일반적인 보기이다. 원뿔과 판의 국부 Reynolds 수, Mach 수 및 벽 온도 비율이 같으면 원뿔 표면 마찰은 판의 국부 마찰보다 73.2% 더 높다. 또한 둘 다 동일한 Prandtl 수를 갖는다면 원뿔 국부 열 플럭스도 판보다 73.2% 더 높다. 이 거동은 Reynolds 유추[식 (7.56c)]를 따른다. 난류 원뿔 규칙(7–8.4절)도 있지만 이 경우 원뿔 대 판 C_f 및 C_h의 비율은 단순 제곱근인 1.732가 아니라 약 1.1~1.15에 불과하다. 이러한 이유로 Reynolds 수 비에 대한 식 (7.101b)는 난류 원뿔 규칙이 지정되는 방식이다.

7–5.2 극초음속 유동: 충격파 경계층 상호작용

초음속 유동이 극초음속 조건으로 증가함에 따라 경계층과 자유 유동 사이의 상호작용이 중요해진다. Anderson(2002)이 언급한 것처럼 극초음속(그리스어, hyper: 초과)의 정의는 일반적으로 $Ma > 5$에 해당하지만 융통성이 있는 용어이다. 주요 지표는 충격파 경계층의 상호작용에 따라 다르다. 충격파가 강하면 유동은 극초음속이다.

상호작용은 다음과 같다. (1) 경계층의 변위 효과에 의해 유도된 압력, (2) 전연의 둔기로 인한 폭발파 효과, (3) 초음속 압축 코너에서의 유동 박리, (4) 경계층에 충돌하는 충격파 및 (5) 곡

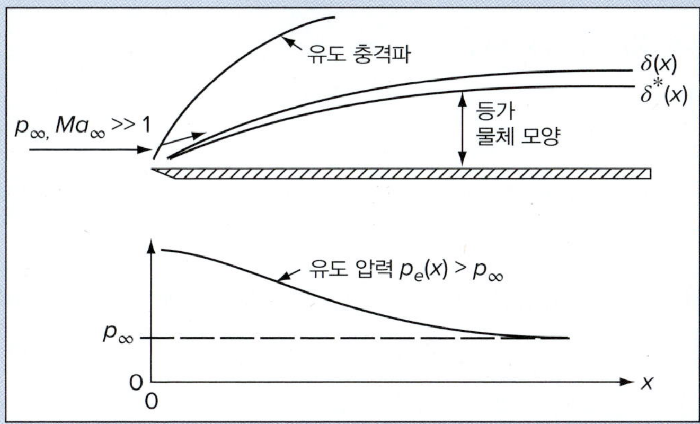

그림 7.16
경계층 변위에 의해 유발된 평판 선단 충격파 및 압력 분포

선 상류 충격파에서 도입된 와도로 인한 경계층 변화. 상호작용 문제는 외부 비점성 방정식과 내부 점성 유동 방정식을 동시에 풀어야 하기 때문에 흥미로운 문제로 볼 수 있다. 극초음속 유동 이론에 대한 리뷰는 Hayes와 Probstein(1959), Dorrance(1962), Rasmussen(1994), Smits과 Dussauge(1996), Anderson(2000)의 책에서 볼 수 있다.

그림 7.16과 같이 날카로운 모서리가 있는 평판을 지나는 초음속 유동의 특정 문제를 살펴보자. 경계층은 유한하지만 작은 변위 효과 $\delta^*(x)$를 가지며, 이는 저속에서는 무시할 수 있지만 고속에서는 상당한 유도 선단 충격파를 유발한다. 충격은 그림 7.16에 표시된 것처럼 앞전 영역에서 압력 $p_e(x)$를 증가시킨다. 이러한 압력 상승과 관련하여 표면 마찰과 표면 열전달이 증가한다.

극초음속 경계층에서는 자유 유동에 비해 벽 근처의 온도가 높고 밀도가 낮다. 따라서 $\rho/\rho_e \ll 1$이므로 배제 두께 $\delta^* = \int_0^\delta [1 - \rho u/(\rho_e U_e)]\, dy \approx \delta$이다. 결과적으로 식 (7.60)은 $Ma_e \approx Ma \gg 1$이면

$$\frac{\delta^*}{x} \approx \frac{\delta}{x} \approx \frac{C_w^{1/2}}{Re_{xe}^{1/2}}\left[\left(0.2 + 0.9\frac{T_w}{T_{aw}}\right)(\gamma - 1)Ma_e^2\right] \approx (\text{상수})\, Ma_\infty^2 \left(\frac{C_w}{Re_x}\right)^{1/2} \tag{7.102}$$

배제 두께는 접근하는 초음속 유동에 대한 증가하는 '몸체 모양'을 나타내며, 이는 국부 각도 $\phi \approx d\delta^*/dx$만큼 편향되어야 한다. $Ma_\infty \gg 1$일 때 경사-충격 공식[예, White(2016, Chap. 9)]은 충격을 가로지르는 압력 상승이 대략적으로 비열비와 단일 매개변수 $K = Ma_\infty \phi$의 함수임을 보여준다.

$$\frac{p_e}{p_\infty} \approx 1 + \frac{\gamma}{4}(\gamma + 1)K^2 + \gamma K\left\{1 + \left[\frac{(\gamma + 1)K}{4}\right]^2\right\}^{1/2} \tag{7.103}$$

이 공식은 $K = O(1)$, $\phi < 20°$일 때마다 유효하다.

식 (7.102)의 미분은 다음 식과 같으며, $d\delta^*/dx$도 $Ma_\infty^2 (C_w/Re_x)^{1/2}$이다. 매개변수 K는 다음과 같이 쓸 수 있다.

$$K = Ma_\infty\left(\frac{d\delta^*}{dx}\right) = (\text{상수})\,\chi, \qquad \chi = Ma_\infty^3 \left(\frac{C_w}{Re_{x_\infty}}\right)^{1/2} \tag{7.104}$$

새로운 χ는 극초음속 상호작용 매개변수라고 한다. 그림 7.16의 선단 상호작용의 강도는 이 매개변수의 크기에 따라 다르다. 다음과 같은 추정값이 적용된다.

$\chi \ll 1$: 무시할 수 있는 상호작용 효과

$\chi = O(1)$: 약한 상호작용; (결합되지 않은) 몸체 모양 $\delta^*(x)$에 대한 초음속 비점성 유동을 간단히 가정하여 계산할 수 있다.

$\chi \gg 1$: 강한 상호작용; $\delta^*(x)$와 외부 초음속 유동은 강한 상호의존적이며 동시에 해결해야 한다.

결과적으로 이러한 모든 체제에 유효한 상미분 방정식을 도출할 수 있으므로 약한 상호작용과 강한 상호작용을 실제로 구분할 필요가 없다. Bertram과 Blackstock(1961)은 이러한 유형의 이론에 대해 발표하였다.

그림 7.16과 같이 $p_e(x)$가 x에 따라 감소하기 때문에 압력 구배가 양호하여 배제 두께가 약간 감소하는 경향이 있다. Bertram과 Blackstock(1961)의 광범위한 계산 결과 평판에 대한 다음과 같은 대수적 상관관계가 나타났다.

$$\frac{\delta^*}{x} \approx 0.85\left(\frac{T_w}{T_{aw}} + 0.35\right)(\gamma - 1)Ma_\infty^2\left(\frac{C_w p_\infty}{Re_{x_\infty} p_e}\right)^{1/2} \tag{7.105}$$

x에 대해 미분하고 식 (7.104)를 평가하면 매개변수 K에 대한 보다 정확한 추정값을 얻을 수 있다.

$$K = \frac{a\chi}{\sqrt{P}}\left(1 + \frac{\chi}{2P}\frac{dP}{d\chi}\right), \qquad P = \frac{p_e}{p_\infty}, \qquad a = 0.425\left(\frac{T_w}{T_{aw}} + 0.35\right)(\gamma - 1) \tag{7.106}$$

식 (7.104) 및 (7.106)은 초기 조건 $P(0) = 1$인 충격 유발 압력 분포 $P(\chi)$에 대해 동시에 풀 수 있다. 수치적 해가 필요하지만 결과는 χ와 거의 선형 관계에 있다. 따라서 선형 근사로 충분하다. 즉,

$$P \approx 1 + a\chi\left[\tfrac{9}{8}\gamma(\gamma + 1)\right]^{1/2} \tag{7.107}$$

이 근사 순서에 따라 극초음속 상호작용 매개변수 χ는 선단 유도 압력과 성공적으로 상관관계를 나타낸다. $\gamma = 1.4$이고 단열 벽의 경우 $a \approx 0.23$이므로 식 (7.107)은 다음과 같다.

$$\frac{p_e}{p_\infty} \approx 1 + 0.45\chi \tag{7.108}$$

이 간단한 식을 그림 7.17의 단열 평판에 대한 실험 데이터와 비교한다. 이론은 매우 강한 상호작용에 대한 데이터를 다소 과소평가하지만 선형적인 거동은 분명하다. 자세한 내용은 Bertram과 Blackstock(1961)을 참조하라.

이 이론은 White(1962b)에 의해 받음각에서 평평한 표면으로 확장되었다. 결과는 받음각에서 웨지에 대한 극초음속 힘 측정과 잘 일치한다. Anderson(2000)은 다양한 극초음속 차량에 대한 점성 상호작용에 대한 흥미로운 논의를 제안하였다. 일반적으로 점성 변위에 의해 유도된 더 높은 압력은 양력보다 차체 항력을 더 증가시켜 양력-항력 비율을 감소시킨다.

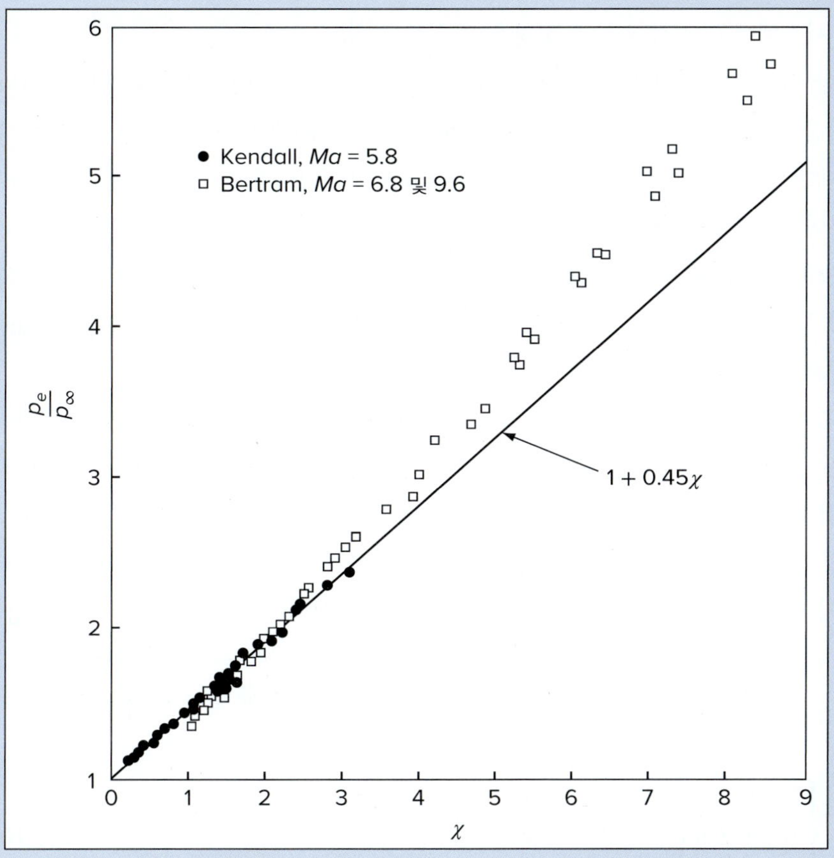

그림 7.17
높은 Mach 수에서 공기 중 단열 평판에서 측정된 충격 유도 압력의 상관관계[Bertram(1958)]

7-5.3 약한 압축성 덕트 유동: 불안정한 수격 문제

시스템의 어딘가에 밸브가 포함된 긴 파이프에서 처음에는 안정적이나 비정상적인 유압 운동을 고려해 보자(그림 7.18). 수격 현상은 밸브가 갑자기 닫히면 발생할 수 있다. 이것이 발생하면 밸브의 상류 유동이 정체되어 왼쪽 유입구를 향해 왼쪽 진행파로 전파되는 압력 피크가 생성된다. 동시에 밸브의 하류 유동은 개방된 출구에 도달할 때까지 하류로 먼저 전파되고 다시 반사된 다음 망치처럼 밸브에 영향을 미치는 고압 피크와 함께 상류로 다시 이동하는 급격한 압력 강하가 발생한다. 물론 이 왕복 운동은 180도 위상 변화를 겪을 때마다 열린 끝단에서 압력파가 반사되면서 주기적으로 반복된다. 각 상변화에 따라 저압파는 고압파로 바뀌고 그 반대의 경우도 마찬가지이

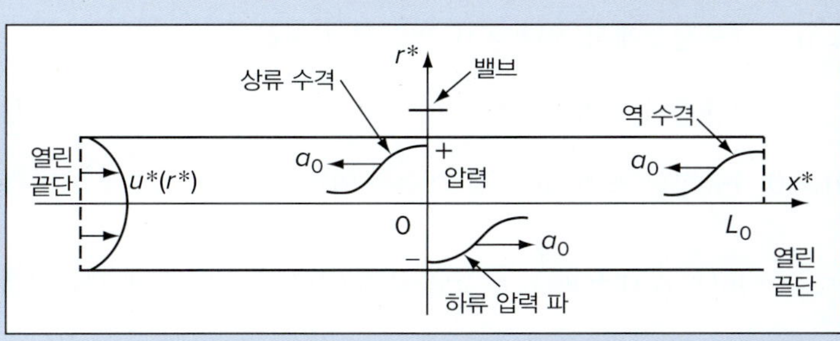

그림 7.18
약하게 압축 가능한 수격 운동의 스케치[Xuan 등(2012)]

다. 당연히 교대 충돌과 주기적인 압력 서지는 강한 진동과 급격한 간헐적 소음으로 이어져 밸브, 피팅, 센서 및 배관 시스템에 구조적 손상과 고장을 일으킬 수 있다.

수격 현상에 대한 연구는 특히 Johannes von Kries(1883)와 혈관의 맥동에 대한 연구로 1883년으로 거슬러 올라간다. 이 문제는 나중에 N. Y. Joukowsky(1898)에 의해 다시 검토되었다. 그는 비점성 유동에 대한 수격의 강도를 결정하였다. 이후 120년 동안 몇몇 연구자들은 이론 또는 수치 기술을 사용하여 이 문제를 해결했다. 그러나 정확한 해는 여전히 다루기 어려우며, 2011년 Li-Jun Xuan은 Green의 함수를 기반으로 하는 이론적 프레임워크를 개발하여 층류 및 난류 조건 모두에서 수격 현상 문제에 대한 매우 정확한 분석을 발표하였다. 다음은 층류 조건에서 Xuan의 적분 미분 해의 개요에 대해 설명하고자 한다.

시작하기 위해 축대칭 유동에 대한 비정상 압축성 Navier-Stokes 방정식을 고려한다. 문제 유동은 기하학적 비율이 $\ell = r_0/L_0 \ll 1$인 유한 길이 L_0와 반경 r_0의 가느다란 원형 파이프에 국한된다. 단순화를 위해 차원 압력, 밀도, 축 및 반경 방향 속도 구성요소에 별표(즉, p^*, ρ^*, u^*, 및 v^*)로 표시하였다. 이는 평소와 같이 차원 좌표 (x^*, r^*, t^*)에 의존한다(그림 7.18 참조). 밸브는 $x^* = 0$에 있으며 문제의 약한 압축률로 인해 $p^* - p_0 = a_0^2(\rho^* - \rho_0)$ 형식의 선형 상태 방정식을 사용할 수 있다. 여기서 p_0, ρ_0, a_0는 기준 상태에서 유체의 일정한 압력, 밀도 및 음속을 나타낸다. 이러한 매개변수를 사용하여 적절한 척도 분석을 통해 다음과 같은 무차원 변수를 도출할 수 있다.

$$\begin{cases} x = x^*/L_0, \quad r = r^*/r_0, \quad t = t^* a_0/L_0 \\ u = u^*/u_{\max}, \quad v = v^* L_0/(u_{\max} r_0) \\ p = (p^* - p_0)/(\rho_0 a_0 u_{\max}), \quad \rho = (\rho^* - \rho_0)/(\rho_0 Ma) \end{cases} \tag{7.109}$$

여기서 $u_{\max}$는 최대 초기 속도를 나타내고 $Ma = u_{\max}/a_0 \ll 1$은 가장 큰 Mach 수를 나타낸다. 파이프의 가느다란 비율과 Mach 수의 작은 크기를 고려하여 Mach 수의 Rayleigh-Janzen 섭동 확장을 구현할 수 있다. 결과적으로 차수 $O(Ma, \ell^2)$의 항을 무시하고 정규화된 밀도와 압력 $\rho(x, t) = p(x, t)$가 모두 동일하고 r과 독립적이라는 것에 주목하여 선형화된 방정식을 도출할 수 있다.

$$\begin{cases} \dfrac{\partial p}{\partial t} + 2\dfrac{\partial}{\partial x}\displaystyle\int_0^1 r u\,dr = 0 & \text{(연속 방정식)} \\ \dfrac{\partial u}{\partial t} + \dfrac{\partial p}{\partial x} - \dfrac{1}{r}\dfrac{\partial}{\partial r}\left(\varepsilon r \dfrac{\partial u}{\partial r}\right) = 0 & \text{(축 운동량)} \end{cases} \tag{7.110}$$

여기서 $\varepsilon \equiv 1/(\ell Re)$, 음향 Reynolds 수는 $Re = a_0 r_0/\nu$로 정의된다. 이 선형화된 관계 세트에는 몇 가지 초기 및 경계 조건이 수반된다. 구체적으로 다음과 같다.

$$\begin{aligned} &\frac{\partial u}{\partial r}(x, 0, t) = u(x, 1, t) = 0 && \text{(중심선에서 전단 = 0, 벽면에서 점착 조건)} \\ &u_i(x, r) = u(x, r, 0) && \text{(규정된 초기 속도)} \\ &p_i(x) = p(x, 0), \quad p(1, t) = 0 && \text{(규정된 초기 및 고정 소수점 압력)} \end{aligned} \tag{7.111}$$

더 나아가기 위해 속도는 $u(x, r, t) = u_1(x, r, t) + u_2(x, r, t)$로 분해된다. 축 운동량 관계는 2개의 하위 문제로 나눌 수 있다.

$$\begin{cases} \dfrac{\partial u_1}{\partial t} - \dfrac{1}{r}\dfrac{\partial}{\partial r}\left(\varepsilon r \dfrac{\partial u_1}{\partial r}\right) = 0, & u_1(x, r, 0) = u_0(x, r) \\ \dfrac{\partial u_2}{\partial t} - \dfrac{1}{r}\dfrac{\partial}{\partial r}\left(\varepsilon r \dfrac{\partial u_2}{\partial r}\right) = -\dfrac{\partial p}{\partial x}, & u_2(x, r, 0) = 0 \end{cases} \tag{7.112}$$

당연히 u_1과 u_2는 $r = 0$과 $r = 1$에서 u에 대해 규정된 균일 경계 조건을 충족해야 한다. Bessel 함수 확장을 사용하여 다음에서 u_1을 추출할 수 있다.

$$u_1(x, r, t) = \sum_{n=1}^{\infty} a_n(x) J_0(\lambda_n r) e^{-\varepsilon \lambda_n^2 t} \tag{7.113}$$

여기서 $J_0(r)$은 0차 Bessel 함수를 나타내고, λ_n은 n번째 근을 재생산하고, $a_n(x)$는 n번째 계수를 나타낸다. 초기 속도의 Bessel 확장은 다음과 같다.

$$a_n(x) = 2J_1^{-2}(\lambda_n)\int_0^1 r J_0(\lambda_n r) u_i(x, r)\, dr \tag{7.114}$$

J_1은 1차 Bessel 함수이다. 반면, 비균일 방정식으로 규정되는 u_2는 다음 식으로 시작하는 Green의 함수법을 이용하여 유도할 수 있다.

$$u_2(x, r, t) = -\int_0^t W(r, t-\tau)\frac{\partial p}{\partial x}(x, \tau)\, d\tau \tag{7.115}$$

여기서 $W(r, t)$는

$$\frac{\partial W}{\partial t} - \frac{1}{r}\frac{\partial}{\partial r}\left(\varepsilon r \frac{\partial W}{\partial r}\right) = \delta(t); \quad W(r, 0) = W(1, t) = \frac{\partial W}{\partial r}(0, t) = 0 \tag{7.116}$$

또한 여기서 $\delta(t)$는 Dirac 델타 함수를 상징한다. 이 시점에서 속도 $u(x, r, t)$를 사용하여 연속 방정식을 다시 썼을 때, 압력에 대한 미분 적분 관계를 추론할 수 있다. 이는 다음 식과 같이 나타낼 수 있다.

$$\frac{\partial p}{\partial t} - \int_0^t \frac{\partial^2 p}{\partial x^2}(x, \tau) F_\varepsilon(t-\tau)\, d\tau = -2\frac{\partial}{\partial x}\left[\int_0^1 r u_1(x, r, t)\, dr\right] \tag{7.117}$$

여기서 $F_\varepsilon(t) = 2\int_0^1 rW(r, t)\, dr = 4\sum_{n=1}^{\infty}\lambda_n^{-2} e^{-\varepsilon\lambda_n^2 t}$이다. 그런 다음 Laplace 변환을 사용하여 Xuan 등(2012)에서 볼 수 있듯이 이 방정식에 대한 일반해를 얻을 수 있다. $\partial p/\partial x = -C$, $C > 0$ 형식의 일정한 압력 구배를 갖는 초기 정상 파이프 유동의 특별한 경우, 다음과 같은 식이 남는다.

$$p(x, t) = -\int_0^t \frac{\partial p}{\partial x}(0, \tau) H_\varepsilon(x, t-\tau)\, d\tau + C(1-x) \tag{7.118}$$

여기서 Green 함수 $H_\varepsilon(z, t)$는 다음과 같다.

$$\frac{\partial H_\varepsilon}{\partial t} - \int_0^t \frac{\partial^2 H_\varepsilon}{\partial x^2}(x, \tau) F_\varepsilon(t-\tau)\, d\tau = 0; \quad H_\varepsilon(x, 0) = 0, \quad \frac{\partial H_\varepsilon}{\partial x}(0, t) = -\delta(t), H_\varepsilon(1, t) = 0 \tag{7.119}$$

마지막 단계는 수치해석 또는 역 Laplace 변환을 사용하여 $H_\varepsilon(z, t)$를 추출하는 것이다. 즉,

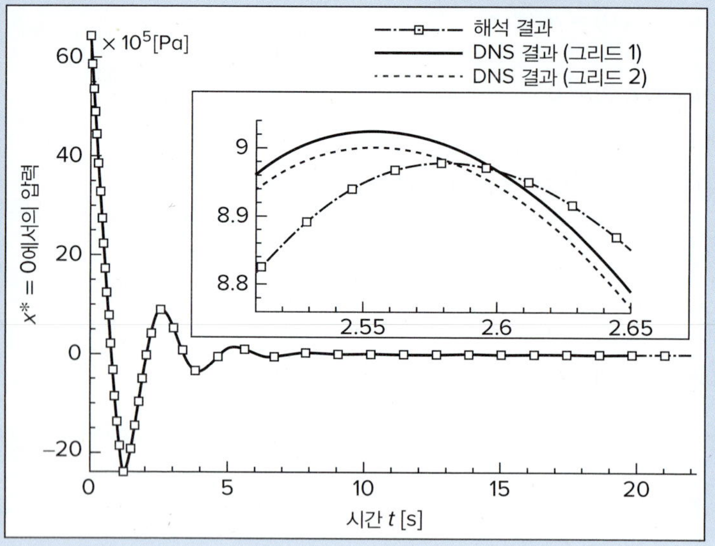

그림 7.19
식 (7.118)을 사용하여 얻은 $p^*(0, t^*)$의 비교와 6400 × 40(그리드 1) 및 800 × 40(그리드 2)의 $(x \times r)$ 그리드 해상도를 사용하여 2개의 DNS 해를 수행[Xuan 등(2012)]

$$H_\varepsilon(x, t) = \mathrm{L}^{-1}\left\{\frac{\sinh[G(1-x)]}{G\cosh G}\right\}, \quad G = \sqrt{\frac{s}{\hat{F}_\varepsilon(s)}}, \quad \hat{F}_\varepsilon(s) = \sum_{n=1}^{\infty}\frac{1}{\lambda_n^2(s+\varepsilon\lambda_n^2)} \tag{7.120}$$

이 해의 정확성을 설명하기 위해 $x = 0$에서 압력 이력의 이론적 예측을 그림 7.19에서 $u_{max} = 10$ m/s, $L_0 = 800$ m, $r_0 = 1$ m, $\nu = 0.2$ m^2/s 및 $a_0 = 1450$ m/s의 경우 DNS 결과와 비교하며, 이때 밸브가 갑자기 닫히는 상황이다. DNS 결과는 상용 유한 체적 솔버에서 암시적 전진 시간 차분을 사용하여 획득된다. 그리드 수렴을 확인하기 위해 2개의 그리드가 사용된다. 6400 × 40$(x \times r)$ 포인트와 0.016초의 시간 간격이 있는 그리드 1과 800 × 40포인트와 0.002초의 시간 간격이 있는 그리드 2이다. 그림 7.19에서 추측할 수 있듯이 두 수치 시뮬레이션 모두 Xuan의 이론적 예측과 매우 잘 일치한다.

7-6 압축성 난류 경계층 방정식

층류 유동에서와 같이 난류 압축성 유동은 밀도가 가변적이며 상태 방정식으로 보완해야 한다. 난류 운동은 밀도 변동을 설명해야 하는 추가적인 복잡성이 있다.

$$\rho = \bar{\rho} + \rho' \tag{7.121}$$

평균값은 막대로, 변동하는 값은 소수로 표기한다. 밀도가 다른 변수와 함께 계속 발생하기 때문에 변동하는 변수의 곱을 포함하는 추가 시간 평균 양이 얻어진다. 예를 들어, 세 가지 보존 관계 모두는 축방향 질량 플럭스 ρu를 포함하며, 이는 시간 평균화 후 다음과 같이 나타낼 수 있다.

$$\overline{\rho u} = \bar{\rho}\bar{u} + \overline{\rho' u'} \tag{7.122}$$

밀도에서 분리할 때 양 $\bar{u}$는 Favre(1965)의 원래 유도를 따라 *Favre-averaging*이라고도 하는 질량 평균 속도라고 한다. Smits와 Dussauge(1996)는 3차원, 압축성, 난류 유동의 완전한 Favre 평균 방정식을 제시하였다. 여기서는 난류 경계층 방정식만 분석한다.

압축성 난류 유동의 또 다른 특징은 밀도 변동이 상태 방정식을 통해 자동으로 온도의 변동을 수반한다는 것이다. 이때 $T = \overline{T} + T'$ 그리고 T'이 중요하다면, T에 의존하는 수송 특성의 변동도 중요할 가능성이 있으며, 여기에는 다음 식이 포함된다.

$$\mu(T) = \overline{\mu} + \mu', \qquad k(T) = \overline{k} + k', \qquad c_p(T) = \overline{c}_p + c'_p, \qquad Pr(T) = \overline{Pr} + Pr' \tag{7.123}$$

이 추가된 복잡성은 완전히 실행 불가능한 것은 아니지만 복잡성이 증가되었음은 분명하다. 이는 다행히 수송 특성 변동을 무시할 수 있는 것으로 나타났다.

7-6.1 Morkovin의 가정: 경계층 관계식

Morkovin(1962)은 초음속 유동을 연구하면서 "압축성 전단 유동의 필수 역학은 비압축성 패턴을 따를 것"이라고 가정했다. 즉, Mach 수 변동이 1보다 훨씬 작게 유지되는 한 밀도와 엔탈피의 변동은 난류 구조를 수정하지 않는다는 것이며, 후속 실험은 Mach 수 5에 대한 이 가설을 확인하였다. 비압축성 난류(6장)에 대한 대부분의 개념은 계속 유지된다.

Garg와 Settles(1998)의 Mach 3 경계층의 슐리렌 이미지인 Morkovin 가설의 실험이 그림 7.20에 나와 있다. 이 패턴을 그림 6.1(b)의 저속 연기 유동 이미지와 비교함으로써 구조와 길이 척도가 다소 유사하다는 것을 알 수 있으므로, 압축성 및 비압축성 유동역학이 유사함을 나타낸다.

압축성 2차원 난류 경계층 방정식의 유도는 층류 유동과 동일한 크기 고려사항을 사용하며 변동이 작다는 추가 가정은 다음과 같다.

$$\begin{cases} \overline{v} \ll \overline{u} & \dfrac{\partial}{\partial x} \ll \dfrac{\partial}{\partial y} \\ Q' \ll \overline{Q} & \text{모든 } Q\text{에 대해} \end{cases} \tag{7.124}$$

이러한 조건은 시간 평균 양 처리에 대한 전문가 van Driest(1951)가 압축 가능한 Navier-Stokes 방정식에 처음 적용했다. 다음에 나오는 경계층 방정식은 다음과 같다.

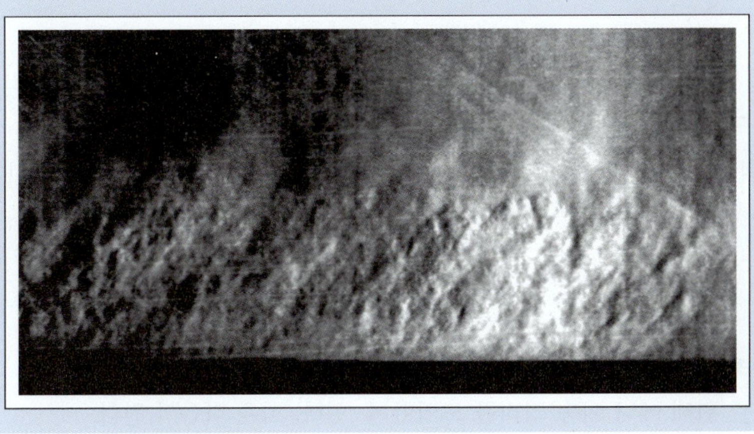

그림 7.20
Morkovin의 가설에 대한 시각화. Garg와 Settles(1998)의 Mach 3 난류 경계층의 슐리렌 이미지에 초점을 맞추었다. 이를 그림 6.1(b)와 비교하라. [저자와 저널 "Experiments in Fluids"의 허가를 받아 재인쇄함]

연속 방정식: $$\frac{\partial}{\partial x}(\overline{\rho u}) + \frac{\partial}{\partial y}(\overline{\rho v}) = 0 \tag{7.125a}$$

x운동량: $$\overline{\rho u}\frac{\partial \overline{u}}{\partial x} + \overline{\rho v}\frac{\partial \overline{u}}{\partial y} = \rho_e U_e \frac{dU_e}{dx} + \frac{\partial \tau}{\partial y} \tag{7.125b}$$

y운동량: $$\frac{\partial \overline{p}}{\partial y} = -\frac{\partial}{\partial y}(\overline{\rho v' v'}) \ll \left|\frac{\partial \overline{p}}{\partial x}\right| \tag{7.125c}$$

에너지: $$\overline{\rho u}\frac{\partial \overline{h}}{\partial x} + \overline{\rho v}\frac{\partial \overline{h}}{\partial y} = \overline{u}\frac{\partial \overline{p}}{\partial x} + \frac{\partial q}{\partial y} + \tau\frac{\partial \overline{u}}{\partial y} \tag{7.125d}$$

여기서 $$\tau = \overline{\mu}\frac{\partial \overline{u}}{\partial y} - \overline{\rho u' v'}, \qquad q = \overline{k}\frac{\partial \overline{T}}{\partial y} - \overline{\rho v' h'}$$

다시 말하지만, 비압축성 유동의 경우 y방향으로 약간의 압력 구배가 존재하며 이는 현재 맥락에서 무시할 수 있다. 따라서 $\partial \overline{p}/\partial x \approx -\rho_e U_e dU_e/dx$가 되지만 Kármán 유형 적분 방법에서 중요해진다[예, 식 (7.75)]. 난류-전단 및 열 플럭스 항은 다양한 밀도로 인해 삼중 상관관계가 된다. 하지만 그러한 복잡성은 이러한 항의 반실증적 처리에 중요하지 않은 것으로 판명되었다.

이러한 관계를 분석할 때 첫 번째 단계는 연속성 관계를 사용하여 운동량과 에너지에서 $\overline{\rho v}$를 제거하고 세 변수 $\overline{\rho}$, $\overline{u}$, $\overline{T}$에 2개의 방정식만 남겨둔다. 당연히 상태 방정식과 같은 다른 관계가 필요하다. 다음과 같은 완전 기체 근사를 적용한다.

$$\begin{aligned} \overline{p} &= \overline{\rho} R \overline{T}, \qquad R = \text{특정 기체 상수} \\ d\overline{h} &= c_p d\overline{T}, \qquad c_p \approx \text{상수} \end{aligned} \tag{7.126}$$

$\overline{p}$는 경계층 전체에서 거의 일정하기 때문에 밀도 분포는 완전 기체 법칙을 통해 온도 분포와 직접 관련될 수 있다.

$$\frac{\overline{\rho}(y)}{\rho_e} \approx \frac{T_e}{\overline{T}(y)} \tag{7.127}$$

이는 대수를 매우 단순화한다. 그리고 다음과 같은 일반적인 경계 조건을 사용한다.
벽면에서($y = 0$):

$$\overline{u} = \overline{\rho v} = 0, \qquad \overline{T} = T_w, \qquad \overline{\rho} = \rho_w \tag{7.128a}$$

외부 가장자리에서(y S ∞):

$$\overline{u} \to U_e(x), \qquad \overline{T} \to T_e(x), \qquad \overline{\rho} \to \rho_e(x) \tag{7.128b}$$

난류 전단과 열 플럭스가 적절하게 상호연관되면, 이러한 방정식과 경계 조건은 층류와 유사하게 잘 정의되고 포물선으로 풀 수 있다. 더욱이, 에디 점도 및 에디 전도도 가정은 밀도 변화가 적절하게 모델링되는 한 유효하다.

7-6.2 Crocco-Busemann 난류 관계

비압축성 운동에 대한 정의를 위해 에디 이송 정리를 도입할 수 있다. 식은 다음과 같다.

$$-\overline{\rho u'v'} = \mu_t \frac{\partial \overline{u}}{\partial y} \quad \text{및} \quad -\overline{\rho v'h'} = k_t \frac{\partial \overline{T}}{\partial y} \tag{7.129}$$

그리고 운동량 방정식을 μ_t에 대해 다시 쓰고, 에너지 방정식을 $H = \overline{h} + \overline{u}^2/2$로 다시 쓸 수 있다.

운동량:

$$\overline{\rho u}\frac{\partial \overline{u}}{\partial x} + \overline{\rho v}\frac{\partial \overline{u}}{\partial y} = -\frac{d\overline{p}}{dx} + \frac{\partial}{\partial y}\left[(\mu + \mu_t)\frac{\partial \overline{u}}{\partial y}\right]$$

에너지:

$$\overline{\rho u}\frac{\partial H}{\partial x} + \overline{\rho v}\frac{\partial H}{\partial y} = \frac{\partial}{\partial y}\left[\left(\frac{\mu}{Pr} + \frac{\mu_t}{Pr_t}\right)\frac{\partial H}{\partial y}\right] + \frac{\partial}{\partial y}\left[\mu\left(1 - \frac{1}{Pr}\right) + \mu_t\left(1 - \frac{1}{Pr_t}\right)\right]\frac{\partial}{\partial y}\left(\frac{\overline{u}^2}{2}\right) \tag{7.130}$$

여기서 $Pr_t = \mu_t c_p / k_t$는 난류 Prandtl 수이다. $Pr \approx Pr_t \approx 1$의 표준 가정(공기에 대해 상당히 합리적임)을 만들고 압력 구배를 무시할 수 있는 경우 이전 두 방정식은 수학적으로 동일하게 된다. 특수해로 이어지는 형식은 다음과 같다.

$$H = C_1 + C_2\overline{u} \quad \text{또는} \quad \overline{h} = C_1 + C_2\overline{u} - \tfrac{1}{2}\overline{u}^2 \tag{7.131}$$

이 식은 앞에서 논의한 층류 식 (7.26)과 동일하다. 벽과 외부 가장자리의 경계 조건을 사용하면 다음을 얻는다.

기체: $$Pr = Pr_t \approx 1, \qquad \frac{d\overline{p}}{dx} \approx 0, \qquad \overline{T} \approx T_w + (T_{aw} - T_w)\frac{\overline{u}}{U_e} - \frac{r\overline{u}^2}{2c_p} \tag{7.132}$$

따라서 온도와 속도 사이의 Crocco-Busemann 관계는 압력 구배에 대한 합리적인 근삿값을 나타내지만 무시할 수 있는 압력 구배를 갖는 난류 유동에 대해 양호한 정확도로 확장될 수 있음을 알 수 있다. 상수 c_p를 가정하고($\overline{h} = c_p\overline{T}$가 되도록) 더 나은 정확도를 달성하기 위해 회복 계수 r을 통합했다. 난류 기체 유동의 경우 공기에 대해 $r = Pr^{1/3} \approx 0.89$를 사용할 수 있으며, 식 (7.132)의 사용은 다음 분석에서 설명된다.

압축성 난류에 대한 적분 운동량 관계는 시간 평균 속도, 밀도 및 온도가 사용될 때 층류 공식과 동일하다. 적분–에너지 방정식은 층류 또는 난류 운동에 대해서도 동일하다.

$$q_w = \frac{d}{dx}\left[\int_0^\infty \overline{\rho u}\left(\overline{h} + \frac{1}{2}\overline{u}^2 - h_e - \frac{1}{2}U_e^2\right)dy\right] \tag{7.133}$$

원칙적으로 (난류) 속도, 밀도 및 엔탈피 분포에 대한 적절한 근삿값을 도입하여 이러한 적분 관계를 해결할 수 있다.

7-7 난류 압축성 유동에 대한 벽 및 후류 법칙

완전히 난류라고 가정하면, 그림 5.15~5.19에서 볼 수 있듯이, (1) 층류 압축성 유동은 두 가지 이상의 불안정 모드를 가지고 있다. (2) Ma가 증가함에 따라 첫 번째 모드는 여러 다른 방향(횡방향)에서 불안정할 수 있다. (3) $Ma > 4$의 경우 두 번째 모드가 가장 불안정하다. Morkovin

의 가설에서 예측한 바와 같이 압축성 천이 과정과 비압축성 천이 과정은 유사하다. Adams과 Kleiser(1993)의 $Ma = 4.5$에서 평판 유동에 대한 DNS 결과는 2차 모드 불안정성을 예측하여 하위 조화 엇갈린 Λ-와류로 발전한 다음 박리된 고전단 층으로 발전한다. 따라서 발달 중인 모든 압축성 층류 경계층은 완전한 난류 압축성 유동으로 예상된다.

6장에서 비압축성 난류 평균 유동에 대한 정확한 벽면과 후류 법칙을 개발했다. 압축성 경계층 유동이 "비압축성 패턴을 따른다"는 Morkovin의 가설에 따라, 최소 $Ma \approx 5$까지 수정된 벽 및 후류 법칙을 찾을 수 있다. Fernholz와 Finley(1980, 1996)가 수집한 비압축성 및 압축성 유동 데이터와 비교할 때 결과는 상당히 합리적으로 보인다.

7-7.1 벽의 압축성 법칙: van Driest 변환

이 주제는 Bradshaw(1977)와 Smits와 Dussauge(2000)가 검토하여 발표하였다. 밀도와 점도가 경계층에 걸쳐 변한다는 것을 깨닫고 밀도와 점도의 벽 값을 기반으로 내부 법칙 무차원 변수를 정의하는 것이 도움이 된다.

$$u^+ = \frac{\bar{u}}{v^*}, \qquad y^+ = \frac{yv^*}{\nu_w}, \qquad v^* = \left(\frac{\tau_w}{\rho_w}\right)^{1/2} \tag{7.134}$$

이것은 또한 선형 점성 하위층에서 외부 계수 없이 $u^+ = y^+$를 복구하도록 한다.

Edward R. van Driest(1951)는 가변 밀도를 설명하는 벽에 가까운 혼합 길이 이론으로 Morkovin의 통찰력을 예상했다. 하위층을 무시하고 다음과 같이 가정했다.

$$\tau \approx \tau_t = \bar{\rho}\ell^2\left(\frac{d\bar{u}}{dy}\right)^2, \qquad \ell \approx \kappa y \tag{7.135}$$

밀도와 속도를 관련시키기 위해 van Driest는 이상 기체를 추가로 가정하고 단위 Prandtl 수에 대해 식 (7.132)에 의해 주어진 Crocco-Busemann 근사를 채택했다.

$$\frac{\rho_w}{\bar{\rho}} = \frac{\bar{T}}{T_w} = 1 + \left(\frac{T_{aw}}{T_w} - 1\right)\frac{\bar{u}}{U_e} - \frac{\gamma - 1}{2}Ma_e^2\frac{T_e}{T_w}\left(\frac{\bar{u}}{U_e}\right)^2 \tag{7.136}$$

식 (7.136)을 식 (7.135)에 대입하고 $\tau \approx \tau_w$(평판의 경우 정확함)라는 Prandtl의 원래 가정을 적용하여 van Driest(1951)는 적분하고 다음과 같이 나타낼 수 있다.

$\bar{u}(\bar{y})$ 폐쇄형:

$$u_{eq} = \frac{U_e}{a}\left(\sin^{-1}\frac{2a^2\bar{u}/U_e - b}{Q} + \sin^{-1}\frac{b}{Q}\right) = v^*\left(\frac{1}{\kappa}\ln y^+ + B\right) \tag{7.137}$$

여기서

$$a = \left(\frac{\gamma - 1}{2}Ma_e^2\frac{T_e}{T_w}\right)^{1/2}, \qquad b = \left(\frac{T_{aw}}{T_w} - 1\right), \qquad Q = (b^2 + 4a^2)^{1/2}$$

여기서 v^* 및 y^+는 식 (7.134)에서와 같이 정확하게 정의된다. 식 (7.137)의 우변은 벽의 일반적인 비압축 법칙을 나타낸다. 좌변에는 van Driest 유효 속도인 u_{eq}식 기호가 표시된다.

열전달이 0인 경우 $b = 0$, $Q = 2a$, 유효 속도는

단열 벽:

$$u_{eq} = \frac{U_e}{a}\sin^{-1}\left(\frac{a\bar{u}}{U_e}\right), \qquad a^2 = 1 - \frac{T_e}{T_{aw}} \tag{7.138}$$

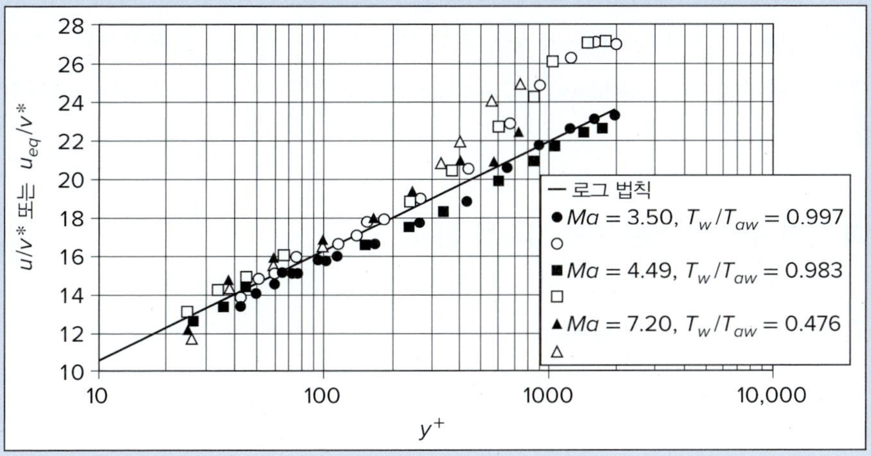

그림 7.21
van Driest 변환의 검증, 식 (7.137), 압축성, 난류, 경계층의 경우: 자연 속도(솔리드 기호) 및 유효 속도(열린 기호)[Fernholz와 Finley(1980) 이후]

1차로, van Driest 유효 속도는 비압축성 유동으로서 초음속 및 극초음속 벽 근처 유동을 $\kappa \approx 0.41$ 및 $B \approx 5.0$과 상관관계가 있다. 또한 식 (6.36)과 유추하여 압축 가능한 '결함 법칙'을 정의하는 데 사용할 수 있다.

van Driest의 유효 속도는 Fernholz와 Finley(1980)의 그림 7.21에서 볼 수 있다. 3.5와 7.2 사이의 Mach 수의 경우, 속도 $\overline{u}$(실선 기호)는 단열에 가까운 유동에는 너무 낮고 차가운 벽 유동에는 너무 높다. 식 (7.137)에서 u_{eq}로 변환하면 모든 데이터는 최대 $y^+ \approx 400$까지 압축할 수 없는 로그 법칙이 잘 적용되고 그 이상에서는 후류 법칙에 따라 형성된다.

So 등(1994)은 6-4.1절의 내-외부 관계식을 이용하여, 유효 속도가 중첩층과 외부 결함층 모두에서 로그 법칙에 맞는다는 것을 보여주었다. 그러나 로그 법칙 상수(k, B, A)는 Mach 수, 열 플럭스, 비열비에 따라 변한다.

7-7.2 후류의 압축성 법칙

van Driest 변환이 압축성 유동 데이터를 Coles의 후류의 비압축성 법칙[식 (6.47)]에 맞추는 것으로 나타났다. 벽 속성을 기반으로 v^*를 정의하고 $\overline{u}$를 u_{eq}로 대체하면 후류 표현식이 유효해진다.

$$\frac{u_{eq}}{v^*} \approx \frac{1}{\kappa}\ln\left(\frac{yv^*}{\nu_w}\right) + B + \frac{2\Pi}{\kappa}w\left(\frac{y}{\delta}\right), \qquad w \approx 3\left(\frac{y}{\delta}\right)^2 - 2\left(\frac{y}{\delta}\right)^3 \tag{7.139}$$

여기서 $\kappa \approx 0.41$ 및 $B \approx 5$이다. $1.7 < Ma_e < 10.3$인 평판 데이터의 경우 Fernholz와 Finley(1980)는 Coles(1956)가 비압축성 난류 유동에 대해 보여준 것처럼 $Re_\theta > 2000$에 대해 $\Pi \approx 0.55 \pm 0.05$임을 보여준다. 유사하게, $Re_\theta < 2000$의 경우 Coles가 보여준 것처럼 Π값은 천천히 0으로 떨어진다. 압축성을 위해 Π가 압력 구배, 자유 유동 난류 및 벽 열 플럭스에 따라 변한다고 가정하지만, 검증 데이터는 부족하다. 추가 논의는 Smits와 Dussauge(1996)의 7.4절을 참조하라.

van Driest 변환은 적분 밀도 비율의 제곱근으로 속도를 수정하는 것과 같다.

$$\overline{u}_{\text{effective}} = \int_0^{\overline{u}} \left(\frac{\overline{\rho}}{\rho_e}\right)^{1/2} d\overline{u} \tag{7.140}$$

이러한 유형의 속도는 최대 Mach 7의 초음속 데이터와 $T_w/T_{aw} = 0.3$만큼 차가운 벽에 대한 상관관계를 나타낸다. 한편, 층류에서 Lees-Illingworth 좌표 변환의 성공 압축성 유동은 난류 유동에 대한 유사한 모델을 제안하였다. Bradshaw(1977)는 van Driest 접근 방식과 비교하여 대체적인 변환을 검토하였다.

7-7.3 열전달과 압력 구배가 있는 벽의 압축성 법칙

van Driest 변환 식 (7.137)은 대수적으로 복잡하고 압축 가능한 경계층 계산 절차에서 구현하기 어렵다. 현재 하위 절에서는 White와 Christoph(1972)가 보여주듯이 세 가지 중요한 효과를 설명하는 벽의 또 다른 대수 압축 법칙을 설명한다. 이는 예비 엔지니어링 계산 및 문제 할당을 위한 것이다.

세 가지 고려된 효과는 압력 구배, 압축성 및 벽 열 플럭스이다. 다음과 같이 벽 변수를 사용하여 무차원화된다.

$$\alpha = \frac{\nu_w}{\tau_w v^*}\frac{dp_e}{dx}\ (\text{압력 구배}), \quad \beta = \frac{q_w \nu_w}{T_w k_w v^*}\ (\text{열 플럭스}), \quad \gamma = \frac{r v^{*2}}{2 c_p T_w}\ (\text{압축성}) \tag{7.141}$$

여기서 이전과 같이 r은 회복 계수를 나타내고 $q_w > 0$은 차가운 벽이다. 세 매개변수 모두 일반적으로 작은(소수) 숫자값을 취한다. 그림 7.22에서 볼 수 있듯이 양수 α와 β의 효과는 비압축성 로그 법칙 이상으로 형상을 높이는 반면, γ와 음수 α와 β는 형상을 낮추는 경향이 있다.

White와 Christoph(1972)는 혼합 길이 근사, 식 (7.135)를 사용하고 다음을 설정하여 벽에 가까울 때의 압력 구배 효과를 도입하였다.

$$\tau \approx \tau_w + \frac{dp_e}{dx}y + O(y^3) = \bar{\rho}\kappa^2 y^2 \left(\frac{d\bar{u}}{dy}\right)^2 \tag{7.142}$$

그런 다음 벽 변수의 항에서 Crocco-Busemann 관계 식 (7.132)를 다시 쓸 수 있다.

$$\frac{\rho_w}{\rho} = \frac{T}{T_w} \approx 1 + \beta u^+ - \gamma u^{+2} \tag{7.143}$$

여기서 β와 γ는 식 (7.141)로 정의된다. 식 (7.142)와 (7.143)을 결합하고, 속도 도함수를 풀고, 벽 변수에서 다시 쓰면 다음을 얻는다.

$$\frac{du^+}{dy^+} = \frac{(1 + \alpha y^+)^{1/2}}{\kappa y^+ (1 + \beta u^+ - \gamma u^{+2})^{1/2}} \tag{7.144}$$

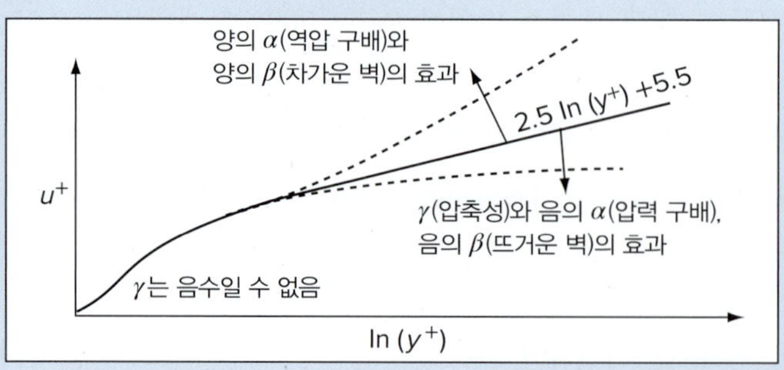

그림 7.22
압축성 난류 유동에 대한 벽의 법칙에 대한 다양한 매개변수의 영향을 보여주는 그림[White와 Christoph(1972)]

여기서 α는 식 (7.141)에서 동일한 압력 구배 매개변수이다. 이 미분 방정식에는 명백한 두께 매개변수(δ, δ^* 등)가 포함되어 있지 않으므로, 벽에서 바깥쪽으로 무한정 적분될 수 있다.

보다 구체적으로, 식 (7.144)는 초기점 (u_0^+, y_0^+)에서 시작하여 닫힌 형태로 분리 및 통합될 수 있으며, 그 결과 다음과 같다.

$$u^+(y^+, \alpha, \beta, \gamma) = \frac{1}{2\gamma}\left(\beta + Q\sin\left\{\phi + \frac{\sqrt{\gamma}}{\kappa}\left[2(S - S_0) + \ln\left(\frac{S-1}{S+1}\frac{S_0+1}{S_0-1}\right)\right]\right\}\right) \quad (7.145)$$

여기서 $\phi = \sin^{-1}\dfrac{2\gamma u_0^+ - \beta}{Q}$, $Q = (\beta^2 + 4\gamma)^{1/2}$, $S = (1 + \alpha y^+)^{1/2}$

이 공식은 점성 하위층을 설명하지 않으며 7-7.2절의 van Driest 이론도 설명하지 않는다. 초기 조건은 $\alpha = \beta = \gamma = 0$일 때 식이 저속 대수 법칙[$u^+ = (1/\kappa)\ln(y^+) + B$]으로 축소되도록 선택한다. 로그 법칙이 0이 되는 지점을 선택한다.

$$u_0^+ = u^+(y^+, 0, 0, 0) = 0 \quad (7.146)$$

이때 $\kappa = 0.41$과 $B = 5.0$에 대해 $y_0^+ = e^{-\kappa B} = 0.1287$

0 압력 구배, 제로 벽 열 플럭스 및 제로 압축성에 대한 식 (7.145)의 일부 특별한 경우는 다음과 같다.

$$u^+(y^+, 0, \beta, \gamma) = \frac{1}{2\gamma}\left[\beta + Q\sin\left(\phi + \frac{\sqrt{\gamma}}{\kappa}\ln\frac{y^+}{y_0^+}\right)\right] \quad (7.147a)$$

$$u^+(y^+, 0, \beta, 0) = \frac{1}{\kappa}\ln\frac{y^+}{y_0^+} + \frac{\beta}{4\kappa^2}\ln^2\frac{y^+}{y_0^+} \quad (7.147b)$$

$$u^+(y^+, 0, 0, \gamma) = \frac{1}{\sqrt{\gamma}}\sin\left(\frac{\sqrt{\gamma}}{\kappa}\ln\frac{y^+}{y_0^+}\right) \quad (7.147c)$$

$$u^+(y^+, 0, 0, 0) = \frac{1}{\kappa}\ln\frac{y^+}{y_0^+} = \frac{1}{\kappa}\ln y^+ + B \quad (7.147d)$$

이는 예를 들어 다음 절에서 평판 유동을 연구할 때 매우 유용하다.

식 (7.145)에 포함된 몇 가지 일반적인 효과는 그림 7.23에 나와 있다. 왼쪽 차트는 (0, 0, 0)으로 표시된 직선인 저속 대수 법칙과 비교하여 벽의 법칙에 대한 압축률 γ와 역압 구배($\alpha > 0$)의

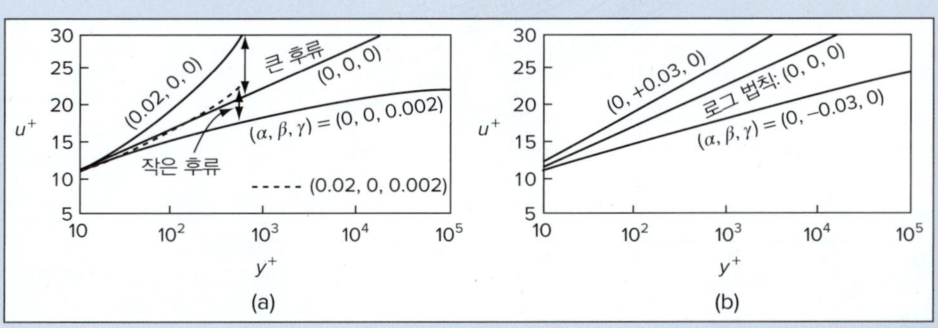

그림 7.23
1차 혼합 길이 이론, 식 (7.145)의 압축성 흐름에 대한 벽의 법칙. (a) 압축성 및 역압 구배의 영향, (b) 저속 흐름에서 벽 열 플럭스의 영향. 참고: β는 차가운 벽에 대해 양수이다.

영향을 보여준다. 압력 구배가 있든 없든 압축성은 실험 경향과 완벽하게 일치하여 형상을 아래쪽으로 유도한다. 또한 가장 낮은 곡선 (0, 0, 0.002)를 따라 이동함에 따라 유효 자유 유동 Mach 수는 $y^+ = 1000$에서 약 3.8(공기의 경우)에서 $y^+ = 10^5$에서 약 19.8까지 지속적으로 증가하고 있다. 즉, 이 단일 곡선은 단열 압축성 평판 난류 유동의 무한 스펙트럼과 같다. 난류에 대한 분석 도구로써 벽의 법칙의 유용성은 이 경우에 매우 높다.

화살표로 표시된 그림 7.23(a)의 두 번째 개념은 압축성이 외부 '후류' 효과를 감소시킨다는 것이다. 점선 고속 후류($\gamma = 0.002$)는 동일한 α값에 대한 저속 후류($\gamma = 0$)의 약 절반이다. 실제로 γ가 증가함에 따라 0.005(극초음속 유동)까지, 동일한 후류는 무시할 수 있을 정도로 작아진다. 따라서 초음속 유동에서 벽과 관련된 압력 구배 효과 이론이 비압축성 유동에서 이미 성공한 이론보다 더 정확할 수 있다고 추론할 수 있다.

그림 7.23(b)는 식 (7.145)에서 계산된 것처럼 압력 구배가 0인 저속 유동에서 벽의 법칙에 대한 차가운 벽과 뜨거운 벽의 영향을 보여준다.

7-8 평판을 지나는 압축성 난류 유동

고려해야 할 고전적인 문제는 임의의 Mach 수와 벽 온도에서 평판을 지나는 압축성 난류 유동 문제이다. 실제로 현장의 모든 사람들이 이 문제 해결을 시도했다. 그림 7.24는 1953년에 존재했던 21개의 단열 벽 이론의 고전적인 연구를 보여준다. Spalding과 Chi(1964)는 32개의 이론을 검토하고 논의했다. 수십 년이 지난 지금, 50개 이상의 이론과 셀 수 없는 계산이 있다.

그림 7.24의 세로좌표는 주어진 Mach 수와 Reynolds 수에서의 표면 마찰 계수와 같은 Reynolds 수, 그리고 $Ma_e = 0$에서의 표면 마찰 계수의 비율이다. 이는 Ma_e와 함께 감소한다(단,

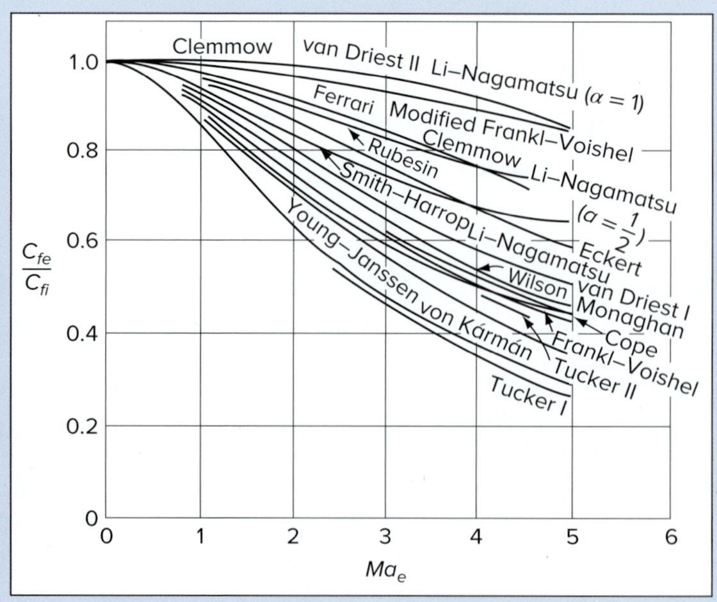

그림 7.24
Chapman과 Kester(1953)가 편집한 단열 평판 이론의 배열

τ_w가 U_e^2에 의해 무차원화되기 때문에 벽 전단 자체는 증가한다). 21개 이론은 동일하게 예측해야 한다. 행동, 즉 단열 표면 마찰. Reynolds 수에 매우 민감할 수 있는 일반적인 데이터 측정값은 'Frankl-Voishel'이라는 레이블이 붙은 곡선을 따라 나타난다. 이 곡선은 공식이 아니라 일부 표로 작성된 값에 해당한다. 그림 7.24는 Reynolds 수가 10^5에서 10^8까지 다양하며, 표면 마찰이 최대 25%까지 다양하기 때문에 전체 내용이 포함되지 않는다.

7-8.1 van Driest의 평판 이론(1956)

그림 7.24에서 'van Driest II'라고 명명된 이론은 효과가 없는 것처럼 보이지만, 실제로는 잘못된 점도-온도 관계(공기의 경우 $T = 0.67$이 아니라 T에 비례하는 μ)에 대해 그래프로 나타내었다. 이후에 van Driest(1956)는 이론을 수정하고 가장 인기 있고 신뢰할 수 있는 수정된 공식을 도출했다.

이러한 초기 이론은 모두 압력 구배가 0인 경우 다음과 같이 감소하는 Kármán 적분 관계(7.75)를 사용했다.

$$C_f = 2\frac{d\theta}{dx} \qquad \theta = \int_0^\infty \frac{\bar{\rho}}{\rho_e}\frac{\bar{u}}{U_e}\left(1 - \frac{\bar{u}}{U_e}\right)dy \tag{7.148}$$

$\theta(x)$를 계산하기 위해 van Driest(1956)는 식 (7.136)~(7.137)의 밀도 및 속도 분포를 사용한다. 다항식, 삼각 함수 및 대수 함수의 복잡한 묶을 포함하는 결과 적분은 직렬 형식으로 근사화되고 국부 표면 마찰에 대한 다음 표현식으로 나타낸다.

$$\frac{\sin^{-1}A + \sin^{-1}B}{\sqrt{C_{fe}(T_{aw}/T_e - 1)}} \approx 4.15\log\left(Re_x C_{fe}\frac{\mu_e}{\mu_w}\right) + 1.7; \quad A = \frac{2a^2 - b}{(b^2 + 4a^2)^{1/2}}, \quad B = \frac{b}{(b^2 + 4a^2)^{1/2}} \tag{7.149}$$

매개변수 a와 b는 식 (7.137)에 정의되어 있다. 저속 유동의 경우($Ma_e \approx 0$), 식 (7.149)는 Kármán-Schoenherr 비압축성 관계로 정리된다.

$$\frac{1}{\sqrt{C_f}} \approx 4.15\log(Re_x C_f) + 1.7 \qquad \text{[Schoenherr(1932)]} \tag{7.150}$$

이는 여전히 선박 선체의 표면 마찰을 추정하는 해군에서 사용하는 공식이다.

식 (7.149)는 압축성 및 점도 효과에 의해 '늘어지는' 비압축성 근삿값으로 해석될 수 있다. 다음을 사용하여 표준 방식으로 다시 쓸 수 있다.

$$C_{fe} = \frac{1}{F_c}C_{f_{\text{inc}}}(Re_x F_{Re_x}) = \frac{1}{F_c}c_{f_{\text{inc}}}(Re_{\theta e}F_{Re_x}F_c); \quad F_c = \frac{T_{aw}/T_e - 1}{(\sin^{-1}A + \sin^{-1}B)^2}, \quad F_{Re_x}F_c = \frac{\mu_e}{\mu_w} \tag{7.151}$$

많은 평판 이론에 공통적인 이 일반적인 형태는 평판 마찰에 대한 압축성 변환으로 Spalding과 Chi(1964)에 의해 제안되었다. 따라서 등가 비압축성 Reynolds 수 $Re_{xe}F_{Re_x}$를 계산하고 자신이 선호하는 비압축성 표면 마찰 공식을 사용하여 $C_{f_{\text{inc}}}$를 계산한 다음, 그 결과를 F_c로 나누어 원하는 (압축성) C_f를 얻는다. 국부 Stanton 수는 Reynolds 유추에서 따른다. 즉,

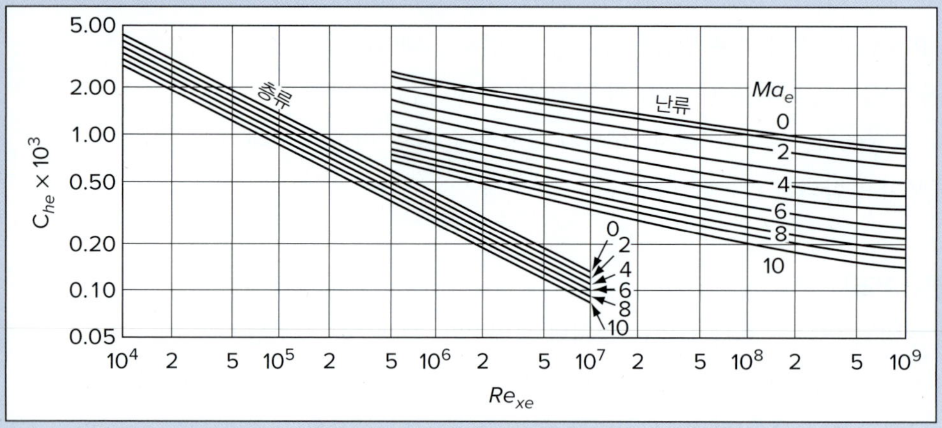

그림 7.25
높은 Mach 수에서 단열 평판에 대한 이론적인 국부 벽, 열 플럭스 계수. 층류: 식 (7.56b), 난류: 식 (7.149).

$$C_{he} = \frac{q_w}{\rho_e U_e c_p (T_{aw} - T_w)} \approx \frac{C_{fe}}{2Pr^{2/3}} = 0.62\,C_{fe} \qquad (\text{공기}) \tag{7.152}$$

그림 7.25는 식 (7.56c), (7.149), (7.152)를 사용하여 층류와 난류 모두에 대해 단열 평판에 계산된 Stanton 수를 표시한다.

더욱이, van Driest(1956)는 동일한 확장 변수가 판의 총 항력을 추정하는 데 적용할 수 있음을 보여준다.

$$\frac{\sin^{-1}A + \sin^{-1}B}{\sqrt{C_{De}(T_{aw}/T_e - 1)}} \approx 4.13 \log\left(Re_{Le} C_{De} \frac{\mu_e}{\mu_w}\right) \tag{7.153}$$

저속에서 이 관계는 Kármán-Schoenherr 비압축성 항력 공식 $C_D^{-1/2} \approx 4.13 \log(Re_x C_D)$로 감소한다.

그의 리뷰 기사 중 하나에서 Bradshaw(1977)는 사용 가능한 데이터와 비교하여 식 (7.149)의 van Driest II 해가 압축성, 평판, 표면 마찰에 대한 모든 대중적인 공식 중에서 가장 정확한 것으로 입증되었다.

7-8.2 내부 변수를 사용한 압축성 평판 유동

White와 Christoph(1972)의 매우 정확한 방법은 내부(또는 벽 법칙) 변수를 활용하여 6-6.2절의 분석을 압축 가능한 운동으로 확장하는 것이다. 따라서 속도 분포는 $\alpha = 0$인 식 (7.145)에 의해 주어진 벽 법칙과 상관관계가 있다.

$$u^+ = \frac{\overline{u}(x, y)}{v^*(x)} = f(y^+, \beta, \gamma) \tag{7.154}$$

이제 연속성 식 (7.125a)는 다음을 사용하여 압축 가능한 유동함수 $\psi(x, y)$에 의해 충족된다.

$$\frac{d\psi}{dy} = +\overline{\rho u} \quad \text{및} \quad \frac{d\psi}{dx} = -\overline{\rho v} \tag{7.155}$$

$\overline{\rho}$에 대한 Crocco의 근사와 $\overline{u}$에 대한 벽 법칙을 소개하면, 유동함수도 벽의 법칙 변수로 등장한다.

$$\psi = \mu_w \int_0^{y^+} \frac{u^+ dy^+}{1 + \beta u^+ - \gamma u^{+2}} = \psi(y^+, \beta, \gamma) \tag{7.156}$$

이러한 변수를 운동량 방정식 식 (7.125b)에 도입한다. 0 압력 구배 수율의 경우 다음과 같다.

$$\rho v^* u^+ \frac{\partial}{\partial x}(v^* u^+) - \frac{\partial \psi}{\partial x} \frac{v^*}{\nu_w} \frac{\partial}{\partial y^+}(v^* u^+) = \frac{v^*}{\nu_w} \frac{\partial \tau}{\partial y^+} \tag{7.157}$$

y^+에 대한 미분은 그대로 두지만, x에 대한 미분은 연쇄 법칙을 사용하여 수행된다.

$$\frac{\partial}{\partial x} = \frac{\partial}{\partial y^+}\frac{\partial y^+}{\partial x} + \frac{\partial}{\partial \beta}\frac{\partial \beta}{\partial x} + \frac{\partial}{\partial \gamma}\frac{\partial \gamma}{\partial x}$$

그 후 6-6.2절과 조화를 이루어 벽($y = 0$, $\tau = \tau_w$)에서 경계층 가장자리($y = \delta$, $\tau = 0$)까지 y^+에 대해 식 (7.157)을 적분할 수 있다. 이 과정에서 이전과 동일한 무차원 변수를 사용한다.

$$x^* = \frac{x}{L}, \qquad \lambda = \sqrt{\frac{2}{C_f}}, \qquad V = \frac{U_e}{U_0} \ (\text{여기서 } 1.0) \tag{7.158}$$

이러한 관계식은 식 (7.157)을 다음과 같이 변환시킨다.

$$G\frac{d\lambda}{dx^*} = Re_L = \frac{U_0 L}{\nu_e}\frac{\mu_e}{\mu_w}\left(\frac{T_e}{T_w}\right)^{1/2} \tag{7.159}$$

여기서 $$G(\lambda, \beta, \gamma) = \int_0^{\delta^+} \frac{\bar{\rho}}{\rho_w}\left(u^{+2} - \beta u^+ \frac{\partial u^+}{\partial \beta} + 2\gamma u^+ \frac{\partial u^+}{\partial \gamma} + \frac{\beta}{\mu_w}\frac{\partial \psi}{\partial \beta}\frac{\partial u^+}{\partial y^+} - \frac{\gamma}{\mu_w}\frac{\partial \psi}{\partial \gamma}\frac{\partial u^+}{\partial y^+}\right) dy^+$$

이 형식은 (1) 공칭 Reynolds 수 Re_L이 추가 점도 및 온도 항(여기서는 상수로 가정)을 제외하고 비압축성 관계식 (6.76)과 동일하다. (2) 함수 G는 비압축성 대응 항목보다 더 많은 항을 포함한다. G의 평가는 단지 곡선 맞춤 문제이며, 이는 White와 Christoph(1972)에 의해 수행되었다.

$$G(\lambda, \beta, \gamma) \approx 8.0 \exp\frac{0.48\lambda}{S}; \qquad S = \frac{(T_{aw}/T_e - 1)^{1/2}}{\sin^{-1}A + \sin^{-1}B} \tag{7.160}$$

S는 식 (7.151)에서 van Driest 매개변수 F_c의 제곱근이다. β나 γ를 명시적으로 도입하지 않고 압축성과 열전달의 결합 효과를 표현한다. 실제로 β와 γ는 $U_e^+ = \gamma(T_e/T_w)^{1/2}$와 관련될 수 있다. 식 (7.141)의 정의를 사용하여 다음과 같이 다시 쓸 수 있다.

$$\gamma U_e^{+2} = \frac{T_{aw} - T_e}{T_w} \quad \text{및} \quad \beta U_e^+ = \frac{T_{aw}}{T_w} - 1 \tag{7.161}$$

6장의 비압축성 분석에서와 같이 식 (7.159)가 즉시 적분되어 평평한 판, 표면 마찰 관계를 생성할 수 있음을 알 수 있다.

$$Re_{xe} = \frac{U_e x}{\nu_e} = \frac{\mu_w}{\mu_e}\left(\frac{T_w}{T_e}\right)^{1/2}\int_0^{\lambda} G(\lambda, \beta, \gamma)\, d\lambda$$

식 (7.160)에서 G를 대입하고, 적분하고, 표면 마찰 계수 $C_{fe} = 2/\lambda^2$를 풀기 위해 재정렬하면, 평평한 판의 난류 표면 마찰에 대한 다음의 간단한 공식을 얻는다.

$$C_{fe} \approx \frac{0.455}{S^2 \ln^2\left(\frac{0.06}{S} Re_{xe} \frac{\mu_e}{\mu_w} \sqrt{\frac{T_e}{T_w}}\right)} \tag{7.162}$$

이 식은 난류 Reynolds 수, Mach 수 및 벽 온도의 전체 실제 범위에서 매우 정확하다. 식 (7.162)를 비압축성 공식 (6.78)과 비교함으로써 van Driest 방법의 동일한 압축성 변환이 성립함을 알 수 있다.

$$C_{f,\,\text{comp}} = \frac{1}{F_c} C_{f,\,\text{incomp}}(Re_x F_{Re_x}) \qquad \text{[White와 Christoph (1972)]} \tag{7.163}$$

여기서 $F_c = S^2$ 및 $F_{Re_x} = \dfrac{(\mu_e/\mu_w)(T_e/T_w)^{1/2}}{S}$

이전에 언급했듯이, 다른 사람들은 압축성, 난류, 평판 문제를 해결했다. Huang 등(1993)은 van Driest 변환 속도(벽-후류 공식으로 표현)와 Cocco 법칙, 온도-속도 관계의 영리한 형태를 결합하여 다음을 얻는다.

$$T = T_w - \frac{Pr_t q_w \bar{u}}{c_p \tau_w} - \frac{Pr_t \bar{u}^2}{2c_p} \tag{7.164}$$

이를 통해 C_f와 Stanton 수의 값을 산출하는 반복적 수치 적분을 요약하면서 Re_θ에 따라 Coles의 후류 매개변수 Π를 변경할 수 있다. 대수적 마찰 공식 결과는 없지만 실험 데이터와의 일치는 최대 $Ma = 11$까지의 공기 및 헬륨에 대해 탁월하다. 비슷한 선을 따라, Barnwell과 Wahls(1991)는 벽-후류 법칙과 평형 멱법칙 결합 유동함수를 결합한다. Clauser(1956)는 압력 구배가 있는 단열 흐름에 대한 표면 마찰을 유도한다. 그들의 평판 공식은 실험과 잘 일치하지만 대수적으로는 상당히 복잡한 것으로 보인다.

모든 책에 필요한 그림 7.26으로 이 절을 마무리한다. Mach 수와 벽 온도가 평판 표면 마찰에 미치는 대략적인 영향을 보여준다. 차트는 $Re_x = 10^7$에 대해 유효하며 $10^6 < Re_x < 10^9$ 범위에서 약 20%만큼 오차범위를 가진다.

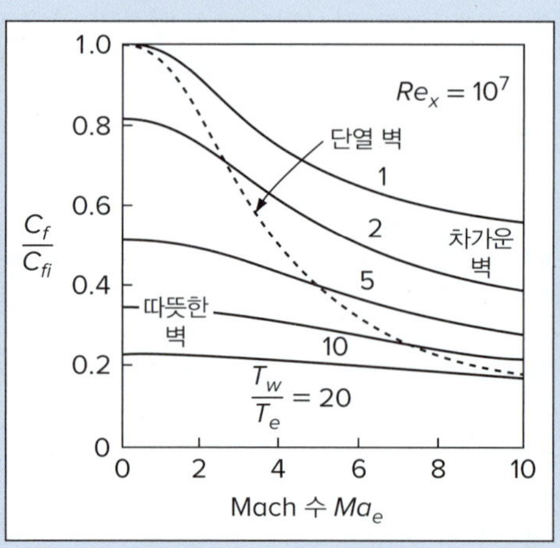

그림 7.26
난류, 평판, 표면 마찰 $C_f(M_e, T_w/T_e, Re_{xe})$ 대 $Re_x = 10^7$에 대한 비압축성 값 $C_f(0, 1, Re_{xe})$의 비. White와 Christoph(1972) 방법으로 계산, 공기의 경우 식 (7.162)를 사용한다.

7-8.3 평판 난류 회복 계수

층류 평판 유동에서 회복 계수는 식 (7.50)으로 이어지는 정확한 유사성 분석의 결과이다. 난류에서는 이론이 잘 발달되지 않는다. Dorrance(1962)는 벽의 법칙을 세 부분으로 나누어 단순하지만 효과적인 모델을 개발했다. 첫 번째, $y^+ < 5$에 대한 선형층, 두 번째 $5 < y^+ < 30$에 대한 buffer층, 세 번째로 $y^+ > 30$에 대한 로그층이다. 일정한 난류 Prandtl 수를 가정함으로써 Dorrance는 난류 회복 계수에 대한 다음 추정값을 얻기 위해 속도 및 온도 분포를 통합한다.

$$r_{\text{turb}} \approx Pr_t + (Pr - Pr_t)\left(\frac{11.5}{U_e^+}\right)^2 \tag{7.165}$$

예측된 Mach 수의 명백한 효과는 없다. 압축성 유동(0이 아닌 γ)에 대한 그림 7.23(a)에서 U_e^+의 일반적인 값은 약 20이다. $Pr_t \approx 1$이면 식 (7.165)는 다음과 같다.

$$r \approx 1 + (Pr - 1)\left(\frac{11.5}{20}\right)^2 \approx 1 + 0.33(Pr - 1)$$

Pr이 1에 가까우면(기체), 이들은 Pr의 세제곱근의 이항 전개에서 처음 두 항이다. 따라서 난류 평판 회복 계수에 대한 관례적 근삿값을 선택한다.

$$r_{\text{turb}} \approx Pr^{1/3} \qquad \text{[Dorrance(1962)]} \tag{7.166}$$

이 표현의 정확도는 7-4.4.4절에서 층류 유동에 대해 보았듯이 강한 순압력 구배 혹은 역압 구배를 가진 유동에 대해 줄어들 수 있다. 압력 구배 효과를 설명하는 공식은 엔지니어링 근사 목록에서 추가될 것이다.

그림 7.27은 Mack(1954) 이후 단열 표면이 있는 원뿔을 지나 입사각이 0인 초음속 유동에서 측정된 회복 계수를 보여준다. 난류로의 천이는 2×10^6과 4×10^6 사이의 Reynolds 수에서 발생하며, 부분적으로는 Mach 수와 부분적으로는 유동의 특정 교란에 따라 다른다. 단순히 $r_{\text{lam}} \approx Pr^{1/2} \approx 0.84$ 및 $r_{\text{turb}} \approx Pr^{1/3} \approx 0.89$와 같이 추정하였을 때 측정값과 잘 일치함을 알 수 있다.

7-8.4 난류 원뿔 규칙

앞에서 언급했듯이, 입사각이 0인 원뿔을 지나는 초음속 유동은 일반적으로 충격파가 부착되어 표면 압력 구배가 0이 된다. 층류의 경우 식 (7.101a) 및 (7.101b)로 이어지는 정확한 원뿔 규칙을 유도한다. 난류의 경우 van Driest(1952b)는 압력 구배가 0인 축대칭 운동량-적분 관계를 사용하여 대략적인 원뿔 규칙을 도출할 수 있다.

$$\frac{d\theta}{dx} + \frac{\theta}{r_0}\frac{dr_0}{dx} = \frac{1}{2}C_f \tag{7.167}$$

여기서 $r_0(x)$는 표면 반경을 나타낸다. 반각 ϕ의 원뿔에 대해 $r_0 = x \sin\phi$이고, 따라서 식 (7.167)은 다음과 같다.

원뿔 유동: $$C_f = \frac{2}{x}\frac{d}{dx}(x\theta)$$

마찰과 운동량 두께가 멱법칙에 의해 관련될 수 있다고 가정하면 $C_f =$ (상수)θ^{-m}이고, 여기서

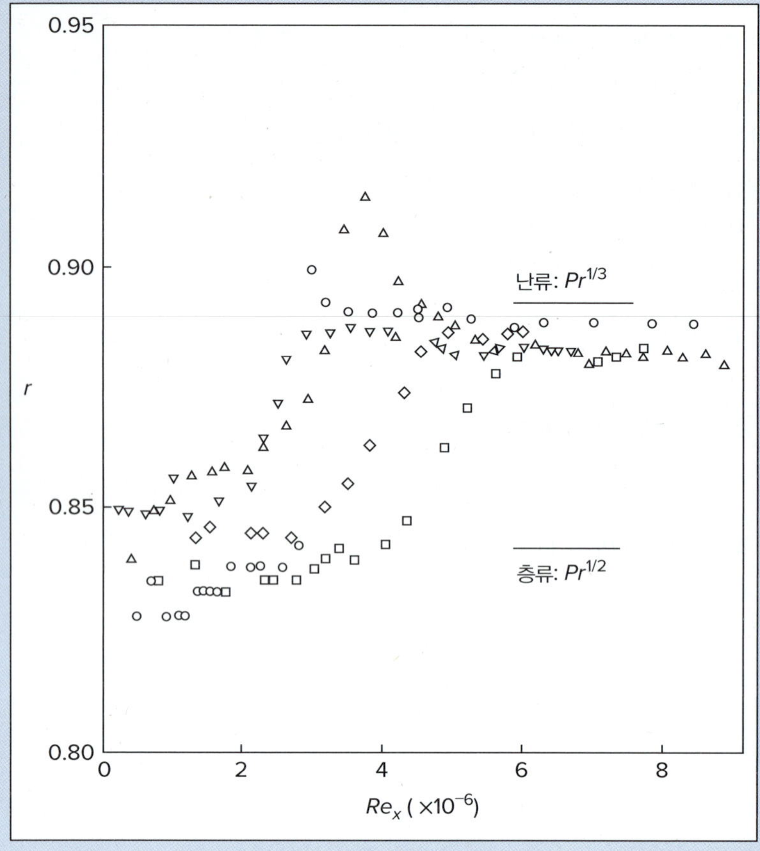

그림 7.27
공기의 경우 1.2에서 6.0까지의 Mach 수에서 원뿔에 대해 측정된 회복 계수 $Pr = 0.71$[Mack의 결과(1954)]

$m = 1$은 층류이고 $\frac{1}{8} < m < \frac{1}{4}$은 난류의 경우로, 닫힌 형태로 통합하고 원뿔을 평판과 비교할 수 있다. 결과는 Reynolds 수에 대한 원뿔 규칙이다.

$$C_{f,\,\text{cone}} = C_{f,\,\text{plate}} \text{라면} \qquad Re_{xe,\,\text{cone}} = (2 + m)\,Re_{xe,\,\text{plate}} \tag{7.168}$$

$m = 1$의 경우는 식 (7.101b)에 의해 주어진 이전 층류 표현에 해당한다. 결과는 또한 표면 마찰 비율로 표현될 수 있다. $Re_{xe,\,\text{cone}} = Re_{xe,\,\text{plate}}$라면, 난류 유동의 경우 다음과 같이 나타낼 수 있다.

$$\frac{C_{f,\,\text{cone}}}{C_{f,\,\text{plate}}} \approx (2 + m)^{m/(m+1)} = \begin{cases} 1.087 & m = \frac{1}{8} \\ 1.176 & m = \frac{1}{4} \end{cases} \tag{7.169}$$

따라서 앞에서 언급한 바와 같이 난류 유동에 대한 효과는 마찰 및 열전달의 10~15% 증가에 불과한 반면, 층류 유동($m = 1$)에서는 $\sqrt{3}$ 또는 73% 증가한다.

7-9 압력 구배를 사용한 압축성 난류 경계층 계산

압력 구배가 있는 압축성 난류 경계층을 계산하는 데 다양한 방법을 사용할 수 있다. 이 절에서는 Walz(1969) 이후의 단일 Kármán 기반 방법과 White와 Christoph(1972) 이후의 내부 변수 접근방식만을 제시한다. 다른 방법에 대해서는 Delery와 Marvin(1986), Schetz(1992), Cebeci와 Cousteix(1998), Schlichting과 Gersten(2017), Cebeci(2003)의 책에서 다룬다. Devenport와 Schetz(2002)의 책에는 압축성, 난류 유동, 적분 방법이 포함된다. 또한 Wilcox(1998)는 압축성 2-방정식 및 2차 운동량 모델을 검토한 반면, 충격파, 경계층 상호작용의 DNS 예측에 대한 진행은 Yoon과 Chung(1996)이 수행하였다.

7-9.1 Walz(1969)의 Kármán 기반 방법

운동량-두께 접근법의 예시로 Walz(1969)와 동료들이 개발한 방법을 선택한다. 변수로 운동량-두께 매개변수와 형상 계수가 정의된다. 다음 식과 같다.

$$Z = \theta\left(\frac{\rho_e U_e \theta}{\mu_w}\right)^n, \qquad W = \frac{\delta_3}{\theta} \tag{7.170}$$

여기서 난류 유동의 경우 $n = 0.268$이고, (압축성) 운동 에너지 두께 δ_3은

$$\delta_3 = \int_0^\infty \frac{\rho}{\rho_e}\frac{\bar{u}}{U_e}\left(1 - \frac{\bar{u}^2}{U_e^2}\right) dy \tag{7.171}$$

운동량 및 기계적 에너지 적분 관계로의 대입은 2개의 결합된 1계 미분 방정식으로 이어진다.

운동량:
$$\frac{dZ}{dx} + \frac{F_1}{U_e}\frac{dU_e}{dx}Z = F_2 \tag{7.172a}$$

기계적 에너지:
$$\frac{dW}{dx} + \frac{F_3}{U_e}\frac{dU_e}{dx}W = \frac{F_4}{Z} \tag{7.172b}$$

4개의 변수 F_i는 Mach 수 Re_θ, 형상 계수 $H = \delta^*/\theta$ 및 감소된 온도 $\Theta(x)$의 대수 함수이다. 다음 식과 같이 가정한다.

$$\Theta(x) = \frac{T_{aw}(x) - T_w(x)}{T_{aw}(x) - T_e(x)} \tag{7.173}$$

이러한 표현을 단순화하기 위해 2개의 중간 매개변수 a와 b가 정의되어, 표면 마찰, 즉

$$C_f(x) \approx 2\frac{a}{b}\left(\frac{\rho_e U_e \theta}{\mu_w}\right)^{-0.268}; \quad a \approx 0.0394(W - 1.515)^{0.7}, \ b \approx 1 + 0.88\frac{\gamma - 1}{2}Ma_e^2(W - \Theta)(2 - W) \tag{7.174}$$

그러면 Walz(1969)가 제안한 F_1에서 F_4까지의 함수는 다음과 같이 쓸 수 있다.

$$F_1 = 2.268 + 1.268H - Ma_e^2, \ F_2 = 1.268\frac{a}{b}, \ F_3 = 1 - H + 0.88(\gamma - 1)Ma_e^2\left(1 - \frac{\Theta}{W}\right),$$
$$F_4 = \frac{1}{b}\left[2\beta\left(\frac{\rho_e U_e \theta}{\mu_w}\right)^{0.168} - aW\right] \tag{7.175}$$

여기서 $\qquad H \approx 1 + 1.48(2 - W) + 104(2 - W)^{6.7}$ 및

$$\beta = \left[\frac{1 + 0.587(\gamma - 1)Ma_e^2(1 - 0.75\Theta)}{1 + 0.44Ma_e^2(1 - \Theta)(\gamma - 1)}\right]^n ; n \approx 0.7$$

β의 정의에서 지수 n은 공기의 경우 약 0.67인 점도-온도 지수이다.

이 공식에서 분리가 발생하는 경우 $a = 0$ 또는 $W = 1.515$로 정의된다. $Z(0)$ 및 $W(0)$의 초깃값이 필요하다. 실제로 식 (7.172a)~(7.175)는 표준 수치 기술에 의해 다소 간단하게 적분될 수 있다.

7-9.2 내부 변수 접근법

식 (7.159) 및 (7.162)로 이어진 평판 이론은 매개변수 $\alpha(x)$를 포함하고 식 (7.145)에 따라 $u^+ = f(y^+, \alpha, \beta, \gamma)$이다. 이 과정에서 운동량 식 (7.157)은 압력 구배를 포함하도록 확장된다.

$$\rho v^* u^+ \frac{\partial}{\partial x}(v^* u^+) - \frac{\partial \psi}{\partial x}\frac{v^*}{\nu_w}\frac{\partial}{\partial y^+}(v^* u^+) = \rho_e U_e \frac{dU_e}{dx} + \frac{v^*}{\nu_w}\frac{\partial \tau}{\partial y^+} \tag{7.176}$$

또한 $\alpha(x)$의 효과를 포함하도록 연쇄 법칙을 확장해야 한다.

$$\frac{\partial}{\partial x} = \frac{\partial}{\partial y^+}\frac{\partial y^+}{\partial x} + \frac{\partial}{\partial \alpha}\frac{\partial \alpha}{\partial x} + \frac{\partial}{\partial \beta}\frac{\partial \beta}{\partial x} + \frac{\partial}{\partial \gamma}\frac{\partial \gamma}{\partial x} \tag{7.177}$$

이제 이전 절차(7-8.2절)에서와 같이 x에 대한 미분을 수행한 다음 $y^+ = 0$에서 $y^+ = \delta^+$까지 경계층 전체에 대한 방정식을 적분한다. 식 (7.158)에 의해 정의된 동일한 무차원 변수로 최종 결과를 쓰면, 다음과 같이 얻는다.

$$(G - 3\alpha H)\frac{d\lambda}{dx^*} + \frac{V'}{V}\lambda(\lambda^2\delta^+ - G) - \lambda^4\frac{H(1/V)''}{Re_L} = Re_L V \tag{7.178}$$

여기서
$$H = H(\lambda, \alpha, \beta, \gamma) = \int_0^{\delta^+} \frac{\rho}{\rho_w}\left(u^+\frac{\partial u^+}{\partial \alpha} - \frac{1}{\mu_w}\frac{\partial \psi}{\partial \alpha}\frac{\partial u^+}{\partial y^+}\right)dy^+$$

함수 Re_L과 G는 식 (7.159)에서 이전과 동일하게 정의된다. 단, 이때 u^+와 ψ도 α에 따라 달라진다. 따라서 최종 결과는 $G = G(\lambda, \alpha, \beta, \gamma)$가 된다. 함수 F와 G는 일반적인 조건에서 평가하기 어렵고 정확한 곡선 맞춤 상관관계를 고안할 수 없기 때문에, White와 Christoph(1972)는 기본 미분 방정식 (7.178)을 식 (7.160)의 van Driest 매개변수 S와 압력 구배와 관련된 '확장된' Reynolds 수 Re^*를 사용하여 두 부분으로 된 근사 형식으로 재정렬하였다.

$$Re^* = \frac{Re_L}{\Upsilon'}, \qquad \Upsilon \equiv \frac{1}{V} = \frac{U_0}{U_e} \tag{7.179}$$

박리점은 크지만 유한한 λ값으로 정의되며, 여기서 $d\lambda/dx$는 무한대가 된다.

박리:
$$\lambda = \lambda_{\max} = 8.7S\log(Re^*) \tag{7.180}$$

$\lambda/\lambda_{\max}$에 따라 기본 미분 방정식은 두 가지 다른 형식을 취한다.

$$\frac{\lambda}{\lambda_{\max}} > 0.36: \qquad \frac{d\lambda}{dx^*} \approx \frac{6.25}{f^* S^3}\left[\frac{\Upsilon'}{\Upsilon}(1 + 9S^{-2} g^* Re^{*0.07}) + \frac{\Upsilon''}{\Upsilon'}(3S^2 g^* Re^{*0.07})\right] \tag{7.181a}$$

$$\frac{\lambda}{\lambda_{\max}} < 0.36 \text{ 또는 } Re^* < 0: \qquad \frac{d\lambda}{dx^*} \approx \frac{1}{8}\frac{Re_L}{\Upsilon}\exp\left(-0.48\frac{\lambda}{S}\right) + 5.5\frac{\Upsilon'}{\Upsilon} \tag{7.181b}$$

함수 f^* 및 g^*는 $\lambda/\lambda_{\max}$에만 의존하며 다음과 같이 곡선 맞춤을 나타낼 수 있다.

$$\frac{\lambda}{\lambda_{\max}} \geq 0.36: \qquad \begin{cases} f^* = (2.434Z + 1.443Z^2)\exp(-44Z^6) \\ g^* \approx 1 - 2.3Z + 1.76Z^3; \quad Z = 1 - \lambda/\lambda_{\max} \end{cases} \tag{7.182}$$

방정식 (7.181a) 및 (7.181b)는 Runge-Kutta 적분과 같은 표준 수치 방법으로 풀 수 있다. $U_e(x)$, $Ma_e(x)$, T_e, T_w가 알려져 있다고 가정한다. 일단 $\lambda(x)$가 계산되면, 국부 표면 마찰은 $C_f(x) = 2/\lambda^2$에서 따른다. 해의 불규칙한 거동을 피하기 위해 자유 유동 속도 $V(x^*)$는 연속 분석 함수에 적합해야 Υ'과 Υ''이 평활 함수가 된다. 자유 유동 Mach 수 $Ma_e(x)$와 비율 T_w/T_e는 더 대략적으로 계산할 수 있다.

7-9.3 Zwarts의 실험

Zwarts(1970)의 논문에서, 약 8인치에서 Mach 4에서 Mach 3으로 급격히 감속된 초음속 운동을 생성하고, Mach 3에서는 거의 일정하게 유지되는 것을 확인할 수 있다. 해당 자유 유동 속도와 Mach 수 분포는 그림 7.28에 나와 있다. $U_0 = 2204$ ft/s에서 White와 Christoph(1972)는 속도 분

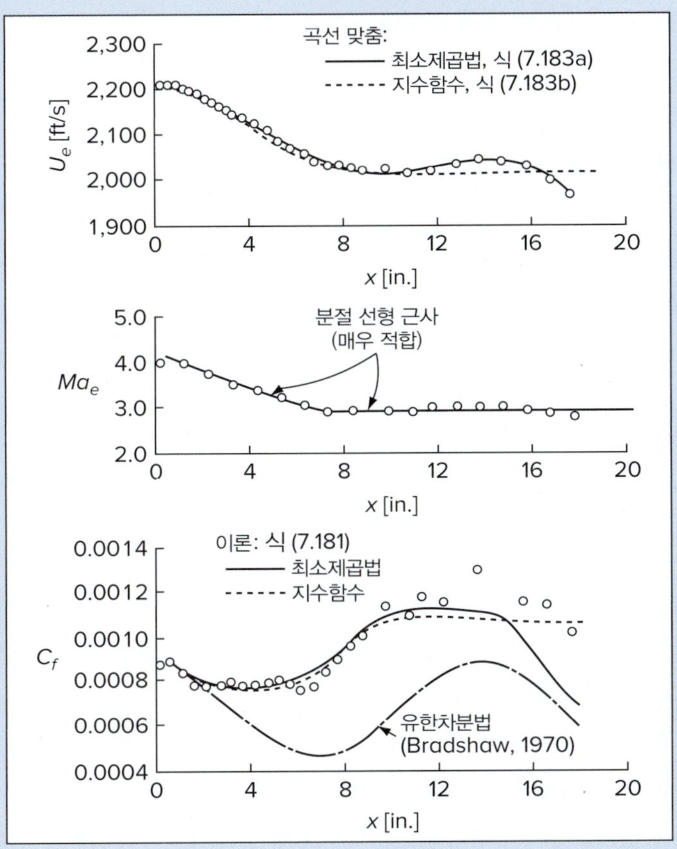

그림 7.28
Zwarts(1970)의 초음속 이완 유동 실험과 이론 비교[White와 Christoph (1972)]

포에 대한 두 가지 다른 곡선 맞춤을 제안한다.

$$V \approx 1.0013 - 0.00051x^* - 0.003885x^{*2} + 0.0004466x^{*3} - 0.0000139x^{*4} \quad (7.183a)$$

$$V \approx 0.9165 + 0.0835\exp(-0.03x^* - 0.05x^{*2}) \quad (7.183b)$$

여기서 x^*는 인치이다. 다항식 형태는 우수한 적합성을 보이는 반면, 지수 형식은 최종 곡률을 나타내지 못한다. Mach 수 $Ma_e(x^*)$는 그림 7.28에서와 같이 2개의 직선으로 맞춰져 있다. 벽 온도는 대략 단열되어 $T_w/T_e \approx 1 + r(\gamma - 1)Ma_e^2/2$이다. 이 공식은 식 (7.181a)와 (7.181b)에 적용되고, 계산된 표면 마찰은 그림 7.28에 중첩된다. 두 곡선 적합 모두 데이터와 잘 일치하는 것으로 보인다.

그림 7.28은 White-Christoph 방법에 기반한 표면 마찰 예측이 6-8.2절에서 논의된 Das(1988)의 비압축성 내부 변수 방법과 마찬가지로 $U_e(x)$의 곡선 적합도에 다소 민감함을 보여준다. 이 방법은 운동량 두께 또는 형상 계수의 사용을 피하므로, 이러한 매개변수에 대한 예측이 이루어지지 않는다. 한편, Zwarts(1970)는 운동 에너지 두께 $\delta_3(x)$에 대한 결과를 발표하지 않았기 때문에 7-9.1절의 Walz 방법은 이 유동에 대해 프로그래밍할 수 없다. 다른 이론들이 Zwarts의 실험에 적용되었으며, 특히 Bradshaw와 Ferriss(1971)의 난류 에너지 미분법이 적용되었다. 스탠퍼드 학회[Kline 등(1982, pp. 1263-1264)]에서, 모두 다중 방정식 미분 모델을 사용하는 4명의 경쟁자가 이 유동을 예측하려고 시도했는데, 이를 사례 8411이라고 한다. 4개의 예측 중 2개는 표면 마찰 예측에 탁월했고 2개는 부족했지만, 네 가지 모두 형상 계수를 예측하는 데 탁월했으며, 측정된 운동량-두께 분포를 재현할 수 있는 사람은 아무도 없었다.

7-10 준점성 유동에 대한 압축성 유동 근사

압축성 유동 문제에 대한 정확한 해는 가장 단순한 형상 및 물리적 설정을 제외하고는 구하기 어려운 경우가 많다. 한 가지 가능한 대안은 작은 매개변수 섭동 이론을 사용하여 압축성 유동 근사를 추구하는 것이다. 섭동 방법은 다음에 따라 구조화된 일련의 감소 항을 사용하여 관심 있는 변수의 점근적 확장에 의존한다.

$$p = p_0 + \varepsilon p_1 + \varepsilon^2 p_2 + \cdots \quad (7.184)$$

여기서 ε는 Reynolds 수의 역수와 같은 작은 매개변수를 나타낸다. 운동 방정식 내에서 관심 변수를 확장하면 선형 시스템이 구현된다. ε의 등차 항은 이후에 별도의 방정식으로 수집되어 순차적으로 해결된다. 이 절차를 통해 여러 수정이 뒤따르는 선행 순서의 기본 해를 결정할 수 있다. 당연히, 각각의 연속 수정으로 절단 오류가 줄어들고 전체 해가 개선된다.

약간 압축 가능한 유동의 경우 Mach 수(제곱)를 섭동 매개변수로 사용할 수 있다. 이 과정이 끝나면 일반적으로 비압축성 해가 선행 순서로 복구됨을 확인할 수 있다. 따라서 모든 점근적 수정은 압축성 효과에 직접 기인할 수 있다. 이러한 종류의 근사는 20세기 초에 이 방법론을 사용한 Lord Rayleigh와 Oskar Janzen을 기리기 위해 Rayleigh-Janzen 확장이라고 한다. Rayleigh-Janzen 절차를 보여주기 위해 다공성 덕트 유동과 관련된 두 가지 준점성 해가 여기에 제시되고 논의된다. 이러한 해는 점성이 없는 형태일지라도 다공성 벽에서 점착 조건을 준수하기 때문에 준점성이라고도 한다.

7-10.1 다공성 채널의 압축성 Taylor 유동

측벽 주입을 사용하여 다공성 채널의 압축성 유동에 대한 해를 추구할 때 와류 유동함수 접근방식을 사용할 수 있다. 문제는 길이가 L_0이고 절반 높이가 h인 직사각형 채널로 시작한다[Maicke와 Majdalani(2008)]. 상단 및 하단 측벽을 따라 유동은 균일한 주입 속도 V_w로 등엔트로피적으로 채널로 들어간다. 좌표계의 원점은 헤드월의 중앙에 있으며, 치수 변수를 표시하기 위해 물결표를 사용하면 $\tilde{x}$ 및 $\tilde{y}$는 각각 중간면에 평행한 방향과 수직인 방향으로 간주할 수 있다. 채널 너비는 높이보다 4배 이상 큰 것으로 가정하므로, 횡방향 $\tilde{z}$ 변화가 중요하지 않다. 더 나아가 모든 변수와 연산자는 다음을 사용하여 정규화된다.

$$x=\frac{\tilde{x}}{h},\quad y=\frac{\tilde{y}}{h},\quad u=\frac{\tilde{u}}{V_w},\quad v=\frac{\tilde{v}}{V_w},\quad p=\frac{\tilde{p}}{p_0},\quad T=\frac{\tilde{T}}{T_0},\quad \rho=\frac{\tilde{\rho}}{\rho_0},\quad \psi=\frac{\tilde{\psi}}{\rho_0 h V_w},$$
$$\boldsymbol{\omega}=\frac{\tilde{\boldsymbol{\omega}}h}{V_w},\quad \nabla=h\tilde{\nabla},\quad L=\frac{L_0}{h} \tag{7.185}$$

여기서 ψ는 유동함수를 나타내고, L은 채널의 종횡비를 나타내며, 아래 첨자 '0'은 헤드월의 기준 조건을 나타낸다. 대칭성을 이용하면 그림 7.29에서와 같이 채널의 상단 절반 부분, 즉 $0 \le x \le L$ 및 $0 \le y \le 1$에 대한 해를 얻은 다음, 중간면을 기준으로 대칭하여 나타낼 수 있다. 2차원 속도 벡터는 $\mathbf{v}=(u, v, 0)$으로 나타낼 수 있으며, 소멸되지 않는 구성요소를 하나만 포함하는 해당 와도는 $\boldsymbol{\omega}=\nabla\times\mathbf{v}=(0, 0, \omega)$로 표시된다. 속도 성분은 다음을 사용하여 압축 가능한 유동함수와 연관될 수 있다.

$$u=\frac{1}{\rho}\frac{\partial\psi}{\partial y} \quad \text{및} \quad v=-\frac{1}{\rho}\frac{\partial\psi}{\partial x} \tag{7.186}$$

와도 정의에 대입하면, 와도를 유동함수와 관련시키는 첫 번째 기본 방정식에 도달한다.

$$\frac{\partial^2\psi}{\partial x^2}+\frac{\partial^2\psi}{\partial y^2}=\frac{1}{\rho}(\nabla\rho\cdot\nabla\psi)-\omega\rho \qquad (\text{와도}) \tag{7.187}$$

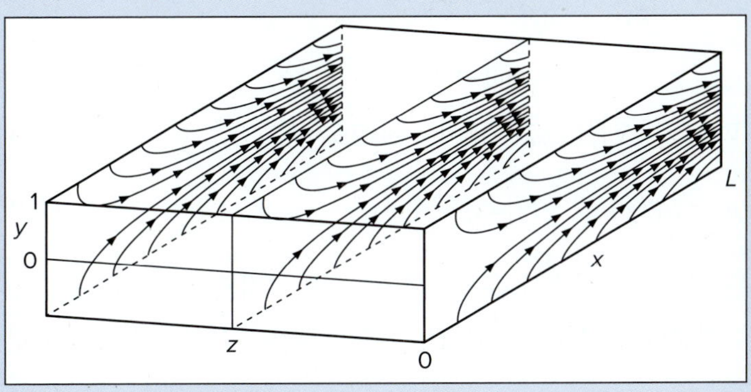

그림 7.29
벽에 수직으로 주입된 2차원 다공성 채널의 개략도

ψ와 ω 사이의 두 번째 관계가 필요하다. 운동량 방정식의 컬을 취하여 와도 수송 방정식을 재현할 수 있다.

$$\nabla \times (\mathbf{v} \times \boldsymbol{\omega}) = -\frac{1}{\gamma Ma_w^2 \rho^2} \nabla \rho \times \nabla p \qquad \text{(와도 수송)} \tag{7.188}$$

유동함수와 와도가 결정되면 운동량 보존을 사용하여 압력을 결정할 수 있다.

$$-\frac{\nabla p}{\gamma Ma_w^2} = \rho \nabla \left[\frac{1}{2\rho^2}(\nabla\psi \cdot \nabla\psi)\right] + \omega \nabla \psi \qquad \text{(운동량)} \tag{7.189}$$

마지막으로, 유동은 등엔트로피이므로 다음을 사용하여 열역학적 변수를 연관시키는 것이 가능하다.

$$\rho = p^{1/\gamma} \quad \text{및} \quad T = p^{(\gamma-1)/\gamma} \qquad \text{(등엔트로피 관계)} \tag{7.190}$$

경계 조건은 헤드월과 측벽에서 축류를 방지하고, 측벽에서 동일한 수직 속도를 유지하며, 중간면에 대한 횡류를 허용하지 않을 필요성에서 비롯된다. 이러한 조건은 다음과 같이 번역된다.

$$u(0, y) = 0, \qquad u(x, 1) = 0, \qquad \upsilon(x, 1) = -1, \qquad \upsilon(x, 0) = 0 \tag{7.191}$$

사실, 해의 준점성 특성은 측벽에서 점착 조건, 즉 $u(x, 1) = 0$의 시행에 직접 기인할 수 있다.

식 (7.187)~(7.190)을 풀기 위해 Rayleigh-Janzen 확장이 도입되었다. 따라서 관심 변수는 다음 식에 따라 Mach 수의 제곱으로 확장된다

$$\begin{cases} u(x, y) = u_0 + Ma_w^2 u_1 + O(Ma_w^4) & \rho(x, y) = 1 + Ma_w^2 \rho_1 + Ma_w^4 \rho_2 + O(Ma_w^6) \\ \upsilon(x, y) = \upsilon_0 + Ma_w^2 \upsilon_1 + O(Ma_w^4) & p(x, y) = 1 + Ma_w^2 p_1 + Ma_w^4 p_2 + O(Ma_w^6) \\ \psi(x, y) = \psi_0 + Ma_w^2 \psi_1 + O(Ma_w^4) & T(x, y) = 1 + Ma_w^2 T_1 + Ma_w^4 T_2 + O(Ma_w^6) \\ \omega(x, y) = \omega_0 + Ma_w^2 \omega_1 + O(Ma_w^4) & \end{cases} \tag{7.192}$$

확장된 항은 식 (7.187)~(7.190)으로 대체되고 Mach 수 순서로 정렬된다. 선행 순서에서 비압축성 Taylor 유동 방정식을 복구한다.

$$u_0 = \frac{\partial \psi_0}{\partial y}, \quad \upsilon_0 = -\frac{\partial \psi_0}{\partial x} \tag{7.193}$$

$$\frac{\partial^2 \psi_0}{\partial x^2} + \frac{\partial^2 \psi_0}{\partial y^2} = -\omega_0 \tag{7.194}$$

$$\nabla \times (\mathbf{v}_0 \times \boldsymbol{\omega}_0) = 0 \tag{7.195}$$

$$-\nabla p_1/\gamma = \nabla\left[\tfrac{1}{2}(\nabla\psi_0 \cdot \nabla\psi_0)\right] + \omega_0 \nabla \psi_0 \tag{7.196}$$

$$\rho_1 = p_1/\gamma \quad \text{및} \quad T_1 = (\gamma - 1)p_1/\gamma \tag{7.197}$$

이러한 관계는 측벽 주입이 있는 채널의 비압축성 유동을 분석할 때 고려되는 관계와 동일하다. 유사한 선을 따라, 첫 번째 압축 가능한 기여를 캡슐화하는 1차 방정식은 분리되어 다음과 같이 쓸 수 있다.

$$u_1 = \frac{\partial \psi_1}{\partial y} - \rho_1 \frac{\partial \psi_0}{\partial y}, \qquad v_1 = \rho_1 \frac{\partial \psi_0}{\partial x} - \frac{\partial \psi_1}{\partial x} \tag{7.198}$$

$$\frac{\partial^2 \psi_1}{\partial x^2} + \frac{\partial^2 \psi_1}{\partial y^2} = \nabla \rho_1 \cdot \nabla \psi_0 - \omega_0 \rho_1 - \omega_1 \tag{7.199}$$

$$\nabla \times (\mathbf{v}_0 \times \boldsymbol{\omega}_1) + \nabla \times (\mathbf{v}_1 \times \boldsymbol{\omega}_0) = -\nabla \rho_1 \times \nabla p_1 \tag{7.200}$$

$$-\nabla p_2/\gamma = \nabla\left[(\nabla \psi_0 \cdot \nabla \psi_1) - \rho_1(\nabla \psi_0 \cdot \nabla \psi_0)\right] + \rho_1 \nabla\left(\tfrac{1}{2}\nabla \psi_0 \cdot \nabla \psi_0\right) + \omega_0 \nabla \psi_1 + \omega_1 \nabla \psi_0 \tag{7.201}$$

$$\rho_2 = \frac{p_2}{\gamma} + \frac{1-\gamma}{2\gamma^2} p_1^2 \quad \text{및} \quad T_2 = \frac{\gamma - 1}{\gamma} p_2 + \frac{1-\gamma}{2\gamma^2} p_1^2 \tag{7.202}$$

식 (7.191)에 구현된 경계 조건은 유동함수 항에서 편리하게 재변환할 수 있다. 다음과 같은 식을 얻는다.

$$\text{선행 차수:} \quad \frac{\partial \psi_0(x,1)}{\partial y} = 0, \quad \frac{\partial \psi_0(0,y)}{\partial y} = 0, \quad \frac{\partial \psi_0(x,1)}{\partial x} = 1, \quad \frac{\partial \psi_0(x,0)}{\partial x} = 0 \tag{7.203}$$

$$\text{1차 차수:} \quad \begin{cases} \dfrac{\partial \psi_1(x,1)}{\partial y} = \rho_1 \dfrac{\partial \psi_0(x,1)}{\partial y} = 0, & \dfrac{\partial \psi_1(0,y)}{\partial y} = \rho_1 \dfrac{\partial \psi_0(0,y)}{\partial y} = 0 \\ \dfrac{\partial \psi_1(x,1)}{\partial x} = \rho_1 \dfrac{\partial \psi_0(x,1)}{\partial x} = \rho_1, & \dfrac{\partial \psi_1(x,0)}{\partial x} = \rho_1 \dfrac{\partial \psi_0(x,0)}{\partial x} = 0 \end{cases} \tag{7.204}$$

식 (7.194)를 순전히 유동함수의 관점에서 쓰려면 우변에 나타나는 와도를 제거해야 한다. 이를 위해 식 (7.186)에 정의된 압축 가능한 유동함수는 선행 차수 와도 수송 식 (7.195)로 대체된다. 이를 통해 결과 표현식이 $\omega_0 = C^2\psi_0$인 경우에만 보호된다는 것을 알 수 있다. 이 관계를 식 (7.194)로 다시 대입하면 변수 분리를 사용하고 식 (7.203)에 지정된 경계 조건을 적용할 수 있다. 예상대로 비압축성 Taylor 형상을 나타낼 수 있다.

$$\psi_0 = x \sin\left(\tfrac{1}{2}\pi y\right) \tag{7.205}$$

p_1항은 와도 항 ω_0을 제거한 후 운동량 식 (7.196)을 적분하고 식 (7.205)의 해를 삽입하여 결정할 수 있다. 나머지 열역학적 변수는 식 (7.197)에 의해 주어진 등엔트로피 관계로 역대입을 통해 결정할 수 있다. 나머지 열역학적 특성은 다음과 같다.

$$\begin{gathered} p_1 = -\tfrac{1}{2}\gamma\left[\tfrac{1}{4}\pi^2 x^2 + \sin^2\left(\tfrac{1}{2}\pi y\right)\right], \ \rho_1 = -\tfrac{1}{2}\left[\tfrac{1}{4}\pi^2 x^2 + \sin^2\left(\tfrac{1}{2}\pi y\right)\right] \\ \text{및} \ T_1 = \tfrac{1}{2}(1-\gamma)\left[\tfrac{1}{4}\pi^2 x^2 + \sin^2\left(\tfrac{1}{2}\pi y\right)\right] \end{gathered} \tag{7.206}$$

1차 압축성 보정을 얻기 위한 절차는 비록 동질적이지는 않지만 항의 선행 차수를 반영한다. 평소와 같이 와도 수송 식 (7.200)을 사용하여 ω_1과 ψ_1 사이의 관계를 결정할 수 있다. 그 후 Maicke와 Majdalani(2008)는 다음 형식의 해를 찾았다.

$$\omega_1 = \tfrac{1}{4}\pi^2 \psi_1 \pm \tfrac{1}{32}\pi^2 x\left[\pi^2 x^2 \sin\left(\tfrac{1}{2}\pi y\right) + 4\sin^2\left(\tfrac{1}{2}\pi y\right)\right] + F(\psi_0) \tag{7.207}$$

기호 ± 뒤에 나타나는 항은 식 (7.200)을 충족하기 위해 필요한 추가 수정을 나타낸다. 여기서

$F(\psi_0)$는 비압축성 유동함수 ψ_0의 임의 함수를 나타내며, 주방정식과 그 경계 조건을 확보하는 방식으로 결정할 수 있다.

다음으로, 식 (7.199)의 와류는 모든 선행 차수 해를 통합한 후 해결할 수 있다. 결과로 나오는 비균질 항은 다음 유형의 1차 유동함수를 제안한다.

$$\psi_1(x, \eta) = xg(\eta) + x^3 h(\eta) \tag{7.208}$$

여기서 $\eta \equiv \frac{1}{2}\pi y$ 는 부기를 단순화하기 위해 취한다. 이 형식은 식 (7.199)로 다시 대입될 수 있으므로 별도로 풀 수 있는 2개의 상미분 방정식이 생성된다. 이것들이 식 (7.204)에 명시된 경계 조건에 의해 증가될 때, 1차 수정은 매우 깔끔하게 다음과 같이 나타낼 수 있다.

$$\psi_1 = -\tfrac{1}{48}x \sin\eta\{\pi^2x^2[3 + \cos(2\eta)] + 3[7 - \cos(2\eta)]\} \tag{7.209}$$

이를 풀려면 식 (7.201)을 스칼라 성분으로 분리한 다음 부분 적분을 통해 풀어야 한다. 결과 압축성 압력 보정은 다음으로 쉽게 나타낼 수 있다.

$$p_2 = -\tfrac{1}{16}\gamma\left\{[\cos(2\eta) + \cos^2(2\eta)] - \tfrac{1}{4}\pi^2x^2[7 - \cos^2(2\eta)] + \tfrac{1}{24}\pi^4x^4\right\} \tag{7.210}$$

나머지 열역학적 변수는 식 (7.202)에 직접 대입하여 결정되며, 다음과 같이 얻는다.

$$\begin{cases} \rho_2 = \tfrac{1}{32}[1 - \gamma + 2(\gamma - 2)\cos(2\eta) - (\gamma + 1)\cos^2(2\eta)] \\ \qquad + \tfrac{1}{64}\pi^2x^2[9 - 2\gamma + 2(\gamma - 1)\cos(2\eta) - \cos^2(2\eta)] + \tfrac{1}{384}(2 - 3\gamma)\pi^4x^4 \\ T_2 = \tfrac{1}{192}(1 - \gamma)\{6[1 + 3\cos^2(2\eta)] - 3\pi^2x^2[5 + 2\cos(2\eta) - \cos^2(2\eta)] + 2\pi^4x^4\} \end{cases} \tag{7.211}$$

이 단계에서 모든 수정 항은 식 (7.192)에 포함된 Rayleigh-Janzen 확장으로 다시 대체될 수 있으며, 따라서 다음과 같은 2항 근삿값을 얻을 수 있다.

$$\psi = x\sin\eta\left(1 - \tfrac{1}{48}\{\pi^2x^2[3 + \cos(2\eta)] + 3[7 - \cos(2\eta)]\}Ma_w^2\right) \tag{7.212}$$

$$u = \tfrac{1}{2}x\cos\pi\eta\left(1 - \tfrac{1}{48}\{\pi^2x^2[\cos(2\eta) - 5] + 3[5 + \cos(2\eta)]\}Ma_w^2\right) \tag{7.213}$$

$$v = -\sin\eta\left[1 - \tfrac{1}{8}(\pi^2x^2 + 3)\cos^2\eta Ma_w^2\right] \tag{7.214}$$

$$p = 1 - \tfrac{1}{2}\gamma\left(\tfrac{1}{4}\pi^2x^2 + \sin^2\eta\right)Ma_w^2 - \tfrac{1}{16}\gamma\left\{[\cos(2\eta) + \cos^2(2\eta)] - \tfrac{1}{4}\pi^2x^2[7 - \cos^2(2\eta)] + \tfrac{1}{24}\pi^4x^4\right\}Ma_w^4 \tag{7.215}$$

$$\begin{aligned} \rho = 1 - \tfrac{1}{2}\left(\tfrac{1}{4}\pi^2x^2 + \sin^2\eta\right)Ma_w^2 + \tfrac{1}{32}\{[1 - \gamma + 2(\gamma - 2)\cos(2\eta) - (\gamma + 1)\cos^2(2\eta)] \\ + \tfrac{1}{2}\pi^2x^2[9 - 2\gamma + 2(\gamma - 1)\cos(2\eta) - \cos^2(2\eta)] + \tfrac{1}{12}(2 - 3\gamma)\pi^4x^4\}Ma_w^4 \end{aligned} \tag{7.216}$$

그리고

$$\begin{aligned} T = 1 + \tfrac{1}{2}(1 - \gamma)\left(\tfrac{1}{4}\pi^2x^2 + \sin^2\eta\right)Ma_w^2 \\ + \tfrac{1}{192}(1 - \gamma)\{6[1 + 3\cos^2(2\eta)] - 3\pi^2x^2[5 + 2\cos(2\eta) - \cos^2(2\eta)] + 2\pi^4x^4\}Ma_w^4 \end{aligned} \tag{7.217}$$

당연히 이러한 절차는 고차 항을 유지함으로써 정확성을 향상시키기 위해 반복될 수 있다. 한편,

여기에 제시된 근삿값은 속도에서 $O(Ma_w^4)$, 압력, 밀도 및 온도에서 $O(Ma_w^6)$까지 정확하다.

7-10.2 다공성 튜브의 압축성 Taylor-Culick 유동

위에서 설명한 다차원 절차는 Majdalani(2007)에 의해 측벽 주입이 있는 오른쪽 원통형 다공성 튜브의 맥락에서 처음 적용되었으며, 여기서 비압축성 회전 운동은 종종 Taylor-Culick 형상이라고 한다[Saad와 Majdalani(2007)]. 길이 L_0와 반경 a의 튜브에 해당하는 물리적 구성은 보편적으로 원형 입자 천공이 있는 고체 로켓 모터의 벌크 기체 운동을 모델링하는 데 사용되었다[Chedevergne 등(2006) 및 Bouyges 등(2017)]. 평소와 같이 유동은 균일한 주입 속도 V_w로 측벽을 따라 등엔트로피적으로 튜브로 들어간다. 이전과 같이 물결표를 사용하여 각각 축 및 반경 좌표를 암시하는 $\tilde{x}$ 및 $\tilde{r}$를 사용하여 차원 변수를 나타낼 수 있다. 변수 및 연산자의 분류는 다음과 같이 정의한다.

$$x = \frac{\tilde{x}}{a},\quad r = \frac{\tilde{r}}{a},\quad u = \frac{\tilde{u}}{V_w},\quad v = \frac{\tilde{v}}{V_w},\quad p = \frac{\tilde{p}}{p_0},\quad T = \frac{\tilde{T}}{T_0},\quad \rho = \frac{\tilde{\rho}}{\rho_0},$$
$$\psi = \frac{\tilde{\psi}}{\rho_0 a^2 V_w},\quad \boldsymbol{\omega} = \frac{\tilde{\boldsymbol{\omega}} a}{V_w},\quad \nabla = a\tilde{\nabla},\quad L = \frac{L_0}{a} \qquad (7.218)$$

여기서 ψ는 압축성 Stokes 유동함수를 나타내고, L은 다공성 튜브의 종횡비를 나타내며, 아래 첨자 '0'은 헤드월의 기준 조건을 나타낸다. 축대칭을 이용하여 우리의 해 영역은 그림 7.30과 같이 $0 \le x \le L$ 및 $0 \le r \le 1$로 제한될 수 있다. 여러 첨자의 사용을 피하기 위해 변형 (x, r, θ) 좌표계를 사용하고 속도 및 와도도 동반자를 $\mathbf{v} = (u, v, 0)$ 및 $\boldsymbol{\omega} = \nabla \times \mathbf{v} = (0, 0, \omega)$로 지정한다. 이 프레임워크에서 속도 성분은 다음을 통해 Stokes의 압축성 유동함수와 연관될 수 있다.

$$u = \frac{1}{\rho r}\frac{\partial \psi}{\partial r} \quad \text{및} \quad v = -\frac{1}{\rho r}\frac{\partial \psi}{\partial x} \qquad (7.219)$$

식 (7.219)가 와도 정의에 대입되면 ω와 ψ 사이의 주요 관계를 얻게 된다.

$$\frac{\partial^2 \psi}{\partial x^2} + \frac{\partial^2 \psi}{\partial r^2} - \frac{1}{r}\frac{\partial \psi}{\partial r} = \frac{1}{\rho}(\nabla\rho \cdot \nabla\psi) - \omega r \rho \qquad (\text{와도}) \qquad (7.220)$$

와도 유동함수 접근법에 따라 와도 수송 방정식을 통해 ω와 ψ 사이의 두 번째 관계식을 얻을 수

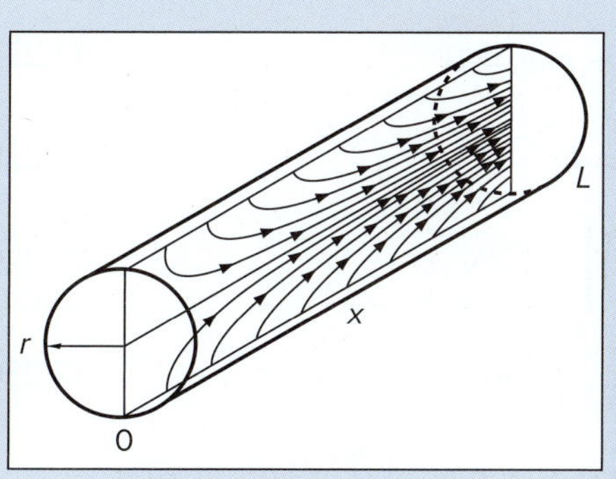

그림 7.30
벽에 수직으로 주입된 다공성 튜브의 개략도

있다. 이를 위해 운동량 방정식의 컬은 다음과 같이 취해진다.

$$\nabla \times (\mathbf{v} \times \boldsymbol{\omega}) = -\frac{1}{\gamma Ma_w^2 \rho^2} \nabla \rho \times \nabla p \qquad \text{(와도 수송)} \tag{7.221}$$

압력에 관해서는 정규화된 운동량 방정식에서 검색할 수 있다.

$$-\frac{\nabla p}{\gamma Ma_w^2} = \rho \nabla \left[\frac{1}{2\rho^2 r^2} (\nabla \psi \cdot \nabla \psi) \right] + \frac{1}{r} \omega \nabla \psi \qquad \text{(운동량)} \tag{7.222}$$

마지막으로 등엔트로피 유동 관계로 이동하여 밀도와 온도를 직접 추출할 수 있다.

$$\rho = p^{1/\gamma} \quad \text{및} \quad T = p^{(\gamma-1)/\gamma} \qquad \text{(등엔트로피 관계)} \tag{7.223}$$

Taylor-Culick 형상과 관련된 물리적 경계 조건은 중심선을 가로지르는 방사형 유동과 헤드월 또는 측벽에서 축방향 운동을 막는다. 또한 측벽에서 일정한 반경방향 속도가 필요하며, 본질적으로 다음과 같은 식을 얻는다.

$$u(0, r) = 0, \quad u(x, 1) = 0, \quad v(x, 0) = 0, \quad v(x, 1) = -1 \tag{7.224}$$

이 시점에서 지배 방정식과 경계 조건을 정의한 후 Rayleigh-Janzen 확장을 사용하여 식 (7.220)~(7.223)을 선형화할 수 있다. 이러한 노력은 각 주요 변수를 일련의 Mach 수 제곱으로 표현하는 것으로 시작된다.

$$\begin{cases} u(r, z) = u_0 + Ma_w^2 u_1 + O(Ma_w^4) & \rho(x, y) = 1 + Ma_w^2 \rho_1 + Ma_w^4 \rho_2 + O(Ma_w^6) \\ v(r, z) = v_0 + Ma_w^2 v_1 + O(Ma_w^4) & p(x, y) = 1 + Ma_w^2 p_1 + Ma_w^4 p_2 + O(Ma_w^6) \\ \psi(r, z) = \psi_0 + Ma_w^2 \psi_1 + O(Ma_w^4) & T(x, y) = 1 + Ma_w^2 T_1 + Ma_w^4 T_2 + O(Ma_w^6) \\ \omega(r, z) = \omega_0 + Ma_w^2 \omega_1 + O(Ma_w^4) & \end{cases} \tag{7.225}$$

분해된 변수를 식 (7.220)~(7.223)에 삽입하면 Mach 수에서 동일한 순서로 나타나는 항을 확장, 재배열 및 수집할 수 있다. Mach 수를 포함하지 않는 항의 분리는 비압축성 Taylor-Culick 관계로 이어진다.

$$u_0 = \frac{1}{r} \frac{\partial \psi_0}{\partial r}, \qquad v_0 = -\frac{1}{r} \frac{\partial \psi_0}{\partial x} \tag{7.226}$$

$$\frac{\partial^2 \psi_0}{\partial x^2} + \frac{\partial^2 \psi_0}{\partial r^2} - \frac{1}{r} \frac{\partial \psi_0}{\partial r} + r\omega_0 = 0 \tag{7.227}$$

$$\nabla \times (\mathbf{v}_0 \times \boldsymbol{\omega}_0) = 0 \tag{7.228}$$

$$-\frac{\nabla p_1}{\gamma} = \nabla \left[\frac{1}{2} \left(\frac{\nabla \psi_0 \cdot \nabla \psi_0}{r^2} \right) \right] + \frac{\omega_0}{r} \nabla \psi_0 \tag{7.229}$$

$$\rho_1 = \frac{p_1}{\gamma} \quad \text{및} \quad T_1 = \frac{\gamma - 1}{\gamma} p_1 \tag{7.230}$$

유사한 방식으로, 첫 번째 압축성 보정을 포착하는 방정식은 다음과 같이 표현될 수 있다.

$$u_1 = \frac{1}{r}\frac{\partial \psi_1}{\partial r} - \rho_1 \frac{1}{r}\frac{\partial \psi_0}{\partial r}, \qquad v_1 = \rho_1 \frac{1}{r}\frac{\partial \psi_0}{\partial x} - \frac{1}{r}\frac{\partial \psi_1}{\partial x} \tag{7.231}$$

$$\frac{\partial^2 \psi_1}{\partial x^2} + \frac{\partial^2 \psi_1}{\partial r^2} - \frac{1}{r}\frac{\partial \psi_1}{\partial r} + r\omega_1 = \nabla\rho_1 \cdot \nabla\psi_0 - r\omega_0\rho_1 \tag{7.232}$$

$$\nabla \times (\mathbf{v}_0 \times \boldsymbol{\omega}_1) + \nabla \times (\mathbf{v}_1 \times \boldsymbol{\omega}_0) = -\frac{\nabla\rho_1 \times \nabla p_1}{\gamma} \tag{7.233}$$

$$-\frac{\nabla p_2}{\gamma} = \nabla\left[\frac{(\nabla\psi_0 \cdot \nabla\psi_1) - \rho_1(\nabla\psi_0 \cdot \nabla\psi_0)}{r^2}\right] + \rho_1\nabla\left(\frac{\nabla\psi_0 \cdot \nabla\psi_0}{2r^2}\right) + \frac{\omega_0\nabla\psi_1 + \omega_1\nabla\psi_0}{r} \tag{7.234}$$

$$\rho_2 = \frac{p_2}{\gamma} + \frac{1-\gamma}{2\gamma^2}p_1^2 \quad \text{및} \quad T_2 = \frac{\gamma-1}{\gamma}p_2 + \frac{1-\gamma}{2\gamma^2}p_1^2 \tag{7.235}$$

이 시스템을 완성하기 위해 식 (7.224)로 지정된 문제의 경계 조건은 유동함수의 관점에서 편리하게 쓸 수 있다.

$$\text{선행 차수:} \quad \frac{\partial\psi_0(0,r)}{\partial r} = 0, \quad \frac{\partial\psi_0(x,1)}{\partial r} = 0, \quad \frac{\partial\psi_0(x,1)}{\partial x} = 1, \quad \frac{\partial\psi_0(x,0)}{\partial x} = 0 \tag{7.236}$$

$$\text{1차 차수:} \quad \frac{\partial\psi_1(0,r)}{\partial r} = 0, \quad \frac{\partial\psi_1(x,1)}{\partial r} = 0, \quad \frac{\partial\psi_1(x,1)}{\partial x} = \rho_1, \quad \frac{\partial\psi_1(x,0)}{\partial x} = 0 \tag{7.237}$$

더 나아가기 위해 식 (7.227)을 단일 종속 변수 ψ_0의 함수로 줄여야 하며, 이는 다시 ω_0를 제거해야 한다. 식 (7.226)에 의해 주어진 압축 가능한 유동함수 정의를 선행 차수 와도 수송 방정식 (7.228)로 대체함으로써 달성된다. 그러면 $\omega_0 = C^2 r\psi_0$ 형식의 관계가 와도 수송 방정식을 동일하게 충족한다는 것을 보여줄 수 있다. 이 특정 관계를 식 (7.227)로 반환하면 선형 미분 방정식이 실현된다. 즉,

$$\frac{\partial^2 \psi_0}{\partial x^2} + \frac{\partial^2 \psi_0}{\partial r^2} - \frac{1}{r}\frac{\partial \psi_0}{\partial r} + C^2 r^2 \psi_0 = 0 \tag{7.238}$$

그런 다음 식 (7.236)과 함께 $\psi_0(x, r) = X(x)R(r)$ 형식의 곱의 해 방법을 사용하여 고전적인 Taylor-Culick 유동함수를 복구할 수 있다.

$$\psi_0 = x\sin\left(\tfrac{1}{2}\pi r^2\right) \tag{7.239}$$

압력 p_1에 관해서는 운동량 식 (7.229)에서 상당히 간단하게 추론할 수 있다. 밀도와 온도는 식 (7.235)와 동일하게 따른다. 따라서 다음을 얻는다.

$$\begin{aligned} &p_1 = -\tfrac{1}{2}\gamma\left[\pi^2x^2 + r^{-2}\sin^2(\tfrac{1}{2}\pi r^2)\right], \rho_1 = -\tfrac{1}{2}\left[\pi^2x^2 + r^{-2}\sin^2(\tfrac{1}{2}\pi r^2)\right] \\ &\text{및} \quad T_1 = \tfrac{1}{2}(1-\gamma)\left[\pi^2x^2 + r^{-2}\sin^2(\tfrac{1}{2}\pi r^2)\right] \end{aligned} \tag{7.240}$$

1차 압축성 보정은 거의 동일한 단계를 수반한다. 첫째, 식 (7.233)은 ω_1과 ψ_1 사이의 관계를 결정하는 데 사용할 수 있다. Majdalani(2007)에 의해 다음과 같이 정리한다.

$$\omega_1 = \pi^2 r\psi_1 - \tfrac{1}{2}\pi^2\left[\pi^2 r^2 x^2 + \sin^2\left(\tfrac{1}{2}\pi r^2\right)\right]\psi_0/r + rF(\psi_0) \tag{7.241}$$

여기서 $F(\psi_0)$는 모든 방정식과 경계 조건을 만족하는 방식으로 결정되어야 하는 ψ_0의 임의의 함수를 나타낸다. 다음으로 식 (7.232)는 1차 유동함수 ψ_1의 함수로만 표현하여 풀 수 있다. Majdalani (2007)는 다음 형식의 해를 제안한다.

$$\psi_1(x, \eta) = \sin(\eta)\left[xf(\eta) + x^3 g(\eta)\right] \tag{7.242}$$

여기서 $\eta \equiv \pi r^2/2$가 사용된다. 그런 다음 식 (7.242) 및 기타 알려진 양을 식 (7.232)로 대입하면 개별적으로 풀 수 있는 2개의 상미분 방정식이 생성됨을 알 수 있다. 이는 다음과 같은 식으로 정리 가능하다.

$$\begin{aligned}\psi_1 = \tfrac{1}{4}\pi\psi_0\Big\{-\pi x^2\left[1 + \tfrac{1}{3}\cos(2\eta)\right] + \tfrac{1}{4}\{\mathrm{Si}(4\eta) + 2\mathrm{Si}(2\eta) - \alpha + \left[\beta r^2 - 3\mathscr{E} + \mathrm{Ci}(4\eta) + 2\mathrm{Ci}(2\eta)\right.\\ \left. - \ln(2\pi^3 r^6)\right]\cot(\eta)\}\Big\} \approx -\tfrac{1}{4}\psi_0\left\{\pi^2 x^2\left[1 + \tfrac{1}{3}\cos(2\eta)\right] + 2\right\}\end{aligned} \tag{7.243}$$

여기서 $\alpha = 8/\pi + \mathrm{Si}(2\pi) + 2\mathrm{Si}(\pi) \simeq 7.6685048$, $\beta = \ln(2\pi^3) + 3\mathscr{E} - \mathrm{Ci}(2\pi) - 2\mathrm{Ci}(\pi) \simeq 5.7342087$ 및 $\mathscr{E} \simeq 0.577216$은 Euler의 Gamma 상수를 나타낸다. 또한 사인 및 코사인 적분 함수는 다음과 같이 지정된다.

$$\begin{aligned}\mathrm{Si}(x) &= \int_0^x t^{-1}\sin t\, dt = x - \tfrac{1}{18}x^3 + \tfrac{1}{600}x^5 + O(x^7)\\ \text{및}\quad \mathrm{Ci}(x) &= \int_0^x t^{-1}\cos t\, dt = \mathscr{E} + \ln x - \tfrac{1}{4}x^2 + \tfrac{1}{96}x^4 + O(x^6)\end{aligned} \tag{7.244}$$

식 (7.243)에서 Majdalani(2007)가 제공한 마지막 압축 근사는 적분 함수를 사용할 필요성을 우회하는 데 사용할 수 있다. 압력은 부분 적분을 이용하여 운동량 식 (7.234)로부터 추출할 수 있다. 따라서 다음 식을 얻는다.

$$p_2 = -\tfrac{1}{8}\pi^2\gamma\left[\tfrac{1}{3}\pi^2 x^4 + \tfrac{1}{2}x^2(2\pi\eta - \varsigma) + \tfrac{1}{4}\eta(5\eta - \varsigma/\pi)\right] \approx -\tfrac{1}{8}\pi^2\gamma\left[\tfrac{1}{3}\pi^2 x^4 + x^2(\pi\eta - 4) + \tfrac{1}{4}\eta(3\eta - 8/\pi)\right] \tag{7.245}$$

여기서 $\varsigma = \pi\alpha - 2\beta \simeq 12.6229$이다. 나머지 열역학적 변수는 식 (7.235)에 직접 대입하여 결정하여 다음을 얻는다.

$$\begin{cases}\rho_2 = -\tfrac{1}{8}\pi^2\left[\tfrac{1}{3}\pi^2 x^4(3\gamma - 2) + \tfrac{1}{2}x^2(2\pi\eta - \varsigma) + \pi x^2\eta^{-1}(\gamma - 1)\sin^2\eta + \tfrac{1}{4}\eta(5\eta - \varsigma/\pi) + \tfrac{1}{4}\eta^{-2}(\gamma - 1)\sin^4\eta\right]\\ \quad \approx -\tfrac{1}{8}\pi^2\left\{\tfrac{1}{3}\pi^2 x^4(3\gamma - 2) + \pi x^2\left[\eta + \eta^{-1}(\gamma - 1)\sin^2\eta - 4/\pi\right] - 2\eta/\pi + \tfrac{3}{4}\eta^2 + \tfrac{1}{4}\eta^{-2}(\gamma - 1)\sin^4\eta\right\}\\ T_2 = -\tfrac{1}{8}\pi^2(\gamma - 1)\left[\tfrac{4}{3}\pi^2 x^4 + \tfrac{1}{2}x^2(2\pi\eta - \varsigma) + \pi x^2\eta^{-1}\sin^2\eta + \tfrac{1}{4}\eta(5\eta - \varsigma/\pi) + \tfrac{1}{4}\eta^{-2}\sin^4\eta\right]\\ \quad \approx -\tfrac{1}{8}\pi^2(\gamma - 1)\left[\tfrac{4}{3}\pi^2 x^4 + \pi x^2(\eta + \eta^{-1}\sin^2\eta - 4/\pi) - 2\eta/\pi + \tfrac{3}{4}\eta^2 + \tfrac{1}{4}\eta^{-2}\sin^4\eta\right]\end{cases} \tag{7.246}$$

더 단순하게 식을 정리하기 위해 압축 가능성을 통합하는 해는 다음 식과 같이 나타낼 수 있다.

$$\psi(x, r) \approx x\sin(\eta)\left(1 - \tfrac{1}{4}\left\{\pi^2 x^2\left[1 + \tfrac{1}{3}\cos(2\eta)\right] + 2\right\}Ma_w^2\right) \tag{7.247}$$

기본 유속 구성요소에 대해

$$u \approx \pi x\cos(\eta)\left(1 + \tfrac{1}{4}\left\{\pi^2 x^2\left[\tfrac{5}{3} - \cos(2\eta)\right] + r^{-2}[1 - \cos(2\eta)] - 2\right\}Ma_w^2\right) \tag{7.248}$$

$$v \approx -r^{-1}\sin(\eta)\left(1 - \tfrac{1}{4}\left\{\pi^2 x^2[1 + \cos(2\eta)] - r^{-2}[1 - \cos(2\eta)] + 2\right\}Ma_w^2\right) \tag{7.249}$$

해당 압력, 밀도 및 온도는

$$p \approx 1 - \tfrac{1}{2}\pi\gamma(\pi x^2 + \tfrac{1}{2}\eta^{-1}\sin^2\eta)Ma_w^2 - \tfrac{1}{8}\pi^2\gamma\left[\tfrac{1}{3}\pi^2 x^4 + x^2(\pi\eta - 4) + \tfrac{1}{4}\eta(3\eta - 8/\pi)\right]Ma_w^4 \tag{7.250}$$

$$\rho \approx 1 - \tfrac{1}{2}\pi(\pi x^2 + \tfrac{1}{2}\eta^{-1}\sin^2\eta)Ma_w^2 - \tfrac{1}{8}\pi^2\left\{\tfrac{1}{3}\pi^2 x^4(3\gamma - 2) + \pi x^2\left[\eta + \eta^{-1}(\gamma - 1)\sin^2\eta - 4/\pi\right]\right.$$
$$\left. -2\eta/\pi + \tfrac{3}{4}\eta^2 + \tfrac{1}{4}\eta^{-2}(\gamma - 1)\sin^4\eta\right\}Ma_w^4 \tag{7.251}$$

그리고

$$T \approx 1 - \tfrac{1}{2}\pi(\gamma - 1)(\pi x^2 + \tfrac{1}{2}\eta^{-1}\sin^2\eta)Ma_w^2 - \tfrac{1}{8}\pi^2(\gamma - 1)\left[\tfrac{4}{3}\pi^2 x^4 + \pi x^2(\eta + \eta^{-1}\sin^2\eta - 4/\pi)\right.$$
$$\left. -2\eta/\pi + \tfrac{3}{4}\eta^2 + \tfrac{1}{4}\eta^{-2}(\gamma - 1)\sin^4\eta\right]Ma_w^4 \tag{7.252}$$

이것으로 유동함수와 압력 방정식이 순차적으로 해결되는 그림 7.31에 설명된 절차를 따르는 회전 형상의 압축성 팽창 해석이 끝났다. 절차로, 먼저 와도 수송 방정식을 만족시키는 와도와 유동함수 사이의 관계를 식별한 다음 그러한 관계를 와도 정의에 삽입해야 한다. 이제 이 관계는 유동함수의 유일한 함수로 표현할 수 있다. 유동함수의 결과 선형 미분 방정식은 문제의 경계 조건을 확보하는 방식으로 변수의 분리를 사용하여 신중하게 해결된다. 주어진 차수에서 유동함수

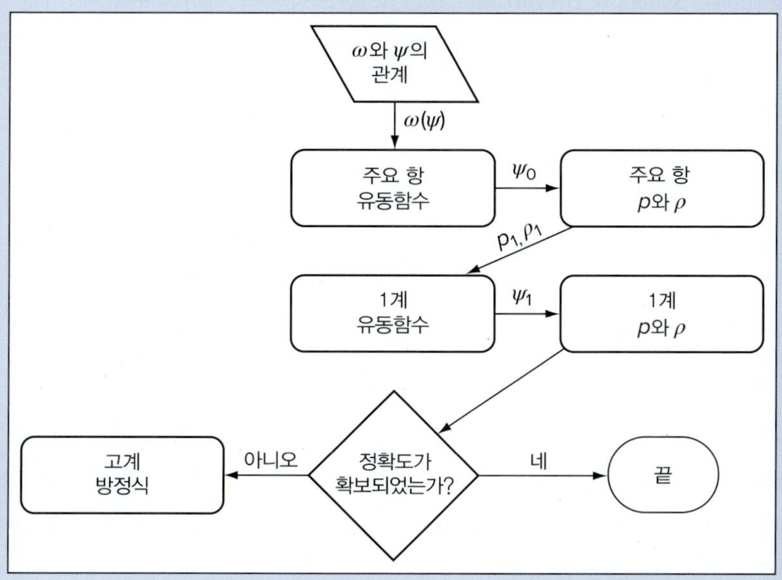

그림 7.31
Rayleigh-Janzen 압축성 유동 확장 절차의 순서도

에 대한 해를 추출한 후 운동량 방정식의 부분 적분을 통해 해당 압력이 추론된다. 그 다음 밀도와 온도가 따르며, 이는 등엔트로피 유동 관계에서 아주 간단하게 결정할 수 있다. 이 절차는 원하는 정도의 정밀도를 달성하기 위해 필요에 따라 더 높은 Mach 수에서 반복될 수 있다. Maicke 등(2012)에서 볼 수 있듯이 비회전 유동의 압축 가능한 대응물에 대한 해결은 훨씬 더 간단한 것으로 판명되었다. 관심이 있는 독자는 이와 관련하여 비회전 유동의 처리 절차를 설명하는 마지막 두 가지 연습문제에 대해 풀어보기를 추천한다.

요약

이 장에서는 층류 및 난류 유동에 대한 정상 상태 압축성 경계층 유동의 분석에 대해 소개하였다. 이러한 유동은 근사(적분 또는 상관) 기술이나 '정확한'(유한차) 계산으로 처리할 수 있으며, 가장 널리 사용되는 몇 가지 방법에 대해 설명하였다. 주로 평판 및 정체점 유동에 중점을 두지만 압력 구배, 열전달 및 충격파 상호작용의 영향에 대해 간략하게 설명한다. 이 과정에서 표현은 팽창 면적 비율의 함수로 직접 Mach 수, 압력, 밀도 및 온도를 산출하는 여러 등엔트로피 유동 관계의 해석적으로 역전된 형태로 만들어진다. 이러한 관계는 수렴-발산 노즐을 통한 등엔트로피 팽창 처리에서 압축성 유동 표 사용에 대한 간단한 대안을 제공한다. 압축성 유동의 처리를 위한 강력한 Rayleigh-Janzen 확장 방법에 대한 설명으로 우리의 적용 범위를 설명하였다. 원칙적으로 이 접근방식은 비압축성 해가 존재하는 모든 평균 유동 형상에 대한 압축성 분석 근사를 얻는 데 사용할 수 있다.

물론, 고속 유동 조건에서 연구된 많은 점성 유동 현상을 하나의 짧은 장에서 다루는 것은 불가능하다. 생략된 일부 주제는 벽에서의 물질 전달, 해리 또는 외부 기체 주입으로 인한 화학종 확산, 화학 반응, 3차원 유동, 충격파 충돌 및 선단 둔기 효과, 벽 거칠기, 초음속 제트 및 후류에 대한 내용이다. 독자는 Dorrance(1962), Schreier(1982), Schetz(1984), Smits와 Dussauge(1996), Anderson(2000), Settles(2004), Schetz와 Bowersox(2011) 등을 포함하여 이러한 유동에 대한 항공우주 문헌을 참조하길 바란다. 또한 이 장이 계속 확장되는 압축성 점성 유동 분야에 대한 탐구 욕구를 자극하기를 바란다.

연습문제

7-1. 차가운 벽이 있는 평판을 지나는 압축성 층류 경계층 유동을 고려한다. $Pr \approx 1$인 경우, T_w의 값은 경계층의 최대 온도 $u = 0.5U_e$인 (T_e, c_p, U_e) 지점에서 발생한다. $T(y)$의 형상을 나타내시오.

7-2. $Ma_e = 3.0$에서 평판($\beta = 0$)을 지나는 이상 기체 $\gamma = 1.4$의 유동을 생각해 보자. 식 (7.47a) 및 (7.47b)의 유사성 관계를 수치적으로 푸시오. 속도 및 온도 분포를 그래프로 나타내고, (a) 그림 7.13의 유한 차분 결과 및 (b) 식 (7.29)의 Crocco-Busemann 근사와 비교하시오. $T_w = T_e$ 조건에 대해, 단열 벽 및 차가운 벽에 대해 푸시오.

7-3. 0°C 및 13 kPa의 공기는 800 m/s 속도로 층류로 평판을 지나 흐르고 있다. 벽 온도가 20°C일 때, (a) 단열 벽 온도 및 (b) 열전달률(단위: W/m^2)을 구하시오.

7-4. 표 7.1에 나열되지 않은 *Pr*값에 대해 식 (7.50)에서 수치적으로 평판 회복 계수를 평가하시오. 이 결과를 식 (7.52a) 및 (7.52b)와 관련된 근사와 비교하시오.

7-5. 20°C 및 20 kPa의 공기는 절연된 평판을 1200 m/s로 흐른다. x = 10 cm에서 충격파 상호작용이 없는 층류를 가정하고 (a) 벽 전단 응력(단위: Pa) 및 (b) 벽 열전달률(단위: W/m^2)을 추정하시오.

7-6. 20°C 및 14 kPa의 헬륨은 1600 m/s로 축방향으로 반구형 코가 있는 25 cm 직경의 원통을 향해 흐른다. 정상 충격, 완전 기체 이론을 이용하여 반구의 코에서 속도 구배 *K*(단위: s^{-1})를 구하시오.

7-7. 20°C 및 40 kPa의 공기는 Ma = 3.5에서 표면이 400°C인 직경 10 cm의 구를 향해 흐른다. 이상기체를 가정하여 정체점에서의 열전달률(단위: W/m^2)을 구하시오.

7-8. 단열 표면을 지나는 극초음속 유동에서, 밀도는 벽 근처에서 작고 식 (7.75)의 형상 계수 $H = \delta^*/\theta$에 따라 상당히 커진다. 층류의 경우 선형 속도 분포 $u/U_e \approx y/\delta$[그림 7.3(a) 참조]와 Crocco-Busemann 온도 상관관계 식 (7.28)을 가정하여, 다음을 증명하시오.

$$\frac{\delta^*}{\delta} \approx 1 - \frac{1}{2a}\ln(1+a), \qquad a = \frac{\gamma - 1}{2}Ma_e^2$$

γ = 1.4이고 Ma_e = 8.0 조건에서 형상 계수 값을 구하시오.

7-9. 단열 평판을 지나는 일정한 U_e와 Ma_e에서 층류를 고려한다. 7-4.3절의 Gruschwitz 방법을 사용하여 벽을 따라 운동량 두께와 표면 마찰 계수의 변화를 푸시오. 그리고 다른 평판 공식과 비교하시오. (힌트: 폐쇄형 적분이 가능하다.)

7-10. Ma_e = 7.0 및 γ = 1.4인 층류 평판 유동에 대해 명시적 또는 암시적 모델을 사용하여 7-4.4절의 유한 차분법을 프로그래밍하시오. 이때, 단열 벽을 가정한다. 유사성 변수 $(y/x)Re_x^{1/2}$의 유효성을 설정하기에 충분한 하류 영역을 계산하시오. 계산된 속도, 온도 및 표면 마찰 계수를 그림 7.2에서 7.4까지의 van Driest 결과와 비교하시오.

7-11. 연습문제 7-10에 대해 $T_w = T_e/4$인 차가운 벽 조건으로 수정하여 푸시오.

7-12. 20°C 및 8000 Pa의 공기는 4200 m/s 속도로 평판을 지나는 층류이다. 그림 7.17을 사용하여 평판을 따라 x = 8 cm 위치에서 충격 유발 압력 p_e를 파스칼 단위로 추정하시오.

7-13. 그림 P7.13과 같이 20°C와 30 kPa의 공기는 Ma = 3.5에서 반각 15도의 대칭 2차원 쐐기를 향

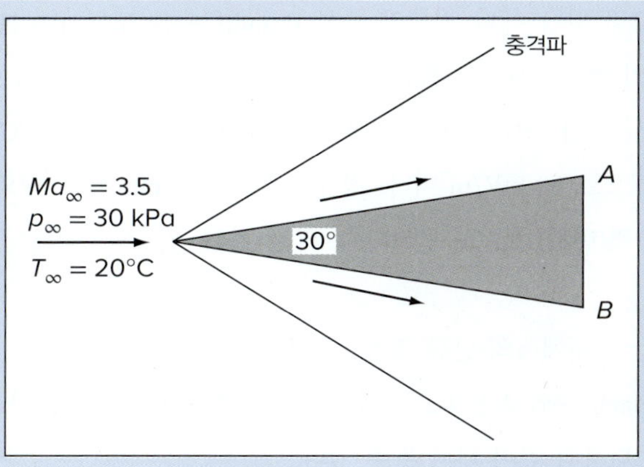

그림 P7.13

해 흐른다. 쐐기 표면이 절연된 경우, 가정된 층류 조건에 대한 온도(℃)를 추정하시오.

7-14. 연습문제 7-13을 수정하여 밑면 AB의 길이가 10 cm인 경우 쐐기 윗면의 단위 너비당 총 열전달을 구하시오. 이때 $T_w = 300$ K이다.

7-15. 난류 조건을 가정하여 연습문제 7-13을 수정하여 푸시오.

7-16. 난류 조건을 가정하여 연습문제 7-14를 수정하여 푸시오.

7-17. 그림 P7.17은 Settles 등(1979)의 $Ma = 2.85$에서 20℃ 램프를 치는 유동의 섀도그래프이다. 왼쪽의 흰색 선은 접근하는 난류 경계층의 두께를 나타낸다. (a) 충격파 각도(굵은 검은색 선)가 경사 충격 이론과 일치하는지 확인하시오. (b) 섀도그래프의 세부사항이 경계층 개념으로 어떻게 설명될 수 있는지 서술하시오.

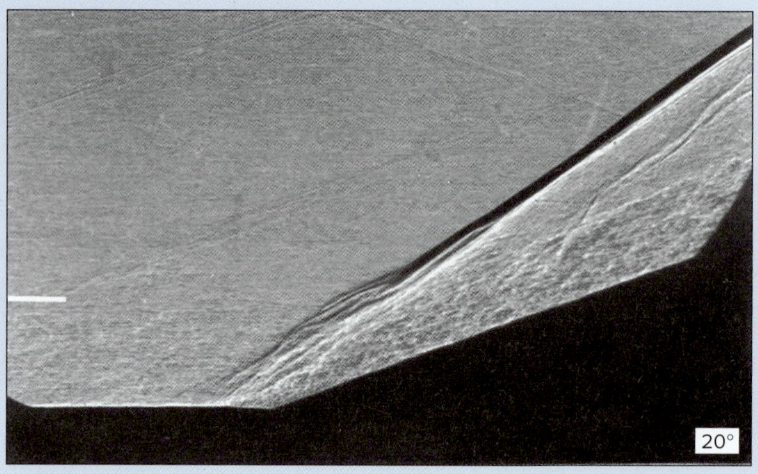

그림 P7.17

7-18. $0 < \chi < 10$ 범위에서 $\gamma = 1.4$ 및 $T_w = T_{aw}$에 대해 극초음속 상호작용 식 (7.104) 및 (7.106)을 수치적으로 푸시오. 결과를 그림 7.17 및 식 (7.108)에 의해 주어진 단순 선형 근사와 비교하시오.

7-19. 20℃ 및 25 kPa의 공기는 절연된 평판을 지나 2200 m/s 속도로 흐른다. $x = 2$ cm 지점에서 극초음속 상호작용 이론을 사용하여 실제 표면 압력(단위: Pa)을 구하시오.

7-20. 무시할 수 있는 점성 전단, 열전달 및 압력 구배를 갖는 난류 경계층 에너지 식 (7.125d)를 고려한다. 벽 근처에는 $\tau \approx \tau_w$와 무시할 수 있는 대류가 존재한다. 에너지 방정식을 적분하여 $q = q_w + \bar{u}\tau_w$를 얻으시오. 그런 다음 에디 점도와 난류 Prandtl 수를 도입하여 Huang 등(1993)이 구한 것처럼 식 (7.164)의 형식에서 온도를 구하시오.

7-21. 난류 평판 경계층의 특정 위치에서 공기 자유 유동 조건은 $U_e = 900$ m/s 및 $T_e = 20$℃이다. 벽 온도는 300℃이고 벽 열전달은 벽으로 30 kW/m^{2}이다. 경계층 두께는 6 mm이다. 벽의 압축성 법칙을 사용하여 국부 벽 전단 응력(단위: Pa)을 구하시오. 다른 평판 공식과 추정값을 비교하시오. $p_e = 1$ atm이다.

7-22. 연습문제 7-5를 수정하여 위치 $x = 1$ m에서의 난류 경계층 운동을 구하시오.

7-23. Coles(1954)의 실험에서 3개의 Mach 수와 3개의 x 스테이션에서 부드러운 단열 벽 평판 기류를 위해 보고된 데이터 중 일부는 다음과 같이 나타낼 수 있다.

Ma_e	$U_e x/\nu_e$	C_f
2.6	4.84×10^6	0.00181
2.6	8.32×10^6	0.00166
3.7	3.98×10^6	0.00162
3.7	7.25×10^6	0.00138
4.5	3.37×10^6	0.00155
4.5	3.52×10^6	0.00148
4.5	6.91×10^6	0.00123

이 데이터를 7-8절에서 van Driest 및 White와 Christoph의 난류 평판 방법에 의한 예측과 비교하시오. 또한 $Ma_e = 0$에 대한 비교 예측을 나타내시오.

7-24. 그림 7.28을 준비하는 데 사용된 Zwarts(1970)의 실험 데이터는 다음과 같다.

x [in]	U_e[ft/s]	Ma_e	C_f(exp)
0.75	2204	4.016	0.000850
2.25	2174	3.727	0.000767
3.75	2132	3.464	0.000778
5.25	2082	3.266	0.000810
6.75	2037	2.987	0.000774
8.25	2023	2.958	0.000950
9.75	2025	2.974	0.001145
11.75	2024	2.950	0.001175
13.75	2047	3.083	0.001295
15.75	2020	2.947	0.001151
17.75	1967	2.751	0.000998

자유 유동 동점도는 1.06×10^{-4} ft²/s이다. 속도 및 Mach 수 데이터에 맞는 곡선을 만들고 Walz[식 (7.174) 및 (7.175)] 방법을 사용하여 비교를 위해 이론적인 표면 마찰 분포를 첫 번째 위치에서 계산하시오. 수치 적분이 필요하다.

7-25. 식 (7.181a) 및 (7.181b)에 의해 주어진 White-Christoph 내부 변수 방법을 사용하여 연습문제 7-24를 다시 구하시오.

7-26. 연습문제 7-13의 답은 $T_{aw} \approx 919$ K이다. (a) 층류를 가정하고 $T_{aw} \approx 950$ K인 쐐기 반각을 찾으시오. (b) 유선 Mach 수가 3.5인 평판의 단열 벽 온도(쐐기 각도 = 0)를 구하시오. (c) (a, b) 답변 중 하나가 다른 값보다 작을 것이다. 이 결과에 대해 열역학적으로 설명하시오.

7-27. 풍동 실험에서 20°C와 8000 Pa의 공기는 $Ma \approx 4.5$의 단열 평판을 지나 흐른다. 난류 경계층 속도는 다음과 같이 측정된다.

y[mm]	5.4	8.6	14.0	21.6
$\bar{u}$[m/s]	1100	1160	1240	1310

van Driest 변환을 사용하여 벽 전단 응력(단위: Pa)을 추정하시오.

7-28. 수격 현상 문제에서 반경방향 속도가 축 성분보다 훨씬 작지만 지배 방정식에서 무시되어서는 안 된다는 것을 보시오. (힌트: 반경방향 속도를 무시하여 방정식을 풀고 얻은 해의 유효성을 확인하라.)

7-29. 7-5.3절에서 식 (7.112)의 첫 번째 요소를 푸시오. $u_1(x, r, t) = J_0(\lambda_1, r)$를 가정하며, 여기서 $J_0(r)$는 0차 Bessel 함수를 나타내며 λ_1은 첫 번째 근을 나타낸다. (힌트: $u_1(x, r, t)$는 변수의 분리를 사용하여 풀 수 있다.)

답: $u_1(x, r, t) = J_0(\lambda_1 r)e^{-\varepsilon\lambda_1^2 t}$

7-30. Laplace 변환 방법을 사용하여 7-5.3절의 식 (7.119)를 푸시오. $F_\varepsilon(t) = 4\sum_{n=1}^{\infty}\lambda_n^{-2}e^{-\varepsilon\lambda_n^2 t}$이다.

7-31. 다공성 채널(그림 P7.31 참조)에서 비회전 평균 유동 형상에 대한 압축성 해를 찾을 때, 다공성 벽 Mach 수의 영향을 통합하는 정상, 2차원, 압축성 퍼텐셜 유동 방정식을 사용할 수 있다. 특히,

$$\nabla^2\phi = Ma_w^2\left\{\left(\frac{\partial\phi}{\partial x}\right)^2\frac{\partial^2\phi}{\partial x^2} + \left(\frac{\partial\phi}{\partial y}\right)^2\frac{\partial^2\phi}{\partial y^2} + 2\frac{\partial\phi}{\partial x}\frac{\partial\phi}{\partial y}\frac{\partial^2\phi}{\partial x\partial y} + \frac{\gamma-1}{2}\left[\left(\frac{\partial\phi}{\partial x}\right)^2 + \left(\frac{\partial\phi}{\partial y}\right)^2\right]\nabla^2\phi\right\}$$

여기서 모든 공간 좌표는 채널 절반 높이로, 속도 성분은 벽 주입 속도에 의해, 기타 변수는 참조값으로 정규화된다.

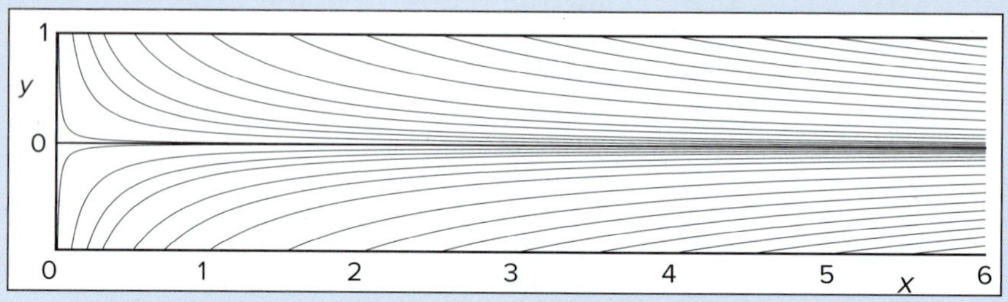

그림 P7.31

(a) 여기에 주어진 압축성 퍼텐셜 유동 방정식을 다음과 같은 Rayleigh-Janzen 확장으로 대체함으로써

$$\phi(x, y) = \phi_0(x, y) + Ma_w^2\phi_1(x, y) + O(Ma_w^2)$$

압축성 퍼텐셜 함수에 대한 선행 및 1차 방정식은 다음과 같다.

$$\frac{\partial^2\phi_0}{\partial x^2} + \frac{\partial^2\phi_0}{\partial y^2} = 0$$

$$\frac{\partial^2\phi_1}{\partial x^2} + \frac{\partial^2\phi_1}{\partial y^2} = \left(\frac{\partial\phi_0}{\partial x}\right)^2\frac{\partial^2\phi_0}{\partial x^2} + \left(\frac{\partial\phi_0}{\partial y}\right)^2\frac{\partial^2\phi_0}{\partial y^2} + 2\frac{\partial\phi_0}{\partial x}\frac{\partial\phi_0}{\partial y}\frac{\partial^2\phi_0}{\partial x\partial y} + \frac{\gamma-1}{2}\left[\left(\frac{\partial\phi_0}{\partial x}\right)^2 + \left(\frac{\partial\phi_0}{\partial y}\right)^2\right]\nabla^2\phi_0$$

(b) $\phi_0 = f_0(x) + g_0(y)$ 형태의 변수를 가산 분리하여 선행 차수 퍼텐셜 함수 방정식에 대한 일반 해를 결정한다. 아래 식을 증명하시오.

$$f_0(x) = \tfrac{1}{2}C_0x^2 + C_1x + C_2 \quad \text{및} \quad g_0(y) = -\tfrac{1}{2}C_0y^2 + C_3y + C_4$$

(c) 다공성 튜브의 경우 퍼텐셜 유동 경계 조건은 다음과 같이 쓸 수 있다.

$$\frac{\partial\phi_0(0, y)}{\partial x} = 0, \quad \frac{\partial\phi_0(x, 0)}{\partial y} = 0, \quad \frac{\partial\phi_0(x, 1)}{\partial y} = -1, \quad \phi_0(0, 0) = 0$$

$\phi_0 = \frac{1}{2}(x^2 - y^2)$가 선행 차수 퍼텐셜 함수 방정식의 특정해임을 보이시오.

(d) 1차 퍼텐셜 함수 방정식에 대한 일반해를 결정한다. 변수의 동일한 분리를 가정하고 문항 (c)의 모든 경계 조건을 0으로 설정한다. 특수해가 다음 식과 같음을 보이시오.

$$\phi_1(x, y) = \frac{1}{12}(x^4 - y^4) - \frac{1}{6}(x^2 - y^2)$$

(e) $\mathbf{v} = u\hat{\mathbf{e}}_x + v\hat{\mathbf{e}}_y = \nabla\phi$를 상기하면 압축성 속도 분포가 다음과 같이 표현될 수 있음을 보이시오.

$$\begin{cases} u = x + \frac{1}{3}x(x^2 - 1)Ma_w^2 + O(Ma_w^4) \\ v = -y + \frac{1}{3}y(1 - y^2)Ma_w^2 + O(Ma_w^4) \end{cases}$$

(f) 압력의 미분 형태는 다음과 같이 쓸 수 있다.

$$dp = -\frac{\gamma\rho Ma_w^2}{2} d\left[\left(\frac{\partial\phi}{\partial x}\right)^2 + \left(\frac{\partial\phi}{\partial y}\right)^2\right]$$

Rayleigh-Janzen 확장을 사용하여 압력과 밀도에 대해 다음 식과 같이 나타낼 수 있다.

$$\begin{cases} p(x, y) = 1 + Ma_w^2 p_1(x, y) + Ma_w^4 p_2(x, y) + O(Ma_w^6) \\ \rho(x, y) = 1 + Ma_w^2 \rho_1(x, y) + Ma_w^4 \rho_2(x, y) + O(Ma_w^6) \end{cases}$$

다음과 같은 압력에 대한 연속 방정식을 확장하고 증명하시오.

$$dp_1 = -\frac{1}{2}\gamma d\left[\left(\frac{\partial\phi_0}{\partial x}\right)^2 + \left(\frac{\partial\phi_0}{\partial y}\right)^2\right] \text{ 및 } \begin{cases} \dfrac{\partial p_2}{\partial x} = -\gamma\left[\rho_1\left(\dfrac{\partial\phi_0}{\partial x}\dfrac{\partial^2\phi_0}{\partial x^2}\right) + \dfrac{\partial\phi_0}{\partial x}\dfrac{\partial^2\phi_1}{\partial x^2} + \dfrac{\partial\phi_1}{\partial x}\dfrac{\partial^2\phi_0}{\partial x^2}\right] \\ \dfrac{\partial p_2}{\partial y} = -\gamma\left[\rho_1\left(\dfrac{\partial\phi_0}{\partial y}\dfrac{\partial^2\phi_0}{\partial y^2}\right) + \dfrac{\partial\phi_0}{\partial y}\dfrac{\partial^2\phi_1}{\partial y^2} + \dfrac{\partial\phi_1}{\partial y}\dfrac{\partial^2\phi_0}{\partial y^2}\right] \end{cases}$$

(g) 압력 보정 방정식을 적분하시오. 편미분 방정식을 적분할 때 순수 상수 대신 다른 변수의 함수를 포함하는 것을 적용하여 다음 식을 보이시오.

$$p_1 = -\frac{1}{2}\gamma(x^2 + y^2) \quad \text{및} \quad p_2 = -\gamma\left[\frac{1}{3}(x^2 + y^2) + \frac{1}{4}x^2y^2 - \frac{5}{24}(x^4 + y^4)\right]$$

7-32. 원형 단면을 가진 다공성 튜브(그림 P7.32 참조)에서 비회전 Hart-McClure 형상에 대한 압축 가능한 해를 찾는 데 있어 Maicke 등(2012)은 다공성 벽 Mach 수 Ma_w의 영향을 통합하는 정상, 축대칭, 압축성 퍼텐셜 유동 방정식을 사용한다. 다음 식과 같이 나타낼 수 있다.

$$\nabla^2\phi = Ma_w^2\left\{\left(\frac{\partial\phi}{\partial r}\right)^2\frac{\partial^2\phi}{\partial r^2} + \left(\frac{\partial\phi}{\partial z}\right)^2\frac{\partial^2\phi}{\partial z^2} + 2\frac{\partial\phi}{\partial r}\frac{\partial\phi}{\partial z}\frac{\partial^2\phi}{\partial r\partial z} + \frac{\gamma - 1}{2}\left[\left(\frac{\partial\phi}{\partial r}\right)^2 + \left(\frac{\partial\phi}{\partial z}\right)^2\right]\nabla^2\phi\right\}$$

여기서 모든 공간 좌표는 튜브 반경으로, 속도 성분은 벽 주입 속도에 의해, 기타 변수는 참조값으로 정규화된다.

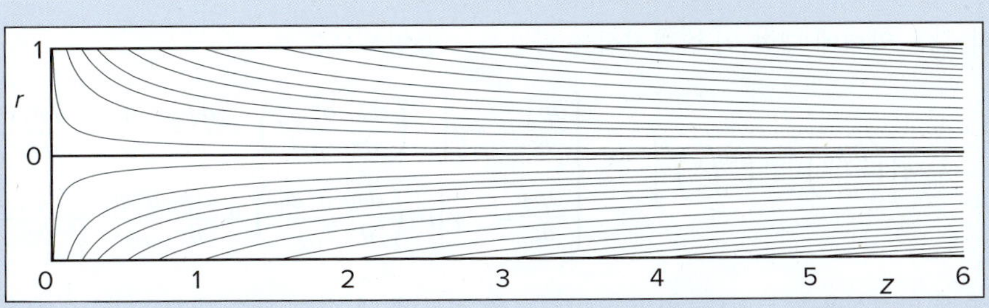

그림 P7.32

(a) 여기에 주어진 압축성 퍼텐셜 유동 방정식을 다음과 같은 Rayleigh-Janzen 확장으로 대체함으로써

$$\phi(r, z) = \phi_0(r, z) + Ma_w^2\phi_1(r, z) + O(Ma_w^2)$$

압축성 퍼텐셜 함수에 대한 선행 및 1차 방정식은 다음과 같다.

$$\frac{\partial^2\phi_0}{\partial r^2} + \frac{1}{r}\frac{\partial\phi_0}{\partial r} + \frac{\partial^2\phi_0}{\partial z^2} = 0$$

$$\frac{\partial^2\phi_1}{\partial r^2} + \frac{1}{r}\frac{\partial\phi_1}{\partial r} + \frac{\partial^2\phi_1}{\partial z^2} = \left(\frac{\partial\phi_0}{\partial r}\right)^2\frac{\partial^2\phi_0}{\partial r^2} + \left(\frac{\partial\phi_0}{\partial z}\right)^2\frac{\partial^2\phi_0}{\partial z^2} + 2\frac{\partial\phi_0}{\partial r}\frac{\partial\phi_0}{\partial z}\frac{\partial^2\phi_0}{\partial r\partial z} + \frac{\gamma-1}{2}\left[\left(\frac{\partial\phi_0}{\partial r}\right)^2 + \left(\frac{\partial\phi_0}{\partial z}\right)^2\right]\nabla^2\phi_0$$

(b) $\phi_0 = f_0(r) + g_0(z)$ 형식의 변수를 가산 분리하여 선행 차수 퍼텐셜 함수 방정식의 일반해를 결정한다. 다음 식을 보이시오.

$$f_0(r) = \tfrac{1}{4}C_0r^2 + C_1\ln r + C_2 \quad \text{및} \quad g_0(z) = -\tfrac{1}{2}C_0z^2 + C_3z + C_4$$

(c) 다공성 튜브의 경우 퍼텐셜 유동 경계 조건은 다음과 같이 쓸 수 있다.

$$\frac{\partial\phi_0(r, 0)}{\partial z} = 0, \quad \frac{\partial\phi_0(0, z)}{\partial r} = 0, \quad \frac{\partial\phi_0(1, z)}{\partial r} = -1, \quad \phi_0(0, 0) = 0$$

$\phi_0 = -\frac{1}{2}r^2 + z^2$가 선행 차수 퍼텐셜 함수 방정식의 특수해임을 보이시오.

(d) 1차 퍼텐셜 함수 방정식에 대한 일반해를 결정한다. 동일한 변수 분리를 가정하고 문항 (c)의 모든 경계 조건을 0으로 설정한다. 특수해가 다음 식과 같다는 것을 보이시오.

$$\phi_1(r, z) = \tfrac{1}{8}r^2 - \tfrac{1}{16}r^4 + \tfrac{2}{3}z^4 - \tfrac{1}{4}z^2$$

(e) $\mathbf{v} = \upsilon_r\hat{\mathbf{e}}_r + \upsilon_z\hat{\mathbf{e}}_z = \nabla\phi$를 적용하여 압축성 Hart-McClure 속도 분포로 표현되는 것을 보이시오.

$$\begin{cases} \upsilon_r = -r + \frac{1}{4}(1 - r^2)rMa_w^2 + O(Ma_w^4) \\ \upsilon_z = 2z + \frac{1}{6}(16z^2 - 3)zMa_w^2 + O(Ma_w^4) \end{cases}$$

(f) 압력의 미분 형태는 다음과 같이 쓸 수 있다.

$$dp = -\frac{\gamma\rho Ma_w^2}{2}d\left[\left(\frac{\partial\phi}{\partial r}\right)^2 + \left(\frac{\partial\phi}{\partial z}\right)^2\right]$$

형태의 압력과 밀도에 대해 Rayleigh-Janzen 확장을 사용하면 다음 식과 같다.

$$\begin{cases} p(r, z) = 1 + Ma_w^2p_1(r, z) + Ma_w^4p_2(r, z) + O(Ma_w^6) \\ \rho(r, z) = 1 + Ma_w^2\rho_1(r, z) + Ma_w^4\rho_2(r, z) + O(Ma_w^6) \end{cases}$$

다음과 같은 압력에 대한 연속 방정식을 확장하고 증명하시오.

$$dp_1 = -\tfrac{1}{2}\gamma d\left[\left(\frac{\partial\phi_0}{\partial r}\right)^2 + \left(\frac{\partial\phi_0}{\partial z}\right)^2\right] \quad \text{및} \quad \begin{cases} \dfrac{\partial p_2}{\partial r} = -\gamma\left[\rho_1\left(\dfrac{\partial\phi_0}{\partial r}\dfrac{\partial^2\phi_0}{\partial r^2}\right) + \dfrac{\partial\phi_0}{\partial r}\dfrac{\partial^2\phi_1}{\partial r^2} + \dfrac{\partial\phi_1}{\partial r}\dfrac{\partial^2\phi_0}{\partial r^2}\right] \\ \dfrac{\partial p_2}{\partial z} = -\gamma\left[\rho_1\left(\dfrac{\partial\phi_0}{\partial z}\dfrac{\partial^2\phi_0}{\partial z^2}\right) + \dfrac{\partial\phi_0}{\partial z}\dfrac{\partial^2\phi_1}{\partial z^2} + \dfrac{\partial\phi_1}{\partial z}\dfrac{\partial^2\phi_0}{\partial z^2}\right] \end{cases}$$

(g) 압력 보정 방정식을 적분한다. 편미분 방정식을 적분할 때 순수 상수 대신 다른 변수의 함수를 포함하는 것을 기억하여 다음을 증명하시오.

$$p_1 = -\tfrac{1}{2}\gamma(r^2 + 4z^2) \quad \text{및} \quad p_2 = -\gamma\left[\tfrac{1}{8}(r^4 - 2r^2) - r^2z^2 + \tfrac{10}{3}z^4 - z^2\right]$$

APPENDIX

A

벡터 항등식

$$(\mathbf{V}\cdot\nabla)\mathbf{V} = \tfrac{1}{2}\nabla(\mathbf{V}\cdot\mathbf{V}) + (\nabla\times\mathbf{V})\times\mathbf{V} \text{ (Lamb의 항등식)} \tag{A.1}$$

$$\nabla^2\mathbf{V} = \nabla(\nabla\cdot\mathbf{V}) - \nabla\times(\nabla\times\mathbf{V}) \text{ (발산 및 회전에 대한 벡터 Laplacian 등가성)} \tag{A.2}$$

$$\nabla\times(\nabla^2\mathbf{V}) = \nabla^2(\nabla\times\mathbf{V}) \text{ (Laplacian의 회전과 회전의 Laplacian과의 등가성)} \tag{A.3}$$

$$\nabla\cdot(\mathbf{U}\times\mathbf{V}) = \mathbf{V}\cdot(\nabla\times\mathbf{U}) - \mathbf{U}\cdot(\nabla\times\mathbf{V}) \text{ (외적의 발산)} \tag{A.4}$$

$$\mathbf{U}\cdot(\mathbf{V}\times\mathbf{W}) = (\mathbf{U}\times\mathbf{V})\cdot\mathbf{W} = \mathbf{V}\cdot(\mathbf{W}\times\mathbf{U}) = (\mathbf{V}\times\mathbf{W})\cdot\mathbf{U} \text{ (혼합된 벡터 스칼라의 곱)} \tag{A.5}$$

$$\mathbf{U}\times(\mathbf{V}\times\mathbf{W}) = (\mathbf{U}\cdot\mathbf{W})\mathbf{V} - (\mathbf{U}\cdot\mathbf{V})\mathbf{W} \text{ (벡터 삼중곱)} \tag{A.6}$$

$$(\mathbf{U}\times\mathbf{V})\cdot(\mathbf{U}\times\mathbf{V}) = (\mathbf{U}\cdot\mathbf{U})(\mathbf{V}\cdot\mathbf{V}) - (\mathbf{U}\cdot\mathbf{V})(\mathbf{U}\cdot\mathbf{V}) \text{ (Lagrange의 항등식)} \tag{A.7}$$

$$(\mathbf{U}\times\mathbf{V})\cdot(\mathbf{W}\times\mathbf{X}) = (\mathbf{U}\cdot\mathbf{W})(\mathbf{V}\cdot\mathbf{X}) - (\mathbf{U}\cdot\mathbf{X})(\mathbf{V}\cdot\mathbf{W}) \text{ (혼합된 내적과 외적)} \tag{A.8}$$

$$(\mathbf{U}\times\mathbf{V})\times(\mathbf{W}\times\mathbf{X}) = (\mathbf{U}\times\mathbf{V}\cdot\mathbf{X})\mathbf{W} - (\mathbf{U}\times\mathbf{V}\cdot\mathbf{W})\mathbf{X} \text{ (혼합된 외적과 외적)} \tag{A.9}$$

$$\mathbf{U}\times(\nabla\times\mathbf{V}) = (\nabla\mathbf{V})\cdot\mathbf{U} - (\mathbf{U}\cdot\nabla)\mathbf{V} \text{ (벡터 회전의 외적)} \tag{A.10}$$

$$\mathbf{U}\times(\mathbf{V}\times\mathbf{W}) + \mathbf{W}\times(\mathbf{U}\times\mathbf{V}) + \mathbf{V}\times(\mathbf{W}\times\mathbf{U}) = 0 \text{ (Jacobi의 항등식)} \tag{A.11}$$

$$\nabla^2(\mathbf{U}\cdot\mathbf{V}) = \mathbf{U}\cdot\nabla^2\mathbf{V} - \mathbf{V}\cdot\nabla^2\mathbf{U} + 2\nabla\cdot[(\mathbf{V}\cdot\nabla)\mathbf{U} + \mathbf{V}\times(\nabla\times\mathbf{U})] \text{ (Green의 벡터 항등식)} \tag{A.12}$$

$$(\nabla\times\mathbf{V})\times\mathbf{U} = (\mathbf{U}\cdot\nabla)\mathbf{V} - (\nabla\mathbf{V})\cdot\mathbf{U} \text{ (벡터 회전의 외적)} \tag{A.13}$$

$$\nabla(\mathbf{U}\cdot\mathbf{V}) = (\mathbf{U}\cdot\nabla)\mathbf{V} + (\mathbf{V}\cdot\nabla)\mathbf{U} + \mathbf{U}\times(\nabla\times\mathbf{V}) + \mathbf{V}\times(\nabla\times\mathbf{U}) \text{ (내적의 구배)} \tag{A.14}$$

$$\nabla\cdot(\mathbf{U}\mathbf{V}) = (\nabla\cdot\mathbf{U})\mathbf{V} + \mathbf{U}\cdot(\nabla\mathbf{V}) \text{ (벡터 텐서의 발산)} \tag{A.15}$$

$$\nabla\times(\mathbf{U}\times\mathbf{V}) = (\mathbf{V}\cdot\nabla)\mathbf{U} + (\nabla\cdot\mathbf{V})\mathbf{U} - (\nabla\cdot\mathbf{U})\mathbf{V} - (\mathbf{U}\cdot\nabla)\mathbf{V} \text{ (외적의 회전)} \tag{A.16}$$

$$\nabla\cdot(\nabla\times\mathbf{V}) = 0 \text{ (벡터 회전의 솔레노이드 증명, 예: 와도)} \tag{A.17}$$

$$\nabla\times(\nabla\phi) = 0 \text{ (스칼라 구배의 비회전 증명, 예: 퍼텐셜 속도)} \tag{A.18}$$

$$\nabla\cdot(\nabla\phi) = \nabla^2\phi \text{ (스칼라 구배의 발산과 스칼라 Laplacian과의 등가성)} \tag{A.19}$$

$$\nabla\cdot(\phi\mathbf{V}) = \phi\nabla\cdot\mathbf{V} + \mathbf{V}\cdot\nabla\phi \text{ (혼합된 벡터 스칼라의 발산, 예: 질량 플럭스)} \tag{A.20}$$

$$\nabla\times(\phi\mathbf{V}) = \phi\nabla\times\mathbf{V} + (\nabla\phi)\times\mathbf{V} \text{ (혼합된 벡터 스칼라의 회전, 예: 운동량)} \tag{A.21}$$

$$\nabla(\phi\psi) = \phi\nabla\psi + \psi\nabla\phi \text{ (스칼라와 구배의 곱)} \tag{A.22}$$

$$\nabla\cdot\left(\frac{\mathbf{V}}{\phi}\right) = \frac{\phi\nabla\cdot\mathbf{V} - \mathbf{V}\cdot\nabla\phi}{\phi^2} \text{ (벡터-스칼라 발산에 대한 몫 규칙)} \tag{A.23}$$

$$\nabla\times\left(\frac{\mathbf{V}}{\phi}\right) = \frac{\phi\nabla\times\mathbf{V} + \mathbf{V}\times\nabla\phi}{\phi^2} \text{ (벡터-스칼라 회전에 대한 몫 규칙)} \tag{A.24}$$

APPENDIX

B1

직교 좌표계에서의 3차원 운동학적 표현식

속도: $\mathbf{V} = u\mathbf{i} + v\mathbf{j} + w\mathbf{k}$ 중력가속도: $\mathbf{g} = g_x\mathbf{i} + g_y\mathbf{j} + g_z\mathbf{k}$ 미분 연산자: $\nabla = \frac{\partial}{\partial x}\mathbf{i} + \frac{\partial}{\partial y}\mathbf{j} + \frac{\partial}{\partial z}\mathbf{k}$

구배: $\nabla p = \frac{\partial p}{\partial x}\mathbf{i} + \frac{\partial p}{\partial y}\mathbf{j} + \frac{\partial p}{\partial z}\mathbf{k}$ 벡터의 **Laplacian**: $\nabla^2\mathbf{V} = \left(\frac{\partial^2}{\partial x^2} + \frac{\partial^2}{\partial y^2} + \frac{\partial^2}{\partial z^2}\right)(u\mathbf{i} + v\mathbf{j} + w\mathbf{k})$

발산: $\nabla\cdot\mathbf{V} = \frac{\partial u}{\partial x} + \frac{\partial v}{\partial y} + \frac{\partial w}{\partial z}$ 회전: $\nabla\times\mathbf{V} = \left(\frac{\partial w}{\partial y} - \frac{\partial v}{\partial z}\right)\mathbf{i} + \left(\frac{\partial u}{\partial z} - \frac{\partial w}{\partial x}\right)\mathbf{j} + \left(\frac{\partial v}{\partial x} - \frac{\partial u}{\partial y}\right)\mathbf{k}$

연속성: $\nabla\cdot\mathbf{V} = \frac{\partial u}{\partial x} + \frac{\partial v}{\partial y} + \frac{\partial w}{\partial z} = 0$

비압축성 **Navier-Stokes** 방정식: $\frac{D\mathbf{V}}{Dt} \equiv \frac{\partial\mathbf{V}}{\partial t} + (\mathbf{V}\cdot\nabla)\mathbf{V} = -\frac{\nabla p}{\rho} + \mathbf{g} + \nu\nabla^2\mathbf{V};\ \nu = \mu/\rho$

Navier-Stokes x성분 운동량 방정식: $\rho\frac{Du}{Dt} = -\frac{\partial p}{\partial x} + \mu\nabla^2 u + \rho g_x$

Navier-Stokes y성분 운동량 방정식: $\rho\frac{Dv}{Dt} = -\frac{\partial p}{\partial y} + \mu\nabla^2 v + \rho g_y$

Navier-Stokes z성분 운동량 방정식: $\rho\frac{Dw}{Dt} = -\frac{\partial p}{\partial z} + \mu\nabla^2 w + \rho g_z$

물질 미분: $\frac{DA}{Dt} = \frac{\partial A}{\partial t} + u\frac{\partial A}{\partial x} + v\frac{\partial A}{\partial y} + w\frac{\partial A}{\partial z}$ **Laplacian**: $\nabla^2 = \frac{\partial^2}{\partial x^2} + \frac{\partial^2}{\partial y^2} + \frac{\partial^2}{\partial z^2}$

유동함수의 정의: $u = \frac{\partial\psi}{\partial y}$ $v = -\frac{\partial\psi}{\partial x}$ (2차원에서만)

유동함수 방정식: $\nabla^2\psi = \frac{\partial^2\psi}{\partial x^2} + \frac{\partial^2\psi}{\partial y^2}$ 여기서 $\nabla\times\mathbf{V} = \mathbf{0}$

퍼텐셜 함수의 정의: $u = \frac{\partial\phi}{\partial x}$ $v = \frac{\partial\phi}{\partial y}$ $w = \frac{\partial\phi}{\partial z}$ 여기서 $\mathbf{V} = \nabla\phi$

퍼텐셜 함수 방정식: $\nabla^2\phi = \frac{\partial^2\phi}{\partial x^2} + \frac{\partial^2\phi}{\partial y^2} + \frac{\partial^2\phi}{\partial z^2}$ 여기서 $\nabla\cdot\mathbf{V} = 0$

점성 전단 응력: $\tau_{xx} = 2\mu\frac{\partial u}{\partial x}$ $\tau_{yy} = 2\mu\frac{\partial v}{\partial y}$ $\tau_{zz} = 2\mu\frac{\partial w}{\partial z}$

비대각: $\tau_{xy} = \mu\left(\frac{\partial v}{\partial x} + \frac{\partial u}{\partial y}\right)$ $\tau_{xz} = \mu\left(\frac{\partial w}{\partial x} + \frac{\partial u}{\partial z}\right)$ $\tau_{yz} = \mu\left(\frac{\partial w}{\partial y} + \frac{\partial v}{\partial z}\right)$

신장 변형률: $\varepsilon_{xx} = \frac{\partial u}{\partial x}$ $\varepsilon_{yy} = \frac{\partial v}{\partial y}$ $\varepsilon_{zz} = \frac{\partial w}{\partial z}$

비대각: $\varepsilon_{xy} = \frac{1}{2}\left(\frac{\partial v}{\partial x} + \frac{\partial u}{\partial y}\right)$ $\varepsilon_{xz} = \frac{1}{2}\left(\frac{\partial u}{\partial z} + \frac{\partial w}{\partial x}\right)$ $\varepsilon_{yz} = \frac{1}{2}\left(\frac{\partial w}{\partial y} + \frac{\partial v}{\partial z}\right)$

APPENDIX

B2 정상 상태 및 2차원 데카르트 좌표계에서 환원된 운동학적 표현식

정상 유동: $\frac{\partial A}{\partial t} = 0, \quad \forall A$ **xy** 면에서 **2**차원 운동: $w = 0$ **xy** 면에서 **2**차원 운동: $\frac{\partial A}{\partial z} = 0, \quad \forall A$

연속성: $\nabla \cdot \mathbf{V} = \frac{\partial u}{\partial x} + \frac{\partial v}{\partial y} = 0$

Navier-Stokes x성분 운동량 방정식: $\rho\left(u\frac{\partial u}{\partial x} + v\frac{\partial u}{\partial y}\right) = -\frac{\partial p}{\partial x} + \mu\left(\frac{\partial^2 u}{\partial x^2} + \frac{\partial^2 u}{\partial y^2}\right) + \rho g_x$

Navier-Stokes y성분 운동량 방정식: $\rho\left(u\frac{\partial v}{\partial x} + v\frac{\partial v}{\partial y}\right) = -\frac{\partial p}{\partial y} + \mu\left(\frac{\partial^2 v}{\partial x^2} + \frac{\partial^2 v}{\partial y^2}\right) + \rho g_y$

Navier-Stokes z성분 운동량 방정식: $0 = 0$

속도: $\mathbf{V} = u\mathbf{i} + v\mathbf{j}$ 중력가속도: $\mathbf{g} = g_x\mathbf{i} + g_y\mathbf{j}$ 미분 연산자: $\nabla = \frac{\partial}{\partial x}\mathbf{i} + \frac{\partial}{\partial y}\mathbf{j}$

스칼라의 구배: $\nabla p = \frac{\partial p}{\partial x}\mathbf{i} + \frac{\partial p}{\partial y}\mathbf{j}$ 벡터의 **Laplacian**: $\nabla^2 \mathbf{V} = \left(\frac{\partial^2}{\partial x^2} + \frac{\partial^2}{\partial y^2}\right)(u\mathbf{i} + v\mathbf{j})$

벡터의 발산: $\nabla \cdot \mathbf{V} = \frac{\partial u}{\partial x} + \frac{\partial v}{\partial y}$

벡터의 회전: $\nabla \times \mathbf{V} = \left(\frac{\partial v}{\partial x} - \frac{\partial u}{\partial y}\right)\mathbf{k}$

유동함수의 정의: $u = \frac{\partial \psi}{\partial y} \quad v = -\frac{\partial \psi}{\partial x}$

유동함수 방정식: $\nabla^2 \psi = \frac{\partial^2 \psi}{\partial x^2} + \frac{\partial^2 \psi}{\partial y^2}$ 여기서 $\nabla \times \mathbf{V} = \mathbf{0}$

퍼텐셜 함수의 정의: $u = \frac{\partial \phi}{\partial x} \quad v = \frac{\partial \phi}{\partial y}$ 여기서 $\mathbf{V} = \nabla \phi$

퍼텐셜 함수 방정식: $\nabla^2 \phi = \frac{\partial^2 \phi}{\partial x^2} + \frac{\partial^2 \phi}{\partial y^2}$ 여기서 $\nabla \cdot \mathbf{V} = 0$

점성 전단 응력: $\tau_{xx} = 2\mu\frac{\partial u}{\partial x} \quad \tau_{yy} = 2\mu\frac{\partial v}{\partial y} \quad \tau_{zz} = 0$

비대각: $\tau_{xy} = \mu\left(\frac{\partial v}{\partial x} + \frac{\partial u}{\partial y}\right) \quad \tau_{xz} = 0 \quad \tau_{yz} = 0$

신장 변형률: $\varepsilon_{xx} = \frac{\partial u}{\partial x} \quad \varepsilon_{yy} = \frac{\partial v}{\partial y} \quad \varepsilon_{zz} = 0$

비대각: $\varepsilon_{xy} = \frac{1}{2}\left(\frac{\partial v}{\partial x} + \frac{\partial u}{\partial y}\right) \quad \varepsilon_{xz} = 0 \quad \varepsilon_{yz} = 0$

APPENDIX

B3

원통형 좌표계에서의 3차원 운동학적 표현식

속도: $\mathbf{V} = v_r \mathbf{e}_r + v_\theta \mathbf{e}_\theta + v_z \mathbf{e}_z$　　중력가속도: $\mathbf{g} = g_r \mathbf{e}_r + g_\theta \mathbf{e}_\theta + g_z \mathbf{e}_z$

미분 연산자: $\nabla = \mathbf{e}_r \frac{\partial}{\partial r} + \mathbf{e}_\theta \frac{1}{r}\frac{\partial}{\partial \theta} + \mathbf{e}_z \frac{\partial}{\partial z}$　　구배: $\nabla p = \frac{\partial p}{\partial r}\mathbf{e}_r + \frac{1}{r}\frac{\partial p}{\partial \theta}\mathbf{e}_\theta + \frac{\partial p}{\partial z}\mathbf{e}_z$

벡터의 **Laplacian**: $\nabla^2 \mathbf{V} = \left(\frac{\partial^2}{\partial r^2} + \frac{1}{r}\frac{\partial}{\partial r} + \frac{1}{r^2}\frac{\partial^2}{\partial \theta^2} + \frac{\partial^2}{\partial z^2}\right)(v_r \mathbf{e}_r + v_\theta \mathbf{e}_\theta + v_z \mathbf{e}_z)$

발산: $\nabla \cdot \mathbf{V} = \frac{1}{r}\frac{\partial}{\partial r}(r v_r) + \frac{1}{r}\frac{\partial v_\theta}{\partial \theta} + \frac{\partial v_z}{\partial z} \equiv \frac{\partial v_r}{\partial r} + \frac{v_r}{r} + \frac{1}{r}\frac{\partial v_\theta}{\partial \theta} + \frac{\partial v_z}{\partial z}$

회전: $\nabla \times \mathbf{V} = \left(\frac{1}{r}\frac{\partial v_z}{\partial \theta} - \frac{\partial v_\theta}{\partial z}\right)\mathbf{e}_r + \left(\frac{\partial v_r}{\partial z} - \frac{\partial v_z}{\partial r}\right)\mathbf{e}_\theta + \frac{1}{r}\left[\frac{\partial}{\partial r}(r v_\theta) - \frac{\partial v_r}{\partial \theta}\right]\mathbf{e}_z$

연속성: $\nabla \cdot \mathbf{V} = \frac{1}{r}\frac{\partial}{\partial r}(r v_r) + \frac{1}{r}\frac{\partial v_\theta}{\partial \theta} + \frac{\partial v_z}{\partial z} \equiv \frac{\partial v_r}{\partial r} + \frac{v_r}{r} + \frac{1}{r}\frac{\partial v_\theta}{\partial \theta} + \frac{\partial v_z}{\partial z} = 0$

비압축성 **NS**: $\frac{\partial \mathbf{V}}{\partial t} + (\mathbf{V}\cdot\nabla)\mathbf{V} \equiv \frac{\partial \mathbf{V}}{\partial t} + \nabla\left(\frac{\mathbf{V}^2}{2}\right) - \mathbf{V}\times(\nabla\times\mathbf{V}) = -\frac{\nabla p}{\rho} + \mathbf{g} + \nu \nabla^2 \mathbf{V}$

벡터 항등식: $(\mathbf{V}\cdot\nabla)\mathbf{V} = \frac{1}{2}\nabla(\mathbf{V}\cdot\mathbf{V}) - \mathbf{V}\times(\nabla\times\mathbf{V})$ 및 $\nu = \mu/\rho$

NS ***r***성분 운동량 방정식: $\rho\left(\frac{Dv_r}{Dt} - \frac{v_\theta^2}{r}\right) = -\frac{\partial p}{\partial r} + \mu\left(\nabla^2 v_r - \frac{v_r}{r^2} - \frac{2}{r^2}\frac{\partial v_\theta}{\partial \theta}\right) + \rho g_r$

NS ***θ***성분 운동량 방정식: $\rho\left(\frac{Dv_\theta}{Dt} + \frac{v_r v_\theta}{r}\right) = -\frac{1}{r}\frac{\partial p}{\partial \theta} + \mu\left(\nabla^2 v_\theta - \frac{v_\theta}{r^2} + \frac{2}{r^2}\frac{\partial v_r}{\partial \theta}\right) + \rho g_\theta$

NS ***z***성분 운동량 방정식: $\rho\frac{Dv_z}{Dt} = -\frac{\partial p}{\partial z} + \mu\nabla^2 v_z + \rho g_z$

물질 미분: $\frac{DA}{Dt} = \frac{\partial A}{\partial t} + v_r\frac{\partial A}{\partial r} + \frac{v_\theta}{r}\frac{\partial A}{\partial \theta} + v_z\frac{\partial A}{\partial z}$

Laplacian: $\nabla^2 = \frac{1}{r}\frac{\partial}{\partial r}\left(r\frac{\partial}{\partial r}\right) + \frac{1}{r^2}\frac{\partial^2}{\partial \theta^2} + \frac{\partial^2}{\partial z^2} \equiv \frac{\partial^2}{\partial r^2} + \frac{1}{r}\frac{\partial}{\partial r} + \frac{1}{r^2}\frac{\partial^2}{\partial \theta^2} + \frac{\partial^2}{\partial z^2}$

유동함수의 정의: $v_r = \frac{1}{r}\frac{\partial \psi}{\partial \theta}$　$v_\theta = -\frac{\partial \psi}{\partial r}$ (2차원에서만)

유동함수 방정식: $\nabla^2\psi = \frac{1}{r}\frac{\partial}{\partial r}\left(r\frac{\partial \psi}{\partial r}\right) + \frac{1}{r^2}\frac{\partial^2 \psi}{\partial \theta^2} = 0$ 여기서 $\nabla\times\mathbf{V} = 0$

퍼텐셜 함수의 정의: $v_r = \frac{\partial \phi}{\partial r}$　$v_\theta = \frac{1}{r}\frac{\partial \phi}{\partial \theta}$　$v_z = \frac{\partial \phi}{\partial z}$ 여기서 $\mathbf{V} = \nabla\phi$

퍼텐셜 함수 방정식: $\nabla^2\phi = \frac{1}{r}\frac{\partial}{\partial r}\left(r\frac{\partial\phi}{\partial r}\right) + \frac{1}{r^2}\frac{\partial^2\phi}{\partial\theta^2} + \frac{\partial^2\phi}{\partial z^2} = 0$ 여기서 $\nabla\cdot\mathbf{V} = 0$

점성 전단 응력: $\tau_{rr} = 2\mu\frac{\partial v_r}{\partial r} \quad \tau_{\theta\theta} = 2\mu\left(\frac{1}{r}\frac{\partial v_\theta}{\partial\theta} + \frac{v_r}{r}\right) \quad \tau_{zz} = 2\mu\frac{\partial v_z}{\partial z}$

비대각: $\tau_{r\theta} = \mu\left[\frac{1}{r}\frac{\partial v_r}{\partial\theta} + r\frac{\partial}{\partial r}\left(\frac{v_\theta}{r}\right)\right] \quad \tau_{\theta z} = \mu\left(\frac{1}{r}\frac{\partial v_z}{\partial\theta} + \frac{\partial v_\theta}{\partial z}\right) \quad \tau_{zr} = \mu\left(\frac{\partial v_z}{\partial r} + \frac{\partial v_r}{\partial z}\right)$

신장 변형률: $\varepsilon_{rr} = \frac{\partial v}{\partial r} \quad \varepsilon_{\theta\theta} = \frac{1}{r}\frac{\partial v_\theta}{\partial\theta} + \frac{v_r}{r} \quad \varepsilon_{zz} = \frac{\partial v_z}{\partial z}$

비대각: $\varepsilon_{r\theta} = \frac{1}{2}\left[\frac{1}{r}\frac{\partial v_r}{\partial\theta} + r\frac{\partial}{\partial r}\left(\frac{v_\theta}{r}\right)\right] \quad \varepsilon_{\theta z} = \frac{1}{2}\left(\frac{1}{r}\frac{\partial v_z}{\partial\theta} + \frac{\partial v_\theta}{\partial z}\right) \quad \varepsilon_{zr} = \frac{1}{2}\left(\frac{\partial v_z}{\partial r} + \frac{\partial v_r}{\partial z}\right)$

APPENDIX

B4 정상 상태 및 2차원 원통형 좌표계에서 환원된 운동학적 표현식

정상 유동: $\frac{\partial A}{\partial t} = 0,\ \forall A$ **r-θ** 면에서 **2**차원 유동: $v_z = 0$ **r-θ** 면에서 **2**차원 유동: $\frac{\partial A}{\partial z} = 0,\ \forall A$

연속성: $\nabla\cdot\mathbf{V} = \frac{1}{r}\frac{\partial}{\partial r}(rv_r) + \frac{1}{r}\frac{\partial v_\theta}{\partial \theta} \equiv \frac{\partial v_r}{\partial r} + \frac{v_r}{r} + \frac{1}{r}\frac{\partial v_\theta}{\partial \theta} = 0$

NS r성분 운동량 방정식:

$$\rho\left(v_r\frac{\partial v_r}{\partial r} + \frac{v_\theta}{r}\frac{\partial v_r}{\partial \theta} - \frac{v_\theta^2}{r}\right) = -\frac{\partial p}{\partial r} + \mu\left(\frac{\partial^2 v_r}{\partial r^2} + \frac{1}{r}\frac{\partial v_r}{\partial r} + \frac{1}{r^2}\frac{\partial^2 v_r}{\partial \theta^2} - \frac{v_r}{r^2} - \frac{2}{r^2}\frac{\partial v_\theta}{\partial \theta}\right) + \rho g_r$$

NS θ성분 운동량 방정식:

$$\rho\left(v_r\frac{\partial v_\theta}{\partial r} + \frac{v_\theta}{r}\frac{\partial v_\theta}{\partial \theta} + \frac{v_r v_\theta}{r}\right) = -\frac{1}{r}\frac{\partial p}{\partial \theta} + \mu\left(\frac{\partial^2 v_\theta}{\partial r^2} + \frac{1}{r}\frac{\partial v_\theta}{\partial r} + \frac{1}{r^2}\frac{\partial^2 v_\theta}{\partial \theta^2} - \frac{v_\theta}{r^2} + \frac{2}{r^2}\frac{\partial v_r}{\partial \theta}\right) + \rho g_\theta$$

NS z성분 운동량 방정식: $0 = 0$

속도: $\mathbf{V} = v_r\mathbf{e}_r + v_\theta\mathbf{e}_\theta$ 중력가속도: $\mathbf{g} = g_r\mathbf{e}_r + g_\theta\mathbf{e}_\theta$ 미분 연산자: $\nabla = \mathbf{e}_r\frac{\partial}{\partial r} + \mathbf{e}_\theta\frac{1}{r}\frac{\partial}{\partial \theta}$

스칼라의 구배: $\nabla p = \frac{\partial p}{\partial r}\mathbf{e}_r + \frac{1}{r}\frac{\partial p}{\partial \theta}\mathbf{e}_\theta$

벡터의 **Laplacian**: $\nabla^2\mathbf{V} = \left(\frac{\partial^2}{\partial r^2} + \frac{1}{r}\frac{\partial}{\partial r} + \frac{1}{r^2}\frac{\partial^2}{\partial \theta^2}\right)(v_r\mathbf{e}_r + v_\theta\mathbf{e}_\theta)$

벡터의 발산: $\nabla\cdot\mathbf{V} = \frac{1}{r}\frac{\partial}{\partial r}(rv_r) + \frac{1}{r}\frac{\partial v_\theta}{\partial \theta} \equiv \frac{\partial v_r}{\partial r} + \frac{v_r}{r} + \frac{1}{r}\frac{\partial v_\theta}{\partial \theta}$

벡터의 회전: $\nabla\times\mathbf{V} = -\frac{\partial v_\theta}{\partial z}\mathbf{e}_r + \frac{1}{r}\left[\frac{\partial}{\partial r}(rv_\theta) - \frac{\partial v_r}{\partial \theta}\right]\mathbf{e}_z$ 유동함수의 정의: $v_r = \frac{1}{r}\frac{\partial \psi}{\partial \theta}$ $v_\theta = -\frac{\partial \psi}{\partial r}$

유동함수 방정식: $\nabla^2\psi = \frac{1}{r}\frac{\partial}{\partial r}\left(r\frac{\partial \psi}{\partial r}\right) + \frac{1}{r^2}\frac{\partial^2 \psi}{\partial \theta^2} = 0$ 여기서 $\nabla\times\mathbf{V} = 0$

퍼텐셜 함수의 정의: $v_r = \frac{\partial \phi}{\partial r}$ $v_\theta = \frac{1}{r}\frac{\partial \phi}{\partial \theta}$ 여기서 $\mathbf{V} = \nabla\phi$

퍼텐셜 함수 방정식: $\nabla^2\phi = \frac{1}{r}\frac{\partial}{\partial r}\left(r\frac{\partial \phi}{\partial r}\right) + \frac{1}{r^2}\frac{\partial^2 \phi}{\partial \theta^2} = 0$ 여기서 $\nabla\cdot\mathbf{V} = \mathbf{0}$

점성 전단 응력: $\tau_{rr} = 2\mu\frac{\partial v_r}{\partial r}$ $\tau_{\theta\theta} = 2\mu\left(\frac{1}{r}\frac{\partial v_\theta}{\partial \theta} + \frac{v_r}{r}\right)$ $\tau_{zz} = 0$

비대각: $\tau_{r\theta} = \mu\left[\frac{1}{r}\frac{\partial v_r}{\partial \theta} + r\frac{\partial}{\partial r}\left(\frac{v_\theta}{r}\right)\right]$ $\tau_{\theta z} = \mu\frac{\partial v_\theta}{\partial z}$ $\tau_{zr} = 0$

신장 변형률: $\varepsilon_{rr} = \frac{\partial v_r}{\partial r}$ $\varepsilon_{\theta\theta} = \frac{1}{r}\frac{\partial v_\theta}{\partial \theta} + \frac{v_r}{r}$ $\varepsilon_{zz} = 0$

비대각: $\varepsilon_{r\theta} = \frac{1}{2}\left[\frac{1}{r}\frac{\partial v_r}{\partial \theta} + r\frac{\partial}{\partial r}\left(\frac{v_\theta}{r}\right)\right]$ $\varepsilon_{\theta z} = \frac{1}{2}\frac{\partial v_\theta}{\partial z}$ $\varepsilon_{zr} = 0$

APPENDIX C

다양한 뉴턴 유체의 수송 특성

물의 점도 및 열전도도

Kestin과 Wakeham(1988)은 대기압에서의 물의 점도에 대해 다음과 같은 공식을 제안하였다.

$$\log_{10}\left(\frac{\mu}{1.002}\right) \approx \frac{20-T}{T+96}\left[1.2378 - 1.303 \times 10^{-3}(20-T) + 3.06 \times 10^{-6}(20-T)^2 + 2.55 \times 10^{-8}(20-T)^3\right]$$

여기서 μ의 단위는 [mPa·s]이고, T의 단위는 [°C]이다. 수치값은 아래에 표로 정리되어 있다. 또한 어떤 액체에 대해서도 $k(T)$를 정확하게 알 수 없다고 명시하고 있다. 물에 대한 $k(T)$의 예상값은 다음과 같다.

온도 T[°C]	점도 μ[mPa·s]	열전도도 k[W/(m·K)]
0	1.792	0.564
5	1.519	0.574
10	1.307	0.584
15	1.138	0.593
20	1.002	0.602
25	0.890	0.610
30	0.797	0.617
35	0.719	0.624
40	0.653	0.631
45	0.596	0.637
50	0.547	0.643
55	0.504	0.648
60	0.467	0.653
65	0.434	0.657
70	0.405	0.662
75	0.379	0.665
80	0.355	0.669
85	0.334	0.673
90	0.315	0.676
95	0.298	0.678
100	0.282	0.681
불확실성	±0.4%	±2.5%

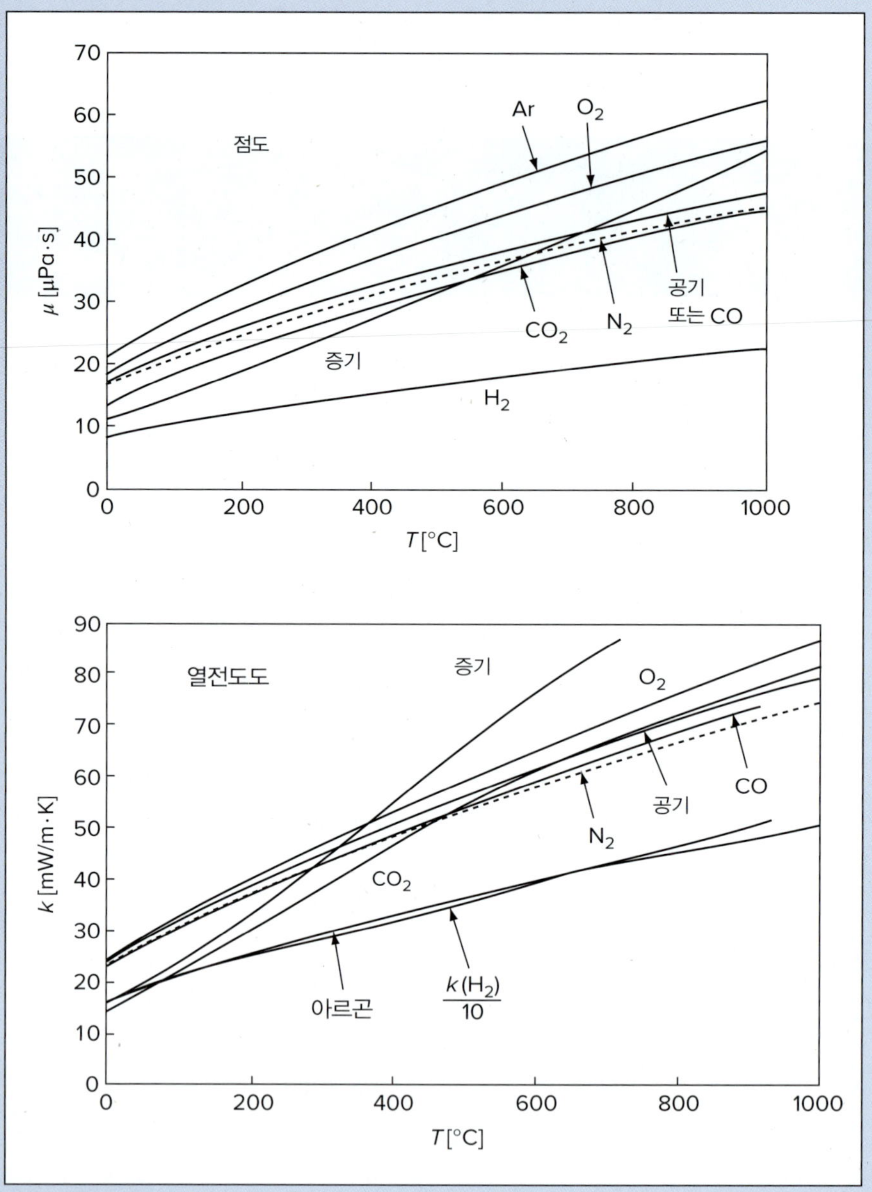

그림 C.1
저압에서 일반 기체의 점도 및 열전도도

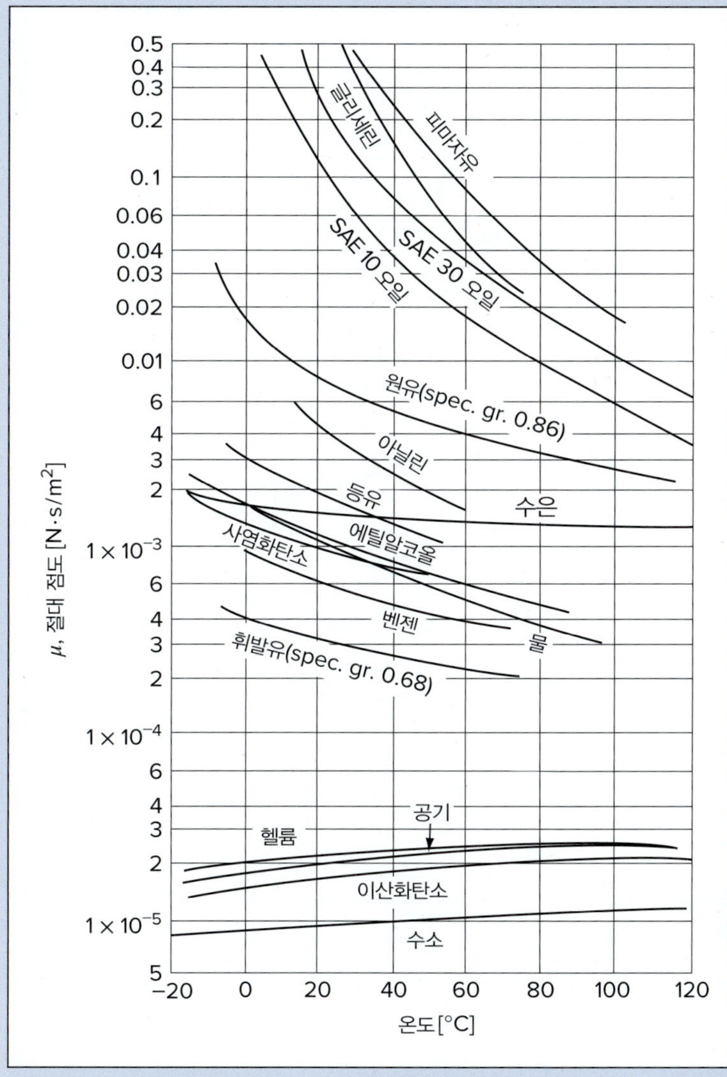

그림 C.2
대기압에서 일반 유체의 절대 점도

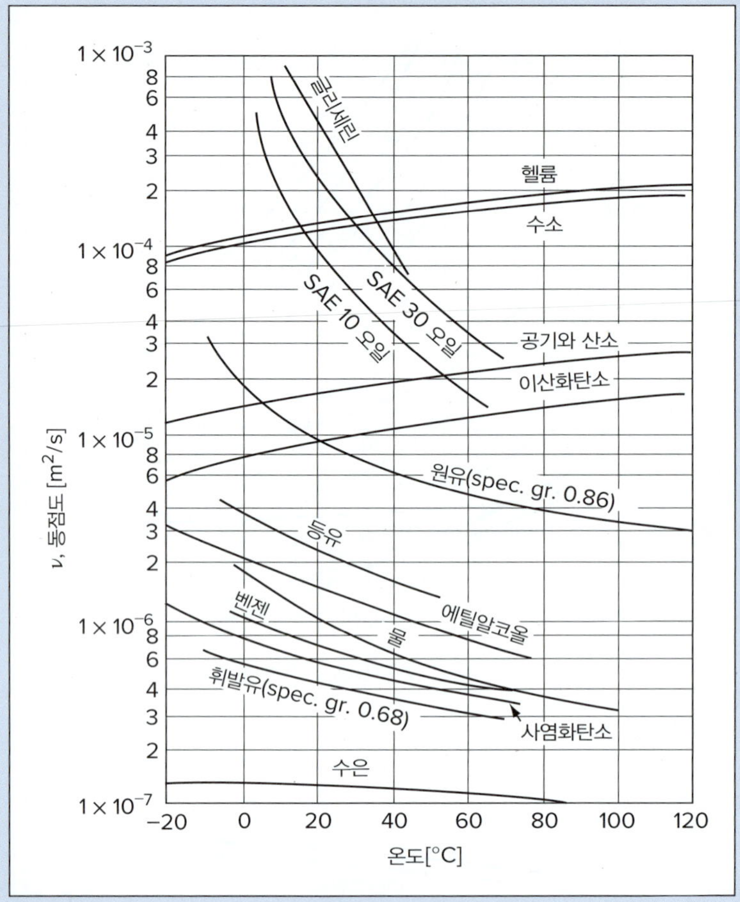

그림 C.3
대기압에서 일반 유체의 동점도

표 C.1 대기압에서 포화상태의 물의 성질

온도 T[°C]	밀도 ρ[kg/m³]	점도 μ[mPa·s]	표면 장력‡ $\mathcal{T}$[N/M]	증기압 p_v[kPa]	체적탄성계수 K[MPa]
0	1000	1.792	0.0757	0.61	2062
20	998	1.002	0.0727	2.34	2230
40	992	0.653	0.0696	7.38	2304
60	983	0.467	0.0662	19.92	2301
80	972	0.355	0.0627	47.35	2235
100	958	0.282	0.0589	101.3	2120
150	915	0.182	0.0488	461	1692
200	863	0.136	0.0377	1580	1190
250	797	0.107	0.0261	3970	716
300	707	0.086	0.0144	8560	342
350	487	0.068	0.0038	16,500	82
374†	315	0.019	0.0	22,100	0

† 임계점
‡ 공기와 접촉하는 경우

표 C.2 대기압에서 공기의 성질

T[°C]	ρ[kg/m³]	μ[mPa·s]	k[mW/(m·K)]	c_p[J/kg·K]	Pr
0	1.294	17.2	24.2	1003	0.71
50	1.093	19.5	27.6	1006	0.71
100	0.947	21.7	31.0	1010	0.71
150	0.835	23.8	34.4	1016	0.70
200	0.747	25.7	37.6	1024	0.70
250	0.675	27.6	40.8	1034	0.70
300	0.616	29.3	43.9	1045	0.70
400	0.525	32.5	49.7	1069	0.70
500	0.457	35.5	55.3	1093	0.70
600	0.405	38.3	60.9	1114	0.70
700	0.363	40.9	65.9	1135	0.70
800	0.329	43.4	70.3	1153	0.71
900	0.301	45.7	74.7	1170	0.72
1000	0.277	47.9	78.6	1184	0.72

출처: White(1988)

표 C.3 기압 및 20°C(68°F)에서 일반적인 액체의 성질

액체	ρ[kg/m³]	μ[kg/(m·s)]	$\mathcal{T}$[N/m]*	p_v[N/m²]	체적탄성계수 K[N/m²]
암모니아	608	2.20E−4	2.13E−2	9.10E+5	—
벤젠	881	6.51E−4	2.88E−2	1.01E+4	1.4E+9
사염화탄소	1590	9.67E−4	2.70E−2	1.20E+4	9.65E+8
에탄올	789	1.20E−3	2.28E−2	5.7E+3	9.0E+8
에틸렌 글리콜	1117	2.14E−2	4.84E−2	1.2E+1	—
프레온 12	1327	2.62E−4	—	—	—
휘발유	680	2.92E−4	2.16E−2	5.51E+4	9.58E+8
글리세린	1260	1.49	6.33E−2	1.4E−2	4.34E+9
등유	804	1.92E−3	2.8E−2	3.11E+3	1.6E+9
수은	13,550	1.56E−3	4.84E−1	1.1E−3	2.55E+10
메탄올	791	5.98E−4	2.25E−2	1.34E+4	8.3E+8
SAE 10W 오일	870	1.04E−1‡	3.6E−2	—	1.31E+9
SAE 10W30 오일	876	1.7E−1‡	—	—	—
SAE 30W 오일	891	2.9E−1‡	3.5E−2	—	1.38E+9
SAE 50W 오일	902	8.6E−1‡	—	—	—
물	998	1.00E−3	7.28E−2	2.34E+3	2.19E+9
해수(30%)	1025	1.07E−3	7.28E−2	2.34E+3	2.33E+9

* 공기와 접촉하는 경우

‡ 대푯값. SAE 오일류는 최대 ±50%의 점도 변화를 허용한다.

표 C.4 기압 및 20°C(68°F)에서 일반적인 기체의 성질

기체	분자량	$R[m^2/(s^2 \cdot K)]$	$\rho g[N/m^3]$	$\mu[(N \cdot s)/m^2]$	비열비
H_2	2.016	4124	0.822	9.05E−6	1.41
He	4.003	2077	1.63	1.97E−5	1.66
H_2O	18.02	461	7.35	1.02E−5	1.33
Ar	39.944	208	16.3	2.24E−5	1.67
건조 공기	28.97	287	11.8	1.80E−5	1.40
CO_2	44.01	189	17.9	1.48E−5	1.30
CO	28.01	297	11.4	1.82E−5	1.40
N_2	28.02	297	11.4	1.76E−5	1.40
O_2	32.00	260	13.1	2.00E−5	1.40
NO	30.01	277	12.1	1.90E−5	1.40
N_2O	44.02	189	17.9	1.45E−5	1.31
Cl_2	70.91	117	28.9	1.03E−5	1.34
CH_4	16.04	518	6.54	1.34E-5	1.32

출처: White(1988)

표 C.5 일반적인 유체에 대한 임계점 상수

물질	분자량	$T_c[°R]$	$p_c[atm]$	$\mu_c[\mu Pa \cdot s]$	$k_c[mW/(m \cdot K)]$
H_2	2.016	60.0	12.8	3.47	90.0
He	4.003	9.47	2.26	2.54	20.8
Ar	39.944	272	48.0	26.4	29.8
Air	28.97†	238†	36.4†	19.3†	38.1†
CO_2	44.01	548	72.9	34.3	51.1
CO	28.01	239	34.5	19.0	36.2
N_2	28.02	227	33.5	18.0	36.3
O_2	32.00	278	49.7	25.0	44.1
NO	30.01	324	64	25.8	49.5
N_2O	44.02	557	71.7	33.2	54.9
Cl_2	70.91	751	76.1	42.0	40.7
CH_4	16.04	343	45.8	15.9	66.1

† 공기에 대한 값은 해수면 건조 공기의 평균 구성에 대해 계산된 가임계 성질이다.

표 C.6 기체 점도에 대한 Sutherland 및 멱법칙 상수

기체	$T_0[°R]$	$\mu_0[slugs/(ft \cdot h)]$	$S[°R]$	n
암모니아	491.6	0.000722	679	0.981
염소	491.6	0.000970	585	1.00
중수소	545.7	0.000974		0.699
에틸렌	491.6	0.000722	407	
헬륨	491.6	0.001406	143	0.666
염화수소	491.6	0.001030	643	1.03
황화수소	491.6	0.000880	596	
크립톤	491.6	0.001744	338	
메탄	491.6	0.000902	356	0.873
염화메틸	491.6	0.000743	817	
네온	491.6	0.002233	110	0.657
산화질소	491.6	0.001346	230	0.78
아산화질소	491.6	0.001015	493	0.89
이산화황	491.6	0.000880	749	
제논	491.6	0.001579	454	

출처: Chapman과 Cowling(1970)

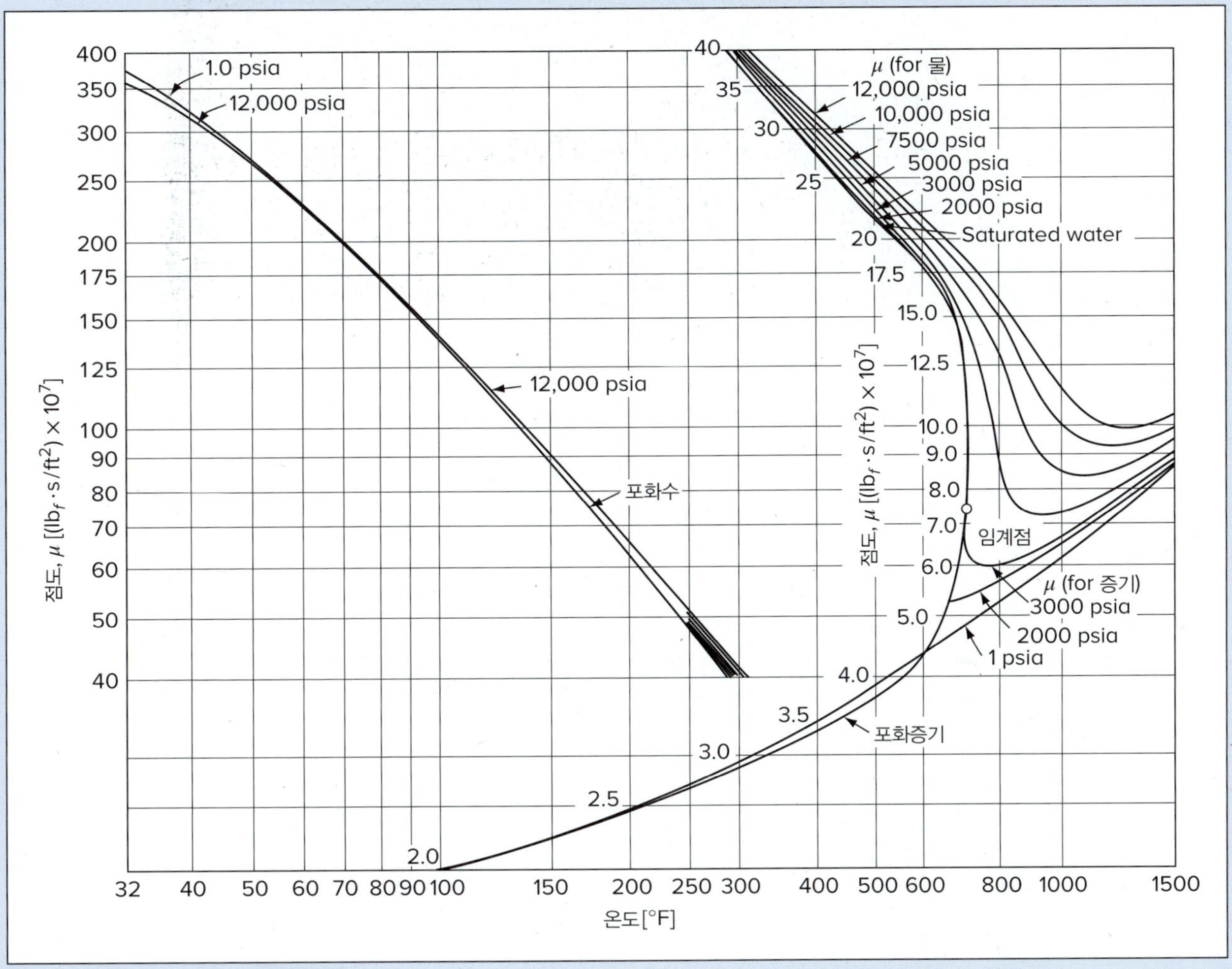

그림 C.4
증기와 물의 점도(1967 ASME 증기 표로부터)

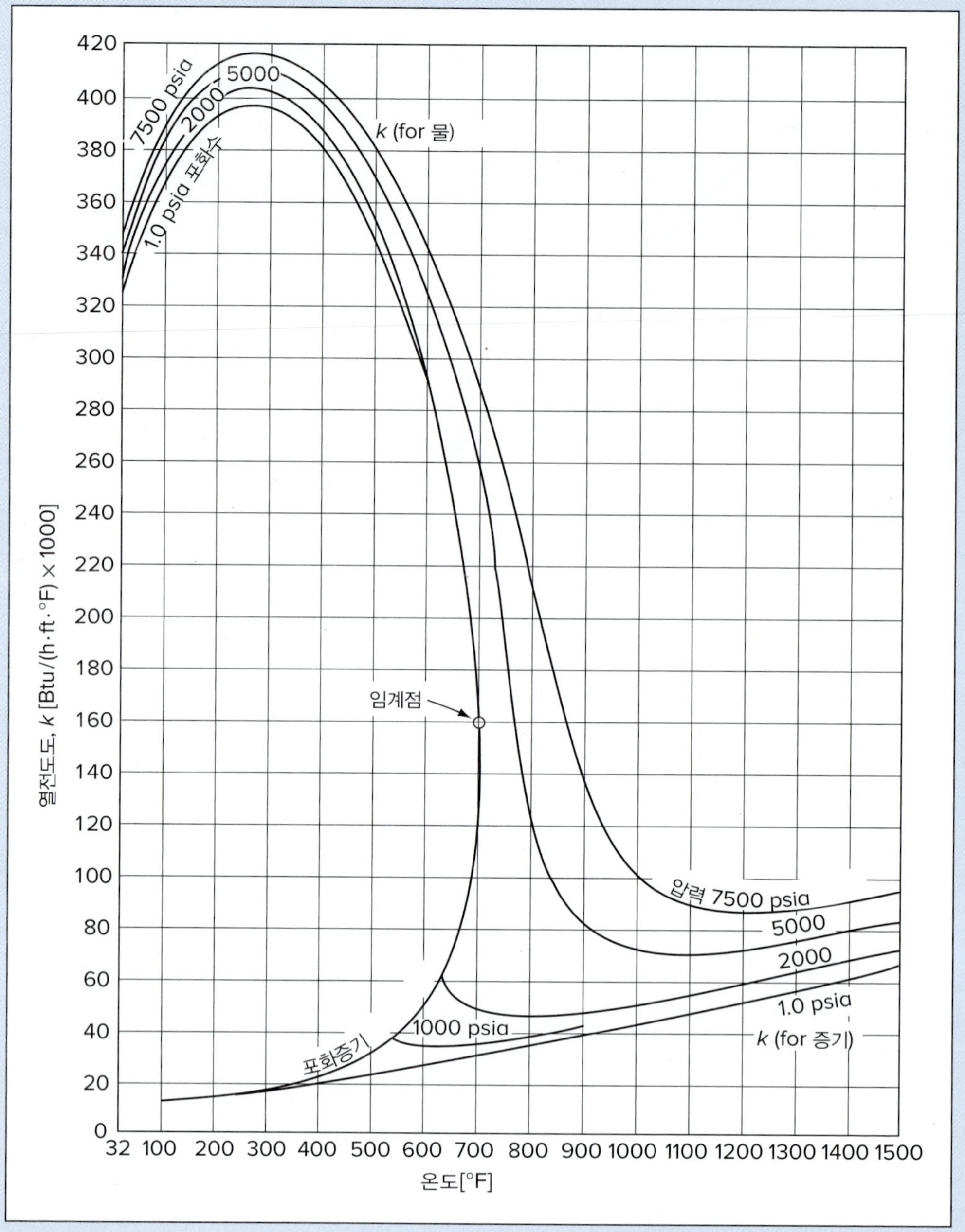

그림 C.5

증기와 물의 열전도도(1967 ASME 증기 표로부터)

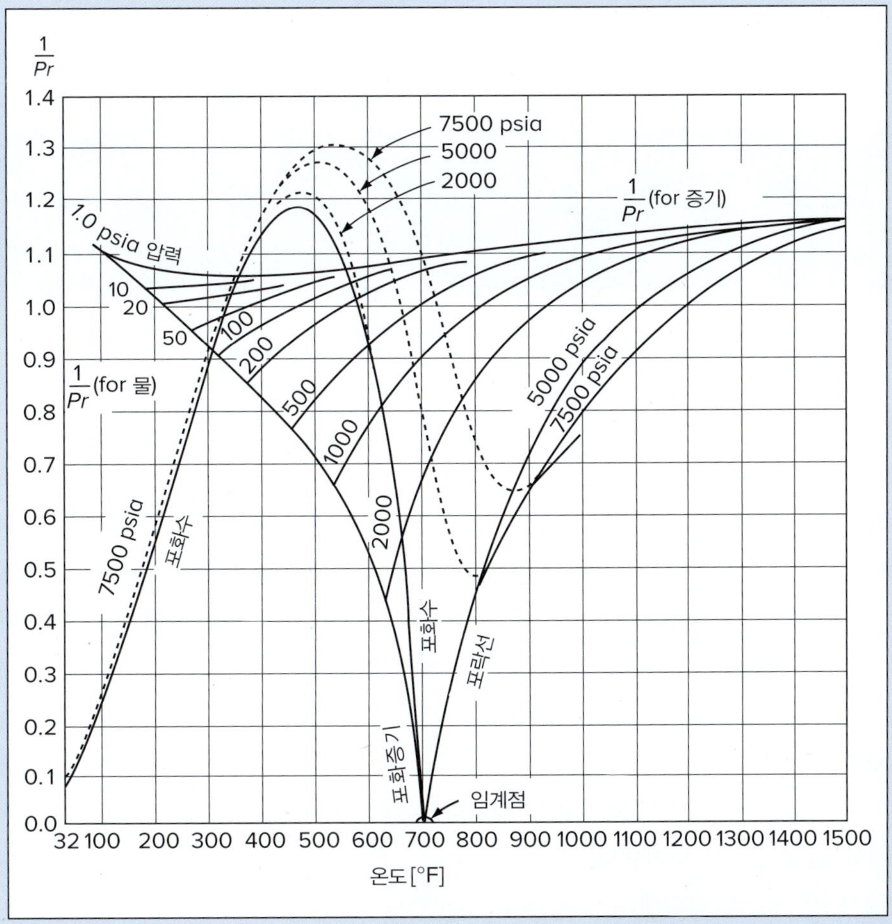

그림 C.6

증기 및 물에 대한 Prandtl 수의 역수 $1/Pr$(1967 ASME 증기 표로부터)

표 C.7 희석 기체 수송 특성에 대한 분자 매개변수, 식 (1.33) 및 (1.41)

기체	σ[Å]	T_e[K]
H_2	2.827	59.7
He	2.551	10.22
Ar	3.542	93.3
공기	3.711	78.6
CO_2	3.941	195.2
CO	3.690	91.7
O_2	3.467	106.7
N_2	3.798	71.4
NO	3.492	116.7
N_2O	3.828	232.4
Cl_2	4.217	316.0
CH_2	3.758	148.6

출처: R.A. Svehla, NASA 기술 보고서 R-132, 1962.

APPENDIX D

Einstein의 인덱스 표기법

범위 규칙:

범위(range) 인덱스는 한 항에서 반복되지 않는 아래 첨자로된 라틴 문자이다. 범위 인덱스는 공간 차원에 따라 1, 2 또는 3의 값을 갖는다. 예를 들어, $A_i = (A_1, A_2, A_3)$의 아래 첨자 'i'는 범위 인덱스를 나타낸다.

텐서의 차수:

텐서의 차수는 범위 인덱스의 수에 따라 결정된다. 예를 들면 다음과 같다.

A : 0차 텐서, 즉 스칼라를 나타낸다.

A_i : 1차 텐서, 즉 벡터를 나타낸다.

A_{ij} : 2차 텐서, 즉 행렬을 나타낸다.

A_{ijk} : 3차 텐서, 즉 루빅스 큐브를 나타내며, $i \times j \times k$ 텐서는 $i \times j$ 행렬의 k 배열이다.

합 규칙:

합(summation) 인덱스는 범위 인덱스 1, 2, 3에 대한 합을 나타내기 위해 한 항에만 두 번 반복되는 아래 첨자로 된 라틴 문자이다.

예를 들어 벡터 변환을 지정할 때 공간 방향에 대한 표준 범위 규칙을 사용하여 $A_i' = a_{i1}A_1 + a_{i2}A_2 + a_{i3}A_3$와 같이 쓸 수 있다. 범위 인덱스를 통해 표현하면 다음과 같은 결과를 얻을 수 있다.

$$\begin{cases} A_1' = a_{11}A_1 + a_{12}A_2 + a_{13}A_3 \\ A_2' = a_{21}A_1 + a_{22}A_2 + a_{23}A_3 \\ A_3' = a_{31}A_1 + a_{32}A_2 + a_{33}A_3 \end{cases} \tag{D.1}$$

각 방정식의 첫째, 둘째, 셋째 항에서 '1', '2', '3'이 반복되는 반면, 'i'는 반복되지 않는다. 따라서 합 인덱스는 $A_i' = a_{ij}A_j$라고 써서 j에 대한 합을 나타낸다.

Kronecker 델타

정의에 따르면 Kronecker 델타는 다음을 산출하는 항등 행렬과 동일하다.

$$\delta_{ij} \equiv \begin{cases} 1, & i = j \\ 0, & i \neq j \end{cases} \tag{D.2}$$

3차원 공간에서 이는 실질적으로 다음을 의미한다.

$$\boldsymbol{\delta} = \{\delta_{ij}\} = \begin{bmatrix} \delta_{11} & \delta_{12} & \delta_{13} \\ \delta_{21} & \delta_{22} & \delta_{23} \\ \delta_{31} & \delta_{32} & \delta_{33} \end{bmatrix} = \begin{bmatrix} 1 & 0 & 0 \\ 0 & 1 & 0 \\ 0 & 0 & 1 \end{bmatrix} \tag{D.3}$$

순열 텐서

$$\varepsilon_{ijk} = \begin{cases} +1, & ijk\text{의 시계방향 순환 순열} \\ -1, & ijk\text{의 반시계방향 순환 순열} \\ 0, & \text{반복된 인덱스} \end{cases} \tag{D.4}$$

스칼라의 구배:

스칼라 ϕ의 구배는 $\phi_{,i}$ 형식의 아래 첨자 쉼표를 사용하여 나타낼 수 있다.

$$\nabla\phi = \left\{\frac{\partial\phi}{\partial x_i}\right\} = \left(\frac{\partial\phi}{\partial x_1}, \frac{\partial\phi}{\partial x_2}, \frac{\partial\phi}{\partial x_3}\right) \equiv \{\phi_{,i}\} \tag{D.5}$$

벡터의 발산:

벡터 A_i의 발산은 $A_{i,i}$ 형식의 아래 첨자 쉼표를 사용하여 나타낼 수 있다.

$$\nabla \cdot \mathbf{A} = \frac{\partial A_1}{\partial x_1} + \frac{\partial A_2}{\partial x_2} + \frac{\partial A_3}{\partial x_3} = \frac{\partial A_i}{\partial x_i} \equiv A_{i,i} \tag{D.6}$$

벡터의 회전:

벡터 A_i의 회전은 $(\nabla \times \mathbf{A})_i = \epsilon_{ijk}\nabla_j A_k = \epsilon_{ijk}A_{k,j}$을 사용하여 나타낼 수 있다.

텐서의 발산:

$$\nabla_j \equiv \frac{\partial}{\partial x_j} \qquad \text{그래서} \qquad (\nabla \cdot \boldsymbol{\tau})_i = \nabla_j \tau_{ji} = \frac{\partial \tau_{ji}}{\partial x_j} \equiv \tau_{ji,j} \tag{D.7}$$

직교 텐서의 곱:

A_i와 B_{ij}의 내적은 다음과 같다.

$$(\mathbf{A} \cdot \mathbf{B})_i = A_j B_{ji} \quad \text{및} \quad (\mathbf{B} \cdot \mathbf{A})_i = B_{ij} A_j \tag{D.8}$$

APPENDIX E1

고급 에너지 손실 계산

기본 에너지 방정식:

$$\frac{P_1}{\gamma}+\frac{V_1^2}{2g}+z_1 = \frac{P_2}{\gamma}+\frac{V_2^2}{2g}+z_2+h_w+h_L \tag{E1.1}$$

거리 L만큼 떨어진 두 점 사이의 일정한 비압축성 유동에 적용되는 에너지 방정식은 $h_w=\frac{\dot{W}}{\dot{m}g}$이다. 여기서 $\dot{W}$는 유체로부터 추출된 일률과 같다. 이는 양수이면 터빈에 대한 순 입력 동력과 같고, 음수이면 펌프의 순 출력 동력과 같다.

수두 손실 방정식:

$$h_L = h_M+h_m = \left(f\frac{L}{D}+f\sum\frac{L_e}{D}+\sum K\right)\frac{V^2}{2g} = \left(f\frac{L}{D}+f\sum\frac{L_e}{D}+\sum K\right)\frac{8Q^2}{\pi^2 gD^4} \tag{E1.2}$$

$$f = \begin{cases}\frac{64}{Re}; & Re\le 2300;\text{ 그 외}\\ 1.6364/\ln^2\left[\frac{6.9}{Re}+\frac{(\varepsilon/D)^{1.11}}{3.7}\right]\end{cases} \tag{E1.3}$$

유속 문제:

Q와 V를 모르는 경우

(1) 추정 $$Q = \frac{\pi D^2}{4}V = -0.965\sqrt{\frac{gD^5h_L}{L}}\ln\left[\frac{\varepsilon/D}{3.7}+\sqrt{\frac{3.17\mu^2L}{g\rho^2D^3h_L}}\right]$$

(정확하게 $h_m=0$이면 부손실이 없다.) (E1.4)

(2) 평가 $$Re = \frac{\rho VD}{\mu} = \frac{4\rho Q}{\pi\mu D} = \frac{4\dot{m}}{\pi\mu D} \tag{E1.5}$$

(3) 식 (E1.3)으로부터 f를 구한다.

(4) 식 (E1.2)를 만족하는 Q를 구한다. $$Q = \frac{\pi D^2}{4}V = \sqrt{\frac{\pi^2gD^4h_L}{8\left(f\frac{L}{D}+f\sum\frac{L_e}{D}+\sum K\right)}} \tag{E1.6}$$

(5) 만족할 때까지 (2)~(4) 과정을 반복한다.

파이프 크기 조정 문제:

D를 모르는 경우

(1) 추정 $$D = 0.66\left[\varepsilon^{1.25}\left(\frac{LQ^2}{gh_L}\right)^{4.75} + \frac{\mu}{\rho}Q^{9.4}\left(\frac{L}{gh_L}\right)^{5.2}\right]^{0.04} \quad (\text{정확하게 } h_m = 0\text{이면}) \tag{E1.7}$$

(2) 평가 $$Re = \frac{\rho VD}{\mu} = \frac{4\rho Q}{\pi\mu D} = \frac{4\dot{m}}{\pi\mu D} \;\text{ 및 }\; (\varepsilon/D) \tag{E1.8}$$

(3) 식 (E1.3)으로부터 f를 구한다.

(4) 식 (E1.2)를 만족하는 D를 업데이트 한다.

$$D = \left[\frac{8Q^2\left(f\frac{L}{D} + f\sum\frac{L_e}{D} + \sum K\right)}{\pi^2 gh_L}\right]^{0.25} \tag{E1.9}$$

(5) 만족할 때까지 (2)~(4) 과정을 반복한다.

APPENDIX E2

전통적/반복적 에너지 손실 계산

기본 에너지 방정식:

$$\frac{P_1}{\gamma}+\frac{V_1^2}{2g}+z_1 = \frac{P_2}{\gamma}+\frac{V_2^2}{2g}+z_2+h_w+h_L \tag{E2.1}$$

거리 L만큼 떨어진 두 점 사이의 일정한 비압축성 유동에 적용되는 에너지 방정식은 $h_w = \frac{\dot{W}}{\dot{m}g}$이다. 여기서 $\dot{W}$는 유체로부터 추출된 일률과 같다. 이는 양수이면 터빈에 대한 순 입력 동력과 같고, 음수이면 펌프의 순 출력 동력과 같다.

수두 손실 방정식:

$$h_L = h_M+h_m = \left(f\frac{L}{D}+f\sum\frac{L_e}{D}+\sum K\right)\frac{V^2}{2g} = \left(f\frac{L}{D}+f\sum\frac{L_e}{D}+\sum K\right)\frac{8Q^2}{\pi^2 g D^4} \tag{E2.2}$$

$$f = \begin{cases} \dfrac{64}{Re};\ Re \le 2300; \text{그 외} \\ 1.6364/\ln^2\left[\dfrac{6.9}{Re}+\dfrac{(\varepsilon/D)^{1.11}}{3.7}\right] \end{cases} \tag{E2.3}$$

유속 문제:

Q와 V를 모르는 경우

(1) 시작하기 위해 $Re = 10^8$으로 설정하고 식 (E2.3)으로부터 f를 구한다(완전 거친 영역).

(2) 식 (E2.2)를 만족하는 Q를 구한다. $Q = \frac{\pi D^2}{4}V = \sqrt{\frac{\pi^2 g D^4 h_L}{8\left(f\frac{L}{D}+f\sum\frac{L_e}{D}+\sum K\right)}}$ (E2.4)

(3) 평가 $Re = \frac{\rho VD}{\mu} = \frac{4\rho Q}{\pi\mu D} = \frac{4\dot{m}}{\pi\mu D}$ (E2.5)

(4) 식 (E2.3)으로부터 f를 구한다.

(5) 만족할 때까지 (2)~(4) 과정을 반복한다.

파이프 크기 조정 문제:

D를 모르는 경우

(1) 시작하기 위해 $f = 0.03$과 D의 값을 추측한다.

(2) 식 (E2.2)를 만족하는 D를 업데이트 한다.

$$D = \left[\frac{8Q^2\left(f\frac{L}{D} + f\sum\frac{L_e}{D} + \sum K\right)}{\pi^2 g h_L}\right]^{0.25} \tag{E2.6}$$

(3) 평가

$$Re = \frac{\rho VD}{\mu} = \frac{4\rho Q}{\pi\mu D} = \frac{4\dot{m}}{\pi\mu D} \text{ 및 } (\varepsilon/D) \tag{E2.7}$$

(4) 식 (E2.3)으로부터 f를 구한다.

(5) 만족할 때까지 (2)~(4) 과정을 반복한다.

APPENDIX

F

구형 좌표계에서의 축대칭 유동에 대한 Bragg-Hawthorne 방정식

축대칭 유동 운동을 모델링할 때 비압축성 유체에 대한 Euler의 정상 운동량 방정식은 유동함수의 단일 2차 편미분 방정식으로 쉽게 변환할 수 있다. Bragg–Hawthorne, Hicks, 또는 Long-Squire 방정식이라고 하는 이 관계를 그림 F.1에 명시된 구형 좌표계 (r, φ, θ)를 사용하여 아래와 같이 도출한다.

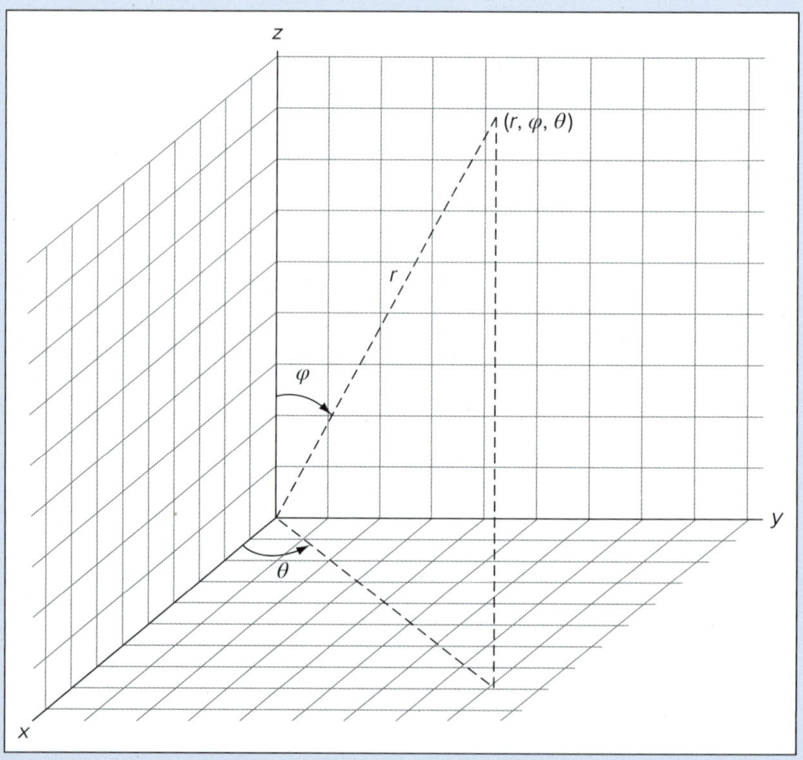

그림 F.1
원통형 좌표계와 동일한 방위각 θ를 갖는 구형 좌표계

우선 Euler의 정상 운동량 방정식은 $\nabla\left(\frac{1}{2}\mathbf{V}\cdot\mathbf{V}\right) - \mathbf{V}\times(\nabla\times\mathbf{V}) = -\nabla p/\rho$로 쓸 수 있는데, 간단히 하기 위해 중력은 무시하고 부록 A에서의 Lamb의 벡터 항등식은 정상 관성력으로 대체한다.

다음으로, 압력 항은 운동 에너지 항과 통합되어 $\nabla H - \mathbf{V} \times \boldsymbol{\omega} = 0$이 된다. 여기서 $H \equiv p/\rho + \frac{1}{2}V^2$이다. $H(\psi)$는 유선을 따라 보존되는 전체 수두를 나타낸다. 그런 다음 구형 좌표와 극방향에 대한 투영을 이용하면 $\nabla H \cdot d\boldsymbol{\varphi} = (\mathbf{V} \times \boldsymbol{\omega}) \cdot d\boldsymbol{\varphi}$를 구할 수 있으며, 여기서 $d\boldsymbol{\varphi} \equiv d\varphi \mathbf{e}_\varphi$이다. $\mathbf{V} \times \boldsymbol{\omega} = (\upsilon_\theta \omega_r - \upsilon_r \omega_\theta)\boldsymbol{e}_\varphi + \cdots$이고 투영 과정에서 사라지지 않는 유일한 극방향의 구배는 $\left(r^{-1}\partial H/\partial \varphi\right)\mathbf{e}_\varphi$라는 것을 알면 와도 수송 방정식을 다음과 같이 구할 수 있다.

$$\begin{cases} \nabla H \cdot d\boldsymbol{\varphi} = \dfrac{1}{r}\dfrac{\partial H}{\partial \varphi}d\varphi = \dfrac{1}{r}\dfrac{dH}{d\psi}\dfrac{\partial \psi}{\partial \varphi}d\varphi \\ (\mathbf{V} \times \boldsymbol{\omega}) \cdot d\boldsymbol{\varphi} = (\upsilon_\theta \omega_r - \upsilon_r \omega_\theta)d\varphi \end{cases} \quad \text{그래서} \quad \frac{1}{r}\frac{dH}{d\psi}\frac{\partial \psi}{\partial \varphi} = \upsilon_\theta \omega_r - \upsilon_r \omega_\theta \tag{F.1}$$

더 나가기 위해 ω_r과 ω_θ는 와도 방정식에서 직접 구할 수 있다.

$$\boldsymbol{\omega} = \nabla \times \mathbf{V} = \frac{1}{r\sin\varphi}\left[\frac{\partial(\sin\varphi \upsilon_\theta)}{\partial \varphi} - \frac{\partial \upsilon_\varphi}{\partial \theta}\right]\boldsymbol{e}_r + \left[\frac{1}{r\sin\varphi}\frac{\partial \upsilon_r}{\partial \theta} - \frac{1}{r}\frac{\partial(r\upsilon_\theta)}{\partial r}\right]\boldsymbol{e}_\varphi + \frac{1}{r}\left[\frac{\partial(r\upsilon_\varphi)}{\partial r} - \frac{\partial \upsilon_r}{\partial \varphi}\right]\boldsymbol{e}_\theta \tag{F.2}$$

또한 z축에 대한 축대칭을 통해 다음 관계식을 구할 수 있다.

$$\omega_r = \frac{1}{r\sin\varphi}\left[\frac{\partial(\sin\varphi \upsilon_\theta)}{\partial \varphi}\right] \qquad \omega_\varphi = -\frac{1}{r}\frac{\partial(r\upsilon_\theta)}{\partial r} \qquad \omega_\theta = \frac{1}{r}\left[\frac{\partial(r\upsilon_\varphi)}{\partial r} - \frac{\partial \upsilon_r}{\partial \varphi}\right] \tag{F.3}$$

따라서 투영된 와도 수송 방정식 (F.1)로 역치환하면 다음과 같이 계산된다.

$$\frac{dH}{d\psi}\frac{\partial \psi}{\partial \varphi} = \frac{\upsilon_\theta}{\sin\varphi}\left[\frac{\partial(\sin\varphi \upsilon_\theta)}{\partial \varphi}\right] - \upsilon_r\left[\frac{\partial(r\upsilon_\varphi)}{\partial r} - \frac{\partial \upsilon_r}{\partial \varphi}\right] \tag{F.4}$$

이 단계에서 υ_r, υ_φ, υ_θ는 ψ와 관련되어 있어야 한다. 이러한 맥락에서 비압축성 유동함수를 도입하여 반경 방향 속도와 극방향 속도를 다음과 같이 대체할 수 있다.

$$\upsilon_r = \frac{1}{r^2\sin\varphi}\frac{\partial \psi}{\partial \varphi} \qquad \upsilon_\varphi = -\frac{1}{r\sin\varphi}\frac{\partial \psi}{\partial r} \tag{F.5}$$

와류 속도 υ_θ는 이 경우의 정상 방위각 운동량 방정식이 다음과 같다는 것을 인지하여 각운동량으로 나타낼 수 있다.

$$\upsilon_r\frac{\partial \upsilon_\theta}{\partial r} + \frac{\upsilon_\varphi}{r}\frac{\partial \upsilon_\theta}{\partial \varphi} + \frac{\upsilon_\theta}{r\sin\varphi}\frac{\partial \upsilon_\theta}{\partial \theta} + \frac{\upsilon_r\upsilon_\theta}{r} + \frac{\upsilon_\varphi\upsilon_\theta\cot\varphi}{r} = -\frac{1}{r\sin\varphi}\frac{\partial p}{\partial \theta} \tag{F.6}$$

식 (F.6)에 $r\sin\varphi$를 곱하고 축대칭 조건을 통해 단순화하여 다음과 같은 식을 구할 수 있다.

$$\upsilon_r\left(r\sin\varphi\frac{\partial \upsilon_\theta}{\partial r} + \upsilon_\theta\sin\varphi\right) + \frac{\upsilon_\varphi}{r}\left(r\sin\varphi\frac{\partial \upsilon_\theta}{\partial \varphi} + r\upsilon_\theta\cos\varphi\right) = 0 \tag{F.7}$$

항들을 곱의 미분법을 통해 더 그룹화하면 다음과 같은 결과를 얻을 수 있다.

$$v_r \sin\varphi\left[r\frac{\partial v_\theta}{\partial r} + v_\theta\frac{\partial r}{\partial r}\right] + \frac{v_\varphi}{r}\left[r\left(\sin\varphi\frac{\partial v_\theta}{\partial \varphi} + v_\theta\frac{\partial \sin\varphi}{\partial \varphi}\right)\right] = 0$$

또는

$$v_r\frac{\partial}{\partial r}(rv_\theta \sin\varphi) + \frac{v_\varphi}{r}\frac{\partial(rv_\theta \sin\varphi)}{\partial \varphi} = 0 \tag{F.8}$$

이 식은 다음과 같은 이유로 $rv_\theta \sin\varphi$의 물질 미분 항이 사라져야 함을 보여준다.

$$\frac{D}{Dt} = v_r\frac{\partial}{\partial r} + \frac{v_\varphi}{r}\frac{\partial}{\partial \varphi} \quad \text{그래서} \quad \frac{D(rv_\theta \sin\varphi)}{Dt} = 0 \quad \text{또는} \quad v_\theta = \frac{B(\psi)}{r\sin\varphi} \tag{F.9}$$

끝으로 식 (F.9) 및 (F.5)를 식 (F.4)로 역치환하면 다음과 같이 된다.

$$\frac{dH}{d\psi}\frac{\partial\psi}{\partial\varphi} = \frac{B}{r\sin^2\varphi}\left[\frac{\partial(r^{-1}B)}{\partial\varphi}\right] - \frac{1}{r^2\sin\varphi}\frac{\partial\psi}{\partial\varphi}\left[\frac{\partial}{\partial r}\left(-\frac{1}{\sin\varphi}\frac{\partial\psi}{\partial r}\right) - \frac{\partial}{\partial\varphi}\left(\frac{1}{r^2\sin\varphi}\frac{\partial\psi}{\partial\varphi}\right)\right] \tag{F.10}$$

이는 다음과 같이 쉽게 재배치 및 단순화할 수 있다.

$$\frac{dH}{d\psi}\frac{\partial\psi}{\partial\varphi} = \frac{B}{r^2\sin^2\varphi}\frac{dB}{d\psi}\frac{\partial\psi}{\partial\varphi} + \frac{1}{r^2\sin\varphi}\frac{\partial\psi}{\partial\varphi}\left[\frac{1}{\sin\varphi}\frac{\partial^2\psi}{\partial r^2} + \frac{1}{r^2}\frac{1}{\sin\varphi}\frac{\partial^2\psi}{\partial\varphi^2} - \frac{\cos\varphi}{r^2\sin^2\varphi}\frac{\partial\psi}{\partial\varphi}\right] \tag{F.11}$$

그래서

$$\begin{cases} \dfrac{\partial^2\psi}{\partial r^2} + \dfrac{1}{r^2}\dfrac{\partial^2\psi}{\partial\varphi^2} - \dfrac{\cot\varphi}{r^2}\dfrac{\partial\psi}{\partial\varphi} = r^2\sin^2\varphi\dfrac{dH}{d\psi} - B\dfrac{dB}{d\psi} \\ \text{또는} \\ \dfrac{\partial^2\psi}{\partial r^2} + \dfrac{\sin\varphi}{r^2}\dfrac{\partial}{\partial\varphi}\left(\dfrac{1}{\sin\varphi}\dfrac{\partial\psi}{\partial\varphi}\right) = r^2\sin^2\varphi\dfrac{dH}{d\psi} - B\dfrac{dB}{d\psi} \end{cases} \tag{F.12}$$

APPENDIX G

원통형 및 구형 극좌표계에서 비압축성 뉴턴 유체의 운동 방정식

일정한 수송 특성을 갖는 비압축성 유동의 일반적인 운동 방정식은 다음과 같다.

연속성:
$$\nabla \cdot \mathbf{V} = 0 \tag{G.1a}$$

Navier-Stokes:
$$\frac{D\mathbf{V}}{Dt} = \frac{1}{\rho}\nabla p + \mathbf{g} + \frac{1}{\rho}\nabla \cdot \tau_{ij} \tag{G.1b}$$

에너지:
$$\rho c_p \frac{DT}{Dt} = k\nabla^2 T + \Phi \tag{G.1c}$$

여기서
$$\Phi = \mu\left(\frac{\partial u_i}{\partial x_j} + \frac{\partial u_j}{\partial x_i}\right)\frac{\partial u_i}{\partial x_j}$$

원통형 좌표계

이 좌표계 (r, θ, z)는 데카르트 좌표계 (x, y, z)와 다음과 같이 관련이 있다.

$$x = r\cos\theta \qquad y = r\sin\theta \qquad z = z \tag{G.2}$$

속도 성분은 $(\upsilon_r, \upsilon_\theta, \upsilon_z)$이다. 이 운동 방정식은 다음과 같은 연속 방정식이다.

$$\frac{1}{r}\frac{\partial}{\partial r}(r\upsilon_r) + \frac{1}{r}\frac{\partial}{\partial \theta}(\upsilon_\theta) + \frac{\partial}{\partial z}(\upsilon_z) = 0 \tag{G.3}$$

대류 시간 미분:

$$\mathbf{V}\cdot\nabla = \upsilon_r\frac{\partial}{\partial r} + \frac{1}{r}\upsilon_\theta\frac{\partial}{\partial \theta} + \upsilon_z\frac{\partial}{\partial z} \tag{G.4}$$

Laplacian 연산자:

$$\nabla^2 = \frac{1}{r}\frac{\partial}{\partial r}\left(r\frac{\partial}{\partial r}\right) + \frac{1}{r^2}\frac{\partial^2}{\partial \theta^2} + \frac{\partial^2}{\partial z^2} \tag{G.5}$$

r운동량:

$$\frac{\partial \upsilon_r}{\partial t} + (\mathbf{V}\cdot\nabla)\upsilon_r - \frac{1}{r}\upsilon_\theta^2 = -\frac{1}{\rho}\frac{\partial p}{\partial r} + g_r + \nu\left(\nabla^2\upsilon_r - \frac{\upsilon_r}{r^2} - \frac{2}{r^2}\frac{\partial \upsilon_\theta}{\partial \theta}\right) \tag{G.6}$$

θ운동량:

$$\frac{\partial v_\theta}{\partial t} + (\mathbf{V}\cdot\nabla)v_\theta + \frac{v_r v_\theta}{r} = -\frac{1}{\rho r}\frac{\partial p}{\partial \theta} + g_\theta + \nu\left(\nabla^2 v_\theta + \frac{2}{r^2}\frac{\partial v_r}{\partial \theta} - \frac{v_\theta}{r^2}\right) \tag{G.7}$$

z운동량:

$$\frac{\partial v_z}{\partial t} + (\mathbf{V}\cdot\nabla)v_z = -\frac{1}{\rho}\frac{\partial p}{\partial z} + g_z + \nu\nabla^2 v_z \tag{G.8}$$

에너지:

$$\rho c_p\left[\frac{\partial T}{\partial t} + (\mathbf{V}\cdot\nabla)T\right] = k\nabla^2 T + \mu\left[2\left(\epsilon_{rr}^2 + \epsilon_{\theta\theta}^2 + \epsilon_{zz}^2\right) + \epsilon_{\theta z}^2 + \epsilon_{rz}^2 + \epsilon_{r\theta}^2\right] \tag{G.9}$$

여기서

$$\epsilon_{rr} = \frac{\partial v}{\partial r} \qquad \epsilon_{\theta\theta} = \frac{1}{r}\frac{\partial v_\theta}{\partial \theta} + \frac{v_r}{r} \qquad \epsilon_{zz} = \frac{\partial v_z}{\partial z}$$

$$\epsilon_{\theta z} = \frac{1}{r}\frac{\partial v_z}{\partial \theta} + \frac{\partial v_\theta}{\partial z} \qquad \epsilon_{rz} = \frac{\partial v_r}{\partial z} + \frac{\partial v_z}{\partial r} \qquad \epsilon_{r\theta} = \frac{1}{r}\frac{\partial v_r}{\partial \theta} + \frac{\partial v_\theta}{\partial r} - \frac{v_\theta}{r}$$

와도 성분:

$$\omega_r = \frac{1}{r}\frac{\partial v_z}{\partial \theta} - \frac{\partial v_\theta}{\partial z} \qquad \omega_\theta = \frac{\partial v_r}{\partial z} - \frac{\partial v_z}{\partial r} \qquad \omega_z = \frac{1}{r}\frac{\partial}{\partial r}(r v_\theta) - \frac{1}{r}\frac{\partial v_r}{\partial \theta}$$

구형 극좌표계

이 좌표계 (r, φ, θ)는 변환에 의해 다음과 같이 (x, y, z)와 관련된다.

$$x = r\sin\varphi\,\cos\theta \qquad y = r\sin\varphi\,\sin\theta \qquad z = r\cos\varphi \tag{G.10}$$

그러면 속도 성분 $(v_r, v_\varphi, v_\theta)$에 대한 다음과 같은 운동 방정식이 된다.

연속성:

$$\frac{1}{r^2}\frac{\partial}{\partial r}(r^2 v_r) + \frac{1}{r\sin\varphi}\frac{\partial}{\partial \varphi}(v_\varphi \sin\varphi) + \frac{1}{r\sin\varphi}\frac{\partial}{\partial \theta}(v_\theta) = 0 \tag{G.11}$$

입자에 따른 시간 미분:

$$\frac{D}{Dt} = \frac{\partial}{\partial t} + v_r\frac{\partial}{\partial r} + \frac{v_\varphi}{r}\frac{\partial}{\partial \varphi} + \frac{v_\theta}{r\sin\varphi}\frac{\partial}{\partial \theta} \tag{G.12}$$

Laplacian 연산자:

$$\nabla^2 = \frac{1}{r^2}\frac{\partial}{\partial r}\left(r^2\frac{\partial}{\partial r}\right) + \frac{1}{r^2\sin\varphi}\frac{\partial}{\partial \varphi}\left(\sin\varphi\frac{\partial}{\partial \varphi}\right) + \frac{1}{r^2\sin^2\varphi}\frac{\partial^2}{\partial \theta^2} \tag{G.13}$$

r운동량:

$$\frac{Dv_r}{Dt} - \frac{1}{r}\left(v_\varphi^2 + v_\theta^2\right) = -\frac{1}{\rho}\frac{\partial p}{\partial r} + g_r + \nu\left(\nabla^2 v_r - \frac{2v_r}{r^2} - \frac{2}{r^2}\frac{\partial v_\varphi}{\partial \varphi} - \frac{2v_\varphi\cot\varphi}{r^2} - \frac{2}{r^2\sin\varphi}\frac{\partial v_\theta}{\partial \theta}\right) \tag{G.14}$$

θ운동량:

$$\frac{Dv_\varphi}{Dt} + \frac{1}{r}\left(v_r v_\varphi - v_\theta^2\cot\varphi\right) = -\frac{1}{\rho r}\frac{\partial p}{\partial \varphi} + g_\varphi + \nu\left(\nabla^2 v_\varphi + \frac{2}{r^2}\frac{\partial v_r}{\partial \varphi} - \frac{v_\varphi}{r^2\sin^2\varphi} - \frac{2\cos\varphi}{r^2\sin^2\varphi}\frac{\partial v_\theta}{\partial \theta}\right) \tag{G.15}$$

ϕ 운동량:

$$\frac{Dv_\theta}{Dt} + \frac{1}{r}(v_r v_\theta + v_\varphi v_\theta \cot\varphi) = -\frac{1}{\rho r \sin\varphi}\frac{\partial p}{\partial \theta} + g_\theta + \nu\left(\nabla^2 v_\theta - \frac{v_\theta}{r^2\sin^2\varphi} + \frac{2}{r^2\sin^2\varphi}\frac{\partial v_r}{\partial \theta} + \frac{2\cos\varphi}{r^2\sin^2\varphi}\frac{\partial v_\theta}{\partial \theta}\right) \tag{G.16}$$

에너지:

$$\rho c_p \frac{DT}{Dt} = k\nabla^2 T + \mu\left[2\left(\epsilon_{rr}^2 + \epsilon_{\varphi\varphi}^2 + \epsilon_{\theta\theta}^2\right) + \epsilon_{\varphi\theta}^2 + \epsilon_{\varphi r}^2 + \epsilon_{r\theta}^2\right] \tag{G.17}$$

여기서

$$\epsilon_{rr} = \frac{\partial v_r}{\partial r} \qquad \epsilon_{\varphi\varphi} = \frac{1}{r}\frac{\partial v_\varphi}{\partial \varphi} + \frac{v_r}{r} \qquad \epsilon_{\theta\theta} = \frac{1}{r\sin\varphi}\frac{\partial v_\theta}{\partial \theta} + \frac{v_r}{r} + \frac{v_\varphi \cot\varphi}{r}$$

$$\epsilon_{\varphi\theta} = \frac{\sin\varphi}{r}\frac{\partial}{\partial \varphi}\left(\frac{v_\theta}{\sin\theta}\right) + \frac{1}{r\sin\varphi}\frac{\partial v_\varphi}{\partial \theta} \qquad \epsilon_{\varphi r} = r\frac{\partial}{\partial r}\left(\frac{v_\varphi}{r}\right) + \frac{1}{r}\frac{\partial v_r}{\partial \varphi}$$

$$\epsilon_{r\theta} = \frac{1}{r\sin\varphi}\frac{\partial v_r}{\partial \theta} + r\frac{\partial}{\partial r}\left(\frac{v_\theta}{r}\right)$$

APPENDIX H1

무차원 매개변수의 결정

힘 F: MLt^{-2}	μ: $ML^{-1}t^{-1}$	ρ: ML^{-3}	길이 척도 L: L	속도 U: Lt^{-1}
압력 p: $ML^{-1}t^{-2}$	ν: L^2t^{-1}	g: Lt^{-2}	f 또는 ω: t^{-1}	표면장력 $\mathfrak{T}$: Mt^{-2}
토크 T: ML^2t^{-2}	일 W: ML^2t^{-2}	면적 A: L^2	체적 유속 Q: L^3t^{-1}	체적 ϑ: L^3
질량 유속: Mt^{-1}	동력: ML^2t^{-3}	$\gamma = \rho g$: $ML^{-2}t^{-2}$	Young의 탄성계수:	$E = Y$: $ML^{-1}t^{-2}$

Buckingham Pi 정리 절차 단계

1. 종속 매개변수부터 시작하여 관련된 'n'개의 매개변수를 나열한다.
2. 각 매개변수에 대한 기본 차원 MLtT를 작성한다.
3. 차원 행렬의 랭크(rank) 'r'을 구한다. 일반적으로 r = 기본 차원 수이다.
4. 사용 가능한 n에서 반복되는 매개변수를 선택한다. 여러 Π 그룹의 기초로 사용하려는 경우가 아니라면 μ, a(음속), Δp 또는 $\mathfrak{T}$를 갖는 종속 변수는 피하라. 반복되는 매개변수는 독립적인 단위를 가져야 하지만 모든 기본 차원을 총체적으로 포함해야 한다. 가장 좋은 선택은 ρ, U, L(또는 내부 유동의 경우 D)과 유사한 매개변수를 사용하는 것이다.
5. 종속 변수로 시작하여 $(n - r)$개의 나머지 매개변수 각각에 대해(비반복이라고 함), 무차원 Pi 매개변수 Π를 형성한다.
6. 종속 변수를 포함하는 Pi 매개변수를 나머지 Pi 매개변수의 함수로 표현한다($\Pi_1 = F(\Pi_2, \Pi_3, \ldots)$). 잘 알려진 Pi 매개변수, 특히 유명한 과학자의 이름을 딴 매개변수를 식별한다.

$$\frac{\rho UL}{\mu} = Re \quad \text{단단한 고체 경계 근처에서 Reynolds 수} \approx \frac{\text{관성력}}{\text{점성력}}$$

$$\frac{U}{a} = \sqrt{\frac{\rho U^2}{p}} = \frac{U}{\sqrt{kRT}} = Ma \quad \text{고속 기체 유동에서 Mach 수} \approx \frac{\text{관성력}}{\text{압축력}}$$

$$\frac{\omega L}{U} \text{ 또는 } \frac{fL}{U} = St \quad \text{불안정/진동 유동에서 Strouhal 수} \approx \frac{\text{비정상 관성력}}{\text{(정상) 관성력}}$$

$$L\sqrt{\frac{\omega}{\nu}} = \alpha \quad \text{벽 근처의 비정상유동에서 Womersley 수} \approx \frac{\text{비정상 관성력}}{\text{점성력}}$$

$\dfrac{U^2}{gL}$ 또는 $\dfrac{U}{\sqrt{gL}} = Fr$ 자유 계면 유동에서 Froude 수 $\approx \dfrac{\text{관성력}}{\text{중력}}$

$\dfrac{\rho U^2 L}{\mathfrak{T}} = We$ 모세관 유동, 액적, 잔물결 파동에서 Weber 수 $\approx \dfrac{\text{관성력}}{\text{표면장력}}$

$\dfrac{\mu U}{\mathfrak{T}} = Ca$ 고체 경계 근처에서의 모세관 유동에서 Capillarity 수 $\approx \dfrac{\text{점성력}}{\text{표면장력}}$

$\dfrac{\Delta p}{\frac{1}{2}\rho U^2} = Eu$ Euler 수 $\approx \dfrac{\text{압력 힘}}{\text{관성력}}$ 압력 구배가 유동을 주도할 때 중요

$\dfrac{p - p_v}{\frac{1}{2}\rho U^2} = C$ 압력 강하가 증기압 아래로 떨어질 때 캐비테이션 수 $\approx \dfrac{\text{압력 힘}}{\text{관성력}}$

$\dfrac{F_D}{\frac{1}{2}\rho U^2 A} = C_D$ 항력이 중요할 때 항력 계수 $\approx \dfrac{\text{항력}}{\text{관성력}}$

$\dfrac{U^3}{\nu\omega^2 L} = Mj$ 침투 수 $\approx \dfrac{\text{비정상 관성력}}{\text{비정상 점성력}}$ 다공성 벽을 통과하는 진동 운동

APPENDIX
H2
무차원 매개변수 목록

No	무차원 수	정의	물리적 해석
1.	음향 Reynolds 수(Re_a)	$\frac{aL}{\nu} = \frac{Re}{Ma} = \frac{1}{\delta_a^2}$	압축력과 점성력의 비율, 여기서 a는 음속이다. $\delta_a = \sqrt{\nu/(aL)} \ll 1$ 음파의 전파 대비 점성 확산을 측정
2.	Archimedes 수(Ar)	$\frac{g\rho L^3}{\mu^2}$	중력과 점성력의 비
3.	Arrhenius 수(α)	$\frac{E_a}{RT}$	활성화 에너지 및 열에너지의 비
4.	Atwood 수(A)	$\frac{\rho_1 - \rho_2}{\rho_1 + \rho_2}$	밀도 층류 유동의 유체역학적 불안정성을 제어하는 무거운 유체와 가벼운 유체 간의 밀도 차이의 상대적 비
5.	Bejan 수(Be)	$\frac{\Delta p L^2}{\mu\nu}$	길이 L의 덕트에서 무차원 압력 강하, 항력 계수를 Re_L과 습식 덕트 및 정면 덕트 면적의 비와 관련시킨다.
6.	Bingham 수(Bm)	$\frac{\tau_y L}{\mu U}$	항복 응력과 점성 응력의 비
7.	Biot 수(Bi)	$\frac{hL}{k}$	고체의 내부 열 저항과 경계층 열 저항의 비
8.	물질 전달에 대한 Biot 수(Bi_m)	$\frac{h_m L}{k}$	내부 물질 이동과 h_m의 물질 전달 계수를 갖는 경계층 물질 이동 저항의 비
9.	Blake 수(Bl)	$\frac{\rho U D_h}{\mu(1-\phi)}$	공극률(또는 다공성) ϕ 및 수압 직경 D_h를 갖는 고체 층을 통과하는 유동에서 관성력 대 점성력의 비
10.	결합수(Bo)	$\frac{g\Delta\rho L^2}{\mathfrak{T}}$	중력과 표면장력의 비, 여기서 $\mathfrak{T}$는 표면 장력을 나타내며, 이 무차원 수는 기포 또는 액적의 형태를 조절한다.
11.	Brinkman 수(Br)	$\frac{\mu U^2}{k(T_w - T_f)} = PrEc$	점성 소산과 열전도 효과의 비
12.	모세관 수(N_C 또는 Ca)	$\frac{\mu U}{\mathfrak{T}}$	점성력과 표면장력의 비
13.	Cauchy 수(C)	$\frac{\rho U^2}{K}$	관성력 대 압축력 비
14.	Chapman-Rubesin 매개변수 (C)	$\frac{\rho}{\rho_e}\frac{\mu}{\mu_e}$	자유 유동 또는 가장자리 값에 대한 경계층 밀도 및 점도의 비로, 고속 유동에서 표면 마찰 및 열전달을 조절한다.
15.	Clauser의 평형 매개변수(β)	$\frac{\delta^*}{\tau_w}\frac{dp_e}{dx}$	평형 상태의 난류 조건을 조절하는 정규화된 압력 구배와 벽 전단 응력의 비
16.	캐비테이션 수 (Ca 또는 σ_c)	$\frac{p - p_v}{\frac{1}{2}\rho U^2}$	초과 국부 정압 및 속도 수두의 비
17.	마찰 계수(C_f)	$\frac{\tau}{\frac{1}{2}\rho U^2}$	무차원 표면 전단 응력
18.	Colburn J 계수(J_H)	$StPr^{2/3}$	덕트 $Re > 10^4$, $0.7 < Pr < 160$, $L/D > 60$에서 완전히 발달된 난류 운동에 대한 무차원 열전달 계수
19.	Colburn J 계수 (J_M)	$St_m Sc^{2/3}$	덕트 $Re > 10^4$, $0.7 < Pr < 160$, $L/D > 60$에서 완전히 발달된 난류 운동에 대한 무차원 물질 전달 계수

No	무차원 수	정의	물리적 해석
20.	응축 수 (Co)	$\frac{g\rho^2 \Delta H_{vap} L^3}{k\mu\Delta T}$	응축 계산에 사용되는 무차원 매개변수
21.	Damköhler 수(Da)	$k_T\tau$	온도 의존적 반응 속도 상수 k_T와 평균 체류 시간 τ에 대한 화학 동역학 반응과 대류 물질 수송 시간 척도의 비
22.	Darcy 마찰 계수(f 또는 Λ)	$\frac{\Delta p}{\frac{1}{2}(L/D)\rho U^2}$	내부 유동에 대한 무차원 압력 강하, Fanning 마찰 계수의 4배
23.	Darcy 수(Da)	$\frac{K}{L^2}$	다공성 매체의 침투성과 단면적의 비
24.	Dean 수(De 또는 Dn)	$Re\sqrt{\frac{L}{2R_c}}$	관성력과 원심력의 부산물과 점성력의 비로, 원심력과 관성력의 비와 Reynolds 수의 곱의 형태가 된다(여기서 R_c는 곡률 반경).
25.	항력 계수(C_D)	$\frac{F_D}{\frac{1}{2}\rho U^2 A}$	유체 운동에 대한 저항을 측정하는 데 사용되는 항력과 관성력의 비
26.	Eckert 수(Ec)	$\frac{U^2}{c_p(T_w - T_\infty)}$	유동 운동 에너지와 경계층 엔탈피 차이의 비
27.	Ekman 수(Ek)	$\frac{\nu}{\Omega L^2}$	각회전 속도 Ω 및 대표 길이 L에 대한 점성력과 Coriolis 힘의 비
28.	Elasticity 수(El)	$\frac{\theta\mu}{\rho R^2}$	점탄성 유체에서 탄성력과 관성력의 비
29.	Eötvös 수(Eo)	$\frac{g(\rho - \rho_f)L^2}{\mathfrak{I}}$	중력과 표면력의 비, 결합수 Bo와 동일
30.	Euler 수(Eu)	$\frac{\Delta p}{\rho U^2}$	압력과 관성력의 비
31.	벽 팽창비(α)	$\frac{R\dot{R}}{\nu}$	수력학적 반경 R의 덕트에서 반경 반향(또는 법선 방향) 팽창(또는 수축) 속도인 $\dot{R}$을 기준으로 한 Reynolds 수
32.	Fanning 마찰 계수(f)	$\frac{\Delta p}{2(L/D)\rho U^2}$	내부 유동에 대한 무차원 압력 강하, Darcy 마찰 계수의 4분의 1 수준
33.	Fourier 수(Fo)	$\frac{\alpha\tau}{L^2}$	고체에서 열전도율과 열에너지 저장률의 무차원 시간 및 비
34.	물질 전달에 대한 Fourier 수 (Fo_m)	$\frac{D\tau}{L^2}$	물질 확산율와 물질 저장률의 무차원적 시간 및 비
35.	Froude 수(Fr)	$\frac{U^2}{gL}$ 또는 $\frac{U}{\sqrt{gL}}$	관성력과 중력의 비
36.	Galileo 또는 Galilei 수(Ga)	$\frac{gL^3}{\nu^2} = Re^2 Ri$	Reynolds 수와 점성력과 중력 비의 곱
37.	Görtler 수(G)	$\frac{U\theta}{\nu}\sqrt{\frac{\theta}{R}}$	곡률 반경 R 및 운동량 두께 θ에 대한 오목한 벽 경계층에서의 원심력과 점성력의 비
38.	Graetz 수(L^* 또는 Gz)	$\frac{\dot{m}c_p}{kL} = \frac{D_H}{L}ReSc$	층류 유동에 대한 열용량과 대류 열전달의 비
39.	Grashof 수(Gr)	$\frac{g\beta(T_w - T_\infty)L^3}{\nu^2}$	자연 대류 시 부력과 점성력의 비
40.	Hagen 수(Hg)	$-\frac{L^3}{\rho\nu^2}\frac{dp}{dx}$	강제 대류 시 부력과 점성력의 비
41.	Hodgson 수(H)	$\frac{fU\Delta p}{pQ}$	주파수 f 및 체적 유량 Q에 대한 맥동 주기 동안의 시스템 시간 상수
42.	극초음속 상호작용 매개변수(χ)	$Ma_\infty^3\left(\frac{C_w}{Re_{x_\infty}}\right)^{1/2}$	극초음속 유동에서 선단 상호작용의 강도를 측정한다. 여기서 $C_w = \rho_w\mu_w/(\rho_e\mu_e)$는 벽에 가까운 Chapman-Rubesin 매개변수를 나타낸다.
43.	Iribarren 수(Ir), 파단(breaker) 또는 쇄파(surf) 상사 매개변수	$T\sqrt{\frac{g}{2\pi H}}\tan\alpha$	해안 경사각 α, 파고 H, 심해 주기 T에 따른 해변 및 해안 구조물의 파도 세기의 상대적 측정값
44.	Jakob 수(Ja)	$\frac{c_p(T_s - T_{sat})}{\Delta H_{vap}}$	액체-증기 상 변화 중에 흡수되는 감열 에너지와 잠열 에너지의 비
45.	Karlovitz 수(Ka)	$\frac{1}{k_T\tau} = \frac{1}{Da}$	온도 의존적 반응 속도 상수 k_T와 평균 체류 시간 τ에 대한 대류 물질 수송 및 화학 동역학 반응 시간 척도의 비
46.	Kármán-Pohlhausen 매개변수(Λ)	$\frac{\delta^2}{\nu}\frac{dU}{dx} = -\frac{\delta^2}{\mu U}\frac{dp}{dx}$	Kármán-Pohlhausen 적분 운동량 해석에 사용되는 무차원 자유 유동 압력 구배

No	무차원 수	정의	물리적 해석
47.	운동역학적 Reynolds 수 (Re_k, Re_ω 또는 ω*, Roshko 수와 유사)	$\frac{\omega L^2}{\nu} = StRe = St^3 Mj$	비정상 관성력과 점성력의 비, α^2와 동일, Womersley 수 제곱에 해당
48.	Keulegan-Carpenter 수(K_C)	$\frac{U\tau}{L}$	비정상 파동 진폭 U, 주기 τ, 특성 몸체 길이 L을 갖는 둔한 물체 위의 진동 운동에 대한 항력과 관성력의 비
49.	Knudsen 수(Kn)	$\frac{\lambda}{L}$	평균 자유 경로와 특성 길이 척도의 비
50.	Laplace(La) 또는 Suratman 수(Su)	$\frac{\rho L \mathfrak{T}}{\mu^2} = \frac{Re^2}{We}$	표면장력과 운동량 수송의 비
51.	Lewis 수(Le)	$\frac{\alpha}{D} = \frac{Sc}{Pr}$	열 확산도과 물질 확산도의 비
52.	양력 계수(C_L)	$\frac{F_L}{\frac{1}{2}\rho U^2 A_L}$	양력 압력과 동적 압력의 비
53.	Mach 수(M 또는 Ma)	$\frac{U}{a}$	Ma^2는 관성력과 압축력의 비를 나타낸다.
54.	Majdalani 수(Mj) 또는 Majdalani의 침투 수(S_p)	$\frac{U^3}{\nu\omega^2 L} = \frac{U^3\tau^2}{\nu L}$ 또는 $\frac{Re_w}{St} = \frac{Re}{St^2} = \frac{Re_k}{St^3}$	다공성 벽에 대한 회전파의 침투 깊이를 조절하고, 교차 유동방향의 점성 및 회전 효과의 깊이도 조절한다.
55.	Nusselt 수(Nu)	$\frac{hL}{k}$	대류 및 전도 열전달 비
56.	오프-스월(off-swirl) 매개변수(κ)	$\frac{A_i}{2\pi RL} = \frac{R}{2\pi\sigma L}$	반경 R 및 접선 주입 면적 A_i의 챔버 내 회전 유동에서 축방향 대 접선(소용돌이) 속도의 비. 수정된 소용돌이 수와 챔버 종횡비 L/R의 곱에 반비례하며, 소용돌이 세기는 $1/\kappa$에 따라 증가한다.
57.	Ohnesorge 수(Oh)	$\frac{\mu}{\sqrt{\rho L \mathfrak{T}}} = \frac{\sqrt{We}}{Re}$	관성력과 표면력의 곱의 제곱근과 점성력의 비
58.	Péclet 수(Pe)	$\frac{UL}{\alpha} = RePr$	대류 및 열 확산 전도율의 비
59.	Poiseuille 수(Po)	$\frac{2h\tau}{\mu U} = C_f Re_h$	덕트 유량에서 마찰 계수와 Reynolds 수의 곱
60.	물질 전달 Péclet 수(Pe_m)	$\frac{UL}{D}$	대류 및 분자 확산 전도율의 비
61.	파이프라인 매개변수(ρ^n)	$\frac{aU}{2gh}$	최대 수격 압력 상승은 정압 수두 h의 2배 이상이며, 여기서 a와 U는 파의 속도와 초기 유량을 나타낸다.
62.	동력 수(N_p)	$\frac{P}{N^3 \rho L^5}$	동력 소비량 계산을 위한 항력과 관성력의 비로, 여기서 N과 P는 각각 회전 속도와 동력을 나타낸다.
63.	Prandtl 수(Pr)	$\frac{\nu}{\alpha}$	운동량과 열 확산률의 비
64.	압력 계수(C_p)	$\frac{p - p_\infty}{\frac{1}{2}\rho U^2}$	자유 유동 압차와 동적 압력의 비
65.	Rayleigh 수(Ra)	$GrPr$	자유 대류에서 부력과 점성력의 비
66.	Reynolds 수(Re)	$\frac{\rho UL}{\mu} = St^2 Mj$	관성력과 점성력의 비
67.	Richardson 수(Ri)	$\frac{g\beta(T_w - T_\infty)L}{U^2} = \frac{Gr}{Re^2}$	부력과 전단력의 비
68.	Roshko 수(Ro)	$\frac{fL^2}{\nu} = ReSt$	진동 운동에 대한 점성 소산과 비정상 관성 시간 척도의 비로, 운동학적 Reynolds 수와 유사하다.
69.	Rossby(Ro) 또는 Kibel 수	$\frac{U}{L\Omega}$	관성력과 Coriolis 힘의 비
70.	Schmidt 수(Sc)	$\frac{\nu}{D}$	운동량과 물질 확산도의 비
71.	형상 계수(H)	$\frac{\delta^*}{\theta} = \frac{\eta^*}{\theta^*}$	경계층 유동에서 배제 및 운동량 두께의 비
72.	무차원화된 배제 두께(η^*)	$\frac{\delta^*}{\delta}$	경계층 유동에서 배제 및 교란 두께의 비
73.	무차원화된 운동량 두께(θ^*)	$\frac{\theta^*}{\delta}$	경계층 유동에서 운동량과 교란 두께의 비
74.	Sherwood(Sh) 또는 물질 전달 Nusselt 수	$\frac{h_m L}{D}$	대류 물질 전달률과 물질 확산율의 비

No	무차원 수	정의	물리적 해석
75.	Stanton 수(C_h 또는 St)	$\frac{h}{\rho U c_p} = \frac{Nu}{RePr}$	대류 열전달과 유체 열용량의 비, 수정된 Nusselt 수
76.	물질 전달에 대한 Stanton 수(St_m)	$\frac{h_m}{\rho_m U} = \frac{Sh}{ReSc}$	대류 물질 전달과 물질 용량의 비, 수정된 Sherwood 수
77.	Stokes 수(Stk)	$\frac{\tau_P U}{L} = \frac{1}{18}\frac{\rho_P U d_P}{\mu}\left(\frac{d_P}{L}\right)$	입자의 동적 이완 시간과 입자가 속도 U로 거리 L을 가로지르는 대류 시간의 비로, 입자 관성과 유입에 대한 저항을 측정하며, Stk가 낮을수록 입자가 유동의 유선을 충실히 따른다.
78.	Stokes 매개변수(λ_s)	$L\sqrt{\frac{\omega}{2\nu}} = \frac{1}{\sqrt{2}}Re_k^{1/2}$	λ_S^2는 비정상 관성력과 점성력의 비를 나타내며, Womersley 수와 유사하다.
79.	소용돌이 수(S)	$\frac{\pi ab}{A_i}$	접선 속도 운동량의 축방향 플럭스와 축방향 속도 운동량의 비로, 여기서 A_i, a 및 b는 각각 입구 주입 면적, 외부 반경 및 출구 반경을 나타낸다.
80.	수정된 소용돌이 수(σ)	$\frac{a^2}{A_i}$	정규화된 접선 주입 면적의 역수로, 여기서 A_i는 주입 면적, a는 챔버 반경을 나타낸다.
81.	Strouhal 수(St, S 또는 Sr)	$\frac{\omega L}{U}$ 또는 $\frac{L}{U\tau}$	무차원 주파수 및 비정상 관성력과 정상 관성력의 비는 와류 간격에 반비례한다.
82.	Taylor 수(Ta)	$\frac{4\Omega^2 R^4}{\nu^2}$	특성 반경 R을 갖는 축을 중심으로 Ω의 속도로 회전하는 유체에 대한 원심력(관성력)과 점성력의 비
83.	Thwaites(또는 Holstein-Bohlen) 매개변수(λ)	$\frac{\theta^2}{\nu}\frac{dU}{dx}$	Thwaites의 방법에서 사용되는 무차원 압력 구배 매개변수, Pohlhausen의 압력 구배 매개변수와는 다르다.
84.	Vadasz 수(Va)	$\frac{\phi\nu L^2}{\alpha K} = \frac{\phi Pr}{Da}$	다공성 열 대류와 관련, 여기서 K는 투과성, ϕ는 공극률 또는 다공성을 의미한다.
85.	와류 Reynolds 수 (Vo, V 또는 Re_V)	$\frac{UA_i}{\nu L} = \frac{\dot{m}_i}{\mu L} = \frac{Re}{\sigma}\frac{R}{L}$	입구 Reynolds 수와 수정된 소용돌이 수 및 사이클론 챔버 종횡비의 곱의 비로, 벽으로 둘러싸인 사이클론 유동에서 벽 및 중심부 전단층의 두께를 조절한다.
86.	파(wave) Reynolds 수(Re_w)	$\frac{U^2}{\omega\nu} = StMj$	$\sqrt{Re_w}$는 평균 유동 대류로 인한 파의 전파 속도와 점성 확산으로 인한 속도의 비로, 송풍 속도 U가 있는 벽 근처 속도에 대한 진동 압력의 위상 앞섬(phase lead)을 조절한다.
87.	Weber 수(We)	$\frac{\rho U^2 L}{\mathfrak{T}}$	관성력과 표면장력의 비
88.	Womersley 수(α 또는 Wo)	$L\sqrt{\frac{\omega}{\nu}} = \sqrt{Re_k}$	고체 경계 근처의 비정상 운동에 대한 비정상 관성력과 점성력의 비

APPENDIX I

삼각함수 항등식

합차 공식

$$\sin(a \pm b) = \sin a \cos b \pm \cos a \sin b; \qquad \cos(a \pm b) = \cos a \cos b \mp \sin a \sin b \tag{I.1}$$

$$\sin\left(\tfrac{1}{2}\pi \pm b\right) = \cos b; \qquad \cos\left(\tfrac{1}{2}\pi \pm b\right) = \mp \sin b \tag{I.2}$$

$$\tan(a \pm b) = \frac{\tan a \pm \tan b}{1 \mp \tan a \tan b}; \ \cot(a \pm b) = \frac{\cot a \cot b \mp 1}{\cot b \pm \cot a};$$
$$\tan\left(\tfrac{1}{4}\pi \pm b\right) = \frac{1 \pm \tan b}{1 \mp \tan b} = \frac{\cos b \pm \sin b}{\cos b \mp \sin b} \tag{I.3}$$

Werner 공식

$$\sin a \sin b = \tfrac{1}{2}[\cos(a-b) - \cos(a+b)]; \qquad \sin a \cos b = \tfrac{1}{2}[\sin(a+b) + \sin(a-b)] \tag{I.4}$$

$$\cos a \cos b = \tfrac{1}{2}[\cos(a+b) + \cos(a-b)] \tag{I.5}$$

Werner 공식의 역

$$\sin a + \sin b = 2\sin\left(\frac{a+b}{2}\right)\cos\left(\frac{a-b}{2}\right); \qquad \sin a - \sin b = 2\cos\left(\frac{a+b}{2}\right)\sin\left(\frac{a-b}{2}\right) \tag{I.6}$$

$$\cos a + \cos b = 2\cos\left(\frac{a+b}{2}\right)\cos\left(\frac{a-b}{2}\right); \qquad \cos a - \cos b = -2\sin\left(\frac{a+b}{2}\right)\sin\left(\frac{a-b}{2}\right) \tag{I.7}$$

함수의 합곱 변환

$$\tan a + \tan b = \sin(a+b)/(\cos a \cos b); \qquad \tan a - \tan b = \sin(a-b)/(\cos a \cos b) \tag{I.8}$$

$$\cot a + \cot b = \sin(a+b)/(\sin a \sin b); \qquad \cot a - \cot b = -\sin(a-b)/(\sin a \sin b) \tag{I.9}$$

2배각 공식

$$\sin 2a = 2\sin a \cos a; \quad \cos 2a = 2\cos^2 a - 1 = 1 - 2\sin^2 a = \cos^2 a - \sin^2 a \tag{I.10}$$

$$\tan 2a = 2\tan a/(1 - \tan^2 a); \quad \cot 2a = (\cot^2 a - 1)/(2\cot a) \tag{I.11}$$

3배각 공식

$$\sin 3a = 3\sin a - 4\sin^3 a; \quad \cos 3a = 4\cos^3 a - 3\cos a \tag{I.12}$$

$$\tan 3a = (3\tan a - \tan^3 a)/(1 - 3\tan^2 a); \quad \cot 3a = (\cot^3 a - 3\cot a)/(3\cot^2 a - 1) \tag{I.13}$$

반각 공식

$$\sin\frac{a}{2} = \pm\sqrt{\frac{1}{2}(1 - \cos a)}; \quad \cos\frac{a}{2} = \pm\sqrt{\frac{1}{2}(1 + \cos a)} \tag{I.14}$$

$$\tan\frac{a}{2} = \pm\sqrt{\frac{1}{2}\frac{(1 - \cos a)}{(1 + \cos a)}}; \quad \cot\frac{a}{2} = \pm\sqrt{\frac{1}{2}\frac{(1 + \cos a)}{(1 - \cos a)}} \tag{I.15}$$

멱급수의 다각 변환

$$\sin^2 a = \frac{1}{2}(1 - \cos 2a); \quad \cos^2 a = \frac{1}{2}(1 + \cos 2a) \tag{I.16}$$

$$\sin^3 a = \frac{1}{4}(3\sin a - \sin 3a); \quad \cos^3 a = \frac{1}{4}(3\cos a + \cos 3a) \tag{I.17}$$

$$\sin^4 a = \frac{1}{8}(\cos 4a - 4\cos 2a + 3); \quad \cos^4 a = \frac{1}{8}(\cos 4a + 4\cos 2a + 3) \tag{I.18}$$

$$\sin^5 a = \frac{1}{16}(10\sin a - 5\sin 3a + \sin 5a); \quad \cos^5 a = \frac{1}{16}(10\cos a + 5\cos 3a + \cos 5a) \tag{I.19}$$

$$\sin^6 a = \frac{1}{32}(10 - 15\cos 2a + 6\cos 4a - \cos 6a); \quad \cos^6 a = \frac{1}{32}(10 + 15\cos 2a + 6\cos 4a + \cos 6a) \tag{I.20}$$

참고문헌

Abbasbandy, S. (2007), "A Numerical Solution of Blasius Equation by Adomian's Decomposition Method and Comparison with Homotopy Perturbation Method," *Chaos, Solitons & Fractals,* vol. 31, no. 1, pp. 257–260. doi: https://doi.org/10.1016/j.chaos.2005.10.071

Abbasbandy, S., and Bervillier, C. (2011), "Analytic Continuation of Taylor Series and the Boundary Value Problems of Some Nonlinear Ordinary Differential Equations," *Applied Mathematics and Computation,* vol. 218, no. 5, pp. 2178–2199. doi: https://doi.org/10.1016/j.amc.2011.07.035

Abramovich, G. N. (1963), *The Theory of Turbulent Jets,* M.I.T. Press, Cambridge, MA.

Adams, N. A., and Kleiser, L. (1993), "Numerical Simulation of Transition in a Compressible Flat Plate Boundary Layer," in Kral, L. D., and Zang, T. A. (Eds.), *Transitional and Turbulent Compressible Flows—1993,* ASME Fluids Engineering Division, vol. 151, pp. 101–110.

Agarwal, R. (1999), "Computational Fluid Dynamics of Whole-Body Aircraft," *Annual Review of Fluid Mechanics,* vol. 31, pp. 125–169. https://doi.org/10.1146/annurev.fluid.31.1.125

Aghakhani, M., Suhatril, M., Mohammadhassani, M., Daie, M., and Toghroli, A. (2015), "A Simple Modification of Homotopy Perturbation Method for the Solution of Blasius Equation in Semi-Infinite Domains," *Mathematical Problems in Engineering,* vol. 2015, p. 7. doi: https://doi.org/10.1155/2015/671527

Agullo, O., and Verga, A. D. (1997), "Exact Two Vortices Solution of Navier–Stokes Equations," *Physical Review Letters,* vol. 78, no. 12, p. 2361. doi: https://doi.org/10.1103/PhysRevLett.78.2361

Ahmad, F., and Al-Barakati, W. H. (2009), "An Approximate Analytic Solution of the Blasius Problem," *Communications in Nonlinear Science and Numerical Simulation,* vol. 14, no. 4, pp. 1021–1024. doi: https://doi.org/10.1016/j.cnsns.2007.12.010

Akiki, M. H., "Multidimensional Compressible Framework for Modeling Biglobal Stability in Rocket Motors," Ph.D. Dissertation, University of Tennessee, Department of Mechanical, Aerospace, and Biomedical Engineering, August 2013.

Alizadeh-Pahlavan, A., and Borjian-Boroujeni, S. (2008), "On the Analytical Solution of Viscous Fluid Flow Past a Flat Plate," *Physics Letters A,* vol. 372, no. 20, pp. 3678–3682. doi: https://doi.org/10.1016/j.physleta.2008.02.050

Allan, F. M., and Syam, M. I. (2005), "On the Analytic Solutions of the Nonhomogeneous Blasius Problem," *Journal of Computational and Applied Mathematics*, vol. 182, no. 2, pp. 362–371. doi: https://doi.org/10.1016/j.cam.2004.12.017

Ambrok, G. S. (1957), "Approximate Solutions of Equations for the Thermal Boundary Layer with Variations in the Boundary Layer Structure," *Soviet Physics. Technical Physics*, vol. 2, no. 9, pp. 1979–1986.

Ames, W. F. (1965), *Nonlinear Partial Differential Equations in Engineering,* Academic, New York.

Ames, W. F., and Adams, E. (1947), "A Family of Exact Solutions for Laminar Boundary Layer Equations," *Journal of Applied Mathematics and Mechanics (ZAMM),* vol. 54, no. 12, pp. 180–181. doi: https://doi.org/10.1002/zamm.19740541297

Andereck, C. D., Liu, S., and Swinney, H. (1986), "Flow Regimes in a Circular Couette System with Independently Rotating Cylinders," *Journal of Fluid Mechanics,* vol. 164, pp. 155–183. doi: https://doi.org/10.1017/S0022112086002513

Anderson, J. D., Jr. (1995), *Computational Fluid Dynamics: The Basics with Applications,* McGraw-Hill, New York.

——(2000), *Hypersonic and High Temperature Gas Dynamics,* American Institute of Aeronautics and Astronautics, Reston, VA.

——(2001), *Fundamentals of Aerodynamics,* 3rd ed., McGraw-Hill, New York.

——(2003), *Modern Compressible Flow with Historical Perspective,* 3rd ed., McGraw-Hill, New York.

Anil Lal, S., and Neeraj Paul, M. (2014), "An Accurate Taylors Series Solution with High Radius of Convergence for the Blasius Function and Parameters of Asymptotic Variation," *Journal of Applied Fluid Mechanics,* vol. 7, no. 4, pp. 557–564. doi: https://doi.org/10.36884/jafm.7.04.21339

Antonia, R. A., and Bilger, R. W. (1973), "An Experimental Investigation of an Axisymmetric Jet in a Co-Flowing Air Stream," *Journal of Fluid Mechanics,* vol. 61, pp. 805–822. doi: https://doi.org/10.1017/S0022112073000959

Apelt, C. J. (1961), "The Steady Flow of a Viscous Fluid Past a Circular Cylinder at Reynolds Numbers 40 and 44," *Aeronautical Research Council,* R & M 3175. http://naca.central.cranfield.ac.uk/reports/arc/rm/3175.pdf

Aref, H. (2004), *Introduction to Computational Fluid Dynamics,* Cambridge University Press, New York.

Aris, R. (1990), *Vectors, Tensors, and the Basic Equations of Fluid Mechanics,* Dover, New York.

Arnal, D. (1984), "Description and Prediction of Transition in Two-Dimensional Incompressible Flow," pp. 2-1–2-71 of AGARD.

Arpaci, V. S. (1984), *Convection Heat Transfer,* Prentice-Hall, Upper Saddle River, NJ.

Asaithambi, A. (2016), "Numerical Solution of the Blasius Equation with Crocco–Wang Transformation," *Journal of Applied Fluid Mechanics,* vol. 9, no. 5, pp. 2595–2603. doi: https://doi.org/10.18869/acadpub.jafm.68.236.25583

Asaithambi, A. (2005), "Solution of the Falkner–Skan Equation by Recursive Evaluation of Taylor Coefficients," *Journal of Computational and Applied Mathematics,* vol. 176, no. 1, pp. 203–214. doi: https://doi.org/10.1016/j.cam.2004.07.013

Au-Yang, M. K. (2001), *Flow-Induced Vibration of Power and Process Plant Components: A Practical Workbook,* ASME Press, New York.

Avalon, G., and Lambert, D. (2001), "Campagne D'essais Valdo, Période 2000–2001," ONERA, Etablissement de Palaiseau, Technical Report RT 2/05424 DEFA Rept., October.

Avalon, G., Casalis, G., and Griffond, J., "Flow Instabilities and Acoustic Resonance of Channels with Wall Injection," 34th AIAA/ASME/SAE/ASEE Joint Propulsion Conference and Exhibit, AIAA Paper 1998-3218, July 1998. doi: https://doi.org/10.2514/6.1998-3218

Bae, Y. Y., and Emanuel, G. (1989), "Boundary-Layer Tables for Similar Compressible Flow," *AIAA Journal*, vol. 27, no. 9, pp. 1163–1164. doi: https://doi.org/10.2514/3.10240

Bairstow, L. (1925), "Skin Friction," *The Journal of the Royal Aeronautical Society*, vol. 29, no. 169, pp. 3–23. doi: https://doi.org/10.1017/S0368393100139380

Bake, S. D., Meyer, G. W., and Rist, U. (2002), "Turbulence Mechanism in Klebanoff Transition: A Quantitative Comparison of Experiment and Direct Numerical Simulation," *Journal of Fluid Mechanics,* vol. 459, pp. 217–243. doi: https://doi.org/10.1017/S0022112002007954

Baker, A. J. (1983), *Finite Element Computational Fluid Mechanics,* Hemisphere, New York.

Baker, C. J. (1979), "The Laminar Horseshoe Vortex," *Journal of Fluid Mechanics,* vol. 95, pt. 2, pp. 347–367. doi: https://doi.org/10.1017/S0022112079001506

Baker, R. C. (2003), *Introductory Guide to Flow Measurement,* ASME Press, New York.

Baldwin, B. S., and Lomax, H. (1978), "Thin Layer Approximation and Algebraic Model for Separated Turbulent Flows," AIAA Paper 78-257. doi: https://doi.org/10.2514/6.1978-257" 10.2514/6.1978-257

Barber, T. A., and Majdalani, J. (2017), "On the Beltramian Motion of the Bidirectional Vortex in a Conical Cyclone," *Journal of Fluid Mechanics,* vol. 828, pp. 708–732. doi: https://doi.org/10.1017/jfm.2017.494

Barenblatt, G. I., Chorin, A. J., and Prostokishin, V. M. (1997), "Scaling Laws for Fully Developed Turbulent Flow in Pipes," *Applied Mechanics Reviews* vol. 50, no. 7, pp. 413–429. doi: http://doi.org/10.1115/1.3101726

Baritaud, T. (1996), *Direct Numerical Simulation for Turbulent Reacting Flows,* Editions Technip, Paris.

Barnwell, R. W., and Wahls, R. A. (1991), "Skin Friction Law for Compressible Turbulent Flow," *AIAA Journal,* vol. 29, no. 3, pp. 380–386. doi: https://doi.org/10.2514/3.10589

Barrett, M. J., and Hollingsworth, D. K. (2003), "Heat Transfer in Turbulent Boundary Layers Subjected to Freestream Turbulence: Part I, Experimental Results, Part II, Analysis and Correlation," *Journal of Turbomachinery* vol. 125, no. 2, April, pp. 232–241. doi: https://doi.org/10.1115/1.1538622

Bear, J. (1988), *Dynamics of Fluids in Porous Media,* Dover Publications, New York.

Becker, A. A. (2004), *Introductory Guide to Finite Element Analysis,* ASME Press, New York.

Beer, G. (2001), *Programming the Boundary Element Method: An Introduction for Engineers,* Wiley, New York.

Bejan, A. (1994), *Convection Heat Transfer,* 2nd ed., Wiley, New York.

Bender, C. M., Milton, K. A., Pinsky, S. S., and Simmons, L. M., Jr. (1989), "A New Perturbative Approach to Nonlinear Problems," *Journal of Mathematical Physics (New York),* vol. 30, no. 7, pp. 1447–1455. doi: https://doi.org/10.1063/1.528326

Benjamin, T. B. (1960), "Effects of a Flexible Boundary on Hydrodynamic Stability," *Journal of Fluid Mechanics*, vol. 9, pt. 4, pp. 513–532. doi: https://doi.org/10.1017/S0022112060001286

Berger, S. A. (1971). *Laminar Wakes,* Elsevier, New York.

Bergstrom, D. J., Kotey, N. A., and Tachie, M. F. (2002), "The Effects of Surface Roughness on the Mean Velocity Profile in a Turbulent Boundary Layer," *Journal of Fluids Engineering,* vol. 124, no. 3, September, pp. 664–670. doi https://doi.org/10.1115/1.1493810

Berker, A. R. (1963), "Intégration des équations du mouvement d'un fluide visqueux incompressible," in S. Flügge (ed.), *Encyclopedia of Physics,* vol. 8, pt. 2, pp. 1–384, Springer, Berlin.

Berman, A. S. (1958), "Effects of Porous Boundaries on the Flow of Fluids in Systems with Various Geometries," *Proceedings of the Second United Nations International Conference on the Peaceful Uses of Atomic Energy*, vol. 4, pp. 351–358.

Bernard, P. S., and Wallace, J. M. (2002), *Turbulent Flow: Analysis, Measurement, and Prediction,* Wiley, New York.

Bertram, M. H. (1958), "Boundary Layer Displacement Effects in Air at Mach Numbers of 6.8 at 9.6," NACA Technical Note 4133, February.

Bertram, M. H., and Blackstock, T. A. (1961), "Some Simple Solutions to the Problem of Predicting Boundary Layer Self-Induced Pressures," National Aeronautics and Space Administration Technical Note D-798, April.

Betchov, R., and Szewczyk, A. B. (1963), "Stability of a Shear Layer Between Parallel Streams," *Physics of Fluids,* vol. 6, pp. 1391–1396. doi: https://doi.org/10.1063/1.1710959

Betchov, R., and Criminale, W. O. (1967), *Stability of Parallel Flows,* Academic, New York.

Bird, G. A. (1994), *Molecular Gas Dynamics and the Direct Simulation of Gas Flows,* 2nd ed., Clarendon Press, Oxford.

Bird, R. B., Armstrong, R. C., and Hassager, O. (1977), *Dynamics of Polymeric Liquids Volume 1: Fluid Mechanics,* 2nd ed., Wiley, New York.

Bird, R. B., Curtiss, C. F., Armstrong, R. C., and Hassager, O. (1977), *Dynamics of Polymeric Liquids Volume 2: Kinetic Theory*, 2nd ed. Wiley, New York.

Bird, R. B., Stewart, W. E., and Lightfoot, E. N. (2007), *Transport Phenomena,* 2nd ed., Wiley, New York.

Blackwell, B. F. (1973), "The Turbulent Boundary Layer on a Porous Plate: An Experimental Study of the Heat Transfer Behavior with Adverse Pressure Gradients," Ph.D. Dissertation, Stanford University, Stanford, CA.

Blasius, H. (1908), "Grenzschichten in Flüssikeiten mit kleiner Reibung," *Journal of Applied Mathematics and Physics (ZAMP)*, vol. 56, pp. 1–37 [English translation in NACA Technical Memo. 1256].

——(1913), "Das Ähnlichkeitsgesetz bei Reibungsvorgängen in Flüssikeiten," *Forschung Arbeitsgemeinschaft Ingenieurwesen*, no. 134, Berlin.

Blazek, J. (2001), *Computational Fluid Dynamics: Principles and Applications,* Elsevier, New York.

Blevins, R. D. (1977), *Flow-Induced Vibrations,* Van Nostrand, New York.

Bloor, M. I. G., and Ingham, D. B. (1987), "The Flow in Industrial Cyclones," *Journal of Fluid Mechanics,* vol. 178, no. 1, pp. 507–519. doi: https://doi.org/10.1017/S0022112087001344

Bluman, G. W., and Cole, J. D. (1974), *Similarity Methods for Differential Equations,* Springer, New York.

Blyth, M. G., Hall, P., and Papageorgiou, D. T. (2003), "Chaotic Flows in Pulsating Cylindrical Tubes: A Class of Exact Navier–Stokes Solutions," *Journal of Fluid Mechanics,* vol. 481, pp. 187–213. doi: https://doi.org/10.1017/S0022112003003835

Bödewadt, U. T. (1940), "Die Drehströmmung über festem Grund," *Journal of Applied Mathematics and Mechanics (ZAMM),* vol. 20, pp. 241–253. doi: https://doi.org/10.1002/zamm.19400200502

Boris, J. P. (1989), "New Directions in Computational Fluid Dynamics," *Annual Review of Fluid Mechanics*, vol. 21, no. 1, pp. 345–385. doi: https://doi.org/10.1146/annurev.fl.21.010189.002021

Bourchtein, A. (2002), "Exact Solutions of the Generalized Navier–Stokes Equations for Benchmarking," *International Journal for Numerical Methods in Fluids,* vol. 39, no. 11, pp. 1053–1071. doi: https://doi.org/10.1002/fld.361

Bouyges, M., Chedevergne, F., Casalis, G., and Majdalani, J. (2017), "Asymptotically Based Self-Similarity Solution of the Navier–Stokes Equations for a Porous Tube with a Non-Circular Cross-Section," *Journal of Fluid Mechanics*, vol. 826, pp. 396–420. doi: https://doi.org/10.1017/jfm.2017.430

Boyd, J. P. (1997), "Padé Approximant Algorithm for Solving Nonlinear Ordinary Differential Equation Boundary Value Problems on an Unbounded Domain," *Computers in Physics,* vol. 11, no. 3, pp. 299–303. doi: https://doi.org/10.1063/1.168606

Boyd, J. P. (1987), "Spectral Methods Using Rational Basis Functions on an Infinite Interval," *Journal of Computational Physics,* vol. 69, no. 1, pp. 112–142. doi: https://doi.org/10.1016/0021-9991(87)90158-6

Boyd, J. P. (1999), "The Blasius Function in the Complex Plane," *Experimental Mathematics,* vol. 8, no. 4, pp. 381–394. doi: https://doi.org/10.1080/10586458.1999.10504626

Boyd, J. P. (2008), "The Blasius Function: Computations before Computers, the Value of Tricks, Undergraduate Projects, and Open Research Problems," *SIAM Review,* vol. 50, no. 4, pp. 791–804. doi: https://doi.org/10.1137/070681594

Boyd, J. P. (1982), "The Optimization of Convergence for Chebyshev Polynomial Methods in an Unbounded Domain," *Journal of Computational Physics,* vol. 45, no. 1, pp. 43–79. doi: https://doi.org/10.1016/0021-9991(82)90102-4

Boyd, J. P. (2001), *Chebyshev and Fourier Spectral Methods*, 2nd ed., Dover Publications, New York.

Boyd, J. P., Rangan, C., and Bucksbaum, P. H. (2003), "Pseudospectral Methods on a Semi-Infinite Interval with Application to the Hydrogen Atom: A Comparison of the Mapped Fourier-Sine Method with Laguerre Series and Rational Chebyshev Expansions," *Journal of Computational Physics*, vol. 188, no. 1, pp. 56–74. doi: https://doi.org/10.1016/S0021-9991(03)00127-X

Boyer, G., Casalis, G., and Estivalèzes, J. L. (2013), "Stability and Sensitivity Analysis in a Simplified Solid Rocket Motor Flow," *Journal of Fluid Mechanics,* vol. 722, pp. 618–644. doi: https://doi.org/10.1017/jfm.2013.90

Bradshaw, P. (1977), "Compressible Turbulent Shear Layers," *Annual Review of Fluid Mechanics,* vol. 9, pp. 33–52. doi: https://doi.org/10.1146/annurev.fl.09.010177.000341

——(1987), "Turbulent Secondary Flows," *Annual Review of Fluid Mechanics*, vol. 19, pp. 53–74. doi: https://doi.org/10.1146/annurev.fl.19.010187.000413

Bradshaw, P., and. Ferriss, D. H. (1971), "Calculation of Boundary-Layer Development Using the Turbulent Energy Equation: Compressible Flow on Adiabatic Walks," *Journal of Fluid Mechanics*, vol. 46, no. 1, pp. 83–110. doi: https://doi.org/10.1017/S0022112071000417

Bragg, S. L., and Hawthorne, W. R. (1950), "Some Exact Solutions of the Flow through Annular Cascade Actuator Discs," *Journal of the Aeronautical Sciences (Institute of the Aeronautical Sciences),* vol. 17, no. 4, pp. 243–249. doi: https://doi.org/10.2514/8.1597

Bramley, J. S., and Sloan, D. M. (1987), "Numerical Solution for Two-Dimensional Flow in a Branching Channel Using Boundary-Fitted Coordinates," *Computers & Fluids,* vol. 15, no. 3, pp. 297–311. doi: https://doi.org/10.1016/0045-7930(87)90012-0

Branover, H., Moiseyev, S., Golbraikh, E., and Eidelman, A. (Eds.) (1999), *Turbulence and Structures: Chaos, Fluctuations, and Helical Self-Organization in Nature and the Laboratory,* Academic, New York.

Brauer, H., and Sucker, D. (1976), "Umströmung von Platten, Zylinder und Kugeln," *Chemie Ingenieur Technik,* vol. 48, pp. 665–671 [English translation in *Int. Chem. Eng.*, vol. 18, no. 8, pp. 367–374]. doi: https://doi.org/10.1002/cite.330480803

Brennen, C. E. (1995), *Cavitation and Bubble Dynamics,* Oxford University Press, New York.

Breuer, M. (1998), "Large Eddy Simulation of the Subcritical Flow Past a Circular Cylinder: Numerical and Modeling," *International Journal for Numerical Methods in Fluids,* vol. 28, no. 9, pp. 1281–1302. doi: https://doi.org/10.1002/(SICI)1097-0363(19981215)28:9<1281::AID-FLD759>3.0.CO;2-%23

Brinich, P. F. (1954), "Boundary Layer Transition at Mach 3.12 with and Without Single Roughness Element," NACA Technical Note 3267.

Brown, G. L., and Roshko, A. (1974), "On Density Effects and Large Structure in Turbulent Mixing Layers," *Journal of Fluid Mechanics,* vol. 64, pt. 4, pp. 775–816. doi: https://doi.org/10.1017/S002211207400190X

Brown, W. B. (1962), "Exact Numerical Solutions of the Complete Linearized Equations for the Stability of Compressible Boundary Layers," Norair Report NOR-62-15, Northrop Aircraft Inc., Hawthorne, Calif.

Brush, S. G. (1965), *Kinetic Theory Vol. 1*, Pergamon Press, New York.

Brush, S. G. (1966), *Kinetic Theory Vol. 2 Irreversible Processes*, Pergamon Press, New York.

Brush, S. G. (1972), *Kinetic Theory Vol. 3 The Chapman—Enskog Solution of the Transport Equation for Moderately Dense Gases*, Pergamon Press, New York.

Brutin, D., and Tadrist, L. (2003), "Experimental Friction Factor of a Liquid Flow in Microtubes," *Physics of Fluids,* vol. 15, no. 3, pp. 653–661. doi: https://doi.org/10.1063/1.1538612

Bruun, H. H. (1995), *Hot-Wire Anemometry: Principles and Signal Analysis,* Oxford University Press, New York.

Buddenberg, J. W., and Wilke, C. R. (1949), "Calculation of Gas-Mixture Viscosities," *Industrial & Engineering Chemistry,* vol. 41, no. 7, pp. 1345–1347. doi: https://doi.org/10.1021/ie50475a011

Burgers, J. M. (1924), "The Motion of a Fluid in the Boundary Layer along a Plane Smooth Surface," *Proceedings of the First International Congress for Applied Mechanics,* p. 113–128, Delft.

Burmeister, L. C. (1993), *Convective Heat Transfer,* 2nd ed., Wiley, New York.

Buschmann, M. H., and Gad-el-Hak, M. (2003), "Debate Concerning the Mean Velocity Profile of a Turbulent Boundary Layer," *AIAA Journal,* vol. 41, no. 4, pp. 565–572. https://doi.org/10.2514/2.1994

Busemann, A. (1931), *Handbuch der Physik,* vol. 4, pt. 1, p. 366, Geest and Portig, Leipzig.

Cantwell, B., Coles, D., and Dimotakis, P. (1978), "Structure and Entrainment in the Plane of Symmetry of a Turbulent Spot," *Journal of Fluid Mechanics,* vol. 87, no. 4, pp. 641–672. doi: https://doi.org/10.1017/S0022112078001809

Callegari, A. J., and Friedman, M. B. (1968), "An Analytical Solution of a Nonlinear, Singular Boundary Value Problem in the Theory of Viscous Fluids," *Journal of Mathematical Analysis and Applications,* vol. 21, no. 3, pp. 510–529. doi: https://doi.org/10.1016/0022-247X(68)90260-6

Callegari, A., and Nachman, A. (1978), "Some Singular, Nonlinear Differential Equations Arising in Boundary Layer Theory," *Journal of Mathematical Analysis and Applications,* vol. 64, no. 1, pp. 96–105. doi: https://doi.org/10.1016/0022-247X(78)90022-7

Campos, L. M. B. C. (2007), "On 36 Forms of the Acoustic Wave Equation in Potential Flows and Inhomogeneous Media," *Applied Mechanics Reviews,* vol. 60, no. 4, pp. 149–171. doi: https://doi.org/10.1115/1.2750670

Carey, G. F. (1997), *Computational Grids: Generations, Adaptation, and Solution Strategies,* Taylor & Francis, Washington, DC.

Carlson, D. R., Widnall, S. E., and Peeters, M. F. (1982), "A Flow-Visualization Study of Transition in Plane Poiseuille Flow," *Journal of Fluid Mechanics,* vol. 121, pp. 487–505. doi: https://doi.org/10.1017/S0022112082002006

Carr, B., and Young, V. E. (1996), "Videotapes and Movies on Fluid Dynamics and Fluid Machines," in *Handbook of Fluid Dynamics and Fluid Machinery,* vol. II, J. A. Schetz and A. E. Fuhs (Eds.), Wiley, New York. doi: https://doi.org/10.1002/9780470172643.ch17

Carslaw, H. S., and Jaeger, J. C. (1959), *Conduction of Heat in Solids,* 2nd ed., Clarendon, Oxford.

Casalis, G., Avalon, G., and Pineau, J. P. (1998), "Spatial Instability of Planar Channel Flow with Fluid Injection through Porous Walls," *Physics of Fluids,* vol. 10, no. 10, pp. 2558–2568. doi: https://doi.org/10.1063/1.869770

Cassel, K. W., Rubin, A. I., and Walker, J. D. A. (1996), "Influence of Wall Cooling on Hypersonic Boundary-Layer Separation and Stability," *Journal of Fluid Mechanics,* vol. 321, pp. 189–216. doi: https://doi.org/10.1017/S0022112096007690

Caughey, D. A., and Hafez, M. M. (Eds.) (2004), *Frontiers of CFD 2002,* World Scientific, River Edge, NJ. doi: https://doi.org/10.1142/4887

Cebeci, T. (1984), "Problems and Opportunities with Three-Dimensional Boundary Layers," AGARD Report 719, Paper 6.

——(1988), *Physical and Computational Aspects of Convective Heat Transfer,* Springer, New York.

——(2003), *Modeling and Computation of Turbulent Flows,* Elsevier, New York.

Cebeci, T. (Ed.) (1982), *Numerical and Physical Aspects of Aerodynamic Flows,* Springer-Verlag, New York.

Cebeci, T., and Cousteix, J. (1998), *Modeling and Computation of Boundary-Layer Flows,* Horizons, Long Beach, CA.

Cebeci, T., and Smith, A. M. O. (1974), *Analysis of Turbulent Boundary Layers,* Academic, New York.

CECAM (2004), "Dynamics of Fluids at Interfaces," European Centre for Atomic and Molecular Computations, CECAM, Lyon, France, July 26–29.

Cecil, O. M., and Majdalani, J., "Convergence of Two Internal Mean Flow Solutions for Spinning Rocket Motors," *AIAA Journal*, vol. 57, no. 12, December 2019, pp. 5339–5350. doi: https://doi.org/10.2514/1.J058620

Cecil, O., and Majdalani, J. (2017), "The Taylor-Culick Profile for Spinning Rocket Motors," 53rd AIAA/SAE/ASEE Joint Propulsion Conference, AIAA Paper 2017-4779, July 10–12. doi: https://doi.org/10.2514/6.2017-4779

Cercignani, C. (2000), *Rarefied Gas Dynamics,* Cambridge University Press, New York.

Chandrasekhar, S. (1961), *Hydrodynamic and Hydromagnetic Stability,* Oxford University Press, London.

Chang, M. W., and Findlayson, B. A. (1987), "Heat Transfer in Flow Past Cylinders at Re<150: Part 1, Calculations for Constant Fluid Properties," *Numerical Heat Transfer,* vol. 12, no. 2, pp. 179–195. doi: https://doi.org/10.1080/10407788708913580

Chapman, D. R., and Rubesin, M. W. (1949), "Temperature and Velocity Profiles in the Compressible Laminar Boundary Layer with Arbitrary Distribution of Surface Temperature," *Journal of the Aeronautical Sciences,* vol. 16, no. 9, pp. 547–565. doi: https://doi.org/10.1007/978-3-319-14373-6_7

Chapman, D. R., and Kester, R. H. (1953), "Measurements of Turbulent Skin Friction on Cylinders in Axial Flow at Subsonic and Supersonic Velocities," *Journal of the Aeronautical Sciences,* vol. 20, no. 7, pp. 441–448. doi: https://doi.org/10.2514/8.2685

Chapman, S., and Cowling, T. G. (1970), *The Mathematical Theory of Nonuniform Gases,* 3rd ed., Cambridge University Press, London.

Charbeneau, R. J. (1999), *Groundwater Hydraulics and Pollutant Transport,* Prentice-Hall, Upper Saddle River, NJ.

Chattot, J. J. (2002), *Computational Aerodynamics and Fluid Dynamics,* Springer, New York.

Chedevergne, F., Casalis, G., and Féraille, T. (2006), "Biglobal Linear Stability Analysis of the Flow Induced by Wall Injection," *Physics of Fluids,* vol. 18, no. 1, pp. 014103-1 - 014103-14. doi: https://doi.org/10.1063/1.2160524

Chedevergne, F., Casalis, G., and Majdalani, J. (2012), "Direct Numerical Simulation and Biglobal Stability Investigations of the Gaseous Motion in Solid Rocket Motors," *Journal of Fluid Mechanics,* vol. 706, pp. 190–218. doi: https://doi.org/10.1017/jfm.2012.245

Chen, C.-J., and Jaw, S.-Y. (1997), *Fundamentals of Turbulence Modeling,* Taylor & Francis, Washington, DC.

Chesnakas, C. J., and Simpson, R. L. (1997), "Detailed Investigation of the Three-Dimensional Separation about a 6:1 Prolate Spheroid," *AIAA Journal,* vol. 35, no. 6, pp. 990–999. doi: https://doi.org/10.2514/2.208

Chevray, R. (1989), "Chaos and the Onset of Turbulence," in W. K. George and R. Arndt (Eds.), *Advances in Turbulence,* pp. 127–158, Hemisphere, New York.

Choi, C-H., Westin, K. J. A., and Breuer, K. S. (2003), "Apparent Slip Flows in Hydrophilic and Hydrophobic Microchannels," *Physics of Fluids,* vol. 15, no. 10, pp. 2897–2902. doi: https://doi.org/10.1063/1.1605425

Chomaz, J.-M. (2005), "Global Instabilities in Spatially Developing Flows: Non-Normality and Nonlinearity," *Annual Review of Fluid Mechanics,* vol. 37, no. 1, pp. 357–392. doi: https://doi.org/10.1146/annurev.fluid.37.061903.175810

Chung, T. J. (2002), *Computational Fluid Dynamics,* Cambridge University Press, New York.

Churchill, S. W. (1988), *Viscous Flows—The Practical Use of Theory,* Butterworth, Stoneham, MA.

Churchill, S. W., and Ozoe, H. (1973)," A Correlation for Laminar Free Convection from a Vertical Plate," *Journal of Heat Transfer,* vol. 95, no. 4, pp. 540–541. doi: https://doi.org/10.1115/1.3450105

Churchill, S. W., and Chu, H. S. (1975), "Correlating Equations for Laminar and Turbulent Free Convection from a Vertical Plate," *International Journal of Heat and Mass Transfer,* vol. 18, no. 11, pp. 1323–1329. doi: https://doi.org/10.1016/0017-9310(75)90243-4

Churchill, S. W., and Usagi, R. (1972), "A General Expression for the Correlation of Rates of Transfer and Other Phenomena," *AIChE Journal,* vol. 18, no. 6, pp. 1121–1128. doi: https://doi.org/10.1002/aic.690180606

Clauser, F. H. (1954), "Turbulent Boundary Layers in Adverse Pressure Gradients," *Journal of the Aeronautical Sciences*, vol. 21, no. 2, pp. 91–108. doi: https://doi.org/10.2514/8.2938

——(1956), "The Turbulent Boundary Layer," *Advances in Applied Mechanics,* vol. 4, pp. 1–15, Academic, New York.

Clift, R., Grace, J. R., and Weber, M. E. (1978), *Bubbles, Drops, and Particles,* Academic, New York.

Cochran, W. G. (1934), "The Flow Due to a Rotating Disk," *Proceedings of the Cambridge Philosophical Society,* vol. 30, no. 3, pp. 365–375. doi: https://doi.org/10.1017/S0305004100012561

Cohen, C. B., and Reshotko, E. (1956), "Similarity Solutions for the Compressible Laminar Boundary Layer with Heat Transfer and Arbitrary Pressure Gradient," NACA Report 1293 [see also NACA Report 1294].

Cole, J. D., and Aroesty, J. (1968), "The Blowhard Problem-Inviscid Flows with Surface Injection," *International Journal of Heat and Mass Transfer*, vol. 11, no. 7, pp. 1167–1183. doi: https://doi.org/10.1016/0017-9310(68)90033-1

Coles, D. E. (1954), "Measurements of Turbulent Friction on a Smooth Flat Plate in Supersonic Flow," *Journal of the Aeronautical Sciences,* vol. 21, no. 7, pp. 433–448. doi: https://doi.org/10.2514/8.3083

——(1956), "The Law of the Wake in the Turbulent Boundary Layer," *Journal of Fluid Mechanics,* vol. 1, no. 2, pp. 191–226.

——(1965), "Transition in Circular Couette Flow," *Journal of Fluid Mechanics,* vol. 21, no. 3, pp. 385–425. doi: https://doi.org/10.1017/S0022112065000241

Coles, D. E., and Hirst, E. A. (1968), "Computation of Turbulent Boundary Layers—1968 AFOSR-IFP Stanford Conference," vol. 2, Stanford University, Stanford, CA.

Comini, G., and Sunder, B. (Eds.) (2000), *Computational Analysis of Convective Heat Transfer,* WIT Press/Computational Mechanics, Bosto, MA.
Constantin, P., and Foias, C. (1988), *Navier–Stokes Equations,* The University of Chicago Press, Chicago.
Constantinescu, G. S., et al. (2002), "Numerical Investigation of Flow Past a Prolate Spheroid," *Journal of Fluids Engineering,* vol. 124, no. 4, pp. 904–910. doi: https://doi.org/10.1115/1.1518700
Constantinescu, V. N. (1995), *Laminar Viscous Flow,* Spring-Verlag, New York. doi: https://doi.org/10.1007/978-1-4612-4244-4
Corrsin, S., and Kistler, A. L. (1955), "Freestream Boundaries of Turbulent Flows," NACA Report 1244.
Cortell, R. (2005), "Numerical Solutions of the Classical Blasius Flat-Plate Problem," *Applied Mathematics and Computation,* vol. 170, no. 1, pp. 706–710. doi: https://doi.org/10.1016/j.amc.2004.12.037
Cottet, G.-H., and Koumoutsakos, P. D. (1999), *Vortex Methods: Theory and Practice,* Cambridge University Press, New York. doi: https://doi.org/10.1017/CBO9780511526442
Couette, M. (1890), "Etudes sur le frottement des liquides," *Ann. Chim. Phys.,* ser. 6, vol. 21, pp. 433–510.
Cousteix, J. (1986), "Three-Dimensional and Unsteady Boundary-Layer Computations," *Annual Review of Fluid Mechanics,* vol. 18, pp. 173–196. doi: https://doi.org/10.1146/annurev.fl.18.010186.001133
Craft, T. J., Gerasimov, A. V., Iacovides, H., and Launder, B. E. (2002), "Progress in the Generalization of Wall-Function Treatments," *International Journal of Heat and Fluid Flow,* vol. 23, no. 2, pp. 148–160. doi: https://doi.org/10.1016/S0142-727X(01)00143-6
Cox, S. M. (1991), "Two-Dimensional Flow of a Viscous Fluid in a Channel with Porous Walls," *Journal of Fluid Mechanics*, vol. 227, no. 1, pp. 1–33. doi: https://doi.org/10.1017/S0022112091000010
Cox, S. M., and King, A. C. (1997), "On the Asymptotic Solution of a High-Order Nonlinear Ordinary Differential Equation," *Proceedings of the Royal Society of London, Series A: Mathematical, Physical and Engineering Sciences*, vol. 453, no. 1959, pp. 711–728. doi: https://doi.org/10.1098/rspa.1997.0040
Cox, S. M., and King, J. R. (2004), "Large-Reynolds-Number Asymptotics of the Berman Problem," *Studies in Applied Mathematics*, vol. 113, no. 3, pp. 217–243. doi: https://doi.org/10.1111/j.0022-2526.2004.01512.x
Craik, A. D. D. (1971), "Non-linear Resonant Instability in Boundary Layers," *Journal of Fluid Mechanics,* vol. 50, pp. 393–413. doi: https://doi.org/10.1017/S0022112071002635
Crank, J., and Nicolson, P. (1947), "A Practical Method for Numerical Evaluation of Solutions of Partial Differential Equations of the Heat-Conduction Type," *Proceedings of the Cambridge Philosophical Society,* vol. 43, no. 1, pp. 50–67. doi: https://doi.org/10.1017/S0305004100023197
Crocco, L. (1932), "Sulla trasmissione del calore da una lamina piana a un fluido scorrente ad alta velocita," *L'Aerotecnica,* vol. 12, pp. 181–197 [translated as NACA Technical Memo. 690].
Crolet, J. M. (Ed.) (2000), *Computational Methods for Flow and Transport in Porous Media,* Springer Netherlands. doi: https://doi.org/10.1007/978-94-017-1114-2
Cruz, D. O. A., and Silva-Freire, A. P. (2002), "Note on a Thermal Law of the Wall for Separating and Recirculating Flows," *International Journal of Heat and Mass Transfer,* vol. 45, no. 7, pp. 1459–1465. doi: https://doi.org/10.1016/S0017-9310(01)00232-0
Culick, F. E. C. (1966), "Rotational Axisymmetric Mean Flow and Damping of Acoustic Waves in a Solid Propellant Rocket," *AIAA Journal,* vol. 4, no. 8, pp. 1462–1464. doi: https://doi.org/10.2514/3.3709
Cunningham, W. J. (1963), "The Concept of Stability," *American Scientist,* vol. 51, no. 4, pp. 425–436. https://www.jstor.org/stable/27838846
Curle, N. (1958), "Accurate Solutions of the Laminar Boundary Layer Equations, for Flows Having a Stagnation Point and Separation," *Aeronautical Research Council,* R & M 3164.
Currie, I. G. (1993), *Fundamental Mechanics of Fluids,* 2nd ed., McGraw-Hill, New York.
Darcy, H. P. G. (1856), *Les fontaines publiques de la ville de Dijon,* Victor Dalmont, Paris.
Das, D. K. (1987), "A Numerical Study of Turbulent Separated Flows," *American Society of Mechanical Engineers* Forum on Turbulent Flows, FED vol. 51, pp. 85–90.
——(1988), "A Simple Theory for Calculating Turbulent Boundary Layers under Arbitrary Pressure Gradients," *International Journal of Fluids Engineering,* vol. 1, no. 1, pp. 83–99.
Das, D. K., and White, F. M. (1986), "Integral Skin Friction Prediction for Turbulent Separated Flows," *Journal of Fluids Engineering,* vol. 108, no. 4, pp. 476–482. doi: https://doi.org/10.1115/1.3242606
Dauenhauer, E. C., and Majdalani, J. (2003), "Exact Self-Similarity Solution of the Navier–Stokes Equations for a Porous Channel with Orthogonally Moving Walls," *Physics of Fluids,* vol. 15, no. 6, pp. 1485–1495. doi: https://doi.org/10.1063/1.1567719
Davis, S. H. (1976), "The Stability of Time-Periodic Flows," *Annual Review of Fluid Mechanics,* vol. 8, pp. 57–74. doi: https://doi.org/10.1146/annurev.fl.08.010176.000421
——(1987), "Thermocapillary Instabilities," *Annual Review of Fluid Mechanics,* vol. 19, pp. 403–435. doi: https://doi.org/10.1146/annurev.fl.19.010187.002155
Debnath, L., and Riahi, D. N. (Eds.) (2000), *Nonlinear Instability, Chaos, and Turbulence,* vol. 2 of *Advances in Fluid Mechanics,* WIT Press/Computational Mechanics, Boston.
Defant, A. (1961), *Physical Oceanography,* vols. 1–2, Pergamon, New York.
Delery, J. M., and Marvin, J. G., and Reshotko, E. (1986), "Shock-Wave Boundary Layer Interaction," AGARD-AG-280.
Denn, M. M. (2001), "Extrusion Instabilities and Wall Slip," *Annual Review of Fluid Mechanics,* vol. 33, pp. 265–287. doi: https://doi.org/10.1146/annurev.fluid.33.1.265
Dennis, S. R. C., and Dunwoody, J. (1966), "The Steady Flow of a Viscous Fluid Past a Flat Plate," *Journal of Fluid Mechanics,* vol. 24, pp. 577–595. doi: https://doi.org/10.1017/S0022112066000831
Devenport, W. J., and Schetz, J. A. (2002), Boundary Layer Applets, URL: http://www.engapplets.vt.edu/fluids/
Dhawan, S., and Narasimha, R. (1958), "Some Properties of Boundary Layer Flow During Transition from Laminar to Turbulent Motion," *Journal of Fluid Mechanics,* vol. 3, no. 4, pp. 418–436. doi: https://doi.org/10.1017/S0022112058000094
Dimas, A. A., Collins, J. P., and Bernard, P. S. (1998), "Fast Parallel Vortex Method for Turbulent Flow Simulation", Paper FEDSM98–5000, ASME 1998 Fluids Eng. Conf., Washington, D.C.
Donaldson, C. (1956), "Solutions of the Navier–Stokes Equations for Two and Three-dimensional Vortices," Ph.D. Dissertation, Princeton University.
Dorrance, W. H. (1962), *Viscous Hypersonic Flow: Theory of Reacting and Hypersonic Boundary Layers,* McGraw-Hill, New York.

Drazin, P. G. (2002), *Introduction to Hydrodynamic Stability,* Cambridge University Press, New York. doi: https://doi.org/10.1017/CBO9780511809064

Drazin, P. G., and Reid, W. H. (2004), *Hydrodynamic Stability*, 2nd ed., Cambridge University Press, New York, NY. doi: https://doi.org/10.1017/CBO9780511616938

Drazin, P. G., and Riley, N. (2006), *The Navier–Stokes Equations: A Classification of Flows and Exact Solutions*, *London Mathematical Society Lecture Note Series*, Cambridge University Press, Cambridge. doi: https://doi.org/10.1017/CBO9780511526459

Drazin, P. G., and Reid, W. H. (1981), *Hydrodynamic Stability,* Cambridge University Press, London.

Dresner, L. (1983), *Similarity Solutions of Nonlinear Partial Differential Equations,* Pitman Advanced Pub. Program, Boston, MA.

Dryden, H. L. (1934), "Boundary Layer Flow Near Flat Plates," *Proceedings of the Fourth International Congress of Applied Mechanics,* p. 175, Cambridge University Press, London.

——(1953), "Review of Published Data on the Effect of Roughness on Transition from Laminar to Turbulent Flow," *Journal of the Aeronautical Sciences,* vol. 20, pp. 477–482. doi: https://doi.org/10.2514/8.2693

Dunham, J. (1972), "Prediction of Boundary Layer Transition on Turbomachinery Blades," AGARD Meeting on Boundary Layers in Turbomachines.

Dunn, D. W., and Lin, C. C. (1955), "On the Stability of the Laminar Boundary Layer in a Compressible Fluid," *Journal of the Aeronautical Sciences,* vol. 22, pp. 455–477. doi: https://doi.org/10.2514/8.3374

Durbin, O. A., and Pettersson, R. B. A. (2001), *Statistical Theory and Modeling for Turbulent Flows,* Wiley, New York.

Durbin, P. A. (1995), "Separated Flow Computations with the *k-e-v2* Model," *AIAA Journal,* vol. 33, pp. 659–664. doi: https://doi.org/10.2514/3.12628

Durst, F. (1992), *Principles and Practice of Laser-Doppler Anemometry,* 2nd ed., Academic, New York.

Dwoyer, D. L., and Hussaini, M. Y. (Eds.) (1987), *Stability of Time Dependent and Spatially Varying Flows,* Springer, New York.

Dwyer, H. A. (1981), "Some Aspects of Three-Dimensional Laminar Boundary Layers," *Annual Review of Fluid Mechanics*, vol. 13, pp. 217–229. doi: https://doi.org/10.1146/annurev.fl.13.010181.001245

Dyck, N. J., and Straatman, A. G. (2019), "Exact Solutions to the Three-Dimensional Navier–Stokes Equations Using the Extended Beltrami Method," *Journal of Applied Mechanics,* vol. 87, no. 1. doi: https://doi.org/10.1115/1.4044927

Ebaid, A., and Al-Armani, N. (2013), "A New Approach for a Class of the Blasius Problem Via a Transformation and Adomian's Method," *Abstract and Applied Analysis,* vol. 2013, p. 8. doi: https://doi.org/10.1155/2013/753049

Eckert, E. R. G. (1942), "Die Berechnung des Wärmeübergangs in der laminaren Grenzschicht," *Forsch. Ver. Deutsch. Ing.,* vol. 416, pp. 1–23.

——(1955), "Engineering Relations for Friction and Heat Transfer to Surfaces in High Velocity Flow," *Journal of the Aeronautical Sciences,* vol. 22, pp. 585–587.

Eckert, E. R. G., and Drake, Jr., R. M. (1972), *Analysis of Heat and Mass Transfer,* McGraw-Hill, New York.

Eckert, E. R. G., and Irvine, Jr., T. F. (1957), "Incompressible Friction Factor, Transition and Hydrodynamic Entrance Length Studies of Ducts with Triangular and Rectangular Cross Sections," *Proceedings of the Fifth Midwestern Conference on Fluid Mechanics,* pp. 122–145, University of Michigan Press, Ann Arbor, MI.

Eckert, E. R. G., Donoughe, P. L., and Moore, B. J. (1957), "Velocity and Friction Characteristics of Laminar Viscous Boundary Layer and Channel Flow over Surfaces with Ejection and Suction," NACA Technical Note 4102.

Ehlers, W., and Bluhm, J. (Eds.) (2002), *Porous Media,* Springer-Verlag, New York.

Eichelbrenner, E. A. (1973), "Three-Dimensional Boundary Layers," *Annual Review of Fluid Mechanics,* vol. 5, pp. 339–360. doi: https://doi.org/10.1146/annurev.fl.05.010173.002011

Elghobashi, S. (2019), "Direct Numerical Simulation of Turbulent Flows Laden with Droplets or Bubbles," *Annual Review of Fluid Mechanics,* vol. 51, no. 1, pp. 217–244. doi: https://doi.org/10.1146/annurev-fluid-010518-040401

Elliott, T. S., and Gibson, W. A., "Stability Analysis of the Swirling Majdalani-Fist Mean Flowfield in Solid Rocket Motors," *AIAA Journal,* vol. 57, no. 12, December 2019, pp. 5331–5338. doi: https://doi.org/10.2514/1.J058568

Ekman, V. W. (1905), "On the Influence of the Earth Rotation on Ocean Currents," *Arkiv for Matematik, Astronomi, och Fysik,* bd. 2, no. 11, pp. 1–53.

Emmons, H. W. (1951), "The Laminar-Turbulent Transition in a Boundary Layer: Part I," *Journal of the Aeronautical Sciences,* vol. 18, pp. 490–498. doi: https://doi.org/10.2514/8.2010

——(1970), "Critique of Numerical Modeling of Fluid-Mechanics Phenomena," *Annual Review of Fluid Mechanics,* vol. 2, pp. 15–36. doi: https://doi.org/10.1146/annurev.fl.02.010170.000311

Engquist, B., and Rizzi, A. (2004), *Computational Fluid Dynamics,* Cambridge University Press, New York.

Esmaeilpour, M., and Ganji, D. D. (2007), "Application of He's Homotopy Perturbation Method to Boundary Layer Flow and Convection Heat Transfer over a Flat Plate," *Physics Letters A,* vol. 372, no. 1, pp. 33–38. doi: https://doi.org/10.1016/j.physleta.2007.07.002

Eucken, A. (1913), "Über das Wärmeleitvermögen, die spezifische Wärme und die innere Reibung der Gase (Concerning the Thermal Conductivity, Specific Heat, and Viscosity of Gases)," *Physikalische Zeitschrift*, vol. 14, no. 3, pp. 324–332.

Evans, H. (1968), *Laminar Boundary Layers,* Addison-Wesley, Reading, Mass.

Fabignon, Y., Dupays, J., Avalon, G., Vuillot, F., Lupoglazoff, N., Casalis, G., and Prévost, M. (2003), "Instabilities and Pressure Oscillations in Solid Rocket Motors," *Journal of Aerospace Science and Technology,* vol. 7, no. 3, pp. 191–200. doi: https://doi.org/10.1016/S1270-9638(02)01194-X

Fage, A. (1936), "Experiments on a Sphere at Critical Reynolds Numbers," *Aeronautical Research Council,* R & M 1766.

Falkner, V. M., and Skan, S. W. (1931), "Some Approximate Solutions of the Boundary Layer Equations," *Philosophical Magazine,* vol. 12, no. 7, pp. 865–896 [see also *Aeronautical Research Council,* R & M 1314, 1930]. doi: https://doi.org/10.1080/14786443109461870

Falkner, V. M. (1936), "A Method of Numerical Solution of Differential Equations," *Philosophical Magazine,* vol. 21, no. 141, pp. 624–640. doi: https://doi.org/10.1080/14786443608561611

Fang, T., Liang, W., and Lee, C. F. (2008), "A New Solution Branch for the Blasius Equation—A Shrinking Sheet Problem," *Computers & Mathematics with Applications,* vol. 56, no. 12, pp. 3088–3095. doi: https://doi.org/10.1016/j.camwa.2008.07.027

Faraco-Medeiros, M.A., and Silva-Freire, A. P. (1992), "Transfer of Heat in Turbulent Boundary Layers with Injection or Suction: Universal Laws and Stanton Number Equations," *International Journal of Heat and Mass Transfer,* vol. 35, no. 4, pp. 991–995. doi: https://doi.org/10.1016/0017-9310(92)90264-S

Favre, A. (1965), "Equations des Gaz Turbulents Compressibles," *Journal de Mecanique,* vol. 4, pp. 361–421.

——(1995), *Chaos and Determinism: Turbulence as a Paradigm for Complex Systems Converging Toward Final States,* Johns Hopkins University Press, Baltimore, MD.

Fay, J. A., and Riddell, F. R. (1958), "Theory of Stagnation Point Heat Transfer in Dissociated Air," *Journal of the Aeronautical Sciences,* vol. 25, pp. 73–85. doi: https://doi.org/10.2514/8.7517

Fazio, R. (1992), "The Blasius Problem Formulated as a Free-Boundary Value-Problem," *Acta Mechanica,* vol. 95, pp. 1–7. doi: https://doi.org/10.1007/BF01170800

Fazio, R. (2019), "The Non-Iterative Transformation Method," *International Journal of Non-Linear Mechanics,* vol. 114, pp. 41–48. doi: https://doi.org/10.1016/j.ijnonlinmec.2019.04.008

Fedorov, A. (2011), "Transition and Stability of High-Speed Boundary Layers," *Annual Review of Fluid Mechanics,* vol. 43, no. 1, pp. 79–95. doi: https://doi.org/10.1146/annurev-fluid-122109-160750

Felcman, J., Straskraba, I., and Feistauer, M. (2003), *Mathematical and Computational Methods for Compressible Flow,* Oxford University Press, New York.

Feng, Z-G., and Michaelides, E. E. (2001), "Drag Coefficients of Viscous Spheres at Intermediate and High Reynolds Numbers," *Journal of Fluids Engineering,* vol. 123, pp. 841–849. doi: https://doi.org/10.1115/1.1412458

Fernholz, H. H., and Krause, E. (Eds.) (1982), *Three-Dimensional Turbulent Boundary Layers,* Springer, Berlin.

Fernholz, H. H., and Finley, P. J. (1980), "A Critical Commentary on Mean Flow Data for Two-Dimensional Compressible Turbulent Boundary Layers," AGARDograph 253 [see also AGARDographs 223 and 263].

——(1996), "Incompressible Zero-Pressure-Gradient Turbulent Boundary Layer: An Assessment of the Data," *Prog. Aerosp. Sci.,* vol. 32, no. 4, pp. 245–311. doi: https://doi.org/10.1016/0376-0421(95)00007-0

Ferziger, J. H. (1998), *Numerical Methods for Engineering Application,* 2nd ed., Wiley, New York.

Ferziger, J. H., Lyrio, A. A., and Bardina, J. C. (1982), "New Skin Friction and Entrainment Correlations for Turbulent Boundary Layers," *Journal of Fluids Engineering,* vol. 104, pp. 537–540. doi: https://doi.org/10.1115/1.3241902

Ferziger, J. H., and Peric, M. (2001), *Computational Methods for Fluid Dynamics,* Springer, New York.

Fist, A., and Majdalani, J. (2017), "On the Swirling Trkalian Mean Flow Field in Solid Rocket Motors," *Journal of Fluid Mechanics*, vol. 824, pp. 265–285. doi: https://doi.org/10.1017/jfm.2017.342

Fjørtoft, R. (1950), "Application of Integral Theorems in Deriving Criteria of Stability for Laminar Flows and for the Baroclinic Circular Vortex," *Geofysiske Publikasjoner Oslo,* vol. 17, no. 6, pp. 1–52.

Flachsbart, O. (1932), "Winddruck auf Gasbehälter," AVA Reports, Göttingen, series IV, pp. 134–138.

Frankl, F. I. (1934), "The Theory of the Laminar Boundary Layer in Compressible Gases," *Transactions from Central Aero-Hydrodynamical Institute, Moscow,* no. 176.

Freitas, C. J. (1995), "Perspective: Selected Benchmarks from Commercial CFD Codes," *Journal of Fluids Engineering,* vol. 117, June, pp. 208–218. doi: https://doi.org/10.1115/1.2817132

Friedrichs, K. O. (1942), "Theory of Viscous Fluid," in *Fluid Dynamics,* ch. 4, Brown University Press, Providence, RI.

Fulford, G. D. (1964), "The Flow of Liquids in Thin Films," *Advances in Chemical Engineering,* vol. 5, pp. 151–236. doi: https://doi.org/10.1016/S0065-2377(08)60008-3

Gad-el-Hak, M. (1996), "Modern Developments in Flow Control," *Applied Mechanics Reviews,* vol. 49, July, pp. 365–380. doi: https://doi.org/10.1115/1.3101931

Gad-el-Hak, M. (Ed.) (2001), *The MEMS Handbook (Mechanical Engineering),* CRC Press, Boca Raton, FL.

Galbraith, R. A. McD., Sjolander, S. A., and Head, M. R. (1977), "Mixing Length in the Wall Region of Turbulent Boundary Layers," *Aeronautical Quarterly,* vol. 27, pt. 2, pp. 97–110. doi: https://doi.org/10.1017/S0001925900008003

Garg, S., and Settles, G. S. (1998), "Measurements of a Supersonic Turbulent Boundary Layer by Focusing Schlieren Deflectometry," *Experiments in Fluids,* vol. 25, no. 3, pp. 254–264. doi: https://doi.org/10.1007/s003480050228

Garg, V. K. (Ed.) (1998), *Applied Computational Fluid Dynamics,* Marcel Dekker, New York.

Gaster, M. (1962), "A Note on the Relation Between Temporally-Increasing and Spatially-Increasing Disturbances in Hydrodynamics Stability," *Journal of Fluid Mechanics,* vol. 14, pp. 222–224. doi: https://doi.org/10.1017/S0022112062001184

Gazanion, B., Chedevergne, F., and Casalis, G. (2014), "On the Laminar-Turbulent Transition in Injection-Driven Porous Chambers," *Experiments in Fluids,* vol. 55, no. 1. doi: https://doi.org/10.1007/s00348-013-1643-y

Gazley, C., Jr., and Wazzan, A. R. (1984), "Control of Water Boundary Layer Stability and Transition by Surface Temperature Distributions," in V. V. Kozlov (Ed.), *Laminar-Turbulent Transition,* Springer, New York.

Gebhart, B. (1969), "External Natural Convection Flow," *Applied Mechanics Reviews,* vol. 22, pp. 691–701.

Gebhart, B., and Majahan, R. L. (1982), "Instability and Transition in Buoyancy-Induced Flows," *Advances in Applied Mechanics,* vol. 22, pp. 231–315. doi: https://doi.org/10.1016/S0065-2156(08)70067-X

Gebhart, B., Jaluria, Y., Mahajan, R. L., and Sammakia, B. (1988), *Buoyancy-Induced Flows and Transport,* Hemisphere, New York.

George, W. K. (1989), "The Self-Preservation of Turbulent Flows and Its Relation to Initial Conditions and Coherent Structures," in W. K. George and R. Arndt (Eds.), *Advances in Turbulence,* pp. 39–73, Hemisphere, New York.

George, W. K., and Castillo, L. (1997), "Zero Pressure Gradient Turbulent Boundary Layer," *Applied Mechanics Reviews,* vol. 50, no. 12, pp. 689–729. doi: https://doi.org/10.1115/1.3101858

Gersten, K. (1959), "Corner Interference Effects," AGARD Report 299.

Geurts, B. (2003), *Elements of Direct and Large Eddy Simulation,* R. T. Edwards, Flourtown, Penn.

Gibbings, J. C. (1959), "On Boundary Layer Transition Wires," Aeronautical Research Council, CP-462.

Giedt, W. H. (1949), "Investigation of Variation of Point Unit Heat Transfer Coefficient around a Cylinder Normal to an Air Stream," *ASME Transactions,* vol. 71, pp. 375–381.

Glauert, M. B. (1956), "The Wall Jet," *Journal of Fluid Mechanics,* vol. 1, pp. 625–643. doi: https://doi.org/10.1017/S002211205600041X

Glauert, M. B., and Lighthill, M. J. (1955), "The Axisymmetric Boundary Layer on a Long Thin Cylinder," *Proceedings of the Royal Society of London, Series A,* vol. 230, pp. 188–203. doi: https://doi.org/10.1098/rspa.1955.0121

Godrèche, C., and Manneville, P. (Eds.) (1998), *Hydrodynamics and Nonlinear Instabilities,* Oxford University Press, New York.

Goldberg, P. (1958), "A Digital Computer Solution for Laminar Flow Heat Transfer in Circular Tubes," M.S. Thesis, Mech. Engineering Dept., M.I.T., Cambridge, MA.

Goldstein, R. J. (Ed.) (1996), *Fluid Mechanics Measurements,* 2nd ed., Taylor & Francis, Washington, DC.

Goldstein, S. (1930), "Concerning Some Solutions of the Boundary Layer Equations in Hydrodynamics," *Proceedings of the Cambridge Philosophical Society,* vol. 26, pp. 1–30. doi: https://doi.org/10.1017/S0305004100014997

——(1938), *Modern Developments in Fluid Dynamics,* vols. 1–2, Oxford University Press, London.

——(1948), "On Laminar Boundary Layer Flow Near a Position of Separation," *Quarterly Journal of Mechanics and Applied Mathematics,* vol. 1, pp. 43–69. doi: https://doi.org/10.1093/qjmam/1.1.43.

Görtler, H. (1942), "Berechnung von Aufgaben der freien Turbulenz auf Grund eines neuen Näherungsansatzes," *Journal of Applied Mathematics and Mechanics (ZAMM),* vol. 22, pp. 244–254. doi: https://doi.org/10.1002/zamm.19420220503

——(1955), "Dreidimensionales zur Stabilitätstheorie Laminarer Grenzschichten," *Journal of Applied Mathematics and Mechanics (ZAMM),* vol. 35, pp. 362–363.

——(1957), "A New Series for the Calculation of Steady Laminar Boundary Layer Flows," *Journal of Mathematics and Mechanics,* vol. 6, pp. 1–66. https://www.jstor.org/stable/24900611

Graetz, L. (1883), "Über die Wärmeleitungsfähigkeit von Flüssigkeiten," *Annalen der Physik,* pt. 1, vol. 18, pp. 79–94; pt. 2, vol. 25, pp. 337–357.

Granville, P. S. (1953), "The Calculation of the Viscous Drag of Bodies of Revolution," David Taylor Model Basin Report 849.

——(1987), "Baldwin–Lomax Factors for Turbulent Boundary Layers in Pressure Gradients," *AIAA Journal,* vol. 25, no. 12, pp. 1624–1627. doi: https://doi.org/10.2514/3.9834

——(1989), "A Modified Van Driest Formula for the Mixing Length of Turbulent Boundary Layers in Pressure Gradients," *Journal of Fluids Engineering,* vol. 111, pp. 94–97. doi: https://doi.org/10.1115/1.3243606

Greenwood, D. T. (1988), *Principles of Dynamics,* 2nd ed., Prentice-Hall, Englewood Cliffs, NJ.

Grégoire, G., Favre-Marinet, M., and Julien Saint Amand, F. (2003), "Modeling of Turbulent Fluid Flow over a Rough Wall with or without Suction," *Journal of Fluids Engineering,* vol. 125, pp. 636–642. doi: https://doi.org/10.1115/1.1593705

Gregory, N., J. T. Stuart, and Walker, W. S. (1955), "On the Stability of Three-Dimensional Boundary Layers with Application to the Flow Due to a Rotating Disc," *Philosophical Transactions of the Royal Society of London, Series A,* vol. 248, pp. 155–199. doi: https://doi.org/10.1098/rsta.1955.0013

Griffond, J., and Casalis, G. (2001), "On the Nonparallel Stability of the Injection Induced Two-Dimensional Taylor Flow," *Physics of Fluids,* vol. 13, no. 6, pp. 1635–1644. doi: https://doi.org/10.1063/1.1367869

Griffond, J., Casalis, G., and Pineau, J. P. (2000), "Spatial Instability of Flow in a Semiinfinite Cylinder with Fluid Injection through Its Porous Walls," *European Journal of Mechanics – B/Fluids,* vol. 19, no. 1, pp. 69–87. doi: https://doi.org/10.1016/S0997-7546(00)00105-9

Gross, A., and Burchard, H. (2002), *Applied Turbulence in Marine Waters,* Springer-Verlag, New York.

Grove, A. S., Shair, F. H., Petersen, E. E., and Acrivos, A. (1964), "An Experimental Investigation of the Steady Separated Flow Past a Circular Cylinder," *Journal of Fluid Mechanics,* vol. 19, pp. 60–80. doi: https://doi.org/10.1017/S0022112064000544

Gruschwitz, E. (1950), "Calcul approché de la couche limite laminaire en écoulement compressible sur une paroi nonconductrice de la chaleur," ONERA Pub. 47, Paris.

Guo, B-Y, and Kuo, P.-Y. (1998), *Spectral Methods and Their Applications,* World Scientific, River Edge, NJ.

Haaland, S. E. (1983), "Simple and Explicit Formulas for the Friction Factor in Turbulent Pipe Flow," *Journal of Fluids Engineering,* vol. 105, pp. 89–90. doi: https://doi.org/10.1115/1.3240975

Hadamard, J. (1911), "Movement permanent lent d'une sphere liquide visqueuse dans un liquid visqueux," *C. R. Acad. Sci. Paris Sér. A–B,* vol. 152, pp. 1735–1739.

Haddad, C. T., and Majdalani, J. (2013), "Transverse Waves in Simulated Liquid Rocket Engines," AIAA Journal, vol. 5, no. 3, pp. 591–605. doi: https://doi.org/10.2514/1.J051912

Hadjiconstantinou, N. G. (2003), "Comment on Cercignani's Second-Order Slip Coefficient," *Physics of Fluids,* vol. 15, no. 8, pp. 2352–2354. doi: https://doi.org/10.1063/1.1587155

Hagen, G. (1839), "Über die Bewegung des Wassers in engen zylinderschen Rohren," *Poggendorff's Ann. Phys. Chem.,* vol. 46, pp. 423–442.

Haller, G. (2004), "Exact Theory of Unsteady Separation for Two-Dimensional Flows," *Journal of Fluid Mechanics*, vol. 512, pp. 257–311. doi: https://doi.org/10.1017/S0022112004009929

Hamdan, M. H. (1998), "Alternative Approach to Exact Solutions of a Special Class of Navier–Stokes Flows," *Applied Mathematics and Computation (New York),* vol. 93, no. 1, pp. 83–90. doi: https://doi.org/10.1016/S0096-3003(97)10047-9

Hamel, G. (1917), "Spiralförmige Bewegung zäher Flüssigkeiten," *Jahresber. Deutsch. Math. Ver.,* vol. 25, pp. 34–60.

Hanjalic, K. (1994), "Advanced Turbulence Closure Models: A View of Current Status and Future Prospects," *International Journal of Heat and Fluid Flow,* vol. 15, pp. 178–203. doi: https://doi.org/10.1016/0142-727X(94)90038-8

Hanjalic, K., and Launder, B. E. (1972), "A Reynolds Stress Model of Turbulence and Its Application to Thin Shear Flows," *Journal of Fluid Mechanics,* vol. 52, pp. 609–638. doi: https://doi.org/10.1017/S002211207200268X

——(1976), "Contribution Towards a Reynolds-Stress Closure for Low-Reynolds-Number Turbulence," *Journal of Fluid Mechanics,* vol. 74, pt. 4, pp. 593–610. doi: https://doi.org/10.1017/S0022112076001961

Hansen, A. G. (1964), *Similarity Analyses of Boundary Value Problems in Engineering,* Prentice-Hall, Englewood Cliffs, NJ.

——(1967), *Fluid Mechanics,* Wiley, New York.

Hansen, C. F. (1958), "Approximations for Thermodynamic and Transport Properties of High Temperature Air," NACA Technical Note 4150.

Happel, J., and Brenner, H. (1983), *Low Reynolds Number Hydrodynamics,* 2nd ed., Prentice-Hall, Englewood Cliffs, NJ.

——(1983), *Low Reynolds Number Hydrodynamics: With Special Applications to Particulate Media,* Martinus Nijhoff, Boston.

Harlow, F. H., and Welch, J. E. (1965), "Numerical Calculation of Time-Dependent Viscous Incompressible Flow of Fluid with Free Surface," *Physics of Fluids,* vol. 8, pp. 2182–2189. doi: https://doi.org/10.1063/1.1761178

Hartnett, J. P., and Eckert, E. R. G. (1957), "Mass Transfer Cooling in a Laminar Boundary Layer with Constant Properties," *ASME Transactions*, vol. 79, pp. 247–254.

Hartree, D. R. (1937), "On an Equation Occurring in Falkner and Skan's Approximate Treatment of the Equations of the Boundary Layer," *Proceedings of the Cambridge Philosophical Society*, vol. 33, pp. 223–239. doi: https://doi.org/10.1017/S0305004100019575

——(1939), "The Solution of the Equations of the Laminar Boundary Layer for Schubauer's Observed Pressure Distribution for an Elliptic Cylinder," *Aeronautical Research Council,* R & M 2427.

Harvey, H. et al. (2014), *ASME International Steam Tables for Industrial Use*, 3d ed., ASME Press, New York.

Hashim, I. (2006), "Comments on "a New Algorithm for Solving Classical Blasius Equation" by L. Wang," *Applied Mathematics and Computation,* vol. 176, no. 2, pp. 700–703. doi: https://doi.org/10.1016/j.amc.2005.10.016

Haskell, R. E. (2015), *Vectors and Tensors by Example*, CreateSpace.

Hastings, S. P. (1972), "Reversed Flow Solutions of the Falkner–Skan Equation," *SIAM Journal on Applied Mathematics*, vol. 22, no. 2, pp. 329–334. doi: https://doi.org/10.1137/0122031

Hastings, S. P., Lu, C., and MacGillivray, A. D. (1992), "A Boundary Value Problem with Multiple Solutions from the Theory of Laminar Flow," *SIAM Journal on Mathematical Analysis*, vol. 23, no. 1, pp. 201–208. doi: https://doi.org/10.1137/0523010

Hausen, H. (1943), "Darstellung des Wärmeuberganges in Rohren durch verallgemeinerte Potenzbeziehungen," *Z. VDI Beih. Verfahrenstech,* no. 4, p. 91.

Hayes, W. D., and Probstein, R. F. (1959), *Hypersonic Flow Theory,* Academic, New York.

He, J.-H. (1999c), "Variational Iteration Method – A Kind of Non-Linear Analytical Technique: Some Examples," *International Journal of Non-Linear Mechanics,* vol. 34, no. 4, pp. 699–708. doi: https://doi.org/10.1016/S0020-7462(98)00048-1

He, J.-H. (1998), "Approximate Analytical Solution of Blasius' Equation," *Communications in Nonlinear Science and Numerical Simulation,* vol. 3, no. 4, pp. 260–263. doi: https://doi.org/10.1016/S1007-5704(98)90046-6

He, J.-H. (1999b), "Approximate Analytical Solution of Blasius' Equation," *Communications in Nonlinear Science and Numerical Simulation,* vol. 4, no. 1, pp. 75–78. doi: https://doi.org/10.1016/S1007-5704(99)90063-1

He, J.-H. (2000), "A Review on Some New Recently Developed Nonlinear Analytical Techniques," *International Journal of Nonlinear Sciences and Numerical Simulation,* vol. 1, no. 1, p. 51. doi: https://doi.org/10.1515/IJNSNS.2000.1.1.51

He, J.-H. (2003), "A Simple Perturbation Approach to Blasius Equation," *Applied Mathematics and Computation,* vol. 140, no. 2, pp. 217–222. doi: https://doi.org/10.1016/S0096-3003(02)00189-3

He, J.-H. (1999a), "Homotopy Perturbation Technique," *Computer Methods in Applied Mechanics and Engineering,* vol. 178, no. 3, pp. 257–262. doi: https://doi.org/10.1016/S0045-7825(99)00018-3

He, J.-H., and Wu, X.-H., "Variational Iteration Method: New Development and Applications," *Computers & Mathematics with Applications,* vol. 54, no. 7, pp. 881–894. doi: https://doi.org/10.1016/j.camwa.2006.12.083

Head, M. R. (1958), "Entrainment in the Turbulent Boundary Layer," *Aeronautical Research Council,* R & M 3152.

Heinz, S. (2003), *Statistical Mechanics of Turbulent Flows,* Springer-Verlag, New York.

Hele-Shaw, H. S. (1898), "Investigation of the Nature of Surface Resistance of Water and of Stream Motion under Certain Experimental Conditions," *Transactions of the Society of Naval Architects,* vol. 11, p. 25.

Herbert, T. (1983), "Secondary Instability of Plane Channel Flow to Subharmonic Three-Dimensional Disturbances," *Physics of Fluids,* vol. 26, pp. 871–874. doi: https://doi.org/10.1063/1.864226

Herbert, T. (1997), "Parabolized Stability Equations," *Annual Review of Fluid Mechanics,* vol. 29, no. 1, pp. 245–283. doi: https://doi.org/10.1146/annurev.fluid.29.1.245

Hermann, R. (1936), "Wärmeübertragung bei freier Strömung am waagerechten Zylinder in zwei-atomigen Gasen," VDI Forschungsheft 379 [see also NACA Technical Memo. 1366, 1954].

Herring, H. J., and Mellor, G. L. (1968), "A Method of Calculating Compressible Turbulent Boundary Layers," National Aeronautics and Space Administration CR-1144, September [see also NASA SP-216, pp. 27–132].

Herring, H. J., and Norbury, J. F. (1967), "Some Experiments on Equilibrium Turbulent Boundary Layers in Favorable Pressure Gradients," *Journal of Fluid Mechanics,* vol. 27, pp. 541–549. doi: https://doi.org/10.1017/S0022112067000527

Hicks, W. M. (1898), "Researches in Vortex Motion. Part III. On Spiral or Gyrostatic Vortex Aggregates," *Proceedings of the Royal Society of London, Series A,* vol. 62, no. 379–387, pp. 332–338. doi: https://doi.org/10.1098/rspl.1897.0119

Hiemenz, K. (1911), "Die Grenzschicht an einem in den gleichförmigen Flüssigkeitsstrom eingetauchten geraden Kreiszylinder," *Dinglers Polytechnisches Journal,* vol. 326, p. 321.

Hill, R., and Power, G. (1956), "Extremum Principles for Slow Viscous Flow and the Approximate Calculation of Drag," *Quarterly Journal of Mechanics and Applied Mathematics,* vol. 9, pp. 313–319. doi: https://doi.org/10.1093/qjmam/9.3.313

Hilpert, R. (1933), "Wärmeabgabe von geheizten Drähten und Rohren im Luftstrom," *Forschungarbeiten auf dem Gebiete des Ingenieurwesens,* vol. 4, pp. 215–224.

Hilsenrath, J., et al. (1955), *Tables of Thermodynamic and Transport Properties,* National Bureau of Standards Circular 564; reprinted (1960) by Pergamon.

Hinze, J. O. (1975), *Turbulence,* 2nd ed., McGraw-Hill, New York.

Hirata, M., and Kasagi, N. (Eds.) (1988), *Transport Phenomena in Turbulent Flows,* Hemisphere, New York.

Hirsch, C. (1988), *Numerical Computation of Internal and External Flows,* Wiley, New York.

Hirschfelder, J. O., Curtiss, C. F., and Bird, R. B. (1954), *Molecular Theory of Gases and Liquids.* Wiley, New York.

Ho, C.-M., and Huerre, P. (1984), "Perturbed Free Shear Layers," *Annual Review of Fluid Mechanics,* vol. 16, pp. 365–424. doi: https://doi.org/10.1146/annurev.fl.16.010184.002053

Hoffmann, K. A., and Chiang, S. T. (1998), *Computational Fluid Dynamics,* 2 vols., Engineering Education Systems, Austin, TX.

Hollingsworth, D. K., Moffat, R. J., and Kays, W. M. (1992), "Effect of Concave Surface Curvature on the Turbulent Prandtl Number and the Thermal Law of the Wall," *Experimental Thermal and Fluid Science,* vol. 5, no. 3, pp. 299–306. doi: https://doi.org/10.1016/0894-1777(92)90074-F

Holmes, P., et al. (1998), *Turbulence, Coherent Structures, Dynamical Systems, and Symmetry,* Cambridge University Press, New York.

Holstein, H., and Bohlen, T. (1940), "Ein einfaches Verfahren zur Berechnung laminarer Reibungss-chichten, die dem Näherungsverfahren von K. Pohlhausen genügen," *Lilienthal-Gesellschaft für Luftfahrtforsch*, S-10, pp. 5–16.

Homann, F. (1936), "Der Einfluss grosser Zähigkeit bei der Strömmung um den Zylinder und um die Kugel," *Journal of Applied Mathematics and Mechanics (ZAMM),* vol. 16, pp. 153–164. doi: https://doi.org/10.1002/zamm.19360160304

Howarth, L. (1938), "On the Solution of the Laminar Boundary Layer Equations," *Proceedings of the Royal Society of London, Series A,* vol. 164, pp. 547–579. doi: https://doi.org/10.1098/rspa.1938.0037

Howarth, L. (1939), "On the Solution of the Laminar Boundary Layer Equations," *Proceedings of the Royal Society of London, Series A,* vol. 164, no. 919, pp. 547–579. doi: https://doi.org/10.1098/rspa.1938.0037

Huang, P. G., and Bradshaw, P. (1995), "Law of the Wall for Turbulent Flows in Pressure Gradients," *AIAA Journal,* vol. 33, no. 4, pp. 624–632. https://doi.org/10.2514/3.12624

Huang, P. G., Bradshaw, P., and Coakley, T. J. (1993), "Skin Friction and Velocity Profile Family for Compressible Turbulent Boundary Layers," *AIAA Journal,* vol. 31, no. 9, pp. 1600–1604. doi: https://doi.org/10.2514/3.11820

Huebner, K. H., et al. (2001), *The Finite Element Method for Engineers,* 3rd ed., Wiley, New York.

Hughes, T. H., and Reid, W. H. (1965), "On the Stability of the Asymptotic Suction Boundary Layer Profile," *Journal of Fluid Mechanics,* vol. 23, pp. 715–735. doi: https://doi.org/10.1017/S0022112065001647

Hussain, A. K. M. F. (1986), "Coherent Structures and Turbulence," *Journal of Fluid Mechanics,* vol. 173, pp. 303–356. doi: https://doi.org/10.1017/S0022112086001192

Hutton, J. F., et al. (1989), *An Introduction to Rheology,* Elsevier Health Sciences, Philadelphia.

Hytopoulos, E., Schetz, J. A., and Gunzburger, M. (1993), "Numerical Solution of the Compressible Boundary Layer Equations Using the Finite Element Method," *AIAA Journal,* vol. 31, no. 1, pp. 6–7. doi: https://doi.org/10.2514/3.48999

Iaccarino, G. (2001), "Predictions of a Turbulent Separated Flow Using Commercial CFD Codes," *Journal of Fluids Engineering,* vol. 123, Dec., pp. 819–828. doi: https://doi.org/10.1115/1.1400749

Iacono, R., and Boyd, J. P. (2015), "Simple Analytic Approximations for the Blasius Problem," *Physica D: Nonlinear Phenomena,* vol. 310, pp. 72–78. doi: https://doi.org/10.1016/j.physd.2015.08.003

Iglisch, R. (1944), "Exakte Berechnung der laminaren Reibungsschicht an der längsangeströmten ebenen Platte mit homogener Absaugung," *Schr. Deutsch. Akad. Luftfahrtforschung, Series B,* vol. 8, pp. 1–51 (translated as NACA Technical Memo. 1205).

Iida, O., and Nagano, Y. (1998), "Relaminarization Mechanisms of Turbulent Channel Flow at Low Reynolds Numbers," *Turbulence and Combustion,* vol. 60, no. 2, pp. 193–213. doi: https://doi.org/10.1023/A:1009999606355

Illingworth, C. R. (1950), "Some Solutions of the Equations of Flow of a Viscous Compressible Fluid," *Proceedings of the Cambridge Philosophical Society,* vol. 46, pp. 469–478. doi: https://doi.org/10.1017/S0305004100025986

Imai, I. (1957), "Second Aproximation to the Laminar Boundary Layer Flow over a Flat Plate," *Journal of the Aeronautical Sciences,* vol. 24, pp. 155–156.

Ingham, D. B., and Pop, I. (2002), *Transport Phenomena in Porous Media,* 2 vols., Pergamon, New York.

Irgens, Fridtjov (2013), *Rheology and Non-Newtonian Fluids*, Springer.

Jacobson, S. A., and Reynolds, W. C. (1998), "Active Control of Streamwise Vortices and Streaks in Boundary Layers," *Journal of Fluid Mechanics* vol. 360, pp. 179–211. doi: https://doi.org/10.1017/S0022112097008562

Jaffe, N. A., Okamura, T. T., and Smith, A. M. O. (1970), "Determination of Spatial Amplification Factors and Their Application to Predicting Transition," *AIAA Journal,* vol. 8, no. 2, pp. 301–308. doi: https://doi.org/10.2514/3.5660

Jaluria, Y. (1980), *Natural Convection: Heat and Mass Transfer,* Pergamon, New York.

Jaluria, Y., and Torrance, K. E. (1986), *Computational Heat Transfer,* Hemisphere, New York.

Jankowski, T. A., and Majdalani, J., "Axially Traveling Waves in Porous Tubes with Arbitrary Crossflow Velocity," 46th AIAA/ASME/SAE/ASEE Joint Propulsion Conference and Exhibit, AIAA Paper 2010–6801, July 2010. doi: https://doi.org/10.2514/6.2010-6801

Jankowski, T. A., and Majdalani, J., "General Asymptotic Solutions for the Oscillatory Channel Flow with Arbitrary Suction," 31st AIAA Fluid Dynamics Conference AIAA Paper 2001-2789, June 2001. doi: https://doi.org/10.2514/6.2001-2789

Jankowski, T. A., and Majdalani, J. (2002), "Laminar Flow in a Porous Channel with Large Wall Suction and a Weakly Oscillatory Pressure," *Physics of Fluids*, vol. 14, no. 3, pp. 1101–1110. doi: https://doi.org/10.1063/1.1445419

Jankowski, T. A., and Majdalani, J. (2006), "Symmetric Solutions for the Oscillatory Channel Flow with Arbitrary Suction," *Journal of Sound and Vibration*, vol. 294, nos. 4–5, pp. 880–893. doi: https://doi.org/10.1016/j.jsv.2005.12.035

Jankowski, T. A., and Majdalani, J. (2005), "Vortical and Acoustical Mode Coupling inside a Porous Tube with Uniform Wall Suction," *Journal of the Acoustical Society of America*, vol. 117, no. 6, pp. 3448–3458. doi: https://doi.org/10.1121/1.1905639

Jeffery, G. B. (1915), "The Two-Dimensional Steady Motion of a Viscous Fluid," *Philosophical Magazine,* vol. 29, pp. 455–465. doi: https://doi.org/10.1080/14786440408635327

Johnston, J. P. (1960), "On Three-Dimensional Turbulent Boundary Layers Generated by Secondary Flow," *Journal of Basic Engineering,* vol. 82, pp. 233–248. doi: https://doi.org/10.1115/1.3662539

——(1998), "Review: Diffuser Design and Performance Analysis by a Unified Integral Method," *Journal of Fluids Engineering,* vol. 120, no. 1, pp. 6–18. doi: https://doi.org/10.1115/1.2819663

Jones, O. C. (1976), "An Improvement in the Calculation of Turbulent Friction in Rectangular Ducts," *Journal of Fluids Engineering,* vol. 98, pp. 173–181. doi: https://doi.org/10.1115/1.3448250

Jones, O. C., and Leung, J. C. M. (1981), "An Improvement in the Calculation of Turbulent Friction in Smooth Concentric Annuli," *Journal of Fluids Engineering,* vol. 103, pp. 615–623. doi: https://doi.org/10.1115/1.3241781

Jones, W. P., and Launder, B. E. (1972), "The Prediction of Laminarization with a Two-Equation Model of Turbulence," *International Journal of Heat and Mass Transfer,* vol. 15, pp. 301–314. doi: https://doi.org/10.1016/0017-9310(72)90076-2

——(1973), "The Calculation of Low Reynolds Number Phenomena with a Two-Equation Model of Turbulence," *International Journal of Heat and Mass Transfer,* vol. 16, pp. 1119–1130. doi: https://doi.org/10.1016/0017-9310(73)90125-7

Jordinson, R. (1970), "The Flat Plate Boundary Layer, Part 1, Numerical Integration of the Orr–Sommerfeld Equation," *Journal of Fluid Mechanics,* vol. 43, pp. 801–811. doi: https://doi.org/10.1017/S0022112070002756

Joseph, D. D. (1976), *Stability of Fluid Motions,* Springer-Verlag, Berlin.

Joslin, R. D., Erlebacher, G., and Hussaini, M. Y. (1996), "Active Control of Instabilities in Laminar Boundary Layers: Overview and Concept Validation," *Journal of Fluids Engineering,* vol. 118, pp. 494–497. doi: https://doi.org/10.1115/1.2817785

Joukowsky, N., (1898), "Über den hydraulischen Stoss in Wasserleitungsröhren (On the Hydraulic Hammer in Water Supply Pipes)", *Mémoires de ĺ Académie Impériale des Sciences de St.-Petersbourg*, Series 8, vol. 9, no. 5 (in German, English translation, partly, by Simin, 1904).

Kader, B. A. (1981), "Temperature and Concentration Profiles in Fully Turbulent Boundary Layers," *International Journal of Heat and Mass Transfer,* vol. 24, no. 9, pp. 1541–1544. doi: https://doi.org/10.1016/0017-9310(81)90220-9

Kakaç, S., and Yener, Y. (1994), *Convective Heat Transfer,* 2nd ed., CRC Press, Boca Raton, FL.

Kakaç, S., Aung, W., and Viskanta, R. (1985), *Natural Convection: Fundamentals and Applications,* Taylor & Francis, Washington, DC.

Kamemoto, K., and Tsutahara, M. (Eds.) (2000), *Vortex Methods,* World Scientific, River Edge, NJ.

Kaplan, R. E. (1964), "The Stability of Laminar Incompressible Boundary Layers in the Presence of Compliant Boundaries," Aeroelastic and Structures Research Lab. Report. ASRL-TR 166–1, M.I.T., Cambridge, MA.

Karim, S. M., and Rosenhead, L. (1952), "The Second Coefficient of Viscosity of Liquids and Gases," *Reviews of Modern Physics,* vol. 24, pp. 108–116. doi: https://doi.org/10.1103/RevModPhys.24.108

Kármán, T. von (1911), "Über den Mechanismus des Widerstandes, den ein bewegter Körper in einer Flüssigkeit erzeugt," *Wissenschaften zu Göttingen, Mathematisch-physikalische Klasse II,* pp. 509–517, 547–556.

——(1921) "Über laminare und turbulente Reibung," *Journal of Applied Mathematics and Mechanics (ZAMM),* vol. 1, pp. 233–252 (English translation in NACA Technical Memo. 1092). doi: https://doi.org/10.1002/zamm.19210010401

——(1939), "The Analogy between Fluid Friction and Heat Transfer," *ASME Transactions,* vol. 61, pp. 705–710.

——(1964), *The Wind and Beyond,* Little Brown, Boston, MA.

Karniadakis, G. E., and Bestok, A. (2001), *Micro Flows,* Springer-Verlag, New York.

Karniadakis, G. E., and Sherwin, S. J. (1999), *Spectral/Hp Element Methods for CFD,* Oxford University Press, New York.

Kauzmann, W. (2012), *Kinetic Theory of Gases*, Dover, New York.

Kaviany, M. (2001), *Principles of Convective Heat Transfer,* 2nd ed., Springer-Verlag, New York.

Kays, W. M., and Crawford, M. E. (1993), *Convective Heat and Mass Transfer,* 3rd ed., McGraw-Hill, New York.

Kee, R. J., Elliott, M. C., and Glarborg, P. (2003), *Chemically Reacting Flow: Theory and Practice,* Wiley, New York.

Keenan, J. H. (1941), *Thermodynamics,* Wiley, New York.

Kegelman, J. T., and Mueller, T. J. (1986), "Experimental Studies of Spontaneous and Forced Transition on an Axisymmetric Body," *AIAA Journal,* vol. 24, no. 3, pp. 397–403. doi: https://doi.org/10.2514/3.9280

Keh, H. J., and Chen, P. Y. (2001), "Slow Motion of a Droplet between Two Parallel Plane Walls," *Chemical Engineering Science,* vol. 56, no. 24, pp. 6863–6871. doi: https://doi.org/10.1016/S0009-2509(01)00323-2

Keller, H. B., and Takami, H. (1966), "Steady Two-Dimensional Viscous Flow of an Incompressible Fluid Past a Circular Cylinder," in *Proc. Symp. Numerical Solutions of Nonlinear Differential Equations,* pp. 115–140 [see also *Physics of Fluids Supplement,* vol. 12, pp. II-51–II-56 (1969)]. doi: https://doi.org/10.1063/1.1692469

Kemp, N. H., R. H. Rose, and Detra, R. W. (1959), "Laminar Heat Transfer Around Blunt Bodies in Dissociated Air," *Journal of the Aerospace Sciences,* vol. 26, pp. 421–430. doi: https://doi.org/10.2514/8.8128

Kennard, E. H. (1938), *Kinetic Theory of Gases,* McGraw-Hill, New York.

Kestin, J., and Persen, L. N. (1962), "The Transfer of Heat Across a Turbulent Boundary Layer at Very High Prandtl Numbers," *International Journal of Heat and Mass Transfer,* vol. 5, pp. 355–371. doi: https://doi.org/10.1016/0017-9310(62)90026-1

Kestin, J., and Wakeham, W. A. (1988), *Transport Properties of Fluids: Thermal Conductivity, Viscosity, and Diffusion Coefficient,* Center for Information and Numerical Data Analysis and Synthesis, Data Series, vol. I-1, Hemisphere, New York.

Kestin, J., Maeder, P. F., and Sogin, H. H. (1961), "The Influence of Turbulence on the Transfer of Heat to Cylinders Near the Stagnation Point," *Journal of Applied Mathematics and Physics (ZAMP),* vol. 12, pp. 115–132. doi: https://doi.org/10.1007/BF01601012

Khabibrakhmanov, I. K., and Summers, D. (1998), "The Use of Generalized Laguerre Polynomials in Spectral Methods for Nonlinear Differential Equations," *Computers & Mathematics with Applications,* vol. 36, no. 2, pp. 65–70. doi: https://doi.org/10.1016/S0898-1221(98)00117-5

Khonsari, M. M., and Booser, E. R. (2001), *Applied Tribology: Bearing Design and Lubrication,* Interscience, New York.

Kim, K., Sung, H. J., and Chung, M. K. (2002), "Assessment of Local Blowing and Suction in a Turbulent Boundary Layer," *AIAA Journal,* vol. 40, no. 1, pp. 175–177. doi: https://doi.org/10.2514/2.1629

King, J. R., and Cox, S. M. (2001), "Asymptotic Analysis of the Steady-State and Time-Dependent Berman Problem," *Journal of Engineering Mathematics*, vol. 39, no. 1, pp. 87–130. doi: https://doi.org/10.1023/A:1004824527547

Klebanoff, P. S. (1955), "Characteristics of Turbulence in a Boundary Layer with Zero Pressure Gradient," NACA Report 1247.

Klebanoff, P. S., and Tidstrom, K. D. (1972), "Mechanism by Which a Two-Dimensional Roughness Element Induces Boundary-Layer Transition," *Physics of Fluids,* vol. 15, no. 7, pp. 1173–1188. doi: https://doi.org/10.1063/1.1694065

Klebanoff, P. S., Tidstrom, K. D., and Sargent, L. M. (1962), "The Three-Dimensional Nature of Boundary Layer Instability," *Journal of Fluid Mechanics,* vol. 12, pp. 1–34. doi: https://doi.org/10.1017/S0022112062000014

Kleiser, L., and Zang, T. A. (1991), "Numerical Simulation of Transition in Wall-Bounded Shear Flows," *Annual Review of Fluid Mechanics,* vol. 23, pp. 495–537. doi: https://doi.org/10.1146/annurev.fl.23.010191.002431

Kline, S. J., Cantwell, B. J., and Lilley, G. M. (1982), "The 1980–81 AFOSR-HTTM Stanford Conference on Complex Turbulent Flows: Comparison of Computation and Experiment," vols. 1–3, Department of Mechanical Engineering, Stanford University, Stanford, CA. doi: https://doi.org/10.1017/S0022112085211367

Kline, S. J., Abbott, D. E. and Fox, R. W. (1959), "Optimum Design of Straight-Walled Diffusers," *Journal of Basic Engineering,* Ser. D, vol. 81, pp. 305–320. doi: https://doi.org/10.1115/1.4008462

Kline, S. J., Morkovin, M. V., Sovran, G., and Cockrell, D. J. (1968), "Computation of Turbulent Boundary Layers—1968 AFOSR-IFP Stanford Conference," vol. 1, Stanford University, Stanford, CA.

Knauss, J. A. (1978), *Introduction to Physical Oceanography,* Prentice-Hall, Englewood Cliffs, NJ.

Knowles, C. P., and Gebhart, B. (1968), "Stability of the Laminar Natural Convection Boundary Layer," *Journal of Fluid Mechanics,* vol. 34, pp. 657–686. doi: https://doi.org/10.1017/S0022112068002156

Kobayashi, R., Kohama, Y. and Takamadate, Ch. (1980), "Spiral Vortices in Boundary Layer Transition Regime on a Rotating Disk," *Acta Mechanica,* vol. 35, pp. 71–82. doi: https://doi.org/10.1007/BF01190058

Kohr, M., and Pop, I. (Eds.) (2004), *Viscous Incompressible Flow: For Low Reynolds Numbers,* WIT Press/Computational Mechanics, Boston, MA.

Korkegi, R. H. (1956), "Transition Studies and Skin Friction Measurements on an Insulated Flat Plate at a Mach Number of 5.8," *Journal of the Aerospace Sciences,* vol. 23, pp. 97–102. doi: https://doi.org/10.2514/8.3515

Korobkin, I. (1954), Naval Ordnance Lab., Report no. 3841.

Koschmieder, E. L. (1993), *Bénard Cells and Taylor Vortices,* Cambridge University Press, New York.

Koumoutsakos, P., and Leonard, A. (1995), "High-Resolution Simulations of the Flow Around an Impulsively Started Cylinder Using Vortex Methods," *Journal of Fluid Mechanics,* vol. 296, pp. 1–38. doi: https://doi.org/10.1017/S0022112095002059

Kovaznay, L. S. G., Kibens, V., and Blackwelder, R. F. (1970), "Large Scale Motion in the Intermittent Region of a Turbulent Boundary Layer," *Journal of Fluid Mechanics,* vol. 41, pp. 283–325. doi: https://doi.org/10.1017/S0022112070000629

Kral, L. D., and Zang, T. A. (Eds.) (1993), *Transitional and Turbulent Compressible Flows—1993,* ASME Fluids Engineering Division, vol. 151, New York.

Kramer, M. O. (1957), "Boundary Layer Stabilization by Distributed Damping," *Journal of the Aeronautical Sciences,* vol. 24, pp. 459–460.

Kramers, H. (1946), "Heat Transfer from Spheres to Flowing Media," *Physica,* vol. 12, pp. 61–80. doi: https://doi.org/10.1016/S0031-8914(46)80024-7

Kreiss, H.-O., and Lorenz, J. (1989), *Initial-Boundary Value Problems and the Navier–Stokes Equations,* Academic, New York.

Kreyszig, E. (1999), *Advanced Engineering Mathematics,* 8th ed., Wiley, New York.

Kreyszig, E. (2011), *Advanced Engineering Mathematics*, 10th ed., Wiley, New York.

Kuehn, T. H., and Goldstein, R. J. (1980), "Numerical Solution to the Navier–Stokes Equations for Laminar Natural Convection about a Horizontal Isothermal Circular Cylinder," *International Journal of Heat and Mass Transfer,* vol. 23, pp. 971–980. doi: https://doi.org/10.1016/0017-9310(80)90071-X

Kuo, B. L. (2003), "Application of the Differential Transformation Method to the Solutions of Falkner-Skan Wedge Flow," *Acta Mechanica,* vol. 164, no. 3, pp. 161–174. doi: https://doi.org/10.1007/s00707-003-0019-4

Kuo, B. L. (2005), "Heat Transfer Analysis for the Falkner–Skan Wedge Flow by the Differential Transformation Method," *International Journal of Heat and Mass Transfer,* vol. 48, no. 23, pp. 5036–5046. doi: https://doi.org/10.1016/j.ijheatmasstransfer.2003.10.046

Kuo, B. L. (2004), "Thermal Boundary-Layer Problems in a Semi-Infinite Flat Plate by the Differential Transformation Method," *Applied Mathematics and Computation,* vol. 150, no. 2, pp. 303–320. doi: https://doi.org/10.1016/S0096-3003(03)00233-9

Lachmann, G. V. (1961), *Boundary Layers and Flow Control,* vols. 1–2, Pergamon, London.

Lachowicz, J. T., Chokani, N., and Wilson, S. P. (1996), "Boundary-Layer Stability Measurements in a Hypersonic Quiet Tunnel," *AIAA Journal,* vol. 34, pp. 2496–2500. doi: https://doi.org/10.2514/3.13430

Ladyzhenkaya, O. A. (1969), *The Mathematical Theory of Viscous Incompressible Flow,* 2nd ed., Gordon and Breach, New York.

Lai, W. M., Krempl, E., and Rubin, D. (1995), *Introduction to Continuum Mechanics,* 3rd ed., Butterworth-Heinemann, Woburn, MA.

Lamb, H. (1932), *Hydrodynamics,* 6th ed., Cambridge University Press, London (reprinted by Dover in 1945).

Lamb, P. (Ed.) (1987), *Proceedings of the Tenth U.S. National Congress of Applied Mechanics,* American Society of Mechanical Engineers, New York.

Landahl, M. T., and Mollo-Christensen, E. (1992), *Turbulence and Random Processes in Fluid Mechanics,* 2nd ed., Cambridge University Press, New York.

Landau, L. D., and Lifschitz, E. M. (1959), *Fluid Mechanics,* Pergamon, London.

Laney, C. B. (1998), *Computational Gasdynamics,* Cambridge University Press, New York.

Langlois, W. E. (1964), *Slow Viscous Flow,* Macmillan, New York.

Lapidus, L., and Pinder, G. F. (1999), *Numerical Solution of Partial Differential Equations in Science and Engineering,* Wiley Interscience, New York.

Lauchle, G. C., and Gurney, G. B. (1984), "Laminar Boundary-Layer Transition on a Heated Underwater Body," *Journal of Fluid Mechanics,* vol. 144, pp. 79–101. doi: https://doi.org/10.1017/S0022112084001518

Launder, B. E., Reece, B. J. and Rodi, W. (1975), "Progress in the Development of a Reynolds-Stress Turbulence Closure," *Journal of Fluid Mechanics,* vol. 68, pp. 537–566. doi: https://doi.org/10.1017/S0022112075001814

Launder, B., and Sandham, N. (Eds.) (2001), *Closure Strategies for Turbulent and Transitional Flows,* Cambridge University Press, New York.

Lee, C. (2002), "Large Eddy Simulation of Rough-Wall Turbulent Boundary Layers," *AIAA Journal,* vol. 40, no. 10, pp. 2127–2130. doi: https://doi.org/10.2514/2.1548

Lee, J. H. W., and Chu, V. (2003), *Turbulent Jets and Plumes: A Lagrangian Approach,* Kluwer Academic, New York.

Lees, L. (1956), "Laminar Heat Transfer over Blunt-Nosed Bodies at Hypersonic Flight Speeds," *Jet Propulsion,* vol. 26, pp. 259–269, 274. doi: https://doi.org/10.2514/8.6977

Lees, L., and Lin, C. C. (1946), "Investigation of the Stability of the Laminar Boundary Layer in a Compressible Fluid," NACA Technical Note 1115.

Lefebvre, P. J., and White, F. M. (1989), "Experiments on Transition to Turbulence in a Constant-Acceleration Pipe Flow," *Journal of Fluids Engineering,* vol. 111, pp. 428–432. doi: https://doi.org/10.1115/1.3243663

Lefebvre, P. J., and White, F. M. (1991), "Further Experiments on Transition to Turbulence in Constant-Acceleration Pipe Flow," *Journal of Fluids Engineering,* vol. 113, pp. 223–227. doi: https://doi.org/10.1115/1.2909484

Legendre, R. (1965), "Lignes de courant d'un écoulement continu," *Rech. Aérospat.,* vol. 105, pp. 3–9.

Leibenson, L. S. (1935), "The Energy Form of the Integral Condition in the Theory of the Boundary Layer," *Dokl. Akad. Nauk SSSR,* vol. 2, pp. 22–24.

Lesieur, M. and Métais, O. (1996), "New Trends in Large-Eddy Simulations of Turbulence," *Annual Review of Fluid Mechanics,* vol. 28, pp. 45–82. doi: https://doi.org/10.1146/annurev.fl.28.010196.000401

Lewis, J. A., and Carrier, G. F. (1949), "Some Remarks on the Flat Plate Boundary Layer," *Quarterly of Applied Mathematics,* vol. 8, pp. 228–234. doi: https://doi.org/10.1090/qam/34160

Liao, S. J. (1997), "A Kind of Approximate Solution Technique Which Does Not Depend Upon Small Parameters — II. An Application in Fluid Mechanics," *International Journal of Non-Linear Mechanics,* vol. 32, no. 5, pp. 815-822. doi: https://doi.org/10.1016/S0020-7462(96)00101-1

Liao, S. J. (1999a), "A Uniformly Valid Analytic Solution of Two-Dimensional Viscous Flow over a Semi-Infinite Flat Plate," *Journal of Fluid Mechanics,* vol. 385, pp. 101–128. doi: https://doi.org/10.1017/S0022112099004292

Liao, S. J. (1999b), "An Explicit, Totally Analytic Approximate Solution for Blasius' Viscous Flow Problems," *International Journal of Non-Linear Mechanics,* vol. 34, no. 4, pp. 759-778. doi: https://doi.org/10.1016/S0020-7462(98)00056-0

Liao, S. J. (2010), "An Optimal Homotopy-Analysis Approach for Strongly Nonlinear Differential Equations," *Communications in Nonlinear Science and Numerical Simulation,* vol. 15, no. 8, pp. 2003-2016. doi: https://doi.org/10.1016/j.cnsns.2009.09.002

Libby, P. A. (1996), *An Introduction to Turbulence,* Taylor & Francis, New York.

Libby, P. A., and Liu, T. M. (1967), "Further Solutions of the Falkner–Skan Equation," *AIAA Journal,* vol. 5, pp. 1040–1042. doi: https://doi.org/10.2514/3.4130

Liepmann, H. W. (1943), "Investigations on Laminar Boundary-Layer Stability and Transition on Curved Boundaries," NACA Wartime Report W107 (ACR3H30) [see also NACA Technical Memo. 1196 (1947) and NACA Report 890 (1947)].

Lim, F. J., and Schowalter, W. R. (1989), "Wall Slip of Narrow Molecular Weight Distribution Polybutadienes," *Journal of Rheology,* vol. 33, no. 8, pp. 1359–1382. doi: https://doi.org/10.1122/1.550073

Lin, C. C. (1955), *The Theory of Hydrodynamic Stability,* Cambridge University Press, London.

Lin, C.-S., and Han, Q.-S. (1991), "Boundary Element Analysis of Low Reynolds Number Viscous Fluid Flow," in *Computational Mechanics,* A. A. Balkema, Hong Kong, pp. 1481–1486.

Lin, J. (1999), "A New Approximate Iteration Solution of Blasius Equation," *Communications in Nonlinear Science and Numerical Simulation,* vol. 4, no. 2, pp. 91–94. doi: https://doi.org/10.1016/S1007-5704(99)90017-5

Lindgren, E. R. (1965), "Experimental Study on Turbulent Pipe Flows of Distilled Water," Oklahoma State University, Civil Engineering Dept., Report 1AD621071.

Lingwood, R. J. (1995), "Absolute Instability of the Boundary Layer on a Rotating Disk," *Journal of Fluid Mechanics,* vol. 299, pp. 17–33. doi: https://doi.org/10.1017/S0022112095003405

——(1996), "An Experimental Study of Absolute Instability of a Rotating-Disk Boundary-Layer Flow," *Journal of Fluid Mechanics,* vol. 314, pp. 373–405. doi: https://doi.org/10.1017/S0022112096000365

List, E. J. (1982), "Turbulent Jets and Plumes," *Annual Review of Fluid Mechanics,* vol. 14, pp. 189–212. doi: https://doi.org/10.1146/annurev.fl.14.010182.001201

Little, W. J. (1963), *Arnold Engineering Development Complex,* Report AEDC-TDR-63–190, Tullahoma, TN.

Lock, R. C. (1951), "The Velocity Distribution in the Laminar Boundary Layer Between Parallel Streams," *Quarterly Journal of Mechanics and Applied Mathematics,* vol. 4, pp. 42–63. doi: https://doi.org/10.1093/qjmam/4.1.42

Löhner, R. (2001), *Applied CFD Techniques: An Introduction Based on Finite Element Methods,* Wiley, New York.

Lomax, H., Pulliam, T. H., and Zingg, D. (2001), *Fundamentals of Computational Fluid Dynamics,* Springer-Verlag, New York.

Long, R. R. (1953), "Steady Motion around a Symmetrical Obstacle Moving Along the Axis of a Rotating Liquid," *Journal of Meteorology,* vol. 10, no. 3, pp. 197–203. doi: https://doi.org/10.1175/1520-0469(1953)010<0197:SMAASO>2.0.CO;2

Loos, H. G. (1955), "A Simple Laminar Boundary Layer with Secondary Flow," *Journal of the Aeronautical Sciences,* vol. 22, pp. 35–40.

Lucquin, B., and Pironneau, O. (1998), *Introduction to Scientific Computing,* Wiley, New York.

Ludwieg, H., and Tillmann, W. (1949), "Untersuchungen über die Wands·chubspannung in Turbulenten Reibungsschichten," *Inženýr architekt,* vol. 17, pp. 288–299 (translated as NACA Technical Memo. 1285).

Lu, C. (1997), "On the Asymptotic Solution of Laminar Channel Flow with Large Suction," *SIAM Journal on Mathematical Analysis,* vol. 28, no. 5, pp. 1113–1134. doi: https://doi.org/10.1137/S0036141096297704

Lu, C., MacGillivray, A. D., and Hastings, S. P. (1992), "Asymptotic Behaviour of Solutions of a Similarity Equation for Laminar Flows in Channels with Porous Walls," *IMA Journal of Applied Mathematics*, vol. 49, no. 2, pp. 139–162. doi: https://doi.org/10.1093/imamat/49.2.139

Luchini, P., and Bottaro, A. (2014), "Adjoint Equations in Stability Analysis," *Annual Review of Fluid Mechanics,* vol. 46, no. 1, pp. 493–517. doi: https://doi.org/10.1146/annurev-fluid-010313-141253

Lumley, J. L. (1989), "The State of Turbulence Research," in W. K. George and R. Arndt (Eds.), *Advances in Turbulence,* pp. 1–10, Hemisphere, New York.

M. Spiegel, Lipshutz, S. and Spellman, D. *Vector Analysis* (2009), 2nd ed, Schaum's Outline.

MacGillivray, A. D., and Lu, C. (1994), "Asymptotic Solution of a Laminar Flow in a Porous Channel with Large Suction: A Nonlinear Turning Point Problem," *Methods and Applications of Analysis,* vol. 1, no. 2, pp. 229–248. doi: https://dx.doi.org/10.4310/MAA.1994.v1.n2.a5

Mack, L. M. (1954), "An Experimental Investigation of the Temperature Recovery Factor," California Institute of Technology Report 20–80, Pasadena, CA.

——(1969), "Boundary Layer Stability Theory," Document 900–277, Rev. A, Jet Propulsion Lab., Pasadena, CA.

——(1977), "Transition Prediction and Linear Stability Theory," pp. 1-1–1-22 of AGARD.

——(1977*a*), "Transition and Laminar Instability," Publication 77–15, Jet Propulsion Lab., Pasadena, CA.

——(1984), "Boundary Layer Stability Theory," pp. 3-1–3-81 of AGARD.

——(1987), "Review of Linear Compressible Stability Theory," in D. L. Dwoyer and M. Y. Hussaini (Eds.), *Stability of Time Dependent and Spatially Varying Flows,* pp. 164–187, Springer, New York. doi: https://doi.org/10.1007/978-1-4612-4724-1_9

Maicke, B. A., and Majdalani, J., "A Constant Shear Stress Core Flow Model of the Bidirectional Vortex," *Proceedings of the Royal Society, London, Series A*, vol. 465, no. 2103, March 2009, pp. 915-935. doi: https://doi.org/10.1098/rspa.2008.0342

Maicke, B. A., and Majdalani, J. (2008), "On the Rotational Compressible Taylor Flow in Injection-Driven Porous Chambers," *Journal of Fluid Mechanics*, vol. 603, no. 1, pp. 391-411. doi: https://doi.org/10.1017/S0022112008001122

Maicke, B. A., Cecil, O. M., and Majdalani, J. (2017), "On the Compressible Bidirectional Vortex in a Cyclonically Driven Trkalian Flow Field," *Journal of Fluid Mechanics,* vol. 823, pp. 755–786. doi: https://doi.org/10.1017/jfm.2017.310

Maicke, B. A., Majdalani, J., and Geisler, R. L. (2013), "Characterization of the Startup and Pressure Blowdown Processes in Rocket Nozzles," *Aerospace Science and Technology*, vol. 25, no. 1, pp. 273-282. doi: https://doi.org/10.1016/j.ast.2012.02.003

Maicke, B. A., Saad, T., and Majdalani, J. (2012), "On the Compressible Hart-McClure and Sellars Mean Flow Motions," *Physics of Fluids*, vol. 24, no. 9, pp. 096101-20. doi: https://doi.org/10.1063/1.4748349

Majdalani, J. (2008), "Exact Navier–Stokes Solution for the Pulsatory Viscous Channel Flow with Arbitrary Pressure Gradient," *Journal of Propulsion and Power,* vol. 24, no. 6, pp. 1412–1423. doi: https://doi.org/10.2514/1.37815

Majdalani, J. (2012), "Helical Solutions of the Bidirectional Vortex in a Cylindrical Cyclone: Beltramian and Trkalian Motions," *Fluid Dynamics Research,* vol. 44, no. 6, pp. 065506-38. doi: https://doi.org/10.1088/0169-5983/44/6/065506

Majdalani, J. (1995), "Improved Flowfield Models in Rocket Motors and the Stokes Layer with Sidewall Injection," Ph.D. Dissertation, University of Utah.

Majdalani, J. (2009), "Multiple Asymptotic Solutions for Axially Travelling Waves in Porous Channels," *Journal of Fluid Mechanics*, vol. 636, no. 1, pp. 59–89. doi: https://doi.org/10.1017/S0022112009007939

Majdalani, J. (2007), "On Steady Rotational High Speed Flows: The Compressible Taylor-Culick Profile," *Proceedings of the Royal Society of London, Series A*, vol. 463, no. 2077, pp. 131–162. doi: https://doi.org/10.1098/rspa.2006.1755

Majdalani, J. (1999), "Boundary Layer Structure in Cylindrical Rocket Motors," *AIAA Journal*, vol. 37, no. 4, pp. 505–508. doi: https://doi.org/10.2514/2.742

Majdalani, J., and Maicke, B. A. (2013), "Direct Calculation of the Average Local Mach Number in Converging-Diverging Nozzles," *Aerospace Science and Technology*, vol. 24, no. 1, pp. 111–115. doi: https://doi.org/10.1016/j.ast.2011.10.009

Majdalani, J., and Maicke, B. A. (2011), "Explicit Inversion of Stodola's Area-Mach Number Equation," *Journal of Heat Transfer,* vol. 133, no. 7, pp. 071702-7. doi: https://doi.org/10.1115/1.4002596

Majdalani, J., and Maicke, B. A. (2012), "Inversion of the Fundamental Thermodynamic Equations for Isentropic Nozzle Flow Analysis," *Journal of Engineering for Gas Turbines and Power,* vol. 134, no. 3, pp. 031201-9. doi: https://doi.org/10.1115/1.4003963

Majdalani, J., and Rienstra, S. W. (2007), "On the Bidirectional Vortex and Other Similarity Solutions in Spherical Coordinates," *Journal of Applied Mathematics and Physics (ZAMP),* vol. 58, no. 2, pp. 289-308. doi: https://doi.org/10.1007/s00033-006-5058-y

Majdalani, J., and Roh, T. S. (2000), "The Oscillatory Channel Flow with Large Wall Injection," *Proceedings of the Royal Society of London, Series A,* vol. 456, no. 1999, pp. 1625–1657. doi: https://doi.org/10.1098/rspa.2000.0579

Majdalani, J., and Saad, T. (2012), "Internal Flows Driven by Wall-Normal Injection," *Advanced Fluid Dynamics*, edited by H. W. Oh, InTech, Rijeka, Croatia, pp. 95–134. doi: https://doi.org/10.5772/25839

Majdalani, J., and Saad, T. (2007), "The Taylor–Culick Profile with Arbitrary Headwall Injection," *Physics of Fluids*, vol. 19, no. 9, pp. 093601-10. doi: https://doi.org/10.1063/1.2746003

Majdalani, J., and Van Moorhem, W. K. (1998), "Improved Time-Dependent Flowfield Solution for Solid Rocket Motors," *AIAA Journal,* vol. 36, no. 2, pp. 241–248. doi: https://doi.org/10.2514/2.7507

Majdalani, J., and Van Moorhem, W. K. (1997), "Multiple-Scales Solution to the Acoustic Boundary Layer in Solid Rocket Motors," *Journal of Propulsion and Power,* vol. 13, no. 2, pp. 186–193. doi: https://doi.org/10.2514/2.5168

Majdalani, J., and Xuan, L. -J. (2020), "On the Kármán Momentum-Integral Approach and the Pohlhausen Paradox," *Physics of Fluids*, Vol. 32, No. 12, p. 123605. doi: https://doi.org/10.1063/5.0036786

Majdalani, J., Barron, J. T., and Van Moorhem, W. K. (2002), "Inception of Turbulence in the Stokes Boundary Layer over a Transpiring Wall," *ASME Journal of Fluids Engineering*, vol. 124, no. 9, pp. 678–684. doi: https://doi.org/10.1115/1.1490375

Majdalani, J., Ramesh-Kumar, T., and Akiki, M., "Biglobal Instability of the Compressible Taylor–Culick Solution in Cylindrical Rockets," 52nd AIAA/SAE/ASEE Joint Propulsion Conference and Exhibit AIAA Paper 2016-4792, July 2016. doi: https://doi.org/10.2514/6.2016-4792

Majdalani, J. (2014), Unified Framework for Modeling Swirl Dominated Helical Motions, AIAA-2014-3677, 50th AIAA/ASME/SAE/ASEE Joint Propulsion Conference, Cleveland, OH, July 28–30. doi: https://doi.org/10.2514/6.2014-3677

Malik, M. R. (1986), "The Neutral Curve for Stationary Disturbances in Rotating Disk Flow," *Journal of Fluid Mechanics,* vol. 164, pp. 275–287. doi: https://doi.org/10.1017/S0022112086002550

Malvern, L. E. (1997), *Introduction to Mechanics of a Continuous Medium,* Prentice-Hall, Upper Saddle River, NJ.

Mangler, W. (1945), "Boundary Layers on Bodies of Revolution in Symmetrical Flow," *Ber. Aerodyn. Versuchsanst. Goett.,* Report 45/A/17.

——(1948), "Zusammenhang zwischen ebenen und rotationsymmetrischen Grenzschichten in kompressiblen Flüssigkeiten," *Journal of Applied Mathematics and Mechanics (ZAMM),* vol. 28, p. 97–103. doi: https://doi.org/10.1002/zamm.19480280401

Mathieu, J., and Scott, J. (2000), *An Introduction to Turbulent Flow,* Cambridge University Press, New York.

Mattingly, G. E., and Criminale, W. O. (1972), "The Stability of an Incompressible Two-Dimensional Wake," *Journal of Fluid Mechanics,* vol. 51, pp. 233–272. doi: https://doi.org/10.1017/S0022112072001193

Maxwell, C. (1860), *Scientific Papers of Clerk Maxwell,* vol. 2, p. 1, Dover, New York.

Mayle, R. E. (1991), "The Role of Laminar-Turbulent Transition in Gas Turbine Engines: A Discussion," *Journal of Turbomachinery,* vol. 113, October, pp. 509–536. doi: https://doi.org/10.1115/1.2929110

Meier, H. U., and Bradshaw, P. (Eds.) (1987), *Perspectives in Turbulence Studies,* Springer, Berlin.

Meksyn, D. (1961), *New Methods in Laminar Boundary Layer Theory,* Pergamon, London.

Mellor, G. L., and Gibson, D. M. (1966), "Equilibrium Turbulent Boundary Layers," *Journal of Fluid Mechanics,* vol. 24, pp. 225–253. doi: https://doi.org/10.1017/S0022112066000612

Menna, J. D., and Pierce, F. J. (1988), "The Mean Flow Structure around and within a Turbulent Junction or Horseshoe Vortex—Part I," *Journal of Fluids Engineering,* vol. 110, pp. 406–414 [see also Part II, pp. 415–423]. doi: https://doi.org/10.1115/1.3243571

Merzkirch, W. (1974), *Flow Visualization,* Academic, New York.

——(1987), *Flow Visualization,* 2nd ed., Elsevier, New York.

Meseguer, A. (2003), "Streak Breakdown Instability in Pipe Poiseuille Flow," *Physics of Fluids,* vol. 15, no. 5, pp. 1203–1213. doi: https://doi.org/10.1063/1.1564093

Meskyn, D. (1961), *New Methods in Laminar Boundary-Layer Theory*, Pergamon Press, London.

Messiter, A. F. (1970), "Boundary-Layer Flow near the Trailing Edge of a Flat Plate," *SIAM Journal on Applied Mathematics,* vol. 18, pp. 241–257. doi: https://doi.org/10.1137/0118020

Michaelides, E. E. (2003), "Hydrodynamic Force and Heat/Mass Transfer from Particles, Bubbles, and Drops—The Freeman Scholar Lecture," *Journal of Fluids Engineering,* vol. 125, March, pp. 209–238. doi: https://doi.org/10.1115/1.1537258

Michel, R. (1952), "Etude de la transition sur les profils d'aile-establissment d'un point de transition et calcul de la trainée de profil en incompressible," ONERA Report no. 1/1578A.

Middleman, S. (1995), *Modeling Axisymmetric Flows: Dynamics of Films, Jets, and Drops,* Elsevier Science & Technology, New York.

Miles, J. P., and Farrashkhalvat, M. (2003), *Basic Structural Grid Generation,* Butterworth-Heinemann, Woburn, MA.

Mills, R. D. (1968), "Numerical Solutions of Viscous Flow through a Pipe Orifice at Low Reynolds Numbers," *Journal of Mechanical Engineering Science,* vol. 10, no. 2, pp. 133–140. doi: https://doi.org/10.1243/JMES_JOUR_1968_010_020_02

Millsaps, K., and Pohlhausen, K. (1953), "Thermal Distribution in Jeffery–Hamel Flows between Nonparallel Plane Walls," *Journal of the Aeronautical Sciences,* vol. 20, pp. 187–196. doi: https://doi.org/10.2514/8.2587

Milne, W. E. (1953), *Numerical Solution of Differential Equations,* Wiley, New York.

Milne-Thomson, L. M. (1968), *Theoretical Hydrodynamics,* 5th ed., Macmillan, New York.

Minkowycz, W. J., Sparrow, E. M., Schneider, G. E., and Pletcher, R. H. (1988), *Handbook of Numerical Heat Transfer,* Wiley, New York.

Miyake, Y., Tsujimoto, K., and Nakaji, M. (2001), "Direct Numerical Simulation of Rough-Wall Heat Transfer in a Turbulent Channel Flow," *International Journal of Heat and Fluid Flow,* vol. 22, no. 3, pp. 237–244. doi: https://doi.org/10.1016/S0142-727X(01)00085-6

Moeini, M., and Chamani, M. R. (2017), "New Perspectives on the Laminar Boundary Layer Physics in a Polarized Pressure Field with Temperature Gradient: An Analytical Approximation to Blasius Equation," *Journal of Applied Fluid Mechanics,* vol. 10, no. 4, pp. 1071–1077. doi: https://doi.org/10.18869/acadpub.jafm.73.241.27544

Moffat, R. J., and Kays, W. M. (1984), "A Review of Turbulent Boundary Layer Heat Transfer Research at Stanford, 1958–1983," *Advances in Heat Transfer,* vol. 16, pp. 241–365. doi: https://doi.org/10.1016/S0065-2717(08)70206-5

Moin, P. (2001), *Fundamentals of Engineering Numerical Analysis,* Cambridge University Press, New York.

Moin, P., and Mahesh, K. (1998), "Direct Numerical Simulations: A Tool in Turbulence," *Annual Review of Fluid Mechanics,* vol. 30, pp. 539–578. doi: https://doi.org/10.1146/annurev.fluid.30.1.539

Monin, A. S., and Yaglom, A. M. (1972), *Statistical Fluid Mechanics,* 2 vols., M.I.T. Press, Cambridge, MA.

Monnoyer, F. (1997), "Hypersonic Boundary Layer Flows," Chap. 12 of *Flows at Large Reynolds Numbers,* H. Schmitt (Ed.), WIT Press, Computational Mechanics, Boston, MA.

Moody, L. F. (1944), "Friction Factors for Pipe Flow," *ASME Transactions,* vol. 66, pp. 671–684.

Moore, F. K. (1958), "On the Separation of the Unsteady Laminar Boundary Layer," in *Boundary Layer Research,* H. G. Görtler (Ed.), Springer, Berlin. doi: https://doi.org/10.1007/978-3-642-45885-9_23

Moretti, P. M., and Kays, W. M. (1965), "Heat Transfer to a Turbulent Boundary Layer with Varying Free-stream Velocity and Varying Surface Temperature—An Experimental Study," *International Journal of Heat and Mass Transfer,* vol. 8, pp. 1187–1202. doi: https://doi.org/10.1016/0017-9310(65)90062-1

Morgan, K. (2004), *Introduction to Computational Fluid Dynamics,* Cambridge University Press, New York.

Morkovin, M. V. (1962), "Effects of Compressibility on Turbulent Flows," in A. Favre (Ed.), *Mécanique de la Turbulence,* CNRS, Paris, pp. 367–380.

——(1969), "Critical Evaluation of Transition from Laminar to Turbulent Shear Layers with Emphasis on Hypersonically Traveling Bodies," AFFDL-TR-68–149, Wright-Patterson AFB, Ohio [see also C. S. Wells (1969), pp. 1–31].

——(1969*a*), "On The Many Faces of Transition," in *Viscous Drag,* C. S. Wells (Ed.), Plenum Press, New York. doi: https://doi.org/10.1007/978-1-4899-5579-1_1

Morris, P. J., Raman, G., and McLaughlin, D. (Eds.) (2002), *High Speed Jet Flows: Fundamentals and Applications,* Taylor & Francis, New York.

Morrison, G. L. (2003), "Euler Number Based Orifice Discharge Coefficient Relationship," *Journal of Fluids Engineering,* vol. 125, January, pp. 189–191. doi: https://doi.org/10.1115/1.1521955

Moses, H. L., Jones, R. R. III, and Sparks, J. F. (1979), "An Integral Method for the Turbulent Boundary Layer with Separated Flows," in *Turbulent Boundary Layers,* ASME FED vol. G00145, pp. 69–73.

Mueller, T. (Ed.) (2004), *Flow Visualization XI: Proceedings 11th Int. Symp.,* CD-ROM, University of Notre Dame, South Bend, IN.

Muggli, F. A. (1997), "Flow Analysis in a Pump Diffuser–Part 2: Validation and Limitations of CFD for Diffuser Flows," *Journal of Fluids Engineering,* vol. 119, no. 4, pp. 978–984. doi: https://doi.org/10.1115/1.2819526

Nachtsheim, P. R. (1963), "Stability of Free Convection Boundary Layer Flow Investigation by Integration of Disturbance Differential Equations," National Aeronautics and Space Administration Technical Note D-2089.

——(1964), "An Initial Value Method for the Numerical Treatment of the Orr–Sommerfeld Equation for the Case of Plane Poiseuille Flow," National Aeronautics and Space Administration Technical Note D-2414.

Nakayama, A. (1995), *PC-Aided Numerical Heat Transfer and Convective Flow,* CRC Press, Boca Raton, FL.

Nakayama, A., and Rahai, H. R. (1984), "Measurement of Turbulent Flow Behind a Flat Plate Mounted Normal to the Wall," *AIAA Journal,* vol. 22, pp. 1817–1819. doi: https://doi.org/10.2514/3.8857

Nakayama, Y. (ed.) (1988), *Visualized Flow,* Pergamon, Oxford.

Nakayama, Y., and Tanida, Y. (Eds.) (1996), *Atlas of Flow Visualization, vol. II,* CRC Press, Boca Raton, FL.

Nansen, F. (1902), "The Oceanography of the North Polar Basin: The Norwegian North Polar Expedition," *Scientific Research* (*Christianaia*), vol. 3, p. 357.

Narasimha, R., and Sreenivasan, K. R. (1979), "Relaminarization of Fluid Flows," *Advances in Applied Mechanics,* vol. 19, pp. 221–309. doi: https://doi.org/10.1016/S0065-2156(08)70311-9

Navier, C. L. M. H. (1823), "Mémoire sur les lois du mouvement des fluides," *Mem. Acad. R. Sci. Paris,* vol. 6, pp. 389–416.

Nayfeh, A. H. (2000), *Perturbation Methods,* Wiley, New York.

Newman, B. G. (1951), "Some Contributions to the Study of the Turbulent Boundary Layer Near Separation," Aust. Dept. Supply, Report ACA-53.

Nikuradse, J. (1933), "Strömungsgesetze in rauhen Rohren," *Forsch. Arb. Ing.-Wes.,* no. 361.

Obi, S., Aoki, K., and Masuda, S. (1993), "Experimental and Computational Study of Turbulent Separating Flow in an Asymmetric Plane Diffuser," *Proceedings of the 9th Symposium on Turbulent Shear Flows,* pp. 305–312, Kyoto, Japan.

Obot, N. T. (1988), "Determination of Incompressible Flow Friction in Smooth Circular and Noncircular Passages: A Generalized Approach Including Validation of the Nearly Century-Old Hydraulic Diameter Concept," *Journal of Fluids Engineering,* vol. 110, pp. 431–440. doi: https://doi.org/10.1115/1.3243574

Obremski, H. J., and Fejer, A. A. (1967), "Transition in Oscillating Boundary Layer Flow," *Journal of Fluid Mechanics,* vol. 29, pp. 93–111. doi: https://doi.org/10.1017/S0022112067000655

Obremski, H. J., and Morkovin, M. V. (1969), "Application of a Quasi-Steady Stability Model to Periodic Boundary-Layer Flows," *AIAA Journal,* vol. 7, no. 7, pp. 1298–1301. doi: https://doi.org/10.2514/3.5337

Obremski, H. J., et al. (1969), "A Portfolio of Stability Characteristics of Incompressible Boundary Layers," AGARDograph no. 134, NATO, Paris.

Ockendon, H., and Ockendon, J. R. (1995), *Viscous Flow,* Cambridge University Press, New York.

——(2004), *Waves and Compressible Flow,* Springer-Verlag, New York.

Oleinik, O. A., and Samokhin, V. N. (1999), *Mathematical Models in Boundary Layer Theory,* CRC Press, Boca Raton, FL.

Oliveira, A. C., and Almeida, A. C. L. (2019), "Numerical Solution of Boundary Layer Equations Based on Optimization: The Ostrach and Blasius Models," *International Journal of Non-Linear Mechanics,* vol. 113, pp. 103–111. doi: https://doi.org/10.1016/j.ijnonlinmec.2019.03.017

Oljaca, M., and Sucec, J. (1997), "Prediction of Transpired Turbulent Boundary Layers with Arbitrary Pressure Gradients," *Journal of Fluids Engineering,* vol. 119, Sept., pp. 526–532. doi: https://doi.org/10.1115/1.2819276

Oosthuizen, P. H. (1999), *Introduction to Convective Heat Transfer,* McGraw-Hill, New York.

Oosthuizen, P. H., and Carscallen, W. E. (1997), *Compressible Fluid Flow,* McGraw-Hill, New York.

Oran, E. S., Oh, C. K., and Cybyk, B. Z. (1998), "Direct Simulation Monte Carlo: Recent Advances and Applications," *Annual Review of Fluid Mechanics,* vol. 30, pp. 403–441. doi: https://doi.org/10.1146/annurev.fluid.30.1.403

Orr, W. M'F. (1907), "The Stability or Instability of the Steady Motions of a Perfect Liquid and of a Viscous Liquid," *Proceedings of the Royal Irish Academy A,* vol. 27, pp. 9–68; 69–138.

Orszag, S. A., Glowinski, R., and Fletcher, C. A. J. (1991), *Computational Techniques for Fluid Dynamics: Fundamental and General Techniques,* Springer-Verlag, New York.

Oseen, C. W. (1910), "Über die Stokes'sche Formel und über eine verwandte Aufgabe in der Hydrodynamik," *Arkiv för matematik, astronomi och fysik,* vol. 6, no. 29.

——(1927), "Neure Methoden und Ergebnisse in der Hydrodynamik," Akademische Verlag, Geest & Portig, Leipzig.

Osterlund, J. M. (1999), "Experimental Studies of Zero-Pressure-Gradient Turbulent Boundary Layer Flow," Ph.D. Dissertation, Dept. of Mechanics, Royal Institute of Technology, Stockholm, Sweden.

Osterlund, J. M., Johanssen, A. V., and Nagib, H. M. (2000), "Comment on 'A Note on the Intermediate Region in Turbulent Boundary Layers," *Physics of Fluids,* vol. 12, no. 9, pp. 2360–2363. doi: https://doi.org/10.1063/1.1287660

Ostrach, S. (1953), "An Analysis of Laminar Free-Convection Flow and Heat Transfer about a Flat Plate Parallel to the Direction of the Generating Body Force," NACA Report 1111.

——(1982), "Low Gravity Fluid Flows," *Annual Review of Fluid Mechanics,* vol. 14, pp. 313–345. doi: https://doi.org/10.1146/annurev.fl.14.010182.001525

Owens, E. J., and Thodos, G. (1957), "Thermal Conductivity Reduced-State Correlation for the Inert Gases," *AIChE Journal,* vol. 3, pp. 454–461.

Owens, R. G., and Phillips, T. N. (2002), *Computational Rheology,* Imperial College Press, London.

Pai, S. I. (1954), *Fluid Dynamics of Jets,* Van Nostrand, New York.

Paneras, A. G. (1997), "On the Calculation of Turbulent Incompressible Flow about a 6:1 Prolate Spheroid at High Incidence," in *Advances in Fluid Mechanics,* vol. 11, pp. 323–360, Computational Mechanics, Boston.

Panton, R. L. (1996), *Incompressible Flow,* 2nd ed., Wiley, New York.

Papanastasiou, T., A. N. Alexandrou, and Georgiou, G. (1999), *Viscous Fluid Flow,* CRC Press, Boca Raton, FL.

Parand, K., and Taghavi, A. (2009), "Rational Scaled Generalized Laguerre Function Collocation Method for Solving the Blasius Equation," *Journal of Computational and Applied Mathematics,* vol. 233, no. 4, pp. 980–989. doi: https://doi.org/10.1016/j.cam.2009.08.106

Parand, K., Dehghan, M., and Baharifard, F. (2013), "Solving a Laminar Boundary Layer Equation with the Rational Gegenbauer Functions," *Applied Mathematical Modelling,* vol. 37, no. 3, pp. 851–863. doi: https://doi.org/10.1016/j.apm.2012.02.041

Parand, K., Dehghan, M., and Pirkhedri, A. (2009), "Sinc-Collocation Method for Solving the Blasius Equation," *Physics Letters A,* vol. 373, no. 44, pp. 4060–4065. doi: https://doi.org/10.1016/j.physleta.2009.09.005

Parand, K., Dehghan, M., and Taghavi, A. (2010), "Modified Generalized Laguerre Function Tau Method for Solving Laminar Viscous Flow: The Blasius Equation," *International Journal of Numerical Methods for Heat and Fluid Flow,* vol. 20, no. 7, pp. 728–743. doi: https://doi.org/10.1108/09615531011065539

Park, C. (1990), *Nonequilbrium Hypersonic Aerothermodynamics,* Wiley, New York.

Parlange, J. Y., Braddock, R. D., and Sander, G. (1981), "Analytical Approximations to the Solution of the Blasius Equation," *Acta Mechanica,* vol. 38, no. 1, pp. 119–125. doi: https://doi.org/10.1007/BF01351467

Parry, W. T., Bellows, J. C., Gallagher, J. S., and Harvey, A. H. (2000), *ASME International Steam Tables for Industrial Use,* ASME Press, New York (software also available).

Patankar, S. V. (1980), *Numerical Heat Transfer and Fluid Flow,* Hemisphere, New York.

Patel, V. C. (1998), "Perspective: Flow at High Reynolds Numbers and Over Rough Surfaces—Achilles Heel of CFD," *Journal of Fluids Engineering,* vol. 120, pp. 434–444. doi: https://doi.org/10.1115/1.2820682

Patel, V. C., Rodi, W., and Scheuerer, G. (1985), "Turbulence Models for Near-Wall and Low Reynolds Number Flows: A Review," *AIAA Journal,* vol. 23, no. 9, pp. 1308–1319. doi: https://doi.org/10.2514/3.9086

Peaceman, D. W., and Rachford, H. H. (1955), "The Numerical Solution of Parabolic and Elliptic Differential Equations," *Journal of the Society for Industrial and Applied Mathematics,* vol. 3, pp. 28–41. doi: https://doi.org/10.1137/0103003

Peker, H. A., Karaoğlu, O., and Oturanç, G. (2011), "The Differential Transformation Method and Pade Approximant for a Form of Blasius Equation," *Mathematical and Computational Applications,* vol. 16, no. 2, pp. 507–513. doi: https://doi.org/10.3390/mca16020507

Petukhov, B. S. (1970), "Heat Transfer and Friction in Turbulent Pipe Flow with Variable Physical Properties," *Advances in Heat Transfer,* vol. 6, pp. 503–564. doi: https://doi.org/10.1016/S0065-2717(08)70153-9

Peyret, R. (2002), *Spectral Methods for Incompressible Viscous Flow,* Springer-Verlag, New York.

Peyret, R., and Taylor, T. D. (1983), *Computational Methods for Fluid Flow,* Springer, New York.

Pfenninger, W., and Reed, V. D. (1966), "Laminar Flow Research and Experiments," *Astronautics and Aeronautics*, vol. 4, no. 7, pp. 44–50.

Phillips, O. M. (1978), *Dynamics of the Upper Ocean,* 2nd ed., Cambridge University Press, New York.

Piercy, N. A. V., and Preston, J. H. (1936), "A Simple Solution of the Flat Plate Problem of Skin Friction and Heat Transfer," *Philosophical Magazine*, vol. 21, no. 143, pp. 995–1005. doi: https://doi.org/10.1080/14786443608561644

Piercy, N. A. V., Hooper, M. S., and Winny, H. F. (1933), "Viscous Flow through Pipes with Cores," *Philosophical Magazine,* vol. 15, no. 7, pp. 647–676. doi: https://doi.org/10.1080/14786443309462212

Pipes, L. A. (1958), *Applied Mathematics for Engineers and Physicists,* McGraw-Hill, New York.

Piquet, J., Richards, J. A., and Jia, X. (2001), *Turbulent Flows: Models and Physics,* Springer-Verlag, New York.

Pironneau, O. (1989), *Finite Element Methods for Fluids,* Masson, Paris.

Pirozzoli, S. (2011), "Numerical Methods for High-Speed Flows," *Annual Review of Fluid Mechanics,* vol. 43, no. 1, pp. 163–194. doi: https://doi.org/10.1146/annurev-fluid-122109-160718

Pirro, D. M., Wills, J. G., and Wessol, A. (2001), *Lubrication Fundamentals,* Marcel Dekker, New York.

Plapp, J. E. (1957), "The Analytic Study of Laminar Boundary Layer Stability in Free Convection," *Journal of the Aeronautical Sciences,* vol. 24, pp. 318–319.

Plesniak, M. W., and Johnston, J. P. (1988), "The Effects of Stabilizing and Destabilizing Curvature on a Plane Mixing Layer," in M. Hirata, and N. Kasagi (Eds.), *Transport Phenomena in Turbulent Flows,* pp. 377–390, Hemisphere, New York.

Pletcher, R. H. (1978), "Prediction of Incompressible Turbulent Separating Flows," *Journal of Fluids Engineering,* vol. 100, pp. 427–433. doi: https://doi.org/10.1115/1.3448702

——(1988), "Progress in Turbulent Forced Convection," *Journal of Heat Transfer,* 50th Anniv. Issue, pp. 1129–1144.

Pohlhausen, E. (1921), "Der Wärmeaustausch zwischen festern Körpen und Flüssigkeiten mit kleiner Reibung und kleiner Wärmeleitung," *Journal of Applied Mathematics and Mechanics (ZAMM),* vol. 1, pp. 115–121. doi: https://doi.org/10.1002/zamm.19210010205

Pohlhausen, K. (1921), "Zur Näherungsweisen Integration Der Differentialgleichung Der Iaminaren Grenzschicht," *Journal of Applied Mathematics and Mechanics (ZAMM),* vol. 1, no. 4, pp. 252–290. doi: https://doi.org/10.1002/zamm.19210010402

Poiseuille, J. L. M. (1840), "Recherches expérimentales sur le mouvement des liquides dans les tubes de très-petits diamètres," *Comptes Rendus,* vol. 11, pp. 961–967; 1041–1048.

Polderman, H. G., Velraeds, G., and Knol, W. (1986), "Turbulent Lubrication Flow in an Annular Channel," *Journal of Fluids Engineering,* vol. 108, pp. 185–192. doi: https://doi.org/10.1115/1.3242561

Polymeropoulos, C. E., and Gebhart, B. (1967), "Incipient Instability in Free Convection Boundary Layers," *Journal of Fluid Mechanics,* vol. 30, pp. 225–239 [see also *AIAA Journal,* vol. 4, p. 2066–2068 (1966)]. doi: https://doi.org/10.1017/S0022112067001405

Pope, S. B. (2000), *Turbulent Flows,* Cambridge University Press, New York.

Prandtl, L. (1904), "Über Flüssigkeitsbewegung bei sehr kleiner Reibung," *Proceedings of the Third International Mathematical Congress Heidelberg* [English translation in NACA Technical Memo. 452].

——(1921), "Bemerkund über die Entstehung der Turbulenz," *Journal of Applied Mathematics and Mechanics (ZAMM),* vol. 1, pp. 431–436. doi: https://doi.org/10.1002/zamm.19210010602

——(1925), "Über die ausgebildete Turbulenz," *Journal of Applied Mathematics and Mechanics (ZAMM),* vol. 5, pp. 136–139. doi: https://doi.org/10.1002/zamm.19250050212

——(1945*a*), "Über ein neues Formelsystem für die ausgebildete Turbulenz," *Nachrichten der Akademie der Wissenschaften zu Göttingen, Mathematisch-physikalische Klasse. II,* p. 6.

——(1945*b*), "Über Reibungsschicht bei dreidimensionalen Strömunden," *Betz-Festschrift 1945,* pp. 134–141.

——(1961), *Collected Works,* vols. 1–3, Springer, Berlin.

Present, R. D. (1958), *Kinetic Theory of Gases,* McGraw-Hill, New York.

Profilo, G., Soliani, G., and Tebaldi, C. (1998), "Some Exact Solutions of the Two-Dimensional Navier–Stokes Equations," *International Journal of Engineering Science,* vol. 36, no. 4, pp. 459–471. doi: https://doi.org/10.1016/S0020-7225(97)00065-7

Proudman, I., and Pearson, J. R. A. (1957), "Expansions at Small Reynolds Numbers for the Flow Past a Sphere and a Circular Cylinder," *Journal of Fluid Mechanics,* vol. 2, pp. 237–262. doi: https://doi.org/10.1017/S0022112057000105

Punnis, B. (1956a), "Zur Differentialgleichung Der Plattengrenzschicht Von Blasius," *Journal of Applied Mathematics and Mechanics (ZAMM),* vol. 36, no. S1, pp. S26–S26. doi: https://doi.org/10.1002/zamm.19560361310

Punnis, B. (1956b), "Zur Differentialgleichung Der Plattengrenzschicht Von Blasius," *Archiv der Mathematik,* vol. 7, no. 3, pp. 165–171. doi: https://doi.org/10.1007/BF01899833

Raffel, M., Willert, C. E., and Kompenhaus, J. (1998), *Particle Image Velocimetry: A Practical Guide,* Springer-Verlag, New York.

Ragab, S. A., and Nayfeh, A. H. (1982), "A Comparison of the Second Order Triple-Deck Theory with Interacting Boundary Layers," in T. Cebeci (Ed.), *Numerical and Physical Aspects of Aerodynamic Flows,* p. 237, Springer, New York [see also AIAA Paper 80-0072, 1980]. doi: https://doi.org/10.1007/978-3-662-12610-3_14

Raithby, G. (1971), "Laminar Heat Transfer in the Thermal Entrance Region of Circular Tubes and Two-Dimensional Rectangular Ducts with Wall Suction and Injection," International Journal of Heat and Mass Transfer, vol. 14, no. 2, pp. 223–243. doi: https://doi.org/10.1016/0017-9310(71)90091-3

Rasmussen, M. (1994), *Hypersonic Flow,* Interscience, New York.

Raupach, M. R., Antonia, R. A., and Rajagopalan, S. (1997), "Rough Wall Turbulent Boundary Layers," *Applied Mechanics Reviews,* vol. 44, pp. 1–25. doi: https://doi.org/10.1115/1.3119492

Rayleigh, Lord (1880), *Scientific Papers,* vol. 1, pp. 474–487, Dover, New York.

——(1916), "On the Dynamics of Revolving Fluids," *Proceedings of the Royal Society of London, Series A,* vol. 93, pp. 148–154. https://doi.org/10.1098/rspa.1917.0010

Reed, H. L., Saric, W. S., and Arnal, D. (1996), "Linear Stability Theory Applied to Boundary Layers," *Annual Review of Fluid Mechanics,* vol. 28, no. 1, pp. 389–428. doi: https://doi.org/10.1146/annurev.fl.28.010196.002133

Reichardt, H. (1956), "Über die Geschwindigkeitsverteilung in einer geradlinigen turbulenten Couette-Strömmung," *Journal of Applied Mathematics and Mechanics (ZAMM),* Sonderheft, vol. 36, pp. 26–29. doi: https://doi.org/10.1002/zamm.19560361311

Reid, R. C., Pravsnitz, J. M., and Sherwood, T. K. (1987), *The Properties of Gases and Liquids,* 4th ed., McGraw-Hill, New York.

Reiner, M. (1969), *Deformation, Strain and Flow: An Elementary Introduction to Rheology,* 3rd ed., H. K. Lewis, London.

Remove: Kreyszig, E. (1999), *Advanced Engineering Mathematics*, 8th ed., Wiley, New York.

Reshotko, E. (1976), "Boundary Layer Stability and Transition," *Annual Review of Fluid Mechanics,* vol. 8, pp. 311–349. doi: https://doi.org/10.1146/annurev.fl.08.010176.001523

——(1979), "Drag Reduction by Cooling in Hydrogen-Fueled Aircraft," *Journal of Aircraft,* vol. 16, no. 9, pp. 584–590. doi: https://doi.org/10.2514/3.58571

——(1985), "Control of Boundary Layer Transition," AIAA Paper 85-0562, March 12–14, Boulder, CO.

——(1987), "Stability and Transition, How Much Do We Know?," in Lamb (Ed.), *Proceedings of the Tenth U.S. National Congress of Applied Mechanics,* pp. 421–434, Amer. Soc. Mech. Engineers, New York.

——(1988), "Stability and Transition of Boundary Layers," in H. Branover, M. Mond, and Y. Unger (Eds.), *Progress in Astronautics and Aeronautics,* vol. 112, pp. 278–311, AIAA, Washington, DC.

Reynolds, O. (1874), "On the Extent and Action of the Heating Surface for Steam Boilers," *Manchester Literary and Philosophical Society,* vol. 14, pp. 7–12. doi: https://doi.org/10.1016/0017-9310(61)90087-4

——(1883), "An Experimental Investigation of the Circumstances Which Determine Whether the Motion of Water Shall Be Direct or Sinuous, and the Law of Resistance in Parallel Channels," *Philosophical Transactions of the Royal Society of London, Series A,* vol. 174, pp. 935–982. doi: https://doi.org/10.1098/rstl.1883.0029

——(1886), "On the Theory of Lubrication and Its Application to Mr. Beauchamp Tower's Experiments Including an Experimental Determination of the Viscosity of Olive Oil," *Philosophical Transactions of the Royal Society of London, Series A,* vol. 177, pp. 157–234. doi: https://doi.org/10.1098/rstl.1886.0005

——(1895), "On the Dynamical Theory of Incompressible Viscous Fluids and the Determination of the Criterion," *Philosophical Transactions of the Royal Society of London, Series A,* vol. 186, pp. 123–164. doi: https://doi.org/10.1098/rsta.1895.0004

Reynolds, W. C., Kays, W. M., and Kline, S. J. (1958), "Heat Transfer in the Turbulent Incompressible Boundary Layer: Part 1, Constant Wall Temperature; Part 2, Step-Wall Temperature Distribution; Part 3, Arbitrary Wall Temperature and Heat Flux; Part 4, Effect of Location of Transition and Prediction of Heat Transfer in a Known Transition Region," NACA Memos. no. 12–1-58W–12–4-58W.

Riahi, D. N. (2000), *Flow Instability,* WIT Press/Computational Mechanics, Boston, MA.

Richardson, E. G., and Tyler, E. (1929), "The Transverse Velocity Gradients near the Mouth of a Pipe in Which an Alternating or Continuous Flow of Air Is Established," *Proceedings of the Physical Society London,* vol. 42, pp. 1–15. doi: https://doi.org/10.1088/0959-5309/42/1/302

Richardson, J., and Power, H. (1996), "A Boundary Element Analysis of Creeping Flow Past Two Porous Bodies of Arbitrary Shape," *Engineering Analysis with Boundary Elements,* vol. 17, no. 3, pp. 193–204. doi: https://doi.org/10.1016/S0955-7997(96)00003-3

Richardson, S. (1973), "On Blasius's Equation Governing Flow in the Boundary Layer on a Flat Plate," *Mathematical Proceedings of the Cambridge Philosophical Society,* vol. 74, no. 1, pp. 179–184. doi: https://doi.org/10.1017/S0305004100047939

Rist, U., and Fasel, H. (1995), "Direct Numerical Simulation of Controlled Transition in a Flat-Plate Boundary Layer," *Journal of Fluid Mechanics,* vol. 298, pp. 211–248. doi: https://doi.org/10.1017/S0022112095003284

Rivkin, S. L. (1988), *Thermodynamic Properties of Gases,* 4th ed., Hemisphere, New York.

Roache, P. J. (1976), *Computational Fluid Dynamics,* revised ed., Hermosa Press, Albuquerque.

Robertson, J. M. (1965), *Hydrodynamics in Theory and Application,* Prentice-Hall, Englewood Cliffs, NJ.

Robinson, W. A. (1976), "The Existence of Multiple Solutions for the Laminar Flow in a Uniformly Porous Channel with Suction at Both Walls," *Journal of Engineering Mathematics*, vol. 10, no. 1, pp. 23–40. doi: https://doi.org/10.1007/BF01535424

Rodi, W. (1976), "A New Algebraic Relation for Calculating Reynolds Stress," *Journal of Applied Mathematics and Mechanics (ZAMM),* vol. 56, pp. 331–340. doi: https://doi.org/10.1002/zamm.19765613093

——(1984), *Turbulence Models and Their Application in Hydraulics,* Brookfield, Brookfield, VT.

Rogers, D. F. (1992), *Laminar Flow Analysis,* Cambridge University Press, New York.

Rogers, M. G., and Lance, G. N. (1960), "The Rotationally Symmetric Flow of a Viscous Fluid in the Presence of an Infinite Rotating Disk," *Journal of Fluid Mechanics,* vol. 7, pp. 617–631. doi: https://doi.org/10.1017/S0022112060000335

Roll, H. U. (1965), *Physics of the Marine Atmosphere,* International Geophysics Series, vol. 7, Academic, New York.

Roman-Miller, L., and Broadbridge, P. (2000), "Exact Integration of Reduced Fisher's Equation, Reduced Blasius Equation, and the Lorenz Model," *Journal of Mathematical Analysis and Applications,* vol. 251, no. 1, pp. 65–83. doi: https://doi.org/10.1006/jmaa.2000.7020

Rose, P. H., and Stark, W. I. (1958), "Stagnation Point Heat Transfer Measurements in Dissociated Air," *Journal of the Aeronautical Sciences,* vol. 25, pp. 86–97. doi: https://doi.org/10.2514/8.7519

Rosenhead, L. (1940), "The Steady Two-Dimensional Radial Flow of Viscous Fluid between Two Inclined Plane Walls," *Proceedings of the Royal Society of London, Series A,* vol. 175, pp. 436–467. https://doi.org/10.1098/rspa.1940.0068

Rosenhead, L. (Ed.) (1963), *Laminar Boundary Layers,* Oxford University Press, London.

Ross, J. A., and Barnes, F. H. (1970), "The Flat Plate Boundary Layer, Part 3, Comparison of Theory with Experiment," *Journal of Fluid Mechanics,* vol. 43, pp. 819–832. doi: https://doi.org/10.1017/S002211207000277X

Rott, N. (1964), "Theory of Time-Dependent Laminar Flows," in F. K. Moore (Ed.), *High Speed Aerodynamics and Jet Propulsion–Theory of Laminar Flows,* Section D, vol. IV, pp. 395–438, Princeton University Press, Princeton, NJ. doi: https://doi.org/10.1515/9781400875375

Rott, N., and Crabtree, L. F. (1952), "Simplified Laminar Boundary Layer Calculation for Bodies of Revolution and Yawed Wings," *Journal of the Aeronautical Sciences,* vol. 19, pp. 553–565. doi: https://doi.org/10.2514/8.2381

Rotta, J. C. (1956), "Experimenteller Beitrag zur Entstehung turbulenter Strömung im Rohr," *Inženýr architekt,* vol. 24, pp. 258–281. doi: https://doi.org/10.1007/BF00536526

——(1986), "Experience of Second Order Turbulent Closure Models," *Zeitschrift für Flugwissenschaften und Weltraumforschung* vol. 10, pp. 401–407.

Roumeliotis, J., and Fulford, G. R. (2000), "Droplet Interactions in Creeping Flow," *Computers & Fluids,* vol. 29, no. 4, pp. 435–450. doi: https://doi.org/10.1016/S0045-7930(99)00032-8

Rouse, H., and Ince, S. (1957), *History of Hydraulics,* State University of Iowa, Institute of Hydraulic Research, Iowa City, IA.

Runge, C. (1901), "Über empirische Funktionen und die Interpolation zwischen äquidistanten Ordinaten," *Zeitschrift für Mathematik und Physik*, vol. 46, pp. 224–243.

Rybczynski, W. (1911), "Über die fortschreitende Bewegung einer flüssigen Kugel in einem zähen Medium," *Bulletin International de l'Academie des Sciences de Cracovie,* vol. 1911A, pp. 40–46.

Sachdev, P. L. (2000), *Self-Similarity and Beyond: Exact Solutions of Nonlinear Problems,* CRC Press, Boca Raton, FL.

Sagaut, P., and Germano, M. (2002), *Large Eddy Simulation for Incompressible Flows: An Introduction,* Springer-Verlag, New York.

Saad, T., and Majdalani, J. (2010), "On the Lagrangian Optimization of Wall-Injected Flows: From the Hart–McClure Potential to the Taylor–Culick Rotational Motion," *Proceedings of the Royal Society of London, Series A*, vol. 466, no. 2114, pp. 331–362. doi: https://doi.org/10.1098/rspa.2009.0326

Saad, T., and Majdalani, J. (2009), "Rotational Flowfields in Porous Channels with Arbitrary Headwall Injection," *Journal of Propulsion and Power*, vol. 25, no. 4, pp. 921–929. doi: https://doi.org/10.2514/1.41926

Saad, T., and Majdalani, J. (2012), "Some Thoughts on the Pressure Integration Requirements of the Navier-Stokes Equations," Fluid Dynamics Research, vol. 44, no. 7, pp. 065508-11. doi: https://doi.org/10.1088/0169-5983/44/6/065508

Saad, T., and Majdalani, J. (2017), "Viscous Mean-Flow Approximations for Porous Tubes with Radially Regressing Walls," AIAA Journal, vol. 55, no. 11, pp. 3868–3880. doi: https://doi.org/10.2514/1.J055949

Sandham, N. D., and Reynolds, W. C. (1987), "Some Inlet Plane Effects on the Numerically Simulated Spatially Developing Two-Dimensional Mixing Layer," *Proceedings of the Sixth Symposium on Turbulent Shear Flows,* pp. 22–4-1–22–4-6, Toulouse, France. doi: https://doi.org/10.1007/978-3-642-73948-4_33

Saric, W. S., and Nayfeh, A. S. (1975), "Nonparallel Stability of Boundary Layer Flows," *Physics of Fluids,* vol. 18, pp. 945–950. doi: https://doi.org/10.1063/1.861266

Saric, W. S., and Thomas, A. S. W. (1984), "Experiments on the Subharmonic Route to Turbulence in Boundary Layers," in T. Tatsumi (Ed.), *Turbulence and Chaotic Phenomena in Fluids,* pp. 117–122, Elsevier, New York.

Saric, W. S., and Reed, H. L. (1987), "Three-Dimensional Stability of Boundary Layers," in Meier, H. U., and Bradshaw, P. (Eds.), *Perspectives in Turbulence Studies,* pp. 71–92, Springer, Berlin.

Saric, W. S., Reed, H. L., and Kershen, E. J. (2002), "Boundary-Layer Receptivity to Freestream Disturbances," *Annual Review of Fluid Mechanics,* vol. 34, pp. 291–319. doi: https://doi.org/10.1146/annurev.fluid.34.082701.161921

Saric, W. S., Reed, H. L., and White, E. B. (2003), "Stability and Transition of Three-Dimensional Boundary Layers," *Annual Review of Fluid Mechanics,* vol. 35, no. 1, pp. 413–440. doi: https://doi.org/10.1146/annurev.fluid.35.101101.161045

Sasmal, G. P., and Hochstein, J. I. (1994), "Marangoni Convection with a Curved and Deforming Surface in a Cavity," *Journal of Fluids Engineering,* vol. 116, Sept., pp. 577–582. doi: https://doi.org/10.1115/1.2910316

Savaş, Ö. (2012), "An Approximate Compact Analytical Expression for the Blasius Velocity Profile," *Communications in Nonlinear Science and Numerical Simulation,* vol. 17, no. 10, pp. 3772–3775. doi: https://doi.org/10.1016/j.cnsns.2012.02.002

Schetz, J. A. (1980), *Injection and Mixing in Turbulent Flow,* AIAA, vol. 69, New York.

——(1984), *Foundations of Boundary Layer Theory for Momentum, Heat, and Mass Transfer,* Prentice-Hall, Englewood Cliffs, NJ.

——(1992), *Boundary Layer Analysis,* Prentice-Hall, Upper Saddle River, NJ.

Schetz, J. A. (1984), *Foundations of Boundary Layer Theory for Momentum, Heat, and Mass Transfer,* 1st ed., Prentice Hall.

Schetz, J. A., and Bowersox, R. D. W. (2011), *Boundary Layer Analysis, AIAA Education Series*, 2nd ed., American Institute of Aeronautics and Astronautics, Reston, United States. doi: https://doi.org/10.2514/4.868245

Schlichting, H. (1932), "Berechnung ebener periodischer Grenzschichtströmungen," *Phys. Z.,* vol. 33, pp. 327–335.

——(1933*a*), "Laminare Strahlenausbreitung," *Journal of Applied Mathematics and Mechanics (ZAMM),* vol. 13, pp. 260–263. doi: https://doi.org/10.1002/zamm.19330130403

——(1933*b*), "Zur Entstehung der Turbulenz bei der Plattenstromung," *Nachrichten von der Gesellschaft der Wissenschaften zu Göttingen, Mathematisch-physikalische Klasse,* pp. 182–208.

——(1979), *Boundary Layer Theory,* 7th ed., McGraw-Hill, New York.

Schlichting, H., and Bussmann, K. (1943), "Exakte Losungen für die laminare Grenzschicht mit Absaugung und Ausblasen," *Schr. Deutsch. Akad. Luftfahrtforschung,* ser. B, vol. 7, no. 2.

Schlichting, H., and Gersten, K. (2000), *Boundary Layer Theory,* 8th ed., Springer, New York.

Schlichting, H., and Gersten, K. (2017), *Boundary-Layer Theory*, 9th ed., Springer-Verlag, Berlin.

Schmid, P. J., and Henningson, D. S. (2001), *Stability and Transition in Shear Flows,* Springer, New York.

Schmidt, E., and Wenner, K. (1941), "Wärmeabgabe über den Umfang eines angeblasenen geheizten Zylinders," *Forsch. Arb. Ing.-Wes.,* vol. 12, pp. 65–73. doi: https://doi.org/10.1007/BF02584944

Schmidt, E., Beckmann, W., and Pohlhausen, E. (1930), "Das Temperatur- und Geschwindigkeitsfeld vor einer Wärme abgebenden senkrechten Platte bei natürlicher Konvektion," *Forsch. Arb. Ing.-Wes.,* vol. 1, pp. 391–404. doi: https://doi.org/10.1007/BF02660553

Schmidt, F. W., and Zeldin, B. (1969), "Laminar Flow in the Inlet Section of Tubes and Ducts," *AIChE Journal,* vol. 15, pp. 612–614. doi: https://doi.org/10.1002/aic.690150425

Schmitt, H. (Ed.) (1997), *Flow at Large Reynolds Numbers, Advances in Fluid Mechanics,* vol. 11, Computational Mechanics, Boston, MA.

Schoenherr, K. E. (1932). "Resistance of Plates," *Transactions of the Society of Naval Architects and Marine Engineers,* vol. 40, p. 285.

Schreier, S. (1982), *Compressible Flow,* Willey, New York.

Schubauer, G. B. (1935), "Airflow in a Separating Laminar Boundary Layer," NACA Report 527.

Schubauer, G. B., and Skramstad, H. (1947), "Laminar Boundary Layer Oscillations and Transition on a Flat Plate," *Journal of Research of the National Bureau of Standards,* vol. 38, pp. 251–292 [see also NACA Report 909 (1948)].

Schubauer, G. B., and Klebanoff, P. S. (1955), "Contributions on the Mechanics of Boundary Layer Transition," NACA Technical Note 3489 [see also NACA Report 1289].

Scott, J. L., Brennan, J. A., and Blakeslee, D. M. (1994), "GRI/NIST Orifice Meter Discharge Coefficient Database, vol. 1," NIST Standard Reference Database 45, U.S. Dept. of Commerce, National Institute of Standards, Gaithersburg, MD.

Sears, W. R. (1948), "Boundary Layer of Yawed Cylinders," *Journal of the Aeronautical Sciences,* vol. 15, pp. 49–52 [see also *Applied Mechanics Reviews,* vol. 7, pp. 281–285 (1954)]. doi: https://doi.org/ 10.2514/8.11499

Sedov, L. I. (1959), *Similarity and Dimensional Methods in Mechanics,* Academic, New York.

Sellars, J. R. (1955), "Laminar Flow in Channels with Porous Walls at High Suction Reynolds Numbers," *Journal of Applied Physics*, vol. 26, no. 4, pp. 489–490. doi: https://doi.org/10.1063/1.1722024

Sellars, J. R., Tribus, M., and Klein, J. S. (1956), "Heat Transfer to Laminar Flow in a Round Tube or Flat Conduit: The Graetz Problem Extended," *ASME Transactions,* vol. 78, pp. 441–448. doi: https://doi.org/10.21236/ada280848

Senecal, V. E., and Rothfus, R. R. (1953), "Transition Flow of Fluids in Smooth Tubes," *Chemical Engineering Progress,* vol. 49, pp. 533–538.

Settles, G. S. (2004), *Schlieren and Shadowgraph Techniques; Visualizing Phenomena in Transparent Media,* Springer-Verlag, New York.

Settles, G. S., Fitzpatrick, T. J., and Bogdonoff, S. M. (1979), "Detailed Study of Attached and Separated Compression Corner Flowfields in High Reynolds Number Supersonic Flow," *AIAA Journal,* vol. 17, no. 6, pp. 579–585. doi: https://doi.org/10.2514/3.61180

Sexl, T. (1930), "Über Den Von E.G. Richardson Entdeckten 'Annulareffekt'," *Zeitschrift für Physik*, vol. 61, no. 5-6, pp. 349–362. doi: https://doi.org/10.1007/BF01340631

Shah, R. K. (1978), "A Correlation for Laminar-Hydrodynamic Entry Length Solutions for Circular and Noncircular Ducts," *Journal of Fluids Engineering,* vol. 100, pp. 177–179. doi: https://doi.org/10.1115/1.3448626

Shah, R. K., and London, A. L. (1978), *Laminar Flow Forced Convection in Ducts,* Academic, New York.

Shank, M. E. (1954), "Brittle Failure of Nonship Steel-plate Structures," *Mechanical Engineering,* vol. 76, pp. 23–28.

Shapiro, A. H. (1953, 1954), *The Dynamics and Thermodynamics of Compressible Fluid Flow,* vols. 1 and 2, Ronald Press, New York.

Sharatchandra, M. C., Sen, M., and Gad-el-Hak, M. (1997), "Navier–Stokes Simulations of a Novel Viscous Pump," *Journal of Fluids Engineering,* vol. 119, June, pp. 372–382. doi: https://doi.org/10.1115/1.2819144

Sharipov, F., and Kalempa, D. (2003) "Velocity Slip and Temperature Jump Coefficients for Gaseous Mixtures. 1. Viscous Slip Coefficient," *Physics of Fluids,* vol. 15, no. 6, pp. 1800–1806. doi: https://doi.org/10.1063/1.1574815

Sharipov, F., and Seleznev, V. (1998), "Data on Internal Rarefied Gas Flows," *Journal of Physical and Chemical Reference Data,* vol. 27, p. 657. doi: https://doi.org/10.1063/1.556019

Shen, S. F. (1954), "Calculated Amplified Oscillations in Plane Poiseuille and Blasius Flows," *Journal of the Aeronautical Sciences,* vol. 21, pp. 62–64. doi: https://doi.org/10.2514/8.2920

Sherman, F. S. (1990), *Viscous Flow,* McGraw-Hill, New York.

Shima, N. (1993), "Prediction of Turbulent Boundary Layers with a Second Moment Closure: Part 1. Effects of Periodic Pressure Gradient, Wall Transpiration, and Freestream Turbulence," *Journal of Fluids Engineering,* vol. 115, no. 1, pp. 56–63. doi: https://doi.org/10.1115/1.2910113

Sibulkin, M. (1952), "Heat Transfer near the Forward Stagnation Point of a Body of Revolution," *Journal of the Aeronautical Sciences,* vol. 19, pp. 570–571.

Shih, K. (1987), "On the Existence of Solutions of an Equation Arising in the Theory of Laminar Flow in a Uniformly Porous Channel with Injection," *SIAM Journal on Applied Mathematics*, vol. 47, no. 3, pp. 526–533. doi: https://doi.org/10.1137/0147035

Sidebottom, W., Ooi, A., and Jones, D. (2015), "A Parametric Study of Turbulent Flow Past a Circular Cylinder Using Large Eddy Simulation", *Journal of Fluids Engineering*, 137(9):091202-091202-13. doi: https://doi.org/10.1115/1.4030380

Simpson, R. L. (1968), "The Turbulent Boundary Layer on a Porous Wall," Ph.D. Dissertation, Stanford University, Stanford, CA.

——(1989), "Turbulent Boundary Layer Separation," *Annual Review of Fluid Mechanics,* vol. 21, pp. 205–234. doi: https://doi.org/10.1146/annurev.fl.21.010189.001225

Simpson, R. L., Whitten, D. C., and Moffat, R. J. (1970), "An Experimental Study of the Turbulent Prandtl Number of Air with Injection and Suction," *International Journal of Heat and Mass Transfer,* vol. 13, pp. 125–143. doi: https://doi.org/10.1016/0017-9310(70)90030-X

Sirignano, W. A. (1999), *Fluid Dynamics and Transport of Droplets and Sprays,* Butterworth-Heinemann, Woburn, MA.

Skalak, F. M., and Wang, C. Y. (1978), "On the Nonunique Solutions of Laminar Flow through a Porous Tube or Channel," *SIAM Journal on Applied Mathematics*, vol. 34, no. 3, pp. 535–544. doi: https://doi.org/10.1137/0134042

Slattery, J. C., and Bird, R. B. (1958), "Calculation of the Diffusion Coefficient of Dilute Gases and of the Self-Diffusion Coefficient of Dense Gases," *AIChE Journal,* vol. 4, 137–142. doi: https://doi.org/10.1002/aic.690040205

Sleicher, C. A., and Rouse, M. W. (1975), "A Convenient Correlation for Heat Transfer to Constant and Variable-Property Fluids in Turbulent Pipe Flow," *International Journal of Heat and Mass Transfer,* vol. 18, pp. 677–683. https://doi.org/10.1016/0017-9310(75)90279-3

Smith, A. G., and Spalding, D. B. (1958), "Heat Transfer in a Laminar Boundary Layer with Constant Fluid Properties and Constant Wall Temperature," *Journal of Royal Aeronautical Society,* vol. 62, pp. 60–64. doi: https://doi.org/10.1017/S0368393100067948

Smith, A. M. O., and Clutter, D. W. (1963), "Solution of the Incompressible Boundary Layer Equations," *AIAA Journal,* vol. 1, pp. 2062–2071. doi: https://doi.org/10.2514/3.1994

——(1965), "Machine Calculations of Compressible Laminar Boundary Layers," *AIAA Journal,* vol. 3, pp. 639–647. https://doi.org/10.2514/3.12032

Smith, A. M. O., and Gamberoni, N. (1956), "Transition, Pressure Gradient, and Stability Theory," Douglas Aircraft Report ES-26388 [see also *Proceedings of the Ninth International Congress of Applied Mechanics,* vol. 4, pp. 234–244 (1957)].

Smith, F. T. (1977), "The Laminar Separation of an Incompressible Fluid Streaming Past a Smooth Surface," *Proceedings of the Royal Society of London, Series A,* vol. 356, pp. 443–463. https://doi.org/10.1098/rspa.1977.0144

Smith, S. H. (1994), "An Exact Solution of the Unsteady Navier–Stokes Equations Resulting from a Stretching Surface," *Journal of Applied Mechanics,* vol. 61, no. 3, pp. 629–633. doi: https://doi.org/10.1115/1.2901506

Smits, A. J., and Dussauge, J.-P. (1996), *Turbulent Shear Layers in Supersonic Flow,* Springer-Verlag, New York.

Smits, A. J., and Lim, T. T. (Eds.) (2000), *Flow Visualization: Techniques and Examples,* Imperial College Press, London.

Smoluchowski, M. von (1898), *Sitzungsber. Akad. Wiss. Wien,* vol. 107, Abt. 2a, pp. 304–329; vol. 108, Abt. 2a, pp. 5–23.

So, R. M. C., et al. (1994), "Logarithmic Laws for Compressible Turbulent Boundary Layers," *AIAA Journal,* vol. 32, no. 11, pp. 2162–2168. doi: https://doi.org/10.2514/3.12273.

Sod, G. A. (1985), *Numerical Methods in Fluid Dynamics,* Cambridge University Press, New York.

Sofialidis, D., and Primos, P. (1996), "Wall Suction Effects on the Structure of Fully Developed Pipe Flow," *Journal of Fluids Engineering,* vol. 118, no. 1, pp. 33–39. doi: https://doi.org/10.1115/1.2817507

——(1997), "Fluid Flow and Heat Transfer in a Pipe with Wall Suction," *International Journal of Heat and Mass Transfer,* vol. 40, no. 15, pp. 3627–3640. doi: https://doi.org/10.1016/S0017-9310(96)00386-9

Sokolnikoff, I. S. (1946), *Mathematical Theory of Elasticity,* McGraw-Hill, New York.

Sommerfeld, A. (1908), "Ein Beitrag zur hydrodynamischen Erklaerung der turbulenten Flussigkeitsbewegungen," *Proc. Fourth Int. Cong. Math., Rome,* vol. III, pp. 116–124.

Sowerby, L. (1954), "Secondary Flow in a Boundary Layer," *Aeronautical Research Council,* Report 16832.

Spain, B. (2003), *Tensor Calculus: A Concise Approach,* Dover, Mineola, NY.

Spalart, P. R. (1988), "Direct Simulation of a Turbulent Boundary Layer up to *R*ettm 5 1400," *Journal of Fluid Mechanics,* vol. 187, pp. 61–98. doi: https://doi.org/10.1017/S0022112088000345

Spalding, D. B. (1961), "A Single Formula for the Law of the Wall," *Journal of Applied Mechanics,* vol. 28, no. 3, pp. 455–458. doi: https://doi.org/10.1115/1.3641728

Spalding, D. B., and Chi, S. W. (1964), "The Drag of a Compressible Turbulent Boundary Layer on a Smooth Flat Plate with and without Heat Transfer," *Journal of Fluid Mechanics,* vol. 18, no. 1, pp. 117–143. doi: https://doi.org/10.1017/S0022112064000088

Spalding, D. B., and Pun, W. M. (1962), "A Review of Methods for Predicting Heat-Transfer Coefficients for Laminar Uniform-Property Boundary Layer Flows," *International Journal of Heat and Mass Transfer,* vol. 5, no. 3-4, pp. 239–250. doi: https://doi.org/10.1016/0017-9310(62)90014-5

Spangler, I. G., and Wells, C. S. Jr. (1968), "Effect of Freestream Disturbances on Boundary Layer Transition," *AIAA Journal,* vol. 6, no. 3, pp. 534–545. doi: https://doi.org/10.2514/3.4533

Sparrow, E. M. (1955), "Analysis of Laminar Flow Convection Heat Transfer in the Entrance Region of Flat Rectangular Ducts," NACA Technical Note 3331.

Sparrow, E. M., and Gregg, J. L. (1956), "Laminar Free-Convection Heat Transfer from the Outer Surface of a Vertical Circular Cylinder," *ASME Transactions*, vol. 78, pp. 1823–1829 [see also vol. 96, pp. 178–183].

Spells, K. E. (1952), "A Study of Circulation Patterns within Liquid Drops Moving Through a Liquid," *Proceedings of the Physical Society* Series B, vol. 65, pp. 541–546. doi: https://doi.org/10.1088/0370-1301/65/7/310

Speziale, C. G. (1991b), "Analytical Methods for the Development of Reynolds-Stress Closures in Turbulence," *Annual Review of Fluid Mechanics,* vol. 23, pp. 107–157. doi: https://doi.org/10.1146/annurev.fl.23.010191.000543

Speziale, C. G., Sarkar, S., and Gatski, T. B. (1991a), "Modeling the Pressure-Strain Correlation of Turbulence: An Invariant Dynamical Systems Approach," *Journal of Fluid Mechanics,* vol. 227, pp. 245–272. doi: https://doi.org/10.1017/S0022112091000101

Spina, E. F., Smits, A. J., and Robinson, S. K. (1994), "The Physics of Supersonic Turbulent Boundary Layers," *Annual Review of Fluid Mechanics,* vol. 26, pp. 287–319. doi: https://doi.org/10.1146/annurev.fl.26.010194.001443

Squire, H. B. (1933), "On the Stability of Three-Dimensional Distribution of Viscous Fluid between Parallel Walls," *Proceedings of the Royal Society, Series A,* vol. 142, no. 847, pp. 621–628. doi: https://doi.org/10.1098/rspa.1933.0193

——(1951), "The Round Laminar Jet," *Quarterly Journal of Mechanics and Applied Mathematics,* vol. 4, no. 3, pp. 321–329. doi: https://doi.org/10.1093/qjmam/4.3.321.

Squire, H. B. (1956), "Rotating Fluids," *Surveys in Mechanics. A Collection of Surveys of the Present Position of Research in Some Branches of Mechanics, Written in Commemoration of the 70th Birthday of Geoffrey Ingram Taylor,* vol. 37, edited by G. K. Batchelor and R. M. Davies, WILEY"VCH Verlag GmbH & Co. KGaA, Weinheim, pp. 139–169.

Squire, W. (1959), "Application of Generalized Gauss-Laguerre Quadrature to Boundary-Layer Problems," *Journal of the Aerospace Sciences,* vol. 26, no. 8, pp. 540–541. doi: https://doi.org/10.2514/8.8188

Sreenivasan, K. R. (1982), "Laminarescent, Relaminarizing, and Retransitional Flows," *Acta Mechanica,* vol. 44, pp. 1–48. doi: https://doi.org/10.1007/BF01190916

Sreenivasan, K. R., and Narasimha, R. (1982), "Equilibrium Parameters for Two-Dimensional Turbulent Wakes," *Journal of Fluids Engineering,* vol. 104, no. 2, pp. 167–169. doi: https://doi.org/10.1115/1.3241801

Steinheuer, J. (1968), "Similar Solutions for the Laminar Wall Jet in a Decelerating Outer Flow," *AIAA Journal,* vol. 6, no. 11, pp. 2198–2200. doi: https://doi.org/10.2514/3.4962

Stetson, K. F. (1988), "On Nonlinear Aspects of Hypersonic Boundary Layer Stability," *AIAA Journal,* vol. 26, no. 7, pp. 883–885. doi: https://doi.org/10.2514/3.9983

Stevenson, T. N. (1963), "A Law of the Wall for Turbulent Boundary Layers with Suction or Injection," Cranfield College, Aero. Report 166.

Stewartson, K. (1954), "Further Solutions of the Falkner–Skan Equation," *Proceedings of the Cambridge Philosophical Society,* vol. 50, no. 3, pp. 454–465. doi: https://doi.org/10.1017/S030500410002956X

——(1964), *The Theory of Laminar Boundary Layers in Compressible Fluids,* Oxford University Press. London.

——(1969), "On the Flow near the Trailing Edge of a Flat Plate II," *Mathematika,* vol. 16, no. 1, pp. 106–121. doi: https://doi.org/10.1112/S0025579300004678

——(1974), "Multistructured Boundary Layers on Flat Plates and Related Bodies," *Advances in Applied Mechanics,* vol. 14, pp. 145–239. doi: https://doi.org/10.1016/S0065-2156(08)70032-2

Stokes, G. G. (1845), "On the Theories of Internal Friction of Fluids in Motion," *Transactions of the Cambridge Philosophical Society,* vol. 8, pp. 287–305. doi: https://doi.org/10.1017/CBO9780511702242.005

——(1851), "On the Effect of the Internal Friction of Fluids on the Motion of Pendulums," *Transactions of the Cambridge Philosophical Society,* vol. 9, pp. 8–106. doi: https://doi.org/10.1017/CBO9780511702266.002

Stratford, B. S. (1954), "Flow in the Laminar Boundary Layer Near Separation," *Aeronautical Research Council,* R & M 3002.

——(1959), "Prediction of Separation of the Turbulent Boundary Layer," *Journal of Fluid Mechanics*, vol. 5, no. 1, pp. 1–16. doi: https://doi.org/10.1017/S0022112059000015 [see also pp. 17–35].

Strawn, R. C., and Kline, S. J. (1983), "A Stall Margin Design Method for Planar and Axisymmetric Diffusers," *Journal of Fluids Engineering*, vol. 105, no. 1, pp. 28–33. doi: https://doi.org/10.1115/1.3240936

Stuart, J. T. (1987), "Instability, Three-Dimensional Effects, and Transition in Shear Flows," in H. U. Meier and P. Bradshaw (Eds.), *Perspectives in Turbulence Studies,* pp. 1–25, Springer, Berlin. doi: https://doi.org/10.1007/978-3-642-82994-9_1

Sucec, J. (1999), "Prediction of Heat Transfer in Turbulent Transpired Boundary Layers," *Journal of Heat Transfer,* vol. 121, no. 1, February, pp. 186–190. doi: https://doi.org/10.1115/1.2825940

Sucker, D., and Brauer, H. (1975), "Fluiddynamik bei der angeströmten Zylindern," *Wärme und Stoffübertragung,* vol. 8, pp. 149–158. doi: https://doi.org/10.1007/BF01681556

Sumitani, Y., and Kasagi, N. (1995), "Direct Numerical Simulation of Turbulent Transport with Uniform Wall Injection and Suction," *AIAA Journal,* vol. 33, no. 7, pp. 1220–1228. doi: https://doi.org/10.2514/3.12363

Sutherland, W. (1893), "The Viscosity of Gases and Molecular Force," *Philosophical Magazine,* vol. 5, pp. 507–531. doi: https://doi.org/10.1080/14786449308620508

Swinney, H. L., and Gollub, J. P. (1981), *Hydrodynamic Instabilities and the Transition to Turbulence,* Springer, New York.

Sychev, V. V. (1972), "Laminar Separation," *Fluid Dynamics,* vol. 7, pp. 407–417. doi: https://doi.org/10.1007/BF01209044

Szeri, A. Z. (1998), *Fluid Film Lubrication: Theory and Design,* Cambridge University Press, New York.

Szymanski, F. (1932), "Quelques solutions exactes des équations de l'hydrodynamique de fluide visqueux dans le cas d'un tube cylindrique," *Journal de Mathématiques Pures et Appliquées,* (9), vol. 11, pp. 67–107.

Tajvidi, T., Razzaghi, M., and Dehghan, M. (2008), "Modified Rational Legendre Approach to Laminar Viscous Flow over a Semi-Infinite Flat Plate," *Chaos, Solitons & Fractals,* vol. 35, no. 1, pp. 59–66. doi: https://doi.org/10.1016/j.chaos.2006.05.031

Talpaert, Y. R. (2003), *Tensor Analysis and Continuum Mechanics,* Dover, Mineola, NY.

Taneda, S. (1956), "Experimental Investigation of the Wakes Behind Cylinders and Plates at Low Reynolds Numbers," *Journal of the Physical Society of Japan,* vol. 11, pp. 302–307. doi: https://doi.org/10.1143/JPSJ.11.302

——(1979), "Visualization of Separating Stokes Flows," *Journal of the Physical Society of Japan,* vol. 46, pp. 1935–1942. https://doi.org/10.1143/JPSJ.46.1935

Tani, I. (1949), "On the Solution of the Laminar Boundary Layer Equations," *Journal of the Physical Society of Japan,* vol. 4, pp. 149–154. doi: https://doi.org/10.1143/JPSJ.10.149

——(1969), "Boundary Layer Transition," *Annual Review of Fluid Mechanics,* vol. 1, pp. 169–196. doi: https://doi.org/10.1146/annurev.fl.01.010169.001125

Tannehill, J. C., Anderson, D. A. and Pletcher, R. H. (1997), *Computational Fluid Mechanics and Heat Transfer,* Taylor & Francis, Washington, DC.

Tanner, R. I. (1993), "Stokes Paradox for Power-Law Flow Around a Cylinder," *Journal of Non-Newtonian Fluid Mechanics,* vol. 50, no. 2–3, pp. 217–224. doi: https://doi.org/10.1016/0377-0257(93)80032-7

Tatsumi, T. (1952), "Stability of the Laminar Inlet-Flow Prior to the Formation of Poiseuille Regime," *Journal of the Physical Society of Japan,* vol. 7, pp. 489–495. doi: https://doi.org/10.1143/JPSJ.7.489

Tatsumi, T. (Ed.) (1984), *Turbulence and Chaotic Phenomena in Fluids,* Elsevier, New York.

Taulbee, D. B. (1989), "Engineering Turbulence Models," in W. K. George and R. Arndt (Eds.), *Advances in Turbulence,* pp. 75–125, Hemisphere, New York.

Taylor, G. I. (1923), "Stability of a Viscous Liquid Contained Between Two Rotating Cylinders," *Philosophical Transactions of the Royal Society of London, Series A,* vol. 223, no. 605-615, pp. 289–343. doi: https://doi.org/10.1098/rsta.1923.0008

Taylor, G. I. (1956), "Fluid Flow in Regions Bounded by Porous Surfaces," *Proceedings of the Royal Society of London, Series A,* vol. 234, no. 1199, pp. 456–475. doi: https://doi.org/10.1098/rspa.1956.0050

Taylor, R. P., Coleman, H. W., and Hodge, B. K. (1985), "Prediction of Turbulent Rough-Wall Skin Friction Using a Discrete Element Approach," *Journal of Fluids Engineering,* vol. 107, no. 2, pp. 251–257. doi: https://doi.org/10.1115/1.3242469

Taylor, R. P., Scaggs, W. F., and Coleman, H. W. (1988), "Measurement and Prediction of the Effects of Nonuniform Surface Roughness on Turbulent Flow Friction Coefficients," *Journal of Fluids Engineering,* vol. 110, no. 4, pp. 380–384. doi: https://doi.org/10.1115/1.3243567

Telionis, D. P. (1981), *Unsteady Viscous Flows,* Springer-Verlag, New York.

Tennekes, H., and Lumley, J. L. (1972), *A First Course in Turbulence,* MIT Press, Cambridge, MA.

Terrill, R. M. (1960), "Laminar Boundary Layer Flow with Separation with and Without Suction," *Philosophical Transactions of the Royal Society, Series A,* vol. 253, pp. 55–100. doi: https://doi.org/10.1098/rsta.1960.0018

Terrill, R. M. (1964), "Laminar Flow in a Uniformly Porous Channel (Laminar Flow in Two-Dimensional Channel with Porous Walls Assuming Uniformly Injected Fluid)," *The Aeronautical Quarterly*, vol. 15, no. 3, pp. 299–310. doi: https://doi.org/10.1017/S0001925900010908

Terrill, R. M. (1965), "Laminar Flow in a Uniformly Porous Channel with Large Injection," *The Aeronautical Quarterly*, vol. 16, no. 4, pp. 323–332. doi: https://doi.org/10.1017/S0001925900003565

Terrill, R. M., and Thomas, P. W. (1969), "On Laminar Flow through a Uniformly Porous Pipe," *Applied Scientific Research*, vol. 21, no. 1, pp. 37–67. doi: https://doi.org/10.1007/BF00411596

Theodorsen, T., and Regier, A. (1944), "Experiments on Drag of Revolving Discs, Cylinders, and Streamline Rods at High Speeds," NACA Report 793.

Theofilis, V. (2011), "Global Linear Instability," *Annual Review of Fluid Mechanics,* vol. 43, no. 1, pp. 319–352. doi: https://doi.org/10.1146/annurev-fluid-122109-160705

Theofilis, V., Duck, P. W., and Owen, J. (2004), "Viscous Linear Stability Analysis of Rectangular Duct and Cavity Flows," *Journal of Fluid Mechanics,* vol. 505, pp. 249–286. doi: https://doi.org/10.1017/S002211200400850X

Thilmany, J. (2003), "How Does Your Fluid Flow?," *Mechanical Engineering,* vol. 125, no. 12, pp. 35–37. doi: https://doi.org/10.1115/1.2003-DEC-3

Thom, A. (1933), "Flow Past Circular Cylinders at Low Speeds," *Proceedings of the Royal Society of London, Series A,* vol. 141, no. 845, pp. 651–669. doi: https://doi.org/10.1098/rspa.1933.0146

Thomas G. Mezger (2014), *The Rheology Handbook*, 4th ed, Vincentz Network.

Thomas, L. C., and Kadry, H. M. (1990), "A One Parameter Integral Method for Turbulent Boundary Layer Flow," *Journal of Fluids Engineering,* vol. 112, no. 4, pp. 433–436. doi: https://doi.org/10.1115/1.2909421

Thomas, L. C., and Hasani, S. M. F. (1989), "Supplementary Boundary-Layer Approximations for Turbulent Flow," *Journal of Fluids Engineering,* vol. 111, no. 4, pp. 420–427. doi: https://doi.org/10.1115/1.3243662

Thompson, J. F., et al. (Eds.) (1998), *Handbook of Grid Generation,* CRC Press, Boca Raton, FL.

Thwaites, B. (1949), "Approximate Calculation of the Laminar Boundary Layer," *Aeronautical Quarterly,* vol. 1, no. 3, pp. 245–280. doi: https://doi.org/10.1017/S0001925900000184

Timoshenko, S., and Goodier, J. N. (1970), *Theory of Elasticity,* 3rd ed., McGraw-Hill, New York.

Tobak, M., and Peake, D. J. (1982), "Topology of Three-Dimensional Separated Flows," *Annual Review of Fluid Mechanics,* vol. 14, pp. 61–85. doi: https://doi.org/10.1146/annurev.fl.14.010182.000425

Tollmien, W. (1929), "Über die Entstehung der Turbulenz," *Wissenschaften zu Göttingen, Mathematisch-physikalische Klasse II,* pp. 21–44 [translated in NACA Technical Memo. 609].

——(1931), "Grenzschichttheorie," *Handbuch der experimentalischen Physik,* vol. IV, pt. 1, pp. 241–287, Leipzig.

Töpfer, K. (1912), "Bemerkung Zu Dem Aufsatz Von H. Blasius: Grenzschichten in Flüssigkeiten Mit Kleiner Reibung," *Journal of Applied Mathematics and Physics (ZAMP),* vol. 60, pp. 397–398.

Tomotika, S., and Aoi, T. (1951), "An Expansion Formula for the Drag on a Circular Cylinder Moving through a Viscous Fluid at Small Reynolds Numbers," *Quarterly Journal of Mechanics and Applied Mathematics,* vol. 4, pp. 401–406. doi: https://doi.org/10.1093/qjmam/4.4.401

Tomotika, S., Aoi, T., and Yosinabu, H. (1953), "On the Forces Acting on a Circular Cylinder Set Obliquely in a Uniform Stream at Lower Values of Reynolds Number," *Proceedings of the Royal Society of London, Series A,* vol. 219, pp. 233–244. doi: https://doi.org/10.1098/rspa.1953.0142

Townsend, A. A. (1984), "Axisymmetric Couette Flow at Large Taylor Numbers," *Journal of Fluid Mechanics,* vol. 144, pp. 329–362. doi: https://doi.org/10.1017/S0022112084001634

Trefethen, A. E., Trefethen, L. N., and Schmid, P. J. (1999), "Spectra and Pseudospectra for Pipe Poiseuille Flow," *Computer Methods in Applied Mechanics and Engineering,* vol. 175, pp. 413–420. https://doi.org/10.1016/S0045-7825(98)00364-8

Trefethen, L. N. (2001), *Spectral Methods in MATLAB,* Society for Industrial & Appl. Math., Philadelphia.

Trefethen, L. N., Trefethen A. E., Reddy, S. C., and Driscoll, T. A. (1993), "Hydrodynamic Stability Without Eigenvalues," *Science,* vol. 261, pp. 578–584. doi: https://doi.org/10.1126/science.261.5121.578

Trefethen, L. N., and Embree, M. (2005), *Spectra and Pseudospectra: The Behavior of Nonnormal Matrices and Operators,* Princeton University Press.

Tretheway, D. C., and Meinhart, C. D. (2002), "Apparent Fluid Slip at Hydrophobic Microchannel Walls," *Physics of Fluids,* vol 14, no. 3, pp. L9–L12. doi: https://doi.org/10.1063/1.1432696.

Trimmer, L. L. (1968), Arnold Engineering Development Center, Tenn., Report AEDC-TR-68–99.

Tritton, D. J. (1959), "Experiments on the Flow Past a Circular Cylinder at Low Reynolds Numbers," *Journal of Fluid Mechanics*, vol. 6, pp. 547–567. doi: https://doi.org/10.1017/S0022112059000829

Trogdon, S. A., and Farmer, M. T. (1991), "Unsteady Axisymmetric Creeping Flow from an Orifice," *Acta Mechanica,* vol. 88, nos. 1–2, pp. 61–75. doi: https://doi.org/10.1007/BF01170593

Truesdell, C. (1954), "The Present Status of the Controversy Regarding the Bulk Viscosity of Liquids," *Proceedings of the Royal Society of London, Series A,* vol. 226, pp. 1–69. doi: https://doi.org/10.1098/rspa.1954.0237

Truitt, R. W. (1960), *Aerodynamic Heating,* Ronald Press, New York.

Tsai, P. Y., and Chen, C. K. (2011), "A New Algorithm on the Solutions of Forced Convective Heat Transfer in a Semi-Infinite Flat Plate," *Journal of Mechanics,* vol. 27, no. 1, pp. 63–69. doi: https://doi.org/10.1017/jmech.2011.8

Tsangaris, S., and Vlachakis, N. W. (2003), "Exact Solution of the Navier–Stokes Equations for the Fully Developed, Pulsating Flow in a Rectangular Duct with a Constant Cross-Sectional Velocity," *Journal of Fluids Engineering,* vol. 125, March, pp. 382–385. doi: https://doi.org/10.1115/1.1537250.

Tsou, F. K., and Sparrow, E. M. (1970), "Hydrodynamic Stability of Boundary Layers with Surface Mass Transfer," *Applied Scientific Research,* vol. 22, pp. 273–286. doi: https://doi.org/10.1007/BF00400533

Tzabiras, G. (Ed.) (2003), *Calculation for Complex Turbulent Flows,* WIT Press/Computational Mechanics, Boston, MA.

Uchida, S. (1956), "The Pulsating Viscous Flow Superposed on the Steady Laminar Motion of Incompressible Fluid in a Circular Pipe," *Journal of Applied Mathematics and Physics (ZAMP)*, vol. 7, pp. 403–422. doi: https://doi.org/10.1007/BF01606327

Uyehara, O. A., and Watson, K. M. (1944), "High Pressure Vapor-Liquid Equilibria," *Natl. Pet. News,* vol. 36, pp. R623-R635 [see also Hougen, O. A., and Watson, K. M. (1960), *Chemical Process Principles Charts,* Wiley, New York].

Vainshtein, P., Shapiro, P., and Gutfinger, C. (2002), "Creeping Flow Past and Within a Permeable Spheroid," *International Journal of Multiphase Flow,* vol. 28, no. 12, pp. 1945–1963. doi: https://doi.org/10.1016/S0301-9322(02)00106-4

Van Dommelen, L. L., and Shen, S. F. (1981), "The Spontaneous Generation of the Singularity in a Separating Laminar Boundary Layer," *Journal of Computational Physics,* vol. 38, pp. 125–140. https://doi.org/10.1016/0021-9991(80)90049-2

——(1982), "The Genesis of Separation," Chap. 17 of Cebeci (1982). doi: https://doi.org/10.1007/978-3-662-12610-3_17

Van Driest, E. R. (1951), "Turbulent Boundary Layer in Compressible Fluids," *Journal of the Aeronautical Sciences*, vol. 18, pp. 145–160. doi: https://doi.org/10.2514/8.1895

——(1952*a*), "Investigation of Laminar Boundary Layer Compressible Fluids Using the Crocco Method," NACA Technical Note 2597.

——(1952*b*), "Turbulent Boundary Layer on a Cone in a Supersonic Flow at Zero Angle of Attack," *Journal of the Aeronautical Sciences,* vol. 19, pp. 55–57, 72. doi: https://doi.org/10.2514/8.2149

——(1956), "The Problem of Aerodynamic Heating," *Aerospace Engineering Review,* vol. 15, no. 10, pp. 26–41 [see also *Journal of the Aeronautical Sciences,* vol. 23, pp. 1007–1011, 1036, 1956].

——(1956*a*), "On Turbulent Flow Near a Wall," *Journal of the Aeronautical Sciences,* vol. 23, pp. 1007–1011. doi: https://doi.org/10.2514/8.3713

——(1959), C. C. Lin (Ed.), *Turbulent Flows and Heat Transfer,* pp. 339–427, Princeton University Press, Princeton, NJ.

Van Driest, E. R., and Blumer, C. B. (1963), "Boundary Layer Transition, Freestream Turbulence, and Pressure Gradient Effects," *AIAA Journal,* vol. 1, pp. 1303–1306. https://doi.org/10.2514/3.1784

Van Dyke, M. (1964), *Perturbation Methods in Fluid Mechanics,* Academic, New York [reprinted in 1975 by Parabolic Press, Stanford, CA.].

——(1969), "Higher Order Boundary Layer Theory," *Annual Review of Fluid Mechanics*, vol. 1, pp. 265–292. doi:https://doi.org/10.1146/annurev.fl.01.010169.001405

——(1982), *An Album of Fluid Motion,* Parabolic Press, Stanford, CA.

Van Ingen, J. L. (1956), "A Suggested Semi-Empirical Method for the Calculation of the Boundary Layer Transition Region," Institute of Technology, Department of Aeronautics and Engineering, Report VTH-74, Delft, Holland.

Van Oudheusden, B. W. (1997), "Complete Crocco Integral for Two-Dimensional Laminar Boundary Layer Flow over an Adiabatic Wall for Prandtl Numbers Near Unity," *Journal of Fluid Mechanics,* vol. 353, Dec. 25, pp. 313–330. doi: https://doi.org/10.1017/S0022112097007507

Van Oudheusden, B. W. (1997), "A Complete Crocco Integral for Two-Dimensional Laminar Boundary Layer Flow over an Adiabatic Wall for Prandtl Numbers near Unity," *Journal of Fluid Mechanics,* vol. 353, pp. 313–330. doi: https://doi.org/10.1017/S0022112097007507

——(2004), "Compressibility Effects on the Extended Crocco Relation and the Thermal Recovery Factor in Laminar Boundary Layer Flow," *Journal of Fluids Engineering,* vol. 126, January, pp. 32–41. https://doi.org/10.1115/1.1637626

Varapaev, V. N., and Yagodkin, V. I. (1969), "Flow Stability in a Channel with Porous Walls," *Fluid Dynamics (Izvestiya Akademii Nauk SSSR, Meckanika Zhidkosti i Gaza),* vol. 4, no. 5, pp. 91–95. doi: https://doi.org/10.1007/BF01015958

Varin, V. P. (2014), "A Solution of the Blasius Problem," *Computational Mathematics and Mathematical Physics,* vol. 54, no. 6, pp. 1025–1036. doi: https://doi.org/10.1134/S096554251406013X

Varin, V. P. (2018), "Asymptotic Expansion of Crocco Solution and the Blasius Constant," *Computational Mathematics and Mathematical Physics,* vol. 58, no. 4, pp. 517–528. doi: https://doi.org/10.1134/S0965542518040164

Varley, E., and Seymour, B. R. (1994), "Applications of Exact Solutions to the Navier–Stokes Equations: Free Shear Layers," *Journal of Fluid Mechanics,* vol. 274, pp. 267–291. doi: https://doi.org/10.1017/S0022112094002120

Versteeg, H. K., and Malalasekera, W. (1996), *An Introduction to Computational Fluid Dynamics: The Finite Volume Method,* Addison-Wesley, Reading, MA.

Voigt, R., Gottlieb, D., and Hussaini, M. (1984), *Spectral Methods for Partial Differential Equations,* Society for Industrial and Applied Mathematics, Philadelphia.

Volino, R. J., and Simon, T. W. (1997), "Velocity and Temperature Profiles in Turbulent Boundary Layer Flows Experiencing Streamwise Pressure Gradients," *Journal of Heat Transfer,* vol. 119, no. 3, pp. 433–439. doi: https://doi.org/10.1115/1.2824116

Volker, J. (2003), *Large Eddy Simulation of Turbulent Incompressible Flows,* Springer-Verlag, New York.

von Kries, J. (1883), "Ueber die Beziehungen zwischen Druck und Geschwindigkeit, welche bei der Wellenbewegung in elastischen Schläuchen bestehen (On the relationships between pressure and velocity, which exist in connection with wave motion in elastic tubing)," Festschrift der 56. Versammlung Deutscher Naturforscher und Ärzte (Festschrift of the 56th Convention of German Scientists and Physicians) (in German), Tübingen, Germany: Akademische Verlagsbuchhandlung: 67–88, archived from the original on 2017-03-28

Vyas, A. B., and Majdalani, J., "Exact Solution of the Bidirectional Vortex," *AIAA Journal*, vol. 44, no. 10, October 2006, pp. 2208–2216. doi: https://doi.org/10.2514/1.14872

Wagner, R. D., and Fischer, M. C. (1984), "Fresh Attack on Laminar Flow," *Aerospace America,* vol. 22, no. 3, pp. 72–76.

Walker, J. E., G. A. Whan, and Rothfus, R. R. (1957), "Fluid Friction in Noncircular Ducts," *AIChE Journal,* vol. 3, pp. 484–489. doi: https://doi.org/10.1002/aic.690030412

Walz, A. (1969), *Boundary Layers of Flow and Temperature,* MIT Press, Cambridge, MA.

Wang, C. Y. (1990), "Exact Solutions of the Navier–Stokes Equations: The Generalized Beltrami Flows, Review and Extension," *Acta Mechanica,* vol. 81, nos. 1–2, pp. 69–74. doi: https://doi.org/10.1007/BF01174556

Wang, C. Y. (1991), "Exact Solutions of the Steady-State Navier-Stokes Equations," *Annual Review of Fluid Mechanics,* vol. 23, no. 1, pp. 159–177. doi: https://doi.org/10.1146/annurev.fl.23.010191.001111

Wang, K. C. (1997), "Features of Three-Dimensional Separation and Separated Flow Structure," Chap. 1 of *Flows at Large Reynolds Numbers,* H. Schmitt (Ed.), WIT Press/Computational Mechanics, Boston, MA.

Wang, L. (2004), "A New Algorithm for Solving Classical Blasius Equation," *Applied Mathematics and Computation,* vol. 157, no. 1, pp. 1–9. doi: https://doi.org/10.1016/j.amc.2003.06.011

Warnack, D., and Fernholz, H. H. (1998), "Effects of a Favorable Pressure Gradient and of the Reynolds Number on an Incompressible Axisymmetric Turbulent Boundary Layer. Part 2. The Boundary Layer with Relaminarization," *Journal of Fluid Mechanics,* vol. 359, March 25, pp. 357–381. doi: https://doi.org/10.1017/S0022112097008501

Watson, J. (1958), "A Solution of the Navier–Stokes Equations, Illustrating the Response of a Laminar Boundary Layer to a Given Change in the External Stream Velocity," *Quarterly Journal of Mechanics*, vol. 11, pp. 302–325. doi: https://doi.org/10.1093/qjmam/11.3.302.

Wazwaz, A. M. (2001), "A Reliable Algorithm for Solving Boundary Value Problems for Higher-Order Integro-Differential Equations," *Applied Mathematics and Computation,* vol. 118, no. 2, pp. 327–342. doi: https://doi.org/10.1016/S0096-3003(99)00225-8

Wazwaz, A. M. (2007), "The Variational Iteration Method for Solving Two Forms of Blasius Equation on a Half-Infinite Domain," *Applied Mathematics and Computation*, vol. 188, no. 1, pp. 485–491. doi: https://doi.org/10.1016/j.amc.2006.10.009

Wazwaz, A.-M. (2006), "The Modified Decomposition Method and Padé Approximants for a Boundary Layer Equation in Unbounded Domain," *Applied Mathematics and Computation,* vol. 177, no. 2, pp. 737–744. doi: https://doi.org/10.1016/j.amc.2005.09.102

Wazzan, A. R. (1975), "Spatial Stability of Tollmien–Schlichting Waves," *Progress in Aerospace Sciences,* vol. 16, no. 2, pp. 99–127. doi: https://doi.org/10.1016/0376-0421(75)90012-3

Wazzan, A.R., Gazley, C. Jr., and Smith, A.M.O. (1979), "Tollmien–Schlichting Waves and Transition," *Progress in Aerospace Sciences,* vol. 18, no. 2, pp. 351–392. doi: https://doi.org/10.1016/0376-0421(77)90012-4

——(1981), "H-Rx Method for Predicting Transition," *AIAA Journal*, vol. 19, no. 6, pp. 810–812. https://doi.org/10.2514/3.7819

Wazzan, A. R., Taghavi, H., and Keltner, G. (1984), The Effect of Mach Number on the Spatial Stability of Adiabatic Flat Plate Flow to Oblique Disturbances," *Physics of Fluids,* vol. 27, no. 2, pp. 331–341. doi: https://doi.org/10.1063/1.864630

Wazzan, A. R., Okamura, T. T., and Smith, A. M. O. (1968a), "The Stability of Water Flow over Heated and Cooled Flat Plates," *Journal of Heat Transfer,* vol. 90, pp. 109–114. doi: https://doi.org/10.1115/1.3597439

——(1968*b*), "Spatial and Temporal Stability Charts for the Falkner–Skan Boundary Layer Profiles," Douglas Aircraft Co. Report DAC-67086.

Weber, H. C. (1939), *Thermodynamics for Chemical Engineers,* Wiley, New York.

Weideman, J., and Reddy, S., "A Matlab Differentiation Matrix Suite," *ACM Transactions on Mathematical Software*, vol. 26, no. 4 doi: https://doi.org/10.1145/365723.365727

Weissberg, H. L. (1959), "Laminar Flow in the Entrance Region of a Porous Pipe," *Physics of Fluids,* vol. 2, pp. 510–516. doi: https://doi.org/10.1063/1.1705941

Wells, C. S. (1967), "Effects of Freestream Turbulence on Boundary Layer Transition," *AIAA Journal*, vol. 5, no. 1, pp. 172–174. doi: https://doi.org/10.2514/3.3931

Wells, C. S. (Ed.) (1969), *Viscous Drag Reduction,* Plenum Press, New York.

Wesseling, P. (2001), *Principles of Computational Fluid Dynamics,* Springer, New York.

Weyl, H. (1941), "Concerning the Differential Equations of Some Boundary Layer Problems," *Proceedings of the National Academy of Sciences,* vol. 27, no. 12, p. 578. doi: https://doi.org/10.1073/pnas.27.12.578

Weyl, H. (1942a), "Concerning the Differential Equations of Some Boundary Layer Problems. II," *Proceedings of the National Academy of Sciences,* vol. 28, no. 3, p. 100. doi: https://doi.org/10.1073/pnas.28.3.100

Weyl, H. (1942b), "On the Differential Equations of the Simplest Boundary-Layer Problems," *Annals of Mathematics,* vol. 43, no. 2, pp. 381–407. doi: https://doi.org/10.2307/1968875

White, F. M. (1959), "Laminar Flow in Porous Ducts," Ph.D. Dissertation, Georgia Institute of Technology.

——(1962*a*), "Laminar Flow in a Uniformly Porous Tube," *Journal of Applied Mechanics,* vol. 29, pp. 201–204. doi: https://doi.org/10.1115/1.3636459

——(1962*b*), "Hypersonic Laminar Viscous Interactions on Inclined Flat Plates," *Journal of the American Rocket Society*, vol. 32, pp. 780–781.

——(1969), "A New Integral Method for Analyzing the Turbulent Boundary Layer with Arbitrary Pressure Gradient," *Journal of Basic Engineering,* vol. 91, pp. 371–378. doi: https://doi.org/10.1115/1.3571122

——(1988), *Heat and Mass Transfer,* Addison-Wesley, Reading, MA.

——(2003), *Fluid Mechanics,* 5th ed., McGraw-Hill, New York.

White, F. M., Barfield, B. F., and Goglia, M. J. (1958), "Laminar Flow in a Uniformly Porous Channel," *Journal of Applied Mechanics,* vol. 25, pp. 613–617.

White, F. M., and Christoph, G. H. (1972), "A Simple Theory for the Two-Dimensional Compressible Turbulent Boundary Layer," *Journal of Basic Engineering,* vol. 94, pp. 636–642. doi: https://doi.org/10.1115/1.3425519

White, F. M., Lessmann, R. C., and Christoph, G. H. (1973), "Calculations of Turbulent Heat Transfer and Skin Friction," *AIAA Journal*, vol. 11, pp. 1046–1048. doi: https://doi.org/10.2514/3.6872

White, F. M., and Xue, H. (2021), *Fluid Mechanics*, 9th ed., McGraw-Hill Education, New York, NY.

Whitfield, J. D., and Iannuzzi, F. A. (1969), "Experiments on Roughness Effects on Cone Boundary Layer Transition up to Mach 16," *AIAA Journal*, vol. 7, pp. 465–470. doi: https://doi.org/10.2514/3.5130.

Wieghardt, K., and Tillmann, W. (1951), "On the Turbulent Friction Layer for Rising Pressure," NACA Technical Memo. 1314.

Wieselberger, C. (1914), "Der Luftwiderstand von Kugeln," *Zeitschrift für Flugtechnik und Motorluftschiffahrt,* vol. 5, pp. 140–144 [see also *Zeitschrift für Physik,* vol. 22, pp. 321–328; vol. 23, pp. 219–224 (1921)].

Wilcox, D. C. (1998), *Turbulence Modeling for CFD,* 2nd ed., DCW Industries, La Cañada, CA.

Wilcox, D. C., and Rubesin, M. W. (1980), "Progress in Turbulence Modeling for Complex Flow Fields Including Effects of Compressibility," NASA TP–1517.

Wild, J. M. (1949), "The Boundary Layer of Yawed Infinite Wings," *Journal of the Aeronautical Sciences*, vol. 16, pp. 41–45. doi: https://doi.org/10.2514/8.11722

Wilke, C. R. (1950), "A Viscosity Equation for Gas Mixtures," *Journal of Chemical Physics,* vol. 18, pp. 517–519 [see also *Industrial & Engineering Chemistry,* vol. 41, pp. 1345–1347 (1949)]. doi: https://doi.org/10.1063/1.1747673

Wrobel, L. C. (2002), *The Boundary Element Method,* vol. 1, Wiley, New York.

Wu, J. C. (1961), "On the Finite Difference Solution of Laminar Boundary Layer Problems," *Proceedings of the 1961 Heat Transfer and Fluid Mechanics Institute*, pp. 55–69, Stanford University Press, Stanford, CA.

Wygnanski, I., Champagne, F., and Marasli, B. (1986), "On the Large Scale Structures in Two-Dimensional, Small-Deficit Turbulent Wakes," *Journal of Fluid Mechanics*, vol. 168, pp. 31–71. doi: https://doi.org/10.1017/S0022112086000289

Wygnanski, I., and Fiedler, H. (1969), "Some Measurements in the Self-Preserving Jet," *Journal of Fluid Mechanics*, vol. 38, pt. 3, pp. 577–612. doi: https://doi.org/10.1017/S0022112069000358

Wygnanski, I., Sokolov, M., and Friedman, D. (1976), "On a Turbulent 'Spot' in a Laminar Boundary Layer," *Journal of Fluid Mechanics*, vol. 78, pt. 4, pp. 785–819. doi: https://doi.org/10.1017/S0022112076002747

Xu, D., and Guo, X. (2013), "Application of Fixed Point Method to Obtain Semi-Analytical Solution to Blasius Flow and Its Variation," *Applied Mathematics and Computation,* vol. 224, pp. 791–802. doi: https://doi.org/10.1016/j.amc.2013.08.066

Xu, D., Xu, J., and Xie, G. (2014), "Revisiting Blasius Flow by Fixed Point Method," *Abstract and Applied Analysis,* vol. 2014, p. 9. doi: https://doi.org/10.1155/2014/953151

Xuan, L.J. (2011), "An Investigation of Multi-Process Interaction in Complex Flow and High-Order Finite Integral Method," Ph.D. Dissertation, Peking University.

Xuan, L.J., Mao, F., and Wu, J.Z. (2012), "Water Hammer Prediction and Control: the Green's Function Method," *Acta Mechanica Sinica*, vol. 28, no. 2, pp. 266–273. doi 10.1007/s10409-012-0051-5

Yakhot, V., and Smith, L. M. (1992), "The Renormalization Group, the ε-Expansion, and Derivation of Turbulence Models," *Journal of Scientific Computing,* no. 7, pp. 35–61. doi: https://doi.org/10.1007/BF01060210

Yang, W.-J. (1989), *Handbook of Flow Visualization,* Hemisphere, New York.

——(1994), *Computer-Assisted Flow Visualization,* Begell House, New York.

Yoon, K. T., and Chung, T. J. (1996), "Three-Dimensional Mixed Explicit-Implicit Generalized Galerkin Spectral Element Methods for High-Speed Turbulent Compressible Flows," *Computer Methods in Applied Mechanics and Engineering,* vol. 135, Sept, 1, pp. 343–367. doi: https://doi.org/10.1016/0045-7825(96)01066-3

Yu, L. T., and Chen, C. K. (1998), "The Solution of the Blasius Equation by the Differential Transformation Method," *Mathematical and Computer Modelling,* vol. 28, no. 1, pp. 101–111. doi: https://doi.org/10.1016/S0895-7177(98)00085-5

Yuan, S. W. (1956), "Further Investigation of Laminar Flow in Channels with Porous Walls," *Journal of Applied Physics*, vol. 27, no. 3, pp. 267–269. doi: https://doi.org/10.1063/1.1722355

Yuan, S. W., and Finkelstein, A. B. (1956), "Laminar Pipe Flow with Injection and Suction through a Porous Wall," *ASME Transactions,* vol. 78, pp. 719–724. doi: https://doi.org/10.21236/ad0058831

Yun, B. I. (2014), "Algebraic Type Approximation to the Blasius Velocity Profile," *Journal of Applied Mathematics*, vol. 2014, 5 pages. doi: https://doi.org/10.1155/2014/754910

Yun, B. I. (2011), "An Iteration Method Generating Analytical Solutions for Blasius Problem," *Journal of Applied Mathematics*, vol. 2011, 8 pages. doi: https://doi.org/10.1155/2011/925649

Yun, B. I. (2012), "Approximate Analytical Solutions Using Hyperbolic Functions for the Generalized Blasius Problem," *Abstract and Applied Analysis*, vol. 2012, 10 pages. doi: https://doi.org/10.1155/2012/581453

Yun, B. I. (2014), "Constructing Uniform Approximate Analytical Solutions for the Blasius Problem," *Abstract and Applied Analysis*, vol. 2014, 6 pages. doi: https://doi.org/10.1155/2014/495734

Yun, B. I. (2010), "Intuitive Approach to the Approximate Analytical Solution for the Blasius Problem," *Applied Mathematics and Computation*, vol. 215, no. 10, pp. 3489–3494. doi: https://doi.org/10.1016/j.amc.2009.09.050

Zagarola, M. V., and Smits, A. J. (1998), "Mean Flow Scaling in Turbulent Pipe Flow," *Journal of Fluid Mechanics,* vol. 373, pp. 33–79. doi: https://doi.org/10.1017/S0022112098002419

Zukauskas, A., and Ziukzda, J. (1985), *Heat Transfer on a Cylinder in Crossflow,* Hemisphere, New York.

Zaturska, M. B., Drazin, P. G., and Banks, W. H. H. (1988), "On the Flow of a Viscous Fluid Driven Along a Channel by Suction at Porous Walls," *Fluid Dynamics Research*, vol. 4, no. 3, pp. 151–178. doi: https://doi.org/10.1016/0169-5983(88)90021-4

Zhang, J., and Chen, B. (2009), "An Iterative Method for Solving the Falkner–Skan Equation," *Applied Mathematics and Computation,* vol. 210, no. 1, pp. 215–222. doi: https://doi.org/10.1016/j.amc.2008.12.079

Zhao, Y., Lin, Z., and Liao, S. J. (2013), "An Iterative HAM Approach for Nonlinear Boundary Value Problems in a Semi-Infinite Domain," *Computer Physics Communications,* vol. 184, no. 9, pp. 2136–2144. doi: https://doi.org/10.1016/j.cpc.2013.04.009

Zheng, J., Han, X., Wang, Z., Li, C., and Zhang, J. (2017), "A Globally Convergent and Closed Analytical Solution of the Blasius Equation with Beneficial Applications," *AIP Advances,* vol. 7, no. 6, p. 065311. doi: https://doi.org/10.1063/1.4985741

Zhong, X., and Wang, X. (2011), "Direct Numerical Simulation on the Receptivity, Instability, and Transition of Hypersonic Boundary Layers," *Annual Review of Fluid Mechanics,* vol. 44, no. 1, pp. 527–561. doi: https://doi.org/10.1146/annurev-fluid-120710-101208

Zwarts, F. J. (1970), "The Compressible Turbulent Boundary Layer in a Pressure Gradient," Ph.D. Dissertation, McGill University, Montreal.

찾아보기

C

D

E

F

G

H

J

K

L

M

N

O

P

R

S

T

V

W

기타